全国煤炭行业职业技能
竞 赛 指 南

（2024）

全国煤炭行业职业技能竞赛组委会
煤炭工业职业技能鉴定指导中心　编

应 急 管 理 出 版 社
· 北　京 ·

内 容 提 要

本书包括矿山救护工、安全防范系统安装维修员（安全仪器监测工方向）、井下作业工（瓦斯检查工方向）、电工（综采维修电工方向）、矿山测量工、瓦斯抽采监测工、单轨吊司机、矿井气体巡检检测工（智能化方向）、矿井通风工 9 个工种的赛项规程和试题样例。

本书为 2024 年全国煤炭行业职业技能竞赛指导用书，可供参赛人员参考使用。本书提供模拟试卷和竞赛题库，请扫描以下二维码获取。

模拟试卷

竞赛题库

目　　录

矿 山 救 护 工

赛项专家组成员（按姓氏笔画排序）

于　彬　王　辉　光辛亥　吴旭旭　宋连程
张　琪　郜重阳　周庆军　祝立平

赛 项 规 程

一、赛项名称

矿山救护工

二、竞赛目的

以赛促学、以赛促练，持续推进煤矿高技能人才培养工作，全面提升矿山救护工技战术水平，造就一支高素质的矿山救护工队伍。

三、竞赛内容

充分考虑煤炭行业对矿山救护工的要求，结合《煤矿安全规程》《矿山救护规程》《矿山救护队标准化考核规范》相关内容，以个人技能为重点，全面考核矿山救护工理论知识、技能实操和体能素质。竞赛分为理论知识考试、技能实操竞赛和综合体能竞赛三个部分。

（一）理论知识考试

《煤矿安全规程》《矿山救护规程》和《矿山救护队标准化考核规范》等相关规定，以及矿井“一通三防”、煤炭开采等相关知识，比赛时长 60 min。

（二）技能实操竞赛

4 h 正压氧气呼吸器席位操作、呼吸器佩用、超前环境预检、气体模拟实测、巷道风量计算、心肺复苏术（CPR）、苏生器准备 7 个操作项目，以上操作项目按顺序连续进行，35 min 内完成全部技能实操竞赛项目后参赛选手按下计时器，停止计时，竞赛结束。重点考核参赛人员的个体防护装备故障判断修复及校验的熟练程度、气体检测及测风操作精准度、心肺复苏术（CPR）和苏生器准备熟练程度等。

（三）综合体能竞赛

爬绳（高度 4 m）、过曲面桥（15 m）、4 h 正压氧气呼吸器佩戴、穿越 S 形行人巷（20 m）、穿越矮巷（20 m）、负重跑（约 350 m）、拉检力器（60 次），以上操作项目连续计时，5 min 内完成全部体能竞赛项目后参赛选手按下计时器，停止计时，竞赛结束，全程约 650 m，重点考核选手的综合体能素质。

具体竞赛内容、用时与权重见表 1。

表1　竞赛内容、用时与权重表

<table>
<tr><th>序号</th><th>竞赛内容</th><th>竞赛时间/min</th><th>单项满分</th><th>所占权重/%</th></tr>
<tr><td>1</td><td>理论知识</td><td>60</td><td>100 分</td><td>20</td></tr>
<tr><td>2</td><td>技能实操</td><td>35</td><td>70 分</td><td rowspan="2">80</td></tr>
<tr><td>3</td><td>综合体能</td><td>5</td><td>30 分</td></tr>
</table>

四、竞赛方式

本赛项的理论知识考试采取机考方式进行，技能实操竞赛和综合体能竞赛由裁判员现场评分。本赛项为个人竞赛内容，由每位选手独立完成。每个单位限报2名选手。

五、竞赛流程

（一）赛项流程（表2）

表2 赛项流程表

阶段	序号	流程
准备参赛阶段	1	参赛队领队（赛项联络员）负责本参赛队的参赛组织及与大赛组委会办公室的联络工作
	2	参赛选手凭借大赛组委会颁发的参赛证和有效身份证明参加竞赛前相关活动
	3	各参赛队领队赛前为参赛选手进行第一次抽签，产生参赛场次序号
	4	参赛选手入场检录后进行第二次抽签，确定参赛赛道序号
竞赛阶段	1	参赛选手根据场次，在规定时间及指定地点，向检录工作人员提供参赛证、身份证或公安机关提供的户籍证明，通过检录进入赛场并抽取赛道序号
	2	参赛选手在赛场工作人员的引导下，于竞赛前20 min进入竞赛区域，认领个人体能竞赛佩戴的呼吸器并核重后摆放到指定位置，然后在选手休息区待考。技能实操竞赛前10 min，选手就位，将自带呼吸器放到指定位置后退到技能实操竞赛起点线后待考。赛前8 min，裁判长宣布：选手进入模拟巷道熟悉工具、仪器、仪表，并确认是否齐全完好，观察呼吸器席位操作台、超前环境预检装置，熟悉模拟测气装置，巷道风量计算，心肺复苏模拟人试操作，核查苏生器（注：巷道内所有项目熟悉时间限5 min，由赛道裁判员使用秒表计时，临到时间提前30 s裁判提醒，到时间不退出赛道，裁判员在技能实操竞赛总成绩中进行扣分，每超1 s，扣0.1分）。赛前2 min，各裁判组组长报告：选手准备完毕。赛前1 min，裁判长宣布：请技能实操竞赛各组裁判员和选手就位，竞赛正式开始。竞赛进行到30 min，计时系统自动提示，同时就近裁判员提醒选手本场竞赛时间已经超过30 min；进行到34 min，计时系统再次提示，同时裁判长语音提示“技能实操竞赛时间进入1 min倒计时”，模拟巷道赛道裁判员就近提醒选手“1 min内必须按计时器停止键”，若选手没有及时按停止键，总时间超过35 min，赛道裁判员令选手停止操作，技能竞赛结束，由工作人员将选手引出技能竞赛现场，各裁判组将纸质打分表整理好并签字后交给裁判长。 裁判长鸣枪后竞赛开始计时（自动计时器开始计时，模拟巷道裁判组长使用秒表同步计时，确保选手实操竞赛时间准确无误）。参赛选手完成技能实操竞赛项目，到达模拟巷道终点时，必须按下计时器停止键停止计时（每一名选手技能实操用时以计时器自动计时为准，自动计时器出现故障或竞赛仪器设备故障导致选手暂停操作时，模拟巷道裁判组长必须及时向裁判长汇报，并以该模拟巷道裁判组长秒表连续计时为准）
	3	技能实操竞赛结束后，选手集中到综合体能竞赛待考区，待选手全部到齐后，进行综合体能竞赛，综合体能竞赛限时5 min。赛前1 min，综合体能裁判组长宣布：请综合体能竞赛组各赛位裁判员和选手就位，竞赛正式开始；综合体能裁判组长鸣枪后竞赛开始计时（自动计时器计时，检力器裁判员使用秒表同步计时，确保选手竞赛时间准确无误）；各参赛选手在规定的赛道内完成竞赛任务；项目进行结束必须按下计时器停止键停止计时（每一名选手综合体能竞赛用时以计时器自动计时为准，自动计时器出现故障时检力器裁判员必须及时向裁判长汇报，并以检力器裁判员秒表计时为准）
	4	技能实操竞赛和综合体能竞赛过程中，全部参赛选手实行封闭管理

表2（续）

阶段	序号	流　　程
结束阶段	1	竞赛结束后，分项裁判签字确认各分项竞赛打分情况，并提交各分项比赛评分表
	2	参赛选手和裁判员在比赛期间未经组委会批准，不得接受任何与竞赛内容相关的采访
	3	参赛选手在竞赛过程中必须主动配合现场裁判工作，服从裁判安排，如果对竞赛的裁决有异议，由领队以书面形式向仲裁工作组提出申诉

（二）竞赛时间安排

竞赛日程由大赛组委会统一规定，具体时间另行通知。

六、竞赛赛卷

（一）矿山救护工理论知识

在竞赛试题库中随机抽取100道赛题；理论考试成绩占总成绩的20%。

（二）矿山救护工技能实操

矿山救护工技能实操项目参赛选手需着由承办方按《矿山救援防护服装》（AQ/T 1105—2014）要求统一提供的战斗服，按顺序连续完成4 h正压氧气呼吸器席位操作、呼吸器佩用、超前环境预检、气体（甲烷、硫化氢、乙烯及一氧化碳）模拟实测、巷道风量计算、心肺复苏术（CPR）、苏生器准备7个操作项目。

1. 项目内容

实际操作内容及顺序：4 h正压氧气呼吸器席位操作→呼吸器佩用→超前环境预检→气体（甲烷、硫化氢、乙烯及一氧化碳）模拟实测→巷道风量计算→心肺复苏术（CPR）→苏生器准备。

具体步骤：参赛选手在起点处做好准备，当裁判长发出“开始”（鸣枪）指令后，自动计时器开始计时，参赛选手首先找到并修复4 h正压氧气呼吸器故障、校验并填写好记录（氧气呼吸器故障范围见附表1），确保氧气呼吸器完好后，将呼吸器校验仪、工具恢复到指定位置内；到指定地点佩用氧气呼吸器（佩用的氧气呼吸器由参赛选手自带）和佩戴安全帽（由承办方统一提供），按照规范要求佩用；在指定位置将超前环境预检装置探头开机调试，把探头抛掷到指定模拟环境，通过手持终端读取模拟灾害环境内甲烷、二氧化碳、一氧化碳及氧气浓度和环境温度并填写记录、判断灾害现场危险性，确定不危及人身安全后向模拟巷道进发；到达气体检测区，操作模拟考试装置进行甲烷、硫化氢、乙烯及一氧化碳气体模拟检测；气体检测结束后继续佩机前进到达测风站，首先将测风顺序（测风前的准备工作、操作程序及注意事项）按操作要求，依次选择并张贴在牌板上；然后利用机械风表按照规范要求进行1次测风操作，并根据提供的实测风速值及巷道断面参数，计算出巷道风量，并填写牌板；测风结束后继续前进，到达巷道末端，摘掉呼吸器、安全帽并按照规范要求放置在指定位置，对模拟人进行完整的5个周期的成人单人心肺复苏术（CPR）；操作苏生器完成相应准备工作。以上操作项目连续计时，完成全部技能实操项目后，必须按下计时器停止按键，技能实操竞赛结束。

2. 操作要求

参赛选手按规定顺序完成技能实操竞赛规定的全部项目。

1）呼吸器席位操作要求

呼吸器席位操作中，故障排查、修复后校验并填写好记录，HYZ4(E)正压氧气呼吸器校验项目按表3顺序进行，每检查校验一项均须口述给裁判员，确认席位呼吸器操作完成后到指定地点按照规范要求佩机。

表3 HYZ4(E)正压氧气呼吸器性能校验步骤与内容

序号	项　目	校验测试设置	校验方法提示
1	低压系统气密性	正压泵气	测试前关闭报警哨开关，挡住排气阀，不让其排气。然后用JMH－E氧气呼吸器检验仪在低压系统内建立800 Pa以上的正压，在1 min内压力下降值应不大于100 Pa（观察1 min，填写下降数据及单位）
2	排气阀开启压力	正压泵气	在低压系统内建立正压，用JMH－E氧气呼吸器检验仪检测，排气阀开启压力为（400～700）Pa（不允许打开气瓶）
3	定量供氧量		气瓶气压在（2～20）MPa状态下，打开氧气瓶，拔掉定量供氧管，连接JMH－E氧气呼吸器检验仪，测定供氧量应在（1.4～1.9）L/min范围内（填写数据及单位）
4	手动供氧量		高压（20～5）MPa，定量供氧管连接JMH－E氧气呼吸器检验仪的补气流量测定嘴，按手动补气按钮，观察流量计流量≥80 L/min
5	自动补气阀开启压力	负压抽气	在低压系统内建立负压，用JMH－E氧气呼吸器检验仪检测，自动补气阀的开启压力为（50～245）Pa
6	余压报警		关闭氧气瓶瓶阀，打开报警哨开关，待压力降到（4～6）MPa时再听取报警声（手握压力表并目视）
7	随时可用		面罩与呼吸器相连，并放在呼吸器的外壳上，胸带、腰带扣好，涂抹防雾剂（口述）

2）呼吸器佩用操作要求

参赛选手必须在指定地点按照规范要求佩用4 h正压氧气呼吸器（佩戴面罩、打开氧气瓶、系好腰带、胸带扣）并戴好安全帽（正向佩戴安全帽）后，才能进行超前环境预检实操项目操作。

3）超前环境预检实测操作要求

在一个模拟塌方灾害区域，左上部有直径约1 m的孔洞，对灾害区域内环境进行预判断，将超前环境检测探头开机调试，将其探头在距离3 m处抛掷到指定模拟环境，触发报警装置，1 min后通过手持终端读取模拟灾害环境内氧气、甲烷、二氧化碳、一氧化碳等气体浓度和环境温度并填写记录表（表4），判断灾害现场危险性，确定不危及人身安全后，才能向巷道深处进发。

表4　超前环境预检竞赛记录表

参赛选手：	场次号+赛道号：	参赛日期：
甲烷浓度：________% 氧气浓度：________% 二氧化碳浓度：________% 一氧化碳浓度：________ppm 温　　度：________℃ 灾害现场环境危险性预判断：是（　　）、否（　　）危及人身安全。		

4）气体模拟实测操作要求

通过真实操作模拟光学瓦斯检定器及模拟气体采样器，观察显示器提供的相关参数。系统显示屏界面里虚拟呈现出标准气样，运用虚拟光学瓦斯检定器、虚拟气体检测管（不同型号）、虚拟气体采样器实测相应气体浓度并记录在表5中（由裁判长通过软件后台从气样库内随机选出设定的气样，包括甲烷、硫化氢、乙烯及一氧化碳浓度值）。

表5　气体模拟实测竞赛记录表

参赛选手：	场次号+赛道号：	参赛日期：
甲烷浓度：________% 乙烯浓度：________% 硫化氢浓度：________% 一氧化碳浓度：________ppm		

5）巷道风量计算操作要求

首先将测风量顺序（测风前的准备工作、操作程序及注意事项）按操作要求依次选择并张贴在牌板上，然后按照规范要求操作机械风表进行1次测风操作，再根据提供的实测风速值及巷道断面参数，在表6中计算出巷道风量，并正确填写牌板。

表6　巷道风量计算竞赛记录表

参赛选手：	场次号+赛道号：	参赛日期：
巷道断面积=________ 实际风速=________ 风　　量=________		
演算区：		

6）心肺复苏操作要求

心肺复苏前摘下氧气呼吸器、安全帽，将其按照规范要求放置在指定位置的线内，再对模拟人进行心肺复苏操作。心肺复苏术操作流程如下：

（1）确认环境安全。上下左右四点环视法确认现场环境安全，然后进行现场评估，做好个人防护（携带 CPR 隔离膜），跪在患者身边快速定位：双膝打开与肩同宽，膝盖位置跪在患者肩膀距离一拳距离。

（2）判断意识。确定意识状态，判断有无呼吸或呼吸异常（如仅仅为喘息），在 5 ~ 10 s 内完成。方法：轻拍患者双肩，双耳边呼唤："先生，你怎么了?"，两耳都要试，并且声音要大些。

（3）大声呼救及寻求帮助："这里有人晕倒了，快来人啊!"，同时将伤员放置心肺复苏体位。

（4）判断有无动脉搏动，在 5 ~ 10 s 内完成。用一手的食指、中指轻置伤员喉结处，然后滑向同侧气管旁软组织处（相当于气管和胸锁乳突肌之间）触摸颈动脉搏动，判断有无动脉搏动（默读 1001、1002、1003、1004、1005、1006、1007、1008、1009、1010）。

（5）胸外心脏按压。

① 解开衣物，充分暴露胸壁，并口述：开始急救。

② 按压定位：用靠近伤员下肢手的食指、中指并拢，指尖沿其肋弓处向上滑动（定位手），中指端置于肋弓与胸骨剑突交界下切迹处，食指在其上方与中指并排、岔开一指。另一只手掌根紧贴于定位手食指的上方固定不动；再将定位手放开，用其掌根重叠放于已固定手的手背上，两手扣在一起，固定手的手指抬起，脱离胸壁。

③ 手法：双手交叉互扣，掌根（掌根为用力点）一字形重叠，手指上抬。

④ 姿势：双臂绷紧垂直，上半身前倾垂直向下用力按压，双肩连线中点在按压点正上方，连续快速有力，确保胸廓充分回弹。

⑤ 深度：成人按压深度为 5 ~ 6 cm，下压与放松时间比为 1∶1。

⑥ 频率：100 ~ 120 次/min。

⑦ 次数：按压 30 次（用时 15 ~ 18 s）。

⑧ 边按压边数数：01、02、03…30，按压同时观察患者面部情况。

（6）开放气道。

① 仰头举颌法，置气道开放状态（一手五指并拢，放在额头位置；另一手食指和中指并拢，放在下颌骨硬骨位置，双手同时用力将气道打开）。

② 检查口鼻内是否有异物（双手大拇指按住下巴，确保拇指按住下嘴唇并在下颚牙齿上），头向后一点查看是否有异物。

③ 清除口鼻异物（双手护在患者耳朵位置，轻轻向一边倾斜；扣住下巴打开口腔，将手指伸入口中清除异物，头部归位）。

（7）人工呼吸。

① 手法：拇指、食指捏住鼻翼两侧（放在额头的手，另一手不变动），轻吸一口气。张嘴完全包住患者双唇，缓慢、用力吹气（做好个人防护：防护膜等，正常吸气、吹气），观察胸廓是否起伏（眼角余光），再松口、松鼻。

② 次数：2 次/周期。

③ 吹气时间：2 次吹气时间应在 3 ~ 4 s 之间，单次吹气时间应超过 1 s。

④ 吹气量：每次吹气量 600 ~ 800 mL。

（8）2 min 左右完成 5 个周期胸外心脏按压 + 人工呼吸（30 次胸外心脏按压 + 2 次人工呼吸为 1 个周期，按压频率 100 ~ 120 次/min）。

（9）五个周期后评估。

① 重复胸部按压、人工呼吸，每个周期比例为 30∶2；5 个周期后重新快速评估、判断意识，确认复苏成功后停止。

② 合上衣物，对患者说："你刚才晕倒了，已经为你做了急救措施并拨打了 120，在救护车来临之前我都会陪伴着你，直到救护车到来"。

7）自动苏生器准备操作

参赛选手正确连接 MZS30 型煤矿用自动苏生器的吸引装置、自动肺装置、自主呼吸阀装置，并为伤员佩用吸氧面罩。

（1）连接吸引装置：打开仪器盖子（姿势不限），打开氧气瓶，将吸引管的快速接头插在与吸痰瓶相连的硅胶软管上（以拿起吸引管不能脱离为准），开关一次靠近氧气瓶的引射开关旋钮，试验是否能正常通气，并理顺吸引管。

（2）连接自动肺装置：将配气阀（供气量Ⅱ）端头相连输氧管的快速接头插在自动肺供气接头上，一手堵住自动肺的面罩接口，另一手打开配气阀（供气量Ⅱ）的旋钮开关，试验自动肺是否正常动作，自动肺正常动作时，关闭配气阀（供气量Ⅱ）的旋钮开关，并将其中一个吸氧面罩与自动肺面罩接口连接，拉起自动肺顶杆，理顺输氧管。

（3）连接自主呼吸阀装置：将配气阀（供气量Ⅰ）端头相连输氧管的快速接头插在自主呼吸阀的供气接头上，将储气囊与气囊接口连接，将另一个吸氧面罩与面罩接口连接（以拿起自主呼吸阀装置气囊和面罩不能脱离为准），开关一次配气阀（供气量Ⅰ）旋钮开关，试验是否能正常通气，理顺自主呼吸阀装置的管路。

（4）给伤员佩戴吸氧面罩：将吸氧面罩用头带固定在伤员面部，并开关一次配气阀（供气量Ⅰ）旋钮开关。

（三）矿山救护工综合体能

矿山救护工综合体能竞赛参赛选手需着由承办方按《矿山救援防护服装》（AQ/T 1105—2014）要求统一提供的战斗服，按顺序连续完成爬绳（高度 4 m）、过曲面桥（15 m）、4 h 正压氧气呼吸器佩戴、穿越工作面 S 形行人巷（20 m）、穿越矮巷（20 m）、负重跑（约 350 m）、拉检力器（60 次）等 7 个项目。

1. 项目内容

综合体能竞赛内容及顺序：爬绳（高度 4 m）→过曲面桥（15 m）→呼吸器佩戴→穿越工作面 S 形行人巷（20 m）→穿越矮巷（20 m）→负重跑（约 350 m）→拉检力器（60 次）。

具体步骤：参赛选手技能实操竞赛结束后方可进行综合体能竞赛项目。综合体能竞赛全程约 650 m，需按顺序连续完成爬绳（高度 4 m）、过曲面桥（15 m）、呼吸器佩戴、穿越工作面 S 形行人巷（20 m）、穿越矮巷（20 m）、负重跑（约 350 m）、拉检力器（60 次）等 7 个项目，以上操作项目连续计时，必须依次完成全部综合体能竞赛项目后参赛选手按下计时器，停止计时，竞赛结束。

2. 操作要求

（1）爬绳：行程为 4 m，上爬时，双手握绳，触动限位报警装置，不准夹绳；下放时，姿势不限。

（2）过曲面桥：曲面桥跨度长 15 m，桥面宽 0.2 m，桥面距地面 0.2 m，每段曲面长 2.15 m。上下桥及每个转折点有触发报警装置，必须通过每个报警器的触发装置，不准跳跃式穿过曲面桥；中途掉下，需重新回到曲面桥起点上桥。

（3）呼吸器佩戴：按规范要求佩戴 4 h 正压氧气呼吸器和正向佩戴安全帽。

（4）穿越 S 形行人巷道：模拟一段受灾害事故波及导致支柱受到破坏的井下行人巷道（长 20 m、宽 1.2 m、高 2.2 m，每隔 1.5 m 设置一根支柱），参赛选手需 S 形绕行支柱通过行人巷道。

（5）穿越矮巷：矮巷（长 20 m × 内宽 1.15 m × 内高 1 m），设置 2 处起伏坡道，穿越矮巷时姿势不限。每位选手穿越矮巷后均可以抢道跑。

（6）负重跑：穿越矮巷后，继续佩戴 4 h 正压氧气呼吸器和安全帽变道绕内道负重跑（可从外道超越）约 350 m 至检力器处。

（7）拉检力器：检力器锤重 20 kg，拉高 1.2 m，数量 60 次（上下碰响为 1 次）。若检力器发生故障，则换备用检力器（连续计时、计数）。

（8）所有项目任何人均不得协助、领跑。

七、竞赛规则

（一）报名资格及参赛选手要求

（1）选手需为按时报名参赛的煤炭企业生产一线的在岗职工，从事本职业（工种）8 年以上时间，且年龄不超过 45 周岁。

（2）选手须取得行业统一组织的赛项集训班培训证书，且具备国家职业资格高级工及以上等级。

（3）已获得“中华技能大奖”“全国技术能手”的人员，不得以选手身份参赛。

（二）熟悉场地

（1）开赛式结束后，组委会安排各参赛选手统一有序地熟悉场地。

（2）熟悉场地时不允许发表没有根据及有损大赛整体形象的言论。

（3）熟悉场地时要严格遵守大赛各种制度，严禁拥挤、喧哗，以免发生意外事故。

（4）参赛选手在赛场工作人员的引导下，在竞赛前 20 min 进入竞赛区域，适应场地及准备竞赛器材，包括领取综合体能 4 h 正压氧气呼吸器并核重、摆放（2 min），熟悉模拟巷道内竞赛项目（5 min）。

（三）参赛要求

（1）竞赛所需平台、设备、仪器和工具按照大赛组委会的要求统一由协办单位提供；选手自备工具材料：4 h 正压氧气呼吸器（必须是 4 h 正压氧气呼吸器且确保完好，检录时检查重量及充氧装药情况，并粘贴赛道号，统一美化。其仪器不得带有企业和个人标识，否则视为检录不合格，不得进入竞赛区域）、运动鞋。

（2）所有人员在赛场内不得有影响其他选手完成工作任务的行为，参赛选手不允许串岗串位，要使用文明用语，不得以言语及人身攻击裁判和赛场工作人员。

（3）竞赛开始前 20 min，参赛选手在工作人员引导下到达指定地点报到，接受工作人员对选手身份、资格和有关证件的核验，参赛场次序号、赛道序号由抽签确定（所抽取的赛道序号与本单位裁判员冲突时，实行选手回避裁判员制度，按顺向间隔调整赛道序号，如顺向间隔调整仍有冲突时，则逆向间隔调整赛道序号），不得擅自变更、调整。

（4）选手须在规定位置填写参赛选手的场次序号、赛道序号。其他地方不得有任何暗示选手身份的记号或符号。选手不得将手机等通信工具带入赛场及隔离区内，选手之间不得以任何方式传递信息，如传递纸条、用手势表达信息等，否则取消成绩。

（5）选手须严格遵守安全操作规程，并接受裁判员的监督和警示，以确保人身及设备安全。选手因个人误操作造成人身安全事故和设备故障时，现场裁判员须立即向裁判长汇报，裁判长有权终止该选手竞赛；非选手个人因素出现设备故障而无法竞赛，若裁判长确定设备故障可由技术支持人员排除，故障排除后继续竞赛，同时给参赛选手补足所耽误的竞赛时间，若故障无法排除，由裁判长视具体情况做出裁决（调换到备用赛道或调整至最后一场次参加竞赛）。

（6）选手进入赛场后，不得擅自离开赛场，因病或其他原因离开赛场或终止竞赛，应向裁判示意，须经赛项裁判长同意，并在赛场记录表上签字确认后，方可离开赛场并在赛场工作人员指引下到达指定地点。

（7）技能实操竞赛 35 min 时间到，裁判长发布竞赛结束指令后，赛道裁判必须立即就近提醒未完成任务的参赛选手立即停止操作并记录下该赛位完成情况，所有未完成任务参赛选手必须立即停止操作，按要求清理赛位，不得以任何理由拖延竞赛时间。

（8）服从组委会和赛场工作人员的管理，遵守赛场纪律，尊重裁判和赛场工作人员，尊重其他代表队参赛选手。

（四）安全文明操作

（1）选手在竞赛过程中不得违反《煤矿安全规程》规定要求。

（2）注意安全操作，防止出现意外伤害。完成工作任务时要防止工具伤人等事故。

（3）组委会要求选手统一着装，服装上不得有姓名、队名以及其他任何识别标记。不穿组委会提供的服装，将被拒绝进入赛场。

（4）工具不能混放、堆放，废弃物按照环保要求处理，保持赛位清洁、整洁。

八、竞赛环境

实操竞赛环境如图 1 ~ 图 4 所示。

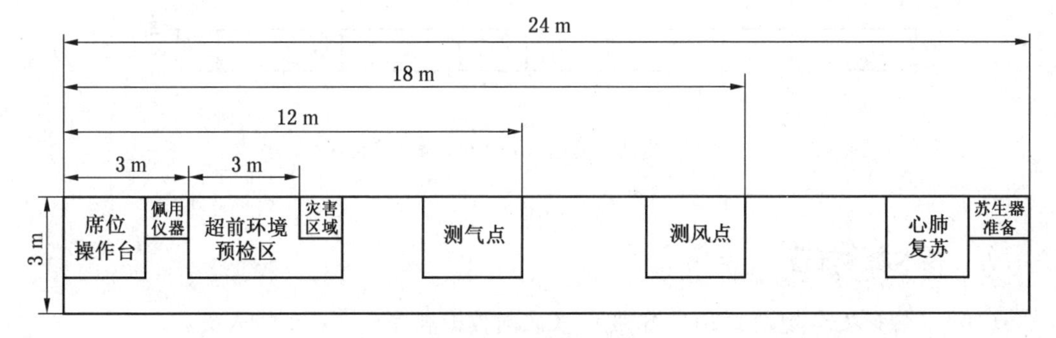

图 1　模拟巷道示意图

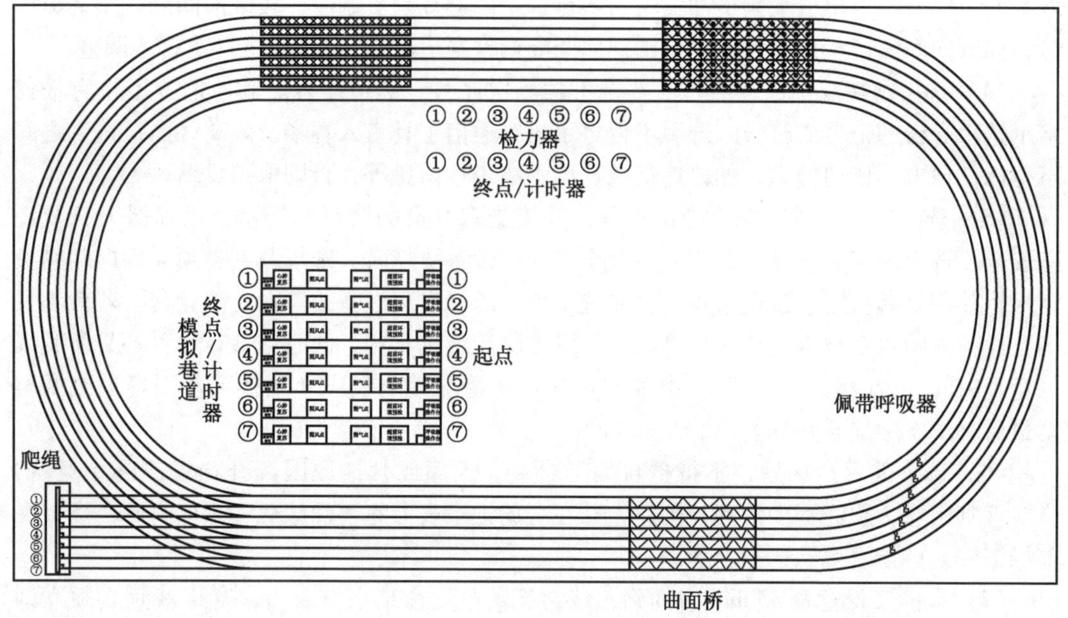

图2　实操项目场地设置示意图

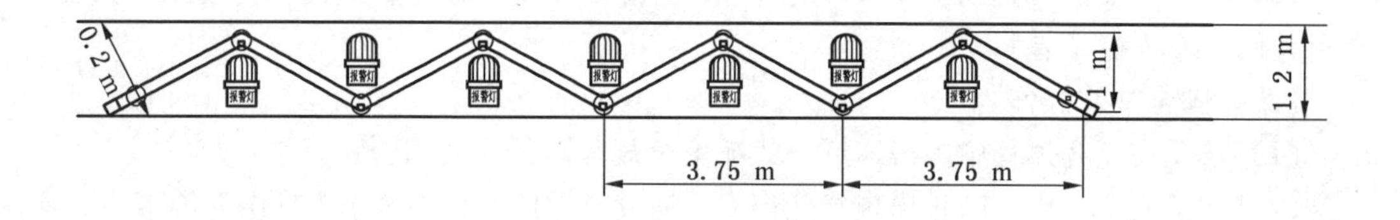

图3　曲面桥示意图

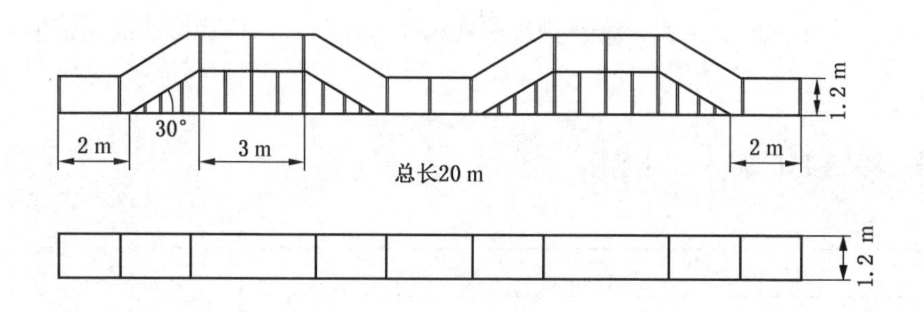

图4　矮巷示意图（高1 m，宽1.2 m）

九、技术参考规范

（一）《煤矿安全规程》(2022 年版)、《矿山救护规程》。

（二）《矿山救护队标准化考核规范》(AQ/T 1009—2021)。

（三）全国煤炭行业职业技能竞赛—矿山救护工赛项规程。

十、技术平台

（一）竞赛设备材料，见表7

表7 竞赛设备材料

序号	名称	型号	数量	单位
1	竞赛计时系统	JMJS－VI	2	套
2	多项竞技评分系统	JMJS－VIA	1	套
3	无线评分终端	JMJS－VIB	10	台
4	4 h正压氧气呼吸器	HYZ4(E)	40	台
5	氧气呼吸器校验仪	JMH－E	10	台
6	呼吸器工具	六棱M3、12－14叉口扳手	10	套
7	矿用环境参数检测探头	ZCJ4－T	10	台
8	矿用本安型手持终端	KJD3.7	10	台
9	模拟塌方有毒有害环境	方1.2 m（扩散箱）	7	个
10	救护工模拟测气考试装置	JMJHK－D	7	套
11	模拟光学瓦斯检定器	CJG10(B)－D	10	台
12	光学瓦斯检定器	CJG10(B)	10	台
13	模拟气体采样器	CZY50－D	10	台
14	煤矿用自动苏生器	MZS30	10	台
15	模拟测风考试系统	JMkCF－D	7	台
16	检定管	1型、2型、3型	各10	盒
17	音视频记录仪	YHJ3.7	40	台
18	机械风表	低速	10	台
19	秒表	机械	10	台
20	模拟巷道	24 m×3 m×2.8 m，封闭	7	套
21	席位操作台	2000 mm×1000 mm×750 mm，折叠	7	个
22	曲面桥	跨度15 m，带报警	7	套
23	现场视频监控系统	JM－SP	1	套
24	钢卷尺	5 m	10	把

表7（续）

序号	名　称	型　号	数量	单位
25	医用模拟人	上海弘联 GD/CPR10300	10	台
26	爬绳架	5 位，定制	1	套
27	爬绳防护海绵垫	定制（含垫、斜坡、柱子防撞套）	1	套
28	爬绳竞赛装置	ZTX－I	7	台
29	计数器	YSJ－D	7	套
30	检力器	双人位，行程 1.2 m，锤重 20 kg	7	套
31	帐篷	3 m×6 m，全封闭、带门窗	10	个
32	矮巷	JMAC－D，20 m	7	套
33	模拟 S 行人巷	JMXH－D，20 m	7	套
34	计算器	KJD1.5	10	台
35	气体牌板	80 cm×50 cm	7	个
36	泡沫垫	1000 mm×1000 mm，厚度 24 mm	40	块
37	电缆	三芯 2.5 m^2，100 m 带轮防漏电线滚	6	套
38	插座	3 芯 2.5 m^2，铜芯 3 m 长，12 孔	42	个
39	海绵垫	2 m×1 m×0.1 m，可折叠	60	个
40	伸缩隔离带栏杆	带长 5 m	130	个
41	pvc 警戒线专用胶带	48 mm×33 m/卷	50	卷
42	医用模拟人打印纸		50	卷
43	CPR 隔离膜		200	张
44	氢氧化钙	1.1 kg/袋	200	袋
45	医用氧气	40 L	50	瓶
46	磁吸牌板	80 cm×50 cm	7	个
47	氧气充填泵	102	4	台
48	电小二	1000 W	10	台
49	遮雨棚	伸缩（长 18 m，宽定制）曲面桥用	2	套
50	户外偏心大遮阳伞	方 2 m	15	把
51	对讲机	含耳机、麦	35	台
52	电子秤	台式	6	台

表7（续）

序号	名　称	型　号	数量	单位
53	桌子	1.2 m×60 cm×75 cm	20	张
54	矿用安全帽	红	20	顶
55	电子秒表	卡西欧	35	台
56	板夹	A4	50	各
57	白板笔	黑	100	只
58	中性笔		100	只
59	安全警戒线		1000	米
60	安全锥		60	个

（二）选手自备工具材料

4 h 正压氧气呼吸器、运动鞋。

十一、成绩评定

（一）评分标准制定原则

评分本着“公平、公正、公开、科学、规范”的原则，注重考查选手的职业综合能力和技术应用能力。

（二）评分标准

1. 理论知识

理论知识满分为 100 分，所得分数乘以权重 20% 计入竞赛个人综合成绩。

2. 技能实操

技能实操满分为 70 分，所得分数与综合体能所得分数相加再乘以权重 80% 计入竞赛个人综合成绩。

技能实操竞赛均实行自动计时，分别记录个人成绩。从鸣枪开始计时，完成竞赛规定内容后，至终点按下计时器停止计时。期间出现操作错误对照具体评分细则扣相应的分数。具体评分标准见表 8～表 14，技能实操竞赛成绩表见表 15。

表8　HYZ4(E)正压氧气呼吸器席位操作竞赛评分表

<table>
<tr><td colspan="2">参赛选手：</td><td>场次号＋赛道号：</td><td>参赛日期：</td></tr>
<tr><td colspan="3">HYZ4(E)正压氧气呼吸器性能校正步骤与内容</td><td rowspan="4">故障排除情况</td></tr>
<tr><td colspan="2">记　录</td><td>是否完成</td></tr>
<tr><td>1</td><td></td><td></td></tr>
<tr><td>2</td><td></td><td></td></tr>
</table>

表 8(续)

3			1	
4			2	
5			3	
6			4	
7			5	

序号	评 分 标 准	扣 分
1	检查低压气密性时，观察 1 min，不足 1 min，扣 1 分。选手进行低压系统气密性校验时，选手与裁判员必须同时计时 1 min，同时观察压力显示器。选手在启动 1 min 计时的同时，要报告压力显示器上的起始压力值及单位，未按规定报告扣 1.0 分。未进行操作低压气密性试验扣 5 分	
2	检查顺序、校验方法不正确，扣 2 分	
3	测试步骤检查时，没有“口述”给裁判员，扣 2 分	
4	第一次低压气密校验不合格扣 2 分	
5	校验记录填写不完整、错误，每项扣 2 分。低压气密性测试须据实填写压力下降差值及单位。选手填写氧气呼吸器校验步骤时，须据实填写低压气密性测试压力下降差值及单位和定量供氧量数值及单位。最多扣 14 分	2.0 分 × ____ =
6	操作完毕后工具遗漏呼吸器内未取出，扣 2 分	
7	呼吸器故障未填写、描述不完整、错误，扣 2 分。选手填写呼吸器故障描述时，故障名称必须与“附表 1　正压氧气呼吸器席位操作故障范围”中的故障描述一致。故障范围中，一条故障描述包含两个及以上故障的，选手也可按赛题实际故障名称填写	
8	氧气呼吸器未达到随时可用状态，扣 5 分（若有故障未恢复不重复扣分）	
9	呼吸器故障未恢复，每有一项，扣 2 分。最多扣 10 分	2 分 × ____ =
10	拆装仪器时，损坏仪器或部件，扣 5 分	
11	校验时造成 JMH – E 呼吸器校验仪损坏无法使用，扣 5 分	
12	操作完成后，校验仪、工具未放回指定位置，扣 2 分	
13	未进行该项目操作，扣 15 分	
14	合计扣分	
15	4 h 正压氧气呼吸器席位操作项目得分（15 – 合计扣分）：	

裁判员签字：　　　　　　　　　　　　　　　　日期时间：

表9　4 h正压氧气呼吸器佩用竞赛评分表

参赛选手：	场次号+赛道号：	参赛日期：
序　号	评　分　标　准	扣　分
1	呼吸器未正确佩用，腰带扣、胸带扣未扣好，扣2分	
2	安全帽未正确佩戴，扣0.5分	
3	肩带、胸带、腰带有扭曲，扣0.5分	
4	中途呼吸软管、三通、面罩有脱落，扣1分	
5	安全帽中途脱落，必须立即复位，裁判提醒后未及时复位，扣0.5分	
6	呼吸器、安全帽摘下放置指定区域，有出线、压线，扣0.5分	
7	未进行该项目操作，扣5分	
合计扣分		
4 h正压氧气呼吸器佩用项目得分（5－合计扣分）：		

裁判员签字：　　　　　　　　　　　　　　　　日期时间：

表10　超前环境预检竞赛评分表

参赛选手：	场次号+赛道号：	参赛日期：
序　号	评　分　标　准	扣　分
1	气体检测探头未开机抛掷，扣0.5分	
2	探头未能准确抛掷至指定区域，扣0.5分	
3	探头连接绳固定不牢靠，脱落，扣0.5分	
4	手持终端数据未保存，扣0.5分	
5	数据记录填写与手持终端不一致、错误，每处扣0.2分，最多扣1分	0.2分×____＝
6	探头未能收回，扣0.5分	
7	探头收回后，探头开关插头未复位，操作完成仪器未放置指定位置，扣0.5分	
8	超前环境预检结果未判断或判断结论错误，扣1分	
9	未进行该项目操作，扣5分	
合计扣分		
超前环境预检项目得分（5－合计扣分）：		

裁判员签字：　　　　　　　　　　　　　　　　日期时间：

表11　气体模拟实测竞赛评分表

参赛选手:	场次号+赛道号:	参赛日期:

序　号	评　分　标　准	扣　分
1	未进行清洗气室、调零步骤，扣1分	
2	甲烷读数不正确，扣2分	
3	甲烷读数未保留两位有效数字，扣1分	
4	模拟采样器操作时间不够，每次扣3分。最多扣9分	3分×____=
5	一氧化碳读数不正确，扣2分	
6	硫化氢读数不正确，扣2分	
7	乙烯读数不正确，扣2分	
8	未在牌板上按要求填写读取数值，每项扣1分。最多扣4分	1分×____=
9	操作完成后，仪器未恢复、摆放指定位置，扣1分	
10	未进行该项目操作，扣15分	
合计扣分		
气体模拟实测项目得分（15－合计扣分）:		

裁判员签字:　　　　　　　　　　　　　日期时间:

表12　巷道风量计算竞赛评分表

参赛选手:	场次号+赛道号:	参赛日期:

序　号	评　分　标　准	扣　分
1	选择测风前的准备工作，漏项、顺序颠倒或选择错误，扣2分	
2	选择线路测风法操作程序，漏项、顺序颠倒或选择错误，扣2分	
3	选择测风注意事项，漏项、顺序颠倒或选择错误，扣2分	
4	测风时，风表距人体及巷道顶、帮、底部太近，间距小于200 mm的，扣0.3分	
5	必须待风表叶轮转动30 s且稳定后再测风，否则扣0.5分	
6	风表叶片与风流方向不能始终保持垂直的，扣0.3分	
7	风表叶轮与风流方向不对应，扣1分	
8	在断面内风表不能保证均匀移动，扣0.5分	
9	测风时间不符合规定的，扣0.5分	
10	没有利用风表校正曲线校正的，扣0.6分	

表 12（续）

序号	评分标准	扣分
11	风速计算过程正确，但最后计算结果错误的，扣 0.6 分	
12	风速计算过程及结果均错误，扣 1 分	
13	巷道断面积计算错误，扣 1 分	
14	风量计算错误，扣 2 分	
15	未在牌板按要求填写数据，扣 0.3 分	
16	数据至少保留两位小数，否则扣 0.2 分	
17	风速单位 m/s，风量单位 m^3/min，填写不正确扣 0.3 分，最多扣 0.6 分	0.3 分 × ____ =
18	检测操作完后，风表未恢复，附属器具未放回指定位置，扣 0.5 分	
19	未进行该项目操作，扣 10 分	
合计扣分		
巷道风量计算项目得分：（10 − 合计扣分）		

裁判员签字：　　　　　　　　　　　　　　　　日期时间：

表 13　心肺复苏(CPR)操作竞赛评分表

参赛选手：	场次号 + 赛道号：	参赛日期：
序号	评分标准	扣分
1	评估周围环境操作遗漏或错误，扣 1 分	
2	评估患者意识操作遗漏或错误，扣 1 分	
3	心肺复苏操作前准备工作（呼救及寻求帮助、开放气道等）遗漏或操作错误，扣 1 分	
4	实施胸外按压前手的定位未采用正确方式，扣 1 分	
5	按压时未将两手平行重叠放置（掌根共轴应与胸骨长轴平行），扣 1 分	
6	胸外心脏按压方法错误： 1. 按压频率未控制在 100 ~ 120 次/min，扣 1 分 2. 按压深度未达到 5 ~ 6 cm，按压错误 1 ~ 10 次扣 2 分，11 ~ 20 次扣 4 分，20 次以上的扣 5 分 3. 没有放松按压，扣 1 分	
7	CPR 过程中吹气不当： 1. 没有在 4 s 内给予 2 次吹气，扣 0.5 分 2. 吹气不足或过大，每次扣 0.2 分。最多扣 2 分 3. 再次吹气前，肺体积未能下降，扣 0.5 分 4. 单次吹气时间未超过 1 s，扣 0.5 分	0.2 × ____ =

表13（续）

序 号	评 分 标 准	扣 分
8	未在100～125 s时间段内（从按压开始秒表计时）完成5个胸外按压+人工呼吸周期（30次胸外按压和2次人工呼吸为1个周期，按压频率100～120次/min） 1. 每30次连续按压用时严格控制在15～18 s，否则扣1分 2. 按压30次、吹气2次为一个周期。每5个周期之外按压或吹气每多做或少做，扣2.0分 3. 胸外心脏按压间断超过7 s，扣1分	
9	心肺复苏术效果评估内容不全或错误，扣1.0分	
10	心肺复苏术操作有效后伤员安置内容不全或错误，扣1.0分	
11	未进行该项目操作，扣15分	
合计扣分		
心肺复苏项目得分（15－合计扣分）：		

裁判员签字： 日期时间：

表14 MSZ30煤矿用自动苏生器准备竞赛评分表

参赛选手：	场次号+赛道号：	参赛日期：
序号	评 分 标 准	扣 分
1	自动苏生器按照操作要求中的步骤准确操作，缺少操作步骤，扣0.5分	
2	自动苏生器管路接头松动，扣0.3分	
3	自动苏生器自动肺口鼻杯安装角度大于45°，扣0.3分	
4	自动苏生器管路交叉、打结，扣0.3分	
5	未给伤员佩用氧气吸入面罩，扣0.5分	
6	吸氧面罩佩戴未罩住伤员口鼻或压住伤员眼睛，扣0.3分	
7	自动苏生器各连接管路必须放置到位，超出规定区域，扣0.3分	
8	未进行该项目操作，扣5分	
合计扣分		
自动苏生器准备项目得分（5－合计扣分）：		

裁判员签字： 日期时间：

表15 技能实操竞赛成绩表

<table>
<tr><td colspan="2">参赛选手：</td><td colspan="2">场次号＋赛道号：</td><td colspan="2">参赛日期：</td></tr>
<tr><td colspan="4">项 目 名 称</td><td colspan="2">得 分</td></tr>
<tr><td>1</td><td colspan="3">4 h 正压氧气呼吸器席位操作</td><td colspan="2"></td></tr>
<tr><td>2</td><td colspan="3">4 h 正压氧气呼吸器佩用</td><td colspan="2"></td></tr>
<tr><td>3</td><td colspan="3">超前环境预检</td><td colspan="2"></td></tr>
<tr><td>4</td><td colspan="3">气体模拟实测</td><td colspan="2"></td></tr>
<tr><td>5</td><td colspan="3">巷道风量计算</td><td colspan="2"></td></tr>
<tr><td>6</td><td colspan="3">心肺复苏术（CPR）</td><td colspan="2"></td></tr>
<tr><td>7</td><td colspan="3">苏生器准备</td><td colspan="2"></td></tr>
<tr><td colspan="4">技能实操各项目得分合计</td><td colspan="2"></td></tr>
<tr><td>技能实操
基准用时</td><td>35 min</td><td>自动计时</td><td>____分____秒____毫秒</td><td>秒表人工计时</td><td>____分____秒____毫秒</td></tr>
<tr><td>熟悉巷道超时</td><td>s</td><td colspan="3">熟悉巷道超时扣分（＝0.1 分×超时秒数）</td><td></td></tr>
<tr><td colspan="3">成绩：技能实操各项目得分合计－熟悉巷道超时扣分</td><td></td><td>排名</td><td></td></tr>
</table>

赛道裁判组长签字： 日期：

参赛选手必须按项目顺序进行操作。进入下一个竞赛项目后返回进行上一个项目操作视为无效，返回操作的内容裁判员不予计分。故意放弃任意一个项目，按未进行该项目处理，该项目得分为0分。

技能实操7个竞赛项目满分为70分，每个选手每个竞赛项目最低得分为0分。

技能实操竞赛得分＝4 h 正压氧气呼吸器席位操作竞赛得分（15分）＋呼吸器佩用竞赛得分（5分）＋超前环境预检实测操作竞赛得分（5分）＋气体模拟实测竞赛得分（15分）＋巷道风量计算竞赛得分（10分）＋心肺复苏术（CPR）竞赛得分（15分）＋自动苏生器准备竞赛得分（5分）－赛前准备阶段不当行为（含熟悉模拟巷道超时）扣分（每超1 s，扣0.1分）。

每个选手每个竞赛项目最低得分为0分。每个选手每个竞赛项目最高扣分为选手未进行该项目操作扣分数值。

3. 综合体能

综合体能满分为30分，所得分数与技能实操所得分数相加再乘以权重80%计入竞赛个人综合成绩。

综合体能竞赛均实行自动计时，分别记录个人成绩。从鸣枪开始计时，完成竞赛规定内容后，至终点按下计时器停止计时。期间出现操作错误对照具体评分细则扣相应的分数。具体评分标准见表16～表22，矿山救护工综合体能竞赛成绩表见表23。

表16　综合体能　爬绳　竞赛评分表

<table>
<tr><td>参赛选手:</td><td>场次号+赛道号:</td><td colspan="2">参赛日期:</td></tr>
<tr><td>序号</td><td colspan="2">评 分 标 准</td><td>扣 分</td></tr>
<tr><td>1</td><td colspan="2">参赛选手在爬绳过程中，上爬时出现用脚、腿、臂等夹绳动作，扣3分</td><td></td></tr>
<tr><td>2</td><td colspan="2">此项目未能完成，扣7分（目测2.0 m标志线以上视为）</td><td></td></tr>
<tr><td colspan="3">爬绳项目合计扣分</td><td></td></tr>
<tr><td colspan="3">爬绳项目得分（10－合计扣分）</td><td></td></tr>
<tr><td colspan="3">未进行爬绳项目不得进行下一步的综合体能竞赛项目</td><td></td></tr>
</table>

裁判员签字:　　　　　　　　　　　　　日期时间:

表17　综合体能　呼吸器佩戴　竞赛评分表

<table>
<tr><td>参赛选手:</td><td>场次号+赛道号:</td><td colspan="2">参赛日期:</td></tr>
<tr><td>序号</td><td colspan="2">评 分 标 准</td><td>扣 分</td></tr>
<tr><td>1</td><td colspan="2">必须将呼吸器软管放在胸前，否则扣1分</td><td></td></tr>
<tr><td>2</td><td colspan="2">安全帽戴好（必须正向佩戴安全帽），否则扣1分</td><td></td></tr>
<tr><td colspan="3">呼吸器佩戴项目合计扣分</td><td></td></tr>
<tr><td colspan="3">呼吸器佩戴项目得分（2－合计扣分）</td><td></td></tr>
<tr><td colspan="3">未佩戴呼吸器不得进行下一步的综合体能竞赛项目</td><td></td></tr>
</table>

裁判员签字:　　　　　　　　　　　　　日期时间:

表18　综合体能　曲面桥　竞赛评分表

<table>
<tr><td>参赛选手:</td><td>场次号+赛道号:</td><td colspan="2">参赛日期:</td></tr>
<tr><td>序号</td><td colspan="2">评 分 标 准</td><td>扣 分</td></tr>
<tr><td>1</td><td colspan="2">曲面桥上中途掉下来，必须回到曲面桥起点重新上桥，否则扣1分</td><td></td></tr>
<tr><td>2</td><td colspan="2">通过曲面桥，须依次通过触发报警装置，每漏过1个，扣0.1分。最多扣0.9分</td><td></td></tr>
<tr><td>3</td><td colspan="2">上错桥扣2分</td><td></td></tr>
<tr><td colspan="3">曲面桥项目合计扣分</td><td></td></tr>
<tr><td colspan="3">曲面桥项目得分（2－合计扣分）</td><td></td></tr>
<tr><td colspan="3">未过曲面桥不得进行下一步的综合体能竞赛项目</td><td></td></tr>
</table>

裁判员签字:　　　　　　　　　　　　　日期时间:

表19　综合体能　穿越S行人巷　竞赛评分表

参赛选手：	场次号+赛道号：	参赛日期：
序号	评 分 标 准	扣 分
1	进错S行人巷，扣2分	
过S行人巷项目合计扣分		
过S行人巷项目得分（2－合计扣分）		
未过S行人巷不得进行下一步的综合体能竞赛项目		

裁判员签字：　　　　　　　　　　　　　　　日期时间：

表20　综合体能　穿越矮巷　竞赛评分表

参赛选手：	场次号+赛道号：	参赛日期：
序号	评 分 标 准	扣 分
1	过矮巷安全帽脱落，出矮巷时安全帽必须及时复位，否则扣0.2分	
2	进错矮巷，扣2分	
过矮巷项目合计扣分		
过矮巷项目得分（2－合计扣分）		
未过矮巷不得进行下一步的综合体能竞赛项目		

裁判员签字：　　　　　　　　　　　　　　　日期时间：

表21　综合体能　负重跑　竞赛评分表

参赛选手：	场次号+赛道号：	参赛日期：
序号	评 分 标 准	扣 分
1	完成穿越矮巷前，未在自己的赛道线路跑，扣2分	
负重跑项目合计扣分		
负重跑项目得分（2－合计扣分）		
未进行负重跑项目不得进行下一步的综合体能竞赛项目		

裁判员签字：　　　　　　　　　　　　　　　日期时间：

表22　综合体能　拉检力器　竞赛评分表

参赛选手：	场次号+赛道号：	参赛日期：
序号	评 分 标 准	扣 分
1	拉检力器前选手必须戴好安全帽，呼吸器佩戴完好，腰带、胸带必须扣好，否则扣2分	

表22（续）

<table>
<tr><td>序号</td><td colspan="4">评 分 标 准</td><td>扣 分</td></tr>
<tr><td>2</td><td colspan="4">拉检力器未达到60次但超过30次，扣5分</td><td></td></tr>
<tr><td>3</td><td colspan="4">赛道与检力器不对应，经提醒未换回自己对应检力器，影响其他选手正常操作的，扣10分</td><td></td></tr>
<tr><td>4</td><td colspan="4">未进行该项目操作或拉检力器次数不足30次的，扣10分</td><td></td></tr>
<tr><td colspan="5">拉检力器项目合计扣分</td><td></td></tr>
<tr><td colspan="5">拉检力器项目得分（10－合计扣分）</td><td></td></tr>
<tr><td>综合体能基准用时</td><td>5 min</td><td>自动计时</td><td>____分____秒____毫秒</td><td>秒表人工计时</td><td>____分____秒____毫秒</td></tr>
</table>

裁判员签字：　　　　　　　　　　　　　　日期时间：

表23　矿山救护工综合体能竞赛成绩汇总表

<table>
<tr><td colspan="3">参赛选手：</td><td colspan="2">场次号＋赛道号：</td><td>参赛日期：</td></tr>
<tr><td>序号</td><td colspan="4">综合体能竞赛项目</td><td>得 分</td></tr>
<tr><td>1</td><td colspan="4">爬绳</td><td></td></tr>
<tr><td>2</td><td colspan="4">曲面桥</td><td></td></tr>
<tr><td>3</td><td colspan="4">呼吸器佩戴</td><td></td></tr>
<tr><td>4</td><td colspan="4">穿越S行人巷</td><td></td></tr>
<tr><td>5</td><td colspan="4">穿越矮巷</td><td></td></tr>
<tr><td>6</td><td colspan="4">负重跑</td><td></td></tr>
<tr><td>7</td><td colspan="4">拉检力器</td><td></td></tr>
<tr><td colspan="5">综合体能各项目得分合计</td><td></td></tr>
<tr><td>综合体能基准用时</td><td>5 min</td><td>自动计时</td><td>____分____秒____毫秒</td><td>秒表人工计时</td><td>____分____秒____毫秒</td></tr>
<tr><td colspan="3">综合体能成绩得分＝综合体能各项得分合计－（以时间最快的选手为基准，每超他1 s扣0.1分）</td><td></td><td>排名</td><td></td></tr>
</table>

综合体能项目裁判组长签字：　　　　　　　　　　日期时间：

参赛选手必须按综合体能竞赛项目顺序进行操作。进入下一个竞赛项目后返回进行上一个项目操作视为无效，返回操作的内容裁判员不予计分。综合体能竞赛项目必须依次全部做完，不得故意放弃任意一个项目，若故意放弃某一项，此项不予计分外，之后的竞赛项目不得进行，即使进行了也不予计分。

综合体能7个竞赛项目，满分为30分，其中爬绳项目10分，曲面桥项目2分，呼吸器佩戴项目2分，S行人巷项目2分，矮巷项目2分，负重跑项目2分，拉检力器项目10分。每个选手每个竞赛项目最低得分为0分。

综合体能竞赛项目必须依次全部完成，综合体能得分 = 综合体能各项得分合计 -（以时间最快的选手为基准，其他选手每超他1 s扣0.1分），成绩依次排序。

4. 矿山救护工竞赛个人综合成绩

个人综合成绩 = 理论知识得分 ×20% +（技能实操得分 + 综合体能得分）×80%。

矿山救护工竞赛个人综合成绩表见表24。

表24　矿山救护工竞赛个人综合成绩汇总表

参赛选手：	场次号 + 赛道号：	参赛日期：	
项　目　名　称			得　分
1	理论知识		
2	技能实操		
3	综合体能		
个人综合成绩得分 = 理论知识得分 ×20% +（技能实操得分 + 综合体能得分）×80%）			
个人综合成绩排名			

（三）竞赛排名

1. 参赛选手技能实操竞赛排名

按选手技能实操得分由高到低顺序排名，得分相同者，技能实操用时短者排在前面。

2. 参赛选手综合体能竞赛排名

按选手综合体能竞赛得分由高到低顺序排名。

3. 参赛选手个人综合成绩排名

按选手个人综合成绩得分由高到低排名；个人综合成绩得分相同者，技能实操得分高者排在前面；如再相同，技能实操竞赛用时短者排在前面。

十二、赛项安全

赛事安全是技能竞赛一切工作顺利开展的先决条件，是赛事筹备和运行工作必须考虑的核心问题。赛项组委会采取切实有效措施保证大赛期间参赛选手、指导教师、裁判员、工作人员及观众的人身安全。

（一）竞赛环境

（1）组委会须在赛前组织专人对竞赛现场、住宿场所和交通保障进行考察，并对安全工作提出明确要求。赛场的布置，赛场内的器材、设备，应符合国家有关安全规定。如有必要，也可进行赛场仿真模拟测试，以发现可能出现的问题。承办单位赛前须按照组委会要求排除安全隐患。

（2）赛场周围要设立警戒线，要求所有参赛人员必须凭组委会印发的有效证件进入场地，防止无关人员进入，发生意外事件。竞赛现场内应参照相关职业岗位的要求为选手提供必要的劳动保护。在具有危险性的操作环节，裁判员要严防选手出现错误操作。

（3）承办单位应提供保证应急预案实施的条件。对于竞赛内容涉及大用电量、易发生火灾等情况的赛项，必须明确制度和预案，并配备急救人员与设施。

（4）严格控制与参赛无关的易燃易爆，以及各类危险品进入竞赛场地，不许随便携带其他物品进入赛场。

（5）配备先进的仪器，防止有人利用电磁波干扰竞赛秩序。大赛现场需对赛场进行网络安全控制，以免场内外信息交互，充分体现大赛的严肃、公平和公正性。

（6）组委会须会同承办单位制定开放赛场的人员疏导方案。赛场环境中存在人员密集、车流人流交错的区域，除了设置齐全的指示标志外，须增加引导人员，并开辟备用通道。

（7）大赛期间，承办单位须在赛场管理的关键岗位，增加力量，建立安全管理日志。

（二）生活条件

（1）竞赛期间，原则上由组委会统一安排参赛选手和指导教师食宿。承办单位须尊重少数民族的信仰及文化，根据国家相关的民族政策，安排好少数民族选手和教师的饮食起居。

（2）竞赛期间安排的住宿地应具有宾馆/住宿经营许可资质。大赛期间的住宿、卫生、饮食安全等由组委会和承办单位共同负责。

（3）大赛期间有组织的参观和观摩活动的交通安全由组委会负责。组委会和承办单位须保证竞赛期间选手、指导教师和裁判员、工作人员的交通安全。

（4）各赛项的安全管理，除了可以采取必要的安全隔离措施外，应严格遵守国家相关法律法规，保护个人隐私和人身自由。

（三）组队责任

（1）各单位组织代表队时，须为参赛选手购买大赛期间的人身意外伤害保险。

（2）各单位代表队组成后，须制定相关管理制度，并对所有选手、指导教师进行安全教育。

（3）各参赛队伍须加强对参与竞赛人员的安全管理，实现与赛场安全管理的对接。

（四）应急处理

竞赛期间发生意外事故，发现者应第一时间报告组委会，同时采取措施避免事态扩大。组委会应立即启动预案予以解决。赛项出现重大安全问题可以停赛，是否停赛由组委会决定。事后，承办单位应向组委会报告详细情况。

（五）处罚措施

（1）因参赛选手原因造成重大安全事故的，取消其获奖资格。

（2）参赛选手有发生重大安全事故隐患，经赛场工作人员提示、警告无效的，可取消其继续竞赛的资格。

（3）赛事工作人员违规的，按照相应的制度追究责任。情节恶劣并造成重大安全事故的，由司法机关追究相应法律责任。

十三、竞赛须知

（一）参赛队须知

（1）统一使用单位的团队名称。

（2）竞赛采用个人竞赛形式，不接受跨单位组队报名。

（3）参赛选手为单位在职员工，性别不限。

（4）参赛选手在报名获得确认后，原则上不再更换。允许选手缺席竞赛。

（5）参赛选手在各竞赛专项工作区域的竞赛场次和赛道采用抽签的方式确定。

（6）所有参赛人员在竞赛期间未经组委会批准，不得接受任何与竞赛内容相关的采访，不得将竞赛的相关情况及资料私自公开。

（二）领队和指导老师须知

（1）领队和指导老师务必带好有效身份证件，在活动过程中佩戴领队和指导教师证参加竞赛及相关活动；竞赛过程中，领队和指导教师非经允许不得进入竞赛场地。

（2）妥善管理本队人员的日常生活及安全，遵守并执行大赛组委会的各项规定和安排。

（3）严格遵守赛场的规章制度，服从裁判，文明竞赛，持证进入赛场允许进入的区域。

（4）熟悉场地时，领队和指导老师仅限于口头讲解，不得操作任何仪器设备，不得现场书写任何资料。

（5）在竞赛期间要严格遵守竞赛规则，不得私自接触裁判人员。

（6）团结、友爱、互助协作，树立良好的赛风，确保大赛顺利进行。

（三）参赛选手须知

（1）选手必须遵守竞赛规则，文明竞赛，服从裁判，否则取消参赛资格。

（2）参赛选手按大赛组委会规定时间到达指定地点，凭参赛证和身份证（两证必须齐全）进入赛场，并随机进行抽签，确定竞赛顺序。选手迟到 15 min 取消竞赛资格。

（3）裁判组在赛前 30 min，对参赛选手的证件进行检查及进行大赛相关事项教育。

（4）竞赛过程中，选手必须遵守操作规程，按照规定操作顺序进行竞赛，正确使用仪器仪表。不得野蛮操作，不得损坏仪器仪表及设备，一经发现立即责令其退出竞赛。

（5）参赛选手不得携带通信工具和相关资料、物品进入大赛场地，不得中途退场。如出现较严重的违规、违纪、舞弊等现象，经裁判组裁定取消大赛成绩。

（6）现场实操过程中出现设备故障等问题，应提请裁判确认原因。若因非选手个人因素造成的设备故障，经请示裁判长同意后，可将该选手竞赛时间酌情后延；若因选手个人因素造成设备故障或严重违章操作，裁判长有权决定终止竞赛，直至取消竞赛资格。

（7）技能实操竞赛中，为了参赛选手配用氧气呼吸器安全，在配用氧气呼吸器前氧气压力不得低于 18 MPa。

（8）参赛选手若提前结束竞赛，应向裁判举手示意，竞赛终止时间由裁判记录；竞赛时间终止时，参赛选手不得再进行任何操作。

（9）参赛选手完成竞赛项目后，提请裁判检查确认并登记相关内容，选手签字确认。

（10）竞赛结束，参赛选手需清理现场，并将现场仪器设备恢复到初始状态，经裁判确认后方可离开赛场。

（四）工作人员须知

（1）工作人员必须遵守赛场规则，统一着装，服从组委会统一安排，否则取消工作人员资格。

（2）工作人员按大赛组委会规定时间到达指定地点，凭工作证、进入赛场。

（3）工作人员认真履行职责，不得私自离开工作岗位。做好引导、解释、接待、维持赛场秩序等服务工作。

十四、申诉与仲裁

本赛项在竞赛过程中若出现有失公正或有关人员违规等现象，代表队领队可在竞赛结束后 2 h 之内向仲裁组提出申诉。

书面申诉应对申诉事件的现象、发生时间、涉及人员、申诉依据等进行充分、实事求是的叙述，并由领队亲笔签名。非书面申诉不予受理。

赛项仲裁工作组在接到申诉后的 2 h 内组织复议，并及时反馈复议结果。申诉方对复议结果仍有异议，可由单位的领队向赛区仲裁委员会提出申诉。赛区仲裁委员会的仲裁结果为最终结果。

十五、竞赛观摩

本赛项对外公开，需要观摩的单位和个人可以向组委会申请，同意后进入指定的观摩区进行观摩，但不得影响选手竞赛，在赛场中不得随意走动，应遵守赛场纪律，听从工作人员指挥和安排等。

十六、竞赛直播

本次大赛实行全程直播，同时安排专业摄制组进行拍摄和录制，及时进行报道，包括赛项的竞赛过程、开闭幕式等。通过摄录像，记录竞赛全过程。同时制作优秀选手采访、优秀指导教师采访、裁判专家点评和企业人士采访视频资料。

附表1　HYZ4(E)正压氧气呼吸器席位操作故障范围

序　号	故障位置	故　　障
1	面罩	1. 头带是否扭曲 2. 头带扣是否安装到位 3. 口鼻杯是否缺失
2	供氧系统	1. 气瓶固定带缺失 2. 减压器与气瓶连接螺母松动 3. 自补接头、定量接头是否连接到位 4. 手补阀内弹簧是否缺失 5. 固定手补阀的螺母是否松动 6. 手补阀按钮缺失 7. 自动补气阀固定卡是否存在、到位 8. 自动补气阀压杆安装是否到位

附表1（续）

序　号	故障位置	故　　障
3	呼吸循环系统	1. 气囊正压弹簧是否缺失 2. 冷却罐蓝冰是否缺失 3. 排气阀连接软管快插密封圈是否缺失 4. 排气阀内弹簧、阀片是否缺失 5. 清净罐固定带是否扭曲 6. 清净罐装药口密封圈是否存在 7. 呼吸软管与清净罐和冷却罐连接是否到位 8. 呼吸软管与清净罐和冷却罐连接处密封圈是否缺失 9. 呼吸两阀阀座或阀片是否存在，阀片是否反装 10. 排气阀连接软管与清净罐连接是否到位 11. 三通“O”形圈是否存在 12. 三通护盖是否存在 13. 气囊连接杆是否到位 14. 排水阀安装是否到位 15. 气囊与清净罐、冷却罐、自动补气阀连接是否到位
4	壳体背带	1. 呼吸软管加固环是否缺失 2. 高压管固定带是否到位 3. 腰带安装是否到位 4. 压力表报警哨是否缺失

试 题 样 例

一、单选题

1. 更换截齿和滚筒时，采煤机上下（　　）范围内，必须护帮护顶，禁止操作液压支架。

A. 2 m　　B. 3 m　　C. 4 m　　D. 5 m

答案：B

解析：《煤矿安全规程》第一百一十七条（五）更换截齿和滚筒时，采煤机上下 3 m 范围内，必须护帮护顶，禁止操作液压支架。必须切断采煤机前级供电开关电源并断开其隔离开关，断开采煤机隔离开关，打开截割部离合器，并对工作面输送机施行闭锁。

2. 进风井口以下的空气温度必须在（　　）以上。

A. 5 ℃　　B. 4 ℃　　C. 3 ℃　　D. 2 ℃

答案：D

解析：《煤矿安全规程》第一百三十七条　进风井口以下的空气温度（干球温度，下同）必须在 2 ℃以上。

3. 井下和井口房内不得进行电焊、气焊和喷灯焊接等作业，如果必须在井下进行电焊作业，每次必须制定安全措施，由（　　）批准并遵守相应的规定。

A. 矿井主要负责人　　B. 总工程师

C. 矿长　　D. 施工部门主要领导

答案：C

解析：《煤矿安全规程》第二百五十四条规定　井下和井口房内不得进行电焊、气焊和喷灯焊接等作业。如果必须在井下主要硐室、主要进风井巷和井口房内进行电焊、气焊和喷灯焊接等工作，每次必须制定安全措施，由矿长批准并遵守下列规定。

4. 事故调查处理应当按照科学严谨、依法依规、实事求是、注重（　　）的原则，及时、准确地查清事故原因，查明事故性质和责任。

A. 时效　　B. 实效　　C. 四不放过　　D. 公正、公开

答案：B

解析：《安全生产法》第八十六条　事故调查处理应当按照科学严谨、依法依规、实事求是、注重实效的原则，及时、准确地查清事故原因，查明事故性质和责任，评估应急处置工作，总结事故教训，提出整改措施，并对事故责任单位和人员提出处理建议。事故调查报告应当依法及时向社会公布。事故调查和处理的具体办法由国务院制定。

5. 《火灾分类》中按物质的燃烧特性，A 类火灾是指（　　）。

A. 固体物质火灾，如木材、棉、毛、麻、纸张等燃烧的火灾

B. 液体火灾或可熔化的固体物质火灾，如汽油、甲醇、沥青等燃烧的火灾

C. 气体火灾，如煤气、天然气、甲烷、氢气等燃烧的火灾

答案：A

解析：根据可燃物的类型和燃烧特性划分：A 类火灾指固体物质火灾，如木材、棉、毛、麻、纸张等燃烧的火灾；B 类火灾指液体火灾或可熔化的固体物质火灾，如汽油、煤油、原油、乙醇、沥青、石蜡等燃烧的火灾；C 类火灾指气体火灾，如煤气、天然气、甲烷、乙烷、丙烷、氢气等燃烧的火灾；D 类火灾指金属火灾，如钾、钠、镁、铝镁合金等燃烧的火灾；E 类火灾指带电物体和精密仪器等物质的火灾；F 类火灾指烹饪器具内的烹饪物火灾，如动植物油脂火灾。

6. 抢救腐蚀性气体中毒伤员时，使用的人工呼吸法是（　　）。

A. 口对口　　　B. 两臂扩张　　　C. 拉舌头

答案：C

解析：腐蚀性气体中毒时不能使用自动苏生器进行抢救，只能使用拉舌头人工呼吸法。

7. 理论上，当瓦斯浓度达到（　　）时，瓦斯可以和空气中的氧气完全反应，爆炸强度最大。

A. 7%　　　B. 8%　　　C. 9.5%　　　D. 15%

答案：C

解析：瓦斯爆炸有一定浓度范围，瓦斯爆炸界限为 5% ~16%，当瓦斯浓度低于 5% 时，遇火不会爆炸，但能在火焰外围形成燃烧层；当瓦斯浓度达到 9.5% 时，瓦斯可以和空气中的氧气完全反应，爆炸威力最强；当瓦斯浓度在 16% 以上时，失去爆炸性，但在空气中遇火仍会燃烧。

8.《煤矿安全规程》规定，掘进中的岩巷最高允许风速为（　　）。

A. 2 m/s　　　B. 3 m/s　　　C. 4 m/s　　　D. 5 m/s

答案：C

解析：《煤矿安全规程》第一百三十六条　掘进中的岩巷最高允许风速为 4 m/s。

9. 安全电流是人体可承受的电流，我国规定通过人体的安全电流最低是（　　）。

A. 50 mA　　　B. 30 mA　　　C. 20 mA　　　D. 10 mA

答案：D

解析：人体的安全电流指流过人体的电流且在安全范围以内。电击对人体的危害程度，主要取决于通过人体电流的大小和通电时间长短，安全电流一般为 10 mA。

10. 井工煤矿必须制定停工停产期间的安全技术措施，保证矿井供电、通风、排水和安全监控系统正常运行，落实（　　）值班制度。复工复产前必须进行全面安全检查。

A. 8 h　　　B. 24 h　　　C. 48 h　　　D. 72 h

答案：B

解析：《煤矿安全规程》第十六条　井工煤矿必须制定停工停产期间的安全技术措施，保证矿井供电、通风、排水和安全监控系统正常运行，落实 24 h 值班制度。复工复产前必须进行全面安全检查。

11. 开凿平硐、斜井和立井时，井口与坚硬岩层之间的井巷必须砌碹或者用混凝土砌（浇）筑，并向坚硬岩层内至少延深（　　）。

A. 3 m　　　　　B. 4 m　　　　　C. 2 m　　　　　D. 5 m

答案：D

解析：《煤矿安全规程》第四十一条　开凿平硐、斜井和立井时，井口与坚硬岩层之间的井巷必须砌碹或者用混凝土砌（浇）筑，并向坚硬岩层内至少延深5 m。

12. 具有模拟高温浓烟环境的演习巷道、面积不少于（　　）的室内训练馆、面积不少于1200 m^2 的室外训练场地。

A. 100 m^2　　　　B. 200 m^2　　　　C. 300 m^2　　　　D. 500 m^2

答案：D

解析：《矿山救护队标准化考核规范》4.5　矿山救护队标准化考核分为3个等级，分别为一级、二级、三级，如果未达到60分，则不予评级，应限期整改，等级评级要求如下。

a）一级，总分90分及以上，且具备以下条件。

1）大队建制且建队10年及以上，考核前3年内无救援违规造成自身死亡事故。

2）大队由不少于3个中队组成，所属中队由不少于3个小队组成。小队由不少于9名矿山救护指战员（以下简称指战员）组成。

3）大队、大队所属中队、小队和个人的装备与设施得分分别不低于相应项目标准分的90%。

4）具有模拟高温浓烟环境的演习巷道、面积不少于500 m^2 的室内训练场馆、面积不少于2000 m^2 的室外训练场地。

5）大队、大队所属各中队矿山救护指挥员（以下简称指挥员）及其小队实行24 h值班。

13. 突出矿井，以及掘进工作面瓦斯涌出量大于（　　）的高瓦斯矿井，严禁采用水力采煤。

A. 3 m^3/min　　　B. 3.5 m^3/min　　　C. 4 m^3/min　　　D. 4.5 m^3/min

答案：A

解析：《煤矿安全规程》第一百一十三条　有下列情形之一的，严禁采用水力采煤：（一）突出矿井，以及掘进工作面瓦斯涌出量大于3 m^3/min的高瓦斯矿井。（二）顶板不稳定的煤层。（三）顶底板容易泥化或者底鼓的煤层。（四）容易自燃煤层。

14. 当采高超过（　　）或者煤壁片帮严重时，液压支架必须设护帮板。

A. 2 m　　　　　B. 2.5 m　　　　　C. 3 m　　　　　D. 3.5 m

答案：C

解析：《煤矿安全规程》第一百一十四条　采用综合机械化采煤时，必须遵守下列规定：（七）当采高超过3 m或者煤壁片帮严重时，液压支架必须设护帮板。当采高超过4.5 m时，必须采取防片帮伤人措施。

15. 各类气瓶要距明火（　　）以上，氧气瓶距乙炔瓶（　　）以上。在重点防火、防爆区焊接作业时，办理用火审批单，并制定防火、防爆措施。

A. 8 m，2 m　　　B. 8 m，5 m　　　C. 10 m，2 m　　　D. 10 m，5 m

答案：D

解析：《煤矿安全规程》第六百三十三条　电焊、气焊、切割必须遵守下列规定：

（二）各类气瓶要距明火 10 m 以上，氧气瓶距乙炔瓶 5 m 以上。在重点防火、防爆区焊接作业时，办理用火审批单，并制定防火、防爆措施。

16. 单体液压支柱的初撑力，柱径为 100 mm 的不得小于（　　），柱径为 80 mm 的不得小于（　　）。

A. 70 kN，40 kN　　　　B. 80 kN，50 kN

C. 90 kN，60 kN　　　　D. 60 kN，30 kN

答案：C

解析：《煤矿安全规程》第一百零一条　采煤工作面必须及时支护，严禁空顶作业。所有支架必须架设牢固，并有防倒措施。严禁在浮煤或者浮矸上架设支架。单体液压支柱的初撑力，柱径为 100 mm 的不得小于 90 kN，柱径为 80 mm 的不得小于 60 kN。对于软岩条件下初撑力确实达不到要求的，在制定措施、满足安全的条件下，必须经矿总工程师审批。严禁在控顶区域内提前摘柱。碰倒或者损坏、失效的支柱，必须立即恢复或者更换。移动输送机机头、机尾需要拆除附近的支架时，必须先架好临时支架。

17. 使用掘进机、掘锚一体机时，停止工作和交班时，必须将切割头（　　），并切断电源。

A. 落地　　B. 抬起　　C. 拆卸　　D. 停止转动

答案：A

解析：《煤矿安全规程》第一百一十九条　使用掘进机、掘锚一体机、连续采煤机掘进时，必须遵守下列规定：（七）停止工作和交班时，必须将切割头落地，并切断电源。

18. 在窒息或有毒有害气体威胁的灾区侦察和工作时，应做到：小队长应使队员保持在彼此能看到或听到信号的范围内。如果灾区工作地点离新鲜风流处很近，并且在这一地点不能以整个小队进行工作时，小队长可派不少于（　　）队员进入灾区工作，并保持直接联系。

A. 1 名　　B. 2 名　　C. 3 名　　D. 4 名

答案：B

解析：《矿山救护规程》9.4.4　在窒息或有毒有害气体威胁的灾区侦察和工作时，应做到：c）小队长应使队员保持在彼此能看到或听到信号的范围内。如果灾区工作地点离新鲜风流处很近，并且在这一地点不能以整个小队进行工作时，小队长可派不少于 2 名队员进入灾区工作，并保持直接联系。

19. 佩用氧气呼吸器的人员工作 1 个呼吸器班后，应至少休息（　　）。但在后续救护队未到达而急需抢救人员的情况下，指挥员应根据队员体质情况，在补充氧气、更换药品和降温器并校验呼吸器合格后，方可派救护队员重新投入救护工作。

A. 4 h　　B. 6 h　　C. 8 h　　D. 10 h

答案：B

解析：《矿山救护规程》9.4.5　佩用氧气呼吸器的人员工作 1 个呼吸器班后，应至少休息 6 h。但在后续救护队未到达而急需抢救人员的情况下，指挥员应根据队员体质情况，在补充氧气、更换药品和降温器并校验呼吸器合格后，方可派救护队员重新投入救护工作。

20. 在事故救援时，（　　）对救护队的行动具体负责、全面指挥。事故单位必须向救援指挥部提供全面真实的技术资料和事故状况，矿山救护队必须向救援指挥提供全面真实的探查和事故救援情况。

A. 救护队长　　B. 矿长　　C. 救援指挥部　　D. 总工程师

答案：A

解析：《矿山救护规程》9.2.2　在事故救援时，救护队长对救护队的行动具体负责、全面指挥。事故单位必须向救援指挥部提供全面真实的技术资料和事故状况，矿山救护队必须向救援指挥提供全面真实的探查和事故救援情况。

21. 若改变井下基地位置，必须取得（　　）的同意，并通知在灾区工作的救护小队。

A. 矿长　　B. 指挥员　　C. 救援指挥部　　D. 总工程师

答案：C

解析：《矿山救护规程》9.3.1.2　d）若改变井下基地位置，必须取得救援指挥部的同意，并通知在灾区工作的救护小队。

22. 在窒息或有毒有害气体威胁的灾区侦察和工作时，小队长应至少间隔（　　）检查一次队员的氧气压力、身体状况，并根据氧气压力最低的1名队员来确定整个小队的返回时间。如果小队乘电机车进入灾区，其返回安全地点所需时间应按步行所需时间计算。

A. 10 min　　B. 15 min　　C. 20 min　　D. 25 min

答案：C

解析：《矿山救护规程》9.4.4　在窒息或有毒有害气体威胁的灾区侦察和工作时，应做到：b）小队长应至少间隔20 min检查一次队员的氧气压力、身体状况，并根据氧气压力最低的1名队员来确定整个小队的返回时间。如果小队乘电机车进入灾区，其返回安全地点所需时间应按步行所需时间计算。

23. 在高温作业巷道内空气升温梯度达到（　　）时，小队应返回基地，并及时报告井下基地指挥员。

A. （0.5～1）℃/min　　B. （1～1.5）℃/min

C. （1.5～2）℃/min　　D. （2～2.5）℃/min

答案：A

解析：《矿山救护规程》10.1.1.2.3　在高温作业巷道内空气升温梯度达到（0.5～1）℃/min时，小队应返回基地，并及时报告井下基地指挥员。

24. 矿井必须设地面消防水池和井下消防管路系统。井下消防管路系统应当敷设到采掘工作面，每隔（　　）设置支管和阀门。

A. 50 m　　B. 100 m　　C. 150 m　　D. 200 m

答案：B

解析：《煤矿安全规程》第二百四十九条　矿井必须设地面消防水池和井下消防管路系统。井下消防管路系统应当敷设到采掘工作面，每隔100 m设置支管和阀门，但在带式输送机巷道中应当每隔50 m设置支管和阀门。地面的消防水池必须经常保持不少于200 m^3的水量。消防用水同生产、生活用水共用同一水池时，应当有确保消防用水的措施。

25. 井口房和通风机房附近（　　）内，不得有烟火或者用火炉取暖。通风机房位于工业广场以外时，除开采有瓦斯喷出的矿井和突出矿井外，可用隔焰式火炉或者防爆式电热器取暖。暖风道和压入式通风的风硐必须用不燃性材料砌筑，并至少装设 2 道防火门。

A. 10 m　　B. 20 m　　C. 30 m　　D. 50 m

答案：B

解析：《煤矿安全规程》第二百五十一条　井口房和通风机房附近 20 m 内，不得有烟火或者用火炉取暖。通风机房位于工业广场以外时，除开采有瓦斯喷出的矿井和突出矿井外，可用隔焰式火炉或者防爆式电热器取暖。暖风道和压入式通风的风硐必须用不燃性材料砌筑，并至少装设 2 道防火门。

26. 矿山救护队下井组织开展检查，首先熟悉井下巷道分布、采掘工作面布置等情况，发现问题应及时反馈现场负责人，不得随意处置。检查全程时间不低于（　　），其中佩用氧气呼吸器时间不少于（　　），期间应至少安排一项业务能力自查项目。

A. 2 h，2 h　　B. 3 h，3 h　　C. 4 h，2 h　　D. 2 h，3 h

答案：C

解析：《矿山救护队预防性安全检查工作指南》5.4.4　下井组织开展检查，首先熟悉井下巷道分布、采掘工作面布置等情况，发现问题应及时反馈现场负责人，不得随意处置。检查全程时间不低于 4 h，其中佩用氧气呼吸器时间不少于 2 h，期间应至少安排一项业务能力自查项目。

27. 以下不属于矿井开采准备方式的是（　　）。

A. 采区式布置　　B. 盘区式布置

C. 条带式布置　　D. 阶段式布置

答案：D

解析：矿井开采准备方式有三种：采区式、条带式、盘区式。

28. 使用胸外心脏按压术应当（　　）。

A. 使伤员仰卧，头稍低于心脏　　B. 使伤员仰卧，头稍高于心脏

C. 使伤员侧卧　　D. 使伤员俯卧

答案：A

解析：使用胸外心脏按压术应当使伤员仰卧，头稍低于心脏。

29. 联系采区上山与运输大巷的一组巷道及硐室总称为（　　）。

A. 采区下部车场　　B. 采取中部车场

C. 采区上部车场　　D. 平车场

答案：A

解析：采区下部车场是采区上山与阶段运输大巷相连接的一组巷道和硐室的总称。

30. 发现透水征兆时，应当立即停止作业，撤出所有受水患威胁地点的人员，报告（　　），并发出警报。

A. 矿调度室　　B. 值班长　　C. 矿长

答案：A

解析：《煤矿安全规程》第二百八十八条　采掘工作面或者其他地点发现有煤层变湿、挂红、挂汗、空气变冷、出现雾气、水叫、顶板来压、片帮、淋水加大、底板鼓起或者裂隙渗水、钻孔喷水、煤壁溃水、水色发浑、有臭味等透水征兆时，应当立即停止作业，撤出所有受水患威胁地点的人员，报告矿调度室，并发出警报。在原因未查清、隐患

未排除之前，不得进行任何采掘活动。

31. 安全检查是指对生产过程及安全管理中可能存在的隐患、有害与危险因素、缺陷等进行（　　）。

A. 查证　　B. 整改　　C. 登记

答案：A

解析：安全检查是生产经营单位安全生产管理的重要内容，其工作重点是辨识安全生产管理工作存在的漏洞和死角，检查生产现场安全防护设施、作业环境是否存在不安全状态，现场作业人员的行为是否符合安全规范，以及设备、系统运行状况是否符合现场规程的要求等。通过安全检查，不断堵塞管理漏洞，改善劳动作业环境，规范作业人员的行为，保证设备系统的安全、可靠运行，实现安全生产的目的。

32. 安全色中的（　　）表示提示安全状态、通行的规定。

A. 红色　　B. 蓝色　　C. 绿色

答案：C

解析：《安全色》中采用了红、蓝、黄、绿四种颜色为安全色。红色含义是禁止和紧急停止；红色也表示防火。蓝色含义是必须遵守。黄色含义是警告和注意。绿色含义是提示安全状态和通行。

33. 从预防自燃火灾角度出发，对通风系统的要求是通风压差小（　　）。

A. 风量大　　B. 风量小　　C. 漏风少

答案：C

34. 当火灾发生在上行风通风的回采工作面时，可能导致（　　）。

A. 与其并联的其他工作面风流反向

B. 本工作面风流反向

C. 没有风流反向的可能

答案：A

35. 低瓦斯矿井的矿井相对瓦斯涌出量小于或等于（　　）。

A. 5 m^3/t　　B. 10 m^3/t　　C. 12 m^3/t

答案：B

36. 若火灾发生在上山独头巷道中段时（　　）。

A. 不得直接灭火　　B. 可以直接灭火

C. 是否直接灭火由队长决定

答案：A

37. 《刑法》规定，违反爆炸性、易燃性、放射性、毒害性、腐蚀性物品的管理规定，在生产、储存、运输、使用中发生重大事故，造成严重后果的，处三年以下有期徒刑或者拘役；后果特别严重的，处（　　）有期徒刑。

A. 三年以上七年以下　　B. 五年以上十年以下

C. 五年以上十五年以下

答案：A

38. 《生产安全事故应急预案管理办法》规定，生产经营单位（　　），由县级以上人民政府应急管理等部门依照《中华人民共和国安全生产法》第九十四条的规定，责令限期改正，可以处5万元以下罚款；逾期未改正的，责令停产停业整顿，并处5万元以上10万元以下的罚款，对直接负责的主管人员和其他直接责任人员处1万元以上2万元以下的罚款。

A. 未按照规定定期组织应急预案演练的

B. 未按照规定开展应急预案评审或者论证的

C. 未按照规定进行应急预案备案的

答案：A

39. 2019年11月29日下午，习近平就我国应急管理体系和能力建设进行第十九次集体学习时强调：（　　）是国家治理体系和治理能力的重要组成部分，承担防范化解重大安全风险、及时应对处置各类灾害事故的重要职责，担负保护人民群众生命财产安全和维护社会稳定的重要使命。

A. 安全管理　　　B. 应急管理　　　C. 风险管理

答案：B

40.《生产安全事故应急条例》规定，生产经营单位未对应急救援器材、设备和物资进行经常性维护、保养，导致发生严重生产安全事故或者生产安全事故危害扩大，或者在本单位发生生产安全事故后未立即采取相应的应急救援措施，造成严重后果的，由县级以上人民政府负有安全生产监督管理职责的部门依照（　　）有关规定追究法律责任。

A.《中华人民共和国突发事件应对法》

B.《中华人民共和国安全生产法》

C.《生产安全事故应急条例》

答案：A

41.《刑法》规定，安全生产设施或者安全生产条件不符合国家规定，因而发生重大伤亡事故或者造成其他严重后果的行为是指（　　）。

A. 重大责任事故罪　　　B. 强令违章冒险作业罪

C. 重大劳动安全事故罪

答案：C

42.《安全生产法》规定，生产经营单位对重大危险源应当登记建档，进行定期检测、评估、监控，并制定（　　），告知从业人员和相关人员在紧急情况下应当采取的应急措施。

A. 技术措施　　　B. 安全措施　　　C. 应急预案

答案：C

43.《生产安全事故报告和调查处理条例》规定，事故报告后出现新情况的，应当及时补报。自事故发生之日起（　　）内，事故造成的伤亡人数发生变化的，应当及时补报。

A. 30日　　　B. 45日　　　C. 60日

答案：A

44.《矿山救护规程》规定，（　　）独头煤巷火灾不管发生在什么地点，如果局部通风机已经停止运转，在无须救人时，严禁进入灭火或侦察，应立即撤出人员，远距离进行封闭。

A. 上山　　　　　　　B. 平巷　　　　　　　C. 下山

答案：A

45. 《生产安全事故应急演练基本规范》规定，（　　）应包括应急演练可能发生的意外情况、应急处置措施及责任部门，应急演练意外情况中止条件与程序等。

A. 演练脚本　　　　　　　　　　　　　　B. 演练保障方案

C. 演练观摩手册

答案：B

46. 《生产安全事故应急预案管理办法》规定，生产经营单位（　　）县级以上人民政府应急管理部门责令限期改正，可以处 1 万元以上 3 万元以下的罚款。

A. 未按照规定编制应急预案的

B. 未按照规定定期组织应急预案演练的

C. 未按照规定开展应急预案评审的

答案：C

47. 矿山救护队一级队需具备建队（　　）年及以上资质要求。

A. 5　　　　　　　　B. 10　　　　　　　C. 20

答案：B

48. 大队指挥员年龄不超过（　　）岁。

A. 50　　　　　　　B. 55　　　　　　　C. 60

答案：B

49. 救生索要求绳长 30 m，抗拉强度（　　）。

A. 2000 kg　　　　　B. 3000 kg　　　　　C. 5000 kg

答案：B

50. 4 h 正压氧气呼吸器更换氧气瓶操作时限为（　　）以内。

A. 40 s　　　　　　B. 50 s　　　　　　C. 60 s

答案：C

51. 矿山救护小队急救器材基本配备要求医用手套（　　）。

A. 1 副　　　　　　B. 2 副　　　　　　C. 3 副

答案：B

52. 心肺复苏（CPR）操作中判断有无动脉搏动，要在（　　）内完成。

A. 5 ~ 10 s　　　　B. 6 ~ 10 s　　　　C. 7 ~ 10 s

答案：A

53. 建造木板密闭墙时立柱排队间距应在（　　）之间。

A. 380 ~ 450 mm　　B. 400 ~ 460 mm　　C. 380 ~ 460 mm

答案：C

54. 建造砖密闭墙前倾、后仰不大于（　　）。

A. 80 mm　　　　　B. 100 mm　　　　　C. 120 mm

答案：B

解析：倾斜要求是指从最上一层砖两端的 1/3 处挂 2 条垂线，分别测量 2 条垂线上最上及最下一层砖至垂线的距离，存在距离差即为前倾、后仰。

55. 高温浓烟训练时，在演习巷道内，40 ℃的浓烟中，（　　）每人拉检力器（　　），并锯两块直径（　　）的木段。

A. 25 min，100 次，160 ~ 200 mm　　B. 25 min，80 次，160 ~ 180 mm

C. 20 min，100 次，150 ~ 180 mm

答案：B

解析：在锯木段时要注意体力消耗，出现身体不适立即报告小队长。

56. 建造砖密闭墙时，大缝是水平缝连续长度达到（　　），竖缝达到（　　）为1 处。

A. 100 mm，50 mm　　B. 120 mm，40 mm

C. 120 mm，50 mm

答案：C

解析：建造砖密闭墙要严格控制砖与砖的间隙，杜绝大缝隙。

57. 工作面煤壁、刮板输送机和支架都必须保持直线。支架间的煤、矸必须清理干净。倾角大于15°时，液压支架必须采取防倒、防滑措施；倾角大于（　　）时，必须有防止煤（矸）窜出刮板输送机伤人的措施。

A. 20°　　B. 25°　　C. 30°　　D. 35°

答案：B

解析：《煤矿安全规程》第一百一十四条　采用综合机械化采煤时，必须遵守下列规定：（三）工作面煤壁、刮板输送机和支架都必须保持直线。支架间的煤、矸必须清理干净。倾角大于15°时，液压支架必须采取防倒、防滑措施；倾角大于25°时，必须有防止煤（矸）窜出刮板输送机伤人的措施。

58. 矿山、金属冶炼建设项目和用于生产、储存、装卸危险物品的建设项目，应当按照国家有关规定进行（　　）。

A. 安全评价　　B. 安全操作　　C. 操作规程　　D. 企业规程

答案：A

解析：《安全生产法》第三十二条　矿山、金属冶炼建设项目和用于生产、储存、装卸危险物品的建设项目，应当按照国家有关规定进行安全评价。

59. 下井组织开展检查，检查全程时间不低于（　　），其中佩用氧气呼吸器时间不少于（　　），期间应至少安排（　　）项业务能力自查项目。

A. 4 h，2 h，一　　B. 3 h，2 h，二　　C. 4 h，2 h，二　　D. 6 h，2 h，一

答案：A

60. 熟悉路线型安全检查主要检查内容：熟悉井下采掘工作面、巷道、硐室、采空区、（　　）的分布和路线。

A. 火区　　B. 井底车场　　C. 采煤工作面

答案：A

61. 监察机关依照监察法的规定，对负有安全生产监督管理职责的部门及其工作人员履行安全生产（　　）管理职责实施监察。

A. 服务　　B. 监督　　C. 检查　　D. 指导

答案：B

解析：《安全生产法》第七十一条　监察机关依照监察法的规定，对负有安全生产监督管理职责的部门及其工作人员履行安全生产监督管理职责实施监察。

62. （　　）对大队技术工作全面负责，组织编制大队训练计划，负责指战员的技术教育。

A. 大队总工程师　　B. 大队长

C. 大队副总工程师　　D. 副大队长

答案：A

63. 井下工作水泵的排水能力应能在 20 h 内排出 24 h 正常涌水量，井下备用水泵排水能力应不小于工作水泵排水能力的（　　）。

A. 50%　　B. 60%　　C. 70%

答案：C

解析：《煤矿安全规程》第八十二条　（二）井下工作水泵的排水能力应当能在 20 h 内排出 24 h 正常涌水量，井下备用水泵排水能力不小于工作水泵排水能力的 70% 。

64. 机头、机尾、驱动滚筒和改向滚筒处，应当设防护栏及警示牌，行人跨越带式输送机处，应当设立（　　）。

A. 过桥　　B. 人行道　　C. 牌板　　D. 喷雾

答案：A

解析：《煤矿安全规程》第三百七十四条　采用滚筒驱动带式输送机运输时，应当遵守下列规定：（九）机头、机尾、驱动滚筒和改向滚筒处，应当设防护栏及警示牌。行人跨越带式输送机处，应当设过桥。

65. 启封火区和恢复火区初期通风等工作，必须由（　　）负责进行，火区回风风流所经过巷道中的人员必须全部撤出。

A. 通风安监部门　　B. 矿调度室

C. 矿山救护队　　D. 工程技术部门

答案：C

解析：《煤矿安全规程》第二百八十条　启封火区和恢复火区初期通风等工作，必须由矿山救护队负责进行，火区回风风流所经过巷道中的人员必须全部撤出。

66. 习近平总书记强调，采取多种措施加强国家综合性救援力量建设，加强应急救援队伍建设，建设一支（　　）、反应灵敏、作风过硬、本领高强的应急救援队伍。

A. 专常兼备　　B. 装备精良

C. 部署合理　　D. 技术专业

答案：A

解析：习近平主持中央政治局第十九次集体学习时强调，要加强应急救援队伍建设，建设一支专常兼备、反应灵敏、作风过硬、本领高强的应急救援队伍。

67. 组建国家综合性消防救援队伍，是党中央适应（　　）作出的战略决策，是立足我国国情和灾害事故特点、构建新时代国家应急救援体系的重要举措，对提高防灾减灾救灾能力、维护社会公共安全、保护人民生命财产安全具有重大意义。

A. 基层治理体系和治理能力现代化

B. 国家治理体系和治理能力现代化

C. 国家应急管理体系和能力现代化

D. 基层应急管理体系和能力现代化

答案：B

解析：按照《组建国家综合性消防救援队伍框架方案》要求组建国家综合性消防救援队伍，是以习近平同志为核心的党中央坚持以人民为中心的发展思想，着眼我国灾害事故多发频发的基本国情作出的重大决策，对于推进国家治理体系和治理能力现代化，提高国家应急管理水平和防灾减灾救灾能力，保障人民幸福安康，实现国家长治久安，具有重要意义。

68. 某矿绝对瓦斯涌出量为 35 m^3/min，日生产煤炭 4000 t，此矿井瓦斯等级为（　　）矿井。

A. 低瓦斯　　B. 高瓦斯　　C. 瓦斯　　D. 煤与瓦斯突出

答案：B

解析：《煤矿安全规程》第一百六十九条　一个矿井中只要有一个煤（岩）层发现瓦斯，该矿井即为瓦斯矿井。瓦斯矿井必须依照矿井瓦斯等级进行管理。

根据矿井相对瓦斯涌出量、矿井绝对瓦斯涌出量、工作面绝对瓦斯涌出量和瓦斯涌出形式，矿井瓦斯等级划分为：

（二）高瓦斯矿井。具备下列条件之一的为高瓦斯矿井：

1. 矿井相对瓦斯涌出量大于 10 m^3/t；

2. 矿井绝对瓦斯涌出量大于 40 m^3/min；

3. 矿井任一掘进工作面绝对瓦斯涌出量大于 3 m^3/min；

4. 矿井任一采煤工作面绝对瓦斯涌出量大于 5 m^3/min。

69. 某掘进工作面断面积为 6 m^2，绝对瓦斯涌出量为 0.2 m^3/min，在掘进至 80 m 时，因故停风，停风前巷道内瓦斯浓度为 0.5%，若不采取任何措施，（　　）之后，该巷道必须在 24 h 内封闭完毕。

A. 60 min　　B. 70 min　　C. 80 min　　D. 90 min

答案：A

解析：$(3\% - 0.5\%) \times 6\ m^2 \times 80\ m / 0.2\ m^3/min = 60\ min$。

70. 煤层按照倾角进行分类，急倾斜煤层倾角应在（　　）以上。

A. 35°　　B. 45°　　C. 50°　　D. 65°

答案：B

解析：急倾斜煤层是指地下或露天开采时倾角在 45°以上的煤层。

71. 某煤矿正常涌水量为 1200 m^3/h，主要水仓有效容量应为（　　）。

A. 6400 m^3　　B. 7000 m^3　　C. 8400 m^3　　D. 8200 m^3

答案：C

解析：正常涌水量大于 1000 m^3/h 的矿井，主要水仓有效容量可以按照下式计算：$V = 2(Q + 3000) = 8400$。

72. 某矿井相对瓦斯涌出量为 5.76 m^3/t，日生产煤炭 2000 t，该矿井绝对瓦斯涌出量为（　　）。

A. 6 m^3/min　　B. 7 m^3/min　　C. 8 m^3/min　　D. 9 m^3/min

答案：C

解析：5.76 m^3/t×2000 t/24 h/60 s=8 m^3/min。

73. 某矿井下掘进煤巷，为综合机械化双向对头掘进，平均每天进尺共计4 m，当日掘进工作完成后经测量还有90 m贯通，（　　）后，应停止一个工作面掘进，做好调整通风系统的准备工作。

A. 7天　　B. 8天　　C. 9天　　D. 10天

答案：D

解析：巷道贯通前应当制定贯通专项措施，综合机械化掘进巷道在相距50 m前、其他巷道在相距20 m前，必须停止一个工作面作业，做好调整通风系统的准备工作。(90－50) m/4 m/d=10 d。

74. HY4型正压氧气呼吸器的字母H代表（　　）。

A. 氧气　　B. 呼吸器　　C. 时间　　D. 生产地址

答案：B

解析：HY4型正压氧气呼吸器的字母H代表呼吸器，Y代表氧气。

75. （　　）是开展救护工作的最小战斗体。

A. 救护中队　　B. 救护大队　　C. 救护指战员　　D. 救护小队

答案：D

76. 矿山救护小队每月应开展一次结合实战的（　　）训练，每次训练指战员佩用氧气呼吸器时间不少于3 h。

A. 救灾模拟演习　　B. 综合性演习

C. 模拟灾区侦查　　D. 高温浓烟演习

答案：A

解析：《矿山救护队标准化考核规范》6.2.1　以小队为单位，每月开展一次结合实战的救灾模拟演习训练，每次训练指战员佩用氧气呼吸器时间不少于3 h。

77. 中队指挥员针对模拟事故现场制定救援方案，要求（　　）完成。

A. 15 min　　B. 30 min　　C. 45 min　　D. 60 min

答案：B

解析：《矿山救护队标准化考核规范》6.4.1.2　战术运用标准要求及评分办法：模拟事故现场，被检中队指挥员制定救援方案，30 min完成，方案不合理扣2分，超时扣1分。

78. 生产矿井应当每（　　）修编矿井地质报告。地质条件变化影响地质类型划分时，应当在1年内重新进行地质类型划分。

A. 2年　　B. 3年　　C. 5年　　D. 10年

答案：C

解析：《煤矿安全规程》第三十三条　生产矿井应当每5年修编矿井地质报告。地质条件变化影响地质类型划分时，应当在1年内重新进行地质类型划分。

79. 某矿主要进风巷断面积为12 m^2，那么该巷道的最大允许风量为（　　）。

A. 2880 m^3/min　　B. 4320 m^3/min

C. 7200 m^3/min　　D. 5760 m^3/min

答案：D

解析：《煤矿安全规程》第一百三十六条　主要进、回风巷最高允许风速为 8 m/s。已知：巷道断面积 S 为 12 m^2，最高允许风速 V 为 8 m/s，求最大允许风量。$Q = S \times V \times 60 = 12\ m^2 \times 8\ m/s \times 60 = 5760\ m^3/min$。

80. 井下爆炸物品库必须采用矿用防爆型（矿用增安型除外）照明设备，照明线必须使用阻燃电缆，电压不得超过（　　）。

A. 127 V　　B. 36 V　　C. 220 V　　D. 660 V

答案：A

解析：《煤矿安全规程》第三百三十六条　井下爆炸物品库必须采用矿用防爆型（矿用增安型除外）照明设备，照明线必须使用阻燃电缆，电压不得超过 127 V。严禁在贮存爆炸物品的硐室或者壁槽内安设照明设备。

81. 生产经营单位未采取措施消除事故隐患的，责令立即消除或者限期消除，处（　　）的罚款。

A. 二万元以下　　B. 三万元以下　　C. 五万元以下　　D. 十万元以下

答案：C

解析：《安全生产法》第一百零二条　生产经营单位未采取措施消除事故隐患的，责令立即消除或者限期消除，处五万元以下的罚款；生产经营单位拒不执行的，责令停产停业整顿，对其直接负责的主管人员和其他直接责任人员处五万元以上十万元以下的罚款；构成犯罪的，依照刑法有关规定追究刑事责任。

82. 生产经营单位主要负责人未履行《安全生产法》规定的安全生产管理职责，导致发生较大生产安全事故的，由应急管理部门处以（　　）罚款。

A. 上一年年收入的 40%　　B. 上一年年收入的 60%

C. 上一年年收入的 80%　　D. 上一年年收入的 100%

答案：B

解析：《安全生产法》第九十五条　生产经营单位的主要负责人未履行本法规定的安全生产管理职责，导致发生生产安全事故的，由应急管理部门依照下列规定处以罚款：

（一）发生一般事故的，处上一年年收入百分之四十的罚款；

（二）发生较大事故的，处上一年年收入百分之六十的罚款；

（三）发生重大事故的，处上一年年收入百分之八十的罚款；

（四）发生特别重大事故的，处上一年年收入百分之一百的罚款。

83.（　　）负责全国应急预案的综合协调管理工作。

A. 矿山救援指挥中心　　B. 国务院

C. 省级应急管理局　　D. 应急管理部

答案：D

解析：《生产安全事故应急预案管理办法》第四条　应急管理部负责全国应急预案的综合协调管理工作。国务院其他负有安全生产监督管理职责的部门在各自职责范围内，负责相关行业、领域应急预案的管理工作。

84. 应急预案的编制应当遵循以人为本、依法依规、符合实际、注重实效的原则，以（　　）为核心，明确应急职责、规范应急程序、细化保障措施。

A. 事故救援　　B. 安全救援　　C. 应急处置　　D. 降低损失

答案：C

解析：《生产安全事故应急预案管理办法》第七条　应急预案的编制应当遵循以人为本、依法依规、符合实际、注重实效的原则，以应急处置为核心，明确应急职责、规范应急程序、细化保障措施。

85. 严禁救护队进入侦察或作业的巷道烟雾弥漫能见度小于（　　），须采取措施，提高能见度后方可进入。

A. 1 m　　B. 3 m　　C. 2 m

答案：A

86. 若某矿相对瓦斯涌出量是 8 m^3/t，绝对瓦斯涌出量是 50 m^3/min，在采掘过程中未发生过煤与瓦斯突出事故，则该矿属于（　　）。

A. 低瓦斯矿井　　B. 高瓦斯矿井

C. 煤与瓦斯突出矿井

答案：B

87. 在心肺复苏过程中，应尽量减少中断胸外按压，中断胸外按压的时间（　　）。

A. 不超过 6 s　　B. 不超过 7 s　　C. 不超过 8 s　　D. 不超过 10 s

答案：B

88. 空气与瓦斯混合气体中，瓦斯浓度不同，所需要的引火温度也不同。一般来说瓦斯浓度在（　　）时，其引火温度最低。

A. 5% ~6%　　B. 7% ~8%　　C. 9% ~10%

答案：B

89. 现场急救的五项技术是：止血、搬运、包扎、固定和（　　）。

A. 呼救　　B. 心肺复苏　　C. 手术

答案：B

90. 高速风速表测量范围（　　）以上的风速。

A. 8 m/s　　B. 10 m/s　　C. 12 m/s

答案：B

91. 巷道断面上各点风速（　　）。

A. 巷道轴心部位小　　B. 上部大，下部小

C. 巷道轴心部位大，周壁小

答案：C

92. 处理低浓度瓦斯爆炸的要点是（　　）。

A. 灾区风流短路　　B. 首先扑灭可能引起的火灾

C. 尽快恢复灾区通风

答案：C

93. 以下哪种气体对人眼睛有强烈的刺激性，常被称为“瞎眼气体”是（　　）。

A. NO_2　　B. SO_2　　C. CO

答案：B

94. 光干涉甲烷测定器检定瓦斯时，以下对瓦斯测定器结果影响最大的是（　　）。

A. 温度、压力变化　　　　B. 氧含量降低
C. 混合气体中有硫化氢
答案：B
95. 瓦斯和煤尘同时存在时，瓦斯浓度越高，煤尘爆炸下限（　　）。
A. 越低　　B. 越高　　C. 无影响
答案：A
96. 事故调查处理应当坚持实事求是、尊重科学的原则，及时、准确地查清事故经过、事故原因和事故损失，查明事故性质，认定事故责任，总结事故教训，提出（　　），并对事故责任者依法追究责任。
A. 整改措施　　B. 处理意见　　C. 考核意见　　D. 整改节点
答案：A
解析：根据《生产安全事故报告和调查处理条例》第四条　事故调查处理应当坚持实事求是、尊重科学的原则，及时、准确地查清事故经过、事故原因和事故损失，查明事故性质，认定事故责任，总结事故教训，提出整改措施，并对事故责任者依法追究责任。
97. 安全生产监督管理部门和（　　）应当对事故发生单位落实防范和整改措施的情况进行监督检查。
A. 县级以上人民政府
B. 工会
C. 负有安全生产监督管理职责的有关部门
D. 社会
答案：C
解析：根据《生产安全事故报告和调查处理条例》第 33 条　安全生产监督管理部门和负有安全生产监督管理职责的有关部门应当对事故发生单位落实防范和整改措施的情况进行监督检查。
98. 应急救援预案的主要内容发生变化，或者在事故处置和应急演练中发现存在重大问题时，应（　　）修订完善。
A. 每年　　B. 每月　　C. 及时　　D. 季度
答案：C
解析：《煤矿安全规程》第六百七十四条　应急救援预案的主要内容发生变化，或者在事故处置和应急演练中发现存在重大问题时，应及时修订完善。
99. 生产经营单位（　　）负责组织编制和实施本单位的应急预案，并对应急预案的真实性和实用性负责。
A. 第一负责人　　　　B. 主要负责人
C. 分管安全负责人　　D. 安全生产委员会
答案：B
解析：《生产安全事故应急预案管理办法》第五条　生产经营单位主要负责人负责组织编制和实施本单位的应急预案，并对应急预案的真实性和实用性负责。
100. 工作面倾角大于 15°时，液压支架必须采取防倒、防滑措施；倾角大于（　　）时，必须有防止煤（矸）窜出刮板输送机伤人的措施。

A. 25° B. 28° C. 30° D. 33°

答案：A

解析：《煤矿安全规程》第一百一十四条（三） 倾角大于15°时，液压支架必须采取防倒、防滑措施；倾角大于25°时，必须有防止煤（矸）窜出刮板输送机伤人的措施。

二、多选题

1. 主要通风机停止运转期间，必须打开井口的（ ），利用自然风压通风。

A. 防火门 B. 防爆门 C. 所有风门 D. 有关风门

答案：BD

解析：《煤矿安全规程》第一百六十一条 主要通风机停止运转期间，必须打开井口防爆门和有关风门，利用自然风压通风；对由多台主要通风机联合通风的矿井，必须正确控制风流，防止风流紊乱。

2. 井下爆炸物品库必须有独立的通风系统，回风风流必须直接引入（ ）。

A. 矿井总回风巷 B. 采区回风巷中

C. 矿井一翼回风巷 D. 主要回风巷中

答案：AD

解析：《煤矿安全规程》第一百六十六条 井下爆炸物品库必须有独立的通风系统，回风风流必须直接引入矿井的总回风巷或者主要回风巷中。新建矿井采用对角式通风系统时，投产初期可利用采区岩石上山或者用不燃性材料支护和不燃性背板背严的煤层上山作爆炸物品库的回风巷。必须保证爆炸物品库每小时能有其总容积4倍的风量。

3. 有瓦斯或者二氧化碳喷出的煤（岩）层，开采前必须采取（ ）措施。

A. 开采保护层

B. 打前探钻孔或者抽排钻孔

C. 加大喷出危险区域的风量

D. 将喷出的瓦斯或者二氧化碳直接引入回风巷或者抽采瓦斯管路

答案：BCD

4. 有下列哪些疾病之一严禁从事矿山救护工作（ ）。

A. 有传染性疾病者

B. 强度神经衰弱，高血压、低血压、眩晕症者

C. 尿内有异常成分者

D. 心血管系统疾病者

E. 脸型特殊不适合佩用面罩者

答案：ABCDE

解析：《矿山救护规程》5.1.5 g） 凡有下列疾病之一者，严禁从事矿山救护工作：1）有传染性疾病者；2）色盲、近视（1.0以下）及耳聋者；3）脉搏不正常，呼吸系统、心血管系统有疾病者；4）强度神经衰弱，高血压、低血压、眩晕症者；5）尿内有异常成分者；6）经医生检查确认或经实际考核身体不适应救护工作者；7）脸形特殊不适合佩用面罩者。

5. 处理淤泥、黏土和流砂溃决事故时，救护队的主要任务是（ ）。

A. 救助遇险人员　　B. 加强有毒、有害气体检查
C. 清理淤泥、流沙　　D. 恢复通风

答案：ABD

解析：《矿山救护规程》10.1.6.1　处理淤泥、黏土和流沙溃决事故时，救护队的主要任务是救助遇险人员，加强有毒、有害气体检查，恢复通风。

6. （　　），不得采用前进式采煤方法。

A. 高瓦斯矿井　　B. 突出矿井
C. 容易自燃矿井　　D. 有自燃煤层的矿井

答案：ABCD

解析：《煤矿安全规程》第九十七条　采煤工作面必须正规开采，严禁采用国家明令禁止的采煤法。高瓦斯、突出、有容易自燃或者自燃煤层的矿井，不得采用前进式采煤方法。

7. 煤矿防治水工作应当采取“（　　）”综合防治措施。

A. 堵　　B. 防　　C. 疏　　D. 排
E. 截

答案：ABCDE

解析：《煤矿安全规程》第二百八十二条　煤矿防治水工作应当坚持“预测预报、有疑必探、先探后掘、先治后采”基本原则，采取“防、堵、疏、排、截”综合防治措施。

8. 区域综合防突措施包括区域突出危险性预测、（　　）等内容。

A. 工作面防突措施　　B. 区域防突措施
C. 区域防突措施效果检验　　D. 区域验证

答案：BCD

解析：《煤矿安全规程》第一百九十一条　区域综合防突措施包括区域突出危险性预测、区域防突措施、区域防突措施效果检验和区域验证等内容。

9. 有接头的钢丝绳，仅限于下列设备中使用（　　）。

A. 平巷运输设备　　B. 无极绳绞车
C. 坡度小于12°的提升绞车　　D. 架空乘人装置
E. 钢丝绳牵引带式输送机

答案：ABDE

解析：《煤矿安全规程》第四百一十四条　有接头的钢丝绳，仅限于下列设备中使用：（一）平巷运输设备。（二）无极绳绞车。（三）架空乘人装置。（四）钢丝绳牵引带式输送机。钢丝绳接头的插接长度不得小于钢丝绳直径的1000倍。

10. 煤矿作业人员必须熟悉（　　）。

A. 应急救援预案　　B. 操作规程
C. 技术措施　　D. 避灾路线

答案：AD

解析：《煤矿安全规程》第六百七十九条　煤矿作业人员必须熟悉应急救援预案和避灾路线，具有自救互救和安全避险知识。井下作业人员必须熟练掌握自救器和紧急避险设施的使用方法。

11. 矿井发生火、瓦斯、煤尘等重大事故后，必须首先组织矿山救护队进行侦察，探明灾区情况。救援指挥部应根据（　　），以及救援的人力和物力，制定抢救方案和安全保障措施。

A. 灾害性质　　　　B. 事故发生地点

C. 波及范围　　　　D. 灾区人员分布

E. 可能存在的危险因素

答案：ABCDE

解析：《煤矿安全规程》第七百零五条　矿井发生灾害事故后，必须首先组织矿山救护队进行灾区侦察，探明灾区情况。救援指挥部应当根据灾害性质，事故发生地点、波及范围，灾区人员分布、可能存在的危险因素，以及救援的人力和物力，制定抢救方案和安全保障措施。

12. 采煤机采煤时必须及时移架。移架滞后采煤机的距离，应当根据顶板的具体情况在作业规程中明确规定；（　　）时，必须停止采煤。

A. 超过规定距离　　　　B. 冒顶

C. 片帮　　　　D. 移架

答案：ABC

解析：《煤矿安全规程》第一百一十四条　（五）采煤机采煤时必须及时移架。移架滞后采煤机的距离，应当根据顶板的具体情况在作业规程中明确规定；超过规定距离或者发生冒顶、片帮时，必须停止采煤。

13. 探放老空水前，应当首先分析查明老空水体的（　　）等。

A. 空间位置　　　　B. 积水范围

C. 积水量　　　　D. 水压

答案：ABCD

解析：《煤矿安全规程》第三百二十三条　探放老空水前，应当首先分析查明老空水体的空间位置、积水范围、积水量和水压等。探放水时，应当撤出探放水点标高以下受水害威胁区域所有人员。放水时，应当监视放水全过程，核对放水量和水压等，直到老空水放完为止，并进行检测验证。

14. 空气压缩机站的储气罐上应装有动作可靠的（　　）并有检查孔。定期清除风包内的油垢。

A. 压力表　　B. 温度表　　C. 安全阀　　D. 放水阀

答案：CD

解析：《煤矿安全规程》第四百三十三条　空气压缩机站的储气罐必须符合下列要求：（一）储气罐上装有动作可靠的安全阀和放水阀，并有检查孔。定期清除风包内的油垢。（二）新安装或者检修后的储气罐，应当用1.5倍空气压缩机工作压力做水压试验。（三）在储气罐出口管路上必须加装释压阀，其口径不得小于出风管的直径，释放压力应当为空气压缩机最高工作压力的1.25～1.4倍。（四）避免阳光直晒地面空气压缩机站的储气罐。

15. 下列选项中，发生（　　）情况时，不准装药、爆破。

A. 安全设施不齐全　　　　B. 支护不齐全

C. 支架有损坏　　　　　　　　　　D. 伞檐超过规定

答案：ABCD

解析：《煤矿安全规程》第三百六十一条　装药前和爆破前有下列情况之一的，严禁装药、爆破：（一）采掘工作面控顶距离不符合作业规程的规定，或者有支架损坏，或者伞檐超过规定。（二）爆破地点附近 20 m 以内风流中甲烷浓度达到或者超过 1.0%。（三）在爆破地点 20 m 以内，矿车、未清除的煤（矸）或者其他物体堵塞巷道断面 1/3 以上。（四）炮眼内发现异状、温度骤高骤低、有显著瓦斯涌出、煤岩松散、透老空区等情况。（五）采掘工作面风量不足。

16. 煤矿防治水应当做到“（　　）”，确保安全技术措施的科学性、针对性和有效性。

A. 一井一策　　　　　　　　　　B. 一矿一策

C. 一面一策　　　　　　　　　　D. 一掘一策

答案：BC

17. 生产经营单位与从业人员订立的劳动合同，应当载明有关保障从业人员（　　）的事项，以及依法为从业人员办理工伤保险的事项。

A. 劳动安全　　　　　　　　　　B. 薪资报酬

C. 防止职业危害　　　　　　　　D. 医疗救助

答案：AC

解析：《安全生产法》第五十二条　生产经营单位与从业人员订立的劳动合同，应当载明有关保障从业人员劳动安全、防止职业危害的事项，以及依法为从业人员办理工伤保险的事项。

18.（　　）和危险物品的生产、经营、储存、装卸单位，应当设置安全生产管理机构或者配备专职安全生产管理人员。

A. 矿山　　　B. 金属冶炼　　　C. 建筑施工　　　D. 运输单位

答案：ABCD

解析：《安全生产法》第二十四条　矿山、金属冶炼、建筑施工、运输单位和危险物品的生产、经营、储存、装卸单位，应当设置安全生产管理机构或者配备专职安全生产管理人员。

19. 县级以上地方各级人民政府应当组织有关部门建立完善安全风险评估与论证机制，按照安全风险管控要求，进行产业规划和空间布局，对（　　）的生产经营单位实施重大安全风险联防联控。

A. 位置相邻　　　B. 行业相近　　　C. 业态相似　　　D. 危险相同

答案：ABC

解析：《安全生产法》第八条　县级以上地方各级人民政府应当组织有关部门建立完善安全风险评估与论证机制，按照安全风险管控要求，进行产业规划和空间布局，对位置相邻、行业相近、业态相似的生产经营单位实施重大安全风险联防联控。

20. 处理瓦斯、煤尘爆炸事故时，救护队的主要任务是（　　）恢复通风。

A. 灾区侦察　　　　　　　　　　B. 扑灭因爆炸产生的火灾

C. 抢救遇险人员　　　　　　　　D. 抢救人员时清理灾区爆炸物

E. 抢救人员时清理灾区堵塞物

答案：ABCE

解析：《矿山救护规程》10.1.2.1　处理瓦斯、煤尘爆炸事故时，救护队的主要任务是：a）灾区侦察。b）抢救遇险人员。c）抢救人员时清理灾区堵塞物。d）扑灭因爆炸产生的火灾。e）恢复通风。

21. 处理矸石山火灾事故时，应做到（　　）。

A. 查明自燃的范围、温度、气体成分等参数

B. 查明自燃的范围、温度、各种有毒有害气体等参数

C. 直接灭火时，应防止水煤气爆炸，避开矸石山垮塌面和开挖暴露面

D. 应戴手套、防护面罩、眼镜，穿隔热服，使用工具清除

答案：ACD

解析：《矿山救护规程》10.1.1.3.17　处理矸石山火灾事故时，应做到：a）查明自燃的范围、温度、气体成分等参数。b）处理火源时，可采用注黄泥浆、飞灰、凝胶、泡沫等措施。c）直接灭火时，应防止水煤气爆炸，避开矸石山垮塌面和开挖暴露面。d）在清理矸石山爆炸产生的高温抛落物体时，应戴手套、防护面罩、眼镜，穿隔热服，使用工具清除，并设专人观察矸石山变化情况。

22. 井下基地选择在井下（　　）、不易受灾害事故直接影响的安全地点，用于井下救灾指挥、通信联络、存放救灾物资、（　　）和急救医务人员值班等需要而设立的工作场所。

A. 靠近灾区　　B. 通风良好　　C. 运输方便　　D. 待机小队停留

答案：ABCD

解析：《矿山救护规程》3.3　井下基地选择在井下靠近灾区、通风良好、运输方便、不易受灾害事故直接影响的安全地点，用于井下救灾指挥、通信联络、存放救灾物资、待机小队停留和急救医务人员值班等需要而设立的工作场所。

23. 反风演习是指生产矿山用以检查矿井反风设施是否处于（　　），保证在处理矿山灾害事故需要反风时迅速实现矿井反风的一项（　　）。

A. 灵活　　B. 可靠

C. 安全技术性演练　　D. 安全技术工作

答案：ABC

解析：《矿山救护规程》3.4　反风演习　生产矿山用以检查矿井反风设施是否处于灵活、可靠，保证在处理矿山灾害事故需要反风时迅速实现矿井反风的一项安全技术性演练。

24. 风流短路是指打开（　　）风联络巷道的风门或挡风墙，使进风巷道的风流直接进入（　　）。

A. 入　　B. 排　　C. 总回风巷　　D. 回风巷

答案：ABD

解析：《矿山救护规程》3.19 风流短路　打开入、排风联络巷道的风门或挡风墙，使进风巷道的风流直接进入回风巷。

25. 救护队发生自身伤亡后，应在 12 h 内报省级矿山救援指挥机构；省级矿山救援指

挥机构接报后，应在（　　）内报国家矿山救援指挥机构，（　　）内上报自身伤亡教训总结材料及其有关图纸。

A. 12 h　　B. 24 h　　C. 10 天　　D. 15 天

答案：AD

解析：《矿山救护规程》6.1.9　救护大队（含独立中队）应按规定上报下列报告：c）救护队发生自身伤亡后，应在 12 h 内报省级矿山救援指挥机构；省级矿山救援指挥机构接报后，应在 12 h 内报国家矿山救援指挥机构，15 天内上报自身伤亡教训总结材料及其有关图纸。

26. 救护队个人、小队、中队及大队应定期（　　）、准确掌握在用、库存救护装备（　　）及（　　），并认真填写登记，保持完好状态。

A. 检查　　B. 更新　　C. 状况　　D. 状态

E. 数量

答案：ADE

解析：《矿山救护规程》6.2.1　救护队个人、小队、中队及大队应定期检查、准确掌握在用、库存救护装备状况及数量，并认真填写登记，保持完好状态。

27. 生产经营单位应急预案分为（　　）。

A. 综合应急预案　　B. 专项应急预案

C. 抢险救援方案　　D. 现场处置方案

答案：ABD

解析：《生产安全事故应急预案管理办法》第六条　生产经营单位应急预案分为综合应急预案、专项应急预案和现场处置方案。

28. 矿井必须制定防止采空区自然发火的封闭及管理专项措施。采煤工作面回采结束后，必须在（　　）内进行永久性封闭，每周 1 次抽取封闭采空区气样进行分析，并建立台账。开采自燃和容易自燃煤层，应当及时构筑各类密闭并保证质量。与封闭采空区连通的各类废弃钻孔必须（　　）。

A. 30 天　　B. 45 天　　C. 严密封堵　　D. 永久封闭

答案：BD

解析：《煤矿安全规程》第二百七十四条　矿井必须制定防止采空区自然发火的封闭及管理专项措施。采煤工作面回采结束后，必须在 45 天内进行永久性封闭，每周 1 次抽取封闭采空区气样进行分析，并建立台账。开采自燃和容易自燃煤层，应当及时构筑各类密闭并保证质量。与封闭采空区连通的各类废弃钻孔必须永久封闭。

29. 开展预防性安全检查，分为（　　）和专项预防性安全检查两种方式。其中，专项安全检查主要包括（　　）等方面内容（根据服务矿山企业的实际情况，救护队可增加其他类型的专项检查内容）。

A. 熟悉路线型预防性安全检查

B. 熟悉巷道型预防性安全检查

C. 火灾、水灾、瓦斯、煤尘、顶板

D. 火灾、水灾、瓦斯、煤尘、顶板、冲击地压

答案：AC

解析：《矿山救护队预防性安全检查工作指南》5.5 检查方式　开展预防性安全检查，分为熟悉路线型预防性安全检查和专项预防性安全检查两种方式。其中，专项安全检查主要包括火灾、水灾、瓦斯、煤尘、顶板等方面内容（根据服务矿山企业的实际情况，救护队可增加其他类型的专项检查内容）。

30. 采煤工作面采空区处理方法有（　　）。

A. 全部垮落法　B. 煤柱支撑法　C. 充填法　D. 缓慢下沉法

答案：ABCD

31. 干粉灭火器是由（　　）等主要部件组成的。

A. 机筒　B. 机盖　C. 喷射胶管　D. 钢瓶

答案：ABCD

32. 斜井使用绞车提升时，必须采用“一坡三挡”，其中“三挡”指（　　）。

A. 车场内的阻车器　B. 车场内的信号指示器

C. 变坡处的捞车器　D. 变坡点下方的挡

答案：ACD

33. 井田开拓方式有（　　）。

A. 斜井开拓　B. 暗井开拓　C. 综合开拓　D. 立井开拓

答案：ACD

解析：为开采煤炭，由地表进入煤层为开采水平服务所进行的井巷布置和开掘工程，称为井田开拓。在某一井田地质、地形及开采技术条件下，矿井开拓巷道有多种布置方式，开拓巷道的布置方式称为开拓方式。按井筒（硐）形式可分为立井开拓、斜井开拓、平硐开拓、综合开拓。

34. 下列属于井下生产系统的是（　　）。

A. 提升运输　B. 通风　C. 供电　D. 排水

答案：ABCD

解析：矿井生产系统是指在煤矿生产过程中的提升运输、通风、排水、人员安全进出、材料设备上下井、矸石出运、供电、供气、供水等巷道线路及其设施等组成的系统。矿井生产系统主要包括地面生产系统与井下生产系统两大部分。

35. 生产矿井必备的图纸一般分（　　）两大类。

A. 矿井测量图　B. 矿井地质图

C. 井上下对照图　D. 采掘工程图

答案：AB

36. 矿山救护队员的职责包括（　　）。

A. 遵守纪律、听从指挥　B. 事故救援总结的审定

C. 积极救助遇险人员　D. 技术装备达到战斗准备标准

答案：ACD

37. 按灭火原理，非煤矿山火灾救援常用的灭火方法有（　　）。

A. 冷却法　B. 覆盖法　C. 抑制法　D. 综合灭火法

答案：ABC

38. 露天矿边坡坍塌或排土场滑坡事故救护处理时，救护队应（　　）。

A. 快速进入灾区侦察，救助遇险人员

B. 对可能坍塌的边坡进行支护

C. 加强现场观察，保证救护人员安全

D. 挖掘被埋遇险人员应避免伤害被困人员

答案：ABCD

解析：露天矿边坡坍塌或排土场滑坡事故救护处理时，抢救人员应快速进入灾区，侦察灾区情况，救助遇险人员；对可能坍塌的边坡进行支护，并要加强现场观察，保证救护人员安全；配合事故救护工程人员挖掘被埋遇险人员，在挖掘过程中应避免伤害被困人员。

39.《生产安全事故应急演练基本规范》规定，应急演练按照演练目的与作用分为（　　）。

A. 检验性演练　　B. 示范性演练

C. 研究性演练　　D. 功能性演练

答案：ABC

40.《矿山救护规程》规定（　　）属于兼职救护队任务。

A. 引导和救助遇险人员脱离灾区，协助专职矿山救护队积极抢救遇险遇难人员

B. 做好矿山安全生产预防性检查，控制和处理矿山初期事故

C. 参加需要佩用氧气呼吸器作业和安全技术工作

D. 协助矿山救护队完成矿山事故救援工作

答案：ABCD

41. 2013 年 11 月 24 日习近平在青岛黄岛经济开发区考察输油管线泄漏引发爆燃事故抢险工作时强调：所有企业都必须认真履行安全生产主体责任，做到（　　），确保安全生产。

A. 安全投入到位　　B. 安全培训到位

C. 基础管理到位　　D. 应急救援到位

答案：ABCD

42.《生产安全事故应急预案管理办法》规定，有下列情形之一的，应急预案应当及时修订并归档（　　）。

A. 依据的法律、法规、规章、标准及上位预案中的有关规定发生重大变化的

B. 应急指挥机构及其职责发生调整的

C. 安全生产面临的风险发生重大变化的

D. 重要应急资源发生重大变化的

答案：ABCD

43.《生产经营单位生产安全事故应急预案编制导则》规定，应当以应急处置为核心，体现自救互救和先期处置的特点，做到职责明确、程序规范、措施科学，尽可能（　　）。

A. 简明化　　B. 图表化　　C. 数字化　　D. 流程化

答案：ABD

44.《安全生产法》规定，生产经营单位应当对从业人员进行安全生产教育和培训，

保证从业人员具备（　　）知悉自身在安全生产方面的权利和义务。

A. 必要的安全生产知识

B. 熟悉有关的安全生产规章制度和安全操作规程

C. 掌握本岗位的安全操作技能

D. 了解事故应急处理措施

答案：ABCD

45.《煤矿安全规程》规定，煤矿企业必须建立健全安全生产与职业病危害防治目标管理、投入、奖惩、技术措施审批、培训、办公会议制度，（　　）等。

A. 安全检查制度　　B. 事故隐患排查、治理、报告制度

C. 事故报告与责任追究制度　　D. 定期汇报制度

答案：ABC

46.《煤矿安全规程》规定，矿井应当每周至少检查 1 次隔爆设施的（　　）是否符合要求。

A. 安装地点　　B. 数量

C. 水量或者岩粉量　　D. 安装质量

答案：ABCD

47.《生产安全事故应急演练基本规范》规定，在桌面演练过程中通常按照（　　）循环往复进行。

A. 注入信息　　B. 提出问题　　C. 分析决策　　D. 表达结果

答案：ABCD

48.《生产安全事故应急演练评估规范》规定，应急演练评估主要依据有关法律、法规、标准及有关规定和要求和（　　）。

A. 演练活动所涉及的相关应急预案和演练文件

B. 演练单位的相关技术标准、操作规程或管理制度

C. 相关事故应急救援典型案例资料

D. 其他相关材料

答案：ABCD

49.《生产安全事故应急条例》规定，有关地方人民政府及其部门接到生产安全事故报告后，应当按照国家有关规定上报事故情况，启动相应的生产安全事故应急救援预案，并按照应急救援预案的规定采取哪些应急救援措施（　　）。

A. 组织抢救遇险人员，救治受伤人员，研判事故发展趋势以及可能造成的危害

B. 通知可能受到事故影响的单位和人员，隔离事故现场，划定警戒区域，疏散受到威胁的人员，实施交通管制

C. 采取必要措施，防止事故危害扩大和次生、衍生灾害发生，避免或者减少事故对环境造成的危害

D. 依法发布调用和征用应急资源的决定

答案：ABCD

50. 大队基本装备配备中灭火器材装备要求有（　　）。

A. 高倍数泡沫灭火机　　B. 惰气灭火装置

C. 快速密闭　　D. 灭火器

答案：ABC

解析：灭火器不属于大队基本装备配备中灭火器材装备。

51. 防爆工具包含锯、锤、斧、(　　) 等。

A. 镐　　B. 锹　　C. 钎　　D. 起钉器

答案：ABCD

52. 氧气充填泵要专人管理、工具齐全，按规程操作，氧气压力达到 20 MPa 时，要保证 (　　)，运转正常。

A. 不漏油　　B. 不漏气　　C. 不漏水　　D. 无杂音

答案：ABCD

53. 一氧化碳检定管包含 (　　) 等多种规格。

A. 常量　　B. 微量　　C. 浓量　　D. 特量

答案：ABC

54. 以下哪项是建造木板密闭墙的操作要求 (　　)。

A. 木板采用搭接方式，下板压上板，压接长度不少于 20 mm

B. 每块大板不少于 10 个钉子

C. 大板两端距离顶板距离差不大于 60 mm

D. 板闭四周严密，缝隙宽度不应超过 5 mm、长度不应超过 200 mm

答案：AD

解析：每块大板不少于 8 个钉子，大板两端距离顶板距离差不大于 50 mm。

55. 多参数气体检测仪能够检测到 (　　) 等三种以上气体。

A. CO_2　　B. CH_4　　C. H_2　　D. CO

答案：BCD

解析：多参数气体检测仪不能检测出 CO_2 气体。

56. 电话值班室应装备以下设备设施 (　　)。

A. 录音电话机　　B. 计时钟

C. 接警记录簿　　D. 作息时间表

答案：ABCD

57. 在准军事化操练中，下列叙述正确的是 (　　)。

A. 报数时要准确、短促、洪亮、转头 (最后一名不转头)

B. 停止间转法 (依次为向右转、向左转、向后转、半面向右转、半面向左转)

C. 齐步走、正步走、跑步走 (均为横队)

D. 步伐变换 (依次为齐步变正步、正步变齐步、齐步变跑步、跑步变齐步)

答案：ABC

58. 《矿山救护队标准化考核规范》中关于安装局部通风机和接风筒相关要求正确的是 (　　)。

A. 安装与接线不正确，每处扣 0.5 分

B. 接头漏风，每处扣 0.5 分

C. 不适用挡板、密封圈，每处扣 0.5 分

D. 不带风连接风筒，该项无分

答案：ABD

59. 以下关于建造砖密闭墙的标准要求正确的是（　　）。

A. 密闭墙牢固、墙面平整、浆饱、不漏风，不透光

B. 接顶充实，20 min 完成

C. 墙厚 370 mm 左右，结构为（砖）一横一竖

D. 砖墙完成后，除两帮和顶可抹不大于 100 mm 宽的泥浆外，墙面应整洁，砖缝线条应清晰，符合要求

答案：ACD

60. 接到矿井（　　）等事故通知，应当至少派 2 个救护小队同时赶赴事故地点。

A. 冲击地压　　B. 瓦斯和煤尘爆炸

C. 煤（岩）与瓦斯（二氧化碳）突出　　D. 火灾

答案：BCD

61. 矿山、金属冶炼、建筑施工、运输单位和危险物品的（　　）单位，应当设置安全生产管理机构或者配备专职安全生产管理人员。

A. 生产　　B. 经营　　C. 储存　　D. 装卸

E. 使用

答案：ABCD

解析：《安全生产法》第二十四条　矿山、金属冶炼、建筑施工、运输单位和危险物品的生产、经营、储存、装卸单位，应当设置安全生产管理机构或者配备专职安全生产管理人员。

62. 平台经济等（　　）的生产经营单位应当根据本行业、领域的特点，建立健全并落实全员安全生产责任制，加强从业人员安全生产（　　）和（　　），履行《安全生产法》和其他法律、法规规定的有关安全生产义务。

A. 新兴行业　　B. 领域　　C. 教育　　D. 培训

E. 企业单位

答案：ABCD

解析：《安全生产法》第四条　平台经济等新兴行业、领域的生产经营单位应当根据本行业、领域的特点，建立健全并落实全员安全生产责任制，加强从业人员安全生产教育和培训，履行本法和其他法律、法规规定的有关安全生产义务。

63. 生产经营单位采用（　　）或者使用新设备，必须了解、掌握其安全技术特性，采取有效的安全防护措施，并对从业人员进行专门的安全生产教育和培训。

A. 新工艺　　B. 新技术　　C. 新材料　　D. 新产品

答案：ABC

解析：《安全生产法》第二十九条　生产经营单位采用新工艺、新技术、新材料或者使用新设备，必须了解、掌握其安全技术特性，采取有效的安全防护措施，并对从业人员进行专门的安全生产教育和培训。

64. 建造木板密闭墙标准要求中，木板密闭墙（　　），边柱松动（用一手推拉边柱移位），边柱与顶梁搭接面小于 1/2，立柱断裂未采取补救措施的，该项无分。

A. 骨架不牢　　B. 缺立柱　　C. 缺大板　　D. 未钉托泥板

答案：ABC

65. 挂风障标准要求中，钉子应全部钉入骨架内，（　　）允许补钉。

A. 多钉　　B. 跑钉　　C. 少钉　　D. 弯钉

答案：BD

66. 大队所属中队和独立中队标准化考核包括：队伍及人员、培训与训练、装备与设施、业务工作、（　　）、综合体质、准军事化操练、日常管理。

A. 组织机构　　B. 救援准备　　C. 医疗急救　　D. 技术操作

答案：BCD

67. 建造砖密闭墙标准要求中，砖墙完成后，除（　　）可抹不大于 100 mm 宽的泥浆外，墙面应整洁，砖缝线条应清晰，符合要求。

A. 两帮　　B. 底　　C. 顶

答案：AC

68. 大队设施标准要求：设施应包括（　　）、修理室、气体分析化验室、装备器材库、车库。

A. 办公室　　B. 会议室　　C. 学习室　　D. 集体值班室

答案：ABC

69. 掘进工作面后部巷道或者独头巷道维修（着火点、高温点处理）时，维修（处理）点以里继续掘进或者有人员进入，或者采掘工作面未按照国家规定安设（　　）的，属重大事故隐患。

A. 压风　　B. 供水　　C. 通信线路　　D. 装置

E. 监测监控

答案：ABCD

解析：《煤矿重大事故隐患判定标准（解读）》第十八条 （九）掘进工作面后部巷道或者独头巷道维修（着火点、高温点处理）时，维修（处理）点以里继续掘进或者有人员进入，或者采掘工作面未按照国家规定安设压风、供水、通信线路及装备的，属重大事故隐患。

70. 《矿山救护队标准化考核规范》规定，矿山救护大队计划管理内容包括（　　）。

A. 队伍建设、培训与训练

B. 装备管理、评比检查

C. 预防性安全检查和技术服务

D. 内务管理、财务管理和设备设施维修等

答案：ABCD

71. 《矿山救护队标准化考核规范》规定，救护大队的牌板管理标准要求：（　　）。

A. 组织机构牌板

B. 救护队伍部署图、服务区域矿山分布图

C. 值班日程表、接警记录牌板和评比检查牌板

D. 卫生担当区牌板

答案：ABC

72. 依据《矿山（隧道）事故救援联络信号》规定，救援联络信号每次敲击间隔（　　），分组发出信号，每组信号间隔（　　）。

A. 1 s　　B. 2 s　　C. 15 s　　D. 30 s

答案：AD

73.《煤矿安全规程》规定，灭火工作必须从火源进风侧进行。用水灭火时，水流应从火源外围喷射，逐步逼向火源的中心；必须有充足的（　　），防止水煤气爆炸。

A. 风量　　B. 充足的距离

C. 水源充足　　D. 畅通的回风巷

答案：AD

解析：《煤矿安全规程》第七百一十二条　（九）灭火工作必须从火源进风侧进行。用水灭火时，水流应从火源外围喷射，逐步逼向火源的中心；必须有充足的风量和畅通的回风巷，防止水煤气爆炸。

74. 矿山救护队的工作指导原则是（　　）。

A. 加强战备　　B. 严格训练　　C. 主动预防　　D. 积极抢救

答案：ABCD

75. 在处理突出事故时，必须做到（　　）。

A. 进入灾区前，确保矿灯完好；进入灾区内，不准随意启闭电气开关和扭动矿灯开关或灯盖

B. 在突出区应设专人定时定点检查瓦斯浓度，并及时向指挥部报告

C. 设立安全岗哨，非救护队人员不得进入灾区；救护人员必须配用氧气呼吸器，不得单独行动

D. 当发现有异常情况时，应立即将情况了解清楚

答案：ABC

解析：D 选项应该是当发现有异常情况时，应立即撤出全部人员。

76. 救护队参加实施震动爆破措施时，应遵守的规定是（　　）。

A. 按照批准的措施，检查准备工作落实情况

B. 佩戴氧气呼吸器、携带灭火器和其他必要的装备在指定地点待机

C. 爆破 10 min 后，救护队佩用氧气呼吸器进入工作面检查，发现爆破引起火灾应立即灭火

D. 在瓦斯全部排放完毕后，救护队应与通风、安监等部门共同检查，通风正常后，方可离开工作地点

答案：ABD

解析：《矿山救护规程》10.3.4　救护队参加实施震动爆破措施时，应按下列规定进行：a）按照批准的措施，检查准备工作落实情况。b）佩戴氧气呼吸器，携带灭火器和其他必要的装备在指定地点待机。c）爆破 30 min 后，救护队佩用氧气呼吸器进入工作面检查，发现爆破引起火灾应立即灭火。d）在瓦斯全部排放完毕后，救护队应与通风、安监等部门共同检查，通风正常后，方可离开工作地点。

77. 现场创伤急救技术包括（　　）。

A. 骨折固定　　B. 伤员转运　　C. 止血　　D. 创伤包扎

答案：ABCD

78. BG4 型正压氧气呼吸器产品的主要特点是（　　）。

A. 仪器使用过程中，整个呼吸系统压力始终低于外界环境气体压力，能有效防止外界环境中的有毒有害气体侵入呼吸系统，保护佩戴人员的安全

B. 先进技术及新型材料的应用，使整机重量较轻。按人体工程学原理设计的背壳以及快速着装方式，使得整机重量合理分布在背部，佩戴更为舒适、方便

C. 气体降温器及低阻高效的 CO_2 清净罐，使得呼吸更为舒适。结构简单，不需任何工具便可进行各部件的拆装。与环境直接接触的材料均采用高效阻燃材料，仪器能在火灾环境中使用

D. 采用先进的“模拟窗”电子报警、测试及压力显示系统

答案：BCD

解析：A 选项应该是仪器使用过程中，整个呼吸系统压力始终高于外界环境气体压力。

79. 光干涉甲烷检定器使用前的准备工作有（　　）。

A. 药品性能检查　　B. 气密性检查

C. 观看干涉条纹是否清晰　　D. 清洗气室及调整零位

答案：ABCD

80. 救护队出动后，接班人员应当记录出动小队编号及人数（　　）并向救护队主要负责人报告。

A. 带队指挥员　　B. 出动时间

C. 事故地点　　D. 记录姓名

答案：ABD

解析：《矿山救护队标准化考核规范》6.5.1.1　救护队出动后，接班人员应当记录出动小队编号及人数、带队指挥员、出动时间、记录人姓名，并向救护队主要负责人报告。救护队主要负责人应向单位主管部门和省级矿山救援管理机构报告出动情况。

81. 大队所属中队和独立中队基本装备配备标准规定，多种气体检定器应配备 CO、CO_2、O_2、（　　）、H_2 检定管各 30 支。

A. H_2S　　B. SO_2　　C. NO_2　　D. NH_3

答案：ACD

82. 接触职业病危害从业人员的职业健康检查周期按（　　）。

A. 接触粉尘以煤尘为主的在岗人员，每 2 年 1 次

B. 接触粉尘以硅尘为主的在岗人员，每年 1 次

C. 经诊断的观察对象和尘肺患者，每年 1 次

D. 接触噪声、高温、毒物、放射线的在岗人员，每年 1 次

答案：ABCD

83. 矿井必须根据险情或者事故情况下矿工避险的实际需要，建立井下紧急撤离和避险设施，并与（　　）等系统结合，构成井下安全避险系统。

A. 供水施救　　B. 监测监控

C. 人员位置监测　　D. 通信联络

答案：BCD

解析：《煤矿安全规程》第六百七十三条　矿井必须根据险情或者事故情况下矿工避险的实际需要，建立井下紧急撤离和避险设施，并与监测监控、人员位置监测、通信联络等系统结合，构成井下安全避险系统。

84. 矿山救护队专项预防性安全检查包括（　　）顶板隐患检查。

A. 火灾隐患检查　　B. 水害隐患检查

C. 瓦斯隐患检查　　D. 煤尘隐患检查

答案：ABCD

85. 在测风环节，描述正确的是（　　）。

A. 测风时，风表距人体及巷道顶、帮、底部间距要小于 200 mm

B. 风表叶轮转动 30 s 左右稳定后方可测风

C. 风表叶片与风流方向要始终保持垂直

D. 在断面内风表要保证均匀移动

答案：BCD

86. 心肺复苏操作项目中，描述正确的是（　　）。

A. 每 30 次连续按压不超过 18 s

B. 按压深度达到 5 ~ 6 mm

C. 在 125 s 内（从按压开始计时）完成 5 个周期胸外按压 + 人工呼吸

D. 按压频率达到 80 次/min

答案：ABC

87. 光干涉式甲烷检定器主要部件由（　　）组成。

A. 光路系统　　B. 照明系统　　C. 气路系统　　D. 电路系统

答案：ACD

88. 心跳停止后的症状有（　　）。

A. 神志丧失　　B. 脉搏消失　　C. 瞳孔固定散大　　D. 脸色发暗

答案：ABCD

89. 发生事故时现场人员的行动原则（　　）。

A. 安全撤离　　B. 积极抢救　　C. 妥善避灾　　D. 及时报告灾情

答案：ABCD

90. 口对口人工呼吸时，吹气的正确方法是以（　　）。

A. 病人口唇包裹术者口唇　　B. 闭合鼻孔

C. 吹气量至胸廓扩张时止　　D. 每次吹气量 1500 mL

答案：BC

91. 综合体能项目在佩戴 4 h 正压氧气呼吸器、戴安全帽后进行的操作有（　　）。

A. 穿越 S 型行人巷　　B. 矮巷

C. 负重跑　　D. 拉检力器

答案：ABCD

92. 在煤矿井下，容易局部积聚瓦斯的地方有（　　）。

A. 回风大巷　　B. 工作面上隅角

C. 掘进上山迎头　　D. 掘进下山迎头

答案：BC

93. 自动苏生器主要由（　　）等主要部件构成。

A. 氧气瓶　　B. 引射器、吸痰器

C. 减压器、配气阀　　D. 自动肺、自主呼吸阀

答案：ABCD

94. 光干涉甲烷测定器干涉条纹宽度变化的原因有（　　）。

A. 灯泡不够亮　　B. 物镜位置不当

C. 平面镜安装角度误差　　D. 平面镜后倾角度偏大或偏小

答案：BCD

95. 掘进巷道在揭露老空前必须探明（　　）等内容，并采取措施，进行处理。

A. 水　　B. 地温　　C. 瓦斯　　D. 火

答案：ACD

解析：《煤矿安全规程》第九十三条　掘进巷道在揭露老空前必须探明水、火、瓦斯等内容，并采取措施，进行处理。

96. 各级人民政府应急管理部门应当至少每两年组织一次应急预案演练，提高、（　　）生产安全事故应急处置能力。

A. 本单位　　B. 本部门　　C. 本地区　　D. 本社区

答案：BC

解析：《生产安全事故应急预案管理办法》第三十二条　各级人民政府应急管理部门应当至少每两年组织一次应急预案演练，提高本部门、本地区生产安全事故应急处置能力

97.（　　）的矿井，不得采用前进式采煤方法。

A. 高瓦斯　　B. 突出

C. 有容易自燃或者自燃煤层　　D. 有煤尘爆炸危险

答案：ABC

解析：《煤矿安全规程》第九十七条　高瓦斯、突出、有容易自燃或者自燃煤层的矿井，不得采用前进式采煤方法。

98. 应急预案的管理实行属地为主、（　　）、分类指导、（　　）、（　　）的原则。

A. 分级负责　　B. 综合协调　　C. 统一领导　　D. 动态管理

答案：ABD

解析：《生产安全事故应急预案管理办法》第三条　应急预案的管理实行属地为主、分级负责、分类指导、综合协调、动态管理的原则。

99. 应急预案的评审或者论证应当注重（　　）应急预案的衔接性等内容。

A. 基本要素的完整性　　B. 组织体系的合理性

C. 应急处置程序和措施的针对性　　D. 应急保障措施的可行性

答案：ABCD

解析：《生产安全事故应急预案管理办法》第二十三条　应急预案的评审或者论证应当注重基本要素的完整性、组织体系的合理性、应急处置程序和措施的针对性、应急保障措施的可行性、应急预案的衔接性等内容。

100. 矿井在（　　）相邻正在开采的采煤工作面沿空送巷时，采掘工作面严禁同时作业。

A. 同一煤层　　　　B. 同翼

C. 不同采区　　　　D. 同一采区

答案：ABD

解析：《煤矿安全规程》第一百五十三条　矿井在同一煤层、同翼、同一采区相邻正在开采的采煤工作面沿空送巷时，采掘工作面严禁同时作业。

三、判断题

1. 相邻回采巷道及工作面回风巷之间必须开凿联络巷，用以通风、运料和行人。（　　）

答案：正确

解析：《煤矿安全规程》第一百一十三条　采用水力采煤时，必须遵守下列规定：

（三）相邻回采巷道及工作面回风巷之间必须开凿联络巷，用以通风、运料和行人。应当及时安设和调整风帘（窗）等控风设施。联络巷间距和支护形式必须在作业规程中规定。

2. 开采保护层时，应当留设煤（岩）柱。（　　）

答案：错误

解析：开采保护层时，应当不留设煤（岩）柱，特殊情况需留设煤（岩）柱时，必须将煤（岩）柱的位置和尺寸准确标注在采掘工程平面图和地质图上。

3. 暖风道和压入式通风的风硐必须用阻燃性材料砌筑，并至少装设 2 道防火门。（　　）

答案：错误

解析：暖风道和压入式通风的风硐必须用不燃性材料砌筑，并至少装设 2 道防火门。

4. 主要通风机安装在地面，向全矿井、一翼或几个分区供风。（　　）

答案：错误

解析：主要通风机安装在地面，向全矿井、一翼或 1 个分区供风。

5. 安全生产工作应当以人为本，坚持人民至上、生命至上，把保护人民生命安全摆在首位，树牢安全发展理念，坚持安全第一、预防为主、综合治理的方针，从源头上防范化解重大安全风险。（　　）

答案：正确

解析：《安全生产法》第三条　安全生产工作坚持中国共产党的领导。安全生产工作应当以人为本，坚持人民至上、生命至上，把保护人民生命安全摆在首位，树牢安全发展理念，坚持安全第一、预防为主、综合治理的方针，从源头上防范化解重大安全风险。安全生产工作实行管行业必须管安全、管业务必须管安全、管生产经营必须管安全，强化和落实生产经营单位主体责任与政府监管责任，建立生产经营单位负责、职工参与、政府监管、行业自律和社会监督的机制。

6. 井下测风站应设在平直的巷道中，其长度不得小于 4 m，测风站前后 10 m 内没有拐弯和其他障碍。（　　）

答案：正确

7. 严禁开采地表水、强含水层、采空区水淹区域下且水患威胁未消除的倾斜煤层。（　　）

答案：错误

解析：《煤矿安全规程》第二百九十九条　严禁开采地表水体、强含水层、采空区水淹区域下且水患威胁未消除的急倾斜煤层。

8. 照明和手持式电气设备的供电额定电压不超过 127 V。（　　）

答案：正确

解析：《煤矿安全规程》第四百四十五条　井下各级配电电压和各种电气设备的额定电压等级，应当符合下列要求：（一）高压不超过 10000 V。（二）低压不超过 1140 V。（三）照明和手持式电气设备的供电额定电压不超过 127 V。（四）远距离控制线路的额定电压不超过 36 V。（五）采掘工作面用电设备电压超过 3300 V 时，必须制定专门的安全措施。

9. 变电硐室长度超过 8 m 时，必须在硐室的两端各设 1 个出口。（　　）

答案：错误

解析：《煤矿安全规程》第四百五十八条　变电硐室长度超过 6 m 时，必须在硐室的两端各设 1 个出口。

10. 人工呼吸是借助人工的方法，在自然呼吸停止、不规则或不充分时，强迫空气进出肺部，帮助伤员恢复呼吸功能的一项急救技术。（　　）

答案：正确

解析：《矿山救护规程》3.29 人工呼吸　借助人工的方法，在自然呼吸停止、不规则或不充分时，强迫空气进出肺部，帮助伤员恢复呼吸功能的一项急救技术。

11. 救护队出动后，应向主管单位及上一级救护管理部门报告出动情况。在途中得知矿山事故已经得到处理，出动救护队可以返回驻地。（　　）

答案：错误

解析：《矿山救护规程》9.1.2.3　救护队出动后，应向主管单位及上一级救护管理部门报告出动情况。在途中得知矿山事故已经得到处理，出动救护队仍应到达事故矿井了解实际情况。

12. 进入灾区侦察或作业的小队人员不得少于 6 人。进入灾区前，应检查氧气呼吸器是否完好，并应按规定佩用。小队必须携带备用全面罩氧气呼吸器 1 台和不低于 18 MPa 压力的备用氧气瓶 2 个，以及氧气呼吸器工具和装有配件的备件袋。（　　）

答案：正确

13. 井下巷道内温度超过 32 ℃时，即为高温，应限制佩用氧气呼吸器的连续作业时间。巷道内温度超过 40 ℃，禁止佩用氧气呼吸器工作，但在抢救遇险人员或作业地点靠近新鲜风流时例外；否则，必须采取降温措施。（　　）

答案：错误

解析：《矿山救护规程》10.1.1.2.1　井下巷道内温度超过 30 ℃时，即为高温，应限制佩用氧气呼吸器的连续作业时间。巷道内温度超过 40 ℃，禁止佩用氧气呼吸器工作，但在抢救遇险人员或作业地点靠近新鲜风流时例外；否则，必须采取降温措施。

14. 救护队在侦察中，应探查遇险人员位置，涌水通道、水量、水的流动路线，巷道及水泵设施受淹程度，巷道冲坏和堵塞情况，有害气体（CH_4、CO、CO_2、H_2S 等）浓度及在巷道中的分布和通风状况等。（　　）

答案：错误

解析：《矿山救护规程》10.1.4.3　救护队在侦察中，应探查遇险人员位置，涌水通道、水量、水的流动路线，巷道及水泵设施受淹程度，巷道冲坏和堵塞情况，有害气体（CH_4、CO_2、H_2S 等）浓度及在巷道中的分布和通风状况等。

15. 库存二氧化碳吸收剂每季度化验一次，对于二氧化碳吸收剂的吸收率低于33%，二氧化碳含量大于4%，水分不能保持在15%～21%之间的不准使用。（　　）

答案：错误

解析：《矿山救护规程》6.2.6　必须保证使用的氧气瓶、氧气和二氧化碳吸收剂的质量，具体要求：b）库存二氧化碳吸收剂每季度化验一次，对于二氧化碳吸收剂的吸收率低于30%，二氧化碳含量大于4%，水分不能保持在15%～21%之间的不准使用。

16. 小腿骨折利用健肢固定法：固定方式同大腿骨折相似。两下肢并拢，分别在踝、膝以三角巾或绷带固定。（　　）

答案：错误

解析：《矿山救护规程》10.4.14.4　小腿骨折固定法：a）利用健肢固定法：固定方式同大腿骨折相似。两下肢并拢，分别在踝、膝、大腿中段以三角巾或绷带固定。

17. 昏迷伤员的抢救措施：立即将伤员撤至安全、通风、保暖的地方，使其平卧，或将头抬高15°，以增加血流的回心量，改善脑部血流量。解松衣扣，清除呼吸道内的异物，可给热水喝。呕吐时头应偏向一侧，以免呕吐物吸入气管和肺内。（　　）

答案：错误

解析：《矿山救护规程》10.4.11　昏迷伤员的抢救措施：a）立即将伤员撤至安全、通风、保暖的地方，使其平卧，或两头抬高30°，以增加血流的回心量，改善脑部血流量。解松衣扣，清除呼吸道内的异物，可给热水喝。呕吐时头应偏向一侧，以免呕吐物吸入气管和肺内。

18. 上行通风是指风流沿采煤工作面由上向下流动的通风方式。（　　）

答案：错误

解析：上行通风是指风流沿采煤工作面由下向上流动的通风方式。

19. 严格落实预防性安全检查工作，每个救护小队每月至少进行1次预防性安全检查（国家矿山应急救援队每个救护小队每月至少进行2次预防性安全检查），积极排查服务矿山企业的安全隐患。（　　）

答案：错误

解析：《矿山救护队预防性安全检查工作指南》4.2.3　严格落实预防性安全检查工作，每个救护中队每月至少进行1次预防性安全检查（国家矿山应急救援队每个救护小队每月至少进行1次预防性安全检查），积极排查服务矿山企业的安全隐患。

20. 矿山救护新队员必须经过基础培训，再经过1个月的编队实习并综合考评合格后，才能成为正式矿山抢救队员。（　　）

答案：错误

解析：矿山救护新队员必须经过基础培训，再经过3个月的编队实习，通过综合考评合格、签订服役合同后才能成为正式救护队员，从事矿山救护工作。

21. 非专职或非值班电气人员，不得擅自操作电气设备。(　　)

答案：正确

22. 矿山抢救队员不应超过40岁。(　　)

答案：错误

解析：《煤矿安全规程》第六百九十六条　矿山救护大队指挥员年龄不应超过55岁，救护中队指挥员不应超过50岁，救护队员不应超过45岁。

23. 煤矿企业每季度必须至少组织1次矿井救灾演习。(　　)

答案：错误

24. 采掘工作面的进风流中，二氧化碳浓度不超过1.0%。(　　)

答案：错误

解析：采掘工作面进风流中的氧气浓度不得低于20%；二氧化碳浓度不得超过0.5%。

25. 爆炸性粉尘爆炸的条件只包括可燃性和微粉状态、在空气中悬浮式流动和达到爆炸极限。(　　)

答案：错误

26. 煤矿必须设立矿山抢救队，没建立专职矿山抢救队的矿井不得生产。(　　)

答案：错误

27. 爆破作业必须执行“一炮三检”制。(　　)

答案：正确

解析：《煤矿安全规程》第三百四十七条　井下爆破工作必须由专职爆破工担任。突出煤层采掘工作面爆破工作必须由固定的专职爆破工担任。爆破作业必须执行“一炮三检”和“三人连锁爆破”制度，并在起爆前检查起爆地点的甲烷浓度。

28. 矿山抢救大队指挥员年龄不应超过60岁。(　　)

答案：错误

解析：《煤矿安全规程》第六百九十六条　矿山救护大队指挥员年龄不应超过55岁，救护中队指挥员不应超过50岁，救护队员不应超过45岁，其中40岁以下队员应当保持在2/3以上。指战员每年应当进行1次身体检查，对身体检查不合格或者超龄人员应当及时进行调整。

29. 如不能确认井筒和井底车场无有害气体，抢救队员必须在地面将氧气呼吸器佩戴好。(　　)

答案：正确

解析：井下中毒和窒息事故救援工作应遵守的原则：如不能确认井筒和井底车场无有害气体，抢救队员必须在地面将氧气呼吸器佩戴好。

30. 出现瓦斯动力现象，或者相邻矿井开采的同一煤层发生了突出事故，或者被鉴定、认定为突出煤层，以及煤层瓦斯压力达到或者超过0.74 MPa的非突出矿井，未立即按照突出煤层管理并在国家规定期限内进行突出危险性鉴定的（直接认定为突出矿井的除外）属“其他重大事故隐患”情形。(　　)

答案：正确

31.《生产安全事故应急预案管理办法》规定，专项应急预案应当规定应急组织机构及其职责、应急预案体系、事故风险描述、预警及信息报告、应急响应、保障措施、应急预案管理等内容。(　　)

答案：错误

32.《生产经营单位生产安全事故应急预案编制导则》规定，应急预案编制完成后，生产经营单位应按法律法规有关规定组织评审或论证。应急预案论证可通过实战的方式开展。(　　)

答案：错误

33.《生产安全事故应急演练评估规范》规定，演练现场评估工作结束后，评估组针对收集的各种信息资料，依据评估标准和相关文件资料对演练活动全过程进行科学分析和客观评价，并撰写演练评估报告，评估报告仅向主管部门公示。(　　)

答案：错误

34.《煤矿安全规程》规定，井巷交叉点，必须设置路标，标明所在地点，指明通往工作面的方向。(　　)

答案：错误

35.《生产安全事故报告和调查处理条例》规定，生产经营单位发生事故，造成死亡32人，重伤7人，该事故按级别划分为重大事故。(　　)

答案：错误

36.《煤矿安全规程》规定，进入严重冲击地压危险区域的人员必须采取特殊的个体防护措施。(　　)

答案：正确

37.《煤矿安全规程》规定，采用氮气防灭火时，至少有1套专用的氮气输送管路系统及其附属安全设施。(　　)

答案：正确

38.《煤矿安全规程》规定，无轨胶轮车，必须设置车前照明灯和尾部红色信号灯，配备灭火器和警示牌。(　　)

答案：正确

39.《煤矿安全规程》规定，在井下设置空气压缩设备时，应当设自动灭火装置。(　　)

答案：正确

40. 矿山救护队是处理矿山事故的专业应急救援队伍，实行标准化、准军事化管理和12 h值班。(　　)

答案：错误

41. 矿山救护指挥员是矿山救护队担任小队长及以上职务人员、技术负责人的统称。(　　)

答案：错误

42. 矿山救护队标准化考核分为5个等级，分别为特级、一级、二级、三级和四级。(　　)

答案：错误

解析：矿山救护队标准化考核分为3个等级，分别为一级（90分及以上）、二级（80分及以上）、三级（60分及以上）。

43. 大队基本装备需要配备指挥车、气体化验车和装备车各一辆。(　　)

答案：错误

解析：指挥车需配备2辆，气体化验车和装备车各需要一辆。

44. 挂风障操作时同一根压条上的钉子分布大致均匀，底压条上相邻两钉的间距不小于1000 mm，其余各根压条上相邻两钉的间距不小于500 mm。(　　)

答案：正确

45. 自动苏生器自动肺工作范围为10～16次/min，氧气瓶压力在18 MPa以上。(　　)

答案：错误

解析：自动苏生器自动肺工作范围为12～16次/min，氧气瓶压力在15 MPa以上。

46. 双人心肺复苏时，1人位于伤员头侧，1人位于胸侧，按压频率为100～120次/min，按压与人工呼吸的比值为30：2，即30次胸外心脏按压给以2次人工呼吸。(　　)

答案：正确

47. 建造木板密闭墙时托泥板宽度为30～60 mm，与顶板间距为30～50 mm。(　　)

答案：正确

48. 安装局部通风机和接风筒操作项目中要求带风逐节连接5节风筒，每节长度为20 m，直径不小于600 mm；采用双反压边接头，吊环向上一致，10 min完成。(　　)

答案：错误

解析：该项目要求每节风筒长度10 m，直径不小于400 mm，8 min完成。

49. 救护队返回到井下基地时，必须至少保留5 MPa气压的氧气余量。在倾角小于15°的巷道行进时，将1/3允许消耗的氧气量用于前进途中，2/3用于返回途中；在倾角大于或等于15°的巷道中行进时，将2/3允许消耗的氧气量用于上行途中，1/3用于下行途中。(　　)

答案：错误

50. 处理火灾事故过程中，应保持通风系统的稳定，指定专人检查瓦斯和煤尘，观测灾区气体和风流变化。当瓦斯浓度超过3%，并继续上升时，必须立即将全体人员撤到安全地点，采取措施排除爆炸危险。(　　)

答案：错误

51. 当火灾发生在矿井进风侧的硐室、石门、平巷、下山或上山，火烟可能威胁到其他地点时，应派一个小队灭火，派另一个小队到最危险的地点救人。(　　)

答案：正确

52. 侦察中发现遇险人员应及时抢救，为其配用隔绝式自救器或全面罩氧气呼吸器，使其脱离灾区，或组织进入避灾硐室等待救护。对于被突出煤矸阻困在里面的人员，应及时打开压风管路，利用压风系统呼吸，并组织力量清除阻塞物。如需在突出煤层中掘进绕道救人时必须采取防突措施。(　　)

答案：正确

53. 贮存爆炸物品的各硐室、壁槽的间距应当小于殉爆安全距离。(　　)

答案：错误

解析：《煤矿安全规程》第三百三十二条　(七) 贮存爆炸物品的各硐室、壁槽的间距应当大于殉爆安全距离。

54. 分析地面水系与灾区水源的关系，积极处理可能导致灾情扩大的地面水系，采取疏干、截流等办法，防止地面水流向灾区。(　　)

答案：正确

55. 救护队指战员凡佩用氧气呼吸器工作，应享受特殊津贴。在高温或浓烟恶劣环境佩用氧气呼吸器工作津贴提高一倍。(　　)

答案：正确

56. 一个矿井同时回采的采煤工作面个数不得超过 3 个，煤（半煤岩）巷掘进工作面个数不得超过 9 个。严禁以掘代采。(　　)

答案：正确

57. 检查瓦斯，只有在火区内可燃气体浓度已无爆炸危险时，方可进行火区封闭作业；否则，应在距火区较近的安全地点建造风墙。(　　)

答案：错误

58. 《矿山救护队标准化考核规范》规定，4 h 正压氧气呼吸器更换氧气瓶要求 60 s 按程序完成。(　　)

答案：正确

59. 安装局部通风机和接风筒 6 min 完成。(　　)

答案：错误

解析：安装局部通风机和接风筒 8 min 完成。

60. 爆破地点附近 10 m 以内风流中甲烷浓度达到 1.0% 时，严禁爆破。(　　)

答案：错误

解析：爆破地点附近 20 m 以内风流中甲烷浓度达到 1.0% 时，严禁爆破。

61. 煤矿企业对新招入矿的人员可以直接安排从事生产作业活动。(　　)

答案：错误

解析：《煤矿安全规程》第九条　煤矿企业必须对从业人员进行安全教育和培训。培训不合格的，不得上岗作业。

62. 从业人员应自觉接受井口安检人员的检身。(　　)

答案：正确

63. “三违”是指煤矿从业人员在生产过程中所发生的违章指挥、违章作业（操作）和违反劳动纪律的行为。(　　)

答案：正确

64. 救出冒顶压埋伤员后，应尽快清除伤员口鼻中的污物，使其呼吸通畅。(　　)

答案：正确

65. ASZ－30 型和 SZ－30 型自动苏生器引射器利用气体流速产生正压进行抽痰。(　　)

答案：错误

解析：ASZ－30型和SZ－30型自动苏生器引射器利用气体流速产生负压进行抽痰。

66. 小队指挥员年龄不超过45岁，指战员年龄不超过40岁，40岁以下人员至少保持在2/3以上。(　　)

答案：错误

解析：《矿山救护队标准化考核规范》6.1.1　小队指战员年龄不超过45岁，40岁以下人员至少保持在2/3以上。

67. 对无头颈或胸部伤的休克伤员一般采取头高脚低位，应将头部垫高，以促进血液供应重要脏器。(　　)

答案：错误

解析：《矿山救护队标准化考核规范》6.6.2.3.1　对无头颈或胸部伤的休克伤员一般采取头低脚高位，应将脚端垫高，以促进血液供应重要脏器。

68. 矿山救护培训教师应具备良好的身体素质和心理素质，具备与矿山救护培训教学内容相关专业的专科以上学历或中级以上职称。(　　)

答案：错误

解析：《矿山救护培训大纲及考核规范》4.1.3　矿山救护培训教师应具有良好的身体素质和心理素质；具有一定的矿山救护相关专业基础知识，3年以上现场实践经历或相关工作经历；具备与矿山救护培训教学内容相关专业的本科以上学历或中级以上职称或取得注册安全工程师职业资格或取得技师以上职业资格，应该接受矿山救护培训教师的培训和复训，具备与矿山救护培训教学相适应的培训教学能力。

69. 用露天采场深部做储水池排水时，必须采取安全措施，备用水泵的能力不得小于工作水泵能力的50%。(　　)

答案：正确

70. 采区巷道每隔100 m应至少设置一个避灾路线标识。(　　)

答案：错误

解析：《煤矿安全规程》第六百八十四条　巷道交叉口必须设置避灾路线标识。巷道内设置标识的间隔距离：采区巷道不大于200 m，矿井主要巷道不大于300 m。

71. 生产经营单位应当具备《安全生产法》和有关法律、行政法规和国家标准或者行业标准规定的安全生产条件；不具备安全生产条件的，不得从事生产经营活动。(　　)

答案：正确

72. 生产、经营、储存、使用危险物品的车间、商店、仓库与员工宿舍在同一座建筑内，或者与员工宿舍距离不符合安全要求的，对其直接负责的主管人员和其他责任人员处二万元以下罚款。(　　)

答案：错误

解析：《安全生产法》第一百零五条　生产经营单位有下列行为之一的，责令限期改正，处五万元以下的罚款，对其直接负责的主管人员和其他直接责任人员处一万元以下的罚款；逾期未改正的，责令停产停业整顿；构成犯罪的，依照刑法有关规定追究刑事责任：(一) 生产、经营、储存、使用危险物品的车间、商店、仓库与员工宿舍在同一座建筑内，或者与员工宿舍的距离不符合安全要求的；(二) 生产经营场所和员工宿舍未设有符合紧急疏散需要、标志明显、保持畅通的出口、疏散通道，或者占用、锁闭、封堵生产经营场所或者员工宿舍出口、疏散通道的。

73. 对新兴行业、领域的安全生产监督管理职责不明确的，由县级以上地方各级人民政府按照业态相似的原则确定监督管理部门。（　　）

答案：错误

解析：《安全生产法》第十条　对新兴行业、领域的安全生产监督管理职责不明确的，由县级以上地方各级人民政府按照业务相近的原则确定监督管理部门。

74. 宾馆、商场、娱乐场所、旅游景区等人员密集场所经营单位，应当至少每年组织一次生产安全事故应急预案演练。（　　）

答案：错误

解析：《生产安全事故应急预案管理办法》第三十三条　易燃易爆物品、危险化学品等危险物品的生产、经营、储存、运输单位，矿山、金属冶炼、城市轨道交通运营、建筑施工单位，以及宾馆、商场、娱乐场所、旅游景区等人员密集场所经营单位，应当至少每半年组织一次生产安全事故应急预案演练，并将演练情况报送所在地县级以上地方人民政府负有安全生产监督管理职责的部门。

75. 现场处置方案是指生产经营单位为应对某一种或者多种类型生产安全事故，或者针对重要生产设施、重大危险源、重大活动防止生产安全事故而制定的专项性工作方案。（　　）

答案：错误

解析：《生产安全事故应急预案管理办法》第六条　现场处置方案，是指生产经营单位根据不同生产安全事故类型，针对具体场所、装置或者设施所制定的应急处置措施。

76. 从硐室出口防火铁门起 5 m 内的巷道，应当砌碹或者用其他不燃性材料支护。硐室内必须设置足够数量的扑灭电气火灾的灭火器材。（　　）

答案：正确

77. 在爆破区域内放置和使用爆炸物品的地点，30 m 以内严禁烟火，10 m 以内严禁非工作人员进入。（　　）

答案：错误

解析：《煤矿安全规程》第五百二十六条　在爆破区域内放置和使用爆炸物品的地点，20 m 以内严禁烟火，10 m 以内严禁非工作人员进入。

78. 在同一煤层同一水平的火区两侧、煤层倾角小于45°的火区下部区段、火区下方邻近煤层进行采掘时，必须编制设计。（　　）

答案：错误

解析：《煤矿安全规程》第二百八十一条　不得在火区的同一煤层的周围进行采掘工作。在同一煤层同一水平的火区两侧、煤层倾角小于35°的火区下部区段、火区下方邻近煤层进行采掘时，必须编制设计，并遵守下列规定：（一）必须留有足够宽（厚）度的隔离火区煤（岩）柱，回采时及回采后能有效隔离火区，不影响火区的灭火工作。（二）掘进巷道时，必须有防止误冒、误透火区的安全措施。煤层倾角在35°及以上的火区下部区段严禁进行采掘工作。

79. 吊桶内人均有效面积不应小于 0.3 m^2，严禁超员。（　　）

答案：错误

解析：《煤矿安全规程》第七十五条 （五）吊桶内人均有效面积不应小于 0.2 m^2，严禁超员。

80. 水采工作面必须采用矿井全风压通风。可以采用多条回采巷道共用 1 条回风巷的布置方式，但回采巷道数量不得超过 2 个。（ ）

答案：错误

解析：《煤矿安全规程》第一百一十三条 （二）水采工作面必须采用矿井全风压通风。可以采用多条回采巷道共用 1 条回风巷的布置方式，但回采巷道数量不得超过 3 个，且必须正台阶布置，单枪作业，依次回采。采用倾斜短壁水力采煤法时，回采巷道两侧的回采煤垛应当上下错开，左右交替采煤。

81. 在 20 m 巷道范围内，涌出瓦斯量大于或等于 1.0 m^3/min，且持续时间在 8 h 以上时，该采掘区即定为瓦斯（二氧化碳）喷出危险区域。（ ）

答案：正确

82. 新投入的高压电缆，使用前必须进行绝缘试验；修复后的高压电缆必须进行绝缘试验；运行高压电缆每季度应当进行预防性试验。（ ）

答案：错误

解析：《煤矿安全规程》第六百零九条 （三）新投入的高压电缆，使用前必须进行绝缘试验；修复后的高压电缆必须进行绝缘试验；运行高压电缆每年雷雨前应当进行预防性试验。

83. 井下工作水泵的排水能力应当能在 20 h 内排出 24 h 正常涌水量，井下备用水泵排水能力不小于工作水泵排水能力的 80%。（ ）

答案：错误

解析：《煤矿安全规程》第八十二条 （二）井下工作水泵的排水能力应当能在 20 h 内排出 24 h 正常涌水量，井下备用水泵排水能力不小于工作水泵排水能力的 70%。

84. 专用房间距井筒、厂房、建筑物和主要通路的安全距离必须符合国家有关规定，且距离井筒不得小于 30 m。（ ）

答案：错误

解析：《煤矿安全规程》第三百四十五条 专用房间距井筒、厂房、建筑物和主要通路的安全距离必须符合国家有关规定，且距离井筒不得小于 50 m。

85. 综合体能项目选手全程不可以抢道跑。（ ）

答案：错误

解析：选手穿越矮巷后均可以抢道跑，并可以从外道超越。

86. 模拟光学瓦斯检定器，抽气次数不限。（ ）

答案：错误

解析：模拟光学瓦斯检定器，抽气次数不得小于 5 次

87. 瓦斯爆炸时所产生的冲击波是造成巷道垮塌的主要原因。（ ）

答案：正确

88. 一氧化碳是一种无色、无味、无毒的气体，其相对密度为 0.97。（ ）

答案：错误

解析：通常情况下，一氧化碳是一种无色、无味的气体，密度略小于空气，一氧化碳

有剧毒。

89. 使用光干涉甲烷测定器与甲烷传感器进行对照时，当两者读数误差大于允许误差时，先以读数较大者为依据。(　　)

答案：正确

90. 一氧化碳检测管分比长式和比色式，现场多用比长式。(　　)

答案：正确

91. 静电的危害：引起爆炸和火灾、静电电击、妨碍生产。(　　)

答案：正确

92. 矿井总回风瓦斯浓度的测定，应在其矿井总回风的测风站内进行。(　　)

答案：正确

93. 呼吸器战前只需要检查氧气压力是否达到标准要求及是否充填吸收剂。(　　)

答案：错误

解析：呼吸器战前检查项目有：检查呼吸两阀的工作状态，检查呼吸器的气密性，检查呼吸软管、面罩有无破损，检查减压器的工作情况，手补是否正常，有无定量供氧和自动补气，排气阀是否工作正常，氧气压力是否达标，各附件是否齐全完好。

94. 正压氧气呼吸器按结构布局及正压机构不同可分为气囊式和混合式。(　　)

答案：错误

解析：正压氧气呼吸器按结构布局及正压机构不同可分为气囊式和呼吸舱式。

95. 必要时，安全生产监督管理部门和负有安全生产监督管理职责的有关部门可以越级上报事故情况。(　　)

答案：正确

解析：《生产安全事故报告和调查处理条例》第十条（三）规定。

96. 煤矿必须对紧急避险设施进行维护和管理，每班巡检 1 次；建立技术档案及使用维护记录。(　　)

答案：错误

解析：《煤矿安全规程》第六百九十二条　煤矿必须对紧急避险设施进行维护和管理，每天巡检 1 次；建立技术档案及使用维护记录。

97. 处理灾变事故时，应当撤出井下所有人员，准确统计井下人数，严格控制入井人数；提供救援需要的图纸和技术资料；组织人力、调配装备和物资参加抢险救援，做好后勤保障工作。(　　)

答案：错误

解析：《煤矿安全规程》第七百零八条　处理灾变事故时，应当撤出灾区所有人员，准确统计井下人数，严格控制入井人数；提供救援需要的图纸和技术资料；组织人力、调配装备和物资参加抢险救援，做好后勤保障工作。

98. 处理水灾事故时，根据情况综合采取排水、堵水和向井下人员被困位置打钻等措施。(　　)

答案：正确

解析：《煤矿安全规程》第七百一十六条规定。

99. 采区避灾路线上应当设置压风管路，主管路直径不小于 50 mm，采掘工作面管路

直径不小于 30 mm，压风管路上设置的供气阀门间隔不大于 100 m。(　　)

答案：错误

解析：《煤矿安全规程》第六百八十七条　采区避灾路线上应当设置压风管路，主管路直径不小于 100 mm，采掘工作面管路直径不小于 50 mm，压风管路上设置的供气阀门间隔不大于 200 m。

100. 突出矿井必须建设采区避难硐室，采区避难硐室必须接入矿井压风管路和供水管路，满足避险人员的避险需要，额定防护时间不低于 72 h。(　　)

答案：错误

解析：《煤矿安全规程》第六百八十九条　突出矿井必须建设采区避难硐室，采区避难硐室必须接入矿井压风管路和供水管路，满足避险人员的避险需要，额定防护时间不低于 96 h。

安全防范系统安装维修员
（安全仪器监测工方向）

赛项专家组成员（按姓氏笔画排序）

丁国明　石云东　李　虎　张　强　周　斌
郭绪斌　姬展鸿　章汝佳　程超峰

赛 项 规 程

一、赛项名称

安全防范系统安装维修员（安全仪器监测工方向）

二、竞赛目的

弘扬劳模精神、劳动精神、工匠精神，激励煤矿职工特别是青年一代煤矿职工走技能成才、技能报国之路，培养更多高技能人才和大国工匠，为助力煤炭工业高质量发展提供技能人才保障。

三、竞赛内容

结合《煤矿安全监控系统及检测仪器使用管理规范》（AQ 1029—2019）、《煤矿安全监控系统通用技术要求》（AQ 6201—2019）、《煤矿安全规程》（2022 年版），考核安全仪器监测工对基础知识、实操、联动、故障排查等方面的掌握程度。竞赛时间为 120 min，理论考试时间 60 min，实操时间 60 min。具体见表 1。

表 1　竞赛内容、时间与权重表

<table>
<tr><th>序号</th><th>竞 赛 内 容</th><th>竞赛时间/min</th><th>所占权重/%</th></tr>
<tr><td>1</td><td>安全监控技术理论知识</td><td rowspan="2">60</td><td>20</td></tr>
<tr><td>2</td><td>传感器的安装与设置</td><td rowspan="3">80</td></tr>
<tr><td>3</td><td>安全监控系统故障处理</td><td rowspan="2">60</td></tr>
<tr><td>4</td><td>安全监控系统实操</td></tr>
</table>

四、竞赛方式

本赛项为单人项目，竞赛内容由 1 个人完成。

安全监控技术理论知识考试采取上机考试，安全监控系统模拟故障处理通过计算机自动评分，传感器的安装与设置和安全监控系统实操由裁判员现场评分。传感器的安装与设置在理论考试环节进行，与理论考试共用 60 min 考试时间，传感器的安装与设置成绩归为实操考试成绩。

五、竞赛赛卷

（一）安全监控技术理论知识

从竞赛题库中随机抽取 100 道赛题；理论考试成绩占总成绩比重 20% 。

（二）安全监控系统故障模拟仿真题（5 分）

模拟仿真系统软件从 62 道故障库中随机抽一组故障，每一组有 10 个故障，选手排除每个故障，每个故障 0.5 分，共计 5 分，提交排除结果后由模拟仿真软件自动评分。安全监控系统故障排除连接如图 1 所示，安全监控监测技术故障处理库见表 2。

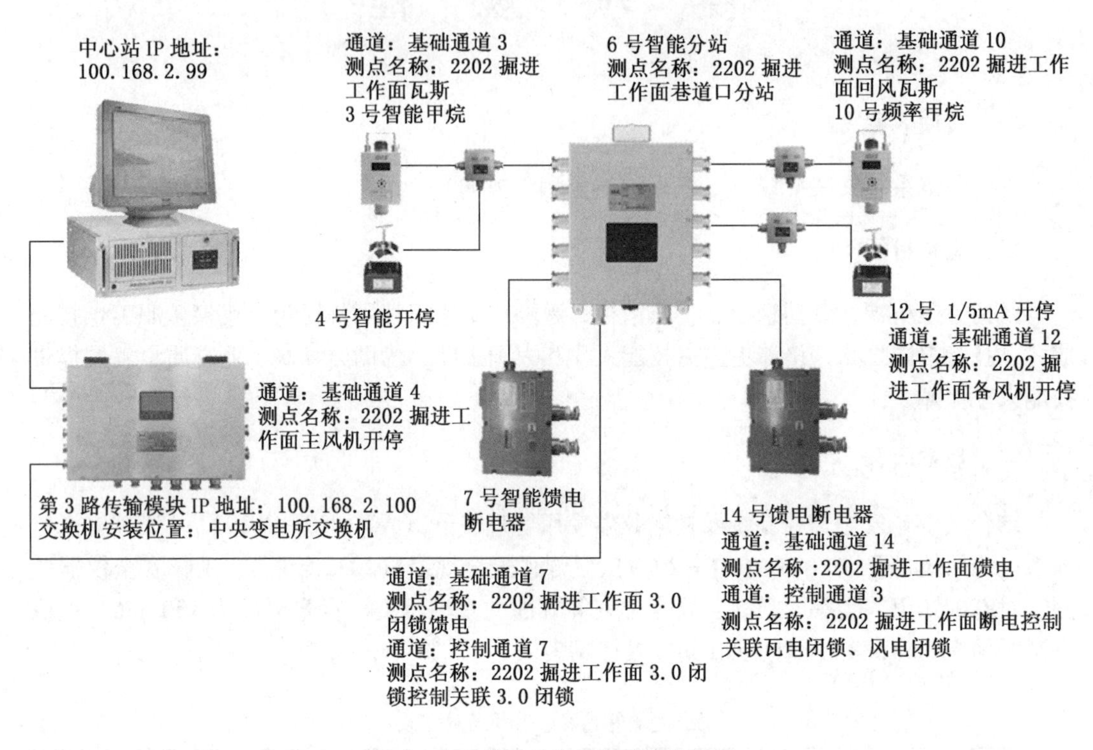

图 1　安全监控系统故障排除连接图

表 2　安全监测监控技术故障处理库

序号	故障现象描述	故障点	故障设置描述	故障解决措施	难度
1	掘进工作面瓦斯和主风机开停传感器同时断线，要求让传感器工作正常	接线盒	接线盒线传感器 AB 通信线接反	反接过来	C
2	掘进工作面瓦斯和主风机开停传感器同时断线，要求让传感器工作正常	接线盒	接线盒电源负线没接	接上地线	C
3	掘进工作面瓦斯和主风机开停传感器同时断线，要求让传感器工作正常	分站	分站内 AB 线端子接到第 2 组 485 口上	接到第 1 组 485 上	B
4	掘进工作面瓦斯和主风机开停传感器同时断线，要求让传感器工作正常	中心站	中心站将 3 号和 4 号定义反了	将中心站 3 号重新定义为甲烷，4 号定义为开停	A
5	掘进工作面瓦斯和主风机开停传感器同时断线，要求让传感器工作正常	中心站	中心站将 3 号定义为一氧化碳，4 号定义为语音风门	将中心站 3 号重新定义为甲烷，4 号定义为开停	C

表2（续）

序号	故障现象描述	故障点	故障设置描述	故障解决措施	难度
6	备风机开停传感器断线，要求让传感器工作正常	分站	分站拨码拨到485信号采集	拨码拨到采模拟信号	C
7	备风机开停传感器断线，要求让传感器工作正常	分站	分站端1/5 mA信号接线接到11号口端子	改接到12号口端子	B
8	备风机开停传感器断线，要求让传感器工作正常	分站	电源负线未接	连接地线	C
9	备风机开停传感器断线，要求让传感器工作正常	接线盒	电源负线未接	连接地线	C
10	备风机开停传感器断线，要求让传感器工作正常	接线盒	信号线接到第3个端子	改接到第4个端子	B
11	备风机开停传感器断线，要求让传感器工作正常	传感器	传感器内部接线为智能型	改为模拟型接线	B
12	备风机开停传感器断线，要求让传感器工作正常	中心站	中心站开停传感器设备类型，1态定义为断线	中心站修改设备类型，0态定义为停	A
13	馈电断电器关联3.0闭锁控制异常，要求馈电断电器工作正常	断电器	断电器地址设置为8号	改为7号，重新连接电源线	A
14	馈电断电器关联3.0闭锁控制异常，要求馈电断电器工作正常	断电器	断电器控制拨码设置为触点断电、直接控制	拨码改为CPU断电、CPU控制	C
15	馈电断电器关联3.0闭锁控制异常，要求馈电断电器工作正常	断电器	断电器负线未接	连接地线	C
16	馈电断电器关联3.0闭锁控制异常，要求馈电断电器工作正常	断电器	断电器通信线AB接反	反接过来	C
17	馈电断电器关联3.0闭锁控制异常，要求馈电断电器工作正常	分站	分站内断电器负线未接	连接地线	C
18	馈电断电器关联3.0闭锁控制异常，要求馈电断电器工作正常	分站	485线接到第1组485上	改接到第2组485上	B
19	馈电断电器关联3.0闭锁控制异常，要求馈电断电器工作正常	中心站	中心站3.0闭锁未设置	勾选风电闭锁、故障闭锁并配置闭锁	B
20	馈电断电器关联瓦电闭锁控制异常，要求馈电断电器工作正常	断电器	断电器内LED控制选择拨码开关拨到CPU控制	拨码拨到闭锁控制	C

表2（续）

序号	故障现象描述	故障点	故障设置描述	故障解决措施	难度
21	馈电断电器关联瓦电闭锁控制异常，要求馈电断电器工作正常	断电器	断电器接线接成485方式	按照触点控制接线	A
22	馈电断电器关联瓦电闭锁控制异常，要求馈电断电器工作正常	分站	断电器负线未接	连接地线	C
23	馈电断电器关联瓦电闭锁控制异常，要求馈电断电器工作正常	分站	分站内馈电断电器的馈电信号线接到13号口	改到14号口	B
24	馈电断电器关联瓦电闭锁控制异常，要求馈电断电器工作正常	分站	分站内接线接成485方式	按照触点控制接线	C
25	馈电断电器关联瓦电闭锁控制异常，要求馈电断电器工作正常	分站	分站内负线未接	连接地线	C
26	馈电断电器关联瓦电闭锁控制异常，要求馈电断电器工作正常	分站	分站继电器跳针未跳	跳针跳到常开	A
27	馈电断电器关联瓦电闭锁控制异常，要求馈电断电器工作正常	分站	触点控制地线未短接	短接地线	C
28	馈电断电器关联瓦电闭锁控制异常，要求馈电断电器工作正常	中心站	中心站3号甲烷传感器瓦电闭锁未设置	勾选并设置闭锁	B
29	馈电断电器关联瓦电闭锁控制异常，要求馈电断电器工作正常	中心站	中心站10号甲烷传感器瓦电闭锁未设置	勾选并设置闭锁	B
30	馈电断电器关联瓦电闭锁控制异常，要求馈电断电器工作正常	中心站	中心站3号甲烷传感器类型上限断电值设置为2.0	重新定义传感器类型，设置上限控制值为1.5	A
31	分站通信中断，要求恢复分站通信	中心站	中心站第3路网络模块服务器IP为192.168.2.100	服务器IP改为100.168.2.99	B
32	分站通信中断，要求恢复分站通信	中心站	中心站第3路网络模块服务器IP为100.178.2.99	服务器IP改为100.168.2.99	B
33	分站通信中断，要求恢复分站通信	中心站	中心站第3路网络模块服务器IP为100.168.1.100	服务器IP改为100.168.2.99	B
34	分站通信中断，要求恢复分站通信	中心站	中心站第3路网络模块连接服务器端口7000	服务器端口改为7300	B

表2（续）

序号	故障现象描述	故障点	故障设置描述	故障解决措施	难度
35	分站通信中断，要求恢复分站通信	中心站	中心站第3路网络模块IP为192.168.2.100	模块IP改为100.168.2.100	B
36	分站通信中断，要求恢复分站通信	中心站	中心站第3路网络模块IP为100.178.2.100	模块IP改为100.168.2.100	B
37	分站通信中断，要求恢复分站通信	中心站	中心站第3路网络模块IP为100.168.1.100	模块IP改为100.168.2.100	B
38	分站通信中断，要求恢复分站通信	中心站	分站类型定义为KJ306－F（16）	重新定义，改为KJ306－F（16）H	C
39	分站通信中断，要求恢复分站通信	交换机	交换机中主通信接到第2路端子	接到第3路模块端子	C
40	分站通信中断，要求恢复分站通信	交换机	交换机中主通信AB线接反	反接过来	C
41	分站通信中断，要求恢复分站通信	交换机	第3网络模块网线未连接好	重新连接网线	B
42	分站通信中断，要求恢复分站通信	交换机	第3网络模块下485模块故障	更换485模块	B
43	分站通信中断，要求恢复分站通信	交换机	第3路网络模块故障	更换网络模块	B
44	掘进工作面瓦斯传感器显示－LLL	传感器	敏感元件线性异常，负漂多	重新清零	C
45	掘进工作面瓦斯传感器显示－LLL	传感器	敏感元件黄线接线不良	重新连接黄线并调零	B
46	掘进工作面瓦斯传感器显示－LLL	传感器	敏感元件红线（VS1）脱落，应拧紧	重新接线并调零	C
47	掘进工作面瓦斯传感器上电后显示正常，通气时显示值负方向变化	传感器	敏感元件红黑线接反	重新接对应红黑线并调零	B
48	分站液晶屏不亮	分站	分站液晶显示板故障	更换分站液晶显示板	B
49	分站液晶屏不亮	分站	分站液晶显示板与主板排线脱落	重新将排线插紧	C
50	分站液晶屏不亮	电源箱	电源12 V电源模块故障	更换12 V电源模块	A

表2（续）

序号	故障现象描述	故障点	故障设置描述	故障解决措施	难度
51	电源箱交流供电正常后，分站在中心站仍然显示“直流正常”	电源箱	电源箱充电板故障	更换电源箱充电板	B
52	分站通信中断，要求恢复分站通信	分站	分站显示地址为7号	重新设置分站地址号为6号	C
53	分站通信中断，要求恢复分站通信	分站	分站主通信485模块故障	更换485模块	B
54	当交流电源停电时，备用电源不能正常投入工作	电源箱	备用电池与电源主板接线故障	更换连接线	A
55	掘进工作面瓦斯传感器显示－LLL	传感器	传感器敏感元件故障	更换敏感元件并重新标校	B
56	掘进工作面瓦斯传感器报警时有光无声	传感器	传感器蜂鸣器故障	更换蜂鸣器	B
57	掘进工作面瓦斯传感器报警时有光无声	传感器	传感器蜂鸣器接线脱落	重新接线	C
58	掘进工作面瓦斯传感器报警时无声无光	传感器	传感器蜂鸣器、LED接线同时脱落	重新接线	C
59	掘进工作面瓦斯传感器接收不到遥控信号	传感器	传感器红外接收元件故障	更换传感器红外接收元件	B
60	掘进工作面瓦斯传感器数码管不亮	传感器	传感器数码管故障	更换传感器数码管	B
61	掘进工作面瓦斯传感器数码管不亮（传感器整机不工作）	传感器	传感器主板（电源电路）故障	更换传感器主板	B
62	掘进工作面瓦斯传感器显示“8.88”或其他不明字符	传感器	传感器数码管故障	更换传感器数码管	B

故障出题规则：

（1）随机抽取题目，但限制同一组题目现象可以一致，但故障点不重复。

（2）故障的数量和难度配比根据后台设置。

（三）传感器的安装与设置（10分）

要求：选手根据给定的矿井灾害及工作面类型，按《煤矿安全监控系统及检测仪器使用管理规范》（AQ 1029—2019）中要求应安设的传感器标注，并注明安装位置、报警值、断电值、复电值及断电范围。标注的传感器种类范围：甲烷、一氧化碳、温度、烟雾、风筒。

比赛结束后，由裁判组统一评价，按等级评分，等级按 A、B、C、D、E 评定。

（四）安全监控系统实操（85 分）

实操主要考核选手在日常工作对安全监控系统（软件）及设备安装调试（硬件）的实际操作能力，以及选手对《煤矿安全规程》及《煤矿安全监控系统及检测仪器使用管理规范》（AQ 1029—2019）的理解和操作标准是否规范。包含系统设置定义、设备连接、控制测试、标校、报警联动等一系列规定动作操作。现场给定作业指导书，根据题目描述进行理解分析判断，完成实操考试。实操内容及要求如下。

1. 安全文明生产（10 分）

要求：按规定穿工作服、戴安全帽、穿胶靴，佩戴并打开矿灯（卡在安全帽上）、人员定位卡、便携式瓦斯检测仪（开机）、自救器、毛巾，确认现场工作环境并手指口述。开始操作前，选手进行压缩氧自救器（ZYX45（E）隔绝式压缩氧气自救器）盲戴，选手须在 30 s 内完成自救器盲戴，否则自救器盲戴不得分。

压缩氧气自救器佩戴步骤如下：

① 将佩戴的自救器移至身体的正前方，将自救器背带挂在脖颈上。

② 双手同时操作拉开自救器两侧的金属挂钩并取下上盖。

③ 展开气囊，注意气囊不能扭折。

④ 拉伸软管，调整面罩，把面罩置于嘴鼻前方，安全帽临时移开头部，并快速恢复，将面罩固定带挂至头后脑勺上部，调整固定带松紧度，使其与面部紧密贴合，确保口鼻与外界隔绝。

⑤ 逆时针转动氧气开关手轮，打开氧气瓶开关（必须完全打开，直到拧不动），然后用手指按动补气压板，使气囊迅速鼓起（目测鼓起三分之二以上）。

⑥ 一手扶住自救器，确保随时按压补气压板，一手扶住面罩防止脱落，撤离灾区。

手指口述内容：

报告裁判，（根据作业指导书说出具体地点）作业环境确认无异常，可以开始现场作业。

2. 系统中心站各项运行参数配置和测点定义（10 分）

要求：按要求正确定义及配置分站、甲烷传感器、烟雾一氧化碳传感器、设备开停、馈电断电器、煤与瓦斯突出报警及控制、多系统融合联动报警等。

3. 设备的连接和设置（30 分）

要求：按要求将传感器、断电器接入分站，并将模拟被控装置与断电器连接、分站与交换机连接、交换机与服务器连接。分站和交换机采用光纤连接、服务器与交换机之间采用 RJ45 网线连接，分站采用网口通信。正确制作网线、完成光纤熔接，并正确设置分站、传感器、断电器，确保系统能正常工作。

4. 闭锁控制测试（10 分）

要求：按要求进行闭锁控制测试，闭锁控制符合《煤矿安全监控系统及检测仪器使用管理规范》要求。按要求配置并测试瓦斯电闭锁、风电闭锁、故障闭锁、异地断电，并手指口述，系统闭锁控制符合《煤矿安全监控系统通用技术要求》（AQ 6201—2019）要求，且控制效果合理。

手指口述内容：报告裁判，现在开始闭锁测试。

（1）瓦斯电闭锁测试：当工作面甲烷浓度达到或超过规定断电值（根据作业指导书要求确定，口述时说出具体值）时，切断所监控区域全部非本质安全型电气设备的电源并闭锁；当工作面甲烷浓度低于（根据作业指导书要求确定，口述时说出具体值）时，自动解锁。

（2）风电闭锁测试：当局部通风机停止运转或风筒风量小于规定值时，切断供风区域的全部非本质安全型电气设备的电源并闭锁；当局部风机或风筒恢复正常时，自动解锁。

（3）故障闭锁测试：当工作面甲烷传感器故障（断线）时，切断所监控区域全部非本质安全型电气设备的电源并闭锁；当工作面甲烷传感器工作正常时，自动解锁。

（4）异地断电测试：当局部通风机停止运转时，切断关联区域电源并闭锁；当局部通风机恢复正常时，自动解锁。

5. 甲烷传感器的调校及手指口述（15 分）

要求：按《煤矿安全监控系统通用技术要求》（AQ 6201—2019）规定或者产品说明书的程序，使用标准空气样、校准甲烷气样、流量计校准甲烷传感器的零点、精度，（根据作业指导书要求）正确设置报警点（调校前甲烷传感器的零点、精度、报警点均处于不正常状态），稳定流量 250 mL/min ± 10 mL/min，并手指口述。

手指口述内容：报告裁判，现在开始标校甲烷传感器。

（1）首先调校零点：将空气瓶导气管与传感器气室紧密连接，缓慢打开空气瓶开关，使气瓶压力表显示值在 0 ~ 3 MPa 之内。调节流量计，将流量调节至作业指导书规定值（说出具体值范围），调校零点，范围控制在 0 ~ 0. 03% CH_4 之内。

（2）调校精度：打开气瓶开关，使气瓶压力表显示值在 0 ~ 3 MPa 之间。将甲烷气样瓶导气管与传感器气室紧密连接，缓慢调整流量调节阀，先用小流量向传感器缓慢通入 1% ~2% CH_4 校准气体，把流量调节到作业指导书规定值（说出具体值范围）使其测量值稳定显示，持续时间大于 90 s；使显示值与校准气体浓度值一致；若超差应更换传感器，预热后重新测试。

（3）校验报警值和断电值：在显示值缓慢上升的过程中，观察报警值和断电值是否符合要求，是否发出声光报警和断电情况；当显示值小于断电值时，测试复电功能。

（4）测试结束，关闭气瓶阀门，填写调校记录，测试人员签字。

6. 多系统融合联动报警演示（3 分）

要求：将监控系统测点超限断电与人员定位系统、应急广播系统、视频监控系统进行关联，能够正常报警联动。

7. 煤与瓦斯突出报警与闭锁测试（2 分）

要求：模拟设置掘进工作面传感器达到瓦斯突出报警和闭锁条件，测试掘进工作面煤与瓦斯突出报警与闭锁，测试结果符合《煤矿安全监控系统通用技术要求》（AQ 6201—2019）要求，同时控制效果合理，并手指口述。

手指口述内容：报告裁判，现在进行煤与瓦斯突出预警与闭锁控制演示。

当（根据作业指导书说出具体地点）掘进工作面甲烷传感器故障或浓度迅速升高或

达到报警值（1%），回风流甲烷传感器故障或浓度迅速升高或达到报警值（1%），分风口风向传感器发生风流逆转时，发出煤与瓦斯突出报警，并闭锁相关区域全部非本质安全型电气设备电源。

8. 操作规范（5 分）

要求：设备连接的接线工艺、防爆标准等操作规范。

六、竞赛规则

（一）报名资格及参赛选手要求

（1）选手需为按时报名参赛的煤炭企业生产一线的在岗职工，从事本职业（工种）8 年以上时间，且年龄不超过 45 周岁。

（2）选手须取得行业统一组织的赛项集训班培训证书，且具备国家职业资格高级工及以上等级。

（3）已获得“中华技能大奖”“全国技术能手”的人员，不得以选手身份参赛。

（二）熟悉场地

（1）组委会安排开赛式结束后各参赛选手统一有序地熟悉场地。

（2）熟悉场地时不允许发表没有根据以及有损大赛整体形象的言论。

（3）熟悉场地时要严格遵守大赛各种制度，严禁拥挤、喧哗，以免发生意外事故。

（三）参赛要求

（1）竞赛所需平台、设备、仪器和工具按照大赛组委会的要求统一由协办单位提供。

（2）所有人员在赛场内不得有影响其他选手完成工作任务的行为，参赛选手不允许串岗串位，要使用文明用语，不得以言语及人身攻击裁判和赛场工作人员。

（3）竞赛开始前 15 min，参赛选手在工作人员引导下到达指定地点报到，接受工作人员对选手身份、资格和有关证件的核验，参赛场次序号、赛道序号由抽签确定（所抽取的赛道序号与本单位裁判员冲突时，实行选手回避裁判员制度，按顺向间隔调整赛道序号，如顺向间隔调整仍有冲突时则逆向间隔调整赛道序号），不得擅自变更、调整。

（4）选手须在规定位置填写参赛选手的场次序号、赛道序号。其他地方不得有任何暗示选手身份的记号或符号。选手不得将手机等通信工具带入赛场及隔离区内，选手之间不得以任何方式传递信息，如传递纸条，用手势表达信息等，否则取消成绩。

（5）选手须严格遵守安全操作规程，并接受裁判员的监督和警示，以确保人身及设备安全。选手因个人误操作造成人身安全事故和设备故障时，现场裁判员须立即向裁判长汇报，裁判长有权终止该选手竞赛；非选手个人因素出现设备故障而无法竞赛，若裁判长确定设备故障可由技术支持人员排除，故障排除后继续竞赛，同时给参赛选手补足所耽误的竞赛时间，若故障无法排除，由裁判长视具体情况做出裁决（调换到备用赛道或调整至最后一场次参加竞赛）。

（6）选手进入赛场后，不得擅自离开赛场，因病或其他原因离开赛场或终止竞赛，应向裁判示意，须经赛项裁判长同意，并在赛场记录表上签字确认后，方可离开赛场并在赛场工作人员指引下到达指定地点。

（7）裁判长发布竞赛结束指令后，所有未完成任务参赛选手必须立即停止操作，按要求清理赛位，不得以任何理由拖延竞赛时间。

（8）服从组委会和赛场工作人员的管理，遵守赛场纪律，尊重裁判和赛场工作人员，尊重其他代表队参赛选手。

（四）安全文明操作规程

（1）选手在竞赛过程中不得违反《煤矿安全规程》规定要求。

（2）注意安全操作，防止出现意外伤害。完成工作任务时要防止工具伤人等事故。

（3）组委会要求选手统一着装，服装上不得有姓名、队名以及其他任何识别标记。不穿组委会提供的服装，将拒绝进入赛场。

（4）工具不能混放、堆放，废弃物按照环保要求处理，保持赛位清洁、整洁。

七、技术参考规范

（1）《煤矿安全规程》(2022 年版)。

（2）《煤矿安全监控系统及检测仪器使用管理规范》(AQ 1029—2019)。

（3）《煤矿安全监控系统通用技术要求》(AQ 6201—2019)。

八、技术平台

比赛设备采用重庆梅安森科技股份有限公司生产的 MAS－SCZZ220 煤炭行业技能比武用模拟实操装置。比赛使用设备及配件清单见表 3、表 4 和表 5。

表3 比赛使用设备清单表

序号	项目名称	型号	规格	数量	单位
1	煤炭行业技能比武用模拟实操装置	MAS－SCZZ220	监控、定位、广播、视频，含故障仿真、调校装置	1	套
2	单头四芯航插线			2	根
3	三通接线盒	JHH－3	梅安森	1	个
4	超五类水晶头	SJT530(山泽)	30 个装 按 EIA/TIA568B 制作	4	个
5	超五类网线	绿联		5	米
6	煤矿用聚乙烯绝缘聚氯乙烯护套通信电缆	MHYV 1×4(7/0.52 mm) (扬州苏能)	4 芯	20	米
7	煤矿用阻燃通信光缆	MGXTSV－6B (浙江汉维)	4 芯	20	米
8	单模光纤跳线	G0－SCSC03（山泽）	3 米，单模单芯	1	根
9	标识卡	KJ787－K2	技能比武专用	1	张
10	铠装尾纤		4 芯，双头	1	根

说明：为了提高选手竞赛水平，更加体现竞赛公平性，本次大赛禁止自带工具；大赛提供统一工具组合，现场提供螺丝刀、剥线钳、内六方套管、扳手、电工刀等组合工具，调校装置（含充气嘴、通气管、流量计、1%～2% 瓦斯校准气样、空气样），光纤焊接及网线制作工具。开赛前由主办方或协办方对外公布。

表4 工 具 组 合

序号	项目名称	型　　号	规　　格	数量	单位
1	光纤熔接机	吉隆 KL530（南京吉隆）	4.3 英寸彩色,5200 mAH 锂电池,含 KL－21F 切割刀 1 个、FT－2 光纤剥皮钳、皮线开剥器 1 个、酒精、脱脂棉、热缩管等	1	套
2	网线钳	SZ－568L		1	套
3	网线测试仪	NF－858C		1	套
4	一字螺丝刀	（世达）	适配 M2/M3/M4 螺钉	1	个
5	十字螺丝刀	（世达）	适配 M2/M3/M4 螺钉	1	个
6	美工刀	大号带金属护套(得力)		1	个
7	老虎钳	8 英寸(世达)		1	个
8	斜口钳	6 寸(世达)		2	个
9	剥线钳	7 英寸(世达)		2	个
10	活动扳手	12 英寸(世达)		1	个
11	内六角扳手	（世达）	适配 M4/M6 螺钉	1	个
12	套筒	（世达）	适配 M6 螺母	1	个

表5 MAS－SCZZ220 煤炭行业技能比武用模拟实操装置主要设备配置

序号	项 目 名 称	型　　号	规　　格	数量	单位
1	工控机	IPC－610	处理器 I7 以上,内存 8G,含鼠标键盘、显示器	1	套
2	安全监控管理系统软件	KJ73X	技能比武专用	1	套
3	矿用本安型交换机	KJJ177	技能比武专用	1	台
4	矿用本安型分站	KJ306－F(16)H	技能比武专用	2	台
5	煤矿人员精确定位管理系统软件	KJ1150	技能比武专用	1	套
6	矿用本安型无线基站	KJ1150－F2	技能比武专用	1	台
7	矿用隔爆兼本安型直流稳压电源	KDW660/24B(B)	技能比武专用	3	台
8	矿用隔爆兼本安型直流稳压电源	KDW660/24B(C)	技能比武专用	2	台
9	矿用浇封兼本安型断电器	KDG24(C)	技能比武专用	1	台
10	断电测试装置		技能比武专用	1	台
11	低浓度甲烷传感器	GJC4	技能比武专用	1	台
12	激光甲烷传感器	GJG100J(B)	技能比武专用	2	台
13	风速风向传感器	GFY15X(A)	技能比武专用	2	台
14	矿用设备开停传感器	GKT5	技能比武专用	1	台
15	矿用本安型音箱	KXY18(C)	技能比武专用	1	台

表5（续）

序号	项　目　名　称	型　　号	规　　格	数量	单位
16	SIP 服务器	iNBS - T60	技能比武专用	1	台
17	广播对讲系统软件	iNBS	技能比武专用	1	套
18	标识卡	KJ787 - K2	技能比武专用	1	张
19	矿用本安型摄像仪	KBA18F	技能比武专用	1	台
20	矿用浇封兼本安型信号转换器	KZG127	技能比武专用	1	台

九、成绩评定

（一）评分标准制订原则

竞赛评分本着“公平、公正、公开、科学、规范”的原则，注重考核选手的职业综合能力和技术应用能力。

（二）评分标准

安全仪器监测工赛项评分标准见表6、表7。

表6　安全仪器监测工赛项评分标准

序号	一级指标	比例	二　级　指　标	分值	评分方式
1	安全监控系统理论知识	20%	随机抽取100道赛题，每题1分	100	机考评分
2	安全监控系统故障排除	4%	软件自动筛选10处故障，1处未排除扣分0.5分	5	机考评分
3	传感器的安装与设置	8%	选手根据给定的矿井灾害及工作面类型，按《煤矿安全监控系统及检测仪器使用管理规范》（AQ 1029—2019）中要求应安设的传感器标注。本项采用等级打分制，选手成绩分为：A、B、C、D、E	10	结果评分
4	安全监测监控系统实操、系统融合与联动	68%	安全文明生产（10分）；系统中心站各项运行参数配置和定义（10分）；设备的连接和设置（30分）；闭锁控制测试，测试相应的瓦斯电闭锁、风电闭锁、故障闭锁、异地断电符合《煤矿安全监控系统通用技术要求》（AQ 6201—2019）要求（10分）；甲烷传感器的校准及手指口述（15分）；多系统融合联动报警演示（3分）；煤与瓦斯突出报警与闭锁测试（2分）；操作规范（5分）	85	结果评分 过程评分
注意事项	1. 选手在进行比赛时达到规定时间后，不管完成与否，必须立即停止所有操作。 2. 比赛过程中，选手必须遵守操作规程，正确使用设备、工具及仪器仪表。 3. 现场操作过程出现失爆、不合盖、自身伤害（如刀伤、触电、砸/压/烫伤等）一经发现扣除实操总分10分。 4. 实操竞赛时，选手做完所有项目环节的情况下，提前完成可加分。加分规则如下：每提前1 min，加0.5分；提前完成时间不足1 min的，不加分。未完成所有项目环节的提前不加分。加分最多加5分，计入实际操作成绩。 5. 打分时严格按照标准评分表评分。				

表7　实操竞赛评分标准

<table>
<tr><td>工位号</td><td></td><td>选手参赛号</td><td></td><td>实操时间</td><td colspan="2">时　分　秒</td></tr>
<tr><td>项目</td><td>标准分</td><td>竞赛内容及要求</td><td colspan="2">评分标准</td><td>扣分</td><td>扣分原因</td></tr>
<tr><td>安全监控系统故障排除</td><td>5分</td><td>通过《煤矿安全监控故障诊断排查仿真系统》排除预先设置的10处故障</td><td colspan="2">任意一个故障未排除扣0.5分，扣完小项分为止</td><td></td><td></td></tr>
<tr><td>传感器的安装与设置</td><td>10分</td><td>选手根据给定的矿井灾害及工作面类型，按《煤矿安全监控系统及检测仪器使用管理规范》（AQ 1029—2019）中要求应安设的传感器标注，并注明安装位置、报警值、断电值、复电值及断电范围。标注的传感器种类范围：甲烷、一氧化碳、温度、烟雾、风筒</td><td colspan="2">根据选手作答情况进行客观评分，评选出A、B、C、D、E五个等级</td><td></td><td></td></tr>
<tr><td>安全文明生产</td><td>10分</td><td>按规定穿工作服、戴安全帽、穿胶靴，佩戴并打开矿灯（卡在安全帽上）、人员定位卡、自救器、便携式瓦斯检测仪（开机）、毛巾，确认现场工作环境并手指口述。开始操作前，选手进行压缩氧自救器盲戴，选手须在30 s内完成自救器盲戴，否则自救器盲戴不得分</td><td colspan="2">1. 未按规定穿工作服、戴安全帽、穿胶靴，佩戴并打开矿灯（卡在安全帽上）、人员定位卡、自救器、便携式瓦斯检测仪（开机）、毛巾，一处不合格扣0.5分
2. 未确认现场工作环境或手指口述，扣1分；口述错误或手指不一致扣0.5分
3. 未按照规定30 s内完成压缩氧气自救器盲戴，扣10分；未对应操作每处扣1分；扣完为止</td><td></td><td></td></tr>
<tr><td rowspan="4">系统中心站各项运行参数配置和定义</td><td rowspan="4">10分</td><td rowspan="4">按要求正确配置分站、甲烷传感器、设备开停、烟雾一氧化碳传感器、馈电断电器定义、煤与瓦斯突出报警及控制、联动报警等</td><td>分站定义（1分）</td><td>安装位置、地址号、分站类型，一处错误扣0.5分；安装位置填写必须与作业指导书一致</td><td></td><td></td></tr>
<tr><td>甲烷传感器定义（3分）</td><td>安装位置、地址号、报警值、断电值、复电值，一处错误扣0.5分，扣完为止；安装位置填写必须与作业指导书一致</td><td></td><td></td></tr>
<tr><td>开停传感器定义（1分）</td><td>安装位置、地址号，一处错误扣0.5分，扣完为止；安装位置填写必须与作业指导书一致</td><td></td><td></td></tr>
<tr><td>馈电断电器定义（1分）</td><td>安装位置、地址号、馈电位置设置，一处错误扣0.5分，扣完为止；安装位置填写必须与作业指导书一致</td><td></td><td></td></tr>
</table>

表7（续）

项目	标准分	竞赛内容及要求	评分标准		扣分	扣分原因
系统中心站各项运行参数配置和定义	10分	按要求正确配置分站、甲烷传感器、设备开停、烟雾一氧化碳传感器、馈电断电器定义、煤与瓦斯突出报警及控制、联动报警等	烟雾一氧化碳传感器定义（2分）	安装位置、地址号、报警值，一处错误扣0.5分，扣完为止；安装位置填写必须与作业指导书一致		
			煤与瓦斯突出报警与控制定义（1分）	煤与瓦斯突出报警逻辑参数定义、区域断电配置，一处错误扣0.5分，扣完为止		
			多系统融合联动定义（1分）	应急联动逻辑中主控点、触发条件，一处错误扣0.5分		
设备的连接和设置	30分	按要求将传感器、断电器接入分站，并将模拟被控装置与断电器连接、分站与交换机连接、交换机与服务器连接。分站和交换机采用光纤连接、服务器与交换机之间采用RJ45网线连接，分站采用网口通信。正确制作网线、完成光纤熔接，并正确设置分站、传感器、断电器，确保系统能正常工作	分站设置（1分）	地址号错误扣1分		
			网线制作，交换机与服务器连接（4分）	1. 网线制作后不通，使用备用线，扣2分；网线未制作直接使用备用网线扣4分 2. 网线外层未压入扣0.5分 3. 线序不规范（不符合T568B标准）扣0.5分		
			光纤制作，交换机与分站连接（7分）	1. 光纤制作完成后不通，使用备用光纤扣4分；光纤未制作直接使用备用光纤扣7分 2. 不盘纤扣1分，未用的光纤未盘或剪掉、盘纤交叉、打搅、盘纤超出2圈扣0.5分 3. 盘纤盒进出线未固定扣0.5分 4. 光缆钢丝未固定扣0.5分		
			传感器（甲烷、开停、烟雾一氧化碳）与分站连接（15分）	1. 传感器地址号错误一处扣0.5分 2. 传感器通过接线盒接入分站指定端口错误扣1分 3. 接线盒喇叭口缺少挡圈、损坏、密封圈失效一处扣1分 4. 芯线断丝大于1股，每根扣0.5分 5. 芯线绝缘层破损，每根扣0.5分 6. 接线盒有杂物，每个接线盒扣1分 7. 未使用接线盒，本项不得分 扣完小项分为止		

表7（续）

项目	标准分	竞赛内容及要求	评分标准		扣分	扣分原因
设备的连接和设置	30分	按要求将传感器、断电器接入分站，并将模拟被控装置与断电器连接、分站与交换机连接、交换机与服务器连接。分站和交换机采用光纤连接、服务器与交换机之间采用RJ45网线连接，分站采用网口通信。正确制作网线、完成光纤熔接，并正确设置分站、传感器、断电器，确保系统能正常工作	馈电断电器与分站连接（2分）	1. 馈电断电器地址号错误扣0.5分 2. 芯线断丝大于1股，每根扣0.5分 3. 芯线绝缘层破损，每根扣0.5分 扣完小项分为止		
			模拟被控装置与断电器的连接（1分）	1. 馈电方式错误扣0.5分 2. 控制方式错误扣0.5分		
闭锁控制测试	10分	按要求配置并测试瓦斯电闭锁、风电闭锁、故障闭锁、异地断电，并同时进行手指口述，系统闭锁控制符合《煤矿安全监控系统通用技术要求》（AQ 6201—2019）要求，且控制效果合理	瓦斯电闭锁测试（3分）	1. 测试不合格扣2分 2. 手指口述错误扣0.5分 3. 未口述扣1分		
			风电闭锁测试（3分）	1. 测试不合格扣2分 2. 手指口述错误扣0.5分 3. 未口述扣1分		
			故障闭锁测试（2分）	1. 测试不合格扣1分，以传感器失电断线为准，否则算不合格 2. 手指口述错误扣0.5分 3. 未口述扣1分		
			异地断电测试（2分）	1. 测试不合格扣1分 2. 手指口述错误扣0.5分 3. 未口述扣1分		
甲烷传感器的调校及手指口述	15分	使用遥控器设置传感器，用标准气样浓度1%～2%的校准气样标校，同时要求手指口述。整个调校过程中不允许做与调校无关的任何操作，传感器必须稳定90 s，必须控制流量。传感器示值低于0.5%时方可退出菜单	未正确清零扣1分，此小项口述错误或手指不一致扣0.5分，未手指口述扣1分			
			稳定时间不足90 s扣5分，此小项口述错误或手指不一致扣0.5分，未手指口述扣1分			
			标校值不达标、未控制流量、流量计使用不规范扣1分，此小项口述错误或手指不一致扣0.5分，未手指口述扣1分			
			未正确设置报警点扣1分，此小项口述错误或手指不一致扣0.5分，未手指口述扣1分			
			阀门不关或传感器显示不小于0.5%退出菜单，扣1分，此小项口述错误或手指不一致扣0.5分，未手指口述扣1分			

表7（续）

<table>
<tr><th>项目</th><th>标准分</th><th>竞赛内容及要求</th><th colspan="2">评分标准</th><th>扣分</th><th>扣分原因</th></tr>
<tr><td rowspan="3">多系统融合联动报警演示</td><td rowspan="3">3分</td><td rowspan="3">按要求将监控系统测点超限断电与人员定位系统、广播系统、视频监控系统进行关联，能够正常报警联动</td><td>监控测点与人员定位系统联动（1分）</td><td>不能演示实现联动扣1分</td><td></td><td></td></tr>
<tr><td>监控测点与广播系统联动（1分）</td><td>不能演示实现联动扣1分</td><td></td><td></td></tr>
<tr><td>监控测点与视频监控系统联动（1分）</td><td>不能演示实现联动扣1分</td><td></td><td></td></tr>
<tr><td>煤与瓦斯突出报警与闭锁测试</td><td>2分</td><td>按要求模拟设置掘进工作面传感器达到瓦斯突出报警和闭锁条件，测试煤与瓦斯突出报警与闭锁</td><td colspan="2">1. 未能模拟煤与瓦斯突出报警扣1分
2. 未能实现区域断电控制扣1分</td><td></td><td></td></tr>
<tr><td>操作规范</td><td>5分</td><td>交换机、分站、传感器、断电馈电器及工作台按照规范操作</td><td colspan="2">1. 分站、交换机、馈电断电器腔内无杂物，发现一处扣0.5分
2. 喇叭嘴、航插拧紧，单手三指顺时针拧动不超过半圈，不合格一处扣0.5分
3. 所有线缆就近连接，伸入器壁5～15 mm范围，接线柱压紧，不能压芯线绝缘层，线芯外露不大于3 mm，芯线无毛刺，发现一处扣1分
4. 光纤纤芯无交叉、外露，钢丝固定，无毛刺，发现一处扣0.5分
5. 选手正确使用工具，确保设备完好，所有操作需在台面进行，不得在地板上操作，一经发现扣2分
6. 清理操作台面杂物、设备工具摆放整齐，未整理扣0.5分
7. 除传感器可带电插拔外，其余设备禁止带电开盖及接线，发现一处扣0.5分
8. 本安设备螺丝松动，一颗扣1分
以上扣完该项分为止
（断电器、断电测试装置等非本安设备带电接线、插拔、拨码、未合盖、螺丝松动视为失爆）
设备螺丝不拧、螺丝拧不全、缺螺丝视为不合盖（本安设备不视为失爆）</td><td></td><td></td></tr>
<tr><td>结余时间</td><td>分</td><td>秒</td><td rowspan="2">节时加分</td><td rowspan="2"></td><td rowspan="2">实操得分</td><td rowspan="2"></td></tr>
<tr><td></td><td></td><td></td></tr>
<tr><td>裁判员签字</td><td colspan="2"></td><td>技术人员签字</td><td></td><td>裁判组长签字</td><td></td></tr>
</table>

裁判长签字：　　　　　　　　　　　　　　时间：

（三）评分方法

本次赛项评分包括机评分和主观结果性评分两种。主观性评分由现场裁判当场得出。

（1）机评分。由裁判长直接从平台服务器中调取。对于竞赛任务安全监测监控系统的故障处理，选手排除随机抽取每个故障，提交排除结果后由模拟仿真软件自动评分；裁判员对每台仪器故障排除进行详细的记录。

（2）主观结果性评分。对于竞赛任务中各参赛队选手进行的传感器的安装与设置，由裁判统一评价，裁判由专用评分裁判组或从现场执裁的每组裁判中抽取一人组成裁判团，对所有比赛选手的传感器安装与设置试卷进行统一评价，评价结果作为参赛选手本项得分；对于竞赛任务中参赛队选手进行硬件操作和软件定义，由3名评分裁判和现场技术人员依照给定的参考评分标准，严格按照评分标准对测试和标校操作的过程、连接的结果、软件定义的结果进行打分，由每组裁判组长一人记分，其余裁判和技术人员进行监督，评分结果作为参赛选手本项得分。

（3）成绩的计算：

$$D=(G_1+G_2+G_3)\times 0.8+G_4\times 0.2$$

式中　D——参赛选手的总成绩；

G_1——安全监控系统系统的故障处理成绩；

G_2——传感器的安装与设置成绩；

G_3——安全监控系统实操成绩；

G_4——安全监控系统技术理论知识成绩。

（4）裁判组实行裁判长负责制，设裁判长1名，全面负责赛项的裁判与管理工作。

（5）本次大赛设副裁助理1名，全面协助裁判长负责赛项的裁判与管理工作。

（6）裁判员根据比赛工作需要分为检录裁判、加密裁判、现场裁判和评分裁判，检录裁判、加密裁判不得参与评分工作。

① 检录裁判负责对参赛队伍（选手）进行点名登记、身份核对等工作。

② 加密裁判负责组织参赛队伍（选手）抽签并对参赛队伍（选手）的信息进行加密、解密。

③ 现场裁判按规定做好赛场记录，维护赛场纪律。

④ 评分裁判负责对参赛队伍（选手）的接线技能展示和操作规范按赛项评分标准进行评定。

（7）赛项裁判组负责赛项成绩评定工作，现场裁判按每竞赛区域设置1位现场裁判，现场裁判设组长一名，组长协调，组员互助，现场裁判对操作行为进行记录，不予以评判；评分裁判员按每个赛场一组裁判员设置，对现场裁判的记录、设计的参数、程序、质量进行流水线评判；赛前对裁判进行一定的培训，统一执裁标准。

（8）参赛队根据赛项任务书的要求进行操作，根据注意操作要求，需要记录的内容要记录在比赛试题中，需要裁判确认的内容必须经过裁判员的签字确认，否则不得分。

（9）违规扣分情况。选手有下列情形，需从参赛成绩中扣分：

① 在完成竞赛任务的过程中，因操作不当导致事故，扣10~20分，情况严重者取消比赛资格。

② 因违规操作损坏赛场提供的设备，污染赛场环境等不符合职业规范的行为，视情

节扣5～10分。

③ 扰乱赛场秩序，干扰裁判员工作，视情节扣5～10分，情况严重者取消比赛资格。

（10）赛项裁判组本着“公平、公正、公开、科学、规范、透明、无异议”的原则，根据裁判的现场记录、参赛队赛项任务书及评分标准，通过多方面进行综合评价，最终按总评分得分高低，确定参赛奖项归属。

（11）按比赛成绩从高分到低分排列参赛队的名次。竞赛成绩相同时，成绩相同时完成实操所用时间少的名次在前，成绩及用时相同者实操成绩较高者名次在前。

（12）评分方式结合世界技能大赛的方式，以小组为单位，裁判相互监督，对检测、评分结果进行一查、二审、三复核。确保评分环节准确、公正。成绩经工作人员统计，组委会、裁判组、仲裁组分别核准后，闭赛式上公布。

（13）成绩复核。为保障成绩评判的准确性，监督组将对赛项总成绩排名前30%的所有参赛选手的成绩进行复核；对其余成绩进行抽检复核，抽检覆盖率不得低于15%。如发现成绩错误以书面方式及时告知裁判长，由裁判长更正成绩并签字确认。复核、抽检错误率超过5%的，裁判组将对所有成绩进行复核。

（14）成绩公布。

① 录入。由承办单位信息员将裁判长提交的赛项总成绩的最终结果录入赛务管理系统。

② 审核。承办单位信息员对成绩数据审核后，将赛务系统中录入的成绩导出打印，经赛项裁判长、仲裁组、监督组和赛项组委会审核无误后签字。

③ 报送。由承办单位信息员将确认的电子版赛项成绩信息上传赛务管理系统。同时将裁判长、仲裁组及监督组签字的纸质打印成绩单报送赛项组委会办公室。

④ 公布。审核无误的最终成绩单，经裁判长、监督组签字后进行公示。公示时间为2 h。成绩公示无异议后，由仲裁长和监督组长在成绩单上签字，并在闭赛式上公布竞赛成绩。

附件1　任务书模板

安全仪器监测工赛项竞赛题

一、系统故障排除仿真（10分）

选手通过场次号+台号登录模拟仿真系统软件示例（第一场第3台就输入0103）：排除模拟仿真系统软件抽取的20个故障，每个故障0.5分，共计10分，提交排除结果后由模拟仿真软件自动评分。提交后，请勿关闭故障排除仿真软件。

二、传感器的安装与设置（10分）

选手按照作业指导书给定的矿井灾害及工作面类型，按《煤矿安全监控系统及检测仪器使用管理规范》（AQ 1029—2019）中要求应安设的传感器标注，并注明安装位置、报警值、断电值、复电值及断电范围。标注的传感器种类范围：甲烷、一氧化碳、温度、烟雾、风筒。比赛结束后，由裁判组统一评价，按等级评分，等级按 A、B、C、D、E 评定。

三、设备实操要求（80 分）

某矿，拟在 2202 掘进工作面安装一套监控设备，设备有：KJJ177 矿用本安型交换机、(KJ306－F16)H 矿用本安型分站、GJC4 矿用低浓度甲烷传感器、GKT5 矿用设备开停传感器、KDG24(C)矿用馈电断电器、模拟被控装置、地面中心站 KJ73X。

交换机及分站安装于 2202 工作面机电硐室，甲烷传感器安装于 2202 掘进工作面、设备开停传感器安装于 2202 工作面主风机，馈电断电器用于控制、反馈 2202 工作面全部非本质安全型电源。

本套监控设备的服务器 IP 地址为 192.168.1.100，安全监控分站网络模块 IP 地址为 192.168.1.80.

中心站软件用户名：admin，密码：123456。

分站到交换机之间采用光纤传输信号，光纤使用蓝色芯线；交换机到服务器之间采用网线连接。要求制作的光纤和网线符合标准要求，正确设置分站，确保分站、交换机能正常通讯。

安全监控分站地址号为 12 号，甲烷传感器地址号为 6 号，主风机开停传感器地址号为 7 号，烟雾一氧化碳传感器地址号为 11，断电器地址号为 8 号。传感器挂接在 1 分支，断电器挂接在 3 分支。传感器的报警断电复电值设置严格按照《煤矿安全监控系统及检测仪器使用管理规范》(AQ 1029—2019）设定，传感器断电范围及断电逻辑按规范设定。确保传感器及分站能够正常工作。

设备安装完成后，按照《煤矿安全规程》《煤矿安全监控系统及检测仪器使用管理规范》要求进行甲烷传感器的调校、报警值设置，瓦斯电闭锁、风电闭锁、故障闭锁、异地断电测试，并手指口述。测试时，控制状态及馈电状态能够正常反转。调校时，气体流量 250 mL/min。

设备安装完成后，设置安全监控系统与人员定位系统、广播系统、视频监控系统的上限断电应急联动，并测试各应急联动。

同时，该矿还在该工作面安装有一套分站用于煤与瓦斯突出预警监控，配置煤与瓦斯突出预警参数；模拟传感器达到煤与瓦斯突出预警报警值，演示煤与瓦斯突出报警及控制、煤与瓦斯突出应急联动。

操作规范要求：设备连接的接线工艺、防爆标准等操作规范，实操完成后工具收拾整齐，清理台面杂物。

附件 2

安全仪器监测工竞赛赛位示意图

单个赛位参考尺寸：长 1000 cm × 宽 500 cm。光线充足，照明达标；供电、供气设施正常且安全有保障；地面平整、洁净（建议设置至少 16 个赛位）。

单位：cm

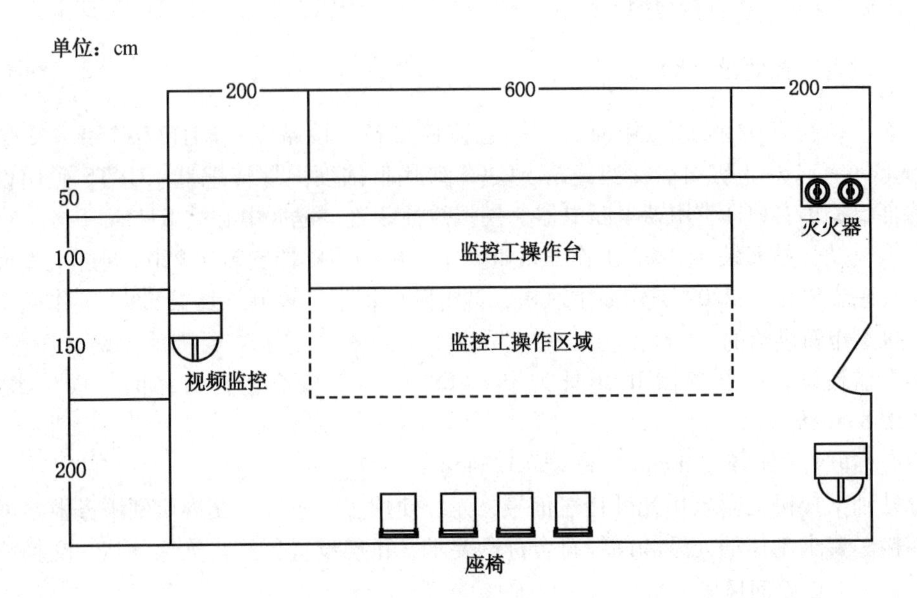

试　题　样　例

一、单选题

1. 向工作面供给的新鲜风流中，粉尘浓度不应大于（　　）原则就要采取净化风流的措施。

A. 0. 1 mg/m^3　　B. 0. 2 mg/m^3　　C. 0. 3 mg/m^3　　D. 0. 5 mg/m^3

答案：B

解析：向工作面供给的新鲜风流中，粉尘浓度不应大于 0. 2 mg/m^3 原则就要采取净化风流的措施。

2. 采煤工作面回风流中的瓦斯测定应在煤壁线（　　）以外的回风流中测定。

A. 5 m　　B. 10 m　　C. 15 m　　D. 20 m

答案：B

解析：采煤工作面回风流中的瓦斯测定应在煤壁线 10 m 以外的回风流中测定。

3. 当空气中甲烷浓度不为零，吸附在黑元件表面的甲烷在黑元件表面催化燃烧，燃烧放出的热量与甲烷浓度成（　　）。

A. 正比　　B. 反比　　C. 导数

答案：A

解析：当空气中甲烷浓度不为零，吸附在黑元件表面的甲烷在黑元件表面催化燃烧，燃烧放出的热量与甲烷浓度成正比。

4. 电源箱将井下交流电网电源转换为系统所需的（　　）直流电源。

A. 本质安全型　　B. 防爆型　　C. 隔爆型

答案：A

解析：《煤矿安全监控系统通用技术要求》（AQ 6201—2019）3. 18 电源箱　将交流电网电源转换为系统所需的本质安全型直流电源，并具有维持电网停电后正常供电不小于 4 h 的蓄电池。

5. 螺母紧固后，螺柱螺纹应露出（　　）螺距，不得在螺母下面加多余垫圈减少螺柱的伸出长度。

A. 1 ~ 3 个　　B. 3 ~ 5 个　　C. 4 ~ 6 个　　D. 7 ~ 10 个

答案：A

解析：《煤矿机电设备检修质量标准》规定，螺母扭紧后螺栓螺纹应露出螺母 1 ~ 3 个螺距。

6. 机电设备开停传感器主要有（　　）。

A. 辅助触点型　　B. 电磁感应型

C. 馈电状态型　　D. 辅助触点型和电磁感应型两种

答案：D

解析：机电设备开停传感器主要有辅助触点型和电磁感应型两种。

7. 装有带式输送机的井筒兼作回风井时，井筒中的风速不得超过（　　）。

A. 4 m/s　　B. 5 m/s　　C. 6 m/s　　D. 7 m/s

答案：C

解析：《煤矿安全规程》第一百四十五条　装有带式输送机的井筒兼作回风井时，井筒中的风速不得超过 6 m/s，且必须装设甲烷断电仪。

8. 低瓦斯矿井采用串联通风的被串掘进工作面局部通风机前安装的甲烷传感器个数是（　　）；被串掘进工作面局部通风机前用于局部通风机控制的甲烷传感器的断电点是多少（　　）。

A. 2，1.5%　　B. 1，1.5%　　C. 2，1.0%　　D. 1，1.0%

答案：A

解析：《煤矿安全监控系统及检测仪器使用管理规范》（AQ 1029—2019）要求，采用串联通风方式的被串掘进工作面局部通风机前需要安装 2 个甲烷传感器，其一用于控制被串掘进工作面全部非本质安全型电源；其二用于控制被串掘进工作面局部通风机，该传感器断电点为 1.5%。

9. 采煤面、掘进中的煤巷和半煤岩巷允许的风速范围为（　　）。

A. 0.15～4 m/s　　B. 0.25～4 m/s

C. 0.25～6 m/s　　D. 0.15～6 m/s

答案：B

解析：《煤矿安全规程》第一百三十六条　掘进中的煤巷和半煤岩巷允许的风速范围为 0.25～4.00 m/s。

10. 掘进中的岩巷允许的风速范围为（　　）。

A. 0.15～4 m/s　　B. 0.25～4 m/s

C. 0.25～6 m/s　　D. 0.15～6 m/s

答案：A

解析：《煤矿安全规程》第一百三十六条　掘进中的岩巷允许的风速范围为 0.15～4.00 m/s。

11. 矿井必须有完整的独立通风系统。改变全矿井通风系统时，必须编制通风设计及安全措施，由（　　）审批。

A. 企业负责人　　B. 企业技术负责人

C. 矿长　　D. 安全矿长

答案：B

解析：《煤矿安全规程》第一百四十二条　矿井必须有完整的独立通风系统。改变全矿井通风系统时，必须编制通风设计及安全措施，由企业技术负责人审批。

12. 在有自然发火危险的矿井，必须定期检查（　　）、气体温度等变化情况。

A. 甲烷浓度　　B. 氧气浓度

C. 二氧化碳浓度　　D. 一氧化碳浓度

答案：D

解析：《煤矿安全规程》第一百八十条（六）在有自然发火危险的矿井，必须定期检查一氧化碳浓度、气体温度等变化情况。

13. 煤矿没有双回路供电系统重大事故隐患，是指有下列情形的：有（　　）电源线路但取自一个区域变电所同一母线段的。

A. 两回路　　B. 单回路　　C. 三回路

答案：A

解析：《煤矿重大事故隐患判定标准》(应急管理部令　第4号）第十四条（二）有两回路电源线路但取自一个区域变电所同一母线段的。

14. 传感器经过调校检测误差仍超过规定值时，应立即（　　）。

A. 更换　　B. 删除　　C. 标校　　D. 归零

答案：A

解析：《煤矿安全监控系统及检测仪器使用管理规范》(AQ 1029—2019）8.4.6　传感器经过调校检测误差仍超过规定值时，应立即更换。

15. 地面中心站应双回路供电并配备不小于（　　）在线式不间断电源。

A. 1 h　　B. 2 h　　C. 3 h　　D. 4 h

答案：D

解析：《煤矿安全监控系统及检测仪器使用管理规范》(AQ 1029—2019）9.1.2　中心站应双回路供电并配备不小于4 h 在线式不间断电源。

16. 局部通风机停止运转，掘进工作面或回风流中甲烷浓度大于（　　）时，对局部通风机进行闭锁使之不能启动，只有通过密码操作软件或使用专用工具方可人工解锁；当掘进工作面或回风流中瓦斯浓度低于1.5%时，自动解锁。

A. 1.0%　　B. 1.5%　　C. 2.0%　　D. 3.0%

答案：D

解析：《煤矿安全监控系统通用技术要求》(AQ 6201—2019）5.5.2.2 e）局部通风机停止运转，掘进工作面或回风流中甲烷浓度大于3.0%时，对局部通风机进行闭锁使之不能启动，只有通过密码操作软件或使用专用工具方可人工解锁；当掘进工作面或回风流中甲烷浓度低于1.5%时，自动解锁。

17. 无线传感器蓄电池连续工作时间应不小于（　　）。

A. 2 h　　B. 4 h　　C. 12 h　　D. 24 h

答案：D

解析：《煤矿安全监控系统通用技术要求》(AQ 6201—2019）5.7.16　无线传感器蓄电池连续工作时间应不小于24 h。

18. 某交换机的接收光功率最小值是 -28 dBm，下列选项中该交换机能正常通信的光功率是（　　）

A. -30 dBm　　B. -20 dBm　　C. -32 dBm　　D. -31 dBm

答案：B

解析：在光纤网络通信中，满足接收端的光接收灵敏度是最基本要求，信号光源必须大于等于接收灵敏度最小值。

19. 煤矿井下同时生产的水平超过（　　）个，或者一个采（盘）区内同时作业的采煤、煤（半煤岩）巷掘进工作面个数超过《煤矿安全规程》规定的。

A. 1　　B. 2　　C. 3　　D. 4

答案：B

解析：《煤矿重大事故隐患判定标准》（应急管理部令　第4号）第四条（四）煤矿井下同时生产的水平超过2个，或者一个采（盘）区内同时作业的采煤、煤（半煤岩）巷掘进工作面个数超过《煤矿安全规程》规定的。

20. 开采容易自燃、自燃煤层的采煤工作面应至少设置一个一氧化碳传感器，地点可设置在回风隅角距切顶线（　　）处，工作面或工作面回风巷，报警浓度为≥0.0024% CO。

A. 0～1 m　　B. 0～2 m　　C. 1～2 m　　D. 2～4 m

答案：A

解析：《煤矿安全监控系统及检测仪器使用管理规范》（AQ 1029—2019）7.1.2　开采容易自燃、自燃煤层的采煤工作面应至少设置一个一氧化碳传感器，地点可设置在回风隅角（距切顶线0～1 m）、工作面或工作面回风巷，报警浓度为≥0.0024% CO。

21. 甲烷电闭锁和风电闭锁功能每15 d至少测试1次。可能造成局部通风机停电的，每（　　）测试1次。

A. 10天　　B. 15天　　C. 月　　D. 半年

答案：D

解析：《煤矿安全监控系统及检测仪器使用管理规范》（AQ 1029—2019）8.3.6　甲烷电闭锁和风电闭锁功能每15 d至少测试1次；可能造成局部通风机停电的，每半年测试1次。

22. 电缆进线嘴连接要牢固、密封要良好，密封圈直径和厚度要合适，电缆与密封圈之间不得包扎其他物品。电缆护套应伸入器壁内（　　）。

A. 1～10 mm　　B. 5～15 mm　　C. 10～20 mm　　D. 15～20 mm

答案：B

解析：电缆进线嘴连接要牢固、密封要良好，密封圈直径和厚度要合适，电缆与密封圈之间不得包扎其他物品。电缆护套应伸入器壁内5～15 mm。

23. 关于激光甲烷传感器的调校周期的说法正确的是（　　）。

A. 7天　　B. 15天　　C. 30天　　D. 180天

答案：D

解析：激光甲烷传感器基于激光吸收光谱技术原理，具有高可靠性、高稳定性等特点，理论上无须校准，实际稳定性大于180天。

24. 主要通风机的风硐必须设置（　　）传感器。

A. 压力　　B. 风速　　C. 甲烷　　D. CO

答案：A

解析：《煤矿安全监控系统通用技术要求》（AQ 6201—2019）规定，主要通风机的风硐必须设置压力传感器。

25. 关于矿用低浓度甲烷传感器的说法正确的是（　　）。

A. 可用于低瓦斯矿井的采煤工作面上隅角

B. 可用于突出矿井的有瓦斯涌出的岩巷掘进工作面回风流

C. 检测原理采用热导原理

D. 检测原理采用光学原理

答案：A

解析：《煤矿安全监控系统及检测仪器使用管理规范》（AQ 1029—2019）规定，矿用低浓度甲烷传感器基本采用催化原理设计，突出矿井的工作面必须使用全量程或高低浓度甲烷传感器。

26. 风速传感器应设置在巷道前后（　　）内，无分支风流、无拐弯、无障碍、断面无变化、能准确计算测风断面的地点。

A. 10 m　　B. 15 m　　C. 20 m　　D. 25 m

答案：A

解析：风速传感器应设置在巷道前后 10 m 内，无分支风流、无拐弯、无障碍、断面无变化、能准确计算测风断面的地点。

27. 井下煤仓上方设置的甲烷传感器报警浓度为（　　）。

A. 0.50%　　B. 0.75%　　C. 1%　　D. 1.5%

答案：D

解析：井下煤仓上方设置的甲烷传感器报警浓度为 1.5%。

28. 安装断电控制系统时，必须根据断电范围要求，提供（　　）条件，并接通井下电源及控制线。

A. 断电　　B. 供电　　C. 线路　　D. 馈电

答案：A

解析：安装断电控制系统时，必须根据断电范围要求，提供断电条件，并接通井下电源及控制线。

29. 配制甲烷校准气样的装置和方法必须符合国家有关标准，相对误差必须小于（　　）。

A. 2%　　B. 5%　　C. 10%　　D. 15%

答案：B

解析：配制甲烷校准气样的装置和方法必须符合国家有关标准，相对误差必须小于5%。

30. 安全监控设备投入运行的最初（　　）日内，应进行第一次调试、校正。

A. 1　　B. 2　　C. 3　　D. 4

答案：B

解析：安全监控设备投入运行的最初 2 日内，应进行第一次调试、校正。

31. 硅管常用于（　　）。

A. 低频整流电路　　B. 低频检波电路

C. 高频整流电路　　D. 高频检波电路

答案：A

解析：硅管一般为面结合型，它的 PN 结面积很大，可通过较大的电流，但工作频率较低，常用于低频率整流电路。

32. 新开工的工作面必须首先完善（　　）且经过试验确保闭锁灵敏可靠后，方可进行施工作业。

A. 风电闭锁　　B. 甲烷电闭锁

C. 故障闭锁　　D. 设备闭锁

答案：B

解析：《煤矿安全监控系统通用技术要求》(AQ 6201—2019）规定，新开工的工作面必须首先完善甲烷电闭锁且经过试验确保闭锁灵敏可靠后，方可进行施工作业。

33. 装备矿井安全监控系统的开采容易自燃，自燃煤层的矿井，应设置（　　）和温度传感器。

A. 开停传感器　　B. 一氧化碳传感器

C. 风速传感器

答案：B

解析：装备矿井安全监控系统的开采容易自燃，自燃煤层的矿井，应设置一氧化碳传感器和温度传感器。

34. 采掘工作面的进风流中，二氧化碳浓度不得超过（　　）。

A. 0.5%　　B. 1%　　C. 2%　　D. 3%

答案：A

解析：采掘工作面的进风流中，二氧化碳浓度不得超过0.5%。

35. 电缆悬挂点间距，在水平巷道或倾斜井巷内不得超过（　　），在立井井筒内不得超过6 m。

A. 3 m　　B. 5 m　　C. 10 m　　D. 15 m

答案：A

解析：《煤矿安全规程》第四百六十四条　电缆的敷设应当符合下列要求：

（四）电缆悬挂点间距，在水平巷道或者倾斜井巷内不得超过3 m，在立井井筒内不得超过6 m。

36. 电气间隙是指两个不同电位的裸露导体之间的（　　）。

A. 最短的空气距离　　B. 最长的空气距离

C. 最短的曲线距离　　D. 沿绝缘体表面的距离

答案：A

解析：电气间隙是指两个不同电位的裸露导体之间的最短的空气距离。

37. 煤矿安全监控系统及设备应符合《煤矿安全监控系统通用技术要求》(AQ 6201—2019）的规定。传感器稳定性应不小于15 d。采掘工作面气体类传感器防护等级不低于（　　），其余不低于（　　）。

A. IP55，IP64　　B. IP54，IP65　　C. IP65，IP54　　D. IP56，IP54

答案：C

解析：《煤矿安全监控系统通用技术要求》(AQ 6201—2019）4.3　传感器稳定性应不小于15 d。采掘工作面气体类传感器防护等级不低于IP65，其余不低于IP54。

38. 光学瓦斯检定器吸收管中的石灰石是用来吸收（　　）的。

A. 二氧化碳　　B. 水　　C. 一氧化碳　　D. 甲烷

答案：A

解析：（钠石灰）作用是吸收二氧化碳，正常粉红色，吸收后变淡黄色，还有内药管内硅胶是吸收水分的。

39. 煤矿安全监控系统联网实行（　　）管理。

A. 统一　　B. 分级　　C. 层次　　D. 集中

答案：B

解析：《煤矿安全监控系统及检测仪器使用管理规范》（AQ 1029—2019）9.3.1　煤矿安全监控系统联网实行分级管理。

40. 下列不可以使甲烷传感器催化剂中毒的物质是（　　）。

A. Si　　B. CO　　C. Pd　　D. Sn

答案：B

41. 采用载体催化原理的低浓度甲烷传感器经大于（　　）的甲烷冲击后，应及时进行调校或更换。

A. 1% CH_4　　B. 2% CH_4　　C. 3% CH_4　　D. 4% CH_4

答案：D

解析：采用载体催化原理的低浓度甲烷传感器经大于4% CH_4 的甲烷冲击后，应及时进行调校或更换。

42. 数字信号可以通过（　　）转换器转换成模拟信号。

A. 模拟/数字　　B. 数字/模拟　　C. 频率/模拟　　D. 电流/模拟

答案：B

解析：数字信号可以通过数字/模拟转换器转换成模拟信号。

43. IPv4 中规定，IP 地址长度为（　　）位二进制。

A. 16　　B. 32　　C. 64　　D. 18

答案：B

解析：IPv4 中规定，IP 地址长度为 32 位二进制。

44. TCP/IP 是一类协议系统，它是一套支持网络通信的协议集合，一般分为（　　）层。

A. 3　　B. 4　　C. 5　　D. 7

答案：B

解析：TCP/IP 是一类协议系统，它是一套支持网络通信的协议集合，一般分为 4 层，包括链路层、网络层、传输层、应用层。

45. 监控网络应当通过（　　）与其他网络互通互联。

A. 网络安全设备　　B. 网关　　C. 网闸　　D. 防火墙

答案：A

解析：《煤矿安全规程》第四百八十九条　监控网络应当通过网络安全设备与其他网络互通互联。

46. RS485 两线制接线方式，这种接线方式为总线式拓扑结构，在同一总线上最多可以挂接（　　）个结点。

A. 16　　B. 32　　C. 64　　D. 128

答案：B

解析：RS485两线制接线方式，这种接线方式为总线式拓扑结构，在同一总线上最多可以挂接32个结点。

47. 采煤工作面回采结束后（　　）内进行永久性封闭。

A. 15天　　B. 20天　　C. 30天　　D. 45天

答案：D

解析：《煤矿安全规程》第二百七十四条　采煤工作面回采结束后45天内进行永久性封闭，每周至少1次抽取封闭采空区内气样进行分析，并建立台账。

48. 安全监控系统模拟量传输处理误差不超过（　　）。

A. 0.6%　　B. 0.3%　　C. 0.4%　　D. 0.5%

答案：D

解析：《煤矿安全监控系统升级改造技术方案》的通知（煤安监函〔2016〕5号）规定，模拟量传输处理误差不超过0.5%。

49. 煤矿安全监控系统主干线缆应当分设两条，从不同的井筒或者一个井筒保持一定间距的不同位置进入井下。安全监控系统不得与（　　）共用同一芯光纤。

A. 人员位置监测系统　　B. 图像监视系统

C. 通信联络系统　　D. 供电监视系统

答案：B

解析：《煤矿安全监控系统及检测仪器使用管理规范》（AQ 1029—2019）5.2　煤矿安全监控系统主干线缆应当分设两条，从不同的井筒或者一个井筒保持一定间距的不同位置进入井下。安全监控系统不得与图像监视系统共用同一芯光纤。

50. 矿井应配备传感器、分站等安全监控设备备件，备用数量不少于应配备数量的（　　）。

A. 20%　　B. 30%　　C. 10%　　D. 15%

答案：A

解析：《煤矿安全监控系统及检测仪器使用管理规范》（AQ 1029—2019）8.6　备件矿井应配备传感器、分站等安全监控设备备件，备用数量不少于应配备数量的20%。

51. 矿用传感器输出的电信号可分为连续变化的（　　）和阶跃变化的开关量信号两大类。

A. 模拟量信号　　B. 数字信号　　C. 差分信号　　D. 485信号

答案：A

解析：矿用传感器输出的电信号可分为连续变化的模拟量信号和阶跃变化的开关量信号两大类。

52. 采用载体催化元件的甲烷传感器必须使用校准气体和空气气样在（　　）调校。

A. 设备设置地点　　B. 井下现场

C. 标校室　　D. 仪器室

答案：A

解析：《煤矿安全规程》第四百九十二条　采用载体催化元件的甲烷传感器必须使用校准气体和空气气样在设备设置地点调校。

53. 防水能力分级中，防护等级 3 为（　　）。

A. 浸水　　B. 防溅　　C. 防淋水　　D. 防强力喷水

答案：C

解析：防水能力分 9 级，0 为无防护，1 为防滴，2 为 15°防滴，3 为防淋水，4 为防溅，5 为防喷水，6 为防海浪或强力喷水，7 为浸水，8 为潜水。

54. 防外物能力分级中，防护等级 5 为（　　）。

A. 无防护　　B. 防护大于 12 mm 的固体

C. 防护大于 1 mm 的固体　　D. 防尘

答案：D

解析：防外物能力分 6 级,0 为无防护,1 为防护大于 50 mm 的固体,2 为防护大于 12 mm 的固体,3 为防护大于 2. 5 mm 的固体,4 为防护大于 1 mm 的固体,5 为防尘,6 为尘密。

55. 工作面采用注氮防灭火时,氮气浓度不低于（　　）。

A. 97%　　B. 95%　　C. 90%　　D. 98%

答案：A

解析：《煤矿安全规程》第二百七十一条　注入氮气浓度不小于 97% 。

56. （　　）是将代表消息的数字信号序列分割成两路或多路的数字信号序列，同时并行地在信道中传输。

A. 并行传输　　B. 单向传输　　C. 双向传输　　D. 双工传输

答案：A

解析：并行传输是将代表消息的数字信号序列分割成两路或多路的数字信号序列，同时并行地在信道中传输。

57. （　　）就是通过冠在数据块（由许多字符组成）前面的同步字符使收/发双方取得同步的通信方式。

A. 同步通信　　B. 异步通信　　C. 双工通信　　D. 串行传输

答案：A

解析：同步通信就是通过冠在数据块（由许多字符组成）前面的同步字符使收/发双方取得同步的通信方式。

58. （　　）常用于传输大数据块的场合，编码效率高、传送信息量大、传输速率高。

A. 同步通信　　B. 异步通信　　C. 双工通信　　D. 串行传输

答案：A

解析：同步通信常用于传输大数据块的场合，编码效率高、传送信息量大、传输速率高。

59. 串联反馈和并联反馈的判别方法是（　　）。

A. 假想输出端交流短路法　　B. 考察输入回路连接方式

C. 瞬间极性法　　D. 并联电压法

答案：B

解析：串联反馈和并联反馈的判别方法：串联反馈与并联反馈的判别可采用考察输入回路的连接方式进行。反馈量与输入信号若是电压相加，则为电压反馈；若是电流相加，则为并联反馈。

60.（　　）必须对低压漏电保护进行 1 次跳闸试验。

A. 每周　　B. 每天　　C. 经常　　D. 每班

答案：B

解析：《煤矿安全规程》第四百五十三条　每天必须对低压漏电保护进行 1 次跳闸试验。

61.（　　）网络结构具有发送和接收设备简单、传输阻抗易于匹配、各分站之间干扰小、抗故障能力强、可靠性高等优点。

A. 树形　　B. 环形　　C. 星形　　D. 混合形

答案：C

解析：星形网络结构具有发送和接收设备简单、传输阻抗易于匹配、各分站之间干扰小、抗故障能力强、可靠性高等优点。

62.（　　）网络结构，就是系统中每一分站（或传感器）使用一根传输电缆就近接到系统传输电缆上。

A. 树形　　B. 环形　　C. 星形　　D. 混合形

答案：A

解析：树形（又称树状）网络结构，就是系统中每一分站（或传感器）使用一根传输电缆就近接到系统传输电缆上。

63.（　　）网络结构的监控系统所使用的传输电缆最少。

A. 树形　　B. 环形　　C. 星形　　D. 混合形

答案：A

解析：树形网络结构的监控系统所使用的传输电缆最少。

64.（　　）网络结构由于采用该结构的监控系统传输阻抗难以匹配，并且多路分流，因此在信号发送功率一定的情况下，信噪比较低，抗电磁干扰能力较差，系统电缆短路会影响整个系统正常工作。

A. 树形　　B. 环形　　C. 星形　　D. 混合形

答案：A

解析：树形网络结构由于采用该结构的监控系统传输阻抗难以匹配，并且多路分流，因此在信号发送功率一定的情况下，信噪比较低，抗电磁干扰能力较差，系统电缆短路会影响整个系统正常工作。

65.（　　）网络结构，网络中的设备通过光缆互联成闭合的环路，有的甚至不止一个闭合的环路，当网络上的任一节点故障，网络断开一处，联网的设备依然可以正常工作。

A. 树形　　B. 环形　　C. 星形　　D. 混合形

答案：B

解析：环形网络结构，网络中的设备通过光缆互联成闭合的环路，有的甚至不止一个闭合的环路，当网络上的任一节点故障，网络断开一处，联网的设备依然可以正常工作。

66.（　　）的主要功能是将各种被测量物理量通过不同的传感元件变换成所需要的电信号并把它传送给传输系统。

A. 执行机构　　B. 传感器　　C. 中心站　　D. 分站

答案：B

解析：传感器的主要功能是将各种被测量物理量通过不同的传感元件变换成所需要的电信号并把它传送给传输系统。

67.（　　）的作用是接受分站或中心站或传感器发布的命令，并通过相应的执行器来执行启、停、断电等指令，控制设备的动作，从而完成各种控制功能。

A. 执行机构　　B. 传感器　　C. 中心站　　D. 分站

答案：A

解析：执行机构的作用是接受分站或中心站或传感器发布的命令，并通过相应的执行器来执行启、停、断电等指令，控制设备的动作，从而完成各种控制功能。

68.（　　）相当于安全监控系统的大脑，系统采集来的所有数据都要在这里进行汇总、分析、处理。

A. 传感器　　B. 分站　　C. 网关　　D. 地面中心站

答案：D

解析：地面中心站相当于安全监控系统的大脑，系统采集来的所有数据都要在这里进行汇总、分析、处理。

69. 掘进工作面甲烷浓度达到或超过（　　）时，声光报警；掘进工作面甲烷浓度达到或超过1.5%时，切断掘进巷道内全部非本质安全型电气设备的电源并闭锁；当掘进工作面甲烷浓度低于1.0%时，自动解锁。

A. 1.0%　　B. 1.5%　　C. 2.0%　　D. 0.5%

答案：A

解析：掘进工作面甲烷浓度达到或超过1.0%时，声光报警；掘进工作面甲烷浓度达到或超过1.5%时，切断掘进巷道内全部非本质安全型电气设备的电源并闭锁；当掘进工作面甲烷浓度低于1.0%时，自动解锁。

70. 掘进工作面甲烷浓度达到或超过1.0%时，声光报警；掘进工作面甲烷浓度达到或超过（　　）时，切断掘进巷道内全部非本质安全型电气设备的电源并闭锁；当掘进工作面甲烷浓度低于1.0%时，自动解锁。

A. 1.0%　　B. 1.5%　　C. 2.0%　　D. 0.5%

答案：B

解析：掘进工作面甲烷浓度达到或超过1.0%时，声光报警；掘进工作面甲烷浓度达到或超过1.5%时，切断掘进巷道内全部非本质安全型电气设备的电源并闭锁；当掘进工作面甲烷浓度低于1.0%时，自动解锁。

71. 掘进工作面回风流中的甲烷浓度达到或超过（　　）时，声光报警、切断掘进巷道内全部非本质安全型电气设备的电源并闭锁；当掘进工作面回风流中的甲烷浓度低于1.0%时，自动解锁。

A. 1.0%　　B. 1.5%　　C. 2.0%　　D. 0.5%

答案：A

解析：掘进工作面回风流中的甲烷浓度达到或超过1.0%时，声光报警、切断掘进巷道内全部非本质安全型电气设备的电源并闭锁；当掘进工作面回风流中的甲烷浓度低于

1.0% 时，自动解锁。

72. 掘进工作面回风流中的甲烷浓度达到或超过 1.0% 时，声光报警、切断掘进巷道内全部非本质安全型电气设备的电源并闭锁；当掘进工作面回风流中的甲烷浓度低于（　　）时，自动解锁。

A. 1.0%　　B. 1.5%　　C. 2.0%　　D. 0.5%

答案：A

解析：掘进工作面回风流中的甲烷浓度达到或超过 1.0% 时，声光报警、切断掘进巷道内全部非本质安全型电气设备的电源并闭锁；当掘进工作面回风流中的甲烷浓度低于 1.0% 时，自动解锁。

73. 被串掘进工作面入风流中甲烷浓度达到或超过（　　）时，声光报警、切断被串掘进巷道内全部非本质安全型电气设备的电源并闭锁；当被串掘进工作面入风流中甲烷浓度低于 0.5% 时，自动解锁。

A. 1.0%　　B. 1.5%　　C. 2.0%　　D. 0.5%

答案：D

解析：被串掘进工作面入风流中甲烷浓度达到或超过 0.5% 时，声光报警、切断被串掘进巷道内全部非本质安全型电气设备的电源并闭锁；当被串掘进工作面入风流中甲烷浓度低于 0.5% 时，自动解锁。

74. 被串掘进工作面入风流中甲烷浓度达到或超过 0.5% 时，声光报警、切断被串掘进巷道内全部非本质安全型电气设备的电源并闭锁；当被串掘进工作面入风流中甲烷浓度低于（　　）时，自动解锁。

A. 1.0%　　B. 1.5%　　C. 2.0%　　D. 0.5%

答案：D

解析：被串掘进工作面入风流中甲烷浓度达到或超过 0.5% 时，声光报警、切断被串掘进巷道内全部非本质安全型电气设备的电源并闭锁；当被串掘进工作面入风流中甲烷浓度低于 0.5% 时，自动解锁。

75.（　　）扫描用于观测非周期信号或单次瞬间信号，往往需要对波形拍照。

A. 自动　　B. 常态　　C. 单次　　D. 无效

答案：C

解析：单次扫描。单次按钮类似复位开关。单次扫描方式下，按单次按钮时扫描电路复位，此时准备好灯亮。触发信号到来后产生一次扫描。单次扫描结束后，准备灯灭。单次扫描用于观测非周期信号或单次瞬变信号，往往需要对波形拍照。

76. 局部通风机停止运转，掘进工作面或回风流中甲烷浓度大于 3.0% 时，对局部通风机进行闭锁使之不能启动，只有通过密码操作软件或使用专用工具方可人工解锁；当掘进工作面回风流中甲烷浓度低于（　　）时，自动解锁。

A. 1.0%　　B. 1.5%　　C. 2.0%　　D. 0.5%

答案：B

解析：局部通风机停止运转，掘进工作面或回风流中甲烷浓度大于 3.0% 时，对局部通风机进行闭锁使之不能启动，只有通过密码操作软件或使用专用工具方可人工解锁；当掘进工作面回风流中甲烷浓度低于 1.5% 时，自动解锁。

77. 与闭锁控制有关的设备接通电源（　　）内，继续闭锁该设备所监控区域的全部非本质安全型电气设备的电源；当与闭锁控制有关的设备工作正常并稳定运行后，自动解锁。不得对局部通风机进行故障闭锁控制。

A. 1 min　　B. 2 min　　C. 3 min　　D. 4 min

答案：A

解析：与闭锁控制有关的设备接通电源 1 min 内，继续闭锁该设备所监控区域的全部非本质安全型电气设备的电源；当与闭锁控制有关的设备工作正常并稳定运行后，自动解锁。不得对局部通风机进行故障闭锁控制。

78. 馈电传感器：连续监测矿井中馈电开关或电磁启动器负荷侧有无（　　）的装置。

A. 电压　　B. 电流　　C. 电势　　D. 电感

答案：A

解析：馈电传感器：连续监测矿井中馈电开关或电磁启动器负荷侧有无电压的装置。

79. 生产、新建和改扩建矿井必须装备安全监控系统，实现（　　）连续运行。

A. 24 h　　B. 12 h　　C. 48 h　　D. 1 h

答案：A

解析：生产、新建和改扩建矿井必须装备安全监控系统，实现 24 h 连续运行。

80. 地面监控设备交流电源谐波不大于（　　）。

A. 5%　　B. 7%　　C. 10%　　D. 15%

答案：A

解析：《煤矿安全监控系统通用技术要求》（AQ 6201—2019）5. 3. 1　b）地面设备交流电源谐波不大于 5% 。

81. 安全监控系统最大巡检周期不大于（　　）。

A. 10 s　　B. 20 s　　C. 25 s　　D. 30 s

答案：B

解析：《煤矿安全监控系统通用技术要求》（AQ 6201—2019）5. 7. 4　系统最大巡检周期应不大于 20 s，并应满足监控要求。

82. 煤矿安全监控系统和网络中心每（　　）个月对安全监控数据进行备份，备份的数据介质保存时间应当不少于 2 年。

A. 1　　B. 6　　C. 3　　D. 12

答案：C

解析：煤矿安全监控系统和网络中心每 3 个月对安全监控数据进行备份，备份的数据介质保存时间应当不少于 2 年。

83. 矿井必须安装 2 套同等能力的主要通风机装置，其中 1 套作备用，备用通风机必须能在（　　）内开动。

A. 5 min　　B. 10 min　　C. 20 min　　D. 30 min

答案：B

解析：《煤矿安全规程》第一百五十八条　（三）必须安装 2 套同等能力的主要通风机装置，其中 1 套作备用，备用通风机必须能在 10 min 内开动。

84. 安全监控系统中在机房或调度室的设备，相对湿度环境（　　）。

A. 40% ~60%　　B. 40% ~70%　　C. 50% ~60%　　D. 50% ~70%

答案：B

解析：《煤矿安全监控系统通用技术要求》（AQ 6201—2019）5. 2. 1　b）系统中在机房或调度室的设备，相对湿度环境为 40% ~70%。

85. 采掘工作面风流中二氧化碳浓度达到（　　）时，必须停止工作，撤出人员，查明原因，制定措施，进行处理。

A. 0. 8%　　B. 1%　　C. 1. 5%　　D. 3%

答案：C

解析：《煤矿安全规程》第一百七十四条　采掘工作面风流中二氧化碳浓度达到 1. 5% 时，必须停止工作，撤出人员，查明原因，制定措施，进行处理。

86. 井下停风地点栅栏外风流中的甲烷浓度（　　）至少检查 1 次，密闭外的甲烷浓度（　　）至少检查 1 次。

A. 每天，每天　　B. 每天，每月　　C. 每周，每月　　D. 每天，每周

答案：D

解析：《煤矿安全规程》第一百八十条（七）井下停风地点栅栏外风流中的甲烷浓度每天至少检查 1 次，密闭外的甲烷浓度每周至少检查 1 次。

87. 使用架线电机车的主要运输巷道内装煤点处达到断电值 0. 5% 时，断电范围为（　　）。

A. 装煤点处上风流 100 m　　B. 装煤点处下风流 100 m

C. 装煤点处上风流 150 m　　D. 装煤点处下风流 150 m

答案：A

解析：《煤矿安全规程》第四百九十八条　使用架线电机车的主要运输巷道内装煤点处达到断电值 0. 5% 时，断电范围为：装煤点处上风流 100 m。

88. 接入矿井安全监控系统的各类传感器应符合《煤矿安全监控系统通用技术要求》（AQ 6201—2019）的规定，稳定性应不小于（　　）。

A. 7 d　　B. 10 d　　C. 15 d　　D. 20 d

答案：C

解析：《煤矿安全监控系统通用技术要求》（AQ 6201—2019）5. 4. 2. 2　传感器的稳定性应不小于 15 d，采掘工作面气体类传感器防护等级不低于 IP65，其余不低于 IP54。

89. 矿井监控系统调出整幅实时数据画面的响应时间应小于（　　）。

A. 20 s　　B. 10 s　　C. 5 s　　D. 2 s

答案：D

解析：《煤矿安全监控系统通用技术要求》（AQ 6201—2019）5. 7. 8　画面响应时间调出整幅画面 85% 的响应时间应不大于 2 s，其余画面应不大于 5 s。

90. 软件应具有操作权限管理功能，对参数设置、控制等应使用（　　）操作，并具有操作记录。

A. 手动　　B. 自动　　C. 密码　　D. 口令

答案：C

解析：《煤矿安全监控系统通用技术要求》（AQ 6201—2019）5.6.1　操作管理　软件应具有操作权限管理功能，对参数设置、控制等应使用密码操作，并具有操作记录。

91. 软件应具有防止（　　）实时数据和历史数据等存储内容（参数设置及页面编辑除外）功能。

A. 修改　　B. 操作　　C. 删除　　D. 设置

答案：A

解析：《煤矿安全监控系统通用技术要求》（AQ 6201—2019）5.6.6　更改存储内容　软件应具有防止修改实时数据和历史数据等存储内容（参数设置及页面编辑除外）功能。

92. 只有在局部通风机及其开关附近 10 m 范围内风流中的瓦斯浓度都不超过（　　）时，方可人工开启局部通风机。

A. 0.5% CH_4　　B. 0.75% CH_4　　C. 1.0% CH_4　　D. 2.0% CH_4

答案：A

解析：只有在局部通风机及其开关附近 10 m 范围内风流中的瓦斯浓度都不超过 0.5% CH_4 时，方可人工开启局部通风机。

93. 载体催化原理的甲烷传感器调校时，应先在新鲜空气中或使用空气样调校零点，使仪器显示值为零，再通入浓度为（　　）的甲烷校准气体，调整仪器的显示值与校准气体浓度一致。

A. 0.05% CH_4　　B. 0.5% CH_4　　C. 1% CH_4　　D. 1% ~2% CH_4

答案：D

解析：载体催化原理的甲烷传感器调校时，应先在新鲜空气中或使用空气样调校零点，使仪器显示值为零，再通入浓度为 1% ~2% CH_4 的甲烷校准气体，调整仪器的显示值与校准气体浓度一致。

94. 载体催化甲烷传感元件中毒是指元件工作时遇到了（　　）气体。

A. 硫化氢或二氧化硫　　B. 高浓度瓦斯

C. 一氧化碳　　D. 二氧化碳

答案：A

解析：载体催化甲烷传感元件中毒是指元件工作时遇到了硫化氢或二氧化硫气体。

95. 在正常工作中，通风机应实现“三专、两闭锁”。两闭锁是指（　　）。

A. 风机和刮板输送机闭锁、瓦斯电闭锁

B. 风电闭锁、瓦斯电闭锁

C. 风电闭锁、瓦斯和电钻闭锁

答案：B

解析：两闭锁是指风电闭锁、瓦斯电闭锁。

96. 在不允许风流通过，但需要行人、通车的巷道内，必须按规定设置（　　）。

A. 防爆门　　B. 风桥　　C. 风硐　　D. 风门

答案：D

解析：在不允许风流通过，但需要行人、通车的巷道内，必须按规定设置风门。

97. 在标准大气压下，瓦斯与空气混合气体发生瓦斯爆炸的瓦斯浓度范围为（　　）。

A. 1% ~10%　　B. 5% ~16%　　C. 3% ~10%　　D. 10% ~18%

答案：B

解析：在标准大气压下，瓦斯与空气混合气体发生瓦斯爆炸的瓦斯浓度范围为5% ~ 16%。

98. 由于（　　），一氧化碳传感器应布置在巷道的上方。

A. 一氧化碳的密度大于空气　　B. 一氧化碳的密度小于甲烷

C. 一氧化碳的密度小于空气　　D. 一氧化碳的密度大于甲烷

答案：C

解析：由于一氧化碳的密度小于空气，一氧化碳传感器应布置在巷道的上方。

99. 井工煤矿总粉尘浓度每月测定（　　）次。

A. 1　　B. 2　　C. 3　　D. 4

答案：B

解析：井工煤矿总粉尘浓度每月应测定2次。

100. 斜井提升兼做行人巷道时，每隔（　　）设置一个躲避硐，并设置红灯。

A. 20 m　　B. 25 m　　C. 35 m　　D. 40 m

答案：B

解析：斜井提升兼做行人巷道时，每隔25 m设置一个躲避硐，并设置红灯。

二、多选题

1. 采掘工作面（　　）等数据应进行加密存储。

A. 瓦斯超限报警　　B. 断电

C. 馈电异常　　D. 局部通风机停风

答案：ABCD

解析：采掘工作面、瓦斯超限报警、断电、馈电异常、局部通风机停风等数据应进行加密存储。

2. 煤矿（　　）应设置人员定位系统分站。

A. 各个人员出入井口　　B. 重点区域出入口

C. 限制区域　　D. 巷道分支处

答案：ABCD

解析：《煤矿井下人员定位系统通用技术条件》（AQ 1119—2023）要求煤矿各个人员出入井口、重点区域出入口、限制区域、巷道分支处应设置人员定位系统分站。

3. 有线通信系统由（　　）、线缆、接线盒、避雷器、接地装置和其他必要设备组成。

A. 调度交换机　　B. 不间断电源

C. 本质安全型电话机　　D. 安全耦合器

答案：ABCD

解析：煤矿有线通信系统由调度交换机、不间断电源、本质安全型电话机、安全耦合器、线缆、接线盒、避雷器、接地装置和其他必要设备组成。

4. 煤矿应急广播系统一般由广播主机、不间断电源、安全耦合器、线缆、接地装置和（　　）组成。

A. 话筒　　B. 隔爆兼本质安全型音箱

C. 避雷器　　D. 接线盒

答案：ABCD

解析：煤矿应急广播系统一般由广播主机、不间断电源、安全耦合器、线缆、接地装置和话筒、隔爆兼本质安全型音箱、避雷器、接线盒组成。

5. UPS 电源按工作原理不同，主要分为（　　）两种。

A. 后备式 UPS　　B. 在线式 UPS

C. 后备互动式 UPS　　D. 在线互动式 UPS

答案：AB

解析：UPS 电源按工作原理不同，主要分为后备式 UPS 和在线式 UPS 两种。

6. 煤矿应绘制井下作业人员管理系统设备布置图，图上标明分站、电源、中心站等设备的（　　），并根据实际布置及时修改，报矿技术负责人审批。

A. 位置　　B. 接线　　C. 传输电缆　　D. 供电电缆

答案：ABCD

解析：《煤矿井下作业人员管理系统使用与管理规范》（AQ 1048—2018）要求煤矿应绘制井下作业人员管理系统设备布置图，图上标明分站、电源、中心站等设备的位置、接线、传输电缆、供电电缆，并根据实际布置及时修改，报矿技术负责人审批。

7. 当电网停电后，保证对（　　）局部通风机开停、风向、风筒状态等主要监控量继续监控。

A. 甲烷浓度　　B. 风速　　C. 风压　　D. 一氧化碳浓度

E. 主要通风机

答案：ABCDE

解析：《煤矿安全监控系统通用技术要求》（AQ 6201—2019）5.5.10　备用电源　系统应具有备用电源。当电网停电后，保证对甲烷浓度、风速、风压、一氧化碳浓度、主要通风机、局部通风机开停、风向、风筒状态等主要监控量继续监控。

8. 系统应具有分级报警功能，根据（　　）等，设置不同的报警级别，实施分级响应。

A. 瓦斯浓度大小及变化率　　B. 瓦斯超限持续时间

C. 瓦斯超限范围　　D. 瓦斯浓度值

答案：ABC

解析：《煤矿安全监控系统通用技术要求》（AQ 6201—2019）5.6.12.3　分级报警　系统应具有分级报警功能，根据瓦斯浓度大小及变化率、瓦斯超限持续时间、瓦斯超限范围等，设置不同的报警级别，实施分级响应。分级报警根据实际情况进行设置。

9. 定时将模拟量（　　）等记录在存储介质上。

A. 平均值　　B. 最大值　　C. 最小值　　D. 输出值

答案：ABC

解析：《煤矿安全监控系统通用技术要求》（AQ 6201—2019）5.6.13.1　统计值记录　定时将模拟量平均值、最大值、最小值等记录在存储介质上。

10.（　　）等产尘地点宜设置粉尘传感器。

A. 采煤机　　　B. 掘进机　　　C. 破碎处　　　D. 装煤口

E. 转载点

答案：ABCDE

解析：《煤矿安全监控系统及检测仪器使用管理规范》(AQ 1029—2019) 7.8　粉尘传感器的设置　采煤机、掘进机、转载点、破碎处、装煤口等产尘地点宜设置粉尘传感器。

11. 矿井应配备（　　）等安全监控设备备件，备用数量不少于应配备数量的20%。

A. 传感器　　　B. 分站　　　C. 监控线路　　　D. 监控主机

答案：AB

解析：《煤矿安全监控系统及检测仪器使用管理规范》(AQ 1029—2019) 8.6　备件矿井应配备传感器、分站等安全监控设备备件，备用数量不少于应配备数量的20%。

12. 煤矿应绘制（　　）和（　　），并根据采掘工作的变化情况及时修改。

A. 煤矿安全监控布置图　　　B. 断电控制图

C. 传输线缆　　　D. 供电电缆

答案：AB

解析：《煤矿安全监控系统及检测仪器使用管理规范》(AQ 1029—2019) 10.3 布置图和断电控制图煤矿应绘制煤矿安全监控布置图和断电控制图，并根据采掘工作的变化情况及时修改。布置图应标明传感器、声光报警器、断电控制器、分站、电源、中心站等设备的位置、接线、断电范围、报警值、断电值、复电值、传输线缆、供电电缆等；断电控制图应标明甲烷传感器、馈电传感器和分站的位置，断电范围，被控开关的名称和编号，被控开关的断电接点和编号。

13. 煤矿（　　）煤量可采期小于国家规定的最短时间，未主动采取限产或者停产措施，仍然组织生产的（衰老煤矿和地方人民政府计划停产关闭煤矿除外）。

A. 开拓　　　B. 准备　　　C. 回采　　　D. 掘进

答案：ABC

解析：《煤矿重大事故隐患判定标准》(应急管理部令　第4号) 第四条（三）煤矿开拓、准备、回采煤量可采期小于国家规定的最短时间，未主动采取限产或者停产措施，仍然组织生产的（衰老煤矿和地方人民政府计划停产关闭煤矿除外）。

14. 进、回风井之间和主要进、回风巷之间联络巷中的（　　）不符合《煤矿安全规程》规定，造成风流短路的属于煤矿重大事故隐患。

A. 风墙　　　B. 风门　　　C. 风窗　　　D. 风桥

答案：AB

解析：《煤矿重大事故隐患判定标准》(应急管理部令　第4号) 第八条（六）进、回风井之间和主要进、回风巷之间联络巷中的风墙、风门不符合《煤矿安全规程》规定，造成风流短路的。

15. 监测监控系统应具有软件（　　）和（　　）功能。

A. 自监视　　　B. 容错　　　C. 输出　　　D. 输入

答案：AB

解析：《煤矿安全监控系统通用技术要求》(AQ 6201—2019) 5.5.15　软件自监视和容错系统应具有软件自监视和容错功能。

16. 井下使用的（　　）及（　　）等由所在区域的区队长、班组长负责使用和管理。

A. 分站　　B. 传感器

C. 声光报警器　　D. 断电控制器

E. 线缆

答案：ABCDE

解析：《煤矿安全监控系统及检测仪器使用管理规范》（AQ 1029—2019） 8.4.5　井下使用的分站、传感器、声光报警器、断电控制器及线缆等由所在区域的区队长、班组长负责使用和管理。

17. （　　）必须安设直通矿调度室的直通电话。

A. 矿井地面变电所　　B. 井下主要水泵房

C. 井下中央变电所　　D. 运输调度室

答案：ABCD

解析：《煤矿安全规程》第五百零七条　以下地点必须设有直通矿调度室的有线调度电话：矿井地面变电所、地面主要通风机房、主副井提升机房、压风机房、井下主要水泵房、井下中央变电所、井底车场、运输调度室、采区变电所、上下山绞车房、水泵房、带式输送机集中控制硐室等主要机电设备硐室、采煤工作面、掘进工作面、突出煤层采掘工作面附近、爆破时撤离人员集中地点、突出矿井井下爆破起爆点、采区和水平最高点、避难硐室、瓦斯抽采泵房、爆炸物品库等。

18. 风速传感器应设置在（　　）能准确计算风量的地点。

A. 无分支风流　　B. 巷道前后 10 m 内

C. 无拐弯　　D. 无障碍

E. 断面无变化

答案：ABCDE

解析：《煤矿安全监控系统及检测仪器使用管理规范》（AQ 1029—2019） 7.2　风速传感器的设置　采区回风巷、一翼回风巷、总回风巷的测风站应设置风速传感器。突出煤层采煤工作面回风巷和掘进巷道回风流中应设置风速传感器。风速传感器应设置在巷道前后 10 m 内无分支风流、无拐弯、无障碍、断面无变化、能准确计算风量的地点。当风速低于或超过《煤矿安全规程》的规定值时，应发出声光报警信号。

19. 多路复用技术是将若干个彼此独立的信号进行合并，从而可以在同一物理信道上同时传输的方法。主要包括（　　）。

A. 时分多路复用　　B. 频分多路复用

C. 波分多路复用　　D. 码分多路复用

答案：ABCD

解析：多路复用技术是将若干个彼此独立的信号进行合并，从而可以在同一物理信道上同时传输的方法。主要包括时分多路复用、频分多路复用、波分多路复用和码分多路复用。

20. 在光纤通信中，典型的波长是 800 ~ 1600 nm，其中最常用的波长是（　　）。

A. 850 nm　　B. 950 nm　　C. 1310 nm　　D. 1550 nm

E. 1320 nm

答案：ACD

解析：在光纤通信中，典型的波长是800 ~ 1600 nm，其中最常用的波长是850 nm、1310 nm和1550 nm。

21. 光纤按光的模式可分为（　　）。

A. 石英光纤　　B. 单模光纤　　C. 塑料光纤　　D. 多模光纤

E. 短波长光纤

答案：BD

解析：光纤按光的模式可分为单模光纤、多模光纤。

22. 使用防爆柴油动力装置的矿井及开采容易自燃、自燃煤层的矿井，应当设置（　　）。

A. 湿度传感器　　B. 一氧化碳传感器

C. 温度传感器　　D. 氢气传感器

答案：BC

解析：《煤矿安全规程》第五百零三条　使用防爆柴油动力装置的矿井及开采容易自燃、自燃煤层的矿井，应当设置一氧化碳传感器和温度传感器。

23. 井下分站应设置在（　　）的进风巷道或硐室中，安设时应垫支架，或吊挂在巷道中，使其距巷道底板不小于300 mm。

A. 便于人员观察　　B. 调试、检验

C. 支护良好　　D. 无滴水、无杂物

答案：ABCD

解析：《煤矿安全监控系统及检测仪器使用管理规范》（AQ 1029—2019）5. 3　井下分站应设置在便于人员观察、调试、检验及支护良好、无滴水、无杂物的进风巷道或硐室中，安设时应垫支架，或吊挂在巷道中，使其距巷道底板不小于300 mm。

24. （　　）等重要测点的实时监测值存盘记录应保存3个月以上。

A. 甲烷浓度　　B. 一氧化碳浓度

C. 温度　　D. 风速

E. 负压

答案：ABCDE

解析：《煤矿安全监控系统通用技术要求》（AQ 6201—2019）5. 7. 7　存储时间　甲烷浓度、温度、风速、负压、一氧化碳浓度等重要测点的实时监测值存盘记录应保存3个月以上。模拟量统计值、报警/解除报警时刻及状态、断电/复电时刻及状态、馈电异常报警时刻及状态、局部通风机、风筒、主要通风机、风向、风门等状态及变化时刻、瓦斯抽采（放）量等累计量值、设备故障/恢复正常工作时刻及状态等记录应保存2年以上。当系统发生故障时，丢失上述信息的时间长度应不大于60 s。

25. 调度通信电缆入井前必须经过（　　）

A. 电阻　　B. 耦合器　　C. 限流装置　　D. 防雷装置

答案：BD

解析：《煤矿井下通信联络系统使用与管理规范》要求，调度通信电缆入井前必须经过耦合器、防雷装置。

26. 安全监控设备的调校包括（　　）等。

A. 零点　　　　B. 显示值

C. 报警点、断电点、复电点　　　　D. 精度

E. 控制逻辑

答案：ABCE

解析：《煤矿安全监控系统及检测仪器使用管理规范》(AQ 1029—2019) 8.3.5　安全监控设备的调校包括零点、显示值、报警点、断电点、复电点、控制逻辑等。

27. 煤矿安全监控系统应具有在瓦斯超限、断电等需立即撤人的紧急情况下，可自动与（　　）等系统应急联动的功能。

A. 应急广播　　　　B. 通信

C. 视频　　　　D. 人员位置监测

E. 短信

答案：ABD

解析：《煤矿安全监控系统及检测仪器使用管理规范》(AQ 1029—2019) 4.10　煤矿安全监控系统应具有在瓦斯超限、断电等需立即撤人的紧急情况下，可自动与应急广播、通信、人员位置监测等系统应急联动的功能。

28. 计算机网络按照拓扑结构分类可分为（　　）。

A. 星形　　B. 环形　　C. 角形　　D. 总线形

E. 网状形

答案：ABDE

解析：计算机网络按照拓扑结构分类可分为：总线形、星形、环形、网状形。

29. Modbus RTU 协议是一种开放的串行协议，广泛应用于当今的工业监控设备中。该协议使用（　　）串行接口进行通信

A. RS－232　　B. CAN　　C. RS－485　　D. PROFIBUS

答案：AC

解析：Modbus RTU 协议是一种开放的串行协议，广泛应用于当今的工业监控设备中。该协议使用 RS－232 或 RS－485 串行接口进行通信

30. 对采掘工作面等重点区域的瓦斯超限、报警、断电信息应进行加密存储，采用如（　　）加密算法对数据进行加密，确保数据无法被破解篡改。

A. MD5　　B. RSA　　C. MB5　　D. NAS

答案：AB

解析：《煤矿安全监控系统升级改造技术方案》的通知（煤安监函〔2016〕5 号）规定，对采掘工作面等重点区域的瓦斯超限、报警、断电信息应进行加密存储，采用如 MD5、RSA 加密算法对数据进行加密，确保数据无法被破解篡改。

31. 模拟量传感器至分站的有线传输采用（　　）

A. 工业以太网　　B. RS232　　C. RS485　　D. CAN

E. RS422

答案：ACD

解析：《煤矿安全监控系统升级改造技术方案》的通知（煤安监函〔2016〕5号）规定，模拟量传感器至分站的有线传输采用工业以太网、RS485、CAN。

32. 低浓度瓦斯传感器元件主要由（　　）组成。

A. 电阻　　B. 电容　　C. 铂丝线圈　　D. 载体

E. 催化剂

答案：CDE

解析：低浓度瓦斯传感器元件主要由铂丝线圈、载体、催化剂组成。

33. EIA/TIA 的布线标准中规定了两种双绞线的线序（　　）。

A. 568A　　B. 568B　　C. 586A　　D. 586B

答案：AB

解析：EIA/TIA 的布线标准中规定了两种双绞线的线序 568A 与 568B。

34. 与安全监控设备关联的（　　）在改线或拆除时，应与安全监控管理部门共同处理。

A. 电气设备　　B. 采煤机　　C. 电源线　　D. 控制线

E. 掘进机

答案：ACD

解析：《煤矿安全监控系统及检测仪器使用管理规范》(AQ 1029—2019) 5.7　与安全监控设备关联的电气设备、电源线和控制线在改线或拆除时，应与安全监控管理部门共同处理。

35. 与模拟传输系统相比，数字传输系统具有如下优点（　　）。

A. 抗干扰能力强

B. 传输中的差错可以设法控制，改善传输质量

C. 可以传递各种消息，使传输系统变得通用、灵活

D. 便于用计算机对系统进行管理

答案：ABCD

解析：与模拟传输系统相比，数字传输系统具有如下优点：①抗干扰能力强；②传输中的差错可以设法控制，改善传输质量；③可以传递各种消息，使传输系统变得通用、灵活；④便于用计算机对系统进行管理。但数字传输的上述优点都是用比模拟传输占据更宽的传输频带而换得的。

36. 异步通信和同步通信是串行通信中两种最基本的通信方式。

A. 单向通信　　B. 数字通信　　C. 异步通信　　D. 同步通信

答案：CD

解析：异步通信和同步通信是串行通信中两种最基本的通信方式。

37. 同步通信以帧为单位传输数据，每帧由（　　）组成。

A. 开始标志　　B. 数据块　　C. 帧校验序列　　D. 结束标志

答案：ABCD

解析：同步通信以帧为单位传输数据，每帧由开始标志、数据块、帧校验序列、结束标志组成。

38. 数字基带传输系统的优点为（　　）。

A. 发送和接收设备简单

B. 发送和接收设备昂贵

C. 便于采用光电耦合器进行本质安全防爆隔离

D. 传输速度慢

答案：AC

解析：数字基带传输系统具有发送和接收设备简单、便于采用光电耦合器进行本质安全防爆隔离等优点。

39. 数字调幅具有（　　）的特点。

A. 调制和解调设备复杂　　B. 调制和解调设备最简单

C. 抗干扰能力差　　D. 抗干扰能力强

答案：BC

解析：数字调幅就是利用载波幅度的离散变化来表示数字代码。数字调幅是三种数字调制方式中最简单的一种，调制和解调设备最简单。数字调幅信号的抗干扰能力也是三种数字调制信号中最差的一种，等同于基带信号。

40. 为保证系统的安全性能和可靠性，降低系统成本，便于使用维护，矿井监控系统的网络结构应满足下列要求（　　）。

A. 有利于系统本质安全防爆

B. 在传感器分散分布的情况下，通过与适当的复用方式配合，使系统的传输电缆用量最少

C. 抗电磁干扰能力强

D. 抗故障能力强

答案：ABCD

解析：为保证系统的安全性能和可靠性，降低系统成本，便于使用维护，矿井监控系统的网络结构应满足下列要求：(1) 有利于系统本质安全防爆。(2) 在传感器分散分布的情况下，通过与适当的复用方式配合，使系统的传输电缆用量最少。(3) 抗电磁干扰能力强。(4) 抗故障能力强，当系统中某些分站发生故障时，力求不影响系统中其余分站的正常工作；当传输电缆发生故障时，不影响整个系统的正常工作；当主站及主干电缆发生故障时，保证甲烷断电及甲烷风电闭锁等功能。

41. 星形（又称放射状）网络结构的优点（　　）。

A. 发送和接收设备简单　　B. 传输阻抗易于匹配

C. 各分站之间干扰小　　D. 抗故障能力强

答案：ABCD

解析：星形（又称放射状）网络结构，就是系统中的每一分站（或传感器）通过一根传输电缆与中心站（或分站）相连。这种结构具有发送和接收设备简单、传输阻抗易于匹配、各分站之间干扰小、抗故障能力强、可靠性高等优点。

42. 星形（又称放射状）网络结构的缺点（　　）。

A. 发送和接收设备简单　　B. 系统的造价

C. 不便于安装和维护　　D. 抗故障能力强

答案：BC

解析：星形（又称放射状）网络结构所需传输电缆用量大，特别是当系统监控容量大、使用分站（或传感器）多时，系统的造价高，且不便于安装和维护。

43. 系统网络结构是指（　　）之间的相互连接关系。

A. 系统中心站与分站　　B. 分站与分站

C. 分站与传感器（含执行机构）　　D. 传感器与传感器

答案：ABC

解析：系统网络结构是指系统中心站与分站、分站与分站、分站与传感器（含执行机构）之间的相互连接关系。

44. 《煤矿安全监控系统升级改造技术方案》的通知的要求，安全监控系统升级改造中推广使用的新型传感器为（　　）。

A. 激光低功耗传感器　　B. 红外低功耗传感器

C. 自诊断型传感器　　D. 多参数传感器

答案：ABCD

解析：推广使用架构简单系统以及激光、红外等低功耗传感器、自诊断型传感器，鼓励使用多参数传感器。

45. 《煤矿安全监控系统升级改造技术方案》的通知的要求，地面统一平台上必须融合的系统为（　　）。

A. 人员定位　　B. 应急广播　　C. 视频监测　　D. 无线通信

答案：AB

解析：在地面统一平台上必须融合的系统：环境监测、人员定位、应急广播，如有供电监控系统，也应融入。其他可考虑融合的系统：视频监测、无线通信、设备监测、车辆监测等。

46. 《煤矿安全监控系统升级改造技术方案》的通知的要求，安全监控系统自诊断的内容至少应包括（　　）。

A. 传感器、控制器的设置及定义

B. 模拟量传感器维护、定期未标校提醒

C. 模拟量传感器、控制器、电源箱等设备及通信网络的工作状态

D. 中心站软件自诊断，包括双机热备、数据库存储、软件模块通信

答案：ABCD

解析：实现系统定期的自诊断、自评估，能够预先发现系统在安装使用中存在的问题。自诊断的内容至少应包括：

（1）传感器、控制器的设置及定义；

（2）模拟量传感器维护、定期未标校提醒；

（3）模拟量传感器、控制器、电源箱等设备及通信网络的工作状态；

（4）中心站软件自诊断，包括双机热备、数据库存储、软件模块通信。

47. 《煤矿安全监控系统升级改造技术方案》的通知的要求，全监控系统应具有大数据的分析与应用功能，至少应包括（　　）。

A. 伪数据标注及异常数据分析

B. 瓦斯涌出、火灾等的预测预警

C. 大数据分析，如多系统融合条件下的综合数据分析等

D. 可与煤矿安全监控系统检查分析工具对接数据

答案：ABCD

解析：安全监控系统应具有大数据的分析与应用功能，至少应包括以下内容：(1）伪数据标注及异常数据分析；（2）瓦斯涌出、火灾等的预测预警；（3）大数据分析，如多系统融合条件下的综合数据分析等；（4）可与煤矿安全监控系统检查分析工具对接数据。

48. 煤矿安全监控系统的特点为（　　）。

A. 监控对象变化缓慢　　B. 电气防爆

C. 传输距离远　　D. 网络结构宜采用树形结构

答案：ABCD

49. 地面中心站主要由（　　）等设备及各种应用程序、操作系统等软件组成。

A. 主机　　B. 打印机　　C. 大屏幕　　D. 模拟盘

答案：ABCD

50. 煤矿安全监控系统具备的基本功能（　　）。

A. 数据采集　　B. 控制　　C. 存储和查询　　D. 显示

E. 调节

答案：ABCDE

51. 煤矿安全监控系统应具备自诊断功能，当系统中（　　）等设备发生故障时，报警并记录故障时间和故障设备，以供查询及打印。

A. 传感器　　B. 分站　　C. 传输接口　　D. 断电控制器

答案：ABCD

解析：煤矿安全监控系统应具备自诊断功能，当系统中传感器、分站、传输接口、电源、断电控制器等设备发生故障时，报警并记录故障时间和故障设备，以供查询及打印。

52. 煤矿安全监控系统应具有（　　）等大数据应用分析功能，可与煤矿安全监控系统检查分析工具对接数据。

A. 伪数据标注　　B. 异常数据分析

C. 瓦斯涌出　　D. 火灾预测预警

答案：ABCD

解析：煤矿安全监控系统应具有伪数据标注、异常数据分析、瓦斯涌出、火灾预测预警等大数据应用分析功能，可与煤矿安全监控系统检查分析工具对接数据。

53. 风压传感器：连续监测矿井（　　）等地点通风压力的装置。

A. 通风机　　B. 风门

C. 密闭巷道　　D. 通风巷道

答案：ABCD

解析：风压传感器：连续监测矿井通风机、风门、密闭巷道、通风巷道等地点通风压力的装置。

54.《煤矿安全监控系统通用技术要求》(AQ 6201—2019）规定，系统允许接入的分站数量宜在（　　）中选取。

A. 16　　　　B. 32　　　　C. 64　　　　D. 128

答案：ABCD

解析：《煤矿安全监控系统通用技术要求》(AQ 6201—2019) 规定，系统允许接入的分站数量宜在 8、16、32、64、128、256 中选取。

55. 安全监控系统应具有（　　）等大数据分析功能。

A. 伪数据标注　　　　B. 异常数据分析

C. 瓦斯涌出　　　　D. 火灾预警

答案：ABCD

解析：安全监控系统应具有伪数据标注、异常数据分析、瓦斯涌出、火灾预警等大数据分析功能。

56. 安全监控系统应具有防雷保护，分别在（　　）等处采取防雷措施。

A. 传输接口　　　　B. 入井口

C. 电源　　　　D. 传感器

答案：ABC

解析：安全监控系统应具有防雷保护，分别在传输接口、入井口、电源等处采取防雷措施。

57. 下列是安全监控系统组成设备的是（　　）。

A. 网络交换机　　　　B. 声光报警器

C. 避雷器　　　　D. 断电控制器

答案：ABCD

解析：安全监控系统一般由主机、传输接口、网络交换机、传感器、分站、电源、断电控制器、声光报警器、线缆、接线盒、避雷器和其他设备组成。

58. 甲烷传感器：连续监测矿井环境气体中及抽放管道内甲烷浓度的装置，一般具有（　　）功能。

A. 显示　　　　B. 声光报警

C. 断电　　　　D. 闭锁

答案：AB

解析：甲烷传感器：连续监测矿井环境气体中及抽放管道内甲烷浓度的装置，一般具有显示及声光报警功能。

59. 封闭火区时，应当合理确定封闭范围，必须指定专人检查（　　）以及其他有害气体浓度和风向、风量的变化，并采取防止瓦斯、煤尘爆炸和人员中毒的安全措施。

A. 一氧化碳　　　　B. 煤尘　　　　C. 甲烷　　　　D. 氧气

答案：ABCD

解析：《煤矿安全规程》第二百七十六条　封闭火区时，应当合理确定封闭范围，必须指定专人检查甲烷、氧气、一氧化碳、煤尘以及其他有害气体浓度和风向、风量的变化，并采取防止瓦斯、煤尘爆炸和人员中毒的安全措施。

60. 监控系统的列表显示功能中模拟量及相关显示内容包括（　　）等。

A. 地点、名称、单位　　　　B. 报警门限、断电门限、复电门限

C. 最大值、最小值、平均值　　　　D. 工作时间

答案：ABC

解析：《煤矿安全监控系统通用技术要求》（AQ 6201—2019）5.6.7.10　统计值记录查询显示　根据所选择的模拟量及查询时间，显示查询时间内模拟量的平均值、最大值等，显示内容包括：①地点；②名称；③单位（可缺省）；④报警门限（可缺省）；⑤断电门限（可缺省）；⑥复电门限（可缺省）；⑦查询期间最大值及时刻；⑧平均值；⑨每次统计起止时刻；⑩最大值；⑪平均值；⑫最小值等。

61. 安全监控系统分站至主干网传输采用工业以太网，也可采用（　　）。

A. RS485　　B. CAN　　C. LonWorks　　D. PROFIBUS

答案：ABCD

解析：《煤矿安全监控系统通用技术要求》（AQ 6201—2019）5.8　传输性能　系统的信息传输性能应符合 MT/T 899、MT/T 1116、MT/T 1130、MT/T 1131 等有关要求。系统主干网应采用工业以太网。分站至主干网之间宜采用工业以太网，也可采用 RS485、CAN、LonWorks、PROFIBUS。模拟量传感器至分站的有线传输宜采用工业以太网、RS485、CAN，无线传输宜采用 WaveMesh、ZigBee、Wi-Fi、RFID。

62. 安装断电控制系统时，必须根据断电范围提供断电条件，并接通（　　）。

A. 井下电源　　B. 分站　　C. 控制线　　D. 断电器

答案：AC

解析：《煤矿安全规程》第四百九十一条　安装断电控制系统时，必须根据断电范围提供断电条件，并接通井下电源及控制线。

63. 调校传感器需要准备：标准气样、（　　）、调校记录本、调校管理卡（标签）等。

A. 减压阀　　B. 气体流量计

C. 橡胶软管　　D. 空气样

答案：ABCD

解析：调校传感器需要准备：标准气样、减压阀、气体流量计、橡胶软管、空气样、调校记录本、调校管理卡（标签）等。

64. 主要通风机停止运转时，受停风影响的地点，必须立即（　　）。

A. 停止工作

B. 切断电源

C. 工作人员先撤到进风巷道中

D. 由值班矿长迅速决定全矿井是否停止生产、工作人员是否全部撤出

答案：ABCD

解析：主要通风机停止运转时，受停风影响的地点，必须立即停止工作、切断电源，工作人员先撤到进风巷道中，由值班矿长迅速决定全矿井是否停止生产、工作人员是否全部撤出。

65. 造成局部通风机循环风的原因可能是（　　）。

A. 风筒破损严重，漏风量过大

B. 局部通风机安设的位置距离掘进巷道口太近

C. 全风压的供风量大于局部通风机的吸风量

D. 全风压的供风量小于局部通风机的吸风量

答案：BD

解析：造成局部通风机循环风的原因可能是局部通风机安设的位置距离掘进巷道口太近、全风压的供风量小于局部通风机的吸风量。

66. 在煤矿井下，瓦斯容易局部积聚的地方有（　　）。

A. 掘进下山迎头　　B. 掘进上山迎头

C. 回风大巷　　D. 工作面上隅角

答案：BD

解析：在煤矿井下，瓦斯容易局部积聚的地方有掘进上山迎头、工作面上隅角。

67. 在煤矿井下，硫化氢气体危害的主要表现为（　　）。

A. 刺激性、有毒性　　B. 可燃性

C. 致使瓦斯传感器催化剂“中毒”　　D. 爆炸性

答案：ABCD

解析：在煤矿井下，硫化氢气体危害的主要表现为刺激性、有毒性、可燃性、致使瓦斯传感器催化剂“中毒”、爆炸性。

68. 在保证稀释后风流中的瓦斯浓度不超限的前提下，抽出的瓦斯可排到（　　）。

A. 地面　　B. 总回风巷　　C. 一翼回风巷　　D. 分区回风巷

答案：ABCD

解析：在保证稀释后风流中的瓦斯浓度不超限的前提下，抽出的瓦斯可排到地面、总回风巷、一翼回风巷、分区回风巷。

69. 以下关于风速的规定哪些是正确的（　　）。

A. 回采工作面的最高风速为 6 m/s　　B. 掘进中的岩巷最高风速为 4 m/s

C. 采煤工作面的最低风速为 0.25 m/s　　D. 主要进、回风巷中的最高风速为 8 m/s

答案：BCD

解析：掘进中的岩巷最高风速为 4 m/s，采煤工作面的最低风速为 0.25 m/s，主要进、回风巷中的最高风速为 8 m/s。

70. 《煤矿安全监控系统通用技术要求》(AQ 6201—2019)，煤矿安全监控系统按照工作方式分类，有哪些类型（　　）。

A. 主从　　B. 多主　　C. 多从　　D. 无主

答案：ABD

解析：《煤矿安全监控系统通用技术要求》(AQ 6201—2019）规定，煤矿安全监控系统按照工作方式分类，有主从、多主、无主类型。

71. 安全监控系统按网络结构分（　　）等。

A. 树形　　B. 环形　　C. 星形　　D. 总线形

E. 角形

答案：ABCD

解析：《煤矿安全监控系统通用技术要求》(AQ 6201—2019）规定，按网络结构分类：树形、环形、星形、总线形、复合形（同时采用星形、环形、树形、总线形中二种或两种以上）。

72. 井下机电设备硐室必须设在进风风流中；采用扩散通风的硐室，其深度不得超过（　　）、入口宽度不得小于（　　），并且无瓦斯涌出。

A. 5 m　　B. 6 m　　C. 1.5 m　　D. 1.7 m

答案：BC

解析：《煤矿安全规程》第一百六十八条　井下机电设备硐室必须设在进风风流中；采用扩散通风的硐室，其深度不得超过6 m、入口宽度不得小于1.5 m，并且无瓦斯涌出。

73. 所有矿井必须装备（　　）。

A. 安全监控系统　　B. 人员位置监测系统

C. 视频监控系统　　D. 有线调度通信系统

答案：ABD

解析：《煤矿安全规程》第四百八十七条　所有矿井必须装备安全监控系统、人员位置监测系统、有线调度通信系统。

74. 造成局部通风机循环风的原因可能是（　　）。

A. 风筒破损严重，漏风量过大

B. 局部通风机安设的位置距离掘进巷道口太近

C. 矿井总风压的供风量大于局部通风机的吸风量

D. 矿井总风压的供风量小于局部通风机的吸风量

答案：BD

解析：通风系统设计不合理或不符合实际使用需要，导致气流无法流通，形成死角，产生局部循环风。通风系统中的气流量过大或过小，没有考虑到风口的大小、位置、数量、角度等影响因素，导致空气不能均匀地分布等。

75. 下列瓦斯检测仪器仪表适用于检测高浓度瓦斯的有（　　）。

A. 热催化式甲烷检测报警仪　　B. 光学瓦斯检测仪

C. 热催化式甲烷传感器　　D. 光学瓦斯检测仪

答案：BD

解析：常见有光学瓦斯检测仪、光学瓦斯检测仪和激光甲烷检测仪。

76. 通常用来衡量仪表稳定性的指标可以称为（　　）。

A. 输出保持特性　　B. 基本误差限

C. 仪表精度等级　　D. 仪表零点漂移

答案：AD

解析：在保证可靠工作的前提下，有包括测量范围及量程、基本误差、精度等级、灵敏度、分辨率、迁移、可靠性以及抗干扰性能指标等一些衡量仪表性能优劣的基本指标。

77. 数字传输与模拟传输相比的特点（　　）。

A. 抗干扰能力强　　B. 传输频带窄

C. 可以传递各种信号　　D. 便于计算机管理

E. 传输中的差错可以控制

答案：ACDE

解析：模拟信号是指信息参数在给定范围内表现为连续的信号，数字信号指自变量是离散的、因变量也是离散的信号。模拟信号传输信息量大，速度较低，存在失真现象，但是可以进行视频，音频的近乎无损传输。数字信号传输的最大特点就是离散，也就是不连续，信号的幅度不连续，不同信号振幅差异较大，容易进行整形，适合于数字，数据等要求没有误差，而且信息量较小的信息传递。数字信号传送可以方便地加密解密，而且加密后信息很难直接破解。

78. 防爆电气设备按使用环境的不同分为（　　）类。

A. Ⅲ　　B. Ⅳ　　C. Ⅰ　　D. Ⅱ

答案：CD

解析：按其使用环境的不同，防爆电气设备分为两类、三级。

79. 随着煤矿高大采面的增多，传感器远距离带载需求凸显，影响传感器传输距离的因素有哪些（　　）。

A. 传感器功耗大小　　B. 传输线缆阻抗大小

C. 供电电源电压、电流大小　　D. 传感器信号制式

E. 供电电源功耗

答案：ABC

解析：传感器的远距离传输是个综合性的问题，影响传输距离的主要因素为：负载、电源、线路。负载的大小、负载端电压决定了整个回路的电流。在传输距离一定的情况下，增大电源输出电压，可增大负载端电压，进而减小回路电流；同时，线路阻抗越小，负载端电压越大。

80. 煤矿安全监控系统上位机软件功能及使用设计，必须遵守的标准有（　　）。

A.《煤矿安全监控系统通用技术要求》(AQ 6201—2019)

B.《煤矿安全监控系统及检测仪器使用管理规范》(AQ 1029—2019)

C.《防治煤与瓦斯突出细则》

D.《爆炸性环境　第1部分：设备　通用要求》(GB/T 3836.1)

E.《煤矿安全规程》

答案：ABE

解析：《煤矿安全规程》是从事煤矿相关工作的基本要求，必须遵守；《煤矿安全监控系统通用技术要求》(AQ 6201—2019) 是系统设计的基本技术规范，必须满足；《煤矿安全监控系统及检测仪器使用管理规范》(AQ 1029—2019) 是煤矿安全监控系统及检测仪器的使用规范，系统软件也应满足相关要求；防突细则是对煤与瓦斯突出防治的管理规定，GB/T 3836 是对系统设备的要求。

81. 下列关于安全监控系统说法正确的有（　　）。

A. 系统本地控制时间不大于2 s

B. 系统最大巡检周期不超过30 s

C. 系统主机故障切换到备机的时间不超过60 s

D. 系统具备多系统融合能力

E. 系统须具备瓦斯抽放累积量功能

答案：ACDE

解析：按照《煤矿安全监控系统通用技术要求》(AQ 6201—2019)，安全监控系统最大巡检周期不超过20 s，双击切换时间不大于60 s，本地控制时间不大于2 s，系统具备已

安全监控下为基础的多系统融合能力，具备瓦斯抽放累积量功能。

82. 关于工作面甲烷说法正确的有（　　）。

A. 工作面甲烷标识为 T_1

B. 采煤工作面甲烷标准报警值应设为 1.0%

C. 掘进工作面甲烷标准断电器应设为 1.0%

D. 低瓦斯矿井采煤工作面采用的载体催化式元件的低浓度甲烷传感器调校周期应不大于 15 天

E. 突出矿井采煤工作面甲烷可采用低浓度甲烷传感器

答案：ABD

解析：《煤矿安全监控系统及检测仪器使用管理规范》（AQ 1029—2019）规定，突出矿井在采煤工作面进、回风巷设置的甲烷传感器必须是全量程或者高低浓度甲烷传感器；工作面 T1 标准报警值 1.0%，断电值 1.5%，载体催化式甲烷传感器调校周期不大于 15 天。

83. 关于开采易自燃、自燃煤层，下列说法正确的是（　　）。

A. 采煤工作面至少应设置一个一氧化碳传感器

B. 采煤工作面应设置温度传感器

C. 设置的一氧化碳传感器可安装于进风巷

D. 设置的一氧化碳传感器报警值为 0.024%

E. 设置的一氧化碳传感器报警值为 0.0024%

答案：ABE

解析：《煤矿安全监控系统及检测仪器使用管理规范》（AQ 1029—2019）规定，开采易自燃、自燃煤层的采煤工作面应安装温度传感器，且至少应设置一个一氧化碳传感器，可设置在回风隅角、工作面或工作面回风巷，报警值为 0.0024%。

84. 国家矿山安全监察局关于印发《矿山安全标准工作管理办法》的通知要求，煤矿安全监控系统数据严禁作假、造假，严禁屏蔽数据，一下属于违规的操作是（　　）。

A. 应矿方要求上传软件增加筛选功能，将部分安全监控系统测点报警数据筛选不上传

B. 应矿方安全监控系统软件增加手动设置传感器标校功能，将即将超限的甲烷传感器设置为标校

C. 甲烷传感器增加异常数据处理，将错误数据过滤

D. 修改数据库，使得部分超限数据变为正常值并上传

E. 甲烷传感器即将超限，井下人员将传感器线缆拔掉，传感器断线，并上报检修

答案：ABDE

85. 安全监控系统必须具有（　　）功能。

A. 甲烷电闭锁　　B. 风电闭锁　　C. CO_2 电闭锁　　D. 热电闭锁

答案：AB

解析：《煤矿安全规程》第四百九十条　安全监控系统必须具备甲烷电闭锁和风电闭锁功能。

86. 分站用途主要有（　　）。

A. 对异常状况执行断电检测和控制

B. 为其挂接的各种传感器和断电器提供本安工作电源

C. 采集各传感器的实时参数、开关量状态并向地面中心站传送数据

D. 执行地面中心站的各种控制命令

答案：ABCD

解析：《煤矿安全监控系统及检测仪器使用管理规范》3.16　煤矿安全监控系统中用于接收来自传感器的信号，并按预先约定的复用方式远距离传送给传输接口，同时，接收来自传输接口多路复用信号的装置。分站还具有线性校正、超限判别、逻辑运算等简单的数据处理、对传感器输入的信号和传输接口传输来的信号进行处理的能力，控制执行器工作。

87. 掘进工作的机械设备中应设置机载式甲烷断电仪或便携式甲烷检测报警仪的是（　　）。

A. 掘进机　　B. 掘锚一体机

C. 连续采煤机　　D. 钻机

答案：ABCD

解析：《煤矿安全监控系统通用技术要求》5.3.2　掘进机、掘锚一体机、连续采煤机、梭车、锚杆钻车、钻机应设置机载式甲烷断电仪或便携式甲烷检测报警仪。

88. 下一关于新甲烷传感器在使用前调试程序正确的是（　　）。

A. 甲烷传感器与分站连接，通电预热 5 min

B. 在新鲜空气中调仪器零点，零值范围控制在 0 ~ 0.3% CH_4 之内

C. 按校准时的流量依次向气室通入 0.5%、1.5%、3.5% CH_4 校准气，持续时间 90 s

D. 测试过程中记录分站的传输数据，误差值不大于 0.01% CH_4

答案：CD

解析：《煤矿安全监控系统及检测仪器使用管理规范》A2.3　甲烷传感器与分站连接，通电预热 10 min；在新鲜空气中调仪器零点，零值范围控制在 0 ~ 0.03% CH_4 之内。

89. 甲烷超限断电闭锁和甲烷风电闭锁功能测试记录应包含下列哪些内容（　　）。

A. 传感器设置地点及编号　　B. 断电测试起止时间

C. 校准气体浓度　　D. 断电测试结果

答案：ABCD

解析：《煤矿安全监控系统及检测仪器使用管理规范》10.2.4　甲烷超限断电闭锁和甲烷风电闭锁功能测试记录应包括报表、打印日期和时间、传感器设置地点及编号、断电测试起止时间、断电测试相关设备名称及编号、校准气体浓度、断电测试结果。

90. 下列关于传感器及断电仪维护工作叙述正确的是（　　）。

A. 下井管理人员发现便携式甲烷检测报警仪或便携式光学甲烷检测仪与甲烷传感器读数误差大于允许误差时，应立即现场进行处理

B. 采用载体催化原理的低浓度甲烷传感器经过 4% CH_4 的甲烷冲击后，应及时进行调校或更换

C. 炮掘工作面和炮采工作面设置的甲烷传感器在爆破前应移动到安全位置，爆破后应及时恢复设置到正确位置

D. 井下使用的分站、传感器、声光报警器、断电控制器及线缆等由所在区域的区队长、班组长负责使用和管理

答案：BCD

解析：《煤矿安全监控系统及检测仪器使用管理规范》8.4.2　下井管理人员发现便携式甲烷检测报警仪或便携式光学甲烷检测仪与甲烷传感器读数误差大于允许误差时，应立即通知安全监控部门进行处理。

91. 瓦斯抽放泵站的抽放泵输入管路中宜设置（　　）。

A. 流量传感器　　B. 温度传感器

C. 压力传感器　　D. 压差传感器

答案：ABC

解析：《煤矿安全监控系统及检测仪器使用管理规范》规定，瓦斯抽放泵站的抽放泵输入管路中宜设置流量传感器、温度传感器和压力传感器。

92. 井下下列哪些地点必须设置甲烷传感器（　　）。

A. 采煤工作面及其回风巷和回风隅角

B. 高瓦斯矿井采煤工作面回风巷长度大于 1000 m 时回风巷中部

C. 突出矿井采煤工作面回风巷长度大于 1000 m 时回风巷中部

D. 采区回风巷、一翼回风巷、总回风巷

答案：ABCD

解析：《煤矿安全规程》第四百九十九条相关规定。

93. 在煤矿井下，瓦斯的危害主要表现为（　　）。

A. 有毒性　　B. 窒息性

C. 爆炸性　　D. 导致煤炭自然发火

E. 煤与瓦斯突出

答案：BCE

解析：矿井瓦斯是指井下以甲烷为主的有毒、有害气体的总称，有时单独指甲烷。瓦斯比空气轻，易扩散、渗透性强，容易从邻近层穿过岩层由采空区放出。瓦斯本身无毒性，但不能供人呼吸，当矿内空气中瓦斯浓度超过 50% 时，能使人因缺氧而窒息死亡。

94. 煤矿进行采矿作业，不得采用可能危及相邻煤矿生产安全的（　　）等危险方法。

A. 决水　　B. 高落式采煤

C. 爆破　　D. 巷道掘进

E. 贯通巷道

答案：

解析：煤矿进行采矿作业不得采用可能危及相邻煤矿生产安全的决水、爆破、贯通巷道等危险方法。

95. 由传感元件检测和输出的矿井环境参量，大部分为（　　）三种形式的电信号。

A. 电压　　B. 电流　　C. 电容　　D. 电阻

答案：ABD

解析：由传感元件检测和输出的矿井环境参量，大部分为电压、电流、电阻三种形式的电信号。

96. 安全监控系统软件必须具有下列哪些报警提示方式（　　）。

A. 语音报警　　B. 图文弹窗　　C. 声光报警　　D. 人工智能报警

E. 振动提示

答案：ABC

解析：《煤矿安全监控系统通用技术要求》(AQ 6201—2019)，安全监控系统软件设计必须具备语音报警、图文报警、声光报警功能。

97. 甲烷传感器的检测方式主要有（　　）。

A. 催化原理　　B. 热导原理　　C. 激光原理　　D. 红外原理

E. 超声波原理

答案：ABCD

解析：甲烷传感器按量程可分为低浓度甲烷传感器，高浓度甲烷传感器，全量程甲烷传感器。低浓度传感器通常采用载体催化式敏感元器件，高浓度甲烷传感器通常采用热导元件，全量程甲烷传感器主要采用红外和激光方式。

98. 常用本安电源安全栅主要有哪几类（　　）。

A. 限流型　　B. 截流型　　C. 恒流型　　D. 限压型

E. 恒压型

答案：ABC

解析：《爆炸性环境　第 4 部分　由本质安全型“i”保护的设备》(GB/T 3836. 4—2021）要求，本安电源输出本质上是限制能量。在 ia 电源上只允许限流型，ib 电源可采用截流型和恒流型。

99. RS485 总线通信的特点有（　　）。

A. 主从式　　B. 半双工　　C. 多主模式　　D. 全双工

E. 多从站

答案：ABD

解析：RS485 总线通信网络，是一主多从模式，允许同时出现多台从机，且多个从机地址号必须唯一。RS485 总线采用两线制差分方式传输信息，收发均采用同一通道，故采用半双工方式通信。

100. 本安设备的本安参数是十分重要的指标，关系到本安设备的存储能量是否满足不引燃瓦斯空气混合物要求，那么本安参数包括（　　）。

A. 电压　　B. 电流　　C. 电容　　D. 电感

E. 结构尺寸

答案：ABCD

解析：《爆炸性环境　第 4 部分　由本质安全型“i”保护的设备》(GB/T 3836. 4—2021）要求，本安参数主要是关系到设备存储能量的主要参数，包括：电压、电流、电容、电感，其中电容、电感是储能器件，而电压、电流是影响储能器件存储能量大小的关键因素。

三、判断题

1. 矿井安全监控系统软件馈电异常显示，是指当断电命令与馈电状态不一致时，自动显示地点、名称、断电或复电时刻、断电区域、馈电异常时刻等。(　　)

答案：正确

2. 矿用本质安全输出直流电源应具有的主要功能包括：输入、输出电源指示功能；限流、限压和短路保护功能。(　　)

答案：正确

3. 国有重点煤矿的矿井安全监控系统，应上联至集团公司（矿务局）；国有地方煤矿和乡镇煤矿的矿井安全监控系统，应上联至县（市、区）煤炭主管部门。(　　)

答案：正确

4. 采用可充电电池的识别卡，每次充电应能保证识别卡连续工作时间不小于 7 d，其寿命应不小于 3 个月。(　　)

答案：错误

解析：采用可充电电池的识别卡，每次充电应能保证识别卡连续工作时间不小于 7 d，其寿命应不小于 6 个月。

5. 井下作业人员管理系统性能完好的识别卡总数，至少比经常下井人员的总数多 5% 。(　　)

答案：错误

解析：井下作业人员管理系统性能完好的识别卡总数，至少比经常下井人员的总数多 10% 。

6. 根据网络覆盖的范围大小不同，计算机网络可分为局域网和广域网。(　　)

答案：错误

解析：根据网络覆盖的范围大小不同，计算机网络可分为局域网、城域网、广域网。

7. 矿井瓦斯涌出量与工作面回采速度成反比。(　　)

答案：错误

解析：矿井瓦斯涌出量与工作面回采速度成正比。

8. 煤矿安全监控系统不需要支持多网、多系统融合。(　　)

答案：错误

解析：煤矿安全监控系统需要支持多网、多系统融合。

9. 检修与安全监控设备关联的电气设备，需要监控设备停止运行时，应经矿主要负责人或主要技术负责人同意后方可进行。(　　)

答案：错误

解析：检修与安全监控设备关联的电气设备，需要监控设备停止运行时，应经矿主要负责人或主要技术负责人同意，制定安全技术措施后方可进行。

10. 矿调度室应设置显示设备，显示井下人员部门信息。(　　)

答案：错误

解析：矿调度室应设置显示设备，显示井下人员位置。

11. 将模拟量监测值和统计值随时间变化的状况用带坐标和门限值的曲线等显示出

来。(　　)

答案：错误

解析：《煤矿安全监控系统通用技术要求》(AQ 6201—2019) 3.41　曲线显示　将模拟量监测值和统计值随时间变化的状况用带坐标和门限值的曲线等直观地显示出来。

12. 网络中心每月应对甲烷超限情况进行汇总分析。(　　)

答案：正确

13. 煤矿应绘制煤矿安全监控布置图和断电控制图，并根据采掘工作的变化情况及时修改。(　　)

答案：正确

14. 调试时甲烷传感器与分站连接，通电预热 5 min。(　　)

答案：错误

解析：《煤矿安全监控系统及检测仪器使用管理规范》(AQ 1029—2019) A.2.3　调试程序如下：b) 甲烷传感器与分站连接，通电预热 10 min。

15. 系统最大巡检周期应不大于 20 s，并应满足监控要求。(　　)

答案：正确

16. 系统应进行工作稳定性试验，通电试验时间不小于 5 d，其性能应符合各自企业产品标准的规定。(　　)

答案：错误

解析：《煤矿安全监控系统通用技术要求》(AQ 6201—2019) 5.10　工作稳定性　系统应进行工作稳定性试验，通电试验时间不小于 7 d，其性能应符合各自企业产品标准的规定。

17. 超层越界开采重大事故隐患，是指有超出采矿许可证载明的坐标控制范围进行开采的。(　　)

答案：正确

解析：《煤矿重大事故隐患判定标准》(应急管理部令　第 4 号) 第十条 (二) 超出采矿许可证载明的坐标控制范围进行开采的。

18. 地面中心站的联网主机应装备网络安全设备。(　　)

答案：正确

解析：《煤矿安全监控系统及检测仪器使用管理规范》(AQ 1029—2019) 9.1.4　联网主机应装备网络安全设备。

19. 煤矿安全监控系统联网实行分级管理。(　　)

答案：正确

解析：《煤矿安全监控系统及检测仪器使用管理规范》(AQ 1029—2019) 9.3.1　煤矿安全监控系统联网实行分级管理。煤矿应向上一级安全监控网络中心上传实时监控数据。网络中心对煤矿安全监控系统的运行进行监督和指导。

20. 煤矿用有线调度通信电缆必须专用，严禁安全监控系统与图像监视系统共用同一芯光纤。(　　)

答案：正确

解析：《煤矿安全规程》第四百八十九条　矿用有线调度通信电缆必须专用。严禁安全监控系统与图像监视系统共用同一芯光纤。矿井安全监控系统主干线缆应当分设两条，从不同的井筒或者一个井筒保持一定间距的不同位置进入井下。

21. 安全监控设备电源应设置在采区变电所，不得接在被控开关的负荷侧。(　　)

答案：错误

解析：安全监控设备电源易设置在采区变电所，不得接在被控开关的负荷侧。

22. 采掘工作面使用的传感器其防护等级应不低于 IP65。(　　)

答案：正确

23. 高瓦斯矿井采煤工作面长度大于 1 km 的，回风巷中部需加装甲烷传感器。

答案：正确 (　　)

解析：《煤矿安全监控系统及检测仪器使用管理规范》(AQ 1029—2019) 要求，高瓦斯和煤与瓦斯突出矿井采煤工作面的回风巷长度大于 1000 m 时，应在回风巷中部增设甲烷传感器。

24. 将一氧化碳传感器安装在距离顶板 350 mm，距离巷壁 300 mm 的位置。(　　)

答案：错误

解析：《煤矿安全监控系统及检测仪器使用管理规范》(AQ 1029—2019) 要求，一氧化碳传感器应垂直悬挂，距离顶板不得大于 300 mm，距离巷壁不得小于 200 mm，并应安装维护方便，不影响行人和行车。

25. 紧急避险设施生存室内应设置温度传感器，报警值为≥34 ℃。(　　)

答案：错误

解析：紧急避险设施生存室内应设置温度传感器，报警值为≥35 ℃。

26. 掘进机必须设置机载式甲烷断电仪或便携式甲烷检测报警仪。(　　)

答案：正确

27. 矿井安全监控设备必须具有故障闭锁功能。当与闭锁控制有关的设备未投入正常运行或故障时，必须切断该监控设备所监控区域的全部非本质安全型电气设备的电源并闭锁。(　　)

答案：正确

28. 传感器分为模拟量传感器和开关量传感器两种。(　　)

答案：正确

29. 井下安全监测员必须执行 24 h 值班制度。(　　)

答案：正确

30. 当电网停电后，安全监控系统必须保证正常工作时间不大于 2 h。(　　)

答案：错误

解析：当电网停电后，安全监控系统必须保证正常工作时间不小于 2 h。

31. 拆除或改变与矿井安全监控设备关联的电气设备的电源线及控制线、检修与矿井安全监控设备关联的电气设备、需要矿井安全监控设备停止运行时，须报告矿调度室，并制定安全措施后方可进行。(　　)

答案：正确

32. 矿井安全监控系统应每 1 年进行 1 次性能测定。(　　)

答案：错误

解析：矿井安全监控系统应每 2 年进行 1 次性能测定。

33. 推广分级报警的目的是加强矿井气体灾害监测预警，做到分级预警、分级管理。(　　)

答案：正确

解析：按照《安全监控系统升级改造技术方案》要求，推广分级报警，其目的是加强监测预警，提前预警，根据不同的气体浓度、持续时间等，实现超前预警，分级管理。

34. 通信光缆敷设时应留有余量，每千米预留长度不少于 20 ~ 30 m，网络交换机端预留长度不少于 5 ~ 10 m。(　　)

答案：错误

解析：通信光缆敷设时应留有余量，每千米预留长度不少于 10 ~ 20 m。

35. 开采容易自燃、自燃煤层的采煤工作面应设置一氧化碳传感器，地点可设置在回风隅角（距切顶线 1 ~ 2 m）、工作面或者工作面回风巷。(　　)

答案：错误

解析：开采容易自燃、自燃煤层的采煤工作面应设置一氧化碳传感器，地点可设置在回风隅角（距切顶线 0 ~ 1 m）。

36. 为保证掘进工作面的安全，必须装备“风电闭锁”“风电闭锁”装置是指停止送风后立即切断被控设备电的电源，送风后才能给其复电。(　　)

答案：正确

37. 掘进工作面采用串联通风时，必须在被串掘进工作面的局部通风机前设甲烷传感器。(　　)

答案：正确

38. 采煤工作面上隅角甲烷超限断电范围是：工作面内全部非本质安全型电气设备。(　　)

答案：错误

解析：断电范围是：工作面及其回风巷内全部非本质安全型电气设备。

39. 通信线路必须在入井处装设熔断器或防雷电装置。(　　)

答案：错误

解析：通信线路必须在入井处装设熔断器和防雷电装置。

40. 矿井安全监控设备之间必须使用专用阻燃电缆或光缆连接，严禁与调度电话电缆或动力电缆等共用。(　　)

答案：正确

41. 煤与瓦斯突出矿井采煤工作面甲烷超限断电范围是：工作面及其回风巷内全部非本质安全型电气设备。(　　)

答案：错误

解析：断电范围是：工作面及其进、回风巷内全部非本质安全型电气设备。

42. 载体催化式传感器调校时的稳定时间不小于 60 s。(　　)

答案：错误

解析：《煤矿安全监控系统及检测仪器使用管理规范》(AQ 1029—2019）要求，载体催化式传感器调校稳定时间不小于 90 s。

43. 远程组合负载带载原则：即满足负载设备各输入本安参数之和与本安电源的输出本安参数满足要求，输入电流之和不大于输出电流、输入电压不小于输出电压。(　　)

答案：正确

解析：根据防爆标准要求，本安电源输出电压 U0 和输出电流 I0 一经防爆检验认证后均不得改变，负载电流不能超过 I0、负载最大允许本安参数电压不能小于 U0，否则会导致能量超过设备本身允许的储能限值，进而导致引燃风险。

44. 高瓦斯矿井双巷掘进工作面混合回风流处，甲烷超限断电范围是：包括局部通风机在内的双巷掘进巷道内全部非本质安全电源。(　　)

答案：正确

45. 有专用排瓦斯巷的采煤工作面混合回风流处，甲烷传感器报警浓度、断电浓度、复电浓度分别是：≥1.0%、≥1.0%、<1.0%。(　　)

答案：正确

46. 使用除尘风机的掘进工作面应保证局部通风机的出风口与除尘风机的出风口之间的距离≤50 m，此段巷道内风速达不到要求的，须加装甲烷传感器，报警、断电值均设为≥0.5%，断电范围为工作面及回风巷内全部非本质安全型电气设备。(　　)

答案：错误

解析：使用除尘风机的掘进工作面应保证局部通风机的出风口与除尘风机的出风口之间的距离≤30 m。

47. 我们在井下实际使用过程中，当发现一路本安电源长距离带载出现带不动的情况，我们可以将两路本安电源并联后使用，从而增长带载距离。(　　)

答案：错误

解析：根据防爆标准要求，严禁本安电源并联使用，并联使用本安电源会造成任一地回路理论回地电流大大超过单路本安电源能量限制电流，使得本安电源变得不再安全，若是外部产生火花，此火花能量将超过引燃瓦斯空气混合物限制能量。

48. 正常进行作业活动的生产区域封闭墙内甲烷浓度>3%的，应在墙外设置甲烷传感器，报警浓度设置为≥1.0%。(　　)

答案：错误

解析：正常进行作业活动的生产区域封闭墙内甲烷浓度>3%的，应在墙外设置甲烷传感器，报警浓度设置为≥0.8%。

49. 施工防突钻孔时，须在钻机下风侧 5～10 m 处安设甲烷传感器，其报警点浓度设置≥1.0%、断电点浓度设置≥1.0%，断电范围为打钻地点 20 m 范围及其下风侧的全部非本质安全型电气设备的电源。(　　)

答案：正确

50. 使用局部通风机供风的地点必须实行风电闭锁，保证正常工作的局部通风机停止运转或停风后能切断停风区内全部非本质安全型电气设备。(　　)

答案：正确

51. 单向传输是指消息只能单方向进行传输的工作方式。(　　)

答案：正确

52. 半双工传输是指通信双方可同时进行双向传输消息的工作方式。(　　)

答案：错误

解析：半双工（单工）传输方式是指通信双方都能收发消息，但不能同时进行收和发的工作方式。

53. 串行传输是代表消息的数字信号序列按时间顺序一个接一个地在信道中传输的方式。(　　)

答案：正确

54. 异步通信的传输速率一般较低，因此异步通信常用于传递信息少、速率低的场合。(　　)

答案：正确

55. 煤矿井下的强电磁干扰给消息的可靠传输带来了很大的困难，为了保证消息的可靠传输，矿井信息传输系统中都采用了检错或纠错技术。(　　)

答案：正确

56. 传感器采用 RS485 方式通信的，其本身在总线网络中是作为一个从机运行工作的。(　　)

答案：正确

解析：RS485 总线是主从式、半双工总线。其特征是一主多从，总线在工作时只存在一个主机。在煤矿安全监控系统中，传感器与分站通信，分站是作为主机工作，传感器作为从机工作。

57. 传感器采用 RS485 方式通信的，其本身在接入总线时需要一个唯一的地址编号。(　　)

答案：正确

解析：RS485 总线是主从式、半双工总线。所有总线从机设备在接入总线时均需要一个唯一的地址编号。

58. 传感器的布设必须按照《煤矿安全规程》和《煤矿安全监控系统及检测仪器使用管理规范》设置。(　　)

答案：正确

解析：煤矿井下作业必须按《煤矿安全规程》执行，涉及煤矿安全监控系统及系统传感器的还需要参照《煤矿安全监控系统及检测仪器使用管理规范》。

59. 为了实现远程带载，在使用过程中，要注意组合负载的搭配使用：当两台以上的传感器接到同一路电源时，尽量做好搭配，将传感器工作电流大的与工作电流小的配合使用；尽量避免将多个工作电流大的传感器并接在同一路电源上。(　　)

答案：正确

解析：单路本安电源输出能力有限，多个工作电流大的传感器远距离带载极易使工作电流超过本安电源输出限制，造成电源输出保护。

60. 奇偶校验是一种最简单的检错方法。奇（偶）校验就是在每一串所发送的载有信息的码字之后加一位奇（偶）检验位。(　　)

答案：正确

61. 循环冗余校验方式（CRC），就是利用一组被称为常数的二进制码去除一组载有信息的二进制序列，然后将余数跟随在这组载有信息的二进制序列发送。(　　)

答案：正确

62. 数字基带传输是一种用基带数字信号传输信息的传输方式，适合于时分多路复用系统。(　　)

答案：正确

63. 数字频带传输就是一种用数字调制信号（即用数字基带信号去调制载波后所形成的信号）。(　　)

答案：正确

64. 数字调幅就是利用载波幅度的离散变化来表示数字代码。(　　)

答案：正确

65. 数字调幅是三种数字调制方式中最简单的一种，调制和解调设备最简单。数字调幅信号的抗干扰能力也是三种数字调制信号中最差的一种，等同于基带信号。(　　)

答案：正确

66. 数字调频就是利用载波频率的离散变化来表示数字代码。(　　)

答案：正确

67. 数字调相就是利用载波相位的离散变化来表示数字代码。(　　)

答案：正确

68. 传输线是矿井监控系统重要的组成部分之一，传输线的电气性能直接影响着信号的传输质量，并且传输线的费用投资在整个系统的设备费用中占有较大的比重。(　　)

答案：正确

69. 传输线则大不相同，在传输线的任意长度的任意一段上，都有电感、电容、电阻和绝缘电导存在。因此，传输线又称为分布参数网络。(　　)

答案：正确

70. 星形（又称放射状）网络结构具有发送和接收设备简单、传输阻抗易于匹配、各分站之间干扰小、抗故障能力强、可靠性高等优点。(　　)

答案：正确

71. 具有报警功能的传感器应能在（0～4)% CH_4 范围内任意设置报警点，报警显示值与设定值的差值应不超过正负 0.01% CH_4。(　　)

答案：错误

解析：《煤矿用高低浓度甲烷传感器》(AQ 6206—2006）规定，具有报警功能的传感器应能在（0～4)% CH_4 范围内任意设置报警点，报警显示值与设定值的差值应不超过正负 0.05% CH_4。

72. 树形（又称树状）网络结构，就是系统中每一分站（或传感器）使用一根传输电缆就近接到系统传输电缆上。(　　)

答案：正确

73. 树形网络结构的监控系统所使用的传输电缆最少。(　　)

答案：正确

74. 环形网络结构，网络中的设备通过光缆互联成闭合的环路，有的甚至不止一个闭合的环路，当网络上的任一节点故障，网络断开一处，联网的设备依然可以正常工作。(　　)

答案：正确

75. 多路复用是指：在一个公共的传输通道上，传送多路信源提供的信息，而又互不串扰。(　　)

答案：正确

76. 用于矿井监控系统的复用方式有频分制、时分制和码分制以及它们的复合方式。(　　)

答案：正确

77. 传感器的主要功能是将各种被测量物理量通过不同的传感元件变换成所需要的电信号并把它传送给传输系统。(　　)

答案：正确

78. 执行机构的作用是接受分站或中心站或传感器发布的命令，并通过相应的执行器来执行启、停、断电等指令，控制设备的动作，从而完成各种控制功能。(　　)

答案：正确

79. 煤矿安全监控系统工作在有瓦斯和煤尘爆炸性危险的环境中。因此，煤矿安全监控系统的设备必须是防爆型电气设备。(　　)

答案：正确

80. 煤矿安全监控系统的传输电缆必须沿巷道敷设，挂在巷道壁上。由于巷道为分支结构，并且分支长度可达数千米，为便于系统安装维护、节约传输电缆、降低系统成本宜采用星形结构。(　　)

答案：错误

解析：煤矿安全监控系统的传输电缆必须沿巷道敷设，挂在巷道壁上。由于巷道为分支结构，并且分支长度可达数千米，为便于系统安装维护、节约传输电缆、降低系统成本宜采用树形结构。

81. 煤矿井下工作环境恶劣，监控距离远，维护困难，不宜采用中继器延长系统传输距离。(　　)

答案：正确

82. 煤矿安全监控系统应具有甲烷浓度、风速、风压、一氧化碳浓度、温度、粉尘等模拟量采集、显示及报警功能。(　　)

答案：正确

83. 从工作主机故障到备用主机投入正常工作时间应不大于 30 s。(　　)

答案：错误

解析：从工作主机故障到备用主机投入正常工作时间应不大于 60 s。

84. 在电网停电后，备用电源应能保证系统连续监控时间不小于 4 h。(　　)

答案：正确

85. 模拟量统计值应是 10 min 的统计值。(　　)

答案：错误

解析：模拟量统计值应是 5 min 的统计值。

86. 供电电压在产品标准规定的允许电压波动范围内，系统的电气性能应符合各自企业产品标准的规定。(　　)

答案：正确

87. 地面中心站值班应设置在机房内，实行 24 h 值班制度。(　　)

答案：错误

解析：地面中心站值班应设置在矿调度室内，实行 24 h 值班制度。

88. 当与闭锁控制有关的设备未投入正常运行或故障时，应切断该分站所控制区域的全部非本质安全型电气设备的电源并闭锁。(　　)

答案：错误

89. 煤矿安全监控系统和网络中心应每 3 个月对数据进行备份，备份的数据介质保存时间应不少 2 年。(　　)

答案：正确

90. 装备矿井安全监控系统的矿井，主要通风机、局部通风机应设置设备开停传感器，主要风门应设置风门开关传感器，被控设备开关的负荷侧应设置馈电状态传感器。(　　)

答案：正确

91. 制定专项措施后，可在停风或瓦斯超限的区域作业。(　　)

答案：错误

解析：严禁在停风或瓦斯超限的区域作业。

92. 在开采突出煤层时，两采掘工作面之间可以串联通风。(　　)

答案：错误

解析：在开采突出煤层时，严禁串联通风。

93. 一台局部通风机可以向 2 个作业的掘进工作面供风。(　　)

答案：错误

解析：一台局部通风机不得向 2 个作业的掘进工作面供风。

94. 一个掘进工作面，使用 2 台局部通风机通风时，这 2 台局部通风机都必须同时实现风电闭锁。(　　)

答案：正确

95. 瓦斯空气混合气体中瓦斯浓度越高，爆炸威力越大。(　　)

答案：错误

解析：瓦斯空气混合气体中 9.5% 瓦斯浓度爆炸威力最大

96. 瓦斯检查人员发现瓦斯超限，有权立即停止工作，撤出人员，并向有关人员报告。(　　)

答案：正确

97. 瓦斯的存在将使煤尘空气混合气体的爆炸下限降低。(　　)

答案：正确

98. 地面瓦斯抽放泵站内必须设置甲烷传感器，抽放泵输入管路中必须设置甲烷传感器。利用瓦斯时，还应在输出管路中设置甲烷传感器。(　　)

答案：正确

99. 短路是指电流不流经负载，而是经过导线直接短接形成回路，这时流过电网的电流称为短路电流。(　　)

答案：正确

100. 用水灭火时，灭火人员一定要站在火源的下风侧工作，并保持正常通风，以使高温烟气和水蒸气直接进入回风流中，防止烟气和水蒸气返回伤人。(　　)

答案：错误

解析：用水灭火时，灭火人员一定要站在火源的上风侧工作，并保持正常通风，以使高温烟气和水蒸气直接进入回风流中，防止烟气和水蒸气返回伤人。

井下作业工（瓦斯检查工方向）

赛项专家组成员（按姓氏笔画排序）

王　震　王庆龙　白　哲　孙永亮　李　明
李　强　杨冬冬　张立波　姚文龙　裴春梅
缪亚洲

赛　项　规　程

一、赛项名称

井下作业工（瓦斯检查方向）

二、竞赛目的

弘扬劳模精神、劳动精神、工匠精神，激励煤矿职工特别是青年一代煤矿职工走技能成才、技能报国之路，培养更多高技能人才和大国工匠，为助力煤炭工业高质量发展提供技能人才保障。

三、竞赛内容

竞赛时间为 95 min，理论知识考核时间 60 min，实操时间 35 min，具体见表 1。

表 1　竞赛内容、时间与权重表

序号	竞　赛　内　容	竞赛时间/min	所占权重/%
1	理论知识考核	60	20
2	光学瓦斯检定器的选定、故障判断	10	80
3	实测甲烷、二氧化碳、一氧化碳浓度及数据校正	7	
4	模拟矿井井下现场叙述演示	15	
5	应急处理现场叙述演示	3	

（一）理论知识考核内容

理论知识考试采用机考方式进行，试题类型分为单选题、多选题和判断题三类。试卷满分 100 分。

（二）模拟现场实际操作内容

1. 光学瓦斯检定器的选定、故障判断（完成时间 10 min，共 15 分）

为了保障竞赛的公平、公正，采用双随机抽取机制。根据参加竞赛的选手数量，由技术支持方提前设置好对应数量的仪器故障并封存。比赛时由参赛选手随机抽取（每组 5 台）光学瓦斯检定器的故障判断考题，工作人员根据抽取考题，将对应的仪器送至对应的竞赛赛位。选手将每组仪器进行检查、判断，从中选出 1 台完好仪器，查出并记录其余 4 台仪器存在的 10 个故障（4 台故障仪器中每台仪器有 1 ~ 3 个故障，故障不重复，单台仪器出现多判，该对应仪器不得分）。

2. 实测甲烷、二氧化碳、一氧化碳浓度及数据校正（完成时间 7 min，共 30 分）

通过参赛选手真实操作模拟光学瓦斯检定器及模拟气体采样器，观察显示器提供的相关参数。系统显示屏界面里虚拟呈现出标准气样（软件后台随机选出设定气样，包括甲烷浓度值、混合甲烷浓度值、空盒气压值、温度值、一氧化碳浓度值）、虚拟光学瓦斯检定器、虚拟空盒气压计（含修订值表）、虚拟温度计、虚拟一氧化碳检测管（三种型号）、虚拟采样器。

（1）操作模拟光学瓦斯检定器，测出给定虚拟混合气样中的甲烷及二氧化碳浓度，并记录。

（2）观测显示屏虚拟现场环境条件（提供空盒气压计、温度计），并记录。

（3）操作模拟光学瓦斯检定器测定的读数进行真实值校正计算（要有计算过程，保留两位小数），并填写检测报告表。

（4）根据给出的一氧化碳浓度值，选定对应型号的一氧化碳检测管，操作模拟气体采样器，测试一氧化碳浓度值，读数并填写检测报告表。

3. 模拟矿井井下现场叙述演示（完成时间 15 min，共 40 分）

（1）领取光学瓦斯检定器，手指口述下井测定瓦斯前的准备工作。

（2）模拟矿井井下应纳入瓦斯检查要求的测点，在 6 个测点中考 2 个固定测点（掘进工作面的瓦斯检查和密闭区气体检查），1 个随机测点（从局部通风机处的瓦斯检查、掘进巷道回风流的瓦斯检查、掘进巷道内机电设备处的瓦斯检查、掘进工作面局部测点的瓦斯检查中抽取任意 1 个测点）现场进行瓦斯检查操作演示。按照矿井井下瓦斯及二氧化碳检查相关要求，进行一边操作一边口述的方式检查井下现场中的瓦斯气体检测程序（各测点只进行一遍操作演示，并口述出该测点需测定三遍）。

4. 应急处理现场叙述演示（完成时间 2.5 min，共 5 分）

通过应急预案考试装置，系统随机出一个应急画面场景，参赛选手根据应急场景口述出如何应急处理。

5. 考核瓦斯检查工自救器盲戴技能（完成时间 30 s，共 10 分）

四、竞赛方式

本赛项为个人项目，竞赛内容由个人完成。

理论知识考核采取上机考试，通过计算机自动评分；模拟现场实际操作由裁判员现场评分。

五、竞赛赛卷

（一）理论知识考核内容

从竞赛题库中随机抽取 100 道赛题；试题类型分单选题、多选题、判断题；理论知识考核成绩占总成绩比重 20%。

（二）模拟现场实际操作项目

模拟现场考试成绩占总成绩比重 80%。

（1）光学瓦斯检定器的选定、故障判断。

（2）实测甲烷、二氧化碳、一氧化碳浓度及数据校正。

（3）模拟矿井井下现场叙述演示。

（4）应急处理现场叙述演示。

（三）竞赛具体内容

竞赛具体内容见评分标准。

六、竞赛规则

（一）报名资格及参赛选手要求

（1）选手需为按时报名参赛的煤炭企业生产一线的在岗职工，从事本职业（工种）8年以上时间，且年龄不超过45周岁。

（2）选手须取得行业统一组织的赛项集训班培训证书，并通过本单位组织的相应赛项选拔的前2名。且具备国家职业资格高级工及以上等级。

（3）获得“中华技能大奖”“全国技术能手”的人员，不得以选手身份参赛。

（二）熟悉场地

（1）组委会安排开赛式结束后各参赛选手统一有序地熟悉场地，熟悉场地时限定在观摩区域活动，不允许进入比赛区域。

（2）熟悉场地时不允许发表没有根据及有损大赛整体形象的言论。

（3）熟悉场地时要严格遵守大赛各种制度，严禁拥挤，喧哗，以免发生意外事故。

（三）参赛要求

（1）竞赛所需要平台、设备、仪器和工具按照大赛组委会的要求统一由协办单位提供。

（2）所有人员在赛场内不得有影响其他选手完成工作任务的行为，参赛选手不允许串岗串位，要使用文明用语，不得以言语及人身攻击裁判和赛场工作人员。

（3）参赛选手在比赛开始时间前15 min到达指定地点报到，接受工作人员对选手身份、资格和有关证件的核验，参赛号、赛位由抽签确定，不得擅自变更、调整。选手若休息、饮水或去洗手间，耗用的时间一律计算在竞赛时间内，计时工具以赛场配置的时钟为准。

（4）选手须在竞赛试题规定位置填写参赛号、赛位号。其他地方不得有任何暗示选手身份的记号或符号，选手不得将手机等通信工具带入赛场，选手之间不得以任何方式传递信息，如传递纸条，用手势表达信息等，否则取消成绩。

（5）选手须严格遵守安全操作规程，并接受裁判员的监督和警示，以确保参赛人身及设备安全。选手因个人误操作造成人身安全事故和设备故障时，裁判长有权终止比赛；如非选手个人因素出现设备故障而无法比赛，由裁判长视具体情况做出裁决（调换到备用赛位或调整至最后一场次参加比赛）；若裁判长确定设备故障可由技术支持人员排除故障后继续比赛，同时将给参赛选手补足所耽误的比赛时间。

（6）选手进入赛场后，不得擅自离开赛场，因病或其他原因离开赛场或终止比赛，应向裁判示意，须经赛场裁判长同意，并在赛场记录表上签字确认后，方可离开赛场并在赛场工作人员指引下到达指定地点。

（7）选手须按照程序提交比赛结果，并在比赛赛位的计算机规定文件夹内存储比赛文件，配合裁判做好赛场情况记录并确认，裁判提出确认要求时，不得无故拒绝。

（8）裁判长发布比赛结束指令后所有未完成任务参赛队立即停止操作，按要求清理赛位，不得以任何理由拖延竞赛时间。

（9）服从组委会和赛场工作人员的管理，遵守赛场纪律，尊重裁判和赛场工作人员，尊重其他代表队参赛选手。

（四）安全文明操作规程

（1）选手在比赛过程中不得违反《煤矿安全规程》规定要求。

（2）注意安全操作，防止出现意外伤害；完成工作任务时要防止工具伤人等事故。

（3）组委会要求选手统一着装，服装上不得有姓名、队名及其他任何识别标记。不穿组委会提供的服装，将被拒绝进入赛场。

（4）刀具、工具不能混放、堆放，废弃物按照环保要求处理，保持赛位清洁、整洁。

七、竞赛环境

（1）每个分项竞赛场地需相互独立分开，以免影响参赛选手现场发挥。

（2）除比赛用设备外，设有备用设备。

八、技术参考规范

（1）《煤矿安全规程》(2022 版)。

（2）《煤矿瓦斯检查工操作资格培训考核教材》。

（3）《矿井通风》。

九、技术平台

比赛设备采用徐州江煤科技有限公司生产的设备和模拟仿真技术平台。比赛使用设备清单见表2。

表2　比赛使用设备清单（1个考试工位配置）

项目	序号	名　　称	型　　号	数量	单位
竞赛用设备（1个考试工位配置）	1	光学瓦斯检定器	CJG10(B)	6	台
	2	光学瓦斯检定器	CJG100(B)	1	台
	3	泵吸式多参数检测报警仪	JD5B	2	台
	4	密闭墙装置	JMMB－A	1	套
	5	矿用隔爆兼本安型显示屏	PJ127	1	台
	6	模拟光学瓦斯检定器	CJG10(B)－II	2	台
	7	模拟气体采样器	CZY50－II	2	台
	8	便携式瓦斯报警仪	JCB4	1	台
	9	瓦斯工考试装置	JMWSK－B	1	套
	10	打印机	HP	1	台
	11	模拟巷道	JMHD－M	1	套
	12	矿用仪器无线智能发放管理系统	JMWX－B	1	套
	13	煤矿瓦检员智能管控系统	JXJ18	1	套
	14	煤矿瓦检员巡检管理装置用主机	ZXJ18－Z	1	台
	15	电子标签	JMWX－B专用	2	个
	16	矿用本安型巡检仪	YHX3.7	1	个

表2（续）

项目	序号	名　　称	型　　号	数量	单位
竞赛用设备（1个考试工位配置）	17	地址卡	YHX3.7专用	6	个
	18	人员卡	YHX3.7专用	1	个
	19	空盒气压计	DYM3型	1	台
	20	温度计	量程0~60℃	1	支
	21	矿用本安型计算器	KJD1.5	1	个
	22	秒表	卡西欧	3	个
	23	应急预案考试装置	JMYJ-II	1	套
	24	瓦斯检查记录牌板	磁吸	6	个
	25	白板笔		1	盒
	26	瓦斯检查工手册		1	本
	27	一氧化碳检测管	Ⅰ型	1	盒
	28	一氧化碳检测管	Ⅱ型	1	盒
	29	一氧化碳检测管	Ⅲ型	盒	1
	30	采样器	CZY50	1	个
	31	瓦斯检查杖	JDWH-20	1	个
	32	工具包		1	个
	33	隔绝式压缩氧气自救器	ZYX45(C)	2	台
竞赛公共设备及耗材	1	视频监控系统	海康威视	1	套
	2	矿灯	KL5LM(B)	1	台
	3	隔绝式压缩氧气自救器	ZYX45(E)	1	台
	4	硅胶	1斤	1	瓶
	5	钠石灰	1斤	1	瓶
	6	干电池	1号	12	节
	7	光瓦配件		1	套
	8	工作服、腰带、安全帽		1	套
	9	灯带		1	条
	10	矿靴		1	双
	11	电脑	联想启天M415	1	台
	12	笔	QB/T 2625	10	支
	13	草稿纸	A4	100	张
	14	考试评分系统	JMPF-II	1	套
	15	无线通信终端	JMPF-V	1	台
	16	考试评分终端	JMPF-F	1	台
	17	广播系统	KT183(C)	1	套
	18	矿用本安型音视频记录仪	YHJ3.7	1	台
	19	打印机	HP	1	台
	20	计时器	JMJS	1	台

十、成绩评定

（一）评分标准制订原则

评分本着“公平、公正、公开、科学、规范”的原则，注重考查选手的职业综合能力和技术应用能力。

（二）评分标准

煤矿瓦斯检查技能实操竞赛考核要点与评分细则：

1. 光学瓦斯检定器选定及故障判断

（1）每组有一台合格仪器，参赛选手应选出完好仪器。

（2）错判、漏判仪器故障点。查出并记录（表3）其余4台仪器存在的10个故障，4台故障仪器中每台仪器有1～3个故障，故障不重复。光学瓦斯检定器故障类别见表4。具体评分标准见表5。

表3　光学瓦斯检定器的选定、故障判断评分标准记录表

参赛场次：________　　工位编号：________　　选手编号：________

仪器编号	故障类型	扣分
1号 仪器		
2号 仪器		
3号 仪器		
4号 仪器		
5号 仪器		
仪器整理	未恢复____台	
用时：　　　　得分：		合计扣分：
裁判员（签字）：		

裁判长（签字）：

表4　光学瓦斯检定器故障类别

序号	故　障　名　称	备注	序号	故　障　名　称	备注
1	干涉条纹前视场不足		27	目镜组固定不牢，松动转圈	
2	干涉条纹后视场不足		28	钠石灰硅胶装反	
3	干涉条纹上视场不足		29	钠石灰装药不足	
4	干涉条纹下视场不足		30	钠石灰失效	
5	干涉条纹宽		31	硅胶装填不足	
6	干涉条纹窄		32	硅胶失效	
7	干涉条纹有气泡		33	吸气球漏气	
8	无干涉条纹		34	二氧化碳吸收管漏气	
9	缺目镜盖链条		35	水分吸收管漏气	
10	缺吸气球防护链条		36	药品连接管漏气	
11	缺主调螺旋盖链条		37	进气孔连接胶管漏气	
12	吸气球链条未连接		38	出气孔连接胶管漏气	
13	吸气球链条连接位置不正确		39	辅助长胶管漏气	
14	主调螺旋盖链条未连接		40	气球吸不进气	
15	目镜护盖链条未连接		41	水分吸收管堵塞	
16	缺主调螺旋盖		42	二氧化碳吸收管堵塞	
17	缺目镜护盖		43	钠石灰颗粒不均匀	
18	缺开关保护套		44	隔片位置不正确	
19	微调螺旋卡死		45	测微盘不定位	
20	微调螺旋失灵		46	仪器气室内堵塞	
21	微调不能归零		47	仪器内漏	
22	微读数位灯泡不亮		48	测微组无指标线	
23	目镜灯泡不亮		49	小数精度不正确	
24	缺目镜保护玻璃		50	气球压片不紧	
25	缺主调螺旋固定螺丝		51	辅助胶管短	
26	缺微读数观测保护玻璃				

表5　光学瓦斯检定器的选定、故障判断评分标准

项目	操作内容	操作标准	标准分/分	评分标准	扣分
光学瓦斯检定器选定及故障判断	故障判断	对抽取的一组（每组5台）光学瓦斯检定器进行检查、判断，查出并记录其中4台仪器存在的10个故障	10	错判、漏判仪器故障点，每处扣1分；单台仪器出现多判，该对应仪器不得分；书写答案要与给定的《光学瓦斯检定器故障类别》里的内容一致，否则该条故障不得分；扣完小项分为止	
	选出合格仪器	从中选出1台完好仪器，在对应仪器编号后填写完好	4	合格仪器选择错误，扣4分；严禁在《光学瓦斯检定器的选定、故障判断评分标准记录表》内填写两台以上完好仪器，如出现此类现象，该项目不得分	

表5（续）

项目	操作内容	操 作 标 准	标准分/分	评 分 标 准	扣分
光学瓦斯检定器选定及故障判断	恢复现场	完成操作后，应将现场仪器恢复原状，并整齐摆放	1	未恢复比赛现场，未整齐摆放仪器，每台扣0.2分；仪器未进行拆检、整理，该台仪器恢复项不得分（完好仪器除外）；扣完小项分为止	
合 计			15	合计扣分：	
用时：		得分：			
裁判员（签字）：					

裁判长（签字）：

2. 实测瓦斯浓度、二氧化碳、一氧化碳浓度及数据校正

（1）光学瓦斯检定器清洗气室并调零。

（2）系统随机抽出混合气体气样，读取测定的浓度值，并记录。

（3）读取空盒气压计和温度计的示值，并记录。

（4）根据测量的环境条件对光学瓦斯检定器测定的读数进行真实值校正计算（要有计算过程，保留两位小数），并填写检测报告表（表6）。

表6 甲烷、二氧化碳、一氧化碳浓度实测报告表

参赛场次：____________ 工位编号：____________

选手编号：____________

1. 测定 CH_4 浓度值（保留两位小数）： 测定的 CH_4 浓度 C_{CH_4} = ________ 2. 环境测定，求 K 值（保留两位小数）：   3. 求出真实瓦斯浓度值（保留两位小数）：   4. 测出混合气体浓度值（保留两位小数）： 测出的混合气体浓度 $C_{混}$ = ________ 5. 求出真实二氧化碳浓度值（保留两位小数）：   6. 本次测试一氧化碳浓度，检测管选定为____型；测试浓度为：____
操作时间：________ 得分：________
裁判员（签字）：

裁判长（签字）：

（5）根据系统随机给出的一氧化碳浓度值，选定对应型号的一氧化碳检测管，操作模拟气体采样器，测试一氧化碳浓度值，读数并填写检测报告表（表6）。具体评分标准见表7。

表7　甲烷、二氧化碳、一氧化碳浓度测定评分标准

项目	操作内容	操作标准	标准分/分	评分标准	扣分
甲烷浓度测定	测定甲烷及准备工作	1. 光学瓦斯检定器清洗气室并调零 2. 盖好主调螺旋盖及目镜护盖 3. 抽取气样 4. 读取整数 5. 读取小数	6	1. 未进行清洗气室并调零扣2分 2. 换气调零完毕，未盖好主调螺旋盖及目镜护盖扣1分 3. 抽取气样时换气次数少于5次扣1分 4. 不进行整数读取扣1分 5. 不进行小数读取扣1分	
	环境测定	1. 读取空盒气压计气压值，读取温度计温度值 2. 对气压读数进行刻度、温度和补充修正，修正后的示值填写到现场报告表上 3. 根据虚拟环境测定数据，列出校正系数公式： $[K=345.8(273+t)/p]$	10	1. 不读取气压值或读错，扣0.5分 2. 不读取温度值或读错，扣0.5分 3. 气压读数修正：无计算公式，扣1分 4. 气压读数修正：无计算过程或计算过程错误，扣1分 5. 气压读数修正：计算结果错误，扣2分 6. 未列出 K 值计算公式或计算公式错误，扣1分 7. K 值计算过程错误，扣1分 8. K 值计算结果错误，扣3分	
	光学瓦斯检定器读数校正，将真实值填写报告表	1. 计算瓦斯真实值：瓦斯测值乘以校正系数 K 得出瓦斯真实测值，要有计算公式和计算过程 2. 将瓦斯真实值填入报告表	3	1. 未列出计算公式扣0.5分 2. 无计算过程或计算过程错误扣0.5分 3. 计算结果错误，扣2分	
	混合气体测定	1. 抽取气样 2. 读取整数 3. 读取小数	3	1. 抽取气样时换气次数少于5次扣1分 2. 不进行整数读取扣1分 3. 不进行小数读取扣1分 4. 导管操作不正确本项不得分	
	二氧化碳浓度计算，将计算真实值写在报告表	1. 二氧化碳浓度的计算 2. 计算二氧化碳的真实值（要有计算过程） 3. 将真实值填入报告表	5	1. 无计算公式扣1分 2. 无计算过程或计算过程错误扣1分 3. 计算结果错误扣3分	
一氧化碳浓度测定	一氧化碳浓度计算，将测试的浓度值填入报告表	1. 一氧化碳检测管选定 2. 抽取气样 3. 读取一氧化碳浓度值	3	1. 选错一氧化碳检测管，扣1分 2. 一氧化碳浓度值读取错误，扣2分	
合　计			30	合计扣分：	
操作时间：________				得分：________	
裁判员（签字）：					

裁判长（签字）：

3. 模拟矿井井下掘进巷道及密闭区瓦斯检查操作演示

参赛选手进入模拟矿井井下掘进巷道及密闭区瓦斯检查操作演示项目待考区，由裁判员叫到参赛选手，参赛选手到矿用仪器无线智能发放管理操作台前扫描人员卡，领取便携仪，然后进入模拟巷道进行考试。

1）测定瓦斯前的准备工作

（1）仪器外观检查。

① 目镜组件：护盖、链条完好，两固定点牢固，固定螺丝齐全；提、按、旋转过程中，平稳、灵活可靠，无松动、无卡滞现象。

② 开关：护套贴紧开关，松紧适度、无缺损；两光源开关按时有弹性、完好。

③ 主调螺旋：护盖、链条完好，两固定点牢固；旋钮完好，旋时灵活可靠，无杂音、无松动、无卡滞现象。

④ 皮套、背带：皮套完整、无缺损、纽扣能扣上；背带完好、长度适宜。

⑤ 微调螺旋：旋钮完好，旋时灵活可靠，无杂音、无松动、无卡滞现象。

（2）药品检查。

① 水分吸收管检查：硅胶光滑呈深蓝色颗粒状，变粉红色为失效；吸收管内装的隔圈相隔要均匀、平整，两端要垫匀脱脂棉，内装的药量要适当。

② 二氧化碳吸收管检查：药品（钠石灰）呈鲜艳粉红色，药量适当、颗粒粒度均匀（一般约2 ~5 mm）。变浅、变粉白色为失效，呈粉末状为不合格，必更换，更换后需做简单的气密性和畅通性试验。

（3）检查气路系统。

① 检查胶管、吸气球：胶管无缺损，长度适宜；吸气球完好、无龟裂、瘪起自如。

② 检查仪器密封性：用手捏扁吸气球，另一手堵住检测胶管进气孔，然后放松吸气球，吸气球 1 min 不胀起，表明气路系统不漏气。

③ 检查气路是否畅通：放开进气孔，捏放吸气球，吸气球瘪起自如，表明气路畅通。

（4）检查电路系统和光路系统。

① 光干涉条纹检查：按下光源电门，调节目镜筒，观察分划板刻度和光干涉条纹清晰，光源灯泡亮度充分。

② 微读数检查：按下微读数电门，观察微读数窗口，光亮充分、刻度清晰。

（5）仪器精密度。

① 主读数精度检查：按下光源电门，将光谱的第一条黑色条纹（左侧黑纹）调整到“0”位，第 5 条条纹与分划板上“7%”数值重合，表明条纹宽窄适当，精度符合要求。

② 微读数精度检查：按下微读数电门，把微读数刻度盘调到零位；按下光源电门，调主调螺旋，由目镜观察，使既定的黑色条纹调整到分划板上“1%”位置；调整微调螺旋，使微读数刻度盘从“0”转到“1.0”，分划板上原对“1%”的黑色条纹恰好回到分划板上的零位时，表明小数精度合格（小数精度允许误差为 ±0.02%）。

（6）仪器整理。

将检查完好的仪器放入工具包或背在肩上（要求整理好），然后根据井下工作要求，领取 JD5B 泵吸式多参数检测报警仪、瓦斯检查记录手册、笔、白板笔、温度计、瓦斯检查杖、巡检记录仪、瓦斯检查记录牌板等工具和用品。

2）掘进工作面瓦斯检查

（1）清洗气室并调零。

① 清洗瓦斯气室：在待测瓦斯地点的进风流中，将二氧化碳吸收管、水分吸收管都接入测量气路，捏放吸气球5～10次，吸入新鲜空气清洗瓦斯气室。

② 仪器调零：按下微读电源电门，观看微读数观测窗，旋转微调螺旋，使微读数刻度盘的零位与指示板零位线重合；按下光源电门，观看目镜，旋下主调螺旋盖，调主调螺旋，在干涉条纹中选定一条黑基线与分划板上零位重合，并记住这条黑基线；再捏放吸气球5～10次，看黑基线是否漂移，如果出现漂移，需重新调零。调零完毕要盖好主调螺旋盖，防止基线因碰撞而移动。

（2）模拟井下掘进巷道现场进行瓦斯和二氧化碳浓度检查操作演示。

① 局部通风机处的瓦斯检查（随机测点）。

（a）检查局部通风机及其开关附近10 m范围内风流中瓦斯浓度、二氧化碳浓度以及温度情况。

（b）检查瓦斯时，将二氧化碳吸收管的进气端胶管置于待测位置，在巷道风流上部，将仪器进气口伸到距顶板200～300 mm处，捏吸气球5～10次，将待测气体吸入瓦斯室，读数，按下光源电门，由目镜观察黑基线位置，若黑基线刚好在某整数上，直接读出该数即为测定的瓦斯浓度，若黑基线在两整数之间，应顺时针转动微调手轮，使黑基线退到较小的整数上，读出整数，再读出微读窗口上的小数，整数加上小数即为测定的瓦斯浓度，连续测三次，取最大值。

（c）检查二氧化碳浓度时，将二氧化碳吸收管的进气端胶管置于待测位置。测定二氧化碳在巷道风流下部，距底板200～300 mm处。先测下部瓦斯，捏吸气球5～10次，将待测气体吸入瓦斯室，读取下部瓦斯浓度。去掉二氧化碳吸收管，接入进气管，将仪器进气口置于待测位置，捏吸气球5～10次，将待测气体吸入瓦斯室，读取下部混合气体浓度。测定的下部混合气体浓度减去下部瓦斯浓度再乘校正系数0.955，约为所测定的二氧化碳浓度，连续测三次，取最大值。

（d）测定温度时，在与人体及制冷制热设备间隔超过0.5 m位置处测定，测定时间不低于5 min，且在温度计示值稳定后读数。

（e）及时将检查结果填入瓦斯检查工手册、巡检记录仪和现场的瓦斯检查记录牌板上。（瓦斯检查记录牌板由参赛选手根据需要检查地点正确悬挂）

② 密闭区气体检查（必考测点）。

（a）进入密闭栅栏前，应首先观察密闭及周围巷道支护完好情况，看是否有墙皮鼓起、脱落的现象，仔细排查密闭是否有漏风的情况。

（b）进入密闭栅栏后，首先用多用仪对密闭外气体、温度进行检查，并将检查结果填入密闭检查牌板及手册，同步上传检查大屏并保存。确保密闭外气体浓度无异常后方可进行后续操作。

（c）通过观察U形压差计，读取密闭压差，确定此密闭为正压（负压）密闭。

（d）密闭内气体检测：将泵吸式多参数检测报警仪进气口使用连接管与密闭观测孔连接，打开观测孔阀门，操作仪器开启“启动泵开关”，待检测数据稳定后，读取数据。操作巡检记录仪获取泵吸式多参数检测报警仪数据，及时将检测结果填入密闭检查牌板及手册，同步上传检查大屏并保存。

（e）打开密闭观测孔时，无论密闭为进风还是出风，操作人员均不可正对观测孔方向站立。

（f）如密闭反水孔出水时，必须在取样的同时测量水温，做好记录及时汇报。

（g）密闭检查结束后，应将栅栏恢复，防止其他人员误入。

选手将测试的密闭区内的甲烷、二氧化碳、一氧化碳、氧气、温度等数据（数据来源多参数检测报警仪），录入到巡检仪中，并实时同步至显示屏上公示、显示屏将巡检数据自动同步至中心站的 KXJ18 煤矿瓦检员巡检智能管控系统数据库保存，同步展示在软件界面或中心站大屏上。

③ 掘进巷道回风流的瓦斯检查（随机测点）。

（a）在掘进巷道回风口向工作面方向 10～15 m 左右位置，检查瓦斯、二氧化碳浓度以及温度情况。

（b）检查瓦斯时，将二氧化碳吸收管的进气端胶管置于待测位置，在巷道风流上部，将仪器进气口伸到距顶板 200～300 mm 处，捏放吸气球 5～10 次，将待测气体吸入瓦斯室，读数，按下光源电门，由目镜观察黑基线位置，若黑基线刚好在某整数上，直接读出该数即为测定的瓦斯浓度，若黑基线在两整数之间，应顺时针转动微调手轮，使黑基线退到较小的整数上，读出整数，再读出微读窗口上的小数，整数加上小数即为测定的瓦斯浓度，连续测三次，取其最大值。

（c）检查二氧化碳浓度时，将二氧化碳吸收管的进气端胶管置于待测位置。测定二氧化碳在巷道风流下部，距底板 200～300 mm 处。先测下部瓦斯，捏放吸气球 5～10 次，将待测气体吸入瓦斯室，读取下部瓦斯浓度。去掉二氧化碳吸收管，接入进气管，将仪器进气口置于待测位置，捏放吸气球 5～10 次，将待测气体吸入瓦斯室，读取下部混合气体浓度。测定的下部混合气体浓度减去下部瓦斯浓度再乘校正系数 0.955，约为所测定的二氧化碳浓度，连续测三次，取其最大值。

（d）测定温度时，在与人体及制冷制热设备间隔超过 0.5 m 位置处测定，测定时间不低于 5 min，且在温度计示值稳定后读数。

（e）及时将检查结果填入瓦斯检查工手册、巡检记录仪和现场的检查记录牌板上。（瓦斯检查记录牌板由参赛选手根据需要检查的地点正确悬挂）

④ 掘进工作面的瓦斯检查（必考测点）。

（a）检查掘进工作面瓦斯、二氧化碳浓度时，应在掘进工作面至风筒出风口距巷道顶、帮、底各为 200～300 mm 的巷道空间内的风流中进行，测量时要避开风筒出风口。温度测点为掘进工作面距迎头 2 m 处工作面风流中。

（b）检查瓦斯时，将二氧化碳吸收管的进气端胶管置于待测位置，在巷道风流上部，将仪器进气口伸到距巷道顶、帮、工作面煤壁各为 200～300 mm 的巷道空间内风流中，捏放吸气球 5～10 次，将待测气体吸入瓦斯室，读数，按下光源电门，由目镜观察黑基线位置，若黑基线刚好在某整数上，直接读出该数即为测定的瓦斯浓度，若黑基线在两整数之间，应顺时针转动微调手轮，使黑基线退到较小的整数上，读出整数，再读出微读窗口上的小数，整数加上小数即为测定的瓦斯浓度，连续测三次，取其最大值。

（c）检查二氧化碳浓度时，将二氧化碳吸收管的进气端胶管置于待测位置。测定二氧化碳在巷道风流下部，距底板 200 ~ 300 mm 处。先测下部瓦斯，捏放吸气球 5 ~ 10 次，将待测气体吸入瓦斯室，读取下部瓦斯浓度。去掉二氧化碳吸收管，接入进气管，将仪器进气口置于待测位置，捏放吸气球 5 ~ 10 次，将待测气体吸入瓦斯室，读取下部混合气体浓度。测定的下部混合气体浓度减去下部瓦斯浓度再乘校正系数 0.955，约为所测定的二氧化碳浓度，连续测三次，取其最大值。

（d）测定温度时，在与人体及制冷制热设备间隔超过 0.5 m 位置处测定，测定时间不低于 5 min、且在温度计示值稳定后读数。

（e）观察现场甲烷传感器显示值，与光学瓦斯检定器进行比对，当相差较大时，以最大值为依据，记录并汇报调度。（汇报内容：报告调度室，经测定甲烷浓度为（________）%，甲烷传感器显示浓度为（________）%，经对比符合规定）

（f）及时将检查结果填入瓦斯检查工手册、巡检记录仪和现场的检查记录牌板上。（瓦斯检查记录牌板由参赛选手根据需要检查的地点正确悬挂）

⑤ 掘进巷道内机电设备处的瓦斯检查（随机测点）。

（a）检查掘进巷道内机电设备附近 20 m 范围内风流中瓦斯浓度、二氧化碳浓度及温度情况。

（b）检查瓦斯时，将二氧化碳吸收管的进气端胶管置于待测位置，在巷道风流上部，将仪器进气口伸到距顶板 200 ~ 300 mm 处，捏放吸气球 5 ~ 10 次，将待测气体吸入瓦斯室，读数，按下光源电门，由目镜观察黑基线位置，若黑基线刚好在某整数上，直接读出该数即为测定的瓦斯浓度，若黑基线在两整数之间，应顺时针转动微调手轮，使黑基线退到较小的整数上，读出整数，再读出微读窗口上的小数，整数加上小数即为测定的瓦斯浓度，连续测三次，取其最大值。

（c）检查二氧化碳浓度时，将二氧化碳吸收管的进气端胶管置于待测位置。测定二氧化碳在巷道风流下部，距底板 200 ~ 300 mm 处。先测下部瓦斯，捏放吸气球 5 ~ 10 次，将待测气体吸入瓦斯室，读取下部瓦斯浓度。去掉二氧化碳吸收管，接入进气管，将仪器进气口置于待测位置，捏放吸气球 5 ~ 10 次，将待测气体吸入瓦斯室，读取下部混合气体浓度。测定的下部混合气体浓度减去下部瓦斯浓度再乘校正系数 0.955，约为所测定的二氧化碳浓度，连续测三次，取其最大值。

（d）测定温度时，在与人体及制冷制热设备间隔超过 0.5 m 位置处测定，测定时间不低于 5 min、且在温度计示值稳定后读数。

（e）及时将检查结果填入瓦斯检查工手册、巡检记录仪和现场的检查记录牌板上。（瓦斯检查记录牌板由参赛选手根据需要检查的地点正确悬挂）

⑥ 掘进工作面局部测点的瓦斯检查（随机测点）。

（a）检查掘进工作面局部测点内风流中瓦斯浓度、二氧化碳浓度及温度情况。

（b）检查瓦斯时，将二氧化碳吸收管的进气端胶管置于待测位置，在巷道风流上部，将仪器进气口伸到距顶板 200 ~ 300 mm 处，捏放吸气球 5 ~ 10 次，将待测气体吸入瓦斯室，读数，按下光源电门，由目镜观察黑基线位置，若黑基线刚好在某整数上，直接读出该数即为测定的瓦斯浓度，若黑基线在两整数之间，应顺时针转动微调手轮，使黑基线退到较小的整数上，读出整数，再读出微读窗口上的小数，整数加上小数即为测定的瓦斯浓度，连续测三次，取其最大值。

（c）检查二氧化碳浓度时，将二氧化碳吸收管的进气端胶管置于待测位置。测定二氧化碳在巷道风流下部，距底板200～300 mm处。先测下部瓦斯，捏放吸气球5～10次，将待测气体吸入瓦斯室，读取下部瓦斯浓度。去掉二氧化碳吸收管，接入进气管，将仪器进气口置于待测位置，捏放吸气球5～10次，将待测气体吸入瓦斯室，读取下部混合气体浓度。测定的下部混合气体浓度减去下部瓦斯浓度再乘校正系数0.955，约为所测定的二氧化碳浓度，连续测三次，取其最大值。

（d）测定温度时，在与人体及制冷制热设备间隔超过0.5 m位置处测定，测定时间不低于5 min，且在温度计示值稳定后读数。

（e）及时将检查结果填入瓦斯检查工手册、巡检记录仪和现场的检查记录牌板上。（瓦斯检查记录牌板由参赛选手根据需要检查的地点正确悬挂）

3）数据整理

所有检查项目结束后，参赛选手应将巡检记录仪数据上传至系统，并将巡检记录仪及瓦斯检查手册交给工作人员，归还便携仪。具体评分标准见表8。

表8　模拟矿井井下掘进巷道瓦斯检查操作演示评分标准

参赛场次：________　　工位编号：________　　选手编号：________

项目	操作内容	操作标准	标准分	评分标准	扣分
测定瓦斯前准备工作（12分）	仪器完好性检查（2.5分）	目镜组件检查	0.5	未手指口述和对应操作扣0.5分；手指口述和对应操作不正确扣0.2分；未采用普通话扣0.2分；语句口齿不清楚扣0.2分；扣完为止	
		开关检查	0.5	未手指口述和对应操作扣0.5分；手指口述和对应操作不正确扣0.2分；未采用普通话扣0.2分；语句口齿不清楚扣0.2分；扣完为止	
		主调螺旋检查	0.5	未手指口述和对应操作扣0.5分；手指口述和对应操作不正确扣0.2分；未采用普通话扣0.2分；语句口齿不清楚扣0.2分；扣完为止	
		皮套检查	0.5	未手指口述和对应操作扣0.5分；手指口述和对应操作不正确扣0.2分；未采用普通话扣0.2分；语句口齿不清楚扣0.2分；扣完为止	
		微调螺旋检查	0.5	未手指口述和对应操作扣0.5分；手指口述和对应操作不正确扣0.2分；未采用普通话扣0.2分；语句口齿不清楚扣0.2分；扣完为止。	
	药品检查(1分)	水分吸收管检查	0.5	未手指口述和对应操作扣0.5分；手指口述和对应操作不正确扣0.2分；未采用普通话扣0.2分；语句口齿不清楚扣0.2分；扣完为止	
		二氧化碳吸收管检查	0.5	未手指口述和对应操作扣0.5分；手指口述和对应操作不正确扣0.2分；未采用普通话扣0.2分；语句口齿不清楚扣0.2分；扣完为止	

表8（续）

项目	操作内容	操作标准	标准分	评分标准	扣分
测定瓦斯前准备工作（12分）	检查气路系统（1.5分）	检查胶管、吸气球	0.5	未手指口述和对应操作扣0.5分；手指口述和对应操作不正确扣0.2分；未采用普通话扣0.2分；语句口齿不清楚扣0.2分；扣完为止	
		检查仪器密封性	0.5	未手指口述和对应操作扣0.5分；手指口述和对应操作不正确扣0.2分；未采用普通话扣0.2分；语句口齿不清楚扣0.2分；扣完为止	
		检查气路是否畅通	0.5	未手指口述和对应操作扣0.5分；手指口述和对应操作不正确扣0.2分；未采用普通话扣0.2分；语句口齿不清楚扣0.2分；扣完为止	
	检查电路系统和光路系统（1分）	光干涉条纹检查	0.5	未手指口述和对应操作扣0.5分；手指口述和对应操作不正确扣0.2分；未采用普通话扣0.2分；语句口齿不清楚扣0.2分；扣完为止	
		微读数检查	0.5	未手指口述和对应操作扣0.5分；手指口述和对应操作不正确扣0.2分；未采用普通话扣0.2分；语句口齿不清楚扣0.2分；扣完为止	
	检查仪器精密度（1分）	主读数精度检查	0.5	未手指口述和对应操作扣0.5分；手指口述和对应操作不正确扣0.2分；未采用普通话扣0.2分；语句口齿不清楚扣0.2分；扣完为止	
		微读数精度检查	0.5	未手指口述和对应操作扣0.5分；手指口述和对应操作不正确扣0.2分；未采用普通话扣0.2分；语句口齿不清楚扣0.2分；扣完为止	
	仪器整理（2分）	将检查完好的仪器放入工具包或背在肩上，然后根据井下工作要求，领取工具、用品	2	未手指口述和对应操作扣1分；手指口述和对应操作少领取1项器具扣0.5分；扣完为止	
	清洗气室并调零（3分）	在局部通风机吸风口进风巷道附近新鲜风流中重新对零	3	未重新对零或选择地点不正确扣2分，调整顺序及方法不符合要求一处扣0.5分；未盖好主调螺旋盖扣1分；扣完为止	

表8（续）

项目	操作内容	操作标准	标准分	评分标准	扣分
掘进巷道瓦斯检查（26分）	局部通风机处瓦斯检查（8分）（随机测点）	检查局部通风机及其开关附近10 m范围内风流中甲烷、二氧化碳浓度以及温度	7	局部通风机及其开关检查位置选择不正确不得分，检查杖位置不正确一处扣2分，操作不正确一处扣1分，口述不全面1处扣0.5分；未采用普通话扣0.2分；语句口齿不清楚扣0.2分；扣完为止	
		填写检查结果	1	未及时记录到记录手册上不得分；未录入巡检记录仪扣0.5分；瓦斯记录牌板悬挂不正确扣0.5分；未填写到瓦斯记录牌板上扣0.5分；扣完为止	
	密闭区气体检查（8分）（必考测点）	检查密闭区内外甲烷、一氧化碳、二氧化碳浓度以及温度	7	未进行安全确认不得分，操作不正确一处扣1分，口述不全面1处扣0.5分；未采用普通话扣0.2分；语句口齿不清楚扣0.2分；扣完为止	
		填写检查结果	1	未及时记录到记录手册上不得分；未录入巡检记录仪扣0.5分；填写到瓦斯记录牌板上扣0.5分；扣完为止	
	掘进巷道回风流瓦斯检查（8分）（随机测点）	检查掘进巷道回风口甲烷、二氧化碳浓度以及温度	7	回风口检查位置选择不正确不得分，检查杖位置不正确一处扣2分，操作不正确一处扣1分，口述不全面1处扣0.5分；未采用普通话扣0.2分；语句口齿不清楚扣0.2分；扣完为止	
		填写检查结果	1	未及时记录到记录手册上不得分；未录入巡检记录仪扣0.5分；瓦斯记录牌板悬挂不正确扣0.5分；未填写到瓦斯记录牌板上扣0.5分；扣完为止	
	掘进工作面瓦斯检查（10分）（必考测点）	掘进工作面甲烷、二氧化碳浓度及温度测定	7	掘进工作面检查位置选择不正确不得分，检查杖位置不正确一处扣2分，操作不正确一处扣1分，口述不全面1处扣0.5分；未采用普通话扣0.2分；语句口齿不清楚扣0.2分；扣完为止	
		甲烷传感器校对及汇报	2	未与甲烷传感器进行比对扣1分；未进行电话汇报扣1分，汇报内容不全一处扣0.5分；扣完为止	
		填写检查结果	1	未及时记录到记录手册上不得分；未录入巡检记录仪扣0.5分；瓦斯记录牌板悬挂不正确扣0.5分；未填写到瓦斯记录牌板上扣0.5分；扣完为止	

表8（续）

项目	操作内容	操作标准	标准分	评分标准	扣分
掘进巷道瓦斯检查（26分）	掘进巷道内机电设备瓦斯检查（8分）（随机测点）	掘进巷道内机电设备处甲烷、二氧化碳及温度检查	7	掘进巷道内机电设备检查位置选择不正确不得分，检查杖位置不正确一处扣2分，操作不正确一处扣1分，口述不全面1处扣0.5分；未采用普通话扣0.2分；语句口齿不清楚扣0.2分；扣完为止	
		填写检查结果	1	未及时记录到记录手册上不得分；未录入巡检记录仪扣0.5分；瓦斯记录牌板悬挂不正确扣0.5分；未填写到瓦斯记录牌板上扣0.5分；扣完为止	
	掘进巷道局部地点瓦斯检查（8分）（随机测点）	掘进巷道局部地点甲烷、二氧化碳及温度检查	7	掘进巷道局部测点检查位置选择不正确不得分，检查杖位置不正确一处扣2分，操作不正确一处扣1分，口述不全面1处扣0.5分；未采用普通话扣0.2分；语句口齿不清楚扣0.2分；扣完为止	
		填写检查结果	1	未及时记录到记录手册上不得分；未录入巡检记录仪扣0.5分；瓦斯记录牌板悬挂不正确扣0.5分；未填写到瓦斯记录牌板上扣0.5分；扣完为止	
数据处理（2分）	所有检查项目结束后，选手应将巡检记录仪数据上传至系统，并将巡检记录仪及瓦斯检查手册交给工作人员		2	巡检记录仪数据与瓦斯记录牌板、瓦斯检查手册不对应一处扣0.5分；扣完为止	
合计			40	合计扣分：	
操作时间：________				得分：________	
裁判员（签字）：					

裁判长（签字）：

注：在6个测点中考2个固定测点（掘进工作面的瓦斯检查、密闭区气体检查）和1个随机测点（从局部通风机处的瓦斯检查、掘进巷道回风流的瓦斯检查、掘进巷道内机电设备处的瓦斯检查、掘进工作面局部测点的瓦斯检查，4个测点中随机1个测点，4个测点分值相等）。

4）应急处理

参赛选手现场通过应急预案考试装置随机抽取需要应急处理的情况。如掘进工作面回风流瓦斯超限、局部通风机停止运转、局部瓦斯积聚、煤与瓦斯突出预兆等，应及时作出相应处理；然后参赛选手进行自救器盲戴技能考核，具体处理方案见附件1。具体评分标准见表9。

表9 应急处理操作演示评分标准

参赛场次：________ 工位编号：________ 选手编号：________

项目	操作内容	操作标准	标准分	评分标准	扣分
应急处理	选手根据所抽取应急处理内容进行应急处理		5	每项应急处理内容至少答出3条以上要求，口述每少一条扣1分；语句口齿不清楚扣0.5分；扣完为止	
	自救器盲戴（规定30 s内完成自救器盲戴）		10	未按照规定30 s内完成，超时不得分；未对应操作每处扣1分；扣完为止	
合计			15	合计扣分：	
应急操作时间：________ 自救器操作时间：________ 得分：________					
裁判员（签字）：					

裁判长（签字）：

参赛人员的所有的操作音视频录像实时存储到电脑硬盘，方便回放和查询。

（三）评分方法

本赛项评分包括机评分、结果评分和主观结果性评分三种。

（1）机评分。理论知识从竞赛题库中随机抽取，电脑自动评分。

（2）结果性评分。由评分裁判依照给定的参考评分标准，对光学瓦斯检定器故障判断；实测甲烷、二氧化碳、一氧化碳浓度及数据校正竞赛项目内容进行结果性评分，评分结果由3名裁判员共同签字确认，通过考试评分终端上传至评分系统，作为本赛项的最后得分。

（3）主观结果性评分。对于模拟矿井井下现场叙述演示、应急处理现场叙述演示，由3名评分裁判和现场技术人员依照给定的参考评分标准，对操作的过程进行打分，通过考试评分终端上传至评分系统取裁判的平均分作为参赛选手本项得分。

（4）成绩的计算。

$$D = G_1 + G_2 + G_3 + G_4 + G_5$$

式中 D——参赛选手的总成绩；

G_1——理论知识成绩；

G_2——光学瓦斯检定器故障判断成绩；

G_3——实测甲烷、二氧化碳、一氧化碳浓度及数据校正成绩；

G_4——模拟矿井井下现场叙述演示成绩；

G_5——应急处理现场叙述演示成绩。

（5）裁判组实行“裁判长负责制”，设裁判长 1 名，全面负责赛项的裁判与管理工作。

（6）裁判员根据比赛工作需要分为检录裁判、加密裁判、现场裁判和评分裁判，检录裁判、加密裁判不得参与评分工作。

① 检录裁判负责对参赛队伍（选手）进行点名登记、身份核对等工作。

② 加密裁判负责组织参赛队伍（选手）抽签并对参赛队伍（选手）的信息进行加密、解密。

③ 现场裁判按规定做好赛场记录，维护赛场纪律。

④ 评分裁判负责对参赛队伍（选手）的技能展示和操作规范按赛项评分标准进行评定。

（7）参赛选手根据赛项任务书的要求进行操作，根据注意操作要求，需要记录的内容要记录在比赛试题中，需要裁判确认的内容必须经过裁判员的签字确认，否则不得分。

（8）违规扣分情况。选手有下列情形，需从参赛成绩中扣分：

① 在完成竞赛任务的过程中，因操作不当导致事故，扣 10 ~ 20 分，情况严重者取消比赛资格。

② 因违规操作损坏赛场提供的设备，污染赛场环境等不符合职业规范的行为，视情节扣 5 ~ 10 分。

③ 扰乱赛场秩序，干扰裁判员工作，视情节扣 5 ~ 10 分，情况严重者终止比赛。

（9）赛项裁判组本着“公平、公正、公开、科学、规范、透明、无异议”的原则，根据裁判的现场记录、参赛选手赛项任务书及评分标准，通过多方面进行综合评价，最终按总评分得分高低，确定参赛对奖项归属。

（10）按比赛成绩从高分到低分排列参赛选手的名次。竞赛成绩相同时完成实操所用时间少的名次在前，成绩及用时相同时实操成绩较高者名次在前。

（11）评分方式结合世界技能大赛的方式，以小组为单位，裁判相互监督，对检测、评分结果进行一查、二审、三复核。确保评分环节准确、公正。成绩经工作人员统计，组委会、裁判组、仲裁组分别核准后，闭赛式上公布。

（12）成绩复核。为保障成绩评判的准确性，监督组将对赛项总成绩排名前 30% 的所有参赛选手的成绩进行复核；对其余成绩进行抽检复核，抽检覆盖率不得低于 15% 。如发现成绩错误以书面方式及时告知裁判长，由裁判长更正成绩并签字确认。复核、抽检错误率超过 5% 的，裁判组将对所有成绩进行复核。

（13）成绩公布。

录入。由承办单位信息员将裁判长提交的赛项总成绩的最终结果录入赛务管理系统。

审核。承办单位信息员对成绩数据审核后，将赛务系统中录入的成绩导出打印，经赛项裁判长、仲裁组、监督组和赛项组委会审核无误后签字。

报送。由承办单位信息员将确认的电子版赛项成绩信息上传赛务管理系统。同时将裁判长、仲裁组及监督组签字的纸质打印成绩单报送赛项组委会公室。

公布。审核无误的最终成绩单，经裁判长、监督组签字后进行公示。公示时间为 2 h。

成绩公示无异议后，由仲裁组长和监督组长在成绩单上签字，并在闭赛式上公布竞赛成绩。

十一、赛项安全

赛事安全是技能竞赛一切工作顺利开展的先决条件，是赛事筹备和运行工作必须考虑的核心问题。赛项组委会采取切实有效措施保证大赛期间参赛选手、指导教师、裁判员、工作人员及观众的人身安全。

（一）比赛环境

（1）组委会须在赛前组织专人对比赛现场、住宿场所和交通保障进行考察，并对安全工作提出明确要求。赛场的布置，赛场内的器材、设备，应符合国家有关安全规定。如有必要，也可进行赛场仿真模拟测试，以发现可能出现的问题。承办单位赛前须按照组委会要求排除安全隐患。

（2）赛场周围要设立警戒线，要求所有参赛人员必须凭组委会印发的有效证件进入场地，防止无关人员进入发生意外事件。比赛现场内应参照相关职业岗位的要求为选手提供必要的劳动保护。在具有危险性的操作环节，裁判员要严防选手出现错误操作。

（3）承办单位应提供保证应急预案实施的条件。对于比赛内容涉及大用电量、易发生火灾等情况的赛项，必须明确制度和预案，并配备急救人员与设施。

（4）严格控制与参赛无关的易燃易爆以及各类危险品进入比赛场地，不许随便携带其他物品进入赛场。

（5）配备先进的仪器，防止有人利用电磁波干扰比赛秩序。大赛现场需对赛场进行网络安全控制，以免场内外信息交互，充分体现大赛的严肃、公平和公正性。

（6）组委会须会同承办单位制定开放赛场的人员疏导方案。赛场环境中存在人员密集、车流人流交错的区域，除了设置齐全的指示标志外，须增加引导人员，并开辟备用通道。

（7）大赛期间，承办单位须在赛场管理的关键岗位，增加力量，建立安全管理日志。

（二）生活条件

（1）比赛期间，原则上由组委会统一安排参赛选手和指导教师食宿。承办单位须尊重少数民族的信仰及文化，根据国家相关的民族政策，安排好少数民族选手和教师的饮食起居。

（2）比赛期间安排的住宿地应具有宾馆/住宿经营许可资质。大赛期间的住宿、卫生、饮食安全等由组委会和承办单位共同负责。

（3）大赛期间有组织的参观和观摩活动的交通安全由组委会负责。组委会和承办单位须保证比赛期间选手、指导教师和裁判员、工作人员的交通安全。

（4）各赛项的安全管理，除了可以采取必要的安全隔离措施外，应严格遵守国家相关法律法规，保护个人隐私和人身自由。

（三）组队责任

（1）各单位组织代表队时，须为参赛选手购买大赛期间的人身意外伤害保险。

（2）各单位代表队组成后，须制定相关管理制度，并对所有选手、指导教师进行安全教育。

（3）各参赛队伍须加强对参与比赛人员的安全管理，实现与赛场安全管理的对接。

（四）应急处理

比赛期间发生意外事故，发现者应第一时间报告组委会，同时采取措施避免事态扩大。组委会应立即启动预案予以解决。赛项出现重大安全问题可以停赛，是否停赛由组委会决定。事后，承办单位应向组委会报告详细情况。

（五）处罚措施

（1）因参赛队伍原因造成重大安全事故的，取消其获奖资格。

（2）参赛队伍有发生重大安全事故隐患，经赛场工作人员提示、警告无效的，可取消其继续比赛的资格。

（3）赛事工作人员违规的，按照相应的制度追究责任。情节恶劣并造成重大安全事故的，由司法机关追究相应法律责任。

十二、竞赛须知

（一）参赛队须知

（1）统一使用单位的团队名称。

（2）竞赛采用个人比赛形式，不接受跨单位组队报名。

（3）参赛选手为单位在职员工，性别男性。

（4）参赛选手在报名获得确认后，原则上不再更换。允许选手缺席比赛。

（5）参赛队在各竞赛专项工作区域的赛位场次和工位采用抽签的方式确定。

（6）参赛队伍所有人员在竞赛期间未经组委会批准，不得接受任何与竞赛内容相关的采访，不得将竞赛的相关情况及资料私自公开。

（二）领队和指导教师须知

（1）领队和指导教师务必带好有效身份证件，在活动过程中佩戴领队和指导教师证参加竞赛及相关活动；竞赛过程中，领队和指导教师非经允许不得进入竞赛场地。

（2）妥善管理本队人员的日常生活及安全，遵守并执行大赛组委会的各项规定和安排。

（3）严格遵守赛场的规章制度，服从裁判，文明竞赛，持证进入赛场允许进入的区域。

（4）熟悉场地时，领队和指导教师仅限于口头讲解，不得操作任何仪器设备，不得现场书写任何资料。

（5）在比赛期间要严格遵守比赛规则，不得私自接触裁判人员。

（6）团结、友爱、互助协作，树立良好的赛风，确保大赛顺利进行。

（三）参赛选手须知

（1）选手必须遵守竞赛规则，文明竞赛，服从裁判，否则取消参赛资格。

（2）参赛选手按大赛组委会规定时间到达指定地点，凭参赛证和身份证（两证必须齐全）进入赛场，并随机进行抽签，确定比赛顺序。选手迟到 15 min 取消竞赛资格。

（3）裁判组在赛前 30 min，对参赛选手的证件进行检查及进行大赛相关事项教育。

（4）比赛过程中，选手必须遵守操作规程，按照规定操作顺序进行比赛，正确使用仪器仪表。不得野蛮操作，不得损坏仪器、仪表、设备，一经发现立即责令其退出比赛。

（5）参赛选手不得携带通信工具和相关资料、物品进入大赛场地，不得中途退场。如出现较严重的违规、违纪、舞弊等现象，经裁判组裁定取消大赛成绩。

（6）现场实操过程中出现设备故障等问题，应提请裁判确认原因。若因非选手个人因素造成的设备故障，经请示裁判长同意后，可将该选手比赛时间酌情后延；若因选手个人因素造成设备故障或严重违章操作，裁判长有权决定终止比赛，直至取消比赛资格。

（7）参赛选手若提前结束比赛，应向裁判举手示意，比赛终止时间由裁判记录；比赛时间终止时，参赛选手不得再进行任何操作。

（8）参赛选手完成比赛项目后，提请裁判检查确认并登记相关内容，选手签字确认。

（9）比赛结束，参赛选手需清理现场，并将现场仪器设备恢复到初始状态，经裁判确认后方可离开赛场。

（四）工作人员须知

（1）工作人员必须遵守赛场规则，统一着装，服从组委会统一安排，否则取消工作人员资格。

（2）工作人员按大赛组委会规定时间到达指定地点，凭工作证进入赛场。

（3）工作人员认真履行职责，不得私自离开工作岗位。做好引导、解释、接待、维持赛场秩序等服务工作。

十三、申诉与仲裁

本赛项在比赛过程中若出现有失公正或有关人员违规等现象，代表队领队可在比赛结束后 2 h 之内向仲裁组提出申诉。

书面申诉应对申诉事件的现象、发生时间、涉及人员、申诉依据等进行充分、实事求是的叙述，并由领队亲笔签名。非书面申诉不予受理。

赛项仲裁工作组在接到申诉后的 2 h 内组织复议，并及时反馈复议结果。申诉方对复议结果仍有异议，可由单位的领队向赛区仲裁委员会提出申诉。赛区仲裁委员会的仲裁结果为最终结果。

十四、竞赛观摩

本赛项对外公开，需要观摩的单位和个人可以向组委会申请，同意后进入指定的观摩区进行观摩，但不得影响选手比赛，在赛场中不得随意走动，应遵守赛场纪律，听从工作人员指挥和安排等。

十五、竞赛直播

本次大赛实行全程直播，同时，安排专业摄制组进行拍摄和录制，及时进行报道，包括赛项的比赛过程、开闭幕式等。通过摄录像，记录竞赛全过程。同时制作优秀选手采访、优秀指导教师采访、裁判专家点评和企业人士采访视频资料。

附件 1

应 急 处 置

一、现场出现异常情况应急处理方案

1. 掘进工作面及回风流中瓦斯超限应急处置

答：(1) 掘进工作面及回风流中出现瓦斯超限应遵循“停电、撤人、设置栅栏、设置警标、禁止人员进入、汇报”的原则。

(2) 掘进工作面风流中甲烷达到 1.0% 时，必须停止用电钻打眼；爆破地点附近 20 m 以内风流中甲烷达到 1.0% 时，严禁爆破。

(3) 掘进工作面及其他作业地点风流中、电动机或者其开关安设地点附近 20 m 以内风流中甲烷达到 1.5% 时，必须停止作业，切断电源，撤出人员，进行处理。

(4) 掘进工作面回风流中甲烷超过 1.0% 或者二氧化碳浓度超过 1.5% 时，必须停止作业，撤出人员，采取措施，进行处理。

(5) 在采取措施，进行处理的同时，向矿调度室报告。

2. 掘进工作面局部通风机停止运转后应急处置

答：(1) 当掘进工作面局部通风机因停电或其他原因突然停止运转时，要立即通知该工作面工作人员停止作业，并在跟班队长或现场班组长的指挥带领下，撤出到全风压通风的主要进风巷道中。

(2) 在撤出的同时，应切断掘进工作面内电源、在全风压巷道口设置栅栏、设置警标、禁止人员进入，并向矿调度室报告。

(3) 在恢复通风前必须首先检查瓦斯，只有在停风区盲巷口中最高甲烷浓度不超过 1.0% 和最高二氧化碳浓度不超过 1.5%，且局部通风机及其开关附近 10 m 以内风流中甲烷浓度都不超过 0.5% 时，方可人工开启局部通风机，恢复正常通风。

3. 掘进工作面高冒处出现瓦斯积聚如何处理

答：(1) 导风板引风法：在高顶空间下的支架顶梁上钉挡板，把一部分风流引到高冒处，吹散积聚瓦斯。

(2) 充填置换法：在棚梁上铺设一定厚度的木板或荆篱，再在上面填满土或砂子，从而将积聚的瓦斯置换排除。

(3) 风筒分支排放法：巷道内若有风筒，可在冒顶处附近的风筒上加“三通”或安设一段小直径的分支风筒，向冒顶空洞内送风，以排除积聚的瓦斯。

(4) 压风排除法：在有压风管通过的巷道，可在管路上接出分支，并在支管上设若干个喷嘴，利用压风将积聚的瓦斯排除。

(5) 封闭抽放法：如果高冒处瓦斯涌出量很大，若采用风流吹散法排出的瓦斯使巷道风流中瓦斯超限，即可采用此法。将冒落空间与巷道顶底板之间，用木板并涂抹黄泥等材料封闭隔离，然后插入抽放管并接至矿井瓦斯抽放管路系统进行抽放。

4. 打钻时出现煤与瓦斯突出预兆应如何处置

答：(1) 在打钻时出现喷孔、顶钻、夹钻等煤与瓦斯突出预兆时，应立即停止打钻、停止作业，严禁将钻杆拔出或拆下钻杆，仍然保持钻杆在打钻时状态。

(2) 现场人员要立即按避灾路线撤出。撤出时每个人都必须佩戴好隔离式自救器，同时要将发生突出预兆的地点、预兆情况及人员撤离情况向矿调度室汇报。

(3) 在撤出的同时，应立即切断作业地点及回风流中的一切“非本质安全型”电气设备的电源，撤离现场要关闭途径的反向风门，并在影响区域或瓦斯流经区域全风压混合处设置栅栏和警标、禁止人员进入。

(4) 当确定不能撤出危险区域时，要进入就近的避难硐室，关好隔离门，打开供气阀，做好自救等工作。

5. 采空区出现自燃火灾应如何处置

答：(1) 采空区发生自燃火灾时，应当视火灾程度、灾区通风和瓦斯情况，立即采取有效措施进行直接灭火。当直接灭火无效或者采空区有爆炸危险时，必须撤出人员，封闭工作面。

(2) 采煤工作面采空区发生自燃火灾封闭后（或发生自燃火灾的其他密闭区），应当采取措施减少漏风，并向密闭区域内连续注入惰性气体，保持密闭区域氧气浓度不大于5.0%。

(3) 为加速封闭火区熄火，在火源位置分析或探测的基础上，可在地面或者井下施工钻孔，或者利用预埋管路向火源位置注入灭火材料。

(4) 灭火过程中应当连续观测火区内气体、温度等参数，考察灭火效果，完善灭火措施，直至火区达到熄灭标准。

6. 井下突水主要预兆有哪些及水灾现场应急处置措施

答：井下突水预兆主要有煤（岩）壁挂红、挂汗，空气变冷、出现雾气，顶板淋水加大、顶板来压、底板鼓起或产生裂隙，出现渗水、水叫、水色发浑、有臭味等。

水灾现场应急措施：

(1) 现场人员应立即避开出水口和泄水流，按照透水事故避灾路线，迅速撤离灾区，通知井下其他可能受水害威胁区域的作业人员，并向调度室报告，如果是老空水涌出，巷道有毒有害气体浓度增高，撤离时应佩戴好自救器。

(2) 在突水迅猛、水流急速，来不及转移躲避时，要立即抓牢棚梁、棚腿或其他固定物体，防止被涌水打倒或冲走。

(3) 在无法撤至地面时应紧急避险，迅速撤往突水地点以上水平，进入避难硐室、拐弯巷道、高处的独头上山或其他地势较高的安全地点，等待救援人员营救，严禁盲目潜水等冒险行为。

(4) 在避灾期间，遇险人员要保持镇定、情绪稳定、意志坚强，要做好长时间避灾的准备。班组长和经验丰富的工人组织自救互救，安排人员轮流观察水情，监测气体浓度变化，尽量减少体力和空气消耗。要想办法与外界取得联系，可用敲击等方法有规律地发出呼救信号。

7. 井下出现明火火灾现场应急处置措施

(1) 井下发生火灾后，在救护队及医护人员未到达之前，现场职工应迅速组织自救和互救，处于回风侧的人员要迅速佩戴自救器，按照火灾事故避灾路线，撤至新鲜风流中直至地面，在撤离时要设法切断灾区电源。

（2）任何人发现井下火灾时，应当视火灾性质、灾区通风和瓦斯情况，立即采取一切可能的方法直接灭火，控制火势，并迅速报告矿调度室。矿调度室在接到井下火灾报告后，应当立即按灾害预防和处理计划通知有关人员组织抢救灾区人员和实施灭火工作。矿值班调度和在现场的区、队、班组长应当依照灾害预防和处理计划的规定，将所有可能受火灾威胁区域中的人员撤离，并组织人员灭火。电气设备着火时，应当首先切断其电源；在切断电源前，必须使用不导电的灭火器材进行灭火。

（3）若火势较猛无法控制，且有扩大趋势。调度室要立即通知所有受火灾威胁的危险区域人员按照避灾路线撤至地面。

（4）若遇到无法撤退时，应迅速进入躲避硐中（或进入临时构筑的避难硐室）等候营救。

8. 井下发生瓦斯煤尘爆炸现场应急避灾措施

（1）当灾害发生时，一定要镇静清醒，不要惊慌失措、乱喊乱跑。当听到或感觉到爆炸声和空气冲击波时，应立即背朝声响和气浪传来方向、俯卧倒地，面部贴在地面，闭住气，暂停呼吸，用毛巾捂住口鼻，用衣服盖住身体，减少身体暴露面积。如身旁有水，最好卧于水中，并用湿毛巾捂住口鼻或佩戴自救器，以防有害气体中毒。附近有躲避硐时，可立即进入躲避硐内以降低爆炸冲击波对人身的直接冲击。

（2）高温气浪和冲击波过后应立即辨别方向，保持冷静，以最短的距离进入新鲜风流中，按照避灾路线撤离。

（3）尽快判明发生爆炸的地点、影响范围、爆炸性质、危害程度等情况，并立即汇报矿调度室。设法向可能受灾变影响区域的人员发出警报通知。

（4）在爆炸地点附近人员应在老工人、班长或瓦斯检查工的带领下，有组织地撤退。事故地点进风侧的人员，应迎着风流撤退；在事故地点回风侧的人员，应立即戴好自救器，设法通过其他通道，尽快进入进风侧或新鲜风流中，通过火烟区时不要飞跑和急促呼吸，应稳步走出危险区。

（5）若因巷道冒顶无法通行或在自救器有效时间（30 min）内不能到达安全地带时，可利用避难硐室或在独头巷道、两风门之间等处用风筒、木板等构筑临时避难所，进行避灾。

（6）若避灾地点有压风管，应将阀门打开以提供氧气。避灾时应将衣服，矿灯等物挂于明显位置，以便于救护人员发现。注意节约矿灯用电和食品，并经常性、有规律地用敲击等方法发出呼救信号。

9. 当工作面出现火灾或水灾时，应如何逃生（以赛前提供巷道布置图为准）

二、自救器盲戴操作（必考）

（1）将佩戴的自救器移至身体的正前方，将自救器背带挂在脖颈上。

（2）双手同时操作拉开自救器两侧的金属挂钩并取下上盖。

（3）展开气囊，注意气囊不能扭折。

（4）拉伸软管，调整面罩，把面罩置于嘴鼻前方，安全帽临时移开头部，并快速恢复，将面罩固定带挂至头后脑勺上部，调整固定带松紧度，使其与面部紧密贴合，确保口鼻与外界隔绝。

（5）逆时针转动氧气开关手轮，打开氧气瓶开关（必须完全打开，直到拧不动），然后用手指按动补气压板，使气囊迅速鼓起（目测鼓起三分之二以上）。

（6）一手扶住自救器，确保随时按压补气压板，一手扶住面罩防止脱落，撤离灾区。

附件 2

瓦斯检查工竞赛比武布置示意图（1 个工位）

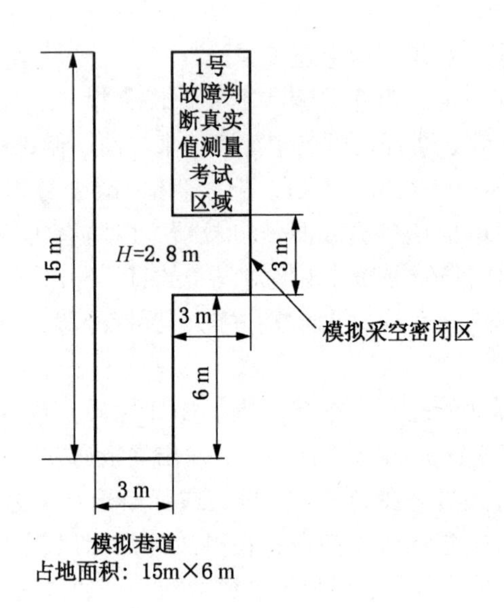

试　题　样　例

一、单选题

1. 箕斗提升井或者装有带式输送机的井筒兼作进风井时，箕斗提升井筒中的风速不得超过（　　）、装有带式输送机的井筒中的风速不得超过（　　），并有防尘措施。

A. 4 m/s，2 m/s　　B. 4 m/s，6 m/s

C. 8 m/s，6 m/s　　D. 6 m/s，4 m/s

答案：D

解析：《煤矿安全规程》第一百四十五条（二）箕斗提升井或者装有带式输送机的井筒兼作进风井时，箕斗提升井筒中的风速不得超过 6 m/s、装有带式输送机的井筒中的风速不得超过 4 m/s，并有防尘措施。装有带式输送机的井筒中必须装设自动报警灭火装置、敷设消防管路。

2. 采掘工作面及其他巷道内，体积大于（　　）的空间内积聚的甲烷浓度达到 2.0% 时，附近（　　）内必须停止工作，撤出人员，切断电源，进行处理。

A. 0.5 m^3，10 m　　B. 2 m^3，10 m

C. 0.5 m^3，20 m　　D. 2 m^3，20 m

答案：C

解析：《煤矿安全规程》第一百七十三条　采掘工作面及其他巷道内，体积大于 0.5 m^3 的空间内积聚的甲烷浓度达到 2.0% 时，附近 20 m 内必须停止工作，撤出人员，切断电源，进行处理。

3. 木料场、矸石山等堆放场距离进风井口不得小于（　　）。木料场距离矸石山不得小于（　　）。

A. 60 m，50 m　　B. 50 m，40 m

C. 80 m，50 m　　D. 80 m，40 m

答案：C

解析：《煤矿防灭火细则》第三十一条　木料场、矸石山等堆放场距离进风井口不得小于 80 m。木料场距离矸石山不得小于 50 m。

4. 井口房和通风机房附近（　　）内，不得有烟火或者用火炉取暖。

A. 5 m　　B. 10 m　　C. 20 m　　D. 30 m

答案：C

解析：《煤矿防灭火细则》第三十六条　井口房和通风机房附近 20 m 内，不得有烟火或者用火炉取暖。

5. 井下抽采瓦斯泵站抽出的瓦斯排入回风巷时，在排瓦斯管路出口必须设置栅栏、悬挂警戒牌等。栅栏设置的位置是上风侧距管路出口（　　）、下风侧距管路出口

（　　），两栅栏间禁止任何作业。

A. 5 m，30 m　　B. 5 m，20 m

C. 10 m，30 m　　D. 10 m，20 m

答案：A

解析：《煤矿安全规程》第一百八十三条（三）抽出的瓦斯排入回风巷时，在排瓦斯管路出口必须设置栅栏、悬挂警戒牌等。栅栏设置的位置是上风侧距管路出口5 m、下风侧距管路出口30 m，两栅栏间禁止任何作业。

6. 有突出危险煤层的新建矿井或者突出矿井，开拓新水平的井巷第一次揭穿（开）厚度为（　　）及以上煤层时，必须超前探测煤层厚度及地质构造、测定煤层瓦斯压力及瓦斯含量等与突出危险性相关的参数。

A. 0.2 m　　B. 0.3 m　　C. 0.5 m　　D. 1 m

答案：B

解析：《煤矿安全规程》第一百九十七条　有突出危险煤层的新建矿井或者突出矿井，开拓新水平的井巷第一次揭穿（开）厚度为0.3 m及以上煤层时，必须超前探测煤层厚度及地质构造、测定煤层瓦斯压力及瓦斯含量等与突出危险性相关的参数。

7. 井下机电设备硐室必须设在进风风流中；采用扩散通风的硐室，其深度不得超过（　　）、入口宽度不得小于（　　），并且无瓦斯涌出。

A. 6 m；2 m　　B. 6 m；1.5 m

C. 5 m；1.5 m　　D. 5 m；2 m

答案：B

解析：《煤矿安全规程》第一百六十八条　井下机电设备硐室必须设在进风风流中；采用扩散通风的硐室，其深度不得超过6 m、入口宽度不得小于1.5 m，并且无瓦斯涌出。

8. 采用二氧化碳防火时，必须对采煤工作面进、回风流中二氧化碳浓度进行监测。当进风流中二氧化碳浓度超过（　　）或者回风流中二氧化碳浓度超过（　　）时，必须停止灌注、撤出人员、采取措施、进行处理。

A. 0.5%；1%　　B. 1%；1.5%

C. 0.5%；1.5%　　D. 1%；2%

答案：C

解析：《煤矿防灭火细则》第七十条　采用二氧化碳防火时，必须对采煤工作面进、回风流中二氧化碳浓度进行监测。当进风流中二氧化碳浓度超过0.5%或者回风流中二氧化碳浓度超过1.5%时，必须停止灌注、撤出人员、采取措施、进行处理。

9. 检查光学瓦斯检定器的光路系统时，若干涉条纹不清应调整（　　）。

A. 目镜　　B. 光源　　C. 微调螺旋　　D. 主调螺旋

答案：B

解析：光学瓦斯检定器的干涉条纹由光源产生，条纹不清晰应调整光源。

10. 带式输送机驱动滚筒下风侧（　　）处应当设置烟雾传感器，宜设置一氧化碳传感器。

A. 5～10 m　　B. 10～15 m　　C. 5～20 m　　D. 10～20 m

答案：B

解析：《煤矿防灭火细则》第五十五条　带式输送机驱动滚筒下风侧 10～15 m 处应当设置烟雾传感器，宜设置一氧化碳传感器。对于采用卸载滚筒作驱动滚筒的带式输送机，烟雾传感器应当安装在滚筒正上方。

11. 甲烷传感器应垂直悬挂，距顶板（顶梁、屋顶）不得大于（　　），距巷道侧壁（墙壁）不得小于（　　），并应安装维护方便，不影响行人和行车。

A. 300 mm，200 mm　　B. 200 mm，300 mm

C. 300 mm，100 mm　　D. 200 mm，200 mm

答案：A

解析：《煤矿安全监控系统及检测仪器使用管理规范》(AQ 1029—2019) 6.1.1　甲烷传感器应垂直悬挂，距顶板（顶梁、屋顶）不得大于 300 mm，距巷道侧壁（墙壁）不得小于 200 mm，并应安装维护方便，不影响行人和行车。

12. 开采容易自燃煤层的新建矿井应当采用分区式通风或者对角式通风。初期采用中央并列式通风的只能布置（　　）个采区生产。

A. 1　　B. 2　　C. 3　　D. 4

答案：A

解析：《煤矿防灭火细则》第十五条　开采容易自燃煤层的新建矿井应当采用分区式通风或者对角式通风。初期采用中央并列式通风的只能布置 1 个采区生产。

13. 采区进、回风巷的最高允许风速为（　　）。

A. 10 m/s　　B. 8 m/s　　C. 6 m/s　　D. 4 m/s

答案：C

解析：《煤矿安全规程》第一百三十六条　采区进、回风巷的风流最高允许速度为 6 m/s。

14. 作业人员每天接触噪声时间不足 8 h 的，可以根据实际接触噪声的时间，按照接触噪声时间减半、噪声声级限值增加（　　）的原则确定其声级限值。

A. 85 dB(A)　　B. 3 dB(A)　　C. 90 dB(A)　　D. 2 dB(A)

答案：B

解析：《煤矿安全规程》第六百五十七条　作业人员每天连续接触噪声时间达到或者超过 8 h 的，噪声声级限值 85 dB(A)。每天接触噪声时间不足 8 h 的，可以根据实际接触噪声的时间，按照接触噪声时间减半、噪声声级限值增加 3 dB(A) 的原则确定其声级限值。

15. 氧化氮、一氧化碳、氨、二氧化硫至少每（　　）个月监测 1 次，硫化氢至少每月监测（　　）次。

A. 3，1　　B. 2，1　　C. 4，1　　D. 1，2

答案：A

解析：《煤矿安全规程》第六百六十一条　氧化氮、一氧化碳、氨、二氧化硫至少每 3 个月监测 1 次，硫化氢至少每月监测 1 次。

16. 高瓦斯、突出矿井的煤巷、半煤岩巷和有瓦斯涌出的岩巷掘进工作面正常工作的局部通风机必须采用三专供电，专用变压器最多可向（　　）个不同掘进工作面的局部通风机供电。

A. 2　　　　　　B. 3　　　　　　C. 4　　　　　　D. 5

答案：C

解析：《煤矿安全规程》第一百六十四条　安装和使用局部通风机和风筒时，必须遵守下列规定：（三）高瓦斯、突出矿井的煤巷、半煤岩巷和有瓦斯涌出的岩巷掘进工作面正常工作的局部通风机必须配备安装同等能力的备用局部通风机，并能自动切换。正常工作的局部通风机必须采用三专（专用开关、专用电缆、专用变压器）供电，专用变压器最多可向4个不同掘进工作面的局部通风机供电；备用局部通风机电源必须取自同时带电的另一电源，当正常工作的局部通风机故障时，备用局部通风机能自动启动，保持掘进工作面正常通风。

17. 不得将矸石山设在进风井的主导风向上风侧、表土层（　　）以浅有煤层的地面上和漏风采空区上方的塌陷范围内。

A. 20 m　　　　B. 30 m　　　　C. 40 m　　　　D. 10 m

答案：D

解析：《煤矿防灭火细则》第三十一条　木料场、矸石山等堆放场距离进风井口不得小于80 m。木料场距离矸石山不得小于50 m。不得将矸石山设在进风井的主导风向上风侧、表土层10 m以浅有煤层的地面上和漏风采空区上方的塌陷范围内。

18. 井下充电室风流中以及局部积聚处的氢气浓度，不得超过（　　）。

A. 0.0024%　　　B. 0.004%　　　C. 0.5%　　　D. 1%

答案：C

解析：《煤矿安全规程》关于有害气体允许浓度，一氧化碳0.0024%；氨0.004%；1%一般为瓦斯的相关规定，第一百六十七条中规定了氢气允许浓度为0.5%。

19. 采掘工作面及其他作业地点风流中、电动机或者其开关安设地点附近20 m以内风流中的甲烷浓度达到1.5%时，下列说法正确的是（　　）。

A. 必须停止工作，撤出人员，切断电源，进行处理

B. 必须停止工作，切断电源，撤出人员，进行处理

C. 必须停止工作，撤出人员，查明原因，制定措施，进行处理

D. 必须停止工作，撤出人员，进行处理

答案：B

解析：《煤矿安全规程》第一百七十三条、第一百七十四条中，规定了在采掘工作面及其风流中、机电设备附近、瓦斯积聚等不同情形的处置措施以及其顺序。采掘工作面及风流中瓦斯超限采取措施为B；机电设备附近超限采取措施A；瓦斯积聚时措施为C；D为其他情形。故选B。

20. 矿井有害气体硫化氢最高允许浓度为（　　）。

A. 0.0066%　　　B. 0.00066%　　　C. 0.0006%　　　D. 0.0060%

答案：B

解析：《煤矿安全规程》第一百三十五条　井下空气成分必须符合下列要求：（一）采掘工作面的进风流中，氧气浓度不低于20%，二氧化碳浓度不超过0.5%。（二）有害气体的浓度不超过表4规定。甲烷、二氧化碳和氢气的允许浓度按本规程的有关规定执行。矿井中所有气体的浓度均按体积百分比计算。

表4　矿井有害气体最高允许浓度

名　　称	最高允许浓度/%	名　　称	最高允许浓度/%
一氧化碳 CO	0.0024	硫化氢 H_2S	0.00066
氧化氮（换算成 NO_2）	0.00025	氨 NH_3	0.004
二氧化硫 SO_2	0.0005		

21. 采煤工作面及其回风巷和回风隅角，高瓦斯和突出矿井采煤工作面回风巷长度大于（　　）时，回风巷中部必须设置甲烷传感器。

A. 500 m　　B. 1000 m　　C. 1500 m　　D. 2000 m

答案：B

解析：《煤矿安全规程》第四百九十九条　井下下列地点必须设置甲烷传感器：（一）采煤工作面及其回风巷和回风隅角，高瓦斯和突出矿井采煤工作面回风巷长度大于1000 m 时回风巷中部。

22. 含有瓦斯的混合气体中混入其他可燃性气体，会使瓦斯爆炸的界限（　　）。

A. 缩小　　B. 扩大　　C. 不变

答案：B

解析：含有瓦斯的混合气体中混入其他可燃性气体，会使瓦斯爆炸的下限降低，所以爆炸界限扩大。

23. 在采区回风巷、采掘工作面回风巷风流中瓦斯浓度超过（　　）或二氧化碳浓度超过1.5%时，必须停止工作，撤出人员，采取措施，进行处理。

A. 0.5%　　B. 0.75%　　C. 1.0%　　D. 1.5%

答案：C

解析：《煤矿安全规程》第一百七十二条　采区回风巷、采掘工作面回风巷风流中甲烷浓度超过1.0%或者二氧化碳浓度超过1.5%时，必须停止工作，撤出人员，采取措施，进行处理。

24. 在含爆炸性煤尘的空气中，氧气浓度低于（　　）时，煤尘不能爆炸。

A. 12%　　B. 15%　　C. 18%　　D. 20%

答案：C

解析：煤尘爆炸三要素之一氧气浓度不低于18%。

25. 封闭的带式输送机地面走廊内，带式输送机滚筒上方，甲烷传感器报警浓度、断电浓度、复电浓度分别为（　　）。

A. ≥1.0%；≥1.0%；<1.0　　B. ≥1.5%；≥1.5%；<1.5

C. ≥1.0%；≥1.5%；<1.0　　D. ≥1.5%；≥1.0%；<1.0

答案：B

解析：《煤矿安全规程》第四百九十八条　甲烷传感器（便携仪）的设置地点，报警、断电、复电浓度和断电范围必须符合表18的要求。

26. 带式输送机滚筒下风侧（　　）处应设置烟雾传感器。

A. 2 m　　B. 5 m　　C. 8 m　　D. 10～15 m

答案：D

解析：《煤矿安全监控系统及检测仪器使用管理规范》(AQ 1029—2019) 7.6　带式输送机滚筒下风侧 10～15 m 处应设置烟雾传感器。

27. 处理大面积火区，(　　) 方法最有效。

A. 清除可燃物灭火　　B. 均压灭火

C. 隔绝灭火　　D. 注氮灭火

答案：C

解析：大面积火灾，隔绝氧气灭火最有效。

28. 处理掘进工作面火灾时，应当 (　　) 状态，进行侦察后再采取措施。

A. 保持原有的通风　　B. 全矿反风

C. 区域反风　　D. 使风流短路

答案：A

解析：《煤矿安全规程》第七百一十二条　处理矿井火灾事故，应当遵守下列规定：(五) 处理掘进工作面火灾时，应当保持原有的通风状态，进行侦察后再采取措施。

29. 瓦斯在煤层中赋存状态有 (　　) 状态。

A. 游离　　B. 吸附

C. 吸附和游离　　D. 自由运动

答案：C

解析：瓦斯在煤层中有游离和吸附两种状态。

30. 矿井中有害气体 NH_3 的最高允许浓度为 (　　)。

A. 0.0066%　　B. 0.004%　　C. 0.0005%　　D. 0.0024%

答案：B

解析：《煤矿安全规程》第一百三十五条　井下空气成分必须符合下列要求：(一) 采掘工作面的进风流中，氧气浓度不低于 20%，二氧化碳浓度不超过 0.5%。(二) 有害气体的浓度不超过表 4 规定。甲烷、二氧化碳和氢气的允许浓度按本规程的有关规定执行。甲烷、二氧化碳和氢气的允许浓度按本规程的有关规定执行。矿井中所有气体的浓度均按体积百分比计算。

表 4　矿井有害气体最高允许浓度

名　称	最高允许浓度/%	名　称	最高允许浓度/%
一氧化碳 CO	0.0024	硫化氢 H_2S	0.00066
氧化氮 (换算成 NO_2)	0.00025	氨 NH_3	0.004
二氧化硫 SO_2	0.0005		

31. 风阻特征曲线是表示矿井或井巷 (　　) 关系的特征曲线。

A. 通风阻力和风速　　B. 通风阻力和风量

C. 风阻压力和风速　　D. 风阻压力和风量

答案：B

解析：风阻跟通风阻力和风量有关系。

32. 火区启封必须具备的条件中有火区的出水温度低于（　　），或与火灾发生前该区的日常出水温度相同。

A. 30 ℃　　B. 20 ℃　　C. 25 ℃

答案：C

解析：《煤矿安全规程》第二百七十九条　封闭的火区，只有经取样化验证实火已熄灭后，方可启封或者注销。火区同时具备下列条件时，方可认为火已熄灭：（一）火区内的空气温度下降到30 ℃以下，或者与火灾发生前该区的日常空气温度相同。（二）火区内空气中的氧气浓度降到5.0%以下。（三）火区内空气中不含有乙烯、乙炔，一氧化碳浓度在封闭期间内逐渐下降，并稳定在0.001%以下。（四）火区的出水温度低于25 ℃，或者与火灾发生前该区的日常出水温度相同。（五）上述4项指标持续稳定1个月以上。

33. 设有梯子间的井筒或者修理中的井筒，风速不得超过（　　）。

A. 10 m/s　　B. 8 m/s　　C. 5 m/s　　D. 3 m/s

答案：B

解析：《煤矿安全规程》第一百三十六条　井巷中的风流速度应当符合表5要求。设有梯子间的井筒或者修理中的井筒，风速不得超过8 m/s。

34. 停风区中甲烷浓度超过（　　）或者二氧化碳浓度超过（　　），最高甲烷浓度和二氧化碳浓度不超过（　　）时，必须采取安全措施，控制风流排放瓦斯。

A. 0.5%，1.0%，2.0%　　B. 1.0%，1.5%，1.5%

C. 1.0%，1.5%，2.0%　　D. 1.0%，1.5%，3.0%

答案：D

解析：《煤矿安全规程》第一百七十六条　停风区中甲烷浓度超过1.0%或者二氧化碳浓度超过1.5%，最高甲烷浓度和二氧化碳浓度不超过3.0%时，必须采取安全措施，控制风流排放瓦斯。

35. 任一采煤工作面的瓦斯涌出量大于（　　）或者任一掘进工作面瓦斯涌出量大于（　　），用通风方法解决瓦斯问题不合理的，必须建立地面永久抽采瓦斯系统或者井下临时抽采瓦斯系统。

A. 5 m^3/min，3 m^3/min　　B. 3 m^3/min，5 m^3/min

C. 3 m^3/min，2 m^3/min　　D. 5 m^3/min，2 m^3/min

答案：A

解析：《煤矿安全规程》第一百八十一条　突出矿井必须建立地面永久抽采瓦斯系统。有下列情况之一的矿井，必须建立地面永久抽采瓦斯系统或者井下临时抽采瓦斯系统：

（一）任一采煤工作面的瓦斯涌出量大于5 m^3/min或者任一掘进工作面瓦斯涌出量大于3 m^3/min，用通风方法解决瓦斯问题不合理的。（二）矿井绝对瓦斯涌出量达到下列条件的：1. 大于或者等于40 m^3/min；2. 年产量1.0～1.5 Mt的矿井，大于30 m^3/min；3. 年产量0.6～1.0 Mt的矿井，大于25 m^3/min；4. 年产量0.4～0.6 Mt的矿井，大于20 m^3/min；5. 年产量小于或者等于0.4 Mt的矿井，大于15 m^3/min。

36. 干式抽采瓦斯设备时，抽采瓦斯浓度不得低于（　　）。

A. 15%　　　B. 20%　　　C. 25%　　　D. 30%

答案：C

解析：《煤矿安全规程》第一百八十四条　抽采瓦斯必须遵守下列规定：（三）采用干式抽采瓦斯设备时，抽采瓦斯浓度不得低于25%。

37. 开采的保护层采煤工作面，必须超前于被保护层的掘进工作面，其超前距离不得小于保护层与被保护层之间法向距离的3倍，并不得小于（　　）。

A. 100 m　　　B. 800 m　　　C. 60 m　　　D. 50 m

答案：A

解析：《煤矿安全规程》第二百零五条　有效保护范围的划定及有关参数应当实际考察确定。正在开采的保护层采煤工作面，必须超前于被保护层的掘进工作面，其超前距离不得小于保护层与被保护层之间法向距离的3倍，并不得小于100 m。

38. 使用煤矿用防爆型柴油动力装置机车运输的矿井，行驶车辆巷道的供风量还应当按同时运行的最多车辆数增加巷道配风量，配风量不小于（　　）。

A. 4 m^3/(min・kW)　　　B. 5 m^3/(min・kW)

C. 8 m^3/(min・kW)　　　D. 10 m^3/(min・kW)

答案：A

解析：《煤矿安全规程》第一百三十八条　使用煤矿用防爆型柴油动力装置机车运输的矿井，行驶车辆巷道的供风量还应当按同时运行的最多车辆数增加巷道配风量，配风量不小于4 m^3/(min・kW)。

39. 箕斗提升井或装有带式输送机的井筒兼作风井时，井筒中必须装设（　　）装置和敷设消防管路。

A. 自动灭火　　　B. 自动报警灭火

C. 灭火　　　D. 隔爆

答案：B

解析：《煤矿安全规程》第一百四十五条　箕斗提升井或者装有带式输送机的井筒兼作风井使用时，必须遵守下列规定：（一）生产矿井现有箕斗提升井兼作回风井时，井上下装、卸载装置和井塔（架）必须有防尘和封闭措施，其漏风率不得超过15%。装有带式输送机的井筒兼作回风井时，井筒中的风速不得超过6 m/s，且必须装设甲烷断电仪。（二）箕斗提升井或者装有带式输送机的井筒兼作进风井时，箕斗提升井筒中的风速不得超过6 m/s、装有带式输送机的井筒中的风速不得超过4 m/s，并有防尘措施。装有带式输送机的井筒中必须装设自动报警灭火装置、敷设消防管路。

40. 至少（　　）检查一次主要通风机。

A. 每月　　　B. 每季度　　　C. 每年

答案：A

解析：《煤矿安全规程》第一百五十八条（六）至少每月检查1次主要通风机。改变主要通风机转数、叶片角度或者对旋式主要通风机运转级数时，必须经矿总工程师批准。

41. 井下个别机电设备设在回风流中的，必须安装甲烷传感器并具备（　　）功能。

A. 甲烷超限断电　　　B. 甲烷超限报警

C. 甲烷电闭锁

答案：C

解析：《煤矿安全规程》第一百六十八条　井下机电设备硐室必须设在进风风流中；采用扩散通风的硐室，其深度不得超过 6 m、入口宽度不得小于 1.5 m，并且无瓦斯涌出。井下个别机电设备设在回风流中的，必须安装甲烷传感器并实现甲烷电闭锁。采区变电所及实现采区变电所功能的中央变电所必须有独立的通风系统。

42. 专用排瓦斯巷回风流的瓦斯浓度不得超过 2.5%，风速不得低于（　　）。

A. 0.25 m/s　　B. 1.0 m/s　　C. 0.5 m/s　　D. 0.2 m/s

答案：C

解析：专用排瓦斯巷回风流的瓦斯浓度不得超过 2.5%，风速不得低于 0.5 m/s。

43. 专用排瓦斯巷内必须安设甲烷传感器，甲烷传感器应当悬挂在距专用排瓦斯巷回风口（　　）处。

A. 10 m　　B. 15 m　　C. 5～10 m　　D. 10～15 m

答案：D

44. 抽放瓦斯泵及其附属设备，至少应有（　　）套备用。

A. 4　　B. 3　　C. 2　　D. 1

答案：D

解析：《煤矿安全规程》第一百八十二条（三）抽采瓦斯泵及其附属设备，至少应当有 1 套备用，备用泵能力不得小于运行泵中最大一台单泵的能力。

45. 高瓦斯矿井、突出矿井和有煤尘爆炸危险的矿井，煤巷和半煤岩巷掘进工作面应当安设（　　）设施。

A. 隔爆　　B. 防爆　　C. 隔（抑）爆

答案：A

解析：《煤矿安全规程》第一百八十八条　高瓦斯矿井、突出矿井和有煤尘爆炸危险的矿井，煤巷和半煤岩巷掘进工作面应当安设隔爆设施。

46. 通风值班人员必须审阅瓦斯班报，掌握瓦斯变化情况，发现问题及时处理，并向（　　）汇报。

A. 矿长　　B. 矿技术负责人

C. 通风区队长　　D. 矿调度室

答案：D

解析：煤矿安全规程第一百八十条　通风值班人员必须审阅瓦斯班报，掌握瓦斯变化情况，发现问题，及时处理，并向矿调度室汇报。通风瓦斯日报必须送矿长、矿总工程师审阅，一矿多井的矿必须同时送井长、井技术负责人审阅。对重大的通风、瓦斯问题，应当制定措施，进行处理。

47. 电气设备着火时，首先应该切断电源，在切断电源前，只准用（　　）进行灭火。

A. 铁板　　B. 撬棍

C. 水　　D. 不导电的灭火器材

答案：D

解析：《煤矿安全规程》第二百七十五条　矿值班调度和在现场的区、队、班组长应当依照灾害预防和处理计划的规定，将所有可能受火灾威胁区域的人员撤离，并组织人员灭火。电气设备着火时，应当首先切断其电源；在切断电源前，必须使用不导电的灭火器材进行灭火。

48. 煤层倾角在（　　）度及以上的火区下部区段严禁进行采掘工作。

A. 15　　B. 25　　C. 35　　D. 45

答案：C

解析：《煤矿安全规程》第二百八十一条　不得在火区的同一煤层的周围进行采掘工作。在同一煤层同一水平的火区两侧、煤层倾角小于35°的火区下部区段、火区下方邻近煤层进行采掘时，必须编制设计，并遵守下列规定：（一）必须留有足够宽（厚）度的隔离火区煤（岩）柱，回采时及回采后能有效隔离火区，不影响火区的灭火工作。

（二）掘进巷道时，必须有防止误冒、误透火区的安全措施。煤层倾角在35°及以上的火区下部区段严禁进行采掘工作。

49. 准备采区，必须在采区构成（　　）后，方可开掘其他巷道。

A. 掘进系统　　B. 通风系统

C. 排水系统　　D. 运输系统

答案：B

解析：《煤矿安全规程》第一百四十九条　生产水平和采（盘）区必须实行分区通风、准备采区，必须在采区构成通风系统后，方可开掘其他巷道；采用倾斜长壁布置的，大巷必须至少超前2个区段，并构成通风系统后，方可开掘其他巷道。采煤工作面必须在采（盘）区构成完整的通风、排水系统后，方可回采。

50. 总粉尘浓度，井工煤矿每月测定（　　）次；露天煤矿每月测定（　　）次。

A. 1；1　　B. 1；2　　C. 2；1　　D. 2；2

答案：C

解析：《煤矿安全规程》第六百四十二条　煤矿必须对生产性粉尘进行监测，并遵守下列规定：（一）总粉尘浓度，井工煤矿每月测定2次；露天煤矿每月测定1次。粉尘分散度每6月测定1次。（二）呼吸性粉尘浓度每月测定1次。（三）粉尘中游离 SiO_2 含量每6个月测定1次，在变更工作面时也必须测定1次。（四）开采深度大于200 m的露天煤矿，在气压较低的季节应当适当增加测定次数。

51. 矿井应当在地面建永久性消防防尘储水池，储水池必须经常保持不少于（　　）m^3 的水量。

A. 100　　B. 200　　C. 300　　D. 500

答案：B

解析：《煤矿安全规程》第六百四十四条　矿井必须建立消防防尘供水系统，并遵守下列规定：应当在地面建永久性消防防尘储水池，储水池必须经常保持不少于200 m^3 的水量。备用水池贮水量不得小于储水池的一半。

52. 喷射混凝土时，距离喷浆作业点下风流（　　）内，应当设置风流净化水幕。

A. 50 m　　B. 100 m　　C. 150 m　　D. 200 m

答案：B

解析：《煤矿安全规程》第六百五十三条　喷射混凝土时，应当采用潮喷或者湿喷工艺，并配备除尘装置对上料口、余气口除尘。距离喷浆作业点下风流 100 m 内，应当设置风流净化水幕。

53. 有热害的井工煤矿无法达到环境温度要求时，应当采用（　　）降温措施。

A. 人工制冷　　B. 自然制冷　　C. 机械制冷　　D. 通风制冷

答案：C

解析：《煤矿安全规程》第六百五十六条　有热害的井工煤矿应当采取通风等非机械制冷降温措施。无法达到环境温度要求时，应当采用机械制冷降温措施。

54. 用垮落法控制顶板，回柱后顶板不垮落、悬顶距离超过作业规程的规定时，必须停止采煤，采取（　　）或其他措施进行处理。

A. 增加支护密度　　B. 人工强制放顶

C. 工作面加打木垛

答案：B

解析：《煤矿安全规程》第一百零五条　采煤工作面用垮落法管理顶板时，必须及时放顶。顶板不垮落、悬顶距离超过作业规程规定的，必须停止采煤，采取人工强制放顶或者其他措施进行处理。

55. 按照《煤矿安全规程》的规定，粉尘中游离二氧化硅含量，每（　　）个月测定一次，在变更工作面时也必须测定 1 次。

A. 3　　B. 6　　C. 12　　D. 24

答案：B

解析：《煤矿安全规程》第六百四十二条　煤矿必须对生产性粉尘进行监测，并遵守下列规定：（一）总粉尘浓度，井工煤矿每月测定 2 次；露天煤矿每月测定 1 次。粉尘分散度每 6 个月测定 1 次。（二）呼吸性粉尘浓度每月测定 1 次。（三）粉尘中游离 SiO_2 含量每 6 个月测定 1 次，在变更工作面时也必须测定 1 次。

56. 防尘用水水质悬浮物的粒径不大于（　　）。

A. 0.1 mm　　B. 0.2 mm　　C. 0.3 mm　　D. 0.5 mm

答案：C

解析：《煤矿安全规程》第六百四十四条　矿井必须建立消防防尘供水系统，并遵守下列规定：（一）应当在地面建永久性消防防尘储水池，储水池必须经常保持不少于 200 m^3 的水量。备用水池贮水量不得小于储水池的一半。（二）防尘用水水质悬浮物的含量不得超过 30 mg/L，粒径不大于 0.3 mm，水的 pH 值在 6 ~ 9 范围内，水的碳酸盐硬度不超过 3 mmol/L。

57. 矿井中有害气体 NH_3，的最高允许浓度为（　　）。

A. 0.0066%　　B. 0.004%　　C. 0.0005%　　D. 0.0024%

答案：B

解析：《煤矿安全规程》第一百三十五条　矿井有害气体最高允许浓度，氨（NH_3）最高允许浓度不得超过 0.004% 。

58. 井下停风地点栅栏外风流中的甲烷浓度每天至少检查（　　）。

A. 1 次　　B. 2 次　　C. 3 次　　D. 4 次

答案：A

解析:《煤矿安全规程》第一百八十条　矿井必须建立甲烷、二氧化碳和其他有害气体检查制度，并遵守下列规定:（七）井下停风地点栅栏外风流中的甲烷浓度每天至少检查 1 次，密闭外的甲烷浓度每周至少检查 1 次。

59. 对于未进行作业的采掘工作面，可能涌出或者积聚甲烷、二氧化碳的硐室和巷道，应当每班至少检查（　　）甲烷、二氧化碳浓度。

A. 1 次　　B. 2 次　　C. 3 次　　D. 经常检查

答案：A

解析:《煤矿安全规程》第一百八十条　矿井必须建立甲烷、二氧化碳和其他有害气体检查制度，并遵守下列规定:（三）采掘工作面的甲烷浓度检查次数如下:

1. 低瓦斯矿井，每班至少 2 次；2. 高瓦斯矿井，每班至少 3 次；3. 突出煤层、有瓦斯喷出危险或者瓦斯涌出较大、变化异常的采掘工作面，必须有专人经常检查。（四）采掘工作面二氧化碳浓度应当每班至少检查 2 次；有煤（岩）与二氧化碳突出危险或者二氧化碳涌出量较大、变化异常的采掘工作面，必须有专人经常检查二氧化碳浓度。对于未进行作业的采掘工作面，可能涌出或者积聚甲烷、二氧化碳的硐室和巷道，应当每班至少检查 1 次甲烷、二氧化碳浓度。

60. 开采深度越深，煤层瓦斯含量越（　　），瓦斯涌出量越（　　）；开拓与开采范围越大，瓦斯涌出的暴露面积越（　　），其涌出量也就越（　　）；在其他开采条件相同时，产量越高的矿井，其瓦斯涌出量一般较大。

A. 高、大；大、大　　B. 高、小；大、大

C. 低、大；大、大　　D. 高、小；大、大

答案：A

解析：开采规模是指矿井的开采深度、开拓与开采的范围及矿井产量而言。开采深度越深，煤层瓦斯含量越高，瓦斯涌出量越大；开拓与开采范围越大，瓦斯涌出的暴露面积越大，其涌出量也就越大；在其他开采条件相同时，产量越高的矿井，其瓦斯涌出量一般较大。

61. 当大气压力突然降低时，瓦斯涌出的压力就（　　）风流压力，就破坏了原来的相对平衡状态，瓦斯涌出量就会（　　）；反之，瓦斯涌出量变小。因此，当地面大气压力突然下降时，必须百倍警惕，加强瓦斯检查与管理。否则，可能造成重大事故。

A. 高于、增大　　B. 高于、降低

C. 低于、增大　　D. 低于、降低

答案：A

解析：地面大气压力的变化对涌出量的影响：当大气压力突然降低时，瓦斯涌出的压力就高于风流压力，就破坏了原来的相对平衡状态，瓦斯涌出量就会增大；反之，瓦斯涌出量变小。因此，当地面大气压力突然下降时，必须百倍警惕，加强瓦斯检查与管理。否则，可能造成重大事故。

62. 为有效地治理瓦斯，每一矿井都要掌握影响瓦斯涌出的主要因素和各涌出来源在总量中所占的比重，这是矿井风量分配和日常瓦斯治理工作的基础。一般是将全矿的瓦斯来源分为回采区、掘进区和（　　）三部分。

A. 通风区　　B. 采空区　　C. 邻近区　　D. 已采区

答案：D

解析：从瓦斯涌出的地点和分布状况看，瓦斯涌出的来源和构成可分为：①掘进区：即煤或半煤岩掘进时，从巷壁和落煤中涌出的瓦斯；②回采区：即采煤工作面煤壁、巷壁和落煤中涌出的瓦斯；③已采区：即已采区的顶底板和浮煤中涌出的瓦斯。以上三部分瓦斯构成了矿井瓦斯涌出总量（不包括抽放瓦斯量），其比例大多随生产条件的改变而改变。

63. 某煤矿采煤工作面因自燃发火而封闭，并对该工作面采用了均压通风和黄泥灌浆等措施进行处理。一年后，经过连续 2 个月取样化验分析，火区内氧气浓度为 4% ~5%，一氧化碳浓度在 0.001% 以下，未检测到乙烯和乙炔，火区的出水温度为 22 ℃ ~24 ℃，则该火区（　　）。

A. 可以启封　　B. 1 个月后可以启封

C. 6 个月后可以启封　　D. 不能启封

答案：D

解析：《煤矿安全规程》第二百七十九条　封闭的火区只有经取样化验证实火已熄灭后，方可启封或注销。火区同时具备下列条件时，方可认为火已经熄灭：①火区内的空气温度下降到 30 ℃以下，或与火灾发生前该区的空气日常温度相同；②火区内空气中的氧气浓度降到 5% 以下；③火区空气中不含乙烯、乙炔，一氧化碳浓度在封闭期间逐渐下降，并稳定在 0.001% 以下；④火区内的出水温度低于 25 ℃，或与火灾发生前该区的日常出水温度相同；⑤以上 4 项指标持续稳定的时间在 1 个月以上。

64. 某高瓦斯大型矿井投产时，在矿井工业广场内布置有主斜井、副斜井。在距工业广场 3 km 井田上部边界的中间布置回风立井。矿井生产初期，新鲜风流从主、副斜井进入，乏风从回风立井抽出。该矿井通风方式为（　　）。

A. 中央并列式　　B. 中央分列式

C. 两翼对角式　　D. 混合式

答案：B

解析：在矿井通风系统中，中央分列式通风方式是指进风井布置在矿区井田中央，回风井布置在矿区井田山部边界沿走向的中央，相间隔一定距离。

65. 石门揭穿突出煤层在工作面距煤层法线距离（　　）之外，至少打 2 个前探钻孔，掌握煤层赋存条件、地质构造、瓦斯情况。

A. 10 m　　B. 15 m　　C. 20 m　　D. 25 m

答案：A

解析：《煤矿安全规程》第二百一十四条　井巷揭穿（开）突出煤层必须遵守下列规定：

（一）在工作面距煤层法向距离 10 m（地质构造复杂、岩石破碎的区域 20 m）之外，至少施工 2 个前探钻孔，掌握煤层赋存条件、地质构造、瓦斯情况等。

66. 工作面瓦斯地质图更新周期不得超过（　　）个月。

A. 1　　B. 2　　C. 3　　D. 6

答案：C

解析：《防治煤与瓦斯突出细则》第二十五条突出矿井地质测量工作必须遵守下列规定：

（一）地质测量部门与防突机构、通风部门共同编制矿井瓦斯地质图。图中应当标明采掘进度、被保护范围、煤层赋存条件、地质构造、突出点的位置、突出强度、瓦斯基本参数及绝对瓦斯涌出量和相对瓦斯涌出量等资料，作为区域突出危险性预测和制定防突措施的依据。矿井瓦斯地质图更新周期不得超过1年、工作面瓦斯地质图更新周期不得超过3个月。

67. 利用瓦斯时，抽放瓦斯浓度不得低于（　　）。

A. 20%　　B. 30%　　C. 35%　　D. 40%

答案：B

解析：《煤矿安全规程》第一百八十四条（五）抽采的瓦斯浓度低于30%时，不得作为燃气直接燃烧。进行管道输送、瓦斯利用或者排空时，必须按有关标准的规定执行，并制定安全技术措施。

68. 利用临时瓦斯抽放泵站抽出的瓦斯排入回风巷时，管路出口下风侧设置的栅栏距管路出口距离为（　　）。

A. 5 m　　B. 10 m　　C. 15 m　　D. 30 m

答案：D

解析：《煤矿安全规程》第一百八十三条（三）抽出的瓦斯排入回风巷时，在排瓦斯管路出口必须设置栅栏、悬挂警戒牌等。栅栏设置的位置是上风侧距管路出口5 m、下风侧距管路出口30 m，两栅栏间禁止任何作业。

69.《煤矿安全规程》规定，年产量1～1.5 Mt的矿井，绝对瓦斯涌出量大于或等于（　　）时，必须建立永久瓦斯抽放系统或井下临时瓦斯抽放系统。

A. 10 m^3/min　　B. 20 m^3/min　　C. 30 m^3/min　　D. 40 m^3/min

答案：C

解析：《煤矿安全规程》第一百八十一条第二款规定。

70. 下列（　　）不属于突出矿井煤层瓦斯的基本参数。

A. 煤层瓦斯压力　　B. 煤层瓦斯含量

C. 煤层透气性系数　　D. 钻孔瓦斯涌出初速度

答案：D

解析：突出矿井煤层瓦斯的基本参数主要有：煤层瓦斯压力、煤层瓦斯含量、煤层透气性系数等。钻孔瓦斯涌出初速度是表征钻孔瓦斯自然涌出特征的参数。

71. 立井中升降人员或升降人员和物料的提升装置，卷筒上缠绕的钢丝绳层数不准超过（　　）层。

A. 1　　B. 2　　C. 3

答案：A

解析：《煤矿安全规程》第四百一十八条　各种提升装置的卷筒上缠绕的钢丝绳层数，必须符合下列要求：立井中升降人员或者升降人员和物料的不超过1层，专为升降物料的不超过2层。当第1层钢丝绳缠绕到滚筒边缘后，开始缠第2层钢丝绳的第1圈时，由于第1层最后一圈绳与滚筒端板之间的间隙越来越小，小到容纳不了一条钢丝绳时，钢丝绳便跳到第 1 层钢丝绳两圈之间的间隙槽中，这一跳动引起了钢丝绳的突然抖动，使钢丝绳的张力突然加大，如果是提升或下放人车，乘车人员会有速度突变的感觉，对于不了解原因的人，会产生心理负担和精神刺激，在立井提升中感觉尤为明显，所以立井提人绞车只允许缠绕 1 层钢丝绳。

72. 立井提升速度超过（　　）的提升绞车必须装设限速装置。

A. 2 m/s　　　　B. 2.5 m/s　　　　C. 3 m/s

答案：C

解析：《煤矿安全规程》第四百二十三条　提升装置必须按下列要求装设安全保护：限速装置提升速度超过 3 m/s 的提升机应当装设限速保护，以保证提升容器或者平衡锤到达终端位置时的速度不超过 2 m/s。限速装置是保护提升绞车在加速、全速和减速阶段的运行速度都不超过设计速度的 10% 。

73. 提升绞车的盘式制动闸的空动时间不得超过（　　）。

A. 0.1 s　　　　B. 0.3 s　　　　C. 0.5 s

答案：B

解析：《煤矿安全规程》第四百二十六条　提升机机械制动装置的性能，制动闸空动时间：盘式制动装置不得超过 0.3 s，径向制动装置不得超过 0.5 s。为了使事故的影响控制在最小，保险闸的空动时间越短越好。由于各种方式的保险制动所能达到的最快速度和闸瓦间隙不同，空动时间也不同，当达不到规定的空动时间时，必须查找原因，及时处理。

74. 停风的独头巷道口的栅栏内侧 1 m 处瓦斯浓度超过（　　），应采用木板密闭予以封闭。

A. 1%　　　　B. 2%　　　　C. 3%

答案：C

解析：独头巷道口要设置栅栏，并增设瓦斯检查牌板，挂上警标严禁人员入内，停风的独头巷道每班在栅栏处至少检查一次瓦斯。如发现栅栏内 1 m 处浓度超过 3% ，应采用木段或木板、黄泥进行封闭。

75. 装载点的放煤口距矿车不得大于（　　），并要安装自动控制装置，实现自动喷雾。

A. 0.3 m　　　　B. 0.5 m　　　　C. 0.8 m

答案：B

解析：装载点放煤口应设喷雾装置，喷雾应覆盖煤流，放煤口距矿车边缘不得大于 0.5 m，装卸载点下风侧 20 m 内应安设净化水幕。

76. 重大事故应急救援体系应实行分级响应机制，其中三级响应级别是指（　　）。

A. 需要多个政府部门协作解决的

B. 需要国家的力量解决的

C. 必须利用一个城市所有部门的力量解决的

答案：C

解析：重大事故应急救援体系应实行分级响应机制，响应机制强度由一级至四级依次减弱。其中第三级响应级别是指必须利用一个城市所有部门的力量解决的，或者需要城市的各个部门同城市以外的机构联合起来处理各种紧急情况，通常政府要宣布进入紧急状态。A 项属于二级，B 项属于一级。

77. 一个采煤工作面的绝对瓦斯涌出量大于（　　）时，用通风方法解决瓦斯问题不合理的，必须建立抽采系统。

A. 2 m^3/min　　B. 3 m^3/min　　C. 5 m^3/min

答案：C

解析：《煤矿安全规程》第一百八十一条　任一采煤工作面的瓦斯涌出量大于 5 m^3/min 或者任一掘进工作面瓦斯涌出量大于 3 m^3/min，用通风方法解决瓦斯问题不合理的，必须建立地面永久抽采瓦斯系统或者井下临时抽采瓦斯系统。

78. （　　）矿井，必须装备矿井安全监控系统。

A. 高瓦斯　　B. 煤与瓦斯突出　　C. 低瓦斯　　D. 所有

答案：D

解析：《煤矿安全规程》第四百八十七条　所有矿井必须装备安全监控系统、人员位置监测系统、有线调度通信系统。

79. 挡风墙外的瓦斯浓度至少每（　　）检查 1 次。

A. 天　　B. 周　　C. 月　　D. 年

答案：B

解析：《煤矿安全规程》第一百八十条　矿井必须建立甲烷、二氧化碳和其他有害气体检查制度，并遵守下列规定：（七）井下停风地点栅栏外风流中的甲烷浓度每天至少检查 1 次，密闭外的甲烷浓度每周至少检查 1 次。

80. 电焊、气焊和喷灯焊接等工作地点的风流中，甲烷浓度不得超过（　　），只有在检查证明作业地点附近（　　）范围内巷道顶部和支护背板后无瓦斯积存时，方可进行作业。

A. 0.5%，10 m　　B. 1%，10 m　　C. 0.5%，20 m　　D. 1%，20 m

答案：C

解析：《煤矿安全规程》第二百五十四条　电焊、气焊和喷灯焊接等工作地点的风流中，甲烷浓度不得超过 0.5%，只有在检查证明作业地点附近 20 m 范围内巷道顶部和支护背板后无瓦斯积存时，方可进行作业。

81. 矿井反风时，主要通风机的供给风量不小于正常风量的（　　）。

A. 30%　　B. 40%　　C. 50%　　D. 60%

答案：B

解析：《煤矿安全规程》第一百五十九条　生产矿井主要通风机必须装有反风设施，并能在 10 min 内改变巷道中的风流方向；当风流方向改变后，主要通风机的供给风量不应小于正常供风量的 40%。

82. 矿井中有害气体 NH_3 的最高允许浓度为（　　）。

A. 0.0066%　　B. 0.004%　　C. 0.0005%　　D. 0.0024%

答案：B

解析：《煤矿安全规程》第一百三十五条　矿井有害气体最高允许浓度，氨 NH_3 最高允许浓度不得超过 0.004%。

83. 配制甲烷校准气样的装置和方法必须符合国家有关标准，相对误差必须小于（　　）。

A. 5%　　　　B. 6%　　　　C. 10%　　　　D. 15%

答案：A

解析：《煤矿安全规程》第四百九十七条　配制甲烷校准气样的装备和方法必须符合国家有关标准，选用纯度不低于 99.9% 的甲烷标准气体作原料气。配制好的甲烷校准气体不确定度应当小于 5%。

84. 掘进的工作面每次爆破前，必须派专人和瓦斯检查工共同到停掘的工作面检查工作面及其回风流中的瓦斯浓度，瓦斯浓度超限时，必须先停止在掘工作面的工作，然后处理瓦斯，只有在 2 个工作面及其回风流中的甲烷浓度都在（　　）以下时，掘进的工作面方可爆破。每次爆破前，2 个工作面入口必须有专人警戒。

A. 1%　　　　B. 0.5%　　　　C. 0.75%　　　　D. 1.5%

答案：A

解析：《煤矿安全规程》第一百四十三条　贯通巷道必须遵守下列规定：（一）巷道贯通前应当制定贯通专项措施。综合机械化掘进巷道在相距 50 m 前、其他巷道在相距 20 m 前，必须停止一个工作面作业，做好调整通风系统的准备工作。停掘的工作面必须保持正常通风，设置栅栏及警标，每班必须检查风筒的完好状况和工作面及其回风流中的瓦斯浓度，瓦斯浓度超限时，必须立即处理。掘进的工作面每次爆破前，必须派专人和瓦斯检查工共同到停掘的工作面检查工作面及其回风流中的瓦斯浓度，瓦斯浓度超限时，必须先停止在掘工作面的工作，然后处理瓦斯，只有在 2 个工作面及其回风流中的甲烷浓度都在 1.0% 以下时，掘进的工作面方可爆破。每次爆破前，2 个工作面入口必须有专人警戒。（二）贯通时，必须由专人在现场统一指挥。（三）贯通后，必须停止采区内的一切工作，立即调整通风系统，风流稳定后，方可恢复工作。间距小于 20 m 的平行巷道的联络巷贯通，必须遵守以上规定。

85. 采空区必须及时封闭。必须随采煤工作面的推进逐个封闭通至采空区的连通巷道。采区开采结束后（　　）内，必须在所有与已采区相连通的巷道中设置密闭墙，全部封闭采区。

A. 40 天　　　　B. 45 天　　　　C. 44 天　　　　D. 50 天

答案：B

解析：《煤矿安全规程》第一百五十四条　采空区必须及时封闭。必须随采煤工作面的推进逐个封闭通至采空区的连通巷道。采区开采结束后 45 天内，必须在所有与已采区相连通的巷道中设置密闭墙，全部封闭采区。

86. 地面泵房必须用不燃性材料建筑，并必须有防雷电装置，其距进风井口和主要建筑物不得小于（　　），并用栅栏或者围墙保护。

A. 20 m　　　　B. 30 m　　　　C. 40 m　　　　D. 50 m

答案：D

解析：《煤矿安全规程》第一百八十二条（一）地面泵房必须用不燃性材料建筑，并必须有防雷电装置，其距进风井口和主要建筑物不得小于 50 m，并用栅栏或者围墙保护。（二）地面泵房和泵房周围 20 m 范围内，禁止堆积易燃物和有明火。

87. 井下停风地点栅栏外风流中的甲烷浓度每天至少检查（　　）。

A. 1 次　　B. 2 次　　C. 3 次　　D. 4 次

答案：A

解析：《煤矿安全规程》第一百八十条　矿井必须建立甲烷、二氧化碳和其他有害气体检查制度，并遵守下列规定：（七）井下停风地点栅栏外风流中的甲烷浓度每天至少检查1 次，密闭外的甲烷浓度每周至少检查1 次。

88. 在有自然发火危险的矿井，必须定期检查（　　）浓度、气体、温度等变化情况。

A. 甲烷　　B. 二氧化碳　　C. 一氧化碳　　D. 氢气

答案：C

解析：《煤矿安全规程》第一百八十条　矿井必须建立甲烷、二氧化碳和其他有害气体检查制度，并遵守下列规定：（六）在有自然发火危险的矿井，必须定期检查一氧化碳浓度、气体温度等变化情况。

89. 呼吸性粉尘浓度每月测定（　　）次。

A. 1　　B. 2　　C. 3　　D. 4

答案：A

解析：《煤矿安全规程》第六百四十二条（二）呼吸性粉尘浓度每月测定 1 次。

90. 采用氮气防灭火时，氮气源要稳定可靠，注入的氮气浓度不小于（　　）。

A. 95%　　B. 97%　　C. 98%　　D. 99%

答案：B

解析：《煤矿安全规程》第二百七十一条　采用氮气防灭火时，应当遵守下列规定：（二）注入的氮气浓度不小于 97%。

91. 井下消防管路系统应当敷设到采掘工作面，每隔（　　）设置支管和阀门。

A. 50 m　　B. 100 m　　C. 150 m　　D. 200 m

答案：B

解析：《煤矿防灭火细则》第三十三条　矿井必须设地面消防水池和井下消防管路系统，并符合下列规定：（二）井下消防管路系统应当敷设到采掘工作面，每隔 100 m 设置支管和阀门，但在带式输送机巷道中应当每隔 50 m 设置支管和阀门。

92. 井下柴油最大贮存量不得超过矿井（　　）天柴油需要量。专用贮存硐室应当满足井下机电设备硐室的安全要求。

A. 10　　B. 5　　C. 3　　D. 1

答案：C

解析：《煤矿防灭火细则》第四十一条　井下使用柴油机车，如确需在井下贮存柴油的，必须设有独立通风的专用贮存硐室，并制定安全措施。井下柴油最大贮存量不得超过矿井 3 天柴油需要量。专用贮存硐室应当满足井下机电设备硐室的安全要求。

93. 所有开采煤层应当通过统计法、类比法或者实验测定等方法确定煤层（　　）自然发火期。

A. 最长　　B. 平均　　C. 最短

答案：C

解析：《煤矿防灭火细则》第十三条　所有开采煤层应当通过统计法、类比法或者实验测定等方法确定煤层最短自然发火期。

94. 开采不易自燃煤层曾发生自燃火灾或者自然发火征兆的矿井，应当建立自然发火（　　），采取综合预防煤层自然发火的措施，加强防灭火管理。

A. 束管监测系统　　B. 监测系统　　C. 监控系统

答案：B

解析：《煤矿防灭火细则》第二十八条　开采不易自燃煤层的矿井，应当定期开展自然发火监测工作。开采不易自燃煤层曾发生自燃火灾或者自然发火征兆的矿井，应当建立自然发火监测系统，采取综合预防煤层自然发火的措施，加强防灭火管理。

95. 突出煤层采掘工作面每组压风自救装置应当可供 5 ~ 8 人使用，平均每人的压缩空气供给量不得少于（　　）。

A. 0.1 m^3/min　　B. 0.2 m^3/min　　C. 0.4 m^3/min　　D. 0.6 m^3/min

答案：A

解析：《防治煤与瓦斯突出细则》第一百二十一条　突出煤层采掘工作面压风自救装置安装在掘进工作面巷道和采煤工作面巷道内的压缩空气管道上；每组压风自救装置应当可供 5 ~ 8 人使用，平均每人的压缩空气供给量不得少于 0.1 m^3/min。

96. 矿井有害气体硫化氢最高允许浓度为（　　）。

A. 0.0066%　　B. 0.00066%　　C. 0.0006%　　D. 0.0060%

答案：B

解析：《煤矿安全规程》第一百三十五条　井下空气成分必须符合下列要求：采掘工作面的进风流中，氧气浓度不低于 20%，二氧化碳浓度不超过 0.5%。有害气体硫化氢的浓度不超过 0.00066%。

97. 风阻特征曲线是表示矿井或井巷（　　）关系的特征曲线。

A. 通风阻力和风速　　B. 通风阻力和风量

C. 风阻压力和风速　　D. 风阻压力和风量

答案：B

98. 在煤自燃过程中，（　　）的温度不会明显地升高。

A. 潜伏期　　B. 自热期　　C. 自燃期　　D. 窒息期

答案：A

解析：煤炭在常温下能吸附空气中的氧，并在煤的表面生成不稳定的氧化物，此时生成的热量很少，能及时散发掉。因此，煤体温度不会升高。

99. （　　）将光线经过两次 90°反射后折回到平面镜。

A. 聚光镜组　　B. 平面镜组　　C. 反射镜组　　D. 折光棱镜组

答案：D

解析：折光棱镜是将入射光做两次 90°全反射后折回平面镜，折光棱镜是产生干涉条纹的主要组件。

100. （　　）用以调整干涉条纹宽窄的。

A. 聚光镜　　B. 平面镜　　C. 反射棱镜　　D. 物镜

答案：B

解析：平面镜是用来调整干涉条纹宽窄的主要组件。

二、多选题

1. “自然发火严重，未采取有效措施”重大事故隐患，是指有下列情形之一的（　　）。

A. 开采容易自燃和自燃煤层的矿井，未编制防灭火专项设计或者未采取综合防灭火措施的

B. 高瓦斯矿井采用放顶煤采煤法不能有效防治煤层自然发火的

C. 有自然发火征兆没有采取相应的安全防范措施继续生产建设的

D. 违反《煤矿安全规程》规定启封火区的

答案：ABCD

解析：《煤矿重大事故隐患判定标准》第十二条　“自然发火严重，未采取有效措施”重大事故隐患，是指有下列情形之一的：（一）开采容易自燃和自燃煤层的矿井，未编制防灭火专项设计或者未采取综合防灭火措施的；（二）高瓦斯矿井采用放顶煤采煤法不能有效防治煤层自然发火的；（三）有自然发火征兆没有采取相应的安全防范措施继续生产建设的；（四）违反《煤矿安全规程》规定启封火区的。

2. “瓦斯超限作业”重大事故隐患，是指有下列情形之一的（　　）。

A. 瓦斯检查存在漏检、假检情况且进行作业的

B. 井下瓦斯超限后继续作业或者未按照国家规定处置继续进行作业的

C. 井下排放积聚瓦斯未按照国家规定制定并实施安全技术措施进行作业的

D. 瓦检员数量不足的

答案：ABC

解析：《煤矿重大事故隐患判定标准》第五条　“瓦斯超限作业”重大事故隐患，是指有下列情形之一的：（一）瓦斯检查存在漏检、假检情况且进行作业的；（二）井下瓦斯超限后继续作业或者未按照国家规定处置继续进行作业的；（三）井下排放积聚瓦斯未按照国家规定制定并实施安全技术措施进行作业的。

3. 井下和井口房内不得进行（　　）等作业。

A. 电焊　　B. 气焊　　C. 喷灯焊接　　D. 切割

答案：ABC

解析：《煤矿安全规程》第二百五十四条　井下和井口房内不得进行电焊、气焊和喷灯焊接等作业。

4. 井下使用的（　　）必须装入盖严的铁桶内，由专人押运送至使用地点，剩余的必须运回地面，严禁在井下存放。

A. 液压油　　B. 润滑油　　C. 汽油　　D. 煤油

答案：CD

解析：《煤矿安全规程》第二百五十五条　井下使用的汽油、煤油必须装入盖严的铁桶内，由专人押运送至使用地点，剩余的汽油、煤油必须运回地面，严禁在井下存放。

5. 矿井需要的风量计算，按（　　）实际需要风量的总和进行计算。

A. 采掘工作面　　B. 硐室　　C. 井筒　　D. 其他地点

答案：ABD

解析：《煤矿安全规程》第一百三十八条（二）按采掘工作面、硐室及其他地点实际需要风量的总和进行计算。

6. 巷道贯通前，停掘的工作面必须（　　）。

A. 保持正常通风

B. 设置栅栏及警标

C. 每班必须检查风筒的完好状况

D. 每班必须检查工作面及其回风流中的瓦斯浓度，瓦斯浓度超限时，必须立即处理

答案：ABCD

解析：《煤矿安全规程》第一百四十三条　贯通巷道必须遵守下列规定：（一）巷道贯通前应当制定贯通专项措施。综合机械化掘进巷道在相距 50 m 前、其他巷道在相距 20 m 前，必须停止一个工作面作业，做好调整通风系统的准备工作。停掘的工作面必须保持正常通风，设置栅栏及警标，每班必须检查风筒的完好状况和工作面及其回风流中的瓦斯浓度，瓦斯浓度超限时，必须立即处理。掘进的工作面每次爆破前，必须派专人和瓦斯检查工共同到停掘的工作面检查工作面及其回风流中的瓦斯浓度，瓦斯浓度超限时，必须先停止在掘工作面的工作，然后处理瓦斯，只有在 2 个工作面及其回风流中的甲烷浓度都在 1.0% 以下时，掘进的工作面方可爆破。每次爆破前，2 个工作面入口必须有专人警戒。

7. 利用瓦斯时，在利用瓦斯的系统中必须装设有（　　）作用的安全装置。

A. 防泄漏　　B. 防回火　　C. 防回流　　D. 防爆炸

答案：BCD

解析：《煤矿安全规程》第一百八十四条　抽采瓦斯必须遵守下列规定：（四）利用瓦斯时，在利用瓦斯的系统中必须装设有防回火、防回流和防爆炸作用的安全装置。

8. 控制风流的（　　）等设施必须可靠。

A. 风门　　B. 风桥　　C. 风墙　　D. 风窗

答案：ABCD

解析：《煤矿安全规程》第一百五十五条　控制风流的风门、风桥、风墙、风窗等设施必须可靠。

9. 井下充电室，在同一时间内，（　　）时，可不采用独立通风，但必须在新鲜风流中。

A. 5 t 及以下的电机车充电电池的数量不超过 2 组

B. 5 t 及以下的电机车充电电池的数量不超过 3 组

C. 5 t 以上的电机车充电电池的数量不超过 1 组

D. 5 t 以上的电机车充电电池的数量不超过 2 组

答案：BC

解析：《煤矿安全规程》第一百六十七条　井下充电室，在同一时间内，5 t 及以下的电机车充电电池的数量不超过 3 组、5 t 以上的电机车充电电池的数量不超过 1 组时，可不采用独立通风，但必须在新鲜风流中。

10. 矿井必须有因停电和检修主要通风机停止运转或者通风系统遭到破坏以后（　　）的安全措施。恢复正常通风后，所有受到停风影响的地点，都必须经过通风、瓦

斯检查人员检查，证实无危险后，方可恢复工作。

A. 恢复通风　　B. 排除瓦斯　　C. 送电　　D. 进行反风演习

答案：ABC

解析：《煤矿安全规程》第一百七十五条　矿井必须有因停电和检修主要通风机停止运转或者通风系统遭到破坏以后恢复通风、排除瓦斯和送电的安全措施。恢复正常通风后，所有受到停风影响的地点，都必须经过通风、瓦斯检查人员检查，证实无危险后，方可恢复工作。所有安装电动机及其开关的地点附近 20 m 的巷道内，都必须检查瓦斯，只有甲烷浓度符合本规程规定时，方可开启。

11. 开采容易自燃和自燃煤层的矿井，必须建立自然发火监测系统，采用连续自动或者人工采样方式，监测甲烷、（　　）、乙炔等气体成分变化，宜根据实际条件增加温度监测。

A. 一氧化碳　　B. 二氧化碳　　C. 氧气　　D. 乙烯

答案：ABCD

解析：《煤矿防灭火细则》第五十一条　开采容易自燃和自燃煤层的矿井，必须建立自然发火监测系统，采用连续自动或者人工采样方式，监测甲烷、一氧化碳、二氧化碳、氧气、乙烯、乙炔等气体成分变化，宜根据实际条件增加温度监测。

12. 煤矿防灭火工作必须坚持（　　）的原则，制定井上、下防灭火措施。

A. 预防为主　　B. 早期预警　　C. 因地制宜　　D. 综合治理

答案：ABCD

解析：《煤矿防灭火细则》第七条　煤矿防灭火工作必须坚持预防为主、早期预警、因地制宜、综合治理的原则，制定井上、下防灭火措施。

13. 井下严格实行明火管制，并符合下列规定：（　　）。

A. 严禁在采掘工作面进行电焊、气割等动火作业

B. 严禁携带烟草和点火物品，严禁穿化纤衣服入井

C. 井下严禁使用灯泡取暖和使用电炉

D. 井下爆破作业时，应当按照矿井瓦斯等级选用煤矿许用炸药和雷管，并严格按施工工艺进行爆破

E. 井口和井下电气设备必须装设防雷击和防短路的保护装置

答案：ABCDE

解析：《煤矿防灭火细则》第三十八条　井下严格实行明火管制，并符合下列规定：（一）严禁在采掘工作面进行电焊、气割等动火作业。（二）严禁携带烟草和点火物品，严禁穿化纤衣服入井。（三）井下严禁使用灯泡取暖和使用电炉。（四）井下爆破作业时，应当按照矿井瓦斯等级选用煤矿许用炸药和雷管，并严格按施工工艺进行爆破。（五）井口和井下电气设备必须装设防雷击和防短路的保护装置。

14. 抽采容易自燃和自燃煤层的采空区瓦斯时，抽采管路应当安设（　　）传感器，实现实时监测监控。

A. 一氧化碳　　B. 二氧化碳　　C. 甲烷　　D. 温度

答案：ACD

解析：《煤矿安全规程》第一百八十四条　抽采容易自燃和自燃煤层的采空区瓦斯

时，抽采管路应当安设一氧化碳、甲烷、温度传感器，实现实时监测监控。发现有自然发火征兆时，应当立即采取措施。

15. 突出矿井的采掘布置应当遵守哪些规定（　　）。

A. 主要巷道应当布置在岩层或者无突出危险煤层内。突出煤层的巷道优先布置在被保护区域或者其他无突出危险区域内

B. 应当增加井巷揭开（穿）突出煤层的次数，揭开（穿）突出煤层的地点应当合理避开地质构造带

C. 在同一突出煤层的集中应力影响范围内，不得布置2个工作面相向回采或者掘进

D. 应当减少井巷揭开（穿）突出煤层的次数，揭开（穿）突出煤层的地点应当合理避开地质构造带

答案：ACD

解析：《煤矿安全规程》第一百九十五条　突出矿井的采掘布置应当遵守下列规定：（一）主要巷道应当布置在岩层或者无突出危险煤层内。突出煤层的巷道优先布置在被保护区域或者其他无突出危险区域内。（二）应当减少井巷揭开（穿）突出煤层的次数，揭开（穿）突出煤层的地点应当合理避开地质构造带。（三）在同一突出煤层的集中应力影响范围内，不得布置2个工作面相向回采或者掘进。

16. 突出发生前通常的预兆有（　　）。

A. 地层微破坏　　B. 煤壁温度升高

C. 煤层层理紊乱　　D. 散发煤油气味

E. 煤壁淋水

答案：ACD

17. 有线调度通信系统应当具有（　　）、强拆、监听、录音等功能。

A. 选呼　　B. 急呼　　C. 全呼　　D. 强插

答案：ABCD

解析：《煤矿安全规程》第五百零七条　有线调度通信系统应当具有选呼、急呼、全呼、强插、强拆、监听、录音等功能。

18. 具备下列条件之一的为高瓦斯矿井：（　　）。

A. 矿井相对瓦斯涌出量大于10 m^3/t

B. 矿井绝对瓦斯涌出量大于40 m^3/min

C. 矿井任一掘进工作面绝对瓦斯涌出量大于3 m^3/min

D. 矿井任一采煤工作面绝对瓦斯涌出量大于3 m^3/min

答案：ABC

解析：《煤矿安全规程》第一百六十九条（二）高瓦斯矿井。具备下列条件之一的为高瓦斯矿井：1. 矿井相对瓦斯涌出量大于10 m^3/t；2. 矿井绝对瓦斯涌出量大于40 m^3/min；3. 矿井任一掘进工作面绝对瓦斯涌出量大于3 m^3/min；4. 矿井任一采煤工作面绝对瓦斯涌出量大于5 m^3/min。

19. 当瓦斯超限达到断电浓度时，（　　）有权责令现场作业人员停止作业，停电撤人。

A. 班组长　　B. 瓦斯检查工

C. 爆破员　　　　D. 矿调度员

答案：ABD

解析：《煤矿安全规程》第一百七十五条　矿井必须从设计和采掘生产管理上采取措施，防止瓦斯积聚；当发生瓦斯积聚时，必须及时处理。当瓦斯超限达到断电浓度时，班组长、瓦斯检查工、矿调度员有权责令现场作业人员停止作业，停电撤人。

20. 矿井必须建立（　　）和其他有害气体检查制度。

A. 甲烷　　　　B. 二氧化碳

C. 一氧化碳　　　　D. 温度

E. 硫化氢

答案：AB

解析：《煤矿安全规程》第一百八十条　矿井必须建立甲烷、二氧化碳和其他有害气体检查制度。

21. 采掘工作面的进风和回风不得经过（　　）。

A. 裂隙区　　B. 采空区　　C. 冒顶区　　D. 应力集中区

答案：BC

解析：《煤矿安全规程》第一百五十三条　采掘工作面的进风和回风不得经过采空区或冒顶区。这两个区域有风流流入，易发生煤炭自燃的现象。过裂隙区和应力集中区时应加强支护。

22. 光学瓦检仪平行平面镜的作用是（　　）。

A. 产生光反射　　　　B. 产生光折射

C. 产生光干涉　　　　D. 产生光衍射

答案：BC

23. 采煤工作面采空区自然发火“三带”可划分为（　　）。

A. 氧化带　　B. 散热带　　C. 自燃带　　D. 窒息带

答案：ABD

24. 以下（　　）应当采用分区式通风或者对角式通风。

A. 新建高瓦斯矿井　　　　B. 突出矿井

C. 煤层容易自燃矿井　　　　D. 有热害的矿井

答案：ABCD

解析：《煤矿安全规程》第一百四十七条　新建高瓦斯矿井、突出矿井、煤层容易自燃矿井及有热害的矿井应当采用分区式通风或者对角式通风；初期采用中央并列式通风的只能布置一个采区生产。

25. 下列选项中应进行抽采瓦斯的情况有（　　）。

A. 高瓦斯矿井

B. 突出矿井

C. 年产量 0.8 Mt 的矿井绝对瓦斯涌出量大于 25 m^3/min

D. 矿井绝对瓦斯涌出量大于 40 m^3/min

答案：BCD

解析：《煤矿安全规程》第一百八十一条　突出矿井必须建立地面永久抽采瓦斯系

统。有下列情况之一的矿井，必须建立地面永久抽采瓦斯系统或者井下临时抽采瓦斯系统：

（一）任一采煤工作面的瓦斯涌出量大于5 m^3/min或者任一掘进工作面瓦斯涌出量大于3 m^3/min，用通风方法解决瓦斯问题不合理的。（二）矿井绝对瓦斯涌出量达到下列条件的：1. 大于或者等于40 m^3/min；2. 年产量1.0～1.5 Mt的矿井，大于30 m^3/min；3. 年产量0.6～1.0 Mt的矿井，大于25 m^3/min；4. 年产量0.4～0.6 Mt的矿井，大于20 m^3/min；5. 年产量小于或者等于0.4 Mt的矿井，大于15 m^3/min。

26. 防火墙的封闭顺序，首先应封闭所有其他防火墙，留下进回风主要防火墙最后封闭。进回风主要防火墙封闭顺序不仅影响有效控制火势，而且关系救护队员的安全，进回风同时封闭构筑防火墙的优点是（　　）。

A. 火区封闭时间短

B. 迅速切断供氧条件

C. 防火墙完全封闭前还可保持火区通风

D. 火区不易达到爆炸危险程度

答案：ABCD

解析：进回风同时封闭构筑防火墙，封闭时间短，能在较短时间内切断对火区供氧，完全封闭前还可以保持火区通风，同时由于瓦斯积聚时间短，很难达到爆炸浓度界限，常在灭火中使用。

27. 采掘工作面的空气温度超过（　　）、机电设备硐室的空气温度超过（　　）时，必须停止工作。

A. 26°　　B. 30°　　C. 32°　　D. 34°

答案：BD

解析：《煤矿安全规程》第六百五十五条　当采掘工作面空气温度超过26 ℃、机电设备硐室超过30 ℃时，必须缩短超温地点工作人员的工作时间，并给予高温保健待遇。当采掘工作面的空气温度超过30 ℃、机电设备硐室超过34 ℃时，必须停止作业。

28. 主要通风机停止运转时，必须立即（　　），工作人员撤到进风巷道中，由值班矿长迅速决定全矿井是否停止生产、工作人员是否全部撤出。

A. 停止工作　　B. 切断电源

C. 立即处理　　D. 撤出所有人员

答案：AB

解析：《煤矿安全规程》第一百六十一条　主要通风机停止运转时，必须立即停止工作、切断电源，工作人员先撤到进风巷道中，由值班矿领导组织全矿井工作人员全部撤出。

29. 正常工作的局部通风机故障，切换到备用局部通风机时，该局部通风机通风范围内应（　　）。

A. 停止工作　　B. 切断电源　　C. 排除故障

答案：AC

解析：《煤矿安全规程》第一百六十四（七）使用局部通风机供风的地点必须实行风电闭锁和甲烷电闭锁，保证当正常工作的局部通风机停止运转或者停风后能切断停风区内全部非本质安全型电气设备的电源。正常工作的局部通风机故障，切换到备用局部通风机工作时，该局部通风机通风范围内应当停止工作，排除故障；待故障被排除，恢复到正常工作的局部通风后方可恢复工作。使用2台局部通风机同时供风的，2台局部通风机都必须同时实现风电闭锁和甲烷电闭锁。

30. 专用排瓦斯巷回风流的瓦斯浓度不得超过（　　），风速不得低于（　　），专用排瓦斯巷进行巷道维修工作时，瓦斯浓度必须低于（　　）。

A. 2.5%　　B. 0.5 m/s　　C. 1.5%　　D. 1.0%

答案：ABD

31. 干式抽采瓦斯泵吸气侧管路系统中，必须装设有（　　）作用的安全装置，并定期检查。抽采瓦斯泵站放空管的高度应当超过泵房房顶3 m。

A. 防回火　　B. 防回流　　C. 防爆炸　　D. 防回气

答案：ABC

解析：《煤矿安全规程》第一百八十二条（六）干式抽采瓦斯泵吸气侧管路系统中，必须装设有防回火、防回流和防爆炸作用的安全装置，并定期检查。抽采瓦斯泵站放空管的高度应当超过泵房房顶3 m。

32. 矿井绝对瓦斯涌出量达到以下条件的（　　），必须建立地面永久瓦斯抽放系统或井下临时抽放瓦斯系统。

A. 大于或等于40 m^3/min

B. 年产量1.0～1.5 Mt的矿井，大于30 m^3/min

C. 年产量0.6～1.0 Mt的矿井，大于25 m^3/min

D. 年产量0.4～0.6 Mt的矿井，大于20 m^3/min

E. 年产量小于或等于0.4 Mt的矿井，大于15 m^3/min

答案：ABCDE

解析：《煤矿安全规程》第一百八十一条　突出矿井必须建立地面永久抽采瓦斯系统。有下列情况之一的矿井，必须建立地面永久抽采瓦斯系统或者井下临时抽采瓦斯系统：

（一）任一采煤工作面的瓦斯涌出量大于5 m^3/min或者任一掘进工作面瓦斯涌出量大于3 m^3/min，用通风方法解决瓦斯问题不合理的。（二）矿井绝对瓦斯涌出量达到下列条件的：1. 大于或者等于40 m^3/min；2. 年产量1.0～1.5 Mt的矿井，大于30 m^3/min；3. 年产量0.6～1.0 Mt的矿井，大于25 m^3/min；4. 年产量0.4～0.6 Mt的矿井，大于20 m^3/min；5. 年产量小于或者等于0.4 Mt的矿井，大于15 m^3/min。

33. 新建（　　）及（　　）应当采用分区式通风或者对角式通风；初期采用中央并列式通风的只能布置一个采区生产。

A. 高瓦斯矿井　　B. 突出矿井

C. 煤层容易自燃矿井　　D. 有热害的矿井

答案：ABCD

解析：《煤矿安全规程》第一百四十七条　新建高瓦斯矿井、突出矿井、煤层容易自燃矿井及有热害的矿井应当采用分区式通风或者对角式通风；初期采用中央并列式通风的只能布置一个采区生产。

34. 煤巷、半煤岩巷和有瓦斯涌出的岩巷掘进采用局部通风机通风时，应当采用（　　），不得采用（　　）（压气、水力引射器不受此限）；如果采用混合式，必须制定安全措施。

A. 压入式　　　　B. 抽出式　　　　C. 混合式

答案：AB

解析：《煤矿安全规程》第一百六十三条　掘进巷道必须采用矿井全风压通风或者局部通风机通风。煤巷、半煤岩巷和有瓦斯涌出的岩巷掘进采用局部通风机通风时，应当采用压入式，不得采用抽出式（压气、水力引射器不受此限）；如果采用混合式，必须制定安全措施。瓦斯喷出区域和突出煤层采用局部通风机通风时，必须采用压入式。

35. 采用放顶煤采煤法开采容易自燃和自燃的厚及特厚煤层时，必须编制防止采空区自然发火的设计，并遵守下列（　　）规定。

A. 设计放顶煤工艺

B. 有可靠的防止漏风和有害气体泄漏的措施

C. 建立完善的火灾监测系统

D. 根据防火要求和现场条件，应选用注入惰性气体、灌注泥浆、压注阻化剂、喷浆堵漏及均压防火措施

答案：BCD

解析：《煤矿安全规程》一百一十五条　采用放顶煤开采时，必须遵守下列规定：（一）矿井第一次采用放顶煤开采，或者在煤层（瓦斯）赋存条件变化较大的区域采用放顶煤开采时，必须根据顶板、煤层、瓦斯、自然发火、水文地质、煤尘爆炸性、冲击地压等地质特征和灾害危险性进行可行性论证和设计，并由煤矿企业组织行业专家论证。（二）针对煤层开采技术条件和放顶煤开采工艺特点，必须制定防瓦斯、防火、防尘、防水、采放煤工艺、顶板支护、初采和工作面收尾等安全技术措施。（三）放顶煤工作面初采期间应当根据需要采取强制放顶措施，使顶煤和直接顶充分垮落。（四）采用预裂爆破处理坚硬顶板或者坚硬顶煤时，应当在工作面未采动区进行，并制定专门的安全技术措施。严禁在工作面内采用炸药爆破方法处理未冒落顶煤、顶板及大块煤（矸）。（五）高瓦斯、突出矿井的容易自燃煤层，应当采取以预抽方式为主的综合抽采瓦斯措施，保证本煤层瓦斯含量不大于6 m^3/t，并采取综合防灭火措施。（六）严禁单体支柱放顶煤开采。

36. 《煤矿安全规程》第九十五条规定：严禁破坏（　　）等的安全煤柱。

A. 工业场地　　　　B. 矿界　　　　C. 防水　　　　D. 井巷

答案：ABCD

解析：《煤矿安全规程》第九十五条　采掘过程中严禁任意扩大和缩小设计确定的煤柱。采空区内不得遗留未经设计确定的煤柱。严禁任意变更设计确定的工业场地、矿界、防水和井巷等的安全煤柱。严禁开采和毁坏高速铁路的安全煤柱。

37. 台阶采煤工作面必须设置安全（　　）。

A. 脚手板　　　　B. 护身板　　　　C. 溜煤板　　　　D. 排矸板

答案：ABC

解析：《煤矿安全规程》第九十九条　台阶采煤工作面必须设置安全脚手板、护身板和溜煤板。倒台阶采煤工作面，还必须在台阶的底脚加设保护台板。阶檐的宽度、台阶面

长度和下部超前小眼的个数，必须在作业规程中规定。

38. 采煤工作面必须经常存有一定数量的备用支护材料。使用摩擦式金属支柱或单体液压支柱的工作面，必须备有坑木，其（　　）在作业规程中规定。

A. 数量　　B. 规格　　C. 存放地点　　D. 管理方法

答案：ABCD

39.《煤矿安全规程》规定：在（　　）开采煤炭称为“三下”采煤。

A. 建（构）筑物下　　B. 铁路下

C. 公路下　　D. 水体下

答案：ABD

解析：《煤矿安全规程》第一百二十二条　建（构）筑物下、水体下、铁路下及主要井巷煤柱开采，必须设立观测站，观测地表和岩层移动与变形，查明垮落带和导水裂缝带的高度，以及水文地质条件变化等情况。取得的实际资料作为本井田建（构）筑物下、水体下、铁路下以及主要井巷煤柱开采的依据。

40.《煤矿安全规程》规定：采煤工作面的伞檐不得超过作业规程的规定，不得任意丢失（　　），工作面的浮煤必须清理干净。

A. 顶煤　　B. 底煤　　C. 矸石　　D. 碎石

答案：AB

解析：《煤矿安全规程》第九十八条　采煤工作面不得任意留顶煤和底煤，伞檐不得超过作业规程的规定。采煤工作面的浮煤应当清理干净。

41.《煤矿安全规程》规定：严禁采用（　　）作为主要通风机使用。

A. 局部通风机　　B. 风机群

C. 离心式通风机　　D. 轴流式通风机

答案：AB

解析：《煤矿安全规程》第一百五十八条　矿井必须采用机械通风。主要通风机的安装和使用应当符合下列要求：（一）主要通风机必须安装在地面；装有通风机的井口必须封闭严密，其外部漏风率在无提升设备时不得超过5%，有提升设备时不得超过15%。（二）必须保证主要通风机连续运转。（三）必须安装2套同等能力的主要通风机装置，其中1套作备用，备用通风机必须能在10 min内开动。（四）严禁采用局部通风机或者风机群作为主要通风机使用。（五）装有主要通风机的出风井口应当安装防爆门，防爆门每6个月检查维修1次。（六）至少每月检查1次主要通风机。改变主要通风机转数、叶片角度或者对旋式主要通风机运转级数时，必须经矿总工程师批准。（七）新安装的主要通风机投入使用前，必须进行试运转和通风机性能测定，以后每5年至少进行1次性能测定。

42. 应当优先选用低噪声设备，采取（　　）等措施降低噪声危害。

A. 隔声　　B. 消声　　C. 吸声　　D. 减振

E. 减少接触时间

答案：ABCDE

解析：《煤矿安全规程》第六百五十九条　应当优先选用低噪声设备，采取隔声、消声、吸声、减振、减少接触时间等措施降低噪声危害。

43. 采煤工作面放顶人员必须站在支架完整无（　　）等危险的安全地点工作。

A. 崩绳　　B. 崩柱　　C. 甩钩　　D. 断绳抽人

答案：ABCD

解析：《煤矿安全规程》第一百零五条　采煤工作面用垮落法管理顶板时，必须及时放顶。顶板不垮落、悬顶距离超过作业规程规定的，必须停止采煤，采取人工强制放顶或者其他措施进行处理。放顶的方法和安全措施，放顶与爆破、机械落煤等工序平行作业的安全距离，放顶区内支架、支柱等的回收方法，必须在作业规程中明确规定。放顶人员必须站在支架完整，无崩绳、崩柱、甩钩、断绳抽人等危险的安全地点工作。回柱放顶前，必须对放顶的安全工作进行全面检查，清理好退路。回柱放顶时，必须指定有经验的人员观察顶板。采煤工作面初次放顶及收尾时，必须制定安全措施。

44. 下列选项中（　　）可能引起采煤工作面瓦斯积聚。

A. 配风量不足　　B. 开采强度大

C. 通风系统短路　　D. 工作面无风障

答案：ABC

解析：A 项配风不足减缓瓦斯逸散速度，可能导致瓦斯积聚。B 项加大产量将产生额外的瓦斯量，若供风不提高，会引起瓦斯积聚。C 项通风短路减少风量风速，极易引起瓦斯积聚。D 项风障是对回风隔角引导风流的设备，工作面无风障不能说明会产生瓦斯积聚。

45. 防灭火技术的发展趋势是（　　）。

A. 轻便、易于携带的监测仪器仪表　　B. 限制或减少向采空区丢煤

C. 早期识别内因火灾　　D. 针对煤层赋存条件，合理确定开拓方式

答案：ABCD

解析：A 项为新型监测技术，B 项为选择合理先进的采煤技术，C 项为煤最短自然发火期快速测定技术，D 项属合理的开拓技术。

46. 掘进巷道在揭露老空区前，必须制定探查老空区的安全措施，在揭露老空区时，必须将人员撤至安全地点。只有经过检查，证明老空区内的（　　）等无危险后，方可恢复工作。

A. 煤（岩）柱厚度　　B. 水

C. 火　　D. 瓦斯和其他有害气体

答案：BD

解析：《煤矿安全规程》第九十三条　掘进巷道在揭露老空区前，必须制定探查老空区的安全措施，包括接近老空区时必须预留的煤（岩）柱厚度和探明水、火、瓦斯等内容。必须根据探明的情况采取措施，进行处理。在揭露老空区时，必须将人员撤至安全地点。只有经过检查，证明老空区内的水、瓦斯和其他有害气体等无危险后，方可恢复工作。

47. 瓦斯检查工必须执行（　　），并认真填写瓦斯检查班报。

A. 三人联锁放炮制度　　B. 一炮三检制度

C. 请示报告制度　　D. 瓦斯巡回检查制度

答案：CD

48. 从业人员发现事故隐患或者其他不安全因素，应当立即向（　　）报告；接到报告的人员应当及时予以处理。

A. 煤矿安全监察机构　　B. 地方政府

C. 现场安全生产管理人员　　D. 本单位负责人报告

答案：CD

解析：《安全生产法》第五十九条　从业人员发现事故隐患或者其他不安全因素，应当立即向现场安全生产管理人员或者本单位负责人报告；接到报告的人员应当及时予以处理。

49. 矿井空气中有毒有害气体有（　　）。

A. 一氧化碳、二氧化氮　　B. 二氧化碳、氨气

C. 二氧化硫、甲烷　　D. 硫化氢、氢气

答案：ABCD

50. 以下对生产安全事故等级的表述，正确的是（　　）。

A. 造成10人以下死亡的，属于一般事故

B. 造成50人以上100人以下重伤的，属于重大事故

C. 造成3000万元以上5000万元以下直接经济损失的，属于较大事故

D. 造成30人以上死亡的，属于特别重大事故

答案：BD

解析：《生产安全事故报告和调查处理条例》第三条　根据生产安全事故（以下简称事故）造成的人员伤亡或者直接经济损失，事故一般分为以下等级：（一）特别重大事故，是指造成30人以上死亡，或者100人以上重伤（包括急性工业中毒，下同），或者1亿元以上直接经济损失的事故；（二）重大事故，是指造成10人以上30人以下死亡，或者50人以上100人以下重伤，或者5000万元以上1亿元以下直接经济损失的事故；（三）较大事故，是指造成3人以上10人以下死亡，或者10人以上50人以下重伤，或者1000万元以上5000万元以下直接经济损失的事故；（四）一般事故，是指造成3人以下死亡，或者10人以下重伤，或者1000万元以下直接经济损失的事故。所称的“以上”包括本数，所称的“以下”不包括本数。

51. 混入下列何种气体，可使瓦斯爆炸下限升高（　　）。

A. 氦气　　B. 一氧化碳　　C. 二氧化碳　　D. 氮气

答案：CD

解析：含有瓦斯的混合气体中混入其他可燃性气体，会使瓦斯爆炸的下限降低，混入惰性气体会使下限升高。

52. 装备矿井安全监控系统的开采（　　）的矿井应设置一氧化碳传感器和温度传感器。

A. 不易自燃煤层　　B. 自燃煤层

C. 易自燃煤层　　D. 所有煤层

答案：BC

53. 防止瓦斯爆炸的措施是（　　）。

A. 防止瓦斯涌出　　B. 防止瓦斯积聚

C. 防止瓦斯引燃　　D. 防止煤尘达到爆炸浓度

答案：BC

54. 掘进工作面瓦斯积聚的原因主要有（　　）。

A. 局部通风管理不善

B. 现场管理失控，不按规定检查瓦斯或瓦斯检查工脱岗

C. 遇地质条件变化工作面瓦斯异常涌出

D. 煤层厚度变化

答案：ABC

55. 临时停工停风地点必须（　　）。

A. 切断电源　　B. 设置栅栏提示警标

C. 禁止人员进入　　D. 向矿调度报告

答案：ABCD

56. 抽采瓦斯的意义有（　　）。

A. 消除煤矿重大瓦斯事故的治本措施

B. 能降低矿井供风量

C. 利用瓦斯资源

D. 消除煤尘事故的发生

答案：ABC

解析：抽采瓦斯不能消除煤尘事故的发生。

57. 影响瓦斯爆炸的因素有（　　）。

A. 温度的影响　　B. 爆炸性煤尘影响

C. 其他可燃性气体　　D. 气压影响

答案：ABCD

58. 报审矿井瓦斯和 CO_2 涌出量鉴定报告时，还应包括（　　）测定结果。

A. 开采煤层最长发火期　　B. 煤尘最短发火期

C. 煤层自燃倾向性　　D. 煤尘爆炸性

答案：CD

解析：报审矿井瓦斯和 CO_2 涌出量鉴定报告时，还应包括煤层自燃倾向性，煤尘爆炸性。

59. 掘进通风的“三专”是指（　　）。

A. 专用变压器　　B. 专人负责开停

C. 专用电源　　D. 专用开关

答案：ACD

解析：掘进通风三专指专用电源、专用开关、专用变压器。

60.（　　）组件属于光干涉甲烷测定器气室组的组件。

A. 平行玻璃　　B. 焊接气室　　C. 平衡管　　D. 左包角

答案：ABD

61. 矿井通风阻力可分为（　　）。

A. 巷道阻力　　B. 阻挡阻力　　C. 摩擦阻力　　D. 局部阻力

答案：CD

62. 下列选项中，哪些因素影响煤尘爆炸（　　）。

A. 煤的挥发分　　B. 煤的灰分和水分

C. 煤尘粒度　　D. 引爆热源

答案：ABCD

63. 隔爆兼本质安全型防爆电源设置在采区变电所，不得设置在断电范围内（　　）。

A. 低瓦斯和高瓦斯矿井的采煤工作面和回风巷内

B. 煤与瓦斯突出煤层的采煤工作面、进风巷和回风巷

C. 掘进工作面内

D. 采用串联通风的被串采煤工作面、进风巷和回风巷

E. 采用串联通风的被串掘进巷道内

答案：ABCDE

解析：《煤矿安全监控系统及检测仪器使用管理规范》(AQ 1029—2019) 5.4　隔爆兼本质安全型防爆电源设置在采区变电所，不得设置在断电范围内：a) 低瓦斯和高瓦斯矿井的采煤工作面和回风巷内；b) 煤与瓦斯突出煤层的采煤工作面、进风巷和回风巷；c) 掘进工作面内；d) 采用串联通风的被串采煤工作面、进风巷和回风巷；e) 采用串联通风的被串掘进巷道内。

64. 某一矿井发生瓦斯爆炸事故后需要建立井下临时瓦斯抽放泵站。若由你来进行设计，你考虑井下临时瓦斯抽放泵站应遵守以下哪些规定（　　）。

A. 临时瓦斯抽放泵站应安设在新鲜风流中

B. 抽出的瓦斯可以排放在有瓦斯检测装置，并能保证瓦斯浓度不超限的进风流中

C. 排放的瓦斯出口必须设置栅栏、悬挂警戒牌等

D. 当排放瓦斯巷道的瓦斯浓度超限时，应断电，并停止抽放瓦斯

答案：ACD

解析：《煤矿安全规程》第一百八十三条（三）抽出的瓦斯排入回风巷时，在排瓦斯管路出口必须设置栅栏、悬挂警戒牌等。栅栏设置的位置是上风侧距管路出口 5 m、下风侧距管路出口 30 m，两栅栏间禁止任何作业。

65. 某一矿井是煤与瓦斯突出矿井，由你进行开采设计，不能选用哪些方法进行开采（　　）。

A. 放顶煤采煤法　　B. 炮采

C. 水力采煤法　　D. 风镐落煤采煤法

E. 非正规采煤法

答案：ACDE

解析：《煤矿安全规程》第一百九十六条　突出煤层的采掘工作应当遵守下列规定：（一）严禁采用水力采煤法、倒台阶采煤法或者其他非正规采煤法。（二）在急倾斜煤层中掘进上山时，应当采用双上山、伪倾斜上山等掘进方式，并加强支护。（三）上山掘进工作面采用爆破作业时，应当采用深度不大于 1.0 m 的炮眼远距离全断面一次爆破。（四）预测或者认定为突出危险区的采掘工作面严禁使用风镐作业。（五）在过突出孔洞及其附近 30 m 范围内进行采掘作业时，必须加强支护。（六）在突出煤层的煤巷中安装、

更换、维修或者回收支架时，必须采取预防煤体冒落引起突出的措施。

66. 以下哪些条件的煤层瓦斯含量较高（　　）。

A. 煤变质程度高　　B. 煤层有露头

C. 煤层埋藏深度大　　D. 煤层倾角小

E. 有流通的地下水通过煤层

答案：ACD

解析：煤变质程度越高、煤层埋藏深度越大、煤层倾角越小，煤层瓦斯越高，反之，相对较小。

67. 以下哪些因素是确定矿井瓦斯等级的依据（　　）。

A. 绝对瓦斯涌出量　　B. 瓦斯浓度

C. 相对瓦斯涌出量　　D. 瓦斯的涌出形式

答案：ACD

解析：《煤矿安全规程》第一百六十九条　一个矿井中只要有一个煤（岩）层发现瓦斯，该矿井即为瓦斯矿井。瓦斯矿井必须依照矿井瓦斯等级进行管理。根据矿井相对瓦斯涌出量、矿井绝对瓦斯涌出量、工作面绝对瓦斯涌出量和瓦斯涌出形式，矿井瓦斯等级划分为：（一）低瓦斯矿井。同时满足下列条件的为低瓦斯矿井：1. 矿井相对瓦斯涌出量不大于 10 m^3/t；2. 矿井绝对瓦斯涌出量不大于 40 m^3/min；3. 矿井任一掘进工作面绝对瓦斯涌出量不大于 3 m^3/min；4. 矿井任一采煤工作面绝对瓦斯涌出量不大于 5 m^3/min。（二）高瓦斯矿井。具备下列条件之一的为高瓦斯矿井：1. 矿井相对瓦斯涌出量大于 10 m^3/t；2. 矿井绝对瓦斯涌出量大于 40 m^3/min；3. 矿井任一掘进工作面绝对瓦斯涌出量大于 3 m^3/min；4. 矿井任一采煤工作面绝对瓦斯涌出量大于 5 m^3/min。（三）突出矿井。

68. 低瓦斯矿井应符合以下哪些条件（　　）。

A. 绝对瓦斯涌出量≤40 m^3/min　　B. 相对瓦斯涌出量＞105 m^3/t

C. 相对瓦斯涌出量≤10 m^3/t　　D. 绝对瓦斯涌出量＞40 m^3/min

答案：AC

解析：《煤矿安全规程》第一百六十九条相关规定。

69. 煤层瓦斯含量的大小取决于（　　）。

A. 成煤和变质过程中瓦斯生成量的多少

B. 瓦斯能被保存下来的条件

C. 瓦斯涌出量的多少

D. 开采强度

答案：AB

解析：煤层瓦斯含量的大小取决于成煤和变质过程中瓦斯生成量的多少和瓦斯能被保存下来的条件。

70. 矿井瓦斯爆炸产生的因素是（　　）。

A. 电磁辐射　　B. 高温　　C. 冲击波　　D. 有害气体

答案：BCD

71. 对于有突出危险的煤层应采取（　　）等区域性防治突出措施。

A. 开采保护层　　B. 钻孔排瓦斯

C. 预抽煤层瓦斯　　　　D. 超前钻孔

答案：AC

72. 开采突出煤层时，必须采取（　　）等综合防治突出措施。

A. 突出危险性预测　　　　B. 防治突出措施

C. 防治突出措施的效果检验　　　　D. 安全防护措施

答案：ABCD

73. 装备矿井安全监控系统的机械化采煤工作面经采取必要措施后，并符合（　　）的要求，回风巷风流中瓦斯最高允许浓度为1.5%。

A. 工作面的风流控制必须可靠　　　　B. 必须保持通风巷的设计断面

C. 工作面采用局部通风机通风　　　　D. 必须配有专职瓦斯检查工

答案：ABD

74. 处理采煤工作面回风隅角瓦斯积聚的方法有（　　）。

A. 挂风障引流法　　　　B. 尾巷排放瓦斯法

C. 风筒导风法　　　　D. 移动泵站抽放法

答案：ABCD

解析：工作面回风隅角处理瓦斯积聚常用的方法有挂风障引流法、尾巷排放瓦斯法、风筒导风法、移动泵站抽放法等。

75. 矿尘具有很大的危害性，主要表现在（　　）。

A. 污染工作场所，危害人体健康　　　　B. 煤尘爆炸

C. 磨损机械　　　　D. 降低工作场所能见度

答案：ABCD

解析：矿尘对人体健康和矿井安全生产有着严重的影响，主要表现在以下几方面：①对人体健康的危害；②煤尘爆炸；③污染作业环境；④对机械设备的危害。

76. 判断井下爆炸是否有煤尘参与，可根据下列（　　）等现象判断。

A. 煤尘挥发分减少　　　　B. 形成黏焦

C. 巷道破碎　　　　D. 人员伤亡情况

答案：AB

解析：A、B项是判断井下煤尘参与爆炸的依据，C、D项是井下事故都会可能出现的现象，不能作为煤尘参与爆炸的依据。

77. 下列选项中（　　）可能引起采煤工作面瓦斯积聚。

A. 配风量不足　　　　B. 开采强度大

C. 通风系统短路　　　　D. 工作面无风障

答案：ABC

解析：A项配风不足减缓瓦斯逸散速度可能导致瓦斯积聚。B项加大产量会产生额外的瓦斯量，若供风不提高，会引起瓦斯积聚。C项通风短路减缓风量风速，极易引起瓦斯积聚。D项风障是对回风隅角引导风流的设备，工作面无风障不能说明会产生瓦斯积聚。

78. 矿井开拓或准备采区时，在设计中必须根据该处全风压供风量和瓦斯涌出量编制通风设计。（　　）等应在作业规程中明确规定。

A. 掘进巷道的通风方式　　　　B. 局部通风机的安装和使用

C. 风筒的安装和使用　　　　　　　　　　D. 瓦斯涌出量

答案：ABC

解析：《煤矿安全规程》第一百六十二条　矿井开拓或者准备采区时，在设计中必须根据该处全风压供风量和瓦斯涌出量编制通风设计。掘进巷道的通风方式、局部通风机和风筒的安装和使用等应当在作业规程中明确规定。

79. 主要通风机房内必须安装（　　）等仪表。

A. 水柱计　　　　B. 电流表　　　　C. 电压表　　　　D. 轴承温度计

答案：ABCD

解析：《煤矿安全规程》第一百六十条　严禁主要通风机房兼作他用。主要通风机房内必须安装水柱计（压力表）、电流表、电压表、轴承温度计等仪表，还必须有直通矿调度室的电话，并有反风操作系统图、司机岗位责任制和操作规程。

80. 采掘工作面的甲烷浓度检查次数（　　）。

A. 低瓦斯矿井，每班至少 2 次　　　　B. 低瓦斯矿井，每班至少 3 次

C. 高瓦斯矿井，每班至少 3 次　　　　D. 高瓦斯矿井，每班至少 2 次

E. 突出煤层、有瓦斯喷出危险或者瓦斯涌出较大、变化异常的采掘工作面，必须有专人经常检查

答案：ACE

解析：《煤矿安全规程》第一百八十条（三）采掘工作面的甲烷浓度检查次数如下：1. 低瓦斯矿井，每班至少 2 次；2. 高瓦斯矿井，每班至少 3 次；3. 突出煤层、有瓦斯喷出危险或者瓦斯涌出较大、变化异常的采掘工作面，必须有专人经常检查。

81. 有下列情况之一的煤层，应当立即进行煤层突出危险性鉴定，否则直接认定为突出煤层；鉴定未完成前，应当按照突出煤层管理（　　）。

A. 有瓦斯动力现象的

B. 瓦斯压力达到或者超过 0.74 MPa 的

C. 相邻矿井开采的同一煤层发生突出事故或者被鉴定、认定为突出煤层的

D. 打钻时出现顶钻、卡钻现象

答案：ABC

解析：《煤矿安全规程》第一百八十九条　有下列情况之一的煤层，应当立即进行煤层突出危险性鉴定，否则直接认定为突出煤层；鉴定未完成前，应当按照突出煤层管理：（一）有瓦斯动力现象的。（二）瓦斯压力达到或者超过 0.74 MPa 的。（三）相邻矿井开采的同一煤层发生突出事故或者被鉴定、认定为突出煤层的。

82. 有下列（　　）条件之一的突出煤层，不得将在本巷道施工顺煤层钻孔预抽煤巷条带瓦斯作为区域防突措施。

A. 新建矿井的突出煤层

B. 历史上发生过突出强度大于 500 t/次的

C. 开采范围内煤层坚固性系数小于 0.3 的；或者煤层坚固性系数为 0.3 ~ 0.5，且埋深大于 500 m 的

D. 煤层坚固性系数为 0.5 ~ 0.8，且埋深大于 600 m 的

E. 煤层埋深大于 700 m 的；或者煤巷条带位于开采应力集中区的

答案：ABCDE

解析：《煤矿安全规程》第二百一十条　有下列条件之一的突出煤层，不得将在本巷道施工顺煤层钻孔预抽煤巷条带瓦斯作为区域防突措施：（一）新建矿井的突出煤层。（二）历史上发生过突出强度大于500 t/次的。（三）开采范围内煤层坚固性系数小于0.3的；或者煤层坚固性系数为0.3～0.5，且埋深大于500 m的；或者煤层坚固性系数为0.5～0.8，且埋深大于600 m的；或者煤层埋深大于700 m的；或者煤巷条带位于开采应力集中区的。

83. 有下列（　　）情况之一的，应当进行煤岩冲击倾向性鉴定。

A. 有强烈震动、瞬间底（帮）鼓、煤岩弹射等动力现象的

B. 埋深超过300 m的煤层，且煤层上方100 m范围内存在单层厚度超过10 m的坚硬岩层

C. 相邻矿井开采的同一煤层发生过冲击地压的

D. 冲击地压矿井开采新水平、新煤层

E. 埋深超过400 m的煤层，且煤层上方100 m范围内存在单层厚度超过10 m的坚硬岩层

答案：ACDE

解析：《煤矿安全规程》第二百二十六条　有下列情况之一的，应当进行煤岩冲击倾向性鉴定：（一）有强烈震动、瞬间底（帮）鼓、煤岩弹射等动力现象的。（二）埋深超过400 m的煤层，且煤层上方100 m范围内存在单层厚度超过10 m的坚硬岩层。（三）相邻矿井开采的同一煤层发生过冲击地压的。（四）冲击地压矿井开采新水平、新煤层。

84. 井上、下必须设置消防材料库，并符合下列要求（　　）。

A. 井上消防材料库不应当设在井口附近，但不得设在井口房内

B. 井下消防材料库应当设在每一个生产水平的井底车场或者主要运输大巷中，并装备消防车辆

C. 消防材料库储存的消防材料和工具的品种和数量应当符合有关要求，并定期检查和更换；消防材料和工具不得挪作他用

D. 井上消防材料库应当设在井口附近，但不得设在井口房内

答案：BCD

解析：《煤矿安全规程》第二百五十六条　井上、下必须设置消防材料库，并符合下列要求：（一）井上消防材料库应当设在井口附近，但不得设在井口房内。（二）井下消防材料库应当设在每一个生产水平的井底车场或者主要运输大巷中，并装备消防车辆。（三）消防材料库储存的消防材料和工具的品种和数量应当符合有关要求，并定期检查和更换；消防材料和工具不得挪作他用。

85. 采用阻化剂防灭火时，应当遵守下列规定（　　）。

A. 选用的阻化剂材料不得污染井下空气和危害人体健康

B. 应当采取防止阻化剂腐蚀机械设备、支架等金属构件的措施

C. 编制的设计中应当明确规定凝胶的配方、促凝时间和压注量等参数

D. 必须在设计中对阻化剂的种类和数量、阻化效果等主要参数作出明确规定

答案：ABD

解析：《煤矿安全规程》第二百六十八条　采用阻化剂防灭火时，应当遵守下列规定：（一）选用的阻化剂材料不得污染井下空气和危害人体健康。（二）必须在设计中对阻化剂的种类和数量、阻化效果等主要参数作出明确规定。（三）应当采取防止阻化剂腐蚀机械设备、支架等金属构件的措施。

86. 低瓦斯矿井，需同时满足（　　）条件的为低瓦斯矿井。

A. 矿井相对瓦斯涌出量不大于 10 m^3/t

B. 矿井绝对瓦斯涌出量不大于 40 m^3/min

C. 矿井任一掘进工作面绝对瓦斯涌出量不大于 3 m^3/min

D. 矿井任一采煤工作面绝对瓦斯涌出量不大于 5 m^3/min

答案：ABCD

解析：《煤矿安全规程》第一百六十九条　低瓦斯矿井，同时满足下列条件的为低瓦斯矿井：矿井相对瓦斯涌出量不大于 10 m^3/t；矿井绝对瓦斯涌出量不大于 40 m^3/min；矿井任一掘进工作面绝对瓦斯涌出量不大于 3 m^3/min；矿井任一采煤工作面绝对瓦斯涌出量不大于 5 m^3/min。

87. 有瓦斯或者二氧化碳喷出的煤（岩）层，开采前必须（　　）措施。

A. 加大喷出危险区域的风量

B. 打前探钻孔或者抽排钻孔

C. 加大瓦斯检查次数

D. 将喷出的瓦斯或者二氧化碳直接引入回风巷或者抽采瓦斯管路

答案：ABD

解析：《煤矿安全规程》第一百七十八条　有瓦斯或者二氧化碳喷出的煤（岩）层，开采前必须采取下列措施：（一）打前探钻孔或者抽排钻孔。（二）加大喷出危险区域的风量。（三）将喷出的瓦斯或者二氧化碳直接引入回风巷或者抽采瓦斯管路。

88. 开采容易自燃和自燃煤层时，同一煤层应当至少测定 1 次采煤工作面采空区自然发火“三带”分布范围。当采煤工作面（　　）等发生重大变化时，应当重新测定。

A. 采煤工艺　　B. 采煤方法　　C. 通风方式　　D. 巷道支护方式

答案：BC

解析：《煤矿防灭火细则》第十四条　采煤工作面采空区自然发火“三带”可划分为散热带、氧化带和窒息带。开采容易自燃和自燃煤层时，同一煤层应当至少测定 1 次采煤工作面采空区自然发火“三带”分布范围。当采煤工作面采煤方法、通风方式等发生重大变化时，应当重新测定。

89. 开采容易自燃和自燃煤层的矿井，必须开展自然发火监测工作，重点监测（　　）等危险区域。

A. 采空区　　B. 工作面回风隅角

C. 密闭区　　D. 巷道高冒区

答案：ABCD

解析：《煤矿防灭火细则》第五十条　开采容易自燃和自燃煤层的矿井，必须开展自然发火监测工作，重点监测采空区、工作面回风隅角、密闭区、巷道高冒区等危险区域。

90. 生产矿井（　　）后，必须重新进行矿井通风阻力测定。

A. 转入新水平生产　　B. 改变一翼

C. 全矿井通风系统　　D. 调整主要通风机角度

答案：ABC

解析：《煤矿安全规程》第一百五十六条　新井投产前必须进行1次矿井通风阻力测定，以后每3年至少测定1次。生产矿井转入新水平生产、改变一翼或者全矿井通风系统后，必须重新进行矿井通风阻力测定。

91. 清理突出的煤（岩）时，必须制定防（　　），以及防止再次发生突出事故的安全技术措施。

A. 煤尘　　B. 瓦斯超限

C. 片帮、冒顶　　D. 火源、煤层自燃

答案：ABCD

解析：《防治煤与瓦斯突出细则》第三十四条　清理突出的煤（岩）时，必须制定防煤尘、片帮、冒顶、瓦斯超限、火源、煤层自燃，以及防止再次发生突出事故的安全技术措施。

92. 煤层倾角大于12°的采煤工作面采用下行通风时，应当报矿总工程师批准，并遵守（　　）。

A. 采煤工作面风速不得低于1 m/s

B. 在进、回风巷中必须设置消防供水管路

C. 在回风巷严禁设置通风设施

D. 有突出危险的采煤工作面严禁采用下行通风

答案：ABD

解析：《煤矿安全规程》第一百五十二条　煤层倾角大于12°的采煤工作面采用下行通风时，应当报矿总工程师批准，并遵守下列规定：（一）采煤工作面风速不得低于1 m/s。（二）在进、回风巷中必须设置消防供水管路。（三）有突出危险的采煤工作面严禁采用下行通风。

93.（　　）组件属于光干涉甲烷检定器物镜组的组件。

A. 物镜　　B. 折光棱镜

C. 光屏　　D. 反射棱镜

E. 目镜

答案：AC

94. 反映瓦斯抽放难易程度的指标有（　　）。

A. 瓦斯抽放率　　B. 煤层透气性系数

C. 钻孔瓦斯流量衰减系数　　D. 百米钻孔瓦斯涌出量

E. 瓦斯浓度

答案：BCD

解析：依据煤矿瓦斯抽采基本方法，按瓦斯来源大致可分为开采煤层瓦斯抽采、邻近层瓦斯抽采、采空区瓦斯抽采、围岩瓦斯抽采、地面瓦斯抽采；反映瓦斯抽放难易程度的指标是煤层透气性系数；钻孔瓦斯流量衰减系数；百米钻孔瓦斯涌出量。

95. 煤矿防尘管理工作主要包括以下几个方面（　　）。

A. 健全防尘职能机构　　B. 建立防尘专业队伍
C. 健全防尘管理制度　　D. 绘制矿井防尘系统图
E. 成立防尘领导小组
答案：ABCD

96. 光干涉甲烷检定器取相当（　　）CH_4 作为检定点。
A. 1.0%　　B. 2.0%　　C. 3.0%　　D. 9.0%
E. 20.0%
答案：ACD
解析：基本误差检定：对 0 ~ 10% CH_4 测定器的检定，取相当 1.0%、3.0%、7.0%，9.0% CH_4 作为检定点。

97. 下列哪项可引起井下风流的能量损失（　　）。
A. 遇到障碍物　　B. 与巷壁摩擦
C. 风流分岔　　D. 风流变向
E. 风速大
答案：ACD
解析：在风流运动过程中，由于井巷断面、方向变化以及分岔或交汇等局部突变，导致风流速度的大小和方向发生变化，产生冲击、分离等，造成风流的能量损失。

98. 光干涉甲烷检定器清洗的基准干涉条纹应该是（　　）。
A. 亮　　B. 细　　C. 粗　　D. 黑
E. 彩色
答案：ABD

99. 低浓度瓦斯传感器元件主要由（　　）三部分组成。
A. 电阻　　B. 电容　　C. 铂丝线圈　　D. 载体
E. 催化剂
答案：CDE

100. 下列关于瓦检员说法正确的是（　　）。
A. 瓦检员必须执行瓦斯巡回检查制度和请示报告制度
B. 认真填写瓦斯检查班报
C. 每次检查结果必须记入班报手册和检查地点记录牌上
D. 工作面瓦斯浓度超限时，首先向调度室汇报确定是否撤人
E. 采煤工作面 CO_2 浓度不得超过 0.5%
答案：ABCD

三、判断题

1. 采煤工作面、采空区采用惰性气体防火时，释放口的位置应当根据惰性气体的扩散半径、工作面参数及采空区自然发火“三带”分布规律确定，释放口应当保持在采空区的散热带内。(　　)
答案：错误
解析：《煤矿防灭火细则》第六十八条　采煤工作面采空区采用惰性气体防火时，释

放口的位置应当根据惰性气体的扩散半径、工作面参数及采空区自然发火“三带”分布规律确定，释放口应当保持在采空区的氧化带内。

2. 高瓦斯、煤（岩）与瓦斯（二氧化碳）突出建设矿井进入三期工程前，其他建设矿井进入二期工程前，没有形成地面主要通风机供风的全风压通风系统的，属于“通风系统不完善、不可靠”重大事故隐患。(　　)

答案：错误

解析：《煤矿重大事故隐患判定标准》第八条（十）高瓦斯、煤（岩）与瓦斯（二氧化碳）突出建设矿井进入二期工程前，其他建设矿井进入三期工程前，没有形成地面主要通风机供风的全风压通风系统的。

3. 采区进、回风巷未贯穿整个采区，或者虽贯穿整个采区但一段进风、一段回风，或者采用倾斜长壁布置，大巷未超前至少 3 个区段构成通风系统即开掘其他巷道的，属于“通风系统不完善、不可靠”重大事故隐患。(　　)

答案：错误

解析：《煤矿重大事故隐患判定标准》第八条（七）采区进、回风巷未贯穿整个采区，或者虽贯穿整个采区但一段进风、一段回风，或者采用倾斜长壁布置，大巷未超前至少 2 个区段构成通风系统即开掘其他巷道的。

4. 新建突出矿井设计生产能力不得低于 0.9 Mt/a，第一生产水平开采深度不得超过 800 m。中型及以上的突出生产矿井延深水平开采深度不得超过 1200 m，小型的突出生产矿井开采深度不得超过 600 m。(　　)

答案：正确

解析：《煤矿安全规程》第一百九十条规定。

5. 井口房和通风机房附近 20 m 内，不得有烟火或者用火炉取暖。(　　)

答案：正确

解析：《煤矿安全规程》第二百五十一条规定。

6. 矿井应当每天至少检查 1 次隔爆设施的安装地点、数量、水量或者岩粉量及安装质量是否符合要求。(　　)

答案：错误

解析：《煤矿安全规程》第一百八十七条　矿井应当每周至少检查 1 次隔爆设施的安装地点、数量、水量或者岩粉量及安装质量是否符合要求。

7. 井下充电室风流中以及局部积聚处的氢气浓度，不得超过 0.05%。(　　)

答案：错误

解析：《煤矿安全规程》第一百六十七条　井下充电室风流中以及局部积聚处的氢气浓度，不得超过 0.5%。

8. 瓦斯喷出区域和突出煤层采用局部通风机通风时，必须采用抽出式。(　　)

答案：错误

解析：《煤矿安全规程》第一百六十三条　瓦斯喷出区域和突出煤层采用局部通风机通风时，必须采用压入式。

9. 在容易自燃和自燃煤层中掘进的半煤岩巷、煤巷，应在回风流中装设一氧化碳传感器，沿空掘进时必须在回风流中装设一氧化碳传感器。(　　)

答案：错误

解析：《煤矿防灭火细则》第五十四条　在容易自燃和自燃煤层中掘进的半煤岩巷、煤巷，宜在回风流中装设一氧化碳传感器，沿空掘进时应当在回风流中装设一氧化碳传感器。

10. 煤矿防灭火工作必须坚持预防为主、早期预警、因地制宜、综合治理的原则，制定井下防灭火措施。(　　)

答案：错误

解析：《煤矿防灭火细则》第七条　煤矿防灭火工作必须坚持预防为主、早期预警、因地制宜、综合治理的原则，制定井上、下防灭火措施。

11. 井下充电室必须有独立的通风系统，回风风流应当引入回风巷。井下充电室，在同一时间内，5 t 及以下的电机车充电电池的数量不超过 2 组、5 t 以上的电机车充电电池的数量不超过 1 组时，可不采用独立通风，但必须在新鲜风流中。(　　)

答案：错误

解析：《煤矿安全规程》第一百六十七条　井下充电室必须有独立的通风系统，回风风流应当引入回风巷。井下充电室，在同一时间内，5 t 及以下的电机车充电电池的数量不超过 3 组、5 t 以上的电机车充电电池的数量不超过 1 组时，可不采用独立通风，但必须在新鲜风流中。

12. 封闭火区时，应当合理确定封闭范围，必须指定专人检查甲烷、氧气、一氧化碳、煤尘以及其他有害气体浓度和风向、风量、气压的变化，并采取防止瓦斯、煤尘爆炸和人员中毒的安全措施。(　　)

答案：错误

解析：《煤矿安全规程》第二百七十六条　封闭火区时，应当合理确定封闭范围，必须指定专人检查甲烷、氧气、一氧化碳、煤尘以及其他有害气体浓度和风向、风量的变化，并采取防止瓦斯、煤尘爆炸和人员中毒的安全措施。

13. 对于未进行作业的采掘工作面，可能涌出或者积聚甲烷、二氧化碳的硐室和巷道，应当每班至少检查 2 次甲烷、二氧化碳浓度。(　　)

答案：错误

解析：《煤矿安全规程》第一百八十条　对于未进行作业的采掘工作面，可能涌出或者积聚甲烷、二氧化碳的硐室和巷道，应当每班至少检查 1 次甲烷、二氧化碳浓度。

14. 掘进巷道贯通前在相距 50 m 前，必须停止一个工作面作业，做好调整通风系统的准备工作。(　　)

答案：错误

解析：巷道贯通前应当制定贯通专项措施。综合机械化掘进巷道在相距 50 m 前、其他巷道在相距 20 m 前，必须停止一个工作面作业，做好调整通风系统的准备工作。

15. 井下使用的便携式光学甲烷检测仪，当使用测量瓦斯浓度范围在 0 ~ 10% 的仪器进行测量时，其测量精度为 0.1% 。(　　)

答案：错误

解析：测量瓦斯浓度范围在 0 ~ 10% 的仪器，其测量精度为 0.01% 。测量瓦斯浓度范围在 0 ~ 100% 的仪器，其测量精度为 0.1% 。

16. 矿井瓦斯涌出量与工作面回采速度成反比。(　　)

答案：错误

解析：工作面回采速度越快，产出的煤量越多，伴随着释放瓦斯也越多，因此矿井瓦斯涌出量与工作面回采速度成正比。

17. 具有自燃倾向性的煤炭只有处于破碎状态、通风供氧、易于蓄热的环境中才能产生自燃现象。(　　)

答案：正确

解析：煤炭自燃的条件必须是“具有自燃倾向性的煤炭，呈一定厚度的破碎状堆积和有连续的供氧条件，且热量易于积聚”，3 个条件同时存在，缺一不可。题中涉及的信息是煤炭自燃的必备条件。

18. 主井、副井和风井布置在不同的工业广场内，主井或者副井长期内不能与风井贯通的，主井与副井贯通后必须安装临时通风机实现全风压通风。(　　)

答案：错误

解析：《煤矿安全规程》第八十四条　巷道及硐室施工期间的通风应当遵守下列规定：(一) 主井、副井和风井布置在同一个工业广场内，主井或者副井与风井贯通后，应当先安装主要通风机，实现全风压通风。不具备安装主要通风机条件的，必须安装临时通风机，但不得采用局部通风机或者局部通风机群代替临时通风机。主井、副井和风井布置在不同的工业广场内，主井或者副井短期内不能与风井贯通的，主井与副井贯通后必须安装临时通风机实现全风压通风。

19. 新建、改扩建矿井时，必须进行矿井风温预测计算，超温地点应设置制冷设施。(　　)

答案：错误

解析：《煤矿安全规程》第六百五十五条　新建、改扩建矿井设计时，必须进行矿井风温预测计算，超温地点必须有降温设施。

20. 采掘工作面的进风流中，氧气浓度不低于 18%，二氧化碳浓度不超过 0.5%。(　　)

答案：错误

解析：《煤矿安全规程》第一百三十五条　工作面的进风流中，氧气浓度不低于 20%，二氧化碳浓度不超过 0.5%。

21. 矿井必须有足够数量的通风安全检测仪表。仪表必须由行业授权的安全仪表计量单位进行检验。(　　)

答案：错误

解析：《煤矿安全规程》第一百四十一条　矿井必须有足够数量的通风安全检测仪表。仪表必须由具备相应资质的检验单位进行检验。

22. 进风井口必须布置在粉尘、有害的高温气体不能侵入的地方。已布置在粉尘、有害的高温气体能侵入的地点的，应制定安全措施。(　　)

答案：正确

解析：《煤矿安全规程》第一百四十六条规定。

23. 采用串联通风的工作面，必须在进入被串联工作面的风流中装设甲烷传感器，且

瓦斯和二氧化碳浓度都不得超过1%。(　　)

答案：错误

解析：《煤矿安全规程》第一百五十条　对于本条规定的串联通风，必须在进入被串联工作面的巷道中装设甲烷传感器，且甲烷和二氧化碳浓度都不得超过0.5%，其他有害气体浓度都应当符合本规程第一百三十五条的要求。

24. 有煤（岩）与瓦斯（二氧化碳）突出危险的采煤工作面可采用下行通风。(　　)

答案：错误

解析：第一百五十二条　煤层倾角大于12°的采煤工作面采用下行通风时，应当报矿总工程师批准，并遵守下列规定：（一）采煤工作面风速不得低于1 m/s。（二）在进、回风巷中必须设置消防供水管路。（三）有突出危险的采煤工作面严禁采用下行通风。

25. 不应在倾斜运输巷中设置风门；如果必须设置风门，应安设自动风门或设专人管理，并有防止矿车或风门碰撞人员以及矿车碰坏风门的安全措施。(　　)

答案：正确

解析：《煤矿安全规程》第一百五十五条　控制风流的风门、风桥、风墙、风窗等设施必须可靠。不应在倾斜运输巷中设置风门；如果必须设置风门，应当安设自动风门或者设专人管理，并有防止矿车或者风门碰撞人员以及矿车碰坏风门的安全措施。开采突出煤层时，工作面回风侧不得设置调节风量的设施。

26. 每月应至少检查一次反风设施。(　　)

答案：错误

解析：《煤矿安全规程》第一百五十九条　生产矿井主要通风机必须装有反风设施，并能在10 min内改变巷道中的风流方向；当风流方向改变后，主要通风机的供给风量不应小于正常供风量的40%。每季度应当至少检查1次反风设施，每年应当进行1次反风演习；矿井通风系统有较大变化时，应当进行1次反风演习。

27. 正常工作和备用局部通风机均失电停止运转后，当电源恢复时，正常工作的局部通风机和备用局部通风机均不得自行启动，必须人工开启局部通风机。(　　)

答案：正确

解析：《煤矿安全规程》第一百六十四条　正常工作和备用局部通风机均失电停止运转后，当电源恢复时，正常工作的局部通风机和备用局部通风机均不得自行启动，必须人工开启局部通风机。

28. 使用防爆柴油动力装置的矿井及开采容易自燃、自燃煤层的矿井，应当设置一氧化碳传感器和温度传感器。(　　)

答案：正确

解析：《煤矿安全规程》第五百零三条　使用防爆柴油动力装置的矿井及开采容易自燃、自燃煤层的矿井，应当设置一氧化碳传感器和温度传感器。

29. 暖风道和压入式通风的风硐必须用不燃性材料砌筑，并至少装设2道防火门。(　　)

答案：正确

解析：《煤矿安全规程》第二百五十一条　井口房和通风机房附近20 m内，不得有烟火或者用火炉取暖。通风机房位于工业广场以外时，除开采有瓦斯喷出的矿井和突出矿井外，可用隔焰式火炉或者防爆式电热器取暖。暖风道和压入式通风的风硐必须用不燃性材料砌筑，并至少装设 2 道防火门。

30. 按井下同时工作的最多人数计算，每人每分钟供给风量不得少于 5 m^3。(　　)

答案：错误

解析：《煤矿安全规程》第一百三十八条　矿井需要的风量应当按下列要求分别计算，并选取其中的最大值：(一) 按井下同时工作的最多人数计算，每人每分钟供给风量不得少于 4 m^3。

31. 箕斗提升井或者装有带式输送机的井筒兼作进风井时，箕斗提升井筒中的风速不得超过 6 m/s、装有带式输送机的井筒中的风速不得超过 5 m/s，并有防尘措施。装有带式输送机的井筒中必须装设自动报警灭火装置、敷设消防管路。(　　)

答案：错误

解析：《煤矿安全规程》第一百四十五条规定。

32. 氧化氮、一氧化碳、氨、二氧化硫至少每 3 个月监测 1 次，硫化氢至少每月监测 1 次。(　　)

答案：正确

解析：《煤矿安全规程》第六百六十一条规定。

33. 新建高瓦斯矿井、突出矿井、煤层容易自燃矿井及有热害的矿井应当采用分区式通风或者对角式通风；初期采用中央并列式通风的只能布置一个采区生产。(　　)

答案：正确

解析：《煤矿安全规程》第一百四十七条规定。

34. 主要通风机必须安装在地面；装有通风机的井口必须封闭严密，其外部漏风率在无提升设备时不得超过 15%，有提升设备时不得超过 30%。(　　)

答案：错误

解析：《煤矿安全规程》：第一百五十八条　矿井必须采用机械通风。主要通风机的安装和使用应当符合下列要求：(一) 主要通风机必须安装在地面；装有通风机的井口必须封闭严密，其外部漏风率在无提升设备时不得超过 5%，有提升设备时不得超过 15%。

35. 瓦斯矿井总回风巷、主要回风巷、采区回风巷、工作面和工作面进回风巷可选用矿用防爆型电气设备和矿用一般型电气设备。(　　)

答案：错误

解析：《煤矿安全规程》第一百八十二条相关规定。

36. 在有瓦斯或煤尘爆炸危险的采掘工作面，应采用瞬发电雷管或毫秒延期电雷管爆破。(　　)

答案：正确

解析：《煤矿安全规程》第三百五十条规定。

37. 用均压技术防灭火时，改变矿井通风方式、主要通风机工况以及井下通风系统时，对均压地点的均压状况不必进行调整，保证均压状态的稳定。(　　)

答案：错误

解析：《煤矿安全规程》第二百七十条　采用均压技术防灭火时，应当遵守下列规定：（三）改变矿井通风方式、主要通风机工况以及井下通风系统时，对均压地点的均压状况必须及时进行调整，保证均压状态的稳定。

38. 采用氮气防火时，注入的氮气浓度不小于97%。（　　）

答案：正确

解析：《煤矿安全规程》第二百七十一条规定。

39. 采用全部充填采煤法时，严禁采用可燃物作充填材料。（　　）

答案：正确

解析：《煤矿安全规程》第二百七十二条。

40. 井下机电设备硐室必须设在进风风流中，采用扩散通风的硐室，其深度不得超过5 m、入口宽度不得小于1.5 m，并且无瓦斯涌出。（　　）

答案：错误

解析：《煤矿安全规程》第一百六十八条　井下机电设备硐室必须设在进风风流中，采用扩散通风的硐室，其深度不得超过6 m、入口宽度不得476小于1.5 m，并且无瓦斯涌出。

41. 防火对通风的要求是风流稳定、漏风量少和通风网络中有关区段易隔绝。（　　）

答案：正确

解析：防火对通风的要求是：风流稳定，漏风少和通风网路中各区段容易隔绝。因此，应选择合理的通风系统，矿井通风阻力分布适宜，通风设施位置合理，及时封闭采空区和废巷，利用调压法减少漏风。

42. 火区内空气中不含有乙烯、乙炔，一氧化碳浓度在封闭期间内逐渐下降，并稳定在0.001%以下，即可认为火区已经熄灭。（　　）

答案：错误

解析：《煤矿安全规程》第二百七十九条　封闭的火区，只有经取样化验证实火已熄灭后，方可启封或者注销。火区同时具备一系列条件时，方可认为火已熄灭。

43. 佩戴自救器时行走时，不能时快时慢。（　　）

答案：正确

解析：压缩氧自救器使用规范。

44. 在停风时间较长或瓦斯涌出量较大的盲巷检测瓦斯或其他有害气体浓度时，最少应有两个人一起入内检查，两人一前一后，边检查边前进。（　　）

答案：正确

解析：因为停风时间较长或瓦斯涌出量较大的盲巷，有毒有害气体浓度可能较大，所以在检测瓦斯或其他有害气体浓度时，最少应有两个人一起入内检查，两人一前一后，边检查边前进，做好安全互保联保。

45. 在倾角较大的下山盲巷检查时，应重点检查瓦斯浓度。（　　）

答案：错误

解析：在倾角较大的下山盲巷检查时，瓦斯密闭小在顶部，所以应重点检查二氧化碳浓度。

46. 煤矿企业应当以矿（井）为单位进行事故隐患排查、治理，矿（井）安全管理人员对事故隐患的排查和治理负直接责任。（　　）

答案：错误

解析：煤矿隐患排查和整顿关闭实施办法（试行）（国家安监总局　国家煤矿安全监察局　2005 年 9 月 26 日发布　安监总煤矿字［2005］134 号）煤矿企业应当以矿（井）为单位进行安全生产隐患排查、治理，矿（井）主要负责人对安全生产隐患的排查和治理负直接责任。

47. 位于煤层之上，具有一定的稳定性，常随着采煤工作面移架或回柱而自行垮落的顶板岩层称为基本顶。(　　)

答案：错误

解析：煤层顶板由下而上有伪顶、直接顶和基本顶。在一般煤矿中，伪顶管理是顶板管理的重点。大多数顶板类零星事故都是来自伪顶。

48. 在巷道内测定二氧化碳浓度时，如果测定地点风速较慢，应将检测仪器的进气管口置于巷道断面的中心位置。(　　)

答案：错误

解析：二氧化碳密度较大，一般在巷道底部，检测二氧化碳应距底板 200 ~ 300 mm 处检测。

49. 瓦斯和煤尘同时存在时，瓦斯浓度越高，煤尘爆炸下限越低。(　　)

答案：正确

解析：煤尘中混有瓦斯等可燃性气体，会使煤尘爆炸的下限降低，煤尘爆炸界限扩大。

50. 测定巷道风流中二氧化碳浓度时，应连续测定 3 次，取其平均值。(　　)

答案：正确

解析：采掘面及其硐室瓦斯检测取最大值，巷道风流中应取平均值。

51. 生产水平和采区必须实现分区通风。(　　)

答案：正确

解析：《煤矿安全规程》相关规定。

52. 掘进通风的风筒出风口距工作面越近越好。(　　)

答案：错误

解析：掘进工作面风筒距工作面应保持一定的距离。

53. 开采规模越大，矿井瓦斯涌出量越大。(　　)

答案：正确

解析：开采规模越大，煤层中的瓦斯受扰动影响越大，涌出量越大。

54. 两室温度和压力相等时，干涉条纹的移动量与甲烷浓度成反比。(　　)

答案：错误

解析：两室温度和压力相等时，干涉条纹的移动量与甲烷浓度成正比。

55. 对二氧化碳中毒者，不能用压胸人工呼吸法进行人工呼吸。(　　)

答案：正确

56. 煤体内的瓦斯在没受采动影响前，游离状态和吸附状态的瓦斯量保持不变。(　　)

答案：错误

解析：煤体内的瓦斯游离和吸附状态处于动态平衡。

57. 抽放管路采用固定式支架时，离地高度不得小于 200 mm。(　　)

答案：错误

解析：《煤矿安全规程》相关规定。

58. 巷道长度小于 6 m，断面宽度小于 1.5 m，可采用扩散通风。(　　)

答案：错误

解析：巷道长度小于 6 m，断面宽度小于 1.5 m，且无瓦斯涌出，可采用扩散通风。

59. 抽放钻孔的间距应大于或等于有效抽采半径。(　　)

答案：错误

解析：抽放钻孔的间距应小于或等于有效抽采半径。

60. 倾角大于 12°的采煤工作面不得采用下行通风。(　　)

答案：错误

解析：倾角大于 12°的采煤工作面采取措施并经总工批准可采用下行通风。

61. 扑灭火势猛烈的火灾时，不要把水直接射向火源的中心。(　　)

答案：正确

62. 均压灭火措施的实质是通过调压方法使易发生火灾的两侧风压差趋于零或减小到最低，以减弱向发火危险区漏风供氧条件。(　　)

答案：正确

63. 在钻孔中用强力爆破的方法提高钻孔的抽放瓦斯量，在短时间内是有效的。(　　)

答案：正确

解析：在钻孔中用强力爆破的方法增大了钻孔内煤体暴露面积，提高钻孔的抽放瓦斯量，在短时间内是有效的。

64. 提高抽放负压对瓦斯压力高、透气性系数低的原始煤体效果显著。(　　)

答案：错误

解析：提高抽放负压对瓦斯压力高、透气性系数高的原始煤体效果显著。

65. 瓦斯喷出与地质变化有密切关系，一般均发生在地质变化带。(　　)

答案：正确

66. 最容易发生瓦斯爆炸的地点是：回采工作面上隅角、采煤机切割部位附近、掘进工作面等。(　　)

答案：正确

67. 抽出式通风的主要通风机因故停止运转时，井下风流压力降低，瓦斯涌出量升高。(　　)

答案：错误

解析：抽出式通风的主要通风机因故停止运转时，井下风流压力升高，瓦斯涌出量降低。

68. 高瓦斯矿井在工作面及其回风巷安设甲烷传感器后，工作面上隅角可不挂便携式瓦斯报警仪。(　　)

答案：错误

解析：高瓦斯矿井在工作面及其回风巷安设甲烷传感器后，工作面上隅角悬挂便携式瓦斯报警仪。

69. 矿井瓦斯监测系统一般由地面中心站、井下工作站、传输系统三部分组成。(　　)

答案：正确

70. 开采保护层后，在被保护层中受到保护的地区进行采掘作业时可不采取防治突出措施。(　　)

答案：正确

71. 粉尘颗粒越小，越容易被水润湿。(　　)

答案：错误

解析：矿尘的湿润性是指矿尘与液体亲和的能力，其中疏水性矿尘不容易被水湿润，并不是完全和颗粒有关系。

72. 降低封闭区域两端的压差可以减少老采空区瓦斯涌出。(　　)

答案：正确

解析：采空区内往往积存着大量高浓度的瓦斯，如果封闭的密闭墙质量不好，或进、回风侧的通风压差较大，就会造成采空区大量漏风，使矿井的瓦斯涌出量增大。

73. 煤矿生产中产生的煤尘都具有爆炸危险性。(　　)

答案：错误

解析：煤尘是否具有爆炸危险性要看煤尘爆炸指数，煤尘爆炸指数小于 10.0% 基本上属于没有煤尘爆炸危险性的煤层。

74. 在有大量沉积煤尘的巷道中，爆炸地点距离爆源越远，爆炸压力越大。(　　)

答案：正确

解析：在有大量沉积煤尘的巷道中，爆炸地点距离爆源越远，爆炸压力越大，这是煤尘爆炸的特点之一，因为在有大量煤尘的空间，容易发生连续爆炸，对巷道空间的影响叠加，距爆炸点越远，破坏性越大。

75. 掘进工作面断面小、落煤量小，瓦斯涌出量也相对较小，瓦斯事故的危险性较小。(　　)

答案：错误

解析：掘进工作面没有完整的通风系统，不能形成全风压通风，靠的是局部通风机通风，若通风管理不善，随意停开或无计划停电，都会造成工作面停风，易引起瓦斯积聚，造成瓦斯事故。

76. 启封火区和恢复火区初期通风等工作，必须由矿通风科负责进行，火区回风风流所经过巷道中的人员必须全部撤出。(　　)

答案：错误

解析：启封火区和恢复火区初期通风等工作，必须由矿山救护队负责进行。因为启封火区和恢复火区初期通风期间，火区容易受通风影响而发生变化，再次出现一氧化碳或火区复燃的现象，必须由专业的救护队负责进行。

77. 在启封火区工作完毕后 2 d 内，每班必须由矿山救护队检查通风工作，并测定水温、空气温度和空气成分。只有在确认火区完全熄灭、通风等情况良好后，方可进行生产

工作。(　　)

答案：错误

解析：《煤矿安全规程》第二百八十条　在启封火区工作完毕后的3 d内，每班必须由矿山救护队检查通风工作，并测定水温、空气温度和空气成分。只有在确认火区完全熄灭、通风等情况良好后，方可进行生产工作。

78. 采用氮气防灭火时，注入的氮气浓度不小于97%。(　　)

答案：正确

解析：采用氮气防灭火时，应当遵守下列规定：氮气源稳定可靠；注入的氮气浓度不小于97%；至少有1套专用的氮气输送管路系统及其附属安全设施等。实践证明，如果确保注入采空区氮气浓度不小于97%时，可以达到防止自然发火的预期效果。

79. 使用局部通风机通风的掘进工作面，不得停风；因检修、停电、故障等原因停风时，必须将人员全部撤至全风压进风流处，切断电源，设置栅栏、警示标志，禁止人员入内。(　　)

答案：正确

解析：《煤矿安全规程》第一百六十五条规定。

80. 井下机电设备硐室必须设在进风风流中；采用扩散通风的硐室，其深度不得超过5 m、入口宽度不得小于1.5 m，并且无瓦斯涌出。(　　)

答案：错误

解析：《煤矿安全规程》第一百六十八条　井下机电设备硐室必须设在进风风流中；采用扩散通风的硐室，其深度不得超过6 m、入口宽度不得小于1.5 m，并且无瓦斯涌出。

81. 每年必须对低瓦斯矿井进行瓦斯等级和二氧化碳涌出量的鉴定工作，鉴定结果报省级煤炭行业管理部门和省级煤矿安全监察机构。上报时应当包括开采煤层最短发火期和自燃倾向性、煤尘爆炸性的鉴定结果。(　　)

答案：错误

解析：《煤矿安全规程》第一百七十条　每2年必须对低瓦斯矿井进行瓦斯等级和二氧化碳涌出量的鉴定工作，鉴定结果报省级煤炭行业管理部门和省级煤矿安全监察机构。上报时应当包括开采煤层最短发火期和自燃倾向性、煤尘爆炸性的鉴定结果。高瓦斯、突出矿井不再进行周期性瓦斯等级鉴定工作，但应当每年测定和计算矿井、采区、工作面瓦斯和二氧化碳涌出量，并报省级煤炭行业管理部门和煤矿安全监察机构。

82. 临时停工的地点，不得停风；否则必须切断电源，设置栅栏、警标，禁止人员进入，并向矿调度室报告。停工区内甲烷或者二氧化碳浓度达到2.0%或者其他有害气体浓度超过《煤矿安全规程》第一百三十五条的规定不能立即处理时，必须在24 h内封闭完毕。(　　)

答案：错误

解析：《煤矿安全规程》第一百七十五条　临时停工的地点，不得停风；否则必须切断电源，设置栅栏、警标，禁止人员进入，并向矿调度室报告。停工区内甲烷或者二氧化碳浓度达到3.0%或者其他有害气体浓度超过本规程第一百三十五条的规定不能立即处理时，必须在24 h内封闭完毕。恢复已封闭的停工区或者采掘工作接近这些地点时，必须事先排除其中积聚的瓦斯。排除瓦斯工作必须制定安全技术措施。

83. 在排放瓦斯过程中，排出的瓦斯与全风压风流混合处的甲烷和二氧化碳浓度均不得超过 1.0%，且混合风流经过的所有巷道内必须停电撤人，其他地点的停电撤人范围应当在措施中明确规定。只有恢复通风的巷道风流中甲烷浓度不超过 1.5% 和二氧化碳浓度不超过 1.0% 时，方可人工恢复局部通风机供风巷道内电气设备的供电和采区回风系统内的供电。(　　)

答案：错误

解析：《煤矿安全规程》第一百七十六条　在排放瓦斯过程中，排出的瓦斯与全风压风流混合处的甲烷和二氧化碳浓度均不得超过 1.5%，且混合风流经过的所有巷道内必须停电撤人，其他地点的停电撤人范围应当在措施中明确规定。只有恢复通风的巷道风流中甲烷浓度不超过 1.0% 和二氧化碳浓度不超过 1.5% 时，方可人工恢复局部通风机供风巷道内电气设备的供电和采区回风系统内的供电。

84. 新建矿井或者生产矿井每延深一个新水平，应当进行 1 次煤尘爆炸性鉴定工作，鉴定结果必须报省级煤炭行业管理部门和煤矿安全监察机构。(　　)

答案：正确

解析：《煤矿安全规程》第一百八十五条　新建矿井或者生产矿井每延深一个新水平，应当进行 1 次煤尘爆炸性鉴定工作，鉴定结果必须报省级煤炭行业管理部门和煤矿安全监察机构。煤矿企业应当根据鉴定结果采取相应的安全措施。

85. 有突出危险煤层的新建矿井或者突出矿井，开拓新水平的井巷第一次揭穿（开）厚度为 0.5 m 及以上煤层时，必须超前探测煤层厚度及地质构造、测定煤层瓦斯压力及瓦斯含量等与突出危险性相关的参数。(　　)

答案：错误

解析：《煤矿安全规程》第一百九十七条　有突出危险煤层的新建矿井或者突出矿井，开拓新水平的井巷第一次揭穿（开）厚度为 0.3 m 及以上煤层时，必须超前探测煤层厚度及地质构造、测定煤层瓦斯压力及瓦斯含量等与突出危险性相关的参数。

86. 突出煤层采掘工作面附近、爆破撤离人员集中地点、起爆地点必须设有直通矿调度室的电话，并设置有供给压缩空气的避险设施或者压风自救装置。工作面回风系统中有人作业的地点，也应当设置压风自救装置。(　　)

答案：正确

解析：《煤矿安全规程》第二百二十三条　突出煤层采掘工作面附近、爆破撤离人员集中地点、起爆地点必须设有直通矿调度室的电话，并设置有供给压缩空气的避险设施或者压风自救装置。工作面回风系统中有人作业的地点，也应当设置压风自救装置。

87. 突出煤层必须采取两个“四位一体”综合防突措施，做到多措并举、可保必保、应抽尽抽、效果达标，否则严禁采掘活动。(　　)

答案：正确

解析：《防治煤与瓦斯突出细则》第六条　防突工作必须坚持“区域综合防突措施先行、局部综合防突措施补充”的原则，突出煤层必须采取两个“四位一体”综合防突措施，做到多措并举、可保必保、应抽尽抽、效果达标，否则严禁采掘活动。

88. 采掘工作面及其他作业地点风流中甲烷浓度达到 0.5% 时，仍使用电钻打眼的，为煤矿重大事故隐患。(　　)

答案：错误

解析：《煤矿重大事故隐患判定标准》第五条　井下瓦斯超限后继续作业或者未按照国家规定处置，继续进行作业的，被判定为重大隐患，采掘工作面及其他作业地点风流中甲烷浓度达到1.0%时，仍使用电钻打眼的；或者爆破地点附近20 m以内风流中甲烷浓度达到1.0%时，仍实施爆破的。

89. 采掘工作面及其他作业地点风流中、电动机及其开关安设地点附近20 m以内风流中的甲烷浓度达到1.0%时，未停止工作，切断电源，撤出人员，进行处理的，为煤矿重大事故隐患。(　　)

答案：错误

解析：《煤矿重大事故隐患判定标准》第五条　井下瓦斯超限后继续作业或者未按照国家规定处置，继续进行作业的，被判定为重大隐患，采掘工作面及其他作业地点风流中、电动机及其开关安设地点附近20 m以内风流中的甲烷浓度达到1.5%时，未停止工作，切断电源，撤出人员，进行处理的。

90. 采煤工作面必须采用矿井全风压通风，禁止采用局部通风机稀释瓦斯。(　　)

答案：正确

解析：《煤矿安全规程》第一百五十三条　采煤工作面必须采用矿井全风压通风，禁止采用局部通风机稀释瓦斯。

91. 井下使用的汽油、柴油、煤油必须装入盖严的铁桶内，由专人押运送至使用地点，剩余的汽油、煤油定期运回地面。(　　)

答案：错误

解析：《煤矿防灭火细则》第四十一条　井下使用的汽油、柴油、煤油必须装入盖严的铁桶内，由专人押运送至使用地点，剩余的汽油、煤油必须运回地面，严禁在井下存放。

92. 地面瓦斯抽采泵房和泵房周围50 m范围内，禁止堆积易燃物和有明火。(　　)

答案：错误

解析：《煤矿防灭火细则》第四十九条　建设地面瓦斯抽采泵房必须用不燃性材料，并必须有防雷电装置，其距进风井口和主要建筑物不得小于50 m，并用栅栏或者围墙保护。地面瓦斯抽采泵房和泵房周围20 m范围内，禁止堆积易燃物和有明火。

93. 任一采煤工作面的瓦斯涌出量大于3 m^3/min或者任一掘进工作面瓦斯涌出量大于5 m^3/min，用通风方法解决瓦斯问题不合理的，必须建立地面永久抽采瓦斯系统或者井下临时抽采瓦斯系统。(　　)

答案：错误

解析：《煤矿安全规程》第一百八十一条　任一采煤工作面的瓦斯涌出量大于5 m^3/min或者任一掘进工作面瓦斯涌出量大于3 m^3/min，用通风方法解决瓦斯问题不合理的，必须建立地面永久抽采瓦斯系统或者井下临时抽采瓦斯系统。

94. 一个采煤工作面使用防爆型柴油动力装置机车运输，功率为132 kW，该巷道的供风量需增加巷道配风量为528 m^3/min。(　　)

答案：正确

解析：《煤矿安全规程》第一百三十八条　矿井需要的风量应当按下列要求分别计

算，并选取其中的最大值：使用煤矿用防爆型柴油动力装置机车运输的矿井，行驶车辆巷道的供风量还应当按同时运行的最多车辆数增加巷道配风量，配风量不小于4 m^3/(min·kW)。

95. 瓦斯管路的漏气量规定每千米不大于5 m^3/min。(　　)

答案：错误

解析：采煤工作面瓦斯涌出量大于5 m^3/min；掘进工作面瓦斯涌出量大于3 m^3/min。都必须进行瓦斯抽采。所以瓦斯管路的漏气量不能超过每千米3 m^3/min。

96. 转动微调手轮干涉条纹的移动量应与微调手轮的刻度相对应。(　　)

答案：正确

解析：当转动测微手轮时，由齿轮带动刻度盘和测微螺杆，推动测微玻璃座上的测微玻璃偏转而产生光线的偏折，使干涉条纹移动。刻度盘一格相当于0.02%，当刻度盘转完全部50格，干涉条纹在分划板上的移动量应为1%。

97. 平面镜镀银面腐蚀，增大反射率。(　　)

答案：错误

解析：银的表面发射率非常低，相应的反射率非常高，腐蚀会降低发射率。

98. 人体触电有单相触电、两相触电和跨步触电三种情况。(　　)

答案：正确

解析：根据电击时电流通过人体的途径和人体触及带电体的方式划分的。

99. 当甲烷室与空气室充进相同气体时，两列光波所经光程不同。(　　)

答案：错误

解析：光波的行程和光的折射率有关，折射率和气体介质密度有关；进入相同气体光程应相同。

100. 普氏系数值越大，表示岩石越坚硬。(　　)

答案：正确

电　工
（综采维修电工方向）

赛项专家组成员（按姓氏笔画排序）

马　利　史　峰　刘赞利　刘耀东　安郁熙
李　杰　赵　磊　赵春营　夏伯党

赛　项　规　程

一、赛项名称

电工（综采维修电工方向）

二、竞赛目的

弘扬劳模精神、劳动精神、工匠精神，激励煤矿职工特别是青年一代煤矿职工走技能成才、技能报国之路，培养更多高技能人才和大国工匠，为助力煤炭工业高质量发展提供技能人才保障。

三、竞赛内容

此次技能大赛充分考虑煤炭行业对综采维修电工的要求，结合电气控制技术、一体机应用技术、电工电子技术和电力电子技术等相关内容，以综采设备（永磁同步变频调速一体机）的检修与维护、电气接线与调试为重点，考核产业工人对综采电气维修基础知识、系统接线、故障排查的掌握程度。竞赛分为理论考试和实操考核，安全文明操作在实操过程中进行考核，不单独命题。具体见表1。

表1　竞赛内容及权重

序号	竞赛内容		权重/%
1	理论知识考试		20
2	技能实操考核	第一场　自救器盲戴	80
		第二场　远控接线	
		第三场　故障排查及参数设置	

四、竞赛方式

本赛项的理论知识考试采取上机考试，计算机软件自动评分；技能实操考核由裁判员现场评级。实操考核分为三场：第一场考核自救器盲戴，第二场考核远控接线，第三场考核故障排查及参数设置。技能实操考核成绩评定：第一场采用直接扣分制，第二场、第三场成绩评价采用过程 A、B⁺、B、B⁻、C、D、E 七级评价，综合给出总成绩的方式。本赛项为个人项目，竞赛内容由每名选手各自独立完成。

五、竞赛流程

（一）赛项流程（表2）

表2 竞 赛 流 程 表

阶段	序号	流　　程
准备参赛阶段	1	参赛队领队（赛项联络员）负责本参赛队的参赛组织及与大赛组委会办公室的联络工作
	2	参赛选手凭借大赛组委会颁发的参赛证和有效身份证明参加比赛前相关活动
	3	参赛选手需要在规定时间及指定地点，向检录工作人员提供参赛证、身份证证件或公安机关提供的户籍证明，通过检录进入赛场
比赛准备阶段	1	参赛队领队抽取场次号，参赛选手抽取赛位号
	2	参赛选手赛前 10 min 在赛场工作人员引导下进入赛位区域，进行赛前准备，现场由裁判长统一发出“开始准备”及“准备停止”的指令，第二场考核远控接线准备时间为 3 min，第三场考核故障排查及参数设置准备时间 2 min，用于摆放好地线、工具、线号及杂物清理等
第一场自救器盲戴（时间 30 s）	1	现场壁挂式计时器由中控台统一开启，裁判长宣布比赛开始，并由专门人员启动计时器，同时各裁判员启动手持式计时器，开始计时后，参赛选手方可开始操作
	2	选手在规定时间内完成自救器盲带
	3	比赛时间到，裁判长宣布比赛结束，选手立即停止竞赛、原地等待，裁判员确认
第二场远控接线（时间 25 min）	1	现场壁挂式计时器由中控台统一开启，裁判长宣布比赛开始，并由专门人员启动计时器，同时各裁判员启动手持式计时器，开始计时后，参赛选手方可开始操作，各参赛选手限定在自己的工作区域内完成比赛任务
	2	比赛结束前 5 min 由裁判长统一提醒
	3	比赛完成的任务是，控制线（两端共 20 个接线端子）全部接完，现场清理干净，保证设备达到完好状态，不失爆
	4	选手提前完成时需举手报告裁判完成，裁判员卡表记录。完成后选手离开考场，接线工艺由赛场专门的裁判组进行统一评判
第二场比赛结束阶段	1	参赛选手提前完成任务并报告结束比赛时，裁判员卡表计时
	2	参赛选手完成比赛提交结果后，立即离开赛场，大赛技术支持人员将到达赛场清点工具、设备等，由现场裁判员确认；损坏、缺失的物件按规定考核
	3	比赛时间到，未完成比赛的参赛选手应立即停止操作，选手到指定区域休息，裁判员确认，赛场技术人员检查，对裁判员执裁提供技术支持
	4	参赛选手在比赛期间未经组委会的批准，不得接受任何与比赛内容相关的采访
	5	参赛选手在比赛过程中必须主动配合现场裁判工作，服从裁判安排，如果对比赛的裁决有异议，由领队以书面形式向仲裁工作组提出申诉

表2（续）

阶段	序号	流程
第三场 故障排查及 参数设置 （时间 30 min）	1	现场壁挂式计时器由中控台统一开启，裁判长宣布比赛开始，并由专门人员启动计时器，同时各裁判员启动手持式计时器，开始计时后，参赛选手方可开始操作，各参赛选手限定在自己的工作区域内完成比赛任务
	2	选手通过可编程控制箱操作台上放置的“选手排查故障记录表”，根据表中列出的2个故障现象以及2个故障位置，进行后续的故障排除、参数设置、启停一体机操作
	3	比赛结束前5 min由裁判长统一提醒
	4	比赛时间到，裁判长宣布比赛结束，选手立即停止竞赛
第三场比赛 结束阶段	1	参赛选手提前完成任务并报告结束比赛时，裁判员卡表计时
	2	参赛选手完成比赛提交结果后，立即离开赛场，大赛技术支持人员将到达赛场清点工具、设备等，由现场裁判员确认；损坏、缺失的物件按规定考核
	3	比赛时间到，未完成比赛的参赛选手应立即停止操作，选手到指定区域休息，裁判员确认，赛场技术人员检查，对裁判员执裁提供技术支持
	4	参赛选手在比赛期间未经组委会的批准，不得接受任何与比赛内容相关的采访
	5	参赛选手在比赛过程中必须主动配合现场裁判工作，服从裁判安排，如果对比赛的裁决有异议，由领队以书面形式向仲裁工作组提出申诉

（二）竞赛时间安排

竞赛日程由大赛组委会统一规定，具体时间另行通知。

六、竞赛赛卷

（一）综采维修电工理论知识考试

从竞赛题库中随机抽取100道赛题，理论考试成绩占总成绩比重的20%。

（二）综采维修电工技能实操考核

（1）自救器盲戴。参赛选手需在30 s内完成ZYX45（E）隔绝式压缩氧自救器盲戴操作。

（2）远控接线。参赛选手按图纸要求（届时将提供原理图纸、接线图纸）将控制电缆接在远方集控箱与可编程控制箱内部的端子排上，远方集控箱中每一组按钮可通过可编程控制箱控制一体机相应的功能。

（3）故障排查及参数设定。在一体机给定程序情况下，在可编程控制箱和一体机内设置故障，故障题目从已备的竞赛故障库（表3）中按难易程度随机抽取，选手查找并排除故障，恢复一体机正常功能，实现通过远方集控箱控制可编程控制箱操作一体机的启停。

该竞赛内容考核选手所有操作部位的完好和防爆性能。

表3　全国技术比武一体机类故障题库

类型	序号	故障现象	故障位置	排除方法
1类	1	可编程控制箱—外部急停动作，键盘按键无反应	可编程控制箱—X1－1 虚接	可编程控制箱—恢复接线
	2	可编程控制箱—外部急停动作，键盘按键无反应	可编程控制箱—X1－1 接到 X1－9 上	可编程控制箱—恢复接线到 X1－1 上
	3	可编程控制箱—外部急停动作，键盘按键无反应	可编程控制箱—X1－1 接到 X1－10 上	可编程控制箱—恢复接线到 X1－1 上
	4	可编程控制箱—矩阵键盘部分按键操作失效	可编程控制箱—X1－14 虚接	可编程控制箱—恢复接线
	5	可编程控制箱—矩阵键盘部分按键操作失效	可编程控制箱—X1－26 虚接	可编程控制箱—恢复接线
	6	可编程控制箱—矩阵键盘部分按键操作失效	可编程控制箱—X1－19 虚接	可编程控制箱—恢复接线
	7	可编程控制箱—矩阵键盘部分按键操作失效	可编程控制箱—X1－20 虚接	可编程控制箱—恢复接线
	8	可编程控制箱—矩阵键盘部分按键操作失效	可编程控制箱—X1－21 虚接	可编程控制箱—恢复接线
	9	可编程控制箱—矩阵键盘部分按键操作失效	可编程控制箱—X1－17 虚接	可编程控制箱—恢复接线
	10	可编程控制箱—矩阵键盘部分按键操作失效	可编程控制箱—X1－13 虚接	可编程控制箱—恢复接线
	11	可编程控制箱—矩阵键盘部分按键操作失效	可编程控制箱—X1－19 和 X1－20 互换	可编程控制箱—恢复接线
	12	可编程控制箱—矩阵键盘部分按键操作失效	可编程控制箱—X1－15 和 X1－16 互换	可编程控制箱—恢复接线
	13	可编程控制箱—矩阵键盘部分按键操作失效	可编程控制箱—X1－11 和 X1－12 互换	可编程控制箱—恢复接线
	14	一体机—无法实现正反转	可编程控制箱—X1－28 虚接	可编程控制箱—恢复接线
	15	可编程控制箱—验带速度无法给定	可编程控制箱—端子 X1－27 虚接	可编程控制箱—恢复接线
	16	可编程控制箱—先导无输入、远程不启动	可编程控制箱—X1－5 虚接	可编程控制箱—恢复接线

表3（续）

类型	序号	故障现象	故障位置	排除方法
1类	17	可编程控制箱—先导无输入、远程不启动	可编程控制箱—X1-6虚接	可编程控制箱—恢复接线
	18	可编程控制箱—先导无输入、远程不启动	可编程控制箱—X1-5接到X1-7	可编程控制箱—恢复X1-5接线
	19	可编程控制箱—先导无输入、远程不启动	可编程控制箱—X1-6接到X1-8	可编程控制箱—恢复X1-6接线
	20	可编程控制箱—先导无输入、远程不启动	可编程控制箱—X1-5接到X1-8	可编程控制箱—恢复X1-5接线
	21	可编程控制箱—先导无输入、远程不启动	可编程控制箱—X1-6接到X1-7	可编程控制箱—恢复X1-6接线
	22	可编程控制箱—外部急停动作（复位无效）	可编程控制箱—X1-31接到X1-34	可编程控制箱—恢复接线到X1-31
	23	可编程控制箱—外部急停动作（复位无效）	可编程控制箱—X1-31接到X1-35	可编程控制箱—恢复接线到X1-31
	24	可编程控制箱—外部急停动作（复位无效）	可编程控制箱—X1-31接到X1-36	可编程控制箱—恢复接线到X1-31
	25	可编程控制箱—外部急停动作（复位无效）	可编程控制箱—X1-31虚接	可编程控制箱—恢复接线到X1-31
	26	远方集控箱—运行反馈点异常	可编程控制箱—X2-9虚接	可编程控制箱—恢复接线
	27	远方集控箱—运行反馈点异常	可编程控制箱—X2-10虚接	可编程控制箱—恢复接线
	28	远方集控箱—显示组合开关控制点异常	可编程控制箱—X2-7虚接	可编程控制箱—恢复接线
	29	远方集控箱—显示组合开关控制点异常	可编程控制箱—X2-8虚接	可编程控制箱—恢复接线
	30	远方集控箱—显示水箱控制点异常	可编程控制箱—X2-5虚接	可编程控制箱—恢复接线
	31	远方集控箱—显示水箱控制点异常	可编程控制箱—X2-6虚接	可编程控制箱—恢复接线
	32	可编程控制箱—显示组合开关反馈点异常	可编程控制箱—X1-33虚接	可编程控制箱—恢复接线
	33	可编程控制箱—显示水箱反馈点异常	可编程控制箱—X1-32虚接	可编程控制箱—恢复接线

表3（续）

类型	序号	故障现象	故障位置	排除方法
2类	1	可编程控制箱—外部急停动作，键盘按键无反应	可编程控制箱—XP1－1 虚接	可编程控制箱—恢复接线
	2	可编程控制箱—外部急停动作，键盘按键无反应	可编程控制箱—A3－JP2－1 虚接	可编程控制箱—恢复接线
	3	可编程控制箱—外部急停动作，键盘按键无反应	可编程控制箱—A3－JP3－1 虚接	可编程控制箱—恢复接线
	4	可编程控制箱—卡在初始界面	可编程控制箱—内 PLC 网线虚接	可编程控制箱—恢复接线
	5	可编程控制箱—卡在初始界面	可编程控制箱—显示屏网线虚接	可编程控制箱—恢复接线
	6	可编程控制箱—卡在初始界面	可编程控制箱—WH1－1 网线虚接	可编程控制箱—恢复接线
	7	可编程控制箱—卡在初始界面	可编程控制箱—WH1－2 网线虚接	可编程控制箱—恢复接线
	8	可编程控制箱—卡在初始界面	可编程控制箱—TF 卡虚接	可编程控制箱—恢复接线
	9	可编程控制箱—矩阵键盘部分按键操作失效	可编程控制箱—XP1－11 虚接	可编程控制箱—恢复接线
	10	可编程控制箱—矩阵键盘部分按键操作失效	可编程控制箱—XP1－23 虚接	可编程控制箱—恢复接线
	11	可编程控制箱—矩阵键盘部分按键操作失效	可编程控制箱—A3－INPUT－4 虚接	可编程控制箱—恢复接线
	12	可编程控制箱—矩阵键盘部分按键操作失效	可编程控制箱—A4－INPUT－4 虚接	可编程控制箱—恢复接线
	13	可编程控制箱—矩阵键盘部分按键操作失效	可编程控制箱—A3－OUTPUT－4 虚接	可编程控制箱—恢复接线
	14	可编程控制箱—矩阵键盘部分按键操作失效	可编程控制箱—A4－OUTPUT－4 虚接	可编程控制箱—恢复接线
	15	可编程控制箱—矩阵键盘部分按键操作失效	可编程控制箱—EL1809－2－4 虚接	可编程控制箱—恢复接线
	16	可编程控制箱—矩阵键盘部分按键操作失效	可编程控制箱—EL1809－2－16 虚接	可编程控制箱—恢复接线
	17	可编程控制箱—黑屏	可编程控制箱—显示屏 24 V＋虚接	可编程控制箱—恢复接线
	18	可编程控制箱—黑屏	可编程控制箱—显示屏 24 VG 虚接	可编程控制箱—恢复接线
	19	可编程控制箱—黑屏	可编程控制箱—SA1－5/XP2－33 虚接	可编程控制箱—恢复接线

表3（续）

类型	序号	故障现象	故障位置	排除方法
2类	20	可编程控制箱—黑屏	可编程控制箱—SA1 - 6/QF1 - 1 虚接	可编程控制箱—恢复接线
	21	可编程控制箱—黑屏	可编程控制箱—SA1 - 7/XP2 - 32 虚接	可编程控制箱—恢复接线
	22	可编程控制箱—黑屏	可编程控制箱—SA1 - 8/QF1 - 3 虚接	可编程控制箱—恢复接线
	23	一体机—无法实现正反转	可编程控制箱—A4 - INPUT - 6 虚接	可编程控制箱—恢复接线
	24	一体机—无法实现正反转	可编程控制箱—A4 - OUTPUT - 6 虚接	可编程控制箱—恢复接线
	25	一体机—无法实现正反转	可编程控制箱—EL1809 - 1 - 2 虚接	可编程控制箱—恢复接线
	26	可编程控制箱—验带速度无法给定	可编程控制箱—EL1809 - 1 - 1 虚接	可编程控制箱—恢复接线
	27	可编程控制箱—验带速度无法给定	可编程控制箱—A4 - INPUT - 5 虚接	可编程控制箱—恢复接线
	28	可编程控制箱—验带速度无法给定	可编程控制箱—A4 - OUTPUT - 5 虚接	可编程控制箱—恢复接线
	29	可编程控制箱—先导无输入、远程不启动	可编程控制箱—先导模块 B2 - P2 - A 虚接	可编程控制箱—恢复接线
	30	可编程控制箱—先导无输入、远程不启动	可编程控制箱—先导模块 B2 - P2 - B 虚接	可编程控制箱—恢复接线
	31	可编程控制箱—先导无输入、远程不启动	可编程控制箱—先导模块 B2 - P2 - A 和 B2 - P2 - B 互换	可编程控制箱—恢复接线
	32	可编程控制箱—先导无输入、远程不启动	可编程控制箱—先导模块 B2 - P1 - 1 虚接	可编程控制箱—恢复接线
	33	可编程控制箱—先导无输入、远程不启动	可编程控制箱—先导模块 B2 - P1 - 2 虚接	可编程控制箱—恢复接线
	34	可编程控制箱—先导无输入、远程不启动	可编程控制箱—EL1809 - 1 - 6 虚接	可编程控制箱—恢复接线
	35	可编程控制箱—先导无输入、远程不启动	可编程控制箱—A4 - JP3 - 1 虚接	可编程控制箱—恢复接线

表3（续）

类型	序号	故障现象	故障位置	排除方法
2类	36	可编程控制箱—先导无输入、远程不启动	可编程控制箱—A5 - JP3 - 1 虚接	可编程控制箱—恢复接线
	37	可编程控制箱—先导无输入、远程不启动	可编程控制箱—先导模块 B2 - P1 - 3 虚接	可编程控制箱—恢复接线
	38	可编程控制箱—外部急停动作（复位无效）	可编程控制箱—A4 - INPUT - 9 接到 A4 - INPUT - 10	可编程控制箱—恢复接线到 A4 - INPUT - 9
	39	可编程控制箱—外部急停动作（复位无效）	可编程控制箱—A4 - INPUT - 9 接到 A4 - INPUT - 11	可编程控制箱—恢复接线到 A4 - INPUT - 9
	40	可编程控制箱—外部急停动作（复位无效）	可编程控制箱—A4 - INPUT - 9 接到 A4 - INPUT - 12	可编程控制箱—恢复接线到 A4 - INPUT - 9
	41	可编程控制箱—外部急停动作（复位无效）	可编程控制箱—A4 - OUTPUT - 9 接到 A4 - OUTPUT - 10	可编程控制箱—恢复接线到 A4 - OUTPUT - 9
	42	可编程控制箱—外部急停动作（复位无效）	可编程控制箱—A4 - OUTPUT - 9 接到 A4 - OUTPUT - 11	可编程控制箱—恢复接线到 A4 - OUTPUT - 9
	43	可编程控制箱—外部急停动作（复位无效）	可编程控制箱—XP1 - 28 虚接	可编程控制箱—恢复接线到 XP1 - 28
	44	可编程控制箱—外部急停动作（复位无效）	可编程控制箱—A4 - OUTPUT - 9 接到 A4 - OUTPUT - 12	可编程控制箱—恢复接线到 A4 - OUTPUT - 9
	45	远方集控箱—运行反馈点异常	可编程控制箱—EL2088 - 1 - 3 虚接	可编程控制箱—恢复接线
	46	远方集控箱—显示组合开关控制点异常	可编程控制箱—A6 - L7 - 1 虚接	可编程控制箱—恢复接线
	47	远方集控箱—显示组合开关控制点异常	可编程控制箱—EL2088 - 1 - 2 虚接	可编程控制箱—恢复接线
	48	远方集控箱—显示组合开关控制点异常	可编程控制箱—A6 - L1 - 8 虚接	可编程控制箱—恢复接线
	49	远方集控箱—显示组合开关控制点异常	可编程控制箱—A6 - L1 - 10 虚接	可编程控制箱—恢复接线
	50	远方集控箱—显示组合开关控制点异常	可编程控制箱—A6 - INPUT - 3 虚接	可编程控制箱—恢复接线
	51	远方集控箱—显示水箱控制点异常	可编程控制箱—A6 - L1 - 5 虚接	可编程控制箱—恢复接线

表3（续）

类型	序号	故障现象	故障位置	排除方法
2类	52	远方集控箱—显示水箱控制点异常	可编程控制箱—A6 - L1 - 7 虚接	可编程控制箱—恢复接线
	53	远方集控箱—显示水箱控制点异常	可编程控制箱—EL2088 - 1 - 1 虚接	可编程控制箱—恢复接线
	54	远方集控箱—显示水箱控制点异常	可编程控制箱—A6 - INPUT - 2 虚接	可编程控制箱—恢复接线
	55	可编程控制箱—显示组合开关反馈点异常	可编程控制箱—EL1809 - 1 - 13 虚接	可编程控制箱—恢复接线
	56	可编程控制箱—显示组合开关反馈点异常	可编程控制箱—A5 - INPUT - 5 虚接	可编程控制箱—恢复接线
	57	可编程控制箱—显示组合开关反馈点异常	可编程控制箱—A5 - OUTPUT - 5 虚接	可编程控制箱—恢复接线
	58	可编程控制箱—显示水箱反馈点异常	可编程控制箱—EL1809 - 1 - 12 虚接	可编程控制箱—恢复接线
	59	可编程控制箱—显示水箱反馈点异常	可编程控制箱—A5 - INPUT - 4 虚接	可编程控制箱—恢复接线
	60	可编程控制箱—显示水箱反馈点异常	可编程控制箱—A5 - OUTPUT - 4 虚接	可编程控制箱—恢复接线
3类	1	可编程控制箱—上电报电机温度异常	一体机—XP7 - 4 虚接	一体机—恢复接线
	2	可编程控制箱—上电报电机温度异常	一体机—XP7 - 11 虚接	一体机—恢复接线
	3	可编程控制箱—上电报电机温度异常	一体机—XP6 - 2 虚接	一体机—恢复接线
	4	可编程控制箱—上电报电机温度异常	一体机—XP7 - 12 虚接	一体机—恢复接线
	5	可编程控制箱—上电报电机温度异常	一体机—XP6 - 3 虚接	一体机—恢复接线
	6	可编程控制箱—上电报电机温度异常	一体机—XP6 - 4 虚接	一体机—恢复接线
	7	可编程控制箱—上电报电机温度异常	一体机—XP7 - 10 虚接	一体机—恢复接线

表3（续）

类型	序号	故障现象	故障位置	排除方法
3类	8	可编程控制箱—上电报电机温度异常	一体机—XP7-9虚接	一体机—恢复接线
	9	可编程控制箱—上电报电机温度异常	一体机—XP6-1虚接	一体机—恢复接线
	10	可编程控制箱—上电报电机温度异常	一体机—XP2-9虚接	一体机—恢复接线
	11	可编程控制箱—上电报电机温度异常	一体机—XP2-10虚接	一体机—恢复接线
	12	可编程控制箱—上电报电机温度异常	一体机—XP2-11虚接	一体机—恢复接线
	13	可编程控制箱—上电报电机温度异常	一体机—XP2-12虚接	一体机—恢复接线
	14	可编程控制箱—上电报电机温度异常	一体机—XP2-13虚接	一体机—恢复接线
	15	可编程控制箱—上电报电机温度异常	一体机—主板X21-6虚接	一体机—恢复接线
	16	可编程控制箱—上电报电机温度异常	一体机—主板X21-5虚接	一体机—恢复接线
	17	一体机—温度继电器故障（复位无效）	一体机—主控器上（XP2-18）虚接	一体机—恢复接线
	18	一体机—温度继电器故障（复位无效）	一体机—主控器上（XP2-22）虚接	一体机—恢复接线
	19	一体机—温度继电器故障（复位无效）	一体机—主控器内部X22-6端子虚接	一体机—恢复接线
	20	一体机—上电不显示模块温度、充电不显示母线电压	一体机—主控器B1-T光纤头虚接	一体机—恢复接线
	21	一体机—上电不显示模块温度、充电不显示母线电压	一体机—主控器B1-R光纤头虚接	一体机—恢复接线
	22	一体机黑屏	一体机—XT1-6虚接	一体机—恢复接线
	23	一体机黑屏	一体机—XT1-4/XS2-1虚接	一体机—恢复接线

表3（续）

类型	序号	故障现象	故障位置	排除方法
3类	24	一体机高压显示模块 24 V 异常	一体机—B04－1 虚接	一体机—恢复接线
	25	一体机高压显示模块 24 V 异常	一体机—B04－2 虚接	一体机—恢复接线
	26	一体机高压显示模块 220 V 异常	一体机—B04－5 虚接	一体机—恢复接线
	27	一体机高压显示模块 220 V 异常	一体机—B04－6 虚接	一体机—恢复接线
	28	一体机—充电失败故障	一体机—主控器 X22－4 虚接	一体机—恢复接线
	29	一体机—充电失败故障	一体机—主控器 X27－3 虚接	一体机—恢复接线
	30	一体机—充电失败故障	一体机—主控器 X27－2 虚接	一体机—恢复接线
	31	一体机—充电失败故障	一体机—主控器 X27 与 X26 对调	一体机—主控器 X27 与 X26 恢复
	32	一体机—充电失败故障	一体机—主控器 X27－2 接到了 X27－1 上	一体机—恢复接线至 X27－2
	33	一体机—充电失败故障	一体机—XT1－7 虚接	一体机—恢复接线
	34	一体机—充电失败故障	一体机—XT1－8 虚接	一体机—恢复接线
	35	一体机—充电失败故障	一体机—XT1－2/XS4－18 虚接	一体机—恢复接线
	36	一体机—充电失败故障	一体机—XT1－3/XS2－3 虚接	一体机—恢复接线
	37	一体机—充电失败故障	一体机主控器—A01－L9－1/U1－X25－3 虚接	一体机—恢复接线
	38	一体机—充电失败故障	一体机主控器—A01－L9－3/U1－X27－3 虚接	一体机—恢复接线
	39	一体机—充电失败故障	一体机主控器—A01－L9－7/SG1－24VG	一体机—恢复接线
	40	一体机—充电失败故障	一体机主控器—A01－L8－4/XP2－4	一体机—恢复接线
	41	一体机—充电失败故障	一体机主控器—A01－L8－10/XP2－6	一体机—恢复接线
	42	一体机—充电失败故障	一体机主控器—A01－L8－12/XP2－3	一体机—恢复接线
	43	一体机—运行时报 FF8D	一体机—主控器内部 X22－8 端子虚接	一体机—恢复接线

表3（续）

类型	序号	故障现象	故障位置	排除方法
3类	44	一体机—运行时报 FF8D	一体机—主控器内部 X22－8 接到 X22－9	一体机—短接线到 X22－8
	45	一体机—运行时报 FF8D	一体机—主控器内部 X22－8 端子接到 X22－10	一体机—短接线到 X22－8
	46	一体机—运行时报 FF8D	一体机—主控器内部 X22－11 端子虚接	一体机—恢复接线
4类	1	一体机—上电不显示模块温度、充电不显示母线电压	一体机—DSP 模块 B2－V1T 光纤头虚接	一体机—恢复接线
	2	一体机—上电不显示模块温度、充电不显示母线电压	一体机—DSP 模块 B2－V2R 光纤头虚接	一体机—恢复接线
	3	一体机—充电失败故障	一体机—DSP 光纤板 X5 虚接	一体机—恢复接线
	4	一体机—充电失败故障	一体机—DSP 模块 A103－X2－2	一体机—恢复接线
	5	一体机—充电失败故障	一体机—DSP 模块 A103－X2－1	一体机—恢复接线
	6	一体机—充电失败故障	一体机—DSP 模块 A103－X1－1	一体机—恢复接线
	7	一体机—充电失败故障	一体机—DSP 模块 A103－X1－4	一体机—恢复接线
	8	一体机—运行报 2340	一体机—DSPAMP 插头 XP5－1 虚接	一体机—恢复接线
	9	一体机—运行报 2340	一体机—DSPAMP 插头 XP5－2 虚接	一体机—恢复接线
	10	一体机—运行报 2340	一体机—DSPAMP 插头 XP5－3 虚接	一体机—恢复接线
	11	一体机—运行报 2340	一体机—DSP 光纤板 UR1 虚接	一体机—恢复接线
	12	一体机—运行报 2340	一体机—DSP 光纤板 VR1 虚接	一体机—恢复接线
	13	一体机—运行报 2340	一体机—DSP 光纤板 WR1 虚接	一体机—恢复接线
	14	一体机—运行报 2330	一体机—DSP 模块 XP4－3 虚接	一体机—恢复接线
	15	一体机—运行报 2330	一体机—DSP 模块 XP4－6 虚接	一体机—恢复接线
	16	一体机—运行报 2330	一体机—DSP 模块 XP4－2 虚接	一体机—恢复接线
	17	一体机—运行报 2330	一体机—DSP 模块 XP4－5 虚接	一体机—恢复接线
	18	一体机—运行报 2330	一体机—DSP 模块 XP4－8 虚接	一体机—恢复接线
	19	一体机—运行报 2330	一体机—DSP 模块 XP4－9 虚接	一体机—恢复接线

注：全国综采维修电工实操故障共分1～4类，每场实操考试共出4个故障，1～4类故障中每类分别占一题。

七、竞赛规则

（一）报名资格及参赛选手要求

（1）参赛选手须为煤炭企业在职职工，通过本企业组织的相应职业（工种）竞赛的前2名，年龄不超过45周岁。

（2）参赛选手应具备高级工技能等级或高级职称。

（3）参赛要求：每个参赛单位限报2名选手。

（4）已获得“中华技能大奖”“全国技术能手”称号的人员不再以选手身份参赛。

（二）熟悉场地

（1）开赛式结束后，在组委会统一安排下，各参赛选手统一有序地熟悉场地，熟悉场地时限定在观摩区域活动，不允许进入比赛区域。

（2）熟悉场地时不允许发表没有根据及有损大赛整体形象的言论。

（3）熟悉场地时要严格遵守大赛各项制度，严禁拥挤、喧哗，以免发生意外事故。

（三）参赛要求

（1）竞赛所需要平台、设备、仪器和工具按照大赛组委会的要求统一由协办单位提供。

（2）所有人员在赛场内不得有影响其他选手完成工作任务的行为，参赛选手不允许串岗串位，要使用文明用语，不得以言语及人身攻击裁判和赛场工作人员。

（3）选手须在“故障填写记录表”规定位置填写场次号、工位号，其他地方不得有任何暗示选手身份的记号或符号。选手不得将手机等通信工具带入赛场，选手之间不得以任何方式传递信息，如传递纸条、用手势表达信息等，否则取消成绩。

（4）选手须严格遵守安全操作规程，并接受裁判员的监督和警示，以确保参赛选手人身及设备安全。选手因个人误操作造成人身安全事故和设备故障时，裁判长有权终止该选手比赛；如非选手个人因素出现设备故障而无法比赛，由裁判长视具体情况做出裁决（调换到备用赛位或调整至最后一场次参加比赛）；若裁判长确定设备故障可由技术支持人员排除故障后继续比赛，同时将给参赛选手补足所耽误的比赛时间。

（5）选手进入赛场后，不得擅自离开赛场，因病或其他原因离开赛场或终止比赛，应向裁判示意，须经赛场裁判长同意，并在赛场记录表上签字确认后，方可离开赛场并在赛场工作人员指引下到达指定地点。

（6）裁判长发布比赛结束指令后所有未完成任务的参赛选手立即停止操作，选手到指定区域休息，不得以任何理由拖延竞赛时间。

（7）服从组委会和赛场工作人员的管理，遵守赛场纪律，尊重裁判和赛场工作人员，尊重其他代表队参赛选手。

（四）安全文明操作规程

（1）选手在比赛过程中不得违反《煤矿安全规程》规定要求。

（2）注意安全操作，防止出现意外伤害；完成工作任务时要防止工具伤人等事故。

（3）组委会要求选手统一着装，服装上不得有姓名、队名以及其他任何识别标记。不穿组委会提供服装的选手，将被拒绝进入赛场。

（4）刀具、工具不能混放、堆放，废弃物按照环保要求处理，保持赛位清洁、整洁。

八、竞赛环境

（1）竞赛场地划分为裁判区、检录区、竞赛操作区、现场服务与技术支持区、休息区、观摩通道等区域，区域之间有明显标志或警示带；消防器材、安全通道等位置标识明确。

（2）单个工位面积参考：长6 m，宽4 m，光线充足，照明达标；工位之间有围栏进行区域划分；供电、供气设施正常且安全有保障；地面平整、洁净。

（3）选手使用赛场规定区域内的洗手间，赛场区域设医疗点。

（4）赛场设置安全通道和警戒线，确保进入赛场的大赛观摩、采访、视察人员限定在安全区域内活动，以保证大赛安全有序进行。

（5）赛场设置隔离带，非赛事相关人员不得进入场地内。

（6）赛场还应设生活补给站等公共服务设施，为选手和赛场人员提供服务。

（7）完成比赛的选手根据安排统一乘车返回。

九、技术参考规范

（1）《煤矿安全规程》(2022年)。

（2）煤炭行业特有工种职业技能鉴定培训教材《综采维修电工》(初级、中级、高级）和《综采维修电工》(技师、高级技师)(煤炭工业出版社)。

十、技术平台

（一）竞赛用设备材料

（1）TYJVFT-400M1-6(400/1140）矿用隔爆兼本质安全型永磁同步变频调速一体机（华夏天信智能物联股份有限公司）及说明书一份。

（2）KXJ-0.5/127矿用隔爆兼本质安全型可编程控制箱和远方集控箱。

（3）多芯控制电缆一根，快插电缆一根。

（4）悬挂式停电牌（华夏天信智能物联股份有限公司)。

承办单位提供电工常用工具一套、井下服装、安全帽、矿灯、自救器、便携瓦检仪、毛巾、放电线、凡士林、电脑、碳素笔、纸张、符合电压等级的验电笔等。

（二）选手自备工具材料

万用表（型号自定)、剥线钳、压接钳、电工刀、手钳、内六方一套、各种“一”字电工改锥、“十”字电工改锥等常用电工工具。选手自备胶靴(胶靴不得有单位和身份标识)。

本次竞赛鼓励参赛选手使用个人创新工具，但必须符合《煤矿安全规程》要求。

十一、成绩评定

（一）评分标准制定原则

竞赛评级本着“公平、公正、公开、科学、规范”的原则，注重考核选手的职业综合能力和技术应用能力。

（二）评分标准

技能实操考核评分标准详见表4～表11。

表4　技能实操考核评级标准及权重

评级项目	考核内容及范围	权重
安全文明操作	1. 按规定穿戴工作服、安全帽、毛巾、胶靴，佩戴矿灯（亮灯）、自救器 2. 手指口述 3. 作业过程中是否符合作业标准 4. 作业后现场清扫整理 5. 不得人为损坏元器件或随意乱拆、接线	10%
远控接线	按照竞赛要求连接控制线，可实现一体机远方控制，并按竞赛评级标准进行打分	45%
故障排查及参数设置	1. 此环节分两部分。第一部分根据给定的故障位置进行排查；第二部分根据给定的故障现象进行排查 2. 选手根据要求进行故障排查并填写故障排查记录表 3. 5 个参数设置占权重 5% 4. 故障全部正常处理的标准为远方集控箱能控制可编程控制箱正常启停一体机 注：1. 不得在参数中屏蔽故障或将故障点模块甩掉 2. 接线腔有一个 AC220 V 电源线，选手不得改动 3. 一体机有一个 AC380 V 电源线，选手不得改动 4. 远方集控箱内所有空气开关处于闭合状态	45%

表5　自救器盲戴评分表

参赛场次：________　　工位编号：________　　选手编号：________

操　作　内　容	标准分	评　分　标　准
自救器盲戴（规定 30 s 内完成自救器盲戴）	10	未按照规定 30 s 内完成，超时不得分；未对应操作每处扣 1 分；扣完为止

操　作　步　骤	扣　分
将佩戴的自救器移至身体的正前方，将自救器背带挂在脖颈上	
双手同时操作拉开自救器两侧的金属挂钩并取下上盖	
展开气囊，注意气囊不能扭折	
拉伸软管，调整面罩，把面罩置于嘴鼻前方，安全帽临时移开头部，并快速恢复，将面罩固定带挂至头后脑勺上部，调整固定带松紧度，使其与面部紧密贴合，确保口鼻与外界隔绝	
合计扣分：	
自救器操作时间：________　　得分：________	
裁判员（签字）：	

裁判长（签字）：

表6　安全文明操作评分表

序号	操作标准	对应点数	等级标准							获得点数
			A级	B^+级	B级	B^-级	C级	D级	E级	
1	操作完毕，清理操作区域内杂物、工具	2	获得点数为31点，且不符合操作标准第14~17项	获得点数为30点，且不符合操作标准第14~17项	获得点数为29点，且不符合操作标准第14~17项	获得点数为28点，且不符合操作标准第14~17项	25点≤获得点数<28点，不符合操作标准14~17项	20点≤获得点数<25点，不符合操作标准第14~17项	获得点数<20点，或者符合操作标准第14~17项	
2	校验验电笔，开盖后正确验电、放电，盖板放置指定区域隔爆面朝上，隔爆面不得与其他物品接触	5								
3	验放电位置为一体机变频腔的电抗器端子，一体机用变频器外部接地处；接地顺序正确	2								
4	对关键安全环节进行手指口述（检查瓦斯、验电、放电、挂接地线、停送电、校万用表，六个关键环节以上报裁判员合格为准，每个环节仅考核第一次）	6								
5	停送电挂牌操作，挂牌在上级电源，送电前必须摘牌。停、送电顺序正确	3								
6	操作过程中将各种工具置于设备箱体表面（不包括瓦检仪及答题卡）	1								
7	正确使用万用表排查故障，使用万用表前校表（仅考核第一次）	1								
8	按规定穿戴工作服、安全帽、毛巾、胶靴，佩戴矿灯（亮灯）、自救器	6								

表 6（续）

序号	操 作 标 准	对应点数	等级标准							获得点数
			A 级	B⁺级	B 级	B⁻级	C 级	D 级	E 级	
9	恢复故障时规范扎带	1	获得点数为 31 点，且不符合操作标准第 14～17 项	获得点数为 30 点，且不符合操作标准第 14～17 项	获得点数为 29 点，且不符合操作标准第 14～17 项	获得点数为 28 点，且不符合操作标准第 14～17 项	25 点≤获得点数＜28 点，不符合操作标准 14～17 项	20 点≤获得点数＜25 点，不符合操作标准第 14～17 项	获得点数＜20 点，或者符合操作标准第 14～17 项	
10	电缆进圈不使用润滑剂	1								
11	不用工具代替放电线等	1								
12	不敲打一体机	1								
13	不向他人借用工具	1								
14	违章作业，不服从指挥，干扰赛场秩序	E								
15	在操作时出现工伤、引起破皮流血	E								
16	人为损坏元器件或随意乱拆、接线	E								
17	开盖操作前没停本一体机及上级电源	E								
总获得点数：										
等级评定：										

注：实操比赛两场比赛均需进行安全文明评级标准的评定（若单场比赛中不存在操作标准对应的考核项目，则该考核项目默认获得对应点数），每场比赛安全文明权重占比为 5%，两场比赛安全文明权重占比合计为 10%。

工作人员填写：________

等级对应分数：________ 用时（秒）：________

表7　可编程控制箱与远方集控箱接线、评级标准

<table>
<tr><th rowspan="2">项目</th><th rowspan="2">权重</th><th rowspan="2">操作标准</th><th colspan="2" rowspan="2">评价标准</th><th colspan="7">等级标准</th><th rowspan="2">出错点数</th><th rowspan="2">总出错点数</th><th rowspan="2">级别评价</th></tr>
<tr><th>A级</th><th>B+级</th><th>B级</th><th>B-级</th><th>C级</th><th>D级</th><th>E级</th></tr>
<tr><td rowspan="2">接线正确性</td><td rowspan="2">25%</td><td rowspan="2">按照图纸要求正确接线</td><td>考核接线正确度：控制线有20个接线端子，即20处可能的错误，根据错误处的数量判断等级</td><td>1处算2个点，最多10处</td><td rowspan="2">0点</td><td rowspan="2">1点</td><td rowspan="2">2点</td><td rowspan="2">3点</td><td rowspan="2">4点≤出错点≤8点</td><td rowspan="2">8点<出错点≤14点</td><td rowspan="2">出错点>14点</td><td></td><td rowspan="2"></td><td rowspan="2"></td></tr>
<tr><td>少或错装一个号码管</td><td>1处算1个点，最多20处</td><td></td></tr>
<tr><td rowspan="7">接线合规性</td><td rowspan="7">20%</td><td rowspan="7">电缆伸入器壁不倾斜、电缆护套截面整齐；芯线压线前、后端导线裸露长度不大于1 mm；压线处紧固无毛刺现象；接线腔内芯线长度适宜，布线均匀分布，无交叉，芯线绝缘外皮无划伤、划痕；每一压线针形预绝缘端头紧固，用手轻拉不脱落、不松动；密封圈装配完好，密封圈不随电缆挤出；不失爆。其余部分按完好标准执行</td><td>接线腔距接线端子100 mm以内芯线布线不均匀，有交叉</td><td>1处算1个点，最多5处</td><td rowspan="7">0点</td><td rowspan="7">1点</td><td rowspan="7">2点</td><td rowspan="7">3点</td><td rowspan="7">4点≤出错点≤6点</td><td rowspan="7">6点<出错点≤14点</td><td rowspan="7">出错点>14点</td><td></td><td rowspan="7"></td><td rowspan="7"></td></tr>
<tr><td>芯线绝缘外皮划伤、划痕</td><td>1处算4个点，最多4处</td><td></td></tr>
<tr><td>芯线压线前、后端导线裸露长度超1 mm</td><td>1处算1个点，最多20处</td><td></td></tr>
<tr><td>压线处不紧固或有毛刺现象</td><td>1处算1个点，最多20处</td><td></td></tr>
<tr><td>接线处端子排与针形绝缘端头固定不紧</td><td>1处算2个点，最多10处</td><td></td></tr>
<tr><td>电缆外皮划伤</td><td>1处算4个点，最多2处</td><td></td></tr>
<tr><td>电缆剥线超0.2 m</td><td>1处算3个点，最多2处</td><td></td></tr>
<tr><td colspan="15">注：每存在一处失爆，选手“接线合规性”评级降两级，降到“E”为止。
选手在本赛项是否有失爆行为：
如果有，对失爆行为进行描述：</td></tr>
</table>

工作人员填写：等级对应分数：________　　　裁判员序号：________

选手竞赛用时：________分钟________秒　　　裁判员：________　　　2024年　月　日

表 8 参数设置及故障排除、评级标准

项目	权重	A	B⁺	B	B⁻	C	D	E	评价点	结果	级别评价
故障排查	30%	故障全部处理且启动一体机	故障全部处理完但无法启动一体机	处理 2 个给定现象故障以及 1 个给定位置故障	处理 2 个给定位置故障以及 1 个给定现象故障或者处理 2 个给定现象故障	处理 1 个给定现象故障以及 1 个给定位置故障	处理 2 个给定位置故障或者处理 1 个给定现象故障	处理 1 个给定位置故障或者全部未处理	设备是否正常起停		
									故障排查数量		
填写故障现象及故障处理方法	10%	故障排查表全部填写正确	有一处错误	有两处错误	有三处错误	有四处错误	填写故障排查表但不完整	未填写故障排查表	填写故障现象及故障处理方式正确数量		
参数设置	5%	全部正确	正确设置 4 个	正确设置 3 个	正确设置 2 个	正确设置 1 个	所有参数未设置正确	修改指定以外的参数	参数正确设置数量		

注：每存在一处失爆，选手“故障排查”评级降两级，降到“E”为止。
选手在本赛项是否有失爆行为：
如果有，对失爆行为进行描述：

工作人员填写：________等级对应分数：________________________

选手竞赛用时：________分钟________秒　　　　裁判员：　　　　2024 年　　月　　日

表9 选手排查故障记录表

场次：	工位编号：
	2024 年　　月　　日

一、故障位置题

1. 故障位置：提示

故障现象：选手填写

处理方法：选手填写

2. 故障位置：提示

故障现象：选手填写

处理方法：选手填写

二、故障现象题

1. 故障现象：提示

故障位置：选手填写

处理方法：选手填写

2. 故障现象：提示

故障位置：选手填写

处理方法：选手填写

裁判员：

表10 时间评分标准

项目＼评分	2.5	2	1.5	1	0
远控接线	用时≤15 min	15 min＜用时≤17 min	17 min＜用时≤21 min	21 min＜用时≤25 min	25 min＜用时
故障排查及参数设置	用时≤18 min	18 min＜用时≤20 min	20 min＜用时≤25 min	25 min＜用时≤30 min	30 min＜用时

表11 时间评分系数

项目＼系数	100%	90%	80%	70%	60%	0
远控接线	选手各小项评级均为 A	选手各小项评级为两个 A 一个 B^+	选手各小项评级为两个 A 一个 B	选手各小项评级为一个 A 两个 B^+	选手各小项评级为一个 A 两个 B	选手各小项评级中有 B^- 或 C 或 D 或 E
故障排查及参数设置	选手各小项评级均为 A	选手各小项评级为三个 A 一个 B^+	选手各小项评级为三个 A 一个 B	选手各小项评级为两个 A 两个 B^+	选手各小项评级为两个 A 两个 B	选手各小项评级中有 B^- 或 C 或 D 或 E

（三）评级方法

（1）理论知识考试：选手从计算机的试题库中随机抽取100道赛题，选手在规定时间内进行机上答题，提交答题结果后由计算机评分软件自动评分。

（2）技能实操评级：对TYJVFT－400M1－6（400/1140）一体机设置的竞赛内容进行结果性评级，“远控接线”实操竞赛过程安全文明操作评级由3名裁判进行统一评定，3名评级裁判对选手接线过程中的安全文明操作、剥削橡套长度以及外部失爆情况进行评级，评级结果3名裁判依据给定的评级标准共同签字确认；接线工艺由专门的裁判组共5人进行统一评定，5人各自给出等级评定后，去掉一个最高等级去掉一个最低等级，再取平均评级为接线工艺的最终评级，接线工艺评级结果由专门的裁判组5人签字确认，最终评级作为本场比赛的结果。“故障排查及故障设置”实操竞赛由3名评级裁判依照给定的评级标准进行评级，评级结果3名裁判依据给定的评级标准共同签字确认，最终评级作为本场比赛的结果。

（3）选手评级对应分数换算：A—100、B^{+}—95、B—90、B^{-}—85、C—80、D—70、E—60。选手各小项评级换算成分数后乘以该小项的权重为该小项的得分，所有小项得分的总和加上时间评分作为选手技能竞赛的总成绩。

（4）裁判组实行“裁判长负责制”，设裁判长1名，全面负责赛项的裁判与管理工作。

（5）根据比赛工作需要分为检录员、加密员、现场评级裁判员、接线工艺评级裁判员，检录员、加密员不得参与评级工作。检录员负责对参赛队伍（选手）进行点名登记、身份核对等工作。加密员负责组织参赛队伍（选手）抽签并对参赛队伍（选手）的信息进行加密、解密。现场评级裁判员负责对参赛队伍（选手）的技能展示和操作规范按赛项评级标准进行评级。

（6）赛项裁判组负责赛项成绩评定工作，设组长一名，组员向组长负责，组长向裁判长负责，组长协调，组员互助，公平执裁。赛前对裁判员进行执裁规则培训，统一执裁标准。

（7）参赛选手根据赛项的要求进行操作，需要记录的内容要记录在比赛评级表中，需要裁判确认的内容必须经过裁判员的签字确认，否则不得分。

（8）违规降级情况。选手扰乱赛场秩序，干扰裁判员工作，视情节降级，情况严重者终止比赛。

（9）赛项裁判组本着“公平、公正、公开、科学、规范、透明、无异议”的原则，根据裁判的现场记录、参赛选手赛项要求及评级标准，通过多方面进行综合评价，最终按评级高低，确定参赛选手奖项归属。

（10）按比赛成绩从高等级到低等级排列参赛选手的名次。竞赛成绩在同一等级的情况下，依次按照完成实操所用时间少的、安全文明项等级高的、接线出错处数少的名次在前，成绩及用时相同者实操成绩较高者名次在前。

（11）评级方式结合世界技能大赛的方式，以小组为单位，裁判相互监督，对检测、评级结果进行一查、二审、三复核。确保评级环节准确、公正。成绩经工作人员统计，组委会、裁判组、仲裁组分别核准后，闭赛式上公布。

（12）成绩复核。为保障成绩评判的准确性，监督组将对赛项总成绩排名前30%的所有参赛选手的成绩进行复核；对其余成绩进行抽检复核，抽检覆盖率不得低于15% 。如发现成绩错误以书面方式及时告知裁判长，由裁判长更正成绩并签字确认。复核、抽检错误率超过5%的，裁判组将对所有成绩进行复核。

（13）成绩公布。由裁判长助理将成绩提交至大赛组委会，赛项总成绩的最终结果录入赛务管理系统。

（四）最终成绩计算方式

技能竞赛的总成绩由两部分组成：理论知识考试占比20%，技能实操考核占比80%（实操比赛第一场“自救器盲带”分值，实操比赛第二场“远控接线”和第三场“故障排查及参数设置”等级换算分值），两项成绩之和作为选手的最终成绩。

注：其中实操比赛第一场“自救器盲带”满分为10分，实操比赛第二场“远控接线”和第三场“故障排查及参数设置”等级换算分值满分（不含加分）100分，两项之和110。实操占比80%，最终实操分值为110×80% =88。

附件1

失爆10条（以下10条按照失爆评判）

（1）未正确放置、安装盖板。

（2）设备内遗留工具。

（3）设备隔爆结合面螺栓缺弹簧垫圈或未压平。

（4）甩掉或屏蔽一体机各类保护设置。

（5）压线喇叭嘴未拧紧，用三个手指顺时针能拧进半圈。

（6）带电开盖调试。

（7）没有拆除三相短路接地线，就送上级电源。

（8）电缆外套伸入器壁的最突出点<5 mm。

（9）喇叭嘴密封圈挤出大于2 mm。

（10）本安腔内出现的问题同样参照失爆处理。

附件2

综采维修电工技术比武赛位示意图

单个赛位面积参考：长6 m，宽4 m，光线充足，照明达标；工位之间有围栏进行区域划分；供电、供气设施正常且安全有保障；地面平整、洁净（建议设置至少16个赛位）。

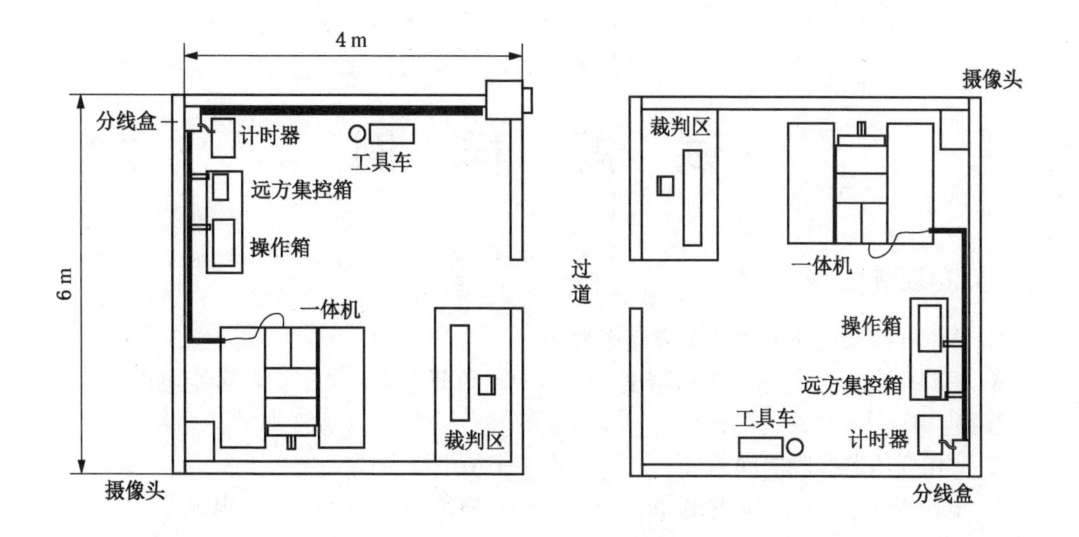
4 m
6 m
分线盒
计时器
工具车
远方集控箱
操作箱
一体机
裁判区
摄像头
过道
摄像头
裁判区
一体机
操作箱
远方集控箱
工具车
计时器
分线盒

试　题　样　例

一、单选题

1. 单位导线截面所通过的电流值称为（　　）。

A. 短路电流　　B. 电流密度　　C. 负荷电流　　D. 额定电流

答案：B

2. 三相变压器线圈之间的（　　）叫作不平衡电流。

A. 电位差　　B. 电位和　　C. 电流和　　D. 电流差

答案：A

3. 变压器的分接开关的用途是改变它的（　　）。

A. 变压比　　B. 电流比　　C. 变流比　　D. 电压比

答案：C

4. 电网内某台设备（主要是电动机）或负荷端电缆，由于绝缘击穿或导体碰击外壳，在设备运转时产生漏电；还可能由于针状导体刺入负荷侧电缆内产生漏电。称之为（　　）漏电。

A. 长期集中性　　B. 间歇的集中性

C. 瞬间的集中性　　D. 分散性

答案：B

5. 保证过电流继电器可靠动作系数为（　　）。

A. 6.4　　B. 2　　C. 7　　D. 1.5

答案：D

6. 真空介质在电弧熄灭后，其（　　）恢复极快。

A. 温度　　B. 压力　　C. 绝缘强度　　D. 真空度

答案：C

7. 电路图是根据（　　）来表达其内容的。

A. 系统图和框图　　B. 功能表图

C. 位置图　　D. 逻辑图

答案：A

8. 高压断路器的储能分闸弹簧，就是为加快触头的（　　）而设置的。

A. 接触速度　　B. 结合速度

C. 运动　　D. 分离速度

答案：D

9. 变压器铁芯采用的硅钢片主要有（　　）和冷轧两种。

A. 同心式　　B. 空心式　　C. 交叠式　　D. 热轧

答案：D

10. 对于操作杆，轴和转轴，其间隙是指（　　）直径差。

A. 中间　　B. 最小　　C. 最大　　D. 两端

答案：C

11. 当前流行的乳化液泵站控制系统，智能打压时的主泵是指的哪一台（　　）。

A. 靠近工作面的一台　　B. 靠近增压泵的一台

C. 变频驱动的泵　　D. 打压值最高的一台

答案：D

12. 智慧矿山建设中，（　　）融合了 5G 和工业以太网，真正实现了井上井下一张网。

A. 传统工业以太网　　B. IPRAN 环网

C. NB - IoT 网络　　D. 5G 网

答案：B

解析：PRAN 环网的带宽为 10000 M，可以提供以太网通信接口，能够满足 5G 通信及井下各种应用系统接入的需要，因此 IPRAN 环网能够替代工业环网。

13. 智能矿山发展建设过程中，应推动机械化换人、自动化减人和（　　）分阶段逐步落地。

A. 安全化无人　　B. 智能化无人

C. 高效化无人　　D. AI 化无人

答案：B

14. PID 控制中“P”“I”“D”分别表示（　　）。

A. 比例控制、积分控制、微分控制　　B. 积分控制、微分控制、比例控制

C. 微分控制、积分控制、比例控制　　D. 积分控制、比例控制、微分控制

答案：A

解析：PID 是英文 Proportion（比例）、Integral（积分）、Differential coefficient（微分）的缩写。

15. 当前采煤机记忆割煤实现起来最困难的是哪个区域（　　）。

A. 平刀区　　B. 三角煤区　　C. 高瓦斯区　　D. 高粉尘区

答案：B

解析：因为三角煤区摇臂的控制复杂,需要频繁转向行走,精准摇臂高度控制等功能。

16. 利用（　　），可以全面实时掌握设备位置，提高了设备的利用率和安全性，辅助设备资产管理系统、ERP 系统等。

A. NB - IoT 定位技术　　B. Red - mos

C. IPRAN 环网　　D. AI 视频

答案：A

解析：NB - IoT 全称为窄带物联网（Narrow Band Internet of Things），是物联网（IoT）领域的一个新兴技术；可用于多种应用场景，包括智能家居、智能楼宇、智能停车、智能照明等。

17. 井下带式输送机运输系统智能化视频调速目前不能解决的问题是（　　）。

A. 根据煤量预判性调速　　B. 煤流异物识别功能

C. 出煤量核算　　D. 皮带跑偏保护

答案：C

解析：智能视频摄像头不能看出并累加运煤量。计算出煤量目前准确的做法还是通过皮带秤。

18. 某三相异步电动机额定数据为：$P_n=40$ kW，$U_n=380$ V，$N_n=950$ r/min，$\eta=84\%$，$\cos\varphi=0.79$，计算线电流 I_n 是（　　），额定转矩 T_n 是（　　）。

A. 47.5 A、402 N·m　　B. 57 A、402 N·m

C. 57 A、402 kN·m　　D. 47.5 A、402 kN·m

答：B

19. 3300 V 700 kW 等级的变频器，功率模块 IGBT 非并联使用，建议使用电流（　　）。

A. 400 A　　B. 450 A　　C. 500 A　　D. 800 A

答案：D

解析：3300 V 700 kW 额定电流约 142 A，按 3 倍过载保护计算，$142\times3\times1.414=602$ A，为了使设备可靠采用的是 800 A 功率模块。

20. 最适合人员违禁区域识别的摄像仪类型是（　　）。

A. 可见广摄像仪　　B. 雨刷摄像仪

C. 红外摄像仪　　D. 双目摄像仪

答案：C

解析：人体温度在 36.5 ℃左右，红外摄像仪用于接收被测目标发出的红外辐射（热量），并将这种热量转化为带有温度数据的可视化图像（所有高于绝对零度（－273 ℃）的物体都会发出红外辐射）。相比其他三种摄像仪，红外摄像仪通过视觉层面更安全、更精准。

21. 煤矿智能化体现在（　　）。

A. 监控煤矿开拓设计、地质保障、生产、安全等重要环节

B. 工作面实现无人操作或无人值守

C. 在减人提效、少人或无人、无人值守与远程

D. 实现岗位无人操作

答案：C

22. 采煤工作面视频系统切换的作用：对于支架上的摄像机采用自动跟机切换的模式，通过采集采煤机的（　　）信号，自动打开对应支架上的摄像头，使其与采煤机的同步开启，操作司机可以看到采煤机截割滚筒的工作状态。

A. 位置　　B. 滚筒　　C. 变频器　　D. 运行速度

答案：A

23. 以下哪项方式能实现采煤机自主定位（　　）。

A. 红外编码器　　B. 惯导装置　　C. 红外发射器　　D. 红外接收器

答案：B

24. 在井下需要安装（　　），其可对采煤机位置进行定位。

A. 压力传感器　　　　　　　　　　B. 倾角传感器
C. 红外传感器　　　　　　　　　　D. 行程传感器

答案：C

25. 电路分类中，表示非线性电路的是（　　）

A. F　　　B. D　　　C. T　　　D. B

答案：D

26. A/D 转换器形式较多，一般分成（　　）。

A. 一类　　　B. 二类　　　C. 三类　　　D. 四类

答案：B

27. 以太网使用的介质控制协议是（　　）。

A. X. 25　　　B. TCP/IP　　　C. CSMA/CD　　　D. UDP

答案：B

28. 永磁同步电机转子磁场是由永磁体建立的，正常工作时转子与定子磁场同步运行，转子中无感应电流，不存在转子铜耗，由于在永磁电机转子中无感应电流励磁，定子绕组有可能呈纯阻性负载，使电机功率因数无限接近（　　）。

A. 90%　　　B. 95%　　　C. 97%　　　D. 1

答案：D

29. 如何通过交换机指示灯判断连接的设备是否通信正常：查看链接的对应端口指示灯是否为绿色，是否（　　）。

A. 闪烁正常　　　B. 不亮　　　C. 常亮　　　D. 黄灯常亮

答案：A

30. 集控中心要实现远程控制，设备必须处于（　　）模式。

A. 远程模式　　　B. 检修模式　　　C. 就地模式　　　D. 以上都可以

答案：A

31. 电气设备隔爆外壳隔爆接合面的作用是（　　）。

A. 防止电器设备内部爆炸　　　　　　B. 防止瓦斯煤尘进入设备内
C. 熄火、冷却　　　　　　　　　　　D. 防止进水

答案：C

解析：隔爆接合面的作用是，当内部发生短路等事故产生电弧火焰时通过隔爆接合面能够阻止内部爆炸传播到外壳周围爆炸性气体环境的部位。因此其作用为熄火和冷却。

32. 图示控制电路中，SB 为按钮，KM 为交流接触器，若按动 SB_1，试判断下面的结论哪个是正确的（　　）。

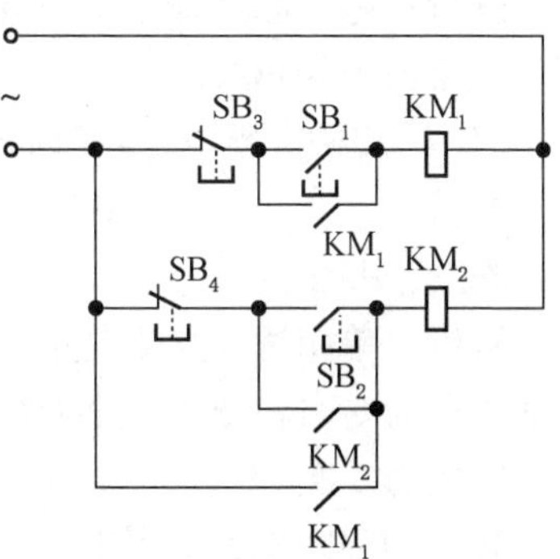

A. 只有接触器 KM_1 通电动作

B. 只有接触器 KM_2 通电动作

C. 接触器 KM_1 通电动作后 KM_2 跟着通电动作

D. 接触器 KM_1、KM_2 都不动作

答案：C

解析：当按下 SB_1 按钮时 KM_1 线圈得电吸合，其

KM_1 常开触点闭合接通 KM_2 线圈，回路 KM_2 得电吸合。因此正确答案为 C 选项。

33. 变压器的短路试验不可以测出变压器的（　　）。

A. 铜损　　B. 铁损　　C. 阻抗电压　　D. 短路阻抗

答案：B

解析：变压器铁芯中磁通变化时，在铁芯中产生磁滞损耗及涡流损耗，总称为铁损。变压器空载损耗就是铁损。但电源电压一定时，铁损基本是恒定的，与负载电流大小无关。

34. 接地网上任一保护接地点的接地电阻值不得超过（　　）。

A. 1 Ω　　B. 2 Ω　　C. 3 Ω　　D. 4 Ω

答案：B

解析：《煤矿安全规程》第四百七十六条　井下总接地网上任一保护接地点的接地电阻值不得超过 2 Ω。每一移动式和手持式电气设备至局部接地极之间的保护接地用的电缆芯线和接地连线的电阻值，不得超过 1 Ω。

35. 以下说法错误的是（　　）。

A. 电压在 36 V 以上和由于绝缘损坏可能带有危险电压的电气设备的金属外壳、构架，铠装电缆的钢带（或钢丝）、铅皮或屏蔽护套等必须有保护接地

B. 每一移动式和手持式电气设备至局部接地极之间的保护接地用的电缆芯线和接地连接导线的电阻值，不得超过 2 Ω

C. 所有电气设备的保护接地装置（包括电缆的铠装、铅皮、接地芯线）和局部接地装置，应与主接地极连接成 1 个总接地网

D. 主接地极应在主、副水仓中各埋设 1 块。主接地极应用耐腐蚀的钢板制成，其面积不得小于 0.75 m^2、厚度不得小于 5 mm。在钻孔中敷设的电缆不能与主接地极连接时，应单独形成一个分区接地网，其接地电阻值不得超过 2 Ω

答案：B

解析：《煤矿安全规程》第四百七十六条　井下总接地网上任一保护接地点的接地电阻值不得超过 2 Ω。每一移动式和手持式电气设备至局部接地极之间的保护接地用的电缆芯线和接地连线的电阻值，不得超过 1 Ω。

36. 负载电流较大且经常变化的电气设备应选用（　　）滤波电路。

A. 电容　　B. 电感　　C. 复式　　D. 电子

答案：B

解析：电容滤波适用于小电流，电流越小滤波效果越好；电感滤波适用于大电流，电流越大滤波效果越好。

37. 单相桥式整流电路每周输出脉动的次数为（　　）次。

A. 2　　B. 4　　C. 6　　D. 8

答案：A

解析：单相桥式整流电路每周输出脉动的次数为 2 次，三相桥式整流电路每周输出脉动的次数为 6 次。全波整流电路每周输出脉动的次数为 12 次，半波整流电路每周输出脉动的次数为 6 次。

38. 采区电气设备使用（　　）供电时，必须制定专门的安全措施。

A. 1140 V　　B. 127 V　　C. 3300 V　　D. 6000 V

答案：C

解析：《煤矿安全规程》第四百四十五条　采区电气设备使用3300 V供电时，必须制定专门的安全措施

39. 综采工作面要求其磁力起动器的控制回路采用（　　）电路。

A. 一般电路　　B. 安全火花型　　C. 本质安全型　　D. 隔爆型

答案：C

解析：综采工作面供电要求磁力起动器应满足：具有本安型电路，具有手动控制和自动控制两种控制方式，具有过载、短路、过压等保护功能。

40. 井下由采区变电所引出的馈电线上，应装设（　　）。

A. 短路、过负荷、接地和欠压释放保护

B. 短路、过负荷、漏电保护装置

C. 短路、过负荷、单相断线、漏电闭锁保护装置及远程控制装置

D. 检漏继电器保护

答案：B

解析：《煤矿安全规程》第四百五十一条　井下高压电动机、动力变压器的高压控制设备，应具有短路、过负荷、接地和欠压释放保护。井下由采区变电所、移动变电站或配电点引出的馈电线上，必须具有短路、过负荷和漏电保护。低压电动机的控制设备，必须具备短路、过负荷、单相断线、漏电闭锁保护及远程控制功能。

41. 晶闸管导通后管压降很小，约为（　　）。

A. 0.5 V　　B. 1 V　　C. 1.5 V　　D. 2 V

答案：B

解析：当晶闸管导通时，由于其正向电阻非常小，导通后的管压降也相应较小。根据晶闸管的特性，一般来说导通后的管压降约为1 V。

42. 密封圈的外径不小于电缆外径的（　　）倍，且不小于4 mm。

A. 0.3　　B. 0.2　　C. 0.1　　D. 0.5

答案：A

解析：密封圈的选取，一般要求它的外径不小于电缆外径的0.3倍，并且不小于4 mm。

43. 振荡器就是一个（　　）外部信号激励，自身就可以将直流电转化为交流电能的装置。

A. 需要　　B. 不需要　　C. 必须有　　D. 可没有

答案：B

解析：振荡器在工作时不需要外部信号激励，而是可以自主地产生振荡信号。

44. （　　）为下沿脉冲微分指令。

A. RST　　B. PLS　　C. PLF　　D. AND

答案：C

解析：RST为置位指令；PLS为上沿脉冲微分指令；PLF为下沿脉冲微分指令；AND为与指令。

45. 无线通信系统可接入基站容量≥（　　）台。

A. 1000　　B. 2000　　C. 3000

答案：A

解析：在当前的通信技术发展情况下，一般而言，无线通信系统可接入基站的容量达到 1000 台是较为普遍的情况。

46. 克服零点漂移最有效且常用的电路是（　　）。

A. 放大电路　　B. 振荡电路

C. 差动放大电路　　D. 滤波电路

答案：C

解析：差动放大电路利用两个相同且环境条件相似的传感器或元件，将其输出信号进行差分放大，以消除零点漂移对测量结果的影响，提高测量精度。

47. 变压器连接组标号中 Y 表示（　　）。

A. 高压侧星形连接　　B. 高压侧三角形连接

C. 低压侧星形连接　　D. 低压侧三角形连接

答案：A

解析：变压器连接组标号中 Y 表示高压侧星形连接。

48. 在单相半波整流电路中，如果电源变压器次级电压为 100 V，则负载电压是（　　）。

A. 100 V　　B. 50 V　　C. 90 V　　D. 120 V

答案：B

解析：在单相半波整流电路中，只有电压正半周的部分能够传输到负载端。对于负载电压，其峰值为源电压的一半。

49. 在有电容滤波器的单相桥式整流电路中，若需保证输出电压为 45 V，变压器副边电压应为（　　）V。

A. 100　　B. 90　　C. 45　　D. 37.5

答案：D

解析：变压器副边电压为 37.5 V，这个值与经验常用值相符合。

50. 高压断路器的极限通过电流是指（　　）。

A. 断路器在合闸状态下能承载的峰值电流

B. 断路器正常通过的最大电流

C. 在系统发生故障时断路器通过的最大的故障电流

D. 单相接地电流

答案：A

解析：高压断路器的极限通过电流指的是断路器在合闸状态下能够承载的峰值电流。这个峰值电流是断路器能够正常运行且不发生破坏的最大电流。

51. 井下远距离控制线路的额定电压，不超过（　　）。

A. 24 V　　B. 36 V　　C. 127 V　　D. 220 V

答案：B

解析：井下远距离控制线路的额定电压通常较低，以防止电击和火灾等危险。根据安全标准，井下远距离控制线路的额定电压不应超过 36 V。因此，选项 B 是正确的答案。

52. 根据异步交流电动机的转速公式，在其他参数不变的情况下，电动机转速与（　　）成正比。

A. 电压　　B. 电流　　C. 电阻　　D. 电源频率

答案：D

解析：根据异步交流电动机的转速公式，电动机转速与电源频率成正比。电源频率是交流电的周期，决定了旋转磁场的转速，从而影响了电动机的转速。而电压、电流和电阻都与电动机的输出功率和效率有关，不会直接影响电动机的转速。因此，选项 D 是正确的答案。

53. 低压隔爆开关空闲的接线嘴，应用密封圈及厚度不小于（　　）的钢板封堵压紧。

A. 1 mm　　B. 1.5 mm　　C. 2 mm　　D. 2.5 mm

答案：C

解析：根据题目，低压隔爆开关空闲的接线嘴，应用密封圈及厚度不小于 2 mm 的钢板封堵压紧。这是为了保证开关在隔爆环境下能够正常工作，防止爆炸气体进入开关内部，同时也保护了开关的外部结构不被破坏。因此，正确答案是 C。

54. 用万用表测量电阻时，若选用 R×100 挡，表盘读数为 10，则电阻的实际值是（　　）。

A. 10 Ω　　B. 1000 Ω　　C. 100 Ω　　D. 110 Ω

答案：B

解析：根据万用表电阻挡的读数规则，表盘读数乘以挡位就是实际的电阻值。对于 R×100 挡，表盘读数为 10，则实际的电阻值为 $10 \times 100 = 1000\ \Omega$。因此，正确答案为 B。

55. 一般鼠笼型感应电动机全压启动时的电流为额定电流的（　　）倍。

A. 0.5　　B. 1~2　　C. 2~3　　D. 4~7

答案：D

解析：一般鼠笼型感应电动机全压启动时，由于转子电阻很小，因此转子电流很大，导致启动电流较大。根据经验，一般全压启动时的电流为额定电流的 4~7 倍。因此，选项 C 正确。

56. 要测量非正弦交流电的平均值，应选用（　　）仪表。

A. 电磁系　　B. 整流系　　C. 磁电系　　D. 电动系

答案：B

解析：测量非正弦交流电的平均值，需要选用能够处理非正弦信号的仪表。整流系仪表对非正弦信号有较好的适应能力。

57. 瓦斯是一种无色、无味、（　　）的气体。

A. 无臭　　B. 有臭　　C. 无毒　　D. 有毒

答案：A

解析：瓦斯是一种无色、无味、无臭的气体，具有窒息作用，能够危害人体健康。因此，选项 A 是正确的。

58. 电流互感器的准确度 D 级是用于（　　）的。

A. 计量电能　　B. 接电流表
C. 接过流继电器　　D. 接差动保护
答案：D
解析：电流互感器的准确度 D 级通常用于接差动保护，这是根据国家标准和技术要求确定的。其他选项中，计量电能通常需要更高的准确度等级，如 0.2 级或 0.5 级；接电流表和接过流继电器通常只需要较简单的电流变换，对准确度要求较低。
59. 一般高压负荷开关在断开（　　）次负荷电流后，应进行全面检修。
A. 3　　B. 10　　C. 20　　D. 30
答案：C
解析：根据电力设备和工业安全规范，一般高压负荷开关在断开 20 次负荷电流后，应进行全面检修。这是为了保证开关的机械和电气性能仍然良好，防止因设备损坏导致事故发生。
60. 对变频器造成干扰最小的是（　　）
A. 接触不良　　B. 减小控制屏蔽电缆绞合间距
C. 屏蔽层两端接地　　D. 变频器用铁壳屏蔽，不能接地
答案：B
解析：A、C、D 项都是造成干扰的原因。
61. 系统程序是控制和完成 PLC 多种功能的程序，由（　　）编写。
A. 用户　　B. 厂家
C. 厂家或用户　　D. 厂家和用户共同
答案：B
62. 输入接口是 PLC 与（　　）信号的输入通道。
A. 编程器　　B. 计算机　　C. 控制现场　　D. 内部程序
答案：C
63. PLC 的软元件是（　　）的。
A. 有限　　B. 无限
C. 有些是有限的，有些是无限的　　D. 都不对
答案：B
64. PLC 控制系统的接线少、体积小，因此灵活性和扩展性（　　）。
A. 都很不好　　B. 都很好　　C. 一般　　D. 不能扩展
答案：B
65. PLC 场效应管型输出模块用于直流负载所不具备的优势为（　　）。
A. 可靠性　　B. 反应速度　　C. 寿命　　D. 过载能力
答案：D
解析：PLC 场效应管型输出模块用于直流负载，具有高可靠性，反应速度快、工作频率高、寿命长。
66. 集中控制系统是由 1 台 PLC 控制（　　）设备或几条简易生产线。
A. 1 台　　B. 3 台　　C. 4 台　　D. 多台
答案：D

67. 对交流感性负载干扰的处理方法中（　　）是正确的。

A. 在感性元件两端并联 RC 吸收电路

B. 在感性元件两端并联二极管保护

C. 采用分相连接 RC 吸收电路的办法

D. 以上都不对

答案：A

解析：用在感性元件两端并联 RC 吸收电路的方法对交流感性负载干扰进行处理。

68. 下列对直流感性负载干扰的处理方法中（　　）是正确的。

A. 在感性元件两端并联 RC 吸收电路

B. 在感性元件两端并联二极管保护

C. 采用分相连接 RC 吸收电路的办法

D. 以上都不对

答案：B

解析：在感性元件两端并联二极管保护的方法是对直流感性负载干扰的有效处理方法。

69. 下列对于大容量三相交流负载干扰的处理方法中（　　）是对的。

A. 在感性元件两端并联 RC 吸收电路

B. 在感性元件两端并联二极管保护

C. 采用分相连接 RC 吸收电路的办法

D. 以上都不对

答案：C

解析：对于大容量三相交流负载，采用分相连接 RC 吸收电路的办法进行干扰的处理。

70. 传送模拟信号的屏蔽线，其屏蔽层应（　　）。

A. 一端接地　　B. 二端接地　　C. 多端接地　　D. 不用接地

答案：A

71. 功率绝缘栅场效应管栅源电压一般选择（　　）左右。

A. 10 V　　B. 12 V　　C. 15 V　　D. 20 V

答案：C

解析：功率绝缘栅场效应管的栅源开启电压一般在 4 ~ 6 V，驱动信号小于该数值，功率管处于阻断状态；驱动信号大于该电压场效应管开始出现漏极电流，功率管处于功耗状态，此状态功耗大，不能承受大电流，当驱动信号达到 12 V 以上时，漏极与源极间电阻最小，功率管处于导通状态，当驱动信号达到或大于 20 V 时，将使得栅源之间的绝缘击穿造成功率管报废。因此绝缘栅场效应管栅源电压一般选择 15 V 左右，使得功率管工作在开关状态。

72. 变频器 IGBT 的栅极与发射极驱动电压一般在（　　）左右。

A. 10 V　　B. 12 V　　C. 15 V　　D. 20 V

答案：C

解析：IGBT 功率管的栅极与发射极阈值电压一般在 4 ~ 6 V，驱动信号小于该数值，功率管处于截止区；驱动信号大于该电压功率管处于放大区，功率管处于功耗状态，变频器中的 IGBT 尽量减少功率管工作于放大区的时间，否则功率管将会由于过热而击穿。当驱动信号达到 12 V 以上时，IGBT 处于饱和区，处于导通状态，当驱动信号达到或大于 20 V 时，将使得栅源之间的绝缘击穿造成功率管报废。因此，绝缘栅场效应管栅源电压一般选择 15 V 左右，使得功率管工作在开关状态。

73. IGBT 是（　　）

A. 场控器件　　B. 流控器件　　C. 集成电路　　D. 半控器件

答案：A

解析：IGBT 是变频器上重要的功率元件，相当于由一只绝缘栅场效应管与一只电力晶体管的复合管，充分利用了绝缘栅场效应管的场控效应和晶体管的饱和压降低的特性制成的高输入阻抗、低输出阻抗的电力电子器件。

74. 变频器中 IGBT 驱动电路与 IGBT 的连线要（　　）。

A. 尽量短　　B. 尽量长

C. 长短要适当　　D. 根据实际需要决定

答案：A

解析：IGBT 是电场控制器件，控制线过长一方面容易受到各种电磁信号的干扰，另一方面控制线过长将导致驱动线电感效应使 IGBT 的驱动信号陡度不够，从而将 IGBT 误导通以及损耗增加，是造成变频故障的原因之一。一般情况下会将驱动电路直接焊接在 IGBT 驱动极上以减小连接线的长度。

75. 变频器脉宽调制 PWM 就是对脉冲的（　　）进行调制的技术。

A. 幅度　　B. 宽度

C. 幅度和宽度　　D. 频率

答案：B

76. PWM 控制一般采用（　　）作为载波。

A. 等腰三角波　　B. 锯齿波　　C. 矩形波　　D. 梯形波

答案：A

77. 根据电气设备技术标准，接地电线必须用直径（　　）以上的软铜线。

A. 1.6 mm　　B. 2.6 mm　　C. 3.6 mm　　D. 10 mm

答案：A

78. 关于通用变频器下列哪个说法正确（　　）。

A. 能与普通的笼型异步电动机配套使用

B. 与专用电动机配套使用

C. 厂家指定电动机

D. 以上电动机都适用

答案：A

解析：通用变频器能与普通的笼型异步电动机配套使用。

79. 对于用 6 极以上电动机选择变频器的容量应（　　）进行选择。

A. 按电动机最大启动电流

B. 按电动机的最高电压

C. 按供电系统的容量

D. 按运行过程中可能出现的最大工作电流

答案：D

80. 变频器额定输出电流为可以连续输出的最大交流电流的（　　）值。

A. 平均　　B. 有效　　C. 瞬时　　D. 峰值

答案：B

81. 变频器参数基本设定项不包含（　　）。

A. 加速时间　　B. 电子过电流保护

C. 启动频率　　D. 矢量控制

答案：D

解析：矢量控制是一种利用变频器控制三相交流电机的技术，是电压和电流的一种表示方法，而不是一个特定的可以调整的数值。

82. 纯电容交流电路中，电压与电流（　　）的比值称作容抗。

A. 瞬时值　　B. 有效值　　C. 最大值　　D. 最小值

答案：B

解析：交流电路的容抗表示电容对正弦电压变化的反抗作用。纯电容交流电路中，电压与电流有效值的比值称为容抗。

83. TYJVFT－400M1－6(400/1140)矿用一体机，型号中“J”表示（　　）。

A. 兼容　　B. 兼本质安全型

C. 隔爆兼本质安全型　　D. 减速

答案：C

84. 矿用隔爆兼本质安全型电气设备的防爆标志是（　　）。

A. Ex db [ib Mb] Ⅰ Mb　　B. Ex db [ib] Ⅰ Mb

C. Ex d[ib] Ⅰ Mb　　D. Ex [ib] Ⅰ Mb

答案：A

85. 1140 V 电压等级的漏电闭锁动作值为（　　），解锁值为（　　）。

A. 60 kΩ，80 kΩ　　B. 40 kΩ，60 kΩ

C. 90 kΩ，60 kΩ　　D. 80 kΩ，100 kΩ

答案：B

86. 在井下工作时，只有瓦斯浓度低于（　　）时，才允许对地放电。

A. 0.5%　　B. 1%　　C. 1.5%　　D. 2%

答案：B

87. 型号为 TYJVFTJ－710L4－24(1600/10000)矿用一体机的准确全称是（　　）。

A. 矿用隔爆兼本质安全型变频调速一体机

B. 矿用隔爆兼本质安全型永磁同步变频调速一体机

C. 矿用隔爆兼本质安全型高压永磁同步变频调速一体机

D. 矿用隔爆兼本质安全型高压减速永磁同步变频调速一体机

答案：D

88. 型号为 TYJVFTJ－710L4－24(1600/10000)矿用一体机通常采用（　　），与低速

永磁电机连接，实现扭矩放大。

A. 一级减速装置　　B. 二级减速装置

C. 三级减速装置　　D. 四级减速装置

答案：A

89. 普通 1140 V 工频电机，6 极电机对应的额定转速是（　　）。

A. 1000 r　　B. 1000 r/min　　C. 1500 r　　D. 1500 r/min

答案：B

解析：①转速单位为 r/min，排除 A、C 项；②已知工频电机的供电频率为 50 Hz，根据“额定转速×极对数=额定频率×60”，50×60/(6/2)=1000 r/min。

90. 一台单驱皮带，配备 1140 V 400 kW 永磁直驱电机，控制变频器与电机间相距 500 m，最好选用（　　）变频器。

A. 400 kW　　B. 500 kW　　C. 560 kW　　D. 630 kW

答案：B

解析：变频器功率是电机功率的 1.2 倍为最佳，故选择 B。

91. 如果变频器速度由 AI1 给定，输入信号 0～10 V，最大给定速度 1500 r/min，当输入信号为 5 V 时，变频器的给定速度应为（　　）。

A. 500 r/min　　B. 750 r/min　　C. 900 r/min　　D. 1200 r/min

答案：B

解析：模拟量的数值和速度呈线性关系，当前速度为 1500/2=750 r/min。

92. TYJVFT-400M1-6(400/1140)矿用一体机，额定转速 1500 r/min，此一体机中电机的额定频率是（　　）。

A. 50 Hz　　B. 75 Hz　　C. 90 Hz　　D. 40 Hz

答案：B

解析：根据“额定转速×极对数=额定频率×60”，按已知条件额定转速 1500 r/min，极数 6，反推额定频率为 75 Hz。

93. TYJVFT-400M1-6(400/1140)矿用一体机，额定转速 1500 r/min，对应的额定扭矩是（　　）。

A. 2547 N·m　　B. 2547 kN·m　　C. 3820 N·m　　D. 3820 kN·m

答案：A

解析：根据“额定功率×9550/额定转速=额定扭矩”，400×9550/1500=2547 N·m，其中额定功率单位是 kW。

94. TYJVFTJ-710L4-24(1600/10000)矿用一体机，额定频率 75 Hz，额定转速 75 r/min，此一体机中“电机”的额定转速是（　　）。

A. 300 r/min　　B. 325 r/min

C. 350 r/min　　D. 375 r/min

答案：D

解析：根据“额定转速×极对数=额定频率×60”，按已知条件额定频率为 75 Hz，极数 24，反推额定转速为 75×60/(24/2)=375 r/min。

95. TYJVFTJ-710L4-24(1600/10000)矿用一体机，额定频率 75 Hz，额定转速

75 r/min，此一体机中减速装置的减速比是（　　）。

A. 4　　B. 5　　C. 6　　D. 7

答案：B

解析：根据“永磁电机额定输出转速/减速比 = 一体机额定输出转速”，可得 375/75 = 5。

96. CAN 总线常用的拓扑结构有星形和线性，其中线性结构的总线电阻为（　　）。

A. 100 Ω　　B. 60 Ω　　C. 120 Ω　　D. 240 Ω

答案：B

97. BPQJV－(2×855、800)/3.3 矿用变频起动器，此类型变频起动器工频单路输出电流最大是（　　）。

A. 800 A　　B. 400 A　　C. 200 A　　D. 600 A

答案：B

解析：此类变频起动器共有两路变频 2×855 kW，两路工频，每路工频输出电流为 400 A，其中每路工频中又可分为两路小工频，每路小工频输出电流为 200 A。

98. 隔爆外壳裂纹、开焊、严重变形的长度超过（　　），同时凹坑深度超过 5 mm 为失爆。

A. 30 mm　　B. 40 mm　　C. 50 mm

答案：C

99. 在 RLC 电路中，当 $X_L = X_C$ 时，电路为（　　）状态。

A. 感性　　B. 容性　　C. 纯电阻　　D. 谐振

答案：D

100. 井下隔爆电气设备对地绝缘电阻和相间绝缘电阻应不小于（　　）。

A. 2 MΩ　　B. 3 MΩ　　C. 4 MΩ　　D. 5 MΩ

答案：D

二、多选题

1. 采煤机电气故障处理的步骤为（　　）。

A. 首先了解故障的现象及发生过程，尤其要注意了解故障的细微现象

B. 分析引起故障的可能原因

C. 做好排除故障的准备工作

D. 先简单后复杂，先外部后内部，先机械后液压

答案：ABC

2. 钢丝绳的静张力包括（　　）。

A. 钢丝绳伸长量　　B. 钢丝绳自重

C. 提升容器自重　　D. 载重

答案：BCD

3. 变频器不启动的原因有（　　）。

A. 从电控箱到变频箱控制电缆的芯线断开

B. 采煤机内部牵引控制线断开

C. 采煤机内部控制电路损坏

D. PLC 故障

E. 变频器故障

答案：ABCDE

4. 某矿综采工作面试运行期间，采煤机工作中电磁起动器跳闸。经查，接触器电磁铁线圈均烧毁；更换电磁铁线圈后，又发生相同的故障；再次更换电磁铁线圈，故障重复发生。工作面其他同型电磁起动器工作正常。经分析，该故障为起动器电磁系统故障。其发生原因可能为（　　）。

A. 电磁起动器安装调试中，未按规定检查电磁系统

B. 电磁系统中，磁力线圈匝数过多

C. 电磁系统中，活动电磁铁闭合位置预留气隙过小

D. 电磁系统中，活动电磁铁闭合位置预留气隙过大

E. 电磁系统中，活动电磁铁被卡阻，造成气隙过大

答案：ADE

5. 短接法常用于电气设备的（　　）故障检查。

A. 导线断路　　　　B. 导线短路

C. 熔断器熔断　　　　D. 触点接触不良

答案：ACD

6. 软启动装置的作用有（　　）。

A. 减少启动电流对电网的冲击　　　　B. 启动平稳

C. 减轻负载　　　　D. 减轻启动力矩给负载带来的机械振动

答案：ABD

7. 电力电容器的补偿方式有（　　）。

A. 分散就地补偿　　　　B. 分组补偿

C. 高压集中补偿　　　　D. 低压成组补偿

答案：ACD

8. 触头的主要参数是（　　）。

A. 触头超程　　　　B. 触头初压力

C. 触头开距　　　　D. 触头终压力

答案：ABCD

9. 本质安全型电路常用的保护性元件有（　　）等种类。

A. 全面性　　　　B. 分流元件

C. 限压元件　　　　D. 限流元件

E. 分压元件

答案：ABCD

10. 井下采煤工作面供电方式主要有（　　）。

A. 混合式　　　　B. 辐射式

C. 干线式　　　　D. 移动变电站式

答案：ABCD

11. “一网三中心”中的“三中心”指的是（　　）。

A. 数据中心　　　　B. 安防中心

C. 调度中心　　　　D. 集控中心

答案：ACD

解析："一网三中心"中的"一网"指建设一张网络，"三中心"包括数据中心、调度中心、集控中心。

12. 降低变频器干扰的方法有（　　）。

A. 变频器可靠接地　　　　B. 使用专用电缆

C. 使用滤波器　　　　D. 正确的布线

答案：ABCD

13. 防浪涌的措施包括（　　）。

A. 续流二极管　　　　B. 叠层母排

C. 压敏电阻　　　　D. RC 吸收

答案：ACD

解析：续流二极管：一般反并联于继电器或者电感线圈的两端，用来吸收感应电动势；RC 吸收：在输出负载电路两端并联 RC；压敏电阻：并联于工作电路中，当加在其上的电压低于它的阈值时，相当于开路；当加在其上的电压高于其阈值时，相当于短路，抑制电路中出现的异常过压。

14. 当一台新一体机作为备机放置长时间准备下井使用时，应该做哪些措施（　　）。

A. 擦拭一体机外壳使其焕然一新，然后直接运到井下使用

B. 检查盖板螺丝是否松动，如有松动需重新紧固

C. 更换一体机内干燥剂，防爆面涂抹黄油密封

D. 直接返厂检修

答案：BC

15. 采煤机电控智能模式有哪几种（　　）。

A. 手动模式　　　　B. 学习模式

C. 近控模式　　　　D. 远控模式

E. 自动模式

答案：ABE

解析：C 近控模式和 D 远控模式是采煤机电控的控制模式，不是智能模式。

16. 判断电动机是否有异常，需要传感器采集哪些信号（　　）。

A. 轴承温度　　　　B. 绕组温度

C. 振动信号　　　　D. 气味信号

答案：ABC

解析：通过轴承温度可以判断轴承是否有风险或是否该换润滑脂，通过绕组温度可以判断过载或冷却状态，通过解析振动可以尽早预判电机风险，以上三种传感器可以为及时保护提供依据，三种信号交互作用可以对电机状态进行更合理的判断。有经验人员可以人为感知气味，气味信号在业内没有使用，分辨难度高，并且容易受干扰。

17. 刮板输送机调速控制与哪些因素有关（　　）。

A. 采煤机位置　　　　B. 采煤机割煤量大小

C. 刮板输送机运行电流　　D. 乳化液泵站的实时压力

答案：ABC

解析：采煤机位置决定刮板输送机上煤块覆盖面积，割煤量决定刮板输送机的煤块厚度，电机运行电流是刮板输送机上总煤量以及考虑其他摩擦因素等的最终体现。

18. 有两只稳压二极管，一只稳定电压为5 V，另一只为8 V。正向导通压降为0.7 V，若他们串联，输出电压有几种方式（　　）。

A. 13 V　　B. 5.7 V　　C. 3 V　　D. 1.4 V

E. 0.7 V

答案：ABD

解析：将5 V接为反向，8 V的接成正向组成稳压电路，其输出就是5.7 V；将8 V接为反向，5 V的接成正向，串联组成稳压电路，其输出就是8.7 V；将5 V、8 V均接为反向，串联组成稳压电路，其输出就是13 V；将5 V、8 V均接为正向，串联组成稳压电路，其输出就是1.4 V。

19. 刮板输送机用于静态紧链的数字化液压马达，需要哪些传感器（　　）。

A. 进液口压力传感器　　B. 出液口压力传感器

C. 转速传感器　　D. 行程传感器

答案：ABC

解析：通过测量进出液口压力可以计算出链条张紧力，通过转速传感器以及链轮齿数等固定参数可以计算链条行进距离。液压马达无处安装行程传感器。

20. 《智能化示范煤矿验收管理办法（试行）》(国能发煤炭规〔2021〕69号)，智慧化实干煤矿验收管理办法（试行）中指出的煤矿智慧化建设的十大系统包括（　　）。

A. 信息基础设施　　B. 地质保障系统

C. 掘进系统　　D. 采煤系统

E. 数据系统

答案：ABCD

解析：十大系统包括信息基础设施、地质保障系统、掘进系统、采煤系统、主煤流运输系统、辅助运输系统、通风与压风系统、供电与供排水系统、安全监控系统、智能化园区与经营管理系统。

21. 自动化系统中应用到的通信方式有（　　）。

A. CAN总线　　B. RS232

C. RS485　　D. 以太网

答案：ABCD

22. 智能化综采工作面建设按系统分为（　　）。

A. 割煤系统　　B. 支护系统

C. 运输系统　　D. 综合保障系统

答案：ABCD

23. 一个智能化综采工作面假如工作面有139个支架，每三架安装一个摄像头，现工作面出现1～58号支架没有视频信息，61～139号有视频信息，下面说法正确的是（　　）。

A. 工作面视频信息通过 1 号上支架的交换机接入集控仓
B. 工作面视频信息通过 139 号上支架的交换机接入集控仓
C. 61～139 号架摄像头失去电源
D. 61 号支架上的交换机可能出现问题
答案：BD

24. 综采工作面通信控制保护系统（如华宁 KTC），一般包含以下功能（　　）。
A. 具有模拟量接口
B. 具有数据通信接口
C. 可实现对刮板输送机、转载机、破碎机、泵站、带式输送机的控制
D. 可实现摄像机视频接入功能
答案：ABC

25. 智能化综采工作面在监控主机上查看采煤机轨迹出现跳变，可能的原因是（　　）。
A. 红外传感器损坏
B. 压力传感器接到控制器红外接口上
C. 部分电液控制器没有电
D. 采煤机身上红外发射器损坏
答案：ABC

26. 智能化综采工作面集控中心可以实现（　　）功能。
A. 自动补液
B. 一键启停
C. 监测设备运行数据
D. 远程控制设备
答案：BCD

27. 智能化综采工作面支架自动跟机过程中包含以下（　　）功能。
A. 自动拉溜
B. 自动补液
C. 自动伸护帮
D. 自动降移升
答案：BCD

28.《淘汰落后安全技术工艺、设备目录（2016 年）》规定井下照明白炽灯 2018 年 12 月 15 日后禁止使用。淘汰原因有（　　）。
A. 耗电量大，开灯瞬间电流大
B. 局部温度过高易造成灯丝烧断
C. 属于落后设备，不能做到本质安全
D. 出现了可代替的技术装备井下照明 LED 灯
答案：ABCD

29. 请在下列选项中选出电液控制系统能实现哪些工作面中间架控制功能（　　）。
A. 本架推溜和本架拉后溜
B. 邻架或隔架非自动控制
C. 邻架自动降移升控制
D. 前溜直线控制
答案：ABC

30. 电液控支架控制器在动作中整组重启可能原因是（　　）。
A. 127 V 交流电压不够
B. 控制器传感器短路
C. 控制器显示屏损坏
D. 乳化液压力不够
答案：AB

31. 机械传动包括（　　）。

A. 带传动　　B. 链传动

C. 齿轮传动　　D. 螺旋传动

答案：ABCD

32. 隔爆结合面不得有（　　）

A. 锈蚀　　B. 油漆　　C. 脱壳　　D. 裂纹

答案：AB

解析：CD 选项为隔爆外壳会出现的问题。

33. 低压电机的控制设备应装设（　　）及远程控制装置。

A. 短路　　B. 过负荷

C. 单相断线　　D. 漏电闭锁保护

答案：ABCD

解析：《煤矿安全规程》第四百五十一条　井下高压电动机、动力变压器的高压控制设备，应当具有短路、过负荷、接地和欠压释放保护。井下由采区变电所、移动变电站或配电点引出的馈电线上，必须具有短路、过负荷和漏电保护。低压电动机的控制设备，必须具备短路、过负荷、单相断线、漏电闭锁保护及远程控制功能。

34. 隔爆型电气设备的防爆特征有（　　）。

A. 不传爆性　　B. 气密性

C. 本质安全性　　D. 耐爆性

答案：AD

解析：BC 不属于隔爆型电气设备的特征。

35. 供电网络中，（　　）均可能引起漏电故障。

A. 电缆的绝缘老化　　B. 电气设备受潮进水

C. 橡套电缆护套破损　　D. 带电作业

答案：ABCD

解析：ABCD 四项内容均为供电网络中容易发生漏电事故的原因。

36. 短路电流的大小与（　　）有关。

A. 电动机的额定功率　　B. 电缆的长度

C. 电缆的截面积　　D. 电网电压

E. 变压器的容量

答案：BCDE

解析：电动机额定功率是指在额定工况下所能达到的最大输出功率，与短路电流无关。

37. 交—直—交变频器是由（　　）组合而成的变流装置。

A. 电源　　B. 整流器　　C. 逆变器　　D. 电机

答案：BC

解析：交—直—交变频器是一种将交流电转换为直流电，然后再将直流电转换为交流电的电力电子装置。这种变频器通常包括整流器、滤波器和逆变器三部分。

38. 造成异步电动机空载电流过大的原因有（　　）。

A. 电压太高 B. 空气隙过大

C. 定子匝数不够 D. 硅钢片老化

答案：ABCD

解析：造成异步电动机空载电流过大的原因有以下几种：电源电压过高，当电源电压太高时电机铁芯会产生磁饱和现象，导致空载电流过大；电动机因修理后装配不当或空隙过大；定子绕组匝数不够或 Y 形接线误接成三角形接线；对于一些旧电动机，由于硅钢片腐蚀或老化，使磁场强度减弱或片间绝缘损坏而造成空载电流太大。

39. 变频调速的优点有（　　）。

A. 调速范围大，机械特性硬 B. 无级调速

C. 设备简单，维修方便 D. 启动转矩大

答案：ABD

解析：变频调速的缺点是变频调速系统的构造比较复杂，制造成本较高。因此 C 选项错误。

40. 低压开关两相短路电流校验不能满足要求时，可以采取（　　）措施。

A. 加大电缆截面 B. 减少电缆长度

C. 增设分路开关 D. 增大变压器容量

E. 调整过流继电器整定值

答案：ABCD

解析：低压开关两项短路电流校验方法为两项短路电流与过流继电器整定值的比值大于等于 1.5，当不满足此要求时只能通过增大两相短路电流的方法使校验值满足要求，而不能调整过流继电器整定值，因调整过流继电器整定值会使低压开关起不到过流的保护作用。

41. 在爆炸性环境中使用的设备应采用 EPL Ma 保护级别，如防爆标志为（　　）的防爆电器设备。

A. Exib Ⅰ EPL Ma B. Exia Ⅰ EPL Ma

C. Exma Ⅰ EPL Ma D. Exma Ⅰ EPL Mb

E. LC 振荡器

答案：BC

解析：《爆炸性环境　第一部分：设备　通用要求》（GB/T 3836.1—2021）要求，在爆炸性环境仍带电运行的电气设备应选用保护级别为 EPL Ma 的设备，如防爆标志为 Exia Ⅰ EPL Ma 或 Exma Ⅰ EPL Ma 的防爆电气设备。

42. 工厂供电系统通常由（　　）以及高低压用电设备等组成。

A. 总降压变电所 B. 配电所

C. 车间变电所 D. 低压供电回路

答案：ABC

解析：工厂供电系统一般由总降压变电所、配电所、车间变电所以及高低压用电设备等组成。

43. 移动变电站正常温度为（　　）。

A. B 级绝缘不超过 110 ℃ B. E 级绝缘不超过 150 ℃

C. F 级绝缘不超过 125 ℃　　D. H 级绝缘不超过 135 ℃

答案：ACD

解析：移动变电站是一种特殊形式的电力设备，其温度控制非常重要以确保设备的正常运行和安全性。根据国家标准和相关规定，不同级别的绝缘材料对应不同的温度上限。E 级绝缘一般不超过 120 ℃。

44. 可编程控制器（PLC）组成与微型计算机相似，其主机由（　　）等几大部分组成。

A. CPU　　B. 存储器

C. 输出输入接口　　D. GPU

E. 电源

答案：ABCE

解析：GPU（图形处理器）与常见的 PLC 构成并不相关，因此不属于 PLC 主机的组成部分。

45. 电气设备绝缘状态的判别方法中主要测量（　　）。

A. 绝缘电阻　　B. 吸收比

C. 耐压试验　　D. 短路电流

答案：ABC

解析：短路电流与绝缘状态的判断关联较小，不常用于直接测量绝缘状态。

46. 交流电子定子绕组的短路主要是（　　）。

A. 匝间短路　　B. 外部短路

C. 与转子之间短路　　D. 相间短路

答案：AD

解析：交流电机的定子绕组短路可以有多种原因。选项 A 和 D 描述了交流定子绕组可能出现的短路情况。

47. 低频振荡器与高频振荡器的区别有（　　）。

A. 频率范围　　B. 效率

C. 传输距离　　D. 输出功率

答案：AC

解析：低频振荡器和高频振荡器是指两种不同频率范围内工作的振荡器。它们的区别主要在频率范围和传输距离。

48. 三极管的（　　），三极管处于放大状态。

A. 基极、发射极加正向偏置电压　　B. 集电极加反向偏置电压

C. 基极、发射极加反向偏置电压　　D. 集电极加正向偏置电压

答案：AB

解析：三极管在放大状态时，需要满足以下条件：基极、发射极加正向偏置电压：通过给予基极与发射极之间的电压正向偏置，使得基极、发射极之间形成正向偏置电压。这样可以确保电流的正常流动和三极管处于活跃工作状态。集电极加反向偏置电压：通过给予集电极相对于发射极的电压反向偏置，使集电极成为一个吸外部电流的节点。同时也保证了三极管的功率放大功能。

49. 变频器参数基本设定项包括（　　）。

A. 加速时间　　B. 矢量控制

C. 电子过电流保护　　D. 启动频率

答案：ACD

解析：变频器是调节电机转速的设备，为了实现不同的运行需求，需要对其参数进行设定。常见的变频器参数基本设定项包括加速时间、电子过电流保护、启动频率。

50. 关于电阻串联电路，下面关系式正确的是（　　）。

A. $U_n = (R_n/R)U$　　B. $I = I_1 = I_2 = \cdots = I_n$

C. $P_n = (R_n/R)P$　　D. $I_n = (R_n/R)I$

答案：ABC

解析：对于电阻串联电路，以下关系式成立：$U_n = (R_n/R)U$，表示电阻分压原理，即每个电阻所承受的电压与其阻值的比例成正比。$I = I_1 = I_2 = \cdots = I_n$，表示电流在串联电路中保持恒定。$P_n = (R_n/R)P$，表示电功率与电阻的关系，即每个电阻所消耗的功率与其阻值的比例成正比。$I_n = (R_n/R)I$，这个关系式是错误的。

51. 电容器容量的大小与（　　）有关。

A. 极板的相对面积　　B. 极板间的距离

C. 介质的介电常数　　D. 极板间的电压

答案：ABC

解析：电容器容量的大小主要由其内部构造决定，包括极板的相对面积、极板间的距离和介质的介电常数。这些因素直接影响电容器的储能能力，进而影响其应用效果。与此相对的，极板间的电压仅会影响电容器的充电效果，但不会直接影响其容量大小。

52. 电路中产生电流的条件是（　　）。

A. 电路必须闭合　　B. 电路中必须有电源

C. 电路中各点电位相等　　D. 电路中必须有负载

答案：AB

解析：电路中产生电流的条件有两个：一是电路必须闭合，以形成闭合回路；二是电路中必须有电源，以提供电能。因此，选项 A 和 B 都是正确的。选项 C 和 D 则不正确，因为电路中各点电位相等并不是产生电流的必要条件，电路中也不一定必须有负载才能产生电流。因此，正确是 AB。

53. 复杂电路中求多个支路电流所用的方法有（　　）。

A. 支路电流法　　B. 戴维南定理

C. 节点电压法　　D. 叠加原理

答案：ACD

解析：在复杂电路中，求多个支路的电流时，通常使用支路电流法或节点电压法。这两种方法都是电路分析的基本方法，能够准确地求解出支路电流。戴维南定理和叠加原理也是电路分析中的重要方法，但在求解多个支路电流时可能不太适用。因此，答案为 ACD。

54. 用电器通过的电流时间长，则用电器（　　）。

A. 功率大　　B. 耗用的电能多

C. 所做的电功多　　　　　　　　　　　D. 两端的电压增高

答案：BC

解析：由于用电器的功率是由其额定电压和电流共同决定的，而用电器的额定电压在给定时间内是不会改变的，因此选项 A 不正确。当用电器的电流时间长时，意味着用电器的电流较大，根据电能 = 功率 × 时间，耗用的电能多，同时根据电功 = 电流 × 电压 × 时间，所做的电功也多。因此，选项 B 和 C 是正确的。

55. 下列有关电源短路时叙述正确的是（　　）。

A. 电路中电流剧增　　　　　　　　　B. 电路中电流剧减

C. 电路中电压剧增　　　　　　　　　D. 电路中电压为零

答案：AD

解析：当电源短路时，电路中的电阻非常小，导致电流剧增，因此选项 A 正确。由于电路中的电阻变小，电压分布减少，因此电压剧增的说法是不准确的，而电压为零的说法是正确的。

56. 电流通过（　　）时有热效应。

A. 铜导线　　　　B. 铝导线　　　　C. 半导体　　　　D. 超导体

答案：ABC

解析：电流通过金属、合金、半导体等材料时，由于电子的流动和碰撞，会产生热能，这种现象称为电流的热效应。因此，铜导线、铝导线、半导体都符合这一条件。

57. 在电场中，下列关于电位的叙述正确的是（　　）。

A. 参考点的电位定义为 0　　　　　　B. 只有正电位而没有负电位

C. 既有正电位也有负电位　　　　　　D. 只能选一个参考点

答案：ACD

解析：在电场中，电位的概念基于电荷分布和电场强度。参考点的电位被定义为 0，其他点的电位相对于参考点的高低即为电位差。因此，选项 A 正确。同时，电场中既有正电位也有负电位，这是因为电荷分布可能表现为正负电荷的相对分布。因此，选项 C 也是正确的。至于选项 B 和 D，它们都是对电位概念的正确描述。选项 B 指出电位可以是正或负，这与电场的性质相符；选项 D 则强调了可选多个参考点，但通常只有一个被选为标准参考点。

58. 在全电路中，当负载增大时，下列说法正确的是（　　）。

A. 电路中的电流增大　　　　　　　　B. 电路中的电流减小

C. 路端电压增大　　　　　　　　　　D. 路端电压减小

答案：AC

解析：当负载增大时，意味着电路中的电流需要增加以驱动更大的设备。因此，电流会增大，选项 B 错误，而选项 A 正确。同时，由于电源的电动势不变，而电流增加，因此路端电压会减小，选项 D 正确，选项 C 错误。

59. 电能的单位有（　　）。

A. 瓦特　　　　B. 焦耳　　　　C. 千瓦时　　　　D. 伏安

答案：BC

解析：电能的单位有焦耳和千瓦时，都是基于能量守恒定律而定的。焦耳是能量的测量单位，用于表示一段时间内消耗的电能。而千瓦时则是电能和能量的一种标准化单位，代表一千瓦的功率在一小时内所消耗的能量。

60. TYJVFT-400M1-6(400/1140)矿用一体机，主要由哪些部分组成（　　）。

A. 异步电机　　B. 永磁电机

C. 变频部分　　D. 电抗器

E. 减速装置

答案：BCD

61. 由于煤矿生产的特殊性，煤矿供电系统必须满足（　　）。

A. 可靠性　　B. 安全性　　C. 连续性　　D. 快速性

答案：ABC

解析：《煤矿安全规程》规定，每一矿井应采用两回路电源线路供电，当任一回路发生故障停止供电时，另一回路应能担负全矿井的负荷。安全性是煤矿井下必须采取防爆、防触电、防潮和过流保护等一系列安全技术措施，严格遵守《煤矿安全规程》中的相关规定。连续性是指在给定的时间内，电力系统不停电运行的持续时间。

62. 根据综采工作面中负荷类型和负荷容量大小的不同，现代化综采工作面供电系统存在（　　）供电电压。

A. 380 V　　B. 660 V　　C. 1140 V　　D. 3.3 kV

答案：BCD

解析：根据综采工作面中负荷类型和负荷容量大小的不同，现代化综采工作面供电系统存在3.3 kV、1140 V、660 V三种供电电压。

63. 3.3 kV供电电压适用于（　　）。

A. 采煤机　　B. 破碎机　　C. 刮板输送机　　D. 带式输送机

答案：AC

解析：3.3 kV供电电压适用于采煤机和刮板输送机等大型负荷的供电系统，而1140 V适用于转载机、破碎机、带式输送机等大中型负荷的供电系统。

64. 煤矿供电系统智能供电技术主要包括（　　）。

A. 设备级智能化技术　　B. 系统级智能化技术

C. 网络级智能化技术

答案：ABC

解析：煤矿供电系统智能供电技术主要包括设备级智能化技术、系统级智能化技术和网络级智能化技术三个层面。

65. 设备级智能化是指煤矿供电系统各类变配电设备的智能化，也就是使变配电设备具有（　　）和信息互动化的特征。

A. 测量数字化　　B. 控制网络化

C. 状态可视化　　D. 功能一体化

答案：ABCD

解析：设备级智能化是指煤矿供电系统各类变配电设备的智能化，也就是使变配电设备具有测量数字化、控制网络化、状态可视化、功能一体化和信息互动化的特征，并且拥有控制系统、保护系统、监测系统、诊断系统和通信系统，其中保护系统是基于单片机、

DSP、高端 CPU 以及 PLC 的集检测、处理、保护、控制、通信于一体的系统。

66. 智能化高压电磁起动器以（　　）为核心。

A. 单片机　　B. PLC　　C. DSP　　D. 高端 CPU

答案：ABCD

解析：智能化高压电磁起动器以单片机、PLC、DSP、高端 CPU 等为核心，配以性能优良的信号调理电路、功能强大的应用软件，集保护、监测、控制、诊断和通信于一体，实现了对高压电动机的实时控制和故障保护，对电机运行状态进行实时监测和显示，并解决了与上位机的通信问题，实现了遥测、遥控、遥调和遥信功能。

67. PLC 产品的多样化体现在（　　）。

A. 产品类型　　B. 编程语言　　C. 产品价格　　D. 应用领域

答案：ABD

68. 下列哪个语言是 PLC 的编程语言（　　）。

A. C 语言　　B. 梯形图　　C. 语句表　　D. 功能块

答案：BCD

解析：PLC 的编程语言主要有梯形图、语句表和功能块。

69. PLC 在工业控制中的使用有下述优点（　　）。

A. 高性能　　B. 高可靠性　　C. 高质量　　D. 高价格

答案：AB

70. 不能驱动外部负载的 PLC 单元是（　　）。

A. 输入映像寄存器　　B. 输出映像寄存器

C. 中间继电器　　D. 时间继电器

答案：ACD

解析：能驱动外部负载的 PLC 单元是输出映像寄存器。

71. 交流侧操作过电压是由于操作交流侧电源的暂态过程而出现瞬时过电压，一般发生在（　　）情况时。

A. 静电感应过电压

B. 断开相邻负载电流而引起的过电压

C. 断开变压器一次绕组空载电流（励磁电流）引起的过电压

D. 以上情况都不可能发生

答案：ABC

解析：操作过电压是煤矿电气设备损坏的原因之一，交流侧操作过电压是由于操作交流侧电源的暂态过程而出现瞬时过电压。一般高低压绕组间静电感应、断开相邻负载电流以及断开变压器一次绕组空载电流（励磁电流）会引起过电压。

72. 可控硅对触发电路的要求主要有（　　）。

A. 触发脉冲应具有足够的功率

B. 触发脉冲应有一定的宽度

C. 触发脉冲要有一定的前沿陡度

D. 触发脉冲应与主电路电源电压同步，并能在一定范围内移相

答案：ABCD

73. 根据变频电源的性质，交—直—交变频可分为（　　）型变频。

A. 电压　　B. 电流　　C. 功率　　D. 转矩

答案：AB

74. 5 次和 7 次谐波，对负载电动机产生（　　）。

A. 转矩颤动　　B. 发热　　C. 平稳　　D. 大转矩

答案：AB

75. PWM 逆变电路可以有（　　）控制方式。

A. 异步　　B. 同步　　C. 混合　　D. 以上都不是

答案：AB

76. 变频器接线时下列（　　）操作是正确的。

A. 输入电源可以接到 U、V、W 上

B. 必须连接接地端子

C. 接线时要使用接触性好的压接端子

D. 输出电源必须接到端子 U、V、W 上

答案：BCD

解析：变频器接线时输入电源接到 R、S、T 上，输出电源必须接到端子 U、V、W 上，并且必须连接接地端子。接线时要使用接触性好的压接端子。

77. 快速响应系统选择变频器的要点是（　　）。

A. 电动机和机械的系统转动惯量要小

B. 选用过载容量大的机器

C. 选用具有完全的限流功能的变频器

D. 以上条件均不对

答案：ABC

78. 开环速度控制系统影响转速精度的因素有（　　）。

A. 负载转矩变化　　B. 输出频率的精度

C. 电源电压变动　　D. 以上因素都没有影响

答案：ABC

解析：负载转矩变化、输出频率的精度及电源电压变动对开环速度控制系统转速精度均有影响。

79. 下列说法正确的是（　　）。

A. 采用 U/f 控制的变频器多用于对精度要求高的专用变频器

B. 闭环控制系统需要装设传感器

C. 使用变频器时必须连接接地端子

D. 尽可能地以最短变频器控制线路的路线铺设

答案：BCD

80. 霍尔传感器具备（　　）优点。

A. 测量任意波形的电压和电流信号

B. 线性度好，测量区间宽，测量精度高

C. 过载能力强，使用安全

D. 工作频率高

答案：ABC

81. TYJVFT－400 M1－6(400/1140)矿用一体机，表述正确的是（　　）。

A. 极数为6　　B. 功率400 W

C. 属于矿用高压一体机　　D. 采用永磁电机

答案：AD

解析：选项B功率单位错误，应该为kW；选项C中“高压”错误，此一体机是1140 V中压一体机，不属于高压。

82. TYJVFT－400M1－6(400/1140)矿用一体机，表述正确是（　　）。

A. 可长时间用于下运系统　　B. 可用于带式输送机运输系统工况

C. 可用于刮板输送系统工况　　D. 可乳化液泵站系统工况

答案：BCD

解析：选项A错误，此一体机为两象限，不具备长时间能量回馈，只能长时间用于上运系统，不能用于下运系统。

83. 传感器按输出信号可分为（　　）传感器。

A. 模拟传感器　　B. 脉冲传感器

C. 物理传感器　　D. 开关传感器

E. 数值传感器

答案：ABDE

解析：题中ABDE四类传感器按分类都属于信号型，C属于按测量原理的不同分类。

84. PLC输出类型通常有以下几种（　　）。

A. 一种是继电器输出型　　B. 晶体管输出型

C. 双向晶闸管输出型　　D. 数字量直接输出

答案：ABC

解析：选项D指的是PLC输出的信号方式，不符合题目表述要求。

85. 综采工作面安装完毕后，调试前检查内容包括（　　）等。

A. 电气设备和电缆对地绝缘　　B. 滚筒升降灵活性

C. 左右急停按钮是否灵活　　D. 检查各保护整定值是否符合要求

答案：AD

解析：AD选项属于调试前检查，BC选项属于调试过程中的注意事项。

86. 短路电流的大小与（　　）有关。

A. 电缆的长度　　B. 电缆的截面积

C. 电网电压　　D. 变压器的容量

E. 电动机的负荷

答案：ABCD

解析：与截面积有关，截面积越大短路电流越大；与电缆长度有关，电缆越短，短路电流越大；与容量有关，容量越大，短路电流越大；与电压等级有关，电压等级越高，短路电流越大。

87. TYJVFTJ－710L4－24(1600/10000)矿用一体机，此型号一体机主要由哪些部分组成（　　）。

A. 永磁电机　　B. 变频部分　　C. 电抗器　　D. 减速装置

答案：ABCD

88. TYJVFTJ－710L4－24(1600/10000)矿用一体机，对此型号一体机表述正确的是（　　）。

A. 极数为 24　　B. 功率 1600 kW

C. 机座号是 710　　D. 属于矿用高压一体机

答案：ABCD

89. TYJVFTJ－710L4－24(1600/10000)矿用一体机，对此型号一体机表述正确的是（　　）。

A. TY 表示的是“永磁同步”

B. 型号中第一个 J 表示的是“本质安全型”

C. 第二个 T 表示的是“一体机”

D. 第二个 J 表示的是“减速”

答案：ACD

解析：选型 B 错误，第一个 J 表示的应该是“隔爆兼本质安全型”。

90. BPQJV－(2×855、800)/3.3 矿用变频起动器，对此型号变频起动器表述正确的是（　　）。

A. 此型号变频起动器可用于泵站工况

B. 此型号变频起动器可拖两台变频电机

C. 此型号变频起动器为电压源变频器

D. 此型号变频起动器为四象限运行变频器

答案：ABC

91. BPQJV－(2×855、800)/3.3 矿用变频起动器，刮板输送机使用此类变频起动器后比工频起动的优点有（　　）。

A. 提高电机寿命　　B. 节能

C. 操作方便　　D. 节省电缆

答案：ABCD

92. 变频器调速系统的调试方法有（　　）。

A. 空载实验　　B. 带负载测试

C. 全速停机试验　　D. 正常运行试验

答案：ABCD

93. 三相异步电动机变频调速的控制方式有（　　）。

A. 恒磁通　　B. 恒电流　　C. 恒功率　　D. 恒转矩

答案：ABC

解析：理论知识中三相异步电动机变频调速的控制方式有恒功率和恒转矩调速，本题中恒磁通和恒电流两种调速控制方式最终表现的都是恒转矩，是恒转矩的进一步细分，所以选项 A、B、C 是正确的。

94. 变频器输出侧两端不允许接（　　），也不允许接（　　）。

A. 电容器　　　　　　　　　　B. 电抗器

C. 电容式单相电动机　　　　　D. 异步电动机

答案：AC

解析：本题考核的是交流电和直流电的基本知识。变频器输出的是交流电，电容有一个特点是“通交流隔直流”，电抗器有一个特点是“通直流隔交流”。对于电容式单相电动机来讲，其中电容器的作用是“移相”，而变频器在设计的时候就考虑了电机的电感特性，其输出是高频脉冲，是用十几 kHz 的高频脉冲用脉冲宽度对低频电压的调制。由于电机存在很大的电感，这种电压一到电机线圈，基本过滤掉高频成分，只有低频电压了。如果接入电容式的单相电动机，高频脉冲对于电容来说是个通路就不能起到“移相”的作用，单相电动机就不能起动；对于异步电动机和电抗器来说都是电感性负载接入变频器是没有任何问题的。所以该题选择 A 和 C 是正确答案。

95. 传感器按被测量可分为（　　）传感器。

A. 物理量传感器　　　　　　　B. 模拟量传感器

C. 生物量传感器　　　　　　　D. 数字量传感器

E. 化学量传感器

答案：ACE

解析：该题属于理论定义理解题型。传感器按照被测量的类型不同、输出信号不同、测量原理不同分类。其中按“被测量”可分为“物理量、化学量、生物量”三种传感器，而“模拟量和数字量”两种传感器属于“按输出信号”分的两类传感器，所以该题选项 A、C、E 是正确的。

96. 传感器按输出信号可分为（　　）。

A. 模拟传感器　　　　　　　　B. 脉冲传感器

C. 物理传感器　　　　　　　　D. 开关传感器

E. 数字传感器

答案：ABDE

解析：题中 A、B、D、E 四类传感器按分类都属于“信号性”，而 C 属于“按测量原理”不同的分类，所以该题选项 A、B、D、E 是正确的。

97. 电桥外接电源时过高过低会产生（　　）现象。

A. 损坏电阻　　　　　　　　　B. 降低灵敏度

C. 降低精确度　　　　　　　　D. 无法调零

答案：ABC

解析：该题是考核关于“电桥”的理论基本知识。桥臂和激励源电路中串接的都是电阻，每一个电阻都有其额定的电流，电源电压过高时电阻上的功耗会增加，不影响电桥的性能，但达到电阻承受电流极限会损坏电阻；过低时可以调零，但电压过低时加在测试品上的电压会因达不到测量要求等原因而使灵敏度和精确度降低。所以该题选项 A、B、C 是正确的。

98. PLC 为提高其可靠性和抗干扰能力，在硬件方面采取的主要措施有（　　）。

A. 屏蔽　　　　　　　　　　　B. 滤波

C. 隔离　　　　　　　　　　　D. 采用模块式结构

答案：ABCD

99. PLC 输出类型通常有以下几种（　　）。

A. 继电器输出型　　　　　　　　B. 晶体管输出型

C. 双向晶闸管输出型　　　　　　D. 数字量直接输出

答案：ABC

解析：题中备选答案 D 指的是 PLC 输出的信号方式，不符合题目表述要求，而备选答案 A、B、C 指的都是采用什么类型控制方式输出，符合题目表述要求，也是 PLC 的三种输出类型，所以该题选项 A、B、C 是正确的。

100. 电力场效应晶体管有三个引脚，分别为（　　）。

A. 集级 C　　B. 源极 S　　C. 栅极 Gd　　D. 发射极 E

E. 漏极 D

答案：BCE

解析：该题为定义性题目，电力场效应晶体管的三个引脚分别是源极 S、栅极 G、漏极 D，所以选项 B、C、D 是正确的。

三、判断题

1. 用 3 个二极管可实现三相半波整流。(　　)

答案：正确

2. 电阻元件的电压和电流方向总是相同的。(　　)

答案：正确

3. 带有额定负载转矩的三相异步电动机，若使电源电压低于额定电压，则其电流就会低于额定电流。(　　)

答案：错误

4. 压盘式线嘴压紧电缆后的压扁量不应超过电缆直径的 10%。(　　)

答案：正确

5. 测量埋置式检温计的绝缘电阻时，应采用不高于 250 V 的兆欧表。(　　)

答案：正确

6. 电路中两点电压与参考点选取有关。(　　)

答案：错误

7. 晶体管直流稳压电源一般由整流、滤波和晶体管稳压电路等组成。(　　)

答案：正确

8. 交流电在一个周期内，正半周和副半周的数值相等。(　　)

答案：正确

9. 当熔断器作为电力干线保护时，熔体的选择按照公式 $I_R = \left(\sum I_e/1.8 \sim 2.5\right) + I_{Qe}$ 进行计算。(　　)

答案：错误

10. 直流电动机和直流发电机不能互换使用。(　　)

答案：错误

11. 采煤机电控智能数据“自动割煤速度”是采煤机自动割煤时，切换工艺段的开始速度。(　　)

答案：正确

12. IGBT 和 IGCT 被击穿后的状态都一样。(　　)

答案：错误

解析：IGBT 被击穿后短路，IGCT 被击穿后开路。

13. 电流源和电压源变频器都属于交－直－交变频器，由整流和逆变两部分组成。(　　)

答案：正确

解析：两者都属于交－直－交变频器，由整流和逆变两部分组成，由于负载一般都是感性的，它和电源之间必有无功功率传送，因此中间直流环节中，需要有缓冲无功功率元件。如果采用大电容器来平波，保持电压的平稳，则构成电压源变频器。如果采用大电抗器来平波，保持电流的平稳，则构成电流源型变频器。

14. 人员位置监测系统电源停电需要续航时间≥2 h。(　　)

答案：错误

解析：需要≥4 h。

15. IGBT 和 IGCT 都是功率器件，但 IGBT 较 IGCT 具有电流大、开关频率高、可靠性高等特点。(　　)

答案：错误

解析：IGCT（集成门极换流晶闸管）较 IGBT（绝缘栅双极型晶体管）具有电流大、阻断电压高、开关频率高、可靠性高、结构紧凑、低导通损耗等特点。

IGBT 综合了 GTR、MOSFET 两者的优点，具有驱动功率小、饱和压降低、载流密度大等特点。

16. 变频器过流跳闸和过载跳闸主要是为了保护电机。(　　)

答案：错误

解析：过流主要用于保护变频器，而过载主要用于保护电动机。因为变频器的容量有时需要比电动机的容量加大一挡或两挡，这种情况下，电动机过载时，变频器不一定过流。

17. 人员位置监测系统支持多系统联动功能，能与人员定位、应急广播实现融合联动。(　　)

答案：错误

解析：应该是与安全监控、应急广播实现融合联动。

18. 1000 kV · A 的移变可以带 1000 kW 的负载电机。(　　)

答案：错误

解析：通常变压器的效率取 80% 左右。因为 1000 kV · A 是指视在功率，包括所有的有功和无功功率的输出，在实际情况中，负载往往具有电阻、电感、电容的混合特性。所以存在大于 0、小于 1 的功率因数。如果带 1000 kW 的负荷，会使变压器过负荷运行，变压器温度升高，加速绝缘老化，减少变压器的使用寿命。

19. 3300 V 700 kW 等级的一体机和 1200 kW 等级的一体机功率模块可以互换。

(　　)

答案：错误

解析：3300 V 700 kW 额定电流约 142 A，按 3 倍过载保护计算，142 ×3 ×1.414 = 602 A，为了设备可靠采用的是 800 A 功率模块；1200 kW 额定电流约 243 A，按 3 倍过载保护计算，243 ×3 ×1.414 =1030 A，为了设备可靠采用的是 1200 A 功率模块。

20. 煤矿井下数据传输通信的方式主要有光纤通信、CAn 通信、485 通信等，都可以应用于远距离传输、监控等场景。(　　)

答案：错误

解析：光纤方式传输速率高，可达百兆以上，通信可靠无干扰；缺点是系统造价高，光纤断线后熔接受井下防爆环境制约，不宜直达分站，一般只用于通信干线。485 方式为检测仪表间通信所设计，采用差动基带方式，线路简单，造价低廉适宜用作近距离通信；缺点：①信号幅度小，峰值只有零点几伏，抗干扰能力差，必须使用屏蔽电缆；②通信速率低，十公里电缆通信标准仅有 1200 波特；③不适用大型矿井监控系统。CAN 总线为智能化控制所设计，有很强的协议功能，短距离通信速率较 485 通信高，距离远时，速率与 485 通信类似，不宜用作长距离通信。

21. 通信协议是指双方实体完成通信或服务所必须遵循的规则和约定。(　　)

答案：正确

22. ROM 处理器可由用户任意写入和读出信息。(　　)

答案：错误

23. 串联电阻电路中如果一个电阻开路，将使全电路不工作。如果一个小电阻短路，对电路影响较小；一个大电阻短路，对电路影响大。如果一个电阻短路，其他电阻上的电压将上升。小电阻短路，其他电阻上电压上升小，大电阻短路，其他电阻上电压上升大。(　　)

答案：正确

24. 变压器一次侧电压为 10 kV，其额度电流为 57.736 A。(　　)

答案：正确

解析：变压器整定时用得到。已知变压器容量，求其电压等级侧额定电流，视在电流 = 视在功率 ÷ 1.732 ×10 kV = 1000 ÷ 1.732 ×10 = 57.736 A。

25. 自动补液功能只能通过集控中心开启。(　　)

答案：错误

26. 本地设备处于检修模式下，集控中心不能监测其数据。(　　)

答案：错误

27. 电液控系统各部件未使用接口其相应的堵头必须密封好，防止进水损坏元部件。(　　)

答案：正确

28. 在取得相应授权的条件下，地面调度指挥中心对综采工作面设备可以实现一键启停操作。(　　)

答案：正确

29. 开启自动补压功能会立即执行升柱动作，不用检测立柱下降压力降落到阈值。

（　　）

答案：错误

30. 光纤中断时应立即用线缆接线盒连接进行维护。（　　）

答案：错误

31. 井下远距离控制线路的额定电压，不应超过 127 V。（　　）

答案：错误

解析：《煤矿安全规程》中规定，井下照明、信号、电话和手持式电气设备的电压，不得超过 127 V，远距离控制线路的电压不得超过 36 V。这是为了确保井下安全。

32. 一般小型电动机的空载电流占额定电流的 20% ~35% 。（　　）

答案：错误

解析：一般小型电动机的空载电流为额定电流的 30% ~70% ，大中型电动机的空载电流为额定电流的 20% ~40% 。

33. 在使用稳压二极管时，注意极性不要接错，以防二极管不起稳压作用。（　　）

答案：正确

解析：这是因为稳压二极管在电路中的连接方式是有方向性的，如果极性接错，会导致稳压二极管无法正常工作，甚至会损坏。因此，在连接稳压二极管时，需要仔细查看其极性标记，确保正确连接。有些稳压二极管上会标注一个“ + ”或“ - ”符号，表示正极或负极，有些会标注一个色点或色带，用于指示极性。

34. 电缆用于直流系统时，系统的额定电压可以高于电缆的额定电压。（　　）

答案：正确

解析：额定电压用 U_0/U 标识，单位为 V。U_0 位任一相导体与地之间的电压有效值；U 为多芯电缆或单芯电缆系统任何两相导体之间的电压有效值。当用于交流系统时，电缆的额定电压至少等于使用电缆系统的标称电压。该条件均适用于 U_0 和 U 值。当用于直流系统时，该系统的标称电压不大于电缆额定电压的 1.5 倍。在直流回路中，电压按照 U_0 来计算。这是因为在直流系统中，电缆与电源之间没有交流信号干扰，因此只需要考虑电缆的一相导体与地之间的电压有效值，即 U_0。而在交流系统中，由于存在交流信号干扰，需要考虑两相导体之间的电压有效值 U。因此直流系统时，系统的额定电压可以高于电缆的额定电压。

35. 电气设备接地的外接地螺栓，当设备功率大于 10 kW 时，接地螺栓直径应不小于 12 mm。（　　）

答案：正确

解析：这是为了确保电气设备的接地效果，降低电流对设备的影响，以及保障操作人员的安全。

36. 井下所有电气设备的外壳、构架等，都必须采取保护接地。（　　）

答案：错误

解析：《煤矿安全规程》规定，煤矿井下 36 V 以上的电气设备的金属外壳、构架必须有接地保护，这是为了确保煤矿井下的安全用电，防止因漏电等原因造成触电事故。

37. 低压供电系统当电压为 1140 V 时，其电气间隙不小于 18 mm。（　　）

答案：正确

38. 电流互感器运行时，原边电流不受副边电流的影响。(　　)

答案：正确

解析：电流互感器的工作原理是将大电流转换为小电流，而原边电流的大小不会受到副边电流的影响。

39. 交流电每秒钟变化的次数叫频率。(　　)

答案：错误

解析：交流电每秒钟变化的次数叫周期。

40. 变压器空载运行时，铜损耗大，铁损耗小。(　　)

答案：错误

解析：变压器损耗大致为两项：空载损耗和负载损耗。

空载损耗又称铁损，主要是变压器铁芯在工作时的磁滞损耗和涡流损耗造成的，其大小与电压和频率相关较大，变压器空载还是带负载对于铁损影响不大。负载损耗又称铜损，载电流流过变压器线圈，由于线圈本身的电阻，将有一部分功率损耗在线圈中，这部分损耗为“线损”，电流越大，损耗越大，所以负荷越大，线损也越大。

41. 调度通信系统应配备 UPS 电源，且续航时间≥2 h。(　　)

答案：错误

解析：对于调度通信系统所需的 UPS 电源续航时间并没有明确的统一要求。具体的续航时间要根据系统的实际需求和应用环境进行评估和确定。

42. 工作面建有集中控制中心，实现设备状态监测，可视化集中控制功能，同时可通过井下工业以太网将工作面设备数据上传至地面控制中心。(　　)

答案：正确

解析：在工作面上建有集中控制中心，通过设备状态监测、可视化的集中控制功能，以及井下工业以太网实现将工作面设备数据上传至地面控制中心。这一描述表明工作面具备了集中式的设备监控和远程控制系统。

43. 在示波器不使用时，最好将“辉度”和“聚焦”旋钮逆时针旋转至最小值。(　　)

答案：正确

44. 直流双臂电桥又称凯尔文电桥，是专门用来测量大电阻的比较仪表。(　　)

答案：错误

解析：直流双臂电桥与凯尔文电桥是两种不同的测量仪器。直流双臂电桥是一种用于测量电阻值或电阻差异的仪器，它利用电流的分流和电压的分压原理进行测量。而凯尔文电桥是一种专门用于测量低电阻值的比较仪表，由小电流电源、平衡电桥和零点电位器等部件组成。

45. 三相绕组转子异步电动机用频敏变阻器启动，启动过程其等效电阻的变化从小变大，电流变化从大到小。(　　)

答案：错误

解析：频敏变阻器通过改变其电阻值，使得启动时电流逐渐增大，从而达到逐步提高电动机转矩和速度的目的。

46. 使用移动式电动工具应装有单独的双刀电源开关，无须装漏电保护器。(　　)

答案：错误

解析：在使用移动式电动工具时，为了确保人员安全和避免电击事故，应该同时采取多种防护措施。

47. 压力控制回路是由各种换向阀或单向阀组成，用以控制执行元件的启动、停止的回路。(　　)

答案：错误

解析：压力控制回路用于控制液压或气动系统中执行元件的压力，并不直接用于执行元件的启动和停止。

48. 用数字技术处理模拟信号，必须把模拟信号转换成数字信号作为最终输出。(　　)

答案：错误

解析：数字技术可以处理数字信号和模拟信号，不一定需要将模拟信号转换为数字信号作为最终输出。在某些情况下，可以直接对模拟信号进行数字信号处理，而无须进行转换。

49. 将放大器输入端短路，若反馈信号也被短路，使电路的净输入为0，该反馈应属于并联反馈。(　　)

答案：正确

解析：如果将放大器输入端短路，并且反馈信号也被短路，那么电路的净输入为0，即没有有效输入信号进入放大器。这种情况下，可以认为反馈属于并联反馈，因为反馈信号直接与输入信号并联。

50. 用戴维南定理分析电路“入端电压”时，应将内部的电动势作短路处理。(　　)

答案：正确

解析：戴维南定理是一种常用于电路分析的方法，可以求解电路中各个元件之间的电压和电流关系。根据戴维南定理，在分析电路的“入端电压”时，需要将内部的电动势（或电压源）视为短路进行处理。

51. 漏电闭锁是指在供电系统的开关内所设的一种保护装置，用以对未送电的干线或支线路的对地绝缘状态进行监视。(　　)

答案：正确

解析：漏电闭锁是对供电系统的开关内的一种保护装置，它监视未送电的干线或支线路的对地绝缘状态，以确保设备和人员的安全。

52. 测量电流时，电流表应与负载并联。(　　)

答案：错误

解析：电流表应与负载串联，这样才能对电流进行测量。

53. 三相交流异步电动机工作时，转子绕组没有外接电源，所以转子绕组中没有电流。(　　)

答案：错误

解析：三相交流异步电动机工作时，转子绕组与磁场相互作用产生感应电流，这个电流是由电磁感应产生的，称为电磁转矩，是电动机旋转动力的来源。因此，转子绕组中存在电流。

54. 各种规格的兆欧表都是测量绝缘电阻的，与被测设备的额定电压无关。(　　)

答案：错误

解析：兆欧表是一种测量绝缘电阻的仪器，但是其测量结果会受到被测设备额定电压的影响。在绝缘材料和设备中，电压越高越容易产生泄漏电流，从而影响测量结果。

55. 在晶闸管的阳极和阴极端加正向电压，晶闸管即可导通。(　　)

答案：错误

解析：在晶闸管的阳极和阴极端加正向电压，但只有在晶闸管处于阻断状态时才能导通。如果晶闸管已经导通，再施加正向电压，晶闸管会立即关断。

56. 井下照明、信号装置、手持式电气设备的供电电压不应超过 127 V。(　　)

答案：正确

解析：井下照明、信号装置、手持式电气设备的供电电压属于安全电压范畴，根据相关规定，其电压不得超过 127 V，以确保工作人员的安全。

57. 电缆护套伸入室壁长度为 5 ~ 15 mm。(　　)

答案：正确

解析：电缆护套伸入室壁的长度为 5 ~ 15 mm，这是一个合理的长度范围，符合电缆安装和保护的要求。

58. 绝缘手套和绝缘靴每半年进行一次预防性实验。(　　)

答案：正确

解析：绝缘手套和绝缘靴作为重要的电气设备防护用具，需要定期进行预防性试验以确保其绝缘性能良好。根据一般规定和经验，半年是一个合理的实验周期。

59. 变频调速性能优异、调速范围大、平滑性好、低速特性硬，是笼型转子异步电动机的一种理想调速方式。(　　)

答案：正确

解析：这个判断题描述了变频调速的优点，包括性能优异、调速范围大、平滑性好、低速特性硬等，这些都是变频调速技术的重要特点。同时，它也指出变频调速是笼型转子异步电动机的一种理想调速方式，这是对的。

60. 在感性负载两端并联适当的电容器后，可使通过感性负载的电流量减小，使电路的功率因数得到改善。(　　)

答案：错误

解析：在感性负载两端并联适当的电容器后，可以通过改变电容器的电流相位来抵消感性负载的电流相位滞后，从而减小通过感性负载的电流量。这样可以改善电路的功率因数，使其更接近于 1，从而减小无功功率的损耗，提高电路的效率。

61.《煤矿安全规程》规定，每一矿井应采用两回路电源线路供电，两路电源共同担负矿井所有负荷。(　　)

答案：错误

解析：《煤矿安全规程》规定，每一矿井应采用两回路电源线路供电，当任一回路发生故障停止供电时，另一回路应能担负全矿井的负荷。

62. 主要通风机、提升人员的立井绞车、抽放瓦斯泵等主要设备，应各有两回路直接

由变（配）电所馈出的供电线路，小型煤矿可以使用一回路供电。(　　)

答案：错误

63. 3.3 kV 供电电压适用于带式输送机。(　　)

答案：错误

解析：3.3 kV 供电电压适用于采煤机和刮板输送机等大型负荷的供电系统，而 1140 V 适用于转载机、破碎机、带式输送机等大中型负荷的供电系统。

64. 智能低压电磁起动器保护控制系统是集控制、保护和数据通信于一体的智能化系统。(　　)

答案：正确

65. 智能化设备中保护系统是基于单片机、DSP、高端 CPU 以及 PLC 的集检测、处理、保护、控制、通信于一体的系统。(　　)

答案：正确

解析：设备级智能化是指煤矿供电系统各类变配电设备的智能化，也就是使变配电设备具有测量数字化、控制网络化、状态可视化、功能一体化和信息互动化的特征，并且拥有控制系统、保护系统、监测系统、诊断系统和通信系统，其中保护系统是基于单片机、DSP、高端 CPU 以及 PLC 的集检测、处理、保护、控制、通信于一体的系统。

66. 在煤矿供电系统中，系统级智能化主要包括移动变电、动力负荷控制中心，但不包括井下中央变电站等的智能化。(　　)

答案：错误

解析：在煤矿供电系统中，系统级智能化主要包括移动变电、动力负荷控制中心、井下中央变电站等的智能化。

67. 供电系统网络级智能化是指从井下到地面所有智能化供配电设备依据通信网络所建立的智能化供电系统。(　　)

答案：正确

68. 智能化高压配电装置的保护系统用于保护配电线路及设备可能发生的电气故障，当故障发生时，要求保护系统能够准确、可靠、快速地切除故障，确保矿井生产安全。(　　)

答案：正确

69. 电流速断保护原理可选择鉴幅原理或相敏原理。(　　)

答案：正确

70. 智能化高压配电装置保护系统与上下级高压开关保护系统之间的通信采用光纤通信模式与通信分站或其他设备进行通信，但不能实现遥测、遥信、遥控和遥调等功能。(　　)

答案：错误

解析：智能化高压配电装置保护系统与上下级高压开关保护系统之间的通信采用光纤通信模式，即采用 RS485 或 CAN 与通信分站或其他设备进行通信，以实现遥测、遥信、遥控和遥调、网络对时、远程保护信息管理等功能。

71. 滚筒式采煤机完好标准要求：采煤机滑靴磨损均匀，磨损量不大于 5 mm。(　　)

答案：错误

解析：滚筒式采煤机完好标准要求：采煤机滑靴磨损均匀，磨损量不大于 10 mm。

72. 直－直变频技术（即斩波技术）是通过改变电力电子器件的通断时间，即改变脉冲的频率（定宽变频），或改变脉冲的宽度（定频调宽），从而达到调节直流平均电压的目的。(　　)

答案：正确

解析：直－直变频技术（即斩波技术）是通过改变电力电子器件的通断时间，即改变脉冲的频率（定宽变频），或改变脉冲的宽度（定频调宽），从而达到调节直流平均电压的目的。

73. 浪涌过电压只能采用压敏电阻或硒堆元件来保护。(　　)

答案：正确

解析：浪涌过电压一般是由于操作过电压或雷击过电压引起的，其能量大，作用时间长，只能采用压敏电阻或硒堆元件来保护。

74. 压敏电阻并不是理想的保护元件，目前已经被淘汰。(　　)

答案：错误

解析：压敏电阻并是目前理想的保护元件，广泛应用于高压供电系统中用来吸收电力系统中的过电压。

75. 用手拿 IGBT 器件时，不要用手触摸其控制管脚。(　　)

答案：正确

解析：IGBT 器件对电场极其敏感，其控制极 G 与发射极之间的耐压一般为 20 V 左右，人体产生的静电通常会远远超过此数值，用手触摸其控制管脚极容易由于静电击穿控制管脚而使器件报废。

76. 对场效应管的设备维修时工作台要采用接地的桌子和地板垫。(　　)

答案：正确

解析：对场效应管的设备维修时工作台要采用接地的桌子和地板垫，以释放静电，防止静电击穿场效应器件。

77. 由于 IGBT 在电力电子设备中多用于高压场合，故驱动电路与控制电路在电位上应严格隔离。(　　)

答案：正确

78. PWM 脉宽调制，既能改变逆变电路输出电压的大小，也能改变输出频率。(　　)

答案：正确

79. PWM 逆变电路输出的脉冲电压就是直流侧电压的幅值。(　　)

答案：正确

解析：PWM 逆变电路输出的脉冲电压就是直流侧电压的幅值。因此变频器输出的有效电压是非常低的，其脉冲幅度均为变频器内部整流后的直流电压，是十分危险的，因此在检修变频器及其负载时必须等待变频器内部的滤波电容放电结束。

80. 速度控制系统避免危险速度下运转。(　　)

答案：正确

解析：速度控制系统避免危险速度下的运转，防止产生机械共振破坏机械设备。

81. 通过人身的安全直流电流规定在 60 mA 以下。(　　)

答案：错误

解析：通过人身的安全直流电流规定在 50 mA 以下。

82. 正弦交流电的三要素是平均值，初相位，角频率。(　　)

答案：错误

解析：正弦交流电的三要素是最大值，初相位，角频率。

83. 功率因数是无功功率与视在功率的比值。(　　)

答案：错误

解析：功率因数是交流电路有功功率与视在功率的比值

84. IMB3 表示的安装方式是立式安装，IMB35 表示的安装方式是立式和卧式。(　　)

答案：错误

解析：IMB3 是卧式，IMB5 是立式。

85. 变频电机和工频电机绝缘耐压要求一样。(　　)

答案：错误

解析：变频电机绝缘高于工频电机，因为变频电机需要变频器控制，变频控制会有谐波干扰，特别高压电机可参照《旋转交流电机定子成型线圈耐冲击电压水平》（GB/T 22715—2016）。

86. 保证电气检修人员人身安全最有效的措施是将设备接地并短路。(　　)

答案：正确

解析：设备接地保证检修人员安全。

87. 鼠笼型电动机 C 级及 H 级绝缘绕组温度分别不得超过 155 ℃和 180 ℃。(　　)

答案：错误

解析：C 级的绝缘绕组温度为 200 ℃。

88. 接地网上任一保护接地点的接地电阻值不得超过 3 Ω。(　　)

答案：错误

解析：接地网上任一保护接地点的接地电阻值不得超过 2 Ω。

89. TYJVFT-400M1-6(400/1140)矿用一体机，机座号是 400。(　　)

答案：正确

90. 对于法兰安装的一体机而言，机座号就是法兰地面与轴中心的距离。(　　)

答案：错误。

91. TYJVFT-400M1-6(400/1140)矿用一体机，是异步变频调速一体机。(　　)

答案：错误

解析：型号“TYJVFT”中“TY”表示的就是“永磁同步”。

92. TYJVFT-400M1-6(400/1140)矿用一体机，全称为矿用隔爆兼本质安全型永磁同步变频调速一体机。(　　)

答案：正确

93. YJVFT-450M1-4(700/3300)矿用一体机，全称为矿用隔爆兼本质安全型变频调

速一体机。(　　)

答案：错误

解析：3300 V 及以上为高压，故应该在名称里面加上“高压”两字，矿用隔爆兼本质安全型高压变频调速一体机。例如型号为 TYJVFT－450M1－6(700/3300)矿用一体机全称为矿用隔爆兼本质安全型高压永磁同步变频调速一体机。

94. 矿用一体机型号“TYJVFTJ－710L4－24(1600/10000)”，两个 T 表示的都是“同步”的意思。(　　)

答案：错误

解析：第一个 T 表示的是同步，第二个 T 表示的是一体机。

95. 井下检修电气设备必须严格执行停电、放电、验电工作程序，并悬挂标志牌。(　　)

答案：错误

解析：应严格执行停电、放电、验电、挂接地线工作程序，悬挂标志牌。

96. 井下高压电动机、动力变压器的高压控制设备，应有短路、过负荷、接地、欠电压释放保护。(　　)

答案：正确

97. 电动机不宜频繁启动，因启动电流大会使电机过热而烧毁。(　　)

答案：正确

98. 电气熔断器应并接在被保护的电气设备的主电路中。(　　)

答案：错误

解析：熔断器是指当电流超过规定值时，以本身的热量使熔体熔断，从而断开电路的一种保护器件，所以熔断器应串接在电气设备的主电路中。

99. 防爆电气设备密封圈的单孔内可以穿进多根电缆，不为失爆。(　　)

答案：错误

解析：根据防爆电气设备的使用规定，密封圈的单孔内不许穿过多根电缆。

矿 山 测 量 工

赛项专家组成员（按姓氏笔画排序）

王耀光　田满成　史君成　齐跃波　纪　浩
杨正春　杨秀峰　陈培友　周兆锋　董保权
韩小庆

赛 项 规 程

一、赛项名称

矿山测量工

二、竞赛目的

为了持续推进煤矿高技能人才培养工作，造就一支高素质的煤矿测量工队伍，提高职工实际操作技能。

三、竞赛内容

充分考虑煤炭行业对矿山测量工的要求，结合《工程测量标准》(GB 50026—2020)、《煤矿测量规程》相关规定，考核矿山测量工对专业基础知识、操作技能的掌握程度，竞赛内容包括：

（1）矿山测量理论考试（单选、多选、不定向）。

（2）自救器盲戴技能和矿用本安型数字水准仪操作自救器盲戴和三等水准测量。

外业观测：在地面模拟井下环境，在规定的时间内完成三等水准测量的观测工作。

内业计算：完成三等水准测量简易平差计算和精度评定，提交合格成果。

（3）矿用本安型全站仪操作：后方交会、7 秒级导线测量。

外业观测：在地面模拟井下环境，在规定时间内完成全站仪后方交会和 7 秒级导线测量观测工作。

内业计算：在规定时间内完成全站仪后方交会、7 秒级导线测量简易平差计算和精度评定，提交合格成果。

（4）矿山测量工理论考试及技能实操考核具体竞赛内容、时间与分值，详见表 1。

表1　竞赛内容、时间与分值

序　号	竞 赛 内 容	竞赛时间/min	分数
理论知识	理论知识机考	60	100
自救器盲戴和三等水准测量技能实操	自救器盲戴	0.5	10
	外业操作	25	60
	内业计算	15	40
	附加时间得分		10
矿用本安型全站仪技能实操	外业操作	60	60
	内业计算	25	40
	附加时间得分		10

四、竞赛方式

本赛项为单人单赛项目，竞赛内容由 1 人单独完成，原始测量数据全部由仪器保存，不再手动记录，打印出的原始数据需要进行整理，并进行内业成果计算。

矿山测量工理论考试采取上机考试，通过计算机自动评分，实际操作由裁判员现场评分。

五、竞赛流程（表 2）

（一）竞赛流程安排（表 2）

表2 竞赛流程表

阶段	序号	流程
准备阶段	1	参赛队领队（赛项联络员）负责本参赛队的参赛组织及与大会组委会办公室的联络工作
	2	参赛选手凭借大赛组委会颁发的参赛证和有效身份证明参加比赛前活动
	3	参赛选手在规定的时间及指定地点，向检录工作人员提供参赛证、身份证证件或公安机关提供的户籍证明，通过检录进入赛场
比赛阶段	1	参赛选手进行抽签，产生顺序号，第一组进场时按照顺序号依次进入对应的场地，当第一组开始比赛以后，下一组选手在候考区进行检录准备，所有的比赛选手需要在候场区随时待命等待通知
	2	参赛选手在赛场工作人员引导下，比赛前 5 min 进入赛位区域，进行赛前准备，按清单检查设备、工具等状况，并签字（参赛号）确认
	3	裁判宣布比赛开始，参赛选手方可开始操作，比赛开始计时，各参赛选手限定在自己的工作区域内完成比赛任务
	4	比赛结束，选手举手示意，裁判确认；比赛超时的由裁判宣布终止比赛，选手立即停止操作，并负责将所有设备归位
结束阶段	1	参赛选手完成任务并决定结束比赛时，应提请现场裁判到赛位处确认
	2	参赛选手完成比赛提交结果后，大赛技术人员将到达赛场清点工具、设备等，由参赛选手签字（参赛号）确认；损坏的物件必须有实物在，丢失照价赔偿
	3	比赛时间到，未完成比赛参赛选手应立即停止操作，赛场技术支持人员检查、裁判员确认后，对赛位进行清理，但不得进行其他活动，然后参赛选手方能离开赛场
	4	参赛选手在比赛期间未经组委会的批准，不得接受任何与比赛内容相关的采访
	5	参赛选手在比赛过程中必须主动配合现场裁判工作，服从裁判安排，如果对比赛的裁决有异议，由领队以书面形式向仲裁组提出申诉

（二）竞赛时间安排

竞赛日程由大赛组委会统一规定，具体时间另行通知。

六、竞赛赛卷

（一）矿山测量工理论试题

理论考试采取机考方式进行，从竞赛试题库中随机抽取组卷，理论考试成绩为 100 分。

（二）矿山测量工技能实操

1. 自救器盲戴

竞赛采用 ZYX45(E)隔绝式压缩氧自救器，要求 30 s 内完成自救器盲戴。操作步骤如下：

(1) 将佩戴的自救器移至身体的正前方，将自救器背带挂在脖颈上。

(2) 双手同时操作拉开自救器两侧的金属挂钩并取下上盖。

(3) 展开气囊，注意气囊不能扭折。

(4) 拉伸软管，调整面罩，把面罩置于嘴鼻前方，安全帽临时移开头部，并快速恢复，将面罩固定带挂至头后脑勺上部，调整固定带松紧度，使其与面部紧密贴合，确保口鼻与外界隔绝。

(5) 逆时针转动氧气开关手轮，打开氧气瓶开关（必须完全打开，直到拧不动），然后用手指按动补气压板，使气囊迅速鼓起（目测鼓起三分之二以上）。

(6) 一手扶住自救器，确保随时按压补气压板，一手扶住面罩防止脱落。撤离灾区。

2. 三等水准测量技能实操

竞赛采用 YHSZ7.4 矿用本安型数字水准仪。如图 1 所示，其中 1 点为已知高程点（水准起点），2、3、4 为待测水准点，外业观测按照三等水准的标准进行观测，从 1 号点后视，2 号点为前视开始观测，依次观测 3、4 号点，在 1 号点结束，测成闭合环水准导线；每一测站观测前后视距、前后标尺高度，采用后－前－前－后的方式，测算要求按《工程测量标准》(GB 50026—2020)、《煤矿测量规程》及本竞赛规程相关技术规定。水准测量技术要求见表 3。

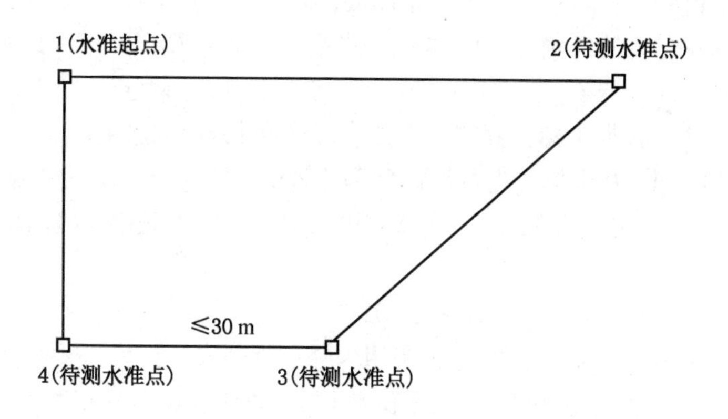

图 1　三等水准测量竞赛路线示意图

表 3　水准测量主要技术要求

等级	水准仪型号	视线长度/m	观测次数	每站前、后视视距差/m	前、后视视距累计差/m	最低视线高/m	测站两次观测高差较差/mm	高程闭合差
三等	电子	不超过 100	往一次	3	6	0.3	1.5	$\pm 12\sqrt{L}$

3. 矿用本安型全站仪操作：后方交会、7 秒级导线测量

竞赛采用 TS10（0.5″）矿用本安型全站仪。如图 2 所示，其中后方交会 A、B、C 为已知点，1 为待测点，1 点通过后方交会测算；7 秒导线测量 1、2 为已知点，3、4 为待测点，3、4 通过导线测算，测算要求按《工程测量标准》(GB 50026—2020)、《煤矿测量规程》及本竞赛规则相关技术规定。

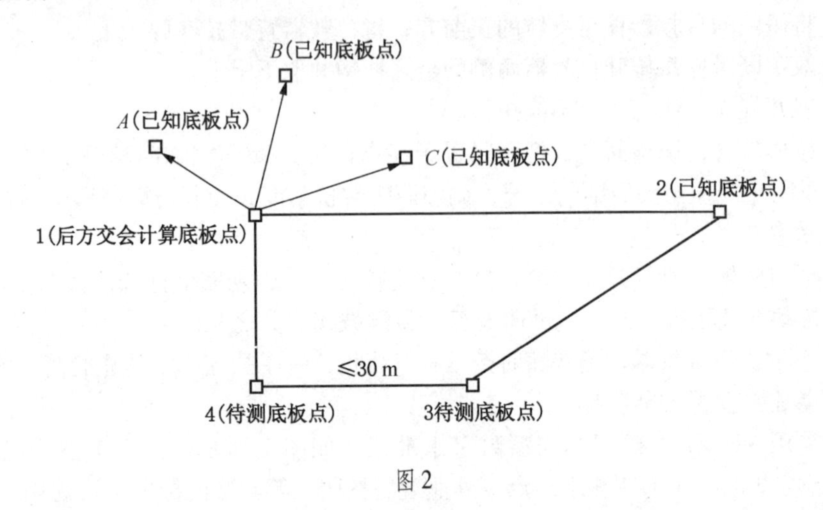

图 2

1）后方交会

（1）观测方法。后方交会一般运用于井下两个已知点不通视，而经常采用的一种测量方法，参赛选手观测时统一采用 TS10（0.5″）矿用本安型全站仪。如图 2 所示，1 点架设仪器，以 A 点置零，观测 B 点的水平角读数，观测至 A 点的距离、B 点的距离。为了提高和检核 1 点后方交会的准确性，同样的方法观测 B 点、C 点，第一站先测 A 点再测 B 点，第二站先测 B 点再测 C 点。如图 2 所示，已知 A 和 B 两个点，求 1 点的坐标。

（2）计算方法。根据坐标正算的基本公式，计算出 1 点的坐标。

① 根据已知点 A、B 坐标，进行坐标反算计算出 B 点至 A 点方位角 a_{BA} 和平距 S_{BA}。

② 计算 $\angle AB1$，由于观测了 S_{1A}、S_{1B} 和 $\angle A1B$，利用正弦定理的公式即可计算出 $\angle AB1$。

③ 计算 B—1 点方位角 $a_{B1} = a_{BA} - \angle AB1$。

④ 根据观测距离 S_{1B} 和方位角 a_{B1}，利用坐标正算公式，计算出 1 点坐标。

⑤ 第二个测站根据观测距离 S_{1C} 和方位角 a_{C1}，同样利用坐标正算公式，计算出 1 点坐标。

（3）后方交会技术参数及要求，详见表 4。

表 4　全站仪后方交会主要技术参数及要求

名称	使用仪器	观测方法	对中次数	测回数	同一测回中水平角半测回互差	两测回间水平角互差	观测水平距离较差/mm	两次交会间坐标互差/m
后方交会	2 秒级以上全站仪	测回法	对中 1 次	2	20″	12″	10	0.1

2）7 秒级导线测量

（1）观测方法。外业观测按照井下 7 秒级闭合导线测回法进行观测，参赛选手观测时统一采用 TS10（0.5″）矿用本安型全站仪，从 1 号点开始观测，在 1、4、3、2 号点分别设站，测成闭合导线，在 2 号点结束，收好所有的仪器设备。每一测站观测水平角（图 2 所示各内角）、前视斜距，分别观测两测回。

（2）7 秒级导线及角度测量技术要求见表 5、表 6、表 7。

表 5　7 秒级导线最大闭合差要求

导线类别	最大闭合差		
	闭合导线	复测支导线	附合导线
7″导线	$\pm 14'' \sqrt{n}$	$\pm 14'' \sqrt{n_1 + n_2}$	$\pm 2 \sqrt{m_{a1}^2 + m_{a2}^2 + n \cdot m_\beta^2}$

注：n 为闭（附）合导线的总站数；n_1、n_2 分别为复测支导线第一次和第二次测量的总站数；m_{a1}、m_{a2} 分别为附合导线起始边和附合边的坐标方位角中误差；m_β 为导线测角中误差。

表 6　7 秒级导线主要技术指标及水平角测量要求

导线类别	使用仪器	观测方法	对中次数	测回数	同一测回中半测回互差	两测回间互差	两次对中测回（复测）间互差	导线全长相对闭合差
7″	2 秒级以上全站仪	测回法	边长大于 30 m 对中 1 次；边长 15 ~ 30 m 对中 2 次	2	20″	12″	30″	1/8000

注：由一个测回转到下一个测回观测前，应将度盘位置变换 180°/n（n 为测回数）。

表 7　7 秒级导线垂直角观测精度要求

导线类别	观测方法	测回数	垂直角互差	指标差互差
7″	单向观测（中丝法）	2	15″	15″

（3）导线边长测量技术要求。

① 测量前，应对仪器的气温、气压及棱镜常数进行设置。气象改正由仪器自动完成，观测者可不记录气象数据。

② 导线边长（斜距）采用单向观测，每条边测量 2 测回（本竞赛规程规定的测回的含义，指盘左盘右各照准目标 1 次，读数 1 次）。其限差为：一测回各次读数较差不大于 10 mm，单程测回间较差不大于 15 mm。

（三）竞赛场地赛位和设备

竞赛场地赛位要求：根据全国煤炭行业矿山测量工技能大赛组委会比赛时间安排（2 天内完成），模拟井下测量现场，选择通视条件好、适宜测量的区域布置竞赛场地，要求场地设置不少于 10 个赛位，如果条件好最好设置 12 个。

比赛所用设备要求：因每个赛位比赛所用仪器设备是轮换使用，设置 10 ~ 12 个赛位正常比赛需要配备 20 ~ 24 套设备，另外为使比赛顺利进行，防止设备在比赛过程中出现异常情况，需至少备用 5 ~ 6 套备用机设备，总计比赛所用设备总数为 25 ~ 30 套，且不少于 25 套。

（四）导线点的设置

（1）赛项事先设计多条竞赛路线，各队现场抽签确定自己的竞赛路线。

（2）每个独立竞赛场地布设 7 个点，每条线路的这个 7 个点均为底板点。

（3）后方交会测量：点 1 到 A、B、C 各点的距离不低于 30 m。

（4）7 秒级导线测量：有一条 4—3 的导线边长长度介于 15 ~ 30 m，其余各边大于 30 m。

（5）三等水准测量：按照 7 秒导线路线进行观测。

（五）外业观测和内业计算操作要求

1. 矿用本安型水准仪操作：三等水准测量赛

外业观测：

（1）比赛开始前，仪器箱盖好，脚架收拢（指的是脚螺旋拧紧，绑带绑好），外业测量结束后需将所有仪器设备归回原位。

（2）三等水准测量竞赛时仪器架设点都必须使用脚架，前后视点的水准尺全部采用尺撑支护。

（3）三等水准测量竞赛时前后视点的水准尺采用尺撑支护，必须挂好沙袋进行保护。

（4）每一测站完成后后视水准尺和尺撑必须收好（指的是尺面必须朝上，尺撑支架收好绑紧），全部观测完成后仪器设备装箱归位。

（5）在外业观测过程中，由于个人操作的原因（例如：用错点号，安放错水准尺），为了比赛顺利地进行，经现场裁判提醒，未对其他选手比赛造成直接影响的，将做扣分处理（详见评分表）。

（6）在外业观测过程中，由于个人操作的原因（例如：用错点号，安放错水准尺），现场裁判也未发现，给其他选手比赛造成直接影响的，将做扣分处理（详见评分表）。

（7）在外业观测过程中，由于个人操作的原因（例如：跑动过程中摔倒摔坏仪器、撞人造成设备损坏、辱骂裁判和打人等情况），现场裁判可终止比赛，并申请裁判长，结合大赛组委会给予取消比赛资格。

（8）外业观测规定时间为 25 min，时间到后立即停止外业观测，不再进行内业计算，并将所有设备归位放好。

（9）在外业观测过程中，必须按照正规的操作程序（指的是观测顺序和步骤）进行观测，未按照操作程序的，将做扣分处理。

（10）在外业观测过程中，由于比赛场地较松软，为了保障仪器的安全，每一测站在安置仪器过程中，架腿应踩实踩牢。

（11）在外业观测过程中，由于仪器本身功能提醒观测超限造成重测的，虽然在规定时间完成了外业观测，但不得时间得分。

（12）外业观测完成后，在收仪器过程中，仪器脚螺旋应调整到适中的位置。

（13）未在规定时间内完成外业观测的，不得时间得分。

内业计算：

（1）外业观测和内业计算不连续计时，中间停表，外业观测和内业计算单独计时，外业时间不超过 25 min，总时长不超过 40 min，但是时间得分为总时间（包括外业时间和内业时间）。

（2）现场完成水准测量成果计算，不允许使用非赛会方提供的所有计算所需设备工具（包括计算器、铅笔和橡皮等）。

（3）只在《三等水准测量记录、计算成果》封面规定的位置填写参赛队的有关信息（只写加密编号），记录计算资料的内部任何位置不得填写与竞赛测量数据无关的信息。

（4）计算使用竞赛委员会统一提供的成果表，用铅笔书写。计算表可以用橡皮擦，打印出的原始记录表上不允许橡皮擦，但必须保持整洁，字迹清晰。

（5）三等水准测量计算成果表中必须计算出闭合环的高程闭合差，并进行平差计算出各点的高程。

（6）三等水准测量计算成果表中高程前可以不写“+”，但是高差、视距差及视距累计差必须加“+”“-”。

（7）关于三等水准测量计算成果表中测量值修约的规则，执行四舍六入、五前奇进偶舍的原则。例如：高程计算出的值为 1.1243 m，它的取值为 1.124 m；高程计算出的值为 1.1246 m，它的取值为 1.125 m；高程计算出的值为 1.1245 m，它的取值为 1.124 m。

（8）内业计算，允许使用计算器自带的一切功能。

（9）总用时超过 40 min，则停止内业计算。未完成内业计算的，不得时间得分。

2. 矿用本安型全站仪操作：后方交会、7 秒级导线测量

外业观测：

（1）比赛开始前，仪器箱盖好（指的是脚螺旋拧紧，绑带绑好），外业测量结束后需将所有仪器设备归回原位。

（2）后方交会测量竞赛时所有站点都必须使用脚架，不得采用其他对中装置。

（3）7 秒级导线测量竞赛时所有测站的前后视都必须使用脚架，不得采用其他对中装置。为统一操作方式，本次竞赛不允许三联脚架法施测。

（4）后方交会观测过程中，严格按照规定在点位上对仪器对中（偏离点位不超过 1 mm）和整平（电子气泡偏差不超 1′）；棱镜进行对中（偏离点位不超过 1 mm）和整平（水准管 1.5 格以内）。

（5）后方交会完成后，仪器不用收，只收好已知点（A、B、C）上的架腿和棱镜，架腿脚螺旋拧紧，绑带绑好，棱镜装箱。

（6）在外业观测过程中，必须按照正规的操作程序（指的是观测顺序和步骤）进行观测，未按照操作程序的，将做扣分处理。

（7）在外业观测过程中，由于比赛场地较松软，为了保障仪器的安全，每一测站在安置仪器及棱镜架腿过程中，架腿应踩实踩牢。

（8）后方交会完成观测后，棱镜装箱过程中，棱镜脚螺旋应调整到适中的位置。

（9）7 秒级导线搬站过程中仪器、棱镜都无须装箱，每一测站完成后后视架腿必须收好（指的是脚螺旋拧紧，绑带绑好，归位），全部观测完成后仪器设备装箱归位。

（10）7 秒级导线关于短边的二次对中，必须把仪器搬离原点（指的是不用拆除仪器，

仪器和架腿整体搬离），进行重新安置。

（11）在外业观测过程中，由于个人操作的原因（例如：用错点号，安放错棱镜的位置等），为了比赛顺利地进行，经现场裁判提醒，未对其他选手比赛造成直接影响的，将做扣分处理。

（12）在外业观测过程中，由于个人操作的原因（例如：用错点号，安放错棱镜的位置等），现场裁判也未发现，给其他选手比赛造成直接影响的，将做扣分处理。

（13）在外业观测过程中，由于个人操作的原因（例如：跑动过程中摔倒摔坏仪器、撞人造成设备损坏、辱骂裁判和打人等情况），现场裁判可终止比赛，并申请裁判长，结合大赛组委会给予取消比赛资格。

（14）测站超限应重测，重测必须变换起始度盘 10 秒以上。

（15）外业观测规定时间为 60 min，时间到后立即停止外业观测，只要完成了后方交会就可以进行内业计算，但不得时间得分，并将所有设备归位放好。

（16）完成 7 秒导线外业观测完成后，在收仪器过程中，仪器、棱镜脚螺旋应调整到适中的位置。

内业计算：

（1）外业观测和内业计算不连续计时，中间停表，外业观测和内业计算单独计时，外业时间不超过 60 min，总时长不超过 85 min，但是时间得分为总时间（包括外业时间和内业时间）。

（2）现场完成后方交会、导线测量成果计算，不允许使用非赛会方提供的所有计算所需设备工具（包括计算器、铅笔和橡皮等）。

（3）只在《后方交会和导线测量记录、计算成果》封面规定的位置填写参赛队的有关信息（只写加密编号），记录计算资料的内部任何位置不得填写与竞赛测量数据无关的信息。

（4）计算使用竞赛委员会统一提供的成果表，用铅笔书写。计算表可以用橡皮擦，打印出的原始记录表上整理的数据不允许橡皮擦，但必须保持整洁，字迹清晰。

（5）内业计算必须按照规定的程序依次计算各项内容，《后方交会计算成果表》《7 秒级导线测量记录计算成果》，填写内容要齐全。

（6）后方交会计算成果表中必须计算出两次交会坐标互差及算术平均值。

（7）角度及角度改正数取位至整秒，边长、坐标增量及其改正数、坐标计算结果均取位至 0.001 m。

（8）导线近似平差计算表中必须写出方位角闭合差、相对闭合差。相对闭合差必须化为分子为 1 的分数。

（9）计算使用竞赛委员会统一提供的成果表，用铅笔书写。计算表可以用橡皮擦，但必须保持整洁，字迹清晰。

（10）记录和计算成果表中，计算数据有“+”“-”差异的，前缀必须加“+”“-”，例如：垂直角、垂直角指标差、高差等。

（11）7 秒导线原始数据整理的时候 2 号点测站只需要计算水平角。

（12）关于后方交会、导线测量计算成果表中测量值修约的规则，执行四舍六入、五前奇进偶舍的原则。例如：距离计算出的值为 41.1245 m，它的取值为 41.124 m；距离计算出的值为41.1255 m，它的取值为41.126 m。关于角度也同样执行这个标准，例如两次观测水平角分别为60°15′25″和60°15′26″，那它的平均值为60°15′25.5″，执行五前奇进偶舍的原则为60°15′26″。

（13）内业计算，允许使用计算机自带的一切功能。

（14）总用时超过85 min，则停止内业计算。未完成内业计算的，不得时间得分。

整个规程中要求把设备的脚螺旋调整到适中的位置（图3），要求把脚螺旋的螺旋上端调整脚螺旋凹槽上下不超过2 mm。

图3

3. 比赛记录计算样表（表8～表13）

表8　三等水准外业观测记录样表

参赛场次：＿＿＿＿＿＿　　　　参赛位号：＿＿＿＿＿＿

测站编号	后　距	前　距	方向及尺号	标尺读数		两次读数之差	备注
	视距差/m	累积视距差/m		第一次读数	第二次读数		
1	31.5	31.6	后1	153969	153958		
			前2	139269	139260		
			后－前				
			h				
2	36.9	37.2	后2	137400	137411		
			前3	114414	114400		
			后－前				
3	41.5	41.4	后3	113916	143906		
			前4	109272	139260		
			后－前				
			h				
4	46.9	46.5	后4	139411	139400		
			前1	144150	144140		
			后－前				
			h				

表9　三等水准平差计算样表

参赛场次：＿＿＿＿＿＿　　　　参赛位号：＿＿＿＿＿＿

点名	距离/m	观测高差/m	改正数/m	改正后高差/m	高程/m
1					
2					
3					
4					
1					
$\sum$					
高程闭合差 W_h = 　mm　　$W_{允} = \pm 12\sqrt{L}$ mm（L 为测量距离，单位 km）					

注：高差取位到0.0001 m，高程取位到0.001 m，“+”号不省略。

表10　后方交会外业观测样表

参赛场次：＿＿＿＿＿＿　　　　参赛位号：＿＿＿＿＿＿

测点号		水平度盘读数		后视平距（盘左）	后视平距（盘右）	前视平距（盘左）	前视平距（盘右）	备注
仪器站	照准点	正镜	倒镜					
		(° ′ ″)	(° ′ ″)	平均/m		平均/m		
1	A	0 00 00	180 00 03	34.837	34.838	17.797	17.797	
	B	70 10 09	250 10 14					
水平角								
平均水平角								
1	A	90 00 00	270 00 02	34.837	34.837	17.798	17.797	
	B	160 10 10	330 10 11					
水平角								
平均水平角								
1	B	0 00 00	180 00 00	17.798	17.797	32.949	32.950	
	C	57 47 54	237 47 56					
水平角								
平均水平角								
1	B	90 00 00	270 00 05	17.797	17.797	32.949	32.949	
	C	147 47 56	327 47 59					
水平角								
平均水平角								

表11 后方交会计算样表

参赛场次：____________ 参赛位号：____________

测站号	观测水平角/(° ′ ″)	后视平距/m	前视平距/m	解算已知边方位角/(° ′ ″)	B-1方位角 C-1方位角	坐标增量ΔX/m	坐标增量ΔY/m	纵向坐标X/m	横向坐标Y/m	纵向坐标X互差/m	横向坐标Y互差/m	两次解算坐标平均值 X/m	两次解算坐标平均值 Y/m

备注：

$\alpha_{BA}=$

$S_{BA}=$

$\angle 1BA=\arcsin\left(\frac{S_{A1}\times\sin\angle A1B}{S_{BA}}\right)=$

$\alpha_{B1}=\alpha_{BA}-\angle 1BA=$

$\Delta X_1=S_{B1}\times\cos\alpha_{B1}=$

$\Delta Y_1=S_{B1}\times\sin\alpha_{B1}=$

$e_1=\sqrt{\delta_{x1}^2+\delta_{y1}^2}=$

$\alpha_{CB}=$

$S_{CB}=$

$\angle 1CB=\arcsin\left(\frac{S_{B1}\times\sin\angle B1C}{S_{CB}}\right)=$

$\alpha_{C1}=\alpha_{CB}-\angle 1CB=$

$\Delta X_1=S_{C1}\times\cos\alpha_{C1}=$

$\Delta Y_1=S_{C1}\times\sin\alpha_{C1}=$

$e_1\leqslant e_{允}=0.1M=0.1$ m（M 为比例尺的分母为1000）

表12 7秒级导线外业观测样表

参赛场次： 参赛位号：

测点号		水平度盘读数		前视竖盘读数		指标差(″)	前视斜距(盘左)	前视斜距(盘右)	备注
仪器站	照准点	正镜(° ′ ″)	倒镜(° ′ ″)	镜位	(° ′ ″)		平均/m		
1	2	0 00 00	180 00 15	盘左	89 56 48		28. 967	28. 967	
	4	150 18 13	330 18 25	盘右	270 03 17				
	水平角			Σ					
	平均			垂直角					

表12（续）

测点号		水平度盘读数		前视竖盘读数		指标差（″）	前视斜距（盘左）	前视斜距（盘右）	备注
仪器站	照准点	正镜（° ′ ″）	倒镜（° ′ ″）	镜位	（° ′ ″）		平均/m		
1	2	90 00 00	270 00 17	盘左	89 56 46		28. 966	28. 966	
	4	240 18 11	60 18 25	盘右	270 03 17				
	水平角			∑					
	平均			垂直角					
4	1	0 00 00	180 00 11	盘左	91 37 19		16. 471	16. 471	
	3	176 53 12	356 53 23	盘右	268 22 39				
	水平角			∑					
	平均			垂直角					
4	1	90 00 00	270 00 14	盘左	91 37 23		16. 472	16. 471	
	3	266 53 15	86 53 27	盘右	268 22 38				
	水平角			∑					
	平均			垂直角					
				盘左					
				盘右					
	水平角			∑					
	平均			垂直角					
				盘左					
				盘右					
	水平角			∑					
	平均			垂直角					

表13　7秒级导线平差计算样表

参赛场次：____________　　　　参赛位号：____________

<table>
<tr><th rowspan="2">仪器站</th><th>后视点</th><th rowspan="3">水平角
(° ′ ″)</th><th rowspan="3">角度改正数
(″)</th><th rowspan="3">改正后水平角
(° ′ ″)</th><th rowspan="3">方位角
(° ′ ″)</th><th rowspan="3">前视斜距/
m</th><th rowspan="3">前视垂直角
(° ′ ″)</th><th rowspan="3">垂高/
m</th><th rowspan="3">仪器高/
m</th><th rowspan="3">前视高/
m</th><th rowspan="3">高差
(ΔH)</th><th rowspan="3">前视平距/
m</th><th colspan="3">坐标增量 ΔX</th><th colspan="3">坐标增量 ΔY</th><th rowspan="3">纵坐标
X/m</th><th rowspan="3">横坐标
Y/m</th><th rowspan="3">高程/
m</th><th rowspan="3">点号</th></tr>
<tr><th rowspan="2">前视点</th><th rowspan="2">计算值/
m</th><th rowspan="2">改正值/
mm</th><th rowspan="2">改正后值/m</th><th rowspan="2">计算值/
m</th><th rowspan="2">改正值/
mm</th><th rowspan="2">改正后值/m</th></tr>
<tr><th></th></tr>
<tr><td rowspan="2"></td><td></td><td rowspan="2"></td><td rowspan="2"></td><td rowspan="2"></td><td rowspan="2"></td><td rowspan="2"></td><td rowspan="2"></td><td rowspan="2"></td><td rowspan="2"></td><td rowspan="2"></td><td rowspan="2"></td><td rowspan="2"></td><td rowspan="2"></td><td rowspan="2"></td><td rowspan="2"></td><td rowspan="2"></td><td rowspan="2"></td><td rowspan="2"></td><td rowspan="2"></td><td rowspan="2"></td><td rowspan="2"></td><td rowspan="2"></td></tr>
<tr><td></td></tr>
<tr><td rowspan="2"></td><td></td><td rowspan="2"></td><td rowspan="2"></td><td rowspan="2"></td><td rowspan="2"></td><td rowspan="2"></td><td rowspan="2"></td><td rowspan="2"></td><td rowspan="2"></td><td rowspan="2"></td><td rowspan="2"></td><td rowspan="2"></td><td rowspan="2"></td><td rowspan="2"></td><td rowspan="2"></td><td rowspan="2"></td><td rowspan="2"></td><td rowspan="2"></td><td rowspan="2"></td><td rowspan="2"></td><td rowspan="2"></td><td rowspan="2"></td></tr>
<tr><td></td></tr>
<tr><td rowspan="2"></td><td></td><td rowspan="2"></td><td rowspan="2"></td><td rowspan="2"></td><td rowspan="2"></td><td rowspan="2"></td><td rowspan="2"></td><td rowspan="2"></td><td rowspan="2"></td><td rowspan="2"></td><td rowspan="2"></td><td rowspan="2"></td><td rowspan="2"></td><td rowspan="2"></td><td rowspan="2"></td><td rowspan="2"></td><td rowspan="2"></td><td rowspan="2"></td><td rowspan="2"></td><td rowspan="2"></td><td rowspan="2"></td><td rowspan="2"></td></tr>
<tr><td></td></tr>
<tr><td rowspan="2"></td><td></td><td rowspan="2"></td><td rowspan="2"></td><td rowspan="2"></td><td rowspan="2"></td><td rowspan="2"></td><td rowspan="2"></td><td rowspan="2"></td><td rowspan="2"></td><td rowspan="2"></td><td rowspan="2"></td><td rowspan="2"></td><td rowspan="2"></td><td rowspan="2"></td><td rowspan="2"></td><td rowspan="2"></td><td rowspan="2"></td><td rowspan="2"></td><td rowspan="2"></td><td rowspan="2"></td><td rowspan="2"></td><td rowspan="2"></td></tr>
<tr><td></td></tr>
<tr><td rowspan="2"></td><td></td><td rowspan="2"></td><td rowspan="2"></td><td rowspan="2"></td><td rowspan="2"></td><td rowspan="2"></td><td rowspan="2"></td><td rowspan="2"></td><td rowspan="2"></td><td rowspan="2"></td><td rowspan="2"></td><td rowspan="2"></td><td rowspan="2"></td><td rowspan="2"></td><td rowspan="2"></td><td rowspan="2"></td><td rowspan="2"></td><td rowspan="2"></td><td rowspan="2"></td><td rowspan="2"></td><td rowspan="2"></td><td rowspan="2"></td></tr>
<tr><td></td></tr>
<tr><td>$\sum$</td><td></td><td></td><td></td><td></td><td></td><td></td><td></td><td></td><td></td><td></td><td></td><td></td><td></td><td></td><td></td><td></td><td></td><td></td><td></td><td></td><td></td><td></td></tr>
<tr><td>辅助计算</td><td colspan="22">$n = 4$　　$f_x = \sum \Delta X + X_{起} - X_{终} =$
$f_\beta = \sum \beta_{测} - 360 =$　　$f_y = \sum \Delta Y + Y_{起} - Y_{终} =$
$f_{\beta 允} = \pm 14'' \sqrt{n} =$　　$f = \sqrt{f_x^2 + f_y^2} =$　　$K = \frac{f}{\sum D} =$　　$\leqslant \frac{1}{8000} (K_{允})$</td></tr>
</table>

七、竞赛规则

（一）报名资格及参赛队伍要求

（1）参赛选手须为煤炭企业正式职工，通过本企业组织的相应职业（工种）竞赛的前 2 名，且具备国家职业资格（煤炭行业职业能力等级）三级（高级工）及以上等级，年龄不超过 45 周岁。

（2）每个参赛单位限报 2 名选手。

（3）已获得“中华技能大奖”“全国技术能手”称号的人员不再以选手身份参赛。

（二）熟悉场地

（1）组委会安排开幕式结束后各参赛选手统一有序地熟悉场地。

（2）熟悉场地时不允许发表没有根据以及有损大赛整体形象的言论。

（3）熟悉场地时要严格遵守大赛各种制度，严禁拥挤，喧哗，以免发生意外事故。

（三）参赛要求

（1）竞赛所需要平台、设备、仪器和工具按照大赛组委会的要求统一由协办单位提供。

（2）所有人员在赛场内不得有影响其他选手完成工作任务的行为，参赛选手不允许串岗串位，要使用文明用语，不得以言语及人身攻击裁判和赛场工作人员。

（3）参赛选手在比赛开始时间 15 min 前到达指定地点报到，接受工作人员对选手身份、资格和有关证件的核验，参赛号、赛位由抽签确定，不得擅自变更、调整。

（4）选手须在竞赛试题规定位置填写参赛号、赛位号。其他地方不得有任何暗示选手身份的记号或符号，选手不得将手机等通信工具带入赛场，选手之间不得以任何方式传递信息，如传递纸条，用手势表达信息等，否则取消成绩。

（5）选手须严格遵守安全操作规程，并接受裁判员的监督和警示，以确保参赛人身及设备安全。选手因个人误操作造成人身安全事故和设备故障时，裁判长有权终止该选手比赛；如非选手个人因素出现设备故障而无法比赛，由裁判长视具体情况做出裁决（调整至最后一场次参加比赛）；若裁判长确定设备故障可由技术支持人员排除故障后继续比赛，同时将给参赛选手补足所耽误的比赛时间。

（6）选手进入赛场后，不得擅自离开赛场，因病或其他原因离开赛场或终止比赛，应向裁判示意，须经赛场裁判长同意，并在赛场记录表上签字确认后，方可离开赛场并在赛场工作人员指引下到达指定地点。

（7）选手须按照程序提交比赛结果，配合裁判做好赛场情况记录并确认。

（8）裁判长发布比赛结束指令后所有未完成任务参赛选手立即停止操作，按要求清理赛位，不得以任何理由拖延竞赛时间。

（9）服从组委会和赛场工作人员的管理，遵守赛场纪律，尊重裁判和赛场工作人员，尊重其他代表队参赛选手。

（四）安全文明操作规程

（1）选手在比赛过程中不得违反《煤矿安全规程》规定要求。

（2）注意安全操作，防止出现意外伤害。完成工作任务时要防止工具伤人等事故。

（3）组委会要求选手统一着装，服装上不得有姓名、队名以及其他任何识别标记。

对不穿组委会提供的服装，将拒绝进入赛场。

（4）仪器设备等不能混放、堆放，废弃物按照环保要求处理，保持赛位清洁、整洁。

八、竞赛环境

（1）理论考试在电脑机房完成。

（2）测量在地面模拟井下环境。

（3）后方交会测量：由 3 个已知点和 1 个待定点组成，点 1 到 *A*、*B*、*C* 各点的距离不低于 30 m。

（4）7 秒级导线测量：导线为闭合图形，由 2 个已知点和 2 个待定点组成，有一条 3 ~ 4 的导线边长长度介于 15 ~ 30 m，其余各边大于 30 m。

（5）三等水准测量：由 1 个已知点和 3 个待定点组成，各点间的前后视距长不超过 100 m。

九、技术规范

（1）《工程测量标准》(GB 50026—2020)、《煤矿测量规程》。

（2）本赛项竞赛规则。

十、技术平台

竞赛使用的所有仪器、附件及计算工具均由承办方提供，仪器厂家现场提供技术保障。包括：

1. 仪器及配套测量工具

每个参赛队配备：竞赛用瑞得 TS10（0.5″）矿用本安型全站仪 1 台、YHSZ7.4 矿用本安型数字水准化 1 台、2 m 铟钢尺 4 把（每个测量点各放置 1 把）、尺撑 4 付（每个测量点各放置 1 付）、棱镜（含基座）5 套、脚架 7 付（每个测量点各放置 1 付，选手不用携带脚架）。

2. 计算用具

每个参赛选手配备：计算器（型号：Casio fx - 82es plus）2 个、2H 以上铅笔 3 支、削笔刀 1 个、橡皮 1 块（橡皮供内业计算用）。

3. 裁判评分用具

笔记本电脑 5 台、打复印一体机 2 台、秒表 60 个，执法记录仪 60 个。

4. 场地设施

防护设施若干。

十一、成绩评定

（一）评分标准

（1）理论考试成绩以上机考试得分为准。

（2）自救器盲戴技能、三等水准外业观测及内业计算评分标准见表 14，后方交会、7 秒级导线测量技能实操评分表见表 15。

表14　自救器盲戴、水准测量技能实操评分表

项　目	评　测　内　容	评　分　标　准	扣　分	
自救器盲戴技能	自救器盲戴（规定30 s内完成自救器盲戴），标准分10分	未按照规定30 s内完成，超时不得分；未对应操作每处扣1分；扣完为止		
水准测量过程观测60分	本项比赛基础得分10分			
	本项比赛共4个测站，每个测站15分			
	由于个人操作原因，未影响其他选手比赛（用错点位、安放错水准尺，未造成直接影响的）	第一次违规扣5分，第二次违规取消外业比赛资格		
	由于个人操作原因，影响其他选手比赛（造成直接影响的）	违规直接扣30分		
	由于个人操作原因，造成仪器摔坏、跑动过程中撞人造成设备仪器损坏、辱骂裁判和打人情况	由裁判长报大赛组委会，取消比赛资格		
	在观测过程中未按测量键进行观测保存的	发现一次扣0.5分		
	熟悉场地时不能进行测站点标记	违反一次扣1分		
	测量过程中需要按照规定的测量顺序观测，共4分	违反一站扣1分	第1站	
			第2站	
			第3站	
			第4站	
	在规定赛道内进行测量，共4分	违规一次扣1分	第1站	
			第2站	
			第3站	
			第4站	
	比赛过程中，每一测站完成后水准尺和尺撑必须收好（指的是尺面必须朝上，尺撑支架收好绑紧），共5分	违规一次扣1分	1点	
			2点	
			3点	
			4点	
			1点	
	比赛过程中，每一测站前后视点水准尺必须挂好沙袋进行保护，共2分	发现一次未悬挂的扣0.4分	第1站	
			第2站	
			第3站	
			第4站	

表14（续）

<table>
<tr><th>项　目</th><th>评　测　内　容</th><th>评　分　标　准</th><th colspan="2">扣　分</th></tr>
<tr><td rowspan="8">水准测量过程观测60分</td><td rowspan="4">比赛过程中，每一测站安置仪器过程中脚架的所有架腿应踩实踩牢，共2分</td><td rowspan="4">发现一次未踩实踩牢扣0.5分</td><td>第1站</td><td></td></tr>
<tr><td>第2站</td><td></td></tr>
<tr><td>第3站</td><td></td></tr>
<tr><td>第4站</td><td></td></tr>
<tr><td>外业观测完成后，收仪器过程中，仪器脚螺旋应调整到标记位置，共2分</td><td>未调到标记位置的扣2分</td><td colspan="2"></td></tr>
<tr><td>外业观测完成后，仪器装箱、水准尺、尺撑、脚架绑好收好放回原处</td><td>违规扣1分</td><td colspan="2"></td></tr>
<tr><td>外业观测规定时间为25 min，时间到后立即停止外业观测，不再进行内业计算，并将所有设备归位放好</td><td>未收的扣1分</td><td colspan="2"></td></tr>
<tr><td rowspan="14">内业计算40分</td><td>内业计算开始后，原始记录的整理内容严禁用橡皮擦（2分）</td><td>发现用橡皮擦直接扣2分</td><td colspan="2"></td></tr>
<tr><td>严禁使用非赛会提供的设备</td><td>违规扣5分</td><td colspan="2"></td></tr>
<tr><td>原始数据整理（16分）</td><td>一处缺、错扣0.5分（共计16分，影响后续计算的后续不得分）</td><td colspan="2"></td></tr>
<tr><td>水准点号（点号与原始记录打印出来的一致）、高程计算部分（24分）</td><td>一处缺、错扣1分(共计24分，影响后续计算的后续不得分）</td><td colspan="2"></td></tr>
<tr><td>记录、计算成果表上未填绘参赛场次和赛位号</td><td>违规扣2分</td><td colspan="2"></td></tr>
<tr><td>记录、计算成果表中填写与计算数据无关的内容</td><td>违规扣5分</td><td colspan="2"></td></tr>
<tr><td>计算成果表整洁（2分）</td><td>一处非正常污迹（模糊不清造成无法评分的）扣0.5分</td><td colspan="2"></td></tr>
<tr><td>原始记录整理和成果表计算中字迹书写不规范造成无法识别的</td><td>违规扣2分</td><td colspan="2"></td></tr>
<tr><td>观测数据内容中每站前、后视视距差超限，共2分</td><td>一处扣0.5分</td><td colspan="2"></td></tr>
<tr><td>观测数据内容中累计前、后视视距差超限，共3分</td><td>一处扣1分</td><td colspan="2"></td></tr>
<tr><td>观测数据内容中最低视线高不足0.3 m，共2分</td><td>一处扣0.5分</td><td colspan="2"></td></tr>
<tr><td>观测数据内容中测站两次观测高差较差超限，共2分</td><td>一处扣0.5分</td><td colspan="2"></td></tr>
<tr><td>未进行高程闭合差计算或高程闭合差超限</td><td>扣5分</td><td colspan="2"></td></tr>
</table>

注：1. 外业观测用时不超过25 min，总时间不超过40 min。

2. 在规定时间内，未完成外业观测的，不再进行内业计算。

3. 在规定时间内，未完成外业或内业的，不得时间得分。

4. 高程闭合差超限的，不得时间得分。

表15　后方交会和7秒级导线测量技能实操评分表

<table>
<tr><th colspan="2">项　目</th><th>评　测　内　容</th><th>评　分　标　准</th><th colspan="2">扣　分</th></tr>
<tr><td rowspan="23">测量过程观测60分</td><td rowspan="2">公共部分</td><td>本项比赛基础得分10分</td><td></td><td colspan="2"></td></tr>
<tr><td>本项比赛分为后方交会和7秒导线两部分，其中后方交会15分，7秒导线45分。7秒导线共4个测站，第1测站10分，第2、3测站分别15分，第4测站5分</td><td></td><td colspan="2"></td></tr>
<tr><td rowspan="19">后方交会观测（15分）</td><td>由于个人操作原因，未影响其他选手比赛（用错点位、安放错棱镜，未造成直接影响的）</td><td>第一次违规扣5分，第二次违规取消外业比赛资格</td><td colspan="2"></td></tr>
<tr><td>由于个人操作原因，影响其他选手比赛（造成直接影响的）</td><td>违规直接扣10分</td><td colspan="2"></td></tr>
<tr><td>由于个人操作原因，造成仪器摔坏、跑动过程中撞人造成设备仪器损坏、辱骂裁判和打人情况</td><td>由裁判长报大赛组委会，取消比赛资格</td><td colspan="2"></td></tr>
<tr><td>在观测过程中未按测量键进行观测保存的</td><td>发现一次扣0.5分</td><td colspan="2"></td></tr>
<tr><td rowspan="4">仪器、棱镜未精确对中整平，共4分</td><td rowspan="4">违规一次扣1分</td><td>仪器</td><td></td></tr>
<tr><td>棱镜A</td><td></td></tr>
<tr><td>棱镜B</td><td></td></tr>
<tr><td>棱镜C</td><td></td></tr>
<tr><td>测站重测不变换度盘或变换不合</td><td>违规扣2分</td><td colspan="2"></td></tr>
<tr><td rowspan="4">比赛过程中，测站安置仪器过程中脚架的所有架腿应踩实踩牢，共2分</td><td rowspan="4">发现一次未踩实踩牢扣0.5分</td><td>仪器</td><td></td></tr>
<tr><td>棱镜A</td><td></td></tr>
<tr><td>棱镜B</td><td></td></tr>
<tr><td>棱镜C</td><td></td></tr>
<tr><td rowspan="3">后方交会外业观测完成后，收棱镜过程中，棱镜脚螺旋应调整到适中位置，共3分</td><td rowspan="3">未调到适中位置的发现一次扣1分</td><td>棱镜A</td><td></td></tr>
<tr><td>棱镜B</td><td></td></tr>
<tr><td>棱镜C</td><td></td></tr>
<tr><td rowspan="3">外业观测结束后，已知点棱镜装箱和脚架收好（脚螺旋拧紧，绑带绑好）放回原处，共3分</td><td rowspan="3">违规一次扣1分</td><td>A点</td><td></td></tr>
<tr><td>B点</td><td></td></tr>
<tr><td>C点</td><td></td></tr>
<tr><td rowspan="2">7秒导线观测（45分）</td><td>由于个人操作原因，未影响其他选手比赛（用错点位、安放错棱镜，未造成直接影响的）</td><td>第一次违规扣5分，第二次违规取消外业比赛资格</td><td colspan="2"></td></tr>
<tr><td>由于个人操作原因，影响其他选手比赛（造成直接影响的）</td><td>违规直接扣30分</td><td colspan="2"></td></tr>
</table>

表15（续）

项目		评测内容	评分标准	扣分	
测量过程观测60分	7秒导线观测（45分）	由于个人操作原因，造成仪器摔坏、跑动过程中撞人造成设备仪器损坏、辱骂裁判和打人情况	由裁判长报大赛组委会，取消比赛资格		
		在观测过程中未按测量键进行观测保存的	发现一次扣0.5分		
		测站重测不变换度盘或变换不合	违规扣2分		
		短边点需要进行两次对中（必须把仪器搬离原点，进行重新安置），共4分	出现一次未两次对中扣2分	4点	
				3点	
		每一站观测完成后收好后视架腿（脚螺旋拧紧，绑带绑好归位），共3分	出现一次扣1分	2点脚架	
				1点脚架	
				4点脚架	
		比赛过程中，每一测站安置仪器过程中脚架的所有架腿应踩实踩牢，共3分	发现一次未踩实踩牢扣0.5分	1点测站	
				4点测站	
				3点测站	
				2点测站	
		外业观测完成后，收仪器、棱镜过程中，仪器和棱镜脚螺旋应调整到适中位置	未调到适中位置的扣2分		
		外业观测完成后，仪器棱镜装箱、脚架收好放回原处	未把仪器和棱镜装箱放回原处扣1分		
		测量过程中需要按照规定的测量顺序，违反测量流程	违规扣2分		
		外业观测规定时间为60 min，时间到后立即停止外业观测，只要完成了后方交会就可以进行内业计算，但不得时间得分，并将所有设备归位放好	未收的扣1分		
内业计算40分	公共部分	内业计算开始后，原始记录整理严禁用橡皮擦（2分）	发现用橡皮擦直接扣2分		
		严禁使用非赛会提供的设备	发现一次扣5分		
		计算成果表整洁（2分）	一处非正常污迹（模糊不清造成无法评分的）扣0.5分		
		原始记录整理和成果表计算中字迹书写不规范造成无法识别的	违规扣2分		

表 15（续）

项　目		评　测　内　容	评　分　标　准	扣　分
内业计算 40 分	后方交会计算（10 分）	原始数据整理（2 分）	一处缺、错扣 0.1 分（共计 2 分，影响后续计算的后续不得分）	
		测站点号（点号与原始记录打印出来的一致）、解算已知方位角、待测边方位角及平距（4 分）	一处缺、错扣 0.2 分（共计 4 分，影响后续计算的后续不得分）	
		坐标计算部分（4 分）	一处缺、错扣 0.2 分（共计 4 分，影响后续计算的后续不得分）	
		记录、计算成果表上未填绘参赛场次和赛位号	违规扣 2 分	
		记录、计算成果表中填写与计算数据无关的内容	违规扣 5 分	
		未进行精度评定或允许误差超限的	违规扣 5 分	
		观测数据内容中水平角半测回互差及测回间互差超限的	违规扣 1 分	
		观测数据内容中平距较差超限的	违规扣 1 分	
	7 秒导线计算（30 分）	原始数据整理（10 分）	一处缺、错扣 0.2 分（共计 10 分，影响后续计算的后续不得分）	
		仪器站号、前后视点号（所有点号与原始记录打印出来的一致）、解算角度改正数、改正后水平角、方位角、前视平距（10 分）	一处缺、错扣 0.2 分（共计 10 分，影响后续计算的后续不得分）	
		坐标计算部分、精度评定（10 分）	一处缺、错扣 0.2 分（共计 10 分，影响后续计算的后续不得分）	
		计算成果表上未填绘参赛场次和赛位号	违规扣 2 分	
		计算成果表中填写与计算数据无关的内容	违规扣 5 分	
		方位角闭合差超限	违规扣 5 分	
		相对闭合差限差超限	违规扣 5 分	
		只计算方位角闭合差，未计算相对闭合差	违规扣 10 分	
		竖盘指标差超限	违规扣 1 分	
		观测数据中水平角半测回互差及测回间互差超限	违规扣 1 分	
		观测数据中距离较差超限	违规扣 1 分	

注：1. 外业观测用时不超过 60 min，总时间不超过 85 min。

2. 在规定时间内，未完成外业观测的，但是只完成了后方交会的，只进行后方交会内业计算，不再进行 7 秒导线内业计算。

3. 在规定时间内，未完成外业或内业的，不得时间得分。

4. 后方交会坐标互差超限的；7 秒导线方位角闭合差、相对闭合差超限的，不得时间得分。

（二）总成绩计算

（1）个人赛总成绩(综合全能)=理论考试成绩×0.2+自救器盲戴技能和矿用本安型数字水准仪操作成绩(包含时间得分)×0.3+矿用本安型全站仪操作成绩(包含时间得分)×0.5。

（2）自救器盲戴技能和矿用本安型数字水准仪操作成绩=时间得分（10分）+技能操作成绩（110分)。

（3）矿用本安型全站仪操作成绩=时间得分（10分）+技能操作成绩（100分)。

[注：其中理论成绩100分（占权重20%）、自救器盲戴技能和矿用本安型数字水准仪操作成绩（包含时间得分，占权重30%）和矿用本安型全站仪操作成绩（包含时间得分，占权重50%）]。

（三）操作竞赛时间得分评分标准

本次比赛时间得分为附加分，其中三等水准测量和后方交会导线测量最长时间得分为1分，未在规定时间完成（包括外业、内业）的，时间都不得分。具体得分参照表16、表17。

表16　三等水准测量总时间得分表

比赛用时	分值	比赛用时	分值	比赛用时	分值
20′以内（包含20′）	10	26′01″~27′	7.2	33′01″~34′	4.0
20′01″~21′	9.6	27′01″~28′	6.8	34′01″~35′	3.5
21′01″~22′	9.2	28′01″~29′	6.4	35′01″~36′	3.0
22′01″~23′	8.8	29′01″~30′	6.0	36′01″~37′	2.5
23′01″~24′	8.4	30′01″~31′	5.5	37′01″~38′	2.0
24′01″~25′	8.0	31′01″~32′	5.0	38′01″~39′	1.5
25′01″~26′	7.6	32′01″~33′	4.5	39′01″~40′	1.0

注：三等水准测量总时间低于20 min的选手以最终的完成时间进行等差数列排序，差值为0.1分。

表17　后方交会、导线测量总时间得分表

比赛用时	分值	比赛用时	分值	比赛用时	分值
45′以内（包含45′）	10	51′01″~52′	9.3	58′01″~59′	8.2
45′01″~46′	9.9	52′01″~53′	9.2	59′01″~60′	8.0
46′01″~47′	9.8	53′01″~54′	9.1	60′01″~61′	7.8
47′01″~48′	9.7	54′01″~55′	9.0	61′01″~62′	7.6
48′01″~49′	9.6	55′01″~56′	8.8	62′01″~63′	7.4
49′01″~50′	9.5	56′01″~57′	8.6	63′01″~64′	7.2
50′01″~51′	9.4	57′01″~58′	8.4	64′01″~65′	7.0

表17（续）

比赛用时	分值	比赛用时	分值	比赛用时	分值
65′01″～66′	6.7	72′01″～73′	4.6	79′01″～80′	2.5
66′01″～67′	6.4	73′01″～74′	4.3	80′01″～81′	2.2
67′01″～68′	6.1	74′01″～75′	4.0	81′01″～82′	1.9
68′01″～69′	5.8	75′01″～76′	3.7	82′01″～83′	1.6
69′01″～70′	5.5	76′01″～77′	3.4	83′01″～84′	1.3
70′01″～71′	5.2	77′01″～78′	3.1	84′01″～85′	1.0
71′01″～72′	4.9	78′01″～79′	2.8		

注：后方交会、导线测量总时间低于45 min的选手以最终的完成时间进行等差数列排序，差值为0.1分。

（四）操作竞赛成果质量评分标准

成果质量从外业观测质量和计算成果等方面考虑，按前述评分表标准进行评定。

对于竞赛过程中伪造数据者，取消该参赛人员全部竞赛资格。

（五）竞赛排名

在规定时间内完成竞赛，且成果符合要求者按竞赛评分成绩确定名次。

在两队成绩完全相同时，依次按7秒导线测量、三等水准测量、后方交会测量的精度进行排名。

十二、奖项设置

本次竞赛选手排名原则上不并列。以实际参赛选手总数为基数，决赛前三名设金、银、铜特等奖，各项取参赛选手人数10%、15%、25%，颁发一、二、三等奖。特等奖、一等奖将授予“煤炭行业技术能手”荣誉称号，颁发荣誉证书。

十三、赛项安全

赛事安全是技能竞赛一切工作顺利开展的先决条件，是赛事筹备和运行工作必须考虑的核心问题。赛项组委会采取切实有效措施保证大赛期间参赛选手、指导教师、裁判员、工作人员及观众的人身安全。

（一）比赛环境

（1）组委会须在赛前组织专人对比赛现场、住宿场所和交通保障进行考察，并对安全工作提出明确要求。赛场的布置，赛场内的器材、设备，应符合国家有关安全规定。如有必要，也可进行赛场仿真模拟测试，以发现可能出现的问题。承办单位赛前须按照组委会要求排除安全隐患。

（2）赛场周围要设立警戒线，要求所有参赛人员必须凭组委会印发的有效证件进入场地，防止无关人员进入发生意外事件。比赛现场内应参照相关职业岗位的要求为选手提供必要的劳动保护。在具有危险性的操作环节，裁判员要严防选手出现错误操作。

（3）承办单位应提供保证应急预案实施的条件。对于比赛内容涉及大用电量、易发生火灾等情况的赛项，必须明确制度和预案，并配备急救人员与设施。

（4）严格控制与参赛无关的易燃易爆以及各类危险品进入比赛场地，不许随便携带其他物品进入赛场。

（5）配备先进的仪器，防止有人利用电磁波干扰比赛秩序。大赛现场需对赛场进行网络安全控制，以免场内外信息交互，充分体现大赛的严肃、公平和公正。

（6）组委会须会同承办单位制定开放赛场的人员疏导方案。赛场环境中存在人员密集、车流人流交错的区域，除了设置齐全的指示标志外，须增加引导人员，并开辟备用通道。

（7）大赛期间，承办单位须在赛场管理的关键岗位，增加力量，建立安全管理日志。

（二）生活条件

（1）比赛期间，原则上由组委会统一安排参赛选手和指导教师食宿。承办单位须尊重少数民族的信仰及文化，根据国家相关的民族政策，安排好少数民族选手和指导教师的饮食起居。

（2）比赛期间安排的住宿地应具有宾馆/住宿经营许可资质。大赛期间的住宿、卫生、饮食安全等由组委会和承办单位共同负责。

（3）大赛期间有组织的参观和观摩活动的交通安全由组委会负责。组委会和承办单位须保证比赛期间选手、指导教师和裁判员、工作人员的交通安全。

（4）各赛项的安全管理，除了可以采取必要的安全隔离措施外，应严格遵守国家相关法律法规，保护个人隐私和人身自由。

（三）组队责任

（1）各单位组织代表队时，须安排为参赛选手购买大赛期间的人身意外伤害保险。

（2）各单位代表队组成后，须制定相关管理制度，并对所有选手、指导教师进行安全教育。

（3）各参赛队伍须加强对参与比赛人员的安全管理，实现与赛场安全管理的对接。

（四）应急处理

比赛期间发生意外事故，发现者应第一时间报告组委会，同时采取措施避免事态扩大。组委会应立即启动预案予以解决。赛项出现重大安全问题可以停赛，是否停赛由组委会决定。事后，承办单位应向组委会报告详细情况。

（五）处罚措施

（1）因参赛队伍原因造成重大安全事故的，取消其获奖资格。

（2）参赛队伍有发生重大安全事故隐患，经赛场工作人员提示、警告无效的，可取消其继续比赛的资格。

（3）赛事工作人员违规的，按照相应的制度追究责任。情节恶劣并造成重大安全事故的，由司法机关追究相应法律责任。

十四、竞赛须知

（一）参赛队须知

（1）统一使用单位的团队名称。

（2）竞赛采用个人比赛形式，不接受跨单位组队报名。

（3）参赛选手为单位在职员工，性别不限。

（4）参赛队选手在报名获得确认后，原则上不再更换。允许选手缺席比赛。

（5）参赛队在各竞赛专项工作区域的赛位场次和工位采用抽签的方式确定。

（6）参赛队所有人员在竞赛期间未经组委会批准，不得接受任何与竞赛内容相关的采访，不得将竞赛的相关情况及资料私自公开。

（二）领队和指导老师须知

（1）领队和指导老师务必带好有效身份证件，在活动过程中佩戴领队和指导教师证参加竞赛及相关活动；竞赛过程中，领队和指导教师非经允许不得进入竞赛场地。

（2）妥善管理本队人员的日常生活及安全，遵守并执行大赛组委会的各项规定和安排。

（3）严格遵守赛场的规章制度，服从裁判，文明竞赛，持证进入赛场允许进入的区域。

（4）熟悉场地时，领队和指导老师仅限于口头讲解，不得操作任何仪器设备，不得现场书写任何资料。

（5）在比赛期间要严格遵守比赛规则，不得私自接触裁判人员。

（6）团结、友爱、互助协作，树立良好的赛风，确保大赛顺利进行。

（三）参赛选手须知

（1）选手必须遵守竞赛规则，文明竞赛，服从裁判，否则取消参赛资格。

（2）参赛选手按大赛组委会规定时间到达指定地点，凭参赛证和身份证（二证必须齐全）进入赛场，并随机进行抽签，确定比赛顺序。选手迟到 15 min 取消竞赛资格。

（3）裁判组在赛前 30 min，对参赛选手的证件进行检查及进行大赛相关事项教育。

（4）比赛过程中，选手必须遵守操作规程，按照规定操作顺序进行比赛，正确使用仪器仪表。不得野蛮操作，不得损坏仪器、仪表、设备，一经发现立即责令其退出比赛。

（5）参赛选手不得携带通信工具和相关资料、物品进入大赛场地，不得中途退场。如出现较严重的违规、违纪、舞弊等现象，经裁判组裁定取消大赛成绩。

（6）现场实操过程中出现设备故障等问题，应提请裁判确认原因。若因非选手个人因素造成的设备故障，经请示裁判长同意后，可将该选手比赛时间酌情后延；若因选手个人因素造成设备故障或严重违章操作，裁判长有权决定终止比赛，直至取消比赛资格。

（7）参赛选手若提前结束比赛，应向裁判举手示意，比赛终止时间由裁判记录；比赛时间终止时，参赛选手不得再进行任何操作。

（8）参赛选手完成比赛项目后，提请裁判检查确认并登记相关内容，选手签字确认。

（9）比赛结束，参赛选手需清理现场，并将现场仪器设备恢复到初始状态，经裁判确认后方可离开赛场。

（四）工作人员须知

（1）工作人员必须遵守赛场规则，统一着装，服从组委会统一安排，否则取消工作人员资格。

（2）工作人员按大赛组委会规定时间到达指定地点，凭工作证、进入赛场。

（3）工作人员认真履行职责，不得私自离开工作岗位。做好引导、解释、接待、维持赛场秩序等服务工作。

十五、申诉与仲裁

本赛项在比赛过程中若出现有失公正或有关人员违规等现象，代表队领队可在比赛结束后 2 h 之内向仲裁组提出申诉。

书面申诉应对申诉事件的现象、发生时间、涉及人员、申诉依据等进行充分、实事求是的叙述，并由领队亲笔签名。非书面申诉不予受理。

赛项仲裁工作组在接到申诉后的 2 h 内组织复议，并及时反馈复议结果。申诉方对复议结果仍有异议，可由单位的领队向赛区仲裁委员会提出申诉。赛区仲裁委员会的仲裁结果为最终结果。

十六、竞赛观摩

本赛项对外公开，需要观摩的单位和个人可以向组委会申请，同意后进入指定的观摩区进行观摩，但不得影响选手比赛，在赛场中不得随意走动，应遵守赛场纪律，听从工作人员指挥和安排等。

十七、竞赛直播

本次大赛实行全程直播。同时，安排专业摄制组进行拍摄和录制，及时进行报道，包括赛项的比赛过程、开闭幕式等。通过摄录像，记录竞赛全过程。同时制作优秀选手采访、优秀指导教师采访、裁判专家点评和企业人士采访视频资料。

试 题 样 例

一、单选题

1. 已知直线 *AB* 的磁方位角为58°40′52″，磁偏角为西偏 2′20″，则该直线的真方位角为（　　）。

A. 58°40′52″　　B. 58°42′52″

C. 58°43′12″　　D. 58°38′32″

答案：D

解析：磁偏角为西偏为负，所以真方位角由已知直线 *AB* 的磁方位角 58°40′52″减去 2′20″ 所得。

2. 水准仪各轴线之间的正确几何关系是（　　）。

A. 视准轴平行于水准管轴、竖轴平行于圆水准轴

B. 视准轴垂直于竖轴、圆水准轴平行于水准管轴

C. 视准轴垂直于圆水准轴、竖轴垂直于水准管轴

D. 视准轴垂直于横轴、横轴垂直于竖轴

答案：A

解析：水准管轴平行于视准轴、圆水准轴平行于竖轴、十字丝横丝垂直于竖轴。

3. 导线的布置形式有（　　）。

A. 一级导线、二级导线、图根导线

B. 单向导线、往返导线、多边形导线

C. 闭合导线、附合导线、支导线

D. 导线网

答案：C

4. 下面关于高斯投影的说法正确的是（　　）。

A. 中央子午线投影为直线，且投影的长度无变形

B. 离中央子午线越远，投影变形越小

C. 经纬线投影后长度无变形

D. 高斯投影为等面积投影

答案：A

5. 井筒提升关系图属于（　　）。

A. 基本矿图　　B. 专门矿图

C. 地形图　　D. 采掘工程平面图

答案：B

解析：井筒提升关系图是煤矿的一类专用图纸。

6. 井下水准测量中，量尺均位于顶板，前视读数为 1，后视读数为 2，则前视相对于后视的高差为（　　）。

A. 1　　B. －1　　C. 3　　D. 0

答案：B

解析：前视读数减去后视读数（1－2＝－1）。

7. 在全圆测回法的观测中，同一盘位起始方向的两次读数之差叫（　　）。

A. 归零差　　B. 测回差　　C. 互差　　D. 指标差

答案：A

8. 10°下山巷道中，三根中线点两两间距都是 3.3 m，自迎头倒向放坡度线，量出第一根是点下 1.35 m，第二根也是点下 1.35 m，则第三根应当是点下（　　）。

A. 1.35 m　　B. 无法计算

C. 1.164 m　　D. 1.923 m

答案：B

解析：题中所给已知数据与计算第三根数据无关系，也无计算依据，故选 B。

9. 某隧洞进出口底板设计高程分别为 45.500 m 和 44.700 m，隧洞全长为 400 m，隧洞为均坡，则离出口 100 m 处的隧洞底板高程为（　　）。

A. 45.700 m　　B. 45.300 m　　C. 44.900 m　　D. 44.500 m

答案：C

解析：计算公式为：44.700－45.500＝－0.800，－0.800/400×300＝－0.600，45.500－0.6000＝44.900，故选 C。

10. 下面关于控制网的叙述错误的是（　　）。

A. 国家控制网从高级到低级布设

B. 国家控制网按精度可分为 A、B、C、D、E 五级

C. 国家控制网分为平面控制网和高程控制网

D. 直接为测图目的建立的控制网，称为图根控制网

答案：B

解析：国家控制网按精度划分为一级、二级、三级、四级等，故选 B。

11. 由于地球的自转运动，地球上任一点都受到地球引力和离心力的双重作用，这两个力的合力称为（　　）。

A. 重力　　B. 万有引力　　C. 向心力　　D. 离心力

答案：A

解析：由于地球的自转运动，地球上任一点都受到地球引力和离心力的双重作用，这两个力的合力称为重力。重力的方向线称为铅垂线，铅垂线是测量工作的基准线。

12. 由于误差的存在，水准测量的实测高差与其理论值往往不符合，其差值称作（　　）。

A. 水准路线闭合差　　B. 中误差

C. 相对误差

答案：A

解析：中误差是衡量观测精度的一种数字标准。相对误差是指测量所造成的绝对误差

与被测量（约定）真值之比乘以100%所得的数值，用百分数表示。

13. 利用卫星定位接收机接收卫星导航系统的多颗定位卫星信号，确定地面点位置的技术和方法，简称为（　　）。

A. 前方交会　　B. 后方交会　　C. 卫星定位

答案：C

解析：利用卫星定位接收机接收卫星导航系统的多颗定位卫星信号，确定地面点位置的技术和方法，简称为卫星定位。利用卫星定位技术和方法建立的测量控制网，简称为卫星定位控制网或卫星定位网。

14. 卫星定位高程测量适用于（　　）高程测量。

A. 二等　　B. 三等　　C. 四等　　D. 五等

答案：D

解析：卫星定位高程测量可适用于五等高程测量。若采用卫星定位技术进行更高等级的高程测量，特别是较大区域范围的高程测量或跨河高程传递，则应进行专项设计与论证。

15. 图根高程控制可采用图根水准、电磁波测距三角高程和RTK图根高程测量方法。起算点的精度不应低于（　　）高程点。

A. 二等水准　　B. 三等水准　　C. 四等水准

答案：C

16. 采用1975年IUGG第十六届大会推荐的参考椭球参数，中国建立了（　　），在中国经济建设、国防建设和科学研究中发挥了巨大作用。

A. 1980北京坐标系　　B. 1985国家高程基准

C. 1980西安坐标系　　D. 2000国家大地坐标系

答案：C

17. 通常认为，代表整个地球的形状是（　　）所包围的形体。

A. 水准面　　B. 参考椭球面

C. 大地水准面　　D. 似大地水准面

答案：C

18. 下列长度单位中，不属于常用的测量单位是（　　）。

A. 尺　　B. 米　　C. 分米　　D. 厘米

答案：A

解析：米、分米、厘米、毫米都是测量中常用的测量单位。

19. 1956年黄海高程系建立，利用了（　　）年的连续验潮的结果。

A. 7　　B. 6　　C. 5　　D. 4

答案：A

解析：由1950—1956年间的潮汐资料推求的平均海水面作为我国的高程基准面。以此高程基准面作为我国统一起算面的高程系统称为“1956年黄海高程系”。

20. 1985国家高程基准建立，利用了（　　）年的连续验潮的结果。

A. 27　　B. 26　　C. 25　　D. 24

答案：A

解析：新的国家高程基准面是根据青岛验潮站1952—1979年间的验潮资料计算确定的，这个高程基准面作为全国高程的统一起算面，称为“1985国家高程基准”。

21. 经度为111°的子午线是6°带第（　　）带的中央子午线。

A. 17　　B. 18　　C. 19　　D. 20

答案：C

22. 3°带第37带的中央子午线经度为（　　）。

A. 108°　　B. 111°　　C. 114°　　D. 117°

答案：B

解析：$37 \times 3 = 111$。

23. 经纬仪测量竖直角时，当望远镜水平时，其竖直度盘读数为（　　）。

A. 0°　　B. 90°　　C. 180°　　D. 360°

答案：B

24. 若水准测量是由A点向B点方向进行的，则A点称为（　　）。

A. 后视点　　B. 前视点　　C. 转点　　D. 中间点

答案：A

25. 四等水准测量其视线长度一般不超过（　　）。

A. 30 m　　B. 50 m　　C. 100 m　　D. 150 m

答案：C

26. 测量规范一般采用（　　）倍的中误差作为允许误差。

A. 2　　B. 3　　C. 4　　D. 5

答案：A

27. 当井口一翼长度大于5 km时，井下7″级基本控制导线的边长一般为（　　）。

A. 30～100 m　　B. 50～120 m　　C. 60～200 m　　D. 8～250 m

答案：C

28. 7″级导线在延长前，应对上次导线的最后一个水平角进行检查测量，其不符值应不超过（　　）。

A. 7″　　B. 20″　　C. 40″　　D. 80″

答案：B

解析：《煤矿测量规程》第91条　在延长经纬仪导线之前，必须对上次所测量的最后一个水平角按相应的测角精度进行检查，两次观测水平角的不符值不得超过下列规定：7″导线，20″。

29. 某矿井在不沿导向层贯通巷道时，应（　　）。

A. 只标定中线　　B. 只标定腰线

C. 中、腰线同时标定　　D. 中、腰线都不需要标定

答案：C

30. 在（　　）下采煤，简称为“三下”采煤。

A. 铁路、公路、河流　　B. 公路、建筑物、水体

C. 铁路、建筑物、水体　　D. 铁路、河流、建筑物

答案：C

31. 一段 324 m 长的距离在 1∶2000 地形图上的长度为（　　）。

A. 1.62 cm　　B. 3.24 cm　　C. 6.48 cm　　D. 16.2 cm

答案：D

32. 在一个已知点和一个未知点上分别设站，向另一个已知点进行观测的交会方法是（　　）。

A. 后方交会　　B. 前方交会　　C. 侧方交会　　D. 无法确定

答案：C

33. 下面测量读数的做法正确的是（　　）。

A. 用经纬仪测水平角，用横丝照准目标读数

B. 用水准仪测高差，用竖丝切准水准尺读数

C. 水准测量时，每次读数前都要使水准管气泡居中

D. 经纬仪测竖直角时，尽量照准目标的底部

答案：C

34. 对三角形进行 5 次等精度观测，其真误差(闭合差)为：+4″、-3″、+1″、-2″、+6″，则该组观测值的精度（　　）。

A. 不相等　　B. 相等　　C. 最高为 +1″　　D. 最高为 +4″

答案：B

35. 某边长丈量若干次，计算得到平均值为 540 m，平均值的中误差为 0.05 m，则该边长的相对误差为（　　）。

A. 0.0000925　　B. 1/10800　　C. 1/10000　　D. 1/500

答案：B

36. 某钢尺名义长度为 30 m，与标准长度比较的实际长度为 30.015 m，则用其测量的两点间的距离为 64.780 m，该距离的实际长度是（　　）。

A. 64.748 m　　B. 64.812 m　　C. 64.821 m　　D. 64.784 m

答案：B

解析：名义长度与标准长度的比值相当于比例尺，应用比例尺计算公式可得出计算结果。

37. 采用测距仪或全站仪测距时，下列说法错误的是（　　）。

A. 作业前应检校三轴的平行性及光学对中器

B. 严禁将照准头对准太阳

C. 在发射光束范围内同时出现两个或两个以上的反射器对测距没影响

D. 测距时应暂停步话机的通话

答案：C

解析：全站仪和测距仪的基本原理都为通过激光往返测量距离，因此不能出现多个反光物体影响观测数据。

38. 水平角观测短距离迁站时，下列做法正确的是（　　）。

A. 仪器固定于脚架，扛在肩上

B. 一手托住仪器，一手抱住架腿，夹持脚架于腋下

C. 双手抱住脚架，夹持于腋下

D. 不做要求

答案：B

39. 为了确定移动稳定后地表各点的空间位置，应在移动稳定后进行最后一次全面观测，地表移动稳定的标志是：连续（　　）个月观测地表各点的累积下沉值均小于30 mm。

A. 5　　B. 6　　C. 9　　D. 12

答案：B

解析：《煤矿测量规程》第268条。

40. 坐标换算的基本公式为：$x = x_0 + A\cos\beta - B\sin\beta$；$y = y_0 + A\sin\beta + B\cos\beta$，其中 x_0 和 y_0 是指（　　）。

A. 建筑坐标系的坐标原点在测量坐标系中的坐标

B. 建筑坐标系中坐标原点的坐标

C. 测量坐标系中坐标原点的坐标

D. 测量坐标系的坐标原点在建筑坐标系中的坐标

答案：A

41. 矿区平面控制网的坐标系统，采用统一的高斯投影3°带平面直角坐标系统，应满足测区内投影长度变形不大于（　　）的要求。

A. 3.0 cm/km　　B. 2.5 cm/km　　C. 2.0 cm/km　　D. 3.5 cm/km

答案：B

解析：《工程测量规范》3.1.4。

42. 矿区地面高程首级控制网，一般采用水准测量方法建立，矿区长度5～25 km时，首级控制采用（　　）水准，加密控制采用（　　）水准。

A. 三等，四等　　B. 三等，等外

C. 四等，等外　　D. 二等，三等

答案：C

解析：《煤矿测量规程》第30条。

43. 矿区地面高程首级控制网各等水准网中最弱点的高程中误差（相对于起算点）不得大于（　　）。

A. ±3.0 cm　　B. ±2.0 cm　　C. ±2.5 cm　　D. ±3.5 cm

答案：B

解析：《煤矿测量规程》第32条。

44. 水平角观测使用1″全站仪，照准部旋转正确性指标：管水准器气泡或电子水准器长气泡在各位置的读数较差，不应超过（　　）格。

A. 1　　B. 2　　C. 1.5　　D. 2.5

答案：B

45. 水平角观测使用2″全站仪，照准部旋转正确性指标：管水准器气泡或电子水准器长气泡在各位置的读数较差，不应超过（　　）格。

A. 1　　B. 2　　C. 1.5　　D. 2.5

答案：A

解析:《工程测量规范》3.3.7。

46.《建筑物、水体、铁路及主要井巷煤柱留设与压煤开采规范》规定，在设计山区建筑物保护煤柱时，为防止采动引起山体滑坡和滑移的附加影响，无本矿区实测资料而采用移动角留设保护煤柱时，建筑物上坡方向移动角应当减小（ ）。

A. 5°~10° B. 2°~3° C. 2°~5° D. 2°~10°

答案：A

解析：《建筑物、水体、铁路及主要井巷煤柱留设与压煤开采规范》第十八条第二款。

47. 用陀螺经纬仪定向测量，陀螺定向边的长度应大于（ ）。

A. 60 m B. 100 m C. 50 m D. 30 m

答案：C

解析:《煤矿测量规程》第62条。

48. 用陀螺经纬仪定向测量，陀螺经纬仪的悬挂带零位不能超过（ ）格。

A. ±0.5 B. ±1.5 C. ±1 D. ±2

答案：A

解析:《煤矿测量规程》第62条。

49. 井下贯通测量，最后一次标定贯通方向时，两个相向工作面间的距离不得小于（ ）。

A. 60 m B. 100 m C. 50 m D. 40 m

答案：C

解析:《煤矿测量规程》第212条。

50.《建筑物、水体、铁路及主要井巷煤柱留设与压煤开采规范》规定，铁路路堤保护煤柱受护范围应当以两侧路堤坡脚外（ ）为界加围护带。

A. 1 m B. 2 m C. 3 m D. 5 m

答案：A

解析:《建筑物、水体、铁路及主要井巷煤柱留设与压煤开采规范》第五十六条。

51. 陀螺经纬仪测前与测后零位值的互差，对15″级仪器不得超过（ ）格。

A. 0.2 B. 0.3 C. 0.4 D. 0.5

答案：A

解析:《煤矿测量规程》第63条。

52. 矿区地面三角网布设中，三等网的测角中误差为（ ）。

A. ±1.0″ B. ±1.2″ C. ±1.5″ D. ±1.8″

答案：D

解析:《煤矿测量规程》第14条。

53. 在倾角小于（ ）的巷道中，对DJ2经纬仪来说，其观测水平角的两测回互差为12″。

A. 30° B. 40° C. 50° D. 60°

答案：A

解析:《煤矿测量规程》第83条。

54. 卫星定位测量控制网的布设中，各等级控制网中独立基线的观测总数，不宜少于必要观测基线数的（　　）倍。

A. 1.2　　B. 1.5　　C. 2.0　　D. 2.5

答案：B

解析：《工程测量规范》3.2.4。

55. 水准仪视准轴与水准管轴的夹角 i 对于 DS1 型水准仪不应超过（　　）。

A. 10″　　B. 15″　　C. 20″　　D. 30″

答案：B

解析：《工程测量规范》4.2.2。

56. 变形观测点在非冻土地区的埋设深度应不小于（　　）。

A. 0.2 m　　B. 0.3 m　　C. 0.6 m　　D. 0.8 m

答案：C

解析：《煤矿测量规程》第 261 条。

57. 如开采薄煤层引起的地表最大下沉值小于采厚的（　　）时，可只进行两次全面观测。

A. 5% ~10%　　B. 10% ~15%

C. 15% ~20%　　D. 10% ~20%

答案：D

解析：《煤矿测量规程》第 264 条。

58. 井下 7″复测支导线坐标方位角的最大允许闭合差为（　　）。

A. $\pm 14'' \sqrt{n1 + n2}$　　B. $\pm 30'' \sqrt{n1 + n2}$

C. $\pm 50'' \sqrt{n1 + n2}$　　D. $\pm 60'' \sqrt{n1 + n2}$

答案：A

解析：《煤矿测量规程》第 96 条。

59. 矿区首级平面控制网一般在（　　）基础上布设。

A. 国家一、二等平面控制网　　B. 国家三、四等平面控制网

C. 一级小三角网　　D. 二级小三角网

答案：A

解析：《煤矿测量规程》第 264 条。

60. 通过立井导入高程测量，可采用（　　）或其他方法。

A. 直线法和定中盘法　　B. 钢尺法和人眼观察法

C. 标尺法和定中盘法　　D. 钢尺法和钢丝法

答案：D

解析：《煤矿测量规程》第 71 条。

61. 采区一翼长度（　　）时，测角中误差为 ±15″。

A. ≥2 km　　B. ≥1.5 km　　C. ≥1 km　　D. ≥0.5 km

答案：C

解析：采区一翼长度≥1 km 时，测角中误差为 ±15″，一般边长 30 ~90 m；采区一翼长度＜1 km 时，测角中误差为 ±30″。

62. 矿区地面首级控制网，采用三等水准时，要求矿区长度必须大于（　　）。

A. 25 km　　B. 20 km　　C. 15 km　　D. 10 km

答案：A

解析：矿区长度>25 km，三等水准；矿区长度 5～25 km，四等水准；矿区长度<5 km，等外水准。

63. 两井定向计算所得的井上下两垂线距离之差，经投影改正后，应不超过井上下连接测量中误差的（　　）倍。

A. 5　　B. 4　　C. 3　　D. 2

答案：D

64. 施测采区 30″级导线时，复测支导线全长相对闭合差为（　　）。

A. 1/1000　　B. 1/2000　　C. 1/3000　　D. 1/5000

答案：B

65. 基本控制导线的边长小于 15 m 时，两次观测水平角的不符值可适当放宽，但不得超过限差的（　　）倍。

A. 3　　B. 2.5　　C. 2　　D. 1.5

答案：D

66. 在井架（塔）基础土方工程动工前，应用十字中线点标出基础的中心线和平线，两次标出平线的互差不得超过（　　），与设计高程之差不得超过（　　）。

A. 5 mm，3 mm　　B. 6 mm，4 mm

C. 7 mm，3 mm　　D. 5 mm，4 mm

答案：A

67. 成组设置中腰线点时，最前面的一个中腰线点至掘进工作面的距离，一般不应超过（　　）。

A. 10～20 m　　B. 20～30 m

C. 30～40 m　　D. 40～50 m

答案：C

解析：成组设置中腰线点时，每组均不得少于三个（对），点间距以不小于 2 m 为宜，最前面的一个中腰线点至掘进工作面的距离，一般不应超过 30～40 m。

68. 回采工作面测量应以导线点为基础，采用的仪器，工具和施测方法应能保证测量工作面长度和进度的相对误差不超过（　　）。

A. 1/100　　B. 1/200　　C. 1/500　　D. 1/1000

答案：B

69. 由近井点向井口定向连接点连测时，应敷设测角中误差不超过（　　）的闭合导线或复测支导线。

A. 5″或 7″　　B. 7″或 10″

C. 10″或 15″　　D. 5″或 10″

答案：D

70. 在延长经纬仪导线之前，必须对上次所测量的最后一个水平角按相应的测角精度进行检查。对于 15″导线两次观测水平角的不符值不得超过（　　）。

A. 20″　　B. 30″　　C. 40″　　D. 60″

答案：C

解析：《煤矿测量规程》第 91 条。

71. 地面点到高程基准面的垂直距离称为该点的（　　）。

A. 相对高程　　B. 绝对高程　　C. 高差

答案：B

72. 某段距离的平均值为 100 mm，其往返较差为 +20 mm，则相对误差为（　　）。

A. 0.02/100　　B. 0.002　　C. 1/5000

答案：C

73. 通过立井井筒导入高程时，井下高程基点两次导入高程的互差，不得超过井筒深度的（　　）。

A. 1/6000　　B. 1/8000　　C. 1/10000　　D. 1/12000

答案：B

解析：《煤矿测量规程》第 46 条。

74. 坐标方位角是以（　　）为标准方向，顺时针转到测线的夹角。

A. 真子午线方向　　B. 磁子午线方向　　C. 坐标纵轴方向

答案：C

75. 水准测量时，为了消除 i 角误差对一测站高差值的影响，可将水准仪置在（　　）处。

A. 靠近前尺　　B. 两尺中间　　C. 靠近后尺

答案：B

76. 高差闭合差的分配原则为（　　）成正比例进行分配。

A. 与测站数　　B. 与高差的大小

C. 与距离或测站数

答案：C

77. 用回测法观测水平角，测完上半测回后，发现水准管气泡偏离 2 格多，在此情况下应（　　）。

A. 继续观测下半测回　　B. 整平后观测下半测回

C. 整平后全部重测

答案：C

78. 用导线全长相对闭合差来衡量导线测量精度的公式是（　　）。

A. $K=\dfrac{M}{D}$　　B. $K=\dfrac{1}{(D/|\Delta D|)}$

C. $K=\dfrac{1}{\left(\sum D/f_{D}\right)}$

答案：C

79. 用 2 秒仪器施测 7 秒导线，当边长小于 15 m 时应对中（　　）。

A. 1 次　　B. 2 次　　C. 3 次

答案：C

80. 导线坐标增量闭合差的调整方法是将闭合差反符号后（　　）。

A. 按角度个数平均分配　　　　B. 按导线边数平均分配

C. 按边长成正比例分配

答案：C

81. 用经纬仪（或全站仪）测量水平角时，盘左、盘右瞄准同一方向所读的水平方向值理论上应相差（　　）。

A. 0°　　B. 45°　　C. 90°　　D. 180°

答案：D

82. 我国生产的 DS3 型微倾水准仪是工程中常用类型，它的每公里高程中误差为（　　）。

A. ±3 cm　　B. ±30 cm　　C. ±3 mm　　D. ±0.3 mm

答案：C

解析：“D”代表“大地测量”，“S”代表“水准仪”，“3”等数字代表以毫米为单位每千米高差中数的偶然中误差。

83. 经纬仪（或全站仪）使用前要进行轴系关系正确性检验与校正，检验与校正的内容不包括（　　）。

A. 横轴应垂直于竖轴

B. 照准部水准管轴应垂直于竖轴

C. 视准轴应平行于照准部水准管轴

D. 视准轴应垂直于横轴

答案：C

解析：视准轴应平行于照准部水准管轴属于水准仪检验与校正内容

84. 下列误差可以归属为偶然误差的是（　　）。

A. 视准轴误差　　　　B. 水平轴不水平的误差

C. 度盘偏心误差　　　　D. 对中误差

答案：D

解析：整平、对中、照准和读数误差是由观测者技能水平造成的，对观测数据的影响具有偶然性，通常归属为偶然误差。

85. 进行水准仪 i 角检验时，A、B 两点相距 80 m，将水准仪安置在 A、B 两点中间，测得高差 0.125 m，将水准仪安置在距离 B 点 2～3 m 的地方，测得的高差为 0.186 m，则水准仪的 i 角为（　　）。

A. 157″　　B. −157″　　C. 0.00076″　　D. −0.00076″

答案：A

解析：利用 $i=(0.186-0.125)/80000\times p''$，可求得 i 角为 −157″。

86. 在垂直角观测中，测得同一目标的盘左、盘右读数分别为 92°47′30″、267°12′10″，求得指标差是（　　）。

A. −20″　　B. −10″　　C. +10″　　D. +20″

答案：B

解析：利用2倍指标差 = 盘左 + 盘右 − 360°，可求得指标差为 − 10″。

87. 直线坐标方位角的范围是（　　）。

A. 0° ~ 90°　　B. 0° ~ ±90°　　C. 0° ~ ±180°　　D. 0° ~ 360°

答案：D

解析：直线坐标方位角由坐标纵轴正向顺时针量取，取值范围为0° ~ 360°。

88. 联系测量应至少独立进行（　　）次。

A. 1　　B. 2　　C. 3　　D. 4

答案：B

解析：《煤矿测量规程》第41条。

89. 利用钢尺进行精密测距时，外界温度高于标准温度，整理成果时没加温度改正，则所量距离（　　）。

A. 小于实际距离　　B. 大于实际距离

C. 等于实际距离　　D. 以上三种都有可能

答案：A

解析：精密测距时，一般需要做三项改正：尺长改正、倾斜改正和温度改正。如果测量时温度高于标准温度，由于钢尺热胀冷缩，钢尺实际长度变长，数据变小。

90. 精密钢尺量距时，一般要进行的三项改正是尺长改正、温度改正和（　　）改正。

A. 倾斜　　B. 高差　　C. 垂曲　　D. 气压

答案：A

解析：精密钢尺量距时，三项改正是尺长改正、温度改正和倾斜改正。

91. 水准测量时，尺垫应放置在（　　）上。

A. 水准点　　B. 转点

C. 土质松软的水准点　　D. 需要立尺的所有点

答案：B

92. 井下采用光电测距的作业，每条边的测回数不得小于（　　）个。

A. 2　　B. 3　　C. 4　　D. 5

答案：A

解析：《煤矿测量规程》第85条。

93. A点的高斯坐标 $X_A = 112240$ m、$Y_B = 19343800$ m，则A点所在6带的带号及中央子午线的经度分别为（　　）。

A. 11带，66°　　B. 11带，63°

C. 19带，117°　　D. 19带，111°

答案：D

94. 测得同一目标的盘左、盘右读数分别为30°41′12″、210°41′18″，求得2倍照准差（2C值）是（　　）。

A. +6　　B. −6　　C. +12　　D. +18

答案：B

95. 要安装和检查井架底坐标梁位置时，两次测量四个角点高差的互差应小于

（　　）。

A. 1 mm　　B. 2 mm　　C. 3 mm　　D. 5 mm

答案：A

解析：《煤矿测量规程》第 194 条。

96. 井下观测站的边长和高程测量应往返进行。两点间往返或两次仪器测得的高差互差应小于（　　）。

A. 1 mm　　B. 3 mm　　C. 5 mm　　D. 7 mm

答案：B

解析：《煤矿测量规程》第 295 条。

97. 电子经纬仪区别于光学经纬仪的主要特点是（　　）。

A. 使用光栅度盘　　B. 使用金属度盘

C. 没有望远镜　　D. 没有水准器

答案：A

解析：光学经纬仪利用集合光学的放大、反射、折射等原理进行度盘读数；电子经纬仪利用物理光学、电子学和光电转换等原理显示度盘读数。

98. 距离测量中的相对误差通过用（　　）来计算。

A. 往返测距离的平均值

B. 往返测距离之差的绝对值与平均值之比值

C. 往返测距离的比值

D. 往返测距离之差

答案：B

99. 对某一量进行观测后得到一组观测值，则该量的最或然值为这组观测值的（　　）。

A. 最大值　　B. 最小值

C. 算术平均值　　D. 中间值

答案：C

100. 地形图的比例尺用分子为 1 的分数形式表示时（　　）。

A. 分母大，比例尺大，表示地形详细

B. 分母小，比例尺小，表示地形概略

C. 分母大，比例尺小，表示地形详细

D. 分母小，比例尺大，表示地形详细

答案：D

二、多选题

1. 矿山测量学的内容包括为（　　）提供基础技术资料而进行的一切测量、计算和制图。

A. 矿山勘测　　B. 基建建设　　C. 煤炭生产　　D. 资源保护

答案：ABCD

2. 确定一条直线与标准方向线的夹角关系称为直线定向。所谓标准方向通常有

（　　）三种，统称三北方向。

A. 真子午线方向　　B. 磁子午线方向

C. 坐标纵线方向　　D. 坐标横线方向

答案：ABC

3. 陀螺仪有（　　）特性。

A. 进动性　　B. 连续性　　C. 定轴性　　D. 转动性

答案：AC

4. 井下高程测量分为（　　）。

A. 罗盘法测量　　B. 水准测量

C. 三角高程测　　D. 立井导入高程

答案：BCD

5. 陀螺经纬仪定向的作业过程包括（　　）。

A. 地面测定仪器常数　　B. 井下测定陀螺方位角

C. 解算子午线收敛角　　D. 解算井下导线边坐标方位角

答案：ABCD

6. 地表岩移观测站通常分为（　　）。

A. 地表观测站　　B. 井下观测站

C. 岩层内部观测站　　D. 专门观测站

答案：ACD

7. 对于必须留设保护煤柱的建筑物和构造物，其保护煤柱边界一般用（　　）圈定。

A. 轴侧投影法　　B. 垂直剖面法

C. 垂线法　　D. 数字标高投影法

答案：BCD

8. 矿区平面基本控制网可以通过建立（　　）等完成。

A. 三角网　　B. 导线网　　C. 测边网　　D. GPS 网

答案：ABCD

9. 矿区首级控制网的建立等级按矿区面积大小可以分为（　　）。

A. 7″级　　B. 5″级　　C. 三等　　D. 四等

答案：BCD

10. GPS 测量具有以下优点（　　）。

A. 测站间无须通视　　B. 定位精度高

C. 高程精度可达厘米级　　D. 网形布设灵活

答案：ABD

11. 用经纬仪进行三角高程测量时（　　）。

A. 测竖直角时，不必像测水平角那样在测站上进行精确对中

B. 仪器高和站标高必须相等

C. 在每次竖盘读数之前，必须将竖盘气泡调节居中

D. 两点间的距离不一定是水平距离

E. 同一个观测目标，上、下半测回测得的竖直角应该是相等的

答案：CD

12. 直线定线可以用（　　）完成。

A. 仪器法　　B. 拉线法　　C. 描线法

答案：ABC

13. 为了防止水准测量错误、提高测量精度，在观测过程中要进行测站检核，测站检核通常采用（　　）。

A. 变更仪器高法　　B. 测回法

C. 双面尺法

答案：AC

14. 陀螺仪的主体结构包括（　　）等。

A. 摆动系统　　B. 电源

C. 光学读数系统　　D. 锁紧限幅系统

E. 外壳

答案：ACDE

解析：电源可设置为移动电源和电池，不属于主体结构。

15. 下列（　　）水平角观测误差超限时，应重测。

A. 一测回内 2C 互差超限　　B. 同一方向值各测回较差超限

C. 指标差超限

答案：AB

解析：水平角观测误差超限时，应重测并符合下列规定：①一测回内 2C 互差或同一方向值各测回较差超限时，应重测超限方向，并应联测零方向。②下半测回归零差或零方向的 2C 互差超限时，应重测本测回。③若一测回中重测方向数超过总方向数的 1/3 时，应重测本测回；当重测的测回数超过总测回数的 1/3 时，应重测本测站。

16. 三角控制测量时，三角形网的下列（　　）规定符合布设规则。

A. 首级控制网中的三角形，宜布设为近似等边三角形

B. 加密的控制网可采用查网或插点的形式

C. 三角形的边长不受限制

答案：AB

解析：三角形网的布设应符合下列规定：①首级控制网中的三角形，宜布设为近似等边三角形，三角形内角不宜小于 30°；受地形条件限制时，不宜小于 25°。②加密的控制网可采用插网或插点的形式。③二等网视线距障碍物的距离不宜小于 2 m。

17. 下列（　　）仪器搭配能使水准测量正常进行。

A. 数字水准仪和条形码水准尺

B. 光学水准仪和线条式因瓦尺

C. 光学水准仪和条形码水准尺

D. 光学水准仪和黑红面水准尺

答案：ABD

18. 现代地形测量数据源的获取，可以采用以下（　　）方式。

A. RTK 测图　　B. 全站仪测图

C. 直尺圆规测图

D. 低空数字摄影测图

答案：ABD

19. 变形监测网应由（　　）构成。

A. 基准点

B. 工作基点

C. 变形观测点

D. 导线点

答案：ABC

20. 首期监测应进行两次独立测量，之后各期的变形监测宜符合下列规定：

A. 宜采用相同的图形（观测路线）和观测方法

B. 宜使用同一仪器和设备

C. 观测人员宜相对固定

D. 宜记录工况及相关环境因素，包括荷载、温度、降水、水位等

E. 宜采用同一基准处理数据

答案：ABCDE

21. 我国使用高程系的标准名称是（　　）。

A. 1956 黄海高程系

B. 1956 年黄海高程系

C. 1985 年国家高程基准

D. 1985 国家高程基准

答案：BD

22. 陀螺经纬仪定向的作业过程包括（　　）。

A. 地面测定仪器常数

B. 井下测定陀螺方位角

C. 逆转点法定向

D. 解算子午线收敛角

E. 解算井下导线边坐标方位角

答案：ABDE

23. 陀螺仪有以下特性（　　）。

A. 进动性

B. 连续性

C. 定轴性

D. 转动性

E. 随机性

答案：AC

24. 井下经纬仪测角误差主要来源有（　　）。

A. 仪器误差

B. 观测方法误差

C. 人员误差

D. 外界环境影响

E. 以上都正确

答案：ABCDE

25. 经纬仪的检验项目有（　　）。

A. 照准部旋转是否正确的检验

B. 光学测微器行差的测定

C. 垂直微动螺旋使用正确性的检验

D. 水平轴不垂直于垂直轴之差的测定

E. 光学对点器的检验

答案：ABCDE

26. 井下基本控制导线的测角中误差一般为（　　）。

A. 5″　　B. 7″　　C. 10″　　D. 15″

E. 30″

答案：BD

解析：《煤矿测量规程》第 75 条。

27. 井下高程点可设在（　　）上，便于使用和保存。

A. 巷道顶板　　B. 巷道底板

C. 巷道两帮　　D. 铁轨枕木

E. 固定设备的基座

答案：ABCE

28. （　　）是矿井必备的基本矿图。

A. 井田区域地形图　　B. 工业广场平面图

C. 地面控制网图　　D. 地形地质图

E. 井上下对照图

答案：ABE

解析：《煤矿测量规程》规定的 8 种基本矿图为井田区域地形图、工业广场平面图、井底车场平面图、采掘工程平面图、主要巷道平面图、井上下对照图、主要保护煤柱图、井筒断面图。

29. 下列属于矿井必备的基本矿图的是（　　）。

A. 井田区域地形图　　B. 井底车场平面图

C. 采掘工程平面图　　D. 主要保护煤柱图

答案：ABCD

30. 几何定向井上下连接三角形的图形应满足（　　）要求。

A. 两垂线间距离应尽可能地大　　B. 三角形应为锐角三角形

C. 三角形的锐角 γ 应小于 2°　　D. a/c 值应尽量小一些

答案：ACD

解析：《煤矿测量规程》第 65 条。

31. 在角度测量过程中，造成测角误差的因素有（　　）。

A. 读数误差　　B. 仪器误差

C. 目标偏心误差　　D. 观测人员的错误操作

E. 照准误差

答案：ABCE

32. 水准测量时，下列（　　）属于测量员应遵守的要点。

A. 应力求前、后视的视线等长

B. 不准用手扶在仪器或脚架上，也不准两脚跨在一支脚架腿上观测

C. 搬动仪器时，无论迁移的距离远近，无论地面是否平坦，均不允许用手握住仪器下部的基座或脚架

D. 转点要先放置尺垫，立尺必须力求竖直，不得前后、左右歪斜

E. 用塔尺时，立尺人要经常检查尺子接头的卡口是否卡好，防止上节下滑

答案：ABDE

33. 采用角度交会法测设点的平面位置可使用（　　）完成测设工作。

A. 水准仪　　B. 全站仪

C. 光学经纬仪　　D. 电子经纬仪

E. 测距仪

答案：BCD

34. 一般来说，施工阶段的测量控制网具有（　　）特点。

A. 控制的范围小　　B. 测量精度要求高

C. 控制点使用频繁　　D. 控制点的密度小

E. 不受施工干扰

答案：ABC

解析：需要清楚施工阶段测量工作的具体内容和特征，施工测量中控制网具有控制范围小，测量精度高和控制点使用频繁等特点。

35. GPS 控制网技术设计的一般内容包括（　　）。

A. 控制网应用范围　　B. 分级布网方案

C. 测量精度标准　　D. 坐标系统与起算数据

E. 测站间的通视

答案：BCD

36. 平面曲线放样时需先测设曲线的主要点，下列哪些点属于主要点（　　）。

A. 直圆点　　B. 圆心点　　C. 曲中点　　D. 圆直点

E. 离心点

答案：ACD

37. 遥感图像的分辨率按特征分为（　　）。

A. 影像分辨率　　B. 像素分辨率

C. 地面分辨率　　D. 光谱分辨率

E. 时间分辨率

答案：ACDE

38. 下列准则中，属于工程控制网质量准则的有（　　）。

A. 灵敏度准则　　B. 平衡准则

C. 精度准则　　D. 多样性准则

E. 费用准则

答案：ACE

39. 下列测图方法中，可采用全站仪采集数据来完成的有（　　）。

A. 编码法　　B. 扫描法　　C. 草图法　　D. 摄影法

E. 电子平板法

答案：ACE

40. 目前“2000 国家 GPS 控制网”是由哪几部分组成（　　）。

A. 国家测绘地理信息局布设的 GPSA、B 网

B. 总测绘局布设的 GPS 一二级网

C. 中国地壳运动观测网

D. 中国大陆环境构造监测网

E. 国家天文大地网

答案：ABC

解析：2000 国家控制网有国家测绘地理信息局布设的 A、B 级网，总测绘局布设的 GPS 一二级网，以及由中国地震局、中国科学院、国家测绘地理信息局等单位共建的中国地壳运动观测网组成。

41. 《煤矿安全规程》规定，井工煤矿应当向矿山救护队提供（　　）、灾害预防和处理计划，以及应急救援预案。

A. 采掘工程平面图　　　　B. 矿井通风系统图

C. 井上下对照图　　　　D. 井下避灾路线图

答案：ABCD

解析：2022 年版《煤矿安全规程》第六百七十八条规定。

42. 《煤矿防治水细则》中规定，由测量人员依据设计现场标定探放水钻孔位置，与负责探放水工作的人员共同确定钻孔的（　　）。

A. 方位　　B. 倾角　　C. 深度　　D. 地钻孔数量

答案：ABCD

解析：《煤矿防治水细则》第四十五条第四款要求。

43. 按照煤矿测量安全生产标准化标准要求开展开采沉陷观测工作要及时完成（　　）。

A. 填绘采煤沉陷综合治理图

B. 建立地表塌陷裂缝治理台账

C. 建立村庄搬迁台账

D. 绘制矿井范围内受采动影响土地塌陷图表

答案：ABCD

解析：《煤矿安全生产标准化管理体系基本要求及评分办法》煤矿测量标准化评分表要求。

44. 巷道施工中，应及时下发贯通、开掘、放线变更（　　）等重点测量通知单。

A. 停掘、停采

B. 过特殊地质异常区

C. 过突出区域

D. 过空间距离小于巷高或巷宽 4 倍的相邻巷道

答案：ABCD

解析：《煤矿安全生产标准化管理体系基本要求及评分办法》煤矿测量标准化评分表要求。

45. 矿井导线测量、水准测量、联系测量、井巷施工标定基本要求包括（　　）。

A. 外业记录本内容齐全，书写工整无涂改

B. 测量成果计算资料和台账齐全

C. 建立测量仪器检校台账，定期进行仪器检校

D. 测量资料要分档按时间顺序保存

答案：ABCD

解析：《煤矿安全生产标准化管理体系基本要求及评分办法》煤矿测量标准化评分表要求。

46. 数字水准仪测段往返起始测站设置中，仪器设置主要有（　　）。

A. 测量的高程单位和记录到内存的单位为 m

B. 最小显示单位为 0.0001 m

C. 设置日期格式为年、月、日

D. 设置时间格式为实时 24 小时制

答案：ABCD

解析：《国家三、四等水准测量规范》(GB/T 12898—2009) 7.5.4。

47. 三等水准测量适用仪器有（　　）。

A. 自动安平光学水准仪　　B. 经纬仪

C. 自动安平数字水准仪　　D. 气泡式水准仪

答案：ACD

解析：《国家三、四等水准测量规范》(GB/T 12898—2009) 6.1。

48. 开采沉陷观测分析，要绘制分析的主要图形曲线有（　　）。

A. 下沉曲线　　B. 倾斜曲线

C. 曲率曲线　　D. 水平移动曲线

E. 水平变形曲线

答案：ABCDE

解析：《煤矿测量规程》第七篇第二章第 271 条要求。

49. 开采地表移动观测时，必须实测（　　），记录采矿、地质和水文地质情况。

A. 回采工作面位置　　B. 煤层厚度

C. 采高　　D. 工作面回采进度

答案：ABC

解析：《煤矿测量规程》第七篇第二章第 268 条要求。

50. 水平角观测误差超限时，应在原来度盘位置重测，以下符合规定的有（　　）。

A. 一测回内 2C 互差或同一方向各测回较差超限时，应重测超限方向

B. 一测回内 2C 互差或同一方向各测回较差超限时，应重测超限方向，并联测零方向

C. 下半测回归零差或零方向的 2C 互差超限时，应该重测回

D. 若一测回中重测方向数超过总方向的 1/3 时，应重测该方向

答案：BCD

解析：按照《工程测量规范》3 平面控制测量 3.3.11 要求。

51. 主要巷道平面图上必须绘制哪些内容（　　）。

A. 井田技术边界线、保护煤柱边界线和其他技术边界线，并注明名称和文号

B. 本煤层以及与开采本煤层有关的巷道

C. 发火区、积水区、煤及瓦斯突出区、冒流沙区等，应注明发生时间等有关情况

D. 井田边界以外 200 m 内邻矿的采掘工程和地质资料

答案：ABC

解析：《煤矿测量规程》第 231 条。

52. 在井下采用光电测距有哪些要求（　　）。

A. 下井作业前，应对测距仪进行检验和校正

B. 测定气压读至 100 Pa，气温读至 1 ℃；每条边测回数不得小于两个

C. 作业人员必须受过专门训练，并按照测距仪使用说明书的规定操作和维护仪器

D. 仪器严禁淋水和拆卸，应建立电源使用卡片，定期充电

答案：ABCD

解析：《煤矿测量规程》第 85 条。

53. 用钢尺丈量基本控制导线边长时，必须采用经过比长的钢尺。钢尺比长应遵守的规定有哪些（　　）。

A. 尽可能地在接近作业温度的阴天进行

B. 测回数不得少于两个。每尺段应以不同起点读书三次，估读至 0.1 mm，长度互差应小于 1 mm

C. 用温度计测量时应贴近钢尺，每尺段丈量时均须读记温度一次

D. 按各单程比长结果计算平均值的相对误差不得大于 1/100000

答案：ABCD

解析：《煤矿测量规程》第 86 条。

54. 定向投点用的设备应符合哪些要求（　　）。

A. 导向滑轮直径不得小于 50 mm

B. 绞车各部件必须能承受投点时所承受负重的三倍，滚筒直径不得小于 250 mm，并必须有双闸

C. 导向滑轮直径不得小于 150 mm

D. 钢丝上悬挂的重砣，其悬挂点四周的重量应相互对称

答案：BCD

解析：《煤矿测量规程》第 55 条。

55. GPS 测量数据处理中，基线解算，应满足哪些要求（　　）。

A. 起算点的单点定位观测时间，不宜少于 30 min

B. 解算模式可采用单基线解算模式，也可采用多基线解算模式

C. 解算成果，应采用双差固定解

D. 起算点的单点定位观测时间，不宜少于 45 min

答案：ABC

解析：《工程测量规范》3.2.10　基线解算，应满足下列要求：1. 起算点的单点定位观测时间，不宜少于 30 min。2. 解算模式可采用单基线解算模式，也可采用多基线解算模式。3. 解算成果，应采用双差固定解。

56. 在联系测量过程中，一井定向的限差要求是（　　）。

A. 互差最大允许值为 1′

B. 互差最大允许值为 2′

C. 两垂线间井上下量的距离的互差一般不超过 2 mm

D. 两垂线间井上下量的距离的互差一般不超过 5 mm

答案：BC

解析：《煤矿测量规程》第 45 条和第 57 条。

57. 矿区走向长度小于 5 km 时，首级控制网可选择为（　　）。

A. 高程控制网　　B. 小三角网

C. 导线网　　D. 小测边网

答案：BCD

解析：《煤矿测量规程》第 10 条。

58. 巷道新掘进至 160 m，原检验角和检验边符合规定，检查时巷道中线与所拨角度出现偏离，主要原因有哪些（　　）。

A. 未及时延伸导线　　B. 未及时标定中线

C. 起始方位错误　　D. 起始边长错误

答案：AB

解析：《煤矿测量规程》第 90 条。

59. 光电测距仪的计算包括哪些内容（　　）。

A. 记录的整理与检查

B. 气象改正；加、乘常数的改正

C. 倾斜改正

D. 投影到水准面和高斯—克吕格平面的改正

答案：ABCD

解析：《煤矿测量规程》第 22 条。

60. 为了掌握由于开采引起的地表与岩层移动的基本规律，应通过设站确定哪些内容（　　）。

A. 采矿、地质条件与地表移动和变形的关系

B. 地表移动和变形的分布及其主要参数

C. 移动角、裂缝角、边缘角和最大下沉角

D. 地表在空间的移动和移动时间过程及岩体内部移动、变形和破坏的规律

答案：ABCD

解析：《煤矿测量规程》第 252 条。

61. 近井点可在矿区三、四等三角网、测边网或边角网的基础上，用（　　）等方法测设。

A. 插网法　　B. 插点法

C. 加密法　　D. 敷设经纬仪导线法

答案：ABD

62. 进行重要贯通测量前，必须编制贯通测量设计书，其内容包括（　　）。

A. 根据井巷贯通测量精度和施工工程的要求，进行井巷贯通点的误差预计

B. 按设计要求制定测设方案，选择测量仪器和工具，确定观测方法及限差要求

C. 绘制贯通测量导线设计图，比例尺不应小于 1∶2000

D. 重要贯通测量设计书应报本矿总工程师审批

答案：ABC

63. 矿井测量原始资料包括（　　）。

A. 近井点及井上下联系测量（包括陀螺定向测量）记录簿

B. 地面三角测量、导线测量、高程测量、光电测距和地形测量记录簿

C. 重要贯通工程测量记录簿

D. 地表与岩层移动及建（构）筑物变形观测的记录簿

E. 井下采区测量和井巷工程标定记录簿

答案：ABCDE

64. 水准仪应定期检校，其检校的内容包括（　　）等内容。

A. 圆水准器轴的检校　　B. 十字丝的检校

C. 竖直指标差的检校　　D. 交叉误差的检校

E. i 角的检校

答案：ABDE

解析：竖直指标差的检校属于全站仪检校项目内容。

65. 保护煤柱等级及相应围护带宽度对应正确的是（　　）。

A. 特等，50 m　　B. Ⅰ级，30 m

C. Ⅱ级，20 m　　D. Ⅲ级，10 m

答案：AD

解析：保护煤柱等级及相应围护带宽度对应特等 50 m、Ⅰ级 20 m、Ⅱ级 15 m、Ⅲ级 10 m、Ⅳ级 5 m。

66. 下面关于中央子午线的说法错误的是（　　）。

A. 中央子午线又叫起始子午线

B. 中央子午线位于高斯投影带的边缘

C. 中央子午线通过英国格林尼治天文台

D. 中央子午线经高斯投影无长度变形

答案：ABC

解析：中央子午线又叫本初子午线，中央经线，从伦敦格林尼治天文台中心穿过，中央子午线经高斯投影无长度变形。

67. 为了掌握由于开采引起的地表与岩层移动的基本规律，应通过设站观测确定以下内容（　　）。

A. 采矿地质条件与地表移动和变形的关系

B. 地表移动和变形的分布及其主要参数

C. 地表在空间的移动和移动时间过程

D. 岩体内部移动、变形和破坏的规律

答案：ABCD

解析：为了掌握由于开采引起的地表与岩层移动的基本规律，应通过设站观测确定以下内容：采矿地质条件与地表移动和变形的关系；地表移动和变形的分布及其主要参数；移动角、裂缝角、边缘角和最大下沉角等；地表在空间的移动和移动时间过程；岩体内部移动、变形和破坏的规律。

68. 露天矿应建立专门观测站定期进行边坡移动观测，其内容包括（　　）。

A. 边坡岩体上不同的点在空间的移动及其过程

B. 滑落体的大小、形状和滑落方向

C. 滑落面的形状、大小、倾角及其位置

D. 边坡岩体移动对采剥工程和边坡上各种建筑物（铁路、房屋、输电线等）的危害程度

答案：ABCD

69. 井下基本控制导线的测角中误差一般为（　　）。

A. ±5″　　B. ±7″　　C. ±10″　　D. ±15″

E. ±30″

答案：BD

解析：基本控制导线测角中误差分为±7″、±15″；采取控制导线测角中误差分为±15″、±30″。

70. 工业广场平面图的绘制内容有哪些（　　）。

A. 测量控制点（平面和高程），井口十字中线基点，注明点号、高程

B. 各种永久和临时建（构）筑物

C. 各种井口（包括废弃不用的井口），注明名称、高程

D. 各种交通运输设施

E. 供水、排水和消防系统

答案：ABCDE

解析：工业广场平面图的绘制内容有：1. 测量控制点（平面和高程），井口十字中线基点，注明点号、高程。2. 各种永久和临时建（构）筑物。3. 各种井口（包括废弃不用的井口），注明名称、高程。4. 各种交通运输设施。5. 各种管线和垣栅。6. 供水、排水和消防系统。7. 隐藏工程，如电缆沟、防空洞、通风机风道等。8. 以等高线和符号表示的地表自然形态及由于生物活动引起的地面特有地貌。

71. 在 A、B 两点之间进行水准测量，得到满足精度要求的往、返测高差为 $h_{AB}=+0.005$ m，$h_{BA}=-0.009$ m。已知 A 点高程为 $H_A=417.462$ m，则（　　）。

A. B 点的高程为 417.460 m

B. B 点的高程为 417.469 m

C. 往返测高差闭合差为 +0.014 m

D. B 点的高程为 417.467 m

E. 往返测高差闭合差为 −0.004 m

答案：AE

72. 地面上某点，在高斯平面直角坐标系（六度带）的坐标为：$x=3430152$ m，$y=20637680$ m，则该点位于（　　）投影带，中央子午线经度是（　　）。

A. 第 3 带　　B. 116°　　C. 第 34 带　　D. 第 20 带

E. 117°

答案：DE

73. 在水准测量中若水准尺倾斜时，其读数值（　　）。

A. 当水准尺向前或向后倾斜时增大

B. 当水准尺向左或向右倾斜时减少

C. 总是增大

D. 总是减少

E. 不论水准尺怎样倾斜，其读数值都是错误的

答案：ACE

74. 设 A 点为后视点，B 点为前视点，后视读数为 $a=1.24$ m，前视读数为 $b=1.428$ m，则（　　）。

A. $h_{BA}=-0.304$ m

B. 后视点比前视点高

C. 若 A 点高程为 $H_A=202.016$ m，则视线高程为 203.140

D. 若 A 点高程为 $H_A=202.016$ m，则视线高程为 202.320 m

E. 后视点比前视点低

答案：ADE

75. 经纬仪可以测量（　　）。

A. 磁方位角

B. 水平角

C. 水平方向值

D. 竖直角

E. 象限角

答案：BCD

76. 在测量内业计算中，其闭合差按反号分配的有（　　）。

A. 高差闭合差

B. 闭合导线角度闭合差

C. 附合导线角度闭合差

D. 标增量闭合差

E. 导线全长闭合差

答案：ABCD

77. 导线坐标计算的基本方法是（　　）。

A. 坐标正算

B. 坐标反算

C. 坐标方位角推算

D. 高差闭合差调整

E. 导线全长闭合差计算

答案：ABC

78. 全站仪除能自动测距、测角外，还能快速完成一个测站所需完成的工作，包括（　　）。

A. 计算平距、高差

B. 计算三维标

C. 按水平角和距离进行放样测量

D. 按坐标进行放样

E. 将任一方向的水平角置为 0°00′00″

答案：ABCDE

79. 导线测量的外业工作包括（　　）。

A. 踏选点及建立标志　　B. 量边或距离测量

C. 测角　　D. 连测

E. 进行高程测量

答案：ABCD

80. 影响角度测量成果的主要误差是（　　）。

A. 仪器误差　　B. 对中误差

C. 目标偏误差　　D. 竖轴误差

E. 照准个估读误差

答案：ABCDE

81. 在进行水准测量时，其水准测量线路的布设形式一般有（　　）。

A. 附合水准路线　　B. 闭合水准路线

C. 水准支线　　D. 交叉水准线路

E. 重合水准线路

答案：ABC

82. （　　）是引起误差的主要来源，我们把这三方面的因素综合称为“观测条件”。

A. 观测方法　　B. 使用仪器

C. 观测者　　D. 外界条件

E. 观测要求

答案：BCD

解析：测量仪器、观测者、外界条件等三方面的因素是引起误差的主要来源。因此，把这三方面的因素综合起来称为观测条件。在整个观测过程中，由于人的感官有局限性，仪器不可能完美无缺，观测时所处的外界环境（温度、湿度、风力、气压、大气折光等）在不断变化，观测的结果中就会产生这样或那样的误差。因此，在测量中产生误差是不可避免的。当然，在客观条件允许的情况下，测量工可以而且必须确保观测成果具有较高的质量。

83. 关于三角测量法叙述正确的是（　　）

A. 检核条件多，图形结构强

B. 我国建立天文大地网的主要方法

C. 网状布设，控制面积较大

D. 距起算边越远精度越高

答案：ABC

解析：三角测量法优点是：检核条件多，图形结构强度高；采取网状布设，控制面积较大，精度较高；主要工作是测角，受地形限制小，扩展迅速。缺点是：网中推算的边长精度不均匀，距起算边越远精度越低。三角测量法是我国建立天文大地网的主要方法。故选 ABC。

84. 下面关于控制网的叙述正确的是（　　）。

A. 国家控制网按精度可分为一、二、三、四等

B. 国家控制网分为平面控制网和高程控制网

C. 直接为测图目的建立的控制网，称为图根控制网

D. 利用 GPS 技术建立的控制网，称为 GPS 网

答案：ABCD

85. 国家大地控制网布设的原则叙述正确的是（　　）。

A. 分为 A、B、C、D、E 五级

B. 具有足够的密度

C. 具有统一的规格

D. 分级布网、逐级控制，不可越级

答案：BC

解析：国家大地控制网按精度和用途分为一、二、三、四等大地控制网。布设的原则为：①分级布网、逐级控制；②具有足够的精度；③具有足够的密度；④具有统一的规格。大地控制网在保证精度、密度等技术要求时可跨级布设。故选 BC。

86. 可以获得两点间距离的测量方法有（　　）。

A. 钢尺量距　　B. 电磁波测距

C. 角度测量　　D. 视距测量

答案：ABD

解析：距离测量方法有钢尺量距、电磁波测距、视距测量、GPS 测量。故选 ABD

87. 光电测距成果的改正计算有（　　）。

A. 加、乘常数改正计算　　B. 气象改正计算

C. 倾斜改正计算　　D. 三轴关系改正计算

答案：ABC

解析：《煤矿测量规程》第 94 条。

88. 采用几何定向测量方法时，从近井点推算的两次独立定向结果的互差，对两井和一井定向测量分别不得超过（　　）和（　　）。

A. 1′　　B. 2′　　C. 3′　　D. 4′

答案：AB

解析：《煤矿测量规程》第 45 条。

89. 煤矿测量工作的主要任务包括（　　）。

A. 建立矿区地面及井下测量控制系统，为煤矿各项测量工作提供起算数据

B. 利用测绘资料，解决煤矿生产、建设和改造中提出的各种测绘问题，并为煤矿灾害的预报、救护提供有关的测绘资料

C. 定期进行矿井“三量”的统计分析，正确掌握采掘关系现状，按生产矿井储量管理规程的要求，对煤矿各级储量动态及损失量进行统计和管理工作，对资源的合理开采进行业务监督

D. 根据矿区地表与岩层移动变形参数，设计和修改各类保护煤柱，参与“三下”采煤和塌陷区综合治理以及土地征用和村庄搬迁方案设计和实施

答案：ABCD

解析：《煤矿测量规程》第 2 条。

90. 陀螺经纬仪一次定向程序包括（　　）。

A. 在地面已知边上求得两个（或三个）仪器常数
B. 在井下定向边上测量陀螺方位角
C. 返回地面后，要尽快在原已知边上再求得两个（或三个）仪器常数
答案：ABC
解析：《煤矿测量规程》第62条。
91. 几何定向时，（　　）是减小投点误差的主要措施。
A. 定向过程中停风或增加风门，以减小风速
B. 减小垂线受风流影响的长度
C. 采取小直径、高强度的钢丝
D. 采取挡水措施，减小滴水影响
E. 适当增加重砣的重量
答案：ABCDE
92. 精密水准仪的构造具有的特点包括（　　）。
A. 望远镜放大倍率大
B. 符合水准器分划值小
C. 配有测微器
D. 有较高的稳定性
E. 具有精确测距功能
答案：ABCD
93. 测量人员应定期对掘进巷道进行验收测量，以检查巷道的施工质量和反映掘进计划的完成情况。验收的内容包括（　　）等。
A. 巷道底板高程
B. 巷道的方向
C. 巷道的坡度
D. 巷道断面的规格
E. 掘进进度
答案：BCDE
94. 利用激光指向仪给向与普通给向方法相比，具有（　　）等特点。
A. 指向准确
B. 给向效率高
C. 节省人力
D. 填图速度快
E. 指向不占用掘进时间
答案：ABCE
95. 工业广场建（构）筑物放样，应根据设计资料，用（　　）进行。
A. 近井点
B. 控制点
C. 井筒十字中线点
D. 放样导线点进行
答案：CD
解析：《煤矿测量规程》第170条　工业广场建（构）筑物（包括选煤厂）放样，应根据设计资料，用井筒十字中线点或放样导线点进行。
96. 各种测量原始记录簿应符合下列规定：（　　）。
A. 封面有名称、编号、单位、日期
B. 目录有标题及其所在页数
C. 记录必须清楚、工整，禁止涂改
D. 用铅笔工整书写测量数字

E. 绘出草图或工作过程中所需的略图

答案：ABCE

解析：《煤矿测量规程》第 244 条。

97. 地表与岩层移动及“三下”采煤观测的原始资料应包括（　　）。

A. 地表、岩层和建（构）筑物变形观测记录簿

B. 各种地面、井下和建（构）筑物变形观测点的计算资料及有关图表

C. 建（构）筑物、水体、铁路和主要井巷煤柱的设计资料

答案：ABC

解析：《煤矿测量规程》第 243 条。

98. 地表移动观测站设计由文字说明和图纸两部分组成，图纸包括（　　）。

A. 井上、下对照图　　B. 观测线剖面图

C. 井田区域地形图　　D. 岩层柱状图

E. 观测点的构造图

答案：ABDE

解析：《煤矿测量规程》第 255 条。

99. 铁路观测站一般应每隔 1 ~2 个月进行一次全面观测，全面观测包括（　　）。

A. 铁路观测线的角度测量

B. 点间距离、支距，线路的纵、横向移动和高程测量

C. 轨道观测点的高程测量

答案：ABC

解析：《煤矿测量规程》第 289 条。

100. 以下属于煤矿测量工作的主要任务有（　　）。

A. 建立矿区地面和井下测量控制系统

B. 测绘各种煤矿测量图

C. 定期进行三量的统计分析

D. 进行矿区范围内的地籍测量

E. 参与本矿区长远规划的编制工作

答案：ABCDE

解析：《煤矿测量规程》第 2 条。

三、判断题

1. 我国采用黄海平均海水面作为高程起算面，并在青岛设立水准原点，该原点的高程为 0。（　　）

答案：错误

解析：我国在青岛设立水准原点高程是 72. 2 m，故错误。

2. 在水准仪长水准管上刻有 2 mm 间隔的分划线水准管分划值就是水准管上相邻两分划线间弧长所对的圆心角值。分划线越小精度越高。（　　）

答案：正确

3. 在一定的观测时间内，一台或多台接收机分别固定在一个或多个测站上，一直保

持跟踪观测卫星，这些固定的测站就是参考站。(　　)

答案：正确

4. 高斯平面直角坐标系，对于六度带，任意带中央子午线经度 $L0$ 可用下式计算，$L0 = 6N - 3$，式中 N 为投影带的代号。(　　)

答案：正确

解析：任意带中央子午线经度通用计算公式为 $L0 = 6N - 3$。

5. 在等高距不变的情况下，等高线平距愈小，即等高线愈密，则坡度愈缓。(　　)

答案：错误

解析：等高线平距愈大，即等高线愈密，则坡度愈缓，等高线平距愈小，反映的坡度越大。

6. 在井下导线测量中，选择的边越短，越可以提高精度。(　　)

答案：错误

解析：导线测量工作中，导向边越长，导线精度越高，故错误。

7. 当观测次数 n 无限趋近于无穷大时，算术平均值趋向于未知量的真值。(　　)

答案：正确

解析：随着观测次数的增多，其观测值的算术平均值越接近于真实值，故正确。

8. 对于支导线，由于没有检测条件，因此应往返观测，又称复测支导线。(　　)

答案：正确

9. 某地形图的等高距为 1 m，测得两地貌特征点的高程分别为 418.7 m 和 421.8 m，则通过这两点间的等高线有两条，它们的高程分别是 419 m 和 420 m。(　　)

答案：正确

解析：等高线取值是就近且取整数，故正确。

10. 测量坐标系的Ⅰ、Ⅱ、Ⅲ、Ⅳ象限为逆时针方向编号。(　　)

答案：错误

解析：测量坐标系与数学坐标系编号相反，象限的排列顺序相反。

11. 圆水准器是供一般水准仪精确整平时使用。(　　)

答案：错误

解析：圆水准器装在基座上，供粗略整平之用；管水准器装在望远镜旁，供精确整平视准轴之用。

12. 每日观测结束后，应对外业记录手簿进行检查，不能使用电子记录保存外业数据。(　　)

答案：错误

解析：每日观测结束后，应对外业记录手簿进行检查，当使用电子记录时，应保存原始观测数据，应打印输出相关数据和预先设置的各项限差。

13. 外业测距作业时，当观测数据超限时，应重测整个测回。(　　)

答案：正确

解析：当观测数据超限时，应重测整个测回；若观测数据出现系统性误差时，应分析原因，并应采取相应措施重新观测。

14. 三角形控制测量时，三角形网中的角度全部观测。(　　)

答案：正确

解析：三角形网中的角度宜全部观测，边长可根据需要选择观测或全部观测。观测的角度和边长均应作为三角形网中的观测量参与平差计算。

15. 使用数字水准仪作业时，水准路线不受电磁场的干扰。(　　)

答案：错误

解析：水准点的布设与埋石应符合下列规定：1. 点位应选在稳固地段或稳定的建筑物上，并应方便寻找、保存和引测；采用数字水准仪作业时，水准路线还应避开电磁场的干扰；2. 宜采用水准标石，也可采用墙水准点；3. 埋设完成后，二、三等点应绘制点之记，四等及以下控制点可根据工程需要确定，必要时还应设置指示桩。

16. 地形测量图形成果只需要提供纸质地形图成果即可。(　　)

答案：错误

解析：地形测量图形成果宜包括纸质地形图成果及数字地形成果。数字地形成果宜包括数字线划图、数字高程模型、数字正射影像图及数字三维模型。

17. 变形观测中当建（构）筑物的裂缝或地表的裂缝快速扩大，要及时通知建设单位。(　　)

答案：正确

18. 大地水准面上所有的点，绝对高程均为0。(　　)

答案：正确

解析：绝对高程的起始点为大地水准面。

19. 1985 国家高程基准启用后，1956 高程基准仍然使用。(　　)

答案：错误

解析：1985 年国家高程基准已于 1987 年 5 月开始启用，1956 年黄海高程系同时废止。

20. 四等水准测量观测顺序为后—后—前—前。(　　)

答案：错误

解析：顺序为后—前—前—后。

21. 水准测量时，视线离地面越近，大气折光带来的读数误差就越大。(　　)

答案：正确

22. 测绘 1∶2000 比例尺的地形图时，其比例尺的精度为 2 cm。(　　)

答案：错误

解析：图上 0.1 mm 的实地水平距离为比例尺的最大精度，$0.1*10^3*2000=0.2$ mm。

23. 自动安平水准仪使用时无须进行精平。(　　)

答案：正确

解析：自动安平水准仪可以自动补偿使仪器视线水平，所以在观测时只需将圆水准气泡居中。

24. 在一定观测条件下，绝对值相等的正负误差出现的概率不相同。(　　)

答案：错误

解析：根据偶然误差的特性，在一定观测条件下，绝对值相等的正负误差出现的概率相同。

25. 相邻两条加粗等高线之间的高差称为等高距。(　　)

答案：错误

解析：相邻等高线的高程差称为等高距，加粗等高线也称为计曲线，由高程 0 m 起，每隔四条（或三条）首曲线加粗一条。

26. 巷道贯通可分为沿导向层贯通、不沿导向层贯通和立井贯通三种。(　　)

答案：错误

解析：应分为相向贯通、同向贯通、单向贯通。

27. 方位角的取值范围为 0° ~ ±180°。(　　)

答案：错误

解析：取值范围为 0° ~360°

28. 垂线偏差是指铅垂线与仪器竖轴之间的夹角。(　　)

答案：错误

解析：垂线偏差指的是地面点的垂线同其在椭球面对应点的法线之间的夹角，表示大地水准面的倾斜。

29. 在进行几何定向时，稳定投点法适用于所有情况的立井几何定向。(　　)

答案：错误

解析：稳定投点法只有当垂球线摆幅很小时才能应用，否则必须采用摆动投点。

30. 实时、对向观测是消除光电测距三角高程测量大气折光误差最有效的途径。

答案：正确（　　）

解析：消除大气折光误差应采用对向观测方法。

31. 全站仪乘常数误差随测距边长的增大而增大。(　　)

答案：正确

解析：仪器的乘常数 R 是与距离成正比关系的固定误差系数。

32. 导入高程均需独立进行两次，也就是说在第一次完毕后，改变其井上下水准仪的高度并移动钢尺，用同样的方法再进行一次，加入各项改正数后，前后两次之差，按《煤矿测量规程》规定不得超过 1/6000。(　　)

答案：错误

解析：《煤矿测量规程》规定两次导入高程互差不得超过 1/8000。

33. 激光指向仪激光束射到巷道掘进头的光斑可用光斑调节器调整，在 500 m 时，光斑直径可调至 40 mm。(　　)

答案：错误

解析：激光指向仪激光束射到巷道掘进头的光斑可用光斑调节器调整，在 500 m 时，光斑直径可调至 32 mm。

34. 对于 7″级导线，用 DJ2 经纬仪观测时，当边长小于 15 m 时的应采用 3 次对中，测 3 个测回。(　　)

答案：正确

解析：对于 7″级导线，用 DJ2 经纬仪观测时，当边长小于 15 m 时的应采用 3 次对中，测 3 个测回，边长在 15 ~30 m 时应进行 2 次对中，2 个测回。

35. 在注入沙斜井掘进过程中，每隔 60 ~130 m，在延长经纬仪导线的同时，进行经

纬仪高程测量，以便及时检查和调整腰线。(　　)

答案：错误

解析：在注入沙斜井掘进过程中，每隔 50 ~ 100 m，在延长经纬仪导线的同时，进行经纬仪高程测量，以便及时检查和调整腰线。

36. 测角方法误差 mi 是由于瞄准误差和读数误差引起的，与测角方法基本无关。(　　)

答案：错误

解析：测角方法误差 mi 与测角方法有关。

37. 水文地质简单到中等型的矿井，相邻矿（井）人为边界防隔水煤（岩）柱可采用垂直法留设，但总宽度不得小于 20 m。(　　)

答案：错误

解析：《煤矿防治水细则》附录六第八条规定，总宽度不得小于 40 m。

38. 保护煤柱设计留设方法一般采用垂直剖面法、垂线法；各类建（构）物适用垂线法进行留设，延伸性构筑物用垂直剖面法进行留设。(　　)

答案：正确

39. 突出矿井的掘进工作面与煤层巷道交叉贯通前，被贯通的煤层巷道必须超过贯通位置，其超前距不得小于 5 m，并且贯通点 10 m 内的巷道应当加强支护。(　　)

答案：正确

解析：《防治煤与瓦斯突出细则》第二十七条第六款规定。

40. 在安装钻机进行探水前，应当由地质人员依据设计现场标定探放水钻孔位置，与负责探放水工作的人员共同确定钻孔的方位、倾角、深度和钻孔数量。(　　)

答案：错误

解析：《煤矿防治水细则》第四十五条　要求测量人员依据设计现场标定探放水钻孔位置，与负责探放水工作的人员共同确定钻孔的方位、倾角、深度和钻孔数量。

41. 沿不同路径用水准测量的方法测量的两点间的高差值，在测量误差相同的前提下，其测量结果是一致的。(　　)

答案：错误

解析：由于水准面的不平行性，沿不同路径用水准测量的方法测量的两点间的高差值，即使没有测量误差，其测量结果也是不一致的。

42. 地测部门在采掘工作面距离未保护区边缘 50 m 前，编制临近未保护区通知单，并报矿总工程师审批后交有关采掘（区）队。(　　)

答案：正确

解析：《煤矿防治水细则》第二十五条要求。

43. 在三角高程的测量中，垂直角不大的情况下，对高差中误差起主要作用的是测距误差。(　　)

答案：错误

解析：高差中误差起主要作用的是垂直角观测误差。

44. 坐标方位角可正、可负。(　　)

答案：错误

解析：坐标方位角范围为0～360°，没有负值。

45. 导线的角度闭合差不受起始边方位角误差的影响。（　　）

答案：错误

解析：附合导线角度闭合差受起始方位角误差的影响。

46. 四等水准测量采用的水准仪应不低于DS3型的精度。（　　）

答案：正确

47. 首级控制网的布设，应因地制宜，且适当考虑发展；当与国家坐标系统联测时，应同时考虑联测方案。（　　）

答案：正确

解析：《工程测量规范》3.1.3　平面控制网的布设，应遵循下列原则：1. 首级控制网的布设，应因地制宜，且适当考虑发展；当与国家坐标系统联测时，应同时考虑联测方案。2. 首级控制网的等级，应根据工程规模、控制网的用途和精度要求合理确定。3. 加密控制网，可越级布设或同等级扩展。

48. 由6条边组成的7″级闭合导线，角度闭合差限差为±20″。（　　）

答案：错误

解析：《煤矿测量规程》第96条　7″级闭合导线的最大角度闭合差为$\pm 14''\sqrt{n}$，故闭合差计算为$\pm 14''\sqrt{6} = \pm 34''$。

49. 测量陀螺方位角时，井上、下零位变化超过±0.3格时，应加入零位改正。（　　）

答案：正确

解析：《煤矿测量规程》第六十三条。

50. 水平角观测中，若水准气泡超过1格，但其他各项限差均未满足要求，仍可继续观测。（　　）

答案：错误

解析：《煤矿测量规程》第八十四条　在倾角大于15°或视线一边水平而另一边的倾角大于15°的主要井巷中，水平角宜用测回法。在观测过程中水准气泡偏离不得超过1格，否则应整平后重测。

51. 井下碎部测量可采用支距法、极坐标法或交会法等进行。（　　）

答案：正确

解析：《煤矿测量规程》第一百一十三条　井下碎部测量可采用支距法、极坐标法或交会法等进行。

52. 挂垂球的钢丝，必须有两倍的安全系数，并不得有硬弯、打结及其他影响铅垂的缺陷。垂线也可采用16～18号镀锌铁丝，但必须保证安全。（　　）

答案：正确

解析：《煤矿测量规程》第一百七十六条。

53. 地表倾角超过20°时，岩移观测点高程可采用三角高程。（　　）

答案：正确

解析：《煤矿测量规程》第二百六十七条。

54. 建筑物观测站测点的高差应以两次仪器高测定，其互差不得大于3 mm。（　　）

答案：正确

解析：《煤矿测量规程》第二百八十一条。

55. 重要贯通测量工作中不需要考虑导线通过倾斜巷道时经纬仪的竖轴倾斜改正。(　　)

答案：错误

解析：《煤矿测量规程》第二百一十一条。

56. 在倾角大于15°或视线一边水平而另一边倾角大于15°的主要井巷中，水平角宜采用复测法。(　　)

答案：错误

解析：《煤矿测量规程》第八十四条。

57. 为了获得全面的可靠资料，在设置观测站时，各矿区应该根据自己的实际情况，选择在有代表性的地方的设置。(　　)

答案：错误

解析：为了获得全面的可靠资料，在设置观测站时，各矿区应统一规划，并选择在有代表性的地方的设置。

58. 光电测距时，测站应避开受电磁场干扰的地方，一般要求离开高压箱 5 m 以外。(　　)

答案：正确

解析：光电测距时，测站应避开受电磁场干扰的地方，一般要求离开高压箱 5 m 以外，若测线与高压输电线平行时，测线应离高压输电线 2 m 以上。

59. 当矿区长度＜10 km 时，地面高程首级控制网应采用等外水准。(　　)

答案：错误

解析：当矿区长度＜5 km 时，地面高程首级控制网应采用等外水准。

60. 采用几何定向方法时，从近井点推算的两次独立定向结果的互差，两井定向测量不得超过1′和2′。(　　)

答案：正确

61. 为检查连接三角形各边丈量的结果，应将解算得的 C 边长度与实际丈量结果进行比较，其互差在井上连接三角形中不得超过 10 mm；在井下连接三角形中不得超过 20 mm。(　　)

答案：错误

解析：为检查连接三角形各边丈量的结果，应将解算得的 C 边长度与实际丈量结果进行比较，其互差在井上连接三角形中不得超过 2 mm；在井下连接三角形中不得超过 4 mm。

62. 井上、下高程基点与钢尺（丝）上相应标志间的高差，应用水准仪以两次仪器高进行测量，其互差不得超过 4 mm。(　　)

答案：正确

63. 水平角度测量时，采用改变各测回之间水平度盘起始位置的方法，可以消除度盘刻画不均匀的影响。(　　)

答案：正确

解析：采用改变各测回之间水平度盘起始位置的方法，可参考《煤矿测量规程》第十四条。

64. 铁路观测站一般应由两条观测线组成，一条设在路肩上，称路基观测线，一条在钢轨上标记测点，称轨道观测线。(　　)

答案：正确

65. 井下观测风速过大，对中困难的地段，可采用镜上光学对中，或采用挡风措施以确保对中精度。(　　)

答案：正确

66. 井下水准测量一般采用三次仪器高方法观测。(　　)

答案：错误

67. 井下基本控制导线一般应每隔 300 ~ 500 m 延长一次。(　　)

答案：正确

68. 大型贯通测量工程是指导线长度大于 8000 m 的贯通测量工程。(　　)

答案：正确

69. 井下基本控制导线的等级有 15 s 和 30 s 级两种。(　　)

答案：错误

70. 地面上任意两点间高差没有正负。(　　)

答案：错误

解析：地面上任意两点间高差的绝对值相等，符号相反。

71. 在每个投影带里，中央子午线与赤道垂直。(　　)

答案：正确

72. 我国位于北半球，所以每个投影带中的 X 坐标值均为正。(　　)

答案：正确

73. 测量上坐标的 Y 值前两位为投影带的带号。(　　)

答案：正确

74. 在一般测量工作中，面积在 10 km^2 以内时，可以不考虑地球曲率对水平角的影响。(　　)

答案：错误

75. 距离丈量时，尺子误差和温度误差属于相对误差。(　　)

答案：错误

解析：尺子误差和温度误差属于系统误差，故错误。

76. 天文地理坐标的基准面是参考椭球面。(　　)

答案：错误

解析：天文地理坐标的基准面是铅垂线和大地水准面，故错误。

77. 大地地理坐标的基准面是大地水准面。(　　)

答案：错误

解析：大地坐标系以参考椭球面为基准面，故错误。

78. 视准轴是目镜光心与物镜光心的连线。(　　)

答案：错误

解析：视准轴是望远镜物镜光心与十字丝中心的连线，故错误。

79. 方位角的取值范围为0°～±180°。(　　)

答案：错误

解析：方位角的取值范围为0°～360°，故错误。

80. 象限角的取值范围为0°～±90°。(　　)

答案：正确

81. 双盘位观测某个方向的竖直角可以消除竖盘指标差的影响。(　　)

答案：正确

82. 经纬仪整平的目的是使视线水平。(　　)

答案：错误

解析：整平经纬仪是不是为了使视线水平，故错误。

83. 用一般方法测设水平角时，应采用盘左盘右取中的方法。(　　)

答案：正确

84. 高程测量时，测区位于半径为10 km的范围内时，可以用水平面代替水准。(　　)

答案：错误

解析：高程测量时，测区位于半径为10 km的范围内时，不可以用水平面代替水准面，故错误。

85. 晴天作业时，应给测距仪遮阳，严禁将照准头对向太阳。架设仪器后，测站和镜站均可以离人。(　　)

答案：错误

解析：《煤矿测量规程》第十八条。

86. 视准轴是目镜光心与物镜光心的连线。(　　)

答案：错误

解析：视准轴是望远镜物镜中心与十字丝交点的连线，它是找准目标的基准方向线。

87. 用罗盘仪在没有磁性物质影响的地方敷设碎部导线，磁方位角应在导线边的两端各测一次，两次之差不得大于1°。(　　)

答案：错误

解析：《煤矿测量规程》第一百一十一条。

88. 标定井筒实际中心坐标和十字中线的坐标方位角应按地面一级导线的精度要求实地测定。(　　)

答案：正确

解析：《煤矿测量规程》第一百六十六条。

89. 当井筒深度超过500 m，中心垂线点需向下移设时，可用摆动观测的方法进行精确投点。(　　)

答案：正确

解析：《煤矿测量规程》第一百七十七条。

90. 地表移动观测站的观测线一般应设置成直线，并与煤层走向垂直或平行；在受地面建筑物设施限制的情况下，也可设成折线，或因地制宜设成其他形状。(　　)

答案：正确

解析：《煤矿测量规程》第二百五十六条。

91. 在井筒十字中线的其他方向上均应各设置 4 个基点。(　　)

答案：错误

解析：在井筒十字中线的其他方向上均应各设置 3 个基点。

92. 地表移动全过程分为初始期、活跃期、衰减期与稳沉期 4 个阶段。(　　)

答案：错误

解析：地表移动全过程分为初始期、活跃期、衰减期 3 个阶段。

93. 测站应避开受电磁场干扰的地方，一般要求离开高压线 10 m 以外；若测线与高压输电线平行时，测线应离高压输电线 2 m 以上。(　　)

答案：错误

解析：《煤矿测量规程》第十七条　测站应避开受电磁场干扰的地方，一般要求离开高压线 5 m 以外；若测线与高压输电线平行时，测线应离高压输电线 2 m 以上。

94. 晴天作业时，应给测距仪遮阳，严禁将照准头对向太阳。架设仪器后，测站和镜站均不得离人。(　　)

答案：正确

解析：《煤矿测量规程》第十八条。

95. 各矿井应该尽量使用陀螺经纬仪定向，只有在确实不具备此条件时，才允许采用几何定向。(　　)

答案：正确

解析：《煤矿测量规程》第四十四条。

96. 井上、下观测应由同一观测者进行，仪器在搬运时，要防止颠簸和震动。(　　)

答案：正确

瓦斯抽采监测工

赛项专家组成员（按姓氏笔画排序）

朱士成　杨剑锐　岗战伟　张红刚　郎代志
孟晓龙　葛　琦

赛 项 规 程

一、赛项名称

瓦斯抽采监测工

二、竞赛目的

瓦斯治理是煤矿安全生产的基础性要求，国家局前后提出“先抽后采、监测监控、以风定产”十二字方针和“通风可靠、抽采达标、监控有效、管理到位”十六字体系，特别是“先抽后采”，对防范瓦斯事故具有釜底抽薪、源头治本作用，是煤矿安全生产的基础性、关键性措施。瓦斯抽采监控系统是瓦斯抽采环节重要的监控手段，系统监测是抽采达标评价的重要参考，系统自动控制功能是实现两化融合、减员增效的有力保障，瓦斯抽采工作为煤矿井下十类特殊作业人员之一，维护着瓦斯抽采监控系统，有着瓦斯参数检测、瓦斯抽采设备操作及管路维护等重要职责，是保障煤矿企业安全高效发展的尖兵。因此，为进一步加强对煤矿瓦斯抽采工的培养，推进瓦斯抽采监控先进技术的发展，特筹办该赛项。

三、竞赛内容

为全面提升瓦斯抽采监测工综合素质和能力，结合煤矿两化融合要求和先进技术装备(具有物联网特性的新型自动计量与测定装备)，以矿山瓦斯抽采计量与抽采计量设备使用维护为重点，考核瓦斯抽采监控工对系统实操、故障处理及相关理论知识的掌握程度。实操时间 70 min，理论考试时间 60 min，具体见表 1。

表1　竞赛内容、时间与权重表

序号	竞 赛 内 容	竞赛时间/min	所占权重/%
1	理论知识考试	60	20
2	瓦斯抽采监控系统故障处理	70	80
3	瓦斯抽采监控系统实操		

四、竞赛方式

本赛项为单人项目，竞赛内容由个人完成。

瓦斯抽采监控系统故障处理实操竞赛及理论考试通过计算机自动评分，瓦斯抽采监控系统实操由裁判员现场评分。

五、竞赛赛卷

（一）瓦斯抽采监控系统故障处理

瓦斯抽采监控系统故障处理采用故障诊断排查仿真系统软件实现。从 60 道故障题库中随机抽一组故障题，每一组设置 10 个故障，选手按照系统机选顺序依次进行故障排除，一个故障计 1 分，共计 10 分，瓦斯抽采监控系统故障处理实操竞赛通过计算机自动评分。

（二）瓦斯抽采监控系统实操

实操主要考核选手对瓦斯抽采监控系统设备安装使用的实际操作能力，参照《煤矿瓦斯抽采工安全技术培训大纲及考核要求》(AQ 1091—2011）考核选手对瓦斯抽采监控系统的相关标准的理解和设备操作的规范化。系统中心站定义由题目提前预设，不需要选手操作，选手需根据题目要求完成包含系统设备连接、数据计算等一系列规定操作，作业指导书模板见附件 1，瓦斯抽采监控系统实操连接示意图如图 1 所示。

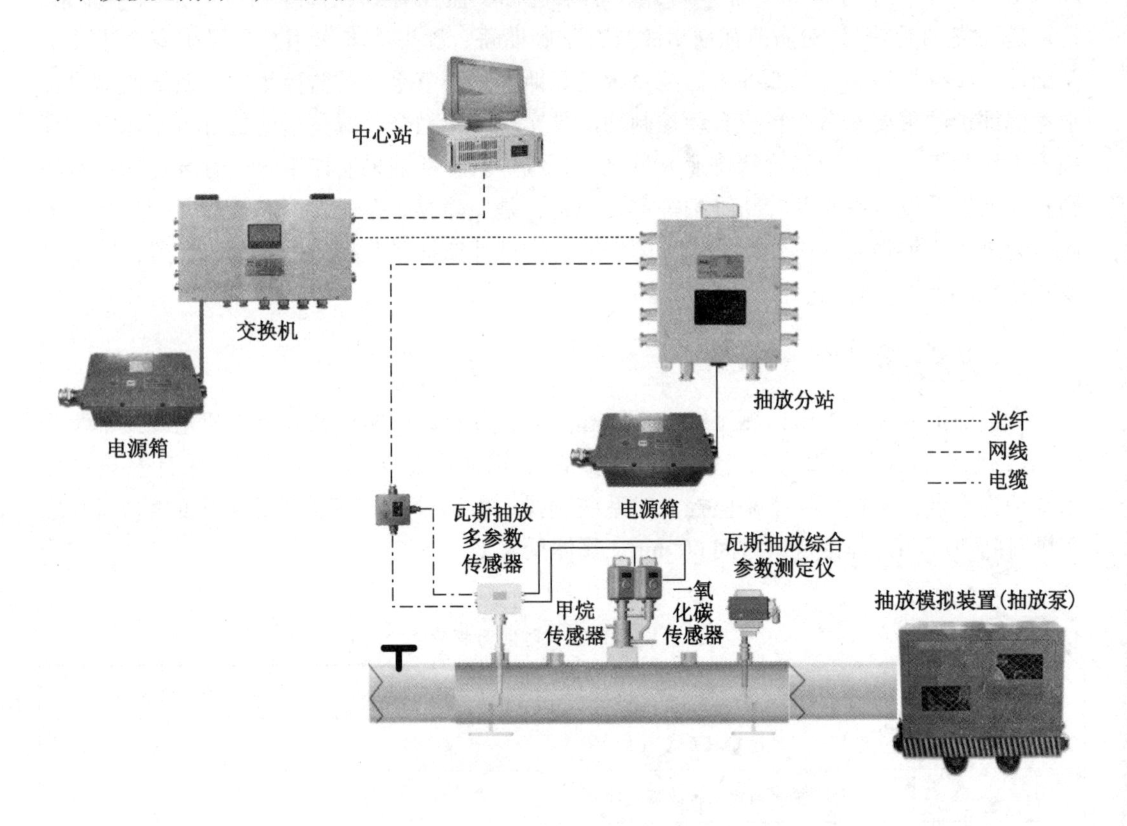

图 1　瓦斯抽采监控系统实操连接示意图

（三）实操内容及要求（70 分）

提前发放作业指导书，根据题目描述进行理解分析判断，完成实操考试。

1. 自救器盲戴技能（10 分）

按要求在 30 s 内盲戴 ZYX45(E)型隔绝式压缩氧气自救器。操作步骤：

（1）将佩戴的自救器移至身体的正前方，将自救器背带挂在脖颈上。

（2）双手同时操作拉开自救器两侧的金属挂钩并取下上盖。

（3）展开气囊，注意气囊不能扭折。

（4）拉伸软管，调整面罩，把面罩置于嘴鼻前方，安全帽临时移开头部，并快速恢复，将面罩固定带挂至头后脑勺上部，调整固定带松紧度，使其与面部紧密贴合，确保口鼻与外界隔绝。

（5）逆时针转动氧气开关手轮，打开氧气瓶开关（必须完全打开，直到拧不动），然后用手指按动补气压板，使气囊迅速鼓起（目测鼓起三分之二以上）。

（6）一手扶住自救器，确保随时按压补气压板，一手扶住面罩防止脱落，撤离灾区。

2. 安全文明生产（10 分）

按规定穿工作服、戴安全帽，佩戴矿灯（矿灯需卡在安全帽上并打开）、自救器、便携式甲烷检测报警仪、毛巾，操作前先进行环境安全确认（拿便携仪沿场地巡视一周并进行手指口述）。

手指口述：经确认，顶帮支护完好，现场无淋水，作业区域内甲烷浓度符合安全要求，可以作业。

3. 分站与交换机的正确连接（10 分）

按要求将抽采分站与交换机通过光纤连接，中心站主机与交换机之间采用超五类网线连接。

4. 分站与传感器的正确连接、安装和设置（15 分）

按要求将抽采管道多参数传感器与甲烷传感器、一氧化碳传感器进行连接，将瓦斯抽采多参数传感器与抽采分站进行连接，正确选择传感器安装位置，并将抽放多参数传感器、甲烷传感器、一氧化碳传感器及汽水分离器正确安装在抽采管道上。正确设置分站、传感器参数使之能够正常通信和监测。

5. 瓦斯抽采参数的测定及抽采达标计算（15 分）

按要求使用瓦斯抽放综合参数测定仪对抽采管道标混流量进行持续 1 min 的测定，结合测得标混流量数据和指导书给定的数据计算残余瓦斯含量、可解吸瓦斯含量以及达标剩余抽采时间（允许使用电脑计算器计算），在答题卡上正确写出计算公式、数据带入公式的计算过程、计算结果。

6. 操作规范（10 分）

井下设备的安装、调试等操作符合规范要求。

六、技术参考规范

（1）《煤矿安全规程》（2022 版）。

（2）《煤矿瓦斯抽放规范》（AQ 1027—2006）。

（3）《煤矿瓦斯抽采工安全技术培训大纲及考核要求》（AQ 1091—2011）。

七、技术平台

比赛设备采用重庆梅安森厂家生产的 KJ619 瓦斯抽采监控系统和瓦斯抽采监控系统故障处理用故障诊断排查仿真系统软件。比赛使用设备清单见表 2。

表2 比赛使用设备清单表（清单应按用途进行分类）

序号	项 目 名 称	品牌/型号	规 格	数量	单位
1	工控机	IPC－610 L	处理器 I7 以上，内存 8G	1	套
2	煤矿瓦斯抽采监控系统	KJ619	含计量监控融合平台	1	套
3	矿用本安型交换机	KJJ177	A 型	1	台
4	矿用本安型分站	KJ619－F(A)	含光电板	1	台
5	矿用瓦斯抽采多参数传感器	GD3(B)	含引气座、管道结构件	1	台
6	矿用管道激光甲烷传感器	GJJ100G		1	台
7	矿用一氧化碳传感器	GTH500(B)		1	台
8	隔爆兼本质安全型电源箱	KDW660/24B(D)		1	台
9	瓦斯抽放综合参数测定仪	CJZ8(A)		1	台
10	矿用隔爆兼本安型直流稳压电源	KDW660/24B(C)		1	台
11	汽水分离器	GJJ100G、GTH500(B)配套		1	套
12	引气座			1	套
13	抽采模拟装置		定制	1	台
14	单头四芯航插线		1.25 米	2	根
15	双头四芯航插线		1.25 米	2	根
16	故障诊断排查仿真系统软件			1	套
17	光纤熔接机	吉隆，KL530	4.3 英寸彩色，5200 mAH 锂电池，含 KL－21F 切割刀 1 个、FT－2 光纤剥皮钳、皮线开剥器 1 个、酒精（95%）、脱脂棉、热缩管、尼龙扎带等	1	套
18	超 5 类 RJ 水晶头	山泽		4	个
19	超 5 类网线	绿联		5	米
20	网线钳	SZ－568L		1	把
21	网线测试仪	NF－858C		1	个
22	一字螺丝刀	世达	适配 M2/M3/M4 螺钉	1	个
23	十字螺丝刀	世达	适配 M2/M3/M4 螺钉	1	个
24	美工刀	得力，大号带金属护套		1	个
25	老虎钳	世达	8 英寸	1	个
26	斜口钳	世达	6 英寸	1	个

表2（续）

序号	项 目 名 称	品牌/型号	规　　格	数量	单位
27	剥线钳	世达	7 英寸	1	个
28	活动扳手	世达	12 英寸	1	个
29	内六角扳手	世达	适配 M4/M6 螺钉	1	个
30	管钳	世达	14 寸	1	个
31	煤矿用聚乙烯绝缘聚氯乙烯护套通信电缆	扬州苏能，MHYV 1 * 4(7/0.52 mm)	4 芯	10	米
32	煤矿用阻燃通信光缆	浙江汉维，MGXTSV - 6B	4 芯	10	米
33	单模光纤跳线	山泽，G0 - SCSC03	3 米，单模单芯	10	米
34	机械秒表			1	块

注：煤矿瓦斯抽采监控系统包含有瓦斯抽采图形系统软件。

为了提高选手竞赛水平，更加体现竞赛公平性，本次大赛禁止自带工具；大赛提供统一工具组合。开赛前所需实操工具、仪器仪表、工作服、安全帽等参赛装备，由主办方或协办方对外公布。

八、成绩评定

（一）评分标准制定原则

竞赛评分本着“公平、公正、公开、科学、规范”的原则，注重考核选手的职业综合能力和技术应用能力。

（二）评分标准

瓦斯抽采监测工赛项评分标准见表3，瓦斯抽采工实操竞赛评分标准表见表4。

表3　瓦斯抽采监测工赛项评分标准

序号	一级指标	比例	二　级　指　标	分值	评分方式
1	理论知识	20%	软件自动筛选 100 个题目	100	机考评分
2	瓦斯抽采监控系统故障处理	80%	软件自动筛选 10 处故障，1 处未排除扣分 1 分	10	机考评分
3	瓦斯抽采监控系统实操		自救器盲戴技能（10 分）；安全文明生产（10 分）；分站与交换机的正确连接（10 分）；分站与传感器的正确连接、安装和设置（15 分）；瓦斯抽采参数的测定及抽采达标计算（15 分）；操作规范（10 分）	70	结果评分 过程评分
注意事项	1. 选手在进行比赛时达到规定时间后，不管完成与否，必须立即停止所有操作 2. 比赛过程中，选手必须遵守安全规程、操作规程，正确使用设备、工具及仪器仪表 3. 现场操作过程出现作弊、自身伤害（如刀伤、触电、砸/压伤）等一经发现立即责令其终止比赛 4. 实操竞赛时，选手必须完成所有项目且不扣分的情况下，每提前 30 s 加 0.5 分，最多加 5 分（不足 30 s 不计分），计入实际操作成绩 5. 打分时严格按照标准评分表评分				

表4　瓦斯抽采工实操竞赛评分标准表

工位号		选手参赛号		实操时间	时　分　秒	
项目	标准分	竞赛内容及要求	评　分　标　准		扣分	扣分原因
瓦斯抽采监控系统故障处理	10分	通过《故障诊断排查仿真系统》排除预先设置的10处故障	任意一个故障未排除扣1分，由软件自动评分			
项目一：自救器盲戴技能	10分	按要求在30 s内盲戴ZYX45(E)型隔绝式压缩氧气自救器	未按照规定30 s内完成，超时不得分；未对应操作每处扣1分；扣完小项分为止			
项目二：安全文明生产	10分	按规定穿工作服、戴安全帽，佩戴矿灯(卡在安全帽上并打开)、自救器、便携式甲烷检测报警仪（开机)、毛巾，操作前先进行环境安全确认(拿便携仪沿场地巡视一周并进行手指口述)	1. 作业过程中未按规定穿工作服、戴安全帽、佩戴矿灯（卡在安全帽上并打开)、自救器、便携式甲烷检测报警仪(开机)、毛巾，一处不合格扣1分 2. 未按要求拿便携仪沿场地巡视一周进行环境确认扣1分，未按标准话术进行手指口述扣1分 3. 未在规定时间内正确佩戴和使用自救器扣5分 扣完小项分为止			
项目三：分站与交换机的正确连接	10分(光纤制作5分，网线制作5分)	按要求将抽采分站与交换机通过光纤连接，中心站主机与交换机之间采用RJ45网线连接	1. 不盘纤扣2分；盘纤超出2圈扣1分，盘纤交叉扣0.5分，盘纤打搅扣0.5分 2. 未告知光纤熔接损耗率扣0.5分；光纤熔接损耗率大于0.03 dB扣0.5分 3. 光缆钢丝未接地扣0.5分 4. 光纤制作完成后不通，使用备用光纤扣4分 5. 光纤未制作直接使用备用光纤扣5分 6. 网线外层未压入水晶头固线位扣1分 7. 网线线序不规范（不符合T568B标准）扣1分 8. 网线制作后不通，使用备用网线扣4分 9. 网线未制作直接使用备用网线扣5分 扣完小项为止			
项目四：分站与传感器的正确连接、安装和设置	15分	按要求将瓦斯抽采多参数传感器与甲烷传感器、一氧化碳传感器进行连接，将瓦斯抽采多参数传感器与抽采分站进行连接，正确选择传感器安装位置，并将瓦斯抽放多参数传感器、甲烷传感器、一氧化碳传感器及汽水分离器正确安装在抽采管道上，正确设置分站、传感器参数使之能够正常通信和监测	1. 分站地址号设置不正确，扣2分 2. 瓦斯抽采多参数传感器、甲烷传感器、一氧化碳传感器地址号错误，一处扣1分 3. 瓦斯抽采多参数传感器与抽采分站连接错误，一处扣1分 4. 甲烷、一氧化碳与瓦斯抽采多参数传感器连接错误，扣1分 5. 传感器、汽水分离器安装位置错误，扣5分 6. 平视瓦斯抽放多参数传感器皮托巴插入尺寸范围不在180~200 mm，扣2分 7. 引气座、皮托巴方向偏差超出划线范围、设备不稳固、汽水分离器阀门未打开、软管打折、未拧紧或未连接，一处扣1分 扣完小项分为止			

表4（续）

<table>
<tr><th>项目</th><th>标准分</th><th colspan="2">竞赛内容及要求</th><th>评 分 标 准</th><th>扣分</th><th>扣分原因</th></tr>
<tr><td>项目五：瓦斯抽采参数的测定及抽采达标计算</td><td>15 分</td><td colspan="2">按要求使用瓦斯抽放综合参数测定仪对抽采管道标混流量进行持续 1 min 的测定，结合测得标混流量数据和指导书给定的数据计算残余瓦斯含量、可解析瓦斯含量以及达标剩余抽采时间，在答题卡上正确写出计算公式、数据带入公式的计算过程、计算结果</td><td>1. 标混流量测定不满 1 min，扣 1 分
2. 测定时未用手扶稳仪器，扣 1 分
3. 残余瓦斯含量计算未正确写出公式，扣 2 分；未正确将数据代入公式写出计算过程，扣 1 分；未正确写出计算结果，扣 2 分
4. 可解析瓦斯含量计算未正确写出公式，扣 2 分；未正确将数据代入公式写出计算过程，扣 1 分；未正确写出计算结果，扣 2 分
5. 达标剩余抽采时间计算未正确写出公式，扣 2 分；未正确将数据代入公式写出计算过程，扣 1 分；未正确写出计算结果，扣 2 分
扣完小项分为止</td><td></td><td></td></tr>
<tr><td>项目六：操作规范</td><td>10 分</td><td colspan="2">井下设备的安装、调试等操作符合规范要求</td><td>1. 交换机、分站、接线盒腔内有杂物，一处扣 1 分
2. 交换机、分站、接线盒操作完毕后未合盖，一处扣 5 分
3. 喇叭嘴、航插未拧紧，单手三指顺时针拧动超过半圈，一处扣 1 分
4. 分站、接线盒接线跨接、交叉，一处扣 1 分
5. 线缆伸入器壁超过 5 ~ 15 mm 范围，线芯外露大于 3 mm，芯线有毛刺，一处扣 1 分
6. 选手未在操作区域操作，扣 1 分
7. 操作区域内卫生打扫不干净，一处扣 1 分
8. 工具未整理，一处扣 1 分
9. 交换机、分站、接线盒带电开盖或接线，扣 10 分
扣完小项分为止</td><td></td><td></td></tr>
<tr><td rowspan="2">结余时间</td><td>分</td><td>秒</td><td rowspan="2">节时加分</td><td rowspan="2"></td><td rowspan="2">实操得分</td><td rowspan="2"></td></tr>
<tr><td></td><td></td></tr>
<tr><td>裁判员签字</td><td colspan="2"></td><td>技术人员签字</td><td></td><td>裁判组长签字</td><td></td></tr>
</table>

裁判长签字： 时间：

（三）评分方法

本赛项评分包括系统评分和主观性评分两种。每个评分小组包括主裁判 1 人和监督裁判 2 人，主裁判和监督裁判达成一致意见的评分结果为当场执裁评分结果。

1. 系统评分

选手机试完成提交后由软件自动评分，由主裁判直接从软件中调取分数。

2. 主观性评分

对于竞赛任务中参赛队选手的实际操作，由 3 名评分裁判和现场技术人员依照给定的参考评分标准进行打分，由主裁判负责评分，其余裁判和技术人员进行监督，评分结果作为参赛选手本项得分。

3. 成绩的计算

$$D = G_1 + G_2 + G_3 \times 0.2$$

式中　D——参赛选手的总成绩；

G_1——瓦斯抽采监控系统障处理成绩；

G_2——瓦斯抽采监控系统实操成绩；

G_3——理论知识考试成绩。

附件 1

作业指导书模板

××煤矿拟在×××安装一套瓦斯抽采计量设备，设备包括 GJJ100G 型矿用管道激光甲烷传感器、GTH500(B)型矿用管道一氧化碳传感器、GD3(B)型矿用瓦斯抽采多参数传感器。拟在×××安装 KJ619 - F(A)型矿用本安型分站，分站与 KJJ177 型矿用本安型交换机之间用光纤连接，光纤使用××颜色，交换机 KJ619 型煤矿瓦斯抽采监控系统中心站之间用超五类网线连接，中心站用户名 admin，密码为 123456，软件中分站、网络模块、传感器信息已定义，请根据中心站定义参数，正确安装和连接各设备，确保系统和设备能够正常工作。中心站定义信息如下：

1. 分站

地址号：××，IP 地址：×××. ×××. ×××. ×××设备类型：KJ619 - F(A)抽放分站（多表头）。

2. 瓦斯抽放多参数传感器

地址号：××，设备类型：瓦斯抽放传感器 - 标混瞬时流量（主参）。

请使用瓦斯抽放综合参数测定仪对抽采管道标混流量进行持续 1 min 的测定，以测定仪数据为依据，结合以下给定的数据在答题卡上计算残余瓦斯含量、可解析瓦斯含量以及达标剩余抽采时间，并在答题卡上正确写出计算公式、数据带入公式的计算过程、计算结果。

管路直径 = 200 mm

甲烷浓度 =　　　　　% （模拟给定值）

评价单元走向长度 =　　　　　m

评价单元宽度 =　　　　　m

评价单元煤厚 =　　　　　m

煤炭容重 =　　　　　(t/m^3)

煤炭原始瓦斯含量 =　　　　　(m^3/t)

累计抽采量 =　　　　　m^3

达标抽采量 =　　　　　m^3

标准大气压力下的残存瓦斯含量 =　　　　　m^3

附件 2

瓦斯抽采监测工技术比武赛位布置图

单个赛位面积参考：长 10 m，宽 4 m，顶部照明，光线充足；赛位之间有墙壁隔断，选手区域和裁判区域明确区分标识，赛位布置摄像头，图像监视覆盖整个选手操作区域；供电设施正常且安全有保障；地面平整、洁净（建议设置至少 4 个赛位）。

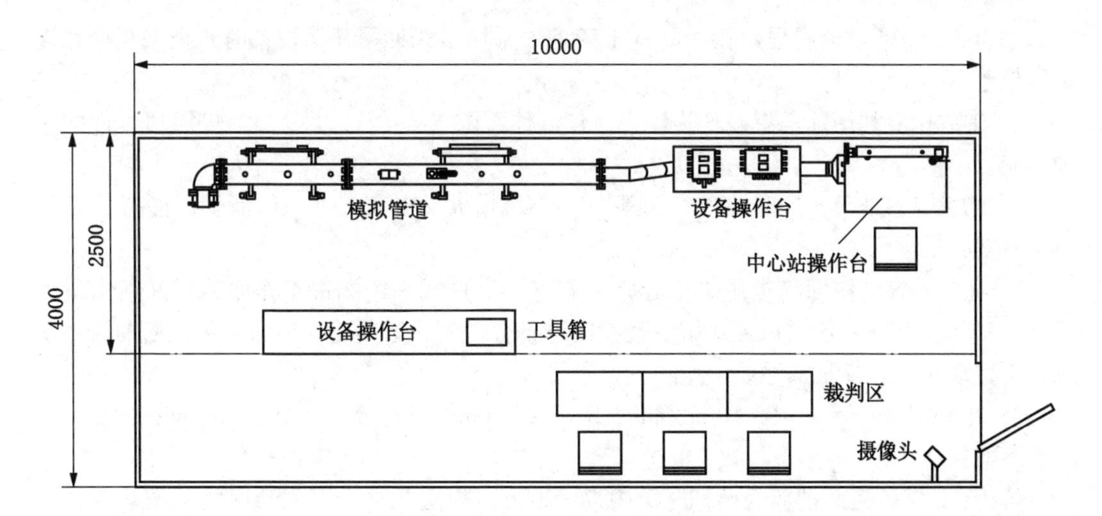

试 题 样 例

一、单选题

1. 抽放泵输入路中应安设高浓度瓦斯、流量、差压、温度传感器。采用干式泵抽放时，输入管路中的瓦斯浓度低于（　　）时应发出声、光报警信号。

A. 25% CH_4　　B. 30% CH_4　　C. 35% CH_4　　D. 40% CH_4

答案：A

解析：《煤矿安全规程》第一百八十四条　采用干式抽采瓦斯设备时，抽采瓦斯浓度不得低于25%。

2. 在钻孔内利用炸药爆破作为动力，使煤体裂隙（　　），（　　）煤层透气性的一种措施。

A. 增大，减少　　B. 减少，减少　　C. 增大，提高　　D. 减少，提高

答案：C

3. 一个采煤工作面绝对瓦斯涌出量大于（　　）或一个掘进工作面绝对瓦斯出量大于（　　）m^3/min，用通风方法解决瓦斯问题不合理的，必须建立地面永久瓦斯抽放系统或井下移动泵站瓦斯抽放系统。

A. 10 m^3/min，5　　B. 10 m^3/min，3　　C. 5 m^3/min，5　　D. 5 m^3/min，3

答案：D

解析：《煤矿瓦斯抽放规范》（AQ 1027—2006）规定凡符合下列情况之一的矿井，必须建立地面永久瓦斯抽放系统或井下移动泵站瓦斯抽放系统。

4.1.1　一个采煤工作面绝对瓦斯涌出量大于5 m^3/min或一个掘进工作面绝对瓦斯出量大于3 m^3/min，用通风方法解决瓦斯问题不合理的。

4. 矿井安全监控系统的主机及系统联网主机应双机热备份，24 h不间断运行。当工作主机发生故障时，备份主机应在（　　）内投入工作，不得采用虚拟机代替主机。

A. 60 s　　B. 90 s　　C. 10 s　　D. 50 s

答案：A

5. 煤矿安全监控系统应支持多网、多系统融合，实现井下有线和无线传输网络的有机融合。煤矿安全监控系统应与（　　）联网。

A. 国家安全局管理部门　　B. 省安全局管理部门

C. 地方安全局管理部门　　D. 上一级管理部门

答案：D

解析：根据AQ 1029—2019行业标准4.6。

6. 煤矿安全监控系统主干线缆应当分设两条，从不同的井筒或者一个井筒保持一定间距的不同位置进入井下。安全监控系统不得与图像监视系统共用同一芯光纤。系统应具

有（　　）保护。

A. 防火　　B. 防雷电　　C. 防潮　　D. 防爆

答案：B

解析：AQ 1029—2019 行业标准 5.2　煤矿安全监控系统主干线缆应当分设两条，从不同的井筒或者一个井筒保持一定间距的不同位置进入井下。安全监控系统不得与图像监视系统共用同一芯光纤。系统应具有防雷电保护，入井线缆的入井口处和中心站电源输入端应具有防雷措施。

7. 隔爆兼本质安全型防爆电源设置在采区变电所，不得设置在下列哪些区域（　　）。

A. 断电范围

B. 低瓦斯和高瓦斯矿井的采煤工作面和回风巷

C. 煤与瓦斯突出煤层的采煤工作面、进风巷和回风巷内

D. 以上都是

答案：D

解析：AQ 1029—2019 行业标准 5.4　隔爆兼本质安全型防爆电源设置在采区变电所，不得设置在下列区域：

a）断电范围内；

b）低瓦斯和高瓦斯矿井的采煤工作面和回风巷内；

c）煤与瓦斯突出煤层的采煤工作面、进风巷和回风巷；

d）掘进工作面内；

e）采用串联通风的被串采煤工作面、进风巷和回风巷；

f）采用串联通风的被串掘进巷道内。

8. 安装断电控制时，应根据断电范围要求，提供断电条件，并接通井下电源及控制线。断电控制器与被控开关之间应正确接线，具体方法由（　　）审定。

A. 使用单位机电区长　　B. 安全监测主管区长

C. 煤矿主要技术负责人　　D. 安全管理部

答案：C

解析：根据 AQ 1029—2019 行业标准 5.6。

9. 与安全监控设备关联的电气设备、电源线和控制线在改线或拆除时，应与共同（　　）处理。检修与安全监控设备关联的电气设备，需要监控设备停止运行时，应经矿主要负责人或主要技术负责人同意，并制定安全措施后方可进行。

A. 安全监控管理部门　　B. 安全管理部门

C. 矿调度室　　D. 现场机电工

答案：A

解析：根据 AQ 1029—2019 行业标准 5.7。

10. 高瓦斯矿井双巷掘进工作面混合回风流处断电范围：（　　）

A. 掘进巷道内全部非本质安全型电气设备

B. 包括局部通风机在内的被串掘进巷道内全部非本质安全型电气设备

C. 除全风压供风的进风巷外，双巷掘进巷道内全部非本质安全型电气设备

D. 掘进巷道内全部电气设备

答案：C

解析：根据 AQ 1029—2019 行业标准 6. 1. 2。

11. 一翼回风巷及总回风巷道内临时施工的电气设备上风侧甲烷传感器的报警浓度（　　）断电浓度（　　）复电浓度（　　）。

A. 1. 0，1. 0，1. 0　　B. 0. 5，1. 0，1. 0

C. 1. 0，1. 5，1. 0　　D. 0. 75，1. 0，1. 0

答案：D

解析：根据 AQ 1029—2019 行业标准 6. 1. 2。

12. 采区回风巷、一翼回风巷、总回风巷测风站应设置（　　）。

A. 温度传感器　　B. 开停传感器　　C. 甲烷传感器　　D. 粉尘传感器

答案：C

解析：根据 AQ 1029—2019 行业标准 6. 4. 1 规定。

13. 甲烷传感器位置安装不正确的有（　　）。

A. 井下煤仓、地面选煤厂煤仓上方应设置甲烷传感器

B. 封闭的地面选煤厂车间内上方应设置甲烷传感器

C. 封闭的带式输送机地面走廊上方应设置甲烷传感器

D. 高瓦斯和煤与瓦斯突出矿井的掘进工作面长度小于 1000 m 时，应在掘进巷道中部增设甲烷传感器

答案：D

解析：根据 AQ 1029—2019 行业标准 6. 3. 3 规定。

14. 自然发火观测点、封闭火区防火墙栅栏外（　　）设置一氧化碳传感器，报警浓度≥0. 0024% CO。

A. 应　　B. 宜　　C. 必须　　D. 不应

答案：A

解析：根据 AQ 1029—2019 行业标准 7. 1. 4 规定。

15. 开采容易自燃、自燃煤层及地温高的矿井采煤工作面应在工作面或回风巷设置温度传感器，温度传感器的报警值为（　　）。

A. 26 ℃　　B. 30 ℃　　C. 32 ℃　　D. 34 ℃

答案：B

解析：根据 AQ 1029—2019 行业标准 7. 7. 2 规定。

16. 瓦斯抽采监控系统巡检周期应不大于（　　）。

A. 2 s　　B. 5 s　　C. 10 s　　D. 20 s

答案：D

解析：MT/T 1126—2011 第 5. 6. 4 条。

17. 井下临时瓦斯抽采泵站下风侧栅栏外甲烷传感器断电值为（　　）。

A. ≥0. 5　　B. ≥0. 8　　C. ≥1. 0　　D. ≥1. 5

答案：C

解析：AQ 1029—2019 行业标准 6. 1. 2 规定。

18. 相对瓦斯涌出量主要来自于邻近层或围岩的采煤工作面，工作面绝对瓦斯涌出量为 15 m^3/min，那么其瓦斯抽采率需达到（　　），才能判断其瓦斯抽采效果判定为达标。

A. ≥10%　　B. ≥20%　　C. ≥30%　　D. ≥40%

答案：C

解析：《煤矿瓦斯抽采达标暂行规定》5.28 规定。

19. 抽放钻场、管路拐弯、低洼、（　　）及沿管路适当距离（间距一般为 200～300 m，最大不超过 500 m）应设置放水器。

A. 管道变径　　B. 阀门前端　　C. 温度突变处　　D. 阀门后端

答案：C

解析：AQ 1027—2006 第 5.4.6 条规定。

20. 瓦斯矿井每（　　）年进行一次瓦斯等级鉴定。

A. 1　　B. 2　　C. 3　　D. 4

答案：B

解析：《煤矿安全规程》第一百七十条　每 2 年必须对低瓦斯矿井进行瓦斯等级和二氧化碳涌出量的鉴定工作，鉴定结果报省级煤炭行业管理部门和省级煤矿安全监察机构。

21. 煤矿井下矿井必须至少有 2 以上能行人的安全出口通往地面，各出口间距不得小于（　　）。

A. 10 m　　B. 20 m　　C. 30 m　　D. 40 m

答案：C

解析：《煤矿安全规程》第八十七条规定。

22. 矿井内按突出煤层管理的，应当在确定按突出煤层管理之日起（　　）个月内完成该煤层的突出危险性鉴定；否则，直接认定为突出煤层。

A. 3　　B. 4　　C. 5　　D. 6

答案：D

解析：《防治煤与瓦斯突出细则》第十条　除停产停建矿井和新建矿井外，矿井内根据本细则第十三条按突出煤层管理的，应当在确定按突出煤层管理之日起 6 个月内完成该煤层的突出危险性鉴定；否则，直接认定为突出煤层。

23. 矿井总回风巷或者一翼回风巷中甲烷或者二氧化碳浓度超过（　　）时，必须立即查明原因，进行处理。

A. 0.75%　　B. 0.8%　　C. 1.0%　　D. 1.5%

答案：A

解析：《煤矿安全规程》第一百七十一条规定。

24. 突出矿井必须建立（　　）

A. 地面永久瓦斯抽采系统　　B. 临时瓦斯抽采系统

C. 井下永久瓦斯抽采系统　　D. 地面临时瓦斯抽采系统

答案：B

解析：《防治煤与瓦斯突出细则》第十八条规定。

25. 配制甲烷校准气样的装备和方法必须符合国家有关标准，选用纯度不低于（　　）的甲烷标准气体作原料气，配制好的甲烷校准气体不确定度应当小于（　　）。

A. 95%，5　　B. 99.9%，10　　C. 95%，10　　D. 99.9%，5

答案：D

解析：《煤矿安全规程》第四百九十七条规定。

26. 瓦斯抽放管件的外缘距巷道壁不宜小于（　　）。

A. 0.1 m　　B. 0.2 m　　C. 0.3 m　　D. 0.4 m

答案：A

解析：《AQ 1027—2007 煤矿瓦斯抽放规范》5.4.1。

27. 炮掘工作面和炮采工作面设置的甲烷传感器在爆破前应移动到安全位置，爆破后应及时恢复设置到正确位置。对需要经常移动的传感器、声光报警器、断电控制器及线缆等，由（　　）负责按规定移动，不得擅自停用。

A. 采掘班组长　　B. 瓦斯检查工　　C. 放炮工　　D. 安全管理员

答案：A

解析：AQ 1029—2019 行业标准 8.4.4 规定。

28. 电网停电后，备用电源不能保证设备连续工作（　　）时，应及时更换。使用中的传感器应经常擦拭，清除外表积尘，保持清洁。采掘工作面的传感器应（　　）除尘；传感器应保持干燥，避免洒水淋湿；维护、移动传感器应避免摔打碰撞。

A. 2 h，每班　　B. 4 h，每天　　C. 2 h，每天　　D. 4 h，每班

答案：C

解析：AQ 1029—2019 行业标准 8.4.8。

29. 煤矿应建立安全监控管理机构，安全监控管理机构由煤矿（　　）领导，并应配备足够的人员。

A. 矿长　　B. 人力资源部

C. 主要技术负责人　　D. 生产技术部

答案：C

解析：AQ 1029—2019 行业标准 10.1.1。

30. 矿井应配备传感器、分站等安全监控设备备件，备用数量不少于应配备数量的（　　）。

A. 10%　　B. 20%　　C. 40%　　D. 60%

答案：B

解析：AQ 1029—2019 行业标准 8.6。

31. 井下移动抽采时，还应监测泵站环境瓦斯浓度及排放口下风侧栅外瓦斯浓度，专用于敷设抽采管路布置钻场钻孔的瓦斯抽放巷道，采用矿井全风压通风时，巷道风速不得低于零（　　）。

A. 2.5 m/s　　B. 4.5 m/s　　C. 0.5 m/s　　D. 1.5 m/s

答案：C

解析：AQ 1027—2006 煤矿瓦斯抽放规范 7.3。

32. 采用综合抽放方法的矿井，矿井抽出率应不小于（　　）。

A. 50%　　B. 30%　　C. 20%　　D. 40%

答案：B

解析：AQ 1027—2006 煤矿瓦斯抽放规范 8.6.3　预抽煤层瓦斯的矿井，矿井抽出率应不小于 20%，回踩工作面儿抽出率应小于 25%；邻近煤层卸压瓦斯抽放的矿井，矿井的抽出率应不小于 35%，回采工作面抽出率应不小于 45%；采用综合抽放方法的矿井，矿井抽出率应不小于 30%。煤与瓦斯突出矿井，预抽煤层瓦斯后，突出煤层的瓦斯含量应小于始突深度的原始煤层瓦斯含量或将煤层瓦斯压力降到 0.74 MPa 以下。

33. 地面瓦斯抽采泵房内的甲烷传感器报警浓度是大于等于（　　）。

A. 1%　　B. 0.5%　　C. 0.1%　　D. 2%

答案：B

解析：《煤矿安全规程》第 498 条　甲烷传感器（便携仪）的安设、设置地点、报警断电、复电浓度和断电范围必须符合表 18 要求。

34. 瓦斯抽放泵站的抽放泵输入管路中，宜设置流量传感器、温度传感器和压力传感器。利用瓦斯时，应在输出管路中设置流量传感器、温度传感器和压力传感器。防回火安全装置上宜设置（　　）。

A. 开停传感器　　B. 甲烷传感器　　C. 压差传感器

答案：C

解析：AQ 1029—2019《煤矿安全监控系统及检测仪器使用管理规范》7.5。

35. 采掘工作面风流中二氧化碳浓度达到（　　）时，必须停止工作，撤出人员，查明原因，制定措施，进行处理。

A. 1.5%　　B. 1.0%　　C. 2.0%　　D. 0.5%

答案：A

解析：《煤矿安全规程》第一百七十四条。

36. 主要电气设备绝缘电阻的至少（　　）检查 1 次。

A. 3 个月　　B. 一年　　C. 6 个月　　D. 1 个月

答案：C

37. 移动式电气设备的橡套电缆绝缘（　　）检查 1 次。

A. 每月　　B. 每旬　　C. 每季度

答案：A

38. 固定敷设电缆的绝缘和外部（　　）检查 1 次。

A. 每月　　B. 每旬　　C. 每季度

答案：C

39. 使用中的防爆电气设备的防爆性能（　　）检查 1 次。

A. 每月　　B. 每旬　　C. 每季度

答案：A

解析：《煤矿安全规程》第四百八十三条表 17。

40. 煤层瓦斯压力达到或者超过（　　）的区域，必须采用地面钻井预抽煤层瓦斯，或者开采保护层的区域防突措施，或者采用井下顶（底）板巷道远程操控方式施工区域防突措施钻孔，并编制专项设计。

A. 2 MPa　　B. 3 MPa　　C. 5 MPa

答案：B

解析：《煤矿安全规程》第一百九十四条　煤层瓦斯压力达到或者超过 3 MPa 的区域，必须采用地面钻井预抽煤层瓦斯，或者开采保护层的区域防突措施，或者采用井下顶（底）板巷道远程操控方式施工区域防突措施钻孔，并编制专项设计。

41. 安全监控设备必须定期调校、测试，（　　）至少 1 次。

A. 15 天　　B. 每月　　C. 30 天　　D. 每季

答案：B

解析：《煤矿安全规程》第四百九十二条　安全监控设备必须定期调校、测试，每月至少 1 次。

42. 矿井必须采用机械通风。必须安装 2 套同等能力的主要通风机装置，其中 1 套作备用，备用通风机必须能在（　　）内开动。

A. 20 min　　B. 15 min　　C. 10 min　　D. 5 min

答案：C

解析：《煤矿安全规程》第一百五十八条　矿井必须采用机械通风。主要通风机的安装和使用应当符合下列要求：

（一）主要通风机必须安装在地面；装有通风机的井口必须封闭严密，其外部漏风率在无提升设备时不得超过 5%，有提升设备时不得超过 15%。

（二）必须保证主要通风机连续运转。

（三）必须安装 2 套同等能力的主要通风机装置，其中 1 套作备用，备用通风机必须能在 10 min 内开动。

43. 监控系统必须连续运行。电网停电后，备用电源应当能保持系统连续工作时间不小于（　　）。

A. 4 h　　B. 2 h　　C. 6 h　　D. 8 h

答案：B

44. 安全监控和人员位置监测系统主机及联网主机应当双机热备份，连续运行。当工作主机发生故障时，备份主机应当在（　　）内自动投入工作。

A. 5 min　　B. 10 min　　C. 15 min　　D. 20 min

答案：A

解析：《煤矿安全规程》第四百八十九条　系统必须连续运行。电网停电后，备用电源应当能保持系统连续工作时间不小于 2 h。安全监控和人员位置监测系统主机及联网主机应当双机热备份，连续运行。当工作主机发生故障时，备份主机应当在 5 min 内自动投入工作。

45. 改接或者拆除与安全监控设备关联的电气设备、电源线和控制线时，必须与安全监控管理部门共同处理。检修与安全监控设备关联的电气设备，需要监控设备停止运行时，必须制定安全措施，并报（　　）审批。

A. 矿长　　B. 系统副矿长　　C. 矿总工程师

答案：C

解析：《煤矿安全规程》第四百九十一条规定。

46. 突出矿井采煤工作面进、回风巷设置的传感器必须是（　　）甲烷传感器。

A. 全量程　　B. 高低浓度　　C. 全量程或者高低浓度

答案：C

解析：《煤矿安全规程》第五百条　突出矿井在下列地点设置的传感器必须是全量程或者高低浓度甲烷传感器：

（一）采煤工作面进、回风巷。

（二）煤巷、半煤岩巷和有瓦斯涌出的岩巷掘进工作面回风流中。

（三）采区回风巷。

（四）总回风巷。

47. 泵房必须有专人值班，经常检测各参数，做好记录。当抽采瓦斯泵停止运转时，必须立即向（　　）报告。如果利用瓦斯，在瓦斯泵停止运转后和恢复运转前，必须通知使用瓦斯的单位，取得同意后，方可供应瓦斯。

A. 矿长　　B. 矿调度室

答案：B

解析：《煤矿安全规程》第一百八十二条规定。

48. 突出矿井必须建立地面（　　）抽采瓦斯系统。

A. 临时　　B. 永久

答案：B

解析：《煤矿安全规程》第一百八十一条规定。

49.（　　）在停风或者瓦斯超限的区域内作业。

A. 可以　　B. 严谨　　C. 严禁

答案：C

解析：《煤矿安全规程》第一百七十五条规定。

50. 干式抽采瓦斯泵吸气侧管路系统中，必须装设有防回火、防回流和防爆炸作用的安全装置，并定期检查。抽采瓦斯泵站放空管的高度应当超过泵房房顶（　　）。

A. 1 m　　B. 2 m　　C. 3 m　　D. 4 m

答案：C

解析：《煤矿安全规程》第一百八十二条规定。

51. 作业人员必须正确使用（　　）等个体防护用品。

A. 防尘　　B. 防尘或者防毒　　C. 防毒

答案：B

解析：《煤矿安全规程》第六百三十九条规定。

52. 当采掘工作面的空气温度超过 30 ℃、机电设备硐室超过 34 ℃时，必须（　　）。

A. 继续作业　　B. 停止作业

答案：B

解析：《煤矿安全规程》第六百五十五条规定。

53. 煤矿作业人员必须熟悉应急救援预案和避灾路线，具有自救互救和安全避险知识。井下作业人员必须熟练掌握（　　）的使用方法。

A. 自救器　　B. 紧急避险设施　　C. 自救器和紧急避险设施

答案：C

解析：《煤矿安全规程》第六百七十九条规定。

54. 矿井应当设置井下（　　）系统，保证井下人员能够清晰听见应急指令。

A. 预警　　　　B. 火情监测　　　　C. 应急广播

答案：C

解析：《煤矿安全规程》第六百八十五条规定。

55. 电气设备着火时，应当首先（　　）；在切断电源前，必须使用不导电的灭火器材进行灭火。

A. 用水灭火　　　　B. 用沙子灭火　　　　C. 用灭火器灭火　　　　D. 切断电源

答案：D

56. 瓦斯抽采监控系统巡检周期应不大于（　　）。

A. 2 s　　　　B. 5 s　　　　C. 10 s　　　　D. 20 s

答案：D

解析：MT/T 1126—2011 第 5.6.4 条。

57. 电气设备着火时，应当首先切断其电源；在切断电源前，必须使用（　　）灭火器材进行灭火。

A. 不导电的　　　　B. 导电的　　　　C. 泡沫

答案：A

58. 正常工作的局部通风机必须采用“三专”（专用开关、专用电缆、专用变压器）供电。专用变压器最多可向 4 个不同掘进工作面的局部通风机供电，是指专用变压器最多向（　　）台不同掘进工作面的局部通风机供电。

A. 4　　　　B. 5　　　　C. 6　　　　D. 8

答案：D

解析：《煤矿安全规程》执行说明规定。

59. 井下临时抽采瓦斯泵站抽出的瓦斯排入回风巷时，在排瓦斯管路出口必须设置栅栏、悬挂警戒牌等。栅栏设置的位置是上风侧（　　）、下风侧（　　），两栅栏间禁止任何作业。

A. 距管路出口 5 m；距管路出口 10 m　　　　B. 距管路出口 10 m；距管路出口 20 m

C. 距管路出口 5 m；距管路出口 30 m　　　　D. 距管路出口 10 m；距管路出口 20 m

答案：C

60. 抽采的瓦斯浓度低于（　　）时，不得作为燃气直接燃烧。

A. 20%　　　　B. 25%　　　　C. 30%　　　　D. 35%

答案：C

61. 使用局部通风机供风的地点必须实行（　　）闭锁，保证当正常工作的局部通风机停止运转或者停风后能切断停风区内全部非本质安全型电气设备的电源。

A. 风电　　　　B. 甲烷电　　　　C. 风电和甲烷电

答案：C

62. 采掘工作面及其他巷道内，体积大于 0.5 m^3 的空间内积聚的甲烷浓度达到 2.0% 时，（　　）必须停止工作，撤出人员，切断电源，进行处理。

A. 附近 10 m 内　　　　B. 附近 15 m 内　　　　C. 附近 20 m 内　　　　D. 所有回风流中

答案：C

63. 敷设抽采管路、布置钻场及钻孔的抽采巷道采用矿井全风压通风时，巷道风速不得低于（　　）。

A. 0.25 m/s　　B. 0.5 m/s　　C. 2 m/s　　D. 4 m/s

答案：B

64. 对因甲烷浓度超过规定被切断电源的电气设备，必须在甲烷浓度降到（　　）以下时，方可通电开动。

A. 0.5%　　B. 0.75%　　C. 1%　　D. 1.5%

答案：C

65. 煤层倾角大于12°的采煤工作面采用下行通风时，采煤工作面风速不得低于（　　）。

A. 0.15 m/s　　B. 0.25 m/s　　C. 1 m/s　　D. 4 m/s

答案：C

66. 预抽瓦斯钻孔的孔口负压不得低于（　　），卸压瓦斯抽采钻孔的孔口负压不得低于5 kPa。

A. 13 kPa　　B. 15 kPa　　C. 10 kPa　　D. 12 kPa

答案：A

解析：依据《煤矿瓦斯抽采达标暂行规定》。

67. 泵站的（　　）和管网能力应当满足瓦斯抽采达标的要求。

A. 抽采能力　　B. 装机能力　　C. 抽采量

答案：B

解析：依据《煤矿瓦斯抽采达标暂行规定》。

68. 矿井绝对瓦斯涌出量大于或等于（　　）的矿井必须进行瓦斯抽采。

A. 4 m^3/min　　B. 10 m^3/min　　C. 40 m^3/min　　D. 60 m^3/min

答案：C

解析：依据《煤矿瓦斯抽采达标暂行规定》。

69. 为降低严重冲击地压危险区巷道发生（　　）型冲击地压灾害，必须提前对巷道底板实施钻孔卸压、爆破卸压、开掘卸压槽等（　　）措施，必要时对底板进行支护，降低底板冲击危险性。

A. 顶板，解危　　B. 底板，解危　　C. 巷帮，解危

答案：B

解析：《煤矿安全规程》执行说明规定。

70. 井下探放水施工，预计钻孔内水压大于（　　）时，应当采用反压和有防喷装置的方法钻进，并制定防止孔口管和煤（岩）壁突然鼓出的措施。

A. 1 MPa　　B. 1.5 MPa　　C. 3 MPa　　D. 5 MPa

答案：B

71. 工作面采掘作业前，应当编制（　　）评判报告，并由矿井技术负责人和主要负责人批准。

A. 瓦斯抽采量　　B. 瓦斯含量　　C. 瓦斯抽采达标　　D. 瓦斯鉴定

答案：C

解析：依据《煤矿瓦斯抽采达标暂行规定》。

72. 具有冲击地压危险的高瓦斯矿井采煤工作面进风巷，甲烷传感器报警浓度，断电浓度，复电浓度分别是（　　）。

A. ≥1.0% CH_4，≥1.0% CH_4，<1.0% CH_4

B. ≥1.0% CH_4，≥1.5% CH_4，<1.0% CH_4

C. ≥0.5% CH_4，≥0.5% CH_4，<0.5% CH_4

D. ≥0.75% CH_4，≥0.75% CH_4，<0.5% CH_4

答案：C

73. 具有冲击地压危险的高瓦斯矿井掘进工作面甲烷传感器报警浓度，断电浓度，复电浓度分别是（　　）。

A. ≥1.0% CH_4，≥1.0% CH_4，<1.0% CH_4

B. ≥1.0% CH_4，≥1.5% CH_4，<1.0% CH_4

C. ≥0.5% CH_4，≥0.5% CH_4，<0.5% CH_4

D. ≥0.75% CH_4，≥0.75% CH_4，<0.5% CH_4

答案：B

74. 一个采煤工作面绝对瓦斯涌出量大于（　　）或者一个掘进工作面绝对瓦斯涌出量大于 3 m^3/min 的矿井必须进行瓦斯抽采。

A. 3 m^3/min　　B. 2 m^3/min　　C. 10 m^3/min　　D. 5 m^3/min

答案：D

解析：依据《煤矿瓦斯抽采达标暂行规定》。

75. 在预计水压大于（　　）的地点探放水时，应当预先固结套管，在套管口安装控制闸阀，进行耐压试验。

A. 0.1 MPa　　B. 0.2 MPa　　C. 0.3 MPa　　D. 0.5 MPa

答案：A

76.《中华人民共和国安全生产法》规定：安全生产工作实行管行业必须管安全、管业务必须管安全、管生产经营必须管安全，强化和落实生产经营单位主体责任与政府监管责任，建立（　　）的机制。

A. 生产经营单位负责、政府监管、行业自律

B. 生产经营单位负责、政府监管和社会监督

C. 生产经营单位负责、职工参与、政府监管、行业自律和社会监督

D. 生产经营单位负责、职工参与、政府监管和社会监督

答案：C

解析：依据《中华人民共和国安全生产法》规定。

77. 当采掘工作面的空气温度超过（　　）、机电设备硐室超过 34 ℃时，必须停止作业。

A. 26 ℃　　B. 28 ℃　　C. 30 ℃　　D. 34 ℃

答案：C

解析：依据《煤矿安全规程》。

78. 每（　　）个月对安全监控、人员位置监测等数据进行备份。

A. 1　　B. 2　　C. 3　　D. 4

答案：C

解析：依据《煤矿安全规程》。

79. 高瓦斯和突出矿井采煤工作面回风巷长度大于（　　）时回风巷中部必须设置甲烷传感器。

A. 500 m　　B. 800 m　　C. 1000 m　　D. 1500 m

答案：C

解析：依据《煤矿安全规程》。

80. 甲烷电闭锁和风电闭锁功能每（　　）至少测试1次。可能造成局部通风机停电的，每半年测试1次。

A. 周　　B. 旬　　C. 15天　　D. 月

答案：C

解析：依据《煤矿安全规程》。

81. 瓦斯抽采监控系统就地控制响应时间应不大于（　　）。

A. 1 s　　B. 2 s　　C. 5 s　　D. 2倍巡检周期

答案：B

解析：MT/T 1126—2011第5.6.5条。

82. 瓦斯抽采监控系统巡检周期应不大于（　　）。

A. 2 s　　B. 5 s　　C. 10 s　　D. 20 s

答案：D

解析：MT/T 1126—2011第5.6.4条。

83. 瓦斯抽放管道防回火安全装置上宜安装（　　）传感器。

A. 温度　　B. 压力　　C. 差压　　D. 振动

答案：C

解析：AQ 1029—2019第7.5条。

84. 管道甲烷传感器的保护等级是（　　）。

A. ia　　B. ib　　C. ic　　D. id

答案：A

解析：抽放管道按危险区域划分为“0”区，需要使用的设备安全等级需要是ia。

85. 抽放系统管道参数监测不包含以下哪个参数（　　）

A. 管道负压　　B. 管道瓦斯　　C. 流量　　D. 液位

答案：D

解析：抽放管道中主要监测管道负压，管道瓦斯，管道流量，管道温度。

86. 专用于敷设抽放管路、布置钻场、钻孔的瓦斯抽放巷道采用矿井全压通风时，巷道风速不得低于（　　）。

A. 0.5 m/s　　B. 1 m/s　　C. 1.5 m/s　　D. 2 m/s

答案：A

解析：AQ 1027—2006第7.3条。

87. 以下哪些因素会影响管道一氧化碳监测（　　）。

A. 管道水汽大小　　B. 管道直径　　C. 管道甲烷浓度　　D. 温度

答案：A

解析：水汽会影响电化学元件监测。

88. 标况抽放量的计算用大气压值为（　　）。

A. 101.325 kPa　　B. －101.325 kPa　　C. 101.325 Pa　　D. －101.325 Pa

答案：A

解析：标况流量计算使用标准大气压值。

89. 系统平均无故障工作时间（MTBF）应不小于（　　）。

A. 1000 h　　B. 2000 h　　C. 24 h　　D. 800 h

答案：D

解析：MT/T 1126—2006 第 5.11 条。

90. 用穿层钻孔预抽煤巷条带煤层瓦斯时，在煤巷条带每间隔（　　）至少布置 1 个测定点。

A. 10～15 m　　B. 20～50 m　　C. 30～50 m　　D. 15～30 m

答案：C

解析：《煤矿瓦斯抽采达标暂行规定》第五章第二十六条。

91. 深度超过 120 m 的预抽瓦斯钻孔应当每 10 个钻孔至少测定（　　）个钻孔的轨迹。

A. 1　　B. 2　　C. 3　　D. 4

答案：B

解析：《防治煤与瓦斯突出细则》第四十七条。

92. 突出矿井瓦斯地质图更新周期不得超过（　　）。

A. 一个月　　B. 三个月　　C. 半年　　D. 一年

答案：D

解析：《防治煤与瓦斯突出细则》第二十五条。

93. 一氧化碳传感器的 T90 响应时间为（　　）。

A. 不大于 20 s　　B. 不大于 35 s　　C. 不大于 30 s　　D. 不大于 35 s

答案：D

解析：依据标准 AQ 6205—2006 煤矿用电化学式一氧化碳传感器。

94. 当需要监测防回火装置是否堵塞时，需要使用以下哪种传感器（　　）。

A. 振动　　B. 负压　　C. 差压　　D. 超声波

答案：C

解析：当防回火装置堵塞时，两端差压会发生变化。

95. 永久抽放系统的年瓦斯抽放量应不小于（　　），动泵站不小于（　　）。

A. 50 万 m^3、10 万 m^3　　B. 100 万 m^3、20 万 m^3

C. 100 万 m^3、10 万 m^3　　D. 200 万 m^3、20 万 m^3

答案：C

解析：AQ 1027—2006 第 8.6.2 条。

96. 当采用专用钻孔敷设抽放管路时，专用钻孔直径应比管道外形尺寸大（　　）。

A. 50 mm　　B. 60 mm　　C. 80 mm　　D. 100 mm

答案：D

解析：AQ 1027—2006 第 5.4.3 条。

97. 抽放管路系统若设于主要运输巷内，在人行道侧其架设高度不应小于（　　），并固定在巷道壁上，与巷道壁的距离应满足检修要求。

A. 0.5 m　　B. 1 m　　C. 1.5 m　　D. 1.8 m

答案：D

解析：AQ 1027—2006 第 5.4.1 条。

98. 抽放管路通过的巷道曲线段少、距离短，管路安装应平直，转弯时角度不应大于（　　）。

A. 30°　　B. 50°　　C. 60°　　D. 90°

答案：B

解析：AQ 1027—2006 第 5.4.1 条。

99. 瓦斯抽放管路的管径应按最大流量分段计算，并与抽放设备能力相适应，抽放管路按经济流速为（　　）和最大通过流量来计算管径抽放系统管材的备用量可取 10%。

A. 5 ~ 10 m/s　　B. 5 ~ 15 m/s　　C. 10 ~ 15 m/s　　D. 10 ~ 20 m/s

答案：B

解析：AQ 1027—2006 第 5.4.2 条。

100. 下列哪种传感器不适用于瓦斯抽放泵站（　　）。

A. 设备开停　　B. 电流电压　　C. 液位　　D. 氢气

答案：D

解析：瓦斯抽放泵站无氢气传感器安装要求。

101. 可编程控制器支持的有线通信协议不包括（　　）。

A. modbusTCP　　B. modbusRTU　　C. Profibus　　D. Zigbee

答案：D

解析：Zigbee 是无线通信协议。

102. 以太网通信协议不包括（　　）。

A. TCP　　B. UDP　　C. ICMP　　D. Modbus

答案：D

解析：Modbus 是一种串行通信协议，不属于以太网通信协议。

103. 以下哪种装置不属于差压式原理（　　）。

A. 皮托管　　B. 均速管　　C. 威力巴　　D. 涡街

答案：D

解析：涡街依靠漩涡计数进行流量监测。

104. 计算瓦斯抽采后煤的残余瓦斯含量不需要用到以下哪个参数（　　）。

A. 煤的原始瓦斯含量　　B. 评价单元钻孔抽排瓦斯总量

C. 评价单元参与计算煤炭储量　　D. 标准大气压力

答案：D

解析：《煤矿瓦斯抽采达标暂行规定》附录 A2。

105. 已知抽放工况流量，计算抽放标况流量不需要用到以下哪个参数（　　）。

A. 标准绝对压力　　B. 测定时管道内气体绝对压力

C. 测定时管道内气体绝对温度　　D. 管道差压

答案：D

解析：AQ 1027—2006 附录 A7。

106. 当管道漏气时，以下说法不正确的是（　　）。

A. 漏气点之后瓦斯浓度降低　　B. 漏气点管道负压降低

C. 漏气点之后流量不变　　D. 漏气点之后流速增大

答案：C

解析：管道漏气会吸入空气，管道漏气点之后流量变大。

107. 采用干式抽采瓦斯设备时，抽采瓦斯浓度不得低于（　　）。

A. 20%　　B. 25%　　C. 30%　　D. 35%

答案：B

解析：《煤矿安全规程》第一百八十四条规定，抽采瓦斯必须遵守下列规定：（三）采用干式抽采瓦斯设备时，抽采瓦斯浓度不得低于 25% 。

108. 永久抽放系统的年瓦斯抽放量不小于（　　）

A. 80 万 m^3　　B. 100 万 m^3　　C. 125 万 m^3　　D. 160 万 m^3

答案：B

解析：《AQ 1027—2007 煤矿瓦斯抽放规范》8. 6. 2　永久抽放系统的年瓦斯抽放量不小于 100 万 m^3。

109. 矿井相对瓦斯涌出量大于（　　）的矿井为高瓦斯矿井。

A. 5 m^3/t　　B. 10 m^3/t　　C. 30 m^3/t　　D. 40 m^3/t

答案：B

解析：《煤矿安全规程》第一百八十四条规定，（二）高瓦斯矿井。具备下列条件之一的为高瓦斯矿井：

1. 矿井相对瓦斯涌出量大于 10 m^3/t;

2. 矿井绝对瓦斯涌出量大于 40 m^3/min。

110. 瓦斯矿井每（　　）年进行一次瓦斯等级鉴定。

A. 1　　B. 2　　C. 3　　D. 4

答案：B

解析：《煤矿安全规程》第一百七十条　每 2 年必须对低瓦斯矿井进行瓦斯等级和二氧化碳涌出量的鉴定工作，鉴定结果报省级煤炭行业管理部门和省级煤矿安全监察机构。

111. 打钻过程中发生（　　）等突出预兆的，可确定为突出煤层。

A. 喷孔、顶钻　　B. 瓦斯涌出大　　C. 钻孔不出水　　D. 不一定

答案：A

解析：《防治煤与瓦斯突出细则》第二章第一节第十一条　钻孔施工过程中发生喷孔、顶钻等明显突出预兆的，应当鉴定为突出煤层。

112. 预抽瓦斯钻孔的孔口负压不得低于（　　）。

A. 10 kPa　　B. 13 kPa　　C. 15 kPa　　D. 20 kPa

答案：B

解析：《防治煤与瓦斯突出规定》第五十条。

113. 一个采煤工作面的瓦斯涌出量大于（　　）或一个掘进工作面的瓦斯涌出量大于 3 m^3/min，必须建立抽采系统。

A. 3 m^3/min　　B. 4 m^3/min　　C. 5 m^3/min

答案：C

解析：《煤矿安全规程》第一百八十一条　突出矿井必须建立地面永久抽采瓦斯系统。有下列情况之一的矿井，必须建立地面永久抽采瓦斯系统或者井下临时抽采瓦斯系统：

（一）任一采煤工作面的瓦斯涌出量大于 5 m^3/min 或者任一掘进工作面瓦斯涌出量大于 3 m^3/min，用通风方法解决瓦斯问题不合理的。

114. 穿层钻孔终孔位置，应在穿过煤层顶（底）板（　　）处。

A. 0.5 m　　B. 1 m　　C. 1.5 m　　D. 2 m

答案：A

解析：《AQ 1027—2007 煤矿瓦斯抽放规范》7.4。

115. 瓦斯抽放管件的外缘距巷道壁不宜小于（　　）。

A. 0.3 m　　B. 0.25 m　　C. 0.2 m　　D. 0.1 m

答案：D

解析：《AQ 1027—2007 煤矿瓦斯抽放规范》5.4.1。

116. 煤矿井下用人车运送人员时，列车行驶速度不得超过（　　）。

A. 3 m/s　　B. 4 m/s　　C. 5 m/s　　D. 6 m/s

答案：B

解析：《煤矿安全规程》第三百八十五条　采用平巷人车运送人员时，必须遵守下列规定：（三）列车行驶速度不得超过 4 m/s。

117. 煤矿井下矿井必须至少有（　　）以上能行人的安全出口通往地面。

A. 1 个　　B. 2 个　　C. 3 个　　D. 4 个

答案：B

解析：《煤矿安全规程》第八十七条　每个生产矿井必须至少有 2 个能行人的通达地面的安全出口，各出口间距不得小于 30 m。

118. 井下（　　）使用灯泡取暖和使用电炉。

A. 严禁　　B. 可以　　C. 寒冷时才能

答案：A

解析：《煤矿安全规程》第二百五十三条规定。

119. 恢复通风前，压入式局部通风机及其开关附近（　　）以内风流中瓦斯浓度都不超过 0.5% 时，方可人工开启局部通风机。

A. 10 m　　B. 15 m　　C. 20 m　　D. 25 m

答案：A

解析：《煤矿安全规程》第一百七十六条　局部通风机因故停止运转，在恢复通风前，必须首先检查瓦斯，只有停风区中最高甲烷浓度不超过 1.0% 和最高二氧化碳浓度不超过 1.5%，且局部通风机及其开关附近 10 m 以内风流中的甲烷浓度都不超过 0.5% 时，方可人工开启局部通风机，恢复正常通风。

120. 在高瓦斯矿井，瓦斯喷出区域及瓦斯突出矿井中，掘进工作面的局部通风机都应实行“三专供电”，即专用开关、（　　）、专用电缆。

A. 专用变压器　　B. 专用电源　　C. 专用电动机

答案：A

解析：《煤矿安全规程》第一百六十四条　（三）高瓦斯、突出矿井的煤巷、半煤岩巷和有瓦斯涌出的岩巷掘进工作面正常工作的局部通风机必须配备安装同等能力的备用局部通风机，并能自动切换。正常工作的局部通风机必须采用三专（专用开关、专用电缆、专用变压器）供电。

121. 煤矿井下要求（　　）以上的电气设备必须有良好的保护接地。

A. 24 V　　B. 36 V　　C. 50 V

答案：B

解析：《煤矿安全规程》第四百七十五条　电压在 36 V 以上和由于绝缘损坏可能带有危险电压的电气设备的金属外壳、构架，铠装电缆的钢带（钢丝）、铅皮（屏蔽护套）等必须有保护接地。

122. 鉴定确定为非突出煤层的，在开拓新水平、新采区或者采深增加超过（　　），或者进入新的地质单元时，应当重新进行突出煤层危险性鉴定。

A. 30 m　　B. 50 m　　C. 100 m　　D. 150 m

答案：B

解析：《防治煤与瓦斯突出细则》第十一条　突出煤层鉴定确定为非突出煤层的，在开拓新水平、新采区或者采深增加超过 50 m，或者进入新的地质单元时，应当重新进行突出煤层危险性鉴定。

123. 生产矿井主要通风机必须装有反风设施，并能在（　　）内改变巷道中的风流方向。

A. 5 min　　B. 10 min　　C. 20 min　　D. 25 min

答案：B

解析：《煤矿安全规程》第一百五十九条　生产矿井主要通风机必须装有反风设施，并能在 10 min 内改变巷道中的风流方向；当风流方向改变后，主要通风机的供给风量不应小于正常供风量的 40%。

124. 使用局部通风机通风的掘进工作面，不得停风；因检修、停电、故障等原因停风时，（　　）将人员全部撤至全风压进风流处，切断电源，设置栅栏、警示标志，禁止人员入内。

A. 可以　　B. 必须　　C. 不用

答案：B

解析：《煤矿安全规程》第一百六十五条规定。

125. 当发生瓦斯积聚时，必须及时处理。当瓦斯超限达到断电浓度时，班组长、（　　）、矿调度员有权责令现场作业人员停止作业，停电撤人。

A. 安全员　　B. 瓦斯检查工　　C. 队组领导

答案：B

解析：《煤矿安全规程》第一百七十五条　矿井必须从设计和采掘生产管理上采取措施，防止瓦斯积聚；当发生瓦斯积聚时，必须及时处理。当瓦斯超限达到断电浓度时，班组长、瓦斯检查工、矿调度员有权责令现场作业人员停止作业，停电撤人。

126. 新建矿井在可行性研究阶段，应当对井田范围内采掘工程可能揭露的所有平均厚度在（　　）及以上的煤层，根据地质勘查资料和邻近生产矿井资料等进行建井前突出危险性评估。

A. 0.3 m　　B. 0.5 m　　C. 1.0 m

答案：A

解析：《防治煤与瓦斯突出细则》第十六条规定。

127. 突出矿井必须建立（　　）。

A. 地面临时瓦斯抽采系统　　B. 地面永久瓦斯抽采系统

C. 井下永久瓦斯抽采系统

答案：B

解析：《防治煤与瓦斯突出细则》第十八条规定。

128. 电焊、气焊和喷灯焊接等工作地点的前后两端各（　　）的井巷范围内，应当是不燃性材料支护，并有供水管路，有专人负责喷水，焊接前应当清理或者隔离焊渣飞溅区域内的可燃物。

A. 5 m　　B. 10 m　　C. 20 m

答案：B

解析：《煤矿安全规程》第二百五十四条。

129. 配制甲烷校准气样的装备和方法必须符合国家有关标准，选用纯度不低于（　　）的甲烷标准气体作原料气。

A. 80%　　B. 95%　　C. 99.9%

答案：C

解析：《煤矿安全规程》第四百九十七条。

130. 每（　　）月对安全监控、人员位置监测等数据进行备份，备份的数据介质保存时间应当不少于2年。

A. 1个　　B. 3个　　C. 6个

答案：B

解析：《煤矿安全规程》第四百八十八条。

131. 必须每天检查安全监控设备及线缆是否正常，使用便携式光学甲烷检测仪或者便携式甲烷检测报警仪与甲烷传感器进行对照，并将记录和检查结果报矿值班员；当两者读数差大于允许误差时，应当以读数较大者为依据，采取安全措施并在（　　）内对2种设备调校完毕。

A. 8 h　　B. 12 h　　C. 24 h

答案：A

解析：《煤矿安全规程》第四百九十三条。

132. 采煤工作面及其回风巷和回风隅角，高瓦斯和突出矿井采煤工作面回风巷长度大于1000 m时回风巷中部必须设置（　　）。

A. 甲烷传感器　　　　　　　　　　B. 一氧化碳传感器

C. 温度传感器

答案：A

解析：《煤矿安全规程》第四百九十九条　井下下列地点必须设置甲烷传感器：采煤工作面及其回风巷和回风隅角，高瓦斯和突出矿井采煤工作面回风巷长度大于 1000 m 时回风巷中部。

133. 地面泵房必须用不燃性材料建筑，并必须有防雷电装置，其距进风井口和主要建筑物不得小于（　　），并用栅栏或者围墙保护。

A. 50 m　　B. 40 m　　C. 30 m　　D. 20 m

答案：A

134. 地面泵房和泵房周围（　　）范围内，禁止堆积易燃物和有明火。

A. 40 m　　B. 30 m　　C. 20 m　　D. 15 m

答案：C

135. 地面泵房内电气设备、照明和其他电气仪表都应当采用（　　）。

A. 本质安全型　　B. 矿用防爆型　　C. 矿用隔爆型　　D. 隔爆兼本安型

答案：B

136. 抽采瓦斯泵站放空管的高度应当超过泵房房顶（　　）。

A. 6 m　　B. 5 m　　C. 4 m　　D. 3 m

答案：C

137. 煤矿应当加强抽采瓦斯的利用，有效控制向（　　）排放瓦斯。

A. 环境　　B. 回风　　C. 大气　　D. 进风

答案：C

138. 安全监控设备必须定期调校、测试，每（　　）至少 1 次。

A. 半年　　B. 一年　　C. 季度　　D. 1 个月

答案：D

139. 配制好的甲烷校准气体不确定度应当小于（　　）。

A. 3%　　B. 4%　　C. 5%　　D. 6%

答案：C

140. 泵房必须有（　　），经常检测各参数，做好记录。

A. 专人巡查　　B. 专人值班　　C. 定期巡查　　D. 视频监控

答案：B

141. 高瓦斯矿井（　　）测定可采煤层的瓦斯含量、瓦斯压力和抽采半径等参数。

A. 可以不　　B. 必须　　C. 应当　　D. 无须

答案：C

142. 煤矿安全监控系统及设备应符合 AQ 6201 的规定，传感器稳定性应不小于（　　）。

A. 15 d　　B. 20 d　　C. 25 d　　D. 30 d

答案：A

解析：《AQ 1029—2019 煤矿安全监控系统及检测仪器使用管理规范》。

143. 抽放管路局部阻力可用估算法计算，一般取摩擦阻力的（　　）。

A. 10～50%　　B. 10～40%　　C. 10～30%　　D. 10～20%

答案：D

解析：《AQ 1027—2006 煤矿瓦斯抽放规范》。

144. 抽放钻场、管路拐弯、低洼、温度突变处及沿管路适当距离，间距一般为（　　），最大不超过 500 m，应设置放水器。

A. 100～200 m　　B. 100～300 m　　C. 200～300 m　　D. 200～400 m

答案：C

解析：《AQ 1027—2006 煤矿瓦斯抽放规范》。

145. 矿井瓦斯抽放设备的能力，应满足矿井瓦斯抽放期间或在瓦斯抽放设备服务年限内所达到的开采范围的最大抽放量和最大抽放阻力的要求，且应有不小于（　　）的富裕能力。

A. 5%　　B. 10%　　C. 15%　　D. 20%

答案：C

解析：《AQ 1027—2006 煤矿瓦斯抽放规范》。

146. 矿井瓦斯抽放系统必须监测抽放管道中的瓦斯浓度、流量、负压、温度和一氧化碳等参数，同时监测抽放泵站内（　　）等。

A. 瓦斯泄漏　　B. 一氧化碳泄露　　C. 负压过低　　D. 温度报警

答案：A

解析：《AQ 1027—2006 煤矿瓦斯抽放规范》。

147. 抽放量的计算用大气压为（　　）温度为 20 ℃时标准状态下的数值。

A. 101.352 kPa　　B. 101.325 kPa　　C. 101.235 kPa　　D. 101.523 kPa

答案：B

解析：《AQ 1027—2006 煤矿瓦斯抽放规范》。

148. 煤与瓦斯突出矿井，预抽煤层瓦斯后，突出煤层的瓦斯含量应小于该煤层始突深度的原始煤层瓦斯含量或将煤层瓦斯压力降到（　　）以下。

A. 0.74 MPa　　B. 1.5 MPa　　C. 1.8 MPa　　D. 2 MPa

答案：A

解析：《AQ 1027—2006 煤矿瓦斯抽放规范》。

149. 安全监控设备使用前和大修后，应按产品使用说明书的要求测试、调校合格，并在地面试运行（　　）方能下井。

A. 24～36 h　　B. 12～24 h　　C. 12～48 h　　D. 24～48 h

答案：D

解析：《AQ 6201—2019 煤矿安全监控系统通用技术要求》。

150. 当系统显示井下某一区域甲烷超限并有可能波及其他区域时，应按瓦斯事故应急预案（　　）切断瓦斯可能波及区域的电源。

A. 自动　　B. 现场　　C. 手动遥控　　D. 远程

答案：C

解析：《AQ 6201—2019 煤矿安全监控系统通用技术要求》。

151. 煤矿安全监控系统从工作主机故障到备用主机投入正常工作时间应不大于（　　）。

A. 30 s　　B. 60 s　　C. 90 s　　D. 180 s

答案：B

解析：《AQ 6201—2019 煤矿安全监控系统通用技术要求》。

152. 无线传感器最大无线传输距离应不小于（　　）。

A. 30 m　　B. 50 m　　C. 100 m　　D. 200 m

答案：C

解析：《AQ 6201—2019 煤矿安全监控系统通用技术要求》。

153. 煤矿安全监控系统最大巡检周期应不大于（　　），并应满足监控要求。

A. 10 s　　B. 20 s　　C. 30 s　　D. 40 s

答案：B

解析：《AQ 6201—2019 煤矿安全监控系统通用技术要求》。

154. 煤矿安全监控系统应进行工作稳定性试验，通电试验时间不小于（　　），其性能应符合各自企业产品标准的规定。

A. 3 d　　B. 5 d　　C. 7 d　　D. 10 d

答案：C

解析：《AQ 6201—2019 煤矿安全监控系统通用技术要求》。

155. 载体催化原理的甲烷传感器调校时，应先在新鲜空气中或使用空气样调校零点，使仪器显示值为零，再通入浓度为（　　）的甲烷校准气体，调整仪器的显示值与校准气体浓度一致。

A. 0.05% CH_4　　B. 0.5% CH_4　　C. 1% CH_4　　D. 1% ~2% CH_4

答案：D

解析：《煤矿安全监控系统及检测仪器使用管理规范》相关规定。

156. 传感器的测量范围上限与下限的代数差称为（　　）。

A. 量程　　B. 测值　　C. 响应值　　D. 精度

答案：A

解析：传感器的测量范围上限与下限的代数差称为量程

157. 具有声光报警功能的煤矿井下环境监测用传感器，在距其（　　）远处的声响信号的声压级应不小于 80 dB，光信号应能在黑暗环境中（　　）处清晰可见。

A. 2 m，20 m　　B. 1 m，20 m　　C. 5 m，20 m　　D. 1 m，10 m

答案：B

解析：各类具有声光报警功能的煤矿井下环境监测用传感器国家标准，在距其 1 m 远处的声响信号的声压级应不小于 80 dB，光信号应能在黑暗环境中 20 m 处清晰可见。

158. 煤矿用高低浓度甲烷传感器应以百分体积浓度表示测量值，采用数字显示，低浓度段分辨率应不低于（　　），高浓度段分辨率应不低于（　　），并应能表示显示值的正或负。

A. 0.1% CH_4，0.1% CH_4　　B. 0.1% CH_4，0.4% CH_4

C. 0.01% CH_4，0.1% CH_4　　D. 0.01% CH_4，0.01% CH_4

答案：C

解析：《AQ 6206 煤矿用高低浓度甲烷传感器》4.7 相关规定。

159. 安全监控设备发生故障时，必须及时处理，在故障期间必须有（　　）。

A. 领导同意　　B. 安全监控部门同意

C. 安全措施　　D. 瓦检员

答案：C

解析：传感器经过调校检测误差仍超过规定值时，应立即更换；安全监控设备发生故障时，应及时处理，在更换和故障处理期间应采用人工监测等安全措施，并填写故障记录。

160. 矿井安全监控系统最大巡检周期应不大于（　　），并应满足监控要求。

A. 10 s　　B. 15 s　　C. 20 s　　D. 30 s

答案：C

解析：《煤矿安全监控系统通用技术要求》5.7 主要技术指标相关规定。

161. 异地控制时间应不大于（　　）倍的系统最大巡检周期。

A. 1　　B. 2　　C. 3　　D. 4

答案：B

解析：《煤矿安全监控系统通用技术要求》5.7 主要技术指标相关规定。

162. 甲烷超限断电及甲烷风电闭锁的控制执行时间应不大于（　　）。

A. 1 s　　B. 2 s　　C. 3 s　　D. 4 s

答案：B

163. 分站至主站，分站至分站之间的最大传输距离应不小于（　　）。

A. 1 km　　B. 10 km　　C. 30 km　　D. 40 km

答案：B

解析：《煤矿安全监控系统通用技术要求》5.7 主要技术指标相关规定。

164. 分站至传输接口之间最大传输距离不小于（　　）。

A. 2 km　　B. 5 km　　C. 10 km　　D. 20 km

答案：C

解析：《煤矿安全监控系统通用技术要求》5.7 主要技术指标相关规定。

165. 矿井安全监控系统配制甲烷校准气样的相对误差必须小于（　　），制备所用的原料气应选用浓度不低于（　　）的高纯度甲烷气体。

A. 10%，99.9%　　B. 10%，90%　　C. 5%，99.9%　　D. 5%，90%

答案：C

解析：《煤矿安全规程》第四百九十七条规定，配制甲烷校准气样的装备和方法必须符合国家有关标准，选用纯度不低于 99.9% 的甲烷标准气体作原料气。配制好的甲烷校准气体不确定度应当小于 5%。

166. 载体催化甲烷传感元件中毒是指元件工作时遇到了（　　）气体。

A. 硫化氢或二氧化硫　　B. 高浓度瓦斯

C. 一氧化碳　　D. 二氧化碳

答案：A

解析：载体催化甲烷传感元件中毒是指元件工作时遇到了硫化氢或二氧化硫气体。

167. 邻近层瓦斯抽采时，要保证工作面推过后不断孔，并要使钻孔处于（　　）以内。

A. 未卸压带　　B. 卸压带　　C. 采空区

答案：B

解析：在卸压带被保护层所承受的应力低于原始应力，煤层发生膨胀变形，原生裂隙张开，且随着煤岩体的移动形成次生裂隙，被保护层透气性呈几何级倍数增加，为被保护层的卸压瓦斯抽采提供了有利条件。

168. 模拟量传感器等重要测点的实时监测值、统计值、报警/解除报警时刻及状态、断电/复电时刻及状态、馈电异常报警时刻及状态、开关量传感器状态及变化时刻、瓦斯抽采（放）量等累计量值、设备故障/恢复正常工作时刻及状态等记录应保存 2 年以上。当系统发生故障时，丢失上述信息的时间长度应不大于（　　）。

A. 1 min　　B. 2 min　　C. 3 min　　D. 4 min

答案：A

解析：《煤矿安全监控系统通用技术要求》5.7 主要技术指标相关规定，当系统发生故障时，丢失上述信息的时间长度应不大于 60 s。

169. 矿井安全监控系统调出整幅实时数据画面的响应时间应不少于（　　）。

A. 3 s　　B. 5 s　　C. 10 s　　D. 15 s

答案：B

解析：《煤矿安全监控系统通用技术要求》5.7 主要技术指标相关规定。

170. 模拟量输入传输处理误差应不大于（　　）。

A. 0.50%　　B. 1.00%　　C. 1.50%　　D. 0.10%

答案：A

解析：《煤矿安全监控系统通用技术要求》5.7 主要技术指标相关规定。

171. 模拟量输出传输处理误差应不大于（　　）。

A. 0.50%　　B. 1.00%　　C. 1.50%　　D. 0.10%

答案：A

解析：《煤矿安全监控系统通用技术要求》5.7 主要技术指标相关规定。

172. 系统累计量输入传输处理误差应不大于（　　）。

A. 0.50%　　B. 1.00%　　C. 1.50%　　D. 0.10%

答案：A

解析：《煤矿安全监控系统通用技术要求》5.7 主要技术指标相关规定。

173. 抽采的瓦斯甲烷浓度在（　　）及以上时，禁止对空直接排放。

A. 20%　　B. 25%　　C. 30%　　D. 40%

答案：C

解析：抽采的瓦斯甲烷浓度在 30% 及以上时，禁止对空直接排放。

174. 抽采采空区瓦斯时，采取控制抽采负压措施的主要目的是（　　）。

A. 防止瓦斯大量涌出　　B. 防止采空区自然发火

C. 防止采空区漏风

答案：B

解析：在有自然发火危险煤层的采空区抽放时，必须控制抽放负压，减少漏风，并经常检测抽出气体中一氧化碳的浓度和温度的变化。

175. 具有冲击地压危险的高瓦斯矿井采煤工作面进风巷，甲烷传感器报警浓度，断电浓度，复电浓度分别是（　　），（　　），（　　）。

A. ≥2.0% CH_4，≥2.5% CH_4，<2.0% CH_4

B. ≥1.5% CH_4，≥1.5% CH_4，<1.5% CH_4

C. ≥1.0% CH_4，≥1.5% CH_4，<1.0% CH_4

D. ≥0.5% CH_4，≥0.5% CH_4，<0.5% CH_4

答案：D

解析：具有冲击地压危险的高瓦斯矿井，采煤工作面进风巷（距工作面不大于10 m处）应当设置甲烷传感器，其报警、断电、复电浓度和断电范围同突出矿井采煤工作面进风巷甲烷传感器。

176. 矿井安全监控系统平均无故障工作时间应不小于（　　）。

A. 100 h　　B. 500 h　　C. 800 h　　D. 1000 h

答案：C

解析：系统平均无故障工作时间（MTBF）应不小于800 h。

177. 利用瓦斯时，应在储气罐输出管道路中安设高浓度瓦斯，流量，差压，温度传感器，当输出管路中的瓦斯浓度低于（　　）时，发出声，光报警信号。

A. 25% CH_4　　B. 30% CH_4　　C. 35% CH_4　　D. 40% CH_4

答案：B

解析：《煤矿安全规程》第一百八十四条　抽采的瓦斯浓度低于30%时，不得作为燃气直接燃。

二、多选题

1. 在抽采管路中，气体流速与哪些参数有关（　　）。

A. 气体密度　　B. 高度　　C. 气体压强　　D. 管道直径

答案：ABC

解析：根据伯努利方程可知：$\rho v^2/2+\rho gh+p=$常数，可知，流速v与高度h，压强p，流体密度ρ有关。

2. 抽采容易自燃和自燃煤层的采空区瓦斯时，抽采管路应当安设（　　）实现实时监测监控。发现有自然发火征兆时，应当立即采取措施。

A. 一氧化碳传感器　　B. 甲烷传感器

C. 压力传感器　　D. 温度传感器

答案：ABD

解析：《煤矿安全过程》第一百八十四条　（一）抽采容易自燃和自燃煤层的采空区瓦斯时，抽采管路应当安设一氧化碳、甲烷、温度传感器，实现实时监测监控。发现有自然发火征兆时，应当立即采取措施。

3. 瓦斯抽采利用瓦斯时，在利用瓦斯的系统中必须装设有哪些安全装置（　　）。

A. 防回火　　B. 防渗漏　　C. 防回流　　D. 防爆炸

答案：ACD

解析：《煤矿安全过程》第一百八十四条第（四）项。

4. 凡符合哪些情况的矿井，必须建立地面永久瓦斯抽放系统或井下移动泵站瓦斯抽放系统（　　）。

A. 一个采煤工作面绝对瓦斯涌出量大于 5 m^3/min，不能用通风方法解决瓦斯问题

B. 矿井绝对瓦斯涌出量大于 40 m^3/min

C. 突出矿井

D. 一个掘进工作面绝对瓦斯涌出量大于 4 m^3/min

答案：ABC

解析：《煤矿安全过程》第一百八十一条。

5. 同时具备哪些条件的矿井，应建立地面永久瓦斯抽放系统（　　）。

A. 瓦斯抽放系统的抽放量可稳定在 2 m^3/min 以上

B. 瓦斯抽放系统的抽放量可稳定在 1 m^3/min 以上

C. 预计瓦斯抽放服务年限五年以上

D. 预计瓦斯抽放服务年限三年以上

答案：ABC

解析：AQ 1027—2006 第 4.2 条。

6. 低瓦斯矿井 U 型通风的采煤工作面甲烷传感器应设置（　　）。

A. T_0　　B. T_1　　C. T_2　　D. T_3

答案：ABC

解析：AQ 1029—2019 第 6.2.1 条。

7. 哪些矿井采煤工作面的回风巷长度大于 1000 m 时，需要在回风巷中部增设甲烷传感器。

A. 低瓦斯矿井　　B. 高瓦斯矿井

C. 煤与瓦斯突出矿井　　D. 冲击地压矿井

答案：BC

解析：AQ 1029—2019 第 6.2.3 条。

8. 高瓦斯、突出矿井不再进行周期性瓦斯等级鉴定工作，但应当每年测定和计算（　　）瓦斯和二氧化碳涌出量，并报省级煤炭行业管理部门和煤矿安全监察机构。

A. 矿井　　B. 采区　　C. 掘进面　　D. 工作面

答案：ABD

解析：《煤矿安全过程》第一百七十条。

9. 地面选煤厂如何设置甲烷传感器（　　）。

A. 封闭的地面选煤厂车间内上方　　B. 选煤厂煤仓上方

C. 封闭的带式输送机地面走廊上方　　D. 带式输送机滚筒下风侧 10～15 m 处

答案：ABC

解析：AQ 1029—2019 第 6.4.7 条、第 6.4.8 条、第 6.4.9 条。

10. 安全监控设备的调校包括报警点、断电点、复电点，还包括（　　）等。

A. 零点　　　　　　B. 显示值　　　　　　C. 流量值　　　　　　D. 控制逻辑

答案：ABD

解析：AQ 1029—2019 第 8.3.5 条。

11. 下井时，哪些人员应携带便携式甲烷检测报警仪（　　）。

A. 矿长　　　　　　B. 安全监测工　　　　C. 工程技术人员　　D. 通风区队长

答案：ABCD

解析：AQ 1029—2019 第 4.7 条。

12. 煤矿安全监控系统应具有在瓦斯超限、断电等需立即撤人的紧急情况下，可自动与（　　）等系统应急联动的功能。

A. 应急广播　　　　B. 通信系统　　　　C. 人员位置监测　　D. 电力监测

答案：ABC

解析：AQ 1029—2019 第 4.10 条。

13. 采区回风巷、采掘工作面回风巷风流中（　　）时，必须停止工作，撤出人员，采取措施，进行处理。

A. 甲烷浓度超过 1.5%　　　　　　　　B. 二氧化碳浓度超过 1.5%

C. 甲烷浓度超过 1.0%　　　　　　　　D. 二氧化碳浓度超过 2.5%

答案：BC

解析：《煤矿安全过程》第一百七十二条。

14. 设置井下临时抽采瓦斯泵站时，必须做到（　　）。

A. 安设在抽采瓦斯地点附近的新鲜风流中

B. 抽出的瓦斯必须保证稀释后风流中的瓦斯浓度不超限

C. 抽出的瓦斯排入回风巷时，在排瓦斯管路出口必须设置栅栏、悬挂警戒牌等

D. 栅栏设置的位置是上风侧距管路出口 10 m、下风侧距管路出口 20 m，两栅栏间禁止任何作业

答案：ABC

解析：《煤矿安全过程》第一百八十三条。

15. 所有矿井必须装备（　　）。

A. 安全监控系统　　　　　　　　　　B. 人员位置监测系统

C. 有线调度通信系统　　　　　　　　D. 紧急避险系统

答案：ABC

解析：《煤矿安全过程》第四百八十七条。

16. 瓦斯抽采监控系统应具有（　　）等开关量采集、显示及报警功能。

A. 瓦斯抽采（放）泵状态　　　　　　B. 阀门状态

C. 环境情况　　　　　　　　　　　　D. 供水状态

答案：ABD

解析：MT/T 1126—2011 第 5.5.1.2 条。

17. 瓦斯抽采监控系对交流供电电源的要求有哪些（　　）。

A. 电压：误差应不大于 2%　　　　　　B. 频率：50 Hz，其误差应不大于 1%

C. 谐波失真系数：应不大于 5%　　　　D. 最高电压不应超过 300 V

答案：ABC

解析：MT/T 1126—2011 第 6.2 条。

18. 安全监控设备使用前和大修后，应（　　）方能下井。

A. 按产品使用说明书的要求测试、调校合格

B. 直接投入使用

C. 在地面试运行 24 ~48 h

D. 在地面试运行 24 ~48 d

答案：AC

解析：AQ 1029—2019 第 8.3.2 条。

19. 瓦斯抽采泵站的（　　）均应采用矿用防爆型。

A. 泵房内电气设备　　B. 照明

C. 其他电气　　D. 检测仪表

答案：ABCD

解析：AQ 1027—2006 第 5.5.6 条。

20. 抽放站应有（　　）等设施。

A. 防雷电　　B. 防火灾　　C. 防洪涝　　D. 防冻

答案：ABC

解析：AQ 1027—2006 第 5.5.8 条。

21. 以下哪些传感器数据属于开关量数据（　　）。

A. 风门　　B. 风向　　C. 局扇　　D. 二氧化碳

答案：ABC

解析：二氧化碳属于模拟量数据。

22. 煤矿企业主要负责人为所在单位瓦斯抽采的第一责任人，负责组织落实瓦斯抽采工作所需的（　　），制定瓦斯抽采达标工作各项制度，明确相关部门和人员的责、权、利，确保各项措施落实到位和瓦斯抽采达标。

A. 人力　　B. 财力　　C. 物力　　D. 创新力

答案：ABC

解析：《煤矿瓦斯抽采达标暂行规定》第八条。

23. 局部综合防突措施包括（　　）。

A. 工作面突出危险性预测　　B. 工作面防突措施

C. 工作面防突措施效果检验　　D. 安全防护措施

答案：ABCD

解析：《防治煤与瓦斯突出细则》第四章。

24. 加强瓦斯抽放工作的方向是（　　）。

A. 深钻　　B. 多打孔　　C. 严封　　D. 综合抽

答案：BCD

解析：AQ 1027—2006 第 8.6.1 条。

25. 永久抽放系统的年瓦斯抽放量应不小于（　　），移动泵站不小于（　　）。

A. 100 万 m^3　　B. 50 万 m^3　　C. 20 万 m^3　　D. 10 万 m^3

答案：AD

解析：AQ 1027—2006 第 8.6.2 条。

26. 瓦斯抽放矿井必须有下列图纸（　　）。

A. 瓦斯抽放系统图　　B. 泵站平面与管网

C. 抽放钻场及钻孔布置图　　D. 泵站供电系统图

答案：ABCD

解析：《防治煤与瓦斯突出细则》第五十条。

27. 地面中心站值班人员职责有哪些（　　）。

A. 认真监视监视器所显示的各种信息，详细记录系统各部分的运行状态

B. 接收上一级管理部门下达的指令并及时进行处理

C. 填写运行日志

D. 打印安全监控日报表，报矿主要负责人和主要技术负责人审阅

答案：ABCD

解析：AQ 1029—2019 第 9.2.1 条。

28. 系统的自诊断功能是指当系统中传感器、分站、传输接口等设备发生故障时，系统可以（　　）。

A. 报警　　B. 记录故障时刻和故障设备

C. 提供查询　　D. 打印查询结果

答案：ABCD

解析：MT/T 1126—2011 第 5.5.8 条。

29. 安全监控设备的供电电源必须取自（　　）。

A. 控开关的电源侧　　B. 专用电源

C. 严禁接在被控开关的负荷侧　　D. 中央变电所

答案：ABC

解析：《煤矿安全过程》第四百九十一条。

30. 突出矿井在哪些地点设置的传感器必须是全量程或者高低浓度甲烷传感器：（　　）。

A. 采煤工作面进、回风巷

B. 大气压煤巷、半煤岩巷和有瓦斯涌出的岩巷掘进工作面回风流中

C. 采区回风巷

D. 总回风巷

答案：ABCD

解析：《煤矿安全过程》第五百条。

31. 同时满足下列条件（　　）的为低瓦斯矿井。

A. 矿井相对瓦斯涌出量不大于 10 m^3/t

B. 矿井绝对瓦斯涌出量不大于 40 m^3/min；

C. 矿井任一掘进工作面绝对瓦斯涌出量不大于 3 m^3/min

D. 矿井任一采煤工作面绝对瓦斯涌出量不大于 5 m^3/min

答案：ABCD

32. 具备下列条件（　　）之一的为高瓦斯矿井。

A. 矿井相对瓦斯涌出量大于 10 m^3/t

B. 矿井绝对瓦斯涌出量大于 40 m^3/min

C. 矿井任一掘进工作面绝对瓦斯涌出量大于 3 m^3/min

D. 矿井任一采煤工作面绝对瓦斯涌出量大于 5 m^3/min

答案：ABCD

33. 采区回风巷、采掘工作面回风巷风流中甲烷浓度超过 1.0% 或者二氧化碳浓度超过 1.5% 时，必须（　　）。

A. 停止工作　　B. 撤出人员　　C. 采取措施　　D. 进行处理

答案：ABCD

解析：《煤矿安全规程》第四百九十八条规定，采区回风巷、采掘工作面回风巷风流中甲烷浓度超过 1.0% 或者二氧化碳浓度超过 1.5% 时，必须停止工作，撤出人员，采取措施，进行处理。

34. 按突出矿井设计的煤矿建设工程，开工前应对首采区评估有突出危险且瓦斯含量不小于（　　）的区域进行地面井预抽煤层瓦斯预抽率应达（　　）以上。

A. 12 m^3/t　　B. 30%　　C. 20%　　D. 50%

答案：AB

解析：GB 41022—2021 煤矿瓦斯抽采指标 5.1。

按突出矿井设计的煤矿建设工程，开工前应对首采区评估有突出危险且瓦斯含量不小于 12 m^3/t 的区域。进行地面井预抽煤层瓦斯，预抽率应达 30% 以上。

35. 瓦斯抽放管路的管径应按最大流量分段计算，并与抽放设备能力相适应。抽放管路按经济流速为（　　）和最大通过流量来计算管径，抽放系统管材的备用量可取（　　）。

A. 5～15 m/s　　B. 10～15 m/s

C. 10%　　D. 20%

答案：AC

解析：AQ 1027—2006 煤矿瓦斯抽放规范 5.4.2　瓦斯抽放管路的管径应按最大流量分段计算，并与抽放设备能力相适应。抽放管路按经济流速为 5 m/s～15 m/s 和最大通过流量来计算管径，抽放系统管材的备用量可取 10%。

36. 抽放管路系统宜沿回风巷道或矿车不经常通过的巷道布置，若设于主要运输巷内，在人行道侧其架设高度不应小于（　　），并固定在巷道壁上，与巷道壁的距离应满足检修要求。瓦斯抽放管件的外缘距离外缘距巷道壁不宜小于（　　）。

A. 1.8 m　　B. 1.5 m　　C. 0.1 m　　D. 0.5 m

答案：AC

解析：AQ 1027—2006 煤矿瓦斯抽放规范 5.4.1　抽放管路系统宜沿回风巷道或矿车不经常通过的巷道布置，若设于主要运输巷内，在人行道侧其架设高度不应小于 1.8 m，并固定在巷道壁上，与巷道壁的距离应满足检修要求。瓦斯抽放管件的外缘距离外缘距巷道壁不宜小于 0.1 m。

37. 井下移动泵站栅栏设置的位置上风侧为管路出口外推（　　），上下风侧栅栏间距距离间距不小于（　　），两栅栏间禁止人员。通行和任何作业。移动抽放泵站排到巷道内的瓦斯，其浓度必须在（　　）以内被混合到《煤矿安全规程》允许的限度以内。栅栏处必须设置警戒牌儿和瓦斯监测装置，巷道内瓦斯浓度超限，报警时应断电，停止瓦斯抽放、进行处理。监测传感器的位置设在栅栏外（　　）以内，两栅栏间禁止人员通行和任何作业。

A. 5 m　　B. 1 m　　C. 30 m　　D. 35 m

答案：ADCB

解析：AQ 1027—2006 煤矿瓦斯抽放规范 6.4　井下移动泵站抽出的瓦斯排至回风道时，在抽放管路出口处必须采取安全措施，包括设置栅栏、悬挂警戒牌。井下移动泵站栅栏设置的位置上风侧为管路出口外推 5 m，上下风侧栅栏间距距离间距不小于 35 m，两栅栏间禁止人员。通行和任何作业。移动抽放泵站排到巷道内的瓦斯，其浓度必须在 30 m 以内被混合到《煤矿安全规程》允许的限度以内。栅栏处必须设置警戒牌儿和瓦斯监测装置，巷道内瓦斯浓度超限，报警时应断电，停止瓦斯抽放、进行处理。监测传感器的位置设在栅栏外 1 m 以内，两栅栏间禁止人员通行和任何作业。

38. 加强瓦斯抽放参数（抽放量、瓦斯浓度、负压、正压、大气压、温度等）的监测，发现问题时及时处理。抽放量的计算用大气压为（　　），温度为（　　）标准状态下的数值。

A. 101.325 kPa　　B. 20 ℃　　C. 105.325 kPa　　D. 10 ℃

答案：AB

解析：AQ 1027—2006 煤矿瓦斯抽放规范 8.5　加强瓦斯抽放参数（抽放量、瓦斯浓度、负压、正压、大气压、温度等）的监测，发现问题时及时处理。抽放量的计算用大气压为 101.325 kPa，温度为 20 摄氏度标准状态下的数值。

39. 永久抽放系统的年瓦斯抽放量应不小于（　　），移动泵站不小于（　　）。

A. 10 万 m^3　　B. 100 万 m^3　　C. 5 万 m^3　　D. 200 万 m^3

答案：BA

解析：AQ 1027—2006 煤矿瓦斯抽放规范 8.6.2　永久抽放系统的年瓦斯抽放量应不小于 100 万 m^3，移动泵站不小于 10 万 m^3。

40. 预抽煤层瓦斯的矿井，矿井抽出率应不小于（　　），回采工作面儿抽出率应小于（　　）。

A. 10%　　B. 20%　　C. 25%　　D. 30%

答案：BC

解析：AQ 1027—2006 煤矿瓦斯抽放规范 8.6.3　预抽煤层瓦斯的矿井，矿井抽出率应不小于 20%，回踩工作面儿抽出率应小于 25%。

邻近煤层卸压瓦斯抽放的矿井，矿井的抽出率应不小于 35%，回采工作面抽出率应不小于 45%。

采用综合抽放方法的矿井，矿井抽出率应不小于 30%。煤与瓦斯突出矿井，预抽煤层瓦斯后，突出煤层的瓦斯含量应小于始突深度的原始煤层瓦斯含量或将煤层瓦斯压力降到 0.74 MPa 以下。

41. 邻近煤层卸压瓦斯抽放的矿井，矿井的抽出率应不小于（　　），回采工作面抽出率应不小于（　　）。

A. 20%　　B. 45%　　C. 35%　　D. 50%

答案：CB

42. 采空区抽采低浓度瓦斯用管道自动易爆装置应至少安设一组，每组易爆装置需含需包含两台易爆器。第一台易爆器与火焰传感器之间的距离为（　　）第二台易爆器与火焰传感器之间的距离不超过（　　）。

A. 20 ~ 30 m　　B. 50 ~ 60 m　　C. 60 m　　D. 100 m

答案：BD

解析：GB 40881—2021《煤矿低浓度瓦斯管道输送安全保障系统设计规范》5.3.2 采空区抽采低浓度瓦斯用管道自动易爆装置应至少安设1组，每组易爆装置需含需包含2台易爆器。第一台易爆器与火焰传感器之间的距离为50 ~ 60 m，第二台易爆器与火焰传感器之间的距离不超过100 m。

43. 井下临时瓦斯抽放泵站下风车栅栏外的甲烷传感器，它的断电范围瓦斯为瓦斯抽放泵站电源。报警浓度（　　），断电浓度大于等于（　　），负电点负电浓度（　　）。

A. ≥1.0%　　B. 1.5　　C. <1.0%　　D. <0.5%

答案：AAC

解析：《煤矿安全规程》第四百九十八条　甲烷传感器（便携仪）的安设、设置地点、报警断电、复电浓度和断电范围必须符合表18要求。

44. 矿长、矿技术负责人、爆破工、采掘区队长、通风区队长、（　　）下井时应携带便携式甲烷或甲烷检测报警矿灯、瓦检瓦斯检查工下井时应携带便携式甲烷检测仪和光学甲烷检测仪。

A. 工程技术人员　　B. 班长　　C. 流动电钳工　　D. 安全监测工

答案：ABCD

解析：AQ 1029—2019《煤矿安全监控系统及检测仪器使用管理规范》4.7　矿长、矿技术负责人、爆破工、采掘区队长、通风区队长、工程技术人员、班长、流动电钳工、安全监测工下井时应携带便携式甲烷或甲烷检测报警矿灯、瓦检瓦斯检查工下井时应携带便携式甲烷检测仪和光学甲烷检测仪。

45. 煤矿瓦斯抽采基本指标要求指出：突出煤层工作面，采掘作业前应将控制范围内的煤层瓦斯含量或瓦斯压力降到实际考察的临界值以下。没有实际考察出临界值的，应将瓦斯含量降到以下（　　），或将煤层瓦斯压力降到（　　）（相对压力）以下。

A. 8 m^3/t　　B. 10 m^3/t　　C. 0.74 MPa　　D. 0.84 MPa

答案：AC

解析：GB 41022—2021 煤矿瓦斯抽采指标 5.2　煤矿瓦斯抽采基本指标要求：突出煤层工作面，采掘作业前应将控制范围内的煤层瓦斯含量或瓦斯压力降到实际考察的临界值以下。没有实际考察出临界值的，应将瓦斯含量降到8 m^3/t 以下，或将煤层瓦斯压力降到0.74 MPa（相对压力）以下。

46. 采掘工作面及其他作业地点风流中、电动机或者其开关安设地点附近（　　）以内风流中的甲烷浓度达到（　　）时，必须停止工作，切断电源，撤出人员，进行处理。

A. 20 m　　B. 30 m　　C. 1.5%　　D. 1.0%

答案：AC

解析：《煤矿安全规程》第一百七十三条　采掘工作面及其他作业地点风流中、电动机或者其开关安设地点附近 20 m 以内风流中的甲烷浓度达到 1.5% 时，必须停止工作，切断电源，撤出人员，进行处理。

47. 采掘工作面的进风流中，氧气浓度不低于（　　），二氧化碳浓度不超过（　　）。

A. 17%　　B. 20%　　C. 0.5%　　D. 1.0%

答案：BC

解析：《煤矿安全规程》第一百七十三条　（一）采掘工作面的进风流中，氧气浓度不低于 20%，二氧化碳浓度不超过 0.5%。

48. 矿井必须建立测风制度，每（　　）至少进行（　　）次全面测风。对采掘工作面和其他用风地点，应当根据实际需要随时测风，每次测风结果应当记录并写在测风地点的记录牌上。

A. 7 天　　B. 10 天　　C. 2 次　　D. 1 次

答案：BD

解析：《煤矿安全规程》第一百四十条　矿井必须建立测风制度，每 10 天至少进行 1 次全面测风。对采掘工作面和其他用风地点，应当根据实际需要随时测风，每次测风结果应当记录并写在测风地点的记录牌上。

49. 巷道贯通前应当制定贯通专项措施。综合机械化掘进巷道在相距（　　）前、其他巷道在相距（　　）前，必须停止一个工作面作业，做好调整通风系统的准备工作。

A. 50 m　　B. 40 m　　C. 30 m　　D. 20 m

答案：AD

解析：《煤矿安全规程》第一百四十三条　贯通巷道必须遵守下列规定：

（一）巷道贯通前应当制定贯通专项措施。综合机械化掘进巷道在相距 50 m 前、其他巷道在相距 20 m 前，必须停止一个工作面作业，做好调整通风系统的准备工作。

50. 每（　　）至少进行（　　）风电闭锁和甲烷电闭锁试验，每天应当进行一次正常工作的局部通风机与备用局部通风机自动切换试验，试验期间不得影响局部通风，试验记录要存档备查。

A. 10 天　　B. 15 天　　C. 1 次　　D. 2 次

答案：BC

解析：《煤矿安全规程》第一百六十四条　（八）每 15 天至少进行一次风电闭锁和甲烷电闭锁试验，每天应当进行一次正常工作的局部通风机与备用局部通风机自动切换试验，试验期间不得影响局部通风，试验记录要存档备查。

51. 使用局部通风机通风的掘进工作面，不得停风；因检修、停电、故障等原因停风时，必须将人员全部撤至全风压进风流处，（　　），禁止人员入内。

A. 切断电源　　B. 设置栅栏　　C. 警示标志

答案：ABC

解析：《煤矿安全规程》第一百六十五条　使用局部通风机通风的掘进工作面，不得停风；因检修、停电、故障等原因停风时，必须将人员全部撤至全风压进风流处，切断电源，设置栅栏、警示标志，禁止人员入内。

52. 所有矿井必须装备（　　）。

A. 安全监控系统　　B. 人员位置监测系统

C. 有线调度通信系统

答案：ABC

解析：《煤矿安全规程》第四百八十七条　所有矿井必须装备安全监控系统、人员位置监测系统、有线调度通信系统。

53. 井下防爆电气设备的（　　），必须符合防爆性能的各项技术要求。防爆性能遭受破坏的电气设备，必须立即处理或者更换，严禁继续使用。

A. 运行　　B. 维护　　C. 修理

答案：A、B、C

解析：《煤矿安全规程》第四百八十二条　井下防爆电气设备的运行、维护和修理，必须符合防爆性能的各项技术要求。防爆性能遭受破坏的电气设备，必须立即处理或者更换，严禁继续使用。

54. 矿灯应当保持完好，出现亮度不够、（　　）玻璃破裂等情况时，严禁发放。发出的矿灯，最低应当能连续正常使用 11 h。

A. 电线破损　　B. 灯锁失效

C. 灯头密封不严　　D. 灯头圈松动

答案：ABCD

解析：《煤矿安全规程》第四百七十一条　（三）矿灯应当保持完好，出现亮度不够、电线破损、灯锁失效、灯头密封不严、灯头圈松动、玻璃破裂等情况时，严禁发放。发出的矿灯，最低应当能连续正常使用 11 h。

55. 下列措施中属于冲击地压煤层局部防冲措施的有钻孔卸压、（　　）、顶板预裂、水力压裂。

A. 超前松动爆破　　B. 卸压爆破　　C. 煤层注水　　D. 底板卸压

答案：ABCD

解析：依据《煤矿安全规程》。

56. 预抽煤层瓦斯效果评判应当包括（　　）。

A. 抽采钻孔有效控制范围界定　　B. 抽采钻孔布孔均匀程度评价

C. 抽采瓦斯效果评判指标测定　　D. 抽采效果达标评判

答案：ABCD

解析：依据《煤矿瓦斯抽采达标暂行规定》。

57. 瓦斯抽放矿井必须有下列哪些图纸（　　）。

A. 抽放设备管理台账　　B. 抽放工程管理台账

C. 瓦斯抽放系统和抽放参数　　D. 抽放量管理台账

答案：ABC

解析：AQ 1027—2006 第 8. 4 条。

58. 抽放钻场（　　）及沿管路适当距离（间距一般为 200 ~ 300 m 最大不超过 500 m）应设置放水器。

A. 管路拐弯　　B. 低洼　　C. 三通　　D. 温度突变

答案：ABD

解析：依据 AQ 1027—2006 第 5.4.6 条。

59. 煤矿瓦斯抽采应当坚持“（　　）”的原则。

A. 应抽尽抽　　B. 多措并举　　C. 先抽后采　　D. 抽掘采平衡

答案：ABD

解析：依据《煤矿瓦斯抽采达标暂行规定》。

60. 采煤工作面采空区自然发火“三带”可划分为（　　）。

A. 散热带　　B. 隔热袋　　C. 氧化带　　D. 窒息带

答案：ACD

解析：依据《煤矿防灭火细则》。

61. 煤矿瓦斯抽采泵站的抽采泵吸入管路中应当设置的传感器有（　　）。

A. 流量传感器　　B. 温度传感器　　C. 压力传感器　　D. 风速传感器

答案：ABC

62. 矿井绝对瓦斯涌出量 $Q/(m^3 \cdot min^{-1})$ 在 $40 \leqslant Q \leqslant 80$ 对应的矿井瓦斯抽采率是（　　）；在 $80 \leqslant Q \leqslant 160$ 对应的矿井瓦斯抽采率是（　　）。

A. 25%　　B. 35%　　C. 40%　　D. 45%

答案：CD

解析：依据《煤矿重大事故隐患判定标准》。

63. 矿井必须有足够数量的通风安全检测仪表。仪表必须由具备相应资质的检验单位进行检验。这里说的需要由相应资质的检验单位进行检验的通风安全仪表主要包括（　　）等，其他的仪器仪表可由煤矿企业自行检验或委托第三方检验。

A. 风表　　B. 光干涉甲烷测定器

C. 催化式甲烷检测报警仪及传感器　　D. 直读式粉尘浓度测定仪

E. 井下粉尘采样器

答案：ABCD

解析：《煤矿安全规程》执行说明规定。

64. 矿井瓦斯等级划分为（　　）。

A. 低瓦斯矿井　　B. 高瓦斯矿井　　C. 瓦斯矿井　　D. 突出矿井

答案：ABD

65. 井下临时抽采瓦斯泵抽出的瓦斯可引排到（　　），但必须保证稀释后风流中的瓦斯浓度不超限。

A. 地面　　B. 总回风巷　　C. 一翼回风巷　　D. 分区回风巷

E. 采区回风巷

答案：ABCD

66. 临时抽采瓦斯泵站抽出的瓦斯排入回风巷时，在排瓦斯管路出口必须（　　）。

A. 设置栅栏　　B. 悬挂警戒牌　　C. 设置安全通道　　D. 设置压风自救装置

答案：AB

67. 利用瓦斯时，在利用瓦斯的系统中必须装设有（　　）作用的安全装置。

A. 防泄漏　　B. 防回火　　C. 防回流　　D. 防爆炸

答案：BCD

68. 地面瓦斯抽采泵房内（　　）都应当采用矿用防爆型；否则必须采取安全措施。

A. 电气设备　　B. 照明　　C. 电气仪表　　D. 水银压差计

答案：ABC

69. 开采冲击地压煤层时，必须采取（　　）等综合性防治措施。

A. 冲击危险性预测　　B. 监测预警

C. 防范治理　　D. 效果检验

E. 安全防护

答案：ABCDE

70. 冲击地压矿井区域防冲措施包括（　　）等。

A. 开采保护层　　B. 合理的开拓方式

C. 合理的采掘部署　　D. 合理的开采顺序

E. 合理的采煤工艺

答案：ABCDE

71. 如果必须在井下主要硐室、主要进风井巷和井口房内进行电焊、气焊和喷灯焊接等工作，下列对电焊、气焊和喷灯焊接等工作地点的瓦斯要求中，错误的是（　　）。

A. 甲烷浓度不得超过1.0%

B. 甲烷浓度不得超过0.5%

C. 作业地点附近10 m范围内巷道顶部和支护背板后无瓦斯积存

D. 作业地点附近20 m范围内巷道顶部和支护背板后无瓦斯积存

E. 作业地点附近20 m范围内巷道顶部和支护背板后无瓦斯积聚

答案：ACE

72. 采用氮气防灭火时，应当遵守下列哪些规定（　　）。

A. 氮气源稳定可靠

B. 注入的氮气浓度不小于97%

C. 至少有1套专用的氮气输送管路系统及其附属安全设施

D. 有能连续监测采空区气体成分变化的监测系统

E. 有固定或者移动的温度观测站（点）和监测手段

F. 有专人定期进行检测、分析和整理有关记录、发现问题及时报告处理等规章制度

答案：ABCDEF

73. 下列哪些情形属于“高瓦斯矿井未建立瓦斯抽采系统和监控系统，或者系统不能正常运行”重大事故隐患（　　）。

A. 未按照国家规定安设、调校甲烷传感器的

B. 人为造成甲烷传感器失效的

C. 瓦斯超限后不能报警、断电的

D. 瓦斯超限后断电范围不符合国家规定的

答案：ABCD

74. 根据《煤矿重大事故隐患判定标准》规定，下列哪些情形属于“通风系统不完善、不可靠”重大事故隐患（　　）。

A. 采区进、回风巷未贯穿整个采区的

B. 采区进、回风巷虽贯穿整个采区但一段进风、一段回风的

C. 采用倾斜长壁布置，大巷未超前至少 2 个区段构成通风系统即开掘其他巷道的

D. 采用倾斜长壁布置，大巷超前 2 个区段构成通风系统方开掘其他巷道的

答案：ABC

75. 下列哪些情形属于“使用明令禁止使用或者淘汰的设备、工艺”重大事故隐患（　　）。

A. 使用被列入国家禁止井工煤矿使用的设备及工艺目录的产品或者工艺的

B. 井下电气设备、电缆未取得煤矿矿用产品安全标志的

C. 井下电气设备选型与矿井瓦斯等级不符的

D. 采（盘）区内防爆型电气设备存在失爆

E. 裸露爆破，采煤工作面不能保证 2 个畅通的安全出口的

答案：ABCDE

76. 区域综合防突措施包括（　　）等内容。

A. 区域突出危险性预测　　B. 区域防突措施

C. 区域防突措施效果检验　　D. 区域验证

E. 安全防护措施

答案：ABCD

77. 局部综合防突措施包括（　　）等内容。

A. 工作面突出危险性预测　　B. 工作面防突措施

C. 工作面防突措施效果检验　　D. 安全防护措施

E. 区域验证

答案：ABCD

78. 根据输入、输出信号公共点的不同，晶体管的基本接法有以下几种，（　　）。

A. 共发射极　　B. 共基极　　C. 共集电极

答案：ABC

解析：根据输入、输出信号公共点的不同，晶体管的基本接法有共发射极、共基极、共集电极。

79. 井下使用的煤油、汽油、润滑油、（　　），必须装入盖严的铁桶内。

A. 棉纱　　B. 布头

C. 纸　　D. 用过的棉纱、布头、纸

答案：ABCD

80. 采取预抽煤层瓦斯区域防突措施时，预抽区段煤层瓦斯的钻孔应当控制区段内的（　　）。以上所述的钻孔控制范围均为沿煤层层面方向。

A. 整个回采区域

B. 两侧回采巷道

C. 倾斜、急倾斜煤层两侧回采巷道上帮轮廓线外至少 20 m，下帮至少 10 m

D. 倾斜、急倾斜煤层以外的其他煤层两侧回采巷道两侧轮廓线外至少各 15 m

答案：ABCD

81. 瓦斯抽采泵房必须有直通矿调度室的电话和检测管道（　　）等参数的仪表或者自动监测系统。

A. 瓦斯浓度　　B. 瓦斯流量　　C. 瓦斯压力　　D. 瓦斯温度

答案：ABC

82. 瓦斯抽放常用流量传感器检测原理包括（　　）。

A. 差压式　　B. 超声波式　　C. 涡街　　D. 电磁式

答案：ABC

解析：电磁流量计对流量导电率有要求，主要用于液体流量检测，不适用于瓦斯管道气体流量检测。

83. 采掘工作面同时满足（　　）时，判定采掘工作面瓦斯抽采效果达标。

A. 风速不超过 4 m/s　　B. 回风流中瓦斯浓度低于 1%

C. 管道中瓦斯浓度低于 1%　　D. 瓦斯抽采率达到 80%

答案：AB

解析：《煤矿瓦斯抽采达标暂行规定》第五章第二十九条　采掘工作面同时满足风速不超过 4 m/s、回风流中瓦斯浓度低于 1% 时，判定采掘工作面瓦斯抽采效果达标。

84. 瓦斯抽放矿井必须有下列哪些图纸（　　）

A. 瓦斯抽放系统图

B. 泵站平面与管网（包括阀门，安全装备、检测仪表放水器等）布置图

C. 抽放钻场及钻孔布置图

D. 泵站供电系统图

答案：ABCD

解析：AQ 1027—2006 第 8.4 条。

85. 瓦斯抽放矿井必须有下列哪些图纸（　　）。

A. 抽放设备管理台账

B. 抽放工程管理台账

C. 瓦斯抽放系统和抽放参数、抽放量管理台账

D. 瓦斯抽放泵站管理台账

答案：ABC

解析：AQ 1027—2006 第 8.4 条。

86. 瓦斯抽放矿井必须建立健全（　　）。

A. 岗位责任制　　B. 钻孔钻场检查管理制度

C. 抽放工程质量验收制度　　D. 安全巡检制度

答案：ABC

解析：AQ 1027—2006 第 8.3 条。

87. PLC 可编程控制器常用接口包括（　　）。

A. DI　　B. DO　　C. AI　　D. RS485

答案：ABCD

解析：DI 用于触点采集，DO 用于触点输出，AI 用于 4 ~ 20 mA 模拟量采集，RS485 是与其他 RS485 设备的通信接口。

88. 以太网 Scoket 方式通信时，需要正确设置哪些网络参数（　　）。

A. 服务器 IP　　B. 服务器端口　　C. 波特率　　D. 设备地址号

答案：AB

解析：以太网 Scoket 通信需要确定服务器 IP 和服务器端口进行连接。

89. 分站与传感器之间采用 RS485 通信时，需要确保以下哪些内容（　　）。

A. 传感器地址号正确　　B. 通信线 A \ B 对应

C. 通信波特率　　D. 通信端口号

答案：ABC

解析：RS485 通信不需要端口号。

90. 以下哪些参数会影响管道流量的计算（　　）。

A. 管道压力　　B. 管道瓦斯浓度　　C. 管道温度　　D. 管道长度

答案：ABC

解析：管道压力、温度会影响标况流量的计算，管道瓦斯浓度会影响管道内气体密度计算，进而影响流速和流量计算，管道长度不会影响流量计算。

91. 以下哪些因素会影响管道甲烷浓度监测（　　）。

A. 管道流速　　B. 管道直径　　C. 管道气密性　　D. 管道压力

答案：AC

解析：管道流速过低时会导致气体无法进入到甲烷传感器气室导致监测不准，管道气密性不好则会导致进入空气影响浓度检测。

92. 隔爆兼本质安全型防爆电源设置在采区变电所，不得设置在下列区域（　　）。

A. 断电范围内

B. 低瓦斯和高瓦斯矿井的采煤工作面和回风巷内

C. 煤与瓦斯突出煤层的采煤工作面、进风巷和回风巷

D. 掘进工作面内

答案：ABCD

解析：AQ 1029—2019 第 5.4 条。

93. 下列哪种情况下会导致抽放分站立即断线（　　）。

A. 分站电源箱交流电断电　　B. 分站地址号修改错误

C. 分站所连接的交换机掉电　　D. 分站主通信线短路

答案：BCD

解析：分站电源箱交流断电，后备电池会工作，会议引起分站立即断线。

94. 瓦斯抽放泵站自动控制涉及哪些传感器（　　）。

A. 缺水传感器　　B. 液位传感器　　C. 振动传感器　　D. 温度传感器

答案：ABCD

解析：当缺水传感器检测到无水、液位传感器检测到循环水池水位过低、温度传感器检测到电机转子温度过高、振动传感器检测到电气振动异常时会触发响应控制。

95. 抽放泵运转时，必须对哪些参数进行监测、监控（　　）。

A. 泵水流量　　B. 水温度　　C. 泵轴温度　　D. 管道瓦斯浓度

答案：ABC

解析：AQ 1027—2011 第5.5.11条。

96. 关于瓦斯抽采监控系统存储时间描述正确的是（　　）。

A. 重要监测点模拟量的实时监测值存盘记录应保存7 d以上

B. 模拟量统计值、报警解除报警时刻及状态、开关量状态及变化时刻、累计量值、设备故障/恢复正常工作时刻及状态等记录应保存1年以上

C. 当系统发生故障时，丢失信息的时间长度应不大于1 min

D. 分站存储数据时间应不小于2 h

答案：ACD

解析：MT/T 1126—2006 第5.6.13条。

97. 瓦斯抽采监控系统抗干扰性能涉及的试验包括（　　）。

A. 射频电磁场辐射抗扰度　　B. 电快速瞬变脉冲群抗扰度

C. 浪涌（冲击）抗扰度　　D. 射频场感应的传导骚扰抗扰度

答案：ABC

解析：MT/T 1126—2006 第5.10条。

98. 瓦斯抽采监控系统设备组成包括（　　）。

A. 分站　　B. 传感器　　C. 断电控制器　　D. 电源

答案：ABCD

解析：MT/T 1126—2006 第5.4条。

99. 瓦斯抽采监控系统中用于机房、调度室的设备，应能在下列哪些条件下正常工作（　　）。

A. 环境温度：15～30 ℃

B. 相对湿度：40%～70%

C. 温度变化率：小于10 ℃/h，且不得结露

D. 大气压力：80～106 kPa

答案：ABCD

解析：MT/T 1126—2006 第5.2.1条。

100. 当出现以下哪种情况，需要对抽放泵主电源进行断电（　　）。

A. 瓦斯抽放浓度过低　　B. 一氧化碳超限

C. 泵站内有瓦斯泄漏　　D. 管道内瓦斯浓度过高

答案：ABC

解析：AQ 1027—2006 第5.6.2条。

101. 以下哪些传感器数据属于模拟量数据（　　）。

A. 温度　　B. 压力　　C. 开度　　D. 开停

答案：ABC

解析：开停属于开关量数据。

102. 对同一评价单元预抽瓦斯效果评价时，需要计算的指标包括（　　）。

A. 抽采后的残余瓦斯含量　　B. 残余瓦斯压力

C. 可解吸瓦斯量　　D. 累计瓦斯抽采量

答案：ABC

解析：《煤矿瓦斯抽采达标暂行规定》第五章第二十六条。

103. 区域综合防突措施包括（　　）。

A. 区域突出危险性预测　　B. 区域防突措施

C. 区域防突措施效果检验　　D. 区域验证

答案：ABCD

解析：《防治煤与瓦斯突出细则》第一章第五条。

104. 瓦斯泵站机电设备供电参数监测包括下列哪些参数（　　）。

A. 电流　　B. 电压　　C. 功率因素　　D. 纹波

答案：ABC

解析：MT/T 1126—2011 第 5. 5. 1. 1 条。

105. 满足下列哪些情况之一的矿井必须进行瓦斯抽采（　　）。

A. 开采有煤与瓦斯突出危险煤层的

B. 一个采煤工作面绝对瓦斯涌出量大于 5 m^3/min

C. 一个掘进工作面绝对瓦斯涌出量大于 3 m^3/min 的

D. 矿井绝对瓦斯涌出量大于或等于 40 m^3/min 的

答案：ABCD

解析：《煤矿瓦斯抽采达标暂行规定》第二章第七条。

106. 典型的突出预兆主要包括（　　）。

A. 响煤炮声（机枪声、闷雷声、劈裂声）

B. 喷孔

C. 顶钻

D. 煤壁外鼓、掉渣

答案：ABCD

解析：《防治煤与瓦斯突出细则》第五十条。

107. 突出矿井应当建立的防治煤与瓦斯突出相关制度包括（　　）。

A. 通风瓦斯日分析制度　　B. 突出预兆的报告制度

C. 突出预警分析与处置制度　　D. 瓦斯巡检制度

答案：BCD

解析：《防治煤与瓦斯突出细则》第四十九条。

108. 以下哪些气体会对一氧化碳造成干扰（　　）。

A. 硫化氢　　B. 二氧化硫　　C. 氨气　　D. 氧气

答案：ABC

解析：根据电化学一氧化碳原理及规格书，硫化氢、二氧化硫、氨气会影响一氧化碳检测。

109. 以下哪些因素不会对管道激光甲烷传感器监测造成影响（　　）。

A. 管道压力　　B. 大气压　　C. 管道直径　　D. 直管段长度

答案：BCD

解析：激光甲烷传感器在一定压力范围内检测准确，超出压力范围会超误差。

110. 区域综合防突措施包括的内容有（　　）。

A. 区域突出危险性预测　　　　　　B. 区域防突措施
C. 区域防突措施效果检验　　　　　D. 区域验证

答案：ABCD

解析：《防治煤与瓦斯突出细则》第五条　有突出矿井的煤矿企业、突出矿井应当依据本细则，结合矿井开采条件，制定、实施区域和局部综合防突措施。

区域综合防突措施包括下列内容：（一）区域突出危险性预测；（二）区域防突措施；（三）区域防突措施效果检验；（四）区域验证。

111. 局部综合防突措施包括的内容有（　　）。

A. 工作面突出危险性预测　　　　　B. 工作面防突措施
C. 工作面防突措施效果检验　　　　D. 安全防护

答案：ABCD

解析：《防治煤与瓦斯突出细则》第五条　局部综合防突措施包括下列内容：（一）工作面突出危险性预测；（二）工作面防突措施；（三）工作面防突措施效果检验；（四）安全防护措施。

112. 根据国家煤矿安监局关于印发《煤矿安全监控系统升级改造技术方案》的通知的要求，对系统指标提升的要求为（　　）。

A. 系统巡检周期不超过 20 s
B. 异地断电时间不超过 40 s
C. 备用电源能维持断电后正常供电时间由 2 h 提升到 4 h
D. 具有双机热备自动切换功能

答案：ABCD

解析：《煤矿安全监控系统升级改造技术方案》11　提升系统性能指标：(1) 系统巡检周期不超过 20 s；(2) 异地断电时间不超过 40 s；(3) 备用电源能维持断电后正常供电时间由 2 h 提升到 4 h，更换电池要求由仅能维持 1 h 时必须更换，提高到仅能维持 2 h 时必须更换；(4) 具有双机热备自动切换功能；(5) 模拟量传输处理误差不超过 0.5%；(6) 分站的最大远程本安供电距离（在设计工况条件下）实行分级管理，分别为 2 km、3 km、6 km。

113. 煤矿建设项目的安全设施好和职业病危害防护设施，必须与主体工程（　　）。

A. 同时设计　　B. 同时施工　　C. 同时投入使用

答案：ABC

解析：《煤矿安全规程》第六条　煤矿建设项目的安全设施和职业病危害防护设施，必须与主体工程同时设计、同时施工、同时投入使用。

114. 严禁使用国家明令禁止使用或淘汰的危及生产安全和可能产生职业病危害的（　　）。

A. 技术　　B. 工艺　　C. 材料　　D. 设备

答案：ABCD

解析：《煤矿安全规程》第十条　煤矿使用的纳入安全标志管理的产品，必须取得煤矿矿用产品安全标志。未取得煤矿矿用产品安全标志的，不得使用。

严禁使用国家明令禁止使用或者淘汰的危及生产安全和可能产生职业病危害的技术、

工艺、材料和设备。

115. 根据国家煤矿安监局关于印发《煤矿安全监控系统升级改造技术方案》的通知的要求，多系统融合需要融合的系统为（　　）。

A. 人员定位　　B. 应急广播　　C. 视频监测　　D. 无线通信

答案：ABCD

解析：《煤矿安全监控系统升级改造技术方案》多系统的融合可以采用地面方式，也可以采用井下方式。鼓励新安装的安全监控系统采用井下融合方式。在地面统一平台上必须融合的系统：环境监测、人员定位、应急广播，如有供电监控系统，也应融入。其他可考虑融合的系统：视频监测、无线通信、设备监测、车辆监测等。

116. 矿井安全监控系统应在（　　）上方设置甲烷传感器。

A. 提升机　　B. 井下煤仓

C. 地面选煤厂煤仓　　D. 带式输送机

答案：BC

117. 区域防突措施包括哪些（　　）。

A. 开采保护层　　B. 预抽煤层瓦斯　　C. 煤层注水　　D. 深孔松动爆破

答案：AB

解析：《防治煤与瓦斯突出细则》第六十条　区域防突措施是指在突出煤层进行采掘前，对突出危险区煤层较大范围采取的防突措施。区域防突措施包括开采保护层和预抽煤层瓦斯两类。

118. 预测煤巷掘进工作面的突出危险性的方法（　　）。

A. 钻屑指标法　　B. 复合指标法

C. R 值指标法　　D. 其他经试验证实有效的方法

答案：ABCD

解析：《防治煤与瓦斯突出细则》第八十九条　可采用下列方法预测煤巷掘进工作面的突出危险性：（一）钻屑指标法；（二）复合指标法；（三）R 值指标法；（四）其他经试验证实有效的方法。

119. 瓦斯抽采方法（　　）。

A. 井下瓦斯抽采　　B. 地面钻井抽采　　C. 采空区抽放　　D. 围岩抽放

答案：ABCD

解析：《AQ 1027—2007 煤矿瓦斯抽放规范》7. 1. 2。

120. 应对瓦斯管路中的哪些参数进行监测（　　）。

A. 浓度　　B. 流量　　C. 压力　　D. 温度

答案：ABC

解析：《煤矿安全规程》第一百八十二条　抽采瓦斯设施应当符合下列要求：（五）泵房必须有直通矿调度室的电话和检测管道瓦斯浓度、流量、压力等参数的仪表或者自动监测系统。（六）干式抽采瓦斯泵吸气侧管路系统中，必须装设有防回火、防回流和防爆炸作用的安全装置，并定期检查。抽采瓦斯泵站放空管的高度应当超过泵房房顶 3 m。泵房必须有专人值班，经常检测各参数，做好记录。当抽采瓦斯泵停止运转时，必须立即向矿调度室报告。如果利用瓦斯，在瓦斯泵停止运转后和恢复运转前，必须通知使用瓦斯的单位，取得同意后，方可供应瓦斯。

121. 煤工作面可以选用（　　）或者其他经试验证实有效的防突措施。

A. 超前钻孔预抽瓦斯　　　　B. 超前钻孔排放瓦斯

C. 注水湿润煤体　　　　D. 松动爆破

答案：ABCD

解析：《煤矿安全规程》第二百一十五条　煤巷掘进工作面应当选用超前钻孔预抽瓦斯、超前钻孔排放瓦斯的防突措施或者其他经试验证实有效的防突措施。

122. 矿井必须从设计和采掘生产管理上采取措施，防止瓦斯积聚；当发生瓦斯积聚时，必须及时处理。当瓦斯超限达到断电浓度时，（　　）有权责令现场作业人员停止作业，停电撤人。

A. 班组长　　B. 瓦斯检查工　　C. 矿调度员　　D. 爆破工

答案：ABC

解析：《煤矿安全规程》第一百七十五条　矿井必须从设计和采掘生产管理上采取措施，防止瓦斯积聚；当发生瓦斯积聚时，必须及时处理。当瓦斯超限达到断电浓度时，班组长、瓦斯检查工、矿调度员有权责令现场作业人员停止作业，停电撤人。

123. 干式抽采瓦斯泵吸气侧管路系统中，必须装设有（　　）炸作用的安全装置，并定期检查。

A. 防回火　　B. 防回流　　C. 防爆　　D. 防水

答案：ABC

124. 矿井应当每周至少检查 1 次隔爆设施的安装（　　）或者及安装质量是否符合要求。

A. 地点　　B. 数量　　C. 水量　　D. 岩粉量

答案：ABCD

解析：《煤矿安全规程》第一百八十七条　矿井应当每年制定综合防尘措施、预防和隔绝煤尘爆炸措施及管理制度，并组织实施。矿井应当每周至少检查 1 次隔爆设施的安装地点、数量、水量或者岩粉量及安装质量是否符合要求。

125. 有突出危险煤层的新建矿井或者突出矿井，开拓新水平的井巷第一次揭穿（开）厚度为 0.3 m 及以上煤层时，必须超前探测（　　）突出危险性相关的参数。

A. 煤层厚度及地质构造　　　　B. 测定煤层瓦斯压力

C. 瓦斯含量　　　　D. 煤层情况

答案：ABC

解析：《煤矿安全规程》第一百九十七条　有突出危险煤层的新建矿井或者突出矿井，开拓新水平的井巷第一次揭穿（开）厚度为 0.3 m 及以上煤层时，必须超前探测煤层厚度及地质构造、测定煤层瓦斯压力及瓦斯含量等与突出危险性相关的参数。

126. 具备下列条件之一的为高瓦斯矿井（　　）。

A. 矿井相对瓦斯涌出量大于 10 m^3/t

B. 矿井绝对瓦斯涌出量大于 40 m^3/min

C. 矿井任一掘进工作面绝对瓦斯涌出量大于 3 m^3/min

D. 矿井任一采煤工作面绝对瓦斯涌出量大于 5 m^3/min

答案：ABCD

解析：《煤矿安全规程》第一百八十四条　（二）高瓦斯矿井。具备下列条件之一的为高瓦斯矿井：（1）矿井相对瓦斯涌出量大于10 m^3/t；（2）矿井绝对瓦斯涌出量大于40 m^3/min；（3）矿井任一掘进工作面绝对瓦斯涌出量大于3 m^3/min；（4）矿井任一采煤工作面绝对瓦斯涌出量大于5 m^3/min。

127. 突出矿井的防突工作应当遵守下列规定，配置满足防突工作需要的（　　）。

A. 防突机构　　B. 专业防突队伍

C. 检测分析仪器仪表　　D. 设备

答案：ABCD

解析：《煤矿安全规程》第一百九十四条　突出矿井的防突工作应当遵守下列规定：（一）配置满足防突工作需要的防突机构、专业防突队伍、检测分析仪器仪表和设备。

128. 矿井瓦斯等级可划分为（　　）。

A. 突出矿井　　B. 煤与瓦斯突出矿井

C. 低瓦斯矿井　　D. 高瓦斯矿井

答案：ACD

解析：《煤矿安全规程》第一百八十四条。

129. 煤层中瓦斯成分由浅部到深部有规律地逐渐变化，这种现象就是煤层瓦斯的分带现象。煤层瓦斯分带一般从浅部到深部可划分为（　　）。

A. 氮气—二氧化碳带　　B. 氮气带

C. 氮气—甲烷带　　D. 甲烷带

答案：ABCD

解析：煤矿瓦斯基础技术知识中瓦斯发生和运移规律。

130. 在煤层瓦斯分带中，其中前三带称为瓦斯风化带包括（　　）。

A. 氮气—二氧化碳带　　B. 氮气带

C. 氮气—甲烷带　　D. 甲烷带

答案：ABC

解析：煤田形成后，煤变质生成的瓦斯经煤层、围岩裂隙和断层向地表运动；地表的空气、生物化学及化学作用生成的气体由地表向深部运动。由此形成了煤层中各种气体成分由浅到深有规律的逐渐变化，即煤层内的瓦斯呈现出垂直分带特征。一般将煤层由露头自上向下分为四个瓦斯带：CO_2—N_2 带、N_2 带、N_2—CH_4 带、CH_4 带。前三个带总称为瓦斯风化带。

131. 井下移动瓦斯抽放泵站必须实行“三专”供电，即（　　）。

A. 专用变压器　　B. 专用开关　　C. 专用线路　　D. 专用电缆

答案：ABC

解析：《煤矿瓦斯抽放规范》井下移动泵站瓦斯抽放系统6.5。

132. 抽放管路应有良好的气密性及采取（　　）等措施。

A. 防腐蚀　　B. 防砸坏　　C. 防带电　　D. 防冻

答案：ABCD

解析：《煤矿瓦斯抽放规范》中瓦斯抽放方法7.2瓦斯抽放方法的选择。

133. 在利用瓦斯的瓦斯抽采系统中，必须装设的安全装置有（　　）。

A. 防回火装置　　B. 防回风装置

C. 防爆炸装置　　D. 放空管和避雷装置

答案：ABCD

解析：《煤矿瓦斯抽放规范》中瓦斯抽采管路5.4.9。

134. 抽放管路系统宜滑回风巷道或矿车不经常通过的巷布置；若设于主要运输巷内，在人行道侧其架设高度不应小于（　　），并固定在巷道壁上，与巷道壁的距离应满足检修要求；瓦斯抽放管件的外缘距巷道壁不宜小于（　　）。

A. 1.8 m　　B. 2 m　　C. 0.3 m　　D. 0.1 m

答案：AD

解析：《煤矿瓦斯抽放规范》5.4 抽放管路系统。

135. 煤矿安全监控系统的特点为（　　）

A. 监控对象变化缓慢　　B. 电气防爆

C. 传输距离远　　D. 网络结构宜采用树形结构

答案：ABCD

解析：（1）电气防爆；（2）传输距离远；（3）网络结构宜采用树形结构；（4）监控对象变化缓慢；（5）电网电压波动大，电磁干扰严重。

136. 地面中心站，它主要由（　　）等设备及各种应用程序、操作系统等软件组成。

A. 主机　　B. 打印机　　C. 大屏幕　　D. 模拟键盘

答案：ABCD

解析：地面中心站，它主要由主机、打印机、模拟盘、终端、大屏幕等设备及各种应用程序、操作系统等软件组成。

137. 煤矿瓦斯抽采应当坚持“（　　）”的原则。

A. 应抽尽抽　　B. 多措并举　　C. 抽掘采平衡　　D. 以风定产

答案：ABC

解析：《煤矿瓦斯抽采达标暂行规定》。

138. 瓦斯抽采系统应当确保（　　）。

A. 工程超前　　B. 能力充足　　C. 设施完备　　D. 计量准确

答案：ABCD

解析：《煤矿瓦斯抽采达标暂行规定》。

139. 预抽煤层瓦斯效果评判应当包括下列主要内容和步骤：（　　）。

A. 抽采钻孔有效控制范围界定　　B. 抽采钻孔布孔均匀程度评价

C. 抽采瓦斯效果评判指标测定　　D. 抽采效果达标评判

E. 抽采效果达标验证

答案：ABCD

解析：《煤矿瓦斯抽采达标暂行规定》。

140. 用顺层钻孔预抽煤巷条带煤层瓦斯时，在煤巷条带每间隔（　　）至少布置1个测定点，且每个评判区域不得少于（　　）个测定点。

A. 20～30 m　　B. 20～50 m　　C. 1　　D. 3

答案：AD

解析：《煤矿瓦斯抽采达标暂行规定》。

141. 采掘工作面同时满足风速不超过（　　）、回风流中瓦斯浓度低于（　　）%时，判定采掘工作面瓦斯抽采效果达标。

A. 3 m/s　　B. 4 m/s　　C. 1　　D. 2

答案：AC

解析：《煤矿瓦斯抽采达标暂行规定》。

142. 用穿层钻孔预抽石门（含立、斜井等）揭煤区域煤层瓦斯时，至少布置（　　）个测定点，分别位于要求预抽区域内的上部、中部和两侧，并且至少有（　　）个测定点位于要求预抽区域内距边缘不大于2 m的范围。

A. 4　　B. 3　　C. 2　　D. 1

答案：AD

解析：《煤矿瓦斯抽采达标暂行规定》。

143. 工作面采掘作业前，应当编制瓦斯抽采达标评判报告，并由矿井（　　）和（　　）批准。

A. 总工程师　　B. 技术负责人　　C. 矿长　　D. 主要负责人

答案：BD

解析：《煤矿瓦斯抽采达标暂行规定》。

144. 每（　　）个月对安全监控、人员位置监测等数据进行备份，备份的数据介质保存时间应当不少于（　　）年。图纸、技术资料的保存时间应当不少于（　　）年。录音应当保存（　　）个月以上。

A. 3　　B. 2　　C. 2　　D. 3

答案：ABCD

解析：《煤矿安全规程》。

145. 甲烷电闭锁和风电闭锁功能每（　　）天至少测试1次。可能造成局部通风机停电的，每（　　）测试1次。

A. 15天　　B. 30天　　C. 季度　　D. 半年

答案：AD

解析：《煤矿安全规程》。

146. 矿调度室值班人员应当监视监控信息，填写运行日志，打印安全监控日报表，并报（　　）审阅。

A. 矿总工程师　　B. 技术负责人　　C. 矿长　　D. 主要负责人

答案：AC

解析：《煤矿安全规程》。

147. 设备应当满足电磁兼容要求。系统必须具有（　　），入井线缆的入井口处必须具有（　　）。

A. 防雷电保护　　B. 防雷措施　　C. 防雷电措施　　D. 防雷保护

答案：AB

解析：《煤矿安全规程》。

148. 干式抽采瓦斯泵吸气侧管路系统中，必须装设有（　　）作用的安全装置，并定期检查。

A. 防回火　　B. 防回流　　C. 防爆炸　　D. 防锈蚀

答案：ABC

解析：《煤矿安全规程》。

149. 瓦斯抽采泵站的抽采泵吸入管路中应当设置（　　）。

A. 流量传感器　　B. 甲烷传感器　　C. 温度传感器　　D. 压力传感器

答案：ACD

解析：《煤矿安全规程》。

150. 抽出的瓦斯排入回风巷时，在排瓦斯管路出口必须设置栅栏、悬挂警戒牌等。栅栏设置的位置是上风侧距管路出口（　　）、下风侧距管路出口（　　），两栅栏间禁止任何作业。

A. 5 m　　B. 10 m　　C. 15 m　　D. 30 m

答案：AD

解析：《煤矿安全规程》。

151. 瓦斯抽采管理工作应当确保（　　）。

A. 机构健全　　B. 制度完善　　C. 执行到位　　D. 监督有效

答案：ABCD

解析：《煤矿瓦斯抽采达标暂行规定》。

152. 抽放泵运转时，必须对泵水流量、水温度、泵轴温度等进行监测、监控。

A. 泵水流量　　B. 水温度　　C. 泵轴温度　　D. 泵水压力

答案：ABC

解析：《AQ 1027—2006 煤矿瓦斯抽放规范》。

153. （　　）是加强瓦斯抽放工作的方向。

A. 多打孔　　B. 严封闭　　C. 综合抽　　D. 长时抽

答案：ABC

解析：《AQ 1027—2006 煤矿瓦斯抽放规范》。

154. 永久抽放系统的年瓦斯抽放量应不小于（　　），移动泵站不小于（　　）。

A. 100 万 m^3　　B. 50 万 m^3　　C. 20 万 m^3　　D. 10 万 m^3

答案：AD

解析：《AQ 1027—2006 煤矿瓦斯抽放规范》。

155. 井下移动瓦斯抽放泵站必须实行“三专”供电，即（　　）。

A. 专用变压器　　B. 专用线路　　C. 专用设备　　D. 专用开关

答案：ABD

解析：《AQ 1027—2006 煤矿瓦斯抽放规范》。

156. 安全监控设备的调校包括（　　）、复电点、控制逻辑等。

A. 零点　　B. 显示值　　C. 报警点　　D. 断电点

E. 断电范围

答案：ABCD

解析：《AQ 6201—2019 煤矿安全监控系统通用技术要求》。

157. 煤矿安全监控系统设备布置图应以（　　）为底图，断电控制图应以（　　）为底图。

A. 矿井通风系统图　　B. 矿井工程平面图

C. 矿井供电系统图　　D. 矿井断电系统图

答案：AC

解析：《AQ 6201—2019 煤矿安全监控系统通用技术要求》。

158. 栅栏处必须设警戒牌和瓦斯监测装置，巷道内瓦斯浓度超限报警时，应（　　）。

A. 断电　　B. 撤人　　C. 停止瓦斯抽放　　D. 进行处理

答案：ACD

解析：《AQ 6201—2019 煤矿安全监控系统通用技术要求》。

159. 抽放站建筑：站房建筑必须采用不燃性材料，耐火等级为（　　）级；站房周围必须设置（　　）。

A. 二　　B. 三　　C. 栅栏或围墙　　D. 沟渠或堤坝

答案：AC

解析：《AQ 1027—2008 煤矿瓦斯抽放规范》。

160. 井下分站应设置在便于人员（　　）及支护良好、无滴水、无杂物的进风巷道或硐室中，安设时应垫支架，或吊挂在巷道中，使其距巷道底板不小于 300 mm。

A. 观察　　B. 调校　　C. 检验　　D. 调试

答案：ACD

解析：《AQ 1029—2019 煤矿安全监控系统及检测仪器使用管理规范》。

161. 有下列情况之一的矿井必须进行瓦斯抽采，并实现抽采达标：（　　）。

A. 矿井年产量为 1.0～1.5 Mt，其绝对瓦斯涌出量大于 30 m^3/min 的

B. 矿井年产量为 0.6～1.0 Mt，其绝对瓦斯涌出量大于 25 m^3/min 的

C. 矿井年产量为 0.4～0.6 Mt，其绝对瓦斯涌出量大于 20 m^3/min 的

D. 矿井年产量等于或小于 0.4 Mt，其绝对瓦斯涌出量大于 18 m^3/min 的

E. 矿井绝对瓦斯涌出量大于或等于 40 m^3/min 的

答案：ABCE

解析：《煤矿瓦斯抽采达标暂行规定》。

162. 没有考察出煤层始突深度处的煤层瓦斯压力或含量时，分别按照（　　）（　　）取值。

A. 0.74 MPa　　B. 1 MPa　　C. 4 m^3/t　　D. 8 m^3/t

答案：AD

解析：《煤矿瓦斯抽采达标暂行规定》。

163. 专项监察的重点包括（　　）等。

A. “抽掘采平衡”能力　　B. 抽采系统能力

C. 通风系统能力　　D. 工作面瓦斯抽采效果评判

答案：ABD

解析：《煤矿瓦斯抽采达标暂行规定》。

164. 各级地方煤矿安全监管部门应定期或者不定期地检查煤矿瓦斯抽采达标情况，（　　）至少进行一次瓦斯抽采达标专项检查。各驻地煤矿安全监察机构应当（　　）至少进行一次煤矿瓦斯抽采达标情况的专项监察。

A. 季度　　B. 每半年　　C. 9 个月　　D. 每年

答案：BD

解析：《煤矿瓦斯抽采达标暂行规定》。

165. 煤与瓦斯突出危险性随（　　）增加而增大。

A. 煤层埋藏深度　　B. 煤层厚度　　C. 煤层透气性　　D. 煤层倾角

答案：ABD

解析：煤与瓦斯突出危险性随煤层埋藏深度、煤层厚度、煤层倾角增加而增大。

166. 防止瓦斯积聚和超限的措施主要有（　　）。

A. 加强通风　　B. 抽放瓦斯

C. 及时处理局部积聚的瓦斯　　D. 加强瓦斯浓度和通风状况检查

答案：ABCD

解析：防止瓦斯积聚和超限的措施主要：有加强通风、加强瓦斯检查、及时处理局部积聚的瓦斯、瓦斯抽放。

167. 矿井（　　）瓦斯抽采率是指矿井（　　）的抽出瓦斯量占其（　　）之和的百分比。

A. 风排瓦斯量　　B. 抽采瓦斯量

C. 煤层内残存瓦斯量　　D. 岩层残存瓦斯量

答案：AB

解析：矿井瓦斯抽采率是指矿井的抽采瓦斯量占其风排瓦斯量与抽出瓦斯量之和的百分比。

168. 本煤层瓦斯抽采按汇集瓦斯的方法分为（　　）。

A. 钻孔抽采　　B. 巷道抽采

C. 巷道与钻孔综合抽采　　D. 采空区瓦斯抽采

答案：ABC

解析：本煤层瓦斯强化抽放方法主要有大直径密集钻孔抽放、水力冲孔瓦斯抽放、水力压裂煤层瓦斯抽放、控制预裂爆破。

169. 当采煤工作面的采空区或老空区积存大量瓦斯时，往往被漏风带入（　　），造成作业场所瓦斯超限而影响生产。

A. 采区生产巷道　　B. 工作面　　C. 井底车场　　D. 主运输巷

答案：AB

解析：采煤工作面的采空区或老空区积存大量瓦斯时，往往被漏风带入生产巷道或工作面造成瓦斯超限而影响生产。

170. 瓦斯抽采系统应当确保（　　）。

A. 工程超前　　B. 能力充足　　C. 设施完备　　D. 计量准确

答案：ABCD

解析：《煤矿瓦斯抽采达标暂行规定》第四条规定。

171. 煤矿瓦斯抽采应当坚持（　　）的原则。

A. 应抽尽抽　　B. 多措并举　　C. 抽掘采平衡　　D. 先采后抽

答案：ABC

解析：《煤矿瓦斯抽采达标暂行规定》第四条规定。

172. 瓦斯抽采管理应当确保（　　）。

A. 机构健全　　B. 制度完善　　C. 执行到位　　D. 监督有效

答案：ABCD

解析：《煤矿瓦斯抽采达标暂行规定》第四条规定。

173. 安全监控系统主要有（　　）等部分构成。

A. 监测传感器　　B. 井下分站　　C. 执行器　　D. 信息传输系统

答案：ABCD

解析：《煤矿安全监控系统通用技术要求》相关规定。

174. 矿井监控系统软件应具有如下功能（　　）。

A. 断电显示　　B. 断电记录查询显示

C. 实时显示　　D. 统计值记录查询显示

答案：ABCD

解析：《煤矿安全监控系统通用技术要求》相关规定。

175. 监控系统的列表显示功能中模拟量及相关显示内容包括（　　）等。

A. 地点，名称，单位　　B. 报警门限，断电门限，复电门限

C. 监测值，最大值，最小值，平均值　　D. 工作时间

答案：ABC

解析：《煤矿安全监控系统通用技术要求》相关规定。

176. 监控系统列表显示功能开关量显示内容包括（　　）等。

A. 地点，名称　　B. 开/停时刻，状态

C. 馈电状态　　D. 开停次数

答案：ABD

解析：《煤矿安全监控系统通用技术要求》相关规定。

177. 监控系统列表显示功能中累计量显示内容包括（　　）等。

A. 地点　　B. 名称　　C. 开停次数　　D. 累计量值

答案：ABD

解析：《煤矿安全监控系统通用技术要求》相关规定。

178. 瓦斯空气混合气体中混入（　　）会增加瓦斯的爆炸性，降低瓦斯爆炸的浓度下限。

A. 可爆性煤尘　　B. 一氧化碳气体　　C. 硫化氢气体　　D. 二氧化碳气体

答案：ABC

解析：瓦斯爆炸界限并不是固定不变的，其变化同混合气体中其他可燃气体、煤尘、惰性气体的多少及混合气体所在环境温度的高低、压力大小等因素有关。

179. 地应力是产生煤与瓦斯突出的重要原因之一，其主要作用有（　　）。

A. 使瓦斯压力增高　　B. 使煤体产生突然破碎和位移

C. 影响煤的吸附性和透气性　　　　　D. 影响瓦斯的贮存和运移

答案：ABCD

解析：地应力对突出主要有三方面的作用：（1）围岩或煤体的弹性变形潜能使煤体发生突然破坏和位移；（2）地应力控制瓦斯压力场，促进瓦斯煤体破坏；（3）围岩中应力增加决定了煤层的低透气性，造成瓦斯压力梯度增高，煤体一旦破坏对突出有利。

180. 煤与瓦斯突出的安全防护措施包括（　　）。

A. 炮采工作面设挡栏

B. 揭穿突出煤层采取远距离爆破

C. 设两道牢固可靠的反向风门

D. 设置采区避难所，工作面避难所或压风自救系统

答案：ABCD

解析：井巷揭穿突出煤层和在突出煤层中进行采掘作业时，必须采取避难硐室、反向风门、压风自救装置、隔离式自救器、远距离爆破等安全防护措施。

181. 抽采泵房内必须设置检测（　　）等参数的仪表或自动检测系统。

A. 压力　　　B. 温度　　　C. 瓦斯浓度　　　D. 流量

答案：ABCD

解析：《煤矿瓦斯抽放规范》5.6 相关规定。

182. 本煤层未卸压瓦斯抽采方法分为（　　）。

A. 穿层钻孔抽采　　B. 顺层钻孔抽采　　C. 超前钻孔抽采　　D. 地面钻孔抽采

答案：ABC

解析：《煤矿瓦斯抽放规范》7.2 相关规定。

183. 未卸压煤层进行预抽，煤层瓦斯抽放的难易程度分为（　　）。

A. 不可抽放　　B. 容易抽放　　C. 可以抽放　　D. 较难抽放

答案：BCD

解析：《煤矿瓦斯抽放规范》7.2 相关规定。

184. 瓦斯抽采矿井应当配备瓦斯抽采监控系统，实时监控管网（　　）等。

A. 瓦斯浓度　　B. 压力或压差　　C. 流量　　D. 温度

E. 设备的开停状态

答案：ABCDE

解析：《煤矿瓦斯抽采达标暂行规定》第十六条规定。

185. 井下设备交流电源额定电压（　　）。

A. 36 V　　B. 127 V　　C. 380 V　　D. 660 V

E. 1140 V

答案：BCDE

解析：《煤矿安全监控系统通用技术要求》5.3 主要技术指标相关规定。

186. 安全监控系统调出整幅画面 85% 的响应时间应不大于（　　），其余画面应不大于（　　）。

A. 2 s　　B. 3 s　　C. 5 s　　D. 6 s

答案：AC

解析：《煤矿安全监控系统通用技术要求》5.7 主要技术指标相关规定。

187. 采掘工作面同时满足风速不超过（　　）、回风流中瓦斯浓度低于（　　）时，判定采掘工作面瓦斯抽采效果达标。

A. 4 m/s　　B. 5 m/s　　C. 1%　　D. 1.50%

答案：AC

解析：采掘工作面同时满足风速不超过 4 m/s、回风流中瓦斯浓度低于 1% 时，判定采掘工作面瓦斯抽采效果达标。

188. 在电网停电后，备用电源应能保证系统连续监控时间不小于（　　）。无线传感器蓄电池连续工作时间应不小于（　　）。

A. 2 h　　B. 4 h　　C. 8 h　　D. 24 h

答案：CD

解析：在电网停电后，备用电源应能保证系统连续监控时间不小于 4 h；无线传感器蓄电池连续工作时间应不小于 24 h。

189. 传感器及执行器至分站之间的传输距离应不小于 2 km，大于（　　）时按整数递增。分站至传输接口最大传输距离应不小于（　　）。无线传感器最大无线传输距离应不小于（　　）。

A. 2 km　　B. 4 km　　C. 10 km　　D. 100 m

答案：ACD

解析：传感器及执行器至分站之间的传输距离应不小于 2 km，大于 2 km 时按整数递增。分站至传输接口最大传输距离应不小于 10 km。无线传感器最大无线传输距离应不小于 100 m。

190. 低浓度瓦斯管道抑爆装置可选择（　　）送式中的一种。

A. 自动喷粉式　　B. 细水雾输送式

C. 气水两相流输送式　　D. 水封式

答案：ABC

解析：低浓度瓦斯管道抑爆装置可选择自动喷粉式、细水雾输送式和气水两相流输送式中的一种。

191. 煤与瓦斯突出的局部综合防突工作包括：（　　）。

A. 突出危险性预测　　B. 防突措施

C. 效果检验　　D. 安全防护措施

答案：ABCD

解析：《防治煤与瓦斯突出细则》第五条相关规定。

192. 矿井瓦斯抽放参数包括（　　）。

A. 抽放量　　B. 瓦斯浓度　　C. 正压　　D. 负压

E. 温度

答案：ABCDEF

解析：《煤矿瓦斯抽放规范》8.5 相关规定。

193. 抽采瓦斯计量仪器测点布置在（　　）及需要单独评价的区域分支、钻场等布置测点

A. 泵站　　　　B. 主管　　　　C. 干管　　　　D. 支管

答案：ABCD

解析：抽采瓦斯计量仪器应当符合相关计量标准要求；计量测点布置应当满足瓦斯抽采达标评价的需要，在泵站、主管、干管、支管及需要单独评价的区域分支、钻场等布置测点。

194. 突出煤层工作面采掘作业前应将控制范围内的煤层瓦斯含量或瓦斯压力降到实际考察的临界值以下。没有实际考察出临界值时，应将瓦斯含量降到（　　）以下或将煤层瓦斯压力降到（　　）（相对压力）以下。

A. 6 m^3/t　　　　B. 8 m^3/t　　　　C. 0.74 MPa　　　　D. 1 MPa

答案：BC

解析：突出煤层工作面采掘作业前应将控制范围内的煤层瓦斯含量或瓦斯压力降到实际考察的临界值以下。没有实际考察出临界值时，应将瓦斯含量降到 8 m^3/t 以下或将煤层瓦斯压力降到 0.74 MPa（相对压力）以下。

三、判断题

1. 在一个矿井或工作面同时采用多种或多种以上方法进行抽放瓦斯。（　　）

答案：错误

解析：在一个矿井或工作面同时采用 2 种或 2 种以上方法进行抽放瓦斯。

2. 针对一些透气性低、采用常规的预抽方式难以奏效的煤层而采取的特殊抽放方式。（　　）

答案：正确

解析：煤矿瓦斯抽放规范（AQ 1027—2006）3.10。

3. 煤层透气性系数表征煤层对瓦斯流动的阻力，反映空气沿煤层流动难易程度的系数。（　　）

答案：错误

解析：煤矿瓦斯抽放规范（AQ 1027—2006）3.15　煤层透气性系数　表征煤层对瓦斯流动的阻力，反映瓦斯沿煤层流动难易程度的系数。

4. 瓦斯抽放工程设计应与矿井开采设计同步进行，合理安排掘进、抽放、回采三者间的超前与接替关系，保证有足够的工程施工及抽放时间。（　　）

答案：正确

解析：煤矿瓦斯抽放规范（AQ 1027—2006）5.2.3。

5. 分期建设、分期投产的矿井，瓦斯抽放工程可分期设计，分期建设分期投抽。（　　）

答案：错误

解析：分期建设、分期投产的矿井，瓦斯抽放工程可一次设计，分期建设分期投抽。

6. 瓦斯抽放管路的管径应按最大流量分段计算，并与抽放设备能力相适应，抽放管路按经济流速为 5 ~ 15 m/s 和最大通过流量来计算管径，抽放系统管材的备用量可取 20%。（　　）

答案：错误

解析：瓦斯抽放管路的管径应按最大流量分段计算，并与抽放设备能力相适应，抽放管路按经济流速为 5 ~ 15 m/s 和最大通过流量来计算管径，抽放系统管材的备用量可取 10% 。

7. 干式瓦斯抽放泵吸气侧管路系统必须装设防回火、防回气、防泄露的安全装置。(　　)

答案：错误

解析：干式瓦斯抽放泵吸气侧管路系统必须装设防回火、防回气、防爆炸的安全装置。

8. 矿井瓦斯抽放系统必须监测投放管道中的瓦斯浓度、流量、负压、温度和一氧化碳等参数，同时监测抽放泵站内瓦斯泄漏等。当出现瓦斯抽放压力过低、一氧化碳超限、泵站内有瓦斯泄漏等情况时，应能报警并使抽放泵主电源断电。(　　)

答案：正确

解析：煤矿瓦斯抽放规范（AQ 1027—2006）5. 6. 1。

9. 建立井下移动泵站瓦斯抽放系统时，由企业负责人负责组织编制设计和安全技术措施。井下移动泵站瓦斯抽放工程设计可按临时瓦斯抽放工程设计的相关内容进行。(　　)

答案：错误

解析：建立井下移动泵站瓦斯抽放系统时，由企业技术负责人负责组织编制设计和安全技术措施。井下移动泵站瓦斯抽放工程设计可按地面永久瓦斯抽放工程设计的相关内容进行。

10. 移动泵站抽出的瓦斯排至回风道时，在抽放管路出口处必须采取安全措施，包括设置栅栏、悬挂警戒牌。栅栏设置的布置，上风侧为管路出口外推 5 m，上下风侧栅栏间距不小于 30 m。两栅栏间禁止人员通行和任何作业。(　　)

答案：错误

解析：移动泵站抽出的瓦斯排至回风道时，在抽放管路出口处必须采取安全措施，包括设置栅栏、悬挂警戒牌。栅栏设置的布置，上风侧为管路出口外推 5 m，上下风侧栅栏间距不小于 35 m。两栅栏间禁止人员通行和任何作业。

11. 对矿井瓦斯涌出来源多、分布范围广、煤层赋存条件复杂的矿井，应采用多种抽放方法相结合的联合抽放方法。(　　)

答案：错误

解析：对矿井瓦斯涌出来源多、分布范围广、煤层赋存条件复杂的矿井，应采用多种抽放方法相结合的综合抽放方法。

12. 永久抽放系统的年瓦斯抽放量应不小于 100 万 m^3，移动泵站不小于 10 万 m^3。(　　)

答案：正确

解析：煤矿瓦斯抽放规范（AQ 1027—2006）8. 6. 2。

13. 循环水池需要安装液位传感器或缺水传感器。(　　)

答案：错误

解析：缺水传感器用于检测管道内是否有水，循环水池用液位传感器检测水的深度。

14. 矿用本安型分站可以直接对瓦斯抽放泵站内的防爆开关进行控制。(　　)

答案：错误

解析：分站本安控制接口直接和本安参数匹配的控制接口对接，不能直接对接防爆开关非本安控制接口。

15. 煤矿从业人员必须按照有关规定配备个人安全防护用品，并掌握操作技能和方法。(　　)

答案：正确

解析：《煤矿安全规程》第六百三十九条　煤矿企业应当为接触职业病危害因素的从业人员提供符合要求的个体防护用品，并指导和督促其正确使用。作业人员必须正确使用防尘或者防毒等个体防护用品。

16. 采掘工作面风流中二氧化碳浓度达到1.5%时，必须停止工作，撤出人员，查明原因，制定措施，进行处理。(　　)

答案：正确

17. 煤矿必须每年编制年度灾害预防和处理计划，并根据具体情况及时修改。灾害预防和处理计划由技术负责人负责组织实施。(　　)

答案：错误

解析：《煤矿安全规程》第十二条　煤矿必须每年编制年度灾害预防和处理计划，并根据具体情况及时修改。灾害预防和处理计划由矿长负责组织实施。

18. 每年的矿井瓦斯登记工作结束后1个月内，将鉴定报告报省（自治区、直辖市）级负责煤炭行业管理部门审批，并报上级煤矿安全监察机构备案。(　　)

答案：正确

19. 抽放泵运转时，必须对泵水流量、水温度、泵轴温度等进行监测、监控。(　　)

答案：正确

解析：煤矿瓦斯抽放规范（AQ 1027—2006）5.5.11。

20. 煤矿安全监控系统设备布置图应以矿井采掘工程平面图为底图，断电控制图应以矿井供电系统图为底图。(　　)

答案：错误

解析：煤矿安全监控系统设备布置图应以矿井通风系统图为底图，断电控制图应以矿井供电系统图为底图。

21. 局部通风机停止运转，掘进工作面或回风流中甲烷浓度大于3.0%时，对局部通风机进行闭锁使之不能启动，只有通过密码操作软件或使用专用工具方可人工解锁；当掘进工作面且回风流中甲烷浓度低于1.5%时，手动解锁。(　　)

答案：错误

解析：局部通风机停止运转，掘进工作面或回风流中甲烷浓度大于3.0%时，对局部通风机进行闭锁使之不能启动，只有通过密码操作软件或使用专用工具方可人工解锁；当掘进工作面且回风流中甲烷浓度低于1.5%时，自动解锁。

22. 具有声光报警功能的煤矿井下环境监测用传感器，在距其2 m远处的声响信号的声压级应不小于80 dB，光信号应能在黑暗环境中20 m处清晰可见。(　　)

答案：错误

解析：具有声光报警功能的煤矿井下环境监测用传感器，在距其 1 m 远处的声响信号的声压级应不小于 80 dB，光信号应能在黑暗环境中 20 m 处清晰可见。

23. 瓦斯抽放瓦斯不利用时，输出管道也应设置甲烷传感器。(　　)

答案：正确

解析：（AQ 1029—2019）6.4.10 条。

24. 监控系统必须连续运行。电网停电后，备用电源应当能保持系统连续工作时间不小于 1 h。(　　)

答案：错误

解析：《煤矿安全规程》第四百八十九条　监控系统必须连续运行。电网停电后，备用电源应当能保持系统连续工作时间不小于 2 h。

25. 所有矿井必须装备安全监控系统、人员定位监测系统、有线调度通信系统。(　　)

答案：正确

26. 瓦斯利用设计内容包括：确定瓦斯利用量和利用方式、储气装置及容积、输送气方法、输气管路系统、安全及检测装置、利用工艺，绘制瓦斯利用工程系统布置图，编制设备材料清册、土建工程计划、资金概算、劳动组织及管理制度、安全技术措施、经济分析等。(　　)

答案：正确

解析：煤矿瓦斯抽放规范（AQ 1027—2006）9.3。

27. 钻场的布置应受采动影响，避开地质构造带，便于维护，利于封孔，保证抽放效果。(　　)

答案：错误

解析：钻场的布置应免受采动影响，避开地质构造带，便于维护，利于封孔，保证抽放效果。

28. 专用于敷设抽放管路、布置钻场、钻孔的瓦斯抽放巷道采用矿井全压通风时，巷道风速不得低于 1.0 m/s。(　　)

答案：错误

解析：专用于敷设抽放管路、布置钻场、钻孔的瓦斯抽放巷道采用矿井全压通风时，巷道风速不得低于 0.5 m/s。

29. 煤巷掘进瓦斯涌出量较大的煤层，可采用边掘边抽或先抽后掘的抽放方法。(　　)

答案：正确

解析：煤矿瓦斯抽放规范（AQ 1027—2006）7.2.1。

30. 井下移动瓦斯抽放泵站应安装在瓦斯抽放地点附近的新鲜风流中。抽出的瓦斯必须引排到地面、总回风道或分区回风道；已建永久抽放系统的矿井，移动泵站抽出的瓦斯可直接送至矿井抽放系统的管道内，但必须使矿井抽放系统的瓦斯浓度符合《煤矿安全规程》第一百四十八条规定。(　　)

答案：正确

解析：煤矿瓦斯抽放规范（AQ 1027—2006）6.3。

31. 井上下敷设的瓦斯管路，不得与并应当有防止砸坏管路的措施。(　　)

答案：正确

32. 采用干式抽采瓦斯设备时，抽采瓦斯浓度不得低于25%。(　　)

答案：正确

33. 地面泵房必须用不燃性材料建筑，并必须有防雷电装置，其距进风井口和主要建筑物不得小于50 m，并用栅栏或者围墙保护。(　　)

答案：正确

34. 泵房必须有直通矿调度室的电话和检测管道瓦斯浓度、流量、压力等参数的仪表或者自动监测系统。(　　)

答案：正确

35. 在有瓦斯抽采管路的巷道内，电缆（包括通信电缆）必须与瓦斯抽采管路分挂在巷道两侧。(　　)

答案：正确

36. 50 V以上的交流电气设备的金属外壳、构架等必须接地。(　　)

答案：正确

37. 瓦斯抽采泵站的抽采泵吸入管路中应当设置流量传感器、温度传感器和压力传感器，利用瓦斯时，还应当在输出管路中设置流量传感器、温度传感器和压力传感器。(　　)

答案：正确

38. 安全监控设备的供电电源必须取自被控开关的电源侧或者专用电源，严禁接在被控开关的负荷侧。(　　)

答案：正确

39. 安装断电控制系统时，必须根据断电范围提供断电条件，并接通井下电源及控制线。(　　)

答案：正确

40. 安全监控设备发生故障时，必须及时处理，在故障处理期间必须采用人工监测等安全措施，并填写故障记录。(　　)

答案：正确

41. 对煤矿瓦斯抽采工进行培训和复审培训。复审培训周期为3年。(　　)

答案：正确

42. 培训应坚持理论与实践相结合，侧重实际操作技能训练；应注意对煤矿瓦斯抽采工进行职业道德、安全法律意识、安全技术知识的教育。(　　)

答案：正确

43. 通过培训，煤矿瓦斯抽采工应掌握煤矿安全生产理论知识和实际操作技能。(　　)

答案：正确

44. 采掘工作面及其他作业地点风流中、电动机或者其开关安设地点附近20 m以内风流中的甲烷浓度达到1.5%时，必须停止工作，切断电源，撤出人员，进行处理。(　　)

答案：正确

解析：《煤矿安全规程》第一百七十三条。

45. 主管、分管、支管与钻场连接处应装设瓦斯计量装置。(　　)

答案：正确

46. 抽放钻场管路拐弯、低洼、温度突变处及沿管路适当距离（间距一般为200～300 m，最大不超过500米）应设置放水器。(　　)

答案：正确

47. 在抽放管路的适当部位应设置除渣装置和测压装置。(　　)

答案：正确

48. 抽放管路分叉处应设置控制阀门，阀门规格应与安装地点的管径相匹配。(　　)

答案：正确

49. 井下移动瓦斯抽放泵站应按时安装在瓦斯抽放地点附近的新鲜风流中。(　　)

答案：正确

50. 瓦斯抽放量的计量器具可以随意使用工作计量器具。(　　)

答案：错误

解析：AQ 1027—2006 煤矿瓦斯抽放规范 8.9　瓦斯抽放量的计量器具必须采用符合国家标准的计量器具。

51. 开采容易自燃或自燃煤层的采空区，必须经常检测抽放管路中一氧化碳浓度和气体温度等有关参数的变化。发现有自然发火征兆时，必须采取防止煤自燃的措施。(　　)

答案：正确

52. 容易自燃、自燃煤层的井下采空区，低浓瓦式抽采应在靠近抽采地点的管道上安设易爆装置，易爆装置应优先采用自动易爆装。(　　)

答案：正确

53. 严禁带电检修、移动电气设备。对设备进行带电调试、测试、试验时，必须采取安全措施。(　　)

答案：正确

54. 移动带电电缆时，必须检查确认电缆没有破损，并穿戴好绝缘防护用品。(　　)

答案：正确

55. 入井人员必须随身携带额定防护时间不低于30 min的隔绝式自救器。(　　)

答案：正确

56. 隔爆型电气设备d全部电路均为本质安全电路的电气设备。所谓本质安全电路，是指在规定的试验条件下，正常工作或规定的故障状态下产生的电火花和热效应均不能点燃规定的爆炸性混合物的电路。(　　)

答案：错误

57. 本质安全型电气设备i具有隔爆外壳的防爆电气设备，该外壳既能承受其内部爆炸性气体混合物引爆产生的爆炸压力，又能防止爆炸产物穿出隔爆间隙点燃外壳周围的爆炸性混合物。(　　)

答案：错误

58. 增安型电气设备e在正常运行条件下不会产生电弧、火花或可能点燃爆炸性混合

物的高温的设备结构上，采取措施提高安全程度，以避免在正常和认可的过载条件下出现这些现象的电气设备。(　　)

答案：正确

59. 本质安全型电气设备 i 全部电路均为本质安全电路的电气设备。所谓本质安全电路，是指在规定的试验条件下，正常工作或规定的故障状态下产生的电火花和热效应均不能点燃规定的爆炸性混合物的电路。(　　)

答案：正确

60. 正压型电气设备 p 具有正压外壳的电气设备。即外壳内充有保护性气体，并保持其压力（压强）高于周围爆炸性环境的压力（压强），以阻止外部爆炸性混合物进入的防爆电气设备。(　　)

答案：正确

解析：《煤矿安全规程》附录。

矿用防爆电气设备系指按 GB 3836. 1—2000 标准生产的专供煤矿井下使用的防爆电气设备。

本规程中采用的矿用防爆型电气设备，除了符合 GB 3836. 1—2000 的规定外，还必须符合专用标准和其他有关标准的规定，其型式包括：

1. 隔爆型电气设备 d 具有隔爆外壳的防爆电气设备，该外壳既能承受其内部爆炸性气体混合物引爆产生的爆炸压力，又能防止爆炸产物穿出隔爆间隙点燃外壳周围的爆炸性混合物。

2. 增安型电气设备 e 在正常运行条件下不会产生电弧、火花或可能点燃爆炸性混合物的高温的设备结构上，采取措施提高安全程度，以避免在正常和认可的过载条件下出现这些现象的电气设备。

3. 本质安全型电气设备 i 全部电路均为本质安全电路的电气设备。所谓本质安全电路，是指在规定的试验条件下，正常工作或规定的故障状态下产生的电火花和热效应均不能点燃规定的爆炸性混合物的电路。

4. 正压型电气设备 p 具有正压外壳的电气设备。即外壳内充有保护性气体，并保持其压力（压强）高于周围爆炸性环境的压力（压强），以阻止外部。

61. 地面泵房必须用不燃性材料建筑，并必须有防雷电装置，其距进风井口和主要建筑物不得小于 30 m，并用栅栏或者围墙保护。(　　)

答案：错误

解析：依据《煤矿安全规程》地面泵房必须用不燃性材料建筑，并必须有防雷电装置，其距进风井口和主要建筑物不得小于 50 m，并用栅栏或者围墙保护。

62. 地面泵房内电气设备、照明和其他电气仪表都应当采用矿用防爆型；否则必须采取安全措施。(　　)

答案：正确

63. 采用干式抽采瓦斯设备时，抽采瓦斯浓度不得低于 15% 。(　　)

答案：错误

解析：依据《煤矿安全规程》采用干式抽采瓦斯设备时，抽采瓦斯浓度不得低于 25% 。

64. 抽采容易自燃和自燃煤层的采空区瓦斯时，抽采管路应当安设一氧化碳、甲烷、温度传感器，实现实时监测监控。(　　)

答案：正确

65. 甲烷传感器是连续监测矿井环境气体中及抽放管道内甲烷浓度的装置，一般具有显示及声光报警功能。(　　)

答案：正确

66. 煤矿企业必须建立各种设备、设施检查维修制度，不定期的进行检查维修，并做好记录。(　　)

答案：错误

解析：依据《煤矿安全规程》煤矿企业必须建立各种设备、设施检查维修制度，定期的进行检查维修，并做好记录。

67. 地面瓦斯抽采泵房内电气设备、照明和其他电气仪表都应当采用矿用防爆型；否则必须采取安全措施。(　　)

答案：正确

68. 煤与瓦斯突出矿井和高瓦斯矿井必须建立地面固定抽采瓦斯系统和建立井下临时抽采瓦斯系统。(　　)

答案：错误

69. 地面瓦斯抽采泵房内应设置甲烷传感器，报警浓度、断电浓度为≥0.5%；复电浓度为小于0.5%。(　　)

答案：错误

解析：依据 AQ 1029—2019 第6.1条　只要求报警，无断电复电要求。

70. 瓦斯抽放管路的管径应按最大流量分段计算，并与抽放设备能力相适应，抽放管路按经济流速为5～15 m/s 和最大通过流量来计算管径，抽放系统管的备用量可取5%。(　　)

答案：错误

解析：AQ 1027—2006 第5.4.2条　瓦斯抽放管路的管径应按最大流量分段计算，并与抽放设备能力相适应，抽放管路按经济流速为5～15 m/s 和最大通过流量来计算管径，抽放系统管的备用量可取10%。

71. 抽放管路总阻力包括摩擦阻力和局部阻力，摩擦阻力可用低负压瓦斯管路阻力公式计算，局部阻力可用估算法计算，一般取摩擦阻力的10%～20%。(　　)

答案：正确

72. 临时抽采瓦斯泵站应当安设在抽采瓦斯地点附近的新鲜风流中。(　　)

答案：正确

73. 地面瓦斯抽采泵房必须有专人值班，经常检测各参数，做好记录。当抽采瓦斯泵停止运转时，必须立即向矿调度室报告。(　　)

答案：正确

74. 煤矿使用的纳入安全标志管理的产品，必须取得煤矿矿用产品安全标志。未取得煤矿矿用产品安全标志的，不得使用。(　　)

答案：正确

75. 井上下敷设的瓦斯管路，不得与带电物体接触并应当有防止砸坏管路的措施。(　　)

答案：正确

76. “抽采的瓦斯浓度低于30%时，不得作为燃气直接燃烧”是指：不得以直接燃烧的形式用作民用燃气、工业用燃气、燃煤锅炉的助燃燃气、燃气轮机的燃气等，但不包含浓度低于1.5%的乏风瓦斯用于乏风助燃、氧化燃烧等。(　　)

答案：正确

77. 一个采煤工作面绝对瓦斯涌出量大于5 m^3/min或者一个掘进工作面绝对瓦斯涌出量大于3 m^3/min的矿井必须进行瓦斯抽采。(　　)

答案：正确

78. 矿井绝对瓦斯涌出量小于或等于40 m^3/min的矿井必须进行瓦斯抽采。(　　)

答案：错误

解析：依据《煤矿瓦斯抽采达标暂行规定》矿井绝对瓦斯涌出量大于或等于40 m^3/min的矿井必须进行瓦斯抽采。

79. 电气设备着火时，应当首先切断其电源；在切断电源后，方可使用导电的灭火器材进行灭火。(　　)

答案：正确

80. 严禁使用国家明令禁止使用或淘汰的危及生产安全和可能产生职业病危害的技术、工艺、材料和设备。(　　)

答案：正确

81. 煤矿瓦斯抽采应当坚持“应抽尽抽、多措并举、掘采平衡”的原则。(　　)

答案：错误

解析：依据《煤矿瓦斯抽采达标暂行规定》煤矿瓦斯抽采应当坚持“应抽尽抽、多措并举、抽掘采平衡”的原则。

82. 煤矿企业对矿井瓦斯抽采规划、计划、设计、工程施工、设备设施以及抽采计量、效果等每年应当至少进行一次审查。(　　)

答案：正确

83. 敷设抽采管路、布置钻场及钻孔的抽采巷道采用矿井全风压通风时，巷道风速不得低于0.5 m/s。(　　)

答案：正确

84. 预抽瓦斯钻孔的孔口负压不得低于10 kPa，卸压瓦斯抽采钻孔的孔口负压不得低于5 kPa。(　　)

答案：错误

解析：依据《煤矿瓦斯抽采达标暂行规定》预抽瓦斯钻孔的孔口负压不得低于13 kPa，卸压瓦斯抽采钻孔的孔口负压不得低于5 kPa。

85. 每个抽采钻孔的接抽管上应留设钻孔抽采负压和瓦斯浓度（必要时还应观测一氧化碳浓度）的观测孔。(　　)

答案：正确

86. 矿井必须综合抽采瓦斯，并且提前3～5年制定抽采瓦斯规划每年年底前编制下

年度的抽采瓦斯计划，以确保抽采瓦斯工作面的正常衔接，做到“抽、掘、采”平衡。(　　)

答案：正确

87. 矿井可抽瓦斯量是指矿井瓦斯储量中在当前技术水平下能被抽出来的最大瓦斯量。(　　)

答案：正确

88. 抽放钻场、管路拐弯、低洼、温度突变处及沿管路适当距离（间距一般为 200 ~ 300 m 最大不超过 500 m）应设置放水器。(　　)

答案：正确

89. 井下临时抽采瓦斯泵站抽出的瓦斯排入回风巷时，在排瓦斯管路出口必须设置栅栏、悬挂警戒牌等。(　　)

答案：正确

90. 对瓦斯抽采系统的瓦斯浓度、压力、流量等参数实时监测，定期人工检测比对，泵站每 2 h 至少 1 次，主干、支管及抽采钻场每周至少 1 次，根据实际测定情况对抽采系统进行及时调节。(　　)

答案：正确

91. 管道中的硫化物不会对瓦斯抽采造成影响。(　　)

答案：错误

解析：管道中的硫化物和水混合形成酸性物质会腐蚀探头，且硫化物会对电化学一氧化碳造成干扰。

92. 管道流量不会随温度变化影响。(　　)

答案：错误

解析：温度是标况流量计算的一个参数，温度变化会影响标况流量计算。

93. 管道流量不会随海拔变化影响。(　　)

答案：错误

解析：大气压力是标况流量计算的一个参数，海拔变化会影响大气压力变化，因此会影响标况流量计算。

94. 瓦斯抽放瓦斯不利用时，输出管道可以不设置甲烷传感器。(　　)

答案：错误

解析：AQ 1029—2019 第 6. 4. 10 条　“不利用瓦斯，采用干式抽采瓦斯设备时，输出管路中也应设置甲烷传感器”。

95. 瓦斯抽放系统不需要设置断电。(　　)

答案：错误

解析：AQ 1027—2006 第 5. 6. 2 条　“当出现瓦斯抽放浓度过低、一氧化碳超限、泵站内有瓦斯泄漏等情况时，应能报警并使抽放泵主电源断电”。

96. 主管、分管、支管及其与钻场连接处应装设瓦斯计量装置。(　　)

答案：正确

97. 瓦斯抽放管道上安装的压力传感器都是负压传感器。(　　)

答案：错误

解析：瓦斯利用或排放管道上安装的压力传感器有正压传感器。

98. 瓦斯抽放标况流量一定比工况流量小。(　　)

答案：错误

解析：温度和绝压会影响标况流量计算，一定的温度和压力条件下会出现标况流量比工况流量大。

99. 电化学管道一氧化碳传感器受水汽影响，光学管道甲烷传感器不受水汽影响。(　　)

答案：错误

解析：红外光学原理甲烷传感器受水汽影响。

100. 循环水池需要安装液位传感器或缺水传感器。(　　)

答案：错误

解析：缺水传感器用于检测管道内是否有水，循环水池用液位传感器检测水的深度。

101. 任何情况下抽放主管路流量计流量等于其他支管路流量计流量之和。(　　)

答案：错误

解析：进行主管支管流量比较时，需考虑是否所有接入主管的支管是否都有计量，并且需要考虑主管路是否存在泄露点，一旦存在泄漏点，那么流量会不对应。

102. 当井下支管路出现泄露时，管道中的纯量会降低。(　　)

答案：错误

解析：井下管道为负压，当出现泄漏时，会吸入空气稀释瓦斯浓度导致浓度降低，但是混合流量会增大，瓦斯纯量不会降低。

103. 瓦斯抽放系统中用到的所有设备的安全等级都必须是 ia 等级。(　　)

答案：错误

解析：只有在“0”区使用的设备安全等级需要是 ia，瓦斯抽放系统中的交换机、数据接口等设备不需要 ia 等级。

104. 瓦斯抽放管道多参数监测必须监测管道温度。(　　)

答案：正确

105. 激光甲烷传感器的 T90 响应时间不大于 25 s。(　　)

答案：正确

106. 激光甲烷传感器监测稳定不用定期标校。(　　)

答案：错误

解析：AQ 1029—2019，采用激光原理的甲烷传感器等，每 6 个月至少调校 1 次调校。

107. 当电网停电后，电源箱备用电池能够正常切换到直流供电，则不用进行维护。(　　)

答案：错误

解析：AQ 1029—2019，电网停电后，备用电源不能保证设备连续工作 2 h 时，应及时更换。

108. 当管道甲烷泄漏时，空气中甲烷浓度升高会引起人员中毒。(　　)

答案：错误

解析：甲烷本身无毒，空气中的甲烷浓度较高时，就会相对降低空气中的氧气浓度。

氧气浓度相对减少，容易使人窒息死亡。

109. 因为光口不带电，只有光口对接能够正常通信，矿用交换机可以和任意交换机光口进行对接。(　　)

答案：错误

解析：GB/T 3836.4 中对光口的光功率有能量限制的要求，当光口功率足够大时，依然能够引起危险，因此光口对接依然需要满足防爆标准。

110. 用于给瓦斯抽放管道传感器供电的电源箱没有和管路接触，因此可以采用 ia 等级的电源。(　　)

答案：错误

解析：瓦斯抽放传感器为 ia 等级，用 ib 电源供电时安全等级随之降低不再是 ia。

111. 威力巴具有本质防堵特性，因此不会堵塞，不需要定期清理维护。(　　)

答案：错误

解析：尽管威力巴有多个取压孔，但管道中的煤泥、硫化物附着会对威力巴取压产生影响从而影响流量监测。

112. 预抽煤层瓦斯时应当记录每个钻孔的接抽时间，定期测定钻孔的浓度、负压。(　　)

答案：正确

113. 瓦斯抽采监控系统巡检周期应不大于 30 s。(　　)

答案：正确

114. 瓦斯抽放传感器采用 RS485 总线传输，因此不会收到干扰影响。(　　)

答案：错误

解析：RS485 总线传输依然会受到干扰，只是干扰会引起设备断线，不会引起传感器检测值异常。

115. 井下使用的润滑油、棉纱、布头和纸等，用过后可作为垃圾任意处理。(　　)

答案：错误

解析：《煤矿安全规程》第二百五十五条及《煤矿防灭火细则》第四十一条规定，井下使用的润滑油、棉纱、布头和纸等，必须存放在盖严的铁桶内。用过的棉纱、布头和纸，也必须放在盖严的铁桶内，并由专人定期送到地面处理，不得乱放乱扔。

116. 煤矿企业必须按规定组织实施对全体从业人员的安全教育和培训，及时选送主要负责人、安全生产管理人员和特种作业人员到具备相应资质的煤矿安全培训机构参加培训。(　　)

答案：正确

117. 严格执行敲帮问顶制度，开工前班组长必须对工作面安全情况进行全面检查，确认无安全隐患后，方准人员进入工作面。(　　)

答案：正确

118. 煤矿特种作业人员具有丰富的现场工作经验，就可以不参加培训。(　　)

答案：错误

解析：《煤矿安全规程》第九条　特种作业人员必须按国家有关规定培训合格，取得资格证书，方可上岗作业。

119. 井下主要水泵房、井下中央变电所、矿井地面变电所和地面通风机房的电话，应能与矿调度室直接联系。(　　)

答案：正确

120. 矿井通风可以采用局部通风机或风机群作为主要通风机使用。(　　)

答案：错误

解析：《煤矿安全规程》第八十四条　主井、副井和风井布置在同一个工业广场内，主井或者副井与风井贯通后，应当先安装主要通风机，实现全风压通风。不具备安装主要通风机条件的，必须安装临时通风机，但不得采用局部通风机或者局部通风机群代替临时通风机。

121. 掘进巷道可以使用 3 台以上（含 3 台）的局部通风机同时向 1 个掘进工作面供风。(　　)

答案：错误

解析：《煤矿安全规程》第一百六十四条第九项　严禁使用 3 台及以上局部通风机同时向 1 个掘进工作面供风。不得使用 1 台局部通风机同时向 2 个及以上作业的掘进工作面供风。

122. 使用局部通风机供风的地点必须实行风电闭锁，保证当正常工作的局部通风机停止运转或停风后能切断停风区内全部非本质安全型电气设备的电源。(　　)

答案：正确

123. 安全监控设备的供电电源必须接在电源侧，不许接在被控开关的负荷侧。(　　)

答案：正确

124. 矿井瓦斯等级鉴定以矿井为单位。(　　)

答案：错误

解析：AQ 1025—2006 标准 4.1 规定，矿井瓦斯等级鉴定以自然井为单位。

125. 正在建设的矿井每年也应该进行矿井瓦斯等级的鉴定工作。(　　)

答案：正确

126. 突出煤层和突出矿井的鉴定工作应当由具备煤与瓦斯突出鉴定资质的机构承担。(　　)

答案：正确

127. 突出煤层任何区域的任何工作面进行揭煤和采掘作业期间，必须采取安全防护措施。(　　)

答案：正确

128. 有突出矿井的煤矿企业主要负责人应当每季度、突出矿井矿长应当每月至少进行一次防突专题研究、检查、部署防突工作，解决防突所需的人力、财力、物力，确保抽、掘、采平衡和防突措施的落实。(　　)

答案：正确

129. 采掘工作面风流中二氧化碳浓度达到 1% 时，必须停止工作，撤出人员，查明原因，制定措施，进行处理。(　　)

答案：错误

解析：《煤矿安全规程》第一百七十四条　采掘工作面风流中二氧化碳浓度达到1.5%时，必须停止工作，撤出人员，查明原因，制定措施，进行处理。

130. 安全监控设备的供电电源必须取自被控制开关的电源侧或者专用电源，特殊情况下也可接在被控开关的负荷侧。(　　)

答案：错误

解析：《煤矿安全规程》第四百九十一条　安全监控设备的供电电源必须取自被控制开关的电源侧或者专用电源，严禁接在被控开关的负荷侧。

131. 所有矿井必须装备安全监控系统、人员定位监测系统、有线调度通信系统。(　　)

答案：正确

132. 每3个月对安全监控、人员位置监测等数据进行备份，备份数据介质保存时间应当不少于2年。(　　)

答案：正确

133. 采区回风巷、一翼回风巷、总回风巷侧应设置甲烷传感器。(　　)

答案：正确

134. 主要通风机的风硐内应设置风速传感器。(　　)

答案：错误

解析：AQ 1029—2019 主要通风机的风硐内应设置风压传感器。

135. 安全监控设备使用前和大修后，应按照产品使用说明书的要求测试、调校合格，并在地面试运行24～48 h方能下井。(　　)

答案：正确

136. 煤矿安全监控系统显示和控制终端应设置在矿调度室内。(　　)

答案：正确

137. 矿井应配备传感器、分站等安全监控设备备件，备用数量不少于应配备数量的10%。(　　)

答案：错误

解析：AQ 1029—2007 标准第8.6　矿井应配备传感器、分站等安全监控设备备件，备用数量不少于应配备数量的20%。

138. 突出矿井是指在矿井开拓、生产范围内有突出煤层的矿井。(　　)

答案：正确

139. 监控系统必须连续运行。电网停电后，备用电源应当能保持系统连续工作时间不小于1 h。(　　)

答案：错误

解析：《煤矿安全规程》第四百八十九条　监控系统必须连续运行。电网停电后，备用电源应当能保持系统连续工作时间不小于2 h。

140. 安全监控系统必须具备实时上传监控数据的功能。(　　)

答案：正确

141. 甲烷传感器应垂直悬挂，距顶板（顶梁、屋顶）不得大于200 mm，距巷道侧壁（墙壁）不得小于300 mm，并应安装维护方便，不影响行人和行车。(　　)

答案：错误

解析：AQ 1029—2019 标准第 6. 1. 1 规定，甲烷传感器应垂直悬挂，距顶板（顶梁、屋顶）不得大于 300 mm，距巷道侧壁（墙壁）不得小于 200 mm，并应安装维护方便，不影响行人和行车。

142. 矿井应当建立负责瓦斯抽采的科、区（队），并配备足够数量的专业工程技术人员。(　　)

答案：正确

143. 瓦斯抽采技术和管理人员应当定期参加专业技术培训，瓦斯抽采工应当参加专门培训并取得相关资质后上岗。(　　)

答案：正确

144. 瓦斯抽采矿井应当配备瓦斯抽采监控系统，实时监控管网瓦斯浓度、压力或压差、流量、温度参数及设备的开停状态等。(　　)

答案：正确

145. 安全监控系统必须连续运行。电网停电后，备用电源应当能保持系统连续工作时间不小于 4 h。(　　)

答案：错误

146. 检修与安全监控设备关联的电气设备，需要监控设备停止运行时，必须制定安全措施，并报矿总工程师审批。(　　)

答案：正确

147. 安全监控系统必须具备实时上传监控数据的功能。(　　)

答案：正确

148. 便携式甲烷检测仪的调校、维护及收发必须由专职人员负责，不符合要求的严禁发放使用。(　　)

答案：正确

149. 当系统显示井下某一区域瓦斯超限并有可能波及其他区域时，矿井有关人员应当按瓦斯事故应急救援预案切断瓦斯可能波及区域的电源。(　　)

答案：正确

150. 安全监控设备可以接在被控开关的负荷侧。(　　)

答案：错误

151. 矿井抽放系统的总阻力，必须按管网最大阻力计算，瓦斯抽放系统应不出现正压状态。(　　)

答案：正确

152. 抽放站应有三回供电线路。(　　)

答案：错误

153. 模拟量传感器应设置在能正确反映被测物理量的位置。开关量传感器应设置在能正确反映被监测状态的位置。(　　)

答案：正确

154. 煤矿安全监控系统异地控制时间应不大于 2 倍的系统最大巡检周期。就地控制执行时间应不大于 3 s。(　　)

答案：错误

155. 瓦斯抽放矿井必须建立专门的瓦斯抽放队伍，负责打钻、管路安装回收等工程的施工和瓦斯抽放参数测定等工作。(　　)

答案：正确

156. 按照《煤矿瓦斯抽采达标暂行规定》规定应当进行瓦斯抽采的煤层必须先抽采瓦斯；抽采效果达到标准要求后方可安排采掘作业。(　　)

答案：正确

157. 各测定点应布置在原始瓦斯含量较高、钻孔间距较大、抽采效果差的位置，并尽可能远离预抽钻孔或与周围预抽钻孔保持等距离，且避开采掘巷道的排放范围和工作面的预抽超前距。(　　)

答案：错误

158. 预抽煤层瓦斯的抽采钻孔施工完毕后，应当对预抽钻孔在有效控制范围内均匀程度进行评价。预抽钻孔间距不得大于设计间距。(　　)

答案：正确

159. 经矿井瓦斯涌出量预测或者矿井瓦斯等级鉴定、评估符合应当进行瓦斯抽采条件的新建、技改和资源整合矿井，其矿井初步设计可不包括瓦斯抽采工程设计内容。(　　)

答案：错误

160. 煤矿企业主要负责人为所在单位瓦斯抽采的第一责任人，负责组织落实瓦斯抽采工作所需的人力、财力和物力，制定瓦斯抽采达标工作各项制度，明确相关部门和人员的责、权、利，确保各项措施落实到位和瓦斯抽采达标。(　　)

答案：正确

161. 煤矿应当加强抽采瓦斯的利用，有效控制向大气排放瓦斯。(　　)

答案：正确

162. 建立瓦斯抽放系统的矿井必须实施先采后抽或边采边抽。(　　)

答案：错误

163. 按矿井瓦斯来源实施开采煤层瓦斯抽放、近层瓦斯抽放、采空区瓦斯抽放和围岩瓦斯抽放。(　　)

答案：正确

164. 井下移动瓦斯抽放泵站必须实行“三专”供电，即专用变压器、专用设备、专用线路。(　　)

答案：错误

165. 抽放站站房必须有直通矿调度室的录音电话。(　　)

答案：错误

166. 抽放管路应有良好的气密性及采取防腐蚀、防砸坏、防带电及防冻等措施。(　　)

答案：正确

167. 瓦斯抽放泵站的抽放泵输入管路中宜设置流量传感器、温度传感器和压力传感器；利用瓦斯时，应在输出管路中设置流量传感器、温度传感器和压力传感器。(　　)

答案：正确

168. 传感器经过调校检测误差仍超过规定值时，应立即更换；安全监控设备发生故障时，应及时处理，在更换和故障处理期间应采用人工监测等安全措施，并填写故障记录。(　　)

答案：正确

169. 当混合气体中瓦斯浓度大于16%时，仍然会燃烧和爆炸。(　　)

答案：错误

解析：瓦斯浓度在16%以上时，失去其爆炸性，但在空气中遇火仍会燃烧。

170. 本质安全型电气设备，在正常工作状态下产生的火花或热效应不能点燃爆炸性混合物；在故障状态下产生的火花或热效应会点燃爆炸性混合物。(　　)

答案：错误

解析：本质安全型电气设备在正常工作和规定的故障状态下产生的电火花和热效应均不能点燃周围环境的爆炸性混合物。

171. 当矿井安全监控系统监测的模拟量大于或等于报警门限时，监控系统软件自动将超限时刻及当前数值在屏幕上列表显示，显示内容包括：地点，名称，监测值等。(　　)

答案：正确

172. 临时抽采泵站抽出的瓦斯可送至永久抽采系统的管路，但抽采系统的瓦斯浓度必须符合规定。(　　)

答案：正确

173. 采煤工作面附近的应力集中区，煤柱区，地质构造带，是最容易发生煤与瓦斯突出的区域。(　　)

答案：正确

174. 风速传感器应设置在巷道前后10 m内无分支风流、无拐弯、无障碍、断面无变化、能准确计算风量的地点。(　　)

答案：正确

175. 一般情况下，煤层倾角越大，煤层瓦斯含量越高。(　　)

答案：错误

解析：煤的倾角较大时，瓦斯会沿着某些透气性较好的岩层向上泄放，瓦斯含量变小。

176. 煤层注水可以增大煤与瓦斯突出的危险性。(　　)

答案：错误

解析：煤层原始含水率越高，发生煤与瓦斯突出的危险性越小。

177. 瓦斯是燃料能源，当煤层瓦斯抽出浓度大于25%时，可以作为燃料直接利用。(　　)

答案：错误

解析：《煤矿安全规程》第一百八十四条　抽采的瓦斯浓度低于30%时，不得作为燃气直接燃。

178. 预抽本煤层瓦斯，交叉布孔方式中除打垂直于走向的平行钻孔外，还打斜交钻孔，形成互相连通的钻孔网。(　　)

答案：正确

解析：交叉布孔形式后，改变了煤层裂隙分布，增加了煤层透气性。

179. 在井下瓦斯检查员检测的结果与甲烷传感器发生误差时，以瓦斯检查员检测结果为准。(　　)

答案：错误

解析：当甲烷传感器两者读数误差大于允许误差时，瓦斯检查员应以测值大者为依据，采取必要的安全措施。

180. 为保证矿井安全监控设备的供电可靠性，矿井安全监控设备的电源应取自于局部通风机的变压器。(　　)

答案：错误

解析：变电所内设立的专供局部通风机使用的变压器，不允许带其他电气负荷。

181. 矿井安全监控系统软件馈电异常显示，是指当断电命令与馈电状态不一致时，自动显示地点，名称，断电或复电时刻，断电区域，馈电异常时刻等。(　　)

答案：正确

182. 矿井安全监控系统软件断电查询，是指根据输入的查询时间，矿井安全监控系统软件，将查询期间内断电的全部模拟量和开关量列表显示或打印。(　　)

答案：正确

183. 具有声光报警功能的煤矿井下环境监测用传感器，在距其 5 m 远处的声响信号的声压级应不小于 80 dB，光信号应能在黑暗环境中 20 m 处清晰可见。(　　)

答案：错误

解析：具有声光报警功能的煤矿井下环境监测用传感器，在距其 1 m 远处的声响信号的声压级应不小于 80 dB，光信号应能在黑暗环境中 20 m 处清晰可见。

184. 井下移动泵站排瓦斯管路出口栅栏设置位置应为上风侧距管路出口 10 m、下风侧距管路出口 30 m，两栅栏间应禁止任何作业。(　　)

答案：错误

解析：井下移动泵站抽采的瓦斯应排入总回风巷、一翼回风巷或分区回风巷时，应保证稀释后风流中的瓦斯浓度低于 0. 75% 。排瓦斯管路出口必须设置栅栏、警戒牌等。栅栏设置位置应为上风侧距管路出口 5 m、下风侧距管路出口 30 m，两栅栏间应禁止任何作业。

185. 穿层钻孔终孔位置，应在穿过煤层顶（底）板 0. 5 m 处。(　　)

答案：正确

186. 煤矿安全监控系统设备布置图应以矿井采掘工程平面图为底图，断电控制图应以矿井供电系统图为底图。(　　)

答案：错误

解析：煤矿安全监控系统设备布置图应以矿井通风系统图为底图，断电控制图应以矿井供电系统图为底图。

187. 为监测被控设备瓦斯超限是否断电，被控开关的负荷侧必须设置开停传感器。(　　)

答案：错误

解析：被控开关的负荷侧应设置馈电传感器或接点。

188. 处理巷道积存瓦斯时，应加风量以利于尽快地将积存的瓦斯排出。(　　)

答案：错误

解析：排出的瓦斯与全风压风流混合处的甲烷和二氧化碳浓度均不得超过 1.5% 。

189. 专用于敷设抽放管路、布置钻场、钻孔的瓦斯抽放巷道采用矿井全压通风时，巷道风速不得低于 1 m/s。(　　)

答案：错误

解析：专用于敷设抽放管路、布置钻场、钻孔的瓦斯抽放巷道采用矿井全压通风时，巷道风速不得低于 0.5 m/s。

190. 瓦斯抽采（放）系统模拟图显示应包括能够说明瓦斯抽采（放）系统管路、通风系统网络和设备配置的模拟图等。(　　)

答案：错误

191. 安全监控系统应具有防雷功能，至少在传输接口、入井口处采取防雷措施。(　　)

答案：错误

解析：安全监控系统应具有防雷功能。分别在传输接口、入井口、电源等处采取防雷措施。

192. 与闭锁控制有关的设备（含甲烷传感器、分站、电源、断电控制器等）未投入正常运行或故障时，切断该设备所监控区域的全部非本质安全型电气设备的电源并闭锁；当故障解除后，自动解锁。(　　)

答案：错误

解析：与闭锁控制有关的设备（含甲烷传感器、分站、电源、断电控制器等）未投入正常运行或故障时，切断该设备所监控区域的全部非本质安全型电气设备的电源并闭锁；当与闭锁控制有关的设备工作正常并稳定运行后，自动解锁。

193. 按突出矿井设计的煤矿建设工程开工前，应对首采区评估有突出危险且瓦斯含量不小于 8 m^3/t 的区域进行地面井预抽煤层瓦斯，预抽率应达到 30% 以上。(　　)

答案：错误

解析：按突出矿井设计的煤矿建设工程开工前，应对首采区评估有突出危险且瓦斯含量不小于 12 m^3/t 的区域进行地面井预抽煤层瓦斯，预抽率应达到 30% 以上。

194. 利用瓦斯时，瓦斯抽放泵站的抽放泵输出管路中宜设置流量传感器、温度传感器和压力传感器。(　　)

答案：错误

解析：瓦斯抽放泵站的抽放泵输入管路中宜设置流量传感器、温度传感器和压力传感器；利用瓦斯时，应在输出管路中设置流量传感器、温度传感器和压力传感器。

195. 地面抽采管道布置，管道不得从地下穿过房屋或其他建（构）筑物，当必须穿过时，应按有关规定采取措施。(　　)

答案：错误

解析：管道不得从地下穿过房屋或其他建（构）筑物，也不宜穿过其他管网，当必须穿过其他管网时，应按有关规定采取措施。

196. 安装断电控制时，断电控制器与被控开关之间应正确接线，具体方法由安全监控部门负责人审定。(　　)

答案：错误

解析：被控开关之间应正确接线，具体方法由煤矿主要技术负责人审定。

单轨吊司机

赛项专家组成员（按姓氏笔画排序）

王维磊　朱曙光　刘全禄　孙红光　李高文
何　虎　陈洪宇　郑　江　靳如亮

赛 项 规 程

一、赛项名称

单轨吊司机

二、竞赛目的

弘扬劳模精神、劳动精神、工匠精神，激励煤矿职工特别是青年一代煤矿职工走技能成才、技能报国之路，培养更多高技能人才和大国工匠，为助力煤炭工业高质量发展提供技能人才保障。

三、竞赛内容

竞赛时间为 109.5 min，理论知识考试时间 60 min，技能实操时间 49.5 min。竞赛内容、时间与权重详见表 1。

表1 竞赛内容、时间与权重表

序号	竞 赛 内 容	竞赛时间/min	分值	所占权重/%
1	理论知识	60	100	20
2	单轨吊驾驶运行操作	13 + 11	60	80
3	单轨吊故障处理	10 + 10	20	
4	应急故障处理现场叙述演示及自救器盲戴	5.5	20	

四、竞赛方式

本赛项为个人竞赛内容，由每位选手独立完成。

本赛项的理论知识考试采取机考方式进行；技能实操分赛项轮换进行，根据现场状况由裁判长调配，竞赛由裁判员现场评分。

五、竞赛赛卷

（一）单轨吊司机理论知识

理论考试采用机考方式进行，试题类型分为单选题、多选题和判断题三类。试卷满分 100 分，采取计算机上机考试，考试题由计算机随机生成，考试时间为 60 min。

理论考试范围：

（1）《单轨吊实用指南》。

（2）《DCR150/130Y 防爆柴油机单轨吊机车使用说明书》《KC6102 防爆柴油机使用维护说明书》。

（3）《柴油机单轨吊车》（MT/T 883—2000）、《单轨吊车起吊梁》（MT/T 888—2000）、《煤矿机电设备检修技术规范》（MT/T 1097—2008）、《煤矿用防爆柴油机械排气中一氧化碳、氮氧化物检验规范》（MT 220—1990）、《煤矿用防爆柴油机无轨胶轮车安全使用规范》（AQ 1064—2008）（关于柴油存储、运输、加油相关要求）、《DX25J 防爆特殊型蓄电池单轨吊车》（MT/T 887—2000）、《非道路移动机械用柴油机排气污染物排放限值及测量方法（中国第三、四阶段）》（GB 20891—2014）、《矿用防爆柴油机通用技术要求》（MT 990—2006）、《爆炸性环境　第1部分：设备　通用要求》（GB/T 3836. 1—2021）、《爆炸性环境　第2部分：由隔爆外壳“d”保护的设备》（GB/T 3836. 2—2021）、《爆炸性环境　第4部分：由本质安全型“i”保护的设备》（GB/T 3836. 4—2021）、《爆炸性环境　第9部分：由浇封型“m”保护的设备》（GB/T 3836. 9—2021）、《液压传动系统及其元件的通用规则和安全要求》（GB/T 3766—2015）和《液压元件　通用技术条件》（GB/T 7935—2005）。

（4）《煤矿安全规程》（2022年版）、《煤矿安全生产标准化基本要求及评分办法》及《煤矿矿井机电设备完好标准》。

（二）单轨吊司机技能实操

1. 赛事条件

（1）比赛用柴油机单轨吊机车型号：DCR150/130Y 型、DCR200/130Y 型防爆柴油机单轨吊（徐州江煤科技有限公司生产）。

（2）竞赛地点：徐州江煤科技有限公司的试验轨道，轨型 I140 V。

（3）轨道线路：运行轨道线路 160 m，包括水平直线轨道、曲线轨道和倾斜曲线轨道与直道线路，运行中途经过一副道岔，水平弯道曲率半径 6 m；垂直弯道曲率半径 10 m；线路转辙气动单开道岔。

2. 竞赛项目与计分方法

单轨吊司机竞赛实际操作由单轨吊驾驶运行操作、单轨吊故障处理、应急故障处理现场叙述演示三部分组成，这三个实际操作竞赛项目合计按100分制计分；其中单轨吊驾驶运行操作竞赛项目60分，单轨吊故障处理竞赛项目20分，应急故障处理现场叙述演示及自救器盲戴竞赛项目20分。

六、竞赛所需设备工具材料清单

1. 单轨吊驾驶运行操作竞赛设备工具材料清单

序号	名　称	规　格	数量	单位	备　注
1	防爆柴油机单轨吊机车	DCR150/130Y	1	台	承办方准备
2	秒表	卡西欧	6	个	承办方准备
3	钢卷尺	5 m	2	个	承办方准备
4	口哨		2	个	承办方准备
5	警戒线和标识	3. 5 cm	200	米	承办方准备
6	登高梯	0. 5 m	2	把	承办方准备
7	计时器	三段	2	台	承办方准备

2. 单轨吊故障处理竞赛设备工具材料清单

序号	名　称	规　格	数量	单位	备　注
1	防爆柴油机单轨吊机车	DCR200/130Y	1	台	承办方准备
2	秒表	卡西欧	3	个	承办方准备
3	计时器	三段	1	台	承办方准备
4	口哨		2	个	承办方准备
5	内六角扳手		2	套	承办方准备
6	呆口扳手		2	套	承办方准备
7	梅花扳手		2	套	承办方准备
8	活口扳手	300 mm × 36 mm	2	把	承办方准备
9	活口扳手	250 mm × 30 mm	2	把	承办方准备
10	万用表	数字型	2	台	承办方准备
11	钢丝钳	175 mm	2	把	承办方准备
12	尖嘴钳	130 mm	2	把	承办方准备
13	活口扳手	150 mm × 19 mm	2	把	承办方准备
14	十字头螺丝刀	4 寸	2	把	承办方准备
15	十字头螺丝刀	2 寸	2	把	承办方准备
16	平头螺丝刀	4 寸	2	把	承办方准备
17	平头螺丝刀	2 寸	2	把	承办方准备

3. 应急故障处理现场叙述演示竞赛设备工具材料清单

序号	名　称	规　格	数量	单位	备　注
1	应急考试装置	JMYJ – DG	1	套	承办方准备
2	秒表	卡西欧	3	个	承办方准备
3	考试评分终端	JMPF – DG	1	台	承办方准备
4	计时器	三段	1	台	承办方准备

4. 竞赛公用设备及耗材

序号	名　称	规　格	数量	单位	备　注
1	视频监控	海康威视	1	套	承办方准备
2	矿灯	KL5LM(B)	1	台	承办方准备
3	隔绝式压缩氧	ZYX45(E)	1	台	承办方准备
4	瓦斯便携仪	JCB4(A)	2	台	承办方准备
5	灯带、毛巾		1	套	承办方准备

（续）

序号	名　称	规　格	数量	单位	备　注
6	矿用安全帽		1	个	承办方准备
7	矿用音视频记录仪	YHJ3.7	1	台	根据执裁情况配备
8	打印机		1	台	承办方准备
9	电脑		1	台	裁判长临时办公
10	纸板夹	A4	20	个	承办方准备
11	遮阳棚	3 m×6 m	4	顶	承办方准备
12	桌子	60 cm×120 cm	30	张	承办方准备
13	椅子		60	把	承办方准备

七、实操竞赛评分标准

1. 单轨吊驾驶运行实操

（1）比赛的计时方法。选手进入赛区后听从裁判员指示，每位选手3 min时间熟悉机车准备竞赛，对操作的DCR150/130Y单轨吊机车、起吊梁、标准重物，进行一次全面检查和确认，检查完毕后，选手应站在1号驾驶右侧向裁判员报告：检查正常，准备完毕，可以开始。单轨吊司机的实操比赛规定时间（13+11）min，从选手示意自行按下计时器开始操作计时，到定点时自行按下计时器结束阶段计时；按照规定程序和操作要求，独立完成竞赛项目进行评判竞赛分数。竞赛选手在规定时间未完成竞赛的全过程，由裁判现场根据实操完成的阶段情况进行评判得分。

（2）驾驶具体实操运行线路见附件1。单轨吊驾驶运行流程：1号驾驶室，按下计时器→单轨吊机车和起吊梁、重物的操作前的检查（手指口述）→启动操作→启动运行→定点停车→起吊重物→水平与弯道运行→垂直弯道与斜坡轨道上坡运行→斜坡停车→按下计时器；切换运行方向，2号驾驶室，按下计时器→斜坡起车向下运行→水平与弯道返回运行→定点放置重物→到终点位置定点停车→停机操作→按下计时器；然后工作服务人员进行查看准备，1、2号驾驶室人员互换驾驶位，重复以上流程，驾驶实操流程完毕，两名选手考核完毕。

（3）实操运行操作环境。使用1台DCR150/130Y单轨吊车、16 t起吊梁和8 t重物集装箱，机车和起吊梁运行到指定地点，使用16 t的起吊梁将8 t重物起吊到位，检查确认满足安全运输要求开始运行，沿水平直线轨道30 m、曲率半径6 m水平曲线轨道、水平直线轨道38 m、曲率半径6 m水平曲线轨道、水平直线轨道40 m、曲率半径10 m垂直曲线轨道、斜坡轨道30 m，运行到规定停车点进行停车；更换运行方向，沿原轨道线路返回到实操的起始点停车，进行重物的定点放置，运行距离160 m。起吊重物根据重物实际位置操作，定点放置重物需放置在指定的边框区域内，即起吊重物后，载重运行至斜坡线路的比赛规定停车点后，返回进行重物的定点放置，到实操运行的原位置。

（4）驾驶运行至停车点、弯道、道岔、坡道各点，停车、鸣笛、减速以运行方向的驾驶室最前端为基准，到达轨道架所标识的提示牌进行相应操作。

（5）评分方法详见表2。

表2　单轨吊驾驶运行实操竞赛评分表

年　月　日

操作项目		单轨吊司机运行操作（去）			基准时间	13 min	
场次			选手编号		操作时间	分　秒　毫秒	
项目	标准分	考试内容	考核标准	评分办法	扣分标准	扣分	说明
操作前的检查	4	采用手指口述法进行开车前的机车检查	1. 驾驶室：控制手柄、按钮、灯、铃、显示器等完好 2. 主机：柴油机、主泵、冷却、灭火、液压、电控、瓦斯值、启动压力、电气部分无失爆等正常 3. 起吊梁、链条、挂扣、重物等完好 4. 驱动、制动、连接装置各项保护齐全完好	只描述不手指或只手指不描述	-1		1. 扣分时，各操作项目的标准分扣完为止 2. 违章作业，从运行机车下随意穿越，不服从指挥，干扰赛场秩序的取消比赛资格 3. 劳保用品包括：工作服、灯帽、矿灯、自救器、灯带、毛巾正确佩戴 4. 选手在指定位置示意自行按下计时器开始考试，裁判同步开始计时，到达坡道停稳车长鸣笛一声，自行按下计时器，终止计时。裁判同时止表记录时间
				少描述一项内容或少指一项内容	-1		
			柴油、机油、液压油，发动机散热水（防冻液）、尾气净化水完好	少一项	-1		
			报告检查结果	不报告或报告不明确	-1		
启动与起吊操作	11.5	启动柴油机	液压启动柴油机，先开电再开蓄能器球阀	未检查蓄能器启动压力	-0.5		
				启动顺序错误	-1		
				操作启车超过3次（非设备原因）	-2		
		安全带、收梯	进入驾驶室系好安全带	不系安全带	-0.5		
			收好上下扶梯	不收梯	-0.5		
		瞭望	启动前后瞭望（探头或口述）	未前后瞭望	-0.5		
		鸣笛	启动前鸣笛示警	未鸣笛	-1		
				前进2声，后退3声，声响次数与方向不一致	-1		
		松闸起车	起车按程序松闸	未鸣笛就松闸	-1		
				未松闸就启动	-0.5		
		启动加速平稳	启动均匀加速	因加速不均匀而保护动作	-1		
		运行与停车	机车运行至起吊停车点起吊重物位置（起吊梁链条垂直距重物挂扣）超误差	误差超过200 mm扣1分，每超过100 mm再扣1分	-3		
		重物的起吊	重物起吊完成后保持平衡	前后两端高度差＞30 mm	-1		
		起吊检查	与底板安全间距≥200 mm	最低点＜200 mm	-1		
			操作阀与吊装锁具	收放不规范影响运行	-1		

表2（续）

项目	标准分	考试内容	考核标准	评分办法	扣分标准	扣分	说明
水平运行	3	保持正确操作姿势	机车运行过程中，坐姿端正	头或身体探出车外	-0.5		
		运行速度	水平运行速度≤1.2 m/s	出现超速	-1		
		单轨吊过弯道或道岔	鸣笛（1声），通过速度≤0.5 m/s	未鸣笛	-0.5		
				出现超速	-1		
斜坡向上运行	2	单轨吊机车载重上行	减速、平稳运行	速度超过0.8 m/s	-1		
				机车或重物左右偏摆大于0.2 m	-0.5		
			运行中瞭望前方轨道	头或身体探出车外瞭望操作	-0.5		
斜坡停车	4	停车操作与裁判止表，及更换行驶方向	提前减速，慢速到达指定地点停车，以驾驶室前端为基准	未提前减速，快速制动	-0.5		
				停车位置误差超0.2 m扣1分，每超0.1 m再扣1分	-2.5		
			符合操作规程，停车鸣笛	未鸣笛（1声）	-1		
计时	3	按基准时间考核	未在基准时间内完成后	超过基准时间扣1分，每超1 min再扣1分，超3 min后未完成项目不计分	-3		
约束条款		追加考核	车辆停稳后鸣笛1声（3 s以上），按下计时器停止计时，裁判同步止表记录时间	未关闭钥匙开关	-5		
				误操作影响其他选手驾驶操作	-10		
裁判员签字			裁判计时	分 秒 毫秒	合计扣分		
操作项目		单轨吊司机运行操作（返）			基准时间	11 min	
场次			选手编号		操作时间	分 秒 毫秒	
项目	标准分	考试内容	考核标准	评分办法	扣分标准	扣分	说明
斜坡起车向下运行	8	正常起车	前后瞭望、鸣笛	未前后瞭望	-0.5		1. 扣分时，各操作项目的标准分扣完为止 2. 违章作业，从运行机车下随意穿越，不服从指挥，干扰赛场秩序的取消比赛资格
				未鸣笛	-1		
				前进2声，后退3声，鸣笛声响次数与方向不一致	-1		
			按程序松闸	未鸣笛就松闸	-1		
			启动均匀加速	未启动平稳加速	-1		
				保护动作或制动一次	-1		

表2（续）

项目	标准分	考试内容	考核标准	评分办法	扣分标准	扣分	说明
斜坡起车向下运行	8	载重下行	减速、平稳运行	速度超过0.8 m/s	-1		3. 劳保用品包括：工作服、工作鞋、灯帽、矿灯、自救器、灯带、毛巾正确佩戴 4. 返回选手鸣笛2声，按下计时器开始计时，同时裁判开始计时，到达终点下车停车操作后自行按下计时器计时结束，裁判同时终止计时
				机车或重物左右偏摆大于0.2 m	-1		
			运行中瞭望前方轨道与悬吊	头或身体探出车外瞭望操作	-0.5		
返回水平运行	3	保持正确操作姿势	机车运行过程中，坐姿端正	头或身体探出车外	-0.5		
		水平运行	水平运行速度≤1.2 m/s	出现超速	-0.5		
		过弯道或道岔（以驾驶室最前端为基准）	鸣笛（1声），通过速度≤0.5 m/s	未鸣笛	-1		
				出现超速	-1		
定点放置停车操作	8	停车操作方法	提前减速，慢速接近终点停车	未提前减速，快速制动	-1		
		停车离开驾驶室	符合操作规程，停车位置距离地面超过1 m	未使用简易梯下车	-0.5		
				车未停稳下车	-0.5		
		定点放置	重物与定点放置位置误差不超过200 mm	误差超过内基准线200 mm，≤300 mm	-1		
				超过基准线300 mm	-2		
			起吊梁下放操作	匀速、均衡下放	-1		
			起吊梁升起	未升至限位位置	-1		
			起吊链条规整	起吊链条挂环未复位，固定不牢靠	-1		
终点停车	5.5	终点位置停车（以驾驶室前端为基准）	机车与终点位置误差不超过200 mm	误差超过200 mm，但≤300 mm	-1		
				超过300 mm	-2		
		停车操作方法	提前减速，慢速接近终点停车	未提前减速，快速制动	-0.5		
		停车离开驾驶室	符合操作规程，停车位置距离地面超过1 m	未使用简易梯下车	-1		
		停车离开驾驶室	符合操作规程	车未停稳下车	-0.5		
		关闭发动机	符合操作规程，先关蓄能器球阀再关电	关闭发动机顺序错误	-0.5		

表2（续）

项目	标准分	考试内容	考核标准	评分办法	扣分标准	扣分	说明
其他	4	紧急制动	使用紧急制动	非特殊情况	－4		
	1	穿戴劳保用品	按规定穿戴劳保用品（胶靴除外）	未按规定穿戴劳保用品	－1		
计时	3	按基准时间考核	未在基准时间内完成	超过基准时间扣3分，超1 min后未完成项目不计分	－3		
裁判员签字			裁判计时	分　秒　毫秒	合计扣分		
合计得分	60－（去）扣分－（返）扣分						

2. 单轨吊故障处理

每位参赛选手在故障处理的题库中抽取故障题，根据抽出的故障题，进行设置故障，参赛选手对应单轨吊机车、部件故障进行判断和处理，每人抽取1组题，分别是液压故障1题和电气故障1题，故障处理赛项共20分，故障处理完毕进行验证，根据处理故障的正确性、完整性和操作时间，由裁判给予公正评分。抽题和故障设置不计时。选手在规定区域等候，每一个故障设置完毕，裁判宣布开始竞赛，选手到指定位置自行按下计时器开始计时，从故障判断到故障处理完毕，将故障内容填至表格后，自行按下计时器结束计时。电气故障和液压故障进行单独考核计时，即（10＋10）min，到时终止不延时；单轨吊故障处理评分方法见表3、表4，故障处理未完成事项由裁判根据现场处理情况进行评判得分。

表3　单轨吊故障处理竞赛评分表

年　月　日

操作项目		单轨吊电气故障处理		基准时间	10 min	
场次			选手编号	操作时间	分　秒　毫秒	
评分项目	标准分	评分项目	扣分项目	扣分标准	扣分	说明
电气故障处理	9	启动试车	未口述电气故障	－1		1. 扣分时，各操作项目的标准分扣完为止 2. 违章作业，不服从指挥，干扰赛场秩序的取消比赛资格
		故障原因	未查明故障原因并口述	－2		
		处理过程	停电前未进行瓦斯检查、未进行验电或带电处理故障	－1		
			损坏零部件	－0.5		
			少装零部件	－0.5		
			损伤防爆面	－0.5		
			出现电气失爆。未上盖、缺螺丝、弹簧垫或螺丝未压紧，出现一处（为减少安装时间，按设置故障时螺丝、弹簧垫紧固）	－0.5		

表3（续）

<table>
<tr><td>评分项目</td><td>标准分</td><td>评分项目</td><td colspan="2">扣 分 项 目</td><td>扣分标准</td><td>扣分</td><td>说明</td></tr>
<tr><td rowspan="6">电气故障处理</td><td rowspan="6">9</td><td rowspan="4">处理过程</td><td colspan="2">接线不规范、螺栓未紧固</td><td>-0.5</td><td></td><td rowspan="8">3. 选手就位后，在指定位置示意裁判开始，自行按下计时器，同时裁判开始计时，考试结束后，自行按下计时器终止计时，同时裁判终止计时</td></tr>
<tr><td colspan="2">拆卸零部件未放置存放盒内</td><td>-0.5</td><td></td></tr>
<tr><td colspan="2">防爆面未涂凡士林处理</td><td>-0.5</td><td></td></tr>
<tr><td colspan="2">未检查确认，工具未复位</td><td>-0.5</td><td></td></tr>
<tr><td rowspan="2">送电、启动试运行</td><td colspan="2">未正确按启动流程启车</td><td>-0.5</td><td></td></tr>
<tr><td colspan="2">未按照要求和项目试车</td><td>-0.5</td><td></td></tr>
<tr><td rowspan="2">其他</td><td rowspan="2">1</td><td rowspan="2">简要写出故障现象</td><td colspan="2">未填写故障现象</td><td>-0.5</td><td rowspan="2"></td></tr>
<tr><td colspan="2">故障现象填写不完整</td><td>-0.5</td></tr>
<tr><td colspan="2">裁判签字</td><td></td><td>裁判计时</td><td>分 秒 毫秒</td><td>扣分合计</td><td colspan="2"></td></tr>
<tr><td colspan="2">合计得分</td><td colspan="3">10 - 扣分</td><td colspan="3"></td></tr>
</table>

<table>
<tr><td colspan="2">操作项目</td><td colspan="3">单轨吊液压故障处理</td><td>基准时间</td><td colspan="2">10 min</td></tr>
<tr><td colspan="2">场次</td><td></td><td>选手编号</td><td></td><td>操作时间</td><td colspan="2">分 秒 毫秒</td></tr>
<tr><td>评分项目</td><td>标准分</td><td>评分标准</td><td colspan="2">扣 分 项 目</td><td>扣分标准</td><td>扣分</td><td>说明</td></tr>
<tr><td rowspan="10">液压故障处理</td><td rowspan="10">9</td><td>启动试车</td><td colspan="2">未口述液压故障</td><td>-1</td><td></td><td rowspan="12">1. 扣分时，各操作项目的标准分扣完为止
2. 违章作业，不服从指挥，干扰赛场秩序的取消比赛资格
3. 选手就位后，在指定位置示意裁判开始，自行按下计时器，同时裁判开始计时，考试结束后，自行按下计时器终止计时，同时裁判终止计时</td></tr>
<tr><td>故障原因</td><td colspan="2">未查明故障原因并口述</td><td>-2</td><td></td></tr>
<tr><td rowspan="4">液压部件拆卸注意事项</td><td colspan="2">未采取防止漏油措施</td><td>-1</td><td></td></tr>
<tr><td colspan="2">未采取液压管路系统防污染措施</td><td>-1</td><td></td></tr>
<tr><td colspan="2">未采取防止拆卸部件损坏措施</td><td>-1</td><td></td></tr>
<tr><td colspan="2">未采取防止关联部件损坏措施</td><td>-1</td><td></td></tr>
<tr><td>管路与部件标准化</td><td colspan="2">未按照标准化整理管路部件</td><td>-0.5</td><td></td></tr>
<tr><td>处理完毕的检查</td><td colspan="2">未检查确认，工具未复位</td><td>-0.5</td><td></td></tr>
<tr><td rowspan="2">送电、启动试运行</td><td colspan="2">未正确按启动流程启车</td><td>-0.5</td><td></td></tr>
<tr><td colspan="2">未按照要求和项目试车</td><td>-0.5</td><td></td></tr>
<tr><td rowspan="2">其他</td><td rowspan="2">1</td><td rowspan="2">简要写出故障现象</td><td colspan="2">故障现象填写不完整</td><td>-0.5</td><td rowspan="2"></td></tr>
<tr><td colspan="2">未正确填写故障现象</td><td>-1</td></tr>
<tr><td colspan="2">裁判签字</td><td></td><td>裁判计时</td><td>分 秒 毫秒</td><td>扣分合计</td><td colspan="2"></td></tr>
<tr><td colspan="2">合计得分</td><td colspan="3">10 - 扣分</td><td colspan="3"></td></tr>
</table>

表4　液压、电气故障现象简述

年　月　日

选手编号		
评分项目	具 体 内 容	评 判
液压故障现象		
电器故障现象		
裁判员签字		

3. 应急动画演示的处理叙述

单轨吊机车故障的应急处理，采取计算机动画演示模拟的办法供选手判断故障进行叙述。每名参赛选手根据计算机随机动画演示，使用普通话进行应急处理叙述（具体应急处理办法内容见表5），根据答题的正确性、完整性和答题时间，由裁判给予公正评分；选手在指定区域自行按下计时器开始计时，演示叙述结束后自行按下计时器结束竞赛；该项应急处理演示与叙述的规定时间是5 min，到时终止不延时，叙述未完成由裁判根据现场处理情况进行评判得分。因选手未使用普通话叙述应急处理过程，造成执裁人员听不清楚叙述内容，造成扣分由选手负责。

表5　单轨吊机车应急动画演示的处理叙述竞赛评分表

年　月　日

<table>
<tr><td colspan="2">操作项目</td><td colspan="3">应急处理现场叙述演示</td><td>基准时间</td><td colspan="2">5 min</td></tr>
<tr><td colspan="2">场次</td><td></td><td>选手编号</td><td></td><td>操作时间</td><td colspan="2">分　秒　毫秒</td></tr>
<tr><td colspan="2">应急故障动画演示试题</td><td colspan="6">□1　□2　□3　□4　□5　□6　□7　□8　□9　□10</td></tr>
<tr><td>项目</td><td>标准分</td><td>考试内容</td><td>考 核 标 准</td><td>评 分 办 法</td><td>扣分标准</td><td>扣分</td><td>说明</td></tr>
<tr><td rowspan="2">应急处理</td><td rowspan="2">7</td><td rowspan="2">选手根据随机导入的应急画面进行应急处理</td><td>正确判断应急画面试题</td><td>未正确叙述应急现场情况</td><td>－2</td><td></td><td rowspan="9">1. 扣分时，各操作项目的标准分扣完为止
2. 选手到达赛位指定位置，示意裁判后自行按下计时器开始计时，考试完毕后，到达指定位置自行按下计时器计时结束</td></tr>
<tr><td>应急处理措施叙述清晰、正确、全面</td><td>叙述处置措施内容不完整扣3分，回答内容全不正确不得分</td><td>－5</td><td></td></tr>
<tr><td rowspan="5">设备操作</td><td rowspan="5">2</td><td rowspan="5">设备操作及注意事项</td><td>手柄操作正确</td><td>未判断回答完毕，中途退出</td><td>－0.5</td><td></td></tr>
<tr><td rowspan="4">物品摆放至指定区域</td><td>佩戴考试设备时，安全帽未放规定区域</td><td>－0.5</td><td></td></tr>
<tr><td>操作完毕后，考试设备、手柄未放制指定区域</td><td>－0.5</td><td></td></tr>
<tr><td>考试结束未正确佩戴安全帽</td><td>－0.5</td><td></td></tr>
<tr><td></td><td></td><td></td></tr>
<tr><td rowspan="2">其他</td><td rowspan="2">1</td><td rowspan="2">开始结束规范</td><td rowspan="2">考试开始、结束示意裁判，听从裁判口令</td><td>未示意直接进入赛位</td><td>－0.5</td><td></td></tr>
<tr><td>计时终止后，再返回赛位</td><td>－0.5</td><td></td></tr>
<tr><td colspan="2">裁判员签字</td><td></td><td>裁判计时</td><td>分　秒　毫秒</td><td>合计扣分</td><td colspan="2"></td></tr>
<tr><td colspan="2">合计得分</td><td colspan="3">10－扣分</td><td colspan="3"></td></tr>
</table>

4. 自救器盲戴技能考核（完成时间 30 s，评分标准见表6）

仪器采用：ZYX45(E)隔绝式压缩氧气自救器。自救器盲戴步骤：

（1）将佩戴的自救器移至身体的正前方，将自救器背带挂在脖颈上。

（2）双手同时操作拉开自救器两侧的金属挂钩并取下上盖。

（3）展开气囊，注意气囊不能扭折。

（4）拉伸软管，调整面罩，把面罩置于嘴鼻前方，安全帽临时移开头部，并快速恢复，将面罩固定带挂至头后脑勺上部，调整固定带松紧度，使其与面部紧密贴合，确保口鼻与外界隔绝。

（5）逆时针转动氧气开关手轮，打开氧气瓶开关（必须完全打开，直到拧不动），然后用手指按动补气压板，使气囊迅速鼓起（目测鼓起三分之二以上）。

（6）一手扶自救器，确保随时按压补气压板，一手扶住面罩防止脱落。撤离灾区。

表6 自救器盲戴考核评分表

操作项目	分值	评分标准	扣分标准	扣分
自救器盲戴考核	10	在30 s内正确完成佩戴	未对应操作每处扣0.5分	-3
			未按照规定30 s内完成，超时不得分	-7

单轨吊司机技能实操成绩汇总见表7。

表7 单轨吊成绩汇总表

场次			选手编号					
项　目	1	2	3	4	5	平均分	裁判计时	自行计时
	分数	分数	分数	分数	分数			
自救器盲戴								
应急处理现场叙述演示								
单轨吊故障处理								
单轨吊司机运行操作（去/返）								
裁判员								
裁判长签字								

注：此表根据竞赛组要求及执裁实际情况调整，按评分去掉一个最高分一个最低分，取有效评分的平均分。

八、实操流程及纪律要求

1. 单轨吊驾驶运行实操流程

（1）比赛前，由裁判长组织选手在候考区抽取竞赛选手编号。

（2）参赛选手竞赛操作前要报告裁判员“准备完毕”，裁判员开始吹哨计时，选手自行按下计时器。机车到达终点选手下车操作完毕后自行按下计时器结束计时，同时裁判员停止计时。

（3）单轨吊司机的驾驶实操环节，机车的检查、启动/停机、收放悬梯，起吊期间的摘挂吊索和定点放置时的摘挂吊索具，实行每位参赛选手独立完成。

2. 单轨吊故障处理和应急处理现场叙述演示及自救器盲戴

（1）比赛前，选手按照故障处理的比赛顺序抽取组别号和故障组编号。

（2）故障设置人员按照选手抽取的故障内容设置故障，故障设置完毕后，故障设置人员到指定地点休息，在本场竞赛未结束前不得离开。期间不得同除工作需要外的任何人进行交流。

（3）参赛选手操作前要报告裁判员“准备完毕”，裁判员吹哨选手自行按下计时器开始计时，同时裁判员手动计时。选手判断处理相应故障并填写故障内容。比赛结束时，选手自行按下计时器终止计时，同时裁判员终止秒表。

每场比赛前由裁判长组织裁判员分组，执裁 1 名选手。裁判员提前 5 min 到达执裁位置，竞赛过程中不得离岗、串岗，不得与选手和其他裁判交谈，出现特殊问题时举手向裁判长示意，由裁判长协调解决。

竞赛现场评分表每名裁判员各持 1 份，记录选手操作过程扣分情况，每场比赛结束后，裁判员签字。

裁判员要对判分笔误部分签字，裁判长负责对裁判结果进行监督抽查，发现裁判考核扣分结果与现场实际情况不符或者出现裁决结果不公正现象，将对相关人员进行责任追究。

3. 纪律要求

（1）参赛选手均需按照规定时间在指定地点集合，佩戴胸牌由引导员引导乘坐车辆。凡发车前未到达乘车地点的，后果自负。

（2）参加比赛的选手、工作人员和裁判员，要遵守赛场纪律，听从裁判委员会安排，认真履行自己的责任和义务。

（3）参加比赛的选手、工作人员和裁判员，要按时进入比赛场地，进入赛场时要保持安静，不得携带通信工具等。

（4）比赛开始前，非当组选手和已比赛选手进入各自的隔离区等候。非比赛当组选手不得进入比赛现场，否则取消比赛资格。

（5）选手参加比赛顺序及故障类型，由选手自己抽签决定。

（6）参赛选手必须服从裁判，尊重裁判，如对判决有异议提请裁判委员会进行仲裁。

（7）裁判员要坚持客观、公平、公正的原则，秉公办事，不徇私情，严谨、细致，实事求是地进行工作。

（8）参赛选手、工作人员及裁判员不得徇私舞弊。选手舞弊者，裁判员有权对其警告、扣分直至取消其比赛资格；现场工作人员或裁判员舞弊者，给予党纪政纪处分。

（9）参赛选手要独立完成操作考核项目，操作时不得离开本操作区域，不得与他人讨论、协商。参赛选手若需上厕所，举手示意，经裁判长同意后，并由工作人员和一名裁判陪同前往，用时计入竞赛时间内。

（10）比赛现场要注意安全，严格按照作业规程进行作业，裁判员要作好安全监护，选手、工作人员和裁判员要做好安全自保、互保，防止事故发生。

九、竞赛规则

（一）报名资格及参赛选手要求

（1）参赛选手须为煤炭企业职工，从事单轨吊机车运输工作满 2 年。

（2）参赛选手必须是持有在有效期内单轨吊司机作业证书的在职员工。

（3）参赛要求：每个参赛单位报 2 名及以上选手。

（二）熟悉场地

（1）组委会安排各参赛选手统一有序地熟悉场地，熟悉场地时限定在观摩区域活动，不允许进入比赛区域。

（2）熟悉场地时不允许发表没有根据以及有损大赛整体形象的言论。

（3）熟悉场地时要严格遵守大赛各项制度，严禁拥挤、喧哗，以免发生意外事故。

（三）参赛要求

（1）竞赛所需要平台、设备、仪器和工具按照大赛组委会的要求统一，由协办单位提供。

（2）所有人员在赛场内不得有影响其他选手完成工作任务的行为，参赛选手不允许串岗串位，要使用文明用语，不得以言语及人身攻击裁判和赛场工作人员。

（3）参赛选手在比赛开始时间 30 min 前到达指定地点报到，接受工作人员对选手身份、资格和有关证件的核验，参赛号、赛位由抽签确定，不得擅自变更、调整。选手若休息、饮水或去洗手间，耗用的时间一律计算在竞赛时间内，计时工具以赛场配置的时钟为准。

（4）选手须在竞赛试题规定位置填写场次号、赛位号。其他地方不得有任何暗示选手身份的记号或符号，选手不得将手机等通信工具及计时工具带入赛场，选手之间不得以任何方式传递信息，如传递纸条、用手势表达信息等，否则取消成绩。

（5）选手须严格遵守安全操作规程，并接受裁判员的监督和警示，以确保参赛人身及设备安全。选手因个人误操作造成人身安全事故和设备故障时，裁判长有权终止比赛；如非选手个人因素出现设备故障而无法比赛，由裁判长视具体情况做出裁决（调换到备用赛位或调整至最后一场次参加比赛）；若裁判长确定设备故障可由技术支持人员排除故障后继续比赛，同时将给参赛选手补足所耽误的比赛时间。

（6）选手进入赛场后，不得擅自离开赛场，因病或其他原因离开赛场或终止比赛，应向裁判示意，须经赛场裁判长同意，并在赛场记录表上签字确认后，方可离开赛场并在赛场工作人员指引下到达指定地点。

（7）裁判长发布比赛结束指令后所有未完成任务参赛选手立即停止操作，按要求清理赛位，不得以任何理由拖延竞赛时间。

（8）服从组委会和赛场工作人员的管理，遵守赛场纪律，尊重裁判和赛场工作人员，尊重其他代表队参赛选手。

（四）安全文明操作规程

（1）选手在比赛过程中不得违反《煤矿安全规程》规定要求。

（2）注意安全操作，防止出现意外伤害；完成工作任务时要防止工具伤人等事故。

（3）组委会要求选手统一着装，服装上不得有姓名、队名以及其他任何识别标记；对不穿组委会提供的上衣，将拒绝进入赛场。

（4）刀具、工具不能混放、堆放，废弃物按照环保要求处理，保持赛位清洁、整洁。

十、竞赛环境

每个分项竞赛场地需相互独立分开，以免影响参赛选手现场发挥。

附件1

单轨吊司机竞赛驾驶运行线路平面图

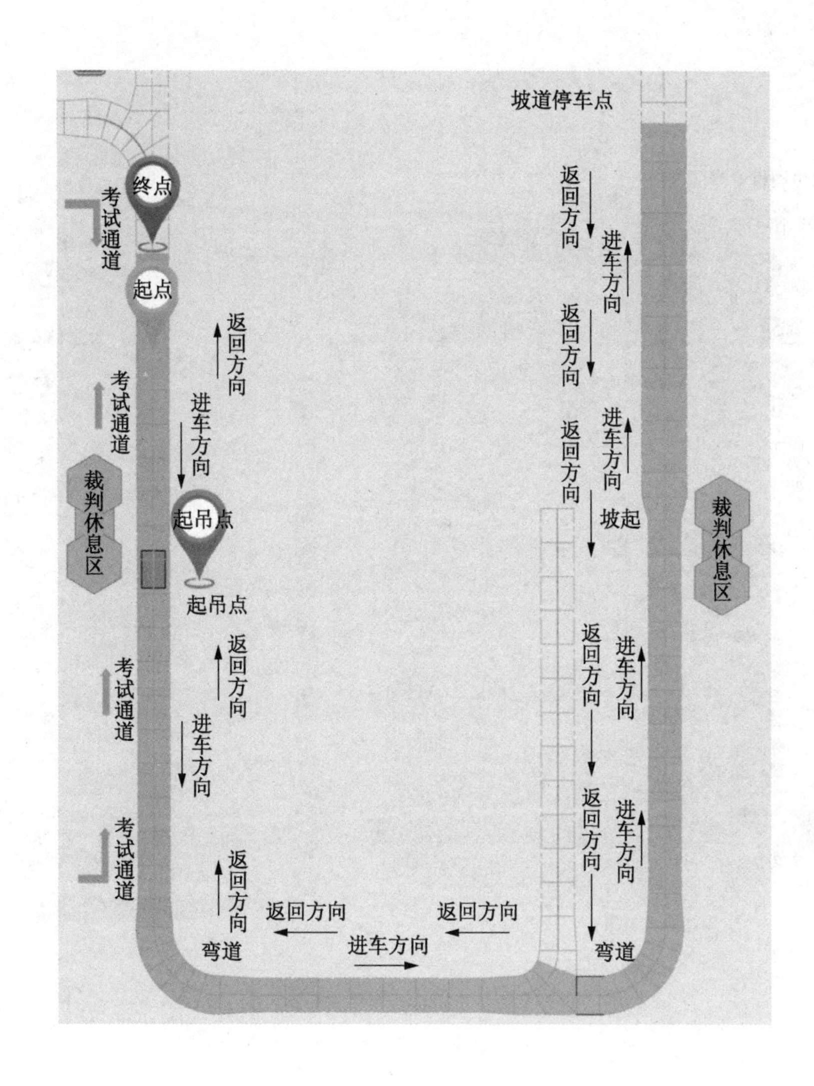

附件 2

单轨吊司机竞赛实操现场布置图

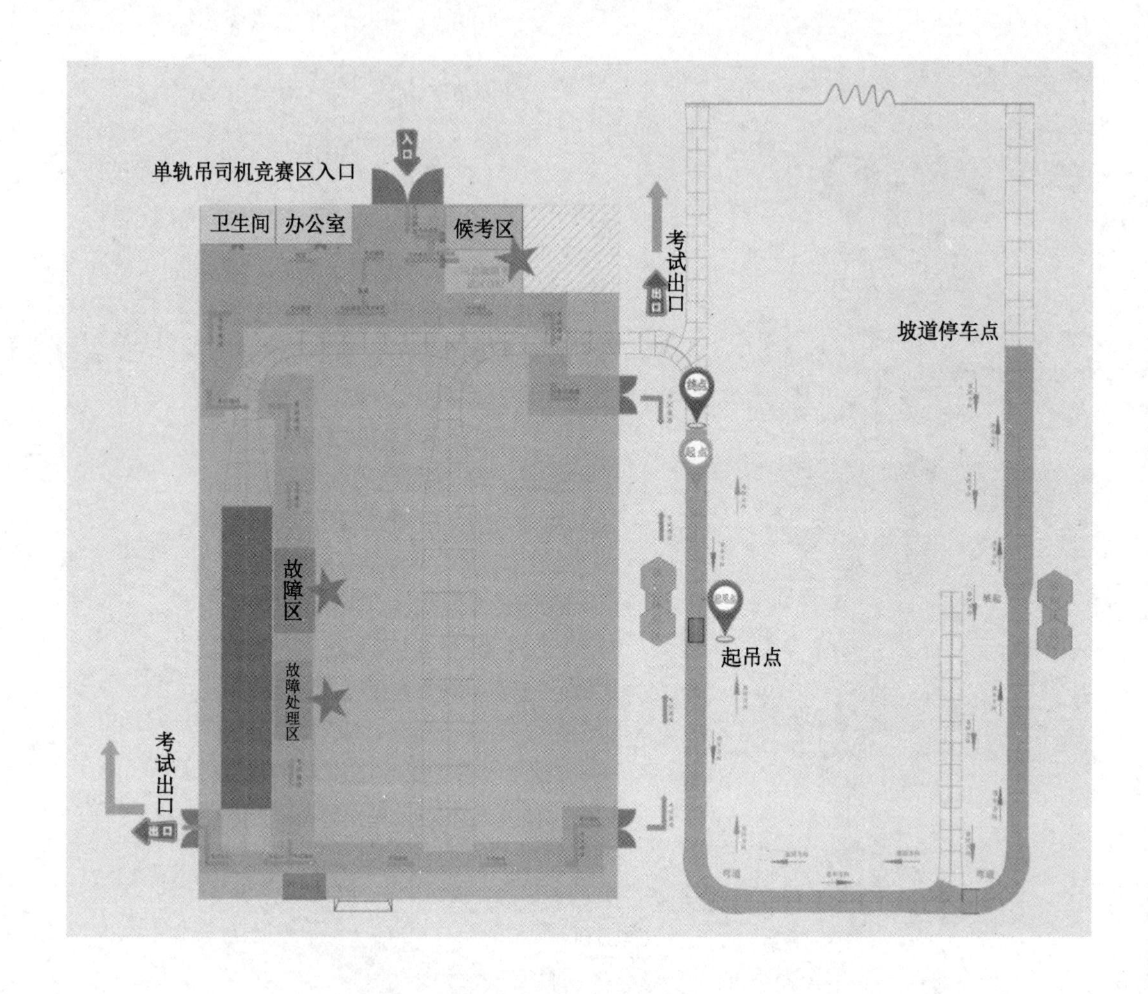

附件 3

单轨吊故障处理题库

序号	故障类型	故 障 内 容	故 障 处 理	题 目 范 围
1	电气故障 1	前驾驶室操作箱的喇叭电源线掉（包扎），驾驶室内喇叭不能鸣笛	检查接线后，操作鸣笛正常	前驾驶室电气故障
2	电气故障 2	后驾驶室的操作手柄方向线掉（包扎），机车不能行走	检查接线，恢复	后驾驶室电气故障
3	电气故障 3	备用电源装置正负极接线松脱（包扎），系统无电	检查接线，恢复	主机电气故障
4	电气故障 4	急停开关线路接线松脱（包扎），系统无电	检查接线，恢复	司机室电气故障
5	电气故障 5	瓦斯传感器检测连接线松脱（包扎），瓦斯传感器不能正常显示	检查接线，恢复正常	机车保护电气故障
6	电气故障 6	将编码器电线接反，机车向前开车后报警	检查后倒换接线，恢复正常	主机电气故障
7	电气故障 7	前驾驶室隔爆接线盒的照明灯控制线脱落（包扎），行驶时照明灯不能照明	检查接线，恢复	前驾驶室电气故障
8	电气故障 8	前后驾驶室隔爆显示屏无数据显示。通信插头脱落。数据无法传输	检查通信线缆插头，恢复	主机电气故障
9	电气故障 9	上电显示正常，但行驶时无法松闸。继电器脱落或接触不良	检查制动电磁阀继电器，将继电器线恢复	主机电气故障
10	电气故障 10	上电显示正常，但无法启动，停机/复位按键线脱落或短接	检查后驾驶室停机/复位按键信号线，恢复	后驾驶室电气故障
11	液压故障 1	将夹紧压力传感器测压软管松掉，不显示压力	检查找准故障，接管	主机液压故障
12	液压故障 2	测速小车行程阀打开，制动压力不够，机车不能行走	检查找准故障，复位	主机液压故障
13	液压故障 3	前驾驶室泄压阀打开，制动、夹紧压力不够，机车无行走	检查找准故障，恢复泄压阀	前驾驶室液压故障
14	液压故障 4	夹紧泄压三通球阀处于泄压状态，夹紧压力不够，机车无法行走	检查找准故障，恢复夹紧泄压三通球阀	主机液压故障
15	液压故障 5	发动机正常启动后，系统压力、夹紧压力正常，无制动压力，机车无法行走	主控油路块截止阀手柄打开，恢复制动压力	主机液压故障
16	液压故障 6	发动机启动后，系统压力不够，低于 10 MPa，机车无法行走或制动闸不能完全打开	调定 15 MPa 压力关断阀，使系统压力稳定在 15 MPa 以上	主机液压故障

附件 4

单轨吊司机应急故障动画演示与处理试题

单轨吊机车的应急动画演示采取计算机动画演示模拟供选手判读故障进行叙述。

1. 防爆柴油机单轨吊机车运输途中因故障不能启动运行的拖车应急处理

单轨吊发生故障，检查处理后仍不能启动时，需要使用另外的单轨吊车拖拽，离开轨道，保持轨道线路的畅通。发生故障的单轨吊拖拽顺序是：

（1）停止柴油发动机、切断电源，打开主回油球阀和驱动回油球阀，将主系统压力和驱动夹紧系统压力泄掉。

（2）将故障车与拖拽车用硬连接装置连接牢靠。

（3）关闭制动节流阀，将手压泵开关打向“工作”位置。

（4）用手压泵给制动系统打压，使制动油缸打开处于开闸状态，将每组制动闸去掉一个制动销轴，解除单轨吊车的制动。

（5）确定拖车线路，专人指挥；拖车速度不超过 0.5 m/s。

（6）用拖拽车将故障车拖离现场到检修硐室或指定位置，故障车与拖拽车解除连接，对故障车进行检查评估修理。

2. 防爆柴油机单轨吊机车运行中轨道坠落的应急处置方法

（1）立即停止单轨吊机车。在柴油单轨吊行驶过程中，发现轨道坠落时，操作人员应立即停止单轨吊运行，停止柴油机的运行和切断电源，倾斜轨道线路时做好机车和重物的防滑措施，检查顶板情况，前后和斜巷下方设好警戒，防止人员进入，确保安全。

（2）通知有关人员制定处理方案。管理和技术人员，与维修与安全人员等进行现场勘查，查看轨道脱落的原因和损坏长度，制定吊挂与连接轨道、单轨吊车恢复的处理方案、安全技术措施、风险应急预案。

（3）恢复轨道。根据处理方案进行轨道的悬吊与连接，依据原有轨道的吊挂连接方式进行可靠悬吊与连接，保证轨道的方向、接头平整度和垂直度的偏差不超标，锚杆等吊挂件进行 2 倍的拉力检测合格，悬吊牢固、质量合格；恢复单轨吊时严格执行起吊的安全技术措施和试吊制度。

（4）恢复运行。轨道和单轨吊机车恢复后，对该区域的轨道线路和顶板进行设备完好和质量、安全检查，启动单轨吊车进行试运行，斜巷轨道运行前启动防滑预案、做好防滑措施，慢启动、匀加速，保证平稳起车恢复运行。

3. 单轨吊机车斜巷运行途中机车失速下滑的紧急处理

单轨吊机车吊运重物在斜巷运行途中，发生列车失速下滑的处理流程：

（1）当机车运行于斜巷轨道上突然失速下滑时，机车司机根据显示屏的速度显示、参照物和平时工作经验立即进行正确判断，确定失速时应立刻一手抓取固定点，一手按下机车急停按钮，手动操作驾驶室内的紧急制动卸荷阀，使机车紧急停车。

（2）遇到斜巷轨道上突然发生单轨吊机车失速下滑时，司机不可跳车，必须启动应急预案进行紧急制动，保证单轨吊列车在失速初期停下来，单轨吊车本身具有失速保护装置，设定了最大速度值，在失速初期就能自动停车，失速保护失效后启用手动紧急制动措施，手动紧急制动是两套制动系统之一。

（3）查明失速的原因。司机下车切断电源，检查机车状况和分析失速的原因，并汇报单位值班人员进行处理。

（4）根据故障原因进行处理。①驱动力不足。驱动轮老化、夹紧油缸漏油造成夹紧力不足、运输超重物料等，将机车运行至平巷处，更换损坏部件。②巷道顶板淋水至轨道，造成轨道湿滑，摩擦系数降低，机车因摩擦力不足失速下滑，做好巷道顶板的淋水遮盖与导流，擦干轨道面，保持干燥工况条件运行。

4. 单轨吊机车重载大倾角上坡安全起步的操作方法

柴油机单轨吊机车吊运大型设备在大倾角上坡途中安全起步的紧急操作方法：

（1）起步前进行安全检查：①起吊梁与起吊重物匹配和轨道线路悬吊连接可靠；②起吊梁与重物的悬吊规范、牢固，起吊梁载荷均匀分配平衡；③重物底面与巷道底板平行，离地高度不小于 200 mm。

（2）大倾角上坡途中起步的安全操作：①为防止起步瞬间下滑，单轨吊车处于“制动”状态，待柴油机转速升高，液压系统压力升高到额定压力式，方可松闸“行车”实现大倾角的重载起车；②起车时加速要均匀，加速度控制在 0.05 m/s 以内，起车后的运行速度控制在 0.3 m/s 以内；③起车后通过风门、道岔时，副司机必须下地在安全区域跟车指挥。

5. 防爆柴油机单轨吊机车液压启动压力不足的紧急处理

柴油发动机的启动压力低于 15 MPa，启车困难的紧急处理方法：

（1）打开蓄能器的球阀，使用气动增压泵对蓄能器打压，压力升高至 16 MPa 以上时进行液压启动；操作手动启动阀启动柴油发动机，或者电气控制启动柴油发动机。

（2）也可以使用液压系统设置的手压泵打压，球阀转换操作，向蓄能器和手操作的启动系统打压，压力升高至 16 MPa 以上时进行液压启动；操作手动启动阀启动柴油发动机，或者电气控制启动柴油发动机。

6. 防爆柴油机冒黑烟的紧急处理方法

单轨吊机车在长时间的爬坡运输过程中，经常出现柴油机冒黑烟而引起矿井安全检测监控系统报警的现象，首先分析柴油机冒黑烟的原因，根据不同的原因采取针对性措施进行处理。

柴油机冒黑烟的原因有：

（1）柴油机超负荷工作。

（2）进气不足或进气系统堵塞。

（3）气门间隙不正确，有漏气现象。

（4）进气压力传感器与软件不匹配。

排除方法：

（1）减轻负荷。

（2）清洗空气滤芯，是否堵塞并对其进行清洗或更换。

（3）调整气门。

（4）检查增压器后进气管路，是否存在漏气，卡箍是否松脱，进行修改或更换。

（5）检查进气压力传感器其量程 1 MPa，否则更换传感器。

7. 单轨吊机车运行中“开锅”现象的应急处理方法

柴油机单轨吊机车吊运重物长时间运行，遇到重载上坡运行时会发生发动机“开锅”现象，首先分析柴油机发生“开锅”的原因，根据不同的原因采取针对性措施进行应急处理：

气缸盖与气缸体的水套是柴油机冷却，单轨吊机车运行中水套温度超过 100 ℃时即开锅；其“开锅”原因有：

（1）水套内的冷却水不足。

（2）冷却风扇的传动皮带损坏或过松，或冷却风扇的叶片方向不对。

（3）点火时间过迟，使过多热量传递给冷却水。

（4）水箱散热器冷却管结垢堵塞。

（5）节温器失去作用。

（6）冷却水系统内结垢过多。

（7）冷却水泵叶轮与水泵轴松脱滚键或叶轮损坏，导致吸水能力降低或不吸水。

应急处理法：首先停止单轨吊机车运行，使机车处于怠速运行使发动机自然冷却下来，决不允许立刻关闭发动机和直接往机车上浇凉水冷却机车，避免造成“粘缸”和缸体炸裂；禁止人员使用手直接打开水箱，避免烫伤。冷却到 70 ℃以下时，补充冷却水；更换或调紧传动皮带，调整风叶的方向；调整发动机的点火启动系统；更换节温器；清理冷却水系统的结垢；检修水泵保持正常那个的冷却吸水功能。

8. 机车运行途中突然起火的应急处理

柴油机单轨吊机车运行途中主机发生突然起火，需要及时停车进行灭火，首先安全保护系统中的自动灭火系统启动灭火，司机的手持灭火器灭火，控制火势到最小范围，及时撤离人员到安全地点。突发火情的进行应急处理流程：

（1）单轨吊的主机车发生着火后，其自动灭火系统自动启动进行灭火；立即停车手持灭火器进行灭火，使用手持灭火器在上风侧灭火，有浓烟时下风侧人员及时带好自救器灭火。

（2）停车后切断单轨吊机车电源，卸载机车系统压力；发现起火后立即报告单轨吊主管单位值班人员和调度室，并立即启动应急预案进行救灾。

（3）上风侧人员灭火的同时，下风侧及波及区域的人员，紧急撤离到安全区域，可撤离到着火上风侧或新鲜风流处，确保现场与波及区的安全。

（4）明火熄灭后，全面检查单轨吊主机和机车各部件的损坏情况，全面检查和确认火情，检查现场班组长确认安全后，撤离现场，留下 1 名人员监护情况。

9. 柴油机冒白烟的应急排除方法

柴油机单轨吊机车运行途中出现柴油机冒白烟的现象，根据柴油机运行工况和冒白烟的现象进行分析，并查明原因，根据冒白烟的不同情况采取针对性的措施，进行及时应急处理。

（1）根据故障现象查明柴油机冒白烟进行分析其发生的原因，主要有下列几种情况：①喷油嘴雾化不好；②缸筒内有水或燃油内有水；③柴油机刚启动时燃油燃烧不充分，易出现冷天。

（2）根据柴油机冒白烟的原因，对应的排除方法是：更换喷油嘴，更换燃油，加大供油量，高负荷运转一段时间。

10. 单轨吊机车突然熄火停车的原因和排除办法

运输途中柴油机突然熄火造成单轨吊停车，是单轨吊运输过程中经常遇到的问题，其原因是多方面的，需要认真排查根据熄火前的运行情况和仪表与显示器的参数进行判断，分析发生的原因，采取针对性措施进行应急处理。

（1）依据熄火前的运行情况和仪表、显示器的参数进行分析发生的原因有：①机油保护动作；②柴油可能用到下限；③柴油机出现故障；④单轨吊车出现其他故障。

（2）根据故障显示和原因分析相应的应急处理方法是：①检查机油的油位，补充机油到中位；②检查燃油情况，加油后排除柴油回路中空气；③检修柴油机；④根据故障代码和检查分析等原因进行柴油机的故障应急处理。

试 题 样 例

一、单选题

1. 蓄电池在充电前应拧下（　　），待充电结束后再拧上。
A. 充电插头　　B. 电源　　C. 连接螺栓　　D. 特殊排气栓
答案：D

2. 单轨吊水平转弯半径为（　　）。
A. 4 m　　B. 5 m　　C. 6 m　　D. 7 m
答案：A

3. 蓄电池电牵引单轨吊的垂直转弯半径（　　）。
A. 5 m　　B. 8 m　　C. 10 m　　D. 12 m
答案：C

4. 使用的蓄电池动力装置，充电必须在（　　）内进行。
A. 机电硐室　　B. 大巷　　C. 变电所　　D. 充电硐室
答案：D

5. 单轨吊是通过夹紧油缸将两个驱动轮抱紧轨道，靠（　　）产生驱动力驱动机车运行。
A. 摩擦力　　B. 电动机　　C. 油泵　　D. 重力
答案：A

6. DX120/72P 单轨吊电池容量（　　）。
A. 252 Ah　　B. 500 Ah　　C. 560 Ah　　D. 730 Ah
答案：D

7. 单轨吊对井下起伏的巷道，通过调节轨道（　　）调节导轨高度，保证轨道的水平。
A. 悬吊链　　B. 轨道　　C. 吊环　　D. 螺栓
答案：A

8. 电牵引单轨吊的驱动轮夹紧力最大可达到（　　）。
A. 7 MPa　　B. 9 MPa　　C. 11 MPa　　D. 13 MPa
答案：C

9. 单轨吊机车蓄电池单体每块额定电压（　　）。
A. 2 V　　B. 1.5 V　　C. 2.5 V　　D. 5 V
答案：A

10. 道岔活动轨与连接轨接头处必须设置（　　）装置。
A. 监控　　B. 机械闭锁　　C. 控制　　D. 绝缘

答案：B

11. 单轨吊车轨道的弯轨最小水平曲率半径（　　），每节弧长不大于（　　），弧长大于（　　）时，应在其中点设一吊耳。

A. 4 m，2.5 m，1.6 m　　B. 10 m，2.5 m，1.6 m

C. 4 m，2.5 m，2 m　　D. 4 m，2 m，1.6 m

答案：A

12. 单轨吊车轨道直道段，为限制轨道的横向摆动，需沿纵向每隔十组吊点增设一组加强链，两条加强链夹角大于（　　）。

A. 45°　　B. 90°　　C. 120°　　D. 180°

答案：C

13. 液压传动是以液体为工作介质，利用液体（　　）的特性，通过密封容积的变化，实现动力传动。

A. 流动　　B. 不可压缩　　C. 可压缩　　D. 膨胀

答案：B

14. 充电硐室内要通风良好，防止（　　）超标发生意外，工具、材料要摆放整齐，搞好设备和室内卫生。

A. 二氧化碳　　B. 一氧化碳　　C. 氢气　　D. 氮气

答案：C

15. 单轨吊车蓄电池电解液密度低于（　　）时需要配置电解液。

A. 1.28 g/cm^3　　B. 1.27 g/cm^3　　C. 2.2 g/cm^3　　D. 1.25 g/cm^3

答案：A

16. 蓄电池单轨吊机车最大爬坡能力不大于（　　）。

A. 10°　　B. 12°　　C. 15°　　D. 18°

答案：C

17. 单轨吊轨道直轨线路方向允许垂直偏差不大于（　　）。

A. 3°　　B. 7°　　C. 5°　　D. 8°

答案：B

18. 制动停车是靠制动器弹簧夹紧轨道腹板实现，动作方式为（　　）制动，运行安全、可靠。

A. 机械　　B. 失效　　C. 电气　　D. 手动

答案：B

19. 蓄电池由铅酸蓄电池串联而成，每充一次电可供机车行驶（　　）左右。

A. 8 km　　B. 12 km　　C. 16 km　　D. 20 km

答案：C

20. 司机室内应装设瓦斯自动检测报警断电仪，当巷道瓦斯含量达（　　）时，应能自动报警，瓦斯含量达1.5%时应能自动断电（油）、停止柴油机工作。

A. 0.5%　　B. 0.8%　　C. 1.0%　　D. 1.5%

答案：C

解析：中华人民共和国煤炭行业标准《MT/T 883—2000 柴油机单轨吊机车》5.1.11

司机室内应装设瓦斯自动检测报警断电仪，当巷道瓦斯含量达1%时，应能自动报警，瓦斯含量达1.5%时应能自动断电（油）、停止柴油机工作。

21. 柴油单轨吊机车燃油箱的最大容量不准超过（　　）时正常运行所需的油量。

A. 6 h　　B. 8 h　　C. 10 h　　D. 12 h

答案：B

解析：中华人民共和国煤炭行业标准《MT/T 883—2000 柴油机单轨吊机车》5.1.17 燃油箱的最大容量不准超过8 h时正常运行所需的油量。

22. 单轨吊机车紧急制动必须设计成（　　），且既可手动又可自动制动的装置。

A. 失效安全型　　B. 有效制动型　　C. 灵敏可靠型　　D. 手自一体型

答案：A

23. 单轨吊车运人必须使用（　　），两端设制动装置，两侧进出口处设防护装置。

A. 平巷人车　　B. 人车车厢　　C. 斜巷人车　　D. 运人装置

答案：B

解析：《煤矿安全规程》第三百九十一条　采用柴油机、蓄电池单轨吊车运送人员时，必须使用人车车厢；两端必须设置制动装置，两侧必须设置防护装置。

24. 运转防爆柴油机更换机油，需要冷却液温度达到（　　）及以下，停止运转柴油机，从油底壳的底部拆下放油螺塞，使机油泄放到接油盆内。

A. 60 ℃　　B. 70 ℃　　C. 90 ℃　　D. 100 ℃

答案：A

解析：《KC6102 防爆柴油机使用维护说明书》中，更运转防爆柴油机换机油，需要冷却液温度达到60 ℃及以下，停止运转柴油机，从油底壳的底部拆下放油螺塞，使机油泄放到接油盆内。

25. 单轨吊的防爆柴油机 KC6102ZDFB 的排放 CO 达到指标是（　　）。

A. 0.0024%　　B. 0.05%　　C. 0.1%　　D. 0.5%

答案：C

解析：行业标准《矿用防爆柴油机通用技术要求》（MT 990—2006）废气排放要求，其有害气体成分的体积浓度一氧化碳不超过0.1%、氮氧化物不超过0.08%。《KC6102DZLYFB 系列防爆柴油机使用说明书》主要性能参数中标注：排放达到指标 CO≤0.1%。

26. 防爆柴油机机体表面最高温度不得超过（　　）。

A. 155 ℃　　B. 150 ℃　　C. 147 ℃　　D. 145 ℃

答案：B

解析：《KC6102DZLYFB 系列防爆柴油机使用说明书》警告中，防爆柴油机在每次进入井下工作之前务必检查自动保护装置，确保当柴油机表面最高温度达150 ℃时，防爆柴油机自动报警并在1 min内停机。

27. 防爆柴油机的水洗箱水位不小于（　　），否则将发出报警声音信号，并在1 min内自动停机。

A. 50 mm　　B. 40 mm　　C. 30 mm　　D. 20 mm

答案：C

解析：《KC6102DZLYFB 系列防爆柴油机使用说明书》的警告中，防爆柴油机在每次进入井下工作之前务必检查自动保护装置，确保当水洗箱水位低于 30 mm 时，防爆柴油机自动报警并在 1 min 内停机。

28. 每天首次起动单轨吊车柴油机后，应中低速暖机（　　）才能起步，气温低于 0 ℃时必须进行暖机。

A. 6 min　　B. 5 min　　C. 4 min　　D. 3 min

答案：B

解析：《KC6102DZLYFB 系列防爆柴油机使用说明书》的警告中，每日首次起动后，应中低速暖机 5 min 才能起步，气温低于 0 ℃时必须进行暖机。

29. 防爆柴油机 KC6102DZLYFB 的最高怠速转速是（　　）。

A. 2450 rad/min　　B. 2200 rad/min

C. 2350 rad/min　　D. 2500 rad/min

答案：A

解析：《KC6102DZLYFB 系列防爆柴油机使用说明书》主要性能参数中标注：KC6102 防爆柴油机的最高怠速转速 2450rad/min。

30. 单轨吊 DC200/130Y 的供电电压是（　　）。

A. 36 V DC　　B. 30 V DC　　C. 24 C AC　　D. 24 V DC

答案：D

解析：《KC6102DZLYFB 系列防爆柴油机使用说明书》电气控制中：防爆发电机 FB－500/24Y 和防爆电源装置的电压等级 24 V DC。

31. 单轨吊液压启动时，当周围温度在（　　）以下时，用手泵增加蓄能器压力到 17 MPa。

A. －10 ℃　　B. －5 ℃　　C. 0 ℃　　D. 10 ℃

答案：D

解析：《KC6102DZLYFB 系列防爆柴油机使用说明书》启动注意事项中，单轨吊液压启动时，当周围温度在 10 ℃以下时，用手泵增加蓄能器压力到 17 MPa。

32. 单轨吊拖拽作业的最大运行速度不超过（　　）。

A. 1.0 m/s　　B. 0.6 m/s　　C. 0.5 m/s　　D. 0.3 m/s

答案：C

解析：《防爆柴油机单轨吊操作规程》中的紧急情况处理中，单轨吊拖拽作业的最大运行速度不超过 0.5 m/s。

33. 单轨吊车运人必须使用人车车厢，两端设（　　），两侧进出口处设防护装置。

A. 制动装置　　B. 连接装置　　C. 防护装置　　D. 缓冲装置

答案：A

解析：《煤矿安全规程》第三百九十一条　采用柴油机、蓄电池单轨吊车运送人员时，必须使用人车车厢；两端必须设置制动装置，两侧必须设置防护装置。

34. 单轨吊车最小载荷最大坡度上向上运行时，制动减速度不大于（　　）。

A. 1.5 m/s^2　　B. 3 m/s^2　　C. 5 m/s^2　　D. 9.8 m/s^2

答案：C

解析：《煤矿安全规程》第三百九十条　单轨吊车必须设置既可手动又能自动的安

全闸。安全闸应当具备下列性能：在最小载荷最大坡度上向上运行时，制动减速度不大于 5 m/s^2。

35. 矿用柴油单轨吊在运行过程中，如果发现异常情况，应该（　　）。

A. 立即停车　　B. 继续运行　　C. 加速行驶　　D. 减速行驶

答案：A

36. 单轨吊车的承载轮直径磨损到（　　）时需要更换。

A. 115 mm　　B. 116 mm　　C. 117 mm　　D. 118 mm

答案：B

解析：根据《DCR 系列防爆柴油机使用维护说明书》的部件维护保养要求，单轨吊车的承载轮直径磨损到 116 mm 应更换。

37. 按照《煤矿安全规程》规定，使用 DCR200/130Y 防爆柴油机单轨吊巷道或空间通风量，不小于（　　）。

A. 320 m^3/min　　B. 400 m^3/min　　C. 480 m^3/min　　D. 520 m^3/min

答案：D

解析：《煤矿安全规程》第一百三十八条　矿井需要的风量应当按下列要求分别计算，并选取其中的最大值。使用煤矿用防爆型柴油动力装置机车运输的矿井,行驶车辆巷道的供风量还应当按同时运行的最多车辆数增加巷道配风量,配风量不小于 4 m^3/(min · kW)，额定功率 130 kW 的柴油机配风量不小于 520 m^3/(min · kW)。

38. DCR200/130Y 柴油机单轨吊车的制动力是（　　）。

A. 200 kN　　B. 300 kN　　C. 400 kN　　D. 300 ~ 400 kN

答案：D

解析：Q/JMKJ 1601—2022《徐州江煤科技有限公司企业标准》中，DCR200/130Y 柴油机单轨吊车的制动力为 300 ~ 400 kN。

39. 使用中的单轨吊车，当驱动轮磨损余厚接近（　　）或厚度≤（　　）时，应及时更换驱动轮。

A. 5 mm，5 mm　　B. 5 mm，10 mm　　C. 10 mm，5 mm　　D. 6 mm，6 mm

答案：A

解析：《DCR 系列防爆柴油机使用维护说明书》中，使用中的单轨吊车，当驱动轮磨损余厚接近 5 mm 或厚度≤5 mm 时，应及时更换驱动轮。

40. 单轨吊车司机室内的最大噪声应小于（　　）。

A. 85 dB(A)　　B. 90 dB(A)　　C. 95 dB(A)　　D. 100 dB(A)

答案：B

解析：行业标准《柴油机单轨吊车》(MT/T 883—2000) 中，单轨吊车司机室内的最大噪声应小于 90 dB(A)。

41. DCR200/130Y 柴油机单轨吊车的液压传动系统的额定压力是（　　）。

A. 20 MPa　　B. 25 MPa　　C. 28 MPa　　D. 32 MPa

答案：D

解析：《DCR 系列防爆柴油机使用维护说明书》中，DCR200/130Y 柴油机单轨吊车的液压传动系统的额定压力是 32 MPa。

42. 柴油机单轨吊驱动轮的摩擦系数（　　）。

A. 不大于0.4　　B. 0.4　　C. 不小于0.4　　D. 0.45

答案：C

解析：《柴油机单轨吊车》(MT/T 883—2000) 中，驱动轮所用的非金属材料，应符合 MT 113 的规定，与轨道的摩擦系数不应小于0.4。

43.（　　）是单轨吊运输导向和承载基础，也是推动单轨吊车前进/后退的因素之一。

A. 制动装置　　B. 动力系统　　C. 轨道线路　　D. 控制系统

答案：C

解析：根据《江煤科技 DCR 系列防爆柴油机单轨吊说明书》解释，轨道线路是单轨吊运输导向和承载基础，也是推动单轨吊车前进/后退的因素之一。

44. 单轨吊车摆轨式道岔，中间活动轨移动实现连接轨道的方式，特点是移动部件少，阻力小，该道岔适用于水平线路或不超过（　　）的倾斜线路。

A. 10°　　B. 15°　　C. 5°　　D. 8°

答案：C

解析：根据《江煤科技 DCR 系列防爆柴油机单轨吊说明书》解释，单轨吊车摆轨式道岔，中间活动轨移动实现连接轨道的方式，特点是移动部件少，阻力小，该道岔适用于水平线路或不超过5°的倾斜线路。

45. 单轨吊车（　　）道岔，整体性好，强度大，结构复杂、扳道阻力大，适用于水平和倾斜线路。

A. 平移式　　B. 摆轨式　　C. 渡线　　D. 单开式

答案：A

解析：根据《江煤科技 DCR 系列防爆柴油机单轨吊说明书》解释，单轨吊车平移式道岔，整体性好，强度大，结构复杂、扳道阻力大，适用于水平和倾斜线路。

46. 柴油机单轨吊是指：由在巷道顶部悬吊的单轨上运行的单轨吊机车及（　　）、制动车等组成的列车组的统称。

A. 柴油机　　B. 承载车　　C. 控制装置　　D. 制动闸

答案：B

解析：《柴油机单轨吊车》(MT/T 883—2000) 3.2　柴油机单轨吊是指：由在巷道顶部悬吊的单轨上运行的单轨吊机车及承载车、制动车等组成的列车组的统称。

47. 柴油机单轨吊机车是指：以防爆低污染柴油机为动力，在巷道顶部悬吊的单轨上运行，且具有操纵、（　　）、制动等功能的牵引设备。

A. 控制　　B. 运行　　C. 自动　　D. 调度

答案：A

解析：《柴油机单轨吊车》(MT/T 883—2000) 3.1 项　柴油机单轨吊机车是指：以防爆低污染柴油机为动力，在巷道顶部悬吊的单轨上运行，且具有操纵、控制、制动等功能的牵引设备。

48. 柴油机单轨吊紧急制动（又称安全制动）是指：单轨吊车发生异常现象，需要紧急停车时，（　　）能按预先设定的程序，自动实施的制动。

A. 工作制动闸　　B. 驻车制动闸　　C. 安全保护装置　　D. 语音报警装置

答案：C

解析：《柴油机单轨吊车》(MT/T 883—2000) 3.6 项　柴油机单轨吊紧急制动（又称安全制动）是指：单轨吊车发生异常现象，需要紧急停车时，安全保护装置能按预先设定的程序，自动实施的制动。

49. 柴油机单轨吊机车的最大牵引力、最大运行速度应符合规定，牵引力允许偏差（　　），速度允许偏差（　　）。

A. ±3%，±3%　　B. ±10%，±10%

C. ±15%，±15%　　D. ±5%，±5%

答案：D

解析：《柴油机单轨吊车》(MT/T 883—2000) 5.2.1　柴油机单轨吊机车的最大牵引力、最大运行速度应符合规定，牵引力允许偏差±5%，速度允许偏差±5%。

50. 防爆柴油机可以使用弹簧启动器、（　　）、压缩空气启动器或防爆电启动机。对启动过程中有可能产生火花的元部件应采用隔爆结构。

A. 刀闸式启动器　　B. 塑壳三联按钮　　C. 液压启动器　　D. 非防爆软启动器

答案：C

解析：《矿用防爆柴油机通用技术条件》(MT/T 990—2006) 4.4.1 项　防爆柴油机可以使用弹簧启动器、液压启动器、压缩空气启动器或防爆电启动机。对启动过程中有可能产生火花的元部件应采用隔爆结构。

51. 防爆柴油机单轨吊使用防爆电启动机时，与其配套的蓄电池应使用低氢蓄电池并置于隔爆型电池箱内，蓄电池在整个工作（充电和放电）过程中，隔爆型电池箱内的氢气含量应不大于（　　）。隔爆型电池箱顶端应装有隔爆透气栅栏，并连续五次启动后，表面温度不得超过 150 ℃。

A. 0.3%　　B. 0.5%　　C. 1%　　D. 1.5%

答案：A

解析：《矿用防爆柴油机通用技术条件》(MT/T 990—2006) 4.4.3 项　防爆柴油机单轨吊使用防爆电启动机时，与其配套的蓄电池应使用低氢蓄电池并置于隔爆型电池箱内，蓄电池在整个工作（充电和放电）过程中，隔爆型电池箱内的氢气含量应不大于 0.3%。隔爆型电池箱顶端应装有隔爆透气栅栏，并连续五次启动后，表面温度不得超过 150 ℃。

52. 防爆柴油机单轨吊燃油箱应用非燃性材料制造，其布置应能防止受到撞击和远离热源至少在（　　）以上；所用燃油闪点应高于（　　）。

A. 100 mm，80 ℃　　B. 80 mm，75 ℃　　C. 70 mm，90 ℃　　D. 50 mm，70 ℃

答案：D

解析：《矿用防爆柴油机通用技术条件》(MT/T 990—2006) 4.122.4 和 4.12.6 项　防爆柴油机单轨吊燃油箱应用非燃性材料制造，其布置应能防止受到撞击和远离热源至少在 50 mm 以上；所用燃油闪点应高于 70 ℃。

53. 防爆柴油机单轨吊曲轴箱的通气孔应装设滤网装置，滤网密度不小于（　　）且应至少五层，使之既能防止尘埃污染曲轴箱，又具有一定的阻火能力。若曲轴箱采用闭式强制通风，可以不设滤网。

A. 120 目　　B. 144 目　　C. 100 目　　D. 80 目

答案：B

解析：《矿用防爆柴油机通用技术条件》（MT/T 990—2006）4.13.1 项　防爆柴油机单轨吊曲轴箱的通气孔应装设滤网装置，滤网密度不小于 144 目且应至少五层，使之既能防止尘埃污染曲轴箱，又具有一定的阻火能力。若曲轴箱采用闭式强制通风，可以不设滤网。

54. 防爆柴油机单轨吊进、排气系统每一部件（空气滤清器、外接水箱等非防爆部件除外），应能承受（　　）的压力试验，至少保持（　　），无渗漏、无永久性变形。

A. 0.5 MPa，2 min　　B. 0.03 MPa，1 min

C. 1.0 MPa，1 min　　D. 0.7 MPa，1 min

答案：B

解析：《矿用防爆柴油机通用技术条件》（MT/T 990—2006）4.14.1 项　防爆柴油机单轨吊进、排气系统每一部件（空气滤清器、外接水箱等非防爆部件除外），应能承受 0.03 MPa 的压力试验，至少保持 1 min，无渗漏、无永久性变形。

55. 防爆柴油机单轨吊冷却净化水箱安装在阻火器前的应为隔爆结构，与阻火器相连接的隔爆接合面宽度应不小于（　　），其他隔爆接合面的宽度应不小于 13 mm，箱体内边沿到螺孔边沿的宽度应不小于 9 mm。

A. 25 mm　　B. 20 mm　　C. 15 mm　　D. 10 mm

答案：A

解析：《矿用防爆柴油机通用技术条件》（MT/T 990—2006）4.10.2 项　防爆柴油机单轨吊冷却净化水箱安装在阻火器前的应为隔爆结构，与阻火器相连接的隔爆接合面宽度应不小于 25 mm，其他隔爆接合面的宽度应不小于 13 mm，箱体内边沿到螺孔边沿的宽度应不小于 9 mm。

56. 柴油机和蓄电池单轨吊车、齿轨车和胶套轮车的牵引机车或者头车上，必须设置车灯和喇叭，列车的尾部必须设置（　　）灯。

A. 红　　B. 黄　　C. 蓝　　D. 绿

答案：A

解析：《煤矿安全规程》第三百九十条　柴油机和蓄电池单轨吊车、齿轨车和胶套轮车的牵引机车或者头车上，必须设置车灯和喇叭，列车的尾部必须设置红灯。

57. 柴油机和蓄电池单轨吊车，必须具备（　　）路以上相对独立回油的制动系统，必须设置超速保护装置，司机应当配备通信装置。

A. 1　　B. 2　　C. 3　　D. 4

答案：B

解析：《煤矿安全规程》第三百九十条　柴油机和蓄电池单轨吊车，必须具备 2 路以上相对独立回油的制动系统，必须设置超速保护装置，司机应当配备通信装置。

58. 电池组是以电气方式连接起来，增加（　　）或容量的两个或多个单体电池。

A. 电流　　B. 功率　　C. 电压　　D. 动能

答案：C

解析：《爆炸性环境　第 1 部分：设备　通用要求》（GB 3836.1—2021）3.3.1 项　电

池组是以电气方式连接起来，增加电压或容量的两个或多个单体电池。

59. 导电性粉尘是电阻率等于或小于（　　）的可燃性粉尘；非导电性粉尘是电阻率大于（　　）的可燃性粉尘。

A. 103 Ω · m，103 Ω · m　　B. 153 Ω · m，153 Ω · m

C. 83 Ω · m，153 Ω · m　　D. 103 Ω · m，153 Ω · m

答案：A

解析：《爆炸性环境　第 1 部分：设备　通用要求》（GB 3836. 1—2021）3. 11. 1. 1、3. 11. 1. 2 项　导电性粉尘是电阻率等于或小于 103 Ω · m 的可燃性粉尘；非导电性粉尘是电阻率大于 103 Ω · m 的可燃性粉尘。

60. DX25J 防爆特殊型蓄电池单轨吊车是一种以防爆特殊型蓄电池为能源，（　　）为动力，机械传动，双向控制运行的单轨吊车。

A. 三相交流牵引电机　　B. 变频牵引电机

C. 直流牵引电机　　D. 单相交流电动机

答案：C

解析：《DX25J 防爆特殊型蓄电池单轨吊车》（MT/T 887—2000）4. 1 项　DX25J 防爆特殊型蓄电池单轨吊车是一种以防爆特殊型蓄电池为能源，以直流牵引电机为动力，机械传动，双向控制运行的单轨吊车。

61. DX25J 防爆特殊型蓄电池单轨吊的空动时间是指制动机构的控制元件开始动作与制动闸开始制动的（　　）。

A. 时间差　　B. 时间和　　C. 终止时间　　D. 绝对时间

答案：A

解析：《DX25J 防爆特殊型蓄电池单轨吊车》（MT/T 887—2000）3. 5 项　DX25J 防爆特殊型蓄电池单轨吊的空动时间是指制动机构的控制元件开始动作与制动闸开始制动的时间差。

62. DX25J 防爆特殊型蓄电池单轨吊车最大牵引力不小于（　　），最大运行速度不小于技术参数给定值的 95% 。

A. 30 kN　　B. 25 kN　　C. 32 kN　　D. 40 kN

答案：C

解析：《DX25J 防爆特殊型蓄电池单轨吊车》（MT/T 887—2000）5. 2. 3、5. 2. 4 项　DX25J 防爆特殊型蓄电池单轨吊车最大牵引力不小于 32 kN，最大运行速度不小于技术参数给定值的 95% 。

63. DX25J 防爆特殊型蓄电池单轨吊车的自动限速装置应保证当运行速度超过运行最大速度的（　　）时能自动起作用，其执行机构允许和紧急制动装置合用。

A. 5%　　B. 10%　　C. 13%　　D. 15%

答案：D

解析：《DX25J 防爆特殊型蓄电池单轨吊车》（MT/T 887—2000）5. 2. 5 项　DX25J 防爆特殊型蓄电池单轨吊车的自动限速装置应保证当运行速度超过运行最大速度的 15% 时能自动起作用，其执行机构允许和紧急制动装置合用。

64. 矿用柴油单轨吊机车的最大运行速度超过额定速度 15% 时，能自动施闸，施闸时的空动时间不大于（　　）。

A. 0.2 s　　B. 0.5 s　　C. 0.7 s　　D. 0.9 s

答案：C

解析：《煤矿安全规程》第三百九十条　单轨吊机车的最大运行速度超过额定速度15%时，能自动施闸，施闸时的空动时间不大于0.7 s。

65. 矿用柴油单轨吊机车在最小载荷最大坡度上向上运行时，制动减速度不大于（　　）。

A. 2 m/s^2　　B. 3 m/s^2　　C. 4 m/s^2　　D. 5 m/s^2

答案：D

解析：《煤矿安全规程》第三百九十条　单轨吊机车在最小载荷最大坡度上向上运行时，制动减速度不大于5 m/s^2。

66. 矿用柴油单轨吊机车矿用柴油单轨吊机车柴油机冷却水温度超过（　　）时停止柴油机工作，并实施紧急制动的保护装置?

A. 75 ℃　　B. 85 ℃　　C. 95 ℃　　D. 105 ℃

答案：C

解析：中华人民共和国煤炭行业标准《MT/T 883—2000 柴油机单轨吊机车》5.1.8 单轨吊机车矿用柴油单轨吊机车柴油机冷却水温度超过95 ℃时停止柴油机工作，并实施紧急制动的保护装置。

67. 矿用柴油单轨吊机车的电气系统电压是（　　）。

A. 12 V　　B. 24 V　　C. 36 V　　D. 48 V

答案：B

68. 矿用柴油单轨吊机车最大运行速度为（　　）。

A. 2 m/s　　B. 3 m/s　　C. 4 m/s　　D. 5 m/s

答案：B

69. 矿用柴油单轨吊车在巷道里不行走或不工作，超过（　　）应关闭发动机。

A. 15 min　　B. 20 min　　C. 25 min　　D. 30 min

答案：B

70. 矿用柴油单轨吊运行巷道坡度应不大于（　　）。

A. 10°　　B. 15°　　C. 20°　　D. 25°

答案：D

解析：《煤矿安全规程》第三百九十一条　采用单轨吊车运行巷道坡度不大于25°，蓄电池单轨吊车不大于15°，钢丝绳单轨吊车不大于25°。

71. 运输巷与运输设备最突出部分最小间距规定单轨吊车运输巷道直线段两侧最小安全距离为（　　）。

A. 650 mm　　B. 750 mm　　C. 850 mm　　D. 950 mm

答案：C

解析：《煤矿安全规程》第九十条　运输巷与运输设备最突出部分最小间距规定：单轨吊车运输巷道直线段两侧最小安全距离为850 mm。

72. 矿用柴油单轨吊机车的轮胎材质是（　　）。

A. 铁质　　B. 橡胶　　C. 尼龙　　D. 聚氨酯

答案：B

73. 矿用柴油单轨吊机车的液压系统油品应该使用（　　）。

A. 普通液压油　　B. 高温液压油　　C. 防火液压油　　D. 食品级液压油

答案：C

74. 矿用柴油单轨吊机车司机暂时离开座位时，不得关闭（　　）。

A. 车灯　　B. 发动机　　C. 信号　　D. 电源

答案：A

75. 矿用柴油单轨吊柴油机废气中的有害成分主要有（　　）化合物、碳氢化合物、一氧化碳、二氧化硫以及微粒和臭味。

A. 氢氧　　B. 氮氧　　C. 氧　　D. 过氧化物

答案：B

76. 单轨吊驱动轮应表面光洁，不得有大于（　　）的凹凸。

A. 5 mm　　B. 8 mm　　C. 10 mm　　D. 15 mm

答案：C

77. 单轨吊机车制动闸块松闸间隙应大于（　　）。

A. 30 mm　　B. 25 mm　　C. 35 mm　　D. 20 mm

答案：B

78. 单轨吊吊轨线路终点，必须装设轨端（　　）。

A. 道岔　　B. 信号　　C. 警示牌　　D. 阻车器

答案：D

79. 过负荷是指电气设备的实际电流值超过了该电气设备的（　　）值，并超过允许过负荷时间。

A. 启动电流　　B. 额定电流　　C. 最高电流　　D. 运行电流

答案：B

解析：过负荷是指电气设备的实际电流值超过了该电气设备的额定电流值，并超过允许过负荷时间。

80. 单轨吊车的司机室内安装有两个脚踏开关，左侧脚踏开关作用是（　　），右侧脚踏开关作用是（　　）。

A. 刹车，增压　　B. 运行，刹车　　C. 运行，增压　　D. 运行，减速

答案：C

解析：《单轨吊操作指南》单轨吊车的司机室内安装有两个脚踏开关，左侧脚踏开关作用是运行，右侧脚踏开关作用是增压。

81. 使用的单轨吊车，必须设置既可手动又能自动的（　　）。

A. 起吊装置　　B. 安全闸　　C. 油泵　　D. 开关

答案：B

解析：《煤矿安全规程》第三百九十条　使用的单轨吊车、卡轨车、齿轨车、胶套轮车、无极绳连续牵引车，必须设置既可手动又能自动的安全闸。

82. 为保证单轨吊车运行安全，其最突出部分距巷帮支护的距离不得小于（　　）。

A. 0.3 m　　B. 0.85 m　　C. 1.0 m　　D. 1.2 m

答案：B

83. 当单轨吊发生掉车事故后，必须立即停止机车运行，以防事故扩大。对发生事故段实行区间封闭，并在事故地点前后（　　）设警戒，非特殊情况上道期间其他人员严禁通过。

A. 5 m　　B. 10 m　　C. 20 m　　D. 30 m

答案：C

解析：《DZ1800 型单轨吊司机安全技术操作规程》中规定，当单轨吊发生掉车事故后，必须立即停止机车运行，以防事故扩大。对发生事故段实行区间封闭，并在事故地点前后 20 m 设警戒，非特殊情况上道期间其他人员严禁通过。

84. 用皮带张力计检查皮带张力时，将张力计安装在（　　）并检查张力。

A. 最长自由边两端　　B. 最长自由边中央

C. 最短自由边两端　　D. 最短自由边中央

答案：B

解析：《DC 系列柴油机单轨吊机车使用说明书》中规定，用皮带张力计检查皮带张力时，将张力计安装在最长自由边中央并检查张力。

85. 井下机车运输必须有用（　　）发送紧急停车信号的规定。

A. 矿灯　　B. 手势　　C. 语音　　D. 特殊信号

答案：A

86. 采用矿用防爆型柴油动力装置，燃油的闪点应高于（　　）。

A. 50 ℃　　B. 70 ℃　　C. 80 ℃　　D. 90 ℃

答案：B

87. 在连接车辆时必须待车（　　）后进行摘挂钩作业。

A. 停稳后　　B. 减速后　　C. 到达停车地点　　D. 其他

答案：A

88. 2 个司机室内必须安装警铃或音响装置，至少在（　　）内能听清。

A. 60 m　　B. 50 m　　C. 40 m　　D. 100 m

答案：A

解析：《DX25J 防爆特殊型蓄电池单轨吊车》(MT/T 887—2000）规定，2 个司机室内必须安装警铃或音响装置至少在 60 m 内能听清楚司机室两侧司机出口。

89.《煤矿安全规程》规定，单轨吊运输必须设置（　　）、超速、张紧力下降等保护。

A. 欠电压　　B. 过流　　C. 接地　　D. 越位

答案：D

解析：《煤矿安全规程》第三百八十三条　采用架空乘人装置运送人员时，架空乘人装置必须装设超速、打滑、全程急停、防脱绳、变坡点防掉绳、张紧力下降、越位等保护，安全保护装置发生保护动作后，需经人工复位，方可重新启动。

90. 井下充电硐室内风流中氢气的浓度不得超过（　　）。

A. 0.5%　　B. 0.4%　　C. 0.8%　　D. 1%

答案：A

解析：《煤矿安全规程》第一百六十七条　井下充电室风流中以及局部积聚处的氢气浓度，不得超过0.5%，且信号灯的能见距离至少为60 m。

91. DC/Y系列单轨吊柴油机是六缸（　　）冲程间接喷油式柴油机。

A. 四　　B. 三　　C. 二　　D. 一

答案：A

解析：柴油内燃机工作原理是活塞在气缸内上下往复运动四个行程，完成一个工作循环，分为吸气冲程、压缩冲程、做功冲程和排气冲程。

92. 柴油机单轨吊废气排出温度应不高于（　　）。

A. 60 ℃　　B. 70 ℃　　C. 80 ℃　　D. 90 ℃

答案：B

解析：《MT/T 883—2000》5.1.8　(b)技术要求规定，柴油机废气排气口温度超过70 ℃，均能停止柴油机工作，并实施紧急制动的保护装置。

93. 柴油机单轨吊停车时共有（　　）种方法可以实现。

A. 2　　B. 3　　C. 4　　D. 5

答案：B

解析：工作制动停车、司机室紧急停车按钮、主机停机按钮。

94. DC系列单轨吊机车配套发动机额定转速是（　　）。

A. 3300 rad/min　　B. 4300 rad/min　　C. 2200 rad/min　　D. 5300 rad/min

答案：C

解析：《DC系列柴油机单轨吊机车使用说明书》DC系列发动机为BX6100DZLQFB防爆柴油机，4.9.1技术参数中额定转速为2200 rad/min。

95. DC200/105Y单轨吊驱动轮磨损后直径不能小于（　　）。

A. 550 mm　　B. 330 mm　　C. 440 mm　　D. 660 mm

答案：B

解析：DC200/105Y单轨吊驱动轮直径为340 mm，磨损不得超过5 mm，$340-5\times2=330$ mm。

96. 电牵引单轨吊每运行（　　）进行一次中修。

A. 3000 h　　B. 2500 h　　C. 2000 h　　D. 1500 h

答案：A

解析：《DX系列防爆型特殊蓄电池单轨吊机车使用说明书》4日常维修保养中规定，轨吊每运行3000 h进行一次中修。

97. 加注机油时，位置应在机油标尺的（　　）。

A. 上线上方　　B. 上下线之间　　C. 下线下方

答案：B

解析：加注机油时应在机油尺上下限之间，最好在中间位置。

98. 单轨机车的紧急制动力应为最大牵引力的（　　）。

A. 1.2~2倍　　B. 1.5~2倍　　C. 1.2~1.5倍　　D. 1.7~2倍

答案：B

99. 在机车发动机启动后必须检查的项目是？（　　）

A. 3 油两水　　B. 高速旋转的紧固件

C. 各管路件有无渗油　　D. 照明灯亮度

答案：C

100. DC 系列单轨机车承载轮轴的标定扭矩是多少？（　　）

A. 100 Nm　　B. 200 Nm　　C. 300 Nm　　D. 400 Nm

答案：D

101. 单轨吊制动闸原理可简单概括为液压开闸，（　　）制动。

A. 液压　　B. 自动　　C. 弹簧

答案：C

解析：单轨吊制动闸为“液压开闸，弹簧制动”，其优点是失效安全型。

102. DC 系列单轨机车显示屏显示 F39 含义为（　　）。

A. 贴合压力低　　B. 液压超温　　C. 制动压力低　　D. 发动机超速

答案：A

解析：F39 压力传感器接触压力＜最小值。

103. DC 系列单轨机车压力传感器的电压等级为（　　）。

A. 24 V　　B. 12 V　　C. 38 V　　D. 5 V

答案：B

解析：压力传感器的电压等级为 12 V。

104. 柴油机和蓄电池单轨吊车，必须具备 2 路以上相对独立回油的制动系统，必须设置（　　）保护装置。

A. 过载　　B. 欠压　　C. 过压　　D. 超速

答案：D

105. 在机车发动机正常启动后最先检查的是（　　）。

A. 润滑油压力　　B. 照明灯亮度　　C. 电笛　　D. 电锁

答案：A

106. 防爆发动机使用的循环水的 PH 值应为（　　）。

A. 2.0 ~ 4.0　　B. 4.0 ~ 6.5　　C. 6.5 ~ 10.5　　D. 10.5 ~ 12.5

答案：C

107. 在 DC 系列单轨机车中下列不用每月更换的滤芯是（　　）。

A. 液压油滤芯　　B. 液压油回油滤芯

C. 通风滤芯　　D. 柴油滤芯

答案：C

解析：《DC 系列柴油机单轨吊机车使用说明书》10.3.18　每运行 500 h 需要更换通风过滤芯。

108. DC 系列单轨吊车所有电气设备都具有防震防撞功能，其防护等级是（　　）。

A. IP54　　B. IP55　　C. IP44　　D. IP4

答案：A

解析：《DC 系列柴油机单轨吊机车使用说明书》4.13　电气系统　所有电气设备都

具有防震防撞功能，其防护等级是 IP54。

109. 发动机废气通过排气总管进入双层软管，双层软管内部经过（　　）后，废气进入废气水箱。

A. 消音　　B. 过滤　　C. 热交换　　D. 燃烧

答案：C

解析：《DC 系列柴油机单轨吊机车使用说明书》4. 11　排气系统　发动机废气通过排气总管进入双层软管，双层软管内部经过热交换后，废气进入废气水箱。

110. 隔爆型电磁空气开关阀作为柴油机保护执行元件，用来切断柴油机的（　　）。

A. 进气　　B. 排气　　C. 进油　　D. 点火

答案：A

解析：《DC 系列柴油机单轨吊机车使用说明书》3. 6. 1. 3　与防爆相关的传感器都会影响停车缸对燃料供应的中断以及通过电磁阀对所吸入空气的切断。

111. 发动机冷却液的凝点是指（　　）。

A. 融化时温度　　B. 液化时温度　　C. 凝固时温度　　D. 气化时温度

答案：C

解析：凝点指防冻液凝固时的温度。

112. 润滑油中含有（　　）等有害成分，尽可能避免直接或长时间接触。

A. O　　B. C　　C. H　　D. S

答案：D

解析：《DC 系列柴油机单轨吊机车使用说明书》4. 9. 2. 15　润滑油规格　润滑油含有硫等有害成分，请尽可能避免直接或长时间接触。

113. DC/105Y 系列单轨吊柴油机是直列 6 缸四冲程水冷增压柴油机，点火顺序为（　　）。

A. 1－2－3－4－5－6　　B. 1－3－6－2－4－5

C. 1－5－3－6－2－4　　D. 1－4－6－2－3－5

答案：C

解析：《DC 系列柴油机单轨吊机车使用说明书》4. 9. 1　技术参数　防爆柴油机点火顺序 1－5－3－2－4。

114. DC 系列机车所有模块都通过一条 CAN 总线连接，现场总线波特率为（　　）。

A. 40 kB　　B. 50 kB　　C. 60 kB　　D. 70 kB

答案：B

解析：《DC 系列柴油机单轨吊机车使用说明书》3. 6. 1. 3　数据传输　所有模块都通过一条 CAN 总线连接，现场总线波特率为 50 kB。

115. 摩擦轮直接通过模块化的（　　）柱塞马达驱动，并以液压的方式压装在钢轨上。

A. 轴向　　B. 径向　　C. 横向　　D. 纵向

答案：B

解析：《DC 系列柴油机单轨吊机车使用说明书》2 概述　摩擦轮直接通过模块化的径向活塞发动机驱动，并以液压的方式压装在钢轨上。

116. 液压蓄能器充填气体为（　　）。

A. 氧气　　B. 氢气　　C. 氮气　　D. 乙炔

答案：C

解析：填充气体为惰性气体，化学、物理性能稳定，不易与介质发生反应。

117. DC 系列矿用隔爆兼本安型控制箱是 ZCDP24D 防爆电控系统的中枢系统，主要有（　　）、本安电源、隔离板、继电器、空开等组成。

A. 温度传感器　　B. ECU　　C. ACC　　D. 压力传感器

答案：B

解析：《DC 系列柴油机单轨吊机车使用说明书》4. 9. 2. 17　防爆电控系统　矿用隔爆兼本安型控制箱是 ZCDP24D 防爆电控系统的中枢系统，主要有 ECU、本安电源、隔离板、继电器、空开等组成。

118. 单轨吊的信号灯的能见距离不小于（　　）。

A. 20 m　　B. 30 m　　C. 40 m　　D. 60 m

答案：A

解析：《柴油机单轨吊车》(MT/T 883—2000）中，司机室前段应装设喇叭、照明灯和红色信号灯。照明灯应保证司机正前方 20 m 处不少于 4 lx 的照度，照明灯和红色信号灯应能互相转换。

119. 摩擦轮驱动的单轨吊是通过夹紧油缸将两个驱动轮抱紧轨道，依靠（　　）产生驱动力驱动机车运行。

A. 摩擦力　　B. 柴油发动机　　C. 油泵　　D. 液压油

答案：A

解析：摩擦轮驱动的单轨吊是通过夹紧油缸将两个驱动轮抱紧轨道，依靠摩擦力产生驱动力驱动机车运行。

120. 柴油机单轨吊机车应设有工作制动、紧急制动和停车制动。工作制动装置和紧急制动装置必须具有（　　）的控制系统，紧急制动和停车制动装置允许合二为一。

A. 相互连接　　B. 相互独立　　C. 智能动作　　D. 协同联动

答案：B

解析：《柴油机单轨吊车》(MT/T 883—2000）5. 1. 12 项　柴油机单轨吊机车应设有工作制动，紧急制动和停车制动。工作制动装置和紧急制动装置必须具有相互独立的控制系统，紧急制动和停车制动装置允许合二为一。

121. 采用矿用防爆柴油机动力装置时，其排气口的温度不得超过（　　）。

A. 60 ℃　　B. 70 ℃　　C. 80 ℃　　D. 90 ℃

答案：B

解析：《煤矿用防爆柴油机动力装置安全技术要求》，这是由国家煤矿安全监察局发布的，规定了矿用防爆柴油机的相关安全技术要求，其中明确规定了排气口的温度不得超过 70 ℃。

122. 单轨吊机车制动闸块磨损余厚不得小于（　　）。

A. 2 mm　　B. 3 mm　　C. 4 mm　　D. 5 mm

答案：A

解析：《单轨吊操作指南》单轨吊机车制动闸块磨损余厚不得小于2 mm。

123. 单轨吊机车制动闸块松闸间隙应大于（　　）。

A. 30 mm　　B. 25 mm　　C. 35 mm　　D. 20 mm

答案：B

解析：单轨吊机车制动闸块松闸间隙应大于25 mm。

124. 排气口的排气温度不得超过（　　），其表面温度不得超过150 ℃。

A. 77 ℃　　B. 75 ℃　　C. 73 ℃　　D. 70 ℃

答案：A

解析：《煤矿安全规程》规定矿用防爆柴油车，排气口的排气温度不得超过77 ℃，其表面温度不得超过150 ℃。

125. 在双向运输巷道中，两车最突出部分之间的距离，对开时不得小于（　　）。

A. 0. 5 m　　B. 0. 8 m　　C. 0. 85 m　　D. 1 m

答案：B

解析：《煤矿安全规程》第九十二条　在双向运输巷中，两车最突出部分之间的距离必须符合下列要求：采用单轨吊车运输的巷道：对开时不得小于0. 8 m。

126. 单轨吊机车必须设置既可手动又能自动的（　　）。

A. 制动闸　　B. 夹紧压力　　C. 制动压力

答案：A

解析：《煤矿安全规程》第三百九十条　使用的单轨吊车必须设置既可手动又能自动的制动闸。

127. 机车通过弯道、风门、道岔、交叉口、换装站等特殊地段时，应提前（　　）减速停车，跟车工下车监护。

A. 10 m　　B. 20 m　　C. 30 m　　D. 40 m

答案：C

解析：《煤矿安全规程》机车通过弯道、风门、道岔、交叉口、换装站等特殊地段时，应提前30 m减速停车，跟车工下车监护。

128. 单轨吊司机必须在驾驶室内操作机车，严禁反向开车。两车同轨同向行驶时，间距不得小于（　）。

A. 30 m　　B. 40 m　　C. 50 m　　D. 100 m

答案：D

解析：《煤矿安全规程》单轨吊司机必须在驾驶室内操作机车，严禁反向开车。两车同轨同向行驶时，间距不得小于100 m。

129. 机车在巷道中停车超过（　　），应关闭发动机，司机离开机车20 m范围时，应闭锁机车。

A. 10 min　　B. 20 min　　C. 30 min　　D. 40 min

答案：B

解析：《煤矿安全规程》规定机车在巷道中停车超过20 min，应关闭发动机，司机离开机车20 m范围时，应闭锁机车。

130. 单轨吊司机必须（　　）进行一次身体检查，凡不符合要求的，及时调换岗位。

A. 半年　　　　　　B. 每年　　　　　　C. 两年

答案：B

解析：《煤矿安全规程》规定单轨吊司机必须每年进行一次身体检查，凡不符合要求的，及时调换岗位。

131. 起吊物料时，所有人员不得站于物料左右两侧（　　）之内。

A. 0.5 m　　　　　B. 1 m　　　　　C. 1.5 m　　　　　D. 2 m

答案：B

解析：《煤矿安全规程》规定起吊物料时，所有人员不得站于物料左右两侧 1 m 之内。

132. 轨道起始端、终止端，设置（　　）。

A. 语音报警器　　　B. 显示器　　　　C. 轨端阻车器

答案：C

解析：《煤矿安全规程》规定单轨吊轨道及道岔安装标准，轨道起始端、终止端，设置轨端阻车器。

133. 单轨吊运输巷道与机车最突出部分之间的最小距离顶部不得小于（　　），两侧不得小于（　　）。

A. 0.6 m，0.8 m　　　　　　　　B. 0.5 m，0.85 m

C. 0.7 m，0.9 m　　　　　　　　D. 0.85 m，1.0 m

答案：B

解析：《煤矿安全规程》规定，单轨吊运输巷道与机车最突出部分之间的最小距离顶部不得小于 0.5 m，两侧不得小于 0.85 m。

134. 防爆柴油发动机起动机起动时间不能超过（　　），连续起动要间隔（　　）。

A. 20 s，2 min　　B. 10 s，2 min　　C. 20 s，1 min　　D. 30 s，2 min

答案：D

解析：《煤矿安全规程》规定防爆柴油发动机起动机起动时间不能超过 30 s，连续起动要间隔 2 min。

135. 新投用的单轨吊机车应当测定制动距离，之后每年测定（　　）次。

A. 1　　　　　B. 2　　　　　C. 3　　　　　D. 4

答案：A

解析：《煤矿安全规程》要求，新投用的机车应当测定制动距离，之后每年测定 1 次。

136. 正常批量生产，每隔（　　）年进行一次型式试验。

A. 3　　　　　B. 5　　　　　C. 7　　　　　D. 8

答案：B

解析：《柴油机单轨吊车》（MT/T 883—2000）7.3　型式试验　7.3.1　正常批量生产，每隔 5 年进行一次型式试验。

137. 停产（　　）年以上，恢复生产后首批生产的产品，应进行型式试验。

A. 3　　　　　B. 5　　　　　C. 7　　　　　D. 8

答案：A

解析：《柴油机单轨吊车》(MT/T 883—2000) 7.3　型式试验　7.3.1　停产3年以上，恢复生产后首批生产的产品，应进行型式试验。

138. 单轨吊车的检修工作（　　）在平巷内进行。若必须在斜巷内处理故障时，应当制定安全措施。

A. 不可以　　B. 严禁　　C. 应当

答案：C

解析：《煤矿安全规程》第三百九十一条　单轨吊车的检修工作应当在平巷内进行。若必须在斜巷内处理故障时，应当制定安全措施。

139. 倾斜井巷中使用的单轨吊车卡轨车和齿轨车的连接装置运人和运物时安全系数最小值分别为（　　）。

A. 9；7　　B. 9；6.5　　C. 10；8　　D. 13；10

答案：D

解析：《煤矿安全规程》第四百一十六条　倾斜井巷中使用的单轨吊车卡轨车和齿轨车的连接装置运人时安全系数最小值为13，运物时为10。

140. 柴油单轨吊机车运行巷道最大坡度不大于（　　）。

A. 20°　　B. 25°　　C. 30°　　D. 35°

答案：B

解析：《煤矿安全规程》第三百九十一条　采用单轨吊车运输时，应当遵守下列规定：

1. 柴油机单轨吊车运行巷道坡度不大于25°，蓄电池单轨吊车不大于15°，钢丝绳单轨吊车不大于25°。

141. 使用的单轨吊车，必须设置既可手动又能自动的（　　）。

A. 起吊装置　　B. 安全闸　　C. 油泵　　D. 开关

答案：B

解析：《煤矿安全规程》第三百九十条　使用的单轨吊车连续牵引车，应当符合下列要求：3. 必须设置既可手动又能自动的安全闸。

142. 为保证单轨吊车运行安全，其最突出部分距巷道顶板的安全距离不得小于（　　）。

A. 0.3 m　　B. 0.5 m　　C. 1.0 m　　D. 1.2 m

答案：B

解析：《煤矿安全规程》第九十条　运输巷与运输设备最突出部分之间的最小间距，顶部不得小于0.5 m。

143. 使用的单轨吊车在最大载荷最大坡度上以最大设计速度向下运行时，制动距离应当不超过相当于在这一速度下（　　）s的行程。

A. 2　　B. 4　　C. 6　　D. 8

答案：C

解析：《煤矿安全规程》第三百九十条　使用的单轨吊车连续牵引车，应当符合下列要求：必须设置既可手动又能自动的安全闸。在最大载荷最大坡度上以最大设计速度向下运行时，制动距离应当不超过相当于在这一速度下6 s的行程。

144.（　　）至少对柴油专用贮存硐室内的瓦斯检测 1 次，硐室内应悬挂瓦斯监测牌板。

A. 每周　　B. 每月　　C. 每日　　D. 每班

答案：D

解析：《煤矿用防爆无轨胶轮车安全使用规范　AQ 1064—2008》7.3.9　每班至少对加油硐室内的瓦斯检测 1 次，硐室内应悬挂瓦斯检测牌版。

145. 单轨吊柴油机表面温度不得超过（　　）。

A. 150 ℃　　B. 160 ℃　　C. 170 ℃　　D. 175 ℃

答案：A

解析：《煤矿安全规程》第三百七十八条　表面温度不得超过 150 ℃。

146. 单轨吊柴油机冷却水温度应不超过（　　）。

A. 80 ℃　　B. 85 ℃　　C. 90 ℃　　D. 95 ℃

答案：D

解析：《煤矿安全规程》第三百七十八条　冷却水温度不得超过 95 ℃。

147. 单轨吊机车保险制动和停车制动装置，应设计成（　　）安全型。

A. 失效　　B. 本质　　C. 有效　　D. 矿用

答案：A

解析：《煤矿安全规程》第三百九十条　安全制动和停车制动装置必须为失效安全型，制动力应当为额定牵引力的 1.5 ~2 倍。

148. 单轨吊机车制动系统保险闸在运行速度超过额定速度（　　）时能自动施闸。

A. 25%　　B. 20%　　C. 15%　　D. 10%

答案：C

解析：《MT/T 883—2000》5.1.8（f）单轨吊机车运行速度超过规定值的 15% 时，均能停止柴油机工作，并实施紧急制动的保护装置。

149. 单轨机车要求必须具备 2 路以上相对独立回油的（　　）系统。

A. 加紧　　B. 制动　　C. 起吊　　D. 驱动

答案：B

解析：《MT/T 883—2000》5.1.12　单轨吊机车应设有工作制动、紧急制动和停车制动，工作制动装置和紧急制动装置必须具有相互独立的控制系统。

150. 单轨机车采用具有制动功能的专用乘人装置运送人员时，必须设置（　　）。

A. 驾驶员　　B. 跟车工　　C. 吊装工　　D. 班组长

答案：B

解析：《煤矿安全规程》第三百九十条　运送人员时，采用具有制动功能的专用乘人装置，必须设置跟车工。

151. 新装配的矿用柴油机和矿用柴油机车，在正常运行条件下，在标定输出功率的范围内，吸入空气成分中 CH_4 含量为零时，未经稀释排气中 CO 的排放浓度不得超过下列允许限值（　　）。

A. 100 ppm　　B. 800 ppm　　C. 1000 ppm　　D. 1200 ppm

答案：C

152. 矿用柴油机车在煤矿井下正常运行时，排气中CO的排放浓度被巷道中风流稀释后，井下空气中的CO不得超过下列规定：（　　）。

A. 12 ppm　　B. 24 ppm　　C. 36 ppm　　D. 48 ppm

答案：B

153. 单轨吊机车的紧急制动力应是额定牵引力的多少倍？（　　）

A. 1 ~ 2倍　　B. 0.5 ~ 1倍　　C. 1.5 ~ 2.5倍　　D. 1.5 ~ 2倍

答案：D

解析：《煤矿安全规程》第三百九十条　使用的单轨吊车、卡轨车、齿轨车、胶套轮车、无极绳连续牵引车，应当符合下列要求：（二）安全制动和停车制动装置必须为失效安全型，制动力应当为额定牵引力的1.5 ~ 2倍。

154. 单轨吊柴油机冷却采用（　　）方式冷却。

A. 强制水冷　　B. 强制风冷　　C. 自然风冷　　D. 冷却液

答案：B

解析：单轨吊柴油机冷却采用强制风冷方式冷却。

155. 单轨吊车在运行中开锅，应怠速运转待温度降至（　　）80 ℃时，方可加注冷却水。

A. 55 ℃　　B. 60 ℃　　C. 70 ℃　　D. 75 ℃

答案：C

解析：单轨吊车在运行中开锅，应怠速运转待温度降至70 ~ 80 ℃时，方可加注冷却水。

156. 单轨吊最小水平转弯半径为（　　）。

A. 4 m　　B. 5 m　　C. 6 m　　D. 8 m

答案：C

157. 单轨吊柴油机水温应不超过（　　）。

A. 85 ℃　　B. 90 ℃　　C. 95 ℃　　D. 100 ℃

答案：B

158. 单轨吊机车在最小载荷最大坡度上向上运行时，安全闸制动减速度不大于（　　）。

A. 5 m/s^2　　B. 7 m/s^2　　C. 8 m/s^2　　D. 9 m/s^2

答案：A

解析：单轨吊车、卡轨车、齿轨车和胶套轮车的牵引机车和驱动绞车，应具有可靠的制动系统，并满足以下要求在最小载荷最大坡度上向上运行时，制动减速度不大于5 m/s^2。

159. 单轨吊轨道直轨线路摆角，水平允许偏差不大于（　　）。

A. 2°　　B. 3°　　C. 4°　　D. 5°

答案：B

160. 单轨吊车的检修工作应当在平巷内进行。若必须在斜巷内处理故障时，应当制定（　　）。

A. 安全措施　　B. 相关措施　　C. 技术措施

答案：A

解析：《煤矿安全规程》第三百九十一条　采用单轨吊运输时，单轨吊车的检修工作应当在平巷内进行。若必须在斜巷内处理故障时，应当制定安全措施。

二、多选题

1. 煤炭部关于防爆蓄电池单轨吊车运输系统需要实现（　　）生产目标。

A. 节能　　B. 环保　　C. 高效　　D. 低耗

E. 清洁

答案：ABCDE

2. 蓄电池单轨吊机车的制动形式有（　　）。

A. 失效制动　　B. 手动制动　　C. 限速制动　　D. 停车制动

E. 机械制动

答案：ABC

3. 单轨吊轨道按照类型主要有（　　）。

A. 直轨　　B. 弯轨　　C. 过渡轨　　D. 道岔

E. 轻轨

答案：ABCD

4. 在（　　）情况下，单轨吊机车蓄电池应进行均衡充电。

A. 放电电压经常降至终止电压以下　　B. 放电电流值经常过大

C. 放电后未及时进行充电　　D. 电解液混入危害不大的杂质

E. 连续三次充电不足或较长时间未使用

答案：ABCDE

5. 柴油单轨吊每台机车应在明显部位，固定产品标牌。标牌上内容包括：（　　）。

A. 产品名称、型号　　B. 制造厂名称、出厂日期和出厂编号

C. 产品主要技术参数　　D. 执行标准编号、检验合格证号

E. 安全标志标示（MA）和编号

答案：ABCDE

6. 柴油单轨吊机车应具有出现下列（　　）情况时，均能停止柴油机工作，并实施紧急动的保护装置。

A. 柴油机转速超过许可最大转速时　　B. 柴油机废弃排气口温度超过 70 ℃时

C. 柴油机冷却水温度超过 95 ℃时　　D. 液压系统补油压力低于规定值时

E. 单轨吊机车运行速度超过规定值的 15% 时

答案：ABCDE

7. 柴油单轨吊机车应设有指示仪表：（　　）。

A. 冷却水温度表　　B. 液压传动系统压力表

C. 补油系统压力表　　D. 排气温度表

E. 柴油温度表

答案：ABCD

8. 单轨吊机车蓄电池每月应进行一次总检查、总测量。总检查内容为：（　　）。

A. 连接是否紧固　　B. 电解液液面　　C. 密度是否正常　　D. 电压是否均衡

E. 外观是否完好

答案：ABCD

9. 蓄电池单轨吊每次运行前，应检查（　　）等连接螺栓及螺母是否有松动和丢失现象，应及时拧紧和补充完整。

A. 夹紧油缸　　B. 承载轮　　C. 导向轮　　D. 驱动轮

E. 制动油缸

答案：BCD

10. 机车的基本配置是由（　　）等四大部分组成。

A. 司机室　　B. 驱动部　　C. 电液控制车　　D. 蓄电池车

E. 人车

答案：ABCD

11. 电液控制车是电牵单轨吊机车的主要核心部件。它主要由（　　）和（　　）两大部分组成。

A. 蓄能器　　B. 压力表　　C. 防爆电控箱　　D. 液压站

E. 承载小车

答案：CD

12. 蓄电池单轨吊机车采用蓄电池为动力源，优点是：（　　）。

A. 低噪声　　B. 无污染　　C. 牵引力稳定　　D. 环保节能

E. 适合大坡度

答案：ABCD

13. 单轨吊机车蓄电池应尽量避免（　　），否则将会缩短电池寿命。

A. 过充电　　B. 过放电　　C. 充电不足　　D. 加硫酸配电解液

E. 均衡充电

答案：ABC

14. 当单轨吊车处于停车状态，并且将司机室操作盒（　　）同时按下，观察司机室显示器上允许指示灯闪烁时，起吊电磁阀是否可给起吊梁马达供油，起吊减速机工作，升降重物。

A. 总停按钮　　B. 牵停按钮　　C. 照明按钮　　D. 鸣号按钮

E. 钥匙开关

答案：BC

15. 蓄电池单轨吊机车开车前机车需要检查：（　　）。

A. 检查液压站油标（不能低于最高刻度的1/2），液面是否在允许范围，如不到应及时加油，以避免机车上下坡时，油泵吸空，导致机车不能正常行走

B. 检查承载轮、导向轮固定螺丝是否松动

C. 检查驱动轮紧固螺丝是否松动。驱动轮是否有开胶式撕裂情况，检查驱动轮磨损情况

D. 检查驱动部减速机齿轮油油标在刻度尺的1/2～2/3

E. 检查机车各部件之间连接是否牢固，螺丝有无松动

答案：ABCDE

16. 蓄电池单轨吊机车正常运行时，显示器上正常亮的指示灯有：（　　）。

A. 挤压 1　　B. 挤压 2　　C. 钥匙　　D. 脚踏

E. 夹紧

答案：ABCD

解析：夹紧指示灯只有在夹紧电磁阀动作时亮，平常不亮。

17. 蓄电池单轨吊一个司机室操作单轨吊车运行时，另一个司机室正向/反向推杆失效，但（　　）可正常操作。

A. 总停按钮　　B. 牵停按钮　　C. 照明按钮　　D. 鸣号按钮

E. 钥匙开关

答案：ABCDE

18. 蓄电池单轨吊机车按压操作盒上的正向/反向推杆，单轨吊车不能行走或不能加/减速，可能的原因是：（　　）。

A. 未按电控箱操作面板上的上电按钮，主接触器未合上

B. 操作盒上的正向/反向推杆接线断开

C. 未踩下司机室左侧的脚踏开关

D. 控制中心有输入没有输出

E. 驱动压力未达到设定值

答案：ABCDE

19. 蓄电池单轨吊机车中行车时频繁补压，可能的原因是：（　　）。

A. 系统压力表坏　　B. 制动缸或夹紧缸内泄

C. 手动泄压阀位置不对　　D. N_2 不足

E. 夹紧压力表坏

答案：ABCD

20. 柴油单轨吊机车液压油、机油、冷却液液位要求：（　　）。

A. 液压油油面不得低于油窗高度的 1/4

B. 液压油油面不得低于油窗高度的 1/3

C. 机油油位应保持在机油尺上下刻度之间

D. 冷却液液面不得低于膨胀水箱油位窗高度的 2/3

E. 冷却液液面不得低于膨胀水箱油位窗高度的 3/4

答案：BCE

解析：检查液压油、机油、冷却液液位：液压油液面不得低于油窗高度的 1/3；机油油位应保持在机油尺上、下刻线之间；冷却液液面不得低于膨胀水箱油位窗高度的 3/4。

21. 单轨吊机车司机的一般操作要求是：（　　）。

A. 必须熟悉掌握本设备的性能、结构、原理，并应会一般的维修，保养和故障处理

B. 熟悉有关安全规程，准确使用信号，通信设施，有一定的应变能力

C. 操作时，保持正常自然姿势，坐在座位上，目视前方，注意观察轨道、道岔及轨道联接情况，手握控制操作手把，脚踏安全阀，严禁将头或身体探出车外

D. 不得擅自离开工作岗位，严禁在电机车行驶中或尚未停稳车前离开司机室。过道岔时注意道岔闭合情况，防止电机车脱轨造成事故

E. 起吊物料时，必须吊稳，吊平衡，货载不得超过规定，否则拒绝开车

答案：ABCDE

22. 蓄电池单轨吊机车每次运行前需要检查的内容：(　　)。

A. 每次运行前，应检查驱动轮、承载轮、导向轮等连接螺栓及螺母是否有松动和丢失现象，应及时拧紧和补充完整

B. 检查承载轮、导向轮及其轴承是否有损坏现象，如有应及时更换承载轮、导向轮及轴承

C. 检查驱动轮的挂胶层是否损坏或磨损到需更换的程度；当摩擦驱动轮的外径由 ϕ400 mm 磨损至 ϕ380 mm 时，应及时更换驱动轮

D. 检查制动铜闸块是否有脱落、丢失现象，制动闸块厚度由 12 mm 磨损至 7 mm 时，应及时更换闸块，防止制动力不足

E. 检查蓄电池电解液液面高度是否符合要求，电解液不足及时添加

答案：ABCD

解析：开车前无法检查蓄电池电解液液面高度，蓄电池液面高度在充电时检查。

23. 蓄电池单轨吊机车电气系统需要检查的内容：(　　)。

A. 定期检查连接电线、电缆、插头是否完好，有无破损、松动等情况

B. 检查仪表、指示灯信号是否正常

C. 检查防爆电控箱内，电气元器件紧固螺栓、插头联接及接线螺栓是否有松动及其他异常情况

D. 检查保险、变频器的温度是否过高

E. 驱动电机轴油封每隔 30 天检查一次，是否漏油，如损坏应及时更换。电动机内的轴承润滑油初次使用 30 天更换，以后每 60 天更换一次

答案：ABCDE

24. 单轨吊车与起吊梁配套使用的运输车辆和容器有（　　）。

A. 人车　　B. 物料车　　C. 集装箱　　D. 救护车

E. 支架车

答案：ABCD

解析：《DCR 系列防爆柴油机使用维护说明书》中，单轨吊车与起吊梁配套使用的运输车辆和容器有人车、物料车、集装箱、救护车。

25. 单轨机车司机必须熟练掌握机车的（　　），做到（　　）会保养和会处理一般故障。

A. 结构　　B. 性能　　C. 原理　　D. 会使用

E. 会检查

答案：ABCDE

解析：《防爆柴油机单轨吊操作规程》中规定，单轨机车司机必须熟练掌握机车的结构、性能、原理，做到会使用、会检查、会保养和会处理一般故障。

26. 单轨机车司机必须熟悉有关单轨吊安全的（　　），准确（　　），有一定的应变能力。

A. 规程　　B. 标准　　C. 规范　　D. 使用信号

E. 通信设施

答案：ABCDE

解析：《防爆柴油机单轨吊车操作规程》中规定，单轨机车司机必须熟悉有关单轨吊安全的规程、规范、标准，准确使用信号和通信设施，有一定的应变能力。

27. 防爆柴油机单轨吊司机在开车前进行检查，主要检查的部件是（　　）。

A. 驾驶室　　B. 驱动部

C. 柴油机与液压构成的主机　　D. 冷却与电控构成的辅机

E. 安全保护与附件

答案：ABCDE

解析：《防爆柴油机单轨吊车操作规程》中要求，防爆柴油机单轨吊司机在开车前进行检查，主要检查的部件是驾驶室、驱动部、柴油机与液压构成的主机、冷却与电控构成的辅机、安全保护与附件。

28. 单轨吊车的制动油缸是（　　）结构型式，制动液压缸内设置换向阀，便于快速回油，（　　）。

A. 双作用　　B. 单活塞

C. 1.25 倍额定压力保压 5 min 无渗漏　　D. 耳环安装方式

E. 间隙缓冲

答案：ABCDE

解析：《DCR 系列防爆柴油机使用维护说明书》中要求，单轨吊车的制动油缸是双作用、单活塞、耳环安装方式、间隙缓冲的结构型式，制动液压缸内设置换向阀，便于快速回油，在 1.25 倍额定压力保压 5 min 无渗漏。

29. 当单轨吊车出现（　　）时，机车不能运行，为保持运行线路畅通必须进行拖曳。

A. 柴油发动机有损坏

B. 电气控制中故障当场不能消除

C. 液压控制中的故障当场不能消除

D. 单轨吊车的某主要部件损坏，影响机车的运行安全

E. 机车不能再安全作业和不可实现维修

答案：ABCDE

解析：《DCR 系列防爆柴油机使用维护说明书》中要求，当单轨吊车出现：柴油发动机有损坏，电气控制中故障当场不能消除，液压控制中的故障当场不能消除，单轨吊车的某主要部件损坏而影响机车的运行安全，机车不能再安全作业和不可实现维修，机车不能运行，为保持允许线路畅通必须进行拖曳。

30. 单轨吊人车按照标准设计制造，应符合（　　）的规定。

A. 车厢内设有扶手

B. 车厢两端应设置可靠的制动装置

C. 两侧人员入口处应设有防护栏杆或链条

D. 座位及靠背应有足够的强度

E. 人车在安全制动时各零件不应有裂纹、变形、扭曲、开焊

答案：ABCDE

解析：《徐州江煤科技有限公司企业标准》中，对 DCR 系列中的单轨吊人车规定：车厢内设有扶手，车厢两端应设置可靠的制动装置，两侧人员入口处应设有防护栏杆或链条，座位及靠背应有足够的强度，人车在安全制动时各零件不应有裂纹、变形、扭曲、开焊。

31. DCR200/130Y 型防爆柴油机单轨吊的使用环境条件：（　　）。

A. 环境温度 -20 ~ +40 ℃

B. +25 ℃条件下环境湿度不超过 95%

C. 在具有爆炸性气体的新环境下正常运行

D. 井下的通风量满足规程要求

E. 瓦斯浓度不超过 0.5%

答案：ABCDE

解析：《DCR 系列防爆柴油机使用维护说明书》中，DCR 系列防爆柴油机单轨吊车可在以下环境条件使用运行：环境温度 -20 ~ +40 ℃，在 +25 ℃温度条件下环境湿度不超过 95%，在具有爆炸性气体的新环境下正常运行，井下的通风量满足规程要求，瓦斯浓度不超过 0.5%。

32. 防爆柴油机单轨吊的燃油系统的设计和设置必须满足（　　）要求。

A. 燃油箱牢固　　B. 安装位置避免撞击

C. 设置加油孔和通气孔　　D. 油箱容量不超过 8 h 正常运行耗油量

E. 设置油位标记

答案：ABCDE

解析：《矿用防爆柴油机通用技术要求》（MT 990—2006）中，对燃油系统的要求是：燃油箱应有牢固的结构，其安装位置应能避免撞击而损坏；燃油箱上应设置加油孔和通气孔，孔盖应采用螺纹联接，并有系紧装置；燃油箱的容量应不超过 8 h 正常运行的耗油量，燃油箱应设置油位标记。

33. 冷却净化水箱（废水处理箱）的设计制造满足（　　）的要求。

A. 使用耐火材料制造　　B. 冷却净化水箱安装在阻火器前

C. 安装牢固　　D. 无水垢

E. 具有水位标记

答案：ABE

解析：《柴油机单轨吊车》（MT/T 883—2000）中，防爆柴油机废气排除前，应通过冷却净化水箱，冷却净化水箱可安装在阻火器前，冷却净化水箱和阻火器应使用耐火材料制造；冷却净化水箱应设置水位标记。

34. 单轨吊车的拉杆应进行无损探伤，拉杆的焊接部位无损探伤报告中不得有（　　）的焊接缺陷，应有拉杆强度（　　）。

A. 裂纹　　B. 气孔　　C. 夹渣　　D. 焊疤

E. 强度测试报告

答案：ABCE

解析：《徐州江煤科技有限公司企业标准》中，对单轨吊拉杆的规定是：单轨吊车的拉杆应进行无损探伤，拉杆的焊接部位无损探伤报告中不得有裂纹、气孔、夹渣等的焊接缺陷，应有拉杆强度测试报告。

35. 防爆柴油机必须有齐全的标识，其标识有（　　）。

A. 铭牌　　B. 防爆标识和合格证号码

C. 主要技术特征　　D. MA 标志和编号

E. 功率

答案：ABCD

解析：《徐州江煤科技有限公司企业标准》(Q/JMKJ 1601—2022）对单轨吊的标识规定是：防爆柴油机必须有齐全的标识，其标识有铭牌、防爆标识和合格证号码、MA 标志和编号、技术参数等。

36. 单轨吊前后驾驶室必须满足（　　）的要求。

A. 均能独立操作　　B. 互为自动闭锁

C. 遥控起吊　　D. 最大噪声小于 90 dB(A)

E. 均能操作安全制动

答案：ABDE

解析：《柴油机单轨吊车》(MT/T 883—2000）对驾驶室的要求，设置前后驾驶室、均能独立操作、操控互为自动闭锁、驾驶室内的最大噪声小于 90 dB(A)、均能够实现操作安全制动。

37. 单轨吊机车运行通过（　　）各处时，应提前 30 m 减速运行，速度限制在 0.5 m/s 内，并鸣笛通过。

A. 弯道　　B. 风门　　C. 道岔　　D. 交叉点

E. 换装站

答案：ABCDE

解析：《防爆柴油机单轨吊车操作规程》要求，单轨吊机车运输物料通过弯道、风门、道岔、交叉点和换装站等各处时，应提前 30 m 减速运行，速度限制在 0.5 m/s 内，并鸣笛通过。

38. 使用单轨吊起吊梁起吊物料时，若起吊链出现拧链、挤链现象，应立即停止起吊，放下垫平调整链条，在处理过程中，操作人员要集中精力、相互配合，严禁在（　　）过程中处理（　　）。

A. 起吊轮转动　　B. 起吊链受力　　C. 拧链　　D. 挤链

E. 手或身体

答案：ABCDE

解析：《防爆柴油机单轨吊车操作规程》要求，起吊梁起吊物料时，若起吊链出现拧链、挤链现象，应立即停止起吊，放下垫平调整链条，在处理过程中，操作人员要集中精力、相互配合，严禁用手或身体在起吊轮转动与起吊链受力的过程中处理拧链、挤链故障。

39. 单轨吊机车按照国家和行业规范、标准要求进行（　　），并取得 MA 证书，按规定程序和批准的图样和技术文件制造，每台进行检测检验，具有检验合格证书。

A. 设计　　B. 验收　　C. 检测　　D. 制造

E. 运行

答案：ACD

解析：轨吊机车按照国家和行业规范、标准要求进行设计、制造和检测，并取得MA证书，按规定程序和批准的图样和技术文件制造，每台进行检测检验，具有检验合格证书。

40. 单轨吊车的司机室内装设瓦斯自动检测报警断电仪，当巷道瓦斯含量达0.5%时自动报警，且能使防爆柴油机（　　）。

A. 自动断油　　B. 自动断电　　C. 自动断水　　D. 液压系统关闭

E. 停止柴油机工作

答案：ABE

解析：《柴油机单轨吊车》(MT/T 883—2000）要求，司机室内应装设瓦斯自动检测报警断电仪，当巷道瓦斯含量达0.5%时，应能自动报警，应能自动断电（油)、停止柴油机工作。

41. 柴油发动机动力不足的原因主要有（　　）。

A. 进油不畅——轨压无法建立　　B. 进气关断阀处于关闭状态

C. 进气管路漏气　　D. 进排气系统堵塞

E. 进气压力传感器故障

答案：ABCDE

解析：《KC6102DZLYFB系列防爆柴油机使用说明书》故障与维护处理中，发动机动力不足的原因主要有：进油不畅——轨压无法建立，进气关断阀处于关闭状态，进气管路漏气，进排气系统堵塞，进气压力传感器故障。

42. 单轨吊车所用的非金属材料应具有（　　），并符合MT 113的规定，所用的制动材料应选用在制动时不会（　　）和（　　）的材料制成。

A. 不燃　　B. 抗静电性　　C. 阻燃　　D. 引爆

E. 燃烧

答案：BCDE

解析：《柴油机单轨吊车》(MT/T 883—2000）对使用的非金属材料要求，单轨吊车所用的非金属材料应具有阻燃、抗静电性，并符合MT 113的规定，所用的制动材料应选用在制动时不会燃烧和引爆的材料制成。

43. DC200/130Y型防爆柴油机单轨吊的驱动轮直径（　　），摩擦系数不小于（　　）。

A. 355 mm　　B. 340 mm　　C. 0.45　　D. 0.4

E. 0.35

答案：BD

解析：《柴油机单轨吊车》(MT/T 883—2000）规定，驱动轮与轨道的摩擦系数不应小于0.4；《DCR系列防爆柴油机使用维护说明书》对驱动轮的要求是：DC200/130Y型防爆柴油机单轨吊的驱动轮直径340 mm，摩擦系数不小于0.4。

44. DC200/130Y防爆柴油机单轨吊车的型号含义：D-（　　），C-（　　），200-（　　），130-（　　），Y-（　　）。

A. 单轨吊车　　B. 柴油机
C. 单轨吊车的额定牵引力200 kN　　D. 柴油机额定功率130 kW
E. 液压传动
答案：ABCDE
解析：《徐州江煤科技有限公司企业标准》(Q/JMKJ 1601—2022) 描述，DC200/130Y防爆柴油机单轨吊车的型号含义：D－单轨吊车，C－柴油机，200－单轨吊车的额定牵引力200 kN，130－柴油机的额定功率130 kW，Y－液压传动。

45. DCR系列柴油机单轨吊可实现1台机车可在（　　）、（　　）支线巷道中不转载连续直达运输，同一线路上一套装备可（　　）、（　　）；具有阻力小、速度快、效率高、用人少、劳动强度低、（　　）、安全可靠的优点。
A. 多变坡　　B. 多岔道　　C. 运物　　D. 运人
E. 装卸速度快
答案：ABCDE
解析：《江煤科技DCR系列防爆柴油机单轨吊说明书》解释，单轨吊可实现1台机车可在多变坡、多岔道支线巷道中不转载连续直达运输，同一线路上一套装备可运物、运人；具有阻力小、速度快、效率高、用人少、劳动强度低、装卸速度快、安全可靠的优点。

46. DCR系列柴油机单轨吊司机室内设置甲烷检测报警断电仪，当甲烷浓度达0.5%时自动报警，且能使防爆柴油机（　　）、并使整车（　　）、（　　）。司机室内司的噪声不超过（　　）。
A. 自动断油　　B. 断电　　C. 停车　　D. 90 dB(A)
E. 85 dB(A)
答案：ABCD
解析：《江煤科技DCR系列防爆柴油机单轨吊说明书》解释，单轨吊司机室内设置甲烷检测报警断电仪，当甲烷浓度达0.5%时自动报警，且能使防爆柴油机自动断油、并使整车断电、停车。司机室内司的噪声不超过90 dB(A)。

47. DCR系列柴油机单轨吊运输系统由（　　）等三部分组成。
A. 制动系统　　B. 单轨吊机车　　C. 监控装置　　D. 配套设备
E. 轨道线路
答案：BDE
解析：《江煤科技DCR系列防爆柴油机单轨吊说明书》解释：单轨吊运输系统由单轨吊机车、配套设备和轨道线路等三部分组成。

48. DCR系列防爆柴油机单轨吊轨道系统根据用途和位置不同分（　　）等。
A. 钢轨　　B. 直轨　　C. 弯轨　　D. 合茬轨
E. 导轨
答案：BCD
解析：《江煤科技DCR系列防爆柴油机单轨吊说明书》解释，单轨吊轨道系统根据用途和位置不同分直轨、弯轨、合茬轨等。

49. DCR系列防爆柴油机单轨吊轨道连接：直轨搭接（　　）方式，弯轨（　　）

连接；过渡轨一端带（　　）、一端搭接嵌槽板；轨道设置（　　），直轨 6 ~ 10 节设置一节带（　　）。

A. 嵌槽板　　B. 法兰螺栓　　C. 法兰　　D. 防偏摆固定

E. 固定板

答案：ABCDE

解析：《江煤科技 DCR 系列防爆柴油机单轨吊说明书》解释，单轨吊轨道连接：直轨搭接嵌槽板方式，弯轨法兰螺栓连接；过渡轨一端带法兰、一端搭接嵌槽板；轨道设置防偏摆固定，直轨 6 ~ 10 节设置一节带固定板。

50. DCR 系列防爆柴油机单轨吊轨道的结构形式分为：（　　）。

A. 斜轨轨道　　B. 直轨轨道　　C. 过渡轨道　　D. 水平弯轨

E. 垂直弯轨

答案：BCDE

解析：《江煤科技 DCR 系列防爆柴油机单轨吊说明书》解释，单轨吊轨道的结构形式分为：直轨轨道、过渡轨道、水平弯轨、垂直弯轨。

51. 防爆柴油机任一部位的表面温度不得超过（　　），废气排出口温度不得超过（　　）。

A. 150 ℃　　B. 160 ℃　　C. 70 ℃　　D. 80 ℃

E. 110 ℃

答案：AC

解析：《矿用防爆柴油机通用技术条件》（MT/T 990—2006）4.16.1/4.16.2 项　防爆柴油机任一部位的表面温度不得超过 150 ℃，废气排出口温度不得超过 70 ℃。

52. 防爆柴油机应配置（　　）或便携式瓦斯检测报警仪，当巷道风流中瓦斯浓度达到（　　）（有煤（岩）与瓦斯突出矿井和瓦斯喷出区域中瓦斯浓度达到 0.5%）时应能准确发出声光报警信号，其声光信号应使驾驶员能够清晰辨别，报警后 1 min 内应自动（便携式瓦斯检测报警仪可手动）停止防爆柴油机工作。

A. 车载式瓦斯检测报警仪　　B. 瓦斯报警仪

C. 1.0%　　D. 0.5%

E. 1.5%

答案：AC

解析：《矿用防爆柴油机通用技术条件》（MT/T 990—2006）4.18.1 项　防爆柴油机应配置车载式瓦斯检测报警仪或便携式瓦斯检测报警仪，当巷道风流中瓦斯浓度达到 1.0% ［有煤（岩）与瓦斯突出矿井和瓦斯喷出区域中瓦斯浓度达到 0.5%］时应能准确发出声光报警信号，其声光信号应使驾驶员能够清晰辨别，报警后 1 min 内应自动（便携式瓦斯检测报警仪可手动）停止防爆柴油机工作。

53. 防爆柴油机的（　　）和（　　），应设置（　　），阻火器应由阻火器外亮和阻火元件组成，且易于装配、检验和清洗，并应有准确的安装定位。阻火器框架隔爆接合面宽度应不小于（　　）不允许在阻火器框架隔爆接合面内钻孔。

A. 进气口　　B. 排气口　　C. 阻火器　　D. 25 mm

E. 30 mm

答案：ABCD

解析：《矿用防爆柴油机通用技术条件》(MT/T 990—2006) 4.9.4、4.9.2 项　防爆柴油机的进气口和排气口，应设置阻火器，阻火器应由阻火器外亮和阻火元件组成，且易于装配、检验和清洗，并应有准确的安装定位。阻火器框架隔爆接合面宽度应不小于25 mm 不允许在阻火器框架隔爆接合面内钻孔。

54. 防爆柴油机珠型阻火器采用直径为（　　）的球形体时，气流方向的填充厚度应不小于（　　），采用直径为6 mm 的球形体时，气流方向的填充厚度应不小于（　　）。且装配完整后的珠型阻火器内部球形体不得有松动。

A. 3 mm　　B. 5 mm　　C. 60 mm　　D. 90 mm

E. 100 mm

答案：BCD

解析：《矿用防爆柴油机通用技术条件》(MT/T 990—2006) 4.9.5 项　防爆柴油机珠型阻火器采用直径为5 mm 的球形体时，气流方向的填充厚度应不小于60 mm，采用直径为6 mm 的球形体时，气流方向的填充厚度应不小于90 mm。且装配完整后的珠型阻火器内部球形体不得有松动。

55. 防爆柴油机冷却净化水箱应设置（　　），如果在隔爆结构的冷却净化水箱上设置玻璃窗口式水位标记，窗口部分应小于25 cm^2。如果冷却净化水箱较小，采用外接水箱补水时，冷却净化水箱可不设水位标记，但外接水箱应设置水位标记；采用（　　）的冷却净化水箱可不设水位标记，但喷水箱应设水位标记。冷却净化水箱注水孔应采用（　　）结构，孔盖应有系紧装置。

A. 水位标记　　B. 油位标记　　C. 喷淋冷却　　D. 螺纹隔爆

E. 插装隔爆

答案：ACD

解析：《矿用防爆柴油机通用技术条件》(MT/T 990—2006) 4.10.3 项　防爆柴油机冷却净化水箱应设置水位标记，如果在隔爆结构的冷却净化水箱上设置玻璃窗口式水位标记，窗口部分应小于25 cm^2。如果冷却净化水箱较小，采用外接水箱补水时，冷却净化水箱可不设水位标记，但外接水箱应设置水位标记；采用喷淋冷却的冷却净化水箱可不设水位标记，但喷水箱应设水位标记。冷却净化水箱注水孔应采用螺纹隔爆结构，孔盖应有系紧装置。

56. 非道路移动机械用柴油机排气污染物中的（　　）、（　　）和（　　）、（　　）的比排放量乘以标准中的劣化系数再加上劣化修正值不应超标准要求的限值。

A. 一氧化碳（CO）　　B. 碳氢化合物（HC）

C. 氮氧化物（Ox）　　D. 颗粒物（PM）

E. 二氧化碳（CO_2）

答案：ABCD

解释：《非道路移动机械用柴油机排气污染物排放限值及测量方法（中国第三、四阶段)》(GB 20891—2014) 规定，非道路移动机械用柴油机排气污染物中的一氧化碳（CO)、碳氢化合物（HC）和氮氧化物（NOx)、颗粒物（PM）的比排放量乘以标准中的劣化系数再加上劣化修正值不应超标准要求的限值。

57. 单轨吊起吊梁液压系统技术要求起吊梁液压系统额定工作压力应不大于（　　），液压系统内工作介质的正常工作温度不准超过（　　），主油路系统及控制油路系统的高压油管、接头、操纵阀块应承受（　　）的额定工作压力。

A. 15 MPa　　B. 12 MPa　　C. 85 ℃　　D. 1.25 倍

E. 1.5 倍

答案：BCD

解析：《单轨吊车起吊梁》（MT/T 888—2000）5.2.8 项　单轨吊起吊梁液压系统技术要求起吊梁液压系统额定工作压力应不大于 12 MPa，液压系统内工作介质的正常工作温度不准超过 85 ℃，主油路系统及控制油路系统的高压油管、接头、操纵阀块应承受 1.25 倍的额定工作压力。

58. 单轨吊车起吊梁所有的外露表面应无（　　）等杂物。

A. 飞边　　B. 毛刺　　C. 锈皮　　D. 焊渣

E. 油污

答案：ABCD

解析：《单轨吊车起吊梁》（MT/T 888—2000）5.3.1 项　单轨吊车起吊梁所有的外露表面应无飞边、毛刺、锈皮及焊渣等杂物。

59. DX25J 防爆特殊型蓄电池单轨吊电路绝缘电阻值应不低于（　　），电路绝缘耐压应满足施以 50 Hz 交流 1280 V 试验电压，（　　）无击穿现象。

A. 1 MΩ　　B. 2 MΩ　　C. 1.5 MΩ　　D. 30 s

E. 1 min

答案：AE

解析：《DX25J 防爆特殊型蓄电池单轨吊车》（MT/T 887—2000）5.2.12、5.2.13 项　DX25J 防爆特殊型蓄电池单轨吊电路绝缘电阻值应不低于 1 MΩ，电路绝缘耐压应满足施以 50 Hz 交流 1280 V 试验电压，1 min 无击穿现象。

60. 两个司机室内必须安装警铃或音响装置，至少在（　　）内能听清楚。司机室的两侧司机进出口处应设置（　　）。

A. 20 m　　B. 40 m　　C. 60 m　　D. 防护链（杆）

E. 安全带

答案：CD

解析：《DX25J 防爆特殊型蓄电池单轨吊车》（MT/T 887—2000）5.2.15 项　两个司机室内必须安装警铃或音响装置，至少在 60 m 内能听清楚。司机室的两侧司机进出口处应设置防护链（杆）。

61. DX25J 防爆特殊型蓄电池单轨吊蓄电池组容量试验要求：始终保持（　　）的电流放电，（　　）后达到放电终止电压（　　），检测蓄电池组容量。

A. 77 A　　B. 5 h　　C. 1.75 V　　D. 2 V

E. 5 V

答案：ABC

解析：《DX25J 防爆特殊型蓄电池单轨吊车》（MT/T 887—2000）6.18 项　DX25J 防爆特殊型蓄电池单轨吊蓄电池组容量试验要求：始终保持 77 A 的电流放电，5 h 后达到放电终止电压 1.75 V，检测蓄电池组容量。

62. 防爆锂电池单轨吊摩擦驱动轮的外径由 ϕ340 mm 磨损至 ϕ325 mm 时，应及时更换，更换（　　）时，须（　　）更换，否则会产生机车（　　），牵引力不足。

A. 驱动轮　　B. 成对　　C. 单个　　D. 打滑

E. 停机

答案：ABD

解析：《枣庄新远大装备制造防爆锂电池单轨吊机车说明书》解释，防爆锂电池单轨吊摩擦驱动轮的外径由 ϕ340 mm 磨损至 ϕ325 mm 时，应及时更换，更换驱动轮时，须成对更换，否则会产生机车打滑，牵引力不足。

63. DX25J 防爆特殊型蓄电池单轨吊车所用的非金属材料应具有（　　）和（　　）性能，并符合 MT 113 的规定，所用的制动材料应选用在制动时不会（　　）和（　　）的材料制成，紧急制动装置应采用（　　）。

A. 阻燃　　B. 抗静电　　C. 引爆　　D. 燃烧

E. 失效安全型

答案：ABCDE

解析：《DX25J 防爆特殊型蓄电池单轨吊车》（MT/T 887—2000）5.1.2 项　单轨吊车所用的非金属材料应具有阻燃和抗静电性能，并符合 MT 113 的规定，所用的制动材料应选用在制动时不会引爆和燃烧的材料制成，紧急制动装置应采用失效安全型。

64. 煤矿井下低压电网三大保护是指（　　）。

A. 漏电保护　　B. 过电流保护　　C. 短路保护　　D. 保护接地

E. 过电压保护

答案：ABD

解析：《煤矿井下电气作业操作资格培训教材》第七章供电电网保护　煤矿井下低压电网三大保护是指漏电保护、过电流保护、保护接地。

65. DX25J 防爆特殊型蓄电池单轨吊车两端司机室的控制器使用（　　），两套控制器之间应设有（　　），只有当一端控制器的换向手柄在（　　）时，另一端的控制器才能操作，但两套均可操作紧急制动。

A. 斩波调速　　B. 电气联锁　　C. 机械闭锁　　D. 零位

E. 任何位置

答案：ABD

解析：《DX25J 防爆特殊型蓄电池单轨吊车》（MT/T 887—2000）5.1.8　单轨吊车两端司机室的控制器使用斩波调速，两套控制器之间应设有电气联锁，只有当一端控制器的换向手柄在零位时，另一端的控制器才能操作，但两套均可操作紧急制动。

66. DX25J 防爆特殊型蓄电池单轨吊车紧急制动装置作为停车制动使用，应保证单轨吊车在（　　）最大负载下，在规定的最大坡道上能保持（　　），紧急制动作用的空动时间不得超过（　　）。

A. 2 倍　　B. 1.5 倍　　C. 静止状态　　D. 0.7 s

E. 1 s

答案：BCD

解析：《DX25J 防爆特殊型蓄电池单轨吊车》(MT/T 887—2000) 5.2.8、5.2.9 单轨吊车紧急制动装置作为停车制动使用，应保证单轨吊车在1.5倍最大负载下，在规定的最大坡道上能保持静止状态，紧急制动作用的空动时间不得超过0.7 s。

67. DX25J 防爆特殊型蓄电池单轨吊蓄电池组容量应达到（ ），单轨吊车应具有一次充电后不小于（ ）的连续运载能力。

A. 458 Ah B. 385 Ah C. 375 Ah D. 120 t·km

E. 115 t·km

答案：BD

解析：《DX25J 防爆特殊型蓄电池单轨吊车》(MT/T 887—2000) 5.2.22、5.2.23 单轨吊蓄电池组容量应达到385 Ah，单轨吊车应具有一次充电后不小于120 t·km 的连续运载能力。

68. DX25J 防爆特殊型蓄电池单轨吊车电路绝缘电阻试验：拆开（ ）的连线，取下（ ），连接（ ），在相对湿度为50% ~70%、温度为（20±5)℃用（ ）摇表测量其电阻。

A. 直流电动机 B. 照明灯泡 C. 全部线路 D. 部分连线

E. 500 V

答案：ABCE

解析：《DX25J 防爆特殊型蓄电池单轨吊车》(MT/T 887—2000) 6.14 单轨吊车电路绝缘电阻试验：拆开直流电动机的连线，取下照明灯泡，连接全部线路，在相对湿度为50% ~70%、温度为（20±5)℃用500 V 摇表测量其电阻。

69. 矿用单轨吊的制动方式包括（ ）。

A. 机械制动 B. 液压制动 C. 电磁制动 D. 反向牵引制动

E. 手动制动

答案：ABCD

70. 单轨吊司机运输、起吊大型设备时应注意哪些事项？（ ）

A. 起吊大型设备时，必须采用专用配套设备

B. 运输大型设备时，必须吊挂牢固，机车加挂安全制动车，制动车压力不低于7 MPa

C. 起吊时，两起吊臂载荷必须均匀分配，起吊后，重物底面应与巷道底面平行，离地高度不小于300 mm

D. 运输大型设备时，速度控制在1.5 m/s 以内，过风门、道岔时，副司机必须下地跟车指挥

E. 起吊时，两起吊臂载荷必须均匀分配，起吊后，重物底面应与巷道底面平行，离地高度不小于100 mm

答案：ABCD

解析：《DZ1800 型单轨吊司机安全技术操作规程》规定，起吊时，两起吊臂载荷必须均匀分配，起吊后，重物底面应与巷道底面平行，离地高度不小于300 mm。故E选项错误。

71. 单轨吊（ ）时，制动夹紧缸失压，制动机构压缩着的弹簧紧急释放，使刹车

蹄快速夹紧导轨，靠摩擦力，实现紧急制动停车。

A. 正常运行　　B. 紧急停车　　C. 禁止牵引　　D. 超速保护

E. 正常停车

答案：BCD

72. 矿用柴油单轨吊的驾驶员在操作前应该进行哪些检查（　　）。

A. 车辆外观检查　　B. 车辆内部检查

C. 车辆机械部件检查　　D. 车辆电气部件检查

E. 行进路线检查

答案：ABCD

73. 使用矿用单轨吊车时（　　）不得超过设计规定值。

A. 运行坡度　　B. 运行速度　　C. 载重　　D. 运行时间

E. 环境温度

答案：ABC

解析：《煤矿安全规程》第三百九十条　使用的单轨吊车、卡轨车、齿轨车、胶套轮车、无极绳连续牵引车，运行坡度、速度和载重，不得超过设计规定值。

74. 单轨吊机车运送人员是必须设置（　　）。

A. 卡轨　　B. 护轨装置

C. 带有制动功能的专用乘车装置　　D. 跟车工

E. 越位装置

答案：ABCD

解析：《煤矿安全规程》第三百九十条　运送人员时，必须设置卡轨或者护轨装置，采用具有制动功能的专用乘车装置，必须设置跟车工。制动装置必须定期试验。

75. 电牵引单轨吊主要组成部分不包括（　　）。

A. 司机室　　B. 控制车　　C. 驱动车　　D. 油泵

E. 照明灯

答案：BE

76. 矿用单轨吊机车司机室内应装设瓦斯自动检测报警断电仪，当巷道瓦斯含量达（　　）时，应能自动报警，瓦斯含量达（　　）时应能自动断电（油）、停止柴油机工作。

A. 0.5%　　B. 1%　　C. 1.5%　　D. 2%

E. 2.5%

答案：BC

77. 矿用单轨吊机车的危险区域主要有：（　　）。

A. 机车前后端　　B. 机车驱动部位　　C. 机车底部　　D. 机车电源接口

E. 机车液压油接口

答案：ABCDE

解析：《柴油机单轨吊机车》（MT/T 883—2000）5.2.1　单轨吊机车的最大牵引力、最大运行速度应符合表1规定，牵引力允许偏差±5%，速度允许偏差±5%。

78. 矿用柴油单轨吊的操作时需要注意（　　）电气因素。

A. 避免操作时电气线路短路　　　　　　B. 避免操作时电气线路断路
C. 避免操作时电气线路漏电　　　　　　D. 避免操作时电气线路过载
E. 避免操作时电气线路接错
答案：ABCDE
79. 单轨吊司机运输过程中危险因素有（　　）。
A. 单轨吊司机上岗不熟悉机车性能易造成事故
B. 单轨吊司机上岗作业时精力不集中易造成事故
C. 单轨吊机车在起吊物料时，未执行安全操作规程及使用合格的工具，易造成事故
D. 处理单轨吊机车复轨、拧轨易造成事故
E. 单轨吊在运行过程中造成设备损坏及人员伤亡事故
答案：ABCDE
80. 下列属于矿用防爆柴油单轨吊车应当具有的保护装置的有（　　）。
A. 发动机排气超温　　　　　　B. 冷却水超温
C. 尾气水箱水位　　　　　　　D. 润滑油压力保护
E. 过电保护
答案：ABCD
解析：矿用防爆柴油单轨吊车应当具有的保护装置的有单轨吊机车运行超速保护、柴油机超速保护、柴油机冷却水超温保护、柴油机排气超温保护、柴油机润滑油低压保护、瓦斯超限报警断电保护。
81. 柴油单轨吊运输系统应具备的设计包括（　　）。
A. 单轨吊送输巷道设计　　　　B. 井下油降、加油硐室设计
C. 井下换装转载站设计　　　　D. 机车及轨道选型设计
E. 单轨吊承载设计
答案：ABCD
82. 单轨吊机车必须建立的记录有（　　）。
A. 上岗记录　　B. 运行记录　　C. 检修记录　　D. 交接班记录
E. 操作记录
答案：BCD
83. 下列属于单轨吊车的有（　　）。
A. 闸瓦空行程时间　　　　　　B. 机车最大牵引力
C. 机车最大制动力　　　　　　D. 幸引拉杆的探伤
E. 机车最小制动力
答案：ABCD
84. 采用柴油机、蓄电池单轨吊车运送人员时，必须（　　）。
A. 减速慢行　　　　　　　　　B. 使用人车车厢
C. 两端设置制动装置　　　　　D. 两侧设置防护装置
E. 一侧设置防护装置
答案：BCD
85. 属于柴油机单轨吊车必须具备的系统或装置的有（　　）。

A. 2 路以上相对独立回油的制动系统　　B. 张紧力下降保护装置

C. 超速保护装置　　D. 司机应当配备通信置

E. 短路保护设置

答案：ACD

解析：《煤矿安全规程》第三百九十条　柴油机和蓄电池单轨吊车，必须具备 2 路以上相对独立回油的制动系统，必须设置超速保护装置。司机应当配备通信装置。

86. 柴油机单轨吊运行中突然自动熄火，处理后如果还有以下现象，严禁再次起车？(　　)

A. 柴油机熄火前声音异常　　B. 柴油机温度是过高

C. 柴油机机体出现破损　　D. 盘车 5 ~ 10 圈，有机械卡阻

E. 机油短缺

答案：ABCDE

87. 下列属于使用单轨吊车，应当符合的要求有（　　）。

A. 运行坡度、速度和载重，不得超过规定值

B. 安全制动和停车制动装置必须为失效安全型

C. 必须设置既可手动又能自动的安全闸

D. 应当有断轴保护措施

E. 不需要断轴保护措施

答案：ABC

解析：《煤矿安全规程》第三百九十条　使用的单轨吊车、卡轨车、齿轨车、胶套轮车、无极绳连续牵引车，应当符合下列要求：运行坡度、速度和载重，不得超过设计规定值；安全制动和停车制动装置必须为失效安全型，制动力应当为额定牵引力的 1.5 ~ 2 倍；必须设置既可手动又能自动的安全闸。

88. 单轨吊机车过（　　）时，速度应控制在 1 m/s 以内。

A. 弯道　　B. 风门　　C. 路口　　D. 交叉点

E. 斜巷

答案：ABD

解析：《DZ1800 型单轨吊司机安全技术操作规程》中规定，机车在过弯道、风门、道岔、交叉点、换装站等处时，应提前 30 m 减速运行，速度限制在 1 m/s 以内鸣笛通过。

89. 单轨吊轨道吊挂要求是（　　）。

A. 下轨面接头间隙直线段不大于 3 mm

B. 接头高低和左右允许偏差分别为 2 mm 和 1 mm

C. 接头摆角垂直不大于 7°，水平不大于 3°

D. 水平弯轨曲率半径不小于 4 m，垂直弯轨曲率半径不小于 10 m

E. 起始端、终止端设置轨端阻车器

答案：ABCDE

90. 单轨吊电器部分维护与检修的项目有哪些？（　　）。

A. 各电器部分是否完好，防爆性能是否可靠

B. 照明灯泡是否损坏需更换

C. 通信装置性能是否良好

D. 沿线照明是否损坏需更换

E. 风机是否正常使用

答案：ABC

91. 柴油机自行停车有哪些原因（　）。

A. 柴油机供油管路堵塞　B. 燃油机供油管路进空气

C. 柴油不足，柴油滤清器堵塞　D. 润滑不良，引起机械卡阻

E. 高压油泵卡死

答案：ABCDE

92. 单轨吊机车要按规定速度行驶，严禁超载、超速行驶。一般设备运输速度要控制在（　）。下坡或转弯要控制在（　）。大型设备运输要控制在（　）以下。

A. 0.5 m/s　B. 1 m/s　C. 1.5 m/s　D. 2 m/s

E. 2.5 m/s

答案：BCD

93. 煤矿三违是指（　）。

A. 违反劳动纪律　B. 违章作业　C. 违章指挥　D. 违反矿相关制度

E. 违反安全规程

答案：ABC

94. 矿井五大自然灾害是指水、火、（　）。

A. 瓦斯　B. 煤尘　C. 顶板　D. 一氧化碳

E. 电

答案：ABC

95. 单轨吊由（　）电器部分及液压部分等七部分组成。

A. 动力　B. 承载　C. 驱动　D. 操纵

E. 制动

答案：ABCDE

解析：单轨吊由动力、承载、驱动、操纵、制动、电器部分及液压部分等七部分组成。

96. 柴油机四大系统包括（　）。

A. 燃料供给系统　B. 冷却系统　C. 润滑系统　D. 起动系统

E. 驱动系统

答案：ABCD

解析：柴油机由曲柄连杆机构、配气机构和、燃料供给系统、润滑系统、冷却系统和起动系统组成。

97. 柴油机的冷却系统由（　）等部件组成。

A. 散热器　B. 风扇　C. 水泵　D. 节温器

E. 橡胶软管

答案：ABCDE

解析：柴油机的冷却系统由散热器、风扇、水泵、节温器、橡胶软管等部件组成。

98. 驱动部是机车（　　）等功能的执行机构。

A. 行走　　B. 制动　　C. 夹紧　　D. 冷却

E. 加热

答案：ABC

解析：驱动部集中了机车的行走、制动和夹紧等功能的执行机构。

99. 矿用防爆柴油机使用的非金属材料，应具有（　　）性能。

A. 导电　　B. 阻燃　　C. 助燃　　D. 抗静电

E. 可塑性

答案：BD

100. 单轨吊机车突然熄火停车的原因有（　　）。

A. 机油保护系统动作　　B. 柴油可能用完

C. 机油油量不足　　D. 柴油机出现故障

E. 机油油量充足

答案：ABCD

101. 液压油产生泡沫的原因有（　　）。

A. 油箱内油面过低　　B. 油箱上回油在油面以上

C. 油泵进油管路破损　　D. 液压油不符合要求

E. 系统未排除空气

答案：ABCDE

102. 柴油机冒黑烟的原因是（　　）。

A. 柴油机超负荷工作　　B. 进气不足

C. 气门封闭过紧　　D. 气门间隙不正确，有漏气现象

答案：ABD

103. 单轨吊液压传动的优点是（　　）。

A. 大范围的无级调速　　B. 可实现过载保护，可自行润滑磨损小

C. 易传递较大的工作压力和功率　　D. 操纵方便容易控制

E. 工作平稳易频繁、平稳换向

答案：ABCDE

104. 单轨吊机车“开锅”原因（　　）。

A. 水管中有空气　　B. 水泵不工作

C. 风扇、水泵皮带松或断　　D. 水道流水不畅

E. 机车长时间超负荷运行

答案：ABCDE

105. 单轨吊跑车或溜车原因是（　　）。

A. 主系统压力不足　　B. 夹紧油缸压力不足

C. 驱动轮磨损超限　　D. 制动闸块磨损超限

答案：ABCD

106. 机车运行过程中，主、副司机必须密切注意（　　）情况，发现异常必须立即停车，待隐患处理后方可运行。

A. 顶板　　B. 锚杆　　C. 锚索　　D. 轨道

E. 底板

答案：ABCD

107. 在运行过程中主、副司机必须密切关注巷道悬挂的（　　）等设施，以免挂坏上述设施。

A. 照明设施　　B. 电缆　　C. 通信系统　　D. 风水管路

答案：BCD

108. 单轨吊机车运行时必须前有（　　）、后有（　　）。

A. 照明灯　　B. 电笛　　C. 警示红灯　　D. 摄像头

答案：AC

109. 在启动发动机前要检查三油两水，三油是指（　　）。

A. 柴油　　B. 机油　　C. 润滑脂　　D. 液压油

答案：ABD

110. DC 单轨机车优点（　　）。

A. 与柴油机单轨吊机车比，无污染无异味，节能绿色环保，投资少运行维护费用低

B. 能更有效地利用巷道断面，受底板因素影响小

C. 具有一定爬坡能力，能适应井下巷道起伏、转弯半径小的环境，可进入多分支岔道，实现一条龙不转载运输，机动灵活，使用维护人员少

D. 与同功能地轨式运输设备比，其初期投资少运行维护费用低

答案：ABCD

111. 当单轨吊处于运行状态时，制动液压缸回缩，克服弹簧的阻力，使（　　）松开，驱动轮抱紧（　　），单轨吊车可自由行驶。

A. 制动闸皮　　B. 导轨　　C. 司机室　　D. 控制室

答案：AB

112. 单轨吊车液压系统由（　　）等构成。当单轨吊车行走运行时，液压系统完成驱动轮与导轨之间夹紧，制动器抱闸和松开等工作；在停车时为起吊梁马达提供液压动力，起吊货物。

A. 液压站　　B. 管路系统　　C. 液压执行油缸　　D. 起吊马达

答案：ABCD

113. 单轨吊控制中心是单轨吊车（　　）的中枢环节，它安装于防爆电控箱内的快开门上，由各种航空插头与外部联接，分别完成对外部操作信号、液压站压力信号、逆变器的工作运行信号等的采集处理。

A. 操作　　B. 检测　　C. 显示　　D. 控制

E. 执行

答案：ABCDE

114. 机械离心起动装置被植入主机部分的小车内部，该启动装置包括（　　）。

A. 传动滚轴　　B. 飞锤　　C. 启动器轴颈　　D. 启动杆

答案：ABCD

115. 柴油发动机不能启动的原因有（　　）。

A. 控制器 ECU 损坏　　B. 启动电机损坏
C. 燃油系里有空气　　D. 保险丝烧
答案：ABCD
116. 柴油机运行过程中会产生尾气，高浓度尾气会导致中毒是因为尾气中含有（　　）。
A. 氮氧化物　　B. 一氧化碳　　C. 二氧化碳　　D. 水蒸气
答案：AB
117. 单轨吊机车铭牌包含哪些内容（　　）。
A. 机车尺寸　　B. 出厂日期　　C. 型号　　D. 最大牵引力
答案：BCD
118. 安装在柴油机单轨吊机车上的传感器用以监控（　　）。
A. 温度　　B. 压力　　C. 液位　　D. 发动机转速
答案：ABCD
119. 关于柴油机单轨吊机车发动机启动以下说法正确的是（　　）。
A. 在多功能驱动传感器上插入点火钥匙激活驾驶室
B. 关闭蓄能器
C. 检查液压系统压力
D. 柴油机启动过程中注意倾听有无异响
答案：ACD
120. 煤矿职工必须熟悉（　　）“三大规程”。
A. 操作规程　　B. 岗位技术作业标准
C. 安全技术规程　　D. 安全规程
E. 作业规程
答案：ADE
121. 井下电网的“三大保护”是指（　　）。
A. 漏电　　B. 过流　　C. 欠压　　D. 短路
E. 接地
答案：ABE
122. 使用的单轨吊车、卡轨车、齿轨车、胶套轮车、无极绳连续牵引车，在驱动部、各车场，应当设置（　　）。
A. 阻车器　　B. 车辆指挥员　　C. 行车报警　　D. 信号装置
E. 视频监控
答案：CD
解析：《煤矿安全规程》第三百九十条　无极绳连续牵引车、绳牵引卡轨车、绳牵引单轨吊车，必须设置司机与相关岗位工之间的信号联络装置；设有跟车工时，必须设置跟车工与牵引绞车司机联络用的信号和通信装置。在驱动部、各车场，应当设置行车报警和信号装置。
123.《煤矿安全规程》规定，单轨吊车运行中应当设置跟车工，起吊或者下放设备、材料时，人员严禁在起吊梁两侧，机车过（　　）时，必须确认安全，方可缓慢通过。

A. 风门　　B. 道岔　　C. 直道　　D. 弯道

E. 硐室

答案：ABD

解析：《煤矿安全规程》第三百九十一条　单轨吊车运行中应当设置跟车工，起吊或者下放设备、材料时，人员严禁在起吊梁两侧；机车过风门、道岔、弯道时，必须确认安全，方可缓慢通过。

124. 下列属于使用的蓄电池动力装置，必须符合的要求有（　　）。

A. 充电必须在充电硐室内进行

B. 充电硐室内的电气设备必须采用矿用防爆型

C. 检修应当在车库内进行

D. 测定电压时必须在揭开电池盖 10 min 后进行

E. 测定电压时必须在揭开电池盖 30 min 后进行

答案：ABCD

解析：《煤矿安全规程》第三百七十九条　使用的蓄电池动力装置，必须符合下列要求：充电必须在充电硐室内进行；充电硐室内的电气设备必须采用矿用防爆型；检修应当在车库内进行，测定电压时必须在揭开电池盖 10 min 后测试。

125. 煤矿运输标准化对运输线路单轨吊道岔的基本要求有（　　）。

A. 道岔框架 4 个悬挂点的受力应均匀，固定点数均匀分布不少于 7 处

B. 下轨面接头轨缝不大于 3 mm

C. 轨道无变形，活动轨动作灵敏，准确到位

D. 机械闭锁可靠

E. 连接轨断开处设有轨端阻车器

答案：ABCDE

解析：《煤矿安全生产标准化》规定单轨吊道岔达到以下要求：道岔框架 4 个悬挂点的受力应均匀，固定点数均匀分布不少于 7 处；下轨面接头轨缝不大于 3 mm；轨道无变形，活动轨动作灵敏，准确到位；机械闭锁可靠；连接轨断开处设有轨端阻车器。

126. 下列属于单轨吊车安全闸应当具备的性能的有（　　）。

A. 能自动施闸

B. 施闸时的空动时间不大于 0.7 s

C. 在最大载荷最大坡度上以最大设计速度向下运行时，制动距离应不超过相当于在这一速度下 6 s 的行程

D. 在最小载荷最大坡度上向上运行时，制动减速度不大于 5 m/s^2

答案：ABCD

解析：《煤矿安全规程》第三百九十条　必须设置既可手动又能自动的安全闸。安全闸应当具备下列性能：绳牵引式运输设备运行速度超过额定速度 30% 时，其他设备运行速度超过额定速度 15% 时，能自动施闸；施闸时的空动时间不大于 0.7 s；在最大载荷最大坡度上以最大设计速度向下运行时，制动距离应当不超过相当于在这一速度下 6 s 的行程；在最小载荷最大坡度上向上运行时，制动减速度不大于 5 m/s^2。

127. 蓄电池单轨吊机车起吊大型设备（液压支架）时要求（　　）。

A. 起吊大型设备（液压支架）必须悬挂专用起吊梁架

B. 液压支架及大件设备吊运时必须吊挂牢固

C. 起吊大件设备不得超高、超宽，离地面高度大于100 mm，起吊后物料底面与巷道底板平行

D. 运行速度控制在2 m/s 内

E. 承载起吊臂必须均匀分配

答案：ABCE

解析：选自范各庄矿内《防爆型蓄电池单轨吊车安装、使用、维护保养管理规定》4.6.6.5　运行速度控制在1.5 m/s 内。

128. 单轨吊运输安全间距的要求必须满足（　　）和安全设施及设备安装、检修、施工的需要。

A. 行人　　B. 运输　　C. 安全　　D. 双向行车

E. 通风

答案：ABE

解析：《煤矿安全规程》第九十条　巷道净断面必须满足行人、运输、通风和安全设施及设备安装、检修、施工的需要。

129. 煤矿矿用单轨吊车的动力源包括哪些（　　）。

A. 柴油机　　B. 电动机　　C. 液压马达　　D. 气动马达

答案：ABC

解析：煤矿矿用单轨吊车的动力源通常为柴油机，也有采用电动机或液压马达的。

130. 煤矿矿用单轨吊车的安全防护装置包括哪些（　　）。

A. 限速器　　B. 安全阀　　C. 紧急停车按钮　　D. 红外线防撞装置

答案：ABCD

131. DC 系列柴油单轨吊机车驾驶室操作盒主要有（　　）组成。

A. 电笛按钮　　B. 操纵杆　　C. 急停按钮　　D. 甩驱按钮

E. 钥匙

答案：ABCDE

132. 驱动部是机车（　　）等功能的执行机构。

A. 行走　　B. 制动　　C. 夹紧　　D. 冷却

E. 加热

答案：ABC

解析：驱动部集中了机车的行走、制动和夹紧等功能的执行机构。

133. 井下使用的蓄电池动力装置，必须符合下列要求（　　）。

A. 充电必须在充电硐室内进行

B. 充电硐室内的电气设备必须采用矿用防爆型

C. 检修应当在车库内进行，测定电压时必须在揭开电池盖10 min 后测试

答案：ABC

解析：《煤矿安全规程》第三百七十九条　使用的蓄电池动力装置，必须符合下列要求：（一）充电必须在充电硐室内进行。（二）充电硐室内的电气设备必须采用矿用防爆

型。（三）检修应当在车库内进行，测定电压时必须在揭开电池盖 10 min 后测试。

134. 柴油机和蓄电池单轨吊车、齿轨车和胶套轮车的牵引机车或者头车上，必须设置车（　　）和（　　），列车的尾部必须设置（　　）。

A. 车灯　　B. 喇叭　　C. 红灯

答案：ABC

解析：《煤矿安全规程》第三百九十条　使用的单轨吊车、卡轨车、齿轨车、胶套轮车、无极绳连续牵引车或者头车上，必须设置车灯和喇叭，列车的尾部必须设置红灯。

135. 运行过程中，单轨吊司机必须密切关注巷道悬挂的（　　），以免挂坏。

A. 电缆　　B. 通信系统　　C. 风筒风机　　D. 风水管路设施

答案：ABCD

解析：《煤矿安全规程》规定运行过程中，单轨吊司机必须密切关注巷道悬挂的电缆、通信系统、风筒、风机、风水管路设施，以免挂坏。

136. 蓄电池应尽量避免（　　），否则将会缩短电池寿命。

A. 过充　　B. 放电　　C. 充电不足

答案：ABC

解析：《煤矿安全规程》规定蓄电池应尽量避免过度充、放电和充电不足，否则将会缩短电池寿命。

137. 井下单轨吊轨道根据现场安装条件和要求不同，单轨吊轨道分标准（　　）。

A. 直轨　　B. 弯轨　　C. 过渡轨

答案：ABC

解析：《煤炭行业》标准井下单轨吊轨道根据现场安装条件和要求不同，单轨吊轨道分标准，直轨、弯轨、过渡轨。

138. 弯轨最小水平曲率半径（　　），每节弧长不大于（　　），弧长大于（　　）时，应在其中点设一吊耳。

A. 4 m　　B. 2.5 m　　C. 1.6 m　　D. 2.0 m

答案：ABC

解析：根据德国沙尔夫单轨吊机车单轨吊轨道系统设计规范和应用，弯轨最小水平曲率半径 4 m，每节弧长不大于 2.5 m，弧长大于 1.6 m 时，应在其中点设一吊耳。

139. 接头摆角允许偏差：水平不超过（　　），垂直不超过（　　）。

A. 3°　　B. 5°　　C. 7°　　D. 8°

答案：AC

解析：《煤矿安全规程》规定单轨吊轨道接头摆角允许偏差：水平不超过 3°，垂直不超过 7°。

140. 水平弯轨曲率半径不小于（　　）；垂直弯轨曲率半径不小于（　　）。

A. 3 m　　B. 4 m　　C. 7 m　　D. 10 m

答案：BD

解析：《煤矿安全规程》规定单轨吊轨道水平弯轨曲率半径不小于 4 m；垂直弯轨曲率半径不小于 10 m。

141. （　　）和（　　）装置必须为失效安全型。必须设置既可手动又能自动的安全闸。

A. 行车制动　　B. 驻车制动　　C. 安全制动　　D. 停车制动

答案：CD

解析：《煤矿安全规程》第三百九十条　安全制动和停车制动装置必须为失效安全型。必须设置既可手动又能自动的安全闸。

142. 检查液压系统管路有无（　　）现象，油箱油量是否充足，不足时，应及时补充。

A. 跑　　B. 冒　　C. 滴　　D. 漏

答案：ABCD

解析：防爆蓄电池单轨吊司机安全技术操作规程检查液压系统管路有无跑、冒、滴、漏现象，油箱油量是否充足，不足时，应及时补充。

143. 蓄电池单轨吊机车驱动轮的磨损状况，当驱动轮直径由（　　）磨损至（　　）时，必须及时更换。

A. 400 mm　　B. 370 mm　　C. 350 mm　　D. 300 mm

答案：AB

解析：防爆蓄电池单轨吊司机安全技术操作规程，检查驱动轮的磨损状况，当驱动轮直径由400 mm磨损至370 mm时，必须及时更换。

144. 矿井必须建立单轨吊检查制度，明确（　　）及具体内容，并做好现场检查记录，存档被查。

A. 日检　　B. 月检　　C. 季检　　D. 年检

答案：ABD

解析：《煤矿安全规程》第五章第三十三条　矿井必须建立单轨吊检查制度，明确日检、月检、年检及具体内容，并做好现场检查记录，存档被查。

145. 单轨吊机车运行前应建立健全（　　）制度。

A. 检修维护　　B. 运行　　C. 连接班　　D. 巡回检查

答案：ABCD

解析：《煤矿安全规程》轨道单轨吊机车运行前应建立健全检修维护、运行、交接班、巡回检查等制度。

146. 柴油机和蓄电池单轨吊车，必须具备2路以上相对独立回油的制动系统，必须设置（　　）。司机应当配备（　　）。

A. 紧急求救装置　　B. 道岔遥控装置　　C. 超速保护装置　　D. 通信装置

答案：CD

解析：《煤矿安全规程》第三百九十条　柴油机和蓄电池单轨吊车，必须具备2路以上相对独立回油的制动系统，必须设置超速保护装置。司机应当配备通信装置。

147. 单轨吊机车应具有出现（　　）任意情况时，均能停止柴油机工作，并实施紧急制动的保护装置。

A. 柴油机转数超过许可最大转速时

B. 柴油机废气排气口温度超过65 ℃时

C. 柴油机废气排气口温度超过70 ℃时

D. 柴油机冷却水温度超过 90 ℃时

E. 柴油机冷却水温度超过 95 ℃时

F. 柴油机润滑油压力低于规定值时

G. 液压系统补油压力低于规定值时

H. 单轨吊机车运行速度超过规定值的 10% 时

I. 单轨吊机车运行速度超过规定值的 15% 时

答案：ACEFGI

解析：《柴油机单轨吊车》(MT/T 883—2000) 5.1.8　单轨吊机车应具有出现下列任意情况时，均能停止柴油机工作，并实施紧急制动的保护装置。柴油机转数超过许可最大转速时；柴油机废气排气口温度超过 70 ℃时；柴油机冷却水温度超过 95 ℃时；柴油机润滑油压力低于规定值时；液压系统补油压力低于规定值时；单轨吊机车运行速度超过规定值的 15% 时。

148. 柴油机和蓄电池单轨吊车头车上，必须设置（　　），列车的尾部必须设置红灯。

A. 瓦斯传感器　　B. 车灯　　C. 喇叭　　D. 声光报警器

答案：BC

解析：《煤矿安全规程》第三百九十条　柴油机和蓄电池单轨吊车、齿轨车和胶套轮车的牵引机车或者头车上，必须设置车灯和喇叭，列车的尾部必须设置红灯。

149. 单轨吊机车的外观要求：表面应（　　）。

A. 清洁干净　　B. 漆层均匀

C. 结合牢固　　D. 不得有起皮脱落现象

答案：ABCD

解析：《柴油机单轨吊车》(MT/T 883—2000) 5　技术要求　5.3.1　单轨吊机车的外观要求，表面应清洁干净，漆层均匀，结合牢固，不得有起皮脱落现象。

150. 每台机车应在明显部位，固定产品标牌。标牌上内容包括：（　　）。

A. 产品名称、型号，制造厂名称

B. 出厂日期和出厂编号，产品主要技术参数

C. 液压油型号，执行标准编号

D. 检验合格证号，安全标志标识（MA）和编号

答案：ABCD

解析：《柴油机单轨吊车》(MT/T 883—2000) 8.1 标志　每台机车应在明显部位，固定产品标牌。标牌上内容包括：产品名称、型号；制造厂名称；出厂日期和出厂编号；产品主要技术参数；执行标准编号；检验合格证号；安全标志标识（MA）和编号。

151. 制动闸块所用的材料，应选用在制动时（　　）的材料。

A. 阻燃　　B. 绝缘

C. 不会引爆外界爆炸性物质　　D. 不易燃

答案：AC

解析：《柴油机单轨吊车》(MT/T 883—2000) 5　技术要求　5.1.14　制动闸块所用的材料，应选用在制动时阻燃且不会引爆外界爆炸性物质的材料。

152. 单轨吊起吊时，下列哪些行为被严格禁止（　　）。

A. 采用人工推、拉、撬、顶等方式强行吊装作业

B. 作业人员推、拉、撬、顶被吊装的物、料和起吊工具

C. 作业人员没有必要选择安全的站位

D. 吊装过程中出现设备故障时，可以继续作业

答案：ABCD

153. 单轨吊线路轨道接头的水平偏差不得大于（　　）、垂直偏差不得大于（　　），下轨面接头轨缝不得大于（　　）。

A. 1 mm　　B. 2 mm　　C. 3 mm　　D. 4 mm

答案：ABC

154. 柴油单轨吊机车（　　）制动和（　　）制动装置必须为失效安全型。

A. 安全　　B. 紧急　　C. 停车　　D. 超速

答案：AC

解析：《煤矿安全规程》第三百九十条。

155. 柴油机单轨吊机车司机室内应装设瓦斯自动检测报警断电仪，当巷道瓦斯含量达（　　）时，应能自动报警，瓦斯含量达（　　）时应能自动断电（油）、停止柴油机工作。

A. 0.5%　　B. 1%　　C. 2% ~5%　　D. 1% ~5%

答案：BD

解析：《柴油机单轨吊机车》（MT/T 883—2000）单轨吊机车规定 5.1.11。

156. 柴油机单轨吊机车应设有（　　）。

A. 工作制动　　B. 紧急制动　　C. 停车制动　　D. 液压制动

答案：ABC

解析：《柴油机单轨吊车》(MT/T 883—2000) 5.1.12　柴油机单轨吊机车应设有工作制动，紧急制动和停车制动。工作制动装置和紧急制动装置必须具有相互独立的控制系统，紧急制动和停车制动装置允许合二为一。

157. 单轨吊机车应设有指示仪表有（　　）。

A. 冷却水温度表　　B. 润滑油压力表

C. 液压传动系统压力表　　D. 补油系统压力表

E. 排气温度表

答案：ABCDE

解析：《MT/T 883—2000》5.1.9　单轨吊机车应设有指示仪表，冷却水温度表，润滑油压力表，液压传动系统压力表，补油系统压力表，排气温度表，润滑温度表等。

158. 使用的单轨吊车（　　）不得超过设计规定值。

A. 运行坡度　　B. 速度　　C. 载重　　D. 机车自重

E. 驱动轮

答案：ABC

解析：《煤矿安全规程》第三百九十一条　使用的单轨吊车、卡轨车、齿轨车、胶套轮车、无极绳连续牵引车，应当符合下列要求：(一) 运行坡度、速度和载重，不得超过

设计规定值。

159. 单轨吊运输必须根据起吊重物的最大载荷设计（　　），其安装与铺设应当保证单轨吊车的安全运行。

A. 起吊梁　　B. 吊挂轨道　　C. 驱动部　　D. 主机

E. 液压系统

答案：AB

解析：《煤矿安全规程》第三百九十一条　必须根据起吊重物的最大载荷设计起吊梁和吊挂轨道，其安装与铺设应当保证单轨吊车的安全运行。

160. 制动闸块所用的材料，应选用在制动时（　　）材料。

A. 阻燃　　B. 不会引爆外界爆炸性物质

C. 可燃　　D. 安全型

E. 抗静电

答案：AB

解析：《MT/T 883—2000》5.1.14　制动闸块所用的材料，应选用在制动时阻燃且又不会引爆外界爆炸性物质的材料。

161. 单轨吊车是由在巷道顶部悬吊的单轨上运行的（　　）等组成的列车组的统称。

A. 单轨吊机车　　B. 承载车　　C. 制动车　　D. 驾驶室

E. 油管路

答案：ABC

解析：《MT/T 883—2000》3.2　单轨吊车由在巷道顶部悬吊的单轨上运行的单轨吊机车及承载车、制动车等组成的列车组的统称。

162. 按照动力源分类，单轨吊机车可分为几种（　　）。

A. 气动单轨吊　　B. 电瓶牵引单轨吊

C. 钢丝绳牵引单轨吊　　D. 柴油机单轨吊

答案：ABCD

163. 按照 MT/T 883 行业标准要求，单轨吊机车在出现下列哪情况时，能停止柴油机工作，并实施紧急制动的保护装置（　　）。

A. 柴油机废气排气口温度超过 70 ℃时

B. 柴油机冷却水温度超过 95 ℃时

C. 单轨吊机车运行速度超过规定值的 15% 时

D. 柴油机转速超过许可最大转速时

答案：ABCD

解析：《MT/T 883—2000》5.1.8　单轨吊机车应具有出现下列任意情况时，均能停止柴油机工作，并实施紧急制动的保护装置：A）柴油机转速超过许可最大转速时；B）柴油机废气排气口温度超过 70 ℃时；C）柴油机冷却水温度超过 95 ℃时；D）柴油机润滑油压力低于规定值时；E）液压系统补油压力低于规定值时；F）单轨吊机车运行速度超过规定值的 15% 时。

164. 钢丝绳牵引单轨吊在使用时的优点有（　　）。

A. 牵引力大　　B. 过负荷能力强　　C. 没有污染　　D. 安全性高

答案：ABCD

解析：钢丝绳牵引单轨吊机车现场使用分析。

165. 柴油机单轨吊机车正常运转需具备的条件是（　　）。

A. 有足够的柴油和空气　　B. 进、排气系统畅通

C. 柴油机达到一定转速　　D. 电控和液压系统完好

答案：ABCD

166. 使用防爆柴油动力装置的矿井及开采容易自燃、自燃煤层的矿井，应当设置（　　）传感器和（　　）传感器。

A. 二氧化碳　　B. 一氧化碳　　C. 湿度　　D. 温度

答案：BD

解析：《煤矿安全规定》第五百零三条　使用防爆柴油动力装置的矿井及开采容易自燃、自燃煤层的矿井，应当设置一氧化碳传感器和温度传感器。

167. 井下下列设备必须设置甲烷断电仪或者便携式甲烷检测报警仪（　　）。

A. 采煤机、掘进机、掘锚一体机、连续采煤机

B. 梭车、锚杆钻车

C. 采用防爆蓄电池或者防爆柴油机为动力装置的运输设备

D. 其他需要安装的移动设备

答案：ABCD

解析：《煤矿安全规定》第五百零一条　井下下列设备必须设置甲烷断电仪或者便携式甲烷检测报警仪：（一）采煤机、掘进机、掘锚一体机、连续采煤机。（二）梭车、锚杆钻车。（三）采用防爆蓄电池或者防爆柴油机为动力装置的运输设备。（四）其他需要安装的移动设备。

168. 柴油发动使用环境要求（　　）。

A. 无具体要求

B. 甲烷浓度为 1.5% 以下的环境

C. 工作温度为 0 ~ +40 ℃的环境

D. 湿度为 90% 以下的环境

答案：BCD

169. 采用钢丝绳牵引单轨吊车运输时，严禁（　　）。

A. 在巷道弯道内设置人行道　　B. 使用人车车厢

C. 超员乘坐　　D. 遇到紧急情况时使用紧急制动

答案：AC

170. 下列属于绳牵引单轨吊车必须设置的保护装置的有（　　）。

A. 越位　　B. 超速　　C. 张紧力下降　　D. 超载

答案：ABC

171. 下列属于绳牵引单轨吊车应当符合的要求有（　　）。

A. 必须设置司机与相关岗位工之间的通信联络装置

B. 设有跟车工时，必须设置跟车工与牵引车司机联络用的信号和通信装置

C. 必须设置超速保护装置

D. 在驱动部行车场，应当设置行车报警和信号装置

答案：ABCD

解析：《煤矿安全规程》第三百九十一条。

172. 下列属于使用单轨吊车，应当符合的要求有（　　）。

A. 运行坡度、速度和载重，不得超过规定值

B. 安全制动和停车制动装置必须为失效安全型

C. 必须设置既可手动又能自动的安全闸

D. 应当有断轴保护措施

答案：ABC

解析：《煤矿安全规程》规定使用单轨吊车，应当符合的要求有运行坡度．速度和载重，不得超过规定值，安全制动和停车制动装置必须为失效安全型，必须设置既可手动又能自动的安全闸。

173. 吊运设备必须（　　），要合理选择起吊位置，不得损坏设备的凸出、易损部位。

A. 吊平　　B. 吊稳　　C. 吊牢

答案：ABC

解析：《煤矿安全规程》规定吊运设备必须吊平、吊稳、吊牢，要合理选择起吊位置，不得损坏设备的凸出、易损部位。

174. 下列选项中属于单轨吊机车日常检查项目的是（　　）。

A. 制动闸皮的状态　　B. 照明设备

C. 急停按钮的状态　　D. 三油两水

答案：ABCD

解析：根据新沙单轨吊机车的开车前的检查，三油两水、制动闸皮的状态、照明设备、急停按钮的状态、驱动轮状态等。

三、判断题

1. 驱动轮所用的非金属材料，应符合 MT 113 的规定，与轨道的摩擦系数不应小于 0.3。（　　）

答案：错误

解析：中华人民共和国煤炭行业标准《MT/T 883—2000 柴油机单轨吊机车》5.1.6 驱动轮所用的非金属材料，应符合 MT 113 的规定，与轨道的摩擦系数不应小于 0.4。

2. 驱动部是机车的行走、制动和夹紧等功能的执行机构。（　　）

答案：正确

3. 单轨吊吊轨线路终点，必须装设轨道终端阻车器。（　　）

答案：正确

4. 运行中发现棚梁、轨道变形弯曲或有其他障碍不能通过时，不准强行通过。（　　）

答案：正确

5. 蓄电池单轨吊车设计运行巷道坡度不大于 15°。（　　）

答案：正确

6. 开车前检查各种仪表及速度显示是否灵敏可靠。(　　)

答案：正确

7. 蓄电池单轨吊司机室均设有两个脚踏，左边是增压脚踏，右边是运行脚踏，运行时需要先踩住运行脚踏。(　　)

答案：错误

解析：蓄电池单轨吊两个司机室均设有两个脚踏，左边是运行脚踏，右边是增压脚踏。

8. 单轨吊车停车至少 2 min 以后，驱动轮夹紧力油表的油压释放后，再断开蓄电池上的隔离开关，否则单轨吊车停车后，驱动轮一直于夹紧状态，影响驱动轮使用寿命。(　　)

答案：正确

9. 清洗油箱时，决不能用棉纱、粗布等含纤维制品来抹擦油箱，必须用丝绸制品或和好的食用白面来擦洗或用面在油箱内滚粘污物。(　　)

答案：正确

10. 蓄电池由铅酸蓄电池串联而成，每充一次电可供机车行驶 16 ~ 20 km 左右。(　　)

答案：正确

11. 防爆柴油机运行期间严禁拆除阻火器。(　　)

答案：正确

12. 柴油单轨吊机车灭火系统由手动灭火系统和自动灭火系统两部分构成，确保意外火情时机车能够及时实施灭火。(　　)

答案：正确

13. 电池表面应保持清洁、干燥，应及时清理落在电池外面、连接导线（或连接条）上的灰尘及测量过程中滴在电池盖上的电解液，以确保电池绝缘性能良好。(　　)

答案：正确

14. 驱动减速机初次运行 100 h 后应及时更换一次润滑油，以后每运行 1000 h，更换一次。(　　)

答案：正确

15. 蓄电池单轨吊机车踩下增压脚踏开关，夹紧压力可以达到 11 MPa。(　　)

答案：正确

16. 单轨吊机车应设有 2 个均能独立操纵，且又互为自动闭锁的司机室，两司机室都应能操作紧急制动装置。(　　)

答案：正确

17. 蓄电池单轨吊每个司机室的牵停按钮和总停按钮以及控制箱上的牵停按钮均具有同等操作权，无主次之分，任意时刻均可停止单轨吊的运行。(　　)

答案：正确

18. 单轨吊机车在运行中非紧急情况下，严禁使用紧急制动停车。(　　)

答案：正确

解析：《防爆柴油机单轨吊车操作规程》要求，单轨吊机车在运行中非紧急情况下，严禁使用紧急制动停车。

19. 单轨吊机车改变运行方向后司机可以不更换驾驶位置，在原驾驶室内操作。(　　)

答案：错误

解析：《防爆柴油机单轨吊车操作规程》要求，除调车外，单轨吊机车改变运行方向后司机必。须到运行方向的前方驾驶室操作。

20. 单轨吊司机启车后，推动操作手柄观察驾驶室内仪表和显示屏的指示正常后，方可开车。(　　)

答案：正确

解析：《防爆柴油机单轨吊车操作规程》的操作要求中，单轨吊司机启车后，推动操作手柄观察驾驶室内仪表和显示屏的指示正常后，方可开车。

21. 单轨吊机车运行前，必须把驾驶室的专用梯收回，以防机车运行时发生事故。(　　)

答案：正确

解析：《防爆柴油机单轨吊车操作规程》的操作要求中，单轨吊机车运行前，必须把驾驶室的专用梯收回，以防机车运行时发生事故。

22. 单轨吊的防爆柴油机起动后中低速暖机 5 min 再起步，气温低于 0 ℃时必须暖机。(　　)

答案：正确

解析：《防爆柴油机单轨吊车操作规程》的操作要求中，单轨吊的防爆柴油机起动后，以中低速暖机 5 min 再起步，气温低于 0 ℃时必须暖机。

23. 单轨吊的防爆柴油机在大负荷运行的状态下紧急制动停机，对车辆和柴油机是允许的。(　　)

答案：错误

解析：《防爆柴油机单轨吊车操作规程》和《DCR 系列防爆柴油机使用维护说明书》要求，防爆柴油机单轨吊非紧急情况下不得使用紧急制动停机，在大负荷运行的状态下紧急制动停机，对车辆和柴油机有损伤。

24. DCR200/130Y 型防爆柴油机单轨吊使用的安全制动和工作制动必须是安全失效型。(　　)

答案：正确

解析：《煤矿安全规程》第三百九十条　使用的单轨吊车的安全制动和停车制动装置必须为失效安全型，制动力应当为额定牵引力的 1.5 ~2 倍。

25. DCR200/130Y 型防爆柴油机单轨吊的制动力是 300 kN。(　　)

答案：错误

解析：《DCR 系列防爆柴油机使用维护说明书》中的主要性能参数指标中，其制动力是 300 ~400 kN。

26. 防爆柴油机单轨吊设计通过能力，水平方向最小曲率半径 4 m。(　　)

答案：正确

解析：Q/JMKJ 1601—2022《徐州江煤科技有限公司企业标准》中，防爆柴油机单轨吊设计通过能力，水平方向最小曲率半径 4 m。

27. DCR200/130Y 防爆柴油机单轨吊车的最大运行倾角是 15°。(　　)

答案：错误

解析：Q/JMKJ 1601—2022《徐州江煤科技有限公司企业标准》中，防爆柴油机单轨吊车的最大运行倾角是 25°。

28. 防爆柴油机单轨吊液压系统要求，以额定工作压力的 1.25 倍试验，保压 5 min 不得渗漏。(　　)

答案：正确

解析：《柴油机单轨吊车》(MT/T 883—2000) 和《徐州江煤科技有限公司企业标准》(Q/JMKJ 1601—2022) 中，液压系统防渗漏要求，液压系统以额定工作压力的 1.25 倍试验，保压 5 min 观察应无有渗漏现象。

29. 额定工况下要求单轨吊车牵引力不小于技术参数给定值的允许偏差 ±5%；最大运行速度不小于技术参数给定值的允许偏差 ±5%。(　　)

答案：正确

解析：《柴油机单轨吊车》(MT/T 883—2000) 中对牵引力的要求是，单轨吊机车的最大牵引力的允许偏差 ±5%，最大运行速度允许偏差 ±5%。

30. 单轨吊的警示喇叭鸣笛时，100 m 范围内能听清楚。(　　)

答案：错误

解析：《柴油机单轨吊车》(MT/T 883—2000) 中对喇叭的设置与要求是，司机室前段应装设喇叭、照明灯和红色信号灯，喇叭音响在距离司机室 20 m 处应清晰。

31. 单轨吊运输巷道顶部安全距离不小于 0.5 m。(　　)

答案：正确

解析：《煤矿安全规程》第九十条　巷道净断面必须满足行人、运输、通风和安全设施及设备安装、检修、施工的需要，使用单轨吊车的运输巷道顶部安全距离不小于 0.5 m。

32. DCR200/130Y 防爆柴油机单轨吊液压系统的额定工作压力是 25 MPa。(　　)

答案：错误

解析：《DCR 系列防爆柴油机使用维护说明书》液压系统描述和技术参数中，DCR200/130Y 防爆柴油机单轨吊液压系统的额定工作压力是 32 MPa。

33. 运行 DCR200/130Y 防爆柴油机单轨吊的巷道或空间通风量不小于 300 m^3/min。(　　)

答案：错误

解析：《煤矿安全规程》第一百三十八条　矿井需要的风量应当按下列要求分别计算，并选取其中的最大值。使用煤矿用防爆型柴油动力装置机车运输的矿井，行驶车辆巷道的供风量还应当按同时运行的最多车辆数增加巷道配风量，配风量不小于 4 m^3/(min·kW)，130 kW 的柴油机配风量不小于 520 m^3/(min·kW)。

34. DCR200/130Y 防爆柴油机单轨吊运行轨道的型号是 I140 V。(　　)

答案：错误

解析：《DCR 系列防爆柴油机使用维护说明书》对运行轨道线路的描述，DCR200/

130Y 防爆柴油机单轨吊运行轨道可使用 I140 V 重轨，也可在 I140 E 轻轨线路上运行。

35. 运行单轨吊的轨道线路末端必须安装轨道阻车装置。(　　)

答案：正确

解析：《DCR 系列防爆柴油机使用维护说明书》对运行轨道线路的描述，运行单轨吊的轨道线路末端必须安装轨道阻车装置。

36. 单轨吊车运输巷（包括管、线、电缆）与运输设备最突出部分之间的最小间距，顶部不小于 0. 8 m，两侧不小于 0. 8 m。(　　)

答案：错误

解析：《煤矿安全规程》第九十条　单轨吊车运输巷（包括管、线、电缆）与运输设备最突出部分之间的最小间距顶部不小于 0. 5 m，两侧不小于 0. 85 m。

37. 单轨吊车运输巷（包括管、线、电缆）与运输设备最突出部分之间的最小间距，曲线巷道段应当在直线巷道允许安全间隙的基础上内侧加宽不小于 0. 1 m，外侧加宽不小于 0. 2 m。(　　)

答案：正确

解析：《煤矿安全规程》第九十条　单轨吊车运输巷（包括管、线、电缆）与运输设备最突出部分之间的最小间距，曲线巷道段应当在直线巷道允许安全间隙的基础上内侧加宽不小于 0. 1 m，外侧加宽不小于 0. 2 m。

38. 单轨吊车运输巷（包括管、线、电缆）与运输设备最突出部分之间的最小间距，曲线巷道段应当巷道内外侧加宽要从曲线巷道段两侧直线段开始，加宽段的长度不小于 5. 0 m。(　　)

答案：正确

解析：《煤矿安全规程》第九十条　单轨吊车运输巷（包括管、线、电缆）与运输设备最突出部分之间的最小间距，曲线巷道段应当巷道内外侧加宽要从曲线巷道段两侧直线段开始，加宽段的长度不小于 5. 0 m。

39. 双向运输巷中，两单轨吊车最突出部分之间的距离，对开时不得小于 0. 75 m。(　　)

答案：错误

解析：《煤矿安全规程》第九十二条　采用单轨吊车运输的巷道双向运输巷中，两车最突出部分之间的距离对开时不得小于 0. 8 m。

40. 使用的单轨吊车运行坡度、速度和载重，不得超过设计规定值。(　　)

答案：正确

解析：《煤矿安全规程》第三百九十条　使用的单轨吊车运行坡度、速度和载重，不得超过设计规定值。

41. 使用的单轨吊车安全制动和停车制动装置必须为失效安全型，制动力应当为额定牵引力的 3 ~5 倍。(　　)

答案：错误

解析：《煤矿安全规程》第三百九十条　使用的单轨吊车安全制动和停车制动装置必须为失效安全型，制动力应当为额定牵引力的 1. 5 ~2 倍。

42. 使用的单轨吊车必须设置既可手动又能自动的安全闸。(　　)

答案：正确

43. 柴油机和蓄电池单轨吊车，必须设置车灯和喇叭，列车的尾部必须设置红灯。(　　)

答案：正确

解析：《煤矿安全规程》第三百九十条　柴油机和蓄电池单轨吊车、齿轨车和胶套轮车的牵引机车或者头车上，必须设置车灯和喇叭，列车的尾部必须设置红灯。

44. 柴油机和蓄电池单轨吊车，必须具备2路以上相对独立回油的制动系统，必须设置超速保护装置，司机应当配备通信装置。(　　)

答案：正确

解析：《煤矿安全规程》第三百九十条　柴油机和蓄电池单轨吊车，必须具备2路以上相对独立回油的制动系统，必须设置超速保护装置，司机应当配备通信装置。

45. 绳牵引单轨吊车必须设置越位、超速、张紧力下降等保护，运行时绳道内严禁有人。(　　)

答案：正确

解析：《煤矿安全规程》第三百九十条　绳牵引单轨吊车必须设置越位、超速、张紧力下降等保护，运行时绳道内严禁有人。

46. 绳牵引单轨吊车无须设置司机与相关岗位工之间的信号联络装置，在驱动部、各车场，应当设置行车报警和信号装置。(　　)

答案：错误

解析：《煤矿安全规程》第三百九十条　绳牵引单轨吊车必须设置司机与相关岗位工之间的信号联络装置，在驱动部、各车场，应当设置行车报警和信号装置。

47. 采用单轨吊车运输时，柴油机单轨吊车运行巷道坡度不大于25°，蓄电池轨吊车不大于15°，钢丝绳单轨吊车不大于25°。(　　)

答案：正确

解析：《煤矿安全规程》第三百九十一条　采用单轨吊车运输时，柴油机单轨吊车运行巷道坡度不大于25°，蓄电池轨吊车不大于15°，钢丝绳单轨吊车不大于25°。

48. 单轨吊车运行中应当设置跟车工。起吊或者下放设备、材料时，人员可以在起吊梁两侧；机车过风门、道岔、弯道时，必须确认安全后，方可快速通过。(　　)

答案：错误

解析：《煤矿安全规程》第三百九十一条　单轨吊车运行中应当设置跟车工。起吊或者下放设备、材料时，人员严禁在起吊梁两侧；机车过风门、道岔、弯道时，必须确认安全，方可缓慢通过。

49. 采用柴油机、蓄电池单轨吊车运送人员时，必须使用人车车厢；两端必须设置制动装置，两侧必须设置防护装置。(　　)

答案：正确

50. 采用钢丝绳牵引单轨吊车运输时，严禁在巷道弯道内侧设置人行道。(　　)

答案：正确

51. 单轨吊车的检修工作应当在平巷内进行。若必须在斜巷内处理故障时，不必制定安全措施，但要有防止淋水侵蚀轨道的措施。(　　)

答案：错误

解析：《煤矿安全规程》第三百九十一条　单轨吊车的检修工作应当在平巷内进行。若必须在斜巷内处理故障时，应当制定安全措施。有防止淋水侵蚀轨道的措施。

52. 倾斜井巷中使用的单轨吊车的连接装置的安全系数运人时不小于 10 倍，运物时不小于 7 倍。(　　)

答案：错误

解析：《煤矿安全规程》第四百一十六条　倾斜井巷中使用的单轨吊车的连接装置的安全系数运人时不小于 13 倍，运物时不小于 10 倍。

53. 单轨吊机车制动闸块所用的材料，可以选用在制动时不阻燃的物质的材料。(　　)

答案：错误

解析：《柴油机单轨吊车》(MT/T 883—2000) 5.1.13 和 5.1.14　单轨吊机车的紧急制动必须设计成失效安全型，且既可手动又可自动制动的装置，制动闸块所用的材料，应选用在制动时阻燃且又不会引爆外界爆炸性物质的材料。

54. 单轨吊道岔框架 4 个悬挂点的受力应均匀，固定点数均匀分布不少于 10 处。(　　)

答案：错误

解析：《煤矿安全生产标准化管理体系》规定　单轨吊道岔达到以下要求：道岔框架 4 个悬挂点的受力应均匀，固定点数均匀分布不少于 7 处。

55. 单轨吊车线路：下轨面接头轨缝不大于 5 mm；轨道无变形，活动轨动作灵敏，准确到位。(　　)

答案：错误

解析：《煤矿安全生产标准化管理体系》规定　单轨吊道岔达到以下要求：下轨面接头轨缝不大于 3 mm；轨道无变形，活动轨动作灵敏，准确到位；机械闭锁可靠；连接轨断开处设有轨端阻车器。

56. 柴油机单轨吊机车的零部件和铭牌不得用铝合金制造，每个司机室内应装设一台或数台便携式灭火器。(　　)

答案：正确

57. 每年由具备检测检验能力的煤矿企业或委托具备专业能力的安全生产检测检验机构对单轨吊进行一次检测。(　　)

答案：正确

解析：《煤矿安全生产标准化管理体系基本要求及评分方法（试行）执行说明》第八部分 8.6 运输管理，按规定对单轨吊车进行试验、检测检验，是指按照《柴油机单轨吊车》(MT/T 883—2000)、《DX25J 防爆特殊型蓄电池单轨吊车》(MT/T 887)、《煤矿用防爆柴油机械排气中一氧化碳氮氧化物检验规范》(MT/T 220) 规定的检测项目，每年由具备检测检验能力的煤矿企业或委托具备专业能力的安全生产检测检验机构对单轨吊进行一次检测。

58. 单轨吊工作制动是指单轨吊车正常操作控制需用的制动。(　　)

答案：正确

59. 单轨吊停车制动是指单轨吊车停止其运行后，能使单轨吊车保持静止的制动。(　　)

答案：正确

60. 防爆柴油机废气排出后，通过冷却净化水箱，冷却净化水箱必须安装在阻火器后，冷却净化水箱与阻火器的固定板应使用耐腐蚀材料制造。(　　)

答案：错误

解析：《矿用防爆柴油机通用技术条件》(MT/T 990—2006) 4.10.1　防爆柴油机废气排出前，应通过冷却净化水箱冷却，净化水箱可安装在阻火器前，冷却净化水箱与阻火器的固定板应使用耐腐蚀材料制造。

61. 柴油机单轨吊机车应设有冷却水温度表，润滑油压力表，液压传动系统压力表，补油系统压力表，排气温度表，润滑温度表等指示仪表。(　　)

答案：正确

62. 单轨吊车由在巷道顶部悬吊的单轨上运行的单轨吊机车及承载车、制动车等组成的列车组的统称。(　　)

答案：正确

63. 机车进入工作面时，瓦斯浓度不得超过1.5%。(　　)

答案：错误

解析：《柴油机单轨吊机车》(MT/T 883—2000) 5.1.11　司机室内应装设瓦斯自动检测报警断电仪，当巷道瓦斯含量达1%时，应能自动报警，瓦斯含量达1.5%时应能自动断电（油)、停止柴油机工作。

64. 单轨吊与绞车共用一条巷道时，可以平行作业。(　　)

答案：错误

65. 单轨吊轨道主要有直轨、曲轨、连接轨和过渡轨四种。(　　)

答案：正确

66. 单轨吊机车紧急制动是指单轨吊车正常操作控制需要的制动。(　　)

答案：错误

解析：《柴油机单轨吊机车》(MT/T 883—2000) 3.6　紧急制动（又称安全制动）单轨吊车发生异常现象，需要紧急停车时，安全保护装置能按预先设定的程序，自动实施的制动。

67. 单轨吊机车安全制动和停车制动装置，应设计成失效安全型。(　　)

答案：正确

解析：《煤矿安全规程》第三百九十条　安全制动和停车制动装置必须为失效安全性，制动力应当为额定牵引力的1.5~2倍。

68. 单轨吊司机应熟悉有关安全规程，对使用信号，通信设施，有一定的应变能力。(　　)

答案：正确

69. 单轨吊起吊大型设备时，两起吊臂载荷不必均匀分配。(　　)

答案：错误

70. 机车长时间停用后再次使用，只需检查燃油、液压后、机油是否充足后即可启动

机车。(　　)

答案：错误

71. 单轨吊机车制动距离是指司机操作制动装置或安全保护装置开始动作，到单轨吊车完全停止的运行距离。机车制动距离为空行程运行距离与实际制动距离之和。(　　)

答案：正确

72. 单轨吊司机在启车前检查单轨吊各种指示仪表及电气设备是否正常。(　　)

答案：正确

73. 安全、保护信号的作用是保证正常作业时，各个环节能够准确有序、安全可靠地动作。(　　)

答案：正确

74. 单轨吊司机接到停车信号后，松开运行脚踏，使机车制动。(　　)

答案：正确

75. 单轨吊机车运行中，行人必须提前躲到安全地点，待机车通过后可向前运行，人员不得从运行机车下通过。(　　)

答案：正确

76. 单轨吊运行时，严禁将头或身体探出车外。(　　)

答案：正确

77. 单轨吊机车司机室操作盒上的正向/反向推杆有 3 个位置。(　　)

答案：正确

78. 将机车行车手柄缓缓放回“0”位，松开脚踏阀可实现制动停车。(　　)

答案：正确

79. 紧急制动装置施闸时的空动时间测试指释放紧急制动装置的压力，实施紧急制动。测试从释放瞬间起至制动闸块接触轨道腹板止的时间差，即为空动时间。(　　)

答案：正确

80. 防爆蓄电池单轨吊车的工作运行靠蓄电池提供直流电。(　　)

答案：正确

81. 单轨吊机车出现功能性故障，必须立即关闭机车，进行故障排查。(　　)

答案：正确

82. 安装于防爆电控箱内的快开门上的控制中心，是单轨吊车操作、检测、显示、控制、执行的中枢环节。(　　)

答案：正确

83. 单轨吊安全制动和停车制动装置必须为失效安全型。(　　)

答案：正确

84. 单轨吊司机必须严格按操作规程操作。作业过程中严格执行局颁发的相应标准化作业。(　　)

答案：正确

85. 单轨吊吊轨线路终点，必须装设轨端阻车器。(　　)

答案：正确

86. 严禁机车在行驶中或尚未停稳前离开驾驶室。(　　)

答案：正确

87. 吊挂道岔时下方禁止站人。(　　)

答案：正确

88. 柴油单轨吊机车的零部件和铭牌可以用铝合金制造。(　　)

答案：错误

解析：《柴油机单轨吊机车》(MT/T 883—2000) 5.1.19　单轨吊机车的零部件和铭牌不得用铝合金制造。

89. 机车司机应每年进行一次身体检查，凡不符合要求的，必须及时调换。(　　)

答案：正确

90. 开车前检查各种仪表及速度显示是否灵敏可靠。(　　)

答案：正确

91. 单轨吊驱动轮应表面光洁，不得有大于 15 mm 的凹凸。(　　)

答案：错误

解析：《单轨吊操作指南》单轨吊驱动轮应表面光洁，不得有大于 10 mm 的凹凸。

92. 单轨吊运送人员时，乘坐人员必须在指定地点上下车。(　　)

答案：正确

93. 单轨吊机车的制动距离，每年至少测定一次。(　　)

答案：正确

94. 柴油机润滑系不仅起润滑作用，还具有散热作用。(　　)

答案：正确

95. 单轨吊司机要准确使用信号，通信设施，有一定的应变能力。(　　)

答案：正确

96. 起吊梁坠砣不起吊物料时，在机车运行时，必须将坠砣固定，以防机车运行时摆动撞击巷道内设施造成事故以及拖地运行。(　　)

答案：正确

97. 司机不得擅自离开工作岗位，严禁在机车行驶中或尚未停稳前离开司机室，过岔道口时注意道岔闭合情况，防止机车脱轨造成事故。(　　)

答案：正确

98. 单轨吊、绞车等设备共用一条巷道并行作业时，必须制定安全措施。(　　)

答案：错误

解析：《单轨吊司机操作规程》规定，跨越设备物料运行时，间距必须大于 200 mm，否则不得通过，单轨吊、绞车共用一条巷道时，不得并行作业。

99. 机车必须在道岔前后 5 m 范围外停车或吊装物料。(　　)

答案：正确

100. 防爆柴油发动机非金属部件不必采用阻燃材料。(　　)

答案：错误

解析：《煤矿安全规程》第四百六十八条　橡套电缆的修补连接（包括绝缘、护套已损坏的橡套电缆的修补）必须采用阻燃材料进行硫化热补或者与热补有同等效能的冷补。在地面热补或者冷补后的橡套电缆，必须经浸水耐压试验，合格后方可下井使用。

101. 运输设备、轨道和运输巷道，要设专人每天进行检查，发现问题及时处理。(　　)

答案：正确

102. 运输线路沿途若有沙箱，则机车上不必配备灭火器。(　　)

答案：错误

解析：《煤矿安全规程》第三百七十八条　使用的矿用防爆型柴油动力装置，必须配备灭火器。

103. 必须根据起吊重物的最大载荷设计起吊梁和吊挂轨道。(　　)

答案：正确

104. 起吊或者下放设备、材料时，人员严禁在起吊梁两侧。(　　)

答案：正确

105. 可以用手触摸处于运行状态的发动机、排气系统、冷却水系统或者液压泵的任何位置。(　　)

答案：错误

106. 单轨吊机车运行时如遇有行人，必须提前 5 m 停车。(　　)

答案：错误

解析：单轨吊机车运行时如遇有行人，必须提前 10 m 停车。

107. 单轨吊柴油机表面温度不超 150 ℃。(　　)

答案：正确

108. 柴油机废气中的有害成分主要有氮氧化合物、碳氢化合物、一氧化碳、二氧化硫等。(　　)

答案：正确

109. 采用矿用防爆柴油机动力装置时，排气口的温度不得超过 70 ℃。(　　)

答案：正确

110. 检修信号是在进行检修工作或其他特殊作业时而使用的信号，以保证这些特殊作业能够顺利进行。(　　)

答案：正确

111. 进排气栅栏是为了防止柴油机气缸内可能返回的废气通过。(　　)

答案：错误

112. 造成液压系统油温过高的原因有油的黏度过低、卸荷回路动作不良等。(　　)

答案：正确

113. 列车只能从一个司机室发出操作指令，如果一个司机室里面的点火开关被开启，那么另一个司机室的控制指令将被锁定。(　　)

答案：正确

114. 行驶钥匙没有插入机车但机车仍处在运转状态下，起重作业是可行的。(　　)

答案：正确

115. 液压泵通过蓄能控制阀将蓄能器充满液压油，如果达到所设定的蓄力压力，阀门将开启液流循环以降低系统压力。(　　)

答案：正确

116. 柴油机高压油管联结螺母有泄漏，应继续拧紧喷油器联结螺母，不用参考推荐扭矩值。(　　)

答案：错误

117. 更换发动机机油时，发动机必须处于水平位置，否则机油有可能排放不干净。(　　)

答案：正确

118. 只有当柴油单轨吊机车处在水平位置时，才能进行液压油位校正。(　　)

答案：正确

119. 拖曳机车时，可不用关闭被拖曳机车的蓄能器球阀。(　　)

答案：错误

120. 煤矿中逸出的甲烷气体浓度大于 1% 时与空气混合后遇火源可发生爆炸，因此只有当甲烷浓度小于 1% 时，柴油单轨吊机车才允许作业。(　　)

答案：错误

121. 离心启动装置是指启动装置达到设定的启动速度时，启动轴颈将碰撞起动杆，然后启动安全阀，起动制动程序。(　　)

答案：正确

122. 如果柴油机单轨吊机车上安装的一个的传感器动作，从而发生的动作反馈与发生短路或线路中断时相同。(　　)

答案：正确

123. 在车辆设备上工作可以不用关闭柴油机。(　　)

答案：错误

124. 在液压系统上进行作业之前，原则上必须关闭液压设备，无须检查液压设备是否已经解压。(　　)

答案：错误

解析：《煤矿安全规程》第三百九十条　使用的单轨吊车运行坡度、速度和载重，不得超过设计规定值。

125. 单轨吊车线路：下轨面接头轨缝不大于 5 mm；轨道无变形，活动轨动作灵敏，准确到位。(　　)

答案：错误

解析：《煤矿安全生产标准化管理体系》规定单轨吊道岔达到以下要求：下轨面接头轨缝不大于 3 mm；轨道无变形，活动轨动作灵敏，准确到位；机械闭锁可靠；连接轨断开处设有轨端阻车器。

126. 使用的单轨吊车，必须设置既可手动又能自动的开关。(　　)

答案：错误

解析：《煤矿安全规程》第三百九十条　使用的单轨吊车、卡轨车、齿轨车、胶套轮车、无极绳连续牵引车，必须设置既可手动又能自动的安全闸。

127. 单轨吊起吊物料时，必须根据设备特征合理分布两钩载荷，使起吊梁受力均匀，重物保持与地面平行，距地面间距不小于 200 mm。(　　)

答案：错误

解析：《DZ1800 型单轨吊司机安全技术操作规程》规定，起吊时，两承载起吊臂载荷必须均匀分布，起吊后，重物底面与巷道底面平行，离地面大于 300 mm。

128. 当单轨吊发生掉车事故后，必须立即停止机车运行，以防事故扩大。对发生事故段实行区间封闭，并在事故地点前后 10 m 设警戒，非特殊情况上道期间其他人员严禁通过。(　　)

答案：错误

129. 煤矿矿用单轨吊车的运行速度一般为 1 ~ 5 m/s。(　　)

答案：正确

130. 单轨吊机车最小拐弯垂直半径为 10 m。(　　)

答案：正确

131. 严禁机车在行驶中或尚未停稳前离开驾驶室。(　　)

答案：正确

132. 皮带磨损损坏应更换，如安装了两条皮带，只需更换磨损或损坏严重的那一条。(　　)

答案：错误

解析：根据维修标准，两条皮带必须同时更换。

133. 单轨吊制动闸块磨损不得超过 6 mm。(　　)

答案：错误

解析：根据机车完好，制动闸块磨损不得超过 4 mm。

134. 单轨吊司机必须经过专业知识培训，考试合格，持证上岗。(　　)

答案：正确

解析：《煤矿安全规程》规定，单轨吊司机必须经过专业知识培训，考试合格，持证上岗。

135. 可以司机在驾驶室外操作机车。(　　)

答案：错误

解析：《煤矿安全规程》第十一条　严禁司机在驾驶室外操作机车。

136. 煤矿单轨吊轨道采用锚杆悬吊时，要求单根锚杆锚固力大于 100 kN，锚杆外露长度在 100 ~ 150 mm 之间，巷道中垂线与锚杆夹角小于 10°。(　　)

答案：正确

137. 单轨吊轨道应有防止淋水侵蚀轨道的措施。(　　)

答案：正确

138. 单轨吊道岔下轨面接头轨缝不大于 2 mm。(　　)

答案：错误

解析：《煤矿安全规程》规定单轨吊道岔下轨面接头轨缝不大于 3 mm。

139. 单轨吊机车距巷道两帮最小安全距离不小于 500 mm，到顶板的安全间距不小于 500 mm。(　　)

答案：错误

解析：《煤矿安全规程》规定单轨吊机车距巷道两帮最小安全距离不小于 850 mm，到顶板的安全间距不小于 500 mm。

140. 采用单轨吊运输的巷道，对开时不得小于 1 m。(　　)

答案：错误

解析：《煤矿安全规程》规定采用单轨吊运输的巷道，对开时不得小于 0. 8 m。

141. 单轨吊轨道选用锚杆固定时锚杆外露长度不得超过 200 mm。(　　)

答案：正确

142. 单轨吊运行中，距离不是很长时可以不设置跟车工。(　　)

答案：错误

解析：《单轨吊运输安全技术管理规定》要求单轨吊运行中，必须设置跟车工。

143. 若受巷道长度限制单轨吊轨道较短时，允许在道岔处装卸物料和停车。(　　)

答案：错误

解析：《煤矿安全规程》规定单轨吊不允许在道岔前后 5 m 内停车或起吊物料。

144. 井下柴油应使用符合国家标准的塑料油桶运输和储存。(　　)

答案：错误

解析：《单轨吊运输安全技术管理规定》要求井下柴油应使用符合国家标准的铁质油桶运输和储存。

145. 严禁单轨吊机车进入微风或无风巷道。(　　)

答案：正确

146. 油箱或连通的储液罐按以下要求设计，严禁留有用于液压油液的热膨胀和空气分离的空间。(　　)

答案：错误

解析：《液压传动系统及其元件的通用规则和安全要求》(GB/T 3766—2015) 5. 4. 5. 2. 1 油箱或连通的储液罐按以下要求设计，应留有足够的空间用于液压油液的热膨胀和空气分离。

147. 油箱应采取措施，使溢出的液压油液直接返回油箱。(　　)

答案：错误

解析：《液压传动系统及其元件的通用规则和安全要求》(GB/T 3766—2015) 5. 4. 5. 2. 2. 1 油箱应采取措施，防止溢出的液压油液直接返回油箱。

148. 单轨吊车运送人员时，允许人车挂在单轨吊机车的一端头（即司机室的外端），运行时单轨吊机车可以在后方。(　　)

答案：错误

解析：《柴油机单轨吊车》(MT/T 883—2000) 单轨吊机车使用条件　单轨吊车运送人员时，允许人车挂在单轨吊机车的一端头（即司机室的外端），运行时单轨吊机车必须在前方。

149. 单轨吊机车应设有 2 个均能独立操纵，且又互为自动闭锁的司机室，至少其中一个司机室能操作紧急制动装置。(　　)

答案：错误

解析：《柴油机单轨吊车》(MT/T 883—2000) 5　技术要求　5. 1. 5 规定，单轨吊机车应设有 2 个均能独立操纵，且又互为自动闭锁的司机室，两司机室都应能操作紧急制动装置。

150. 单轨吊机车至少其中一个司机室内应装设一台或数台便携式灭火器。(　　)

答案：错误

解析：《柴油机单轨吊车》(MT/T 883—2000) 5　技术要求　5.1.20 规定，单轨吊机车每个司机室内应装设一台或数台便携式灭火器。

151. 紧急制动可以设计成失效安全型，且既可手动又可自动的制动装置。(　　)

答案：错误

解析：《柴油机单轨吊车》(MT/T 883—2000) 5　技术要求　5.1.13 规定，紧急制动必须设计成失效安全型，且既可手动又可自动的制动装置。

152. DX25J 防爆特殊型蓄电池单轨吊车，液压系统油箱中的油温不超过 75 ℃。(　　)

答案：错误

解析：《DX25J 防爆特殊型蓄电池单轨吊车》(MT/T 887—2000) 5.2.18　DX25J 防爆特殊型蓄电池单轨吊车，液压系统油箱中的油温不超过 70 ℃。

153. 采用矿用防爆柴油机动力装置时，油箱的最大容量不得超过 1 h 的用油量。(　　)

答案：错误

解析：《煤矿安全规程》第三百七十八条　使用的矿用防爆型柴油动力装置，油箱最大容量不得超过 8 h 用油量。

154. 加油硐室、柴油储存点柴油的存放量不应超过 8 h 的用油量。(　　)

答案：错误

解析：《煤矿用防爆无轨胶轮车安全使用规范》(AQ 1064—2008) 7.2.1　除加油硐室外，井下其他地点不应存放柴油。

155. 同一线路上运行的两单轨吊列车，间距不得小于 40 m。(　　)

答案：错误

解析：《煤矿安全规程》第三百七十七条　2 辆机车或者 2 列列车在同一轨道同一方向行驶时，必须保持不少于 100 m 的距离。

156. 单轨吊柴油机表面温度不得超过 100 ℃。(　　)

答案：错误

解析：《矿用防爆柴油机通用技术条件》(MT 900—2006) 4.16.1　防爆柴油机任一部位的表面温度不得超过 150 ℃。

157. 在运行速度超过额定速度 25% 时，单轨吊机车制动系统保险闸应能自动施闸。(　　)

答案：错误

解析：《煤矿安全规程》第三百九十条　使用的单轨吊车连续牵引车，运行速度超过额定速度 15% 时，能自动施闸。

158. 单轨吊施闸时的空动时间不大于 0.5 s。(　　)

答案：错误

解析：《煤矿安全规程》第三百九十条　使用的单轨吊车连续牵引车，施闸时的空动时间不大于 0.7 s。

159. 在最大载荷最大坡度上以最大设计速度向下运行时，制动距离应当不超过相当于在这一速度下 3 s 的行程。(　　)

答案：错误

解析：《煤矿安全规程》第三百九十条　使用的单轨吊车连续牵引车，在最大载荷最大坡度上以最大设计速度向下运行时，制动距离应当不超过相当于在这一速度下 6 s 的行程。

160. 在最小载荷最大坡度上向上运行时，制动减速度不大于 5 m/s^2。(　　)

答案：正确

解析：《煤矿安全规程》第三百九十条　使用的单轨吊车连续牵引车，在最小载荷最大坡度上向上运行时，制动减速度不大于 5 m/s^2。

161. 柴油机和蓄电池单轨吊车，必须具备 1 路以上相对独立回油的制动系统。(　　)

答案：错误

解析：《煤矿安全规程》第三百九十条　柴油机和蓄电池单轨吊车，必须具备 2 路以上相对独立回油的制动系统，必须设置超速保护装置。

162. 蓄电池单轨吊车运行巷道坡度不大于 20°。(　　)

答案：错误

解析：《煤矿安全规程》第三百九十一条　柴油机单轨吊车运行巷道坡度不大于 25°，蓄电池轨吊车不大于 15°，钢丝绳单轨吊车不大于 25°。

163. 机车制动距离为空行距离与实际制动距离之和。(　　)

答案：正确

164. 单轨吊机车司机室内的最大噪声小于 90 dB(A)。(　　)

答案：正确

解析：《MT/T 883—2000》5. 1. 16　单轨吊机车司机室内的最大噪声应小于 90 dB (A)。

165. 单轨机车司机室内应装设瓦斯自动检测报警断电仪。(　　)

答案：正确

解析：《MT/T 883—2000》5. 1. 11　司机室内应装设瓦斯自动检测报警断电仪，当巷道瓦斯含量达 1% 时，应能自动报警，瓦斯含量达 1. 5% 时应能自动断电（油）、停止柴油机工作。

166. 司机室前段应装设喇叭、照明灯和红色信号灯。照明灯应保证司机正前方 20 m 处至少 5 lx 的照度。(　　)

答案：错误

解析：《MT/T 883—2000》5. 1. 15　司机室前段应装设喇叭、照明灯和红色信号灯。照明灯应保证司机正前方 20 m 处至少 4 lx 的照度，照明灯和红色信号灯应能互相转换；喇叭音响在距离司机室 20 m 处应清晰。

167. 柴油机单轨吊机车更换液压油滤芯前，要卸除液压油系统压力，并关闭蓄能器。(　　)

答案：正确

168. 检查超速保护装置时，在机车启动状态下，挑动拨杆，使拨杆与过速保护阀脱

离，查看制动装置是否及时动作。(   )

答案：正确

169. 单轨吊车的检修工作应当在平巷内进行。若必须在斜巷内处理故障时，应当制定安全措施。(   )

答案：正确

170. 经大负荷运转后的防爆柴油机可以立即停机。(   )

答案：错误

171. 对单轨吊机车制动系统的规定有：①保险制动和停车制动的制动力应为额定牵引力的1.5~2倍；②必须设有既可手动又能自动的保险闸；③保险制动和停车制动装置，应设计成失效安全型。(   )

答案：正确

172. 单轨吊车的检修工作应当在平巷内进行。若必须在斜巷内处理故障时，应当制定安全措施。(   )

答案：正确

解析：《煤矿安全规程》第三百九十一条。

173. 单轨吊车货载最多不得超过规定载重的20%，且运行时速度必须减半。(   )

答案：正确

解析：《煤矿安全规程》第三百九十一条。

174. 单轨吊司机无须每班都检查所有液压管路是否滴漏，安全有效。(   )

答案：错误

解析：《煤矿安全规程》每班开机前应全面检查单轨吊，驱动、液压、电气、主机、驾驶室及各种保护。

175. 单轨吊司机无须每班都检查起吊梁各部件是否齐全牢固，无变形。(   )

答案：错误

解析：《煤矿安全规程》每班开机前应全面检查单轨吊，驱动、液压、电气、主机、驾驶室及各种保护。

176. 使用的单轨吊车、卡轨车、齿轨车、胶套轮车、无极绳连续牵引车，运行坡度、速度和载重，不得超过设计规定值。(   )

答案：正确

解析：《煤矿安全规程》规定，使用的单轨吊车、卡轨车、齿轨车、胶套轮车、无极绳连续牵引车，运行坡度、速度和载重，不得超过设计规定值。

177. 柴油单轨吊机车保险闸在运行速度超过额定速度50%时应能自动施闸。(   )

答案：错误

解析：柴油单轨吊机车保险闸在运行速度超过额定速度20%时应能自动施闸。

178. 单轨吊机车最小拐弯垂直半径为10 m。(   )

答案：正确

179. 严禁机车在行驶中或尚未停稳前离开驾驶室。(   )

答案：正确

矿井气体巡检检测工
（智能化方向）

赛项专家组成员（按姓氏笔画排序）

王同友　牛文兵　李　威　李　健　顾大明
蒋国涛　谭星燕

赛 项 规 程

一、赛项名称

矿井气体巡检检测工（智能化方向）

二、竞赛目的

弘扬劳模精神、劳动精神、工匠精神，激励煤矿职工特别是青年一代煤矿职工走技能成才、技能报国之路，培养更多高技能人才和大国工匠，为助力煤炭工业高质量发展提供技能人才保障。

三、竞赛内容

煤矿瓦斯巡检是瓦斯监管的有效手段，随着技术的进步，瓦斯巡检向信息化、智能化发展，井下的巡检内容也不再局限于瓦斯、二氧化碳气体。矿井气体巡检结合人员精确定位、多种气体自动测量、视频 AI 分析一体，能够实现巡检人员位置精准定位，以及利用多组数据比对测量结果的准确性，利用气体巡检过程中的位置数据、检测数据等数据进行数据分析应用，实现人员轨迹分析、气体浓度趋势分析等功能。结合《煤矿安全规程》(2022 年版)，考核矿井气体巡检检测工对气体巡检基础知识、实操、故障排查等方面的掌握程度。竞赛时间为 85 min，理论考试时间 60 min，实操时间 25 min。具体见表 1。

表1 竞赛内容、时间与权重表

<table>
<tr><th>序号</th><th>竞 赛 内 容</th><th>竞赛时间/min</th><th>所占权重/%</th></tr>
<tr><td>1</td><td>气体巡检检测技术理论知识</td><td>60</td><td>20</td></tr>
<tr><td>2</td><td>智能气体巡检系统故障处理</td><td rowspan="2">25</td><td rowspan="2">80</td></tr>
<tr><td>3</td><td>智能气体巡检系统实操</td></tr>
</table>

四、竞赛方式

本赛项为个人项目，竞赛内容由 1 个人完成。

气体巡检检测技术理论知识考试采取上机考试，智能气体巡检系统故障模拟处理通过计算机自动评分，智能气体巡检系统实操由裁判员现场评分。竞赛实操及故障处理系统按图 1 配置。

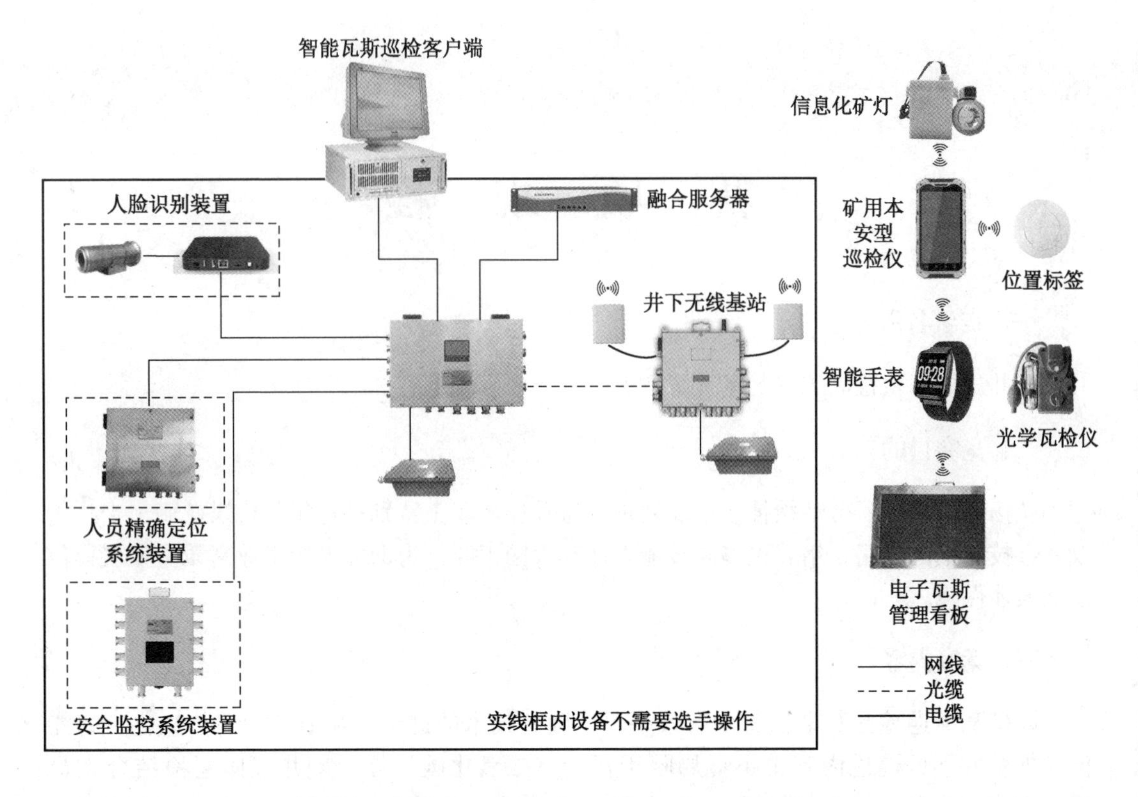

图1　竞赛实操及故障处理系统图

五、竞赛赛卷

（一）气体巡检检测技术理论知识

从竞赛题库中随机抽取100道赛题；理论考试成绩占总成绩比重20%。

（二）智能气体巡检系统故障模拟仿真题（10分）

模拟仿真系统软件从30道故障库中随机抽一组故障，每一组有10个故障，选手排除每个故障，每个故障1分，共计10分，提交排除结果后由模拟仿真软件自动评分。成绩占总成绩比重100%。时间限定3 min，到时软件自动提交。

故障出题规则：

（1）随机抽取题目，但限制同一组题目现象可以一致，但故障点不重复。

（2）故障的数量和难度配比根据后台设置，难中易按1：2：2设置。

（三）智能气体巡检系统实操（70分）

实操主要考核选手在日常工作对智能气体巡检系统及气体检测的实际操作能力，以及选手对《煤矿安全规程》的理解和操作标准是否规范化。包含软件应用、巡检设备设置及使用、看板管理、隐患排查等一系列规定动作操作。现场给定作业指导书，根据题目描述进行理解分析判断，完成实操考试。成绩占总成绩比重100%。实操内容及要求如下：

1. 安全文明生产（20分）

要求：按规定穿工作服、戴安全帽、穿胶靴，佩戴并打开信息化矿灯（卡在安全帽上）、矿用本安型巡检仪、便携仪（甲烷、温度）、自救器、毛巾、光学瓦斯检定器、温度计；检查矿用本安型巡检仪完好，入井设备齐全；作业地点安全检查，确认作业环境安全，并手指口述。开始操作前，选手进行压缩氧自救器（ZYX45(E)隔绝式压缩氧气自救器）盲戴，选手须在30 s内完成自救器盲戴，否则自救器盲戴不得分。

压缩氧气自救器佩戴步骤如下：

（1）将佩戴的自救器移至身体的正前方，将自救器背带挂在脖颈上。

（2）双手同时操作拉开自救器两侧的金属挂钩并取下上盖。

（3）展开气囊，注意气囊不能扭折。

（4）拉伸软管，调整面罩，把面罩置于嘴鼻前方，安全帽临时移开头部，并快速恢复，将面罩固定带挂至头后脑勺上部，调整固定带松紧度，使其与面部紧密贴合，确保口鼻与外界隔绝。

（5）逆时针转动氧气开关手轮，打开氧气瓶开关（必须完全打开，直到拧不动），然后用手指按动补气压板，使气囊迅速鼓起（目测鼓起三分之二以上）。

（6）一手扶住自救器，确保随时按压补气压板，一手扶住面罩防止脱落。撤离灾区。

手指口述内容：报告裁判，经检查顶板完好，煤帮完好，脚下安全，周围无危险源，前后无障碍物，环境干净，可开始作业。

2. 系统软件及硬件设置（13分）

要求：按要求定义位置标签，编排一个班巡检计划，生成一个班巡检任务，并设置各点报警值，并手指口述。并按要求设置矿用本安型巡检仪，领取巡检任务。

手指口述内容：报告裁判现在开始编排巡检计划及任务（根据作业指导书给定场景，说出详细编排内容），编排完成并生成巡检路线。

3. 现场巡检检测（20分）

要求：按任务中给定的路线地点及频次检测甲烷、一氧化碳、二氧化碳浓度及温度，并手指口述（甲烷采用模拟值）。将光学瓦斯检定器检测结果录入矿用本安型巡检仪，并将巡检仪检测结果及录入的光学瓦斯检定器检测结果签字后上传智能瓦斯巡检系统。根据测量结果做数据分析。矿用本安型巡检仪完成检测并录入光学瓦斯检定器检测数据后，在电子瓦斯管理看板上显示检测结果。检测时，巡检人员必须到达准确位置，位置的确定由精确定位系统、位置标签、人脸识别装置共同确定。

手指口述内容：报告裁判，按给定的巡检路线已到达指定位置，作业环境已确认安全，可开始第一次（第二次/第三次）作业。

（1）取出矿用本安型巡检仪获取位置标签信息，并拍现场照片（瓦斯检查地点）上传。

（2）甲烷的检测及比对：先使用光学瓦斯检定器按规范测量检测位置瓦斯浓度，各测点进行一次操作演示并口述出该点需测定3遍，再打开矿用本安型巡检仪，数值稳定后读数，自动测量瓦斯浓度后，录入光学瓦斯检定器测量的瓦斯浓度数据，比对巡检仪与光学瓦斯检定器测量瓦斯数据，光学瓦斯检定器测量值大于（或小于）巡检仪测量值且超过0.2%，结果不符合要求，重新测量瓦斯浓度。重新测量完毕，数据比对符合要求，结果正确。

（3）二氧化碳检测及比对：先使用光学瓦斯检定器测量并计算检测位置二氧化碳浓度，再打开矿用本安型巡检仪，数值稳定后读数，自动测量二氧化碳浓度后，录入光学瓦斯检定器测量计算的二氧化碳浓度数据，比对巡检仪与光学瓦斯检定器测量计算二氧化碳数据，数据比对符合要求，结果正确。

（4）一氧化碳检测：打开矿用本安型巡检仪，数值稳定后读数，自动测量一氧化碳浓度并自动录入，核对一氧化碳浓度值，一氧化碳浓度值未达报警值。

（5）温度检测：打开矿用本安型巡检仪，数值稳定后读数，自动测量温度并自动录入，核对温度值，在允许范围内。

（6）气体巡检检测完毕，上传并签字完成，检测结果以值大者为准，已显示到电子瓦斯管理看板。

4. 隐患排查处理（4 分）

要求：随机抽取一个隐患场景，选手根据隐患场景情况使用矿用本安型巡检仪做应急排查处理，并手指口述，内容包括信息留存（故障标识）、上报、应急处理措施。

5. 系统分析应用（10 分）

要求：巡检完成后，生成已签字的日班报表并打印；根据巡检结果分析巡检轨迹，比对计划路线与实际路线，分析结果并手指口述；比对瓦斯气体浓度，采用三对照分析，分析结果并手指口述。

手指口述内容：报告裁判井下巡检已完成，现在开始应用分析及报表打印。

（1）计划路线（说出要求的巡检路线），实际巡检路线为（说出实际巡检的路线），实际路线与计划路线吻合，巡检路线符合要求，人员按规定巡检。

（2）瓦斯比对分析，光学瓦斯检定器测量值（说出具体值），矿用本安型巡检仪测量值（说出具体值），监控甲烷探头值（说出具体值），三个数据已得出，各值在误差范围（10%）内，瓦斯正常，本次瓦斯巡检结果正确。

（3）生成巡检日班报表成功，打印完成。

6. 操作规范（3 分）

要求：仪器设备使用、操作按规范进行。

六、技术参考规范

《煤矿安全规程》(2022 年版)。

七、技术平台

比赛设备采用重庆梅安森科技股份有限公司生产的 MAS－WJZZ220 智能气体巡检检测工竞赛实操装置及其配套设备。比赛使用设备及工具清单见表 2。

表 2　比赛使用设备及工具清单表

序号	项　目　名　称	型　号	规　格	单位	数量
1	智能瓦斯巡检检测工竞赛实操装置	MAS－WJZZ220	含瓦斯巡检、安全监控、精确定位、AI 视频分析	套	1
2	融合服务器		技能比武专用		
3	智能瓦斯巡检客户端		技能比武专用		

表2（续）

序号	项 目 名 称	型 号	规 格	单位	数量
4	安全监控系统装置		技能比武专用		
5	人员精确定位系统装置		技能比武专用		
6	智能瓦斯巡检系统故障诊断排查仿真系统软件		技能比武专用		
7	签字笔		黑色	支	1
8	草稿纸		A4	张	10

注：为了提高选手竞赛水平，更加体现竞赛公平性，本次大赛禁止自带工具；大赛提供统一工具组合，现场提供黑色签字笔、草稿纸。开赛前由主办方或协办方对外公布。

八、成绩评定

（一）评分标准制订原则

竞赛评分本着“公平、公正、公开、科学、规范”的原则，注重考核选手的职业综合能力、团队的协作与组织能力和技术应用能力。

（二）评分标准

矿井气体巡检检测赛项评分标准见表3，矿井气体巡检检测工技能实操竞赛评分表见表4。

表3 矿井气体巡检检测赛项评分标准

序号	一级指标	比例	二级指标	分值	评分方式
1	气体检测技术理论知识	20%	随机抽取100道赛题，每题1分	100	机考评分
2	智能气体巡检系统故障处理	10%	软件自动筛选10处故障，1处未排除扣1分，限时3 min	10	机考评分
3	智能气体巡检系统实操	70%	安全文明生产（20分）；系统软件及硬件设置（13分）；现场巡检检测（20分）；隐患排查处理（4分）；系统分析应用（10）；操作规范（3分）	70	结果评分 过程评分
注意事项	1. 选手在进行比赛时达到规定时间后，不管完成与否，必须立即停止所有操作 2. 比赛过程中，选手必须遵守操作规程，正确使用设备、工具及仪器仪表 3. 现场操作过程出现自身伤害（如刀伤、触电、砸/压/烫伤等）一经发现扣除实操总分10分 4. 实操竞赛时，选手做完所有项目环节的情况下，提前完成可加分。加分规则如下：每提前1 min，加0.3分；提前完成时间不足1 min的，不加分。未完成所有项目环节的提前不加分。加分最多加3分，计入实际操作成绩 5. 打分时严格按照标准评分表评分				

表4　矿井气体巡检检测工技能实操竞赛评分表

<table>
<tr><td>工位号</td><td></td><td>选手参赛号</td><td></td><td>实操时间</td><td colspan="2">时　分　秒</td></tr>
<tr><td>项目</td><td>标准分</td><td>竞赛内容及要求</td><td colspan="2">评　分　标　准</td><td>扣分</td><td>扣分原因</td></tr>
<tr><td>智能气体巡检系统故障处理</td><td>10 分</td><td>通过《煤矿智能瓦斯巡检系统故障诊断排查仿真系统》排除预先设置的 10 处故障</td><td colspan="2">任意一个故障未排除扣 1 分，扣完小项分为止</td><td></td><td></td></tr>
<tr><td>安全文明生产</td><td>20 分</td><td>要求：按规定穿工作服、戴安全帽、穿胶靴，佩戴并打开矿灯（卡在安全帽上）、自救器、便携仪、毛巾；检查矿用本安型巡检仪完好，入井设备齐全；作业地点安全检查，确认作业环境安全，并手指口述。开始操作前，选手进行压缩氧自救器（隔绝式压缩氧气自救器）盲戴，选手须在 30 s 内完成自救器盲戴，否则自救器盲戴不得分</td><td colspan="2">1. 未按规定穿工作服、戴安全帽、穿胶靴，佩戴并打开矿灯（卡在安全帽上）、自救器、便携仪（甲烷、氧气）、温度计、毛巾，一处不合格扣 1 分
2. 未检查矿用本安型巡检仪完好性，扣 5 分；外观、性能、APP 检查，一处未检查扣 1 分
3. 未确认作业点环境及安全检查，扣 5 分
4. 未按照规定 30 秒内完成压缩氧气自救器盲戴，扣 10 分；未对应操作每处扣 1 分，扣完小项分为止</td><td></td><td></td></tr>
<tr><td rowspan="3">系统软件及硬件设置</td><td rowspan="3">13 分</td><td rowspan="3">按规定定义位置标签，编排巡检路线及任务，并设置各点报警值，并手指口述。按要求设置矿用本安型巡检仪 IP 地址及端口，领取巡检任务</td><td>位置标签的定义（5 分）</td><td>1. 位置定义错误，扣 2 分
2. 关联点位错误，扣 2 分
3. 未手指口述扣 1 分，手指口述错误扣 0.5 分</td><td></td><td></td></tr>
<tr><td>巡检路线编排及任务分发（4 分）</td><td>1. 未录入巡检任务，扣 1 分
2. 未生成巡检路线，扣 1 分
3. 未手指口述扣 1 分，手指口述错误扣 0.5 分
4. 未设置各点报警值，扣 1 分</td><td></td><td></td></tr>
<tr><td>矿用本安型巡检仪设置（4 分）</td><td>未能正确设置 IP 地址及端口，启用备用巡检仪，扣 4 分</td><td></td><td></td></tr>
<tr><td rowspan="2">现场巡检检测</td><td rowspan="2">20 分</td><td rowspan="2">根据给定的巡检任务，并按任务中给定的路线地点及频次检测瓦斯、一氧化碳、二氧化碳浓度及温度，并手指口述。光学瓦斯检定器检测结果录入矿用本安型巡检仪，并上传智能瓦斯巡检系统。完成检测后，在电子瓦斯管理看板上显示检测结果，内容符合要求</td><td>人员位置到位（2 分）</td><td>精确定位位置、位置标签检测位置、人脸识别装置分析结果，一处不对应扣 1 分（以位置标签为准）；未在规定位置检测（三处位置检测都不对应），扣 2 分</td><td></td><td></td></tr>
<tr><td>甲烷检测（6 分）</td><td>1. 未使用光学瓦斯检定器测量甲烷扣 2 分，测量位置错误扣 1 分
2. 未手指口述矿用本安型巡检仪测量瓦斯扣 2 分
3. 手指口述错误扣 0.5 分，未手指口述扣 1 分
4. 未将光学瓦斯检定器检测结果录入矿用本安型巡检仪扣 1 分</td><td></td><td></td></tr>
</table>

表4（续）

项目	标准分	竞赛内容及要求	评分标准		扣分	扣分原因
现场巡检检测	20分	根据给定的巡检任务，并按任务中给定的路线地点及频次检测瓦斯、一氧化碳、二氧化碳浓度及温度，并手指口述。光学瓦斯检定器检测结果录入矿用本安型巡检仪，并上传智能瓦斯巡检系统。完成检测后，在电子瓦斯管理看板上显示检测结果，内容符合要求	甲烷检测（6分）	5. 光学瓦斯检定器检测值、矿用本安型巡检仪测量值、监控甲烷探头实时值三对照（允许误差10%），未对照扣1分（以检测结果较大值为准） 6. 未按给定值初测甲烷，扣3分		
			二氧化碳检测（4分）	1. 未使用光学瓦斯检定器测量并计算二氧化碳浓度，扣2分；测量位置错误，扣1分 2. 未手指口述矿用本安型巡检仪测量二氧化碳，扣1分 3. 手指口述错误扣0.5分；未手指口述，扣1分 4. 未将二氧化碳浓度录入矿用本安型巡检仪，扣1分 5. 未比对分析二氧化碳浓度值，扣1分		
			一氧化碳检测（3分）	1. 未使用矿用本安型巡检仪测一氧化碳浓度并手指口述，扣3分 2. 手指口述错误，扣2分		
			温度检测（1分）	1. 未使用矿用本安型巡检仪测温度并手指口述，扣1分 2. 手指口述错误，扣0.5分		
			电子瓦斯管理看板的显示（4分）	1. 未将上述测量值显示到电子瓦斯管理看板上，扣4分 2. 数值错误，一个扣1分 3. 手指口述错误扣0.5分，未口述，扣1分		
隐患排查处理	4分	要求：随机抽取一个隐患场景，选手根据隐患场景情况使用矿用本安型巡检仪做应急排查处理，并手指口述，内容包括信息留存（故障标识）、上报、应急处理措施	信息留存及上报（2分）	1. 未使用矿用本安型巡检仪拍照及上传并手指口述，扣1分 2. 手指口述错误，扣0.5分 3. 拍照内容不准确，扣1分		
			应急处理措施（2分）	1. 未手指口述应急处理措施，扣2分 2. 手指口述错误，扣0.5分 3. 应急处理措施不恰当，扣1分		
系统分析应用	10分	巡检完成后，生成已签字的日班报表并打印；根据巡检结果分析巡检轨迹，比对计划路线与实际路线，分析结果并手指口述；比对瓦斯气体浓度，采用三对照分析，分析结果并手指口述	日班报表生成及打印（2分）	1. 未生成日班报表，扣2分 2. 未打印报表，扣1分 3. 未手指口述，扣1分；手指口述错误，扣0.5分		
			巡检轨迹分析（3分）	1. 未分析巡检轨迹，扣3分 2. 轨迹分析未做对比分析，扣2分 3. 轨迹分析未说出计划路线、实际路线，一处扣1分 4. 未手指口述，扣1分；手指口述错误，扣0.5分		
			瓦斯三对照分析（5分）	1. 未分析瓦斯浓度值，扣5分 2. 未做瓦斯三对照分析，扣3分；做瓦斯两对照分析，扣2分 3. 未手指口述，扣1分；手指口述错误，扣0.5分		

表4（续）

项目	标准分	竞赛内容及要求	评分标准	扣分	扣分原因
操作规范	3分	按要求规范操作，工作台按照规范整理	1. 选手正确使用仪器设备，所有操作需在规定地点进行，不得在地板上操作 2. 所有不需要选手操作的设备禁止操作 3. 光学瓦斯检定器、矿用本安型巡检仪轻拿轻放，按要求操作，确保设备完好，不得损坏设备 4. 整理操作台 以上发现1处扣1分，扣完该项分为止		
结余时间	分	秒	节时加分	实操得分	
裁判员签字		技术人员签字		裁判组长签字	

裁判长签字：　　　　　　　　　　　　　　　　　　　　时间：

（三）评分方法

本次赛项评分包括机评分、主观过程性评分和主观结果性评分两种。主观性评分由现场裁判当场得出。

（1）机评分。

由裁判长直接从平台服务器中调取。对于竞赛任务智能气体巡检系统的故障处理，选手排除随机抽取每个故障，提交排除结果后由模拟仿真软件自动评分；裁判员对每台仪器故障排除进行详细的记录。

（2）主观过程性评分。

对于竞赛任务中参赛队选手进行现场巡检检测及隐患排查处理的过程，由3名评分裁判和现场技术人员依照给定的参考评分标准，对设备的使用规范性进行打分，由每组裁判组长一人记分，其余裁判和技术人员进行监督，评分结果作为参赛选手本项得分。

（3）主观结果性评分。

对于竞赛任务中参赛队选手进行的巡检检测及隐患排查处理，由3名评分裁判和现场技术人员依照给定的参考评分标准，对检测的结果、应急处理的结果进行打分，由每组裁判组长一人记分，其余裁判和技术人员进行监督，评分结果作为参赛选手本项得分。

（4）成绩的计算。

$$D = G_1 + G_2 + 0.2G_3$$

式中　D——参赛选手的总成绩；

G_1——智能气体巡检系统的故障处理成绩；

G_2——智能气体巡检系统实操成绩；

G_3——气体检测技术理论知识成绩。

（5）裁判组实行“裁判长负责制”，设裁判长1名，全面负责赛项的裁判与管理工作。

（6）本次大赛设裁判助理1名，全面协助裁判长负责赛项的裁判与管理工作。

（7）裁判员根据比赛工作需要分为检录裁判、加密裁判、现场裁判和评分裁判，检录裁判、加密裁判不得参与评分工作。

① 检录裁判负责对参赛队伍（选手）进行点名登记、身份核对等工作。

② 加密裁判负责组织参赛队伍（选手）抽签并对参赛队伍（选手）的信息进行加密、解密。

③ 现场裁判按规定做好赛场记录，维护赛场纪律。

④ 评分裁判负责对参赛队伍（选手）的技能展示和操作规范按赛项评分标准进行评定。

（8）赛项裁判组负责赛项成绩评定工作，现场裁判按每竞赛区域设置 1 位现场裁判，现场裁判设组长一名，组长协调，组员互助，现场裁判对操作行为进行记录，不予以评判；评分裁判员按每个赛场一组裁判员设置，对现场裁判的记录、设计的参数、程序、质量进行流水线评判；赛前对裁判进行一定的培训，统一执裁标准。

（9）参赛队根据赛项任务书的要求进行操作，根据注意操作要求，需要记录的内容要记录在比赛试题中，需要裁判确认的内容必须经过裁判员的签字确认，否则不得分。

（10）违规扣分情况。选手有下列情形，需从参赛成绩中扣分：

① 在完成竞赛任务的过程中，因操作不当导致事故，扣 10 ~ 20 分，情况严重者取消比赛资格。

② 因违规操作损坏赛场提供的设备，污染赛场环境等不符合职业规范的行为，视情节扣 5 ~ 10 分。

③ 扰乱赛场秩序，干扰裁判员工作，视情节扣 5 ~ 10 分，情况严重者取消比赛资格。

（11）赛项裁判组本着“公平、公正、公开、科学、规范、透明、无异议”的原则，根据裁判的现场记录、参赛队赛项任务书及评分标准，通过多方面进行综合评价，最终按总评分得分高低，确定参赛队奖项归属。

（12）按比赛成绩从高分到低分排列参赛队的名次。竞赛成绩相同时，成绩相同时完成实操所用时间少的名次在前，成绩及用时相同者实操成绩较高者名次在前。

（13）评分方式结合世界技能大赛的方式，以小组为单位，裁判相互监督，对检测、评分结果进行一查、二审、三复核。确保评分环节准确、公正。成绩经工作人员统计，组委会、裁判组、仲裁组分别核准后，闭赛式上公布。

（14）成绩复核。为保障成绩评判的准确性，监督组将对赛项总成绩排名前 30% 的所有参赛选手的成绩进行复核；对其余成绩进行抽检复核，抽检覆盖率不得低于 15% 。如发现成绩错误以书面方式及时告知裁判长，由裁判长更正成绩并签字确认。复核、抽检错误率超过 5% 的，裁判组将对所有成绩进行复核。

（15）成绩公布。

① 录入。由承办单位信息员将裁判长提交的赛项总成绩的最终结果录入赛务管理系统。

② 审核。承办单位信息员对成绩数据审核后，将赛务系统中录入的成绩导出打印，经赛项裁判长、仲裁组、监督组和赛项组委会审核无误后签字。

③ 报送。由承办单位信息员将确认的电子版赛项成绩信息上传赛务管理系统。同时将裁判长、仲裁组及监督组签字的纸质打印成绩单报送赛项组委会公室。

④ 公布。审核无误的最终成绩单，经裁判长、监督组签字后进行公示。公示时间为 2 h。成绩公示无异议后，由仲裁长和监督组长在成绩单上签字，并在闭赛式上公布竞赛成绩。

附件 1

气体巡检检测工竞赛赛位示意图

单个赛位参考尺寸：长 1000 cm × 宽 500 cm。光线充足，照明达标；供电、供气设施正常且安全有保障；地面平整、洁净（建议设置至少 4 个赛位）。

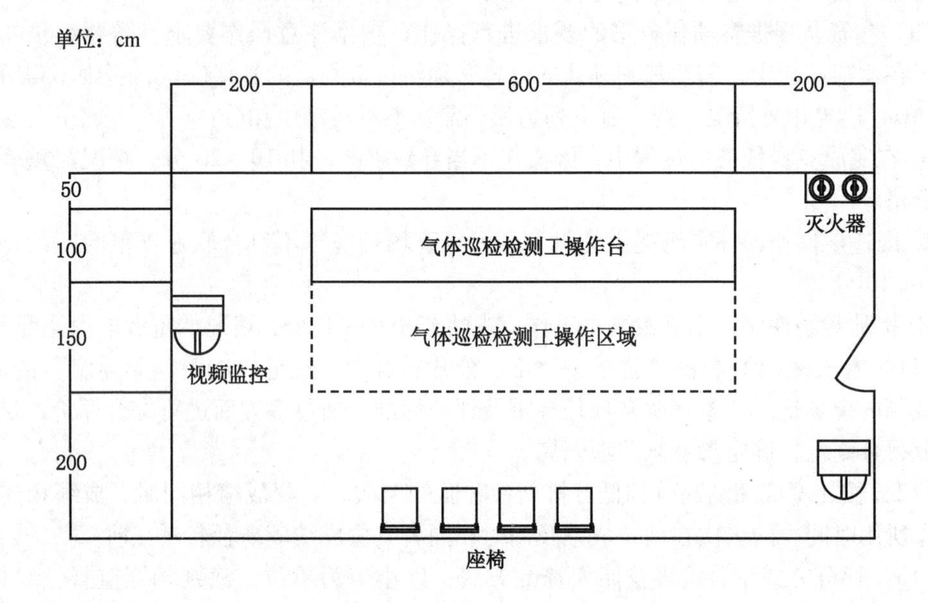

试 题 样 例

一、单选题

1. 瓦斯检查工应做好作业地点瓦斯检查工作，保证瓦斯检查数据（　　）。

A. 准确及时　　B. 不超限
C. 与监控传感器显示值一致　　D. 在允许值范围内

答案：A

2. 瓦斯检查工除了负责测定作业地点瓦斯，（　　）熟悉其他“一通三防”知识。

A. 不需要　　B. 没必要　　C. 需要　　D. 不要求

答案：C

3. 甲烷浓度超过《煤矿安全规程》有关条文的规定时，瓦斯检查工（　　）责令现场人员停止工作，并撤到安全地点。

A. 无权　　B. 有权
C. 不能　　D. 有矿领导在时无权

答案：B

4. 停工区内甲烷或二氧化碳浓度达到（　　）不能立即处理时，必须在 24 h 内封闭完毕。

A. 0.5%　　B. 1.0%　　C. 1.5%　　D. 3.0%

答案：D

5. 高瓦斯矿井中采掘工作面每班至少检查（　　）次瓦斯浓度。

A. 1　　B. 2　　C. 3　　D. 4

答案：C

6. 采掘工作面进行爆破作业时，瓦斯检查员不在现场（　　）爆破。

A. 可以　　B. 瓦斯浓度符合规定时可以
C. 严禁　　D. 由矿领导在时可以

答案：C

7. 空气中因惰性气体混入时，瓦斯爆炸浓度的下限（　　）。

A. 下降　　B. 上升　　C. 不变　　D. 无法确定

答案：B

8. 硫化氢气体的气味是（　　）。

A. 酸味　　B. 臭鸡蛋味　　C. 苦味　　D. 甜味

答案：B

9. 在高瓦斯矿井的同一采煤工作面，采煤机械化程度越高，工作面瓦斯涌出量（　　）。

A. 越小　　B. 越大　　C. 不变　　D. 无法确定

答案：B

10. 导致瓦斯事故的主要原因在于（　　）。

A. 大气压力变化　　B. 氧气浓度变化　　C. 管理不善　　D. 温度变化

答案：C

11. 在标准大气状态下，瓦斯爆炸的浓度范围为（　　）

A. 1% ~10%　　B. 5% ~16%　　C. 3% ~10%　　D. 4% ~16%

答案：B

12. 空气中混入（　　）不会增加瓦斯的爆炸性。

A. 硫化氢气体　　B. 一氧化碳气体　　C. 二氧化碳气体　　D. 可燃性煤尘

答案：C

13. 排放巷道积存瓦斯时，（　　）采用“一风吹”方法。

A. 可以　　B. 瓦斯浓度较低时可以

C. 严禁　　D. 必须

答案：C

14. 爆破地点附近 20 m 以内风流中甲烷浓度达到（　　）时，严禁爆破。

A. 0.5%　　B. 1.0%　　C. 1.5%　　D. 2.0%

答案：B

15. 在有在局部通风机及其开关附近 10 m 以内风流中的甲烷浓度都不超过（　　）时，方可人工开启局部通风机，恢复正常通风。

A. 0.5%　　B. 0.75%　　C. 1.0%　　D. 1.5%

答案：A

16. 井下作业地点发生瓦斯超限时应先（　　）。

A. 撤人　　B. 汇报　　C. 处理　　D. 排瓦斯

答案：A

17. 瓦斯检查工必须按规定对煤矿井下采掘作业等地点瓦斯进行（　　）。

A. 巡回检查　　B. 专人定点检查

C. 随机检查　　D. 巡回检查或专人定点检查

答案：D

18. 瓦斯检查工除了检查作业地点的瓦斯及二氧化碳等气体浓度，还需检查（　　）。

A. 风速　　B. 气压　　C. 温度　　D. 煤层瓦斯含量

答案：C

19. 在瓦斯积聚区测量瓦斯时，用瓦斯检测仪取样后，需在（　　）中读数。

A. 积聚区　　B. 新鲜风流　　C. 地面　　D. 任何地点

答案：B

20. 瓦斯检查工必须将每次的检查结果立即记入（　　）。

A. 瓦斯检查班报手册

B. 检查地点的记录牌

C. 瓦斯检查班报手册和检查地点的记录牌

D. 瓦斯日报表

答案：C

21. 瓦斯检查工（　　）将每次的检查结果通知现场工作人员。

A. 严禁　　B. 需要

C. 不需要　　D. 仅当瓦斯超过规定浓度时需要

答案：B

22. 瓦斯检查操作应遵照（　　）顺序进行。

A. 现场班组长签字→安全检查→取样→读数→记录→填牌板→填报表

B. 安全检查→取样→读数→填牌板→记录→现场班组长签字→填报表

C. 填报表→安全检查→取样→读数→记录→填牌板→现场班组长签字

D. 安全检查→取样→读数→记录→现场班组长签字→填牌板→填报表

答案：D

23. 瓦斯测定地点一般应在巷道靠近顶板以下（　　）的位置。

A. 200 mm　　B. 300 mm　　C. 400 mm　　D. 500 mm

答案：A

24. 测定瓦斯浓度时将光学瓦斯检定器的进气口置于巷道风流的上部进行抽气，连续测定 3 次，取其（　　）。

A. 最小　　B. 平均　　C. 最大　　D. 任一值

答案：C

25. “三人连锁爆破”过程中，瓦斯检查工经过检查瓦斯、煤尘合格，工作面及其附近无安全隐患后，将自己携带的（　　）交给爆破工。

A. 爆破牌　　B. 警戒牌　　C. 爆破命令牌　　D. 瓦斯检查牌

答案：A

26. 掘进工作面爆破地点的瓦斯检查，应在该点向外（　　）范围内的巷道风流中及本范围内局部瓦斯积聚处进行。

A. 10 m　　B. 20 m　　C. 30 m　　D. 40 m

答案：B

27. 采煤机处的瓦斯检查，应在采煤机 20 m 内距煤壁（　　）、顶板 200 mm 范围内检查。

A. 200 mm　　B. 300 mm　　C. 150 mm　　D. 100 mm

答案：B

28. 使用光学瓦斯检定器检查瓦斯时，慢慢握压吸气球（　　）次，使待测气体进入气室。

A. 1 ~ 2　　B. 2 ~ 3　　C. 3 ~ 4　　D. 5 ~ 6

答案：D

29. 光学瓦斯检定器的硅胶药品主要是用来吸收空气中（　　）的。

A. 二氧化碳　　B. 甲烷　　C. 一氧化碳　　D. 水分

答案：D

30. 瓦斯监测装置要优先选用（　　）电气设备。

A. 矿用一般型　　B. 矿用防爆型　　C. 本质安全型　　D. 安全火花型

答案：C

31. 煤矿井下的有害气体主要是由（　　）、CO_2、H_2S、NO_2、H_2、NH_3 气体组成。

A. CO　　B. CH_4　　C. SO_2　　D. 以上均是

答案：D

32. 煤矿工人在井下工作时，需要一个适宜的空气条件。因此，《煤矿安全规程》对此有明确的规定，采掘工作面的进风流中，O_2 浓度不低于（　　），CO_2 的浓度不超过 0.5%。

A. 20%　　B. 28%　　C. 25%　　D. 18%

答案：A

解析：《煤矿安全规程》第一百三十五条中　井下空气成分必须符合的要求之一是：采掘工作面的进风流中，O_2 浓度不低于 20%，CO_2 的浓度不超过 0.5%。

33. 下列不属于按进出风井的布置形式不同，而划分的矿井通风方式为（　　）。

A. 中央式　　B. 对角式　　C. 混合式　　D. 压入式

答案：D

34. 矿井通风阻力测定的主要目的是检查通风阻力的分布是否合理，关于全矿井通风阻力测定工作的说法正确的是（　　）。

A. 选择风阻短的干线为主要测量路线　　B. 并联风路应测量各线路风压

C. 为方便测量测点应靠近风门　　D. 井底车场可以简化为一个测点

答案：D

解析：全矿井阻力测定，首先选择风路最长、风量最大的干线为主要测量路线，然后再决定其他若干条与之并联的次要路线，以及那些必须测量的局部阻力区段。测点应尽可能避免靠近井筒和主要风门，以减少井筒提升和风门开启时的影响。

35. 局部通风机通风是向井下局部地点通风最常用的方法。局部通风机的通风方式有压入式、抽出式和压抽混合式。采用压入式通风的，局部通风机应安装在距掘进巷道口（　　）。

A. 5 m 以外的进风侧　　B. 10 m 以外的进风侧

C. 5 m 以外的回风侧　　D. 10 m 以外的回风侧

答案：B

解析：压入式局部通风机和启动装置，必须安装在进风巷道中，距掘进巷道回风口不得小于 10 m，全风压供给该处的风量必须大于局部通风机的吸入风量。

36. 某生产矿井建立了矿井测风制度，对全矿井定期全面测风，根据《煤矿安全规程》，该矿井回采工作面的测风周期是（　　）。

A. 10 天　　B. 15 天　　C. 20 天　　D. 根据需要随时测风

答案：D

解析：根据《煤矿安全规程》第一百四十条中　矿井必须建立测风制度，每 10 天至少进行 1 次全面测风。对采掘工作面和其他用风地点，应当根据实际需要随时测风，每次测风结果应当记录并写在测风地点的记录牌上。

37. 在煤矿采区内的主要通风构筑物有（　　）等。

A. 风桥　　B. 风门　　C. 挡风墙　　D. 以上都是

答案：D

解析：为了保证风流沿需要的路线流动，就必须在某些巷道中设置相应的通风设施，又称通风构筑物，如风门、风桥、风墙、风窗等，以便对风流进行控制。

38. 当矿井或一翼总风量不足或者过剩时，需要调节总风量，即调整主要通风机的工况点，采取的措施主要是（　　）。

A. 改变通风机的工作特性

B. 改变通风机工作风阻

C. 改变主要通风机的工作特性，改变通风机工作风阻

D. 增加通风机的数量

答案：C

解析：当矿井或一翼总风量不足或者过剩时，需要调节总风量，即调整主要通风机的工况点。采取的措施主要是改变主要通风机的工作特性或改变通风机工作风阻。

39. 矿井必须采用机械通风，必须安装 2 套同等能力的主要通风机装置，其中一套作为备用，备用通风机必须能在（　　）内开动。

A. 10 min　　B. 15 min　　C. 20 min　　D. 25 min

答案：A

解析：《煤矿安全规程》第一百五十八条中　矿井必须采用机械通风。主要通风机的安装和使用应符合的要求之一是：必须安装 2 套同等能力的主要通风机装置，其中 1 套作备用，备用通风机必须能在 10 min 内开动。

40. 地下矿山漏风是指通风系统中风流沿某些细小通道与回风巷或地面发生渗漏的（　　）现象。

A. 短路　　B. 断路　　C. 断相　　D. 过负荷

答案：A

解析：地下矿山漏风是指通风系统中风流沿某些细小通道与回风巷或地面发生渗漏的短路现象。

41. 使用防爆柴油动力装置的矿井及开采容易自燃、自燃煤层的矿井，应当设置（　　）和温度传感器。

A. 二氧化碳传感器　　B. 流量传感器

C. 压力传感器　　D. 一氧化碳传感器

答案：D

解析：为了预防自燃发火，做到预测、预报，在煤矿井下使用防爆柴油动力装置的矿井及开采容易自燃、自燃煤层的矿井，应当设置一氧化碳传感器和温度传感器。

42. 封闭的火区，只有经取样化验证实火已熄灭后，方可启封或者注销。火区内的空气温度下降到（　　）以下，或者与火灾发生前该区的日常空气温度相同，且持续稳定（　　）个月以上，是认定火已熄灭的条件之一。

A. 20 ℃，1　　B. 26 ℃，2　　C. 30 ℃，1　　D. 34 ℃，1

答案：C

43. 封闭的火区，只有经取样化验证实火已熄灭后，方可启封或者注销。火区内空气

中的氧气浓度降到（　　）以下，且持续稳定（　　）个月以上，是认定火已熄灭的条件之一。

A. 5%，1　　B. 10%，2　　C. 18%，1　　D. 20%，1

答案：A

解析：封闭的火区，启封的条件是，火区内空气中的氧气浓度降到5.0%以下，且持续稳定1个月以上。这是启封火区条件之一。封闭火区启封条件之一，是矿井巡检检测工的必须掌握的知识。封闭火区启封条件之一，所以选择A。

44. 封闭的火区，只有经取样化验证实火已熄灭后，方可启封或者注销。火区内空气中不含有（　　），一氧化碳浓度在封闭期间内逐渐下降，并稳定在（　　）以下，且持续稳定1个月以上，是认定火已熄灭的条件之一。

A. 乙烯、乙炔，0.0024%　　B. 乙烯、乙炔，0.001%

C. 乙烯、乙炔、乙烷，0.001%　　D. 乙烯、乙炔、乙烷，0.0024%

答案：B

解析：封闭的火区，启封的条件是，火区内空气中不含有乙烯、乙炔；0.001%以下。且持续稳定1个月以上，这是启封火区条件之一。

45. 封闭的火区，只有经取样化验证实火已熄灭后，方可启封或者注销。火区的出水温度低于（　　），或者与火灾发生前该区的日常出水温度相同，且持续稳定（　　）个月以上，是认定火已熄灭的条件之一。

A. 20 ℃，1　　B. 25 ℃，1　　C. 30 ℃，1　　D. 30 ℃，2

答案：B

解析：封闭的火区，启封的条件是，火区的出水温度低于25 ℃，或者与火灾发生前该区的日常出水温度相同，且持续稳定1个月以上，是认定火已熄灭的条件之一。

46. 启封已熄灭的火区前，必须制定安全措施。启封火区时，应当（　　）恢复通风，同时测定回风流中一氧化碳、甲烷浓度和风流温度。发现复燃征兆时，必须立即停止向火区送风，并重新封闭火区。

A. 一次性全部　　B. 逐段

答案：B

解析：启封火区时，应当逐段恢复通风，一次性余部恢复通风，容易造成复燃事故。

47. 启封已熄灭的火区前，必须制定安全措施。启封火区时，应当逐段恢复通风，同时测定回风流中（　　）。发现复燃征兆时，必须立即停止向火区送风，并重新封闭火区。

A. 一氧化碳浓度　　B. 甲烷浓度　　C. 风流温度　　D. 上述全对

答案：D

解析：启封已熄灭的火区前，测定回风流中一氧化碳浓度、甲烷浓度、风流温度，发现复燃征兆时，必须立即停止向火区送风，并重新封闭火区。

48. 启封已熄灭的火区前，必须制定安全措施。（　　）等工作，必须由矿山救护队负责进行。

A. 启封火区工作

B. 恢复火区初期通风工作

C. 启封火区工作完毕后 3 天内的每班检查通风工作，并测定水温、空气温度和空气成分

D. 上述全对

答案：D

解析：启封已熄灭的火区前，必须制定安全措施。启封火区工作，恢复火区初期通风工作，启封火区工作完毕后 3 天内的每班检查通风工作，并测定水温、空气温度和空气成分等工作，必须由矿山救护队负责进行。

49. 在启封火区工作完毕后的（　　）天内，每班必须由（　　）检查通风工作，并测定水温、空气温度和空气成分。只有在确认火区完全熄灭、通风等情况良好后，方可进行生产工作。

A. 1，矿山救护队　　　　B. 2，瓦斯检查员

C. 3，矿山救护队　　　　D. 5，瓦斯检查员

答案：C

解析：在启封火区工作完毕后的 3 天内，每班必须由矿山救护队检查通风工作。

50. 矿井必须设地面消防水池和井下消防管路系统。井下消防管路系统应当敷设到（　　），每隔 100 m 设置支管和阀门，但在（　　）中应当每隔 50 m 设置支管和阀门。地面的消防水池必须经常保持不少于 200 m^3 的水量。

A. 巷道末端，行人的回风巷道　　　　B. 采掘工作面，绞车运输巷道

C. 采掘工作面，带式输送机巷道　　　　D. 巷道末端，材料运输巷道

答案：C

解析：《煤矿安全规程》第二百四十九条中　矿井必须设地面消防水池和井下消防管路系统。井下消防管路系统应当敷设到采掘工作面，每隔 100 m 设置支管和阀门，但在带式输送机巷道中应当每隔 50 m 设置支管和阀门。地面的消防水池必须经常保持不少于 200 m^3 的水量。

51. 井上消防材料库应当设在（　　），但不得设在井口房内。

A. 工业广场内　　B. 供应仓库内　　C. 井口附近　　D. 木场内

答案：C

解析：井上消防材料库应当设在井口附近，但不得设在井口房内。

52. 井下消防材料库应当设在（　　）生产水平的井底车场或者主要运输大巷中，并装备消防车辆。

A. 每一个　　B. 最上层　　C. 最下层　　D. 中部

答案：A

解析：井下消防材料库应当设在每一个生产水平的井底车场或者主要运输大巷中，并装备消防车辆。

53. 生产矿井（　　）时，必须对所有煤层的自燃倾向性进行鉴定。

A. 开采新工作面　　B. 开采新采区　　C. 延深新水平

答案：C

解析：这是对矿井延深新水平，煤层自燃倾向鉴定知识。

54. 开采容易自燃和自燃煤层的矿井，必须编制矿井防灭火专项设计，采取综合预防

煤层自然发火的措施。综合防灭火措施是指采取灌浆、注氮、喷洒阻化剂等（　　）种以上防灭火措施。

A. 1　　B. 2　　C. 3　　D. 4

答案：B

55. 开采容易自燃和自燃煤层时，必须开展自然发火监测工作，建立自然发火监测系统，确定煤层自然发火标志气体及临界值，健全自然发火预测预报及管理制度。自然发火监测工作是指以（　　）方式监测取自采空区、密闭区、巷道高冒区等危险区域内的气体浓度或温度，定期为矿井提供相关地点自然发火过程的动态信息。

A. 连续自动　　B. 人工采样

C. 连续自动或人工采样

答案：C

56. 开采容易自燃和自燃煤层时，必须开展自然发火监测工作，建立自然发火监测系统，确定煤层自然发火标志气体及临界值，健全自然发火预测预报及管理制度。自然发火监测工作是指以连续自动或人工采样方式监测取自采空区、密闭区、巷道高冒区等危险区域内的（　　），定期为矿井提供相关地点自然发火过程的动态信息。

A. 气体浓度　　B. 温度

C. 气体浓度或温度　　D. 瓦斯含量

答案：C

解析：采空区、密闭区、巷道高冒区等危险区域内的气体浓度或温度，定期为矿井提供相关地点自然发火过程的动态信息。

57. 开采容易自燃和自燃煤层时，必须开展自然发火监测工作，建立自然发火监测系统，确定煤层自然发火标志气体及临界值，健全自然发火预测预报及管理制度。自然发火监测系统，是指能够监测（　　）的系统，如束管监测系统、人工取样分析系统等。

A. 采空区温度变化

B. 采空区气体成分变化

C. 采空区气体浓度和温度变化

D. 采空区、密闭区、巷道高冒区等危险区域内的气体浓度或温度

答案：B

解析：开采容易自燃和自燃煤层时，必须开展自然发火监测工作，建立自然发火监测系统，确定煤层自然发火标志气体及临界值，健全自然发火预测预报及管理制度。自然发火监测系统，是指能够监测采空区气体成分变化的系统，如束管监测系统、人工取样分析系统等。

58. 采用氮气防灭火时，应当有（　　）等规章制度。

A. 专人定期进行检测　　B. 分析和整理有关记录

C. 发现问题及时报告处理　　D. 上述全对

答案：D

解析：《煤矿安全规程》第二百七十一条中　采用氮气防灭火时，应当有专人定期进行检测、分析和整理有关记录、发现问题及时报告处理等规章制度。

59. 矿井必须制定防止采空区自然发火的（　　）专项措施。采煤工作面回采结束

后，必须在45天内进行永久性封闭，每周至少1次抽取封闭采空区气样进行分析，并建立台账。

A. 封闭　　B. 管理　　C. 封闭及管理

答案：C

解析：《煤矿安全规程》第二百七十四条中　矿井必须制定防止采空区自然发火的封闭及管理专项措施。采煤工作面回采结束后，必须在45天内进行永久性封闭，每周至少1次抽取封闭采空区气样进行分析，并建立台账。

60. 开采自燃和容易自燃煤层，应当及时构筑各类密闭并保证质量。与封闭采空区连通的各类废弃钻孔必须（　　）封闭。

A. 临时　　B. 永久　　C. 定期

答案：B

解析：《煤矿安全规程》第二百七十四条中　开采自燃和容易自燃煤层，应当及时构筑各类密闭并保证质量。与封闭采空区连通的各类废弃钻孔必须永久封闭。

61. 井下停风地点栅栏外风流中的甲烷浓度（　　），密闭外的甲烷浓度（　　）。

A. 每天至少检查1次，每周至少检查1次

B. 每班至少检查1次，每天至少检查1次

C. 每天至少检查2次，每周至少检查2次

D. 每班至少检查2次，每天至少检查2次

答案：A

解析：井下停风地点栅栏外风流中的甲烷浓度每天至少检查1次，密闭外的甲烷浓度每周至少检查1次。

62. 通风值班人员必须审阅（　　），掌握瓦斯变化情况，发现问题，及时处理，并向矿调度室汇报。

A. 瓦斯班报　　B. 通风瓦斯日报

C. 采掘工作面生产进度班报　　D. 领导入井带班记录

答案：A

解析：通风值班人员必须审阅瓦斯班报，掌握瓦斯变化情况，发现问题，及时处理，并向矿调度室汇报。

63. 井下临时抽采瓦斯泵站抽出的瓦斯排入回风巷时，在排瓦斯管路出口必须设置栅栏、悬挂警戒牌等。栅栏设置的位置是上风侧（　　）、下风侧（　　），两栅栏间禁止任何作业。

A. 距管路出口5 m，距管路出口10 m　　B. 距管路出口10 m，距管路出口20 m

C. 距管路出口5 m，距管路出口30 m　　D. 距管路出口10 m，距管路出口20 m

答案：C

解析：井下临时抽采瓦斯泵站抽出的瓦斯排入回风巷时，在排瓦斯管路出口必须设置栅栏、悬挂警戒牌等。栅栏设置的位置是上风侧距管路出口5 m、下风侧距管路出口30 mm，两栅栏间禁止任何作业。

64. 抽采的瓦斯浓度低于（　　）时，不得作为燃气直接燃烧。

A. 20%　　B. 25%　　C. 30%　　D. 35%

答案：C

65. 停风区中甲烷浓度超过（　　）或者二氧化碳浓度超过（　　），最高甲烷浓度和二氧化碳浓度不超过（　　）时，必须采取安全措施，控制风流排放瓦斯。

A. 1.0%，1.5%，3.0%　　B. 1.5%，1.5%，3.0%

C. 1.5%，1.0%，3.0%　　D. 1.0%，1.5%，2.0%

答案：A

解析：停风区中甲烷浓度超过1.0%或者二氧化碳浓度超过1.0%，最高甲烷浓度和二氧化碳浓度不超过3.0%时，必须采取安全措施，控制风流排放瓦斯。

66. 停风区中甲烷浓度或者二氧化碳浓度超过（　　）时，必须制定安全排放瓦斯措施，报矿总工程师批准。

A. 1%　　B. 1.5%　　C. 2%　　D. 3%

答案：D

解析：停风区中甲烷浓度或者二氧化碳浓度超过3%时，必须制定安全排放瓦斯措施，报矿总工程师批准。

67. 在排放瓦斯过程中，排出的瓦斯与全风压风流混合处的甲烷和二氧化碳浓度均不得超过（　　），且混合风流经过的所有巷道内必须停电撤人，其他地点的停电撤人范围应当在措施中明确规定。

A. 0.5%　　B. 1%　　C. 1.5%　　D. 2%

答案：C

解析：在排放瓦斯过程中，排出的瓦斯与全风压风流混合处的甲烷和二氧化碳浓度均不得超过1.5%，且混合风流经过的所有巷道内必须停电撤人，其他地点的停电撤人范围应当在措施中明确规定。

68. 无提升设备的风井和风硐，允许最高风速为（　　）。

A. 1 m/s　　B. 5 m/s　　C. 10 m/s　　D. 15 m/s

答案：D

解析：无提升设备的风井和风硐，允许最高风速为15 m/s。

69. 矿井采用（　　）风筒。

A. 抗静电　　B. 阻燃

C. 抗静电和阻燃　　D. 抗静电、抗撕裂和阻燃

答案：C

70. 瓦斯动态巡检系统中，作为系统数据处理及展示平台的是（　　）。

A. 瓦斯巡检中心站　　B. 瓦斯巡检仪

C. 瓦斯看板　　D. 甲烷展示大屏

答案：A

解析：系统中心站是系统的数据存储、分析、处理平台，同时也是系统的门户，能够展示巡检相关的信息及参数。

71. 瓦斯动态巡检系统中心站中具有巡检轨迹分析比对功能，下列说法正确的是（　　）。

A. 可对比2个人的实际巡检路线

B. 可对比 2 个人的计划路线

C. 对比的是同一个人 2 次巡检的路线

D. 对比的是一个人的计划路线和实际巡检路线

答案：D

解析：瓦斯动态巡检系统中心站具有巡检轨迹分析功能，可以对比分析计划路线和实际巡检路线。

72. 载体式低浓度甲烷传感器采用催化原理设计，下列关于载体式低浓度甲烷传感器的说法可能正确的是（　　）

A. 量程范围为 0 ~ 40%　　B. 量程范围为 0 ~ 4%

C. 检测原理采用热导原理　　D. 检测原理采用红外测量原理

答案：B

解析：载体式低浓度甲烷传感器采用催化原理设计，最大量程为 4%。

73. 下列关于瓦斯巡检中心站巡检任务生成的操作顺序可能正确的是（　　）。

A. 录入人员信息→录入位置标签→录入巡检任务→录入巡检计划

B. 录入位置标签→录入巡检计划→录入人员信息→录入巡检任务

C. 录入位置标签→录入人员信息→录入巡检任务→录入巡检计划

D. 录入位置标签→录入人员信息→录入巡检仪→录入巡检任务

答案：B

解析：巡检计划需要先录入位置标签，巡检任务需要先录入人员信息和巡检计划。

74. 矿井必须建立（　　）和其他有害气体检查制度。

A. 甲烷，二氧化碳　　B. 二氧化碳，一氧化碳，温度

C. 甲烷，一氧化碳，硫化氢　　D. 甲烷，一氧化碳，二氧化碳

答案：A

解析：《煤矿安全规程》第一百八十条中　矿井必须建立甲烷、二氧化碳和其他有害气体检查制度。

75. 根据检查制度要求，下列说法错误的是（　　）。

A. 采掘工作面应纳入检查范围

B. 硐室应纳入检查范围

C. 使用中的机电设备的设置地点应纳入检查范围

D. 无人工作的盲巷应纳入检查范围

答案：D

解析：《煤矿安全规程》第一百八十条中　所有采掘工作面、硐室、使用中的机电设备的设置地点、有人员作业的地点都应纳入检查范围。

76. 按《煤矿安全规程》规定，对采掘工作面的甲烷浓度检查次数要求不对的是：（　　）。

A. 低瓦斯矿井，每班至少 2 次

B. 高瓦斯矿井，每班至少 3 次

C. 高瓦斯矿井，可以每班 4 次

D. 突出煤层、有瓦斯喷出危险的采掘工作面，每班至少 2 次

答案：D

解析：根据《煤矿安全规程》第一百八十条中 采掘工作面的甲烷检查次数按：低瓦斯矿井，每班至少2次；高瓦斯矿井，每班至少3次；突出煤层、有瓦斯喷出危险或者瓦斯涌出较大、变化异常的采掘工作面，必须有专人经常检查。

77. 瓦斯动态巡检系统中心站软件巡检管理不包含的功能是：（ ）。

A. 瓦斯三对照 B. 巡检计划管理 C. 巡检任务管理 D. 巡检信息管理

答案：A

解析：瓦斯动态巡检系统中心站巡检管理功能模块包含巡检计划、任务、巡检信息、异常信息的管理。

78. 瓦斯动态巡检系统中心站软件位置标签管理说法错误的是（ ）。

A. 位置标签信息可以绑定人员定位单元

B. 位置标签信息可以绑定广播

C. 位置标签信息可以绑定安全监控瓦斯

D. 位置标签信息可以绑定瓦斯看板

答案：B

解析：瓦斯动态巡检系统中心站位置标签可以绑定人员的定位单元、安全监控瓦斯、人脸视频识别摄像机、瓦斯看板。

79. 瓦斯动态巡检系统中心站软件不支持的数据接入是（ ）。

A. 人员定位系统 B. 无线通信系统 C. 视频分析系统 D. 安全监控系统

答案：B

解析：目前瓦斯动态巡检系统能够接入解析人员定位、视频分析、安全监控数据。

80. 根据检查制度要求，有自然发火危险的矿井，必须定期检查的是一氧化碳浓度和（ ）。

A. 甲烷浓度 B. 硫化氢浓度 C. 二氧化硫浓度 D. 气体温度

答案：D

解析：《煤矿安全规程》第一百八十条中 在有自然发火危险的矿井，必须定期检查一氧化碳浓度、气体温度等变化情况。

81. 矿用本安型巡检仪是井下气体巡检的关键设备，目前还不具备的特点是（ ）。

A. 可检测多种气体参数值 B. 续航时间长

C. 可应用于多种场合 D. 可实现人脸识别

答案：D

解析：矿用本安型巡检仪是井下巡检的关键设备，能够检测多种气体值，基于安卓设计，信息化程度高，不仅能适用于井下气体巡检，还可以应用于智能通风等多个场合，最大续航时间大于12 h。

82. 关于瓦斯检查工巡检的基本要求，下列说法错误的是（ ）。

A. 必须执行瓦斯巡回检查制度和请示报告制度

B. 认真填写瓦斯检查班报

C. 必须集中管理

D. 每次检查结果必须记入瓦斯检查班报手册和检查地点的记录牌上

答案：C

解析：《煤矿安全规程》第一百八十条中　瓦斯检查工必须执行瓦斯巡回检查制度和请示报告制度，并认真填写瓦斯检查班报。每次检查结果必须记入瓦斯检查班报手册和检查地点的记录牌上，并通知现场工作人员。

83. 对于有瓦斯或者二氧化碳喷出的煤层，下列说明错误的是（　　）。

A. 开采前必须抽瓦斯

B. 开采前必须打前探钻孔或者抽排钻孔

C. 需要加大喷出危险区域的风量

D. 将喷出的瓦斯或者二氧化碳直接引入回风巷或者抽采瓦斯管路

答案：A

解析：《煤矿安全规程》第一百七十八条中　在有瓦斯或者二氧化碳喷出的煤层，开采前必须采取的措施为 B、C、D 三条。

84. 下列哪一项不属于瓦斯动态巡检系统的组成部分（　　）。

A. 上位机软件　　B. 服务器数据库

C. 便携式甲烷报警仪　　D. 位置标签

答案：C

解析：瓦斯动态巡检系统一般包括上位机、服务器、数据库、无线通信网络、矿用本安型巡检仪、位置标签、光瓦等。

85. 关于通风值班员对瓦斯巡检的职责，下列说法正确的是（　　）。

A. 管理瓦斯巡检人员

B. 掌握瓦斯变化情况，发现问题，及时处理，并向矿调度室汇报

C. 必须审阅瓦斯班报，并撰写瓦斯巡检班报

D. 统计瓦斯巡检结果

答案：B

解析：《煤矿安全规程》第一百八十条中　通风值班人员必须审阅瓦斯班报，掌握瓦斯变化情况，发现问题，及时处理，并向矿调度室汇报。

86. 下列巡检人员操作不正确的是（　　）。

A. 确认作业环境是否符合要求

B. 使用光瓦测量瓦斯和二氧化碳浓度

C. 将测量结果记录到瓦斯管理看板上

D. 测量并记录结束后，未告知现场人员，离开前往下一个巡检地点

答案：C

解析：按照井下瓦斯检查制度，瓦斯检查工作业前必须确认作业环境是否安全并符合要求，每次检查结果必须记录到检查地点的记录牌上，并通知现场工作人员。在巡检过程中，发现风险异常，记录并及时上报。

87. 矿用本安型巡检仪的说法错误的是（　　）。

A. 支持账号密码、刷卡方式登录

B. 需要下载人员的巡检任务

C. 登录时必须要连接到中心站，否则无法登录

D. 可以将数据发送到瓦斯看板

答案：C

解析：巡检仪会存储人员信息，可以在无网络时离线登录完成巡检任务，待有网时将完成的巡检任务上传中心站。

88. 矿用本安型巡检仪传输给电子瓦斯管理看板的信息内容不包括（　　）。

A. 巡检人员信息

B. 检测时间

C. 甲烷、温度、一氧化碳、二氧化碳数据

D. 计划时间

答案：D

解析：巡检完成后巡检仪传输给电子瓦斯管理看板的数据主要包括巡检时检测数据的时间、检查人员信息、检查数据信息和检查的地点信息。

89. 矿用本安型巡检仪不具有的功能是（　　）。

A. 联机刷卡　　B. 自动注册

C. 标校功能　　D. 读取安全监控系统瓦斯数据

答案：D

解析：巡检仪不具备读取安全监控系统瓦斯数据的功能。

90. 对于瓦斯巡检系统中心站人员信息管理中相对不是特别重要的内容是（　　）。

A. 姓名　　B. 用户名　　C. 密码　　D. 性别

答案：D

91. 关于巡检系统中心站中报警参数设置的描述下列说法正确的是（　　）。

A. 可设置各点位的断电值

B. 可设置温度的下限报警值

C. 设置后的报警值未下发至巡检仪

D. 设置报警值后，达到报警条件，巡检仪不会触发报警提示

答案：B

解析：瓦斯动态巡检系统的报警参数设置功能可单独设置某一个气体的报警值，也可按地点设置多个参数的上下限报警值，同时设置后报警值会下发到巡检仪，巡检仪采集的值超过报警值后会有相应的报警提示。

92. 关于矿用本安型巡检仪下列说法正确的是（　　）。

A. 可测定多种气体浓度值　　B. 可测定氧气浓度

C. 可测量风速　　D. 可以通过 4G 传输数据

答案：A

解析：矿用本安型巡检仪可测量甲烷、一氧化碳、二氧化碳气体浓度，可测量温度值，不可测量氧气和风速，目前只支持 WiFi 传输数据，登录支持刷卡及账户密码。

93. 关于矿用本安型巡检仪首页不包含的内容是（　　）。

A. 气体浓度值实时显示　　B. 巡检任务查看菜单

C. 数据上传菜单　　D. 登录人员的信息

答案：A

解析：登录人员信息在我的菜单下面，未显示到主页。

94. 关于巡检异常信息的说法，错误的是（　　）。

A. 异常信息可包含文字描述和照片

B. 异常信息可以和巡检信息一起上传到中心站

C. 异常信息只可用于查看显示，目录还不能录入措施等

D. 异常信息需要关联到位置标签

答案：C

95. 关于巡检仪数据上传的说法，错误的是（　　）。

A. 可以上传巡检数据

B. 可以上传标校数据

C. 可以上传异常数据

D. 巡检仪在没有联网的情况下也可以上传数据

答案：D

96. 关于瓦斯看板和巡检仪下列说法错误的是（　　）。

A. 要与瓦斯看板对接需要在位置标签上绑定瓦斯看板的 IP

B. 需要瓦斯看板和巡检仪网络连接后才能发送数据

C. 瓦斯看板支持显示多天的巡检数据

D. 需要先进行巡检后才能将数据发送到瓦斯看板

答案：C

97. 关于瓦斯动态巡检中心站与巡检仪，下列说法错误的是（　　）。

A. 巡检仪需要从中心站下载人员信息

B. 巡检仪需要从中心站下载位置标签信息

C. 巡检仪需要从中心站下载巡检仪

D. 巡检仪需要从中心站下载巡检任务信息

答案：C

98. 关于瓦斯动态巡检中心站与巡检仪，下列说法错误的是（　　）。

A. 巡检仪与中心站联网后才能通信

B. 巡检仪上传中心站的信息不包括瓦斯看板信息

C. 巡检仪可脱离中心站工作

D. 巡检仪不需要与中心站联网也能获取到巡检任务

答案：D

99. 关于瓦斯动态巡检中心站巡检到岗率查询，下列说法错误的是（　　）。

A. 可以查询多个人的到岗记录

B. 到岗率就是计划巡检次数和实际到岗次数的对比

C. 可以查询多天的到岗记录

D. 实际到岗只需要判断是否刷位置标签卡即可

答案：D

100. 采掘工作面空气温度超过（　　），必须停止作业。

A. 26 ℃　　B. 28 ℃　　C. 30 ℃　　D. 34 ℃

答案：C

101. 进风井口以下空气温度应保持（　　）以上。

A. 0 ℃　　B. 1 ℃　　C. 2 ℃　　D. 4 ℃

答案：C

解析：《煤矿安全规程》第一百三十七条　进风井口以下的空气温度（干球温度）必须在 2 ℃以上。

102. 井下一氧化碳的浓度不允许超过（　　）。

A. 0.000024%　　B. 0.00024%　　C. 0.0024%　　D. 0.001%

答案：C

解析：《煤矿安全规程》第一百三十五条　井下一氧化碳的浓度不允许超过 0.0024%。

103. 采掘工作面的进风流中，按体积计算氧气不得低于（　　）。

A. 0.18%　　B. 0.19%　　C. 0.2%　　D. 0.21%

答案：C

解析：《煤矿安全规程》第一百三十五条　按体积计算氧气不得低于 20%。

104. 采掘工作面及其他作业地点风流中瓦斯浓度达到（　　）时，必须停止用电钻打眼。

A. 0.5%　　B. 1%　　C. 1.5%　　D. 2%

答案：B

解析：《煤矿安全规程》第一百七十三条　采掘工作面及其他作业地点风流中甲烷工达到 1.0% 时，必须停止用电钻打眼。

105. 测定瓦斯浓度时，一般在测点测三次，取（　　）值作为测定结果和处理依据。

A. 最大　　B. 最小　　C. 平均　　D. 前三者均可

答案：A

106. 当地面大气压力下降时，能引起矿井瓦斯涌出量（　　）。

A. 减小　　B. 增大　　C. 不变　　D. 不能确定

答案：B

107. 低瓦斯矿井的采掘工作面，瓦斯浓度每班至少检查的次数为（　　）。

A. 1 次　　B. 2 次　　C. 3 次　　D. 4 次

答案：B

108. 混入下列何种气体，可使瓦斯爆炸下限提高（　　）。

A. H_2　　B. CO_2　　C. CO　　D. H_2S

答案：B

109. 井下采用扩散通风的机电硐室深度不得超过（　　）。

A. 1.5 m　　B. 4 m　　C. 6 m　　D. 10 m

答案：C

110. 井下消防管路中应每隔 100 m 设置支管和阀门，在胶带输送机巷道中应每隔（　　），设置支管和阀门。

A. 50 m　　B. 100 m　　C. 80 m　　D. 150 m

答案：A

111. 巷道相向贯通前，当两个工作面的瓦斯浓度（　　）时，方可爆破。

A. 都在 0.5% 以下　　　　B. 都在 1% 以下

C. 都在 1.5% 以下　　　　D. 爆破面在 1% 以下

答案：B

解析：《煤矿安全规程》第一百四十三条　掘进工作面每次爆破前，只在有 2 个工作面及其回风流中的甲烷浓度都在 1.0% 以下时，掘进工作面方可爆破。

112. 在局部通风机及其开关地点附近 10 m 以内风流中，瓦斯浓度都不超过（　　）时，方可人工开启局部通风机。

A. 大于 0.01　　B. 0.005　　C. 等于 0.01　　D. 0.0075

答案：B

解析：《煤矿安全规程》第一百七十六条　局部通风机因故停止运转时，在恢复通风前，必须首先检查瓦斯，只有停风区中最高甲烷浓度不超过 1.0% 和最高二氧化碳浓度不超过 1.5%，且局部通风机及其开关附近 10 米内风流中甲烷浓度都不超过 0.5% 时，方可人工开启局部通风机，恢复正常通风。

113.（　　）矿井，必须装备矿井安全监控系统。

A. 高瓦斯　　B. 煤与瓦斯突出　　C. 低瓦斯　　D. 所有

答案：D

114. 电焊、气焊和喷灯焊接等工作地点的风流中，瓦斯浓度不得超过 0.5%，其工作地点的前后两端各（　　）的井巷范围内，应是不燃性材料。

A. 10 m　　B. 5 m　　C. 15 m　　D. 20 m

答案：A

解析：《煤矿安全规程》第二百五十四条　电焊、气焊和喷灯焊接等工作地点的风流中，瓦斯浓度不得超过 0.5%，其工作地点的前后两端各 10 m 的井巷范围内，应是不燃性材料。

115. 甲烷的密度（　　）空气的密度。

A. 大于　　B. 等于　　C. 小于　　D. 略小于

答案：C

116. 建设地面瓦斯抽采泵房必须用不燃性材料，并必须有防雷电装置，其距进风井口和主要建筑物不得小于（　　），并用栅栏或者围墙保护。

A. 50 m　　B. 80 m　　C. 100 m　　D. 150 m

答案：A

117. 地面瓦斯抽采泵房和泵房周围（　　）范围内，禁止堆积易燃物和有明火。干式抽采瓦斯泵吸气侧管路系统中，必须装设有防回火、防回流和防爆炸作用的安全装置，并定期检查。

A. 20 m　　B. 50 m　　C. 80 m　　D. 100 m

答案：A

118. 采煤工作面必须至少设置（　　）个一氧化碳传感器，地点可设置在回风隅角、工作面或者工作面回风巷。

A. 1　　B. 2　　C. 3　　D. 4

答案：A

119.《煤矿安全规程》规定，煤矿（　　）指定部门对爆破工作专门管理，配备专业管理人员。

A. 严禁　　B. 必须　　C. 检查　　D. 验收

答案：B

解析：《煤矿安全规程》第三百四十三条　煤矿必须指定部门对爆破工作专门管理，配备专业管理人员。所有爆破人员，包括爆破、送药、装药人员，必须熟悉爆炸物品性能和本规程规定。

120. 所有爆破人员，包括爆破、送药、装药人员，必须（　　）爆炸物品性能和本规程规定。

A. 熟悉　　B. 了解　　C. 检查　　D. 导通

答案：A

解析：《煤矿安全规程》第三百四十三条　煤矿必须指定部门对爆破工作专门管理，配备专业管理人员。所有爆破人员，包括爆破、送药、装药人员，必须熟悉爆炸物品性能和本规程规定。

121. 突出煤层采掘工作面爆破工作必须由（　　）的专职爆破工担任。

A. 零时　　B. 固定　　C. 兼职　　D. 专职

答案：B

122. 使用煤矿许用毫秒延期电雷管时，最后一段的延期时间不得超过（　　）。

A. 120 ms　　B. 130 ms　　C. 140 ms　　D. 150 ms

答案：B

123. 在高瓦斯矿井采掘工作面采用毫秒爆破时，若采用反向起爆，（　　）制定安全措施。

A. 严禁　　B. 必须　　C. 允许　　D. 没有明确规定

答案：B

124. 爆破时（　　）把爆炸物品箱放置在警戒线以外的安全地点。

A. 必须　　B. 严禁　　C. 允许　　D. 没有明确规定

答案：A

125. 对冲击地压煤层，巷道支护严禁采用（　　）。

A. 柔性支架　　B. 刚性支架　　C. 可缩性支架

答案：B

126. 电焊、气焊和喷灯焊接等工作地点的风流中，瓦斯浓度不得超过（　　），只有在检查证明作业地点附近20 m范围内的巷道顶部和支架背板后面无瓦斯积存时，方可进行作业。

A. 0.5%　　B. 1.0%　　C. 1.5%

答案：A

127. 打锚杆眼前，必须首先（　　）。

A. 确定眼距　　B. 摆正机位　　C. 敲帮问顶

答案：C

128. 采用放顶煤开采容易自燃和自燃的厚及特厚煤层时，必须编制（　　）的设计。

A. 防止采空区自然发火　　B. 放顶煤工艺

C. 防止瓦斯积聚

答案：A

129. 软岩使用锚杆支护时，必须（　　）锚固。

A. 部分　　B. 集中　　C. 全长

答案：C

130. 瓦斯检查工必须携带（　　）和便携式甲烷检测报警仪。

A. 便携式光学甲烷检测仪　　B. 便携式多参数报警仪

C. 便携式一氧化碳报警仪　　D. 红外温度检测仪

答案：A

解析：《煤矿安全规程》第一百八十条　瓦斯检查工下井必须携带便携式光学甲烷检测仪和便携式甲烷检测报警仪。

131. 低瓦斯矿井采煤工作面检查瓦斯每班至少检查（　　）次。

A. 1　　B. 2　　C. 3　　D. 4

答案：B

解析：《煤矿安全规程》第一百八十条　低瓦斯矿井采煤工作面检查瓦斯每班至少检查2次，高瓦斯矿井采煤工作面检查瓦斯每班至少检查3次。

132. 对于未进行作业的采掘工作面，可能涌出或者积聚甲烷、二氧化碳的硐室和巷道，应当每班至少检查（　　）次甲烷、二氧化碳浓度。

A. 1　　B. 2　　C. 3　　D. 4

答案：A

解析：《煤矿安全规程》第一百八十条　采掘工作面二氧化碳浓度应当每班至少检查2次；有煤（岩）与二氧化碳突出危险或者二氧化碳涌出量较大、变化异常的采掘工作面，必须有专人经常检查二氧化碳浓度。对于未进行作业的采掘工作面，可能涌出或者积聚甲烷、二氧化碳的硐室和巷道，应当每班至少检查1次甲烷、二氧化碳浓度。

133. 所有安装电动机及其开关的地点附近（　　）的巷道内，都必须检查瓦斯，只有甲烷浓度符合规程规定时，方可开启。

A. 10 m　　B. 15 m　　C. 20 m　　D. 30 m

答案：C

解析：《煤矿安全规程》第一百七十五条　矿井必须有因停电和检修主要通风机停止运转或者通风系统遭到破坏以后恢复通风、排除瓦斯和送电的安全措施。恢复正常通风后，所有受到停风影响的地点，都必须经过通风、瓦斯检查人员检查，证实无危险后，方可恢复工作。所有安装电动机及其开关的地点附近20 m的巷道内，都必须检查瓦斯，只有甲烷浓度符合本规程规定时，方可开启。

134. 掘进工作面爆破前，停掘工作面瓦斯浓度超限时，必须先停止在掘工作面的工作，然后处理瓦斯，只有在2个工作面及其回风流中的甲烷浓度都在（　　）以下时，掘进的工作面方可爆破。

A. 0.2%　　B. 0.3%　　C. 0.5%　　D. 1.0%

答案：D

解析：《煤矿安全规程》第一百四十三条　掘进的工作面每次爆破前，必须派专人和瓦斯检查工共同到停掘的工作面检查工作面及其回风流中的瓦斯浓度，瓦斯浓度超限时，必须先停止在掘工作面的工作，然后处理瓦斯，只有在2个工作面及其回风流中的甲烷浓度都在1.0%以下时，掘进的工作面方可爆破。

135. 掘进的工作面每次爆破前，（　　）到停掘的工作面检查工作面及其回风流中的瓦斯浓度。

A. 必须派专人和瓦斯检查工共同　　B. 瓦斯检查工与临时无工作任务人员

C. 瓦斯检查工　　D. 必须派专人

答案：A

136. 停风区中甲烷浓度超过1.0%或者二氧化碳浓度超过1.5%，最高甲烷浓度和二氧化碳浓度不超过（　　）时，必须采取安全措施，控制风流排放瓦斯。

A. 1.0%　　B. 1.5%　　C. 2.0%　　D. 3.0%

答案：D

解析：《煤矿安全规程》第一百七十六条　停风区中甲烷浓度超过1.0%或者二氧化碳浓度超过1.5%，最高甲烷浓度和二氧化碳浓度不超过3.0%时，必须采取安全措施，控制风流排放瓦斯。

137. 岩巷掘进遇到（　　）或者接近地质破坏带时，必须有专职瓦斯检查工经常检查瓦斯，发现瓦斯大量增加或者其他异常时，必须停止掘进，撤出人员，进行处理。

A. 涌水　　B. 煤线　　C. 煤炮　　D. 灰岩

答案：B

解析：《煤矿安全规程》第一百七十七条　井筒施工以及开拓新水平的井巷第一次接近各开采煤层时，必须按掘进工作面距煤层的准确位置，在距煤层垂距10 m以外开始打探煤钻孔，钻孔超前工作面的距离不得小于5 m，并有专职瓦斯检查工经常检查瓦斯。岩巷掘进遇到煤线或者接近地质破坏带时，必须有专职瓦斯检查工经常检查瓦斯，发现瓦斯大量增加或者其他异常时，必须停止掘进，撤出人员，进行处理。

138. 采煤工作面爆破地点的瓦斯检查应在爆破地点附近（　　）范围内的风流中测定。

A. 5 m　　B. 10 m　　C. 15 m　　D. 20 m

答案：D

解析：《煤矿安全规程》第一百七十三条　采掘工作面及其他作业地点风流中甲烷浓度达到1.0%时，必须停止用电钻打眼；爆破地点附近20 m以内风流中甲烷浓度达到1.0%时，严禁爆破。

139. 爆破作业数码电子雷管起爆控制器应当由（　　）进行保管。

A. 爆破工　　B. 瓦斯检查工　　C. 班组长　　D. 安全检查工

答案：B

解析：《煤矿安全规程》第三百六十八条　发爆器的把手、钥匙或者电力起爆接线盒的钥匙，必须由爆破工随身携带，严禁转交他人。但是2023年11月17日国家矿山安全监察局《关于认真贯彻落实习近平总书记重要指示精神切实做好今冬明春矿山安全生产工作的紧急通知》(矿安〔2023〕148号）规定“发现放炮器钥匙未由瓦检员保管的，一律按未进行“一炮三检”处理”规定了放炮器钥匙必须交由瓦检员保管。但是按照国内煤矿爆破现状，全部采用煤矿许用数码电子雷管爆破，数码电子雷管起爆控制器是采用的密码网络工作码和输入密码来实现爆破作业，无法将钥匙交出，因此应当将起爆控制器交瓦斯检查工保管，由爆破工保管好起爆密码和下载工作码的软件密码，不得告知他人。

140. 爆破后，待工作面的炮烟被吹散，（　　）必须首先巡视爆破地点，检查通风、瓦斯、煤尘、顶板、支架、拒爆、残爆等情况。发现危险情况，必须立即处理。

A. 爆破工、瓦斯检查工和安监员　　B. 安监员、瓦斯检查工和班组长

C. 爆破工、瓦斯检查工和班组长　　D. 爆破工、瓦斯检查工和跟班区队长

答案：C

解析：《煤矿安全规程》第三百七十条　爆破后，待工作面的炮烟被吹散，爆破工、瓦斯检查工和班组长必须首先巡视爆破地点，检查通风、瓦斯、煤尘、顶板、支架、拒爆、残爆等情况。发现危险情况，必须立即处理。

141. 临时停工掘进工作面检查周期为（　　）。

A. 每班一次　　B. 每天一次　　C. 每周一次　　D. 总工程师确定

答案：A

解析：《煤矿安全规程》第一百八十条　对于未进行作业的采掘工作面，可能涌出或者积聚甲烷、二氧化碳的硐室和巷道，应当每班至少检查1次甲烷、二氧化碳浓度。

142. 矿井总回风巷或一翼回风巷风流中甲烷或二氧化碳浓度超过（　　）时，矿总工程师必须立即组织人员查明原因，进行处理。

A. 0.5%　　B. 0.75%　　C. 1.0%　　D. 1.5%

答案：B

解析：《煤矿安全规程》第一百七十一条　矿井总回风巷或者一翼回风巷中甲烷或者二氧化碳浓度超过0.75%时，必须立即查明原因，进行处理。

143. 使用光学瓦斯测定器检测瓦斯时，如果空气中含有 H_2S，将使瓦斯测定结果（　　）。

A. 偏高　　B. 偏低　　C. 无法估计　　D. 不变

答案：A

解析：测定时，如果空气中含有一氧化碳、硫化氢等其他气体时，因为没有这些气体的吸收剂，将使瓦斯测定结果偏高。

144. 采掘工作面及其他作业地点风流中甲烷浓度达到（　　）时，必须停止用电钻打眼。

A. 0.5%　　B. 0.75%　　C. 1.0%　　D. 1.5%

答案：C

解析：《煤矿安全规程》第一百七十三条　采掘工作面及其他作业地点风流中甲烷浓度达到1.0%时，必须停止用电钻打眼。

145. 在排放瓦斯风流与全风压风流（　　）处监测甲烷和二氧化碳浓度。

A. 混合　　B. 上风侧　　C. 下风侧　　D. 任意地点

答案：A

解析：《煤矿安全规程》第一百七十六条　在排放瓦斯过程中，排出的瓦斯与全风压风流混合处的甲烷和二氧化碳浓度均不得超过1.5%，且混合风流经过的所有巷道内必须停电撤人，其他地点的停电撤人范围应当在措施中明确规定。

146. 抽采的甲烷浓度低于（　　）时，不得作为燃气直接燃烧。

A. 50%　　B. 45%　　C. 40%　　D. 30%

答案：D

解析：《煤矿安全规程》第一百八十四条　抽采瓦斯必须遵守下列规定：抽采的甲烷浓度低于30%时，不得作为燃气直接燃烧。

147. 采用串联通风的被串掘进工作面局部通风机前甲烷浓度≥（　　），必须对局部通风机断电。

A. 0.5%　　B. 0.75%　　C. 1.0%　　D. 1.5%

答案：A

解析：《煤矿安全规程》第四百九十八条　采用串联通风的被串掘进工作面局部通风机前甲烷浓度≥1.5%，被串掘进工作面局部通风机断电。

148. 采用串联通风的被串掘进工作面局部通风机前甲烷浓度≥（　　），必须对被串工作面断电。

A. 0.5%　　B. 0.75%　　C. 1.0%　　D. 1.5%

答案：A

解析：《煤矿安全规程》第四百九十八条　采用串联通风的被串掘进工作面局部通风机前甲烷浓度≥0.5%，被串掘进巷道内全部非本质安全型电气设备。

149. 停工区内甲烷或二氧化碳浓度达3.0%或其他有害气体超过《煤矿安全规程》规定不能立即处理时，必须在（　　）内封闭完毕。

A. 10 h　　B. 12 h　　C. 24 h　　D. 48 h

答案：C

解析：《煤矿安全规程》第一百七十五条　停工区内甲烷或二氧化碳浓度达3.0%或其他有害气体超过《煤矿安全规程》规定不能立即处理时，必须在24 h内封闭完毕。

150. 矿井绝对瓦斯涌出量大于（　　），年产量1.0～1.5 Mt的矿井，必须建立地面永久瓦斯抽采系统或井下临时抽采瓦斯系统。

A. 10 m^3/min　　B. 20 m^3/min　　C. 30 m^3/min　　D. 50 m^3/min

答案：C

解析：《煤矿安全规程》第一百八十一条　突出矿井必须建立地面永久抽采瓦斯系统。有下列情况之一的矿井，必须建立地面永久抽采瓦斯系统或者井下临时抽采瓦斯系统：（一）任一采煤工作面的瓦斯涌出量大于5 m^3/min或者任一掘进工作面瓦斯涌出量大于3 m^3/min，用通风方法解决瓦斯问题不合理的。（二）矿井绝对瓦斯涌出量达到下列条件的：1. 大于或者等于40 m^3/min；2. 年产量1.0～1.5 Mt的矿井，大于30 m^3/min；3. 年产量0.6～1.0 Mt的矿井，大于25 m^3/min；4. 年产量0.4～0.6 Mt的矿井，大于20 m^3/min；5. 年产量小于或者等于0.4 Mt的矿井，大于15 m^3/min。

151. 某高瓦斯矿井一掘进工作面正在掘进，某日跟班瓦斯检查工见工作面无异常，因临时有私事脱岗 5 h，返回时，发现瓦斯浓度已达 2%，但未发生事故。此事例的教训是（　　）。

A. 瓦斯防治不能依靠瓦斯检查工检查

B. 瓦斯检查工在有其他特殊情况时可适当脱岗

C. 任何情况下瓦斯检查工应坚持执行有关煤矿安全规程的规定

D. 因瓦斯涌出属异常涌出，瓦斯涌出具有偶然性，且没有发生事故，所以不需要追究瓦斯检查工的责任

答案：C

解析：《煤矿安全规程》第一百八十条　采掘工作面的甲烷浓度检查次数如下：1. 低瓦斯矿井，每班至少 2 次；2. 高瓦斯矿井，每班至少 3 次。

152. 某矿属高瓦斯矿井，因井下管理不善造成瓦斯爆炸事故，恢复现场后发现采煤工作面上隅角瓦斯浓度超限，为降低瓦斯浓度，决定在井下建立临时瓦斯抽放泵站；对于井下临时瓦斯抽放泵站的设计，下列规定错误的是（　　）。

A. 临时瓦斯抽放泵站可安设在配有瓦斯监测传感器的回风流中

B. 抽出的瓦斯可以排放在有瓦斯监测传感器，且能保证瓦斯浓度不超限的回风流中

C. 排放的瓦斯出口必须设置栅栏、悬挂警戒牌等

D. 当排放瓦斯巷道的瓦斯浓度超限时，应断电，并停止抽放瓦斯

答案：A

解析：《煤矿安全规程》第一百八十三条　设置井下临时抽采瓦斯泵站时，必须遵守下列规定：临时抽采瓦斯泵站应当安设在抽采瓦斯地点附近的新鲜风流中。

153. 下列哪些地点不需要设置瓦斯检查点（　　）。

A. 采煤工作面回风侧风动排水泵处　　B. 矿井一翼回风大巷

C. 采区进风大巷巷道修复施工处　　D. 采煤工作面进风顺槽钻孔施工处

答案：A

解析：《煤矿安全规程》第一百八十条　所有采掘工作面、硐室、使用中的机电设备的设置地点、有人员作业的地点都应当纳入检查范围。风动排水泵处可以不设置瓦斯检查点，在维修人员操作时采用便携式甲烷报警仪检查作业地点瓦斯即可。

154. 采煤工作面发生高浓度甲烷涌出，应当向（　　）反向避灾。

A. 巷道高处　　B. 下风侧　　C. 上风侧　　D. 巷道低处

答案：C

解析：有毒有害气体涌出时应当快速佩戴自救器，沿逆着风流的方向避灾，迅速进入新鲜风流。

155. 在煤矿井下，瓦斯的危害不包括（　　）。

A. 有毒性　　B. 窒息性　　C. 爆炸性　　D. 瓦斯突出

答案：A

解析：一般来说，如果瓦斯在空气中的含量大，会降低空气中的氧含量，人员呼吸后会因缺氧而发生窒息事故。如果空气中瓦斯含量在 5% ~16% 之间，氧含量超过 12%，遇到高温热源则会发生瓦斯爆炸。在具备一定条件的区域会发生瓦斯突出事故。

156. 矿井通风的基本任务不包含（　　）。

A. 供人员呼吸　　　　　　　　　　B. 防止煤炭自然发火

C. 冲淡和排除有毒有害气体　　　　D. 创造良好的气候条件

答案：B

解析：矿井通风的基本任务有：供给井下足够的新鲜空气，满足人员对氧气的需要；稀释并排除井下有毒有害气体和粉尘，保证安全生产；调节井下气候，创造良好的工作环境；提高矿井的抗灾能力。

157. 造成局部通风机循环风的原因可能是（　　）。

A. 局部通风机安设的位置距离掘进巷道口太近

B. 风筒破损严重，漏风量过大

C. 矿井总风压的供风量大于局部通风机的吸风量

D. 局部通风机故障

答案：A

解析：《煤矿安全规程》第一百六十四条　安装和使用局部通风机和风筒时，必须遵守下列规定：（一）局部通风机由指定人员负责管理。（二）压入式局部通风机和启动装置安装在进风巷道中，距掘进巷道回风口不得小于 10 m；（三）压入式局部通风机和启动装置安装在进风巷道中，距掘进巷道回风口如果小于 10 m，容易造成循环风。

158. 瓦斯爆炸的条件有 3 条，（　　）爆炸。

A. 只要 3 条中的两项条件存在，瓦斯即可

B. 只要 3 条中的一项条件存在，瓦斯即可

C. 三项条件必须同时存在，瓦斯才能

答案：C

解析：瓦斯爆炸必须同时具备三个基本条件：一是瓦斯浓度在爆炸界限内，一般为 5% ~16%；二是混合气体中氧的浓度不低于 12%；三是足够能量的高温火源，一般在 650 ~750 ℃之间。

159. 下列（　　）应设置辅助隔爆棚。

A. 采煤工作面进回风巷　　　　　　B. 相邻煤层运输石门

C. 采区间集中运输大巷

答案：A

解析：《煤矿井下粉尘综合防治技术规范》(AQ 1020)　辅助隔爆棚应在下列巷道设置：（1）采煤工作面进风巷和回风巷；（2）采区内的煤层掘进巷道；（3）采用独立通风，并有煤尘爆炸危险的其他巷道。

160. 煤尘挥发分越高，感应期（　　）。

A. 越长　　　　B. 越短　　　　C. 不变

答案：B

解析：煤尘爆炸感应期是指煤尘从受热分解产生足够数量的可燃性气体和热量到形成爆炸所需的时间。煤尘爆炸感应期取决于煤尘中挥发分的高低，挥发分越高，感应期就越短。

161. 下列（　　）不能降低瓦斯的爆炸下限浓度。

A. 氢气　　　　B. 煤尘　　　　C. 惰性气体

答案：C

解析：可燃性物质和瓦斯混合能够降低瓦斯爆炸的下限，而惰性气体则能够抑制瓦斯爆炸、提高下限。氢气和煤尘属于可燃性物质。

162. 采掘工作面爆破地点附近 20 m 以内风流中甲烷浓度达到（　　）时，严禁爆破。

A. 0.5%　　B. 0.75%　　C. 1.0%

答案：C

解析：《煤矿安全规程》第一百七十三条　采掘工作面及其他作业地点风流中甲烷浓度达到 1.0% 时，必须停止用电钻打眼；爆破地点附近 20 m 以内风流中甲烷浓度达到 1.0% 时，严禁爆破。从引发瓦斯爆炸事故的火源来看，电气和爆破火源所占比例较大，排在各种引爆火源的前两位。打眼电钻属轻便型电气设备，经常移动，使用频繁，容易失爆。爆破作业工序复杂，很难保证每个炮眼的炮眼布置与深度、装药与封孔质量等都能符合规定，容易导致爆破发火。为防止由于电钻打眼、爆破引发瓦斯爆炸事故，规定了工作面风流中甲烷浓度达到 1.0% 时，必须停止用电钻打眼；爆破地点附近 20 m 内风流中甲烷浓度达到 1.0% 时，严禁爆破。

163. 采掘工作面及其他作业地点风流中瓦斯浓度达到（　　）时，必须停止用电钻打眼。

A. 0.5%　　B. 0.75%　　C. 1.0%

答案：C

164. 装载点的放煤口距矿车不得大于（　　），并要安装自动控制装置，实现自动喷雾。

A. 0.3 m　　B. 0.5 m　　C. 0.8 m

答案：B

解析：为了防止装载点放煤口与矿车的距离过大而产生大量的煤尘，故规定了装载点的放煤口距矿车不得大于 0.5 m。

165. 下列现象中，煤与瓦斯突出的前兆是（　　）。

A. 瓦斯涌出量增大，工作面温度降低　　B. 有水汽

C. 煤壁挂红

答案：A

解析：煤与瓦斯突出预兆分为有声预兆和无声预兆。有声预兆：煤层发出劈裂声、闷雷声、机枪声、哨声、蜂鸣声及气体穿过含水裂缝时的吱吱声等，煤壁发出震动和冲击声，支架发出折裂声。无声预兆：工作面顶板压力增大，煤壁被挤压，片帮掉渣，顶板下沿或底板鼓起；煤层层理紊乱、波状隆起、层理逆转，煤层厚度增大，煤体干燥、暗淡无光泽，煤质变软；瓦斯涌出量忽大忽小；工作面温度降低，煤壁发凉；打钻时有顶钻、卡钻、喷瓦斯、喷煤等现象。

166. 个别井下机电硐室，经矿总工程师批准，可设在回风流中，但进入机电硐室的风流瓦斯浓度不得超过（　　），并必须安装瓦斯自动检测报警断电装置。

A. 0.5%　　B. 1%　　C. 1.5%

答案：A

解析：井下机电设备硐室应设在进风风流中。井下个别机电硐室如确需设置在回风风流中的，为了确保安全，进入机电硐室的瓦斯浓度不得超过0.5%。

167. 下列属于减尘措施的是（　　）。

A. 转载点喷水降尘　　B. 爆破喷雾

C. 煤层注水

答案：C

解析：转载点喷水降尘和爆破喷雾属于降尘措施，即降低空气中的粉尘浓度；煤层注水属于减尘措施，即减少粉尘的产生量。

168. 判断井下发生爆炸事故时是否有煤尘参与的重要标志是（　　）。

A. 水滴　　B. 二氧化碳　　C. 黏焦

答案：C

解析：气煤、肥煤、焦煤等黏结性煤的煤尘一旦发生爆炸，将有一部分煤尘被局部焦化，黏在一起，沉积于支架和巷道壁上，形成焦炭皮渣或黏块，统称黏焦。它是判断井下发生爆炸事故时是否有煤尘参与的重要标志之一。

169. 新设计矿井应当将所有煤层的自燃倾向性鉴定结果报（　　）及省级煤矿安全监察机构。

A. 国家煤矿安全监察机构　　B. 省级煤炭行业管理部门

C. 煤矿安全生产监管部门

答案：B

解析：《煤矿安全规程》第二百六十条　煤的自燃倾向性分为容易自燃、自燃、不易自燃3类。新设计矿井应当将所有煤层的自燃倾向性鉴定结果报省级煤炭行业管理部门及省级煤矿安全监察机构。

170. 揭开煤层后，在石门附近（　　）范围内掘进煤巷时，必须加强支护，严格采取防突措施。

A. 10 m　　B. 20 m　　C. 30 m

答案：C

解析：揭开突出煤层后，在靠近石门30 m范围内掘进煤巷，由于揭开煤层不久，煤层中的瓦斯和应力还未得到充分的释放，同时还要受石门集中应力的影响，突出危险性较正常地区要大，为防止突出的发生，必须加强支护，采取防突措施。

171. 在煤层开采中，下列（　　）种顶板管理方式瓦斯涌出量大。

A. 充填法　　B. 弯曲下沉法　　C. 全部垮落法

答案：C

解析：在煤层开采中，顶板管理的常用方式有三种：全部垮落法、充填法和弯曲下沉法。全部垮落法是让顶板自行垮落或强制垮落，这种方法破坏性最大，瓦斯涌出量也最大。

172. 从防止静电火花方面，下列（　　）情况不适合井下使用。

A. 塑料管　　B. 铁管　　C. 钢管

答案：A

解析：塑料易因摩擦产生静电，而且塑料是绝缘体，静电不易释放，积攒多了势必会引发放电而产生电火花，所以塑料管不适合井下使用。

173. 在有自然发火危险的矿井，必须定期检查（　　）浓度、气体温度的变化情况。

A. 瓦斯　　B. 一氧化碳　　C. 二氧化碳

答案：B

解析：《煤矿安全规程》第一百八十条　在有自然发火危险的矿井，必须定期检查一氧化碳浓度、气体温度等变化情况。一氧化碳浓度和气体温度是检测和预报煤炭自然发火最常使用的指标，为及时发现和妥善处理发火隐患，在有自然发火危险的矿井，必须定期检查一氧化碳浓度和气体温度等的变化情况。

174. 井下停风地点栅栏外风流中的甲烷浓度每天至少检查（　　）次。

A. 1　　B. 2　　C. 3

答案：A

解析：《煤矿安全规程》第一百八十条　井下停风地点栅栏外风流中的甲烷浓度每天至少检查1次。因为停风地点栅栏外是瓦斯、二氧化碳和其他有害气体涌出的主要地点，容易发生事故，所以必须定期检查瓦斯的浓度，以防瓦斯超标引发事故。

175. 井口房和通风机房附近（　　）内，不得有烟火或用火炉取暖。

A. 50 m　　B. 100 m　　C. 20 m

答案：C

解析：《煤矿安全规程》第二百五十一条　井口房和通风机房附近20 m内，不得有烟火或用火炉取暖。这是因为一旦井口房和通风机房附近发生火灾，其烟雾和有害气体都会威胁矿井安全和对井下人员造成伤害。尤其当井下发生大型煤与瓦斯突出事故时，含有高浓度瓦斯和大量煤尘的高压气流进入有烟火或用火炉取暖的通风机房，会引起瓦斯、煤尘爆炸。

176. 采区回风巷、采掘工作面回风巷风流中甲烷浓度超过（　　）时，必须停止工作，撤出人员，采取措施，进行处理。

A. 0.5%　　B. 0.75%　　C. 1.0%

答案：C

解析：《煤矿安全规程》第一百七十二条　采区回风巷、采掘工作面回风巷风流中甲族浓度超过1.0%或二氧化碳浓度超过1.5%时，必须停止工作，撤出人员，采取措施，进行处理。虽然甲烷爆炸浓度的下限是5%，但考虑到安全系数、测量误差、瓦斯局部积聚等因素《煤矿安全规程》规定采区回风巷、采掘工作面回风巷风流中甲烷浓度不得超过1.0%。二氧化碳对人的眼、鼻、口等器官有刺激作用，当空气中二氧化碳浓度达到1%时，对人体危害不大，只是呼吸次数和深度略有增加；达到3%时，会刺激人体的中枢神经，引起呼吸加快而增大吸氧量；达到7%时，严重喘息，剧烈头疼；达到10%及以上时，发生昏迷，失去知觉，以至缺氧窒息死亡。因此，为了保障职工的健康，《煤矿安全规程》规定采区回风巷、采掘工作面回风巷风流中二氧化碳的浓度不得超过1.5%。

177. 采区回风巷、采掘工作面回风巷风流中二氧化碳浓度超过（　　）时，必须停止工作，撤出人员，采取措施，进行处理。

A. 0.5%　　B. 0.75%　　C. 1.5%

答案：C

178. 对因甲烷浓度超限被切断电源的电气设备，必须在甲烷浓度降到（　　）以下时，方可通电开动。

A. 0.5%　　　　　　B. 0.75%　　　　　　C. 1.0%

答案：C

解析：《煤矿安全规程》第一百七十三条　对因甲烷浓度超过规定被切断电源的电气设备，必须在甲烷浓度降到 1.0% 以下时，方可通电开动。

179. 采掘工作面的进风流中，氧气浓度不低于（　　）。

A. 18%　　　　　　B. 19%　　　　　　C. 20%

答案：C

解析：《煤矿安全规程》第一百三十五条　采掘工作面的进风流中，氧气浓度不低于 20%。当空气中的氧气浓度在 6% ~9% 时，人会失去知觉，几分钟内心脏尚能跳动，若不急救就会死亡；氧气浓度在 10% ~12% 时，人就会失去理智，时间稍长即有生命危险；氧气浓度低于 15% 时，人就会呼吸急促，脉搏跳动加快，判断和意识能力减弱；氧气浓度低于 17% 时，在工作时会引起喘息、呼吸困难。因此，为了保障人员的身体健康和安全，规定采掘工作面的进风流中，氧气浓度不低于 20%。

180. 采掘工作面的进风流中，二氧化碳浓度不超过（　　）。

A. 0.5%　　　　　　B. 1%　　　　　　C. 1.5%

答案：A

解析：《煤矿安全规程》第一百三十五条　采掘工作面的进风流中，二氧化碳浓度不超过 0.5%。

181. 采掘工作面风流中二氧化碳浓度达到（　　）时，必须停止工作，撤出人员，查明原因，制定措施，进行处理。

A. 0.5%　　　　　　B. 0.75%　　　　　　C. 1.5%

答案：C

解析：《煤矿安全规程》第一百七十四条　采掘工作面风流中二氧化碳浓度达到 1.5% 时，必须停止工作，撤出人员，查明原因，制定措施，进行处理。

182. 一个采煤工作面的绝对瓦斯涌出量大于（　　）时，用通风方法解决瓦斯问题不合理的，必须建立抽采系统。

A. 2 m^2/min　　　　　　B. 3 m^2/min　　　　　　C. 5 m^2/min

答案：C

解析：《煤矿安全规程》第一百八十一条　任一采煤工作面的瓦斯涌出量大于 5 m^2/min，用通风方法解决瓦斯问题不合理的，必须建立地面永久抽采瓦斯系统或者井下临时抽采瓦斯系统。

183. 瓦斯积聚是指体积超过 0.5 m^2 的空间瓦斯浓度达到（　　）的现象。

A. 1%　　　　　　B. 1.5%　　　　　　C. 2%

答案：C

解析：瓦斯积聚是指体积大于 0.5 m^2 的空间积聚的瓦斯浓度达到 2% 的现象。为了防止瓦斯积聚，每一矿井必须从生产技术管理上尽量避免出现盲巷，临时停工地点不准停风，并加强通风系统管理，严格执行瓦斯检查制度，及时安全地处理积聚瓦斯。

184. 矿井风流中一氧化碳浓度不超过（　　）。

A. 0.004%　　B. 0.00025%　　C. 0.0024%

答案：C

解析：《煤矿安全规程》第一百三十五条　风流中一氧化碳浓度不超过0.0024%。一氧化碳（CO）是一种有毒气体，对人体的危害极大。一氧化碳与人体血液中红细胞的结合能力比氧气大250~300倍，不但阻止红细胞吸氧，而且还能挤掉氧，造成人体细胞组织缺氧现象，引起中枢系统损伤。空气中一氧化碳浓度达到0.016%时，轻微头痛；达到0.128%时，肌肉酸痛、无力呕吐、感觉迟钝；达到0.5%时，丧失知觉、痉挛、呼吸停顿甚至死亡。

185. 采煤工作面、掘进中的煤巷和半煤岩巷允许的风速范围为（　　）。

A. 0.15~4.00 m/s　　B. 0.25~4.00 m/s

C. 0.25~6.00 m/s

答案：B

解析：《煤矿安全规程》第一百三十六条　采煤工作面、掘进中的煤巷和半煤岩巷允许的风速范围为0.25~4.00 m/s。对采掘工作面规定最高风速，是考虑风速过高容易引起粉尘飞扬，不利于作业安全；规定最低风速，是考虑风量过小、风速过低，就不能有效地稀释瓦斯及其他有害气体和粉尘，威胁安全生产。

186. 掘进中的岩巷允许的风速范围为（　　）。

A. 0.15~4.00 m/s　　B. 0.25~4.00 m/s

C. 0.25~6.00 m/s

答案：A

解析：《煤矿安全规程》第一百三十六条　掘进中的岩巷允许的风速范围为0.15~4.00 m/s。解析见27题。因为岩巷中的粉尘浓度、有害气体浓度较煤巷要低，所以最低风速也比煤巷、半煤岩巷要低。

187. 掘进中的煤及半煤岩巷最低允许风速为（　　）。

A. 0.15 m/s　　B. 0.25 m/s　　C. 0.35 m/s

答案：B

解析：《煤矿安全规程》第一百三十六条　采煤工作面、掘进中的煤巷和半煤岩巷允许的风速范围为0.25~4.00 m/s。对采掘工作面规定最高风速，是考虑风速过高容易引起粉尘飞扬，不利于作业安全；规定最低风速，是考虑风量过小、风速过低，就不能有效地稀释瓦斯及其他有害气体和粉尘，威胁安全生产。

188. 采煤工作面和掘进巷道中最高允许风速为（　　）。

A. 1.5 m/s　　B. 2.5 m/s　　C. 4 m/s

答案：C

解析：《煤矿安全规程》第一百三十六条　采煤工作面、掘进中的煤巷和半煤岩巷允许的风速范围为0.25~4.00 m/s。对采掘工作面规定最高风速，是考虑风速过高容易引起粉尘飞扬，不利于作业安全；规定最低风速，是考虑风量过小、风速过低，就不能有效地稀释瓦斯及其他有害气体和粉尘，威胁安全生产。

二、多选题

1. 瓦斯及其他有害气体必须按相关规定进行检查，严禁（   ）。

A. 空班　　B. 漏检　　C. 假检　　D. 多检

答案：ABC

2. 瓦斯检查工应具备的素质有（   ）。

A. 专业技术水平高　　B. 安全意识强

C. 法制观念强　　D. 工作作风好

答案：ABCD

3. 瓦斯检查工需要遵守的制度有（   ）。

A. 交接班制度　　B. “一炮三检”制度

C. “三人联锁爆破”制度　　D. 巡回检查制度

答案：ABCD

4. 瓦斯检查工存在（   ）等情况时，严禁入井。

A. 酒后　　B. 精神萎靡　　C. 未携带矿灯　　D. 未携带自救器

答案：ABCD

5. 瓦斯检查工发现（   ）时，有权责令相应作业地点工作人员停止工作。

A. 突出征兆

B. 瓦斯涌出异常

C. 采煤工作面瓦斯浓度为 1.5%

D. 采煤工作面回风流二氧化碳浓度为 1.0%

答案：ABC

6. 煤与瓦斯突出的危害有（   ）。

A. 造成人员窒息、死亡　　B. 发生瓦斯爆炸、燃烧

C. 破坏通风系统甚至发生风流逆转　　D. 堵塞和破坏巷道

答案：ABCD

7. 瓦斯的主要性质有（   ）。

A. 窒息性　　B. 燃烧性　　C. 爆炸性　　D. 有毒性

答案：ABC

8. 按照瓦斯涌出地点和分布状况，瓦斯主要来源于（   ）。

A. 煤壁瓦斯涌出　　B. 落煤瓦斯涌出

C. 采空区瓦斯涌出　　D. 邻近层瓦斯涌出

答案：ABCD

9. 矿井瓦斯爆炸产生的有害因素是（   ）。

A. 电磁辐射　　B. 高温　　C. 冲击波　　D. 有害气体

答案：BCD

10. 排放瓦斯时，停电撤人的范围包括（   ）。

A. 受排放瓦斯影响的硐室和巷道

B. 被排放瓦斯风流切断安全出口的采掘工作面

C. 全矿井

D. 矿井一翼

答案：AB

11. 若下列气体在巷道中同时积聚，应在巷道顶板监测的气体是（　　）。

A. 甲烷　　B. 硫化氢气体　　C. 一氧化碳　　D. 氢气

答案：ACD

12. 瓦斯检查工入井时必须携带装备有（　　）。

A. 光学瓦斯检定器　　B. 便携式甲烷检测报警仪

C. 温度计　　D. 钳子

答案：ABC

13. 瓦斯检查工必须将每次检查结果记入（　　）。

A. 瓦斯检查班报　　B. 瓦斯检查手册　　C. 瓦斯检查牌板　　D. 瓦斯日报

答案：ABC

14. 瓦斯检查牌板需要填写的内容有（　　）。

A. 检查地点　　B. 甲烷及二氧化碳浓度

C. 温度　　D. 检查时间

答案：ABCD

15. 光干涉瓦斯检测仪的水分吸管内装（　　）可吸收混合气体中的水分。

A. 钠石灰　　B. 氯化钙　　C. 硅胶　　D. 活性炭

答案：BC

16. 突出矿井工作人员入井时可携带的自救器是（　　）。

A. 化学氧自救器　　B. 压缩氧自救器

C. 过滤式自救器　　D. 过滤式或隔离式自救器

答案：AB

17. 具备下列（　　）条件之一的为高瓦斯矿井。

A. 矿井相对瓦斯涌出量大于 10 m^3/t

B. 矿井绝对瓦斯涌出量大于 40 m^3/min

C. 发生过煤与瓦斯突出的

D. 矿井任一掘进工作面绝对瓦斯涌出量大于 3 m^3/min

答案：ABD

18. 恢复通风的巷道风流中甲烷浓度不超过（　　）和二氧化碳浓度不超过（　　）时，方可人工恢复局部通风机供风巷道内电气设备的供电和采区回风系统内的供电。

A. 0.5%　　B. 1.0%　　C. 1.5%　　D. 2.0%

答案：BC

19. 煤矿对产生严重职业病危害的作业岗位应当设置警示标识，载明（　　）。

A. 产生职业病危害种类　　B. 后果

C. 补救措施　　D. 预防措施

答案：ABD

20. 根据《中华人民共和国安全生产法》的规定，下列属于瓦斯检查工的义务有

(　　)。

A. 自律遵规、服从管理　　B. 服从安全知识，提高安全技能

C. 危险报告　　D. 制定规章制度

答案：ABC

21. 下列哪些火源能引起瓦斯爆炸（　　）。

A. 放炮火焰　　B. 电器火花

C. 下焊接产生的火焰　　D. 防爆照明灯

答案：ABC

22. 处理采煤工作面回风隅角瓦斯积聚的方法有（　　）。

A. 挂风障引流法　　B. 挂尾巷排放瓦斯法

C. 风筒导风法　　D. 移动泵站抽放法等

答案：ABCD

23. 下列措施中，属于防止灾害扩大的有：（　　）。

A. 分区通风　　B. 隔爆水棚　　C. 隔爆岩粉棚　　D. 撒布岩粉

答案：ABCD

24. 掘进巷道贯通时，（　　）。

A. 由专人在现场统一指挥

B. 停掘的工作面必须保持正常通风，设置栅栏及警标

C. 经常检查风筒的完好状况

D. 经常检查工作面及其回风流中的瓦斯浓度，瓦斯浓度超限时，必须立即处理

答案：ABCD

25. 掘进巷道贯通时，掘进的工作面每次爆破前，必须（　　）。

A. 派专人和瓦斯检查工共同到停掘的工作面检查工作面及其回风流中的瓦斯浓度

B. 瓦斯浓度超限时，必须先停止在掘工作面的工作，然后处理瓦斯

C. 只有在 2 个工作面及其回风流中的瓦斯浓度都在 1.0% 以下时，掘进的工作面方可爆破

D. 每次爆破前，2 个工作面入口必须有专人警戒

答案：ABCD

26. 掘进巷道贯通后，必须（　　）。

A. 停止采区内的一切工作　　B. 立即恢复工作

C. 立即调整通风系统　　D. 风流稳定后，方可恢复工作

答案：ACD

27. 煤矿井下生产中，下列（　　）项可能引起煤尘爆炸事故。

A. 使用非煤矿安全炸药爆破　　B. 在煤尘中放连珠炮

C. 在有积尘的地方放明炮　　D. 煤仓中放浮炮处理堵仓

答案：ABCD

28. 下列能影响尘肺病发生的有（　　）。

A. 粉尘成分　　B. 粉尘浓度　　C. 接触矿尘时间　　D. 身体强弱

答案：ABCD

29. 根据不同的通风方式，局部通风排尘方法可分为（　　）。

A. 总风压通风排尘　　B. 扩散通风排尘

C. 引射器通风排尘　　D. 局部通风机通风排尘

答案：ACD

30. 煤与瓦斯突出前，在瓦斯涌出方面的预兆有（　　）。

A. 瓦斯忽大忽小　　B. 喷瓦斯　　C. 哨声　　D. 喷煤等

答案：ABCD

31. 测定风量时，中速风表测量的风速可以是（　　）。

A. 0.2 m/s　　B. 0.5 m/s　　C. 3 m/s　　D. 7 m/s

答案：BCD

解析：中速风表的风速测量范围为0.5～10 m/s。

32. 在倾斜运输巷中设置风门，应符合（　　）。

A. 安设自动风门

B. 设专人管理

C. 有防止矿车或风门碰撞人员以及矿车碰坏风门的安全措施

D. 至少两道

答案：ABCD

解析：《煤矿安全规程》第一百五十五条　不应在倾斜运输巷中设置风门；如果必须设置风门，应当安设自动风门或者设专人管理，并有防止矿车或者风门碰撞人员以及矿车碰坏风门的安全措施。

33. 掘进巷道贯通后，必须（　　）。

A. 停止采区内的一切工作　　B. 立即恢复工作

C. 立即调整通风系统　　D. 风流稳定后，方可恢复工作

答案：ACD

解析：《煤矿安全规程》第一百四十三条　巷道贯通后，必须停止采区内的一切工作，立即调整通风系统，风流稳定后，方可恢复工作。

34. 反映通风机工作特性的基本参数包含（　　）。

A. 通风机的风量　　B. 通风机的风压　　C. 通风机的功率　　D. 通风机的作用

答案：ABC

解析：主要通风机附属装置有反风装置、防爆门、风硐、扩散器、隔声装置。反映通风机工作特性的基本参数有4个，即通风机的风量、风压、功率和效率。

35. 根据结构特点不同，风桥可分为以下哪几种（　　）。

A. 绕道式　　B. 混凝土　　C. 铁筒　　D. 隔断

答案：ABC

解析：风桥根据结构特点不同，风桥可分为以下3种：①绕道式风桥，当服务年限很长，通过风量在20 m^3/s以上时，可以采用。②混凝土风桥，当服务年限较长，通过风量为10～20 m^3/s时，可以采用。③铁筒风桥，一般在服务年限很短，通过风量在10 m^3/s以下时，可以采用。

36. 关于密闭墙位置选择的具体要求中，下列说法不正确的是（　　）。

A. 密闭墙的数量尽可能多，设置多重保障

B. 密闭墙应尽量靠近火源，使火源尽早隔离

C. 密闭墙与火源间应存在旁侧风路，以便灭火

D. 密闭墙不用考虑周围岩体条件，安置墙体即可

答案：ACD

解析：密闭墙的位置选择，具体要求是：（1）密闭墙的数量尽可能少。（2）密闭墙的位置不应离新鲜风流过远。为便于作业人员的工作，密闭墙的位置不应离新鲜风流过远，一般不应超过 10 m，也不要小于 5 m，以便留有另筑建密闭墙的位置。（3）密闭墙周围岩体条件要好。密闭墙前后 5 m 范围内的围岩应稳定，没有裂缝，保证筑建密闭墙的严密性和作业人员的安全，否则应用喷浆或喷混凝土将巷道围岩的裂缝封闭。（4）密闭墙与火源间不应存在旁侧风路。为了防止火区封闭后引起火灾气体和瓦斯爆炸，在密闭墙与火源之间不应有旁侧风路存在，以免火区封闭后风流逆转，将有爆炸性的火灾气体和瓦斯带回火源而发生爆炸。（5）施工地点必须通风良好，施工现场要吊挂瓦斯检测装置。（6）密闭墙应尽量靠近火源。不管有无瓦斯，密闭墙的位置（特别是进风侧的密闭墙）应距火源尽可能近些。这是因为空间越小，爆炸性气体的体积越小，发生爆炸的威力越小；启封火区时也容易。

37. 局部风量调节有以下几种（　　）。

A. 增阻调节法　　B. 降阻调节法　　C. 改变通风设施　　D. 增加风压调节法

答案：ACD

解析：《矿井通风与安全》教材中局部风量调节有以下几种：增阻调节法、改变通风设施、增加风压调节法。

38. 关于掘进巷道的通风，下面（　　）的说法是正确的。

A. 必须采用矿井全风压通风或局部通风机通风

B. 使用局部通风机通风的掘进工作面，在交接班时可以停风

C. 高瓦斯、突出矿井掘进工作面的局部通风机必须采用“三专”供电

D. 严禁使用 3 台以上（含 3 台）的局部通风机同时向 1 个掘进工作面供风

答案：ACD

解析：《煤矿安全规程》第一百六十四条　对局部通风机及风筒的安装与使用进行了明确说明，其主要目的是保证局部通风机连续运转，不能造成掘进工作面停风和风量不足。

39. 矿井气候条件与矿井内空气的哪些因素有关？（　　）

A. 成分　　B. 温度　　C. 湿度　　D. 风速

答案：BCD

解析：矿井气候条件三要素是：温度、湿度和风速。矿井气候条件对工人健康和劳动生产率有着直接的影响。

40. 矿井主要通风机的附属装置主要有哪些（　　）。

A. 风硐　　B. 反风装置　　C. 防爆门　　D. 扩散器

答案：ABCD

解析：矿井主要通风机的附属装置包括：反风装置、防爆门、风硐、扩散器和消音

装置。

41. 开采（　　）煤层时，必须制定防治采空区（特别是工作面始采线、终采线、上下煤柱线和三角点）、巷道高冒区、煤柱破坏区自然发火的技术措施。

A. 不易自燃　　B. 自燃　　C. 容易自燃

答案：BC

解析：规程规定这个题是矿井巡检检测工对于开采自燃、容易自燃煤层时，必须制定防治采空区（特别是工作面始采线、终采线、上下煤柱线和三角点）、巷道高冒区、煤柱破坏区自然发火的技术措施。

42. 自然发火征兆主要有（　　）。

A. 生物征兆　　B. 人体感知征兆　　C. 仪器检测征兆

答案：BC

解析：规程规定自然发火征兆主要有人体感知征兆、仪器检测征兆。

43. 自然发火征兆主要有人体感知征兆和仪器检测征兆。人体感知征兆包括：煤、岩、空气和水的温度超过正常值，附近巷道湿度增大，附近巷道壁面和支架表面出现水珠（挂汗），巷道中有煤油、汽油、松节油和焦油等气味。仪器检测征兆包括（　　）。

A. 出现异常响声　　B. 出现 CO 且其含量呈上升趋势

C. 氧含量持续降低　　D. 出现其他有毒有害气体

答案：BCD

解析：自然发火征兆主要有人体感知征兆和仪器检测征兆。人体感知征兆包括：煤、岩、空气和水的温度超过正常值，附近巷道湿度增大，附近巷道壁面和支架表面出现水珠（挂汗），巷道中有煤油、汽油、松节油和焦油等气味。仪器检测征兆包括出现 CO 且其含量呈上升趋势、氧含量持续降低、出现其他有毒有害气体。

44. 发生火灾时，抢救人员和灭火过程中，必须指定专人检查（　　）的变化，并采取防止瓦斯、煤尘爆炸和人员中毒的安全措施。

A. 甲烷浓度　　B. 一氧化碳浓度

C. 煤尘浓度　　D. 其他有害气体浓度

E. 风向、风量

答案：ABCDE

解析：在发生火灾时，抢救人员和灭火过程中，必须指定专人检查甲烷浓度、一氧化碳浓度、煤尘浓度、其他有害气体浓度、风向、风量的变化，并采取防止瓦斯、煤尘爆炸和人员中毒的安全措施。

45. 封闭火区时，应当合理确定封闭范围，必须指定专人检查（　　）的变化，并采取防止瓦斯、煤尘爆炸和人员中毒的安全措施。

A. 甲烷浓度　　B. 氧气浓度　　C. 一氧化碳浓度　　D. 煤尘浓度

E. 其他有害气体浓度及风向、风量

答案：ABCDE

解析：封闭火区时，应当合理确定封闭范围，必须指定专人检查甲烷浓度、氧气浓度、一氧化碳浓度、煤尘浓度、其他有害气体浓度、风向、风量的变化，并采取防止瓦斯、煤尘爆炸和人员中毒的安全措施。

46. 封闭火区时，应当合理确定封闭范围，必须指定专人检查甲烷、氧气、一氧化碳、煤尘以及其他有害气体浓度和风向、风量的变化，并采取防止（　　）的安全措施。

A. 煤与瓦斯突出　　B. 瓦斯爆炸　　C. 煤尘爆炸　　D. 人员中毒

答案：BCD

解析：这个题是矿井巡检检测工对于封闭火区时，应当合理确定封闭范围，必须指定专人检查甲烷、氧气、一氧化碳、煤尘以及其他有害气体浓度和风向、风量的变化，并采取防止瓦斯爆炸、煤尘爆炸、人员中毒的安全措施。

47. 封闭的火区，只有经取样化验证实火已熄灭后，方可启封或者注销。火区同时具备下列哪些条件时，方可认为火已熄灭（　　）。

A. 火区内的空气温度下降到 30 ℃以下，或者与火灾发生前该区的日常空气温度相同

B. 火区内空气中的氧气浓度降到 5.0% 以下

C. 火区内空气中不含有乙烯、乙炔，一氧化碳浓度在封闭期间内逐渐下降，并稳定在 0.001% 以下

D. 火区的出水温度低于 25 ℃，或者与火灾发生前该区的日常出水温度相同

E. 上述 4 项指标持续稳定 1 个月以上

答案：ABCDE

解析：封闭的火区，只有经取样化验证实火已熄灭后，方可启封或者注销。火区同时具备下列哪些条件：一、火区内的空气温度下降到 30 ℃以下，或者与火灾发生前该区的日常空气温度相同；二、火区内空气中的氧气浓度降到 5.0% 以下；三、火区内空气中不含有乙烯、乙炔，一氧化碳浓度在封闭期间内逐渐下降，并稳定在 0.001% 以下；四、火区的出水温度低于 25 ℃，或者与火灾发生前该区的日常出水温度相同；五、上述 4 项指标持续稳定 1 个月以上。

48. 在启封火区工作完毕后的 3 天内，每班必须由矿山救护队检查通风工作，并测定水温、空气温度和空气成分。只有在确认（　　）后，方可进行生产工作。

A. 火区基本熄灭　　B. 火区完全熄灭

C. 通风等情况基本良好　　D. 通风等情况良好

答案：BD

解析：这个题是矿井巡检检测工对于在启封火区工作完毕后的 3 天内，每班必须由矿山救护队检查通风工作，并测定水温、空气温度和空气成分。只有在确认火区完全熄灭、通风等情况良好后，方可进行生产工作。

49. 这个题是矿井巡检检测工对于井上、下设置的消防材料库应符合的要求有关要求？（　　）

A. 井上消防材料库应当设在井口附近，但不得设在井口房内

B. 井下消防材料库应当设在每一个生产水平的井底车场或者主要运输大巷中，并装备消防车辆

C. 消防材料库储存的消防材料和工具的品种和数量应当符合有关要求，并定期检查和更换

D. 消防材料和工具不得挪作他用

答案：ABCD

解析：这个题是矿井巡检检测工对于井上、下设置的消防材料库应符合的要求：一、井上消防材料库应当设在井口附近，但不得设在井口房内；二、井下消防材料库应当设在每一个生产水平的井底车场或者主要运输大巷中，并装备消防车辆；三、消防材料库储存的消防材料和工具的品种和数量应当符合有关要求，并定期检查和更换；四、消防材料和工具不得挪作他用。

50. 井下爆炸物品库、机电设备硐室、检修硐室、材料库的（　　）必须采用不燃性材料。

A. 支护　　B. 风门　　C. 风窗　　D. 工作台

答案：ABC

解析：井下爆炸物品库、机电设备硐室、检修硐室、材料库的支护、风门、风窗必须采用不燃性材料。

51. 矿井每季度应当对（　　）的设置情况进行 1 次检查，发现问题，及时解决。

A. 井上、下消防管路系统　　B. 防火门

C. 消防材料库　　D. 消防器材

答案：ABCD

解析：这个题是矿井巡检检测工对于矿井每季度应当对井上、下消防管路系统、防火门、消防材料库、消防器材的设置情况进行 1 次检查，发现问题，及时解决。

52. 矿井防灭火使用的凝胶、阻化剂及进行充填、堵漏、加固用的高分子材料，应当符合相关标准规范的规定，应当建立产品到矿验收、抽检制度。原材料属危险化学品的，应当严格按照《危险化学品安全管理条例》的规定进行存储和运输，严禁将不同组分材料（　　）。

A. 分放　　B. 分运　　C. 混放　　D. 混运

答案：CD

解析：矿井防灭火使用的凝胶、阻化剂及进行充填、堵漏、加固用的高分子材料，应当符合相关标准规范的规定，应当建立产品到矿验收、抽检制度。原材料属危险化学品的，应当严格按照《危险化学品安全管理条例》的规定进行存储和运输，严禁将不同组分材料混放、混运。

53. 开采（　　）煤层的矿井，必须编制矿井防灭火专项设计，采取综合预防煤层自然发火的措施。

A. 容易自燃　　B. 自燃　　C. 不易自燃　　D. 不自燃

答案：AB

解析：开采容易自燃、自燃煤层的矿井，必须编制矿井防灭火专项设计，采取综合预防煤层自然发火的措施。

54. 开采容易自燃和自燃煤层的矿井，必须编制矿井防灭火专项设计，采取综合预防煤层自然发火的措施。综合防灭火措施是指采取（　　）等两种以上防灭火措施。

A. 灌浆　　B. 注氮　　C. 喷洒阻化剂　　D. 瓦斯抽采

答案：ABC

解析：矿井巡检检测工对开采容易自燃和自燃煤层的矿井，必须编制矿井防灭火专项设计，采取综合预防煤层自然发火的措施。综合防灭火措施是指采取灌浆、注氮、喷洒阻

化剂等两种以上防灭火措施。

55. 开采容易自燃和自燃煤层时，必须（　　）。

A. 开展自然发火监测工作

B. 建立自然发火监测系统

C. 确定煤层自然发火标志气体及临界值

D. 健全自然发火预测预报及管理制度

答案：ABCD

解析：矿井本题为开采自燃及自燃煤层时，必须开展自然发火监测工作、建立自然发火监测系统、确定煤层自然发火标志气体及临界值、健全自然发火预测预报及管理制度。

56. 开采容易自燃和自燃煤层时，必须制定防治（　　）自然发火的技术措施。

A. 回风区

B. 采空区（特别是工作面始采线、终采线、上下煤柱线和三角点）

C. 巷道高冒区

D. 煤柱破坏区

答案：BCD

解析：开采容易自燃和自燃煤层时，必须制定的防治采空区（特别是工作面始采线、终采线、上下煤柱线和三角点）、巷道高冒区、煤柱破坏区　自然发火的技术措施。

57. 采用均压技术防灭火时，要有专人定期观测与分析采空区和火区的（　　）等状况，并记录在专用的防火记录簿内。

A. 漏风量

B. 漏风方向

C. 空气温度

D. 防火墙内外空气压差

答案：ABCD

解析：采用均压技术防灭火时，要有专人定期观测与分析采空区和火区的漏风量、漏风方向、空气温度、防火墙内外空气压差等状况，并记录在专用的防火记录簿内。

58. 停风区中甲烷浓度超过 1.0% 或者二氧化碳浓度超过 1.5%，最高甲烷浓度和二氧化碳浓度不超过 3.0% 时，必须（　　）。停风区中甲烷浓度或者二氧化碳浓度超过 3.0% 时，必须制定安全排放瓦斯措施，报矿总工程师批准。

A. 采取安全措施

B. 控制风流排放瓦斯

C. 一风吹排放瓦斯

D. 制定安全排放瓦斯措施，报矿总工程师批准

答案：AB

解析：风区中甲烷浓度超过 1.0% 或者二氧化碳浓度超过 1.5%，最高甲烷浓度和二氧化碳浓度不超过 3.0% 时，所采取的措施。

59. 有瓦斯或者二氧化碳喷出的煤（岩）层，开采前必须采取的措施是（　　）。

A. 打前探钻孔或者抽排钻孔

B. 加大喷出危险区域的风量

C. 将喷出的瓦斯或者二氧化碳直接引入回风巷或者抽采瓦斯管路

D. 禁止开采

答案：ABC

解析：本题是有瓦斯或者二氧化碳喷出的煤岩层，开采前必须采取打前探钻孔或者抽排钻孔、加大喷出危险区域的风量、将喷出的瓦斯或者二氧化碳直接引入回风巷或者抽采瓦斯管路的措施内容。

60. 根据《煤矿安全规程》规定，矿井有害气体包括（　　）。

A. 一氧化碳 CO　　B. 二氧化氮 NO_2

C. 二氧化硫 SO_2　　D. 硫化氢 H_2S

E. 氨 NH_3、氢气 H_2　　F. 甲烷 CH_4 和二氧化碳 CO_2

答案：ABCDEF

解析：矿井有害气体成分包括一氧化碳 CO、二氧化氮 NO_2、二氧化硫 SO_2、硫化氢 H_2S、氨 NH_3、氢气 H_2、甲烷 CH_4 和二氧化碳 CO_2。

61. 矿井需要的风量计算，按（　　）实际需要风量的总和进行计算。

A. 采掘工作面　　B. 硐室　　C. 其他地点　　D. 井塔

答案：ABC

解析：矿井需要的风量计算，按采掘工作面、硐室、其他地点实际需要风量的总和进行计算。

62. 计算矿井需要的风量时，各地点的实际需要风量必须使该地点的（　　）符合本规程的有关规定。

A. 风流中的甲烷、二氧化碳和其他有害气体浓度

B. 风速

C. 温度

D. 每人供风量

答案：ABCD

解析：计算矿井需要的风量时，各地点的实际需要风量必须使该地点的风流中的甲烷、二氧化碳和其他有害气体浓度、风速、温度、每人供风量符合《煤矿安全规程》的有关规定。

63. 同一采区内（　　）布置独立通风有困难时，在制定措施后，可采用串联通风，但串联通风的次数不得超过 1 次。

A. 1 个采煤工作面与其相连接的 1 个掘进工作面

B. 1 个采煤工作面与其相连接的 1 个采煤工作面

C. 相邻的 2 个掘进工作面

D. 1 个采煤工作面与其相连接的 2 个掘进工作面

答案：AC

解析：同一采区内 1 个采煤工作面与其相连接的 1 个掘进工作面，相邻的 2 个掘进工作面布置独立通风有困难时，在制定措施后，可采用串联通风，但串联通风的次数不得超过 1 次。

64. （　　）时，严禁任何 2 个工作面之间串联通风。

A. 开采有煤尘爆炸性的煤层

B. 在距离突出煤层垂距小于 10 m 的区域掘进施工

C. 开采有瓦斯喷出、有突出危险的煤层

D. 开采容易自然发火煤层

答案：BC

解析：在距离突出煤层垂距小于 10 m 的区域掘进施工，开采有瓦斯喷出、有突出危险的煤层时，严禁任何 2 个工作面之间串联通风。

65. 控制风流的（　　）等设施必须可靠。

A. 风门　　B. 风桥　　C. 风墙　　D. 风窗

答案：ABCD

解析：控制风流的风门、风桥、风墙、风窗等设施必须可靠。

66. 不应在倾斜运输巷中设置风门；如果必须设置风门，应当（　　）。

A. 安设自动风门或者设专人管理　　B. 有防止矿车碰撞人员的安全措施

C. 有防止风门碰撞人员的安全措施　　D. 有防止矿车碰坏风门的安全措施

答案：ABCD

解析：不应在倾斜运输巷中设置风门；如果必须设置风门，应当安设自动风门或者设专人管理、有防止矿车碰撞人员的安全措施、有防止风门碰撞人员的安全措施、有防止矿车碰坏风门的安全措施。

67. 采煤工作面必须采用矿井全风压通风，禁止采用局部通风机稀释瓦斯是指禁止采用局部通风机向（　　）等地点直接供风稀释瓦斯。

A. 采煤工作面　　B. 工作面上隅角

C. Y 型通风回风巷

答案：ABC

解析：采煤工作面必须采用矿井全风压通风，禁止采用局部通风机稀释瓦斯是指禁止采用局部通风机向采煤工作面、工作面上隅角、Y 型通风回风巷等地点直接供风稀释瓦斯。

68. 生产矿井（　　）后，必须重新进行矿井通风阻力测定。

A. 改变采区通风系统　　B. 转入新水平生产

C. 改变一翼通风系统　　D. 改变全矿井通风系统

答案：BCD

解析：生产矿井转入新水平生产、改变一翼通风系统、改变全矿井通风系统，所以选择 BCD 后，必须重新进行矿井通风阻力测定。

69. 矿井瓦斯等级划分为（　　）。

A. 低瓦斯矿井　　B. 高瓦斯矿井　　C. 瓦斯矿井　　D. 突出矿井

答案：ABD

解析：本题是规程中有关矿井瓦斯等级划分的有关规定，规定矿井瓦斯等级分为三级分别为低瓦斯矿井、高瓦斯矿井、突出矿井。

70. 新型矿用本安型巡检仪能够测定的参数种类，包含下列哪几种（　　）。

A. 甲烷　　B. 温度　　C. 一氧化碳　　D. 二氧化碳

答案：ABCD

解析：矿用本安型巡检仪是为解决井下巡检需求而设计的多合一检测设备，其能够测定甲烷、温度、一氧化碳、二氧化碳四种参数。

71. 关于光学瓦斯检定器的说法正确的是（　　）。

A. 采用光干涉原理

B. 钠石灰失效不会影响瓦斯浓度的测定

C. 需要填装硅胶及钠石灰

D. 100% 量程的光学瓦斯检定器测量精度是 0.1%

答案：ACD

解析：光学瓦斯检定器采用光波干涉原理设计，为避免水汽及二氧化碳影响，需要填装硅胶及钠石灰。市面常见光学瓦斯检定器量程为 10% 及 100%，10% 量程的测量精度为 0.02%，100% 量程的测量精度为 0.1%。

72. 井下瓦斯巡检制度是瓦斯检查工必须执行的制度。采掘工作面进风巷巡检中，下列气体浓度未超过规定值的有（　　）。

A. 甲烷 0.6%　　B. 二氧化碳 0.4%

C. 一氧化碳 0.0025%　　D. 硫化氢 0.00065%

答案：BD

解析：按《煤矿安全规程》中对矿井有害气体最高允许浓度要求，采掘工作面进风流中二氧化碳浓度不超过 0.5%，一氧化碳浓度不超过 0.0024%，硫化氢浓度不超过 0.00066%，甲烷浓度按监测监控传感器设置要求进风巷甲烷报警浓度值最小 0.5%。

73. 按“（　　）”十二字方针，瓦斯巡回检查是井下瓦斯监测的有效手段之一，其目的是瓦斯的防治。

A. 瓦斯防治　　B. 先抽后采　　C. 监测监控　　D. 以风定产

答案：BCD

解析：按“先抽后采、以风定产、监测监控”十二字方针，瓦斯巡回检查是井下瓦斯监测的有效手段之一，其目的是实现瓦斯的防治。

74. 矿用本安型巡检仪支持的位置确认方式有（　　）。

A. UWB　　B. 433M　　C. NFC　　D. WiFi

答案：ABC

解析：矿用本安型巡检仪支持 UWB、433M、NFC 三种方式确认位置信息。

75. 矿用本安型位置标签支持的位置信息方式有（　　）。

A. UWB　　B. 433M　　C. NFC　　D. WiFi

答案：BC

解析：矿用本安型位置标签支持 433M、NFC 两种方式确认位置信息。

76. 智能瓦斯动态巡检系统支持哪几种系统数据的融合（　　）。

A. 人员定位　　B. 广播系统　　C. 视频分析　　D. 安全监控数据

答案：ACD

解析：目前瓦斯动态巡检系统能够解析人员定位、视频分析、安全监控数据。

77. 下列对智能瓦斯动态巡检系统说法正确的有（　　）。

A. 系统包含人员信息管理　　B. 系统包含位置标签管理

C. 系统包含参数管理　　D. 系统不支持对巡检仪的管理

答案：ABC

解析：瓦斯动态巡检系统是基于位置管理的实体化应用，所有数据、设备均是基于位置而言。系统包含人员信息、位置标签、参数、报警参数、班次信息、巡检仪、瓦斯看板等的管理。

78. 电子瓦斯管理看板是传统瓦斯管理看板的信息化替代，无须巡检人员手工抄写数据，其数据传输方式有（　　）。

A. 以太网光　　B. 以太网电　　C. WiFi　　D. UWB

答案：ABC

解析：电子瓦斯管理看板显示数据传输部分是基于以太网传输，数据传输方式支持以太网光、以太网电、WiFi 三种方式。

79. 下列说法正确的有（　　）。

A. 矿井采掘工作面风流中甲烷浓度达到 1.0% 时，必须停止用电钻打眼

B. 矿井采掘工作面风流中甲烷浓度达到 1.0% 时，必须停止工作，撤出人员

C. 爆破点附近 20 m 以内风流中甲烷浓度达到 1.0% 时，严禁爆破

D. 因甲烷浓度超过规定被切断电源的电气设备，必须在甲烷浓度降到 1.0% 以下时，方可通电开动

答案：ACD

解析：采掘工作面及其他作业地点风流中甲烷浓度达到 1.0% 时，必须停止用电钻打眼；爆破点附近 20 m 以内风流中甲烷浓度达到 1.0% 时，严禁爆破；采掘工作面及其他作业地点风流中、电动机或者其开关安设地点附近 20 m 以内风流中甲烷浓度达到 1.0% 时，必须停止工作，切断电源，撤出人员，进行处理；因甲烷浓度超过规定被切断电源的电气设备，必须在甲烷浓度降到 1.0% 以下时，方可通电开动。

80. 瓦斯动态巡检系统中心站的瓦斯三对照功能，对比的哪三种甲烷数据（　　）。

A. 矿用本安型巡检仪测定的甲烷　　B. 光学瓦斯检定器测定的甲烷

C. 瓦斯看板的甲烷　　D. 安全监控系统的甲烷

答案：ABC

解析：目前瓦斯巡检系统中心站的瓦斯三对照功能引入了矿用本安型巡检仪、光学瓦斯检定器、安全监控系统甲烷三种数据，可实现三种数据的比较分析。

81. 矿用本安型巡检仪的巡检流程，包含下列哪些步骤（　　）。

A. 读取位置　　B. 手动填写 4 种参数

C. 录入光瓦测量结果　　D. 上传中心站

答案：ACD

解析：矿用本安型巡检仪的巡检流程如下：进入任务→读取位置→自动测量 4 种参数→录入光瓦测量结果→保存巡检结果→显示到电子瓦斯管理看板→上传中心站。

82. 下列关于瓦斯动态巡检系统说法正确的有（　　）。

A. 瓦斯动态巡检系统对人员巡检到位是通过位置的三对照实现，即位置标签、精确定位位置、人脸识别共同确定

B. 瓦斯三对照包括巡检仪瓦斯、光学瓦斯检定器测定的瓦斯、安全监控系统瓦斯，那么报表中也包含这三种

C. 瓦斯动态巡检中心站支持三班次或四班次的设置

D. 巡检仪可不用配置任何参数就可以连接到瓦斯动态巡检中心站

答案：AC

83. 瓦斯动态巡检系统中心站瓦斯巡检班报中包含哪些信息（　　）。

A. 巡检人　　B. 巡检时间　　C. 巡检次数　　D. 巡检位置

答案：ABCD

解析：巡检班报中包含巡检人、巡检时间、巡检次数、巡检位置、班次等。

84. 瓦斯动态巡检系统的计划管理支持多种方式制定计划，计划的内容一般包含哪些信息（　　）。

A. 位置标签信息　　B. 计划巡检时间　　C. 实际巡检时间　　D. 巡检人

答案：AB

解析：瓦斯动态巡检系统计划管理是巡检路线确定的基础，包含位置标签、计划巡检时间、巡检次数等，不包含巡检人和实际巡检时间。

85. 下列关于瓦斯动态巡检系统的位置标签的说法，正确的有（　　）。

A. 位置标签管理包含新增、编辑、删除和查询

B. 位置标签信息包含标签位置、位置标签编码、所属区域

C. 位置标签新增时可以关联瓦斯看板、安全监控瓦斯和巡检仪

D. 位置标签关联人员定位和人脸视频的作用是用于到岗判断

答案：ABD

86. 瓦斯动态巡检系统中心站软件的巡检管理模块下包含哪些功能（　　）。

A. 巡检任务管理　　B. 巡检计划管理　　C. 巡检异常管理　　D. 瓦斯巡检记录

答案：ABC

87. 下列关于瓦斯动态巡检系统中心站软件的参数历史曲线功能，说法正确的有（　　）。

A. 可以查看某个位置标签对应的瓦斯巡检曲线

B. 可以查看某个位置标签对应的温度巡检曲线

C. 可以查看某个位置标签对应的二氧化碳巡检曲线

D. 不可同时查看瓦斯、二氧化碳、一氧化碳、温度的曲线

答案：ABC

88. 下列关于瓦斯动态巡检系统中心站软件的统计分析功能，说法正确的有（　　）。

A. 可以实现人员到岗率的查看

B. 可以实现瓦斯三对照

C. 可以实现二氧化碳二对照

D. 可以实现实际巡检路线与计划路线的对比功能

答案：ABCD

89. 关于矿用本安型巡检仪联机刷卡功能，说法正确的有（　　）。

A. 可以实现将 NFC 卡读取后上传到中心站

B. 刷卡前需要保证连接中心站正常

C. 一次可同时刷多张卡

D. 联机刷卡功能的作用是可以快速绑定到位置标签，同时保证了位置标签绑定的卡号和巡检仪读取的卡号一致

答案：ABD

90. 矿井瓦斯等级划分为低瓦斯矿井、高瓦斯矿井、突出矿井，是根据下列哪些条件确定的（　　）。

A. 矿井相对瓦斯涌出量

B. 矿井绝对瓦斯涌出量

C. 工作面绝对瓦斯涌出量和瓦斯涌出形式

D. 瓦斯抽放年累计量

答案：ABC

解析：《煤矿安全规程》第一百六十九条　根据矿井相对瓦斯涌出量、矿井绝对瓦斯涌出量、工作面绝对瓦斯涌出量和瓦斯涌出形式，矿井瓦斯等级划分为低瓦斯矿井、高瓦斯矿井、突出矿井。

91. 矿井绝对瓦斯涌出量达到下列哪些条件的，必须建立地面永久抽采瓦斯系统或者井下临时抽采瓦斯系统（　　）。

A. 大于或者等于 40 m^3/min

B. 年产量 1.0～1.5 Mt 的矿井，大于 30 m^3/min

C. 年产量 0.6～1.0 Mt 的矿井，大于 25 m^3/min

D. 年产量 0.4～0.6 Mt 的矿井，大于 20 m^3/min

E. 年产量小于或者等于 0.4 Mt 的矿井，大于 25 m^3/min

答案：ABCD

解析：《煤矿安全规程》第一百八十一条　矿井绝对瓦斯涌出量达到下列条件的，必须建立地面永久抽采瓦斯系统或者井下临时抽采瓦斯系统：1. 大于或者等于 40 m^3/min；2. 年产量 1.0～1.5 Mt 的矿井，大于 30 m^3/min；3. 年产量 0.6～1.0 Mt 的矿井，大于 25 m^3/min；4. 年产量 0.4～0.6 Mt 的矿井，大于 20 m^3/min；5. 年产量小于或者等于 0.4 Mt 的矿井，大于 15 m^3/min。

92. 突出矿井必须编制并及时更新矿井瓦斯地质图，更新周期不得超过 1 年，图中应当标明哪些内容（　　）。

A. 采掘进度、被保护范围　　B. 煤层赋存条件、地质构造

C. 突出点的位置、突出强度　　D. 瓦斯基本参数

答案：ABCD

解析：《煤矿安全规程》第二百条　突出矿井必须编制并及时更新矿井瓦斯地质图，更新周期不得超过 1 年，图中应当标明采掘进度、被保护范围、煤层赋存条件、地质构造、突出点的位置、突出强度、瓦斯基本参数等，作为突出危险性区域预测和制定防突措施的依据。

93.《煤矿安全规程》规定，有哪些突出煤层，不得将在本巷道施工顺煤层钻孔预抽煤巷条带瓦斯作为区域防突措施（　　）。

A. 新建矿井的突出煤层

B. 历史上发生过突出强度大于 500 t/次的

C. 开采范围内煤层坚固性系数小于0.3的

D. 煤层坚固性系数为0.3~0.6，且埋深大于500 m的

答案：ABC

解析：《煤矿安全规程》第二百一十条　有下列条件之一的突出煤层，不得将在本巷道施工顺煤层钻孔预抽煤巷条带瓦斯作为区域防突措施。（一）新建矿井的突出煤层。（二）历史上发生过突出强度大于500 t/次的。（三）开采范围内煤层坚固性系数小于0.3的；或者煤层坚固性系数为0.3~0.5，且埋深大于500 m的；或者煤层坚固性系数为0.5~0.8，且埋深大于600 m的；或者煤层埋深大于700 m的；或者煤巷条带位于开采应力集中区的。

94. 《煤矿安全规程》规定，井巷揭穿突出煤层和在突出煤层中进行采掘作业时，必须采取哪些安全防护措施（　　）。

A. 避难硐室、反向风门　　B. 压风自救装置

C. 隔离式自救器　　D. 远距离爆破

答案：ABCD

解析：《煤矿安全规程》第二百二十条　井巷揭穿突出煤层和在突出煤层中进行采掘作业时，必须采取避难硐室、反向风门、压风自救装置、隔离式自救器、远距离爆破等安全防护措施。

95. 关于瓦斯动态巡检系统瓦斯巡检日报，说法正确的有（　　）。

A. 巡检日报包括巡检人、巡检地点、气体参数、巡检次数等

B. 巡检日报的数据无法修改

C. 巡检日报必须打印当天的，无法打印前一天的

D. 巡检日报不需要给领导审阅

答案：AB

解析：C、D错误，可以打印前一天的，《煤矿安全规程》中有要求需要给领导审阅。

96. 关于瓦斯动态巡检系统巡检参数管理，说法正确的有（　　）。

A. 可以新增、编辑、修改巡检参数信息

B. 巡检参数信息包括气体名称、单位等

C. 巡检参数可以多个，无限制

D. 可以只保留一个巡检参数

答案：AB

解析：C、D错误，最大只能有10个参数，系统默认4个参数无法删除。

97. 瓦斯动态巡检系统首页显示内容包括（　　）。

A. 巡检人信息，照片、姓名、部门

B. 巡检气体信息

C. 巡检时拍的照片信息

D. 巡检时的异常信息

答案：ABC

解析：D错误，目前没有异常信息展示，可以通过巡检异常信息管理页面进行查看。

98. 关于瓦斯动态巡检系统，下列说法错误的有（　　）。

A. 瓦斯动态巡检系统可以融合人员定位、安全监控、广播系统数据

B. 瓦斯动态巡检系统中软件组成包含中心站软件、巡检仪软件等

C. 瓦斯动态巡检系统中心站软件主要分成基础管理、巡检管理、统计分析、报表查询几个模块

D. 瓦斯动态巡检系统是实时系统，井下巡检后软件马上可以看的巡检结果

答案：BC

解析：A 错误，目前没有融合广播数据。D 错误，巡检后需要巡检人员手动上传数据后才能看见，而且上传时需要保证与中心站网络接通。

99. 关于瓦斯动态巡检系统，下列说法正确的有（　　）。

A. 巡检任务就是将巡检计划关联到具体的人和日期

B. 巡检计划是根据井下实际巡检的路线进行拟定

C. 人员下井后，可以通过巡检仪根据需要对巡检任务进行更改

D. 巡检人员发现井下异常后，可以通过巡检仪将异常记录下来上传到中心站软件

答案：ABC

解析：C 错误，巡检仪不能更改巡检任务。

100. “三人联锁放炮制”中的三人是指（　　）。

A. 瓦检员　　B. 验收员　　C. 放炮员　　D. 班组长

E. 跟班干部

答案：ACD

101. 按照规定区域防突工作应当做到（　　）。

A. 多措并举　　B. 可保尽保　　C. 应抽尽抽　　D. 效果达标

E. 监控有效

答案：ABCD

102. 采煤工作面需专人经常检查瓦斯的是（　　）。

A. 高瓦斯矿井采煤工作面

B. 煤与瓦斯突出危险采煤工作面

C. 瓦斯矿井采煤工作面

D. 瓦斯喷出或涌出异常且量大的采煤工作面

E. 火药库房

答案：BD

103. 对于下面所列举的几种气体，可燃、可爆性气体有：（　　）。

A. CH_4　　B. NH_3　　C. H_2　　D. CO_2

E. SO_2

答案：ABC

解析：CO_2、SO_2 两种气体无爆炸性。

104. 对于下面所列举的几种气体，有毒性气体有：（　　）。

A. CO　　B. NH_3　　C. H_2　　D. CO_2

E. SO_2

答案：ABE

解析：H_2、CO_2 两种气体是无毒气体

105. 掘进和回采前，应当编制地质说明书，（　　）、煤（岩）与瓦斯（二氧化碳）突出（以下简称突出）危险区、受水威胁区、技术边界、采空区、地质钻孔等情况。

A. 掌握地质构造　　B. 岩浆岩体

C. 陷落柱　　D. 煤层及其顶底板岩性

答案：ABCD

106. 在矿井井田范围内发生过（　　）的煤层，或者经鉴定煤层（　　）具有冲击倾向性且（　　）的煤层为冲击地压煤层。有冲击地压煤层的矿井为冲击地压矿井。

A. 冲击地压现象　　B. 或者其顶底板岩层

C. 评价具有冲击危险性　　D. 突出危险性

答案：ABC

107. 区域与局部预测可根据（　　）与（　　）等，优先采用综合指数法确定冲击危险性。

A. 瓦斯　　B. 地质　　C. 开采技术条件　　D. 煤层厚度

答案：BC

108. 在有（　　）危险的煤层中，掘进工作面爆破前后，附近 20 m 的巷道内必须（　　）。

A. 煤尘爆炸　　B. 煤层自燃　　C. 洒水降尘　　D. 突出煤层

答案：AC

109. 突出矿井井下进行电焊、气焊和喷灯焊接时，必须停止突出煤层的（　　）以及其他所有扰动突出煤层的作业。

A. 掘进　　B. 回采　　C. 钻孔　　D. 支护

答案：ABCD

110. 正常工作的局部通风机必须采用三专供电，三专是指（　　）。

A. 专用开关　　B. 专用风机　　C. 专用电缆　　D. 专用变压器

答案：ACD

111. 瓦斯喷出区域、高瓦斯矿井、煤（岩）与瓦斯（二氧化碳）突出矿井中，掘进工作面的局部通风机应采用（　　）供电。

A. 兼用变压器　　B. 专用开关　　C. 专用变压器　　D. 专用线路

答案：BCD

112. 开采有瓦斯或二氧化碳喷出的煤（岩）层时，必须采取下列哪些措施（　　）。

A. 打前探钻孔或抽排钻孔

B. 加大喷出危险区域的风量

C. 将喷出的瓦斯或二氧化碳直接引入回风巷或抽放瓦斯管路

D. 开采保护层

答案：ABC

113. 瓦斯检查工应具备的素质有（　　）。

A. 专业技术水平高　　B. 安全意识强

C. 工作作风好　　D. 法制观念强

答案：ABCD

114. 瓦斯治理十二字方针是（　　）。

A. 先抽后采　　B. 以风定产　　C. 监测监控　　D. 边抽边采

答案：ABC

115. 瓦斯抽放是控制瓦斯事故的重要手段。瓦斯抽放泵吸入管路中应设置的传感器有（　　）。

A. 流量　　B. 温度　　C. 压力　　D. 开停

答案：ABC

116. “自然发火严重，未采取有效措施”，属于煤矿重大安全生产隐患。根据《煤矿重大安全生产隐患认定办法（试行）》之规定，是指开采容易自燃和自燃煤层的矿井，有下列（　　）情形之一。

A. 未选定自然发火观测站或者观测点位置并建立监测系统

B. 未建立自然发火预测预报制度

C. 未建立自燃煤层鉴定实验室

D. 未按规定采取预防性灌浆或者全部充填、注惰性气体等措施

答案：ABD

117. 井下不同地点的硐室发生火灾，采取的方法和措施正确的是（　　）。

A. 爆炸材料库着火时，应首先将雷管运出，然后将其他爆炸材料运出；因高温运不出时，应关闭防火门，退至安全地点

B. 绞车房着火时，应将火源下方的矿车固定，防止烧断钢丝绳造成跑车伤人

C. 蓄电池电机车库着火时，必须切断电源，采取措施，防止氢气爆炸

D. 水泵房电气设备发生火灾时，当即用水浇火点

答案：ABC

解析：电气设备发生火灾时，不得用水浇着火点，否则可能造成大面积漏电事故。

118.《煤矿重大安全生产隐患认定办法（试行）》中“使用明令禁止使用或者淘汰的设备、工艺”：是指有下列（　　）情形之一。

A. 被列入国家应予淘汰的煤矿机电设备和工艺目录的产品或工艺，超过规定期限仍在使用的

B. 突出矿井在2006年1月6日之前未采取安全措施使用架线式电机车或者在此之后仍继续使用架线式电机车的

C. 矿井提升人员的绞车、钢丝绳、提升容器、斜井人车等未取得煤矿矿用产品安全标志，未按规定进行定期检验的

D. 使用非阻燃皮带、非阻燃电缆，采区内电气设备未取得煤矿矿用产品安全标志的

答案：ABCD

119. 重大危险源控制系统由以下（　　）部分组成。

A. 重大危险源的辨识　　B. 重大危险源的评价

C. 重大危险源的管理　　D. 事故应急救援预案

答案：ABCD

120.《煤矿重大安全生产隐患认定办法（试行）》中“使用明令禁止使用或者淘汰的

设备、工艺”，是指有下列（　　）情形之一。

A. 矿井采用放顶煤一次采全高采煤工艺的

B. 开采未按矿井瓦斯等级选用相应的煤矿许用炸药和雷管、未使用专用发爆器的

C. 采用不能保证 2 个畅通安全出口采煤工艺开采（三角煤、残留煤柱按规定开采者除外）的

D. 高瓦斯矿井、煤与瓦斯突出矿井、开采容易自燃和自燃煤层（薄煤层除外）矿井采用前进式采煤方法的

答案：BCD

解析：《煤矿重大安全生产隐患认定办法（试行）》中“使用明令禁止使用或者淘汰的设备、工艺”，不包括一次采全高采煤工艺。

121. 应急救援预案能否在应急救援中成功发挥作用，不仅取决于应急预案自身的完善程度，还取决于应急准备的充分与否。应急准备应包括（　　）。

A. 各应急组织及其职责权限的明确

B. 准备应急救援法律法规

C. 公众教育、应急人员的培训和预案演练

D. 应急资源的准备

答案：ACD

122.《煤矿重大安全生产隐患认定办法（试行）》中“年产 6 万吨以上的煤矿没有双回路供电系统”，是指有下列（　　）情形之一。

A. 两个回路取自两个区域变电所

B. 单回路供电

C. 两个回路取自一个区域变电所不同母线端

D. 有两个回路但取自一个区域变电所同一母线端

答案：BD

123. 矿山救护队处理事故时，井下基地应设在靠近灾区的安全地点，并应有（　　）。

A. 直通指挥部和灾区的通信设备　　B. 安全员

C. 电钳工　　D. 值班医生

答案：AD

124.《煤矿重大安全生产隐患认定办法（试行）》中“新建煤矿边建设边生产，煤矿改扩建期间，在改扩建的区域生产，或者在其他区域的生产超出安全设计规定的范围和规模”，是指有下列（　　）情形之一。

A. 建设项目安全设施设计经审查批准后马上组织施工

B. 对批准的安全设施设计做出重大变更后未经再次审批并组织施工

C. 改扩建矿井在改扩建区域生产

D. 改扩建矿井在非改扩建区域超出安全设计规定范围和规模生产

答案：BCD

125. 瓦斯突出引起火灾时，要采用（　　）灭火。

A. 综合　　B. 惰性气体　　C. 水　　D. 灭火器

答案：AB

126. 采煤工作面选用（　　）或者其他经试验证实有效的防突措施。

A. 超前钻孔预抽瓦斯　　B. 超前钻孔排放瓦斯

C. 注水湿润煤体　　D. 松动爆破

答案：ABCD

127. 处理井下火灾应遵循的原则是（　　）。

A. 控制烟雾的蔓延，防止火灾扩大　　B. 防止引起瓦斯或煤尘爆炸

C. 尽量采用综合灭火　　D. 保障救护人员安全

答案：ABD

解析：必须采取综合灭火措施，不是尽量。

128.《煤矿重大安全生产隐患认定办法（试行）》中“煤矿实行整体承包生产经营后，未重新取得煤炭生产许可证和安全生产许可证，从事生产的，或者承包方再次转包的，以及煤矿将井下采掘工作面和井巷维修作业进行劳务承包”，是指有下列（　　）情形之一。

A. 生产经营单位将煤矿（矿井）承包或者出租给不具备安全生产条件或者相应资质的单位或者个人

B. 煤矿（矿井）实行承包（托管）但未签订安全生产管理协议进行生产

C. 煤矿（矿井）实行承包（托管）但未签订载有双方安全责任与权力内容的承包合同进行生产

D. 承包方（承托方）未重新取得煤炭生产许可证和安全生产许可证进行生产

答案：ABCD

解析：《煤矿重大安全生产隐患认定办法（试行）》规定。

129. 处理瓦斯、煤尘爆炸事故时，救护队的主要任务是（　　）。

A. 注意瓦斯变化，采取风流短路措施　　B. 积极抢救遇险人员

C. 清理灾区堵塞物　　D. 扑灭因爆炸产生的火灾

答案：BCD

解析：注意瓦斯变化，但不得随意调整通风系统。

130.（　　）下井时，必须携带便携式甲烷检测报警仪。

A. 矿总工程师　　B. 采掘区队长　　C. 工程技术人员　　D. 通防区队长

答案：ABCD

解析：《煤矿安全规程》第一百八十条　矿长、矿总工程师、爆破工、采掘区队长、通风区队长、工程技术人员、班长、流动电钳工等下井时，必须携带便携式甲烷检测报警仪。

131. 井下停风地点栅栏外风流中的甲烷浓度（　　）至少检查 1 次，密闭外的甲烷浓度（　　）至少检查 1 次

A. 每天　　B. 每周　　C. 每班　　D. 每月

答案：AB

解析：《煤矿安全规程》第一百八十条　井下停风地点栅栏外风流中的甲烷浓度每天至少检查 1 次，密闭外的甲烷浓度每周至少检查 1 次。

132. 修复旧井巷时，必须首先检查瓦斯，当瓦斯积聚时，必须按规定排放，只有在

回风流中甲烷浓度不超过（　　）、二氧化碳浓度不超过（　　）、空气成分符合要求时，才能作业。

A. 0.5%　　B. 1%　　C. 1.5%　　D. 0.25%

答案：BC

解析：《煤矿安全规程》第一百二十七条　修复旧井巷时，必须首先检查瓦斯，当瓦斯积聚时，必须按规定排放，只有在回风流中甲烷浓度不超过1.0%、二氧化碳浓度不超过1.5%、空气成分符合要求时，才能作业。

133. 以下哪些地点应当纳入瓦斯检查范围（　　）。

A. 采掘工作面　　B. 硐室

C. 使用中的机电设备　　D. 有人员作业的

答案：ABCD

解析：《煤矿安全规程》第一百八十条　所有采掘工作面、硐室、使用中的机电设备的设置地点、有人员作业的地点都应当纳入检查范围。

134. 矿井必须从设计和采掘生产管理上采取措施，防止瓦斯积聚；当发生瓦斯积聚时，必须及时处理。当瓦斯超限达到断电浓度时，（　　）有权责令现场作业人员停止作业，停电撤人。

A. 班组长　　B. 瓦斯检查工　　C. 矿调度员　　D. 矿长

答案：ABC

解析：《煤矿安全规程》第一百七十五条　矿井必须从设计和采掘生产管理上采取措施，防止瓦斯积聚；当发生瓦斯积聚时，必须及时处理。当瓦斯超限达到断电浓度时，班组长、瓦斯检查工、矿调度员有权责令现场作业人员停止作业，停电撤人。

135. 局部通风机因故停止运转，在恢复通风前，必须首先检查瓦斯，只有停风区中最高甲烷浓度不超过（　　）和最高二氧化碳浓度不超过（　　），且局部通风机及其开关附近10 m以内风流中的甲烷浓度都不超过0.5%时，方可人工开启局部通风机，恢复正常通风。

A. 1.0%　　B. 1.5%　　C. 0.5%　　D. 0.75%

答案：AB

解析：《煤矿安全规程》第一百七十六条　局部通风机因故停止运转，在恢复通风前，必须首先检查瓦斯，只有停风区中最高甲烷浓度不超过1.0%和最高二氧化碳浓度不超过1.5%，且局部通风机及其开关附近10 m以内风流中的甲烷浓度都不超过0.5%时，方可人工开启局部通风机，恢复正常通风。

136. 停风区中甲烷浓度或者二氧化碳浓度超过（　　）时，必须制定安全排放瓦斯措施，报（　　）批准。

A. 2.0%　　B. 3.0%　　C. 矿总工程师　　D. 生产矿长

答案：BC

解析：《煤矿安全规程》第一百七十六条　停风区中甲烷浓度或者二氧化碳浓度超过3.0%时，必须制定安全排放瓦斯措施，报矿总工程师批准。

137. 爆破地点附近（　　）以内风流中甲烷浓度达到（　　）时，严禁爆破。

A. 15 m　　B. 20 m　　C. 0.5%　　D. 1.0%

答案：BD

解析：《煤矿安全规程》第三百六十一条　装药前和爆破前有下列情况之一的，严禁装药、爆破：爆破地点附近 20 m 以内风流中甲烷浓度达到或者超过 1.0% 。

138. 采掘工作面及其他作业地点风流中、电动机或者其开关安设地点附近 20 m 以内风流中的甲烷浓度达到 1.5% 时，必须（　　）进行处理。

A. 停止工作　　B. 切断电源　　C. 撤出人员　　D. 开启风机

答案：ABC

解析：《煤矿安全规程》第一百七十三条　采掘工作面及其他作业地点风流中、电动机或者其开关安设地点附近 20 m 以内风流中的甲烷浓度达到 1.5% 时，必须停止工作，切断电源，撤出人员，进行处理。

139. 必须每天检查安全监控设备及线缆是否正常，使用便携式光学甲烷检测仪或者便携式甲烷检测报警仪与甲烷传感器进行对照，并将记录和检查结果报矿值班员；当两者读数差大于允许误差时，应当以读数（　　）者为依据，采取安全措施并在（　　）内对 2 种设备调校完毕。

A. 较大　　B. 较小　　C. 8 h　　D. 12 h

答案：AC

解析：《煤矿安全规程》第四百九十三条　必须每天检查安全监控设备及线缆是否正常，使用便携式光学甲烷检测仪或者便携式甲烷检测报警仪与甲烷传感器进行对照，并将记录和检查结果报矿值班员；当两者读数差大于允许误差时，应当以读数较大者为依据，采取安全措施并在 8 h 内对 2 种设备调校完毕。

140. 抽采容易自燃和自燃煤层的采空区瓦斯时，抽采管路应要安设（　　）传感器，实现实时监测监控。发现有自然发火征兆时，必须立即采取措施。

A. 氧气　　B. 一氧化碳　　C. 甲烷　　D. 温度

答案：BCD

解析：《煤矿安全规程》第一百八十四条　抽采容易自燃和自燃煤层的采空区瓦斯时，抽采管路应要安设一氧化碳、甲烷、温度传感器，实现实时监测监控。发现有自然发火征兆时，必须立即采取措施。

141. 电焊、气焊和喷灯焊接等工作地点的风流中，甲烷浓度不得超过（　　），只有在检查证明作业地点附近（　　）范围内巷道顶部和支护背板后无瓦斯积存时，方可进行作业。

A. 0.85%　　B. 1.0%　　C. 20 m　　D. 30 m

答案：AC

解析：《煤矿安全规程》第二百五十四条　电焊、气焊和喷灯焊接等工作地点的风流中，甲烷浓度不得超过 0.85% ，只有在检查证明作业地点附近 20 m 范围内巷道顶部和支护背板后无瓦斯积存时，方可进行作业。

142. 采用载体催化元件的甲烷传感器必须使用校准气样和空气气样在设备设置地点调校，便携式甲烷检测报警仪在仪器维修室调校，每（　　）天至少 1 次。甲烷电闭锁和风电闭锁功能每 15 天至少测试 1 次。可能造成局部通风机停电的，每（　　）测试 1 次。

A. 15　　B. 30　　C. 半年　　D. 一年

答案：AC

解析：《煤矿安全规程》第四百九十二条　采用载体催化元件的甲烷传感器必须使用校准气样和空气气样在设备设置地点调校，便携式甲烷检测报警仪在仪器维修室调校，每15天至少1次。甲烷电闭锁和风电闭锁功能每15天至少测试1次。可能造成局部通风机停电的，每半年测试1次。

143. 抽出的瓦斯可引排到（　　），但必须保证稀释后风流中的瓦斯浓度不超限。

A. 地面　　B. 总回风巷　　C. 一翼回风巷　　D. 分区回风巷

答案：ABCD

解析：《煤矿安全规程》第一百八十三条　抽出的瓦斯可引排到地面、总回风巷、一翼回风巷或者分区回风巷，但必须保证稀释后风流中的瓦斯浓度不超限。

144. 抽出的瓦斯排入回风巷时，在排瓦斯管路出口必须（　　）。

A. 设置栅栏　　B. 安设传感器　　C. 悬挂警戒牌　　D. 安设摄像头

答案：AC

解析：《煤矿安全规程》第一百八十三条　抽出的瓦斯排入回风巷时，在排瓦斯管路出口必须设置栅栏、悬挂警戒牌等。

145. 抢救人员和灭火过程中，必须指定专人检查（　　）其他有害气体浓度和风向、风量的变化，并采取防止瓦斯、煤尘爆炸和人员中毒的安全措施。

A. 甲烷　　B. 一氧化碳　　C. 煤尘　　D. 氮气

答案：ABC

解析：《煤矿安全规程》第二百七十五条　抢救人员和灭火过程中，必须指定专人检查甲烷、一氧化碳、煤尘、其他有害气体浓度和风向、风量的变化，并采取防止瓦斯、煤尘爆炸和人员中毒的安全措施。

146. 抽出的瓦斯排入回风巷时，栅栏设置的位置是上风侧距管路出口（　　）、下风侧距管路出口（　　），两栅栏间禁止任何作业。

A. 5 m　　B. 10 m　　C. 20 m　　D. 30 m

答案：AD

解析：《煤矿安全规程》第一百八十三条　抽出的瓦斯排入回风巷时，栅栏设置的位置是上风侧距管路出口5 m、下风侧距管路出口30 m，两栅栏间禁止任何作业。

147. 采区回风巷、采掘工作面回风巷风流中甲烷浓度超过（　　）或者二氧化碳浓度超过（　　）时，必须停止工作，撤出人员，采取措施，进行处理。

A. 0.5%　　B. 1.0%　　C. 1.5%　　D. 2.0%

答案：BC

解析：《煤矿安全规程》第一百七十二条　采区回风巷、采掘工作面回风巷风流中甲烷浓度超过1.0%或者二氧化碳浓度超过1.5%时，必须停止工作，撤出人员，采取措施，进行处理。

148. 停风区中甲烷浓度超过（　　）或者二氧化碳浓度超过（　　），最高甲烷浓度和二氧化碳浓度不超过（　　）时，必须采取安全措施，控制风流排放瓦斯。

A. 1.0%　　B. 1.5%　　C. 2.0%　　D. 3.0%

答案：ABD

解析：《煤矿安全规程》第一百七十六条　停风区中甲烷浓度超过 1.0% 或者二氧化碳浓度超过 1.5%，最高甲烷浓度和二氧化碳浓度不超过 3.0% 时，必须采取安全措施，控制风流排放瓦斯。

149. 每 2 年必须对低瓦斯矿井进行瓦斯等级和二氧化碳涌出量的鉴定工作，鉴定结果报省级（　　）。

A. 政府　　B. 能源局

C. 煤炭行业管理部门　　D. 煤矿安全监察机构

答案：CD

解析：《煤矿安全规程》第一百七十条　每 2 年必须对低瓦斯矿井进行瓦斯等级和二氧化碳涌出量的鉴定工作，鉴定结果报省级煤炭行业管理部门和省级煤矿安全监察机构。

150. 高瓦斯矿井不再进行周期性瓦斯等级鉴定工作，但应当每年测定和计算（　　）瓦斯和二氧化碳涌出量，并报省级煤炭行业管理部门和矿山安全监察机构。

A. 矿井　　B. 采区　　C. 密闭　　D. 工作面

答案：ABD

解析：《煤矿安全规程》第一百七十条　高瓦斯、突出矿井不再进行周期性瓦斯等级鉴定工作，但应当每年测定和计算矿井、采区、工作面瓦斯和二氧化碳涌出量，并报省级煤炭行业管理部门和煤矿安全监察机构。

151. 在排放瓦斯过程中，只有恢复通风的巷道风流中（　　）浓度不超过 1.0% 和（　　）浓度不超过 1.5% 时，方可人工恢复局部通风机供风巷道内电气设备的供电和采区回风系统内的供电。

A. 甲烷　　B. 一氧化碳　　C. 二氧化碳　　D. 氧气

答案：AC

解析：《煤矿安全规程》第一百七十六条　在排放瓦斯过程中，排出的瓦斯与全风压风流混合处的甲烷和二氧化碳浓度均不得超过 1.5%，且混合风流经过的所有巷道内必须停电撤人，其他地点的停电撤人范围应当在措施中明确规定。只有恢复通风的巷道风流中甲烷浓度不超过 1.0% 和二氧化碳浓度不超过 1.5% 时，方可人工恢复局部通风机供风巷道内电气设备的供电和采区回风系统内的供电。

152. 井下下列设备必须设置甲烷断电仪或者便携式甲烷检测报警仪（　　）。

A. 采煤机　　B. 掘进机　　C. 掘锚一体机　　D. 连续采煤机

答案：ABCD

解析：《煤矿安全规程》第五百零一条　井下下列设备必须设置甲烷断电仪或者便携式甲烷检测报警仪：（一）采煤机、掘进机、掘锚一体机、连续采煤机。（二）梭车、锚杆钻车。（三）采用防爆蓄电池或者防爆柴油机为动力装置的运输设备。（四）其他需要安装的移动设备。

153. 在启封火区工作完毕后的 3 天内，每班必须由矿山救护队检查通风工作，并测定水温、空气温度和空气成分（　　）。

A. 水温　　B. 空气温度　　C. 空气成分　　D. 湿度

答案：ABC

解析：《煤矿安全规程》第二百八十条　在启封火区工作完毕后的3天内，每班必须由矿山救护队检查通风工作，并测定水温、空气温度和空气成分。

154. 采掘工作面的进风流中，氧气浓度不低于（　　），二氧化碳浓度不超过（　　）。

A. 19%　　B. 20%　　C. 0.5%　　D. 0.75%

答案：ABC

解析：《煤矿安全规程》第一百三十五条　采掘工作面的进风流中，氧气浓度不低于20%，二氧化碳浓度不超过0.5%。

155. 启封已熄灭的火区前，必须制定安全措施。启封火区时，应当逐段恢复通风，同时测定回风流中（　　）。发现复燃征兆时，必须立即停止向火区送风，并重新封闭火区。

A. 一氧化碳　　B. 甲烷浓度　　C. 风流温度　　D. 粉尘浓度

答案：ABC

解析：《煤矿安全规程》第二百八十条　启封已熄灭的火区前，必须制定安全措施。启封火区时，应当逐段恢复通风，同时测定回风流中一氧化碳、甲烷浓度和风流温度。发现复燃征兆时，必须立即停止向火区送风，并重新封闭火区。

156. 矿井有害气体最高允许浓度：一氧化碳（　　），二氧化硫 SO_2（　　）。

A. 0.0024%　　B. 0.0006%　　C. 0.0005%　　D. 0.0020%

答案：AD

157. 采掘工作面及其他巷道内，体积大于（　　）的空间内积聚的甲烷浓度达到（　　）时，附近（　　）内必须停止工作，撤出人员，切断电源，进行处理。

A. 0.5 m^3　　B. 1.0%　　C. 2.0%　　D. 20 m

答案：ACD

解析：《煤矿安全规程》第一百七十三条　采掘工作面及其他巷道内，体积大于0.5 m^3 的空间内积聚的甲烷浓度达到2.0%时，附近20 m内必须停止工作，撤出人员，切断电源，进行处理。

158. 巷道贯通前应当制定贯通专项措施。综合机械化掘进巷道在相距（　　）前、其他巷道在相距（　　）前，必须停止一个工作面作业，做好调整通风系统的准备工作。

A. 20 m　　B. 30 m　　C. 40 m　　D. 50 m

答案：AC

解析：《煤矿安全规程》第一百四十三条　巷道贯通前应当制定贯通专项措施。综合机械化掘进巷道在相距50 m前、其他巷道在相距20 m前，必须停止一个工作面作业，做好调整通风系统的准备工作。

159. 瓦斯检查工发现（　　）现象时必须立即停止作业，按避灾路线撤出，并报告矿调度室。

A. 响煤炮声（机枪声、闷雷声、劈裂声）

B. 瓦斯涌出量增大或忽大忽小

C. 风量忽大忽小

D. 打钻喷煤、喷瓦斯

答案：ABD

解析：《煤矿安全规程》第二百零一条　突出煤层工作面的作业人员、瓦斯检查工、班组长应当掌握突出预兆。发现突出预兆时，必须立即停止作业，按避灾路线撤出，并报告矿调度室。典型的瓦斯突出预兆分为有声预兆和无声预兆。有声预兆主要包括：响煤炮声（机枪声、闷雷声、劈裂声），支柱折断声，夹钻顶钻，打钻喷煤、喷瓦斯等。无声预兆主要包括：煤层结构变化，层理紊乱，煤变软、光泽变暗，煤层由薄变厚，倾角由小变大，工作面煤体和支架压力增大，煤壁外鼓、掉渣等，瓦斯涌出量增大或忽大忽小，煤尘增大，空气气味异常、闷人，煤壁温度降低、挂汗等。

160. 矿井必须编制防止采空区自然发火的封闭及管理专项措施，并遵守下列（　　）规定。

A. 每周 1 次抽取封闭采空区气样进行分析，并建立台账

B. 采煤工作面回采结束后，必须在 45 天内进行永久性封闭

C. 开采自燃和容易自燃煤层，应当及时构筑各类密闭并保证质量

D. 与封闭采空区连通的各类废弃钻孔必须永久封闭

答案：ABCD

解析：《煤矿安全规程》第二百七十四条　对开必须制定防止米空区自然发火的封闭管理专项措施。采煤工作面回采结束后，必须在 45 天内进行永久性封闭，每周至少 1 次抽取与封闭采空区气样进行分析，并建立台账。开采自燃和容易自燃煤层，应当及时构筑各类密并保证质量。封闭采空区连通的各类废弃钻孔必须永久封闭。采煤工作面回采结束后，必须在 45 天内进行永久性封闭，每周至少 1 次抽取封闭采空区气样进行分析，并建立台账，是为了防止新鲜风流进入采空区，引发自然发火；开采自燃和容易自燃煤层，应当及时构筑各类密闭并保证质量，是为了封闭采空区不再漏风，避免复燃；封闭采空区连通的各类废弃失孔必须永久封闭，是为了避免废弃钻孔向封闭采空区漏风引发火灾。

161. 煤与瓦斯突出前，煤层结构和构造方面的预兆有（　　）。

A. 煤体干燥、光泽暗淡　　B. 煤强度松软

C. 煤厚增大　　D. 波状隆起

答案：ABCD

解析：煤与瓦斯突出预兆分为有声预兆和无声预兆。有声预兆：煤层发出劈裂声、闷雷声机枪声、哨声、蜂鸣声及气体穿过含水裂缝时的吱吱声等，煤壁发出震动和冲击声，支架发出折裂声。无声预兆：工作面顶板压力增大，煤壁被挤压，片帮掉渣，顶板下沿或底板鼓起：煤层层理紊乱、波状隆起、层理逆转，煤层厚度增大，煤体干燥、暗淡无光泽，煤质变软；瓦斯涌出忽大忽小；工作面温度降低，煤壁发凉；打钻时有顶钻、卡钻、喷瓦斯、喷煤等现象。

162. 根据不同的通风方式，局部通风排尘方法可分为（　　）。

A. 总风压通风排尘　　B. 扩散通风排尘

C. 引射器通风排尘　　D. 局部通风机通风排尘

答案：ACD

解析：局部通风排尘方法可分为总风压通风排尘、引射器通风排尘及局部通风机通风排尘方法。扩散通风属于自然通风，不可作为局部通风排尘方法使用。

163. 防火墙的封闭顺序，首先应封闭所有其他防火墙，留下进回风主要防火墙最后封闭。回风主要防火墙封闭顺序不仅影响有效控制火势，而且关系救护队员的安全，进回风同时封闭构筑防火墙的优点是（　　）。

A. 火区封闭时间短

B. 迅速切断供氧条件

C. 防火墙完全封闭前还可保持火区通风

D. 火区不易达到爆炸危险程度

答案：ABCD

解析：进回风同时封闭时，由于封闭时间短，能在较短时间内切断对火区供氧，完全封闭前还可以保持火区通风，同时由于瓦斯积聚时间短，很难达到爆炸浓度界限。

164. 在保证稀释后风流中的瓦斯浓度不超限的前提下，抽出的瓦斯可排到（　　）。

A. 地面　　B. 总回风巷　　C. 一翼回风巷　　D. 分区回风巷

答案：ABCD

解析：《煤矿安全规程》第一百八十三条　抽出的瓦斯可引排到地面、总回风巷、一翼回风巷或者分区回风巷，但必须保证稀释后风流中的瓦斯浓度不超限。

165. 临时停工的掘进工作面，如果停风，应（　　）。

A. 切断电源　　B. 设置栅栏、警标

C. 向调度室报告　　D. 禁止人员进入

答案：ABCD

解析：《煤矿安全规程》第一百七十五条　临时停工的地点，不得停风；否则必须切断电源，设置栅栏、警标，禁止人员进入，并向矿调度室报告。临时停工的地点，周围煤岩也会不断涌出瓦斯和其他有害气体，造成瓦斯超限或人员窒息的重大隐患。所以，临时停工的地点，不得停风；否则必须切断电源，以防电火花引起瓦斯爆炸；必须设置栅栏和提示禁止进入的警标，以免有人误入其内，并向矿调度室报告。

166. 下列选项中（　　）可能引起采煤工作面瓦斯积聚。

A. 配风量不足　　B. 开采强度大　　C. 通风系统短路　　D. 工作面无风障

答案：ABC

解析：配风量不足会降低瓦斯稀释速度从而导致瓦斯积聚；加大产量会造成额外的瓦斯涌出，若供风不增加，则会引起瓦斯积聚；通风系统短路降低了风量、风速，极易引起瓦斯积聚。风障是回风隅角引导风流的设备，工作面无风障不能说明会产生瓦斯积聚。

167. 掘进巷道贯通后，必须（　　）。

A. 停止采区内的一切工作　　B. 立即恢复工作

C. 立即调整通风系统　　D. 风流稳定后，方可恢复工作

答案：ACD

解析：《煤矿安全规程》第一百四十三条　巷道贯通后，必须停止采区内的一切工作，立即调整通风系统，风流稳定后，方可恢复工作。巷道贯通后，由于附近区域的通风系统可能发生变化，原来的 2 个掘进工作面贯通后的风量和风流方向也会发生改变，因此必须及时调整通风系统，否则，可能导致贯通后的巷道内出现瓦斯积聚的重大隐患甚至诱发瓦斯爆炸事故。

168. 下列选项中，瓦斯爆炸产生的有害因素主要有（　　）。

A. 高温　　B. 冲击波　　C. 高压　　D. 有毒有害气体

答案：ABCD

解析：瓦斯爆炸的危害有：（1）爆炸产生高温火源；（2）爆炸产生高压气体和强大的冲击波；（3）爆炸产生大量有毒有害气体。

169. 在倾斜运输巷中设置风门，应符合（　　）规定。

A. 安设自动风门

B. 设专人管理

C. 有防止矿车或风门碰撞人员以及矿车碰坏风门的安全措施

D. 至少两道

答案：ABCD

解析：《煤矿安全规程》第一百五十五条　不应在倾斜运输巷中设置风门；如果必须设置风门，应当安设自动风门或者设专人管理，并有防止矿车或者风门碰撞人员以及矿车碰坏风门的安全措施。在倾斜运输巷内设置风门有以下不利因素：一是受重力影响，风门开、关都较为困难；二是经常提升运输，风门启闭频繁，容易损坏；三是矿车撞击风门，风门的传动机构极易损坏；四是由于风门自重和风压作用，人员很难开关，且容易伤人，很不安全。因此，不应在倾斜运输巷中设置风门，一般可设在倾斜运输巷的上、下车场的平巷内。如果必须设置风门，应安设自动风门或设专人管理，并有防止矿车或风门碰撞人员以及矿车碰坏风门的安全措施。风门必须设置两道，以方便风门开启，并避免风门开启对风流的影响。

170. 防火墙构筑期间，应注意以下方面（　　）。

A. 监测大气压的变化　　B. 控风措施

C. 防火墙构筑前的准备工作　　D. 防火墙的封闭顺序

答案：ABCD

解析：在防火墙构筑期间，风量、风压等可能发生变化，因此应监测大气压的变化，并采取严格的控风措施。防火墙构筑施工质量要求高，因此构筑前应做好充足的准备工作，构筑过程中一定要注意封闭顺序，避免准备不足或者施工不当导致重大隐患甚至引发爆炸事故。

171. 矿井通风系统图必须标明（　　）。

A. 风流方向　　B. 风量

C. 机电设备的安装地点　　D. 通风设施的安装地点

答案：ABD

解析：《煤矿安全规程》第一百五十七条　矿井通风系统图必须标明风流方向、风量和通风设施的安装地点。这些内容是日常通风管理工作和抢险救灾时必须了解与掌握的基本情况，因此必须标注清楚。

172. 煤层瓦斯自上而下可分为（　　）。

A. 二氧化碳氮气带　　B. 氮气带

C. 氮气甲烷带　　D. 甲烷带

答案：ABCD

解析：赋存于煤层中的瓦斯，通过各种方式由地下深处向地表流动。而在地表的空气和生物化学作用下所生成的气体则沿着煤层和煤层围岩向下运动，使地壳浅部的气体形成相反方向的交换运动，因此造成了煤层中各种瓦斯成分由浅到深有规律的变化，这就是煤层瓦斯的带状分布。煤层中瓦斯的分布状况由浅到深可划分为 4 个带，自上而下依次为：二氧化碳氮气带、氮气带、氮气甲烷带和甲烷带。

173. 使用局部通风机通风的掘进工作面，因检修、停电等原因停风时，必须（　　）。

A. 禁止人员入内　　　　B. 撤出人员

C. 切断电源　　　　D. 设置栅栏，悬挂警标

答案：ABCD

解析：《煤矿安全规程》第一百六十五条　使用局部通风机通风的掘进工作面，不得停风；因检修、停电、故障等原因停风时，必须将人员全部撤至全风压进风流处，切断电源，设置栅栏、警示标志，禁止人员入内。因为掘进工作面停风，会引起瓦斯积聚和其他有毒有害气体的增加，导致人员窒息或发生瓦斯爆炸。

174. 下列措施中，属于防止灾害扩大的有（　　）。

A. 分区通风　　B. 隔爆水棚　　C. 隔爆岩粉棚　　D. 撒布岩粉

答案：ABCD

解析：《煤矿安全规程》第一百四十九条　生产水平和采（盘）区必须实行分区通风。采用分区通风后，在灾变时期，当某一区域发生事故，对其他区域通风设施的影响就会降低，有害气体侵蚀范围小，能够最大限度地减少伤亡和次生事故。《煤矿安全规程》第一百八十六条规定，采用独立通风并有煤尘爆炸危险的其他地点同与其相连的巷道间，必须用水棚或者岩粉棚隔开。必须及时清除巷道中的浮煤，清扫、冲洗沉积煤尘或者定期撒布岩粉。采用分区通风时，当一个采（盘）区、工作面或硐室发生灾变时，不会影响或波及其他地点，较为安全可靠。采用隔爆设施（隔爆水幕、隔爆水棚或岩粉棚、自动式隔爆棚等）的原理是借助于已经形成的爆炸冲击波或暴风的冲击力，使隔爆设施动作（倾倒或击碎），将消焰剂（岩粉、水等）弥散于巷道空间，阻隔（或熄灭）火焰的传播，实现隔绝煤尘连续爆炸的目的。

175. 煤矿井下生产中，下列（　　）项可能引起煤尘爆炸事故。

A. 使用非煤矿安全炸药爆破　　　　B. 在有积尘的地方放明炮

C. 在煤尘中放连珠炮　　　　D. 煤仓中放浮炮处理堵仓

答案：ABCD

解析：《煤矿安全规程》第三百五十条　井下爆破作业，必须使用煤矿许用炸药和煤矿许用电雷管。煤矿许用炸药是经主管部门批准，允许在有瓦斯和（或）煤尘爆炸危险的煤矿井下工作面使用的炸药。若在煤矿井下使用非煤矿许用炸药就可能发生瓦斯、煤尘爆炸事故；放连珠炮、放明炮、放浮炮处理堵仓都易产生明火，在有煤尘的空间容易引起煤尘爆炸。

176. 局部风量调节方法有（　　）。

A. 改变主要通风机工作特性　　　　B. 增阻法

C. 降阻法　　　　D. 辅助通风机调节法

答案：BCD

解析：局部风量调节是指在采区内部各工作面间、采区之间或生产水平之间的风量调节。常见方法有增阻法、减阻法及辅助通风机调节法。改变主要通风机工作特性是全矿性风量调节。

177. 排放瓦斯过程中，必须采取的措施有（　　）。

A. 局部通风机不循环风

B. 切断回风系统内的电源

C. 撤出回风系统内的人员

D. 排出的瓦斯与全风压风流混合处的瓦斯和二氧化碳浓度不超过 1.5%

答案：ABCD

解析：《煤矿安全规程》第一百七十六条　在排放瓦斯过程中，排出的瓦斯与全风压风流混合处的甲烷和二氧化碳浓度均不得超过 1.5%，且混合风流经过的所有巷道内必须停电撤人，其他地点的停电撤人范围应在措施中明确规定。此外还得注意局部通风机不得循环风。规定的目的是防止排放瓦斯时引发瓦斯燃爆事故。

178. 压入式局部通风机和启动装置的安装必须符合以下（　　）规定。

A. 必须安装在进风巷道中

B. 距掘进巷道回风口不得小于 10 m

C. 全风压供给该处的风量必须大于局部通风机的吸入风量

D. 局部通风机安装地点到回风口间的巷道中的最低风速必须符合《煤矿安全规程》第一百三十六条的有关规定

答案：ABCD

解析：《煤矿安全规程》第一百六十四条　压入式局部通风机和启动装置安装在进风巷道中，距掘进巷道回风口不得小于 10 m；全风压供给该处的风量必须大于局部通风机的吸入风量，局部通风机安装地点到回风口间的巷道中的最低风速必须符合本规程第一百三十六条的要求。这些规定的目的都是防止局部通风机发生循环风。循环风的害处是：使掘进工作面的乏风反复返回掘进工作面，有毒有害气体和粉尘浓度越来越大，不仅使作业环境越来越恶化，更为严重的是由于风流瓦斯浓度不断增加，当其进入局部通风机时，极易引起瓦斯爆炸事故。

179. 火灾防治技术的发展趋势是（　　）。

A. 轻便、易于携带的监测仪器仪表

B. 限制或减少向采空区丢煤

C. 早期识别内因火灾

D. 针对煤层赋存条件，合理确定开拓方式

答案：ABCD

解析：轻便、易于携带的监测仪器仪表为新型监测技术；限制或减少向采空区丢煤为选择合理先进的采煤技术；早期识别内因火灾为煤最短自然发火期快速测定技术；针对煤层赋存条件，合理确定开拓方式属采用合理的开拓技术。

180. 降低通风阻力的措施有（　　）。

A. 降低摩擦阻力系数

B. 扩大巷道断面

C. 选择巷道周长与断面积比较小的巷道形状

D. 缩短巷道的长度

答案：ABCD

解析：降低通风阻力的措施有：（1）降低摩擦阻力系数；（2）扩大井巷的断面；（3）选用周长与断面积比较小的井巷，在井巷断面积相同的条件下，圆形断面的周长最小，拱形断面次之，矩形、梯形断面的周长较大；（4）缩短巷道长度；（5）避免巷道内风量过于集中。

181. 通常按矿井防尘措施的具体功能，将综合防尘技术分为（　　）。

A. 减尘措施　　B. 降尘措施　　C. 通风除尘　　D. 个体防护

答案：ABCD

解析：综合防尘技术包括"风、水、密、净、护"等五个方面。"风"是通风除尘；"水"是湿式作业："密"是密闭抽尘；"净"是净化风流；"护"是针对接触粉尘作业的工人采取个体防护措施。成合来看，主要是采取减尘、降尘、通风除尘、个体防护等措施。

182. 属于通风降温的措施有（　　）。

A. 增加风量　　B. 改进采煤方法

C. 选择合理的矿井通风系统　　D. 改变采煤工作面的通风方式

答案：ACD

解析：加强通风是矿井降温的主要技术途径。通风降温的主要措施就是加大矿井风量和选择合理的矿井通风系统，改变采煤工作面的通风方式属于选择合理的矿井通风系统。

183. 采用阻化剂防灭火时，应遵守下列规定（　　）。

A. 选用的阻化剂材料不得污染井下空气和影响人体健康

B. 必须在设计中对阻化剂的种类和数量、阻化效果等主要参数作出明确规定

C. 应采取防止阻化剂腐蚀机械设备、支架等金属构件的措施

D. 井下所有巷道、工作面必须全部喷阻化剂

答案：ABC

解析：《煤矿安全规程》第二百六十八条　采用阻化剂防灭火时，应当遵守下列规定：（1）选用的阻化剂材料不得污染井下空气和危害人体健康；（2）必须在设计中对阻化剂的种和数量、阻化效果等主要参数作出明确规定；（3）应当采取防止阻化剂腐蚀机械设备、支架等金属构件的措施。将阻化剂喷洒在煤块上，有着阻止和延缓煤炭氧化的作用。在某些地点或部位喷洒或注入阻化剂可以达到防止和降低自然发火概率的目的。用于防火的阻化剂应该是阻化率高、防火效果好、来源广泛、价格便宜，又对人无害、对设备腐蚀性小的物质。

184. 下列（　　）气体的存在可使瓦斯爆炸下限降低。

A. 一氧化碳　　B. 硫化氢　　C. 氮气　　D. 氢气

答案：ABD

解析：氢气、硫化氢、一氧化碳等本身具有爆炸性，不仅增加了爆炸气体的总浓度，而且会使瓦斯爆炸下限降低，从而扩大了瓦斯爆炸的区间。氮气是惰性气体，能够抑制瓦斯爆炸的发生，提高爆炸下限。

185.（　　）必须至少设置 1 条专用回风巷。

A. 高瓦斯矿井的采（盘）区

B. 突出矿井的每个采（盘）区

C. 开采容易自燃煤层的采区

D. 矿井开采煤层群和分层开采采用联合布置的采（盘）区

答案：ABCD

解析：《煤矿安全规程》第一百四十九条　高瓦斯、突出矿井的每个采（盘）区和开采容易自燃煤层的采（盘）区，必须设置至少 1 条专用回风巷；低瓦斯矿井开采煤层群和分层开采采用联合布置的采（盘）区，必须设置 1 条专用回风巷。目的是保证采（盘）区通风系统稳定，为采（盘）区内采掘工作面布置独立通风以及抢险救灾创造条件。

186. 煤与瓦斯突出前，在瓦斯涌出方面的预兆有（　　）。

A. 瓦斯忽大忽小　　B. 喷瓦斯　　C. 哨声　　D. 喷煤等

答案：ABCD

解析：煤与瓦斯突出预兆分为有声预兆和无声预兆。有声预兆：煤层发出劈裂声、闷雷声机枪声、哨声、蜂鸣声及气体穿过含水裂缝时的吱吱声等，煤壁发出震动和冲击声，支架发出折裂声。无声预兆：工作面顶板压力增大，煤壁被挤压，片帮掉渣，顶板下沿或底板鼓起；煤层层理紊乱、波状隆起、层理逆转，煤层厚度增大，煤体干燥、暗淡无光泽，煤质变软；瓦斯涌出忽大忽小；工作面温度降低，煤壁发凉；打钻时有顶钻、卡钻、喷瓦斯、喷煤等现象。

187. 开采容易自燃和自燃煤层时，必须制定防治（　　）自然发火的技术措施。

A. 采空区　　B. 巷道高冒区　　C. 煤柱破坏区　　D. 井口

答案：ABC

解析：《煤矿安全规程》第二百六十五条　开采容易自燃和自燃煤层时，必须制定防治采空区（特别是工作面始采线、终采线、上下煤柱线和三角点）、巷道高冒区、煤柱破坏区自然发火的技术措施。煤炭自然发火的 3 个条件（可燃性的碎煤堆积、足够的供氧条件、热量积蓄的环境和时间）是引发火灾的隐患。而采空区（特别是工作面始采线、终采线、上下煤柱线和三角点）、巷道高冒区、煤柱破坏区等部位都有碎煤堆积、有漏风通道且没有主风流通过，又很少受外界影响而存在煤炭氧化升温和热量积蓄的环境，是煤炭自然发火的重点区域，因此必须制定防治自然发火的专项措施。

188. 采掘工作面的进风和回风不得经过（　　）。

A. 裂隙区　　B. 采空区　　C. 冒顶区　　D. 应力集中区

答案：BC

解析：《煤矿安全规程》第一百五十三条　采掘工作面的进风和回风不得经过采空区或上目顶区。采空区或冒顶区内积存着大量的高浓度瓦斯和有毒有害气体，如果采掘工作面的进风风流经过采空区或冒顶区，势必将有毒有害的气体带入工作面，影响现场作业人员的健康，威胁矿井安全生产。

189. 同一采区内、同一煤层上下相连的 2 个同一风路中的采煤工作面、采煤工作面与其相连接的掘进工作面、相邻的 2 个掘进工作面串联通风必须同时符合下列（　　）规定。

A. 布置独立通风有困难　　B. 必须制定安全措施

C. 串联通风的次数不得超过 1 次　　D. 串联通风的次数不得超过 2 次

答案：ABC

解析：《煤矿安全规程》第一百五十条　采、掘工作面应实行独立通风，严禁 2 个采煤工作面之间串联通风。同一采区内 1 个采煤工作面与其相连接的 1 个掘进工作面、相邻的 2 个掘进工作面，布置独立通风有困难时，在制定措施后，可采用串联通风，但串联通风的次数不得超过 1 次。串联通风是指井下某个用风地点的回风再次进入其他用风地点的通风方式。串联通风有很大害处：（1）无法保证被串联的采掘工作面或用风地点的空气质量，有毒有害气体和矿尘浓度会增大，恶化作业环境，损害作业人员的健康和增加灾害危险程度；（2）前面的采掘工作面或用风地点一旦发生事故，将会影响或波及被串联的采掘工作面或用风地点，扩大灾害范围。因此，一般情况下不应采用串联通风方式，特殊情况下布置独立通风系统有困难、必须采用串联通风时，必须制定安全措施，且串联通风的次数不得超过 1 次。

190. 下列关于瓦斯动态巡检系统的巡检任务的说法，正确的有（　　）

A. 巡检任务管理包含新增、编辑、删除

B. 巡检任务新增时需要提前增加巡检计划和巡检人员

C. 巡检任务包括巡检人、计划巡检时间、巡检位置等重要信息

D. 巡检任务关联错了巡检人员，只需要编辑修改下即可

答案：BC

解析：A、D 错误，巡检任务无编辑功能，无法直接修改，需要删除后重新添加。

三、判断题

1. 瓦斯检查工必须经过专业技术培训，取得特殊工种操作资格证后。持证上岗。（　　）

答案：正确

2. 瓦斯检查工负责测定矿井作业地点的瓦斯、一氧化碳、二氧化碳等气体浓度和温度，及时准确填报瓦斯报表和各项记录，熟悉“一通三防”业务。（　　）

答案：正确

3. 瓦斯检查工在下井前必须参加科（组）召开的班前会，服从科（组）长在班前会上的安排，及时到规定地点交接班，到达检查地点后进行瓦斯检查。（　　）

答案：正确

4. 瓦斯检查工交接班时，必须交清当班所负责区域通风系统、瓦斯检查、监控系统及其他方面存在的问题，相互在瓦斯检查手册上签字。（　　）

答案：正确

5. 瓦斯检查工发现井下无计划停电停风的地点，必须先及时恢复通风，按规定检查瓦斯及其他有害气体，以防止事故的发生，再向上级汇报。（　　）

答案：错误

6. 瓦斯检查工只需要掌握《煤矿安全规程》有关气体浓度、温度以及对瓦斯检查的规定，对矿井有关风量等要求不需要掌握。（　　）

答案：错误

7. 瓦斯检查工必须熟悉瓦斯/氧气两用仪、瓦斯便携仪、CO 报警仪等仪器的使用方

法。(　　)

答案：正确

8. 瓦斯检查工要爱护仪器，有故障时可临时带故障使用。(　　)

答案：错误

9. 瓦斯检查工应严格执行“一炮三检”和“三人联锁爆破”制度。(　　)

答案：正确

10. 瓦斯检查工无须参加任何矿井抢险救灾工作。(　　)

答案：错误

11. 瓦斯检查工要认真学习业务知识，努力提高业务技术水平。(　　)

答案：正确

12. 井下发生停风时，瓦斯检查工应将作业人员及时撤到安全地点，并设置栅栏和警标，恢复通风时，做好瓦斯检查与排放工作。(　　)

答案：正确

13. 瓦斯检查工要认真学习安全知识、遵守各项安全管理规章制度，确保自身安全无事故。(　　)

答案：正确

14. 瓦斯检查工在井下遇到特殊情况需离岗时，必须经通风科、调度室同意后方可离岗，同时通风科安排离岗后的瓦斯检查工作。(　　)

答案：正确

15. 瓦斯检查牌板除瓦斯检查工进行改动外，其他人员一律不准随意涂改。(　　)

答案：正确

16. 当瓦斯超限达到断电浓度时，班组长、瓦斯检查工、矿调度员有权责令现场作业人员停止作业，停电撤人。(　　)

答案：正确

17. 对于危害安全的行为，瓦斯检查工有权进行批评和举报。(　　)

答案：正确

18. 瓦斯检查工应同时检查井下通风设施、设备的情况，发现问题应主动想办法处理或汇报。(　　)

答案：正确

19. 停工区内瓦斯或二氧化碳浓度达到 3% 或其他有害气体浓度超过《煤矿安全规程》的规定不能立即处理时，要在 48 h 内予以封闭。(　　)

答案：错误

20. 瓦斯检查工必须按照瓦斯巡回检查图表和有关规定进行检查，检查中认真做好记录，记录做到“三对口”，严禁空班、漏检、假检。(　　)

答案：正确

21. 井下临时停风地点，应停止作业、切断电源、撤出人员、设置栅栏和警示标志。(　　)

答案：正确

22. 长期停风区应在 24 h 内封闭完毕。(　　)

答案：正确

23. 盲巷必须及时封闭，封闭前无须设置栅栏和警标。(　　)

答案：错误

24. 瓦斯检查工人井前要对自身状态进行确认，酒后、精神萎靡、疲劳等状态不佳时严禁入井。(　　)

答案：正确

25. 瓦斯检查工在入井前，必须仔细检查着装情况，袖口、领口、衣角是否扎紧，毛巾、矿灯、自救器、定位卡、瓦斯检查仪器等是否佩戴齐全。(　　)

答案：正确

26. 瓦斯检查工无须熟悉井下避灾常识，掌握自救、互救和创伤急救的方法。(　　)

答案：错误

27. 瓦斯检查工作业前，必须先认真检查巷道帮、顶及巷道支护情况，确保安全后方可进行作业。(　　)

答案：正确

28. 硫化氢气体主要危害表现为有毒性。(　　)

答案：正确

29. 氮气无毒，不能助燃，空气中氮气浓度过高时，不会对人体造成影响。(　　)

答案：错误

30. 瓦斯往往积聚在巷道顶部、垮落空间。(　　)

答案：错误

31. 密闭墙的质量标准由煤矿企业统一制定。(　　)

答案：正确

解析：本题是密闭墙质量标准由煤矿企业统一制定的。

32. 启封已熄灭的火区前，必须制定安全措施。启封火区时，应当逐段恢复通风，同时测定回风流中一氧化碳、甲烷浓度和风流温度。发现复燃征兆时，严禁停风，立即采取防灭火措施。(　　)

答案：错误

解析：本题是规程对启封火时，应当逐段恢复通风同时测定回风流中一氧化碳、甲烷浓度和风流温度。发现复燃征兆时，严禁停风，立即采取防灭火措施。所以本题是对的。

33. 启封火区和恢复火区初期通风等工作，必须由矿山救护队负责进行，火区回风风流所经过巷道中的人员因工作需要不撤出的，必须佩戴防护装备。(　　)

答案：错误

解析：本题是规程对于启封火区和恢复火区初期通风等工作，必须由矿山救护队负责进行，火区回风风流所经过巷道中的人员必须撤出。所以本题是错的。

34. 暖风道和压入式通风的风硐必须用不燃性材料砌筑，并至少装设 2 道防火门。(　　)

答案：正确

解析：暖风道和压入式通风的风硐必须用不燃性材料砌筑，并至少装设 2 道防火门。所以本题是对的。

35. 井下使用灯泡取暖和使用电炉，必须采取安全措施。(　　)

答案：错误

解析：井下严禁使用灯泡取暖和使用电炉。本题是错的。

36. 井下消防材料库应当设在每一个生产水平的井底车场或者主要运输大巷中，在所有矿井中，高瓦斯、突出矿井和容易自然发火矿井必须装备消防车辆。(　　)

答案：错误

解析：井下消防材料库应当设在每一个生产水平的井底车场或者主要运输大巷中，并装备消防车辆。所以本题是错的。

37. 采用氮气防灭火时，应当有能连续监测采空区气体成分变化的监测系统。(　　)

答案：正确

解析：采用氮气防灭火时，应当遵守下列规定：(一) 氮气源稳定靠。(二) 注入的氮气浓度不小于 97%。(三) 至少有 1 套专用的氮气输送管路系统及其附属安全设施。(四) 有能连续监测采空区气体成分变化的监测系统。(五) 有固定或者移动的温度观测站（点）和监测手段。(六) 有专人定期进行检测、分析和整理有关记录、发现问题及时报告处理等规章制度。所以本题是对的。

38. 瓦斯检查工必须携带便携式光学甲烷检测仪或便携式甲烷检测报警仪。(　　)

答案：错误

解析：瓦斯检查工必须携带便携式光学甲烷检测仪和便携式甲烷检测报警仪。所以本题是错的。

39. 采掘工作面二氧化碳浓度应当每班至少检查 2 次；有煤（岩）与二氧化碳突出危险或者二氧化碳涌出量较大、变化异常的采掘工作面，必须有专人经常检查二氧化碳浓度。对于未进行作业的采掘工作面，可能涌出或者积聚甲烷、二氧化碳的硐室和巷道，应当每班至少检查 1 次甲烷、二氧化碳浓度。(　　)

答案：正确

解析：采掘工作面二氧化碳浓度应当每班至少检查 2 次；有煤（岩）与二氧化碳突出危险或者二氧化碳涌出量较大、变化异常的采掘工作面，必须有专人经常检查二氧化碳浓度。对于未进行作业的采掘工作面，可能涌出或者积聚甲烷、二氧化碳的硐室和巷道，应当每班至少检查 1 次甲烷、二氧化碳浓度。所以本题是对的。

40. 瓦斯检查工每次检查结果必须记入瓦斯检查班报手册和检查地点的记录牌上，可以不用通知现场工作人员。(　　)

答案：错误

解析：瓦斯检查工每次检查结果必须记入瓦斯检查班报手册和检查地点的记录牌上，并通知现场工作人员。所以本题是错的。

41. 矿井必须有足够数量的通风安全检测仪表。仪表必须由具备相应资质的检验单位进行检验。(　　)

答案：正确

解析：矿井必须有足够数量的通风安全检测仪表。仪表必须由具备相应资质的检验单位进行检验。所以本题是对的。

42. 甲烷浓度超过本规程规定时，瓦斯检查工有权责令现场人员停止工作，并撤到安

全地点。(　　)

答案：正确

解析：甲烷浓度超过本规程规定时，瓦斯检查工有权责令现场人员停止工作，并撤到安全地点。所以是对的。

43. “抽采的瓦斯浓度低于30%时，不得作为燃气直接燃烧”是指：不得以直接燃烧的形式用作民用燃气、工业用燃气、燃煤锅炉的助燃燃气、燃气轮机的燃气等，但不包含浓度低于1.5%的乏风瓦斯用于乏风助燃、氧化燃烧等。(　　)

答案：正确

解析：“抽采的瓦斯浓度低于30%时，不得作为燃气直接燃烧”是指：不得以直接燃烧的形式用作民用燃气、工业用燃气、燃煤锅炉的助燃燃气、燃气轮机的燃气等，但不包含浓度低于1.5%的乏风瓦斯用于乏风助燃、氧化燃烧等。所以是对的。

44. 矿井需要的风量计算时，使用煤矿用防爆型柴油动力装置机车运输的矿井，行驶车辆巷道的供风量还应当按同时运行的最多车辆数增加巷道配风量，配风量不小于4 m^3/min。(　　)

答案：正确

解析：矿井需要的风量计算时，使用煤矿用防爆型柴油动力装置机车运输的矿井，行驶车辆巷道的供风量还应当按同时运行的最多车辆数增加巷道配风量，配风量不小于4 m^3/min。所以是对的。

45. 巷道贯通前，掘进的工作面每次爆破前，必须派专人和瓦斯检查工共同到停掘的工作面检查工作面及其回风流中的瓦斯浓度，瓦斯浓度超限时，必须停止与爆破相关的工作（其他工作除外），然后处理瓦斯。(　　)

答案：错误

解析：掘进的工作面每次爆破前，必须派专人和瓦斯检查工共同到停掘的工作面检查工作面及其回风流中的瓦斯浓度，瓦斯浓度超限时，必须先停止在掘工作面的工作，然后处理瓦斯。所以本题是错的。

46. 巷道贯通时，必须由专人在矿井调度室统一指挥。(　　)

答案：错误

解析：贯通时，必须由专人在现场统一指挥。所以是错的。

47. 采区进、回风巷必须贯穿整个采区，严禁一段为进风巷、一段为回风巷。(　　)

答案：正确

解析：采区进、回风巷必须贯穿整个采区，严禁一段为进风巷、一段为回风巷。所以是对的。

48. 采煤工作面必须采用矿井全风压通风，三角点、高顶等特殊地点可以采用局部通风机稀释瓦斯。(　　)

答案：错误

解析：采煤工作面必须采用矿井全风压通风，禁止采用局部通风机稀释瓦斯。所以本题是错的。

49. 多煤层同时开采的矿井，必须绘制分层通风系统图。(　　)

答案：正确

解析：多煤层同时开采的矿井，必须绘制分层通风系统图。所以是对的。

50. 因检修、停电或者其他原因停止主要通风机运转，停机超过 10 min 以上时，必须制定停风措施。(　　)

答案：错误

解析：因检修、停电或者其他原因停止主要通风机运转时，必须制定停风措施。所以本题是错的。

51. 主要通风机停止运转期间，对由多台主要通风机联合通风的矿井，必须正确控制风流，防止风流紊乱。(　　)

答案：正确

解析：主要通风机停止运转期间，对由多台主要通风机联合通风的矿井，必须正确控制风流，防止风流紊乱。所以本题是对的。

52. 掘进巷道必须采用矿井全风压通风或者局部通风机通风。(　　)

答案：正确

解析：掘进巷道必须采用矿井全风压通风或者局部通风机通风。所以本题是对的。

53. 使用 2 台局部通风机同时供风的，2 台局部通风机至少有一台必须实现风电闭锁和甲烷电闭锁。(　　)

答案：错误

解析：使用 2 台局部通风机同时供风的，2 台局部通风机都必须同时实现风电闭锁和甲烷电闭锁，所以本题是错的。

54. 在停风或者瓦斯超限的区域内作业，必须制定安全技术措施。(　　)

答案：错误

解析：严禁在停风或者瓦斯超限的区域内作业。所以是错的。

55. 爆破后，爆破地点附近 20 m 以内风流中的瓦斯浓度达到或超过 1%，必须立即处理，若经过处理瓦斯浓度不能降到 1% 以下，不准继续作业。(　　)

答案：正确

解析：爆破后，爆破地点附近 20 m 以内风流中的瓦斯浓度达到或超过 1%，必须立即处理，若经过处理瓦斯浓度不能降到 1% 以下，不准继续作业。所以本题是对的。

56. 高瓦斯、突出矿井采煤工作面回风巷中部甲烷传感器断电范围为工作面及其进、回风巷内全部非本质安全型电气设备。(　　)

答案：错误

解析：高瓦斯、突出矿井采煤工作面回风巷中部甲烷传感器断电范围为进风共、工作面及其进、回风巷内全部非本质安全型电气设备。所以是错的。

57. 流动电钳工下井时，可以和瓦检员共用一台携带便携式甲烷检测报警仪。(　　)

答案：错误

解析：矿长、矿总工程师、爆破工、采掘区队长、通风区队长、工程技术人员、班长、流动电钳工等下井时，必须携带便携式甲烷检测报警仪。瓦斯检查工必须携带便携式光学甲烷检测仪和便携式甲烷检测报警仪。安全监测工必须携带便携式甲烷检测报警仪。所以本题是错的。

58. 严禁主要通风机房兼作他用。(　　)

答案：正确

59. 无煤柱开采沿空送巷和沿空留巷时，应当采取防止从巷道的两帮和顶部向采空区漏风的措施。(　　)

答案：正确

解析：无煤柱开采沿空送巷和沿空留巷时，应当采取防止从巷道的两帮和顶部向采空区漏风的措施。所以是对的。

60. 进风井口必须布置在粉尘、有害和高温气体不能侵入的地方。已布置在粉尘、有害和高温气体能侵入的地点的，应当制定安全措施。(　　)

答案：正确

解析：进风井口必须布置在粉尘、有害和高温气体不能侵入的地方。已布置在粉尘、有害和高温气体能侵入的地点的，应当制定安全措施。所以是对的。

61. 光学瓦斯检定器可测定 CH_4、CO_2和温度。(　　)

答案：错误

解析：光学瓦斯检定器可测量 CH_4、CO_2 等有害气体浓度，测量瓦斯时需要钠石灰吸收检测气体中的 CO_2，不包含温度。

62. 根据《煤矿安全规程》采掘工作面的甲烷浓度检查次数要求，高瓦斯矿井每班至少检查 2 次。(　　)

答案：错误

解析：采掘工作面甲烷浓度检查次数按低瓦斯矿井每班至少 2 次、高瓦斯矿井设备至少 3 次。

63. 停风区中甲烷浓度或者二氧化碳浓度超过 3.0% 时，必须制定安全排放瓦斯措施，但可根据情况不用报矿总工程师批准。(　　)

答案：错误

解析：停风区中甲烷浓度或者二氧化碳浓度超过 3.0% 时，必须制定安全排放瓦斯措施，报矿总工程师批准。排放过程中，排除的瓦斯与全风压风流混合处的甲烷和二氧化碳浓度均不得超过 1.5%，且混合风流经过的所有巷道内必须停电撤人，其他地点的停电撤人范围应当在措施中明确规定。只有恢复通风的巷道风流中甲烷浓度不超过 1.0% 和二氧化碳浓度不超过 1.5% 时，方可人工恢复局部通风机供风巷道内电气设备的供电和采区回风系统内的供电。

64. 瓦斯动态巡检系统，其主要目的是确保巡检到位、检查值正确，防止漏检、不按规定巡检。(　　)

答案：正确

解析：瓦斯动态巡检系统的根本目的不是管人，瓦斯动态巡检系统其本质目的是为矿井的安全生产服务，确保瓦斯巡回检查制度落实到位、到人，防止漏检、假检。

65. 便携式甲烷报警仪的调校周期为 15 天。(　　)

答案：正确

解析：《煤矿安全规程》规定便携式甲烷报警仪调校周期不超过 15 天。

66. 按《煤矿安全规程》要求，便携式光学瓦斯检测仪或便携式甲烷检测报警仪数据应与甲烷传感器数据进行对照，当两者读数差大于允许误差时，应以较小者为准，采取安

全措施并在 8 h 内对 2 种设备调校完毕。(　　)

答案：错误

解析：按《煤矿安全规程》要求，便携式光学瓦斯检测仪或便携式甲烷检测报警仪数据应与甲烷传感器数据进行对照，当两者读数差大于允许误差时，应以较大者为准，采取安全措施并在 8 h 内对 2 种设备调校完毕。

67. 根据《煤矿安全规程》要求，低瓦斯和高瓦斯矿井的采煤工作面甲烷传感器（便携仪）的报警浓度为≥1.0%，断电浓度≥1.5%，复电浓度<1.0%。(　　)

答案：正确

68. 根据《煤矿安全规程》要求，停工区内甲烷或者二氧化碳浓度达到 3.0% 或者其他有害气体浓度超过规定不能立即处理时，必须在 12 h 内封闭完成。(　　)

答案：错误

解析：根据《煤矿安全规程》要求，停工区内甲烷或者二氧化碳浓度达到 3.0% 或者其他有害气体浓度超过规定不能立即处理时，必须在 24 h 内封闭完成。

69. 局部通风机因故停止运转，在恢复通风前，必须首先确定附近是否有人。(　　)

答案：错误

解析：根据《煤矿安全规程》要求，局部通风机因故停止运转，在恢复通风前，必须首先检查瓦斯。

70. 矿用本安型巡检仪甲烷探头采用载体催化式器件，其稳定性为 15 天，所以调校周期不能超过 15 天。(　　)

答案：正确

解析：矿用本安型巡检仪甲烷探头采用载体催化式器件，其稳定性为 15 天，按 AQ 1029 要求，载体催化式甲烷传感器调校周期不能超过 15 天。

71. 智能瓦斯动态巡检系统上位机软件是系统数据解析展示的关键平台，平台只支持人员信息的人工录入，不支持数据导入。(　　)

答案：错误

解析：目前瓦斯动态巡检系统的人员数据来源支持两种方式：人员定位系统数据导入、人工录入。

72. 位置标签是瓦斯动态巡检系统的基础设备，它在系统中代表的是井下的工作面位置。(　　)

答案：错误

解析：位置标签必须安装在井下的某个具体的巡检地点，是井下具体位置的体现，是一个点位。

73. 矿用本安型巡检仪二氧化碳采用红外线吸收光谱检测技术原理检测。(　　)

答案：正确

解析：矿用本安型巡检仪采用红外二氧化碳敏感元器件检测二氧化碳气体浓度，此方案是基于红外线吸收光谱检测技术实现。

74. 矿用本安型巡检仪支持刷卡登录、账号密码登录。(　　)

答案：正确

75. 电子瓦斯管理看板是传统瓦斯管理看板的信息化替代，无须巡检人员手工抄写数

据，其数据来源为系统上位机。(　　)

答案：错误

解析：电子瓦斯管理看板显示的内容数据是由矿用本安型巡检仪发送的，在某个巡检任务完成时，会出现显示到电子瓦斯管理看板按钮。

76. 矿用本安型巡检仪可采用 WiFi 方式与上位机通信。(　　)

答案：正确

解析：矿用本安型巡检仪通过 WiFi 将数据传输到处于同一网络的上位机。

77. 瓦斯动态巡检系统在巡检前必须先录入任务，分配计划，否则无法进行正常巡检工作。(　　)

答案：正确

解析：巡检前必须先按地点区域录入巡检任务，再根据任务生产计划，将计划分配到具体的人去执行。

78. 瓦斯巡检过程中遇到异常信息，可通过巡检仪进行上报，录入异常时可以不用关联位置标签信息。(　　)

答案：错误

解析：异常录入时需关联到位置标签，否则无法保存上报。

79. 矿用本安型巡检仪的续航时间最长可达 16 h。(　　)

答案：错误

解析：矿用本安型巡检仪采用高密度锂离子电池，通过瞬态能量试验，最长续航时间可达 12 h。

80. 瓦斯动态巡检系统中心站中巡检任务只能制定当天的，不能提前制定多天计划。(　　)

答案：错误

解析：巡检任务可以提前制定多天的。

81. 电子瓦斯管理看板内置浇封电源，其额定输入电压为 127 V，最大电压为 230 V。(　　)

答案：错误

解析：电子瓦斯管理看板内置浇封兼本安型电压模块，输入端最大电压为 220 V，额定电压 127 V。

82. 采掘工作面、硐室、使用中的机电设备的设置地点必须执行瓦斯巡检制度，个别有人员作业的地可以不用纳入检查范围。(　　)

答案：错误

解析：按照《煤矿安全规程》要求，所有采掘工作面、硐室、使用中的机电设备的设置地点、有人员作业的地点都应纳入检查范围。

83. 矿用本安型巡检仪支持对各检测参数调校，但目前还无法将曲线上传到中心站。(　　)

答案：错误

解析：矿用本安型巡检仪各个参数检测探头独立工作，支持标校模式，可上传标校曲线。

84. 瓦斯动态巡检系统中心站管理瓦斯看板，可以不用设置瓦斯看板的 IP 地址，因为没有什么实际作用。(　　)

答案：错误

解析：瓦斯巡检仪需要根据瓦斯看板的 IP 进行连接通信，需要知道瓦斯看板对应的 IP 地址。

85.《煤矿安全规程》第一百八十条　井下停风地点栅栏外风流中的甲烷浓度每天至少检查 1 次，密闭外的甲烷浓度每半个月至少检查 1 次。(　　)

答案：错误

解析：《煤矿安全规程》第一百八十条　井下停风地点栅栏外风流中的甲烷浓度每天至少检查 1 次，密闭外的甲烷浓度每周至少检查 1 次。

86. 瓦斯巡检是井下瓦斯监管的有效手段之一，瓦斯巡检系统的目的是更好的管理巡检人员。(　　)

答案：错误

解析：瓦斯巡检制度是进行瓦斯管理的基本制度之一，也是最有效的手段之一。瓦斯动态巡检系统的根本目的不是管人，瓦斯动态巡检系统其本质目的是为矿井的安全生产服务，确保瓦斯巡回检查制度落实到位、到人，防止漏检、假检。

87. 井下瓦斯巡检，瓦斯检查工不需要对所检测结果负责。(　　)

答案：错误

解析：按瓦斯检查制度，瓦斯检查工对所检测结果负责，谁检测谁签字谁负责。

88. 当瓦斯浓度超限达到断电浓度时，瓦斯检查工可以汇报给矿长，由矿长责令现场作业人员停止作业，停电撤人，不能直接责令现场作业人员停止作业，停电撤人。(　　)

答案：错误

解析：根据《煤矿安全规程》第一百七十五条　当瓦斯浓度超限达到断电浓度时，班组长、瓦斯检查工、矿调度员有权责令现场作业人员停止作业，停电撤人。

89. 瓦斯检查工必须携带便携式光学甲烷检测仪和便携式甲烷检测报警仪。(　　)

答案：正确

解析：《煤矿安全规程》第一百八十条　瓦斯检查工必须携带便携式光学甲烷检测仪和便携式甲烷检测报警仪，二者缺一不可。

90. 矿用本安型巡检仪在巡检地点巡检时，应先测量气体参数，在读取位置标签。(　　)

答案：错误

解析：矿用本安型巡检仪在进入巡检任务后，必须首先读取位置标签信息，只有当位置标签信息匹配正确后才可正常巡检。

91. “一炮三检”即：打眼前、放炮前和放炮后检查瓦斯。(　　)

答案：错误

解析：装药前、放炮前、放炮后，检查瓦斯。

92. 高瓦斯矿井煤巷掘进工作面应安设隔抑爆设施。(　　)

答案：正确

93. 采掘工作面及其他巷道内，体积大于 0.5 m^3 的空间内积聚的瓦斯浓度达到 2.0% 时，附近 20 m 内必须停止工作，切断电源，撤出人员，进行处理。(　　)

答案：正确

94. 采掘工作面进风流中氧气浓度不得低于 20% 。(　　)

答案：正确

95. 当空气中混有大量爆炸性粉尘时，瓦斯浓度在 3% 以上就可能爆炸。(　　)

答案：正确

解析：当空气中混有大量爆炸性粉尘时，会降低瓦斯爆炸的下限，提高瓦斯爆炸的上限，浓度在 3% 的瓦斯也可能发生爆炸。

96. 断层附近煤层破碎，易丢煤，因此容易发生自然发火。(　　)

答案：正确

97. 防止瓦斯引燃的原则是对非生产用火源，坚决杜绝；生产中可能产生的火源必须严加控制，防止瓦斯引燃。(　　)

答案：正确

98. 光学瓦检仪由气路、光路和电路三大系统构成。(　　)

答案：正确

99. 井下一氧化碳的最高容许浓度为 0.0024% 。(　　)

答案：正确

100. 氢气是一种无色、无味、能燃烧、有剧毒的气体。(　　)

答案：错误

解析：氢气无毒。

101. 瓦斯浓度越高，爆炸威力越大。(　　)

答案：错误

解析：瓦斯浓度在 9.1 ~9.5% 时，爆炸最猛烈。

102. 瓦斯浓度在 9.1 ~9.5% 时，爆炸最猛烈。(　　)

答案：正确

103. 瓦斯喷出与地质变化有密切关系，一般均发生在地质变化带。(　　)

答案：正确

104. 巷道顶板附近的层状局部瓦斯，可加大巷道风速来处理。(　　)

答案：正确

105. 在灾害中对窒息人员急救时人工呼吸方法有口对口、俯卧压背和仰卧压胸等方法。(　　)

答案：正确

106. 当瓦斯浓度小于 5% 时，遇火不爆炸也不燃烧。(　　)

答案：错误

解析：当瓦斯浓度在 3% ~4% 时，遇火会在与空气接触的表面发生燃烧。

107. 瓦斯带瓦斯组分按体积百分比甲烷含量一般大于 50% 。(　　)

答案：错误

解析：瓦斯带瓦斯组分按体积百分比甲烷含量一般大于 80% 。

108. 老顶周期来压期间，瓦斯涌出量大。(　　)

答案：正确

109. 绝对瓦斯涌出量在 10 m^3/min 以上的矿井，为高瓦斯矿井。(　　)

答案：错误

解析：绝对瓦斯涌出大于 10 m^3/min 以上的矿井，为高瓦斯矿井。

110. 抽出式通风的主要通风机因故停止运转时，井下风流压力降低，瓦斯涌出量升高。(　　)

答案：错误

解析：抽出式通风的主要通风机因故停止运转时，井下风流压力升高，瓦斯涌出量短时间内降低。

111. 光学瓦检仪由气路、光路和电路三大系统构成。(　　)

答案：正确

112. 采掘工作面及其他巷道内，体积大于 0.5 m^3 的空间内积聚的瓦斯浓度达到 2.0% 时，附近 20 m 内必须停止工作，切断电源，撤出人员，进行处理。(　　)

答案：正确

113. 瓦斯爆炸的界限是固定不变的，不受其他因素影响。(　　)

答案：错误

解析：当空气中混有大量爆炸性粉尘或可燃性气体时，会降低瓦斯爆炸的下限，提高瓦斯爆炸的上限。

114. 如果瓦斯和空气的混合气体中混入爆炸性煤尘将使瓦斯爆炸下限升高。(　　)

答案：错误

解析：当空气中混有大量爆炸性粉尘或燃性气体时，会降低瓦斯爆炸的下限，提高瓦斯爆炸的上限。

115. 电焊、气焊工作地点的风流中，瓦斯浓度不得超过 1.0% 。(　　)

答案：错误

解析：电焊、气焊工作地点的风流中，瓦斯浓度不得超过 0.5% 。

116. 矿井火灾事故中遇难的人员绝大部分是因有毒气体中毒而牺牲。(　　)

答案：正确

117. 瓦检工发现局部通风机停止运转应立即启动开关送风。(　　)

答案：错误

解析：《煤矿安全规程》第一百七十六条　局部通风机因故停止运转时，在恢复通风前，必须首先检查瓦斯，只有停风区中最高甲烷浓度不超过 1.0% 和最高二氧化碳浓度不超过 1.5% ，且局部通风机及其开关附近 10 米内风流中甲烷浓度都不超过 0.5% 时，方可人工开启局部通风机，恢复正常通风。

118. 掘进工作面的风量只要保证瓦斯不超限就可以了。(　　)

答案：错误

解析：《煤矿安全规程》第一百三十八条　各地点的实际需要风量，必须使该地点的风流中的甲烷、二氧化碳和其他有害气体的浓度、风速，温度及每人供风量符合本规程的有关规定。

119. CO 是一种预测煤炭自然火灾的指标气体。(　　)

答案：正确

120. 发生煤炭自然火灾后会产生大量的 CO 和 CO_2 气体。(　　)

答案：正确

121. 瓦斯检查工必须执行瓦斯巡回检查制度和请示报告制度，并认真填写瓦斯检查班报。(　　)

答案：正确

解析：《煤矿安全规程》第一百八十条　瓦斯检查工必须执行瓦斯巡回检查制度和请示报告制度，并认真填写瓦斯检查班报。

122. 钻探接近老空时，应当安排兼职瓦斯检查工或者矿山救护队员在现场值班，随时检查空气成分。(　　)

答案：错误

解析：《煤矿安全规程》第三百二十三条　钻探接近老空时，应当安排专职瓦斯检查工或者矿山救护队员在现场值班，随时检查空气成分。

123. 岩巷掘进遇到煤线或者接近地质破坏带时，必须有专职瓦斯检查工经常检查瓦斯，发现瓦斯大量增加或者其他异常时，必须停止掘进，撤出人员，进行处理。(　　)

答案：正确

解析：《煤矿安全规程》第一百七十七条　岩巷掘进遇到煤线或者接近地质破坏带时，必须有专职瓦斯检查工经常检查瓦斯，发现瓦斯大量增加或者其他异常时，必须停止掘进，撤出人员，进行处理。

124. 井下爆破工作必须由专职爆破工担任。爆破作业必须执行“一炮三检”和“三人连锁爆破”制度，并在起爆时检查起爆地点的甲烷浓度。(　　)

答案：错误

解析：《煤矿安全规程》第三百四十七条　井下爆破工作必须由专职爆破工担任。爆破作业必须执行“一炮三检”和“三人连锁爆破”制度，并在起爆前检查起爆地点的甲烷浓度。

125. 处理卡在溜煤（矸）眼中的煤、矸时，如果无爆破以外的其他方法，不可爆破处理。(　　)

答案：错误

解析：《煤矿安全规程》第三百六十条　处理卡在溜煤（矸）眼中的煤、矸时，如果确无爆破以外的其他方法，可爆破处理，但必须遵守其他规定。

126. 爆破后，待工作面的炮烟被吹散，爆破工、瓦斯检查工和班组长必须首先巡视爆破地点，检查通风、瓦斯、煤尘、顶板、支架、拒爆、残爆等情况。发现危险情况，必须立即处理。(　　)

答案：正确

解析：《煤矿安全规程》第三百七十条　爆破后，待工作面的炮烟被吹散，爆破工、瓦斯检查工和班组长必须首先巡视爆破地点，检查通风、瓦斯、煤尘、顶板、支架、拒爆、残爆等情况。发现危险情况，必须立即处理。

127. 矿井必须有因停电和检修主要通风机停止运转或者通风系统遭到破坏以后恢复

通风、排除瓦斯和送电的安全措施。(　　)

答案：正确

解析：《煤矿安全规程》第一百七十五条　矿井必须有因停电和检修主要通风机停止运转或者通风系统遭到破坏以后恢复通风、排除瓦斯和送电的安全措施。

128. 临时停工的地点，不得停风；否则必须切断电源，设置栅栏、警标，禁止人员进入，并向矿调度室报告。(　　)

答案：正确

解析：《煤矿安全规程》第一百七十五条　临时停工的地点，不得停风；否则必须切断电源，设置栅栏、警标，禁止人员进入，并向矿调度室报告。

129. 通风瓦斯日报送矿总工程师审阅，一矿多井的矿必须同时送井长、井技术负责人审阅。对重大的通风、瓦斯问题，应当制定措施，进行处理。(　　)

答案：错误

解析：《煤矿安全规程》第一百八十条　通风瓦斯日报必须送矿长、矿总工程师审阅，一矿多井的矿必须同时送井长、井技术负责人审阅。对重大的通风、瓦斯问题，应当制定措施，进行处理。

130. 启封火区和恢复火区初期通风等工作，必须由矿山救护队负责进行。(　　)

答案：正确

解析：《煤矿安全规程》第二百八十条　启封火区和恢复火区初期通风等工作，必须由矿山救护队负责进行，火区回风风流所经过巷道中的人员必须全部撤出。

131. 煤巷掘进工作面应当选用超前钻孔预抽瓦斯、超前钻孔排放瓦斯的防突措施或者其他经试验证实有效的防突措施。(　　)

答案：正确

解析：《煤矿安全规程》第二百一十五条　煤巷掘进工作面应当选用超前钻孔预抽瓦斯、超前钻孔排放瓦斯的防突措施或者其他经试验证实有效的防突措施。

132. 检修或者搬迁后，必须切断上级电源，检查瓦斯，在其巷道风流中甲烷浓度低于1.0%时，再用与电源电压相适应的验电笔检验。(　　)

答案：正确

解析：《煤矿安全规程》第四百四十二条　检修或者搬迁前，必须切断上级电源，检查瓦斯，在其巷道风流中甲烷浓度低于1.0%时，再用与电源电压相适应的验电笔检验。

133. 采用串联通风时，被串采煤工作面的进风巷以及被串掘进工作面的局部通风机后都必须安设甲烷传感器。(　　)

答案：错误

解析：《煤矿安全规程》第四百九十九条　采用串联通风时，被串采煤工作面的进风巷；被串掘进工作面的局部通风机前。

134. 在建有地面永久抽采系统的矿井，临时泵站抽出的瓦斯可送至永久抽采系统的管路，但矿井抽采系统的瓦斯浓度必须符合规定。(　　)

答案：正确

解析：《煤矿安全规程》第一百八十三条　在建有地面永久抽采系统的矿井，临时泵站抽出的瓦斯可送至永久抽采系统的管路，但矿井抽采系统的瓦斯浓度必须符合规定。

135. 井上下敷设的瓦斯管路，可以与带电物体接触并但应当有防止砸坏管路的措施。(　　)

答案：正确

解析：《煤矿安全规程》第一百八十四条　井上下敷设的瓦斯管路，不得与带电物体接触并应当有防止砸坏管路的措施。

136. 新建矿井或者生产矿井每延深一个新水平，应当进行1次煤尘爆炸性鉴定工作，鉴定结果必须报省级煤炭行业管理部门和煤矿安全监察机构。(　　)

答案：正确

解析：《煤矿安全规程》第一百八十五条　新建矿井或者生产矿井每延深一个新水平，应当进行1次煤尘爆炸性鉴定工作，鉴定结果必须报省级煤炭行业管理部门和煤矿安全监察机构。

137. 采掘班组长及其他人员下井作业时利用配备的便携式甲烷检测报警仪随时检查瓦斯。(　　)

答案：正确

解析：《煤矿安全规程》第一百八十条　矿长、矿总工程师、爆破工、采掘区队长、通风区队长、工程技术人员、班长、流动电钳工等下井时，必须携带便携式甲烷检测报警仪。

138. 任何人发现井下火灾时，应当视火灾性质、灾区通风和瓦斯情况，立即采取一切可能的方法直接灭火，控制火势，并迅速报告矿调度室。(　　)

答案：正确

解析：《煤矿安全规程》第二百七十五条　任何人发现井下火灾时，应当视火灾性质、灾区通风和瓦斯情况，立即采取一切可能的方法直接灭火，控制火势，并迅速报告矿调度室。

139. 不定期检查密闭墙外的空气温度、瓦斯浓度，密闭墙内外空气压差以及密闭墙墙体。(　　)

答案：错误

解析：《煤矿安全规程》第二百七十八条　定期检查密闭墙外的空气温度、瓦斯浓度，密闭墙内外空气压差以及密闭墙墙体。

140. 钻探接近老空时，应当安排兼职瓦斯检查工或者矿山救护队员在现场值班，随时检查空气成分。(　　)

答案：错误

解析：《煤矿安全规程》第三百二十三条　钻探接近老空时，应当安排专职瓦斯检查工或者矿山救护队员在现场值班，随时检查空气成分。

141. 临时停工的地点不得停风，不得切断电源，否则必须撤出人员。(　　)

答案：错误

解析：《煤矿安全规程》第一百七十五条　临时停工的地点，不得停风；否则必须切断电源，设置栅栏、警标，禁止人员进入，并向矿调度室报告。

142. 对因甲烷浓度超过规定被切断电源的电气设备，必须在甲烷浓度降到1.0%以下

时，方可通电开动。(　　)

答案：正确

解析：《煤矿安全规程》第一百七十三条　对因甲烷浓度超过规定被切断电源的电气设备，必须在甲烷浓度降到 1.0% 以下时，方可通电开动。

143. 采用氮气防灭火时应确保注入的氮气浓度不小于 95% 。(　　)

答案：错误

解析：《煤矿安全规程》第二百七十一条　采用氮气防灭火时应确保注入的氮气浓度不小于 95% 。

144. 掘进工作面爆破地点的瓦斯检查应在爆破地点附近 20 m 范围内风流中测定。(　　)

答案：正确

解析：《煤矿安全规程》第三百六十一条　装药前和爆破前有下列情况之一的，严禁装药、爆破：爆破地点附近 20 m 以内风流中甲烷浓度达到或者超过 1.0% 。

145. 所有安装电动机及其开关的地点附近 20 m 的巷道内，都必须检查瓦斯。(　　)

答案：正确

解析：《煤矿安全规程》第一百七十五条　所有安装电动机及其开关的地点附近 20 m 的巷道内，都必须检查瓦斯，

146. 在排放瓦斯过程中，排出的瓦斯与全风压风流混合处的甲烷和二氧化碳浓度均不得超过 1.0% ，且混合风流经过的所有巷道内必须停电撤人，其他地点的停电撤人范围应当在措施中明确规定。(　　)

答案：错误

解析：《煤矿安全规程》第一百七十六条　在排放瓦斯过程中，排出的瓦斯与全风压风流混合处的甲烷和二氧化碳浓度均不得超过 1.5% ，且混合风流经过的所有巷道内必须停电撤人，其他地点的停电撤人范围应当在措施中明确规定。

147. 恢复通风的巷道风流中甲烷浓度不超过 1.0% 和二氧化碳浓度不超过 1.5% 时，方可人工恢复局部通风机供风巷道内电气设备的供电和采区回风系统内的供电。(　　)

答案：正确

解析：《煤矿安全规程》第一百七十六条　恢复通风的巷道风流中甲烷浓度不超过 1.0% 和二氧化碳浓度不超过 1.5% 时，方可人工恢复局部通风机供风巷道内电气设备的供电和采区回风系统内的供电。

148. 岩巷掘进遇到煤线或者接近地质破坏带时，必须有专职瓦斯检查工经常检查瓦斯，发现瓦斯大量增加或者其他异常时，必须停止掘进，撤出人员，进行处理。(　　)

答案：正确

解析：《煤矿安全规程》第一百七十七条　岩巷掘进遇到煤线或者接近地质破坏带时，必须有专职瓦斯检查工经常检查瓦斯，发现瓦斯大量增加或者其他异常时，必须停止掘进，撤出人员，进行处理。

149. 有瓦斯或者二氧化碳喷出的煤（岩）层，开采前必须将喷出的瓦斯或者二氧化碳直接引入进风巷或者抽采瓦斯管路。(　　)

答案：错误

解析：《煤矿安全规程》第一百七十七条　有瓦斯或者二氧化碳喷出的煤（岩）层，开采前必须采取下列措施：

（一）打前探钻孔或者抽排钻孔。

（二）加大喷出危险区域的风量。

（三）将喷出的瓦斯或者二氧化碳直接引入回风巷或者抽采瓦斯管路。

150. 光干涉甲烷测定器可以由煤矿企业自行检验或委托第三方检验。（　　）

答案：错误

解析：《煤矿安全规程》第一百四十一条　矿井必须有足够数量的通风安全检测仪表。仪表必须由具备相应资质的检验单位进行检验。需要由相应资质的检验单位进行检验的通风安全仪表主要包括风表、光干涉甲烷测定器、催化式甲烷检测报警仪及传感器、直读

式粉尘浓度测定仪、井下粉尘采样器等。其他的仪器仪表可由煤矿企业自行检验或委托第三方检验。

151. 厚煤层分层开采时，首先开采的煤层瓦斯涌出量小。（　　）

答案：错误

解析：厚煤层分层开采时，首先开采的煤层瓦斯涌出量最大。原因是除了本身的瓦斯涌出量以外，邻近层或其他分层的瓦斯，也会通过各种途径涌入首采层的采空区和开采空间。

152. 不管哪种采煤方法，工作面绝对瓦斯涌出量随产量增大而增加。（　　）

答案：正确

解析：绝对瓦斯涌出量指单位时间内从煤层和岩层以及采落的煤（岩）所涌出的瓦斯量，产量增大，涌出的瓦斯量也增加。

153. 不管哪种采煤方法，工作面相对瓦斯涌出量随产量增大而增加。（　　）

答案：错误

解析：相对瓦斯涌出量是指每采 1 t 煤所涌出的瓦斯量，其和产量的增减关系不大。

154. 巷道中的浮煤应及时清除，清扫或冲洗沉积煤尘，定期撒布岩粉。（　　）

答案：正确

解析：《煤矿安全规程》第一百八十六条　必须及时清除巷道中的浮煤，清扫、冲洗沉积煤尘或者定期撒布岩粉；应当定期对主要大巷刷浆。及时清除巷道中的浮煤，清扫、冲洗沉积煤尘是为了防止浮煤和沉积煤尘受震动或冲击时，煤尘飞扬而引起煤尘爆炸。另外，也是万一发生瓦斯或煤尘爆炸后，不使爆炸传播开来，以限制在最小的范围内，使爆炸不至于由局部扩大为全矿性的重大灾难。在巷道内撒布岩粉，增加了煤尘中的灰分，削弱和抑制了煤尘的爆炸性。

155. 对于瓦斯涌出量大的煤层或采空区，在采用通风方法处理瓦斯不合理时，应采取瓦斯抽采措施。（　　）

答案：正确

解析：《煤矿安全规程》第一百八十一条　任一采煤工作面的瓦斯涌出量大于 5 m^2/min 或者任一掘进工作面瓦斯涌出量大于 3 m/min，用通风方法解决瓦斯问题不合理的，必须建立地面永久抽采瓦斯系统或者井下临时抽采瓦斯系统。采掘工作面风速达到或者接

近最高严重隐患，是非常危险的。因此，《煤矿安全规程》规定了用通风方法解决瓦斯问题不合理的，必须采取瓦斯抽采措施。

156. 能被吸入人体肺泡的粉尘对人体的危害性最大。(　　)

答案：正确

解析：粉尘为飘尘、降尘和总悬浮微粒的总称。飘尘，系指大气中粒径小于 10 m 的固体 100 m 的所有固体微粒。其中尤以直径在 0.5 ~5 μm 的飘尘对人体危害最大。这部分飘尘，可以不受阻挡地黏附在呼吸道表面，深入人的肺部组织，在肺泡内沉积，从而引起纤维性病变，使肺部组织逐渐硬化，严重损害呼吸功能，引发尘肺病。

157. 煤层突出的危险性随煤层含水量的增加而减小。(　　)

答案：正确

解析：煤层含水能使煤层湿润，增加煤的可塑性，开采煤层时，可减小工作面前方的应力中，当水进入煤层内部的裂隙和孔隙后，可使煤体瓦斯逸散速度放缓。因此。煤层突出的危险性随煤层含水量的增加而减小。

158. 断层等地质构造带附近易发生突出，特别是构造应力集中的部位突出的危险性大。(　　)

答案：正确

解析：在地应力和瓦斯的共同作用下，破碎的煤、岩和瓦斯由煤体或岩体内突然向采摄空间抛出的异常动力现象称为煤（岩）与瓦斯突出。在断裂构造及断裂组合的影响区域有高向力区和高应力梯度区分布，会出现很大的应力集中，容易发生煤与瓦斯突出。

159. 开采保护层之前，一般应首先选择无突出危险的煤层作为保护层。(　　)

答案：正确

解析：先开采无突出危险的煤层，使其下部突出危险性较高煤层中的瓦斯，通过采动裂向保护层大量释放，从而达到开采一层煤、解放一层煤的区域性治理瓦斯的目的。

160. 降低封闭区域两端的压差可以减少老采空区瓦斯涌出。(　　)

答案：正确

解析：采空区内往往积存着大量高浓度的瓦斯，如果封闭区域的压差增大，就会造成采空区大量漏风，使矿井的瓦斯涌出量增大；反之则减少。

161. 矿井瓦斯涌出量与工作面回采速度成反比。(　　)

答案：错误

解析：瓦斯是赋存于煤体中的，当回采速度提高时，破煤量也随之增加，瓦斯涌出量也增加。

162. 矿井必须从采掘生产管理上采取措施，防止瓦斯积聚。(　　)

答案：正确

解析：《煤矿安全规程》第一百七十五条　矿井必须从设计和采掘生产管理上采取措施，防止瓦斯积聚；当发生瓦斯积聚时，必须及时处理。这是因为随着矿井开拓、开采的延深和工作面的结束与投产，生产条件的迁移、变化十分频繁、复杂，在巷道掘进和采面生产过程中不断涌出瓦斯甚至出现异常现象。包括如通风设施的设置与维护、风量分配与调节等通风管理工作，难以做到尽善尽美，甚至出现疏忽或漏洞，并不会经常发生瓦斯积聚现象，因此必须从采掘生产管理上采取措施，防止瓦斯积聚。

163. 采煤工作面 U 型通风系统实行上行风时，采煤工作面瓦斯积聚通常首先发生在回风隅角处。(　　)

答案：正确

解析：采煤工作面 U 型通风系统实行上行通风时，采煤工作面上隅角作为采空区漏风与工作面风流的交汇点，加之生产中工作面风流携带不断暴露的新鲜煤壁扩散出来的大量瓦斯流过，由于风流的紊流和扩散作用，极易形成瓦斯积聚。

164. 采煤工作面大面积落煤也会造成大量的瓦斯涌出。(　　)

答案：正确

解析：瓦斯是赋存于煤体中的，当采煤工作面大面积落煤时，大量的瓦斯也随之涌出。

165. 高瓦斯矿井、突出矿井的煤巷、半煤岩巷和有瓦斯涌出的岩巷掘进工作面正常工作的局部通风机必须配备安装同等能力的备用局部通风机，并能自动切换。正常工作的局部通风机必须采用三专（专用开关、专用电缆、专用变压器）供电。(　　)

答案：正确

解析：《煤矿安全规程》第一百六十四条　高瓦斯、突出矿井的煤巷、半煤岩巷和有瓦斯涌出的岩巷掘进工作面正常工作的局部通风机必须配备安装同等能力的备用局部通风机，并能自动切换。正常工作的局部通风机必须采用三专（专用开关、专用电缆、专用变压器）供电。在掘进工作面，通风是依靠局部通风机来进行的。局部通风机一旦停止运转，掘进巷道中将出现瓦斯等有毒有害气体增加的危险，可能引发瓦斯爆炸或使人中毒窒息甚至死亡的事故。在 1 台局部通风机正常运转期间，配备安装备用局部通风装置，可以做到 1 台运转、1 台备用。当正常的局部通风机发生故障时，备用局部通风机保持对掘进工作面的正常通风，以满足掘进工作面正常生产的需要。局部通风机采用“三专”供电是为了保证局部通风机的供电可靠，使风机连续正常运转。

166. 用局部通风机排放瓦斯应采取“限量排放”措施，严禁“一风吹”。(　　)

答案：正确

167. 停工区甲烷或者二氧化碳浓度达到 3% 不能立即处理时，必须在 24 h 内封闭完毕。(　　)

答案：正确

解析：《煤矿安全规程》第一百七十五条　停工区内甲烷或者二氧化碳浓度达到 3. 0% 不能立即处理时，必须在 24 h 内封闭完毕。如停工区内甲烷或二氧化碳浓度超过 3%，则表明甲烷已接近瓦斯爆炸下限浓度，甚至可能导致爆炸事故；当二氧化碳浓度达到 3. 0% 时，会刺激人体的中枢神经，引起呼吸加快（呼吸次数增加 2 倍）；其他有害气体浓度超过规定，会影响和危害人体健康。因此，停工区内的甲烷或二氧化碳浓度达到 3% 或其他有害气体超过规定时，必须在 24 h 内封闭完毕。

168. 有计划停风时，局部通风机停风前，必须先撤出工作面的人员并切断工作面的供电。(　　)

答案：正确

解析：《煤矿安全规程》第一百六十五条　使用局部通风机通风的掘进工作面，不得停风；因检修、停电、故障等原因停风时，必须将人员全部撤至全风压进风流处，切断电源，设置栅松、警示标志，禁止人员入内。因为掘进工作面停风，会引起瓦斯积聚和其他有毒有害气派的增加，导致人员窒息或发生瓦斯爆炸。

169. 煤层瓦斯含量越大，瓦斯压力越高，透气性越好，瓦斯涌出量就越高。(　　)

答案：正确

解析：煤层的瓦斯含量是影响瓦斯涌出量的决定因素。煤层瓦斯含量越大，瓦斯压力越高，透气性越好，则涌出的瓦斯量就越高。

170. 所有矿井必须装备矿井安全监控系统。(　　)

答案：正确

解析：《煤矿安全规程》第四百八十七条　所有矿井必须装备安全监控系统、人员位置监测系统、有线调度通信系统。煤矿安全监控系统用来监测甲烷浓度、一氧化碳浓度、二氧化碳浓度、氧气浓度、风速、风压、温度、风向、烟雾、馈电状态、风门状态、风筒状态、局部通风机开停、主要通风机开停等，并实现甲烷超限和煤与瓦斯突出声光报警、断电和甲烷风电闭锁控制等。煤矿安全监控系统是瓦斯、火、冲击地压、煤尘等重特大事故防治的有效措施之一，在煤矿安全生产中发挥着重要作用。因此，所有矿井必须装备安全监控系统。

171. 对于采煤工作面应特别注意回风隅角的瓦斯超限，保证工作面的供给风量。(　　)

答案：正确

解析：采煤工作面回风隅角区域通风不好，容易积聚采空区和采面交汇释放的瓦斯，瓦斯浓度较高，是最容易引起瓦斯超限的地点。因此，应保证供给足够的风量，以预防此地点瓦斯超限。

172. 安设局部通风机的进风巷道所通过的风量要大于局部通风机的吸风量，防止产生循环风。(　　)

答案：正确

解析：循环风是指掘进巷道中的一部分回风流回到局部通风机的吸入口，通过局部通风机及其风筒，重新供给掘进工作面的风流。当掘进工作面出现循环风时，进入掘进工作面的风流不是新鲜风流，起不到通风的作用。若全风压供给该处的风量大于局部通风机的吸风量，则可以避免发生循环风。因此，《煤矿安全规程》第一百六十四条规定，压入式局部通风机和启动装置安装在进风巷道中，距掘进巷道回风口不得小于 10 m；全风压供给该处的风量必须大于局部通风机的吸入风量。

173. 临时抽采瓦斯泵站应安设在抽采瓦斯地点附近的新鲜风流中。(　　)

答案：正确

解析：《煤矿安全规程》第一百八十三条　临时抽采瓦斯泵站应当安设在抽采瓦斯地点附近的新鲜风流中。为了尽量缩短抽采管路负压段的长度，减少阻力，提高作用到钻孔或管口的抽采负压，从而增大抽采能力，临时抽采瓦斯泵站应安设在抽采瓦斯地点附近。临时抽采瓦斯泵站是由电动机、抽采泵、启动装置等设备组成的，为防止在采区管路中的瓦斯偶然泄漏而引起瓦斯事故，所以其应设在新鲜风流中。

174. 开采保护层时，要同时抽放被保护层的瓦斯。(　　)

答案：正确

解析：《煤矿安全规程》第二百零八条　开采保护层时，应当同时抽采被保护层和邻近层的瓦斯。一是为了防止被保护层瓦斯大量涌入保护层而引起瓦斯超限；二是为了降低通风的压力，防止瓦斯突然涌出和提高保护效果。

175. 瓦斯的密度比空气小，所以瓦斯易在巷道上部积聚。(　　)

答案：正确

解析：瓦斯的密度相对空气只有 0.554，比空气轻，容易悬浮在空间上部，所以瓦斯易在巷道上部积聚。

176. 煤与瓦斯突出分布不受地质构造限制。(　　)

答案：错误

解析：煤与瓦斯突出多发生在地质构造带，这是由于煤层受到强烈的地质变化作用后，结构遭到破坏，改变了煤层原有的储存与排放瓦斯条件；同时由于结构变化，存在着较高的结构应力，再加上强度降低，几个因素造就产生突出的一系列有利因素。因此，煤与瓦斯突出分布是受地质构造限制的。

解析：煤系地层中有相邻煤层存在时，其含有的瓦斯会通过裂隙涌出到开采煤层的风流中，因此，相邻煤层越多，含有的瓦斯量越大，距离开采层越近，则矿井的瓦斯涌出量就越大。

177. 多煤层开采时，相邻煤层越多，含有的瓦斯量越大，距离开采层越近，则矿井的瓦斯涌出量越大。(　　)

答案：正确

解析：煤系地层中有相邻煤层存在时，其含有的瓦斯会通过裂隙涌出到开采煤层的风流中，因此，相邻煤层越多，含有的瓦斯量越大，距离开采层越近，则矿井的瓦斯涌出量就越大。

178. 巷道贯通前应当制定贯通专项措施。综合机械化掘进巷道在相距 50 m 前、其他巷道在相距 20 m 前，必须停止一个工作面作业，做好调整通风系统的准备工作。(　　)

答案：正确

解析：《煤矿安全规程》第一百四十三条　巷道贯通前应当制定贯通专项措施。综合机械化掘进巷道在相距 50 m 前、其他巷道在相距 20 m 前，必须停止一个工作面作业，做好调通风系统的准备工作。巷道贯通会使井下通风系统发生不同程度的变化，要防止因通风统的突变而导致矿井各用风地点风量变化、瓦斯超限、煤尘飞扬和火区失控。巷道贯通后由于附近区域的通风系统可能发生变化，原来的 2 个掘进工作面贯通后的风量和风流方向也会发生改变，因此必须及时调整通风系统和检查巷道中的风流及瓦斯情况，否则可能导贯通后的巷道内出现瓦斯积聚的重大隐患甚至诱发爆炸事故。

179. 掘进工作面断面小、落煤量小，瓦斯涌出量也相对较小，瓦斯事故的危险性较小。(　　)

答案：错误

解析：掘进工作面采用局部通风机通风，没有完整的通风系统，如果掘进工作面停风，不能及时将瓦斯等有害气体排出，都会引起瓦斯积聚，更容易发生瓦斯事故。

180. 在突出矿井开采煤层群时，必须首先开采保护层。(　　)

答案：正确

解析：保护层是为消除或削弱相邻煤层的突出或冲击地压危险而先开采的煤层或矿层在突出矿井中开采煤层群时，必须首先开采保护层，开采保护层后，使被保护层在开采过程中失去突出危险性。

矿井通风工

赛项专家组成员（按姓氏笔画排序）

刘　勇　李　辉　党利鹏　黄　涛　梁　正

董　璐　韩　星

赛　项　规　程

一、赛项名称

矿井通风工

二、竞赛目的

弘扬劳模精神、劳动精神、工匠精神，激励煤矿职工特别是青年一代煤矿职工走技能成才、技能报国之路，培养更多高技能人才和大国工匠，为助力煤炭工业高质量发展提供技能人才保障。

三、竞赛内容

为全面提升通风监测工、设施维护工的整体综合素质及能力，结合《煤矿智能化建设指南》对智能通风系统提出的建设要求，以矿井通风系统为基础，以智能通风设施的布置调节、智能通风网络解算操作应用为重点，考核参赛选手对智能通风系统实操及相关理论知识的掌握程度。理论考试时间 60 min，实操竞赛时间 30 min，具体见表 1。

表 1　竞赛内容、时间与权重表

<table>
<tr><th>序号</th><th colspan="2">竞 赛 内 容</th><th>竞赛时间/min</th><th>所占权重/%</th></tr>
<tr><td>1</td><td>理论部分</td><td>理论知识考试</td><td rowspan="3">60</td><td>20</td></tr>
<tr><td>2</td><td rowspan="3">实操部分</td><td>智能通风系统故障处理</td><td rowspan="3">80</td></tr>
<tr><td>3</td><td>通风网络绘制</td></tr>
<tr><td>4</td><td>智能通风系统实操</td><td rowspan="2">30</td></tr>
<tr><td>5</td><td>附加知识</td><td>矿井通风理论应用</td><td>100</td></tr>
</table>

四、竞赛方式

本赛项为单人参赛项目，不限定具体参赛工种，文化程度为初中及以上。

智能通风理论考试部分以及通风系统故障处理部分由计算机自动评分；智能通风系统实操部分由裁判员现场评分。

五、竞赛赛卷

（一）理论知识考试内容

考核参赛人员对矿山智能通风涉及的通风安全、风量测定、设施控制、设施维护、系统通讯等方面的专业理论知识。

试题类型分为单选题、多选题和判断题，分值为100分，考试时长60 min。

试题内容从竞赛题库中随机抽取75道题构成，其中30道单选题，每题计1分；25道多选题，每题计2分；20道判断题，每题计1分。

（二）技能实操竞赛内容

要求选手按规定穿工作服、戴安全帽、自救器、戴矿灯（矿灯打开并卡在安全帽上）、毛巾，方可开始后续赛项。

手指口述：报告裁判，我们是智能通风工××号选手，安全帽已佩戴，帽带已扎紧，毛巾已佩戴，袖口已扎紧，工装穿戴整齐，矿灯检查完好（固定矿灯，并打开），请求开始作业。

裁判指令：开始作业，同步计时开始。

1. 智能通风系统故障处理（10分）

考核参赛人员对智能通风系统的通讯理论、故障排查等方面知识。

智能通风系统故障处理采用计算机测评，从矿井智能通风故障仿真系统中随机抽取一组故障，每一组有10处故障，选手需排除所有故障，每处故障点1分，共计10分，提交排故结果后由计算机模拟仿真软件自动评分。

出题规则：随机抽取题目，但限制同一组题目现象可以一致，但故障点不重复；故障的数量和难度配比根据后台设置。

智能通风系统故障处理在理论知识考试环节考核，考生完成答题后举手示意，由监考人员记录机评成绩，并影像记录。

2. 通风网络绘制（10分）

要求：根据提供的煤矿通风系统图手动绘制通风网络图。把通风网络图总的形状画成椭圆或圆形。

（1）节点编号在矿井通风系统图上，沿风流方向将井巷风流的分合点加以编号。编号顺序通常是沿风流方向从小到大，节点编号不能重且要保持连续性。

（2）网络图取上下放置，其进风段在下方，用风段在中间，回风段在上方。

（3）分支连线将有风流连通的节点用单线条（直线或弧线）连接。

（4）图形画得简明、清晰、美观。

（5）标注除标出各分支的风向、风量外，还应将进回风井、用风地点、主要漏风地点及主要通风设施等加以标注，并以图例说明。

通风网络图绘制过程说明如下：

（1）在通风系统示意图上标注节点。距离较近且无通风设施等处可并为一个节点。

（2）确定主要用风地点。在网络图中可用长方形方框表示用风点，框内填写相应的名称，如：采、掘工作面。将它们在网络图中部按“一”字形排开。

（3）确定进风节点。根据用风地点的远近，布置在用风点的下部并一一标明清楚。

（4）确定回风节点。根据用风地点的远近，布置在用风点的上部并一一标明清楚。

（5）节点连线。连接风流相通的节点，可先连进风节点至用风点，再连回风节点至用风点，然后连各进、回风节点间的线路。各步连线方向基本一致，总体方向从下向上。

（6）按（2）~（5）绘出网路图，检查分合关系无误后，开始整理图形。调整好各节点与用风地点的位置使整体布局趋于合理。

（7）最后标注主要通风设施。主通风机和局部通风机型号及其他通风参数等。

通风网络系统图绘制在理论考试环节考核，在考试专用答题纸完成通风网络图绘制，并填写详细个人信息，考核结束后回收考试答题纸，由裁判员（不少于5人）综合评定成绩。选手需自备绘图辅助用具（如直尺、铅笔等）。

3. 智能通风系统实操（80分）

考核参赛人员日常测风、风量计算、系统调风等相关知识。

1）安全文明生产（5分）

要求：按规定穿工作服（袖口扎紧）、戴安全帽（帽带扎紧），矿灯（卡在安全帽上并打开）、瓦斯便携仪（开机）、自救器、毛巾佩戴齐整；作业后仪器仪表应该全部归还并摆放整齐，作业环境清理干净。

2）风速测量、风量计算、牌板填报（25分）

要求：在工具取领处取测量仪器仪表，按照作业要求，采用四线测风法完成指定测风站风速、断面、风量、甲烷、二氧化碳等数据监测，并完成通风牌板数据填报。

（1）仪器仪表检查（5分）。

手指口述：报告裁判，已领用机械微速风表、本安巡检仪、激光测距仪。经检查风表表面完好，指针平直光洁、转动平稳，叶轮平衡无偏摆，回零装置灵敏可靠，开关灵活，风表类型及校正曲线对应，鉴定日期在有效期内；矿用本安巡检仪电量充足，智能通风APP打开正常，激光测距仪电量充足，蓝牙连接正常。

（2）测风站测风（20分）。

手指口述：报告裁判，已按规定要求到达指定测风站，经检查顶板完好，脚下安全，周围无危险源，测风站前后10 m无障碍物，环境干净，仪器仪表携带齐全。本安型巡检仪检测现场作业环境瓦斯浓度为（×××）%，符合《煤矿安全规程》要求，本测风站断面不足10 m^2，测风时间选取60 s，测风方法采用四线法，请裁判到下风侧10 m处靠帮等待，可开始测风作业。（2分）

① 测风站位置获取（1分）。

手指口述：使用本安型巡检仪获取当前测风站位置名称及编号，核对获取信息是否与现场标识一致。

② 测风站断面测量（6分）。

手指口述：量取巷宽时，有棚腿的量取两棚腿之间的距离，无棚腿的量取两巷壁有效支护外边缘之间的距离；调整激光测距仪倾角为180°，使发出的激光线平行于底板，垂直于风量方向，开始测量读数。用本安型巡检仪获取当前测量值至指定位置，现场巷宽为（××）m。

手指口述：量取巷高时，测量高点与顶板有效支护下边缘齐。测量低点时，有轨道时，以轨道面算起；无轨道时，从底板的高点与低点的中心算起。调整激光测距仪倾角为90°，使发出的激光线垂直于底板、风量方向，开始测量读数，用本安型巡检仪获取当前测量值至指定位置，现场巷高为（××）m。

手指口述：量取帮高时，上至拱形断面与巷帮交界处，下至底板与巷帮的交界处；调整激光测距仪倾角为90°，使发出的激光线垂直于底板、风量方向，开始测量读数，用本安型巡检仪获取当前测量值至指定位置，现场帮高为2.0 m。

手指口述：在矿用本安型巡检仪中选择断面形状为当前巷道形状，修正因子0.4 m^2。

③ 测风站风速测量（6分）。

手指口述：报告裁判，测风工作准备就绪，请打开通风设施。

手指口述：测风员在测风站内侧身站立，手臂伸直并垂直风流方向，风表度盘一侧背向风流，风表叶轮与风流垂直。

手指口述：将风表、矿用本安型巡检仪秒表回零，开启风表、矿用本安型巡检仪秒表，让风表转动30 s，待巷道风流稳定后，将风表、秒表关闭并归零。

手指口述：同时开启风表、打开矿用本安型巡检仪秒表；测定过程中，风表在测风站内均匀缓慢移动，风表距测风员人体及巷道顶帮底保持200 mm以上，风表在移动过程中，风叶始终迎向风流方向，并与风流方向垂直，选择4条测风路线应均匀分布。

手指口述：同时关闭风表和秒表，风表数据读取。使用同样方法，进行第二次、第三次测风，若3次测量结果误差不超过5%，则测风数据符合要求。

手指口述：测风完成后，根据风表校正曲线完成风速计算。经计算现场风速为（××）m/s，将风速值录入矿用本安型巡检仪。

④ 测风站 CO_2 测量（1分）。

使用矿用本安型巡检仪，测量测风站环境 CO_2，并口述测量值。

⑤ 测风站 CH_4 测量（1分）。

使用矿用本安型巡检仪，测量测风站环境 CH_4，并口述测量值。

⑥ 测风站温度测量（1分）。

保持矿用本安型巡检仪测温探头与人体及制冷制热设备间隔超过0.5 m位置，测量测风站环境温度。

⑦ 数据发布（2分）。

手指口述：将生成的甲烷、二氧化碳、温度、风速、断面、风量等数据实现测风牌板数据发布显示。

3）测风站设施布置（5分）。

手指口述：报告裁判，已进入指定区域布置测风装置，请开始计时。

要求：在测风站内完成全断面测风装置探头布置，完成探头投影距离、夹角等数据测量并录入到主机中，在规定5 min内完成数据调校，超时后立刻终止该项考核。

4）参数配置和测点定义（10分）。

要求：按照作业指导书提供的IP信息，进行简单网络故障排查。在智能通风管控系统上完成模拟巷道通风阻力测定仪（温度、湿度、绝压、风速）、甲烷传感器、全断面测风装置、仿真装置等仪表、设施的设备定义、测点定义、数据展示，在智能通风管控系统的“场景管理”中将甲烷传感器、全断面测风装置、仿真装置的图元数据进行关联绑定，在“首页”中实现数据显示。

5）智能通风风网调节（20分）。

要求：在5套题库中抽取一套，将抽取试题导入到赛项软件中，按照指导要求完成相关操作。

（1）通风系统优化（7 分）。

要求：查找通风系统图中的错误信息，并增补、删减、修正通风系统图中不合理的通风设施，使其效果满足场景要求。

（2）通风系统配风（8 分）。

要求：结合作业指导书要求场景，配置用风工作面，进行给定用风点风量计算，并给出风量调节措施。对增加的通风设施进行数据元绑定，并执行调节命令下发。

要素：给出风量调整方式，如增加风机频率、更换风机、增加通风设施等。

（3）灾变模型配置及联动（5 分）。

要求：在“灾变模型管理”工具中配置工作面甲烷超限预警模型，模拟巷道甲烷报警，实现语音联动播报。

6）自救器盲戴技能（完成时间共 30 s，共 10 分）。

要求：在模拟报警信息发生后，30 s 内完成自救器操作佩戴。

（1）将佩戴的自救器移至身体的正前方，将自救器背带挂在脖颈上。

（2）双手同时操作拉开自救器两侧的金属挂钩并取下上盖。

（3）展开气囊，注意气囊不能扭折。

（4）拉伸软管，调整面罩，把面罩置于嘴鼻前方，安全帽临时移开头部，并快速恢复，将面罩固定带挂至头后脑勺上部，调整固定带松紧度，使其与面部紧密贴合，确保口鼻与外界隔绝。

（5）逆时针转动氧气开关手轮，打开氧气瓶开关（必须完全打开，直到拧不动），然后用手指按动补气压板，使气囊迅速鼓起（目测鼓起三分之二以上）。

（6）一手扶住自救器，确保随时按压补气压板，一手扶住面罩防止脱落。撤离灾区。

7）操作规范（5 分）。

要求：仪器设备使用、操作按规范进行。

（三）矿井通风理论应用（6 分）

该部分为实操环节选手选做项，考试时间包含在整个实操环节内，不额外增加考试时长。所得分值直接在实操分值上叠加，未答或答错不得分。

要求：在裁判提供的题库中随机抽取名词解释和通风应用计算题，并给出计算过程和计算结果。

六、竞赛规则

（一）报名资格

参赛选手资格符合组委会竞赛相关规定。

（二）熟悉场地

各参赛选手按照组委会统一安排有序熟悉场地。

（三）参赛要求

（1）竞赛所需要平台、设备、仪器和工具按照大赛组委会的要求统一由协办单位提供。

（2）所有人员在赛场内不得有影响其他选手完成工作任务的行为，参赛选手不允许串岗串位，要使用文明用语，不得以言语及人身攻击裁判和赛场工作人员。

（3）竞赛开始前 15 min，参赛选手在工作人员引导下到达指定地点报到，接受工作人员对选手身份、资格和有关证件的核验，参赛号、赛位由抽签确定，不得擅自变更、调整。选手若休息、饮水或去洗手间，耗用的时间一律计算在竞赛时间内，计时工具以赛场配置的时钟为准。

（4）选手须在竞赛试题规定位置填写参赛号、赛位号。其他地方不得有任何暗示选手身份的记号或符号，选手不得将手机等通信工具带入赛场，选手之间不得以任何方式传递信息，如传递纸条、用手势表达信息等，否则取消成绩。

（5）选手须严格遵守安全操作规程，并接受裁判员的监督和警示，以确保参赛人身及设备安全。选手因个人误操作造成人身安全事故和设备故障时，裁判长有权终止比赛；如非选手个人因素出现设备故障而无法比赛，由裁判长视具体情况做出裁决（调换到备用赛位或调整至最后一场次参加比赛）；若裁判长确定设备故障可由技术支持人员排除，故障排除后继续竞赛，同时给参赛选手补足所耽误的竞赛时间。

（6）选手进入赛场后，不得擅自离开赛场，因病或其他原因离开赛场或终止竞赛，应向裁判示意，须经赛场裁判长同意，并在赛场记录表上签字确认后，方可离开赛场并在赛场工作人员指引下到达指定地点。

（7）每一组参赛选手做好准备进入竞赛场所，由裁判组长确定竞赛开始，并计时开始，参赛选手方可开始竞赛；竞赛时间结束后，由裁判组长宣布竞赛结束指令，所有未完成任务参赛选手立即停止操作，按要求清理恢复赛位，不得以任何理由拖延竞赛时间。

（8）服从组委会和赛场工作人员的管理，遵守赛场纪律，尊重裁判和赛场工作人员，尊重其他代表队参赛选手。

七、竞赛环境

（1）每个赛位场地需相互独立，以免相互影响。

（2）除竞赛使用设备外，应设有备用设备。

八、技术参考规范

（1）《煤矿安全规程》(2022 年版)。

（2）《煤矿智能化建设指南（2021 年版)》。

（3）《智能化示范煤矿验收管理办法（试行)》。

（4）《工业智能化矿井设计标准》(GB/T 51272—2018)。

（5）《煤矿井工开采通风技术条件》(AQ 1028—2006)。

（6）《煤矿矿井风量计算方法》(MT/T 634—2019)。

（7）《矿井通风工国家职业技能标准》(2022 年版)。

九、技术平台

竞赛设备采用重庆梅安森厂家生产的智能通风管控中心软件及通风设施设备。竞赛使用设备清单见表 2。

表2 竞赛使用设备清单表（清单应按用途进行分类）

序号	项 目 名 称	品牌/型号	规格	数量	单位
1	智能通风竞赛实操装置	MAS－TFZZ220	技能比武专用	1	套
2	通风阻力测定仪	MAS－SenFZ	技能比武专用	2	台
3	全断面测风装置	MAS－SenCF	技能比武专用	1	台
4	通风局扇系统模拟装置	MAS－SimFJ	技能比武专用	1	套
5	风门风窗系统模拟装置	MAS－SimFD	技能比武专用	1	套
6	故障诊断排查仿真系统软件		技能比武专用	1	套
7	隔绝式压缩氧气自救器	ZYX45(E)		1	套
8	煤矿机械式风速表	CFJ5		1	套
9	签字笔		黑色	1	只
10	草稿纸		A4	1	张
11	工具包（带卷尺）		技能比武专用	1	套
备注：部分工具（如巡检仪、测距仪、瓦检仪、风表等）需必要备用量。					

说明：为了提高选手竞赛水平，更加体现竞赛公平性，本次大赛禁止自带工具；大赛提供统一工具组合。开赛前所需实操工具、仪器仪表、工作服、安全帽、毛巾等参赛装备，由主办方或协办方对外公布。

十、成绩评定

（一）评分标准制订原则

竞赛评分本着“公平、公正、公开、科学、规范”的原则，注重考核选手的职业综合能力和技术应用能力。

（二）评分标准

矿井通风工赛项评分标准见表3，实操部分竞赛内容具体评分标准见表4。

表3 矿井通风工赛项评分标准

<table>
<tr><th>序号</th><th>一级指标</th><th>比例</th><th>二 级 指 标</th><th>分值</th><th>评分方式</th></tr>
<tr><td>1</td><td>理论考试</td><td>20%</td><td>单选题30道、多选题25道、判断题20道</td><td>100</td><td>机器评分</td></tr>
<tr><td rowspan="2">2</td><td rowspan="3">系统实操</td><td rowspan="3">80%</td><td>智能通风系统故障处理（理论考试阶段考核）</td><td>10</td><td>机器评分</td></tr>
<tr><td>通风网络图绘制（理论考试阶段考核）</td><td>10</td><td></td></tr>
<tr><td>3</td><td>1. 安全文明生产（5分）
2. 风速测量、风量计算、牌板填报（25分）
3. 测风站设施布置（5分）
4. 参数配置和测点定义（10分）
5. 智能通风风网调节（20分）
6. 自救器佩戴（10分）
7. 操作规范（5分）</td><td>80</td><td>结果评分
过程评分</td></tr>
</table>

表3（续）

序号	一级指标	比例	二级指标	分值	评分方式
4	附加理论	100%	矿井通风理论应用（5分）	5	过程评分
5	1. 选手在进行比赛时达到规定时间后，不管完成与否，必须立即停止所有操作 2. 比赛过程中，选手必须遵守安全规程、操作规程，正确使用设备、工具及仪器仪表 3. 现场操作过程出现作弊、自身伤害（如刀伤、触电、砸/压伤）等，一经发现立即责令其终止比赛 4. 操作人员需在各自操作岗位进行操作 5. 实操竞赛时，选手必须完成所有项目且不扣分的情况下，每提前30 s加0.5分，最多加5分（不足30 s不计分），计入实际操作成绩。否则提前不得加分 6. 打分时严格按照标准评分表评分，评分表无列项内容不进行规范性考核 7. 附加理论为选手选做，在实操比赛时间内完成				

表4 实操竞赛评分标准表

选手编号：________________ 场次编号：________________ 赛位编号：________________

实操题编号：________________ 操作计时：______分______秒

项目	标准分	竞赛内容及要求	评分标准		扣分	扣分原因
安全文明生产	5分	按规定穿工作服（袖口扎紧）、戴安全帽（帽带扎紧）、佩戴矿灯（卡在安全帽上并打开）、瓦斯便携仪（开机）、自救器、毛巾佩戴齐整；作业后仪器仪表应该全员归还并摆放整齐、作业环境清理干净	工作服、安全帽（帽带扎紧）、矿灯（打开）、便携仪（开机）、自救器、毛巾、作业环境清理（有动作）、仪器仪表归还、仪器仪表码放整齐（有动作），一处不规范扣1分			
			口述要点：（漏述、表述不清，一处扣0.5分） 1. 选手编号、姓名 2. 安全帽佩戴、帽带扎紧 3. 袖口扎紧 4. 矿灯完好、矿灯打开 本项最多扣4分			
风速测量、风量计算、牌板填报	25分	在工具取领处取测量仪器仪表，按照作业要求，采用四线测风法完成指定测风站风速、断面、风量、甲烷、二氧化碳等数据监测，并完成通风牌板数据填报	仪器仪表检查（5分）	1. 风表、巡检仪、激光测距仪无检查具体动作，一类扣0.5分 2. 口述要点（漏述、表述不清，一处扣0.5分） （1）风表表面完好，指针平直光洁，转动平稳，叶轮平衡无偏摆，回零装置灵敏可靠，开关灵活，风表类型及校正曲线对应，鉴定日期在有效期内 （2）本安巡检仪电量、通风APP正常打开 （3）测距仪电量、蓝牙连接 扣完小项为止		
			测风前手指口述（2分）	口述要点：（漏述、表述不清，一处扣0.5分） 1. 顶板好，无危险源，10 m内无障碍物，环境干净，仪器仪表齐全 2. 作业环境瓦斯浓度播报，符合《煤矿安全规程》要求 3. 测风时间60 s，四线法测风 扣完小项为止		

表4（续）

<table>
<tr><th>项目</th><th>标准分</th><th>竞赛内容及要求</th><th colspan="2">评 分 标 准</th><th>扣分</th><th>扣分原因</th></tr>
<tr><td rowspan="3">风速测量、风量计算、牌板填报</td><td rowspan="3">25分</td><td rowspan="3">在工具取领处取测量仪器仪表，按照作业要求，采用四线测风法完成指定测风站风速、断面、风量、甲烷、二氧化碳等数据监测，并完成通风牌板数据填报</td><td>测风站位置获取（1分）</td><td>1. 未成功获取扣1分
2. 未确认测风站信息扣1分
3. 过度操作扣1分</td><td></td><td></td></tr>
<tr><td>测风站断面测量（6分）</td><td>1. 巷宽测量口述要点（漏述、表述不清，一处扣0.5分）
（1）有棚腿测距、无棚腿测距
（2）激光线平行底板，垂直风量方向
（3）播报现场测量读数
2. 巷高测量口述要点（漏述、表述不清，一处扣0.5分）
（1）测量高点与顶板有效支护下边缘齐
（2）测量低点时，有轨道时，以轨道面算起；无轨道时，从底板的高点与低点的中心算起
（3）激光线垂直于底板、风量方向
（4）未测量巷道宽度中心点
（5）播报现场测量读数
3. 帮高测量口述要点（漏述、表述不清，一处扣0.5分）
（1）量取帮高时,上至拱形断面与巷帮交界处,下至底板与巷帮的交界处
（2）激光线垂直于底板，垂直于风量方向
（3）播报现场测量读数
4. 本安巡检仪选择断面不正确扣0.5分；断面修正因子不为0.4的，扣0.5分
5. 发生过度操作的，扣0.5～2分
本项最多扣5分</td><td></td><td></td></tr>
<tr><td>测风站风速测量（6分）</td><td>1. 手指口述要点（漏述、表述不清，一处扣0.5分）
（1）风表度盘一侧背向风流，风表叶轮与风流垂直
（2）风表、巡检仪秒表回零，风表转动30 s，待巷道风流稳定后，将风表、秒表关闭并归零
（3）风表在测风站内均匀缓慢移动，风表距测风员人体及巷道顶帮底保持200 mm以上，风叶始终迎向风流方向，并与风流方向垂直
（4）关闭风表和秒表，风表数据读取。使用同样方法，进行第二次、第三次测风，若3次测量结果误差不超过5%，则测风数据符合要求
2. 风表大小指针未回零，扣0.5分；秒表未回零，扣0.5分
3. 四线法选择路线不均匀，扣1分
4. 风速计算方法错误或计算结果明显偏离实际，扣1分
5. 未播报计算结果，扣0.5分</td><td></td><td></td></tr>
</table>

表4（续）

项目	标准分	竞赛内容及要求	评分标准		扣分	扣分原因
风速测量、风量计算、牌板填报	25分	在工具取领处取测量仪器仪表，按照作业要求，采用四线测风法完成指定测风站风速、断面、风量、甲烷、二氧化碳等数据监测，并完成通风牌板数据填报	测风站风速测量（6分）	6. 计算结果未录入巡检仪中，扣1分 7. 发生过度操作的，一次扣0.5～2分 扣完小项为止		
			测风站 CO_2 测量（1分）	1. 未按要求完成测量，扣1分 2. 未播报测量结果，扣0.5分		
			测风站 CH_4 测量（1分）	1. 未按要求完成测量，扣1分 2. 未播报测量结果，扣0.5分		
			测风站温度测量（1分）	1. 未按要求完成测量，扣1分 2. 未播报测量结果，扣0.5分		
			数据发布(2分)	1. 未按要求完成测量数据发布，扣1分 2. 发生过度操作的，扣0.5～1分		
测风站设施布置	5分	在测风站内完成全断面测风装置探头布置，在规定5 min内完成数据调校	计时时长 分 秒	1. 测风站测风探头布置不均匀(未实现断面面积平分)，扣1分 2. 未通过工具进行探头位置配对，或配对明显有较大偏差的，扣1分 3. 未紧固探头固定螺丝，每处扣0.5分（共计6出），最多扣2分 4. 未测量探头临边(投影)距离的，或者测量方法不对的，扣0.5～1分 5. 未录入探头与巷道夹角的，扣0.5分；主机显示值明显错误的，扣1分 6. 发生过度操作的，一次扣0.5～2分 7. 超过5 min未完成的，再上述扣分的基础上再扣1分，并立即终止操作 本项最多扣4分		
参数配置和测点定义	10分	按照作业指导书提供的IP信息，进行简单网络故障排查。在智能通风管控系统上完成模拟巷道通风阻力测定仪（温度、湿度、绝压、风速）、甲烷传感器、全断面测风装置、仿真装置等仪表、设施的设备定义、测点定义、数据展示，在智能通风管控系统的“场景管理”中将甲烷传感器、全断面测风装置、仿真装置的图元数据进行关联绑定，在“首页”中实现数据显示	1. 分站定义：分站类型、IP地址、分站地址、分站位置定义错误，一处扣0.5分 2. 传感器定义：传感器位置、类型、地址号等定义错误，一处扣0.5分 3. 分站、传感器出现通信中断的，一处扣1分，最多扣3分 4. 未进行场景管理图元数据绑定的，绑定位置、绑定内容、绑定编号发现漏项、错项的，一处扣0.5分 5. 未实现首页数据显示，一处图元扣0.5分 6. 发生过度操作的，一次扣0.5～3分 本项最多扣8分			

表4（续）

项目	标准分	竞赛内容及要求	评分标准		扣分	扣分原因
智能通风风网调节	20分	在5套题库中抽取一套，将抽取试题导入到赛项软件中，按照指导要求完成相关操作	通风系统优化（7分）	1. 未完成模型题库导入或导入试题错误的，扣2分（导入试题错误，裁判可当场纠正并扣分） 2. 查找通风系统图中的错误信息，并增补、删减、修正通风系统图中不合理的通风设施，使其效果满足场景要求 本项最多扣5分		
			通风系统配风（8分）	结合作业指导书要求场景，配置用风工作面，进行给定用风点风量计算，并给出风量调节措施。对增加的通风设施进行数据元绑定，并执行调节命令下发 本项最多扣6分		
			灾变模型配置及联动（5分）	1. 未进入联动配置模型页签，扣1分 2. 模型关联工作面甲烷值，配置比较值不符合实际的，扣0.5分 3. 未进入标校界面触发报警的，扣1分 4. 未执行手动语音广播扩音的，扣0.5分 5. 关联模型中分析因子名称与定义名称不一致的，扣1分 6. 预案、模型名称无区分，配置没有层次的，酌情扣0.2～1分 7. 发生过度操作的，一次扣0.5～3分 本项最多扣4分		
自救器盲戴技能	10分	在模拟报警信息发生后，30 s内完成自救器操作佩戴	计时时长 秒	1. 将佩戴的自救器移至身体的正前方，将自救器背带挂在脖颈上，未完成扣1分 2. 双手同时操作拉开自救器两侧的金属挂钩并取下上盖，未完成扣1分 3. 展开气囊，注意气囊不能扭折，未完成扣1分 4. 拉伸软管，调整面罩，把面罩置于嘴鼻前方，安全帽临时移开头部，并快速恢复，将面罩固定带挂至头后脑勺上部，调整固定带松紧度，使其与面部紧密贴合，确保口鼻与外界隔绝，未完成扣1分 5. 逆时针转动氧气开关手轮，打开氧气瓶开关（必须完全打开，直到拧不动），然后用手指按动补气压板，使气囊迅速鼓起（目测鼓起三分之二以上），未完成扣1分 6. 一手扶住自救器，确保随时按压补气压板，一手扶住面罩防止脱落。撤离灾区，未完成扣1分 7. 未按照规定30 s内完成，不得分		

表4（续）

<table>
<tr><th>项目</th><th>标准分</th><th>竞赛内容及要求</th><th>评 分 标 准</th><th>扣分</th><th>扣分原因</th></tr>
<tr><td>操作规范</td><td>5分</td><td>按要求规范操作，工作台按照规范整理</td><td>1. 选手应正确使用仪器设备，确保设备完好，所有操作需在规定地点进行，不得在地板上操作，选手操作结束未全部归还仪器的，扣1分
2. 设备工具摆放整齐，选手无整理码放动作的，扣1分
3. 选手应清理作业现场杂物，选手无清扫动作，扣1分
4. 地上有明显超过5 cm长杂物的，一处扣0.5分扣完本项为止</td><td></td><td></td></tr>
<tr><td colspan="3">智能通风系统故障处理部分成绩：________分</td><td colspan="3">通风网络图绘制部分成绩：________分</td></tr>
<tr><td colspan="3">实操部分成绩：________分</td><td colspan="3">附加部分成绩：________分</td></tr>
<tr><td colspan="6">总成绩：________分</td></tr>
<tr><td colspan="4">裁判员：
裁判长：</td><td colspan="2">技术人员：</td></tr>
</table>

（三）评分方法

本次赛项评分包括机评分、主观过程性评分和主观结果性评分两种。主观性评分由现场裁判当场得出，评分裁判总数为20人（不包含裁判长1人，副裁判长2人、加密裁判2人及现场裁判5人）。

（1）计算机评分。由裁判长直接从平台服务器中调取。对于竞赛任务系统的故障处理，选手排除随机抽取的每个故障，提交排除结果后由模拟仿真软件自动评分；裁判员对每台仪器故障排除进行详细的记录。

（2）主观过程性评分。参赛队选手进行巡检检测及隐患排查处理的过程，由3名评分裁判和现场技术人员依照给定的参考评分标准独立评分，评分过程中裁判间不能相互交流，完成评分后独自交给裁判长。设备的使用规范性评分，由每组裁判组长一人记分，其余裁判和技术人员进行监督，评分结果作为参赛选手本项得分。

通风网络图绘制环节在理论考试结束后由裁判集中打分，为了避免个别评委的主观偏见对最终结果的影响，去掉最高分和最低分，然后计算剩余评委的平均分作为选手的最终得分。

（3）主观结果性评分。参赛队选手进行巡检检测及隐患排查处理的过程，由3名评分裁判和现场技术人员依照给定的参考评分标准，对检测的结果、应急处理的结果进行打分，由每组裁判组长一人记分，其余裁判和技术人员进行监督，评分结果作为参赛选手本项得分。

（4）成绩的计算：

$$D=0.8\times(G_1+G_2)+0.2\times G_3+G_4$$

式中 D——参赛选手的总成绩；

G_1——智能通风系统故障处理、通风网络绘制成绩；

G_2——智能通风系统实操成绩；

G_3——理论知识考试成绩；

G_4——附加理论成绩。

（5）裁判组实行“裁判长负责制”，设裁判长1名，全面负责赛项的裁判与管理工作。

（6）本次大赛设副裁判长2名，全面协助裁判长负责赛项的裁判与管理工作。

（7）裁判员根据比赛工作需要分为检录裁判、加密裁判、现场裁判和评分裁判，检录裁判、加密裁判不得参与评分工作。

① 检录裁判负责对参赛队伍（选手）进行点名登记、身份核对等工作。

② 加密裁判负责组织参赛队伍（选手）抽签并对参赛队伍（选手）的信息进行加密、解密。

③ 现场裁判按规定做好赛场记录，维护赛场纪律。

④ 评分裁判负责对参赛队伍（选手）的技能展示和操作规范按赛项评分标准进行评定。

（8）赛项裁判组负责赛项成绩评定工作，每竞赛区域设置1位现场裁判，现场裁判设组长一名，组长协调，组员互助，现场裁判对操作行为进行记录，不予以评判；评分裁判员按每个赛场一组裁判员设置，对现场裁判的记录，设计的参数、程序、质量进行流水线评判；赛前对裁判进行一定的培训，统一执裁标准。

（9）参赛队根据赛项任务书的要求进行操作，根据注意操作要求，需要记录的内容要记录在比赛试题中，需要裁判确认的内容必须经过裁判员的签字确认，否则不得分。

（10）违规扣分情况。选手有下列情形，需从参赛成绩中扣分：

① 在完成竞赛任务的过程中，因操作不当导致事故，扣10～20分，情况严重者取消比赛资格。

② 因违规操作损坏赛场提供的设备，或出现污染赛场环境等不符合职业规范的行为，视情节扣5～10分。

③ 扰乱赛场秩序，干扰裁判员工作，视情节扣5～10分，情况严重者取消比赛资格。

（11）赛项裁判组本着“公平、公正、公开、科学、规范、透明、无异议”的原则，根据裁判的现场记录、参赛队赛项任务书及评分标准，通过多方面进行综合评价。

（12）按竞赛成绩从高分到低分排列参赛队的名次。竞赛成绩相同时，完成实操所用时间少的名次在前，成绩及用时相同者实操成绩较高者名次在前。

（13）评分方式结合世界技能大赛的方式，以小组为单位，裁判相互监督，对检测、评分结果进行一查、二审、三复核。确保评分环节准确、公正。成绩经工作人员统计，组委会、裁判组、仲裁组分别核准后，闭赛式上公布。

（14）成绩复核。为保障成绩评判的准确性，监督组将对赛项总成绩排名前30%的所有参赛选手的成绩进行复核；对其余成绩进行抽检复核，抽检覆盖率不得低于15%。如发现成绩错误以书面方式及时告知裁判长，由裁判长更正成绩并签字确认。复核、抽检错误率超过5%的，裁判组将对所有成绩进行复核。

（15）成绩公布。

① 录入。由承办单位信息员将裁判长提交的赛项总成绩的最终结果录入赛务管理

系统。

② 审核。承办单位信息员对成绩数据审核后，将赛务系统中录入的成绩导出打印，经赛项裁判长、仲裁组、监督组和赛项组委会审核无误后签字。

③ 报送。由承办单位信息员将确认的电子版赛项成绩信息上传赛务管理系统。同时将裁判长、仲裁组及监督组签字的纸质打印成绩单报送赛项组委会办公室。

④ 公布。审核无误的最终成绩单，经裁判长、监督组签字后进行公示。公示时间为 2 h。成绩公示无异议后，由仲裁长和监督组长在成绩单上签字，并在闭赛式上公布竞赛成绩。

附件 1

技术比武赛位示意图

单个赛位面积参考：长 9 m，宽 3 m，光线充足，照明达标；工位之间有围栏进行区域划分；供电、供气设施正常且安全有保障；地面平整、洁净。

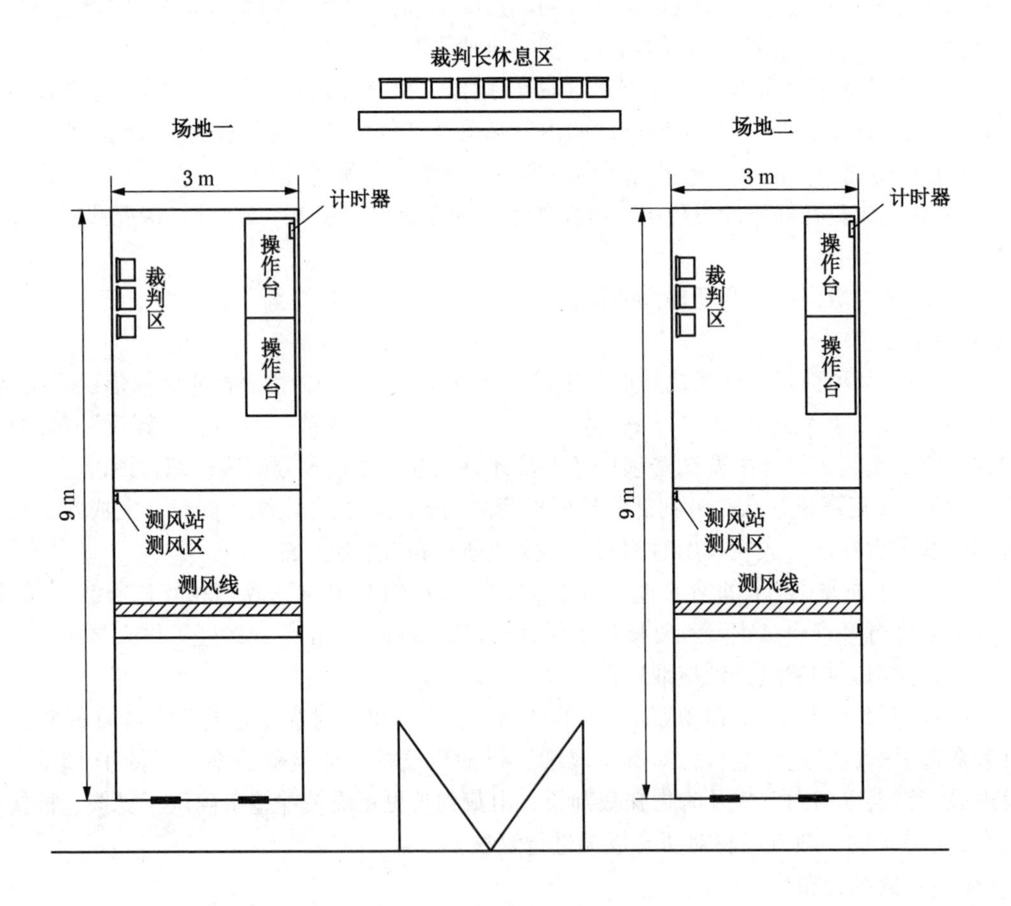

试 题 样 例

一、单选题

1. 如右图所示，对角巷道中风流由 $B \to C$ 的条件是（　　）。

A. $R_1/R_2 > R_3/R_4$

B. $R_1/R_2 = R_3/R_4$

C. $R_1/R_2 < R_3/R_4$

D. $R_2/R_1 > R_4/R_3$

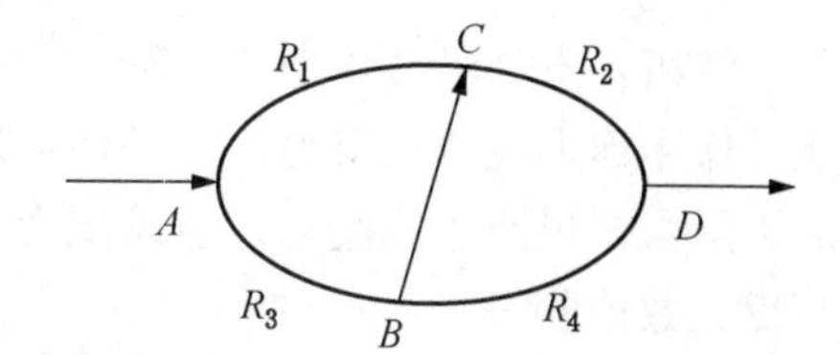

答案：C

解析：AD 两点间的通风阻力相等。

2.《防治煤与瓦斯突出细则》规定：正在开采的保护层采煤工作面必须超前于被保护层的掘进工作面，超前距离不得小于保护层与被保护层之间法向距离的（　　）倍，并不得小于 100 m。

A. 1　　B. 2　　C. 3　　D. 4

答案：C

解析：《防治煤与瓦斯突出细则》第六十二条　开采保护层区域防突措施应当符合下列要求：（三）正在开采的保护层采煤工作面必须超前于被保护层的掘进工作面，超前距离不得小于保护层与被保护层之间法向距离的 3 倍，并不得小于 100 m。应当将保护层工作面推进情况在瓦斯地质图上标注，并及时更新。

3. 一般认为，等积孔 A 和风阻 R 满足（　　）项条件时间，矿井容易通风。

A. $A < 1\ m^2$，$R > 1.42\ kg/m^7$

B. $A = 1 \sim 2\ m^2$，$R = 1.42 \sim 0.35\ kg/m^7$

C. $A > 2\ m^2$，$R < 0.35\ kg/m^7$

答案：C

解析：1　矿井通风难易程度的分级标准

通风阻力等级	通风难易程度	风险 $R/(Ns^2 \cdot m^{-8})$	等积孔 A/m^2
大阻力矿	困难	>1.42	<1
中阻力矿	中等	$1.42 \sim 0.35$	$1 \sim 2$
小阻力矿	容易	<0.35	>2

4. 生产矿井主要通风机必须装有反风设施，并能在（　　）内改变巷道中的风流方

向；当风流方向改变后，主要通风机的供给风量应不小于正常供风量的（　　）。

A. 10 min，50%　　B. 10 min，40%　　C. 20 min，40%　　D. 30 min，50%

答案：B

解析：《煤矿安全规程》第一百五十九条　生产矿井主要通风机必须装有反风设施，并能在 10 min 内改变巷道中的风流方向；当风流方向改变后，主要通风机的供给风量不应小于正常供风量的 40%。

5. 通风压力和通风阻力关系为（　　）。

A. 通风压力大于通风阻力　　B. 通风压力、通风阻力方向相同

C. 作用力与反作用力关系　　D. 平衡力关系

答案：C

解析：空气沿井巷中流动时，由于风流的黏滞性、惯性和井巷壁面等对风流的阻滞、扰动作用而形成通风阻力，它是造成风流能量损失的原因。必须以通风压力（能量）来克服阻力，风流才能流动，通风压力（能量）与阻力是作用力与反作用力的关系，方向相反，数值相等。

6. 若网络形状是由站点和连接站点的链路组成的一个闭合环，则称这种拓扑结构为（　　）。

A. 星形拓扑　　B. 总线拓扑　　C. 环形拓扑　　D. 树形拓扑

答案：C

7. 下列对以太网交换机的说法中错误的是（　　）。

A. 以太网交换机可以对通过的信息进行过滤

B. 以太网交换机中端口的速率可能不同

C. 在交换式以太网中可以划分 VLAN

D. 利用多个以太网交换机组成的局域网不能出现环路

答案：D

解析：利用多个以太网交换机组成的局域网可以出现环路，但是可以进一步使用最小生成树算法避免数据包出现兜圈子现象。

8. 关于 RS232 传输方式的最大通信距离为（　　）。

A. 100 m　　B. 15 m　　C. 10 m　　D. 1.5 m

答案：B

解析：其发送电平与接收电平的差仅为 2～3 V，所以其共模抑制能力差，再加上双绞线上的分布电容，其传送距离最大约为 15 m。

9. 某煤矿井下使用煤矿用防爆型柴油单轨吊运输，该单轨道功率为 155 kW，其使用区域的配风量应不小于（　　）。

A. 360 m^3/min　　B. 520 m^3/min　　C. 620 m^3/min　　D. 750 m^3/min

答案：C

解析：《煤矿安全规程》第一百三十八条　矿井需要的风量应当按下列要求分别计算，并选取其中的最大值：使用煤矿用防爆型柴油动力装置机车运输的矿井，行驶车辆巷道的供风量还应当按同时运行的最多车辆数增加巷道配风量，配风量不小于 4 m^3/(min·kW)。

10. 矿井通风智能化建设中，要求主要通风机实现（　　）启动、反风、倒机功能。

A. 快速　　B. 自动　　C. 一键式　　D. 手动

答案：C

11. 在井下采煤工作面，对于防尘设备的选择，应该具备什么特性（　　）。

A. 不需维护　　B. 适用于高温环境

C. 无须防爆　　D. 高效防尘

答案：D

解析：防尘设备应该具备高效防尘的特性，以减少粉尘产生。

12. 井下煤矿作业中，如何正确使用防尘设备（　　）。

A. 随意更改防尘设备参数　　B. 定期检查防尘设备

C. 不进行防尘设备检查　　D. 忽略防尘设备的维护

答案：B

解析：正确使用防尘设备需要定期检查，确保其正常运行。

13. 在井下采煤工作面，采用湿式作业的主要目的是什么（　　）。

A. 增加瓦斯浓度　　B. 减少粉尘产生

C. 提高通风量　　D. 加强电气设备的维护

答案：B

解析：湿式作业能够有效减少粉尘产生，提高工作面的安全性。

14. 在煤矿井下，对于瓦斯检测仪的使用，以下哪种说法是正确的（　　）。

A. 不进行瓦斯检测　　B. 只在通风不畅的地方使用

C. 定期检测，保持正常使用　　D. 仅在地质构造异常的区域使用

答案：C

解析：对于煤矿井下，应定期检测，保持瓦斯检测仪的正常使用。

15. 在煤矿井下作业中，防范外因火灾的基本要求是什么（　　）。

A. 增加瓦斯浓度　　B. 随意更改电气设备

C. 提高通风量　　D. 加强电气设备的维护

答案：D

16. 在煤矿中，防止火灾发生的首要任务是什么（　　）。

A. 灭火　　B. 安全撤离　　C. 防范火源　　D. 提高通风效果

答案：C

解析：防范火源是防止火灾发生的首要任务，通过控制和防范可能引发火灾的因素，降低火灾发生的概率。

17. 通风系统中的“风流阻力”是指什么（　　）。

A. 风机的功率损失　　B. 空气流过通风系统时受到的阻力

C. 通风管道的长度　　D. 矿井内的风速

答案：B

18. 通风系统中的“通风效率”受到哪些因素的影响（　　）。

A. 风速和风量　　B. 通风帘的密封性

C. 通风门的数量　　D. 通风筒的长度

答案：A

解析：通风效率受到风速和风量等因素的影响，风速和风量越大，通风效率越高。

19. 通风系统中“阻力损失”会对系统产生什么影响（　　）。

A. 提高通风效率　　B. 降低通风效率

C. 增加通风帘的密封性　　D. 增加通风门的数量

答案：B

解析：阻力损失会降低通风系统的效率，使空气流经系统时受到的阻力增加。

20. 通风系统中的“矿井风流动态模拟”是用来做什么的（　　）。

A. 评估通风系统的效果　　B. 增加通风管道的长度

C. 控制通风帘的密封性　　D. 调整通风门的数量

答案：A

解析：通风系统中的“矿井风流动态模拟”主要是用来评估通风系统的效果。通过模拟矿井中风流的动态变化，可以更好地了解通风系统在不同工况下的表现，帮助优化通风系统的设计和运行。这有助于提高通风效果，确保矿井内的空气质量和工作环境符合安全标准。

21. 规定木料场距离矸石山不得小于（　　）。

A. 50 m　　B. 60 m　　C. 80 m　　D. 100 m

答案：A

解析：《煤矿安全规程》第二百四十七条　木料场、矸石山等堆放场距离进风井口不得小于 80 m。木料场距离矸石山不得小于 50 m。

22. 确定矿井所需风量时，主要依据以下（　　）气体计算。

A. CH_4 和 CO　　B. CO_2 和 CO　　C. O_2 和 CH_4　　D. CO_2 和 CH_4

答案：D

解析：《煤矿安全规程》第一百三十八条　规定矿井需要的风量应当按下列要求分别计算，并选取其中的最大值：（一）按井下同时工作的最多人数计算，每人每分钟供给风量不得少于 4 m^3。（二）按采掘工作面、硐室及其他地点实际需要风量的总和进行计算。各地点的实际需要风量，必须使该地点的风流中的甲烷、二氧化碳和其他有害气体的浓度，风速、温度及每人供风量符合本规程的有关规定。使用煤矿用防爆型柴油动力装置机车运输的矿井，行驶车辆巷道的供风量还应当按同时运行的最多车辆数增加巷道配风量，配风量不小于 4 m^3/(min·kW)。按实际需要计算风量时，应当避免备用风量过大或者过小。煤矿企业应当根据具体条件制定风量计算方法，至少每 5 年修订 1 次。

23.《中华人民共和国安全生产法》第二十五条规定，国家对严重危及生产安全的工艺、设备实行（　　）制度。

A. 淘汰　　B. 检查　　C. 年检　　D. 更换

答案：A

解析：《安全生产法》第二十五条　国家对严重危及生产安全的工艺、设备实行淘汰制度。

24. U 形水柱计主要测量通风机（　　）内的相对静压和相对全压。

A. 入口处风硐　　B. 进风井　　C. 巷道　　D. 出风井

答案：A

25.《煤矿安全规程》规定新安装的主要通风机投入使用前，必须进行1次通风机性能测定和试运转工作，以后每（　　）至少进行1次性能测定。

A. 1年　　B. 2年　　C. 3年　　D. 5年

答案：D

解析：《煤矿安全规程》第一百五十八条　新安装的主要通风机投入使用前，必须进行试运转和通风机性能测定，以后每5年至少进行1次性能测定。

26.《煤矿安全规程》中规定氢气最高允许浓度为（　　）。

A. 0.3%　　B. 0.5%　　C. 0.6%　　D. 0.7%

答案：B

解析：《煤矿安全规程》第一百六十七条　井下充电室必须有独立的通风系统，回风风流应当引入回风巷。井下充电室，在同一时间内，5 t及以下的电机车充电电池的数量不超过3组、5 t以上的电机车充电电池的数量不超过1组时，可不采用独立通风，但必须在新鲜风流中。

井下充电室风流中以及局部积聚处的氢气浓度，不得超过0.5%。

27. 矿井按瓦斯分级的目的是（　　）。

A. 确定供风标准

B. 计算矿井所需风量

C. 制定安全生产措施

D. 计算矿井所需风量和制定安全生产措施

答案：D

28.《防治煤与瓦斯突出细则》规定，在突出煤层顶、底板及邻近煤层中掘进巷道（包括钻场等）时，当巷道距离突出煤层的最小法向距离小于（　　），必须先探后掘。

A. 3 m　　B. 5 m　　C. 7 m　　D. 10 m

答案：D

解析：《防治煤与瓦斯突出细则》第二十九条　在突出煤层顶、底板及邻近煤层中掘进巷道（包括钻场等）时，必须超前探测煤层及地质构造情况，分析勘测验证地质资料，编制巷道剖面图，及时掌握施工动态和围岩变化情况，防止误穿突出煤层。当巷道距离突出煤层的最小法向距离小于10 m时（在地质构造破坏带小于20 m时），必须先探后掘。在距突出煤层突出危险区法向距离小于5 m的邻近煤、岩层内进行采掘作业前，必须对突出煤层相应区域采取区域防突措施并经区域效果检验有效。

29.《防治煤与瓦斯突出细则》规定，远距离爆破时，回风系统必须停电撤人。爆破后，进入工作面检查的时间在措施中明确规定，但不得小于（　　）。

A. 15 min　　B. 30 min　　C. 60 min　　D. 120 min

答案：B

解析：《防治煤与瓦斯突出细则》第一百二十条　井巷揭穿突出煤层和突出煤层的炮掘、炮采工作面必须采取远距离爆破安全防护措施。井巷揭煤采用远距离爆破时，必须明确包括起爆地点、避灾路线、警戒范围，制定停电撤人等措施。

远距离爆破时，回风系统必须停电撤人。爆破后，进入工作面检查的时间应当在措施中明确规定，但不得小于30 min。

30. 生产矿井每个安全出口之间的距离不得小于（　　）。

A. 10 m　　B. 20 m　　C. 30 m　　D. 50 m

答案：C

解析：《煤矿安全规程》第八十七条　每个生产矿井必须至少有 2 个能行人的通达地面的安全出口，各出口间距不得小于 30 m。

31. 煤矿井下瓦斯超限易造成爆炸事故，以下（　　）不能降低瓦斯爆炸下限浓度。

A. 氢气　　B. 煤尘　　C. 惰性气体

答案：C

解析：氢气能够降低瓦斯爆炸的下限，煤尘遇到火源放出可燃性气体，能使瓦斯爆炸下限降低。而惰性气体则能够抑制瓦斯爆炸提高下限浓度。

32. 煤矿井下电焊、气焊和喷灯焊接等工作地点的风流中，瓦斯浓度不得超过（　　），只有在检查证明作业地点附近 20 m 范围内巷道顶部和支架背板后无瓦斯积存时，方可进行作业。

A. 0.5%　　B. 1.0%　　C. 1.5%

答案：A

解析：煤矿井下电焊、气焊和喷灯焊接等工作地点的风流中，瓦斯浓度不得超过 0.5%，只有在检查证明作业地点附近 20 m 范围内巷道顶部和支架背板后无瓦斯积存时，方可进行作业。主要原因是很多矿井地质构造复杂，即使主要硐室和主要进风巷布置在岩层中，由于受断层、破碎带影响，巷道顶部出现局部冒顶及背板通风不良，也可能引起局部瓦斯积存。

33. 煤矿采空区采用注氮防灭火时，注入的氮气浓度不得低于（　　）。

A. 90%　　B. 95%　　C. 97%　　D. 98%

答案：C

解析：氧气是燃烧三要素之一，注入的氮气浓度会影响其防灭火效果。当氮气浓度较低时，氧浓度偏高，不仅不能够熄灭火源，反而会继续支持火源发展。因此，注入的氮气浓度越高越好。从经济层面以及便于煤矿井下防灭火的实际出发，本条规定注入的氮气浓度不得小于 97%。需要指出的是，虽然注氮能够形成窒息环境、控制火势发展，却不能有效消除高温点。实际应用过程中，采用长时间连续灌注氮气灭火的封闭火区在启封后火源迅速复燃的现象频繁发生，这是因为在一定条件下，火源在氧浓度为 3% 的环境中仍会维持阴燃状态。

34. 煤矿井下停风的独头巷道，每班在栅栏处至少检查（　　）次瓦斯。

A. 1　　B. 2　　C. 3

答案：A

解析：停风的独头巷道，每班在栅栏处至少检查 1 次瓦斯。独头巷道停风后，其内的瓦斯浓度超过 1% 或二氧化碳浓度超过 1.5% 时，必须采取专门排放措施。

35. 矿井通风系统中的静压是（　　）。

A. 风机运行时形成的压力　　B. 风道中空气的压力

C. 巷道内部压力　　D. 矿井下方地面对风道的压力

答案：D

36. 煤矿井下停风检修，恢复送电后，必须检查瓦斯。只有在局部通风机及其开关附近 10 m 以内风流中的瓦斯浓度都不超过（　　）时，方可人工开启局部通风机。

A. 0.5%　　　　B. 1.0%　　　　C. 1.5%

答案：A

解析：根据《煤矿安全规程》第一百七十六条　局部通风机因故停止运转，在恢复通风前，必须首先检查瓦斯，只有停风区中最高甲烷浓度不超过 1.0% 和最高二氧化碳浓度不超过 1.5%，且局部通风机及其开关附近 10 m 以内风流中的甲烷浓度都不超过 0.5% 时，方可人工开启局部通风机，恢复正常通风。

37. 一个采煤工作面的绝对瓦斯涌出量大于（　　）时，用通风方法解决瓦斯问题不合理的，必须建立抽采系统。

A. 2 m^3/min　　　　B. 3 m^3/min　　　　C. 5 m^3/min

答案：C

解析：根据《煤矿安全规程》第一百八十一条　任一采煤工作面的瓦斯涌出量大于 5 m/min 或者任一掘进工作面瓦斯涌出量大于 3 m/min，用通风方法解决瓦斯问题不合理的，必须建立地面永久抽采瓦斯系统或者井下临时抽采瓦斯系统。

38. 火区启封后，原火源点回风侧的气温、水温和 CO 浓度都无上升趋势，并保持（　　）天以上，方可认定火区确已完全熄灭。

A. 30　　　　B. 3　　　　C. 15

答案：B

解析：根据《煤矿安全规程》第二百八十条　在启封火区工作完毕后的 3 天内，每班必须由矿山救护队检查通风工作，并测定水温、空气温度和空气成分。只有在确认火区完全熄灭、通风等情况良好后，方可进行生产工作。

39. 煤矿必须建立井上、井下消防系统，井下消防管路系统在一般巷道中每隔 100 m、带式输送机巷道每隔（　　）设置一组支管和阀门。

A. 50 m　　　　B. 100 m　　　　C. 150 m

答案：A

解析：根据《煤矿安全规程》第二百四十九条　矿井必须设地面消防水池和井下消防管路系统。井下消防管路系统应当敷设到采掘工作面，每隔 100 m 设置支管和阀门，但在带式输送机巷道中应当每隔 50 m 设置支管和阀门。密度适当加大每隔 50 m 设置的目的是防止带式输送机巷道外因火灾事故的发生，能安全、迅速、有效地扑灭和控制火势。

40. 准备采区，必须在采区构成（　　）后，方可开掘其他巷道。

A. 掘进系统　　　　B. 运输系统　　　　C. 通风系统　　　　D. 监测系统

答案：C

解析：新采区准备初期，在没有构成独立的通风系统前，如果布置 2 个或 2 个以上的掘进工作面同时掘进，必将增加被串生产水平（采区）进风流中有害气体的浓度或发生多次串联通风现象，因此准备采区必须在采区构成通风系统后，方可开掘其他巷道。

41. 煤矿井下的有害气体主要是由（　　）、CO_2、H_2S、NO_2、H_2、NH_3 气体组成。

A. CO　　　　B. CH_4　　　　C. SO_2　　　　D. 以上均是

答案：D

42. 煤矿工人在井下工作时，需要一个适宜的空气条件。因此，《煤矿安全规程》对此有明确的规定，采掘工作面的进风流中，O_2 浓度不低于（　　），CO_2 的浓度不超过 0.5%。

A. 20%　　B. 28%　　C. 25%　　D. 18%

答案：A

解析：《煤矿安全规程》第一百三十五条　井下空气成分必须符合的要求之一是：采掘工作面的进风流中，O_2 浓度不低于 20%，CO_2 的浓度不超过 0.5%。

43. 下列不属于按进、出风井的布置形式不同而划分的矿井通风方式为（　　）。

A. 中央式　　B. 对角式　　C. 混合式　　D. 压入式

答案：D

44. 矿井通风阻力测定的主要目的是检查通风阻力的分布是否合理，关于全矿井通风阻力测定工作的说法正确的是（　　）。

A. 选择风阻短的干线为主要测量路线　　B. 并联风路应测量各线路风压

C. 为方便测量测点应靠近风门　　D. 井底车场可以简化为一个测点

答案：D

45. 局部通风机通风是向井下局部地点通风最常用的方法。局部通风机的通风方式有压入式、抽出式和压抽混合式。采用压入式通风的，局部通风机应安装在距掘进巷道口（　　）。

A. 5 m 以外的进风侧　　B. 10 m 以外的进风侧

C. 5 m 以外的回风侧　　D. 10 m 以外的回风侧

答案：B

46. 某生产矿井建立了矿井测风制度，对全矿井定期全面测风，根据《煤矿安全规程》，该矿井回采工作面的测风周期是（　　）。

A. 10 天　　B. 15 天　　C. 20 天　　D. 根据需要随时测风

答案：D

解析：《煤矿安全规程》第一百四十条　矿井必须建立测风制度，每 10 天至少进行 1 次全面测风。对采掘工作面和其他用风地点，应当根据实际需要随时测风，每次测风结果应当记录并写在测风地点的记录牌上。应当根据测风结果采取措施，进行风量调节。

47. 在煤矿采区内的主要通风构筑物有（　　）等。

A. 风桥　　B. 风门　　C. 挡风墙　　D. 以上都是

答案：D

48. 当矿井或一翼总风量不足或者过剩时，需要调节总风量，即调整主要通风机的工况点，采取的措施主要是（　　）。

A. 改变通风机的工作特性

B. 改变通风机工作风阻

C. 改变主要通风机的工作特性，改变通风机工作风阻

D. 增加通风机的数量

答案：C

49. 矿井必须采用机械通风，必须安装 2 套同等能力的主要通风机装置，其中一套作

为备用，备用通风机必须能在（　　）内开动。

A. 10 min　　B. 15 min　　C. 20 min　　D. 25 min

答案：A

解析：《煤矿安全规程》第一百五十八条　矿井必须采用机械通风。主要通风机的安装和使用应符合的要求之一是：必须安装2套同等能力的主要通风机装置，其中1套作备用，备用通风机必须能在10 min内开动。

50. 地下矿山漏风是指通风系统中风流沿某些细小通道与回风巷或地面发生渗漏的（　　）现象。

A. 短路　　B. 断路　　C. 断相　　D. 过负荷

答案：A

51.《煤矿安全规程》规定进风井口以下空气温度应保持（　　）以上。

A. 0 ℃　　B. 1 ℃　　C. 2 ℃　　D. 4 ℃

答案：C

解析：《煤矿安全规程》第一百三十七条　进风井口以下的空气温度必须在2 ℃以上。

52. 影响轴流式通风机个体风压特性曲线合理工作范围的参数是（　　）。

A. 风压、风量和效率　　B. 风压、功率和效率

C. 风压、效率和叶片安装角　　D. 风压、风量和叶片安装角

答案：C

53.《煤矿安全规程》规定，矿井主要通风机每（　　）年至少进行一次性能测定。

A. 2　　B. 3　　C. 5　　D. 8

答案：C

解析：《煤矿安全规程》第一百五十八条　矿井主要通风机每5年至少进行一次性能测定。

54.《煤矿安全规程》规定，矿井反风设施至少（　　）检查一次。

A. 1周　　B. 1个月　　C. 1季度　　D. 半年

答案：C

解析：《煤矿安全规程》第一百五十九条　每季度应至少检查1次反风设施，每年应当进行1次反风演习；矿井通风系统有较大变化时，应当进行1次反风演习。

55. 瓦斯在煤层中的赋存状态有（　　）。

A. 游离状态　　B. 吸附状态

C. 游离状态和吸附状态　　D. 自由运动状态

答案：C

56. 瓦斯带瓦斯压力一般（　　）。

A. 大于100 kPa　　B. 大于200 kPa　　C. 大于300 kPa　　D. 不一定

答案：B

57. 采掘工作面回风巷风流中二氧化碳浓度超过（　　）必须停止工作，撤出人员，进行处理。

A. 2.5%　　B. 2%　　C. 1.5%　　D. 0.5%

答案：C

解析：《煤矿安全规程》第一百七十二条　采区回风巷、采掘工作面回风巷风流中甲烷浓度超过1.0%或者二氧化碳浓度超过1.5%时，必须停止工作，撤出人员，采取措施，进行处理。

58. 电焊、气焊和喷灯焊接等工作地点的风流中，瓦斯浓度不得超过0.5%，其工作地点的前后两端各（　　）的井巷范围内，应是不燃性材料支护。

A. 10 m　　B. 5 m　　C. 15 m　　D. 20 m

答案：A

解析：《煤矿安全规程》第二百五十四条　电焊、气焊和喷灯焊接等工作地点的前后两端各10 m的井巷范围内，应当是不燃性材料支护，并有供水管路，有专人负责喷水，焊接前应当清理或者隔离焊渣飞溅区域内的可燃物。

59. 井下甲烷传感器应吊在（　　）。

A. 巷道中央　　B. 巷道中上部

C. 顶板下300 mm处　　D. 紧贴巷道顶板

答案：C

解析：《煤矿安全监控系统及检测仪器使用管理规范》AQ 1029—2019要求，甲烷传感器应垂直悬挂，距顶板不得大于300 mm，距巷帮不得小于200 mm。

60. 巷道相向贯通前，当两个工作面的瓦斯浓度（　　）时，方可爆破。

A. 都在0.5%以下　　B. 都在1%以下

C. 都在1.5%以下　　D. 爆破面在1%以下

答案：B

解析：《煤矿安全规程》第一百四十三条　贯通巷道必须遵守下列规定：只有在2个工作面及其回风流中的甲烷浓度都在1.0%以下时，掘进的工作面方可爆破。

61. 在工作面距煤层法向距离（　　）之外，至少打2个前探钻孔，掌握煤层赋存条件、地质构造、瓦斯情况等。

A. 3 m　　B. 5 m　　C. 10 m　　D. 15 m

答案：C

解析：《煤矿安全规程》第二百一十四条　井巷揭穿（开）突出煤层必须遵守下列规定：在工作面距煤层法向距离10 m之外，至少施工2个前探钻孔，掌握煤层赋存条件、地质构造、瓦斯情况等。

62. 在下列（　　）地点发生火灾时，不会产生火风压。

A. 上山巷道　　B. 下山巷道　　C. 垂直巷道　　D. 水平巷道

答案：D

63. 一般认为，含水煤水分蒸发后，其自燃危险性（　　）。

A. 增大　　B. 变小　　C. 不变　　D. 不能确定

答案：A

64.《防治煤与瓦斯突出细则》，在掘进工作面与被贯通巷道距离小于（　　）的作业期间，被贯通巷道内不得安排作业，保持正常通风，并且在掘进工作面爆破时不得有人；在贯通相距50 m以前实施钻孔一次打透，只允许向一个方向掘进。

A. 50 m　　B. 60 m　　C. 100 m　　D. 150 m

答案：A

解析：《防治煤与瓦斯突出细则》第二十七条。

65. 下列哪种方法不能减小巷道通风阻力（　　）。

A. 采用梯形断面巷道　　B. 保持巷道连接部位光滑

C. 断面逐渐变化　　D. 清理巷道中不用的堆积物

答案：A

66. 为防止煤尘飞扬，对矿井采煤工作面、掘进巷道中的风速要求最高为（　　）。

A. 6 m/s　　B. 5 m/s　　C. 4 m/s　　D. 0.25 m/s

答案：C

67. 瓦斯爆炸的引燃温度为（　　）。

A. 250～650 ℃　　B. 450～750 ℃　　C. 350～650 ℃　　D. 650～750 ℃

答案：D

解析：瓦斯爆炸三要素：一是瓦斯浓度为5%～6%，二是引火温度为650～750 ℃，三是空气中氧气浓度在12%以上。

68.（　　）只能作为预防煤与瓦斯突出的局部措施。

A. 水力冲孔　　B. 开采解压层　　C. 预防煤层瓦斯　　D. 煤层注水

答案：A

解析：《煤矿安全规程》第二百一十三条　井巷揭煤工作面的防突措施包括预抽煤层瓦斯、排放钻孔、金属骨架、煤体固化、水力冲孔或者其他经试验证明有效的措施。

69. 爆炸威力最强的煤尘浓度为（　　）。

A. 30～40 g/m^3　　B. 1000～2000 g/m^3

C. 300～400 g/m^3　　D. 700～800 g/m^3

答案：C

解析：煤尘爆炸的下限是30～40 g/m^3，爆炸上限是1000～2000 g/m^3，爆炸威力最强的是300～400 g/m^3。

70. 爆破作业过程中，最先爆破的炮眼是（　　）。

A. 周边眼　　B. 辅助眼　　C. 掏槽眼　　D. 掏槽眼和辅助眼

答案：C

解析：掏槽眼是运用于岩巷掘进，该眼最先爆破，以便将岩石抛掷出来，为围岩增加临空面，达到最佳爆破效果。

71. 一个采区内同一煤层不得布置（　　）以上回采工作面同时作业。

A. 2个（含2个）　　B. 3个（含3个）

C. 4个（含4个）　　D. 5个（含5个）

答案：A

解析：《煤矿安全规程》第一百九十五条　突出矿井的采掘布置应当遵守下列规定：在同一突出煤层的集中应力影响范围内，不得布置2个工作面相向回采或者掘进。

72. 增阻调节法是在（　　）风路中安装调节风门，增加风阻，保证风量按需分配。

A. 串联　　B. 并联　　C. 角联　　D. 都不是

答案：B

73. 钻孔瓦斯初速度的测定必须在打完钻后（　　）内完成。

A. 1 min　　B. 2 min　　C. 3 min　　D. 4 min

答案：B

74. 当空气、煤炭、围岩及其他介质温度升高，并超过（　　），且有上升趋势，则可能该区域发生了自然火灾。

A. 40 ℃　　B. 50 ℃　　C. 70 ℃　　D. 100 ℃

答案：C

75. 与井上气候相比，矿井进风流常出现（　　）。

A. 冬暖夏凉，冬湿夏干　　B. 冬凉夏暖，冬湿夏干

C. 冬凉夏暖，冬干夏湿　　D. 冬暖夏凉，冬干夏湿

答案：D

76. 按井下同时工作的最多人数计算，每人每分钟供给风量不得少于（　　）。

A. 2 m^3　　B. 4 m^3　　C. 5 m^3　　D. 6 m^3

答案：B

解析：《煤矿安全规程》第一百三十八条　矿井需要的风量应当按下列要求分别计算，并选取其中的最大值：（一）按井下同时工作的最多人数计算，每人每分钟供给风量不得少于4 m^3。

77. 停风区中甲烷浓度超过（　　）或者二氧化碳浓度超过（　　），最高甲烷浓度和二氧化碳浓度不超过（　　）时，必须采取安全措施，控制风流排放瓦斯。

A. 0.5%，1.0%，2.0%　　B. 1.0%，1.5%，1.5%

C. 1.0%，1.5%，2.0%　　D. 1.0%，1.5%，3.0%

答案：D

解析：《煤矿安全规程》第一百七十六条　停风区中甲烷浓度超过1.0%或者二氧化碳浓度超过1.5%，最高甲烷浓度和二氧化碳浓度不超过3.0%时，必须采取安全措施，控制风流排放瓦斯。

78. 关于光学瓦斯检定器的说法正确的是（　　）。

A. 采用光干涉原理

B. 钠石灰失效不会影响瓦斯浓度的测定

C. 可不填充硅胶

D. 10%量程的光学瓦斯检定器测量精度是0.1%

答案：A

解析：光学瓦斯检定器采用光波干涉原理设计，为避免水汽及二氧化碳影响，需要填装硅胶及钠石灰。市面常见光学瓦斯检定器量程为10%及100%，10%量程的测量精度为0.02%，100%量程的测量精度为0.1%。

79. 下列说法正确的是（　　）。

A. 矿井采掘工作面风流中甲烷浓度达到1.0%时，必须停止用电钻打眼

B. 矿井采掘工作面风流中甲烷浓度达到1.0%时，必须停止工作，撤出人员

C. 爆破点附近20 m以内风流中甲烷浓度达到1.0%时，撤出无关人员后，可以爆破

D. 因甲烷浓度超过规定被切断电源的电气设备，必须在甲烷浓度降到1.5%以下时，方可通电开动

答案：A

解析：采掘工作面及其他作业地点风流中甲烷浓度达到1.0%时，必须停止用电钻打眼；爆破点附近20 m以内风流中甲烷浓度达到1.0%时，严禁爆破；采掘工作面及其他作业地点风流中、电动机或者其开关安设地点附近20 m以内风流中甲烷浓度达到1.0%时，必须停止工作，切断电源，撤出人员，进行处理；因甲烷浓度超过规定被切断电源的电气设备，必须在甲烷浓度降到1.0%以下时，方可通电开动。

80. 煤与瓦斯突出矿井采煤工作面进风巷，甲烷传感器报警浓度、断电浓度、复电浓度分别是（　　）。

A. ≥2.0% CH_4，≥2.5% CH_4，<2.0% CH_4

B. ≥1.5% CH_4，≥1.5% CH_4，<1.5% CH_4

C. ≥1.0% CH_4，≥1.5% CH_4，<1.0% CH_4

D. ≥0.5% CH_4，≥0.5% CH_4，<0.5% CH_4

答案：D

81. 突出矿井必须建设采区避难硐室，采区避难硐室必须接入矿井压风管路和供水管路，满足避险人员的避险需要，额定防护时间不低于（　　）。

A. 24 h　　B. 48 h　　C. 96 h　　D. 98 h

答案：C

解析：《防治煤与瓦斯突出细则》第一百一十七条　突出矿井必须建设采区避难硐室，采区避难硐室必须接入矿井压风管路和供水管路，满足避险人员的避险需要，额定防护时间不低于96 h。

82. 新井（　　）前必须进行1次矿井通风阻力测定，以后每（　　）年至少测定1次。

A. 投产，1　　B. 建设，2　　C. 投产，3　　D. 验收，4

答案：C

解析：《煤矿安全规程》第一百五十六条　新井投产前必须进行1次矿井通风阻力测定，以后每3年至少测定1次。生产矿井转入新水平生产、改变一翼或者全矿井通风系统后，必须重新进行矿井通风阻力测定。

83.《煤矿防灭火细则》规定：矿井采煤工作面回采结束后，必须在（　　）天内进行永久性封闭。

A. 30　　B. 45　　C. 50　　D. 60

答案：B

解析：《煤矿防灭火细则》第二十二条　矿井必须制定防止采空区自然发火的封闭及管理专项措施，及时构筑各类密闭并保证质量。采煤工作面回采结束后，必须在45天内进行永久性封闭。

84. 煤矿井下生产水平和采（盘）区未实现（　　）通风的，属于煤矿重大事故隐患。

A. 分区　　B. 负压　　C. 正压　　D. 串联

答案：A

解析：《煤矿重大事故隐患判定标准》第八条 “通风系统不完善、不可靠”重大事故隐患，是指有下列情形之一的：（四）未按照设计形成通风系统，或者生产水平和采（盘）区未实现分区通风的。

85. 风速测量中在测点用风表测量风速，应测量（　　）次，计算其（　　）值作为该测点的风速值，并填入表中。

A. 一，最大　　B. 二，平均　　C. 三，平均　　D. 三，最大

答案：C

86. 煤矿未按照国家规定进行瓦斯（　　）鉴定，属于煤矿重大事故隐患。

A. 基础参数　　B. 等级　　C. 压力　　D. 含量

答案：B

解析：《煤矿重大事故隐患判定标准》第十八条 “其他重大事故隐患”，是指有下列情形之一的：（三）未按照国家规定进行瓦斯等级鉴定，或者瓦斯等级鉴定弄虚作假的。

87. 煤矿井下未按照设计形成（　　）的，属于煤矿重大事故隐患。

A. 运输系统　　B. 排水系统　　C. 通风系统　　D. 供电系统

答案：C

解析：《煤矿重大事故隐患判定标准》第八条 “通风系统不完善、不可靠”重大事故隐患，是指有下列情形之一的：（四）未按照设计形成通风系统，或者生产水平和采（盘）区未实现分区通风的。

88. 主井、副井和风井布置在同一个工业广场内，主井或者副井与风井贯通后，应当先安装（　　），实现全风压通风。

A. 主要通风机　　B. 局部通风机　　C. 临时通风机　　D. 制冷风机

答案：A

解析：《煤矿安全规程》第八十四条　巷道及硐室施工期间的通风应当遵守下列规定：（一）主井、副井和风井布置在同一个工业广场内，主井或者副井与风井贯通后，应当先安装主要通风机，实现全风压通风。不具备安装主要通风机条件的，必须安装临时通风机，但不得采用局部通风机或者局部通风机群代替临时通风机。

89. 突出矿井的采煤工作面甲烷传感器报警浓度是（　　）。

A. ≥0.5%　　B. ≥0.8%　　C. ≥1.0%　　D. ≥1.5%

答案：C

解析：《煤矿安全规程》第四百九十八条相关规定。

90. 矿井必须建立测风制度，每（　　）天至少进行1次全面测风。对采掘工作面和其他用风地点，应当根据实际需要随时测风，每次测风结果应当记录并写在测风地点的记录牌上。

A. 5　　B. 7　　C. 10　　D. 15

答案：C

解析：《煤矿安全规程》第一百四十条　矿井必须建立测风制度，每10天至少进行1次全面测风。对采掘工作面和其他用风地点，应当根据实际需要随时测风，每次测风结果应当记录并写在测风地点的记录牌上。

91. 矿井有效风量率不得大于（　　），局部通风机风筒百米漏风率应不大于（　　）。

A. 85%，85%　　B. 90%，92%　　C. 87%，90%　　D. 90%，87%

答案：A

92. 高瓦斯矿井采用（　　）采煤法不能有效防治煤层自然发火的，属于煤矿重大事故隐患。

A. 水力开采　　B. 薄煤层　　C. 巷道　　D. 放顶煤

答案：D

解析：《煤矿重大事故隐患判定标准》第十二条 "自然发火严重，未采取有效措施"重大事故隐患，是指有下列情形之一的：（二）高瓦斯矿井采用放顶煤采煤法不能有效防治煤层自然发火的。

93. 开采有瓦斯喷出、有突出危险的煤层，或者在距离突出煤层最小法向距离小于（　　）的区域掘进施工时，严禁 2 个工作面之间串联通风。

A. 5 m　　B. 7 m　　C. 10 m　　D. 15 m

答案：C

解析：《防治煤与瓦斯突出细则》第三十一条　突出矿井的通风系统应当符合下列要求：（三）开采有瓦斯喷出、有突出危险的煤层，或者在距离突出煤层最小法向距离小于 10 m 的区域掘进施工时，严禁 2 个工作面之间串联通风。

94. 为避免冲击地压煤层的采、掘工作面在时间、空间上的相互干扰影响，工作面之间应留有足够的采掘错距。临近掘进工作面与采煤工作面相向推进之间的斜距不得小于（　　）。

A. 100 m　　B. 200 m　　C. 300 m　　D. 500 m

答案：D

解析：《煤矿安全规程》第二百三十一条　冲击地压矿井巷道布置与采掘作业应当遵守下列规定：（一）开采冲击地压煤层时，在应力集中区内不得布置 2 个工作面同时进行采掘作业。2 个掘进工作面之间的距离小于 150 m 时，采煤工作面与掘进工作面之间的距离小于 350 m 时，2 个采煤工作面之间的距离小于 500 m 时，必须停止其中一个工作面。相邻矿井、相邻采区之间应当避免开采相互影响。

95. 矿井同时生产的水平不得超过（　　）个。

A. 2　　B. 3　　C. 4　　D. 5

答案：A

解析：《煤矿安全规程》第八十六条　新建非突出大中型矿井开采深度（第一水平）不应超过 1000 m，改扩建大中型矿井开采深度不应超过 1200 m，新建、改扩建小型矿井开采深度不应超过 600 m。矿井同时生产的水平不得超过 2 个。

96. 煤矿采用惰性气体防火时，必须对工作面回风隅角（　　）浓度进行监测。

A. 甲烷　　B. 氧气　　C. 氮气　　D. 二氧化碳

答案：B

解析：《煤矿防灭火细则》第七十条　采用惰性气体防火时，必须对工作面回风隅角氧气浓度进行监测。采用二氧化碳防火时，必须对采煤工作面进、回风流中二氧化碳浓度进行监测。当进风流中二氧化碳浓度超过0.5%或者回风流中二氧化碳浓度超过1.5%时，必须停止灌注、撤出人员、采取措施、进行处理。

97. 新安装的主要通风机投入使用前，必须进行试运转和通风机性能测定，以后每（　　）年至少进行1次性能测定。

A. 2　　B. 3　　C. 4　　D. 5

答案：D

解析：《煤矿安全规程》第一百五十八条　矿井必须采用机械通风。主要通风机的安装和使用应当符合下列要求：（七）新安装的主要通风机投入使用前，必须进行试运转和通风机性能测定，以后每5年至少进行1次性能测定。

98. 采掘工作面及其他巷道内，体积大于（　　）的空间内积聚的甲烷浓度达到（　　）时，附近20 m内必须停止工作，撤出人员，切断电源，进行处理。

A. 0.5 m^3，1.5%　　B. 0.5 m^3，2.0%

C. 1.0 m^3，1.5%　　D. 1.0 m^3，2.0%

答案：B

解析：《煤矿安全规程》第一百七十三条　采掘工作面及其他巷道内，体积大于0.5 m^3 的空间内积聚的甲烷浓度达到2.0%时，附近20 m内必须停止工作，撤出人员，切断电源，进行处理。

99. 矿井二氧化氮最高允许浓度为（　　）。

A. 0.0024%　　B. 0.00025%　　C. 0.0005%　　D. 0.00066%

答案：B

解析：《煤矿安全规程》第一百三十五条相关规定。

二、多选题

1. 生产矿井（　　）后，必须重新进行矿井通风阻力测定。

A. 改变采区通风系统　　B. 转入新水平生产

C. 改变一翼通风系统　　D. 改变全矿井通风系统

答案：BCD

解析：《煤矿安全规程》第一百五十六条　新井投产前必须进行1次矿井通风阻力测定，以后每3年至少测定1次。生产矿井转入新水平生产、改变一翼或者全矿井通风系统后，必须重新进行矿井通风阻力测定。

2. 关于RS232传输接口描述正确的是（　　）。

A. 标准串口，最常用的一种串行通信接口

B. 采取不平衡传输方式，即所谓单端通信

C. 其传送距离最大约为15 m，最高速率为20 kb/s

D. 共模抑制能力差

答案：ABCD

3. 关于RS485传输接口描述正确的是（　　）。

A. 标准串口，最常用的一种串行通信接口

B. 采取不平衡传输方式，即所谓单端通信

C. 其传送距离最大约为1200 m，最高速率为10 Mb/s

D. 采用四线连接时，只能实现点对多的通信，即只能有一个主设备

答案：ACD

解析：它是从RS－422基础上发展而来的，所以RS－485许多电气规定与RS－422相仿。如都采用平衡传输方式、都需要在传输线上接电阻等。RS－485可以采用二线与四线方式，二线制可实现真正的多点双向通信，而采用四线连接时，只能实现点对多的通信，即只能有一个主（Master）设备，其余为从设备，无论四线还是二线连接方式总线上可多接到32个设备。其最大传输距离约为1219 m，最大传输速率为10 Mb/s。

4. 计算机使用ping命令后获得的重要信息是（　　）。

A. ICMP分组的数量和大小　　B. 超时时限

C. 成功率　　D. 往返时间

答案：ADC

5.《煤矿智能通风建设指南》中关于智能通风系统的描述，正确的是（　　）。

A. 将地理信息系统与主通风机、风门、风窗、皮带运输监控系统融合

B. 将安全环境监测系统、瓦斯抽采监测系统、采掘工作面位置及状态监测系统以及人员和车辆定位系统进行集成

C. 实现自然分风解算、通风网络实时解算及灾变状态下风流模拟仿真

D. 进行通风系统优化、风速传感器和调节设施的优化布置以及可控性评价

答案：BCD

6.《煤矿智能通风建设指南》中关于通风设备要求的描述，正确的是（　　）。

A. 主要通风机、局部通风机鼓励实现在线变频调速

B. 主要通风机应安装精确的风量、风压传感器

C. 局部通风机应安装风筒风速传感器

D. 过车风门、主要行人风门、关键通风节点的风窗应实现人工、自动和半自动开关

答案：ABCD

7. 矿井通风阻力测定方法有哪些（　　）。

A. 压差计测试法　B. 气压计测试法　C. 风量测试法　D. 全压测试法

答案：AB

8. 关于矿井全压、静压、动压的表述正确的是（　　）。

A. 静止的空气和流动的空气均有静压

B. 井巷或风筒中某点风流的静压与该点在深度上所处的位置和通风机造成的压力有关

C. 动压为空气流动而产生的压力，恒为正值

D. 全压为静压与动压之和

答案：ABCD

解析：静压：空气分子之间或空气分子对风道壁施加的压力，不随方向而异；静止的空气和流动的空气均有静压。井巷或风筒中某点风流的静压与该点在深度上所处的位置和通风机造成的压力有关。按度量静压所选择的计量基准不同，有绝对静压和相对静压之分。绝对静压是以真空状态的绝对零压为基准计量空气的静压，恒为正值。相对静压是以

当地大气压力为基准计量的空气静压，当其高于大气压时为正值，称正压；反之为负值，称负压。动压为空气流动而产生的压力，恒为正值。全压为静压与动压之和，有绝对全压和相对全压之分。

9.《煤矿安全规程》规定，对开采容易自燃和自燃的单一厚煤层或者煤层群的矿井，（　）应当布置在岩层内或者不易自燃的煤层内；布置在容易自燃和自燃的煤层内时，必须锚喷或者砌碹，碹后的空隙和冒落处必须用不燃性材料充填密实，或者用无腐蚀性、无毒性的材料进行处理。

A. 采区运输巷　B. 集中运输大巷　C. 回风中巷　D. 总回风巷

答案：BD

解析：《煤矿安全规程》第二百六十二条　对开采容易自燃和自燃的单一厚煤层或者煤层群的矿井，集中运输大巷和总回风巷应当布置在岩层内或者不易自燃的煤层内；布置在容易自燃和自燃的煤层内时，必须锚喷或者砌碹，碹后的空隙和冒落处必须用不燃性材料充填密实，或者用无腐蚀性、无毒性的材料进行处理。

10. 对数据库执行操纵指令的 SQL 语言包含（　）。

A. insert　B. update　C. create　D. delete

答案：ABD

11. 有下列（　）情形之一，即属于“通风系统不完善、不可靠”。

A. 并联通风

B. 对角式通风

C. 高瓦斯、煤与瓦斯突出建设矿井局部通风不能实现双风机、双电源且自动切换的

D. 煤巷、半煤岩巷和有瓦斯涌出的岩巷的掘进工作面未装备甲烷电、风电闭锁装置或者不能正常使用的

答案：CD

12. 瓦斯、煤尘爆炸事故的抢险救灾决策前，必须分析判断的内容有（　）。

A. 是否切断灾区电源　B. 是否会诱发火灾和连续爆炸

C. 通风系统的破坏程度　D. 可能的影响范围

答案：BCD

13. 避免火风压造成风流逆转的主要措施有（　）。

A. 积极灭火，控制火势　B. 正确调度风流，避免事故扩大

C. 减小排烟风路阻力　D. 现场建立可视监测系统

答案：ABC

解析：积极灭火，控制火势；正确调度风流，避免事故扩大；减小排烟风路阻力是避免火风压造成风流逆转的主要措施，而现场建立可视监测系统则不直接与防止火风压逆转相关

14. 按具体功能的不同，可将煤矿防尘技术措施分为（　）。

A. 减尘措施　B. 降尘措施　C. 通风除尘措施　D. 个体防护措施

答案：ABCD

15. 主要通风机停止运转时，必须立即（　）。

A. 停止工作

B. 切断电源

C. 工作人员先撤到进风巷道中

D. 由值班矿领导组织全矿井工作人员全部撤出

答案：ABCD

解析：《煤矿安全规程》第一百六十一条　主要通风机停止运转时，必须立即停止工作、切断电源，工作人员先撤到进风巷道中，由值班矿领导组织全矿井工作人员全部撤出。

16. 掘进巷道贯通时，（　　）。

A. 由专人在现场统一指挥

B. 停掘的工作面必须保持正常通风，设置栅栏及警标

C. 经常检查风筒的完好状况

D. 经常检查工作面及其回风流中的瓦斯浓度，瓦斯浓度超限时，必须立即处理

答案：ABCD

解析：掘进巷道贯通是一个涉及安全的重要工作，因此需要采取多种措施来确保工作的安全进行。在巷道贯通的过程中，需要有专人负责统一指挥，协调各个环节，确保操作有序，避免安全事故。工作面停掘时需要保持正常通风，以确保空气流通，避免有害气体积聚。同时，设置栅栏及警标是为了防止人员误入危险区域。检查风筒的完好状况是为了确保通风系统的正常运行，防止因风筒故障而影响通风效果。对工作面和回风流中瓦斯浓度的检查是为了防范瓦斯爆炸的风险，一旦发现超限，必须立即采取处理措施，保障安全。因此，这些措施有助于保障掘进巷道贯通作业的安全

17. 防尘用水的水质针对下列哪些选项（　　）进行了要求。

A. 水的酸碱度　　B. 悬浮物浓度

C. 水质清洁，安有过滤装置　　D. 悬浮物粒径

答案：ABCD

18. 煤矿粉尘中，全尘的特点是（　　）。

A. 悬浮于空气中　　B. 不能进入人体呼吸道

C. 可以进入人体呼吸道　　D. 沉积在巷道中

答案：AC

解析：全尘中的颗粒可以进入人体呼吸道，而不是不能进入；另外，全尘并不沉积在巷道中，而是飘浮在空气中。因此，正确的选项是AC。

19. 火灾防治技术的发展趋势是（　　）。

A. 轻便、易于携带的监测仪器仪表

B. 限制或减少向采空区丢煤

C. 早期识别内因火灾

D. 针对煤层赋存条件，合理确定开拓方式

答案：ABCD

解析：随着科技的发展，轻便且易于携带的监测仪器仪表有助于提高火灾监测的效率，使得火灾的预警更加及时和精准。通过限制或减少向采空区丢煤，可以减少火灾的发生概率，降低煤矿火灾的风险。早期识别火灾的内因，例如监测有害气体浓度、煤层温度

等，有助于在火灾发生前采取预防措施，提高矿井的安全性。根据煤层赋存条件，采用合理的开采方式，有助于降低火灾的风险，减少火灾的发生概率。因此，选项 A、B、C、D 都符合火灾防治技术发展的趋势，这些趋势旨在提高矿井火灾的预防和控制能力。

20. 从业人员对本单位的安全工作可以行使以下权利（　　）。

A. 对本单位安全生产工作中存在的问题提出批评、检举、控告

B. 拒绝违章指挥和强令冒险作业

C. 了解其作业场所和工作岗位存在的危险因素、防范措施及事故应急措施

D. 对本单位的安全生产工作提出建议

答案：ABCD

解析：从业人员享有的八个方面的权利：①知情权，有权了解其作业场所和工作岗位存在的危险因素、防范措施和事故预防措施；②建议权，有权对本单位安全生产工作提出建议；③批评权、检举权、控告权，有权对本单位安全生产工作中存在的问题提出批评、检举、控告；④紧急避险权，发现直接危及人身安全的紧急情况时，有权停止作业或者在采取可能的应急措施后撤离作业场所；⑤拒绝权，有权拒绝违章指挥和强令冒险作业；⑥赔偿权，有权向本单位提出赔偿；⑦劳动保护权，有获得符合国家标准或行业标准劳动保护的权利；⑧教育培训权，有获得安全生产教育和培训的权利。

21. 采煤工作面采高（采高 K）调整系数为（　　）。

A. $K<2.0$ m 取 1.1　　B. $K<2.0$ m 取 1

C. 2.0～2.5 m 取 1.1　　D. $K>2.5$ m 及放顶煤面取 1.5

答案：BC

解析：《煤矿矿井风量计算办法》(MT/T 634—2019)。

表 3　采煤工作面采高风量系数

采煤工作面采高/ m	采煤工作面采高风量系数
<2.0	1.0
2.0～2.5	1.1
2.5～5.0 及放顶煤工作面	1.2

22. 采煤工作面风速验算包括（　　）。

A. 工作面风速验算　　B. 进风巷道风速验算

C. 回风巷道风速验算　　D. 回风通道风速验算

答案：ABC

解析：《煤矿矿井风量计算办法》(MT/T 634—2019) 中验算采煤工作面进风巷、回风巷及采煤工作面。

23. 下列选项中最高风速不得超过 8 m/s 的有（　　）。

A. 专为升降物料的井筒　　B. 升降人员和物料的井筒

C. 主要进风巷　　D. 采区进风巷

答案：BC

24. 测风工检查风速和风量目的是（　　）。

A. 检查风速和风量是否相冲突

B. 确定全矿总进风量和作业地点的进风量是否满足需要

C. 检查各主要巷道的风速是否符合《煤矿安全规程》规定

D. 检查漏风情况、确定漏风地点或漏风区段

答案：BCD

25. 井下用风地点风流中（　　）等必须符合《煤矿安全规程》的有关规定。

A. 二氧化碳、氢气和其他有害气体浓度

B. 井下的气候条件

C. 每人供风量

D. 瓦斯浓度

答案：ABCD

解析：《煤矿安全规程》第一百三十五条相规定。

26. 下列哪些地点应当每班至少检查 1 次甲烷、二氧化碳浓度（　　）。

A. 未进行作业的采煤工作面

B. 未进行作业的掘进工作面

C. 可能涌出或者积聚甲烷、二氧化碳的硐室

D. 可能涌出或者积聚甲烷、二氧化碳的巷道

E. 采煤工作面

答案：ABCD

解析：《煤矿安全规程》第一百八十条（四）采掘工作面二氧化碳浓度应当每班至少检查 2 次；有煤（岩）与二氧化碳突出危险或者二氧化碳涌出量较大、变化异常的采掘工作面，必须有专人经常检查二氧化碳浓度。对于未进行作业的采掘工作面，可能涌出或者积聚甲烷、二氧化碳的硐室和巷道，应当每班至少检查 1 次甲烷、二氧化碳浓度。

27. 区域综合防突措施包括（　　）。

A. 区域突出危险性预测　　B. 区域防突措施

C. 区域措施效果检验　　D. 安全防护措施

答案：ABC

解析：《防治煤与瓦斯突出细则》第五条　有突出矿井的煤矿企业、突出矿井应当依据本细则，结合矿井开采条件，制定、实施区域和局部综合防突措施。区域综合防突措施包括下列内容：（一）区域突出危险性预测；（二）区域防突措施；（三）区域防突措施效果检验；（四）区域验证。局部综合防突措施包括下列内容：（一）工作面突出危险性预测；（二）工作面防突措施；（三）工作面防突措施效果检验；（四）安全防护措施。突出矿井应当加强区域和局部（以下简称两个“四位一体”）综合防突措施实施过程的安全管理和质量管控，确保质量可靠、过程可溯。

28. 局部综合防突措施包括（　　）。

A. 工作面突出危险性预测　　B. 工作面防突措施

C. 工作面防突措施效果检验　　D. 安全防护措施

答案：ABCD

29. 装有带式输送机的井筒兼作进风井时要符合（　　）。

A. 井筒中的风速不得超过 4 m/s　　B. 应有可靠防尘措施

C. 井筒中必须装设自动报警灭火装置　　D. 井筒中必须敷设消防管路

答案：ABCD

解析：《煤矿安全规程》第一百四十五条　箕斗提升井或者装有带式输送机的井筒兼作风井使用时，必须遵守下列规定：（一）生产矿井现有箕斗提升井兼作回风井时，井上下装、卸载装置和井塔（架）必须有防尘和封闭措施，其漏风率不得超过 15%。装有带式输送机的井筒兼作回风井时，井筒中的风速不得超过 6 m/s，且必须装设甲烷断电仪。（二）箕斗提升井或者装有带式输送机的井筒兼作进风井时，箕斗提升井筒中的风速不得超过 6 m/s、装有带式输送机的井筒中的风速不得超过 4 m/s，并有防尘措施。装有带式输送机的井筒中必须装设自动报警灭火装置、敷设消防管路。

30. 为了防止瓦斯积聚和发生瓦斯积聚时能及时得到处理，矿井必须有（　　）的安全措施。

A. 因停电和检修主要通风机停止运转　　B. 通风系统遭到破坏以后恢复通风

C. 排放瓦斯　　D. 送风

答案：ABC

解析：《煤矿安全规程》第一百七十五条　矿井必须有因停电和检修主要通风机停止运转或者通风系统遭到破坏以后恢复通风、排除瓦斯和送电的安全措施。恢复正常通风后，所有受到停风影响的地点，都必须经过通风、瓦斯检查人员检查，证实无危险后，方可恢复工作。所有安装电动机及其开关的地点附近 20 m 的巷道内，都必须检查瓦斯，只有甲烷浓度符合本规程规定时，方可开启。

31.《煤矿安全规程》规定，采取预抽煤层瓦斯区域防突措施时，预抽区段煤层瓦斯的钻孔应当控制区段内的（　　）。以上所述的钻孔控制范围均为沿煤层层面方向。

A. 整个回采区域

B. 两侧回采巷道

C. 倾斜、急倾斜煤层两侧回采巷道上帮轮廓线外至少 20 m，下帮至少 10 m

D. 倾斜、急倾斜煤层以外的其他煤层回采巷道两侧轮廓线外至少各 15 m

答案：ABCD

解析：《煤矿安全规程》第二百零九条相关规定。

32. 下列选项中应进行抽采瓦斯的情况有（　　）。

A. 高瓦斯矿井

B. 突出矿井

C. 年产量 0. 8 Mt 的矿井绝对瓦斯涌出量大于 25 m^3/min

D. 矿井绝对瓦斯涌出量大于 40 m^3/min

答案：BCD

解析：根据《煤矿安全规程》第一百八十一条　突出矿井必须建立地面永久抽采瓦斯系统。有下列情况之一的矿井，必须建立地面永久抽采瓦斯系统或者井下临时抽采瓦斯系统：（一）任一采煤工作面的瓦斯涌出量大于 5 m^3/min 或者任一掘进工作面瓦斯涌出量大于 3 m^3/min，用通风方法解决瓦斯问题不合理的。（二）矿井绝对瓦斯涌出量达到下列条件的：1. 大于或者等于 40 m^3/min；2. 年产量 1.0～1.5 Mt 的矿井，大于 30 m^3/min；3. 年产量 0.6～1.0 Mt 的矿井，大于 25 m^3/min；4. 年产量 0.4～0.6 Mt 的矿井，大于 20 m^3/min；5. 年产量小于或者等于 0.4 Mt 的矿井，大于 15 m^3/min。

33. 采掘工作面的进风和回风不得经过（　　）。

A. 裂隙区　　B. 采空区　　C. 冒顶区　　D. 应力集中区

答案：BC

解析：根据《煤矿安全规程》第一百五十三条　采煤工作面必须采用矿井全风压通风，禁止采用局部通风机稀释瓦斯。采掘工作面的进风和回风不得经过采空区或者冒顶区。

34. 同一采区内、同一煤层上下相连的 2 个同一风路中的采煤工作面、采煤工作面与其相连接的掘进工作面、相邻的 2 个掘进工作面串联通风必须同时符合下列规定（　　）。

A. 布置独立通风有困难　　B. 必须制定安全措施

C. 串联通风的次数不得超过 1 次　　D. 串联通风的次数不得超过 2 次

答案：ABC

解析：根据《煤矿安全规程》第一百五十条　采、掘工作面应当实行独立通风，严禁 2 个采煤工作面之间串联通风。同一采区内 1 个采煤工作面与其相连接的 1 个掘进工作面、相邻的 2 个掘进工作面，布置独立通风有困难时，在制定措施后，可采用串联通风，但串联通风的次数不得超过 1 次。

35. 采用阻化剂防灭火时，应遵守下列规定（　　）。

A. 选用的阻化剂材料不得污染井下空气和影响人体健康

B. 必须在设计中对阻化剂的种类和数量、阻化效果等主要参数作出明确规定

C. 应采取防止阻化剂腐蚀机械设备、支架等金属构件的措施

D. 井下所有巷道、工作面必须全部喷阻化剂

答案：ABC

解析：根据《煤矿安全规程》第二百六十八条　采用阻化剂防灭火时，应当遵守下列规定：（一）选用的阻化剂材料不得污染井下空气和危害人体健康。（二）必须在设计中对阻化剂的种类和数量、阻化效果等主要参数作出明确规定。（三）应当采取防止阻化剂腐蚀机械设备、支架等金属构件的措施。

36. 矿井必须制定防止采空区自然发火的封闭及管理专项措施，并遵守下列（　　）规定。

A. 每月 1 次抽取封闭采空区气样进行分析，并建立台账

B. 采煤工作面回采结束后，必须在 45 天内进行永久性封闭

C. 开采自燃和容易自燃煤层，应当及时构筑各类密闭并保证质量

D. 与封闭采空区连通的各类废弃钻孔必须永久封闭

答案：BCD

解析：根据《煤矿安全规程》第二百七十四条　矿井必须制定防止采空区自然发火的封闭及管理专项措施。采煤工作面回采结束后，必须在 45 天内进行永久性封闭，每周

至少 1 次抽取封闭采空区内气样进行分析，并建立台账。开采自燃和容易自燃煤层，应当及时构筑各类密闭并保证质量。与封闭采空区连通的各类废弃钻孔必须永久封闭。构筑、维修采空区密闭时必须编制设计和制定专项安全措施。采空区疏放水前，应当对采空区自然发火的风险进行评估；采空区疏放水时，应当加强对采空区自然发火危险的监测与防控；采空区疏放水后，应当及时关闭疏水闸阀、采用自动放水装置或者永久封堵，防止通过放水管漏风。

37. 矿井局部风量调节方法有（　　）。

A. 改变主要通风机工作特性　　B. 增阻法

C. 降阻法　　D. 辅助通风机调节法

答案：BCD

解析：局部风量调节是指在采区内部各工作面间、采区之间或生产水平之间的风量调节。常见方法有增阻法、减阻法及辅助通风机调节法。

38. 粉尘超限爆炸是发生矿井灾害的主要因素之一，下列措施能隔绝煤尘爆炸的有（　　）。

A. 清除落尘　　B. 撒布岩粉　　C. 设置水棚　　D. 煤层注水

答案：BC

解析：为了防止煤尘爆炸范围扩大，必须采取隔绝煤尘爆炸的措施，主要有水棚、岩粉棚、撒布岩粉、喷雾洒水等。A、D 项是预防煤尘爆炸的措施。故选 BC。

39. 防火墙的封闭顺序，首先应封闭所有其他防火墙，留下进回风主要防火墙最后封闭。进回风主要防火墙封闭顺序不仅影响有效控制火势，而且关系救护队员的安全，进回风同时封闭构筑防火墙的优点是（　　）。

A. 火区封闭时间短

B. 迅速切断供氧条件

C. 防火墙完全封闭前还可保持火区通风

D. 火区不易达到爆炸危险程度

答案：ABCD

解析：进回风同时封闭构筑防火墙，封闭时间短，能在较短时间内切断对火区供氧，完全封闭前还可以保持火区通风，同时由于瓦斯积聚时间短，很难达到爆炸浓度界限，常在灭火中使用。

40. 开采容易自燃和自燃煤层时，必须制定防治（　　）自然发火的技术措施。

A. 采空区　　B. 巷道高冒区　　C. 煤柱破坏区　　D. 井口

答案：ABC

解析：根据《煤矿安全规程》第二百六十五条　开采容易自燃和自燃煤层时，必须制定防治采空区（特别是工作面始采线、终采线、上下煤柱线和三角点）、巷道高冒区、煤柱破坏区自然发火的技术措施。

41. 测定风量时，中速风表测量的风速可以是（　　）。

A. 0.2 m/s　　B. 0.5 m/s　　C. 3 m/s　　D. 7 m/s

E. 11 m/s

答案：BCD

解析：中速风表的风速测量范围为0.5～10 m/s

42. 在倾斜运输巷中设置风门，应符合（　　）。

A. 安设自动风门

B. 设专人管理

C. 有防止矿车或风门碰撞人员以及矿车碰坏风门的安全措施

D. 至少两道

答案：ABCD

43. 掘进巷道贯通后，必须（　　）。

A. 停止采区内的一切工作　　B. 立即恢复工作

C. 立即调整通风系统　　D. 风流稳定后，方可恢复工作

答案：ACD

解析：《煤矿安全规程》第一百四十三条　贯通巷道必须遵守下列规定：（三）贯通后，必须停止采区内的一切工作，立即调整通风系统，风流稳定后，方可恢复工作。

44. 反映通风机工作特性的基本参数包含（　　）。

A. 通风机的风量　B. 通风机的风压　C. 通风机的功率　D. 通风机的作用

答案：ABC

解析：主要通风机附属装置有反风装置、防爆门、风硐、扩散器、隔声装置。反映通风机工作特性的基本参数有4个，即通风机的风量、风压、功率和效率。

45. 根据结构特点不同，风桥可分为以下哪几种（　　）。

A. 绕道式　B. 混凝土　C. 铁筒　D. 隔断

答案：ABC

解析：风桥根据结构特点不同，风桥可分为以下3种：

（1）绕道式风桥，当服务年限很长，通过风量在20 m^3/s 以上时，可以采用。

（2）混凝土风桥，当服务年限较长，通过风量为10～20 m^3/s 时，可以采用。

（3）铁筒风桥，一般在服务年限很短，通过风量在10 m^3/s 以下时，可以采用。

46. 关于密闭墙位置选择的具体要求中，下列说法不正确的是（　　）。

A. 密闭墙的数量尽可能多，设置多重保障

B. 密闭墙应尽量靠近火源，使火源尽早隔离

C. 密闭墙与火源间应存在旁侧风路，以便灭火

D. 密闭墙不用考虑周围岩体条件，安置墙体即可

答案：ACD

解析：密闭墙的位置选择，具体要求是：（1）密闭墙的数量尽可能少。（2）密闭墙的位置不应离新鲜风流过远。为便于作业人员的工作，密闭墙的位置不应离新鲜风流过远，一般不应超过10 m，也不要小于5 m，以便留有另筑建密闭墙的位置。（3）密闭墙周围岩体条件要好。密闭墙前后5 m范围内的围岩应稳定，没有裂缝，保证筑建密闭墙的严密性和作业人员的安全，否则应用喷浆或喷混凝土将巷道围岩的裂缝封闭。（4）密闭墙与火源间不应存在旁侧风路。为了防止火区封闭后引起火灾气体和瓦斯爆炸，在密闭墙与火源之间不应有旁侧风路存在，以免火区封闭后风流逆转，将有爆炸性的火灾气体和瓦斯带回火源而发生爆炸。（5）施工地点必须通风良好，施工现场要吊挂瓦斯检测装置。（6）密

闭墙应尽量靠近火源。不管有无瓦斯，密闭墙的位置（特别是进风侧的密闭墙）应距火源尽可能近些。这是因为空间越小，爆炸性气体的体积越小，发生爆炸的威力越小；启封火区时也容易。

47. 局部风量调节有以下几种（　　）。

A. 增阻调节法　　B. 降阻调节法

C. 改变通风设施　　D. 增加风压调节法

答案：ACD

48. 关于掘进巷道的通风，下面（　　）的说法是正确的。

A. 必须采用矿井全风压通风或局部通风机通风

B. 使用局部通风机通风的掘进工作面，在交接班时可以停风

C. 高瓦斯、突出矿井掘进工作面的局部通风机必须采用“三专”供电

D. 严禁使用 3 台以上（含 3 台）的局部通风机同时向 1 个掘进工作面供风

答案：ACD

解析：《煤矿安全规程》第一百六十四条　对局部通风机及风筒的安装与使用进行了明确说明，其主要目的是保证局部通风机连续运转，不能造成掘进工作面停风和风量不足。

49. 矿井气候条件与矿井内空气的哪些因素有关（　　）。

A. 成分　　B. 温度　　C. 湿度　　D. 风速

E. 密度

答案：BCD

50. 矿井主要通风机的附属装置主要有哪些（　　）。

A. 风硐　　B. 反风装置　　C. 防爆门　　D. 扩散器

E. 局部通风机

答案：ABCD

51. 在哪些地点必须安设主要隔爆棚（　　）。

A. 矿井两翼与井筒相连通的主要运输大巷和回风大巷

B. 相邻采区之间的集中运输巷道和回风巷道

C. 相邻煤层之间的运输石门和回风石门

D. 串联的两个巷道中

答案：ABC

52. 井下风门有（　　）。

A. 普通风门　　B. 自动风门　　C. 反向风门　　D. 防爆门

E. 调节风门

答案：ABCE

53. 瓦斯抽放的三种方式为（　　）。

A. 巷道抽放　　B. 本煤层抽放　　C. 邻近层抽放　　D. 采空区抽放

答案：ABC

54. 矿井火灾根据发火原因的不同，可分为（　　）。

A. 外因火灾　　B. 摩擦火花　　C. 电气火灾　　D. 内因火灾

答案：AD

55. 瓦斯抽放系统的三防装置是（　　）。

A. 防回火　　B. 防回气　　C. 防爆炸　　D. 防回水

答案：ABC

56. 在无测风站的地点测风时，要选在（　　）地点。

A. 断面规整　　B. 支护良好

C. 无空顶片帮　　D. 前后 10 m 巷道内无障碍物

E. 无拐弯

答案：ABCDE

57. 风量调节的方法有（　　）。

A. 矿井总风量调节　　B. 局部风量调节

C. 降低风阻调节　　D. 风门调节

答案：AB

58. 防治有害气体的措施是（　　）。

A. 加强通风　　B. 瓦斯抽放　　C. 加强监测　　D. 封闭巷道

答案：ABC

59. 隔爆设施安装应完成（　　）工作。

A. 井下隔爆设施的安装　　B. 井下隔爆设施的维护

C. 井下隔爆设施的拆除　　D. 井下隔爆设施回收

答案：ABC

60. 矿井通风是指（　　）。

A. 向矿井连续供给新鲜空气　　B. 稀释并排出有害气体和矿尘

C. 改善井下气候条件　　D. 救灾时控制风流

答案：ABCD

61. 下列情形中，严禁采用放顶煤开采的是（　　）。

A. 采区或者工作面采出率达不到矿井设计规范规定的

B. 有自然发火危险的煤层

C. 缓倾斜、倾斜厚煤层的采放比大于 1∶3，且未经行业专家论证的

D. 放顶煤开采后有可能与地表水、老窑积水和强含水层导通的

E. 放顶煤开采后有可能沟通火区的

答案：ACDE

解析：《煤矿安全规程》第一百一十五条　有下列情形之一的，严禁采用放顶煤开采：（一）缓倾斜、倾斜厚煤层的采放比大于 1∶3，且未经行业专家论证的；急倾斜水平分段放顶煤采放比大于 1∶8 的。（二）采区或者工作面采出率达不到矿井设计规范规定的。（三）坚硬顶板、坚硬顶煤不易冒落，且采取措施后冒放性仍然较差，顶板垮落充填采空区的高度不大于采放煤高度的。（四）放顶煤开采后有可能与地表水、老窑积水和强含水层导通的。（五）放顶煤开采后有可能沟通火区的。

62. 压入式局部通风机和启动装置的安装必须符合以下（　　）规定。

A. 可安装在新鲜风流的角联巷道

B. 距掘进巷道回风口不得小于 10 m

C. 全风压供给该处的风量必须等于局部通风机的吸入风量

D. 局部通风机安装地点到回风口间的巷道中的最低风速必须符合《煤矿安全规程》中规定的 0.15 m/s

答案：BD

解析：《煤矿安全规程》第一百六十四条　安装和使用局部通风机和风筒时，必须遵守下列规定：（二）压入式局部通风机和启动装置安装在进风巷道中，距掘进巷道回风口不得小于 10 m；全风压供给该处的风量必须大于局部通风机的吸入风量，局部通风机安装地点到回风口间的巷道中的最低风速必须符合本规程第一百三十六条的要求。

63. 形成矿井外因火灾的引火热源有（　　）。

A. 存在明火　　B. 违章放炮　　C. 电火花　　D. 机械摩擦

E. 机电设备运行发热

答案：ABCD

解析：AB 选项会产生明火，CD 选项产生高温电火花，都会引起火灾；E 选项机电设备运行发热属于机电设备正常运行，故本题选 ABCD。

64. 按《煤矿安全规程》规定，对采掘工作面的甲烷浓度检查次数要求有：（　　）。

A. 低瓦斯矿井，每班至少 2 次　　B. 高瓦斯矿井，每班至少 3 次

C. 高瓦斯矿井，每班至少 2 次　　D. 低瓦斯矿井，每班至少 3 次

E. 突出煤层、有瓦斯喷出危险的采掘工作面，必须有专人经常检查

答案：ABE

解析：根据《煤矿安全规程》第一百八十条（三）采掘工作面的甲烷浓度检查次数如下：1. 低瓦斯矿井，每班至少 2 次；2. 高瓦斯矿井，每班至少 3 次；3. 突出煤层、有瓦斯喷出危险或者瓦斯涌出较大、变化异常的采掘工作面，必须有专人经常检查。

65. 关于煤矿井下有害气体的描述正确的是（　　）。

A. 一氧化碳最高允许浓度 0.024%

B. 采掘工作面二氧化碳最高允许浓度 0.5%

C. 硫化氢最高允许浓度 0.00066%

D. 矿井中所有有害气体的浓度均按体积百分比计算

E. 甲烷最高允许浓度 0.5%

答案：CD

解析：《煤矿安全规程》第一百三十五条相关规定。

66. 安全监控系统设备“三证一标”是指（　　）。

A.“MA”标志证书　　B. 防爆合格证

C. 安全仪器仪表检验合格证　　D. 产品生产合格证

答案：ABCD

67.（　　）应设置风速传感器。

A. 采区回风巷　　B. 一翼回风巷

C. 总回风巷的测风站　　D. 低瓦斯矿井采煤工作面

答案：ABC

68. 一氧化碳是有害气体，应该加以重点监控，井下一氧化碳的来源有（　　）。

A. 煤的氧化、自燃及火灾　　B. 爆破

C. 瓦斯、煤尘爆炸　　D. 朽烂的木质材料

答案：ABC

69.《煤矿安全规程》规定：应在（　　）上方设置甲烷传感器。

A. 封闭的带式输送机地面走廊　　B. 井下煤仓

C. 地面选煤厂煤仓　　D. 封闭的地面选煤厂车间

答案：ABCD

70. 开采容易自燃、自燃煤层的采煤工作面必须至少设置 1 个一氧化碳传感器，地点可在（　　）中任选。

A. 上隅角　　B. 进风巷

C. 采煤工作面中部　　D. 工作面回风巷

答案：AD

71. 排放瓦斯后，符合（　　），才可恢复局部通风机的正常通风。

A. 经检查证实，整个独头巷内风流中的瓦斯浓度不超过 1%

B. 氧气浓度不低于 20%

C. 二氧化碳浓度不超过 1.5%

D. 稳定 30 min，瓦斯浓度没有变化

E. 人工检查要求

答案：ABCD

72. 下列造成瓦斯积聚的原因有（　　）。

A. 风筒断开　　B. 通风系统不合理、不完善

C. 采空区　　D. 风流短路

E. 盲巷

答案：ABCDE

73. 排放瓦斯的安全措施包括（　　）等主要内容。

A. 计算排放瓦斯量　　B. 确定排放瓦斯流经的路线

C. 明确撤人范围　　D. 严禁“一风吹”

E. 预计排放所需时间

答案：ABCDE

74. 并联通风和串联通风相比，其优点是（　　）。

A. 通风阻力小，通风容易

B. 各风路都有独立的新鲜风流

C. 有利于控制或调节风量，容易做到按需配风

D. 不易发生事故，如果某一风路发生事故，易于隔绝，不至于影响其他风路

E. 通风费用低

答案：ABCDE

75. 高瓦斯、突出矿井的煤巷、半煤岩巷和有瓦斯涌出的岩巷掘进工作面正常工作的局部通风机必须采用三专供电，这里的“三专”是指（　　）。

A. 专用保护器　　B. 专用开关　　C. 专用电缆　　D. 专用变压器

答案：BCD

76. “四位一体”综合防突措施是指（　　）。

A. 防治突出措施　　B. 突出危险性预测

C. 防突措施效果检验　　D. 开采保护层

E. 安全防护措施

答案：ABCE

解析：依据《煤矿安全规程》第一百九十一条相关规定。

77. 因外伤出血用止血带时应注意（　　）。

A. 松紧合适，以远端不出血为止

B. 留有标记，写明时间

C. 使用止血带以不超过 2 h 为宜，应尽快送医院救治

D. 每隔 30 ~ 60 min，放松 2 ~ 3 min

答案：ABCD

78. 在下列巷道中不应敷设电力电缆（　　）。

A. 总回风巷　　B. 专用回风巷　　C. 溜煤道　　D. 综采回风顺槽

答案：ABC

解析：《煤矿安全规程》第四百六十二条　在总回风巷、专用回风巷及机械提升的进风倾斜井巷（不包括输送机上、下山）中不应敷设电力电缆。确需在机械提升的进风倾斜井巷（不包括输送机上、下山）中敷设电力电缆时，应当有可靠的保护措施，并经矿总工程师批准。溜放煤、矸、材料的溜道中严禁敷设电缆。

79.《煤矿安全规程》规定，采掘工作面及其他作业地点风流中、电动机或其开关安设地点附近 20 m 以内风流中的瓦斯浓度达到 1.5% 时，必须（　　）。

A. 查明原因　　B. 切断电源　　C. 撤出人员　　D. 进行处理

E. 停止工作

答案：BCDE

解析：《煤矿安全规程》第一百七十三条　采掘工作面及其他作业地点风流中、电动机或者其开关安设地点附近 20 m 以内风流中的甲烷浓度达到 1.5% 时，必须停止工作，切断电源，撤出人员，进行处理。

80. 排放瓦斯时，停电撤人的范围包括（　　）。

A. 被排放瓦斯风流切断安全出口的采掘工作面

B. 受排放瓦斯影响的硐室和巷道

C. 全矿井

D. 矿井一翼

答案：AB

81. 煤矿采用均压防火技术时，均压方案必须包括（　　）等内容。

A. 调压方法　　B. 均压设备设施管理

C. 效果检验　　D. 应急处置

答案：ABCD

解析：《煤矿防灭火细则》第七十三条　采用均压防火技术时，应当编制专项方案，经论证报上级企业技术负责人批准后方可使用。均压方案必须包括调压方法、均压设备设施管理、效果检验、应急处置等内容

82. 煤矿防火应当遵循灾害协同防治的原则，综合考虑多种灾害因素影响，选择合理的（　　）等。

A. 开拓布置　　B. 矿井通风方式　　C. 矿井运输方式　　D. 采煤方法及工艺

E. 巷道支护方式

答案：ABDE

解析：《煤矿防灭火细则》第八条　煤矿应当遵循灾害协同防治的原则，综合考虑多种灾害因素影响，选择合理的开拓布置、矿井通风方式、采煤方法及工艺、巷道支护方式等。

83. 煤矿井下（　　）等主要硐室的支护和风门、风窗必须采用不燃性材料。

A. 水仓　　B. 机电设备硐室　　C. 检修硐室　　D. 材料库

E. 采区变电所

答案：BCDE

解析：《煤矿防灭火细则》第三十七条　井巷支护材料的选择应当符合下列规定：

（二）井下机电设备硐室、检修硐室、材料库、采区变电所等主要硐室的支护和风门、风窗必须采用不燃性材料。井下机电设备硐室出口必须装设向外开的防火铁门，防火铁门外 5 m 内的巷道，应当砌碹或者采用其他不燃性材料支护。

84. 煤矿采用均压技术防火时，对采空区、火区等封闭区域可采用闭区均压，同时必须有专人定期观测与分析封闭区域的（　　）及防火墙内外空气压差等状况。

A. 漏风量及方向　　B. 瓦斯浓度　　C. 氧气浓度　　D. 空气温度

答案：ABCD

解析：《煤矿防灭火细则》第七十二条　采用均压技术防火时，根据均压区域是否封闭分为闭区均压和开区均压，并遵守下列规定：（二）对采空区、火区等封闭区域可采用闭区均压，同时必须有专人定期观测与分析封闭区域的漏风量、漏风方向、瓦斯浓度、氧气浓度、空气温度、防火墙内外空气压差等状况，并记录在专用的防火记录簿内。

85. 高瓦斯、煤与瓦斯突出、岩与二氧化碳突出、岩与瓦斯突出矿井的煤巷的掘进工作面采用局部通风时，不能实现（　　）且自动切换的，属于煤矿重大事故隐患。

A. 双风机　　B. 单风机　　C. 双电源　　D. 单电源

答案：AC

86. 突出矿井未在下列哪些地点设置全量程或者高低浓度甲烷传感器，属于煤矿重大事故隐患（　　）。

A. 采煤工作面进、回风巷

B. 煤巷、半煤岩巷和有瓦斯涌出的岩巷掘进工作面回风流中

C. 采区回风巷

D. 总回风巷

答案：ABCD

87. 控制风流的（　　）等设施必须可靠。

A. 风门　　B. 风桥　　C. 风墙　　D. 风窗

答案：ABCD

解析：《煤矿安全规程》第一百五十五条　控制风流的风门、风桥、风墙、风窗等设施必须可靠。

88.《煤矿安全规程》规定，矿井通风系统图必须标（　　）内容。

A. 风流方向　　B. 风量

C. 通风设施的安装地点　　D. 避灾路线

答案：ABC

解析：《煤矿安全规程》第一百五十七条　矿井通风系统图必须标明风流方向、风量和通风设施的安装地点。必须按季绘制通风系统图，并按月补充修改。多煤层同时开采的矿井，必须绘制分层通风系统图。应当绘制矿井通风系统立体示意图和矿井通风网络图。

89. 高瓦斯、突出矿井的（　　）掘进工作面正常工作的局部通风机必须配备安装同等能力的备用局部通风机，并能自动切换。

A. 煤巷　　B. 半煤岩巷

C. 岩巷　　D. 有瓦斯涌出的岩巷

答案：ABD

解析：《煤矿安全规程》第一百六十四条（三）高瓦斯、突出矿井的煤巷、半煤岩巷和有瓦斯涌出的岩巷掘进工作面正常工作的局部通风机必须配备安装同等能力的备用局部通风机，并能自动切换。正常工作的局部通风机必须采用三专（专用开关、专用电缆、专用变压器）供电，专用变压器最多可向 4 个不同掘进工作面的局部通风机供电；备用局部通风机电源必须取自同时带电的另一电源，当正常工作的局部通风机故障时，备用局部通风机能自动启动，保持掘进工作面正常通风。

90. 根据《煤矿安全规程》规定，必须有独立的通风系统的变电所是（　　）变电所。

A. 采区变电所　　B. 采掘工作面变电站

C. 实现采区变电所功能的中央变电所　　D. 局部风机配电点

答案：AC

91.《煤矿安全规程》规定，（　　）时，严禁任何 2 个工作面之间串联通风。

A. 开采有煤尘爆炸性的煤层

B. 在距离突出煤层垂距小于 10 m 的区域掘进施工

C. 开采有瓦斯喷出、有突出危险的煤层

D. 开采容易自然发火煤层

答案：BC

解析：《煤矿安全规程》第一百五十条相关规定。

92. 从业人员有权对本单位安全生产工作中存在的问题提出（　　）。

A. 批评　　B. 检举　　C. 控告　　D. 隐瞒

答案：ABC

解析：《安全生产法》第五十四条　从业人员有权对本单位安全生产工作中存在的问题提出批评、检举、控告；有权拒绝违章指挥和强令冒险作业。

93. 具备下列哪些条件之一为高瓦斯矿井（　　）。

A. 矿井相对瓦斯涌出量大于 10 m^3/t

B. 矿井绝对瓦斯涌出量大于 40 m^3/min

C. 矿井任一掘进工作面绝对瓦斯涌出量大于 3 m^3/min

D. 矿井任一采煤工作面绝对瓦斯涌出量大于 5 m^3/min

答案：ABCD

解析：《煤矿安全规程》第一百六十九条相关规定。

94.《煤矿安全规程》规定，（　　）应当安设隔爆设施。

A. 高瓦斯矿井　　B. 突出矿井

C. 低瓦斯矿井　　D. 有煤尘爆炸危险的矿井

E. 煤巷和半煤岩巷掘进工作面

答案：ABDE

解析：《煤矿安全规程》第一百八十八条　高瓦斯矿井、突出矿井和有煤尘爆炸危险的矿井，煤巷和半煤岩巷掘进工作面应当安设隔爆设施。

95. 井下爆炸物品库、机电设备硐室、检修硐室、材料库的（　　）必须采用不燃性材料。

A. 支护　　B. 风门　　C. 风窗　　D. 工作台

答案：ABC

解析：《煤矿安全规程》第二百五十七条　井下爆炸物品库、机电设备硐室、检修硐室、材料库的支护和风门、风窗必须采用不燃性材料。

96. 突出煤层的石门揭煤、煤巷和半煤岩巷掘进工作面进风侧必须设置至少 2 道反向风门。反向风门距工作面的距离，应当根据（　　）确定。

A. 掘进工作面的通风系统　　B. 预计的突出强度

C. 掘进工作面的运输系统　　D. 掘进工作面的安全出口

答案：AB

解析：《煤矿安全规程》第二百二十一条　突出煤层的石门揭煤、煤巷和半煤岩巷掘进工作面进风侧必须设置至少 2 道反向风门。爆破作业时，反向风门必须关闭。反向风门距工作面的距离，应当根据掘进工作面的通风系统和预计的突出强度确定。

97. 矿井进风进口应按全年风向频率，必须布置在（　　）不能侵入的地方。已布置在（　　）的地点的，应制定完善的防治措施。

A. 粉尘　　B. 有毒有害气体　　C. 高温气体　　D. 涌水

答案：ABC

解析：《煤矿井工开采通风技术条件》(AQ 1028—2006）5. 1. 4。

98. 矿井通风方式主要有（　　）。

A. 中央式　　B. 对角式　　C. 分区式　　D. 混合式

答案：ABCD

解析：《煤矿井工开采通风技术条件》(AQ 1028—2006）5. 2. 1　矿井通风方式主要有中央式（包括中央并列式、中央分列式又叫中央边界式）、对角式（包括两翼对角式、分区对角式）、分区式和混合式等。

99. 井巷揭煤前应当探明哪些地质条件（　　）。

A. 煤层厚度　　B. 地质构造　　C. 瓦斯地质　　D. 水文地质

E. 顶底板

答案：ABCDE

解析：《煤矿安全规程》第二十九条　井巷揭煤前，应当探明煤层厚度、地质构造、瓦斯地质、水文地质及顶底板等地质条件，编制揭煤地质说明书。

三、判断题

1. 风流在井巷中做沿程流动，由于流体层间的摩擦和流体与井巷壁面间的摩擦形成的阻力为局部阻力。(　　)

答案：错误

解析：风流在井巷中做沿程流动，由于流体层间的摩擦和流体与井巷壁面间的摩擦形成的阻力为摩擦阻力。

2. 在一个有高差的闭合回路中，由于两侧有高差巷道中空气的温度或密度不等而产生的重力之差就叫作自然风压。(　　)

答案：正确

3. 从煤层被开采破碎、接触空气之日起，至出现自燃现象或温度上升到自燃点为止，所经历的时间叫作煤层的自然发火期。(　　)

答案：正确

4. 氧气浓度降低到10% ~12% 时，人在短时间内将会死亡。(　　)

答案：错误

解析：在10% ~14% 氧气浓度时，人就会出现恶心呕吐、无法行动乃至瘫痪，但人仍有意识。在6% ~8% 氧气浓度时，人便会昏倒并失去知觉。当氧气含量低于6% 时，6 ~8 min 的时间内，人就会死亡；当氧气含量为2% ~3% 时，人在45 s 内会立即发生窒息，呼吸停止并死亡。

5. 井下风流多数是完全层流，只有一部分风流处于向完全紊流过渡的状态。(　　)

答案：错误

解析：井下风流多数是完全紊流，只有一部分风流处于向完全紊流过渡的状态，只有风速很小的漏风风流才可能出现层流。

6. 智能通风建设中，要求井下主要进回风巷间、采区进回风巷间采用自动风门，正常通风时期可靠闭锁，灾变时期可远程解除闭锁。(　　)

答案：正确

7. 在授权状态下，正常状态矿井风流、风量按照安全高效原则远程调节，灾变时期按照控制灾变及有利救援原则智能控风、调风。(　　)

答案：正确

8. 智能通风系统建设后，主要通风机的风量调节方式由变频调节向风叶角度调节转变。(　　)

答案：错误

解析：智能通风系统建设后，风量调节主要采用变频调剂方式。

9. 正向风门应顺风开启，使风门承受风压作用关闭得更为严密，防止受通风压力的作用自行开启。(　　)

答案：错误

解析：正向风门是正常生产时隔绝风流用的，逆风开启，靠着新鲜风流这边，平常开启的门都是。反向风门就是瓦斯突出或反风时能够靠着风压自己关上的门，都靠着回风侧，这扇反向风门一般为打开状态。

10. 风桥是将两股平面交叉的新风和污风隔成立体交叉的一种通风设施，一般新鲜风流从桥上面通过，污浊风流从桥下通过。(　　)

答案：错误

解析：风桥是将两股平面交叉的新、污风流隔成立体交叉的一种通风设施，污风从桥上通过，新风从桥下通过。

11. 煤矿通风系统的设计应充分考虑矿井的地质结构和瓦斯分布情况。(　　)

答案：正确

12. 在煤矿井下作业时，通风系统的主要作用是提高作业效率。(　　)

答案：错误

解析：通风系统的主要作用是确保井下空气质量，防范有害气体爆炸，提高作业安全性。

13. 通风系统中的调风措施主要包括调整通风风量和调整通风方向。(　　)

答案：正确

14. 通风系统的设计需要根据井下作业的季节性变化进行调整。(　　)

答案：正确

15. 在井下作业中，合理设置通风系统可以降低作业面的粉尘浓度。(　　)

答案：正确

16. 矿井应将通风系统存在的中毒窒息风险列为矿井生产的系统风险，按重大风险进行管控。(　　)

答案：正确

17. 瓦斯的爆炸上下限会随着温度、氧气浓度、压力的变化而改变。(　　)

答案：正确

解析：瓦斯的爆炸上下限是指瓦斯在空气中可燃的浓度范围。这个范围受到多种因素的影响，包括温度、氧气浓度和压力。

18. 自然发火严重的矿井，主要通风机的工作风压不宜超过 3000 Pa。(　　)

答案：错误

解析：开采容易自燃和自燃煤层的矿井宜降低通风阻力，矿井通风负压不宜超过 2940 Pa。

19. 从业人员在作业过程中，应当严格遵守本单位的安全生产规章制度和操作规程，服从管理，正确佩戴和使用劳动防护用品。(　　)

答案：正确

20. 隐患治理应做到方法科学、资金到位、治理及时有效，责任到人、按时完成。重大事故隐患必须立即整改，一般事故隐患可延缓整改。(　　)

答案：错误

解析：重大事故隐患应该立即整改，而不应延缓。这是因为重大事故隐患可能带来严重的安全风险，需要立即采取措施加以解决，以防范潜在的危险和事故发生。一般事故隐患也应该在合理的时间内及时整改，以确保工作场所的安全和健康环境。因此，不管是重大事故隐患还是一般事故隐患，隐患治理都应该方法科学、资金到位、治理及时有效，责任到人，按时完成，以确保工作场所的整体安全。

21. 煤层中未采用砌碹或喷浆封闭的主要硐室和主要进风大巷中，不得进行电焊、气焊和喷灯焊接等工作。(　　)

答案：正确

22. 掘进机如果内喷雾装置的使用水压小于 3 MPa 或无内喷雾装置，则必须使用外喷雾装置和除尘器。(　　)

答案：错误

解析：《煤矿安全规程》第一百一十九条　使用掘进机、掘锚一体机、连续采煤机掘进时，必须遵守下列规定：(二) 作业时，应当使用内、外喷雾装置，内喷雾装置的工作压力不得小于 2 MPa，外喷雾装置的工作压力不得小于 4 MPa。在内、外喷雾装置工作稳定性得不到保证的情况下，应当使用与掘进机、掘锚一体机或者连续采煤机联动联控的除降尘装置。

23. 规定煤矿企业可以为从业人员建立职业健康监护档案，并按照规定的期限妥善保存。(　　)

答案：错误

解析：《煤矿安全规程》第六百七十一条　煤矿企业应当为从业人员建立职业健康监护档案，并按照规定的期限妥善保存。

24. 规程规定有突出危险的矿井严禁任何形式的串联通风。(　　)

答案：正确

25. 入井人员必须随身佩戴额定防护时间不低于 30 min 的隔绝式自救器。矿井应当根据需要在避灾路线上设置自救器补给站。补给站应当有清晰、醒目的标识。(　　)

答案：正确

解析：《煤矿安全规程》第六百八十六条　入井人员必须随身携带额定防护时间不低于 30 min 的隔绝式自救器。矿井应当根据需要在避灾路线上设置自救器补给站。补给站应当有清晰、醒目的标识。

26.《防治煤与瓦斯突出细则》规定，煤矿企业的主要负责人、技术负责人应当每季度至少两次到现场检查各项防突措施的落实情况。(　　)

答案：错误

解析：《防治煤与瓦斯突出细则》第三十八条　各项防突措施按照下列要求贯彻实施：(三) 煤矿企业的主要负责人、技术负责人应当每季度至少 1 次到现场检查各项防突措施的落实情况。矿长和总工程师应当每月至少 1 次到现场检查各项防突措施的落实情况。

27. 三次测风数据分别为 $n_1 = 325$ 格/min、$n_2 = 337$ 格/min、$n_3 = 340$ 格/min，精度符合要求。(　　)

答案：正确

解析：(340 －325)(格/min)/325(格/min) =0.046 <0.5，符合要求。

28. 采区变电所或实现采区变电功能的中央变电所可以有独立的通风系统。(　　)

答案：错误

解析：第一百六十八条　采区变电所及实现采区变电所功能的中央变电所必须有独立的通风系统。

29. 夏季自然风压随着风量的增加而略有增加。(　　)

答案：错误

解析：《煤矿安全规程》第一百六十一条　主要通风机停止运转期间，必须打开井口防爆门和有关风门，利用自然风压通风；对由多台主要通风机联合通风的矿井，必须正确控制风流，防止风流紊乱。在冬季，若用主要通风机加大矿井风量，则风量增加越大，进、出风侧空气柱的温差越大，即自然风压随着风量的增加而增加；在夏季，自然风压可能是负值，若用主要通风机增加矿井风量，大量热空气在进风井，进、回风井空气柱的温差越大，自然风压可能为负值。

30.《防治煤与瓦斯突出细则》规定，突出矿井的矿井瓦斯地质图由通风部门单独编制。(　　)

答案：错误

解析：《防治煤与瓦斯突出细则》第二十五条　突出矿井地质测量工作必须遵守下列规定：(一）地质测量部门与防突机构、通风部门共同编制矿井瓦斯地质图。图中应当标明采掘进度、被保护范围、煤层赋存条件、地质构造、突出点的位置、突出强度、瓦斯基本参数及绝对瓦斯涌出量和相对瓦斯涌出量等资料，作为区域突出危险性预测和制定防突措施的依据。矿井瓦斯地质图更新周期不得超过 1 年、工作面瓦斯地质图更新周期不得超过 3 个月。

31. 安设局部通风机的进风巷道所通过的风量要大于局部通风机的吸风量，防止产生循环风。(　　)

答案：正确

解析：《煤矿安全规程》第一百六十四条　安装和使用局部通风机和风筒时，必须遵守下列规定：(二）压入式局部通风机和启动装置安装在进风巷道中，距掘进巷道回风口不得小于 10 m；全风压供给该处的风量必须大于局部通风机的吸入风量，局部通风机安装地点到回风口间的巷道中的最低风速必须符合本规程第一百三十六条的要求。

32. 临时抽采瓦斯泵站应安设在抽采瓦斯地点附近的新鲜风流中。(　　)

答案：正确

33. 瓦斯喷出区域和突出煤层采用局部通风机通风时，必须采用抽出式。(　　)

答案：错误

解析：根据《煤矿安全规程》第一百六十三条　掘进巷道必须采用矿井全风压通风或者局部通风机通风。煤巷、半煤岩巷和有瓦斯涌出的岩巷掘进采用局部通风机通风时，应当采用压入式，不得采用抽出式（压气、水力引射器不受此限）；如果采用混合式，必须制定安全措施。瓦斯喷出区域和突出煤层采用局部通风机通风时，必须采用压入式。

34. 井下掘井巷道使用 2 台局部通风机供风的，2 台局部通风机不得同时实现风电闭

锁和甲烷电闭锁。(　　)

答案：错误

解析：《煤矿安全规程》第一百六十四条（七）使用局部通风机供风的地点必须实行风电闭锁和甲烷电闭锁，保证当正常工作的局部通风机停止运转或者停风后能切断停风区内全部非本质安全型电气设备的电源。正常工作的局部通风机故障，切换到备用局部通风机工作时，该局部通风机通风范围内应当停止工作，排除故障；待故障被排除，恢复到正常工作的局部通风后方可恢复工作。使用 2 台局部通风机同时供风的，2 台局部通风机都必须同时实现风电闭锁和甲烷电闭锁。

35. 开采自燃和容易自燃煤层，应当及时构筑各类密闭。(　　)

答案：正确

解析：《煤矿安全规程》第二百七十四条开采自燃和容易自燃煤层，应当及时构筑各类密闭并保证质量。

36. 矿井必须采用机械通风。必须保证主要通风机连续运转。(　　)

答案：正确

解析：《煤矿安全规程》第一百五十八条　矿井必须采用机械通风。主要通风机的安装和使用应当符合下列要求：(二) 必须保证主要通风机连续运转。

37. 在启封火区工作完毕后 2 d 内，每班必须由矿山救护队检查通风工作，并测定水温、空气温度和空气成分。只有在确认火区完全熄灭、通风等情况良好后，方可进行生产工作。(　　)

答案：错误

解析：《煤矿安全规程》第二百八十条　在启封火区工作完毕后的 3 天内，每班必须由矿山救护队检查通风工作，并测定水温、空气温度和空气成分。只有在确认火区完全熄灭、通风等情况良好后，方可进行生产工作。

38. 采用均压技术防灭火时，改变矿井通风方式、主要通风机工况以及井下通风系统时，对均压地点的均压状况不必进行调整，保证均压状态的稳定。(　　)

答案：错误

解析：《煤矿安全规程》第二百七十条　采用均压技术防灭火时，应当遵守下列规定：(一) 有完整的区域风压和风阻资料以及完善的检测手段。(二) 有专人定期观测与分析采空区和火区的漏风量、漏风方向、空气温度、防火墙内外空气压差等状况，并记录在专用的防火记录簿内。(三) 改变矿井通风方式、主要通风机工况以及井下通风系统时，对均压地点的均压状况必须及时进行调整，保证均压状态的稳定。(四) 经常检查均压区域内的巷道中风流流动状态，并有防止瓦斯积聚的安全措施。

39. 所有矿井必须装备矿井安全监控系统。(　　)

答案：正确

解析：《煤矿安全规程》第四百八十七条　所有矿井必须装备安全监控系统、人员位置监测系统、有线调度通信系统。

40. 煤层倾角大于 12° 的采煤工作面采用下行通风时，应当报矿总工程师批准。(　　)

答案：正确

解析：当煤层倾角大于12°的采煤工作面，其风压差变大，需要的机械风压也要大得多，为保障工作面安全生产，一般建议上行通风，若采用下行通风时，应当报矿总工程师批准，并遵守《煤矿安全规程》的相关规定。

41. 煤矿应当配齐配足通风检测仪表，其备用量不小于应当配备数量的 10% 。(　　)

答案：错误

解析：备用量不小于应当配备数量的 20% 。

42. 间距小于 20 m 的平行巷道的联络巷贯通进行爆破时，两条巷道的人员必须撤至安全地点，巷道一端设置专人警戒。(　　)

答案：错误

解析：每条巷道两端必须设专人警戒。

43. 风桥通风断面不小于原巷道的 2/3，呈流线型，坡度小于 30°。(　　)

答案：错误

解析：风桥通风断面不小于原巷道的 4/5。

44. 巷道的断面越大，通风阻力就越小。(　　)

答案：正确

45. 局部通风机吸风量小于风机安设地点进风巷道的风量。(　　)

答案：错误

解析：局部通风机吸风量小于安装地点巷道内进风风量，必须保证巷道内风量满足要求。

46. 掘进巷道贯通前，除综合机械化掘进以外的其他巷道在相距 10 m 前，必须停止一个工作面作业，做好调整通风系统的准备工作。(　　)

答案：错误

解析：《煤矿安全规程》第一百四十三条　贯通巷道必须遵守下列规定：（一）巷道贯通前应当制定贯通专项措施。综合机械化掘进巷道在相距 50 m 前、其他巷道在相距 20 m 前，必须停止一个工作面作业，做好调整通风系统的准备工作。

47. 不得使用 1 台局部通风机同时向 2 个作业的掘进工作面供风。(　　)

答案：正确

解析：《煤矿安全规程》第一百六十四条（九）严禁使用 3 台及以上局部通风机同时向 1 个掘进工作面供风。不得使用 1 台局部通风机同时向 2 个及以上作业的掘进工作面供风。

48. 独头巷道的局部通风机必须保持经常运转，但为了节电，临时停工也可以停风。(　　)

答案：错误

解析：《煤矿安全规程》相关规定。

49. 矿井必须采用机械通风，必须安装 2 套同等能力的主要通风机装置，其中 1 套备用，备用通风机必须能在 20 min 内开动。(　　)

答案：错误

解析：《煤矿安全规程》第一百五十八条　矿井必须采用机械通风。（三）必须安装

2 套同等能力的主要通风机装置，其中 1 套作备用，备用通风机必须能在 10 min 内开动。

50. 采区进、回风巷必须贯穿整个采区，严禁一段为进风巷、一段为回风巷。(　　)

答案：正确

解析：《煤矿安全规程》第一百四十九条　采区进、回风巷必须贯穿整个采区，严禁一段为进风巷、一段为回风巷。

51. 掘工作面的进风流中，二氧化碳浓度不超过 0.5%。(　　)

答案：正确

解析：《煤矿安全规程》第一百三十五条相关规定。

52. 在建有地面永久抽采系统的矿井，临时泵站抽出的瓦斯可送至永久抽采系统的管路，但矿井抽采系统的瓦斯浓度必须符合规程第一百八十四条的规定。(　　)

答案：正确

53. 矿井通风阻力确实超限难以解决时，可以在井下安设辅助通风机。(　　)

答案：错误

解析：《煤矿安全规程》相关规定。

54.《防治煤矿冲击地压细则》规定：采用钻屑法进行局部监测时，记录钻进时的动力效应，如声响、卡钻、吸钻、钻孔冲击等现象，作为判断冲击地压危险的参考指标。(　　)

答案：正确

55. 采煤工作面必须采用矿井全风压通风，可以采用局部通风机稀释瓦斯。(　　)

答案：错误

解析：《煤矿安全规程》第一百五十三条　采煤工作面必须采用矿井全风压通风，禁止采用局部通风机稀释瓦斯。

56. 矿井每季度应当至少检查 1 次反风设施，每年应当进行 1 次反风演习；矿井通风系统有较大变化时，应当进行 1 次反风演习。(　　)

答案：正确

解析：《煤矿安全规程》第一百五十九条。

57. 井下充电室风流中以及局部积聚处的氢气浓度，不得超过 1%。(　　)

答案：错误

解析：《煤矿安全规程》第一百六十七条　井下充电室风流中以及局部积聚处的氢气浓度，不得超过 0.5%。

58. 一个矿井中只要有一个煤（岩）层发现瓦斯，该矿井即为瓦斯矿井。(　　)

答案：正确

解析：《煤矿安全规程》第一百六十九条　一个矿井中只要有一个煤（岩）层发现瓦斯，该矿井即为瓦斯矿井。

59. 高瓦斯、突出矿井不再进行周期性瓦斯等级鉴定工作，但应当每年测定和计算矿井、采区、工作面瓦斯和二氧化碳涌出量，并报省级煤炭行业管理部门和煤矿安全监察机构。(　　)

答案：正确

解析：《煤矿安全规程》第一百七十条。

60. 采掘工作面及其他作业地点风流中、电动机或者其开关安设地点附近 20 m 以内风流中的甲烷浓度达到 1.0% 时，必须停止工作，切断电源，撤出人员，进行处理。(　　)

答案：错误

解析：《煤矿安全规程》第一百七十三条　采掘工作面及其他作业地点风流中、电动机或者其开关安设地点附近 20 m 以内风流中的甲烷浓度达到 1.5% 时，必须停止工作，切断电源，撤出人员，进行处理。

61. 采掘工作面及其他巷道内，体积大于 0.5 m^3 的空间内积聚的甲烷浓度达到 2.0% 时，附近 30 m 内必须停止工作，撤出人员，切断电源，进行处理。(　　)

答案：错误

解析：《煤矿安全规程》第一百七十三条　采掘工作面及其他巷道内，体积大于 0.5 m^3 的空间内积聚的甲烷浓度达到 2.0% 时，附近 20 m 内必须停止工作，撤出人员，切断电源，进行处理。

62. 震动爆破应一次装药、一次爆破，打眼和爆破不能平行作业，全部炮眼必须填满炮泥。(　　)

答案：正确

63. 采、掘工作面应当实行独立通风，特殊情况下 2 个采煤工作面之间串联通风必须制定安全技术措施。(　　)

答案：错误

解析：《煤矿安全规程》第一百五十条　采、掘工作面应当实行独立通风，严禁 2 个采煤工作面之间串联通风。

64. 随着矿井开采深度的增加煤层中 CO_2 和 N_2 逐渐减少。(　　)

答案：正确

65. 煤的变质程度越低，其煤尘的爆炸性越弱。(　　)

答案：错误

解析：煤的变质程度越高，其爆炸性越弱。

66. 一个掘进工作面的绝对瓦斯涌出量为 3 m^3/min，需要建立抽放系统。(　　)

答案：错误

解析：掘进工作面瓦斯涌出量大于 3 m^3/min，用通风方法解决瓦斯问题不合理的，需进行瓦斯抽放。

67. 一个掘进工作面使用 2 台局部通风机通风，这 2 台局部通风机都必须同时实现风电闭锁。(　　)

答案：正确

68. 火区内的空气温度下降到 30 ℃以下，或与火灾发生前该区的日常空气温度相同，即认为火区已经熄灭。(　　)

答案：错误

解析：《防灭火细则》第一百零四条规定：封闭的火区，必须经取样化验证实火已熄灭方可注销或者启封。火区同时具备下列条件时，方可认为火已熄灭：(一) 火区内的空气温度下降到 30 ℃以下，或者与火灾发生前该区的日常空气温度相同。(二) 火区内空气中的氧气浓度降到5.0%以下。（三）火区内空气中不含有乙烯、乙炔，一氧化碳浓度在封闭期间内逐渐下降，并稳定0.001%以下。（四）火区的出水温度低于25℃，或者与火灾发生前该区的日常出水温度相同。（五）上述4项指标持续稳定1个月以上。

69. 煤巷、半煤岩巷和有瓦斯涌出的掘进巷道采用混合式通风，必须制定安全措施。（　　）

答案：正确

70. 在采掘工作过程中，预测或者认定为突出危险区的采掘工作面应减少使用风镐作业。（　　）

答案：错误

解析：《煤矿安全规程》第一百九十六条　突出煤层的采掘工作面应当遵守下列规定：（四）预测或者认定为突出危险区的采掘工作面严禁使用风镐作业。

71. 矿井发生瓦斯爆炸、煤尘爆炸、火灾、煤与瓦斯突出等灾害时，通风设施容易受到不同程度的破坏，造成局部风流状态紊乱，甚至导致整个矿井风流处于紊乱状态，对主要通风机的控制是防止事故损失扩大和避免中毒、窒息等次生灾害事故发生的重要保证。（　　）

答案：错误

解析：井下风流发生紊乱，对主要通风机的控制只是保证井下风量供给，而通过通风设施及风量的调控对灾变风流进行应急控制才是防止事故损失扩大和避免中毒、窒息等次生灾害事故发生的重要保证。

72. 矿井通风方式是指矿井进风井与出风井的布置方式。按进、回风井的位置不同，分为中央式、对角式、区域式和组合式四种。（　　）

答案：错误

解析：按照矿井进风井和回风井的位置关系，一般把矿井通风方式分为四种基本类型：中央式通风、对角式通风、区域式和混合式通风。中央式通风方式又可分为中央并列式和中央分列式（又称中央边界式）两种。中央并列式通风方式是进风井和回风井都布置在矿区井田的中央，两风井相隔很近（一般相距30~50 m）。中央分列式通风方式是进风井布置在矿区井田中央，而回风井则布置在矿区井田上部边界沿走向的中央，近、回风井相隔一定距离。对角式通风方式又可分为两翼对角式和分区对角式两种。两翼对角式是进风井布置在矿区井田的中央，两个风井分别布置在矿区井田两翼上部。分区对角式是各个采区的上部都开回风井，不开主要回风巷，这种方式叫分区对角式。区域式是指在井田的每个生产区域各布置进、回风井，分别构成独立的通风系统。混合式通风方式是中央式和对角式组合成的一种混合式通风方式，例如中央并列式与两翼对角式组合、中央分列式与两翼对角式组合等。

73. 角联风路的风向容易发生逆转是因为该风路的风阻太大。（　　）

答案：错误

解析：角联巷道是位于两条风路之间的联络巷道，角联风路的风向容易发生逆转主要是因为该巷道两侧压差小，造成风流方向不稳定。

74. 采掘工作面及其他作业地点风流中甲烷浓度达到0.5%时，仍使用电钻打眼的，为煤矿重大事故隐患。（　　）

答案：错误

解析：《煤矿重大事故隐患判定标准》第五条　井下瓦斯超限后继续作业或者未按照国家规定处置，继续进行作业的，被判定为重大隐患，采掘工作面及其他作业地点风流中甲烷浓度达到 1.0% 时，仍使用电钻打眼的；或者爆破地点附近 20 m 以内风流中甲烷浓度达到 1.0% 时，仍实施爆破的。

75. 主要通风机的风硐不用设置压力传感器。(　　)

答案：错误

解析：《煤矿安全规程》第五百零三条　每一个采区、一翼回风巷及总回风巷的测风站应当设置风速传感器，主要通风机的风硐应当设置压力传感器；瓦斯抽采泵站的抽采泵吸入管路中应当设置流量传感器、温度传感器和压力传感器，利用瓦斯时，还应当在输出管路中设置流量传感器、温度传感器和压力传感器。

76. 煤矿生产中产生的煤尘都具有爆炸危险性。(　　)

答案：错误

解析：煤尘是否具有爆炸危险性要看煤尘爆炸指数，一般认为煤尘爆炸指数小于 10.0% 基本上属于没有煤尘爆炸危险性的煤层。

77. 突出煤层采煤工作面进风巷、掘进工作面进风的分风口必须设置甲烷传感器。当发生风流逆转时，发出声光报警信号。(　　)

答案：错误

解析：依据《煤矿安全规程》第五百零二条　突出煤层采煤工作面进风巷、掘进工作面进风的分风口必须设置风向传感器。当发生风流逆转时，发出声光报警信号。

78. 针对主通风监控系统、压风监控系统等较重要子系统场合，一般要求备用电源应当能保证系统连续监控时间不小于 30 min。(　　)

答案：错误

解析：属于特别重要系统，要求持续监控 4 h。

79. 当抽采瓦斯泵停止运转时，必须立即向矿长报告。(　　)

答案：错误

解析：《煤矿安全规程》第一百八十二条　抽采瓦斯设施应当符合下列要求：当抽采瓦斯泵停止运转时，必须立即向矿调度室报告。

80. 新建矿井或者生产矿井每延深一个新水平，应当进行 1 次煤尘爆炸性鉴定工作。(　　)

答案：正确

81. 矿井必须有完整的独立通风系统。改变全矿井通风系统时，必须编制通风设计及安全措施，由企业主要负责人进行审批。(　　)

答案：错误

解析：《煤矿安全规程》第一百四十二条　矿井必须有完整的独立通风系统。改变全矿井通风系统时，必须编制通风设计及安全措施，由企业技术负责人审批。

82. 使用局部通风机供风的地点必须实行甲烷电闭锁，保证当正常工作的局部通风机停止运转或者停风后能切断停风区内全部非本质安全型电气设备的电源。(　　)

答案：错误

解析：《煤矿安全规程》第一百六十四条（七）使用局部通风机供风的地点必须实行风电闭锁和甲烷电闭锁，保证当正常工作的局部通风机停止运转或者停风后能切断停风区内全部非本质安全型电气设备的电源。正常工作的局部通风机故障，切换到备用局部通风机工作时，该局部通风机通风范围内应当停止工作，排除故障；待故障被排除，恢复到正常工作的局部通风后方可恢复工作。使用2台局部通风机同时供风的，2台局部通风机都必须同时实现风电闭锁和甲烷电闭锁。

83. 井下爆炸物品库必须有独立的通风系统，回风风流必须直接引入矿井的总回风巷或者主要回风巷中。(　　)

答案：正确

解析：《煤矿安全规程》第一百六十六条　井下爆炸物品库必须有独立的通风系统，回风风流必须直接引入矿井的总回风巷或者主要回风巷中。新建矿井采用对角式通风系统时，投产初期可利用采区岩石上山或者用不燃性材料支护和不燃性背板背严的煤层上山作爆炸物品库的回风巷。必须保证爆炸物品库每小时能有其总容积4倍的风量。

84. 箕斗提升井或者装有带式输送机的井筒兼作进风井时，箕斗提升井筒中的风速不得超过6 m/s、装有带式输送机的井筒中的风速不得超过4 m/s，并有防尘措施。装有带式输送机的井筒中必须装设自动报警灭火装置、敷设消防管路。(　　)

答案：正确

解析：《煤矿安全规程》第一百四十五条　箕斗提升井或者装有带式输送机的井筒兼作风井使用时，必须遵守下列规定：(二）箕斗提升井或者装有带式输送机的井筒兼作进风井时，箕斗提升井筒中的风速不得超过6 m/s、装有带式输送机的井筒中的风速不得超过4 m/s，并有防尘措施。装有带式输送机的井筒中必须装设自动报警灭火装置、敷设消防管路。

85. 主要通风机停止运转期间，必须打开井口防爆门、打开有关风门，利用自然风压通风。对由多台主要通风机联合通风的矿井，必须正确控制风流，防止风流紊乱。(　　)

答案：正确

解析：《煤矿安全规程》第一百六十一条　主要通风机停止运转期间，必须打开井口防爆门和有关风门，利用自然风压通风；对由多台主要通风机联合通风的矿井，必须正确控制风流，防止风流紊乱。

86. 高瓦斯、突出矿井的煤巷、半煤岩巷和有瓦斯涌出的岩巷掘进工作面正常工作的局部通风机必须采用三专供电，这里的“三专”是指专用开关、专用电缆、专用变电所。(　　)

答案：错误

解析：《煤矿安全规程》规定的“三专”是指专用开关、专用电缆、专用变压器。

87. 煤矿井下甲烷电闭锁和风电闭锁功能应至少10天测试1次。(　　)

答案：错误

解析：《煤矿安全规程》相关规定。

88. 压入式局部通风机和启动装置，必须安装在进风巷道中，距掘进巷道回风口不得小于15 m。(　　)

答案：错误

解析：《煤矿安全规程》第一百六十四条　安装和使用局部通风机和风筒时，必须遵守下列规定：（二）压入式局部通风机和启动装置安装在进风巷道中，距掘进巷道回风口不得小于 10 m；全风压供给该处的风量必须大于局部通风机的吸入风量，局部通风机安装地点到回风口间的巷道中的最低风速必须符合本规程第一百三十六条的要求。

89. 突出煤层的掘进巷道长度及采煤工作面推进长度超过 1000 m 时，应当在距离工作面 500 m 范围内建设临时避难硐室或者其他临时避险设施。(　　)

答案：错误

解析：《防治煤与瓦斯突出细则》第一百一十七条　突出煤层的掘进巷道长度及采煤工作面推进长度超过 500 m 时，应当在距离工作面 500 m 范围内建设临时避难硐室或者其他临时避险设施。临时避难硐室必须设置向外开启的密闭门或者隔离门（隔离门按反向风门设置标准安设），接入矿井压风管路，并安设压风自救装置，设置与矿调度室直通的电话，配备足量的饮用水及自救器。

90. 开采突出煤层时，工作面回风侧不得设置调节风量的设施。(　　)

答案：正确

解析：《煤矿安全规程》第一百五十五条　开采突出煤层时，工作面回风侧不得设置调节风量的设施。

91. 突出煤层采用局部通风机通风时，可以采用压入式。(　　)

答案：错误

解析：《防治煤与瓦斯突出细则》第三十一条（八）突出煤层采用局部通风机通风时，必须采用压入式。

92. 按实际需要计算风量时，应当避免备用风量过大或过小。煤矿企业应当根据具体条件制定风量计算方法，至少每 3 年修订 1 次。(　　)

答案：错误

解析：《煤矿安全规程》第一百三十八条　矿井需要的风量应当按下列要求分别计算，并选取其中的最大值：按实际需要计算风量时，应当避免备用风量过大或者过小。煤矿企业应当根据具体条件制定风量计算方法，至少每 5 年修订 1 次。

93. 进风井口必须布置在粉尘、有害和高温气体不能侵入的地方。已布置在粉尘、有害和高温气体能侵入的地点的，应当制定安全措施。(　　)

答案：正确

解析：《煤矿安全规程》第一百四十六条　进风井口必须布置在粉尘、有害和高温气体不能侵入的地方。已布置在粉尘、有害和高温气体能侵入的地点的，应当制定安全措施。

94. 矿井每年安排采掘作业计划时必须核定矿井生产和通风能力，必须按实际供风量核定矿井产量，严禁超通风能力生产。(　　)

答案：正确

解析：《煤矿安全规程》第一百三十九条　矿井每年安排采掘作业计划时必须核定矿井生产和通风能力，必须按实际供风量核定矿井产量，严禁超通风能力生产。

95. 采掘工作面二氧化碳浓度应当每班至少检查 2 次；有煤（岩）与二氧化碳突出危

险或者二氧化碳涌出量较大、变化异常的采掘工作面，必须有专人经常检查二氧化碳浓度。对于未进行作业的采掘工作面，可能涌出或者积聚甲烷、二氧化碳的硐室和巷道，应当每班至少检查 1 次甲烷、二氧化碳浓度。(　　)

答案：正确

解析：《煤矿安全规程》第一百八十条　矿井必须建立甲烷、二氧化碳和其他有害气体检查制度，并遵守下列规定：（四）采掘工作面二氧化碳浓度应当每班至少检查 2 次；有煤（岩）与二氧化碳突出危险或者二氧化碳涌出量较大、变化异常的采掘工作面，必须有专人经常检查二氧化碳浓度。对于未进行作业的采掘工作面，可能涌出或者积聚甲烷、二氧化碳的硐室和巷道，应当每班至少检查 1 次甲烷、二氧化碳浓度。

96. 矿井必须有足够数量的通风安全检测仪表。仪表必须由具备相应资质的检验单位进行检验。(　　)

答案：正确

解析：《煤矿安全规程》第一百四十一条　矿井必须有足够数量的通风安全检测仪表。仪表必须由具备相应资质的检验单位进行检验。

97. 生产经营单位采用新工艺、新技术、新材料或者使用新设备，必须了解、掌握其安全技术特性，采取有效的安全防护措施，并对从业人员进行专门的安全生产教育和培训。(　　)

答案：正确

解析：《安全生产法》第二十九条　生产经营单位采用新工艺、新技术、新材料或者使用新设备，必须了解、掌握其安全技术特性，采取有效的安全防护措施，并对从业人员进行专门的安全生产教育和培训。

98. 煤矿事故抢救过程中应当采取必要措施，避免或者减少对人员造成的危害。(　　)

答案：错误

解析：《安全生产法》第八十五条　事故抢救过程中应当采取必要措施，避免或者减少对环境造成的危害。

99. 无煤柱开采沿空送巷和沿空留巷时，应当采取防止从巷道的两帮和顶部向采空区漏风的措施。(　　)

答案：正确

解析：《煤矿安全规程》第一百五十三条　无煤柱开采沿空送巷和沿空留巷时，应当采取防止从巷道的两帮和顶部向采空区漏风的措施。

100. 高瓦斯和突出矿井掘进巷道中部甲烷传感器断电范围为掘进巷道内全部非本质安全型电气设备。(　　)

答案：正确

图书在版编目（CIP）数据

全国煤炭行业职业技能竞赛指南．2024／全国煤炭行业职业技能竞赛组委会，煤炭工业职业技能鉴定指导中心编．--北京：应急管理出版社，2024

ISBN 978-7-5237-0472-1

Ⅰ.①全… Ⅱ.①全… ②煤… Ⅲ.①煤炭工业—职业技能—竞赛—中国—2024—指南 Ⅳ.①TD82-62

中国国家版本馆CIP数据核字(2024)第037401号

全国煤炭行业职业技能竞赛指南（2024）

编　　者　全国煤炭行业职业技能竞赛组委会
煤炭工业职业技能鉴定指导中心
责任编辑　赵金园
责任校对　赵　盼　张艳蕾
封面设计　解雅欣

出版发行　应急管理出版社（北京市朝阳区芍药居35号　100029）
电　　话　010-84657898（总编室）　010-84657880（读者服务部）
网　　址　www.cciph.com.cn
印　　刷　三河市中晟雅豪印务有限公司
经　　销　全国新华书店

开　　本　787mm×1092mm 1/16　**印张**　43 1/4　**字数**　1040千字
版　　次　2024年3月第1版　2024年3月第1次印刷
社内编号　20240128　**定价**　168.00元